新生物学丛书

（图片版权归吕植所有）

ESSENTIALS OF CONSERVATION BIOLOGY

(FIFTH EDITION)

保护生物学

〔美〕Richard B. Primack
〔中〕马克平　蒋志刚 / 主编

科学出版社
北　京

图字：01-2013-3273

内 容 简 介

本书编译自Richard B. Primack编写的*Essentials of Conservation Biology*（Fifth Edition），系统阐述了保护生物学的范畴、主要内容和发展历程，生物多样性的概念、分布和价值，生物多样性面临的威胁及其引起的物种丧失和灭绝，种群和物种水平的保护，生态系统和景观水平的保护与恢复，生物多样性保护与社会经济可持续发展。全书内容丰富、知识系统、逻辑合理、层次清晰。原著已经被翻译成25种语言出版，是目前国际上最受欢迎的保护生物学教科书。

本书可以作为自然保护相关专业的大学生和研究生的课内读物，也可以作为生物多样性科学研究者、自然保护工作者和相关管理人员的参考书。

图书在版编目（CIP）数据

保护生物学 /（美）普里马克（Primack R. B.），（中）马克平，蒋志刚主编. —北京：科学出版社，2014. 6

（新生物学丛书）

ISBN 978-7-03-040461-9

Ⅰ.①保… Ⅱ.①普… ②马… ③蒋… Ⅲ.①保护生物学 Ⅳ.①Q16

中国版本图书馆CIP数据核字（2014）第079506号

责任编辑：罗 静 马 俊 刘 晶 王 静/责任校对：鲁 素

责任印制：吴兆东 /封面设计：北京铭轩堂广告设计有限公司

科 学 出 版 社 出版

北京东黄城根北街 16 号

邮政编码：100717

http://www.sciencep.com

北京虎彩文化传播有限公司 印刷

科学出版社发行 各地新华书店经销

*

2014年6月第 一 版 开本：787×1092 1/16

2022年8月第六次印刷 印张：36

字数：858 000

定价：208.00元

（如有印装质量问题，我社负责调换）

《新生物学丛书》专家委员会

丛书序

当前，一场新的生物学革命正在展开。为此，美国国家科学院研究理事会于2009年发布了一份战略研究报告，提出一个“新生物学”（New Biology）时代即将来临。这个“新生物学”，一方面是生物学内部各种分支学科的重组与融合，另一方面是化学、物理、信息科学、材料科学等众多非生命学科与生物学的紧密交叉与整合。

在这样一个全球生命科学发展变革的时代，我国的生命科学研究也正在高速发展，并进入了一个充满机遇和挑战的黄金期。在这个时期，将会产生许多具有影响力、推动力的科研成果。因此，有必要通过系统性集成和出版相关主题的国内外优秀图书，为后人留下一笔宝贵的“新生物学”时代精神财富。

科学出版社联合国内一批有志于推进生命科学发展的专家与学者，联合打造了一个21世纪中国生命科学的传播平台——《新生物学丛书》。希望通过这套丛书的出版，记录生命科学的进步，传递对生物技术发展的梦想。

《新生物学丛书》下设三个子系列：科学风向标，着重收集科学发展战略和态势分析报告，为科学管理者和科研人员展示科学的最新动向；科学百家园，重点收录国内外专家与学者的科研专著，为专业工作者提供新思想和新方法；科学新视窗，主要发表高级科普著作，为不同领域的研究人员和科学爱好者普及生命科学的前沿知识。

如果说科学出版社是一个“支点”，这套丛书就像一根“杠杆”，那么读者就能够借助这根“杠杆”成为撬动“地球”的人。编委会相信，不同类型的读者都能够从这套丛书中得到新的知识信息，获得思考与启迪。

《新生物学丛书》专家委员会
主　任：蒲慕明
副主任：吴家睿
2012年3月

主编简介

Richard B. Primack 波士顿大学生物系教授。1972 年于哈佛大学获得学士学位，1976 年于杜克大学获得博士学位，而后为坎特伯雷大学和哈佛大学的博士后、香港大学和东京大学的访问教授。他获得过哈佛大学的 Bullard 基金和 Putnam 基金，以及史密森研究院的 Guggenheim 基金。Primack 教授曾任热带生物学与保护协会（Association for Tropical Biology and Conservation）主席，目前是国际著名保护生物学杂志 *Biological Conservation* 的主编。他编写的保护生物学教科书已经出版 25 种语言的版本，不仅原书内容被翻译，有时还会增加当地的保护案例。同时他参与撰写热带雨林生态学专著，最近出版的是与 Richard Corlett 教授合著的 *Tropical Rainforests：An Ecological Biogeographical Comparison*。Primack 教授的研究领域有：气候变化的生物学效应、保护地的物种丧失、热带森林的生态与保护和保护生物学教学等。近来正在编写一本科普著作，介绍自梭罗（Henry David Thoreau）描述瓦尔登湖以来康科德（Concord）的自然变化。

马克平　中国科学院植物研究所研究员，中国植物学会副理事长（2008—2013），国际生物多样性计划（DIVERSITAS）中国委员会秘书长，中国科学院生物多样性委员会副主任兼秘书长，国际自然保护联盟（IUCN）理事（2007—2012），Species 2000 董事会成员，DIWPA、AP-BON 和 ESABII 等国际组织执委会委员，《生物多样性》主编（2009—）、《科学通报》副主编（2010—2014）、《植物生态学报》主编（1998—2008），*Forest Ecology and Management*、*Plant Ecology and Diversity*、*Journal of Plant Ecology*、*BMC Ecology*、*PLoS ONE*、《生态学报》等杂志编委。近年来积极推动生物标本数字化及其共享平台的建设、全国生物物种编目、森林生物多样性监测网络（CForBio）建设和森林生物多样性与生态系统功能研究平台（BEF-China）建立等项目。已发表学术论著 200 多篇（部）。热心保护生物学教育和普及工作。

蒋志刚 中国科学院动物研究所研究员，国家濒危物种科学委员会常务副主任，中国野生动物保护协会科技委员会主任，中国科学院大学教授，IUCN/SSC 专家组成员，著名野生动物保护奖项——印第安纳波利斯奖评委，国际雪豹网络执行委员(2004—2008)。*Current Zoology*、《生物多样性》、《野生动物学报》副主编，*Biological Conservation*、*Oryx*、*PLoS ONE*、*Russian Acta Theoriologica*、*Arid Ecosystems*、*Avances in Zoology*、《科学通报》、《生态学报》、《兽类学报》、《动物学杂志》等刊物编委，长期从事保护生物学研究与科普工作。近年来积极推动中国脊椎动物红色名录、CITES 物种非致危性判断等工作。发表论文 200 多篇，代表著作有《动物行为原理与物种保护方法》、《保护生物学》、《自然保护野外研究技术》、《动物行为学方法》、《物种的保护》、《中国陆生脊椎动物受威胁状况评估》等。

中文版前言（一）

近几十年来，中国的虎和长江豚类野生种群数量不断下降。如果这些物种在野外消失，中国将失去一个重要的文化象征，世界将丧失一个独特的物种。这样的悲剧会给我们什么样的启示？最为重要的启示是，许多生物学家认识到仅仅研究自然过程和未受干扰的环境中的物种是远远不够的。人类活动的影响随处可见，已经成为当今世界的主导因素。生物学家应该直面与人类社会相关的自然保护问题。继而，保护生物学应运而生。保护生物学家研究生物多样性的方方面面，包括物种、生态系统和遗传变异，同时关注对生物多样性的威胁因素，最终的目标是设计并实施保护和恢复生物多样性的行动。很多情况下，保护生物学家需要参与公众教育，传播新知识，提出需要采取的保护行动方案。

由于经济的快速发展和由此带来的隐性环境成本，保护生物学对于今天的中国尤其重要。中国必须现代化，以解决上千万贫困人口的生计问题。中国在这方面所取得的成就是过去半个世纪以来世界上屈指可数的。然而，分析现代化的成本 - 效益时，政府对生物多样性的价值考虑的太少，过于看重经济发展。巨大的工程，如三峡大坝、“南水北调”工程、新的开发区、海边和长江沿岸的新城市等使得上千万的民众脱贫致富，这些工程大力推动了经济发展，但污染了水体，破坏了白鳍豚等濒危动物的生境；同时也污染了人们生活必需的干净的水源和纯净的空气。发展经济固然重要，但生活在退化环境且处于亚健康状态的人们将无法享受经济发展带来的财富。发展的经济收益也应该用于保护人类和野生生物的生存环境。而且，富裕起来的中国人也想欣赏国家公园、自然美景等承载丰富中华文化的遗产地。保护这些自然景观和物种，对于中国和世界都是非常重要的。

中国的环境恶化主要是经济快速发展造成的。中国具有现代化发展的资源，同时有能力保持一个良好的环境，有能力建立和管理许多新的保护地，包括自然保护区。我们应当使民众认识到生物多样性的价值，并成为自然的保护者，对于乡村居民来说尤其重要。保护生物学提供了实现这种发展与保护平衡的理论和实践。这本《保护生物学》（中文版）将有助于学生理解保护生物学的基本原理，并将其应用于中国的实践。本书的重要性体现在汇集了当今国际生物多样性保护的原理，辅以中国的重要案例，如丹顶鹤的保护、中国人与生物圈项目以及在喜马拉雅地区阻止非法野生动物贸易等。很高兴与两位中国学者——马克平和蒋志刚合作完成本书的中文版。希望本书对相关专业的师生、保护生物学研究者、保护区和国家公园的管理者，以及其他相关人员有所帮助。

Richard B. Primack

2013 年 5 月 9 日于美国马萨诸塞州波士顿

马克平 译

中文版前言（二）

保护生物学是关于生物多样性保护的科学，具有很强的时代特色和厚重的使命感。美国波士顿大学的理查德·普里马克（Richard B. Primack）教授很好地把握了这个学科的性质，充分体现在他的著作的框架和内容选择上。这既是他的《保护生物学》（*Essentials of Conservation Biology*）一书的特点，也是他的书能被译成多种语言广泛发行的原因。大约四年前，我们与他合作将他的另一本书《保护生物学简明教程》（*A Primer of Conservation Biology*）编译成中文出版，受到广泛好评，北京大学、浙江大学等都用作教材。现在合作编译的这本书内容更加全面、阐述更加深入，特别是将近年的研究进展及时整合到书中，相信对国内读者会有很大帮助。

由于经济的快速发展和人类活动的不断加剧，生物多样性面临着史无前例的威胁。据联合国环境规划署执行主任阿西姆·斯坦纳（Achim Steiner）博士介绍，2012 年有数千头大象被猎杀，仅喀麦隆 2012 年上半年就猎杀了 450 头；2012 年南非的犀牛有 680 头被猎杀；近来类人猿被大量猎杀的事件引起国际社会的严重关注；乱砍盗伐热带雨林的贸易收入可达每年 300 亿美元，形势十分严峻。中国虽然在保护生物多样性方面取得了进展，但形势不容乐观。以长江为例，其“生态系统面临崩溃的危险”，多种珍贵的野生动物濒临灭绝。在葛洲坝截流后不久的 1984 年，长江还有 2000 ～ 6000 尾中华鲟，之后每况愈下，到 2000 年，只剩下 200 ～ 500 尾；20 世纪 80 年代初，白鳍豚尚有 400 头，但到了 2003 年再次调查时未发现其踪影，已被专家宣布为功能性灭绝；同样的厄运正逼近“水中大熊猫”白鲟。2003 年 1 月 9 日，一尾被南京渔民误捕的长江白鲟，在抢救 27 天后死于江苏昆山东方中华鲟养殖基地，这只还没有来得及取个名字的白鲟，也是目前发现的最后一尾长江白鲟。江豚的命运同样堪忧，目前长江流域只有千余头生存，然而每年至少死亡几十头，已经极度濒危。凡此种种，都应该引起我们的足够重视，并积极采取有力措施恢复和保护生物多样性。保护生物学就是关于生物多样性保护的科学，可以为解决我们面临的生物多样性危机提供理论和方法。正是基于这样的认识，我们编译了这本新版的《保护生物学》。

本书从基础理论到保护方法和成功案例，系统地介绍了保护生物学及其新进展。从这本新版的《保护生物学》中，读者可以了解到保护生物学及其发展历程、什么是生物多样性、生物多样性的现状、生物多样性丧失的原因、如何保护和恢复生物多样性、面临的挑战和可能的解决方案，以及目前这一领域的主要进展，特别是国际社会的努力。希望读者通过本书，对保护生物学有更加全面和深刻的认识，也希望本书对于政府和民众保护及可持续利用生物多样性的行动有所帮助。

这本新版《保护生物学》的编译完成，首先要感谢参与编译的王利松博士（编译第 1 章）、张金龙博士（编译第 2 章和第 3 章）、阳文静博士（编译第 4 章和第 5 章）、杜彦君博士（编译第 6 章和第 19 章）、陈国科博士（编译第 7 章、第 8 章和词汇表）、赖江山博士和朱丽博士（编译第 9 章）、朱丽博士（编译第 10 章和第 18 章）、丁平教授（编译第 11 章）、梁宇博士和李珊（编译第 12 章）、陈磊博士（编译第 13 章和第 14 章）、申国珍博士（编译第 15 章和第 16 章）、刘晓娟博士（编译第 17 章）、陈彬博士（编译第 20 章）、魏伟博士（编译第 21 章和第 22 章）；马克平和蒋志刚审校，最后由马克平定稿。感谢中国科学院水生生物研究所王丁教授及 MAB 国家委员会办公室提供封面江豚和白鳍豚照片，感谢北京大学吕植教授提供扉页的大熊猫照片。感谢科学出版社和 Sinauer Associates, Inc. Publisher 的大力支持，特别是科学出版社生物分社王静社长和罗静、马俊、刘晶编辑，以及 Marie A. Scavotto 女士的积极推动和细致工作，使本书得以在《新生物学丛书》的旗下出版；最后，我要特别感谢蒋志刚研究员和 Primack 教授的精诚合作，他们的积极努力使得本书的出版成为可能。

限于时间和水平，疏漏之处在所难免，诚望各位读者朋友不吝赐教。

马克平

2013 年 7 月 5 日于北京香山

英文版前言

公众对自然和环境的关注已经持续了数十年之久。2010年，联合国宣布当年为国际生物多样性年，又将全世界的视线集中到了自然环境保护上。公众了解了这些信息，要求他们的政治领导人作出必要的政策调整以解决这些问题。保护生物学是寻求研究和保护生命世界及其生物学上的多样性（生物多样性）的领域。在过去的35年间，这个领域已经形成了一个重要的新学科，以解决令人担忧的生物多样性丧失问题。生物多样性所面临的威胁相当严重，例如，最近的数据表明，整整1/3的两栖动物存在着灭绝的危险。同时，一些好消息让我们对未来抱有希望，如通过各方面综合的保护努力，在世界上很多地方，海龟的数量已经在上升。这本书中的很多例子都说明，政府、个人和自然保护组织可以携手合作，为自然“创造一个更美好的世界”。

很多事实证明人们对保护生物学的兴趣激增，如国际保护生物学会的会员数量快速增长、在很多期刊和通讯中展示出的对保护生物学问题高度的关注，以及几乎每周新出现的大量的保护生物学书籍和高水平的文章。国际自然保护组织已经开始使用多学科的手段来应对自然保护方面的问题，相关人员也已经开发了在线“生命大百科”（encyclopedia of life）来提供自然保护所需要的信息。

大学生不断以巨大的热情选修保护生物学课程。之前各版的《保护生物学》（*Essentials of Conservation Biology*）为该学科提供了系统、全面的教材。目前出版到第4版的《保护生物学简明教程》（*A Primer of Conservation Biology*）满足了想对保护生物学有基本了解的学生对一本“速成指南”的需要。第5版《保护生物学》对本领域主要概念和问题进行了全面、细致、深入的介绍。和以前各版一样，第5版是为保护生物学课程设计的，但是也可以作为普通生物学、生态学、野生生物学和环境政策学课程的补充材料使用。本书还可作为需要了解本学科全面知识背景的专业人员的一本详细参考书。相信读者一定会从书中最新的全彩插图中获得乐趣和裨益。我们还在书的侧边栏添加了突出显示的、描述正文的要点，希望有助于读者的学习。

本书第5版反映了这个领域的激动人心之处和新进展，覆盖了关于一些主题的最新资料，包括不断扩大的海洋保护区，以及环境保护和全球变化的关系。第5版还突出展示了从文献中遴选的新方法，涉及的问题有物种再引入、种群生存力分析、保护区管理和生态系统服务补偿。这一版的另一个新增部分是一张辅导资料光盘，提供给经认证采用这本教科书的老师。这张辅导资料光盘收录了教材中所有图、照片和表格的电子版。

为使保护生物学保持国际化特点，应该让尽可能广泛的人接触到这个领域。在Marie Scavotto女士和Sinauer Associates的同事们的协助下，我制订了一个现在仍在执行的翻译计划。该计划始于1995年的德文译本和1997年的中文译本。我清楚地认识到让这些材料更易懂的最好办法是出版各地区、各国自己的译本，即邀请当地的科学家作为共同作者，加入他们自己国家和地区与目标读者更相关的案例和插图。在过去的12年中，《保护生物学》的各版已经有了阿拉伯语、匈牙利语、罗马尼亚语和面向拉丁美洲读者的西班牙语译本；《保护生物学简明教程》也有了葡萄牙语、中文（两版）、捷克语、爱沙尼亚语、面向马达加斯加读者的法语、希腊语、印度尼西亚语（两版）、意大利语、日语（两版）、韩语（两版）、蒙古语、罗马尼亚语、俄语、西班牙语和越南语译本。新版《保护生物学简明教程》的法国版、南亚版、巴基斯坦版、土耳其版和捷克版正在制作中。我希望这些译本能帮助保护生物学发展为一个全球性的学科。与此同时，各译本中有些例子也被英文版采纳，从而使书中内容更为丰富。

希望本书读者有意愿去了解物种和生态系统所面临的危机，以及要如何做才能阻止这些危机的发生。我鼓励读者常怀环保者之心——请使用本书附录来找到环保组织以及如何帮助它们的信息。如果读者能由此获得对保护生物学的目标、方法和重要性更深刻的认识，并能采取行动，在日常生活中有所作为，本书则幸不辱命。

Richard Primack

2010年4月于美国马萨诸塞州波士顿

马英克 译，马克平 校

目　录

第 I 篇

保护生物学的范畴和主要内容

第1章

什么是保护生物学？

在过去的几十年，保护世界生物多样性（包括生物种类的多样性及其构成的复杂生态系统以及物种的遗传变异）的热情在不断高涨。科学家和公众已经逐渐意识到，我们正面临前所未有的生物多样性丧失。全球范围内，由于人类活动，历经上百万年形成的生物群落，包括热带雨林、珊瑚礁、温带原始森林和草原正遭受破坏。成千上万的物种和独特的种群在未来几十年将遭受灭顶之灾（MEA 2005）。地质历史上由于行星碰撞这样的灾难性事件曾导致许多物种绝灭，而如今我们所面临的物种绝灭却有着深刻的人类痕迹。在生命历史上，从来没有发生过如此短的时间里大量物种和生态系统濒临绝灭与消失的情形。人类认识到生物多样性丧失的必然性，却忽视了人口急剧膨胀是导致生物多样性丧失的主要原因。

全球人口在1850年前后达到10亿，这期间经历了1万年的时间。160多年来，人口急剧膨胀。2011年10月31日，全球人口增加到70亿，2050年，全球人口会达到94亿（Rosenberg 2009）。在这样的人口基数规模上，即使有效地控制人口增长速度，每年还是有数千万的新增人口（图1.1）。人口增长加大了生物多样性资源的消耗，利用了大量的自然资源，如石油、木材和鱼类；人类将自然生境变成了农林地、房地产、旅馆、矿场和工业区，以及其他的活动设施。

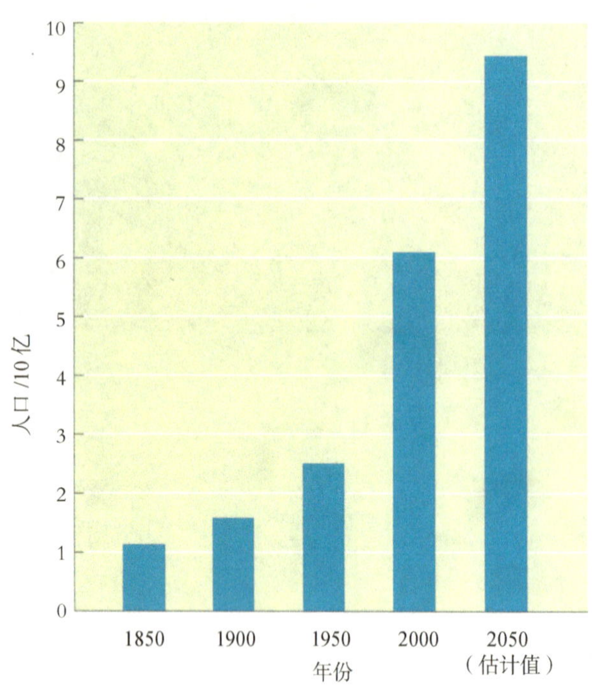

图 1.1 2010 年地球人口约 68 亿。世界资源研究所估计目前人口平均增长率是 1.1%。即使是这个低的人口增长率也会使地球人口在下一年中增加 7200 万。每年的人口在增长（数据来源于美国人口调查署，www.census.gov）

生物多样性所面临的威胁呈加速趋势。高度城市化和工业化国家对自然资源的消耗使问题变得更加严重。例如，美国人均能耗是全球平均水平的 5 倍，是中国的 10 倍，是印度的 28 倍（Worldwatch Institute 2008; Encyclopedia of the Nations 2009）。日益增长的人口数量及其对自然资源的过度利用直接导致了生物多样性的丧失和灾难性后果。

如果不采取有效措施来改变人类活动引起的物种绝灭趋势，那些自然界美丽的物种，如大熊猫、鲸、蝴蝶和鸣鸟都将永远从它们的自然栖息地消失。如果不对自然生境和物种的种群加以保护，数以万计不被关注的植物、菌类和无脊椎动物，以及难以计数的小型生物都将绝灭。这些不太受人类关注物种的消失对我们的星球和人类可能是灾难性的，因为它们在维持整个生态系统的稳定中担负着重要的角色。

除了物种绝灭，砍伐和毁林活动扰乱了自然水文和化学循环，影响到人类赖以生存的洁净水和空气。农业和污水造成的土壤侵蚀及污染，使河流、湖泊和海洋受到严重影响。大气污染和森林砍伐等多种因素造成了气候的异常变化。即便是那些看起来没有受到威胁的物种，由于种群数量的减少，它们的遗传多样性也正在丧失。

生物多样性所面临的主要威胁是人口增长及其对自然资源过度利用而导致的自然生境破坏（Papworth et al. 2009）。这种生境破坏包括砍伐温带原始森林和热带雨林、过度放牧、湿地水渗漏和污染淡水及海洋生态系统。虽然通过国家公园、自然保护区和海洋保护区的方式对一些自然生境进行了保护，但依然需要积极的行动来阻止保护区中物种的绝灭。因为这些物种的数目已经急剧减少，容易绝灭。同时，保护区内生境破碎化也有可能使某些物种无法适应改变了的环境而绝灭。

自然生态系统正面临气候变化和生物入侵的威胁。在单一区域保护一个物种的方法可能会由于气候变化使这种保护活动最终失败（见第 9 章）。外来种入侵使生物群落遭受毁灭性破坏。这些外来物种有的是人为有意引入的，如庭院植物和家养动物；而有的则是无意中引入的，如一些杂草、昆虫害虫及新疾病。在许多情况下，尤其是对于岛屿环境，这些外来种最终变成入侵种（见第 10 章），它们最终会替换和排除岛屿上的本地物种。

其他对生物多样性的威胁源于人类为了满足当地或国际贸易市场的需要，应用现代技术对动植物资源的过度利用。现在生活在热带雨林的猎人不再通过步行和弓箭来猎杀动物，他们已经使用猎枪和汽车等现代工具。渔船也由原来依靠风和人力驱动改为机械动力的大型舰船，这些交通工具还常常配备冰箱等现代设施。工具条件的改善让这些猎手可以在海上连续驻扎几个星期甚至是几个月。这些捕获动植物资源条件的改善所导致的结果是某些区域的整片森林、草地和海洋动植物群落被完全清除掉。

应用现代技术常常会改变一个地区甚至是全球的环境。有些改变是有目的、有计划的，如建设水坝和开垦农业用地；有些则是人类活动的副产品，如空气污染、对整个山体露天开采、渔业对整个海底生境的破坏等。不加控制的化学品和污水倾入河流、湖泊导致全世界很多重要淡水、海岸带和海洋系统被污染，使这些生境中的物种绝灭。水体的污染已经非常严重，甚至在一些海洋环境，如地中海、墨西哥湾和波斯湾，情况也不容乐观。人们曾经以为这些大型水体有能力消化这些污染，污染不会对环境产生负面效应，但是这些大型水体中许多曾经常见的动植物种类正面临绝灭。一些内陆水体，如咸海（aral sea）被完全破坏了，生存在那里的一些独特的鱼类完全灭绝。工厂和汽车尾气将雨水变成了酸雨，使得原本保护城市工业中心的树木被杀死或破坏，原先依赖这些树种形成的动物栖息环境也不复存在。科学家们曾警告，空气污染严重的时候会改变全球气候格局，并减弱大气过滤有害紫外辐射的能力。这些事件对生态系统的影响是空前的，但它们也促进了保护生物学的发展。

科学家们现在意识到对生物多样性造成威胁的因素是相互作用的。也就是说一些单独的因素，如伐木、火、贫穷和过度狩猎组合起来所起的破坏作用是成倍放大的。同时，对生物多样性的威胁也直接威胁到人类，因为人类依赖自然资源获取自身所需的原料、食物、药品和饮用水。越是居住在贫困地区的人口，他们经受的环境恶化带来的负面影响越严重。

1.1 保护生物学是一门新兴科学

目前所发生的物种绝灭和生境破坏事件让我们感到沮丧。但我们也需要勇于面临挑战，找出一些方法来阻止这些人为干扰下生物多样性丧失事件的继续发生（Orr 2007）。在未来的几十年里，我们所采取的行动将决定有多少物种和自然生境能够被有效保护。在将来，当回首 21 世纪之初通过国际间合作拯救下来大量物种和生态系统时，我们可能会由衷地感到欣慰。下面将在本章和这本书里向大家列举出这些卓有成效的保护活动。

保护生物学是为了保护现存物种和生态系统的综合性、多学科交叉的研究领域。这门学科有三个方面的主要目标：

- 完整记录地球上的生物多样性；
- 调查人类活动对物种、遗传变异和生态系统的影响；
- 建立可操作的方法来阻止物种绝灭，维持物种种群的遗传多样性，保护和恢复生物群落以及它们的生态功能。

前两个目标涉及用于科学研究的事实性知识的获取。第三个目标则把保护生物学定义为一门**规范化**(**normative**)的学科，也就是说它包含某些价值。例如，保护生物学家们认为对物种和生态系统的保护将最终使人类受益(Nelson and Vucetich 2009)。这些价值是通过应用科学的方法来实现的。从这个意义上说，保护生物学很像医学。医学借助生理学、解剖学、生物化学和遗传学的知识来实现保证人类健康和消除疾病的目的。保护生物学则是利用分类学、生态学、进化生物学以及种群遗传学等传统学科的知识，通过保护生物学家们的努力，来阻止人为扩大的生物多样性丧失的态势。

保护生物学是对传统学科的补充

保护生物学起源于20世纪80年代，当时用于自然资源管理的传统学科已不能满足解决生物多样性所面临的危机状况。农业、林业、野生动物管理和渔业生物学主要涉及小范围内自然资源的市场和再生问题。这些学科并不太关心全球范围内物种和生态系统的保护，并没有把它作为学科的终极目标。从这个角度来说，保护生物学补充了应用学科，它提供了一个更一般性的理论方法来保护生物多样性。保护生物学与传统学科的根本区别在于它把对整个生态系统的保护作为其长期目标，而经济利益等因素则放在相对次要的位置。

种群生物学、分类学、生态学和遗传学知识是保护生物学的核心知识。许多保护生物学家都来自这些传统研究领域，还有一些保护生物学家来自像林业和野生动物管理等应用性领域。此外，许多优秀保护生物学学者来自动植物园，他们对珍稀濒危物种的自然分布很了解，并在这些物种的人工繁育方面有丰富的经验。

保护生物学和环保主义(environmentalism)有非常密切的关系。环保主义是一个世界范围内的活动，它主要通过政治和教育途径来实现自然环境的保护，使其免遭破坏和污染。保护生物学是一门科学，它对环保主义者的活动非常有帮助。两者的根本区别在于保护生物学的成果基于生物学的调查和研究。

生物多样性危机与人类的生活密切相关，因此保护生物学也与其他各自然和社会学科有密切的关系(图1.2)(Groom et al. 2006)。例如，环境法和政策为珍稀濒危物种及关键生境的保护奠定了法律和政策基础，环保道德规范提供了物种保护的逻辑依据。生态经济学家将生物多样性的价值进行估算，为我们的保护行动提供可参考的量化支持。生态系统生态学家和气候学家监测环境的物理和生物学变化，并建立一些模型来模拟环境对干扰的响应。社会科学，如人类学、社会学和地理学教给当地人开展环境保护的方法。保护生物学相关的教育活动则把学术研究和野外工作联系起来解决环境问题。它教会人们科学知识，并且帮助他们认识自然环境的价值。由于保护生物学从众多学科获得知识和方法，因此是真正多学科交叉的研究领域。

保护生物学与纯学术研究领域的区别在于：它针对一些生物多样性威胁的问题提出可操作的解决方法。这些问题包括保护珍稀濒危物种的最优策略、保护区的设计、维持小种群的遗传变异以及解决当地居民生计和保护需要的冲突等。而检验保护生物学研究成果的标准就是，看它是否能对物种和生态系统的保护及恢复起作用(专栏1.1)。虽然保护生物学研究在很大程度上属于学术研究的范畴，但它最终的目标是为保护实践提供可操作的解决方法。

专栏 1.1　保护生物学的多学科方法：海龟的案例

过去这些年，国际、国内对保护生物学研究和政策的支持增强了我们对生物多样性的保护能力。一些濒危物种的有效恢复即是很好的证明。我们正处在保护生物学的知识库不断扩大，并且与社会科学、城市发展建立了联系，同时对退化环境的恢复能力增加的时代。这些都表明保护生物学取得了有目共睹的成果，但是我们也要意识到还有许多艰巨的任务有待我们去完成。保护生物学家们正在使用本学科建立的方法来处理一些具有挑战性的问题，如巴西极度濒危的海龟保护项目。

海龟的处境极度危险，它的种群已经下降至不到其原来种群大小的 1%。导致这种状况有很多原因，如栖息地破坏、对成年海龟的捕杀、采集海龟蛋食用和被一些打捞装置缠绕致死。巴西拯救海龟的保护活动向我们展示了保护生物学作为一门跨学科方法的魅力。

> 跨学科方法，当地社区参与和对重要生境与物种的恢复是保护生物学的成功做法。

海龟长年生活在海底，只有雌性在产卵期会出现在海滩上。当巴西政府开始海龟拯救项目的时候，他们发现没有人能够确切地说出巴西有哪些海龟种类、巴西到底有多少海龟、它们在哪里产卵、当地人是如何影响海龟生存的。为了克服基础信息缺乏的困难，巴西政府在 1980 年建立了国家海洋海龟保护计划（National Marine Turtle Conservation Program），简称 TAMAR。这个项目的目标就是用 2 年的时间对巴西 6000 多千米的海岸线，通过船只、马匹和步行，以及村民们的观察，彻底调查巴西海龟的资源。TAMAR 项目的潜水员则通过给海龟做标记来监测海龟的种群情况。数据收集是许多保护项目实施的重要起始阶段。

TAMAR 项目的调查发现，海龟在巴西分布于里约热内卢和累西腓（Recife）之间长达 1100km 的海岸线上，有 5 种，分布最丰富的物种是赤蠵龟（*Caretta caretta*）。绿海龟（*Chelonia mydas*）是唯一生活在远离海岸线岛屿上的种类。

距巴西海岸 220km 的罗卡斯环礁（Rocas Atoll）周围的觅食和巢穴区已经受到保护，巴西科学家测量濒危绿海龟（*Chelonia mydas*）的长度。作为 TAMAR 全面保护项目的一部分，他们将长期标记绿海龟

对当地人的走访和对海滩的观察发现，成年海龟和卵遭到了大规模捕杀，几乎所有的海龟蛋都被村民取走。多年来，海滨旅游、建筑和商业的发展破坏了海龟的栖息地。海岸上高耸的建筑物遮挡了阳光，因此降低了海滩沙土的温度，而温度对海龟卵在胚胎发育时的性别分化是非常关键的。在一些海滩，几乎所有孵化的海龟都是雌性的，从而影响了该物种的成功繁殖。另外，晚上建筑物所发出的光错误地引导新孵化的幼龟到处乱窜，直至筋疲力尽。许多刚刚进入海洋的幼龟被渔夫用渔网捕获，最后窒息而死。

TAMAR 项目调查的信息对巴西政府在 1986 年通过立法建立两个保护区和一个海洋国家公园保护海龟起到了关键作用。虽然保护区的建立非常重要，但是还需要后续的有效管理才能实现保护的目的。TAMAR 项目采用了创新和综合性的方法来实施海龟的保护，他们在海龟栖息的 21 个主要的海滩建立了保护观测站。巴西政府还赋予保护站对这些海滩具有充分的管理权限。每个保护站都有一个主管、几个大学实习生和一些当地人。TAMAR 项目 1000 个雇员中有超过 85% 的人住在海岸带，其中很多是以前的渔民，他们对海龟熟悉的特长转化成有效保护海龟的技能。这些当地人大多积极倡导对海龟的保护，因为通过 TAMAR 项目和与海龟相关的旅游事业给他们带来了可观的收入。

保护站工作人员通过步行或者乘坐交通工具定期巡查保护区，测量发现的海龟的大小，给那些在海滩上的成年海龟脚蹼做上标记。在食肉动物多的区域，将海龟巢穴用金属网保护起来以保护海龟卵，并且这种方式使海龟在孵化后可以自由移动。或者把海龟蛋带到邻近的孵化区埋起来。这些方法使海龟能够在受到保护的巢穴顺利孵化，而且顺利进入海洋，就好像它们在自然状态的巢穴所完成的整个过程一样。TAMAR 项目每年保护超过 4000 个海龟巢穴，保护了大约 10 万个海龟巢、700 万刚孵化的幼龟。海龟巢穴以每年 20% 的速度增加。

TAMAR 项目也和巴西政府密切合作保护和管理远离海岸线的岛屿上的海龟巢穴。该项目还采取措施来防止海龟在海洋觅食时被误捕的情况。TAMAR 项目告诉渔民海龟的重要性，并且帮助他们改善捕鱼装置以防止对海龟的伤害。他们还教会渔民如何处理被渔网困住的海龟。当地人对海龟的喜爱和对新保护法律的认可使许多渔民都自觉遵守保护政策。但是偶然误捕所造成的死亡仍然是海龟面临的大问题。

TAMAR 项目在当地扮演了非常积极的角色。在很多地方，TAMAR 项目给当地人带来了收入，建立了儿童保育设施和小型诊所。当地的村民经过培训制作一些以海龟为主题的手工艺品卖给游客。为了提高当地人对 TAMAR 项目的认识，TAMAR 项目的工作人员在当地的乡村学校组织有关讲座和海洋保护活动，如新孵化幼龟放归海洋的仪式。

TAMAR 项目通过电视和科普文章在巴西几乎家喻户晓，同时他们还建立了海龟教育中心，供成千上万的游客（包括许多巴西本地游客）参考游览。通过参观，这些游客看到了保护的成效，获得了丰富的保护知识。继而，他们通过购买纪念品来支持这个项目。

TAMAR 项目也把下一代的保护生物学家纳入进来，让实习生得到保护生物学最有实践意义的锻炼。我们希望 TAMAR 项目积累的经验能够推广到其他保护项目中。

通过 TAMAR 项目对数千个成年海龟、数万个海龟巢穴和数百万个新孵化幼龟的保护，巴西的海龟种群趋于稳定，甚至还出现了增加的势头。这个项目改变了当地居民，甚至整个巴西人对保护的态度。通过把保护目标和当地社区的教育发展相结合，TAMAR 项目改变了海龟以及当地村民的命运。

TAMAR 项目提高了海龟保护的公众认知，主要做法是举办游客、学生和当地民众参与的社会活动，如放流海龟苗等（TAMAR 图像库提供）

保护生物学是一门应对危机的学科

保护生物学是一门应对危机的学科。例如，我们经常会面临在有限的时间内完成国家森林公园的设计和珍稀濒危物种的管理等任务（Marris 2007）。保护生物学家和相关领域的科学家们可以给政府和商业机构以及公众提供保护决策所需的依据。但科学家们经常被迫在短时间内，在没有进行完全彻底地调查之前给出一些推荐性的处理方案。由于在很多情况下不管有没有完整的科学知识作支持我们也需要作出决策，因此保护生物学家需要主动表达他们的观点，并基于所有当前可利用信息来作出正确的判断（Chan 2008）。同时，保护生物学家不仅需要能够对当下面临的危机作出有效反应，也需要具有长远的保护战略的眼光（Redford and Sanjayan 2003; Nelson and Vucetich 2009）。

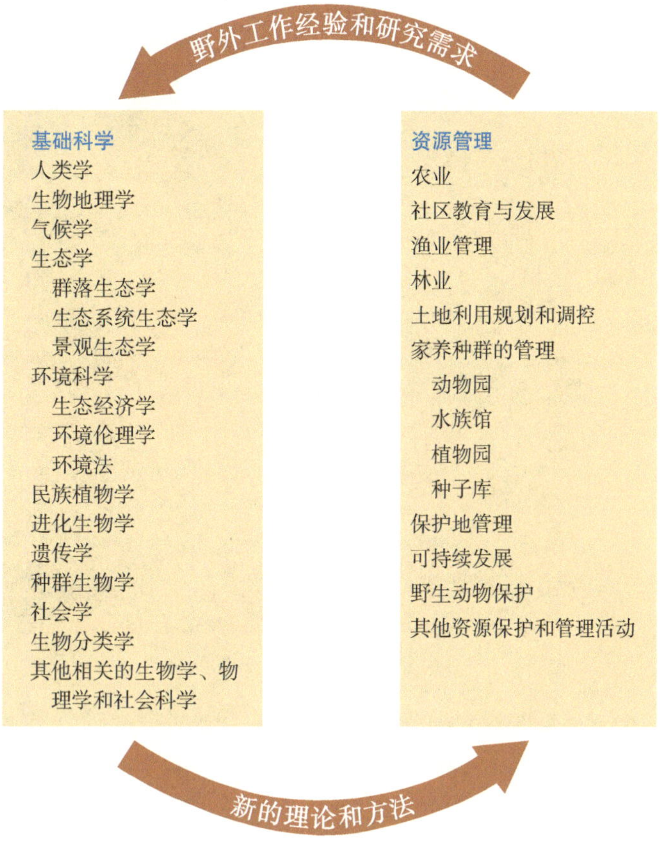

图 1.2　保护生物学是很多基础学科（左半部分）的综合，这些学科为资源管理提供了基本的原则和新方法（右半部分）。同时，在保护生物学领域的应用又促进了这些基础学科的发展（仿 Templ 1991）

保护生物学的伦理原则

在本章的前面我们曾经提到保护生物学是一门规范化的学科，它具有某些内在的价值判断。保护生物学具有如下被广泛接受的原则（Soulé 1985）：

- 物种和生态系统的多样性应该得到保护。丰富多彩的各种生命形式都应该得到保护。大部分人都同意这个原则，因为人们从生物多样性中获得了身心的愉悦。成千上万参观动植物园、国家森林公园和水族馆的游客们欣喜于多彩的自然世界（图 1.3）。物种的遗传多样性也备受关注，如人潮涌动的宠物秀、农业博览会和花卉博览会，以及人们自发组织的展示特殊生物种类的协会，如非洲紫罗兰协会和玫瑰协会等。家庭园丁们会因为自家花园里多彩的植物种类而感到自豪，鸟类爱好者常把认识更多的鸟类物种当成是自己毕生追求的爱好。曾有研究表明，人类自身具有喜爱生物多样性的遗传倾向，这被称为热爱生命的

图 1.3 人们享受生命的多样性，如蝴蝶主题公园的建立（Richard B. Primack 摄影）

天性（biophilia）。这个词来源于希腊语 bio 和 philia，前者指生命，后者是热爱（Kellert 1997; Corral-Verdugo et al. 2009）。

- 要防止种群和物种的非常规绝灭。物种和种群的绝灭本身是自然过程，在伦理上说是个中性事件。在上千年的地质时间过程中，物种的自然绝灭和新物种的产生保持一定的平衡。一个物种局部种群的丧失常伴随的是散布过来的新物种种群的建立。然而，由于人类活动，物种绝灭的速率呈数百倍的增加（见第 7 章）。在过去短短的几个世纪，有上百种脊椎动物和上万种无脊椎动物由于人类活动而绝灭。现在大家已经认识到人类在大自然中的角色，意识到人类活动对物种和生态系统的破坏作用，更重要的是，应采取行动来防止这些绝灭事件的发生。
- 生态复杂性应该得到保持。生物多样性的许多有趣特征只有在自然界才能观察到。例如，在热带雨林中一些植物的花、蜂鸟和螨类之间存在的复杂的协同进化和生态关系。螨类栖居在植物的花中，蜂鸟吸食这些植物的花蜜，而螨类就通过蜂鸟的长喙在不同的花间漫游。如果仅在动植物园里保存单个物种，那么这种复杂的物种相互关系将不复存在。因此，从某种程度上说，动植物园只能保护生物多样性的一部分。如果不保护野外生境，这些存在于生物群落中的复杂关系将会消失。
- 进化过程应该得到保护。进化辐射最终导致新物种的产生和生物多样性的增加。因此，重要的是要保证自然种群演化过程的连续性。应该阻止那些限制，甚至是妨碍种群发生进化的活

> 保护生物多样性也有伦理上的原因，如物种具有内在价值的信念。或者人们具有自然的欣赏和珍视生物多样性的倾向。

动。应该制止对一些生活在山地环境的特有种群或物种分布区边缘种群的破坏。将物种迁移到动植物园实际上是便于将来恢复这些物种野外种群的权宜之计。这种“囚禁”方式的保护并没有有效保护有利于物种进化的生态过程。最终的结果是，当把这些物种放归自然时，它们却不能够自然存活。在当下气候变化和人类活动加剧的情况下，保护物种自身进化能力是非常重要的。

- *生物多样性有其内在价值。*无论是否对人类社会存在科学、经济或美学价值，物种及其存在的生态系统都有它们自身的价值（“内在价值”）。这种价值不仅体现在它们独特的进化历史和生态角色，而且在于它们存在的本质。这与经济学的观点形成鲜明的对比。按照生态经济的观点，物种和生态系统对人类的商品或服务价值可以被估算为某些货币值。这种经济评价的方式常常使一些严重破坏生物多样性的开发项目得以顺利通过环境评估，因为生态经济的货币价值估算方法忽略了生物多样性本身的内在价值。

我们没有办法来证明上述这些原则，也不要求保护生物学家遵从所有这些原则。例如，宗教人士可能非常积极地参与保护活动，但他们并不接受生物进化的理论。这些道德和伦理上的原则构成了保护生物学的哲学基础，对我们的研究和实践会有所帮助。只要能够接受其中的一两条原则就足以开展相关的保护活动。

1.2 保护生物学的由来

保护生物学的源头可以追溯到宗教和哲学信仰中有关人类社会及自然世界的关系（Dudley et al, 2009; Higuchi and Primack, 2009; 亦见第 6 章）。在许多宗教中，人的肉体和精神与周围环境中的动植物息息相关（图 1.4）。中国的道教、日本的神道教、印度的印度教以及佛教哲学中，一些宗教圣地和自然环境受到相当的重视而加以保护，从而给宗教信仰者带来极大的精神慰藉。许多基督教修道院和宗教中心都把保护它们周边的自然环境作为一项非常重要的任务。这些潜在的哲学向我们展示了自然和精神世界的

图 1.4　印度尼西亚巴厘岛上的印度教庙宇——海神庙。海岸线的环境使朝拜者能够体验到人类精神和自然世界的联系（Hemis/Alamy 拍摄）

直接联系。如果这些自然环境遭到破坏，那么精神和自然世界直接的联系也就断裂了。在印度，严格的耆那教（Jain）和印度教（Hindu）教徒坚信任何杀生都是错误的。伊斯兰教、犹太教和基督教的教化中，人类对自然的保护有神圣不可侵犯的责任。许多早期西方环境运动的领导者帮助建立公园和保护区的动力就是来自于他们作为基督教徒的强烈信仰。

生物多样性对某些地区的传统社会有非常重要的价值。例如，生活在北美太平洋西北部的本土部落里的猎手，需要经过洗礼仪式来确认狩猎活动的价值。易洛魁族人会经常思考他们的行为和活动将会对他们7代之后的子孙产生什么影响。一些传统的采集和狩猎部落，如生活在婆罗洲的普兰人（Penan of Borneo），他们给居住地周边数以千计的树木、动物和地点都取上名字，从而创造了一种独特的文化景观。这种独特的文化景观对部落的发展是非常重要的。在1987年的第四届世界野生环境保护委员会大会上，来自巴拿马的库那族（Kuna）代表对这种人类和自然界的特殊关系又进行了强有力的阐述（Gregg 1991）：

> “对于库那文化来说，土地是我们的母亲，而所有我们生活所依赖的生命体都是她的兄弟。所以，我们必须好好照顾我们的母亲，并与她和谐相处。因为任何一种生命的消失将意味其他更多生命的消失”。

Gadgil和Guha（1992）认为，在印度次大陆的生态和文化历史中，信仰、宗教和采集狩猎部族的神话，以及稳定的农业社会更强调保护的主题和对自然资源的合理利用，因为生活经验教会他们如何利用非常有限的自然资源。与之形成鲜明对比的是，在靠饲养家禽、快速扩展的农业和工业社会里，人们更强调对自然资源的快速消耗和破坏。通过这种方式，某些群体可以获得自身的快速发展，进而控制其他发展慢的群体。当把一个地方的自然资源消耗殆尽，人们又转移到其他地方继续这种行为。现代工业发达的国家代表了这种发展模式的一种极端情况。过度消耗和浪费需要将自然资源运输到城市，进而形成了一种资源消耗不断扩大的模式。可以想象一下，如果资源都完全消耗掉了，我们该怎么办呢？

欧洲源头

欧洲人思想上的盛行观点是：上帝因为人类的福祉而创造了自然。在《圣经》的《创世纪》中，上帝指引亚当和夏娃“在地球上繁衍生息并征服地球，而且要掌控生活在地球上的生命”。《圣经》的指引强化了西方哲学的信条：要尽可能快地将自然转变为财富为人类所用。这种观点使几乎所有的土地利用看起来都是正义和合理的，也意味着如果让土地闲置而不利用，则是对上帝所赐礼物的亵渎。这种行为即便是不受到上帝的彻底惩罚，那也是愚蠢和错误的。在中世纪的欧洲，和井然有序的农业景观相比，荒芜的土地被认为是没有用的，在那里居住着邪恶的灵魂和魔鬼。这种观点在任何时间和地方都是错误的，但它告诉我们过去和现在观念上的差异。

这种人类中心说（anthropocentric）的自然观使欧洲国家从16世纪后开始开发殖民地的资源并导致了殖民地资源退化（Diamond 1999）。那些被大量攫取的资源基本上被殖民统治者所获得，当地居民基本上没有享受到资源利用带来的任何好处。并且，长期开发森林、渔业和其他自然资源的后果完全被忽视。对于当时的欧洲殖民者们来说，美洲、亚洲、非洲和澳大利亚这些尚未开拓的地区，有取之不尽、用之不竭的自然资源。

18世纪和19世纪许多有浪漫主义情怀的科学家被派往那些殖民地协助当地的发展。这对欧洲保护活动的成长是一个非常重要的因素（Subashchandran and Ramachandra 2008）。这些科学家在生物学、自然历史、地理学和人类学方面受过良好的训练，这使他们可以对殖民地的详细情况进行仔细地调查。他们中的许多人期望在这些地区发现当地人与自然和谐相处的景象。但实际上他们所看到的却是遭到大肆破坏的森林、流域及贫穷的人们。这些欧洲的科学家在详细了解上述情况后认为森林保护非常重要，因为森林可以提供用于灌溉和饮用的水源及木材，防止土壤侵蚀和饥荒。一些殖民地的管理者也认为，比较完整的森林不应该被砍伐，因为它们对邻近农业区的降雨起着非常重要的作用。从某种意义上说，这或许是全球气候变化思想的启蒙。科学家们积极地讨论最终形成保护条例。例如，1769年，在印度洋毛里求斯岛的法国殖民管理者规定，25%的土地都应该有森林以防止土壤侵蚀，土地退化的地区应该种植树木，靠近水体200m附近的森林都要得到保护。在18世纪晚期的时候，为了防止水体污染和鱼类种群的破坏，很多殖民地管理者都颁布法令来控制制糖作坊和其他工厂污染的排放。除了这些具体的保护活动，在印度工作的英国科学家还于1852年发布了一份报告，敦促在次大陆地区建立广泛的、由专业林业人员来管理的森林保护区，以避免环境灾难和经济损失。尤为重要的是，这份报告认为：森林的破坏与降雨和水源的减少以及当地人的贫困有直接关系。该报告得到了东印度公司的支持，因为他们看到了保护给公司带来的巨大经济利益。森林保护区系统很快在其他地区被采纳，如东南亚、澳大利亚和非洲，也深刻地影响了北美地区的森林管理。但是这些新诞生的资源管理系统有非常强的行政管理和控制心态作祟，因此，当现实情况与他们的管理计划不符合时就必然导致失败。更具戏剧性的是，在成为殖民地之前，这些地区的当地人有一套非常有效的自然资源管理系统，而这个事实却被殖民者们所忽视（Subashchandran and Ramachandra 2008）。

现代保护生物学的很多主题早在一个世纪甚至更早的时候就在欧洲的科学著作中出现，如物种发生绝灭的事件。1627年的欧洲野牛（*Bos primigenius*）和1680年毛里求斯渡渡鸟（*Raphus cucullatus*）的绝灭（图1.5）。为了解决欧洲野牛的种群下降和可能的绝灭，波兰国王在1561年建立了一个自然保护区来禁止狩猎。比亚沃维耶扎原始森林（Bialowieza Forest）代表了早期欧洲为了保护单个物种而进行的保护活动。但是这个活动最终并没有有效保护野牛的野生种群，直到1951年野牛才被再次放归森林。比亚沃维耶扎原始森林从现在的波兰横跨至白俄罗斯，它依然是欧洲最重要的保护区之一，其中保存了曾经覆盖欧洲的原始森林。

19世纪晚期的时候，对野生动物保护的热情逐渐高涨（Galbraith et al. 1998）。由于农业土地的扩张和使用高级枪械的狩猎活动致使野生动物大量减少，对英国文化和生态都非常重要的物种——大鸨（*Otis tarda*）、鹗（*Pandion haliaetus*）、海雕（*Haliaeetus albicilla*）和大海雀（*Pinguinus impennis*）就是在这个时期野外绝灭了。其他一些物种的种群也急剧下降。这种严峻形势促使英国开展了一系列保护活动。例如，1865年成立的公共用地及乡间小路保护协会（the Commons，Open Spaces and Footpaths Preservation

(A)

(B)

图 1.5 （A）Roland Savey 在他的画作“亚当的堕落”（Fall of Adam）中的渡渡鸟的图片，该作品保藏在柏林皇家画馆。这张图中的渡渡鸟是根据 17 世纪早期被带到欧洲的一只活渡渡鸟画的。（B）欧洲最早建立的自然保护区，用来保护波兰的欧洲野牛（Liz Leyden/istockphoto.com 拍摄）

Society），1895 年成立的国家名胜古迹信托公司（National Trust for Places of Historic Interest or Natural Beauty），1899 年成立的皇家鸟类保护协会（the Royal Society for the Protection of Birds），这些组织保护了将近 90 万 hm^2 的区域。进入 20 世纪，政府颁布了许多保护法令。例如，1949 年通过的《国家公园和乡村土地使用法案》（National Parks and Access to the Countryside Act 1949），用于保护濒危物种及其生境和海洋环境；1981 年通过的《野生动物及乡野法案》。由于土地利用强度大，在保护传统上英国更强调小区域的资源管理和保护，但生境的稀有和多样性的丧失，如白垩草地和原始森林也是他们关注的焦点。

> 欧洲的保护历程业已证明，生境退化和物种丧失需要长期的保护努力。

欧洲其他国家也有非常好的自然和土地保护传统，尤其是丹麦、奥地利、荷兰、德国和瑞士。在这些国家，政府和私人保护组织都通过各种法律、条令来开展保护活动。在过去的 20 多年，在地区水平上开展的物种、生境和生态系统过程保护活动得到广泛的发展，并得到欧盟的支持。欧洲人也在澳大利亚、新西兰和加拿大等其他国家发起了许多保护项目。

美洲源头

美国早期倡导自然保护的有识之士以 19 世纪的哲学家爱默生（Ralph Waldo Emerson）和梭罗（Henry David Thoreau）为代表（Callicott 1990）。爱默生在他早期的先验论著作中把自然看成是人类可以和其精神世界进行交流的神殿。通过这种交流人们可以获得某些启发（Emerson 1836）。梭罗既是一个自然倡导者，也是一个反对物质主义社会的人。他认为，人类生活占有的物质总是远远高于他们的实际所需。为了证明这种观点，他自己居住在瓦尔登湖旁的一间小木屋里撰写他的《瓦尔登湖》一书。该书在 1854 年出版发行，并且对很多美国学生和环境保护主义者有深远影响。梭罗认为自然的经历是削弱文明趋势的必要抗衡。在 1863 年的文集中他说到：

> 荒野是世界的保护……罗穆卢斯和瑞摩斯（罗马帝国的创建者）被狼哺乳并不是一个没有意义的神话故事。任何一个帝国的建立都要依赖相似的自然资源为

其基础。

与欧洲人形成鲜明对比的是，美国对大自然保护的理念是：避免人为地干扰、管理和改变自然（Congressional Research Service and Saundry 2009）。而欧洲人则认为，自然景观是人类和自然上千年相互作用形成的，因此为了实现保护目标，加强人为管理是适合的。

约翰·缪尔
（1838—1914）

著名的美国自然倡导者约翰·缪尔（John Muir）在他发起的保护活动中继承了爱默生和梭罗的思想。按照缪尔的**保护主义伦理**（preservationist ethic），自然界的事物如森林、山顶和瀑布都有内在的精神价值，这些价值要高于它们可触摸的物质价值。这种理念强调了哲学家、艺术家、诗人和寻道者（spiritual seeker）对自然的需求。因为这些人需要通过大自然的美和刺激来提高自己。但对于大多数普通人来说，他们需要工作，需要从这些自然资源中获取实际的物品。因此，有人认为这种观点是不民主的，是属于少数精英分子的，因为这种观点没有考虑到现实中大部分人需要利用这些自然资源来获取他们生活所需的衣服、食物、房子和工作。但实际上，并不是只有精英分子们才可以欣赏大自然的美丽和从中获得愉悦。亲近大自然是人与生俱来的本性。缪尔所声称的自然的美学和艺术价值不仅让精英分子受益，这种大自然对人类社会的特殊作用至今仍有具体体现，例如，拓展训练活动让孩子和年轻人与大自然保持亲密接触，从而培养和完善他们的性格修养并增加自信，能够使他们远离毒品、犯罪、绝望和冷漠。

除了倡导出于精神原因的自然保护，缪尔还是第一位明确阐述大自然内在价值（intrinsic value）的美国保护生物学家。缪尔从《圣经》的角度说：因为上帝创造了自然和单个的物种，破坏它们将是对上帝杰作的毁灭。按照他的观点，其他物种和人类在上帝安排好的自然序列中享有同样的地位（Muir 1916, 139 页）。

为什么人类认为自己不仅仅是创造单元的一个部分？如果没有那些超乎人类眼睛和知识的最小超微生物的存在，宇宙将是不完美的。

吉福德·平肖
（1865—1946）

缪尔还认为，生物群落是一些共同进化的物种组合，它们相互依赖。这个观点预见了现代生态学家们的认识。

另外一个著名的自然观是由吉福德·平肖（Gifford Pinchot）提出的**资源保护伦理**（resource conservation ethic）。平肖曾是颇具活力的美国林务局首任领导人（Meine et al. 2006; Ebbin 2006）。按照他的观点，世界本质上由人类和自然资源两个部分组成。他将自然资源定义为：在自然界发现的商品，包括木材、饲料、清洁的水和野生动物，甚至是美丽的自然景观。按照资源保护伦理，对自然资源的适度利用就是在最长的时间内为最多数的人谋求最大的好处。他的首要原则是资源应当在个体间，以及当代人和子孙后代间公平分配。从这个定义我们不难看出现代可持续利用原则的思想源泉，以及现代生态经济学家赋予自然资源的货币价值。世界环境与发展委员会（World Commission on Environment and Development）在1987年给出了如下的定义：“可持续发展是既满足当代人的需要又不损害将来后代发展需要的发展”。从保护生物学的角度来说，可持续发展（sustainable development）是极大地满足了当代人和我们子孙后代的发展需要，但没有对环境和生物多样性造成破坏的发展（Davies 2008;Czech 2008）。

资源保护伦理的第二个原则是：资源应当被有效利用，也就是说我们应该把资源充分利用而不是造成浪费。有效利用有两层含义：一是资源应当有序加以利用，因为一种资源的某种用途可能高于其他用途；另外一层含义是资源可能存在“多种用途”。从这个观点来说，应该优先考虑大自然的美学价值而不是它的物质性用途和价值。

虽然可以用资源经济学的方式来决定土地的“最好”或者最有价值的用途，但这种方式是用市场来决定价值，因此会低估，甚至忽视环境退化的价值，并低估资源的将来价值。平肖也认为，政府机构需要对一些自然资源，如森林和水体有长期的管理规划，以防它们受到破坏。由于美国的民主社会哲学，以及政府支持下的对自然控制能力的提高，资源保护伦理成为美国20世纪的主导思想。与国家公园局的单纯保护哲学形成鲜明对照的是，在这种多元保护理念下，美国形成了多功能的政府保护管理机构，如（美国内政部）土地管理局（Bureau of Land Management）和美国林务局。

阿尔多·利奥波德
（1887—1948）

作为一名有影响力的生物学家，阿尔多·利奥波德（Aldo Leopold）在早期作为政府林务官时非常支持资源保护伦理。后来他认为，资源保护伦理存在缺陷。因为按照这种观点的话，土地仅仅是一些有不同用途的单个物品的集合。因此他把自然视为一些相互作用过程形成的有组织的景观，他曾经写道：

> 生态学的出现使经济生态学家处在一个非常尴尬的位置：一方面，他通过研究指出某些物种有用或者无用；另一方面，他又不得不说生物区系是如此复杂，物种间通过互利和竞争存在复杂的相互关系，因此无法简单地判定某个物种有用还是无用。

利奥波德最终认为，保护的最重要目标是维护自然生态系统和生态过程的健康。按照这种观点，他和一些生物学家成功地游说政府把国家公园的某些区域设置为原野区（wilderness area）。他也认为，人类是生态系统的一部分，而不仅是自然资源的利用者。这种观点与资源保护伦理是相反的。虽然利奥波德的观点发生了变化，但是一方面，他坚持人类应该参与土地管理，应该在对自然的完全控制和过度利用间找到一个平衡点；另一方面，他也认为土地保护应该没有人为干扰和活动的痕迹。

利奥波德的观点最后被总结为**土地伦理**（land ethic）。在其著作和家庭农场的实践中，他倡导这样一种土地利用策略，即人对资源的利用应该与生物多样性保持协调，甚至是使生物多样性增加。把人类活动放到保护学家的哲学中来考虑具有重要的实践意义，因为将人完全排除在自然保护之外是非常困难的，尤其是在目前人口急剧增长、大气和水污染以及全球气候变化的背景下。将平肖和利奥波德的观点加以综合就出现了**生态系统管理**（ecosystem management）这个新的方法。生态系统管理强调商业机构、保护组织、政府机构、个人以及其他组织间的密切合作，从而既能满足人类对资源的需要，同时也能维护物种和生态系统的健康。

伴随美国保护观点形成的是许多保护组织的发展，如原野协会（Wilderness Society）、奥杜邦学会（Audubon Society）、鸭类保护组织（Ducks Unlimited）、塞拉俱乐部（Sierra Club），以及许多国家和州立公园系统的建立、大量环境保护法案的通过。不同国家的保护组织和政府机构设立的保护目标以及各种相关的著作都体现了不同保护观点的思想精髓。实际上，长期以来，在保护学家、政府部门和保护组织长期的争议就是这些不同保护观点的差异。保护观点和伦理的持续争论是必需的，因为只有通过这种争论我们才能在长期保护策略和满足当前人类对自然资源需要的矛盾中找到好的平衡。

环境活动家、作家和教育家们应用这些保护观点来造福和改变我们的社会。埃伦·斯沃洛·理查兹（Ellen Swallow Richards）便是他们中的一员。在早期职业生涯中，她曾一度没有固定职位从事化学研究。在成为麻省理工学院化学教员后，她第一个在生态学中讲授该课程。在公众活动中，她强调需要保护环境来维护公共健康。她特别关注工业废水和污水对水质的影响，并经常检查河流和湖泊中的水质。她的工作实践促成了第一部美国水质量标准的诞生和现代污染处理工厂的建立。

埃伦·斯沃洛·理查兹
（1842—1911）

另外一个重要的人物是蕾切尔·卡逊（Rachel Carson，1907—1964）。在她的畅销书《寂静的春天》中，详细记述了杀虫剂和化学工业造成的鸟类种群丧失。在刚开始的时候，她的言论遭到了化学工业界的严厉批评。但正是通过她的努力，许多国家开始禁用 DDT，并开始有效地控制其他有毒化学物质的污染。在禁止使用 DDT 后，许多鸟类物种的种群，如隼、鹰和鹗得到恢复，这证明她的观点是正确的。卡逊通过写作有效改变了公众，特别是孩子们对大自然及其保护的认识。

蕾切尔·卡逊
（1907—1964）

在美国的保护运动中，许多作者通过他们的著作对生物多样性和自然资源遭到破坏提出过各种警告。具代表性的有乔治·马什（George Marsh）的"人与自然：人类改变的自然地理学"（*Man and Nature*：*Or, Physical Geography as Modified by Human Action*）（1864）、费尔德·奥斯本（Fairfield Osborn）的"我们被掠夺的星球"（*Our Plundered Planet*）（1948）、美国前副总统艾伯特·戈尔（Albert Gore）的"难以忽视的真相：全球变暖带来的巨大危害与我们对策"（*An Inconvenient Truth*：*The Planetary Emergency of Global Warming and What We Can Do About It*）

（2006）、杰拉德·戴蒙德（Jared Diamond）具有历史分析性的“大崩溃”（*Collapse*）（2005）。这些作者的观点促使很多公众积极投身于鸟类和其他野生动物、山地环境、海滨、湿地以及其他生境的保护活动，防止环境污染。近年来还有不少作者撰写了有关全球气候变化及其对世界海洋影响的著作。

1.3 新学科的诞生

早在20世纪70年代初期，科学家们就已经意识到日益严重的生物多样性危机，但当时并没有一个以此为中心的论坛或者组织来商讨相关的解决方法。许多科学家在思考如何解决所面临的保护问题，希望通过有效的方式进行合作和交流，最终形成可操作的解决方案。生态学家米歇尔·索莱（Michael Soulé）于1978年在圣地亚哥野生动物园组织了第一届保护生物学大会，为野生动物保护学家、动物园管理人员和学术机构的研究者们提供了一个交流共同感兴趣的话题和想法的机会。在这个会议上，索莱提出了采用跨学科的方法来解决动植物物种面临的绝灭风险问题。随后他和斯坦福大学的鲍尔·厄利奇（Paul Ehrlich）、加州大学洛杉矶分校的杰拉德·戴蒙德一起推动新学科——保护生物学的建立，将野生动物、林业和渔业管理经验与种群生物学和生物地理学的理论相结合。1985年，以这些科学家为主正式建立了国际保护生物学学会（Society for Conservation Biology）。

保护生物学：充满活力、蓬勃发展的领域

保护生物学的重要使命包括：描述地球的生物多样性、恢复退化的生物多样性和保护现存的生物多样性。值得庆幸的是，保护生物学能够担负起这样的重任。接下来的内容将向你展示保护生物学的积极影响和成果。

- 保护生物学促进了国内和国际保护活动的开展。生物多样性保护已成为许多国家的政府工作目标，并积极开展相应的保护活动，如美国濒危物种法案（U.S. Endangered Species Act）和欧盟濒危物种红皮书（Red Lists of Endangered Species in the European Union）的发布。许多新的保护区和国家公园建立，并发布了与保护有关的国际条约——生物多样性公约（Convention on Biological Diversity），同时还加强了对濒危物种贸易的控制，如濒危物种贸易公约（Convention on International Trade in Endangered Species of Wild Fauna and Flora, CITES）。
- 保护生物学的研究项目和计划得到了有力的经费支持。一些国际资助机构都把保护生物学作为主要的资助领域，如全球环境基金（Global Environment Facility, GEF）。GEF由美国和世界银行联合发起，到目前为止，共投入约446亿美元的资金用于165个国家的2400多个保护和环境项目。其他一些资助机构，如麦克阿瑟基金会（MacArthur Foundation）、福特基金（the Ford Foundation）和皮尤慈善信托基金会（Pew Charitable Trusts）也把保护生物学的研究作为优先资助对象。
- 保护生物学的目标得到了传统保护组织的认可。一些大的保护组织，如大自然保护协会（The Nature Conservancy, TNC）、世界自然基金会（World Wildlife Fund, World Wild Fund for Nature, WWF）和国际鸟类联盟（Birdlife

International）以前的保护目标都比较局限，现在它们完全接受了保护生物学较宽的保护目标，而且把科学研究作为它们进行保护决策的首要依据。

- 保护生物学的目标被国际性的科学活动和政策所采纳。2005 年，来自 95 个国家的 1300 多位科学家完成了千年生态系统评估（Millennium Ecosystem Assessment, MEA）。MEA 增强了公众、政府和资助机构对生物多样性价值的认识，同时也提出了生物多样性保护的具体措施。联合国宣布 2010 年是国际生物多样性年，2011 ～ 2020 年为生物多样性十年（图 1.6）。另外，一些免费自由获取信息的项目，如网络生命大百科全书（Encyclopedia of Life, EOL）、生命之树（Tree of Life, TOL）和全球生物多样性信息网络（Global Biodiversity Information Facility, GBIF）提供了大量物种名录、地理分布、进化、保护状况、生境以及历史采集的信息。

> 自 1985 年建立以来，保护生物学领域的规模和影响力不断扩大。联合国把 2010 年确定为生物多样性年，2011 ～ 2020 年为生物多样性十年。

图 1.6 联合国宣布 2010 年是国际生物多样性年（感谢生物多样性公约秘书处提供）

- 通过广泛的媒体报道，保护生物学的目标已经被更多认知。通过畅销杂志，如《美国国家地理》、*National Wildlife*、*Scientific American*、*Environment*；新闻报纸，如《纽约时报》，以及一些自然类的电视节目，如 Nova 和美国国家地理频道，许多新的野外调查发现很快被公众所知。美国前副总统阿尔·戈尔和政府间气候变化专门委员会（Intergovernmental Panel on Climate Change, IPCC）在 2007 年被授予诺贝尔和平奖，以表彰他们把全球气候变化情景客观地展现给公众，进一步激发了公众对环境问题的关注。
- 保护生物学的教育得到广泛发展。全世界有超过 150 多所大学开设了保护生物学和生物多样性的研究生课程。高等教育在这方面也有积极发展，一方面是学生的兴趣增加，另一方面是很多专业研究人员转向了保护生物学领域，再就是资助机构愿意资助这些新的教育发展项目。
- 保护生物学的专业协会得到积极发展。国际保护生物学学会（Society for Conservation Biology, SCB）是生物学学会中成长最快的组织（图 1.7）。目前有来自 120 多个国家和地区的 1 万多名会员，与建立长达 90 年的美国生态学会（Ecological Society of America）旗鼓相当。SCB 成员的快速增长反映出这个新学科的重要性。

图 1.7 保护生物学学会有一个非常简单但是富有寓意的标识。它的圆圈表示我们生活在不断循环的生物圈中。圆圈中的海洋波浪表示生命不断发展变化。这个图标也可以看成是一只漂亮的小鸟。仔细看，你会发现它的翅膀拍打着树叶发出沙沙的响声（感谢生物多样性公约组织提供）

生物多样性所面临的威胁依然存在，但从保护生物学的积极发展我们看到了希望。生活在极度贫困状态的人口从工业革命后已经减少，人口的增长速度也得到了一定控制。全球自然保护区的数目在增加，尤其是海洋自然保护区增长非常迅速。2006 年南太平洋国家基里巴斯（Kiribati）建立了世界上最大的海洋保护区。而且，各个国家和地区间的努力与合作使保护生物多样性的能力得到增强。一些濒危物种的有效恢复就是非常好的例证。我们正处在保护生物学知识库不断丰富，并且与社会科学、城市发展建立了联系，对退化环境的恢复能力增加的时代。这些都表明，保护生物学取得了有目共睹的成果。但是我们也要意识到还有许多艰巨的任务有待完成。

小结

1. 由于人类活动的影响，上千个物种濒临灭绝，遗传多样性在丧失，上百万的种群消失，整个生态系统正在遭受破坏。保护生物学是一门综合性学科，它整合基础和应用研究来描述生物多样性、记录人类活动对它造成的威胁，并建立有效的方法保护和恢复生物多样性。
2. 保护生物学是建立在被大多数保护生物家所认可的假设基础之上的：生物多样性，包括物种、遗传变异、生物群落和生态系统的完整性，应该得到保护；要制止人类活动引起的物种绝灭事件；物种在自然群落中的复杂相互作用应该得到维护；进化过程需要保持；生物多样性具有其内在和外在价值。
3. 保护生物学有深远的科学、宗教和哲学传统。18 世纪和 19 世纪欧洲的科学家对其殖民地森林破坏和水体污染所采取的措施促成了第一部环境保护法案的确立。物种的绝灭和种群的下降使欧洲诞生了世界上最早的自然保护区，并极大地激发了人们保护的热情。在美国，梭罗和谬尔倡导大自然的保护及物种的内在价值。平肖呼吁在利用自然资源的时候要考虑在满足当前需要和将来需要之间建立平衡。利奥波德则倡导在经营性土地上处理好生态过程的保护和满足人类需要的平衡。这些保护观点直到现在还指导着我们的土地管理，并已成为许多保护组织和政府部门从事保护工作的指导原则。

讨论题

1. 保护生物学与其他生物学科，如生理学、遗传学或细胞学的根本区别是什么？它与环境保护主义的区别是什么？
2. 你认为目前世界面临的主要保护和环境问题是什么？在你们当地所面临的主要环境和保护问题是什么？你能够对这些问题提出一些建议吗？（现在尝试着来回答这些问题，当你看完这本书后再来回答这些问题）
3. 考虑你熟悉的公共土地管理和私有保护组织，你认为他们的指导思想最符合资源保护伦理和进化与生态伦理吗？哪些因素使得他们成功或致使他们失败？请通过文献和网站了解这些组织和机构。

4. 你本人关于生物多样性和环境保护的观点是什么？请说明你对本书介绍的有关保护生物学的宗教理念或哲学观点的看法。如何在保护中实践你的观点？

推荐阅读

Chan, K. M. A. 2008. Value and advocacy in conservation biology: Crisis discipline or discipline in crisis?*Conservation Biology* 22: 1-3. 保护生物学家应该更有效地倡导生物多样性的保护。

Czech, B. 2008. Prospects for reconciling the conflict between economic growth and biodiversity conservation with technological progress. *Conservation Biology* 22: 1389-1398. 我们有可能在人类需求和自然资源的保护上取得某种平衡吗?

Diamond, J. 2005. *Collapse: How Societies Choose to Fail or Succeed*. Viking Press, New York. 一个著名的生物学家描述了一个在过去发生的，由于环境灾难毁灭人类的情景，这样的情景正在威胁着我们。

Dudley, N. L. Higgins-Zogib, and S. Mansourian. 2009. The links between protected areas, faiths and sacred natural sites. *Conservation Biology* 23: 568-577. 在许多地方，当地人已经在开始保护生物多样性。

Hall, J. A. and E. Fleishman. 2010. Demonstration as a means to translate conservation science into practice. *Conservation Biology* 24: 120-127. 保护生物学家需要向公众和政府展示他们的一些想法在实践中的作用。

Leisher, C. 2008. What Rachel Carson knew about marine protected areas. *BioScience* 58: 478-479. 海洋保护区的有效保护的关键是让当地人加入。

Leopold, A. 1949. *A Sand County Almanac*. Oxford University. Press, New York. 具有启发性的文章，阐明了他的“土地伦理”观点，保护土地及其滋养的万物是人类的责任。

Marris, E. 2007. What to let go. *Nature* 450: 152-155. 危急时刻，科学家能够告诉人们有限的经费和资源应该花在哪些具有保护优先权的物种和生态系统上。

Millennium Ecosystem Assessment（MEA）. 2005. *Ecosystems and Human Well-Being*; 4 vols. Island Press, Washington, D. C. 由世界著名科学家编撰的丛书，详细记录了生态系统服务的重要性。

Morell, V. 1999. The Variety of life. *National Geographic* 195（February）: 6-32. 很多文章有很漂亮的插图，内容包括生物多样性及其受到的威胁，以及一些关键性的保护项目。

Nelson, M. P. and I. A. Vucetich. 2009. On advocacy by environmental scientists: What, whether, why, and how. *Conservation Biology* 23: 1090-1101. 科学家不仅仅是做学术研究，他也有责任成为一个保护活动的倡导者。

Orr, D. W. 2007. Optimism and hope in a hotter time. *Conservation Biology* 21: 1392-1395. 希望意味着要了解事实，然后有勇气进行实践。

Papworth, S. K., J. Rist, L. Coad, and E. J. Milner-Gulland. 2009. Evidence for shifting baseline syndrome in conservation. *Conservation Letters* 2: 93-100. 人们经常忘记过去的生物多样性是个什么样子。

Van Heezik, Y. and P J. Seddon. 2005. Conservation education structure and content of graduate wildlife management and conservation biology programs: An international perspective. *Conservation Biology* 19: 7-14. 有关生物多样性保护方面的教育计划不断涌现，形式多种多样。

World Resoures Institute（WRI）. 2005. *World Resources 2005: The Wealth of the Poor-Managing Ecosystems to Fight Poverty*. World Resources Institute, Washington, D. C. 大量有关生物多样性和人类的数据。

KEY JOURALS IN THE FIELD *Biodiversity and Conservation, Biological Conservation, Bio Science, Conservation Biology, Conservation Letters, Ecological Applications, Journal of Applied Ecology, National Geographic*, 生物多样性。

（王利松 编译，马克平 蒋志刚 审校）

第 2 章

什么是生物多样性？

生物多样性保护是保护生物学的核心内容。保护生物学家使用的词汇为生物的多样性(biological diversity)，或简称生物多样性(biodiversity)。这一词汇不仅包含着全部的物种、群落，同时也包含物种内的遗传变异及所有生态系统过程的信息。在这个定义下，生物多样性至少包括以下三个方面。

1. **物种多样性**(species diversity)，包括地球上所有的物种，不仅包括细菌及原生生物，还包括多细胞的高等生物(植物、菌物及动物)。

2. **遗传多样性**(genetic diversity)，是指同种生物的同一种群内不同个体之间，或地理上隔离的种群之间遗传信息的变异。

3. **生态系统多样性**(ecosystem diversity)，包括不同的生物群落及其与化学和物理环境的相互作用(生态系统)(图 2.1)。

就目前所知，三种生物多样性对生物生存都是必需的，而且对人类都十分重要(Levin 2001, MEA 2005)。物种多样性反映了进化的幅度及物种对特定环境的适应。它为人们提供了资源及资源的替代品。例如，热带雨林或者温带的沼泽地，可以提供食物、住所或者相应的药物。遗传多样性对于任何一个物种生殖活力的维持、抗病性及环境变化的适应都十分必要(Laikre et al. 2010)。对于栽培的植物和驯化的动物来说，基于遗传多样性可以培育出新的品种，获得对疾病的抵抗力。生态系统多样性来源于全部物种对多种环境的响应。沙漠、草原、湿地及森林中的生物群落维系了相应生态系统功能的完整性，而这对人类来说是极为重要的，因为这些生态系统的安全为人们提供了饮用水及农业用水，降低了发生洪涝的风险，减少了水土流失，对空气和水也有过滤作用。我们接下来分析一下各个水平的生物多样性。

图 2.1　生物多样性包括遗传多样性（每个物种内的遗传变异）、物种多样性（物种在一个生态系统内的分布范围）及群落 / 生态系统多样性（在一个区域内生境类型和生态系统过程的各种形式）（据 Palumbi 2009）

2.1 物种多样性

物种多样性包括地球上所有已知的物种。识别及对物种分类是保护生物学的主要目标之一（Morell 1999）。地球上数以万计的生物，很多个体很小，并且识别特征很少，生物学家是怎样识别这些物种的？新种从何而来？研究一个物种如何进化成另一种或更多的种是现代生物学当前工作之一。新种的起源通常是一个缓慢的过程，如果不是几千代，也至少需要上百代。高级分类单元的进化，如新属或新科，进程就更为缓慢，通常需要几十万年至上百万年的时间。相反，人类的活动在几十年间就能够破坏这些经过漫长自然进程所形成的独一无二的种。

什么是物种？

物种可以从两个方面定义：

1. 具有与其他类群不同的形态、生理或生物化学性状的一群个体，这是种的形态学定义（morphological definition of species）。

2. 在自然情况下可以交配并产生可育后代的一群个体，并且这群个体与其他群的个体交配不能产生可育后代。这是种的生物学定义（biological definition of species）。

由于定义的方法与前提条件的差异，两种定义在区分种的时候会给出不同的结果。人们越来越多地依靠 DNA 序列以及其他分子标记来识别非常相近的物种，如细菌的类型等（Janzen et al. 2009）。

种的形态学定义被分类学家广泛采用，分类学家是擅长于鉴定标本、对物种进行分类的生物学家（图 2.2）。种的生物学定义在实际应用中十分困难，很难获得个体能否与其他个体进行成功繁育的信息。因此，在实际操作中，野外的生物学家依靠鉴定个体的外观形态来推断其是否属于不同的种。这种情况下，鉴定结果称之为形态种（morphospecies）或者类似的名称，直到分类学家给出正式的学名（专栏 2.1; Norden et al. 2009）。

（C）植物分类学家王文采院士正在查阅标本

区分或鉴定物种时遇到的问题比很多人想象得要多（Bickford et al. 2007, Haig et al. 2006）。一个种有若干变种，且变种间具有明显的形态差异，但这些变种仍然为同一个种。对于栽培植物或者家养动物来说，更常用的概念是品种。例如，不同品种的菊花在形态上差异较大，但是它们之间是可以杂交的（图 2.3）。然而也有形态或生理上非常相像的“姐妹种”是生物隔离的，不能进行杂交。在实践中，生物学家经常发现，有时候难以区分种内变异与种间变异。例如，遗传分析发现，新西兰特有的喙头蜥（*Sphenodon punctatus*）实际上是两个不同的种，这两个种都值得研究并应受

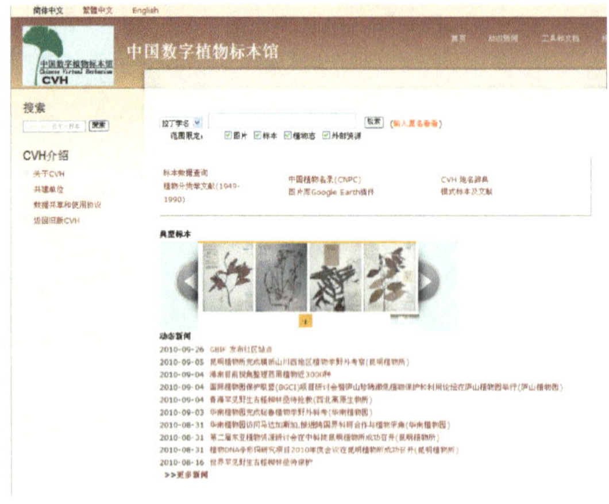

（A）中国数字植物标本馆主页

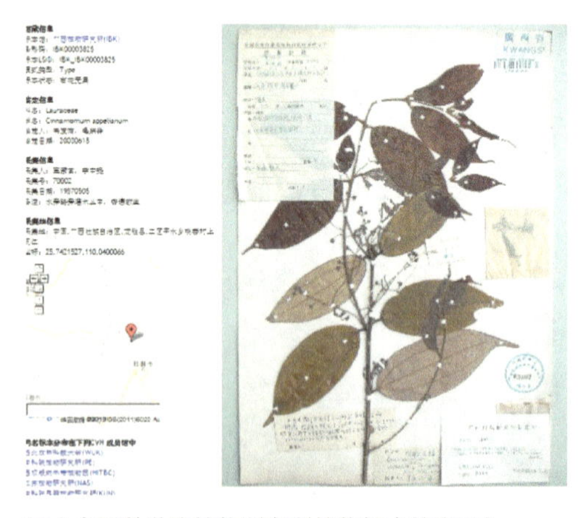
（B）中国科学院植物研究所植物标本馆（PE）完成了 180 余万份蜡叶标本的数字化

图 2.2　植物分类学家与植物标本馆

> 利用形态和遗传信息鉴定物种是分类学家的主要任务；分类学家仅仅描述了地球上 1/3 的物种。

到保护（Hay et al. 2003）。科学家们仍在争论非洲象究竟是一个种下变化很大的广布种，还是三个不同的种——热带草原种、森林种和沙漠种。

图 2.3　菊花品种繁多，虽然花的形状和花色各异，但属于同一种（摄影 张金龙）

分类学家现在发现，过去很多情况下认为的同一个种的不同种群由于在遗传上存在隔离，实际上是不同的种。随着越来越多的 DNA 序列和其他分子标记应用到物种鉴别当中，很多外观相同的种被区分开来，其中不仅包括细菌，也包括植物甚至动物。保护生物学家及分类学家正在开发一个基于物种 DNA 构建出的系统，用同一对引物扩增不同种的 DNA 序列，得到的一段序列每个种都有特异性变异，可用来识别物种，这一段 DNA 类似商品上的条形码，因此称为 DNA 条形码（DNA barcoding）（Valentini et al. 2009）。

利用这种方法，研究人员发现，原来被认为是同一个种的哥斯达黎加寄生蜂实际上是很多不同的种，每一种分别寄生在不同昆虫的幼虫体内。于是，原来认为是同一种寄生蜂寄生在不同的昆虫幼虫的体内的说法也就不攻自破了（Janzen et al. 2009）。

这种信息被称为“隐形生物多样性”（cryptic biodiversity）——自然界广泛存在的没有被描述过的种，常常错误地将其与相近的物种混为一谈（Seidel et al. 2009）。

更复杂的情形是，近缘种的个体偶尔可以交配并且产生杂交种，杂交种使得两个种的界限变得模糊。有时候，杂交种对环境的适应能力比两个亲本种都要强，这些个体甚至可以成为新种。杂交种在受到干扰的生境中特别常见。当某个种个体稀少，同时又被大量的近缘种个体包围的时候，无论是植物还是动物，会经常发生杂交。例如，埃塞俄比亚狼（西门豺）（*Canis simensis*）有时候与家犬交配。英国的斑猫（*Felis silvestris*）种群日益衰退，这是由于斑猫与家猫交配，其基因库中融入了家猫的基因。在美国，濒危动物赤狼(*Canis rufus*)的拯救行动几乎彻底失败，因为无论是形态还是遗传的证据都表明，很多现存的"赤狼"个体是赤狼与郊狼(*Canis latrans*)的杂种(www.redwolves.com)。在有人类干扰的情况下，很多进化距离很远的物种也可能会杂交。濒危的加州虎纹钝口螈(*Ambystoma californiense*)与引入的虎纹钝口螈(*Ambystoma mavortium*)可能在500万年前起源于同一祖先，但是它们确实产生了杂交后代(图2.4)。这些杂种蝾螈的适应能力比本地种更强，使得加州虎纹钝口螈的保护问题变得更加复杂(Fitzpatric and Shaffer 2007)。

图 2.4 杂交虎纹钝口螈(左)比加州虎纹钝口螈(右)体型大，密度不断上升。注意杂交种的头更大些(摄影 H. Bradley Shaffer)

物种编目和分类还有很多事情要做。分类学家最多描述了地球上1/3的物种，也可能只描述了地球上百分之几的物种。对物种不能很好地区分，无论是由于形态相似造成的，还是学名混淆造成的，都不利于对物种的保护。如果科学家及立法者都不能确定物种的准确名称，那么就难以制定出严格的法律来保护这一物种。同时，很多物种在被描述之前就已经灭绝了。每年新描述的物种达万种以上，但这种速度仍然太慢。解决这一问题的办法在于培养出更多的分类学家，特别是在物种丰富的热带地区工作的生物学家(Wilson 2003)。我们将会在第3章探讨这一问题。

新种的起源

所有现存物种在生物化学上都具有相似性，它们使用DNA作为遗传物质，拥有相同的遗传密码，这表明地球上的生命只起源了一次，这一事件大约发生在35亿年前。从一个物种最终演化出当今地球上几百万种生物。物种形成(speciation)在今天仍然继续着，在未来也将继续。

一个物种演化出另一个或者多个新种的过程，最早是由查尔斯·达尔文和阿尔弗雷德·罗素·华莱士在100多年前提出的(Darwin 1859; Futuyma 2009)。他们的理论获得了广泛的认可，随着遗传学的发展，这一理论一直在修正和完善。当前的

专栏 2.1　物种的命名和分类

向着高级分类阶元观察可以看到橙胸林莺与越来越多的其他动物相关。

分类学是对当前生物进行分类汇总的一门科学。现代分类学的目标是，建立一个能反映各类群与其祖先关系的进化系统。理清种与种之间的关系之后，分类学家能够为保护生物学家筛选出在进化地位上独特或者值得保护的物种。分类学、生态学、形态学和物种分布信息，以及物种的生存现状等相应信息被整合到核心数据库中，如生命之树（Tree of Life, www.tolweb.org）。现代分类体系中，应用如下等级。

相似的物种构成一属（单数 genus, 复数 genera）：如橙胸林莺（*Dendroica fusca*）及很多其他林莺共同组成了林莺属（*Dendroica*）。

相似的属构成一科（family）：如多个相似的属构成了林莺科（Parulidae）。

相似的科构成一目（order）：所有的鸣鸟类构成了雀形目（Passeriformis）。

相似的目构成一纲（class）：所有的鸟类组成鸟纲（Aves）。

相似的纲构成一门（单数 phylum，复数 phyla）：所有的脊椎动物都属于脊索动物门（Chordata）。

相似的门构成一界（Kingdom）：所有动物都是动物界*的成员。

全世界的生物学家达成了共识：在探讨物种的时候使用学名，或者说拉丁名。使用学名可以避免使用俗名带来的歧

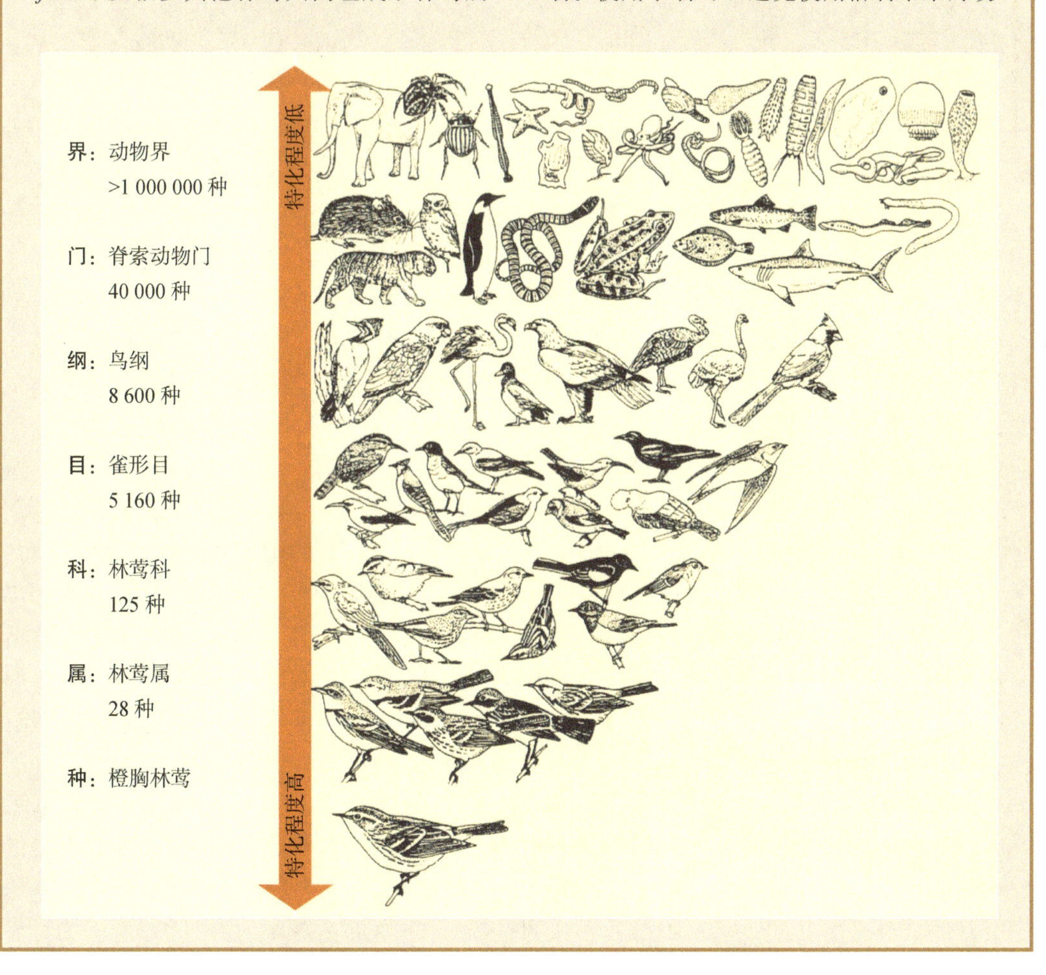

义；拉丁名是一种跨国界和跨语言的名称。物种的学名包含两个单词。命名系统称为“双名法”（binomial nomenclature），是18世纪瑞典生物学家卡尔·林奈发明的。橙胸林莺的学名为*Dendroica fusca*。其中，*Dendroica*是属名，*fusca*是种名，又称种加词。属名在某种程度上类似于姓名中的姓，很多人可以有相同的姓，而种加词与个人的名字类似。

为了不产生混乱，学名需要按照标准的格式书写。属名的第一个字母总是大写，而种加词几乎在所有的情况下都是小写。在印刷中，学名需要斜体，在手写体中需要在下面画横线。有时候，学名后面需要跟人的姓名，如人的学名为*Homo sapiens* Linnaeus，这表明这一学名是林奈最早提出来的。当对某一个属下的很多种进行探讨的时候，或者还不能准确鉴定到种，则需要分别简写为spp.（指多个种）或sp.（指一个种）。若物种没有近缘种，有可能该属仅有这一个种。类似的，一个属若没有近缘属，则有可能某一个科就是由这个属组成的。

* 直至近年，大多数当代生物学家使用生物的五界系统：植物、动物、菌物、原核生物（没有细胞核和线粒体的单细胞物种，如细菌）和原生生物（更为复杂的单细胞物种，拥有细胞核及线粒体）。随着分子生物学技术的发展，现在很多生物学家使用三域六界说：细菌域（普通细菌）、古细菌域（在极端环境下生活的古细菌，这些环境包括高浓度盐池、温泉及海底热泉喷口）以及真核生物域（所有拥有细胞核核膜的生物，包括动物、植物、真菌及原生生物）。

分子生物学研究和化石记录提供的大量新信息为达尔文和华莱士的思想提供了新的证据。

进化论是一种简约和清晰的思想。这里以加拿大的高山兔为例。其当地种群倾向于产生出更多的后代个体，但是这些后代个体并不能全部存活。在成年之前，很多个体死亡。在稳定的种群中，每对兔子将多次生下小兔，平均每次达6只，而在所有的幼崽中，只有2只能长到成年。种群中的个体表现出性状的变异（如毛的厚度），其中有些性状是可以遗传的，也就是从亲代传递给子代。这些遗传变异不但是由染色体的变异决定的，也是由在有性生殖过程中染色体的分配决定的。在兔子的种群中，由于遗传上的差异，有些兔子的毛较厚。这一性状就可以使一些个体在生长、生存及繁殖方面比其他个体有显著优势，这种现象有时候称为最适者生存。我们假设毛厚的兔子比毛薄的兔子能更好地在寒冷的冬季生存。随着生存能力及相应的遗传特性的改善，这些个体将比其他个体更容易产生能够存活的后代；随着时间的推移，种群的基因结构就发生了变化。经过了很多个寒冬之后，毛厚的兔子存活下来，并且产生了毛厚的后代；而很多毛薄的兔子死去。随之而来的是，种群中更多的兔子将比其祖先有更厚实的毛。与此同时，为了适应温暖环境，在南方或者低地环境中的个体也经历着选择，种群中个体的毛变薄。

在进化的过程中，种群常常在基因上适应环境的变化。这些变化可能是生物上的（如新的食物来源、新的竞争者或捕食者的出现），也可能是环境上的（如气候和水分的变化、土壤性质的变化等）。当一个种群经历了很多基因上的变化之后，不能再与其祖先的其他种群进行交配，这一种群就可认为是新种了。物种这样的缓慢转变也称为种系进化（phyletic evolution）。

两个或更多的物种从一个共同祖先形成时，往往有地理障碍阻碍了不同种群个体间的交流（Futuyma 2009）。对于陆生动物来说，这些障碍可能是个体所不能跨越的河流、山脉或者海洋。水生物种适应于特定的湖泊、河流或者河口，受到陆地的阻隔。在群岛上，如加拉帕戈斯群岛、夏威夷群岛是很多昆虫和植物的家园，岛上的物种很多是从一个种群慢慢演化形成的。这些当地的种群从遗传上适应了当地独特的环境，特别是没被占领过的岛屿、山脉及沟谷。通常情况下，这里没有在大陆上的竞争对手，没有天敌，没有寄生于其上的寄生生物，因此它们与原来的物种差异很大，可以认为它们是新种。物种对本地环境适应及后续物种形成的过程称为辐射进化（adaptive radiation）。辐射进化最有名的例子之一是夏威夷蜜旋木雀（图 2.5），夏威夷群岛上的蜜旋木雀可能起源于几十万年前，是一群偶然到达夏威夷群岛的雀类的后代。在这一段时间内，蜜旋木雀进化出各种各样的喙及相应的行为，各个种的食性也进一步特化。

物种起源通常都是缓慢的过程，即使不经过上千代，也需要经历几百代。新属和新科的进化更加缓慢，通常经过几十万年甚至几百万年的时间。但是有一种机制能使新种在一代形成，并且无需地理隔离。在极为偶然的情况下，有性生殖时染色体的不均等分配，使得子代携带额外的一套染色体，这些子代称为多倍体（polyploids）。多倍体的个体在形态和生理上可能与其亲本不同，如果它们对环境有很好的适应性，可能在其亲本的分布区范围内产生新种。两个不同种个体的杂交子代也能形成新种，特别是其性状与其亲本有较大差异的情况下。植物中的新多倍体是十分常见的。

虽然新种一直在产生，当前物种的灭绝速度却超过了物种形成速度的 100 倍，甚至达到 1000 倍以上。实际情况可能更糟。首先，物种形成的过程也许受到人为影响而变慢了，因为地球表面很多地区被人类占据了，在这些地区已经不能形成新物种了。随着生境的缩小，每个种的种群数量减少，进化的机会也降低了。很多已经建立的保护区及国家公园，对于物种形成的过程来说可能还是太小了（图 2.6）。其次，一些受到威胁的种是该属或该科的全部代表，例如，大猩猩（*Gorilla gorilla*）的分布区在非洲迅速减小，大熊猫（*Ailuropoda melanoleuca*）在中国的分布区也在减小。分类地位独特、代表着古老进化分支的物种如果发生灭绝，现存的其他物种是无法代替的。

生物多样性的度量

保护生物学家常常希望筛选出生物多样性高的地区。广义上，物种多样性是一个地点所存在的物种个数。但是度量物种多样性还有很多其他特殊的、数量化的方法，这些方法往往是生态学家用来比较不同地理尺度下不同群落多样性时提出来的（Legendre et al. 2005; Thiere et al. 2009）。生态学家利用这些数量方法检验一系列的假设，包括随着多样性的提高、生物群落的稳定性和生物量是否会增加。在人工控制的温室或花园中，或者草原群落中，随着物种数的增加，物种的生产量及对干旱的抗性也增加。但是这一结果对天然群落（如森林和珊瑚礁群落）是否适用，仍然需要令人信服的证明。在野外，生态学家采用的生物多样性指数通常对比较群落内或群落间特定类群的物种有用，这些

图 2.5 夏威夷蜜旋木雀所在的科是适应性辐射进化的典型例子，人们推测它们都是一对达到夏威夷群岛的某种雀类的后代（1 号）。每种鸟喙的外形和大小都与其食物有关：拥有尖锐喙或者细长喙的种以树皮中的昆虫为食；拥有较厚喙的种以果实和种子为食；拥有长而弯曲喙的种以花蜜为食；而杂食性的种的喙短而尖锐。图中黑线将不同食性的种分开。不同的颜色表示不同的交配行为。不同的数字表示不同的种，既包括现存的，也包括最近灭绝的（版权所有：Doug Pratt）

指数也可应用到确定物种的分布格局中。通常情况下，研究者会分别研究植物、鸟类或蛙类的多样性。

在最简单的情况下，多样性可以用群落中出现的物种数来定义，通常称为物种丰富度（species richness）。生物多样性可以在三个不同的地理尺度进行量化。某一群落或特定地理区域的物种数可以用 Alpha 多样性来描述。Alpha 多样性与物种丰富度常常相提并论，可以用来比较特定地区或生态系统类型（如湖泊或森林）中的物种数。例如，在纽约或英格兰 $100hm^2$ 森林中的物种数少于 $100\ hm^2$ 亚马孙雨林的物种数，此时便可认为热带雨林的多样性更高一些。更为复杂的指数，如 Shannon 多样性指数考虑到不同种个体的相对多度，物种越丰富，相对多度变化越少，值越高；物种越少，相对多度变化越强烈，值越低。

Gamma 多样性适用于大的地理区域甚至整个大陆。Gamma 多样性使得我们可以

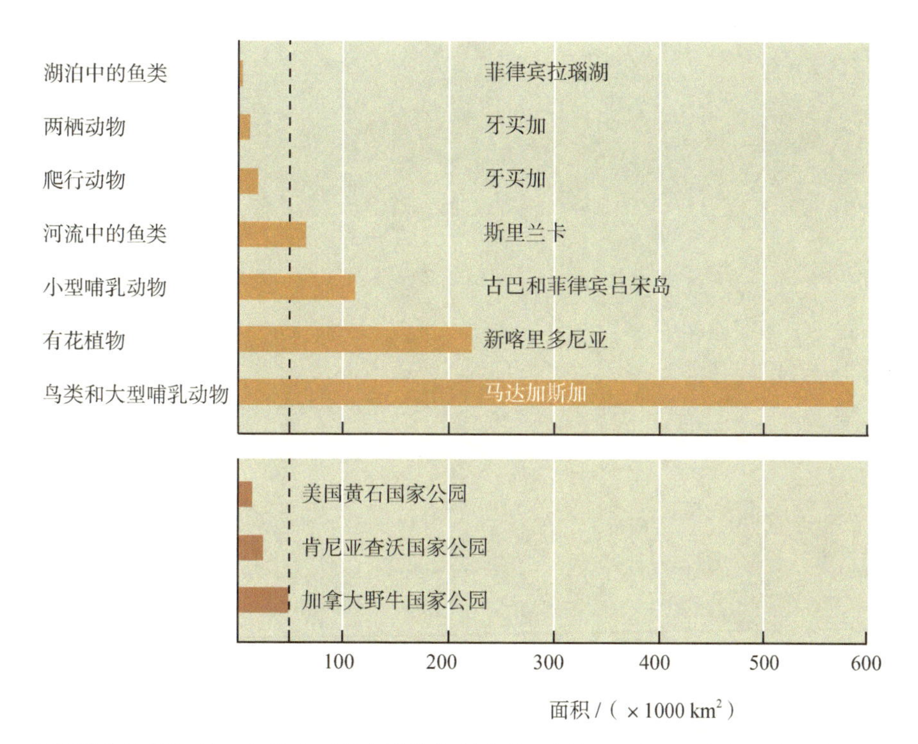

图 2.6 各类群生物都需要一个最小面积来维持物种分化。例如，对于一个小型哺乳动物种要分化为两个种，需要的生境面积为 100 000km^2。图中表示的是一些国家公园的面积。虽然对湖泊中的鱼类、两栖类和爬行类来说，面积最大的国家公园（虚线）进化成新物种面积足够，但对于河流中的鱼类、有花植物、鸟类及哺乳类来说，这个面积都还是太小了

比较面积不同的广阔区域。例如，肯尼亚有 1000 种森林鸟类，而英国只有 200 种，肯尼亚森林鸟类的 Gamma 多样性高于英国。

> 确定物种多样性分布格局有助于保护生物学家了解哪些地方最需要保护。

Beta 多样性将 Alpha 多样性与 Gamma 多样性联系起来。它表现的是随着环境或地理梯度的变化，物种组成的变化程度。例如，一个地区每个湖泊间都含有不同的鱼类，或者某一座山上的鸟类与相邻山上的鸟类的种类完全不同，Beta 多样性就较高，相反，如果物种随梯度的变化不大（“今天见到的鸟类与昨天我们去过的另一座山上的鸟类相同”），Beta 多样性就比较低。在计算 Beta 多样性时，有时候可直接用一个地区的 Gamma 多样性除以 Alpha 多样性。当然，也有其他度量方法。

这里用三座山来从理论上说明多样性（图 2.7）。区域 Ⅰ 具有最高的 Alpha 多样性，和其他地区相比，该区域内每座山物种数平均达 6 种。区域 Ⅱ 的 Gamma 多样性最高，有 10 种。将三个地区的 Gamma 多样性除以 Alpha 多样性，结果表明区域 Ⅲ 具有最高的 Beta 多样性，这一地区的所有种都只在每一座山上发现。

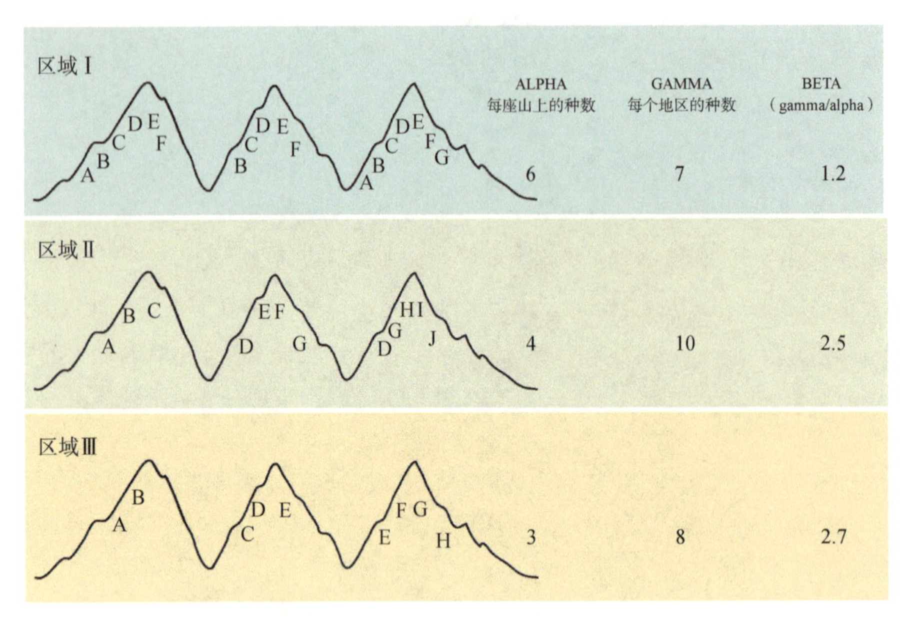

图 2.7　三个地区的生物多样性指数，每个地区由三座山组成。每个字母代表一个物种的种群；有些物种只能在一座山上见到，而有些则出现在两座或三座山上。这里给出了每个地区的 Alpha、Beta 和 Gamma 多样性。如果只能对一个地区进行保护，那么应该选择区域Ⅱ，因为这个地区 Gamma 多样性最高。但是如果只能选择一座山进行保护，那么应该选择区域Ⅰ中的某一座山，因为该山上的 Alpha 多样性，也就是局域多样性最高，山上物种的平均数也最高。与另两个区域相比，区域Ⅲ中每一座山上都有关系较为遥远的物种，此时 Beta 多样性高。如果保护区域Ⅲ，那应该考虑到每座山上物种组合的相对稀有性

多样性的量化方法对于探讨物种分布格局及比较世界不同地区的多样性是十分有用的。它们对于筛选保护区域也很有价值。例如，有人对瑞典农田景观的人工湿地进行了研究，评估了其水生无脊椎动物的多样性，包括蜗牛、昆虫及蚯蚓等。结果发现，超过 80% 的物种丰富度受到 Beta 多样性的影响（Thiere et al. 2009）。这一结果表明，湿地的保护应该尽可能扩大面积，而不能仅仅保护几个样地。

2.2 遗传多样性

生物多样性至少包括三个水平：遗传多样性、物种多样性和生态系统多样性。保护生物学家从这三个水平上研究生物多样性维持的机制。种内遗传多样性常常受到种群内个体生殖行为的影响。种群（population）是一群能够交配并产生后代的个体的总称；每一个种可能包括一个或多个隔离的种群。一个种群可能是由少数几个个体组成的，也可能是由几百万个个体组成的，当然，前提是这些个体确实能够繁衍后代。一个有性个体是无法构成一个种群的。同样的，美国西南部特有的最后 10 只海滨灰雀（*Ammodramus maritimus nigrescens*）也不能构成一个种群，因为它们都是雄性个体。

大多数情况下，种群内的个体在遗传上是不同的。遗传变异是由个体之间基因（gene）[位点（loci）]的细微差异造成的。基因是染色体上编码蛋白质的单位。同一个

基因的不同类型构成了等位基因，而其差异起源于变异，即脱氧核糖核酸（DNA）的变化，DNA 是构成染色体的成分之一。不同的等位基因可能影响每个个体的发育和生理变化。

在有性生殖过程中，个体从父母获得其独有的基因和染色体组合，这一现象增加了遗传变异。在父母各自的生殖细胞中，姐妹染色体基因交换，重组后形成新染色体，生殖细胞融合后，后代就成为在遗传上独一无二的个体。虽然突变为遗传变异提供了可能性，但是有性生殖中等位基因的随机重组才是遗传变异的主要来源。

种群中所有等位基因构成了该种群的基因库（gene pool），而每个个体由不同基因的等位基因特定组合在一起，构成了基因型（genotype）（Winker 2009）。表型（phenotype）表示个体在形态学、生理学、解剖学和生物化学上的性状，这些性状是由基因型在特定环境下表达产生的（图 2.8）。人类的一些性状，如体内脂肪的多少、龋齿的程度等，主要受到所处环境的影响；另一方面，其他性状，如眼睛虹膜的颜色、血型、某些酶的类型，是由个体的基因型决定的。

> 种内的遗传变异是该物种适应环境变化的基础，遗传变异也可以提高家养动物和栽培植物的价值。

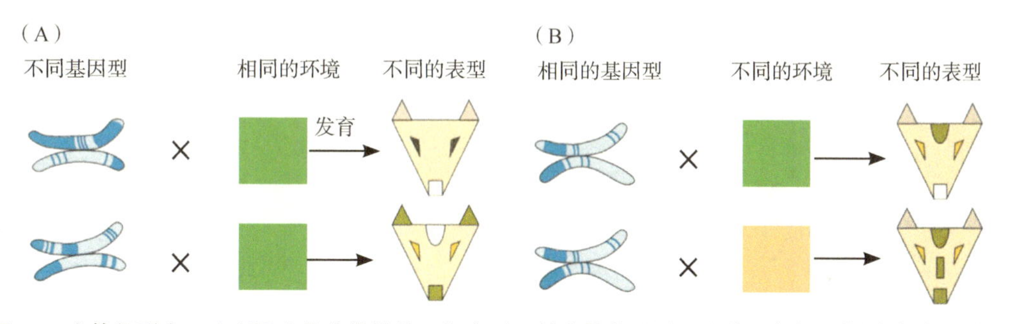

图 2.8　个体的形态、生理及生物化学性状，即表型，是个体的基因型和其生存的环境（如气候的冷暖、食物的多寡）共同决定的（据 Alcock 1993）

遗传上不同的个体，在生存能力及生殖能力上往往也是存在差别的，例如，对寒冷的适应性，如前文中提到的兔子皮毛的厚度、抗病性的差异、从天敌捕食下逃脱的能力等方面。如果携带了某些等位基因的一些个体，比没有这些等位基因的个体有更好的生存和产生后代的能力，那么在这一种群的后代，在基因频率（gene frequencies）上将发生变化，这一现象称为自然选择（natural selection）。我们假想中的身着厚毛的兔子正经历着自然选择，在寒冷的气候条件下，其基因频率将超过毛单薄的兔子。

种群内的遗传变异不但受到基因数量 [基因的多态性（polymorphic genes）] 的影响，而且也受到一个基因含有的等位基因数量的影响（图 2.9）。基因多态性的存在表明种群中的一些个体是基因的杂合体（heterozygous），也就是说，这些个体携带了与父母任意一方都不一致的等位基因。另外，有些个体是纯合体（homozygous），他们获得了与父母一样的等位基因。所有这些不同水平的遗传变异对于种群适应变化的环境都是十分重要的。与广布种相比，稀有种的遗传变异往往更少，因此，稀有种在环境变化时必然更容易出现灭绝（Frankham et al. 2009）。遗传变异在保护生物学中的重要性将在第 11 章深入讨论。

图 2.9　个体间遗传变异源于特定位点或基因或染色体的变化。不但在种群内部的个体间存在着遗传变异，在隔离的种群间也存在着遗传变异（据 Groom et al. 2006）

现有研究表明，在不同的动植物种群中，杂合体比纯合体的适应性要高。这意味着杂合体比纯合体生长得更快、更易存活，且有更强的繁殖能力。其原因可能是：①有两个等位基因赋予个体更强的适应环境变化的能力；②从父母的某一方中遗传下来的没有功能或者有害的等位基因，被可以正常发挥功能的基因所掩盖，而这些等位基因来自父母的另一方。高度杂合的个体适应性显著提高，这种现象称为杂种优势（hybrid vigor 或 heterosis），这种现象在家畜中已经被人们熟知。随着生境的破坏或者其他人类活动的干扰，遗传变异将会逐步丧失，种群内个体的适应性随之降低。物种内的遗传变异同样能够影响其他物种的个体密度和分布。例如，广布树种树皮颜色的遗传多样性越高，则该地区在树皮上活动的昆虫多样性就越高（Barbour et al. 2009）。

同一物种内的不同个体间遗传差异可能表现在等位基因频率的差别，甚至特定基因不同的等位基因的差别。这些遗传上的差异源于每个种群对环境的适应，也可能是随机的差异。通常认为，某个物种的孤立种群，特别是在物种分布边缘的种群，是生物多样性的重要组成成分，保护生物学家尤其重视这些种群的保护（Thompson et al. 2010）。这些种群有时候成为特定的变种或者亚种，特别是在形态上出现明显分化的情况下。不仅如此，种群中的不同等位基因有时还作为推测物种起源的证据（Wassaer et al. 2008）。

虽然绝大多数交配都是在种群内部发生的，但在有些情况下，个体可以从一个种群迁移到另一个种群，这就导致了种群之间等位基因的交流以及新的重组类型的产生。这种遗传物质的交流称为基因流（gene flow）。自然状况下，种群间的基因流有时会被人类所阻断，造成种群内遗传变异降低（Wofford et al. 2005）。

遗传变异在栽培植物和家养动物中也会出现。在传统的农业社会，人们会将拥有新性状的植物保存起来，以备不时之需。通过很多代人工选育（artificial selection）之后，新的品种就培育出来了。这些品种产量较高，性状稳定，能够适应当地的土壤、气候，对虫害有较强的抵抗力。在现代农业生产中，这一过程被大大加快了，人们通过科学育种的方法，改变作物的遗传变异，从而满足人们当前的需求。如果没有遗传变异的存在，农作物的增产、增收将变得十分困难。高新育种技术可以使得远缘的物种杂交，使其遗传物质得以交流。数以千计的作物品种，如水稻、马铃薯及小麦都是经过现代农业育种技术选育出来的。在动物中，大量的动物品系，如犬、猫、鸡、牛、绵羊及猪，都是在长期人工选育下积累了对人有益的性状，在人工选育的同时，这些家畜的基因库也同时改变了。

在科学研究中，遗传变异也备受重视，从而得以保存，如在遗传研究中用到的果蝇（*Drosophila*）；在植物研究中使用的拟南芥（*Arabidopsis*），拟南芥具有植株小、生长迅速的特点；在生理学和医学研究中应用的小白鼠等。

人类的活动已经对野生种进行了人工选择，例子之一是杀虫剂对农业害虫的选择及抗药性致病细菌的出现（Myers and Knoll 2001）。海洋中鱼类被高强度捕捞对多种鱼类的种群也是人工选择，将鱼群中较大的个体捕获后，常导致鱼群繁殖时间提前，出现个体小型化的现象，这是负面影响之一（Fenberg and Roy 2008）。

2.3 生态系统多样性

生态系统是丰富多样的，这种多样性在自然景观中显而易见。爬山时可以看到植被结构和生存其中的动植物逐渐地发生变化，从茂密的森林到苔藓密布的低湿林地，再到亚高山草甸或寒冷瘠薄的砾石滩，物种会发生明显变化。在起始点见到的物种逐渐消失，新的物种不断出现。物理环境（土壤、温度、降水量等等）在景观中也在变化。景观作为一个整体是动态的，不断响应环境和人类活动的影响而发生变化。

什么是群落和生态系统？

生物群落的定义如下：生物群落（biological community）是某一地点出现的物种及其种间相互关系的总称。生物群落与其相关的物理及化学环境形成的总体，称为生态系统（ecosystem）。生态系统的特性是通过多种动态的过程表现出来的，包括水循环、矿物质循环及能量流动。水分通过叶片蒸腾、地面或其他表面蒸发进入空气中，在其他地区则以降雨或降雪的方式重新回到地面，这就完成了地表水及其他水体环境的更新。土壤是由成土母质（parent rock material）和腐殖质共同组成的。植物的光合作用吸收太阳能，维持植物的生长。动物在采食植物时，能量又被动物所获取。在植物死亡（或者受到动物采食）及分解时，这些能量最终以热的形式释放。在光合作用中，植物吸收二氧化碳，释放氧，而动物和菌物在呼吸作用中吸收氧并释放二氧化碳。氮、磷等矿物质作为生命或非生命的组成成分，在生态系统中循环。这些过程可以在地理尺度上出现，从几平方米到几公顷、几平方千米等，随着尺度的扩大，可以到上万平方千米。

群落内的每一个物种都有自己对食物、温度、水和其他资源的需求，任何一种资源都可能成为限制该物种种群大小和分布的因素。

物理环境，特别是气温和降水的年际变化，以及陆地表面的特征变化，影响了生物群落的结构和特征，同时对某一个地点是否能够形成森林、草原、沙漠、湿地具有决定性的影响。在水生生态系统中，物理作用，如水的流速、清澈度，以及水体的化学成分、温度和深度，能够影响到生物区系（一个地区的植物和动物组成）的特征。反过来，生物群落也能够改变其所处的物理环境。例如，在茂密的森林中，风速比在附近的草地上的低，而湿度要高。在海洋中，藻类所构成的“丛林”及珊瑚礁（专栏2.2）同样能够对海浪起到缓冲作用，这是海洋生物影响物理环境的例子之一。

在生物群落内部，物种扮演着不同的角色，它们所需的生存条件也是不同的（Marquard et al. 2009）。例如，某种植物可能在特定土壤类型、特定的光照和湿度条件下生长得最好，同时有相应种类的昆虫为其授粉，相应种类的鸟类为其传播种子。类似的，动物对环境的需求也因种而异，表现在它们取食的差异、对栖息地的偏好等（图 2.10）。虽然在森林中可能生长着种类繁多的植物，但是取食某种植物的昆虫在发育和生殖上可能遇到困难，因为这种植物很可能极其稀少，并且种群正在衰退，这些称为限制资源（limiting resource），正是这些资源限制了某一物种种群的大小。例如，岩洞中生长的一种蝙蝠，只能在石灰岩洞穴的顶部聚居，种群的大小受到洞穴数量的影响。如果人类开发石灰岩矿藏，破坏洞穴，则蝙蝠种群很可能出现衰退。但是如果蝙蝠能够适应人类社会，能够在桥梁的底部栖息，其种群可能会上升。

在很多生态系统中，都偶尔会出现极端的环境条件，此时一种或几种资源受限，敏感的物种就可能在该地点消失。例如，虽然在雨林中水不是生物的限制因子，但是持续数周甚至数月的干旱有时候的确会发生，即使是在最湿润的森林中，这种现象也是存在的。此时，需要持续供应水分的动植物将会消失。另一个例子是，在持续数天甚至数周

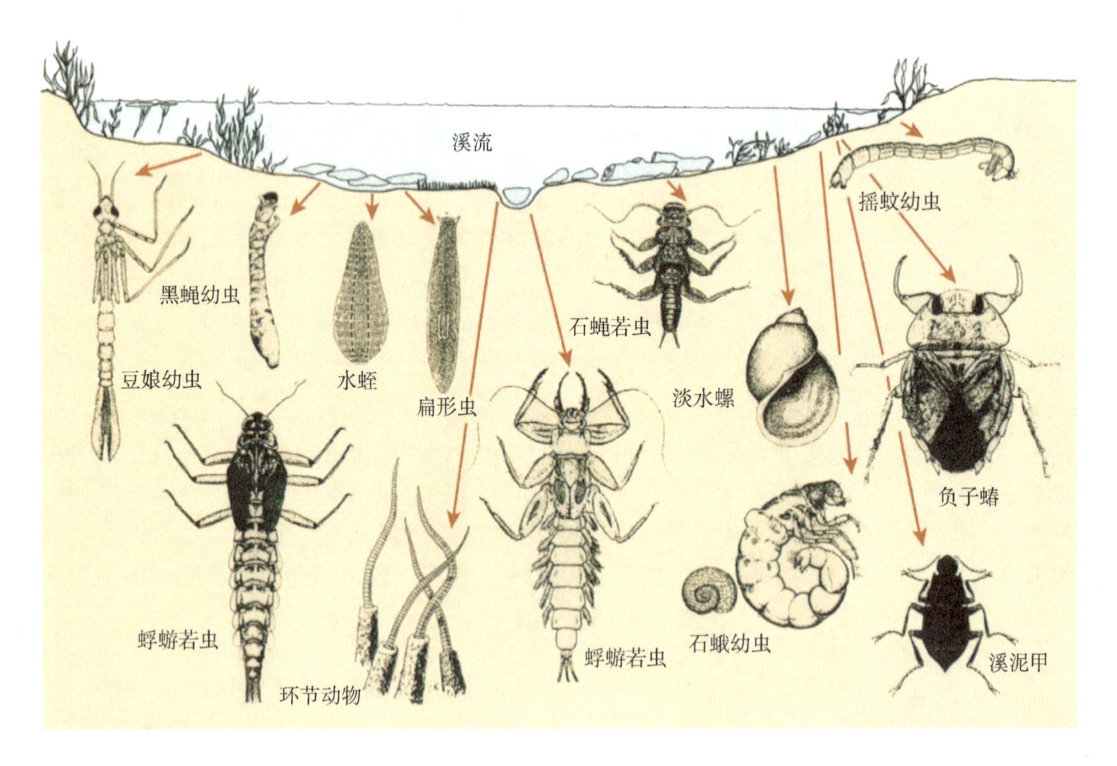

图 2.10　安第斯山一个溪流群落的物种组成，每个种都生活在不同的水深、一定结构的岩石、植物及沉积物的组合中（Roldán 1988）

专栏 2.2　海藻林和海獭：对海洋生态系统的改变

虽然人类活动对热带及温带森林的影响在近年来引起了媒体的关注，但是第三种森林却很少被人关注，这就是海洋中的海藻林。虽然在报纸、杂志中很少出现，但是这种“森林”为大量物种提供了栖息地。海藻林主要出现在高纬度海岸地区，由褐藻、红藻等组成，如巨藻（*Macrocystis pyrifera*）。大量鱼类、贝类及无脊椎动物以这些森林作为食物和栖息地（McClanachan and Branch 2008; Schaal et al. 2009）。与陆地上的森林相似，海藻林可以抑制海浪对海岸的侵蚀（erosion）：海藻林可以减弱海浪及海流的影响，防止海岸附近的陆地的破坏。20 世纪，在了解其作用之前，在阿拉斯加、不列颠哥伦比亚以及美国的西北海岸中的很多地点，海藻林已经消失。

海藻林资源的减少不像地面上森林被砍伐那样明显。很多国家，当地居民采集海藻以维持生存，但是这种开发规模很小，且对海藻着生的海床危害很小。从长期看来，即使是食品工业大规模的采集，仍然对其危害很小。海藻林消失的主要原因是猎捕海獭（*Enhydra lutris*），这在一个多世纪以前就开始了。

海獭曾广布于太平洋北部，由于皮革商对海獭的需求，海獭几乎绝种。海獭以贝类为食，每天吃掉的贝类占其体重的 25% 左右。缺少海獭的地区，蛤贝、鲍及其他贝类，以及海胆数量暴发，人们得以收获更多的贝类。海胆贪婪地啃食海藻，在缺少天敌的情况下，其在原本海藻林常见的地方造成了大量“贫瘠之地”。

> 生态系统中一个物种的变化有时可能改变处于不同营养级物种的联系，这种现象称为营养级联

海獭在过去几十年只限于分布在太平洋北部的岛屿上，现在，在美国，海獭已经成为保护物种，并且在其原有的分布范围开始重新定居。海獭的重新到来带来了一系列的变化，从生态系统到一个地区的渔业经济都受到了影响。贝类种群的下降惹怒了渔民（Fanshawe et al. 2003），但与此同时，海胆的数量也下降，这使得巨藻及其他海藻重新能够生长起来。在海獭重新到来或者被重新引入的地区，红藻群落发生了明显的变化：在海獭回归一年、两年或多年的时间内，先前被破坏的区域又重新生长起来了海藻林。

海藻林的存在为北美洲太平洋沿岸出现多样性化群落提供了可能。海獭对于红藻群落是至关重要的，这是由于它们以海胆为食，而海胆采食红藻。海獭种群下降时，海胆群落迅速攀升，这导致了海藻林的巨大破坏（引自 ©Abigail Rorer. Reproduced with permission from *The Work of Natuer* by Yvonne Baskin, Island Press, Washington, D. C.）

红藻产量的增加，促进了鱼类的增产，增加了悬浮物摄食者(suspension feeders)的生长率，为当地的商业创造了效益，并使得渔业获得了新生，虽然很多地区的渔业资源由于过度捕捞已经被显著破坏(Paddack and Estes 2000)。20世纪消失的红藻生长的海床随着海獭的到来而得以恢复，这显示出海洋生态系统的重要特性：一个关键种的缺失，无论其在食物链中是处在什么位置，都将对系统内生态相互作用的各个方面产生深远影响。但是海獭的恢复还十分脆弱，在过去十年中，在阿拉斯加以西的海岸附近，虎鲸开始以海獭作为食物，因为它们喜爱的食物如海豹和海狮种群出现了衰退，这可能是过度捕捞对鲸的间接作用(Estes et al. 2009)。因为这个原因，一些先前的恢复的海藻林由于海胆再次转变为贫瘠之地。

的寒冷天气中，捕食特定种类昆虫的鸟，也许不能获得足够的食物来喂养其雏鸟，因为寒冷使得所捕食的昆虫不能飞行。这种情况下，昆虫成为鸟类种群的限制因素。不幸的是，预测的结果表明，在全球变暖的大背景下，这种极端情况的出现将会更为频繁。

生态演替

受到物种多方面的特殊需求及其行为、偏好的影响，某一地点的物种会随着生态演替而发生变化，不同的物种会在不同的时期出现。演替(succession)是生态系统在自然和人为干扰之后发生的物种组成、群落结构、土壤化学组成及微气候缓慢变化的过程。例如，某地长期存在的森林经历了一场风暴的侵袭，或者被皆伐之后的几个月甚至几年的时间里，一年生的阳生植物和喜光的蝴蝶在演替初期成为常见种。此时，由于树冠层受到破坏，地面能够接受到较强的日照，白天温度升高、湿度降低。经过几年或几十年之后，树冠层已经逐渐恢复。其他的种类，如适应荫蔽、潮湿的草本植物，幼虫以这些植物为食的蝴蝶，树洞中生活的鸟类，在演替的中后期出现了。在其他生态系统中也发现了类似的物种组合，如草原、湿地以及海洋的潮间带。人为活动通常能够减慢生态演替的过程，例如，草原上的过度放牧现象，在森林中将所有的大树砍伐掉之后，以致该地区缺乏演替后期的树种等。

现代某一景观的演替同时受到自然和人为干扰影响。例如，科罗拉多州落基山的草原和森林会受到伴随干燥而生的周期性自然火烧的干扰，也受到马鹿的啃食。现在，这些生态系统的演替正越来越多地受到人为火、放牧以及修路等的影响。通常情况下，中度干扰的生态系统物种最为丰富；此时，演替早期、中期和晚期的林分可能同时存在。

生态系统中的物种相互作用

生态系统的物种组成通常受到竞争和捕食的影响(Cain et al. 2008)。捕食者往往能够强烈地影响到被捕食者的个体密度，在某些生境中甚至使得被捕食者完全消失。实际情况下，捕食者可能间接地提高了被捕食者的数量，因为在有限的资源下，这些被捕食者往往存在着非常激烈的竞争，捕食则减弱了这种竞争。潮间带生存的大海星(*Pisaster*)就是一个很好的例子，它们以15种附着在岩石上的软体动物为食(Paine

1996）。自从大海星出现之后，由于其捕食软体动物的速度太快，以致这些物种的个体不能到达很高的密度，软体动物在岩石上的竞争减弱了。在这种模式下，15 种软体动物都能生活在潮间带中。一旦大海星从潮间带消失，这些软体动物的密度会逐步上升，在岩石上竞争生存空间。在缺少捕食者的情况下，种间竞争将使物种数减少；最后，15 种软体动物仅有少数几种能够生存，有些岩石上甚至只附着一种软体动物。同样，自然状态下动物采食的植物群落中的物种数比没有动物采食的植物群落更为丰富。当然，在草食动物如鹿的捕食者消失之后，鹿对植物的过度啃食可能会导致植被破坏、水土流失等。致病性的生物，虽然除了对人类有致病性的物种之外，我们很少提及，但是它们也能够深刻影响到群落，并将物种密度降低到一个较低的水平。

在很多生态系统中，捕食者控制着某种特定被捕食者的个体数量，这是该生态系统能够支撑的数量，这一数值称为承载力（carrying capacity）。如果捕食者（如狼）由于人为猎杀或毒杀从生态系统中消失，被捕食者种群，如鹿的数量可能会超过生态系统承载力。当食物资源耗尽时，鹿的种群会崩溃。

除此之外，某一物种的种群规模常常受到与其竞争共同资源物种种群的制约。例如，在一个小岛上筑巢的燕鸥种群会随着该岛上筑巢的海鸥种群数量的大小而变化。在生态系统中，当一个物种的种群可以影响到其他物种时，就称该种群具有生态功能（ecological function）。

群落中两个物种在相互影响中获益称为互利关系（mutualistic relationship）。相对于只有一个种，互利共生物种同时出现时，将达到更高的个体密度。常见的例子是采食果实的鸟类与果肉丰富的植物、有花植物与传粉昆虫、形成地衣的菌物与藻类，以及为蚂蚁提供食物及栖身之地的植物，蚂蚁反过来减少了害虫对这些植物的危害（图 2.11）。如果总是发现两个物种存在着长期的密切关系，则称这种现象为共生关系（symbiotic relationship）。在某些情况下，这种关系是互利的，共生物种任何一方离开另一方都不能继续生存。例如，热带海洋中，珊瑚礁上生活着一些藻类，人为活动可能会导致藻类死亡，随后海水温度将上升。此后，相应的珊瑚种类衰退和死亡。

（A）

（B）

图 2.11　互利关系的两个例子。（A）热带草原上一种合欢属植物上的蚂蚁，以该植物分泌的花蜜等为食；别的动物若采食这种植物，就会受到这种蚂蚁的攻击。（B）在秘鲁，白颈蜂鸟正在一种豆科植物的花上取食（A. 摄影 D. Morris; B. 摄影 L. Mazariegos）

群落构建的原理

研究物种间的捕食 - 被捕食的关系有助于我们理解生态系统是如何组成的。进一步研究表明，这些关系可以被人为活动所中断。

- 营养级 生态系统可以按照从环境中获取能量渠道的不同而划分成不同的营养级（图 2.12）。

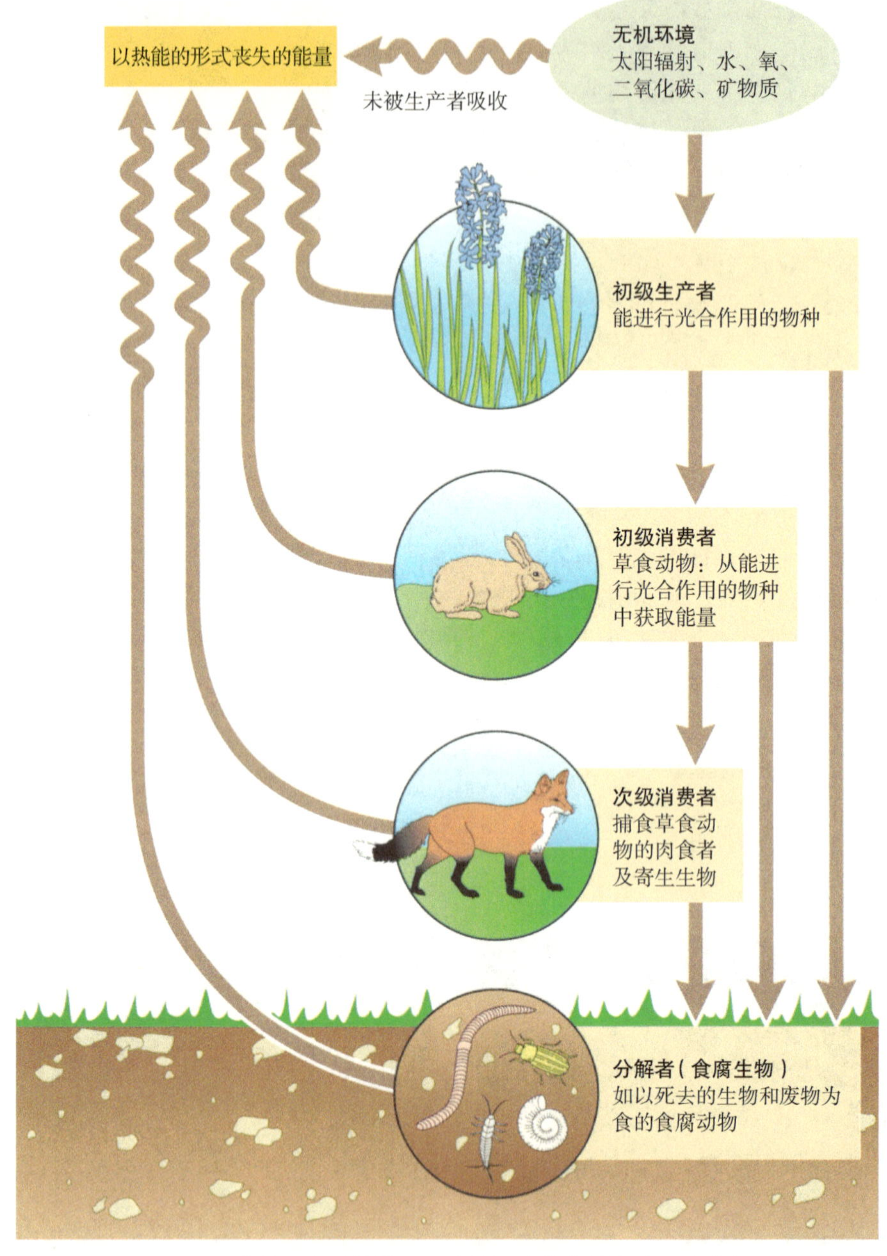

图 2.12 自然生态系统模型：营养级及简化的能量流动路径

- 光合作用物种（又称为初级生产者） 从阳光中获取能量。在陆地环境中，高等植物，如被子植物、裸子植物和蕨类担当着光合作用的主要任务；而在水体环境中，海藻、单细胞藻类及蓝细菌 [蓝绿藻（cyanobacteria）] 是进行光合作用的主要成员。所有这些种类都利用太阳能来合成其生存、生长所依赖的有机物。如果没有初级生产者，更高等级的物种便不能生存。

- *草食动物（又称初级消费者）* 取食光合作用的物种。例如，在陆地生态系统中，瞪羚和蝗虫都以草为食；而在水体环境中，甲壳类动物和鱼类以藻类为食。由于植物的大部分，如纤维素和木质素不能被大部分动物所消化，而且有些动物甚至根本不吃含有纤维素和木质素的部分，实际上光合作用物种所捕获的能量中，只有很小一部分传递给草食动物这一营养级。草食动物采食的强度受到植物的个体密度及植物可采食部分大小等因素的影响。
- *肉食动物（又称为次级消费者或捕食者）* 捕食其他动物。初级肉食动物（如狐）捕食草食动物（如兔），而次级肉食动物（如鲈鱼）捕食其他肉食动物（如青蛙）。由于肉食动物不会捕获所有能捕获的潜在食物，同时，由于被捕食者身体的很多部分都不能消化，只有很小一部分能量从草食动物传递到肉食动物这一营养级。肉食动物通常都是捕食者，但是有些肉食动物也有吃腐肉的行为。还有一些称为杂食动物（omnivores），这些动物的食谱中包含了数目可观的来源于植物的食物。一般来说，捕食者比被捕食者个体要大，并且更为强壮。但是捕食者的密度比起被捕食者来说要低得多。在很多生物群落中，肉食动物都扮演着重要的角色，它们控制着草食动物的数量，从而使生态系统中的植物不会被过度啃食。
- *寄生生物* 是捕食者的另外一类。一般情况下，动物的寄生生物，包括蚊、蜱、肠道寄生虫、原生动物、细菌及病毒，它们个体都很小，寄生生物不会立即导致寄主死亡。植物也能够被寄生，寄生生物包括真菌、植物（如槲寄生）、线虫、昆虫、细菌和病毒。寄生生物对寄主的影响可能完全觉察不到，也可能使得寄主变得衰弱，甚至造成寄主的死亡。当寄主的密度很低时，寄生生物不能从一个寄主转移到另一个寄主上，它们对寄主种群的影响也就相应较弱。当寄主种群拥有较高的密度时，寄生生物能够从一个寄主转移到另一个寄主上，造成寄生生物大量出现，而这将使得寄主的密度降低。寄主种群密度较高的情况，往往出现在动物园或者小型的自然保护区中。许多受威胁的物种，在这些地区更容易遇到寄生生物，也就是说，由于寄生生物的存在，这些地区对于受威胁的物种来说是有害的。
- *分解者或食碎屑者（detritivores）* 以死去的植物、动物组织或碎屑为食，将复杂的组织或有机物分解。在这一过程中，分解者向土壤或水中释放出矿物质，如氮和磷，而这些矿物质又能被植物和藻类吸收。真菌和细菌是最为重要的分解者，但是还有很多其他种类在有机物降解过程中也扮演着重要的角色。例如，秃鹫和其他食腐动物将死去的动物撕扯开；蜣螂以动物的粪便为食，并且随时掩埋动物粪便；蚯蚓则分解落叶及其他有机质。在水生环境下，螃蟹、蚯蚓、软体动物、鱼类以及难以计数的其他生物取食碎屑。如果没有分解者的存在，有机物将一直积累，植物生长则会衰退。

- 食物链和食物网　在群落中，随着营养级的升高，向上传递的能量越来越少。陆地生态系统中最主要的生物量常常是初级生产者。在任何一个群落中，草食动物的个体数都倾向于超过初级肉食动物的个体数，而初级肉食动物的个体数又比次级肉食动物的个体数多。例如，一般来说，森林群落中的昆虫及其生物量比食虫的鸟类要多，而食虫的鸟类通常又比猛禽(以其他鸟类为食的肉食性鸟类，如隼)数量多。每个营养级所积累的能量，最终都被分解者所分解。

虽然物种可以组织成常见的营养级，但在每个营养级中，它们的实际需求或取食的范围可能十分狭窄。例如，某种蚜虫可能只取食一种植物，而一种瓢虫可能仅以这种蚜虫为食。这种特定的取食关系被称为食物链(food chains)。很多生物群落中，某一营养级的一个物种以几个物种为食是更为常见的现象，同时与其他物种竞争这些食物，而该营养级的物种又可以被更高营养级的几种生物捕食(Yodzis 2001)(图 2.13)。同一营养级的物种，对环境中的资源具有类似的需求，可以看成是同资源种团(guild)。例如，温带森林中采食果实的鸟类构成了同资源种团。

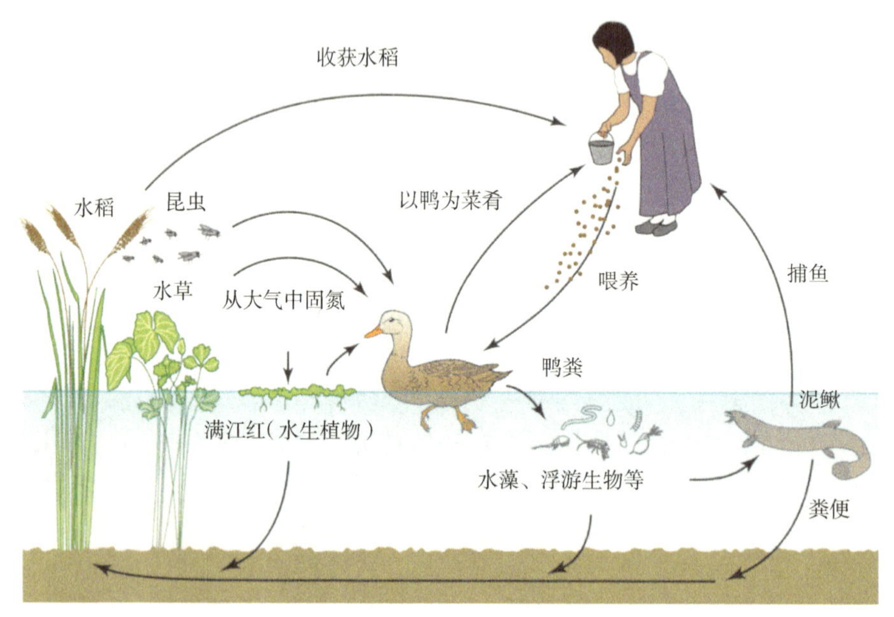

图 2.13　传统农业生态系统中的一个简单食物网。人、鸭、昆虫以植物为食，而植物在进行光合作用。鸭和泥鳅以昆虫和水生无脊椎动物为食，而它们又会成为人类的食物

人类可以显著地影响食物网关系(Levy 2007)。例如，在城市中，鸟类种群可能会由于缺少天敌而增加，造成昆虫数量的减少(Faeth et al. 2005)。

关键种和同资源种团

在生物群落中，少数几个有特殊性状的物种或者物种组合能够对群落中其他大量物种的存在起着决定性作用。如果只考虑到其个体数，或者生物量，那么关键种对群落中其他种的影响远超过人们的想象(图 2.14)(Letnic et al. 2009)。对关键种和同资源种团的保护是保护生物学应该优先考虑的问题，因为关键种或者同资源种团的丧失将会导致其他物种大量丧失。

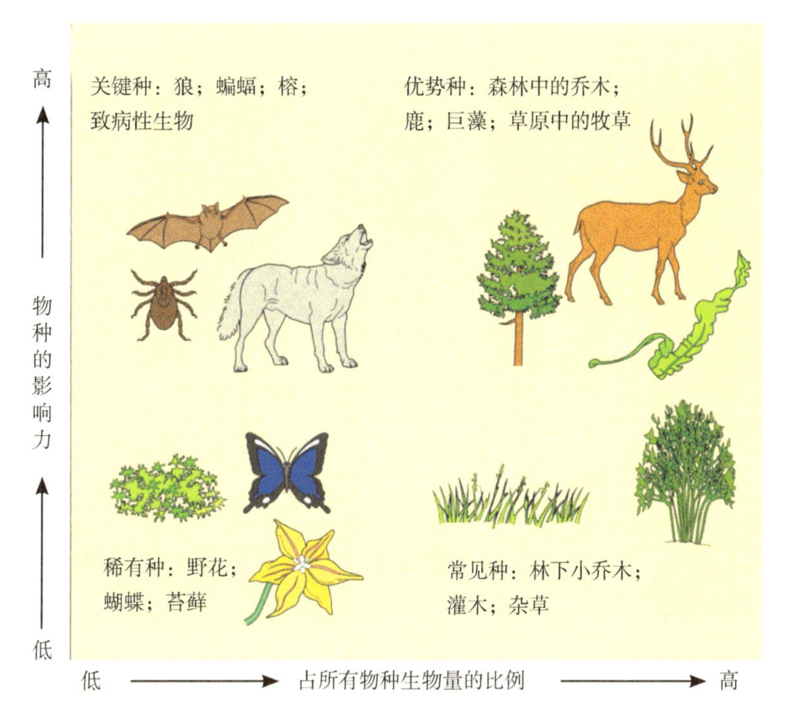

图 2.14　关键种决定着群落中其他种是否能够延续。虽然关键种只占群落总生物量的很小一部分，但是如果它们消失，那么群落的组成将发生很大的变化。稀有种的生物量比例最小，对群落也很少有显著影响。优势种构成生物量的主体，由于生物量巨大，它们对其他种的影响也大。有些物种虽然常见并且生物量也大，但是在群落中的作用很弱

虽然我们有时可以鉴别出群落中的关键种，但是一些看起来不太重要的种，在生态系统中的作用也可能是十分重要的，只是不能立即表现出来。处于顶级的捕食者通常被认为是关键种，因为它们能够强烈影响到草食动物的种群（Wallach et al. 2009）。如果将关键种的少数个体去除掉，即使它们只占生物量的一小部分，植被也将发生巨大的变化，同时引起生物多样性的大量丧失，这种现象称为营养级联效应（trophic cascade）（Bruno and Cardinale 2008; Beschta and Ripple 2009）。例如，在马萨诸塞州科德角分布着植食性的沼泽蟹（*Sesarma reticulatum*），沼泽蟹的天敌是蓝蟹，后者由于过度捕捞或者水污染等原因种群减小，于是沼泽蟹种群大暴发。沼泽蟹种群的迅速上升致使科德角 70% 的盐沼米草被啃光（Bertness et al. 2009），从而导致水土流失，也导致了其他物种得以栖息的盐沼被破坏。在一些地区，由于人类的狩猎，狼和其他捕食者灭绝，鹿群急剧增长超过了环境承载能力，鹿群啃食使得很多草本和灌木从生境中消失。这些植物的消失，反过来对鹿和其他草食动物，包括昆虫，都产生了危害。由于植被破坏，土壤被侵蚀，这就进一步导致了该土壤上生存的其他物种丧失。

> 如果科学家能够确定群落的关键物种，这些关键物种就有可能得到精心保护，甚至种群不断扩大。

狐蝠科（Pteropodidae）的蝙蝠被称为“会飞的狐狸”，是另外一个关键种的例子（图 2.15）。在旧热带和太平洋群岛，这类蝙蝠是很多重要经济植物的初级传粉者，也是种子传播者（Nyhagen et al. 2005）。但是，随着蝙蝠被猎人所捕杀，蝙蝠栖息的树木被不断砍伐，残余森林中的很多树种再也不能继续繁衍。

图 2.15 会飞的狐狸——狐蝠科的物种，如萨摩亚狐蝠——是南美洲热带雨林的关键传粉者和种子传播者（摄影 Barry Bland/Alamy）

通过自身活动对物理环境有着很强的修饰作用的物种被称为环境工程师，也被认为是关键种（Breyer et al. 2007）。例如，河狸在河流上筑坝，使得温带森林遭受水灾，同时也形成很多物种的栖息地。蚯蚓每年都会将几吨土壤疏松一遍，这对土壤肥力以及动植物的群落组成都有重要影响。美洲热带及亚热带的切叶蚁为种植自己喜食的真菌挖掘出很多细沟，为为数众多的地下物种创造了新的生境；它们的切叶行为也对植被有重要影响。

食草动物对于群落的调控是十分重要的，加勒比海的珊瑚礁就是一例（Alvaresz-Filip et al. 2009）。在这些珊瑚礁上，生长着多种鱼类、冠海胆（*Diadema*）以及它们的食物——藻类，特别是一种大型的肥厚海藻。这种海藻在 1980 年之前是很少见的。但是在 20 世纪 80 年代，过度捕捞几乎使得鱼类绝迹；而且，可能是由于一种病毒的传播，冠海胆也大量死亡。在缺少鱼类和冠海胆控制的情况下，肥厚的海藻在数量上迅速增加，覆盖了珊瑚礁，并且对珊瑚礁造成了损害。人类活动导致了沿岸水污染，为这种藻类提供了丰富的营养，使其大量滋生。

关键种或同资源种团的重要性可能隐藏在关键种与其他生物非常特化的关系之中。在热带森林中，榕属的乔木与藤本对于脊椎动物可以称为关键种。榕属是通过个体很小、十分特化的榕小蜂传粉的。榕小蜂在发育中的榕属“果实”中长大。榕属“果实”为灵长类、鸟类，以及其他食果脊椎动物提供了稳定的食物来源。榕属的“果实”不像其他果实或种子那样富含脂类而有较高的能量，也不像作为食物的昆虫那样富含蛋白质，只能在旱季充当“救济粮”，以使脊椎动物在不能找到其喜爱的食物时勉强充饥。在这种情况下，榕属植物就成了关键资源种团，这是因为如此多的物种都依赖它们，而榕属植物种群的健康程度取决于为它们传粉的榕小蜂的健康程度。榕树与榕小蜂的互利关系共同维护了整个群落的健康（图 2.16）。

很多关键种看起来作用不显著，但维持了生物多样性。除了蚯蚓之外，其他一些不引人注意的物种也在扮演食碎屑者的角色。蜣螂在热带森林密度很低，只占生物量很少的一部分（Lewis 2009），但它们对于群落是至关重要的，因为蜣螂能将动物的粪便等团成球状，掩埋到地下，作为其幼虫的食物。这些掩埋的物质分解得很快，分解后释放出植物生长所需的营养物质。以果实为食的动物，其粪便中常含有植物种子，这些种子也被一同掩埋，促进了种子的萌发与新植物的定植。不仅如此，通过将粪便掩埋，蜣螂间接地杀死了脊椎动物粪便中的寄生虫，也就促进了脊椎动物种群的健康。致病性的生物及寄生生物虽然微小，但是也是关键物种。它们的出现降低了寄主物种的密度，使群落处在一个平衡的水平。

（A）

（B）

（C）

图 2.16 （A）台湾榕（*Ficus formosana*）广泛分布在我国长江以南多个省区；（B）台湾榕的果实（隐头花序）；（C）一种榕小蜂。（A、B）摄影张金龙；（C）网络图片（http://songshuhui.net/archives/11698）

经过我们前面的讨论，很明显，关键种的识别对于保护生物学有几方面重要的意义。关键种或者关键种的组合如果从群落中消失，将促使其他种从群落中消失（Letnic et al. 2009）。关键种的消失将导致一系列物种的绝灭，这种现象称为绝灭级联（extinction cascade）。这将使生态系统遭到破坏，各营养级的生物多样性都大大降低。在热带森林中，这种现象很可能已经发生了，过度的捕猎已经在很大程度上改变了鸟类和哺乳动物的种群，这些动物分别扮演着食肉动物、食草动物、种子传播者的角色（Nunez-Iturri et al. 2008）。虽然这些森林一眼看上去郁郁葱葱，十分健康，但是其实际上可能是“空”的森林，因为其中的生态过程已经被改变，在经过几十年或几个世纪的演替之后，这些森林的物种组成将发生变化。

在海洋环境中，海草或海藻等的消失将会造成栖居其上的物种丧失，因为那些物种已经十分特化，其中包括造型奇特的海龙和海马（Hughes et al. 2009）。如果群落中的少数被人为活动所影响的关键物种能够被识别出来，开始对其精心保护，那么该物种可能会出现繁荣的景象，这也将促进整个群落的健康。例如，在间伐作业中，榕属及其他重要的“果树”应该受到保护，而没有列入关键种的普通树木可以采伐，这样不至于导致生物多样性的降低。与此同时，在这一地区，对关键的动物物种的狩猎也需要受到限制，甚至全面禁止。

关键资源

通常情况下，在对自然保护区进行比较时，人们以面积的大小作为保护价值高低的标准。一般来说，面积较大的保护区比面积小的保护区拥有更多的物种和生境。但是面积本身并不能保证该保护区包括了所有的生境及资源。特殊的生境可能包含至关重要的关键资源(keystone resources)，这种资源可能是在环境上，也可能是在结构上，虽然占据了很小的面积，但是对生态系统中很多物种来说却是极为重要的(Kelm et al. 2008)。

> 有很多生态系统具有独特的关键资源。这些资源对于生态系统结构和功能的维持，以及物种的稳定生存至关重要。

动物舔盐的盐渍地(salt licks)及矿物库(mineral pool)是野生动物矿物质的主要来源，在降水丰沛的地区尤其如此。盐渍地的分布可以决定一个地区脊椎动物的个体密度和分布。

在水位降低的时候，溪流和泉中较深的水池也许是鱼类、某些植物或其他水生生物在旱季唯一的避难所。对于陆生哺乳动物来说，这些水池可能是一段距离之内唯一的饮用水源。

中空的树干是很多鸟类和哺乳动物繁殖的场所。合适的树洞是很多脊椎动物种群大小的限制因素。动物筑巢的数量变化就是一个明显的例子，当放置了人工巢箱(nesting box)之后，很多种动物的繁殖对数增加了；而在人工经营的森林中将枯木及中空的树木去除，这种情况下，很多物种的种群缩小。在哥斯达黎加一项森林 - 草地相间的研究中，在几周之内，10 种蝙蝠就进入巢箱之中生活，而它们是超过 60 种植物的种子传播者。

无论是在陆地上还是水生生境中，朽木都为多种动物、植物及真菌提供了生存环境(Gurnell et al. 2005)。溪流中的倒木是鱼类的重要避难所，它们为鱼类提供了庇护，同时，倒木激起的涟漪增加了水中的氧，改善了鱼类及其无脊椎动物饵料的生存环境，对其生长起到了促进作用。当倒木被清除，这一系统中的物种丰富度可能会下降。

关键资源可能只占据了保护地面积的很小一部分，但是对于维持很多动物种群却是至关重要的。丧失了关键资源意味着动物种类的快速丧失，特别是鸟类和哺乳类。当脊椎动物丧失，随之而来的便是依赖于这些动物进行传粉和种子传播的植物的丧失。

生态系统动态

在物理及化学环境中的生物群落内存在着多种相互作用，关键的生态系统过程包括能量的传递、生物量的积累，以及碳、氮和其他营养物质的循环、水循环等。生态系统完整性(ecosystem integrity)的概念在保护中是重要的(但是客观地对其定量评价则是具有挑战性的)。生态系统的完整性是物种组成、结构及功能的统称(Tierney et al. 2009)。

受到人为活动破坏的生态系统，如果丧失了一些物种或者一些生态学过程，如降水过后对水分的涵养及后续的缓慢释放能力的丧失，则该生态系统在一定程度上丧失了完整性（Vaughn 2010）。

不管是否受到人类的影响，一个能够正常发挥功能的生态系统可以称为健康的生态系统（healthy ecosystem）。很多情况下，生态系统即使丧失了一些物种，仍然能够保持健康，因为很多情况下，缺失种的功能可以由生态学相似的物种代替，这是由于生态系统的一些物种在功能上存在着冗余（redundancy）物种。能够保持原有状态的生态系统称为稳定生态系统（stable ecosystem）。这些系统或者没有遇到干扰，或者具有应对干扰的特殊策略，从而保证了系统的稳定。尽管有干扰的存在，有些生态系统仍能保持稳定，这是由于两个因素：抗性（resistance）和弹性（resilience）。抗性是指生态系统在经历干扰时保持自身状态的能力。例如，在石油泄漏之后，河流生态系统仍然能够保持其主要的生态学过程。弹性是指生态系统在经过干扰后能快速恢复到原来状态的能力。例如，受到石油污染时，河流生态系统中将有大量的动植物死亡，但一段时间后，它还是能恢复到原来状态。另一个例子，当外来的鱼类被引入到先前没有鱼类的池塘中时，本地动物种类数量下降，表明抗性较低；但当鱼类死亡之后，本地种快速恢复，表明弹性较高（Knapp et al. 2005）。

2.4 结论

本章中生物多样性的概念对于物种重要性的认识有一定帮助。此外，在生态系统的保护及恢复中，生态学原理在制定保护策略时能够发挥重要作用。这些话题将在后续的章节中深入讨论。下一章我们将探讨生物多样性的全球格局。

小结

1. 生物多样性包括地球上所有的现存物种、同一物种内不同个体间的遗传变异、物种生存的群落以及生态系统多样性，后者还包括物种与其物理或化学环境的相互作用。
2. 物种丰富度是物种多样性的组分之一，指特定面积内的物种数。物种多样性也可以跨景观或区域尺度度量，以测度和比较物种分布的大尺度格局。这些指数主要用于特定类群。
3. 物种内通过基因突变和生殖过程中的重组产生遗传变异。在自然选择的过程中，拥有较丰富遗传变异的物种将更好地适应环境的变化。有时，这一过程甚至能够导致新物种形成。经过人工选择，人类改变了栽培植物和家养动物的基因库，以便其更好地被人类利用。
4. 在生态系统中，物种之间进行着多种相互作用，如竞争、捕食和互利共生等。物种也占据着不同的营养级或取食等级，不同的营养级获取能量的方式不同。单个物种按照取食的关系往往与其他物种形成食物链或食物网。
5. 关键种或关键种组可能会决定生态系统中其他种的生存。关键种有时候是处于最顶级的肉食性动物，但是有时候又是不太显要的物种。生态系统中关键种的丧失将导致一系列其他物种的丧失。
6. 某些关键资源，如筑巢的地点、动物舔盐的盐渍地等，虽然只占据了某一种生境的很小一部分，但是对于该地区物种的生存却是极为重要的。

讨论题

1. 在日常生活环境中，你能认识多少种鸟类、植物、昆虫、哺乳动物、蘑菇？如何才能辨别更多的物种？你觉得现在的人们能认识的物种比上一代人多还是更少？
2. 在保护的目标中通常都包括遗传多样性、物种多样性、生物群落及生态系统的保护。你认为在自然系统中还有什么需要保护？生物多样性最重要的组成部分是什么？
3. 很多顶级捕食者都是关键种。在现实世界中，能否在每个营养级和每个生物界中都找到关键种？
4. 如何管理自己的自然资产，如已经被破坏的牧场、一片森林、或者污染的湖泊，才能恢复各个水平的生物多样性？

推荐阅读

Alvarez-Filip, L., N. K. Dulvy, J. A. Gill, I. M. Côté, and A. R. Watkinson. 2009. Flattening of Caribbean coral reefs: Region-wide declines in architectural complexity. *Proceedings of the Royal Society*, Series B 276: 3019-3025. 人为活动导致珊瑚礁单一化和退化。

Beschta, R. L. and W. J. Ripple. 2009. Large predators and trophic cascades in terrestrial ecosystems of the western United States. *Biological Conservation* 142: 2401-2414. 关键种对于生物群落的结构具有极大影响。

Estes, J. A., D. F. Doak, A. M. Springer, and T. M. Williams. 2009. Causes and consequences of marine mammal population declines in Southwest Alaska. *Philosophical Transactions of the Royal Society* Series B 365: 1647-1658. 复杂的物种相互作用的变化可以存在几十年，并对多个不同的营养级产生影响。

Janzen, D. H. and 45 others. 2009. Integration of DNA barcoding into an ongoing inventory of complex tropical biodiversity. *Molecular Ecology Resources* 9(s1): 1-26. DNA 技术能发现数目可观的隐形种。

Kelm, D. H., K. R. Wiesner, and O. von Helversen. 2008. Effects of artificial roosts for frugivorous bats on seed dispersal in a Neotropical forest pasture mosaic. *Conservation Biology* 22: 733-741. 设置人工巢箱显著增加了依靠蝙蝠传播种子的数量。

Laikre, L. and 19 others. 2010. Neglect of genetic diversity in implementation of the convention on biological diversity. *Conservation Biology* 24: 86 -88. 在保护行动中需要进一步关注遗传多样性。

Legendre, P., D. Borcard, and P. R. Peres-Neto. 2005. Analyzing beta diversity: Partitioning the spatial variation of community composition data. *Ecological Monographs* 75: 435-450. 生物多样性可以在不同尺度，用不同方法度量。

Letnic, M., F. Koch, C. Gordon, M. S. Crowther, and C. R. Dickman. 2009. Keystone effects of an alien top-predator stem extinctions of native mammals. *Proceedings of the Royal Society*, Series B 276: 3249-3256. 去除澳洲野犬(*Canis lupus dingo*)，促进了草食动物活动，导致植被和原生小型动物的丧失。

Levin, S. A.(ed.). 2001. *Encyclopedia of Biodiversity*. Academic Press, San Diego, CA. 生物多样性领域的完备指南。

Marquard, E. and 8 others. 2009. Plant species richness and functional composition drive overyielding in a six-year grassland experiment. *Ecology* 90: 3290-3302. 植物物种丰富度和功能多样性促进了草原生态系统生物量的增加。

Myers, N. and A. Knoll. 2001. The biotic crisis and the future of evolution. *Proceedings of the National Academy of Sciences USA* 98: 5389-5392. 人类的活动改变了进化的过程，并且将导致不可预知的后果。

Thompson, J. D., M. Gaudeul, and M. Debussche. 2010. Conservation value of site of hybridization in peripheral populations of rare plant species. *Conservation Biology* 24: 236-245. 包含两个近缘种的地点可能包含高度的遗传多样性，可能适于特定方面的保护。

Valentini, A., F. Pompanon, and P. Taberlet. 2009. DNA barcoding for ecologists. *Trends in Ecology and Evolution* 24: 110-117. 技术可用于物种识别。

Vaughn, C. C. 2010. Biodiversity losses and ecosystem function in freshwaters: Emerging conclusions and research directions. *BioScience*, 60: 25-35. 物种的丧失对于生态系统的功能有不可预知的影响。

Wilson, E. O. 2003. The encyclopedia of life. *Trends in Ecology and Evolution* 18: 77-80. 保护生物学的奠基人之一呼吁，亟需更多的分类学家描述新种。

（张金龙 编译，马克平 蒋志刚 审校）

第3章

生物多样性的分布

地球上生物多样性很高，而且一些生态系统的物种比另外一些要多得多。某些生物类群种类繁盛，科学家在以前没有到达过的地方还能发现新的生物群落。本章中，我们将分析决定物种丰度和分布的因素，因为物种是生物多样性的重要组成部分之一。

物种最丰富的环境应该是热带雨林及落叶阔叶林、珊瑚礁、热带的大湖和深海（MEA 2005）。热带雨林的多样性大部分源自数目极多的昆虫，但是热带雨林中也有为数众多的鸟类、哺乳类、两栖类和植物。在珊瑚礁及深海中，门（Phyla）和纲（Class）的多样性高。这些海洋系统涵盖了地球上现存35个纲中的28个；其中1/3的目仅在海洋中出现（Grassle 2001）。相比之下，只有1个目是仅出现在陆地环境中的。海洋的生物多样性高可能是由于漫长的历史、极为庞大的海水体积、陆地对海洋不同程度的分隔、环境的稳定性、特殊的沉积类型和水体深度（增加了新的空间维度）等因素。人们开始重新审视海洋是稳定不变的传统观点，因为有证据表明冰期后深海海洋生物多样性降低了，而且全球气候变化引起了物种分布的变化。热带大湖的生物多样性主要是由一系列相互隔离且生产力高的生境中的鱼类和其他物种的快速辐射进化形成的。在复杂的水系中，淡水生态系统也表现出较高的生物多样性，因为每个物种都分布在狭窄的生境中。

澳大利亚西南部、南非开普地区、美国加利福尼亚地区、智利中部及地中海地区的温带群落中植物多样性很高。这些地区均均为地中海式气候，冬季湿润，夏季炎热而干燥（图 3.1）。地中海地区面积最为广阔（210 万 km^2），植物非常丰富，达 22 500 种（Conservation International and Caley 2008）。南非的开普植物区面积虽小（78 555km^2），却拥有异常丰富的特有植物物种（9000 种）。这些地区的灌木和草本群落物种丰富，可能是由于其漫长的地质历史、复杂的地表特征（如地形和土壤）以及严酷的环境条件造成的。这一地区自然火的频率对于物种的快速分化也起到促进作用，避免了该地区只出现少数优势种的情况发生。

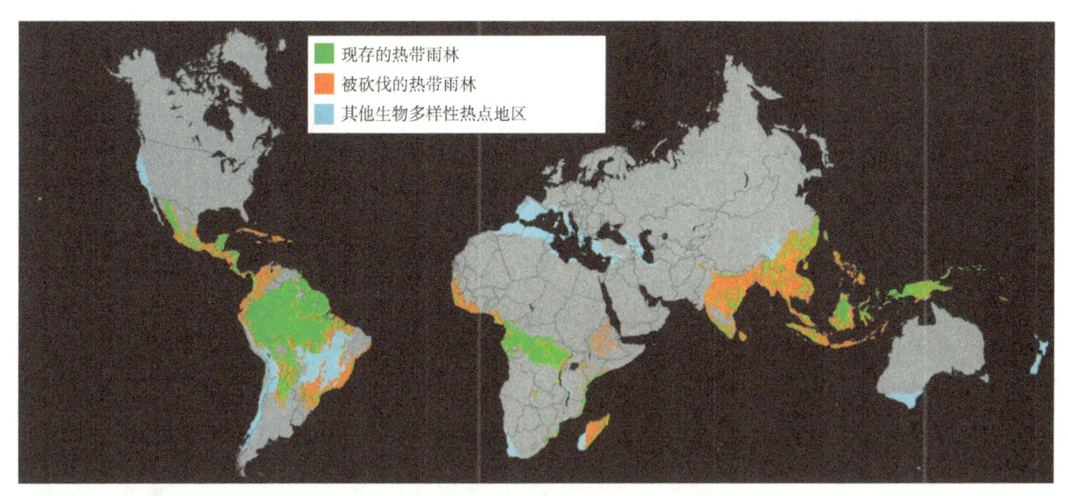

图 3.1 当前热带雨林分布区及热带雨林被砍伐的地区。注意，在南美洲、北美洲、印度、东南亚、马达加斯加及西非，大量的森林被砍伐。本图也给出了生物多样性热点地区，详情将在第 15 章讨论。温带的生物多样性热点地区大多拥有地中海式气候，如澳大利亚西南部、南非、美国加利福尼亚、智利及地中海地区。本图采用富勒投影，这种投影方式能保证各大陆的面积变形较小（Clinton Jenkins 制作，引自 Pimm and Jenkins 2005）

3.1 地球上多样性最丰富的两个生态系统

热带生态系统的物种最为丰富。陆地上的热带雨林和海洋中的珊瑚礁是地球上生物多样性最高的生态系统，受到了公众的普遍关注。

热带雨林

虽然只占据陆地面积的 7%，热带雨林中却生存着世界上一半的物种（Corlett and Primack 2010）。这一估计是基于为数不多的对昆虫和其他节肢动物的调查所得出的，这些类群包括了世界上物种的大部分。有人估计热带雨林的昆虫可能高达 500 万～1000 万种，这样的估计可能是合理的。也有人估计，昆虫的总数高达 3000 万 种（Gaston and Spicer 2004）。在热带森林发现种类如此之多的昆

> 热带地区物种多样性最高，尤其是其中的热带雨林和珊瑚礁生态系统。位于南美洲的亚马孙盆地发育着最大面积的热带雨林；西北太平洋是珊瑚礁物种多样性最高的地方。

虫，使人们认识到世界上物种的绝大部分应该是昆虫组成的。对其他类群，如植物和鸟类的估计相对准确得多。有花植物、裸子植物和蕨类中的总数达 275 000 种，其中 40% 出现在热带森林地区，如美洲、非洲、东南亚、新几内亚岛、澳大利亚及众多的热带岛屿上。

全世界鸟类的 30% 出现在热带森林地区，其中美洲热带 1300 种、非洲热带 400 种、亚洲热带 900 种。各地区鸟类的种数很可能被低估了，因为数字中未包括不完全依靠热带森林生活的种类（如候鸟）；这些数字也没有反映出在特定生境，如岛屿中集中分布的热带森林鸟类，而这些种类更易受到生境丧失的威胁。在密布森林的岛屿上，如新几内亚岛，78% 的非海鸟依靠森林才能生存。

珊瑚礁

海洋中个体很小的腔肠动物建造了庞大的珊瑚礁生态系统——无论从物种丰富度还是复杂程度上，都可以和陆地上的热带雨林相媲美（Knowlton and Jackson 2008）（图 3.2）。如何理解珊瑚礁有如此高的多样性？解释之一是珊瑚礁的初级生产力较高，每平方米每年能够积累 2500g 的生物量；相比之下，在开阔的海洋中，每平方米每年的生物量积累仅为 125g。珊瑚礁生态系统中海水清澈，能够很好地透过阳光，从而保证与珊瑚共生的藻类进行光合作用。不同种珊瑚之间生态位分化十分明显，并且针对不同的干扰程度，都有相适应的珊瑚种类，这就为珊瑚礁上较高的物种多样性提供了解释。

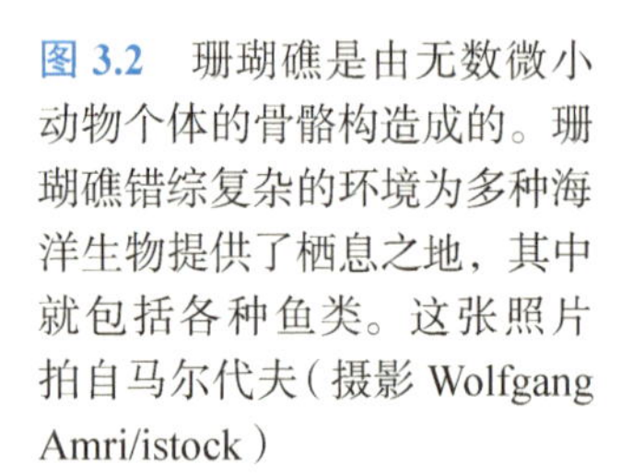

图 3.2 珊瑚礁是由无数微小动物个体的骨骼构造成的。珊瑚礁错综复杂的环境为多种海洋生物提供了栖息之地，其中就包括各种鱼类。这张照片拍自马尔代夫（摄影 Wolfgang Amri/istock）

世界上最大的珊瑚礁是澳大利亚的大堡礁，面积达 349 000km²。大堡礁中生长着 400 余种珊瑚、1500 种鱼类、4000 种软体动物、6 种海龟，而且为 252 种鸟类提供了繁殖地。虽然大堡礁仅占海洋表面积的 0.1%，但却包括了世界 8% 的鱼类。大堡礁是物种丰富的印度洋 - 西太平洋地区的一部分。在菲律宾群岛发现的鱼类超过 2000 种，这是本地区物种丰富的例子之一。相比之下，太平洋中部的夏威夷群岛只发现了 448 种鱼类，巴哈马群岛发现了 500 种鱼类。相比热带珊瑚礁地区，温带地区的海洋鱼类种类要少得多：北美洲北大西洋沿岸约 250 种鱼类，地中海地区不足 400 种。

珊瑚礁地区的很多动物个体很小，大多还没有经过研究，成千上万的物种有待发现和描述。科学家正着手研究深海的珊瑚种类，这些珊瑚生活在寒冷无光的环境中（Roark et al. 2006）。人们对这些深海珊瑚仍所知甚少，但是由于渔网的拖拽，它们也处于迅速衰退中。

热带森林与珊瑚礁在物种分布上有显著差异。热带森林的许多物种通常是狭域分布的，虽然珊瑚礁只占据了海洋表面的很小一部分，但是珊瑚礁上的种常常是广布的。只有孤立的群岛，如夏威夷、斐济、加拉帕戈斯群岛，拥有很多分布狭窄的特有种（endemic species）。特有种是只在某一个地区出现的物种。夏威夷的珊瑚有25%的种是特有的（Pacific Whale Foundation 2003）。相比雨林中的物种，大部分珊瑚的种是广布的，在某一个分布点受到破坏的时候，这种珊瑚通常也不会灭绝。但是这种认识很可能是分类学上的错觉，因为人们对珊瑚礁上物种的认识远远没有对陆地上的物种认识得清楚。最近的研究表明，热带海洋的一些广布种在一定的地理区域内具有独特的遗传信息。也许最终这些种群应该被定义为不同的物种，并受到保护。

3.2 生物多样性的格局

对全球生物多样性格局的最早的认识得益于分类学家的努力，分类学家井井有条地从世界各地采集生物标本。然而这只对很多类群的格局进行了粗略的勾勒，因为大部分物种丰富的类群，如甲虫、细菌、菌物还有大量的物种待描述。很明显，一个地区的气候、环境、地形及地质时间是影响物种丰富度的因素（Harrison et al. 2006）。

气候和环境的变化幅度

在陆地群落中，随着海拔的降低、太阳辐射的增加、降水的增加，物种丰富度倾向于上升。也就是说，炎热多雨的低地是物种最丰富的地区。这些因素通过相互组合发挥着作用。例如，沙漠虽然拥有很高的太阳辐射，但是降水稀少，因此物种数少。在有些地点，物种最为丰富的地段出现在中海拔。非洲的植物和动物种类相比南美洲和亚洲要少，这可能是由于在历史上和现代非洲降水较少，森林面积较小，以及人类长期影响的缘故（Corlett and Primack 2010）。即使在热带非洲内部，降水量小的撒哈拉地区物种数比其南方降水较多的森林地区物种数也要少。但是，在东非和中非面积广阔的热带稀树草原（萨瓦纳）地区，特有的羚羊和其他有蹄类的食草动物物种数却较为丰富。哺乳动物种类最丰富的地区可能不是最湿润也不是最干旱的地区，而是降水适中的地区。在开阔的海洋中，水深2000～3000m处物种最为丰富，海面及更深的地方多样性相对较低。

地形、地质年龄、栖息地大小的变化幅度

地形复杂、地质历史漫长的区域提供了更多的环境变化，这些地区的物种丰富度较高，环境的变化促进了遗传分化，物种局部适应性增强并进一步分化。例如，若一个物种能够在安第斯山很多孤立的山峰上形成种群，经历了一段时期之后，可能会演化成几个不同的种，每一个物种都能够适应各自山峰的环境。在面积广大的水系和湖泊中生存的鱼类、脊椎动物也会经历类似的过程，如美国密西西比河水系、东南亚的湄公河、西

伯利亚的贝加尔湖等。地质历史复杂的地区能形成多种土壤类型，土壤类型之间的界限可能十分明显，多样化的土壤类型为大量物种提供了生存空间，而很可能有些种是专一适应于某一种土壤类型的。

在不同的空间尺度上，有些地区的物种较为集中，而且不同生物类群之间存在着或多或少的联系（Lamoreux et al. 2006; Xu et al. 2008）。例如，在南美洲，亚马孙西部是两栖类、鸟类、哺乳类和植物的集中分布地区；第二个集中分布地区是南美洲高原东北部以及巴西的大西洋沿岸森林（图 3.3）。在北美洲，两栖类、鸟类、蝴蝶、哺乳动物、爬行动物、陆生蜗牛、树木、全部的维管植物以及虎甲的分布都高度相关。也就是说，一个地区拥有的某一个类群种类丰富，则其他类群的种类也丰富（Ricketts et al. 1999）。在局域尺度，这种关系可能不存在，如两栖动物多生存在湿润、避光的环境中，而爬行动物在干燥、开阔的生境最为丰富。在全球尺度，每个生物类群都可能在不同地区物种最为丰富，这可能是由于历史的因素，也可能是该物种的生存需求所致。

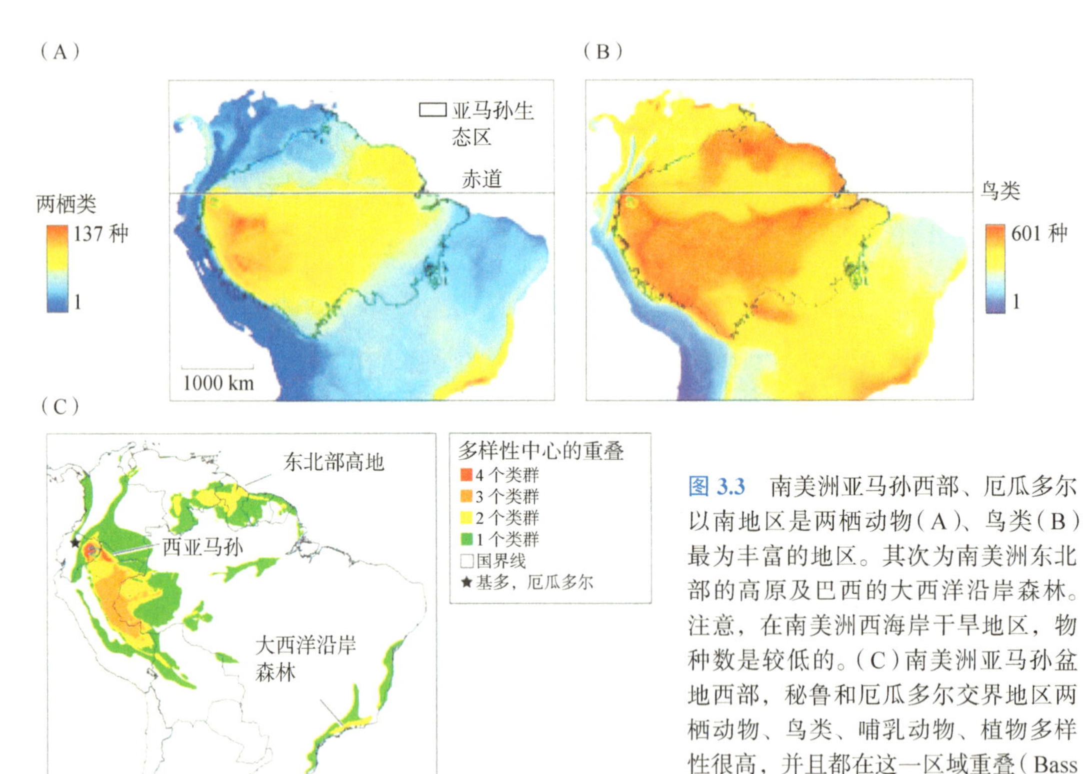

图 3.3 南美洲亚马孙西部、厄瓜多尔以南地区是两栖动物（A）、鸟类（B）最为丰富的地区。其次为南美洲东北部的高原及巴西的大西洋沿岸森林。注意，在南美洲西海岸干旱地区，物种数是较低的。（C）南美洲亚马孙盆地西部，秘鲁和厄瓜多尔交界地区两栖动物、鸟类、哺乳动物、植物多样性很高，并且都在这一区域重叠（Bass et al. 2010）

一个地区如果面积广阔，那么它也将提供更多类型的生境。在这些生境中，物种得以进化和生存。例如，印度洋和西太平洋的珊瑚，其物种丰富度比大西洋西部高几倍，珊瑚礁在大西洋西部分布面积较小（图 3.4）。在印度洋 - 太平洋地区生长着珊瑚的 50 个属，而在加勒比海及附近区域的大西洋珊瑚礁中仅生长着 20 个属。

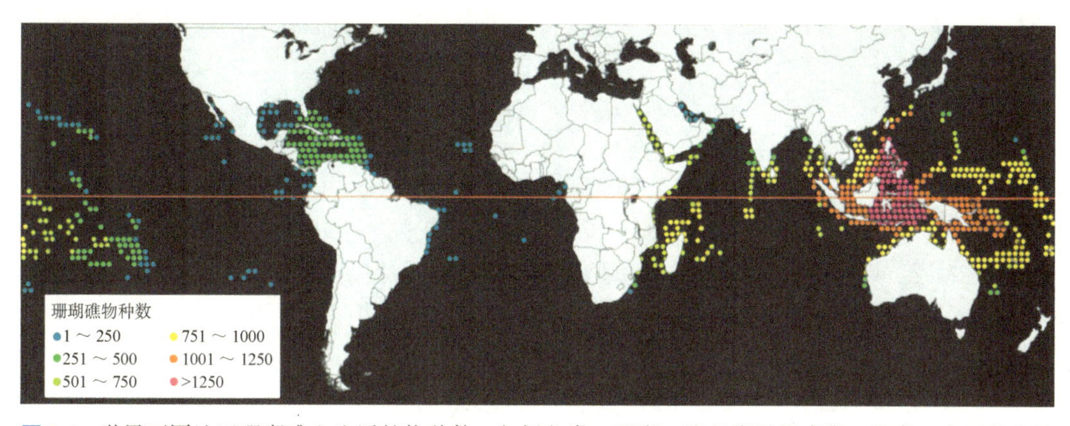

图3.4 世界不同地区珊瑚礁上生活的物种数，包括鱼类、珊瑚、腹足类及甲壳类。注意，在西北太平洋的物种数比加勒比海要丰富得多。距离赤道越远，物种数越少（Clinton Jenkins 利用 Callum Roberts 及其同事的数据制图）

3.3 为什么热带拥有如此丰富的物种?

几乎所有的生物类群越靠近热带，物种多样性越高。例如，虽然在面积上接近，但泰国拥有241种哺乳动物，法国则仅有104种（表3.1）。乔木和其他有花植物就更加明显，在秘鲁或巴西的亚马孙地区，$10hm^2$的森林内有超过300种乔木，而面积相同的欧洲或者北美洲的温带森林有时只包括30种乔木，甚至更少。大陆上，越靠近赤道，物种越丰富。

表3.1 面积相当的几个热带和温带国家原产哺乳动物种数的比较

热带国家	面积/$1000km^2$	哺乳动物种数	温带国家	面积/$1000km^2$	哺乳动物种数
巴西	8456	604	加拿大	9220	207
刚果民主共和国	2268	425	阿根廷	2737	378
墨西哥	1909	529	阿尔及利亚	2382	84
印度尼西亚	1812	471	伊朗	1636	150
哥伦比亚	1039	443	南非	1221	278
委内瑞拉	882	363	智利	748	147
泰国	551	241	法国	550	104
菲律宾	298	180	英国	242	75
卢旺达	25	111	比利时	30	71

数据来源:IUCN红色名录（2009）

热带丰富的生物多样性可能是由于高生产力和稳定性、温暖湿润的气候和高度的生态位分化为很多物种繁衍与共存提供了条件。

海洋生物种类与陆地生物的多样性格局是相仿的，也是越靠近热带，物种丰富度越高。例如，澳大利亚海岸以东的大堡礁海域，在靠近热带的北部地区有 50 个属的珊瑚形成珊瑚礁；而在远离热带的南端，则仅有 10 属。靠近热带及温暖水域，海岸带物种丰富度增加；而在开阔的海洋中也是如此，如浮游生物及捕食性鱼类（predatory fish）（Rombouts et al. 2009），仅有少数种类在温带海域是最丰富的。

为了解释热带为什么拥有如此之高的物种丰富度，人们提出了很多理论（Pimm and Brown 2004）。

1. 相比温带地区，热带地区在全年中能接受到更多的太阳能，且热带很多地区的降水丰沛。因此，相比温带群落，很多热带群落的生产力要高，生产力用生境中每公顷每年积累的生物量来表示。较高的生产力提供了更多的资源，为更多的物种生存提供了保障。
2. 热带群落内的物种比温带群落内物种经历的稳定时期要长，温带群落内的种在多次冰期之间需要完成扩散。长期稳定的环境使热带群落中进化和物种形成的过程不受干扰，从而适应当地的环境。在温带地区，冰川的侵袭、极端严寒的气候使原本可能发生进化的物种难以生存；而能够长距离传播的物种适应这种环境而存活下来。因此，热带地区相对稳定的环境给予物种形成和局部适应更多的空间。
3. 热带很多地区较高的气温及湿度是很多物种最适宜的存活与生长条件，群落中的种都可以在乔木层生长，甚至形成整个群落。相比之下，温带地区的物种需要对低温和冰冻条件形成生理上的适应机制。这些物种还可能需要特化出一些行为，如休眠、冬眠、挖掘地洞或者迁徙，以便在冬天也能够生存。植物和动物中的很多类群离开热带就难以生存，这表明进化出对寒冷的适应性是困难且需要时间的。
4. 由于环境很少变化，热带地区物种间的相互作用较为强烈，导致物种竞争十分激烈，进而产生生态位分化。同样，热带物种也面临更为严重的寄生虫和疾病的困扰，这是由于没有冬天严寒的气候来消灭病害种群。寄生生物的出现阻止了单一物种或一组物种形成优势群落，也就是为大量物种以较低的个体密度共存提供了机会。例如，生长在同一个物种周围的树木幼苗常常被真菌或昆虫杀死，这就造成同种成树之间有较大的距离。很多时候，热带生物学就是稀有种的生物学。相比之下，温带的物种面临的寄生生物压力可能较小，这是由于寒冷的冬天抑制了寄生生物的种群，这样，一种或几种更具竞争力的动植物就成为优势种，而将竞争力较弱的种排挤掉。
5. 热带地区面积广阔，与温带地区相比，物种分化速率更高，而灭绝速率更低（Chown and Gaston 2000）。温带被热带分割成南、北两个地区，而热带本身在南、北半球通过赤道相接。

3.4 世界物种知多少

目前，已经描述的生物大约 150 万种。两倍或三倍于此的物种（主要是热带的昆虫和其他节肢动物）尚未发现［图 3.5（A）］。我们对物种数目没有准确的数字，因为那些不显眼的物种还没有引起分类学界的足够重视。例如，蜘蛛、线虫、土壤中的真菌和热带林冠上的昆虫都很小，难于研究。这些研究薄弱的类群可能有数十万至上百万的物种。我们能够给出的最可能的物种总数在 500 万～1000 万（Gaston and Spicer 2004）。

新种正不断被发现

每年新描述的物种达 20 000 种之多。虽然有些生物类群，如鸟类、哺乳动物及温带的有花植物已经被人们所熟知，但是这些类群中每年仍然能发现一些新种，而且这个数字还比较稳定（Peres 2005）。甚至在已经被深入研究过的灵长类动物中也能发现新种。在过去二十年间，在巴西发现了猴类的两个新种，而在马达加斯加发现了三种新的狐猴。每隔十年就有 500～600 种新的哺乳动物被描述。

在昆虫、蜘蛛、螨类、线虫及真菌等类群中，物种以每年 1%～2% 的速度增加（Donoghue and Alverson 2000）。这些类群中的大量物种仍有待发现和描述［图 3.5（B）］，特别是在热带，当然也包括温带地区。问题还不止如此，虽然世界上没有描述的种多为昆虫和其他无脊椎动物，但是全球 5000 名分类学家中只有 1/3 在研究这些类群。

通常情况下，分类学家在野外采集到标本，在查阅了所有已经出版的文献中的描述之后，仍然不能将其鉴定出来，此时就是发现了新种。之后，分类学家会为每个新种撰写描述，并拟定一个新的学名（scientific name）。利用分子系统学的研究手段也能发现新种，可能会发现原本认为是一个种的几个地理隔离的种群，实际上是两个或更多的物种。

有时候，新发现的种可以称为“活化石”——人们认为这些物种已经灭绝，原本仅在化石记录中，但是现在又发现了活的个体。1938 年，全世界的鱼类学家都被一则在印度洋发现奇怪鱼类的消息所震惊。这种鱼被命名为矛尾鱼（*Latimeria chalumnae*），是腔棘鱼类的成员之一。腔棘鱼是古代海洋中常见的鱼类，人们之前认为这一类群在 6500 万年前已经灭绝了（Thomas 1991）。进化生物学家对腔棘鱼特别关注，因为这种鱼的鱼鳍中的肌肉和骨骼与最早登陆的脊椎动物有相似之处。为了寻找腔棘鱼，生物学家在印度洋中苦苦搜寻了 14 年，最终在非洲以东、印度洋中的大科摩罗群岛和马达加斯加岛之间的海域发现了这种鱼。后续的研究表明，在大科摩罗群岛海岸线附近的洞穴中，生活着腔棘鱼的一个种群，约有 300 个个体（Fricke and Hissmann 1990）。近年来，科摩罗联邦制定了保护计划，禁止捕捉和贩卖腔棘鱼。另一件与腔棘鱼相关的事件也不得不提起。1997 年，一位海洋生物学家在印度尼西亚的一个鱼市上发现了一条死去的腔棘鱼。接下来的研究表明这是一种新的腔棘鱼，估计其种群数量在 10 000 尾左右。当地的渔民对这种鱼较为熟悉，但是科学界却对此一无所知。可见，全球的海洋中，还有很多等待人们去发现的物种。

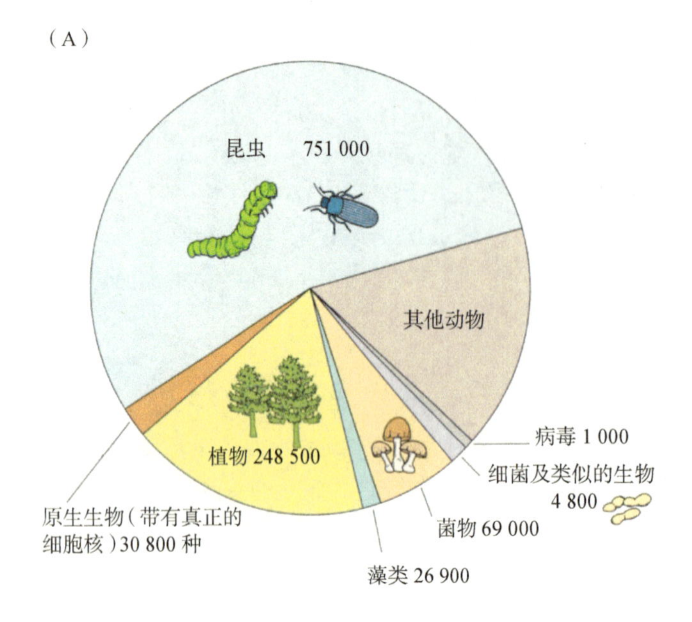

图 3.5 (A)科学家已经鉴定并描述了 150 万个物种，其中大部分为昆虫和植物。(B)已知超过 10 万种的类群用条形图表示；绿色的部分是估计的没有被描述的物种数。为了与上述各类群进行比较，这里也包括了脊椎动物。未经描述的物种数中，最值得怀疑的是微生物(病毒、细菌和原生生物)的数量。可被描述的物种数估计为 500 万～3000 万种 [A. 数据来源于 Wilson(1992)；B. 来源于 Hammond(1992)]

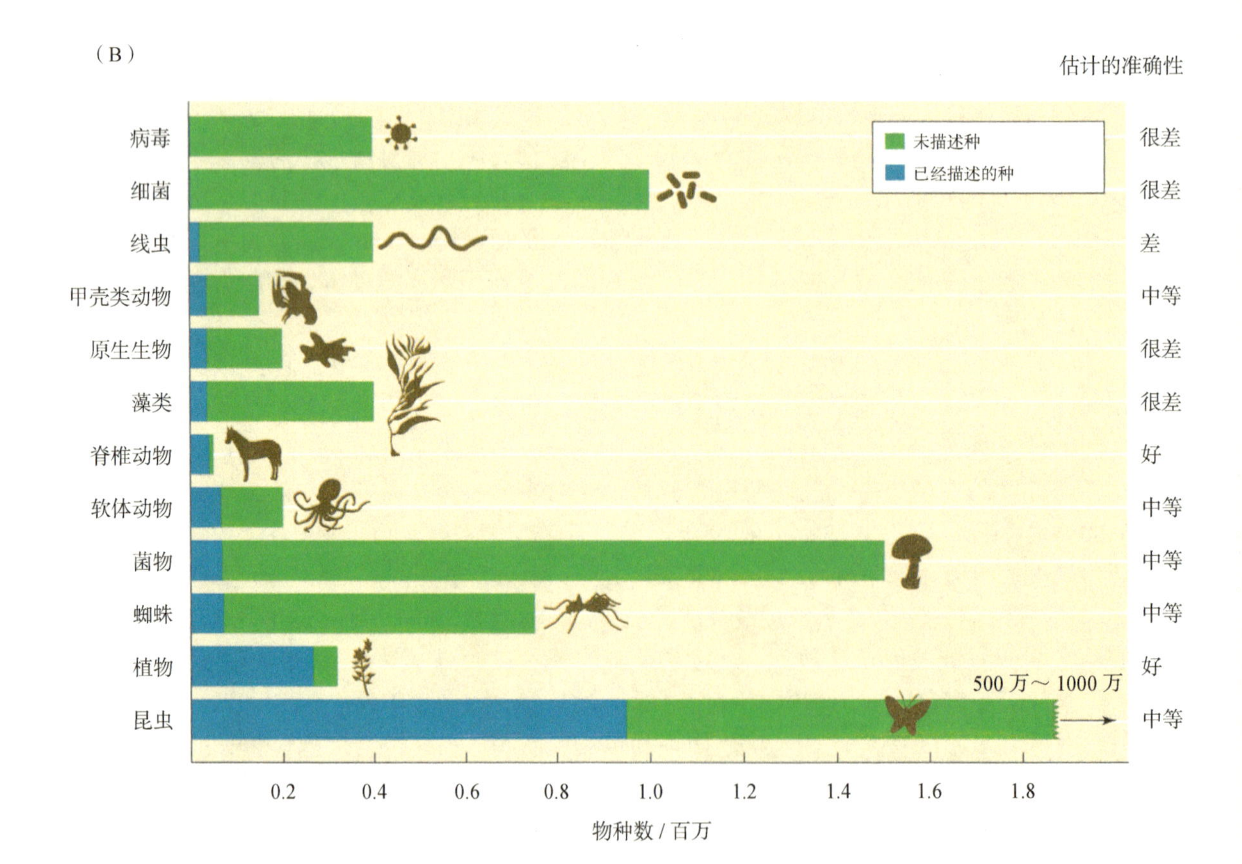

纳米比亚位于非洲西南部，2002年，几位国际专家组成的考察队在偏远的布兰德山中发现了昆虫的一个新目。这一目昆虫与蝗虫、竹节虫和螳螂有一定关系，随后被命名为螳螂竹节虫目（螳螂目）Mantophasmatodea，并起了"角斗士"作为其俗名。而昆虫的上一个目被发现是1915年的事情。在非洲国家的进一步调查中，发现了该目的更多成员。

新种的发现有时候是十分偶然的。一次，在老挝的农贸市场，一个国际研究团队在烧烤架上发现了一种非同寻常的动物，当地人称其为"kha-nyou"。一眼看来，它是啮齿动物，但是在场的研究人员都不认识它。到了2006年，对kha-nyou的骨骼和标本进行了几年研究之后，分类学家确认这种动物属于啮齿目中的一个科，先前人们认为这个科早在1100万年前就已经灭绝了（Dawson et al. 2006）。新发现的物种被定名为 *Laonastes aenigmamus*，中文名为老挝岩鼠（图3.6）。

图3.6 老挝岩鼠（*Laonastes aenigmamus*）最早是在老挝的一个农贸市场发现的，被当地人当作美味。这个种属于人们先前认为已经灭绝的一个类群。2006年，由佛罗里达大学的大卫·莱德费尔德（David Redfield）率领考察队拍摄了该种的照片（摄影 Uthai Treesucon，FSU研究报告）

3.5 近年来发现的生物群落

不仅新的物种被发现，在极为偏远、人类难以到达的地区，甚至有新的生物群落被发现。这些群落通常是由不起眼的物种组成，如细菌、原生生物和小型的脊椎动物等，因为先前的分类学家没有注意到这些。为了到达这些地方，一些特种技术发展起来，尤其是针对深海和林冠层的新技术。

- 在热带森林的冠层中生活着种类繁多的动物，特别是昆虫，它们已经适应了这样的生境，几乎从来不到达地面（Lowman et al. 2006）。这些动物组成了高度多样化的群落。为了探究这些群落的组成，人们用到了各种攀爬设备来研究热带森林冠层，包括树冠塔、空中索道、起重机，甚至飞艇等（图3.7）。

(A)

(B)

图 3.7 （A）昆虫学家（戴头盔并身系绳索）正在热带雨林中查看张在空中的一块帆布，这张帆布上落上了树冠层中的昆虫和树叶。（B）一座飞艇将充气平台放置在圭亚那雨林茂密的树冠上。科学家可以跳上平台到达树冠层（A. 摄影 Philippe Psaila，Photo Researchers, Inc.;B. 摄影 Raphael Gaillarde，Gamma/Eyedea/Zuma Press）

- 在海底热泉的喷口周围生活着独一无二的细菌和动物群落（专栏 3.1）。在 6500m 深的海洋深处，生活着与已知类群没有任何联系的细菌，这些细菌从未被描述过。毫无疑问，在这样一个巨大的生态系统中，这些细菌在化学过程和能量转换中扮演着重要的角色（Li et al. 1999; Scheckenback et al. 2010）。大地钻探表明，在地壳 2800m 的深处生存着丰富的细菌群落，每克岩石中含有 100 万～ 1 亿个细菌。对这些极端环境下的细菌群落相关的新化学物质的研究正如火如荼，因为它们在降解有毒化学物质方面有潜在的价值，也为生命是否能在其他星球上生存的研究有所帮助。
- 利用 DNA 技术，对健康的热带树种叶片内部进行的研究表明，叶片内部存在着非常多的真菌，可能超过几千种（Arnold and Lutzoni 2007）。这些真菌可以帮助植物抵御有害细菌和真菌的侵袭，而其自身的需求是获得植物提供的生存空间，也可能需要一些碳水化合物。
- 人体表面和内部有数以百万计的病毒、细菌、真菌和螨类，这些生物都形成了各自的种群。在腋窝下生存的细菌密度可达 1000 万个 /cm^2。一项针对 6 个人的研究发现，在所有人的胳膊上总共发现了 182 种不同的细菌。有些细菌对人体是有益的，因为它们能分泌一些化合物，抑制了有害细菌的生长。在其他动物身上也能够发现数目相仿的微生物群落。

多样性调查：物种的采集和计数

开展主要生物类群生物多样性的描述工作需要投入巨大的人力、物力。大的研究机构和资深科学家组成的研究团队经常开展国家或地区水平的考察或调查，这些项目可能耗时数十年，其中包括在野外采集标本、物种鉴定、新种描述，以及结果的发表。例如，由密苏里植物园主持的《北美植物志》项目和由荷兰的 Rijksherbarium 主持的《马来植物志》，以及由中国科学家主持的《中国植物志》、《中国动物志》和《中国孢子植物志》等项目。

在这样的项目中，科学家需要确定所研究区域内生存物种的身份和物种数，这就

专栏 3.1　保护未知世界：热泉喷口及油苗生物群落

生物学家知道现存的很多物种的研究还不充分，未被描述，这常常是保护工作的障碍。近年来，人们越来越认识到，还有一些处在地球偏远角落的完整的生态系统没有被发现。深海热泉喷口群落就是一个非常明显的例子。科学家先前对其中生物的种、属甚至是科都一无所知，人们曾经预测这些地方不可能出现生命。能够对这些生物类群进行研究是近30年的事，在这期间发展出的特种技术能够让科学家在水下2000m拍照并采集标本（German et al. 2008）。这些生物促使人们思考保护方面的一个大问题：怎样开始保护还未被发现或所知甚少的物种或生态系统？

热泉喷口是地壳在海底的裂口。高温的海水（超过150℃）、硫化物及其他溶解的矿物质从喷口喷涌而出，为大洋深处众多物种的生存提供了保障。特化的化学合成细菌是热泉生物群落的初级生产者，能够利用矿物质作为能量来源。群落中的大型动物直接以这些细菌为食，或者体内有这些细菌存在，与这些细菌互利共生，这些动物包括蛤、蟹和鱼类，以及长达2m的环节动物——管虫（tube worm, pogonophorans）。热泉喷口的寿命很短，最长只有几十年，然而，这些热泉生态系统被认为是在过去2亿年甚至更长的时间进化而来的。在20世纪70年代深海潜水技术发明之前，科学家对海底热泉喷口周围的群落一无所知。1979年以后，科学家乘坐阿尔文号深海潜水器首先对太平洋上的加拉帕戈斯群岛海域的热泉进行了研究。那次考察发现了大量的新动物，其中有150个新种、50个新属、20个新科或亚科被描述，这其中还不包括微生物。随着深海热泉研究的继续进行，越来越多的新科会被发现，包括众多的新属和新种。

> 科学家不断作出引人注目的自然发现。即使对某一物种所知甚少，也需要实施相应的保护对策，如减少污染等。

与地球上很多陆地生态系统类似，热泉生态系统随着当地环境的不同，也存在差异。热泉生态系统的分布与热泉喷口的特性有关，这些特性包括温度、化学组成、喷口的水流格局。研究热泉物种的科学家经过数十年的研究很可能仍然对这些生态系统的动态知之甚少，这与研究区的特点有关：热泉喷口存在时间短暂，有时候只存在几年的时间，而且只能借助昂贵的特种装备才能到达。对这些物种遗传分析才刚刚开始，以确定它们的扩散方式以及在新的热泉喷口定居的能力。

油苗（petroleum seep）生物群落（油苗是地壳上石油的天然渗出口）与热泉喷口生物群落类似，是另外一个鲜为人知的生态系统。这一生态系统可以出现在大洋深处阳光难以到达的地方。在这些地方，基本的能量来源是海底渗出的石油，很多生物赖此生存，其中一些成员与热泉群落的组成类似。热泉及油苗群落中的一些种也能在大型鱼类或海洋哺乳动物的尸体周围出现，这些大型动物如鲸，在死亡后尸体沉入大洋底部（Little 2010）。它们下沉在哪里很难预计，但往往成为星散分布的热泉或油苗间生物扩散传播的跳板。

这些生物群落人类难以到达，且在研究中耗资巨大，但生物学家仍然需要考虑这些独特的海洋生态系统所面临的保护问题。水污染和拖网作业已经对浅海中的物种造成了损害，在理论上也能够对这些深海生态系统造成破坏。虽然缺少相应的信息，如何才能够制定相应的保护计划呢？现阶段，面对这种窘境我们只有一个说法：控制污染，减少拖网作业以及其他有害的人类活动，这对自

然生态系统具有十分积极的意义。即使在对生态系统本身不是十分了解的情况下，这种保护计划也是最好的保护策略。

大洋底部热泉喷口生物群落的一部分。巨大的管虫（*Riftia pachyptila*）是这一生态系统中的优势种。蟹类和蛤类也在此定居。群落能量和营养物质的来源是硫化氢及其他由火山口喷出的矿物质（Cindy Lee Van Dover 版权所有）

需要对长久以来采集的标本进行全面的搜集与整理。通常情况下，采集到的标本放在博物馆或者标本馆保存，在那里经过特定分类群的专家仔细的鉴定和分类。例如，1985 年，地处伦敦的自然历史博物馆工作人员到位于印度尼西亚的苏拉威西岛的杜莫加 - 博恩国家公园（Dumoga-Bone National Park）进行了考察，在一块 $500hm^2$ 的低地雨林中采集了 100 多万份的甲虫标本。初步整理出的名录包含了 3488 个种，其中许多物种是以前没有被描述过的。后来，在自然历史博物馆中，又鉴定出 1000 多个种，也许在将来的几年或几十年中，还能鉴定出 2000 种左右。类似调查的目标是，在绝大多数物种被弄清楚之前，一直进行标本的采集。即便是十分仔细的调查，仍难免遗漏很多物种，特别是稀有或特征不明显的种，只生活在土壤中物种也是容易被遗漏的。

对物种数的估算

从世界范围内来讲，物种数最为丰富的类群应该是昆虫，已经描述过的昆虫约为 75 万种——占到世界总物种数的一半［见图 3.5（A）］。假设我们能够准确地估计热带森林中昆虫的种数，因为热带森林是昆虫种数最为丰富的，就可能对全世界生物物种总数进行估计。很多昆虫学家已经尝试进行这方面的工作，他们在热带森林地区对树木喷洒雾状的杀虫剂，然后仔细地收集标本（**图 3.8**）（Odegaard 2000; Novotny et al. 2002; Gering et al. 2007）。这些研究揭示了树冠层内丰富的昆虫组成，这些昆虫很多还没有被描述过。利用上述全面的昆虫调查资料，昆虫学家得以计算昆虫的物种数。其中一种方法是以热带生长的 55 000 种树木和木质藤本植物作为基础来推算。经过细致的野外调查，昆虫学家发现每种植物平均有 9 种左右的甲虫以其为食。以此估算，树冠层生活的甲虫种数约为 40 万～ 50 万种。树冠层的甲虫约占全部甲虫种数的 44%，据此推算，甲虫应该在 100 万种左右。由于甲虫只占全部昆虫的 20%，因此估计在热带森林中的昆虫应该达 500 万种。这样的估算结果与先前估计的地球上全部昆虫种数在 500 万～1000 万的结果接近。

图 3.8 （A）研究者正利用含杀虫剂的喷雾来收集热带树冠中的大量昆虫。被杀死的昆虫将落在采集用的帆布上。（B）一位哥斯达黎加研究人员正在实验室将树冠中的昆虫按类别排好，鉴定并描述（John Longino 和 Robert Colwell 摄影）

这个“原理”可以用来确定其他生物类群的关系（Schmit et al. 2005）。例如，在英国和欧洲大陆，物种已经研究得较为透彻，真菌的数量约为植物的 6 倍。如果这个比例在全世界都是通用的话，全世界约 25 万种植物上应该有 150 万种真菌。然而目前被描述的真菌只有 69 000 种，很可能还有超过 140 万种的真菌有待发现，而其中大部分分布于热带。如果按照某些科学家的说法，真菌向低纬度增加更快的话（Frodhlich and Hyde 1999），则没有描述的真菌可能高达 900 万种。

> 许多科学家致力于确定地球上的物种数目。最好的估计是有 500 万～1000 万个物种，其中一半为昆虫。

不仅如此，假设任何一种植物或昆虫，也就是构成已知物种的主体部分，至少对应一种特化的细菌、原生生物及线虫；之后，估算的物种数应该乘以 4，如果一开始估计的物种数为 500 万，结果将达 2000 万种；如果一开始估计的物种数为 1000 万，那么将达 4000 万种之巨。在经过缜密的调查及仔细的物种鉴别之后，这种方法让人们能够对群落中的物种数进行估计。

尚未充分研究的物种

缺乏引人注目特征的物种在分类学上还没有受到应有的重视，这使得估算物种数变得更为困难，而它们构成了地球上物种的主体。发现这些物种并对其进行编目很困难，对地球上生物多样性更为全面的认识不得不因此推迟（Caron 2009）。

这些不引人注目的生物包括小型啮齿动物、大多数昆虫、微生物，它们在自然生境之外很难见到，有些即使是在生境中也是难以见到的，如腔棘鱼（Wilson 2010）。

土壤中的螨类、身体柔软的昆虫如树虱（bark lice）、土壤和水中的线虫都是难以研究的。如果经过深入研究，可以发现这些类群包含了成千上万的种，甚至能到百万以上。由于线虫会对农作物的根系造成危害，科学家耗费了大量的精力采集并描述这些微小的生物。1860年仅知道80种线虫，但是现在这个数目大约在20 000左右；一些专家估计，还有可能超过100万种以上的种有待描述。与许多其他分类群一样，这个类群物种数是如此之多，以致训练有素的分类学家的数量成为揭开类群多样性的限制因素。

对细菌的了解也远远不够（Azam and Worden 2004），因此地球上细菌的种数也会被低估。以一定密度出现的细菌在生态系统中发挥着重要的功能。海水中细菌的密度惊人，达到每升1亿个，物种多样性十分丰富。然而，由于细菌不好培养以及难以鉴定，微生物学家目前只记录了5000种。对细菌DNA的分析发现，每克土壤中存在的物种数可能在6400～38 000之间，而每升海水中细菌约为160种（Nee 2003）。这么少的样品中竟发现如此之高的多样性，暗示还没有被描述的细菌可能达几十万甚至上百万种。很多已知的细菌是极为常见的，并且在环境中发挥着重要的作用。在古细菌界，由于之前研究得较少，目前不断有新的门被发现。

偏远生境中很多不引人注目的物种直到生物学家去努力搜寻的时候才会被发现。标本采集的不充分限制了我们对海洋环境中物种丰富度的认知。由于受到研究条件等方面的挑战，海洋环境中，大量新物种甚至新的生物群落仍然不为人所知。海洋环境是研究生物多样性的前沿领域之一，因为生活在大洋底部的无脊椎动物，如多毛纲（Polychaete）的研究明显不足。铠甲动物门是1983年从深海采集的标本中发现的一个新的门（Kristensen et al. 2007）；环口动物门是1995年才被描述，当时这些动物生长在挪威龙虾［蝉虾（*Nephrops norvegicus*）］的口器上，如纤毛一般（Funch and Kristensen 1995）（图3.9）。毋庸置疑，还有更多的种、属、科、目、纲、门甚至是界有待发现。

> DNA分析表明成千上万种细菌有待描述。海洋环境也存在着大量的未知生物。

想一想，每年都要有约20 000种动物被描述，还有约500万种需要鉴定。如果按照现在的速度，要描述世界的全部物种至少还需要250年以上。这种情况表明，我们需要更多的分类学家，而这种需求真的是太迫切了。

3.6 需要更多的分类学家

科学界面临的主要问题是，缺少训练有素的分类学家来完成生物多样性的描述和编目工作。目前全球大约只有5000名分类学家，而其中只有1500名能够胜任热带物种的相应工作，这当中有很多人还身处温带国家。不幸的是，这一数字还在下降，而不是上升。当分类学家退休之后，大学或研究机构倾向于让其他领域的生物学家来替换相应的职位，因为分类学家难以找到项目支持。新一代的分类学家熟悉的是分子系统学及数据分析的技术，他们对在世界生物宝库中物种的发现和编目不感兴趣，也没有能力进行这方面的工作，使得分类学的传统难以延续下去。为了能够完成描述热带和海洋物种的重

图 3.9　1995 年，科学家描述了一个新门：环口动物门（Cycliophora）。该门包括一种壶状的物种 *Symbion pandora*（图中约 40 只）。它们将自己与螯虾（*Nephropos norvegicus*）的口器附着在一起

任，需要关注这一领域的野外分类学家的数量，使其明显增长。这方面的努力要向所知甚少的类群倾斜，如真菌、细菌及无脊椎动物。有可能的话，这些分类学家需要以热带国家为基地，因为那里才是多样性的所在。由专业水平的博物学家及爱好者组成的博物学团体和俱乐部等对于这方面的努力大有裨益，它向公众和学生展示了生物多样性激动人心的一面，激励着人们成为分类学家。

小结

1. 一般来讲，热带雨林、珊瑚礁、热带湖泊、深海及地中海式气候区的灌木丛是物种最为丰富的地区。在陆地生境中，物种丰富度在低海拔及温暖、降水丰沛的地区最高。如果一个地区地质历史漫长，地形复杂，则可能有更多的物种生存。
2. 热带雨林仅占陆地面积的 7%，却生存着地球上大部分的物种，其中大部分为科学家还没有描述过的昆虫。珊瑚礁群落的物种也十分丰富，其中很多种是广布的。深海似乎也是物种丰富的，但目前还没有经过充分的研究。
3. 已经被描述的物种约为 150 万，而待描述的物种是这个数字的两倍以上。在对热带雨林仔细调查之后，科学家估计物种总数在 500 万～ 1000 万，甚至可能更高。
4. 对于引人注目的物种，如有花植物、哺乳动物、鸟类，科学界已经对其有一定程度的认识。但是不引人注目的物种，特别是昆虫、细菌和真菌还没有被全面研究。新的生物群落还在陆续被发现，奇特的深海热泉喷口周围的群落是最近才发现的。
5. 在生物多样性丧失之前，需要更多的分类学家和野外生物学家来采集标本，从事分类、编目以及保护相关的研究。

讨论题

1. 物种多样性的驱动因素是什么？为什么在特定的环境中生物多样性正在消失？为什么不能形成新

的物种来弥补这方面的损失？

2. 开展一次特定类群物种总数被低估或高估的讨论，如细菌、真菌或线虫等。多阅读你不熟悉的类群的相关资料。为什么鉴定出一个特定类群所有物种是重要的？
3. 如果分类学家对于生物多样性的记录及保护十分重要，那么为什么分类学家的数量还在减少？从社会和科学角度应该优先考虑哪些事情以逆转这种趋势？每一个保护生物学家都应该具备物种鉴定和分类的本领吗？
4. 一些科学家提出，在火星上存在生命；而最近的钻探表明，在地表以下很深的岩石上确实有细菌生活。请大胆地推断一下在哪里能找到没有调查过的物种、生物群落或者新的生命形式。

推荐阅读

Arnold, A. E. and F. Lutzoni. 2007. Diversity and host range of foilar fungal endophytes: are tropical leaves biodiversity hotspots? *Ecology* 88: 541-549. 叶片中真菌呈现出令人难以置信的多样性，且可能对栖居的植物有益。

Brandt, A. A. and 20 others. 2007. First insights in the biodiversity and biogeography of the Southern Ocean deep sea. *Nature* 447: 307-311. 这次调查中发现了数以百计的新物种。

Caron, D. A. 2009. New accomplishments and approaches for assessing protistan diversity and ecology in natural ecosystems. *BioScience* 59: 287-299. 分子生物学新技术极大促进了微生物多样性及其生态学角色的研究。

Corlett, R. and R. B. Primack. 2010. *Tropical Rainforests: An Ecological and Biogeographical Comparison*, Second Edition. Wiley-Blackwell Publishing, Malden, MA. 不同大洲的雨林具有迥异的动物和植物种类。

Donoghue, M. J. and W. S. Alverson. 2000. A new age of discovery. *Annals of the Missouri Botanical Garden* 87: 110-126. 在本文以及同一期的特刊中，科学家描述全球范围内有待发现的新种。

Groombridge, B. and M. D. Jenkins. 2002. *World Atlas of Biodiversity: Earth's Living Resources in the 21st Century*. University of California Press, Berkeley. 描述了世界的生物多样性，有丰富的地图和表。

Knowlton, N. and J. B. C. Jackson. 2008. Shifting baselines, local impacts, and global change on coral reefs. *PLoS Biology* 6: e54. 没有与世隔绝的珊瑚生态系统；珊瑚生态系统全部受到了人为活动的干扰。

Lamoreux, J. F. and 6 others. 2006. Global tests of biodiversity concordance and the importance of endemism. *Nature* 440: 212-214. 不同类群的生物出现聚集现象。

Lowman, M. D., E. Burgess, and J Burgess. 2006. *It's a Jungle Up There: More Tales from the Treetops*. Yale University Press, New Haven, CT. 热带森林林冠层多样性研究的奇闻轶事。

Ødegaard, F. 2000. How many species of arthropods?Erwin's estimate revised. *Biological Journal of the linnean Society* 71: 583-597. 热带昆虫多样性分析，据此可以估计昆虫的种数。

Pimm, S. L. and J. H. Brown. 2004. Domains of diversity. *Science* 304: 831-833. 对全球生物多样性理论的深入思考。

Scheckenbach, F., K. Hausmann, C. Wylezich, M. Weitere, and H. Arndt. 2010. Large-scale patterns in biodiversity of microbial eukaryotes from the abyssal sea floor. *Proceedings of the National Academy of Sciences USA* 107: 115-120. 在海平面以下 5000m 发现了大量未知物种。

Wilson, E. O. 2010. Within one cubic foot: miniature surveys of biodiversity. *National Geographic* 217(2): 62-83. 在一立方英尺的土壤或者海水中，能够发现大量的生物。

（张金龙 编译，马克平 蒋志刚 审校）

第 II 篇

生物多样性的价值

第 4 章

生态经济学和直接使用价值

生物多样性保护的决策归根结底是钱的问题：需要投入多少成本？能带来多少回报？事物的经济价值可以用人们愿意支付的价值来衡量，这也是评估生物多样性经济价值唯一可行的方法。尽管也存在基于道德、美学、科学和教育的评估方法，但当前政府和企业制定决策的主要依据是经济价值。因此，使用经济学的语言来说明生物多样性保护的重要性，将更容易说服决策者。当政府和企业意识到生物多样性的丧失会带来经济损失时，它们可能会更积极地采取应对措施。

对于保护生物学家而言，认识到赋予生物多样性经济价值的重要意义并积极地参与其中，已经变得日益重要。有人认为，以狭义的金钱价值标准来衡量生物多样性的价值是不合适的，因为自然界的许多事物是独一无二的，因此也是无价的（Redford and Adams 2009）；美丽的自然风光和可爱的野生动物能带给人们奇妙的体验，从野生生物中提取出的药物能够挽救人的生命，这些都是无法用金钱价值标准来衡量的。但事实上，经济模型为生物多样性保护的观点提供了有力的佐证。发展经济模型一方面要提高模型的精确度，另一方面也要认识到模型的局限性；这对保护生物学家是有利的，因为经济模型往往表明生物多样性在地

> 生态经济学为生物多样性保护的观点提供了有力的佐证。

方经济发展中起着关键作用，从而强有力地支持着他们的观点。保护生物学家还应让决策者们了解这些模型，使生物多样性保护的观念能体现在政策法规中。

4.1 为何进行经济价值评估？

保护生物学的主要问题是自然资源的价值常常被低估了，忽视了环境破坏成本和自然资源过度消耗问题，降低了资源的未来价值（MEA 2005）。环境破坏的根本原因是经济利益的驱使，因此也需要应用经济学的基本原理来解决这些问题（Shogren et al. 1999）。生态经济学（ecological economics）是研究经济系统和生态系统相互作用的学科。该学科有利于经济学家和生态学家之间的相互理解与交流，寻求双方思想跨学科的整合，致力于建立可持续发展的世界（Sachs 2008）。这门新学科的一项核心任务是将经济评估与生态学、环境科学、社会学和伦理学相结合，构建评估生物多样性价值的方法体系，基于新的价值评估，制定出更好的、与环境事务相关的公共政策（Nunes et al. 2003; Common and Stagl 2005）。政府期望以最合理的方式分配资源，使资源得到最有效率的利用。基于经济学的生物多样性保护论据，从生物、道德和情感等不同角度来阐述生物多样性保护的重要性，构思更加严谨，因此也更具有说服力。

要想控制生物多样性锐减的趋势，我们就要理解生物多样性丧失的根本原因。什么因素促使人类以破坏性的方式对待自然环境？环境恶化和生物灭绝的主要原因是人类经济活动的干扰。为了获得更多的经济利益、满足人类的欲望，森林被采伐、野生动物被猎杀、贫瘠的土地被开垦成耕地；入侵物种通过有意或无意的人类活动被引入非原产地，对当地物种的生存构成了威胁；工业废水和城镇生活污水被直接排入附近的水体。

理解一些基本的经济学原理能让我们明白为什么人们常常目光短浅，以极度浪费的方式对待自然环境。现代经济学思想的基本原则之一是“自愿交易”，也就是只有在交易各方都能获利的情况下交易才可能发生。例如，如果米商以每千克 40 元的高价出售大米，会发现鲜有人问津，而顾客只想以每千克 0.4 元的价格也是买不到大米的，只有买卖双方都认为价格合理、有利可图的情况下，买卖才可能进行，如每千克 4 元可能是比较合适的价格。18 世纪哲学家、现代经济思想奠基人亚当·斯密曾写道：“我们能填饱肚子不是肉贩、面包师和啤酒商的恩惠，而是在满足我们需求的同时，他们也会得到相应的利益和报酬”（Smith 1909）。买卖各方总是想为自己争取到更多的利益，每个个体的努力共同促进社会经济的繁荣。亚当·斯密把这种市场调控效应比喻成“看不见的手”——把自利的、不和谐的个人行为转化为日益增长的、和谐的社会繁荣。

然而，亚当·斯密的经济学原理无法直接应用于环境问题。例如，亚当·斯密假设自由交易中所有成本和收益都由交易各方直接承担并分享。然而，交易各方的成本和收益有时不能完全在交易中即时地和直接地体现出来。这些隐藏的成本和收益被称为负面或正面的外部效应（externality）（Buckley and Crone 2008）。当外部效应存在时，市场调控不能使社会整体收益实现最大化，社会资源分配失调，从而导致社会大多数人的利益受损，只有极少数人获利。这就是所谓的“市场失灵”（market failure），不利于社会整体的繁荣和发展。

由于人类的经济活动，开放获取的资源（open-access resources）如水源、空气和土壤等遭到破坏，这可能是最重要但却被忽视的负面外部效应。开放获取的资源是社会的共同财产，每个人都有使用权。由于缺乏产权，这些资源的使用几乎是完全免费的。由于缺乏公共资源的监管制度，个人、企业和政府利用及破坏这些资源只需付出极小的代价，甚至完全不用付出任何代价。在这种情况下，市场失灵就会发生，也被描述为“公地的悲剧”（The tragedy of the commons）；对于社会整体而言，开放获取资源的价值在逐渐减少（Hardin 1985; WRI 2005; Lant et al. 2008）。例如，直接将工业废水排入河流，该行为的外部效应是饮用水源受到污染，疾病的发生率增高，人们不能在河里游泳，水中的鱼类受到污染不能食用，许多水生生物在污水中无法生存。

即便存在公有财产资源的管理制度，但当监管不力时，市场失灵也会发生。例如，为了保证当地渔业的可持续发展，当地政府可能出台一套合理的渔业管理体系。然而，当该管理体系没有得到很好的实施时，过度捕捞可能发生，导致鱼的数量锐减，对生态环境造成破坏。

在制定某项决策时，该决策可能会对生物多样性产生负面的影响，这时应确保与决策有关的所有成本和收益都在考虑范围内，这也是保护生物学家面临的严峻挑战（Hoeinghaus et al. 2009）。个人、公司和其他组织的生产活动对环境造成了破坏，他们不但没有付出相应的代价，反而得到可观的经济利益。例如，某公司的发电厂排放出有毒难闻的气体，污染空气，该公司以低价销售电力并从中获利，消费者以低廉的价格购买电力同样受益。然而，这场交易的隐藏成本是空气质量和能见度下降，人类和动物的呼吸道疾病增加，植物的生存受到威胁，周边环境受到污染，所有这些环境成本由整个社会承担，也不会对该公司的决策产生任何影响。

> 生物多样性丧失和破坏的原因是社会没有正确评估它们的价值。

再如，当前人们大量开发土地，将其变成耕地、住宅区和工业园区，这能使土地的价值增加 200 ～ 2500 倍（Hulse and Ribe 2000），为少数个人和集体创造巨大的财富。然而，开发区周边环境的生物多样性减少，生态系统服务功能减弱，人们的生活质量下降，但这些后果在巨大的经济利益诱惑面前显得微不足道了，而且由社会共同承担。理解成本和收益的不对等性是理解市场失灵的关键：经济成本分散承担，少数人（或者广大消费者）集中受益，造成私人和社会成本利益的冲突，导致自然资源的过度利用、生物多样性和生态系统服务的丧失，甚至危害到社会的福祉。

当个人和企业必须对其行为后果负责任，也就是将负面外部效应计算为经济成本时，才可能制止，至少是减弱破坏环境的行为（Loucks and Gorman 2004）。有人认为应采取一定的措施阻止环境的进一步恶化，如对化石燃料燃烧、污水排放、农药和化肥的使用等征收环境污染税，保持开发区周边土地的自然状态作为对已利用土地的补偿。此外，还应制定出有关生物多样性保护的奖惩制度，使个人和企业更注意他们的行为对环境的影响。

4.2 评价发展项目

为了计算经济活动的所有环境成本，并赋之适当的权重，在项目实施前评估其潜

> 许多保护生物学家开始采用绿色经济核算方法，以确保生物多样性的价值得到正确的评估。

在的环境影响是十分重要的。对项目进行环境评估在很多发达国家已形成惯例，在一些发展中国家也越来越普遍。国际捐赠机构，如世界银行在资助项目前也要求进行环境影响评估。

成本–效益分析

经济学家在评价大型发展项目时运用环境和经济影响评估(environmental and economic impact assessments)，即考虑项目现在和将来对环境的影响。通常，广义的环境定义不仅包括可收获的自然资源，还包括大气、水质、当地居民的生活质量和濒危物种的保护等。一般的环境影响评估采用成本–效益分析的方法(Atkinson and Mourato 2008; Newbold and Siikamäki 2009)，即比较项目或资源利用的成本与所得价值。例如，对森林采伐项目进行评价时，经济学家将伐木收益和资源损失相比较，包括野生动物、药用植物、清洁水源、鱼类的栖息地、稀有鸟类和野生花卉等的丧失；或者估计采伐后生态系统和自然资源完全恢复到采伐前的状态需要投入的成本。不同的评估方法可能会得出截然不同的成本和收益估计，因此会得出差异很大的分析结果。

例如，经济学家列出菲律宾巴拉望巴奎湾陆地和海洋开发利用的三种方案(表4.1)。第一种方案中，大规模的森林采伐、旅游业和渔业等三项产业同时进行，此时，伐木业的收入高于旅游业和渔业，森林采伐使海底沉积物增多，珊瑚礁和鱼类无法生存，对旅游业和渔业造成了很大的负面影响；第二种方案完全禁止森林采伐，旅游业和渔业的收入要高于第一种方案的收入；第三种方案采取可持续采伐的策略，采伐规模和地点都受到限制(如采伐面积小，避免在陡峭的山坡、溪流、河流和海岸等地采伐)，尽量减少对环境的破坏，此时，伐木业、旅游业和渔业能同时进行，经济利益实现最大化。基于以上分析，第三种方案似乎是最好的选择，但在实际操作中却不易把握。最终，政府在巴奎湾建立了海洋保护区，巴奎湾成为著名的旅游胜地(Ong 2002)。

表 4.1 菲律宾巴拉望巴奎湾三种开发方案的成本–效益分析

开发方案	各产业的收入[a]			总收入
	旅游业	渔业	伐木业	
方案 1：大规模采伐[b]，直至木材资源耗尽	$6	$9	$10	$25
方案 2：禁止采伐，建立保护区[c]	$25	$17	$0	$42
方案 3：可持续性采伐[d]	$24	$16	$4	$44

来源：引自 Hodgson and Dixon 1998。a. 十年的收入，单位是百万美元。b. 大规模采伐使旅游业和渔业的收入明显减少，木材资源将在 5 年后耗尽。c. 禁止伐木，旅游业和渔业是主要的可持续性产业。d. 允许以可持续性的方式采伐森林，保留湿地和溪流附近的缓冲林，禁止砍伐陡峭山坡上的树木，尽量少修建伐木公路，禁止捕猎。此时，伐木业对旅游业和渔业的负面影响最小，提高了总体的经济收益(但采伐的规模和强度在实际操作中很难控制)

理论上，成本–效益分析的结果很简单：如果成本–效益分析表明项目可以获利，项目就应该继续；反之，则应该停止。然而，实际上因为收益和成本会随时间变化，而且很难估量，所以成本–效益分析很难精确计算。例如，拟在林区建一个造纸厂，对其进行成本–效益分析时，未来纸张的价格、对水源的需求、森林野生生物的价值等很难预测和估计，因此很难判断该项目是否能获利。过去，大型项目开发过程中自然资源的利用和破坏完全被忽视，或者被草率地低估。现在，各国政府、环保组织和经济学家逐渐倾向于使用审慎原则（precautionary principle），即当不能肯定项目是否存在环境风险时，暂且假设它对环境有一定的危害，这也意味着不支持该项目的实施。

成本–效益分析在许多产业和现代社会经济活动的评价中非常有用。许多看起来有利可图的经济活动实际上是在亏本。政府还经常以免税、直接资金支持、廉价燃料、无偿用水和道路网建设等方式资助一些涉及环境破坏活动的产业——有时称为“不正当补贴”（perverse subsidies）（Myers and Kent 2001; Bagstad et al. 2007; Myers et al. 2007）。政府为了促进特殊行业的发展，如农业、渔业、汽车制造业和能源产业，每年要花费几万亿美元，总计约占世界经济总产值的 5%。如果没有这种补贴，许多环境破坏活动将会减少或消失，如高能耗农业、海洋过度捕捞，以及低效、高污染、高能耗的工业生产等。

在发展项目评价中，保护生物学家和生态经济学家也要考虑“贴现率”（discount rate）。所谓“贴现率”，通常用来表示未来开采和使用的自然资源现在的价值（Naidoo and Adamowicz 2006）。经济学家赋予自然资源高的贴现率，即高的现时价值和低的未来价值，认为现在使用资源比未来使用能创造更多的财富，因此应在当前使用自然资源进行各种投资建设，包括学校、医院、工厂、公路、港口和其他基础设施。经济学家还认为发展中国家自然资源（如森林、木材、淡水和野生生物等）的贴现率更高，这是因为发展中国家当前对自然资源的需求比发达国家更迫切，自然资源的使用能更大地改善当地居民的生活。也就是说，发展中国家自然资源的现在使用比未来使用更为划算。这种观点往往导致资源的过度开采，减少了资源的未来价值，高的贴现率促使发展项目不断实施。为了保证资源的可持续利用，比较稳妥的做法是普遍赋予自然资源低的贴现率，尤其是在发展中国家，当地居民仍依靠自然资源维持生计。

赋予物种、生物群落和生态系统等经济价值推动了生物多样性保护的发展（Jenkins et al. 2004; MEA 2005）。自然资源的经济价值和保护资源的行为开始受到社会各界的关注，如减少大气 CO_2 和其他温室气体的含量（van Kooten and Sohngen 2007）、保护水资源（Benitez et al. 2007）和野生物种等。各项经济活动（如森林采伐、农业耕种、商业捕鱼和湿地的商业开发）的隐藏环境成本已经逐渐纳入大型项目的经济评价中。

4.3 自然资源的丧失和社会财富

> 诸如皆伐、露天采矿、过度捕捞等不可持续的经济活动可能会带来可观的短期经济利益，但对国家经济的长远发展却是非常有害的。

人们试图将自然资源的消耗计算在国民生产总值（GDP）和其他国家生产力指标内。通常，GDP 用于度量一个国家的经济发展水平，但不包括所有非持续的经济活动的成本（如近海水域过度捕捞和管理不善的露天采矿）。即使这类活动会损害国家的长远经济利益，但它也能使 GDP 增加。事实上，与环境破坏有关的经济成本是相当大的，常常抵消农业和工业发展所得的收益。

例如，20 世纪 80 年代，哥斯达黎加森林破坏的损失远远超过森林产业的收益，林业部门实际上是在消耗国家的财富。英国农业的隐藏环境成本（如土壤侵蚀和水污染）每年高达约 26 亿美元，占全国农业生产总值的 9%（MEA 2005）。无论采用哪种计算标准，环境破坏的隐藏成本都是巨大的，而且往往被严重低估，不包括在 GDP 的计算中。如果根据水源和土壤的保护状况，给予农民适当的补助，他们可能会积极地改进耕作方式，减少对环境的破坏（Robertson and Swinton 2005）（图 4.1）。

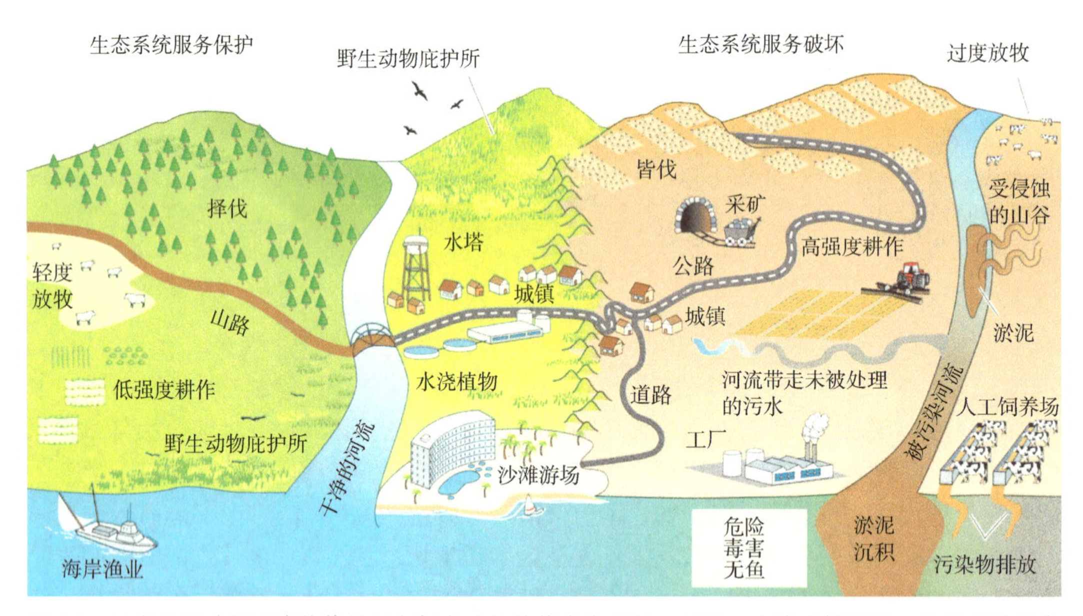

图 4.1 工农业活动的经济价值是以它们产品的价值来衡量的。然而，在许多情况下，这些活动经常有负面的外部效应，如造成土壤侵蚀、水质下降、诱发洪灾（图中右半部分）。如果土地利用过程能够充分考虑经济利益，如洪水控制、土壤保持和水源保护，那么生活在这个地区的广大群众也能得益于这些经济活动（图中左半部分）

许多国家的经济看似取得了进步，但除去环境成本和自然资源损失后，他们的经济其实处在崩溃的边缘。自然资源需要合理的管理，渔业就是典型的例子。大量的投入可能会带来短期的高额利润，但由于过度捕捞，许多商业鱼类逐渐灭绝，最终导致整个产业的崩溃。如果将部分收益用于基础设施建设、发展工业、就业培训和教育等方面，就能提高社会的整体素质，破坏环境和自然资源的行为也更容易得到制止。遗憾的是，这些收益只归少数个人或公司所有，而社会整体的进步却是暂时的、微乎其微的。

1989 年，阿拉斯加奈洛森海峡发生了艾克森瓦迪兹号油轮原油泄漏事件，它充分表明，表面获利的经济活动可能隐藏着巨大的环境成本。该事件不仅付出了高达几十亿美元的清理费用，而且对环境造成严重污染，大量鸟类、鱼类和海洋哺乳动物死亡，浪费了 4200 万升（相当于 26 万桶）石油；甚至在 20 年后，仍有石油残留在阿拉斯加海岸。然而，这次事件却被记录为促进美国经济增长，因为清理漏油的支出增加了美国的 GDP，提供了新的工作岗位。由于忽视隐藏环境成本和对生态系统的长期危害，一场漏油灾难竟被歪曲成促进经济增长！

经济学家正在构建更为完善的“绿色 GDP 统计指标体系”，资源的消耗不再被认为是外部效应，而被计算为经济活动的内在成本。采用这种计算方法，保存自然资源往往比消耗资源获取短期利益更为划算（专栏 4.1）。

> 国家生产力的新评估体系考虑到了环境的可持续性，既包括人类活动创造的收益，也包括耗费的成本。

在估算一个国家的生产总值时，还可以使用另外一个指标——可持续经济福利指数（the index of sustainable economic welfare, ISEW），它将自然资源消耗、污染和不公平收入分配都计算在内。ISEW 的升级版是真实发展指标（the genuine progress indicator, GPI）（van de Kerk and Manuel 2009）。GPI 包括的因素有：耕地和湿地的丧失、酸雨的影响、贫困人口数量、污染对人类健康的影响。使用 GPI 指标发现，美国经济在 1956 ～ 1986 年处于停滞状况，而在 1986 ～ 1997 年呈下滑趋势，尽管 GDP 显示经济在快速增长。GPI 反映了保护生物学家长期以来所担心的问题，即许多现代经济的增长是建立在自然资源过度消耗基础上，随着资源消耗殆尽，以此为基础的经济也将迅速萧条。

第三个评估国家经济与环境状况的指标是环境可持续性指数（environmental sustainability index, ESI）。ESI 通过对 21 个环境指标的测量来衡量国家或地区实际环境可持续性的进程，包括生态系统健康状况、生态系统承受压力、人类对于环境变化的脆弱性、应对环境挑战的社会与制度能力、对于全球环境合作需求的响应能力（Siche et al. 2008; van de Kerk et al. 2009；http://sedac.ciesin.columbia.edu/es/epi/）。许多经济学家和商界人士担心严格的环境保护，即高 ESI 指数，会降低国家经济竞争力。经济竞争力可用竞争力指数（competitiveness index）来衡量，包括工人生产力和国家经济发展能力。然而，图 4.2 显示环境可持续性与国家经济竞争力无关。芬兰等国家的经济既有好的环境可持续性，又有很强的竞争力；比利时的经济虽然有较强的竞争力，但环境可持续性排名靠后；中国和印度的经济增长迅速，但竞争力一般，环境可持续性排名也靠后。

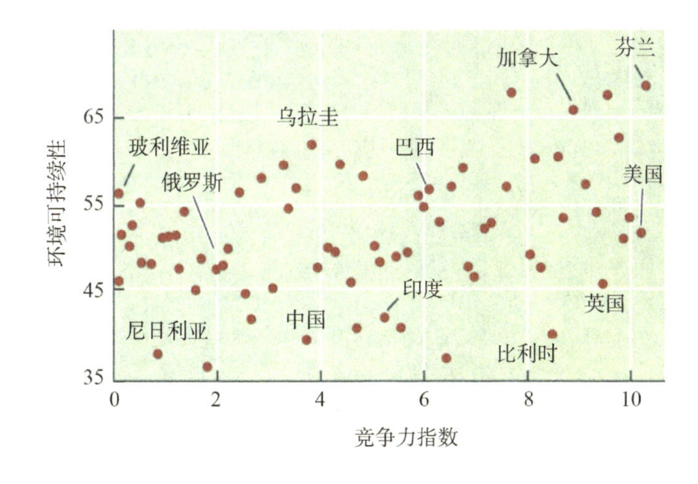

图 4.2　基于生态系统健康状况、生态系统承受压力、人类对于环境变化的脆弱性、应对环境挑战的社会与制度能力、对于全球环境合作需求的响应能力等 5 项指标的测量表明，国家经济的竞争力和环境可持续性没有密切的关联性

专栏 4.1 黄石公园的工业、生态环境和生态旅游业

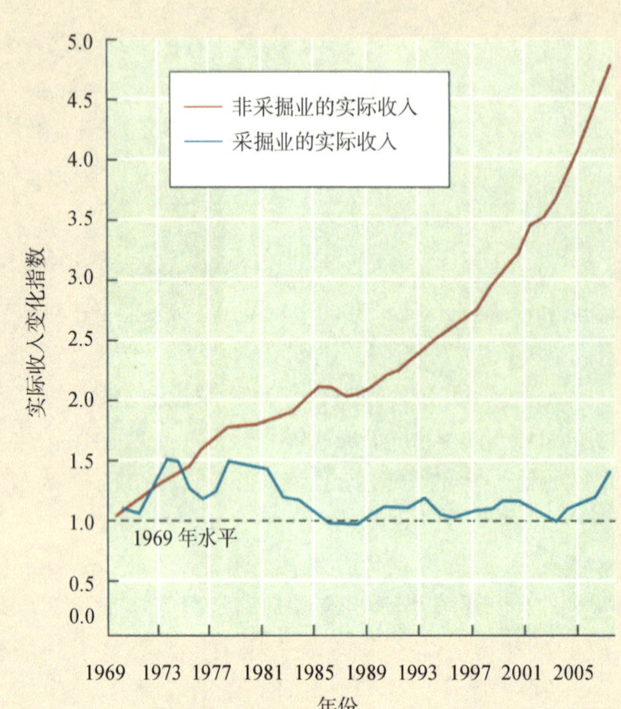

在大黄石地区，采掘业的实际收入在过去 35 年间处于大幅波动状态，没有明显增长，而其他产业收入平稳增长，几乎增加了 4 倍，包括休闲娱乐业、旅游业和服务业等。该地区经济已经不再依赖于采掘业。图中两条收入曲线以 1969 年值为 1 进行了标准化处理，那时采掘业收入占地区总收入的 23%，而 2007 年采掘业收入只占地区总收入的 8%（引自 Power 1991，数据经过作者更新）

黄石公园是美国国家公园系统中最早建立、最著名的保护区。尽管与公园自然景观有关的联邦政策常常受到公众的高度关注，但支持在大黄石生态系统中（包括怀俄明州、蒙大拿州、爱达荷州的部分地区）开发木材、石油、天然气等自然资源的政策仍然存在。

> 和世界上其他许多地方一样，黄石国家公园的经济已经从采掘业转向了旅游业等破坏性更小的产业。

一些与自然资源开发有关的利益集团声称，采掘业对于黄石公园周边地区甚至整个国家的经济发展是很重要的。但研究表明，以上论调越来越站不住脚了。由于黄石公园周边地区的自然条件优越，吸引了许多人前来旅游或定居，一些公司也纷纷入驻此地，促使该地区的经济逐渐转向旅游业、居民的生活消费和其他商业活动（Power 1991; Power and Barrett 2001; Gude et al. 2006）。尽管半个世纪前，采掘业是该地区经济的主要驱动力，但如今旅游业是该地区重要产业，自然资源开发会影响野生生物的生存、黄石公园及周边未开发地区的自然景观，这将有损当地居民的经济福祉。

生态旅游业是黄石地区的一项支柱产业，与其他产业相比，它对生态系统的破坏最小。但生态旅游业也不是没有缺点。每年几百万的客流量带来了噪声和污染，野生动物的行为受到人类的干扰而发生改变，水土流失和人为火灾的风险增加，这些都是生态旅游业的负面影响。尽管如此，与伐木和采矿相比，人为火灾造成的损失要小得多。采掘业比生态旅游业危害大得多的原因很简单：尽管生态旅游业会污染和改变环境，但不会有意地破坏环境。

相比之下，伐木和采矿会产生更多的负面效应。皆伐是一种主要的森林采伐方式，即将伐区的林木全部伐除。皆伐能引起大面积土壤侵蚀，尤其是伐后没有及

时采取植被恢复措施。侵蚀掉的土壤淤积在河流里，使水中鱼类和其他生物无法生存，土壤营养成分流失使植被的恢复更加困难。采矿活动常常产生有害化学副产物，如氰化物，对环境造成污染。这些活动效益低下有以下几点原因：①破坏树木再生所需的土壤和水资源，降低了资源的未来开发潜力；②破坏自然景观，降低地区旅游业、休闲娱乐业和其他商业活动的发展潜力；③当地居民饮用水水质下降，要花更多的钱净化饮水，增加了隐藏成本。1970～2009年，原本地广人稀的黄石地区人口增长超过60%，农村房屋建设增长更快。随着公园周边地区变得拥挤，控制当地人口增长、保证当地居民生活质量、保证自然景观不受破坏是政府管理的首要任务（Gude et al. 2006）。

黄石国家公园美丽的自然景观吸引了许多人前来旅游和居住，许多公司也入驻此地。图中游客在中间歇泉盆地和下间歇泉盆地观光旅游，享受着充满户外体验的生活方式（图片由美国国家公园管理局惠赠）

4.4 生物多样性的经济价值

目前，有许多方法可以赋予生物多样性（包括遗传变异、物种和生态系统）经济价值。这些方法中，生物多样性的经济价值分类可划分为三个层次：资源的市场价值（或收获价值）、未收获的资源在原地提供的价值、资源的未来价值（Kareiva and Levin 2003）。例如，东南亚野生大额牛（*Bos frontalis*）是驯化牛的野生近缘种，它的经济价值可以分为：当前野牛群体捕获后肉的价值、在野外的旅游价值、在家畜育种项目中潜在的物种价值。尽管有许多种计算生物多样性价值的方法体系，但没有哪一种被普遍接受。McNeely 等（1990）和 Barbier 等（1994）提出的方法体系最为实用，将生物多样性的价值划分为使用价值(use value)和非使用价值(non-use value)。使用价值进一步划分为：直接使用价值(direct use value)，也称为商品价值(commodity value)或私人物品(private good)；间接使用价值(indirect use value)。直接使用价值是指人类收获的产品，如木材、药材和海产品等；间接使用价值是指未被消耗或未被破坏的自然资源所能提供的服务或“潜在的好处”，包括休闲、教育和科学研究等，也包括生态系统的服务功能，如水源净化、污染控制、自然传粉、害虫防治、水土保持、气候调节和生态系统生产力等。选择价值(option value)是一种间接使用价值，指自然资源对人类社会未来的预期价值，如未来可能的新药、食物和遗传资源。非使用价值包括存在价值(existence value)和遗产价值(bequest value)。存在价值是指人们为了保护某个物种免于灭绝，或者某个生态系统不被破坏而愿意支付的价值；遗产价值是指人们为了把自然资源完好地遗留给子孙后代而愿意支付的价值。以上所有价值综合起来可以用于计算生物多样性总的经济价值。图 4.3 展示了如何应用以上价值计算湿地生态系统的总经济价值(间接使用价值、选择价值和存在价值将在第 5 章进一步讨论)。

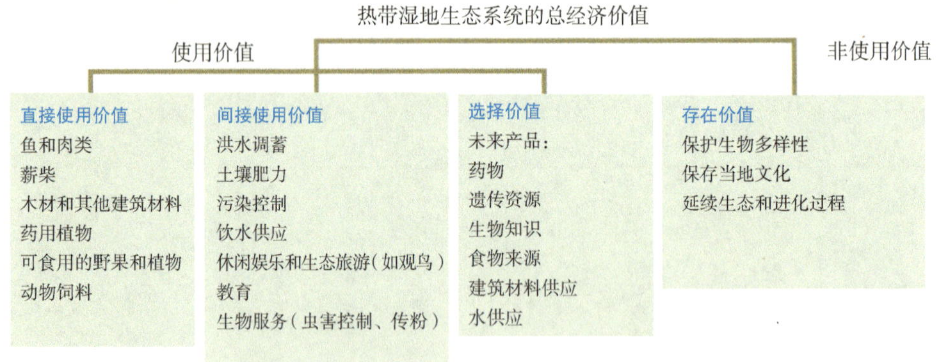

图 4.3 发展项目的评价应当考虑项目所有的环境影响。图中表示热带湿地生态系统的总经济价值，包括直接使用价值、间接使用价值、选择价值和存在价值。例如，对一项从湿地生态系统中引水灌溉的项目进行评价，从湿地生态系统中引水会降低湿地的价值，当将湿地价值的降低也纳入项目的评价计算，可以得出该灌溉项目可能会带来经济损失的评价结果(引自 Groom et al. 2006; 数据来自 Emerton 1999)

4.5 直接使用价值

生物多样性的直接使用价值通常可以通过观察有代表性人群的活动、检测自然产品的采集点以及进出口统计数据计算出来。直接使用价值可分为消耗使用价值（consumptive use value）和生产使用价值（productive use value）。前者为物品在当地消耗的价值，后者为商品在市场售卖的价值。

消耗使用价值

诸如猎物、薪柴等在当地消耗而不进入国内或国际市场的价值属于消耗使用价值（Davidar et al. 2008）。依赖土地生活的人们经常从周围环境中获得相当份额的生活必需品。由于这些物品不发生买卖，一般不出现在国家 GDP 中。然而，如果环境退化、自然资源过度利用或建立起封闭的保护区，农村居民不能再获得这些产品，他们的生活水平将下降，甚至可能无法继续生存而必须迁徙。

发展中国家的社会研究表明，当地居民仍大量利用自然环境所提供的薪柴、蔬菜、水果、肉类、医药、绳索和建筑材料（Balick and Cox 1996; Davidar et al. 2008）。一项对亚马孙流域印第安人的研究发现，当地热带雨林中大约一半的树种可以用于除薪柴以外的特殊产品的制造（Dobson 1995）。约 80% 的世界人口仍然依靠上万种动植物衍生的传统医药治病（Shanley and Luz 2003）。在中国，5000 种以上的生物被用作药材，印度有 6000 种以上，亚马孙盆地有 2000 种。

蛋白质是我们生活的必需品之一，许多乡村居民猎杀野生动物食用（图 4.4）。在非洲许多地区，野生猎物是人们的主要蛋白质来源，如博茨瓦纳为 40%、刚果民主共和国（前扎伊尔）为 75%（Rao and McGowan 2002）。在尼日利亚，人们每年吃掉 10 万多吨巨鼠

（A）

（B）

图 4.4 （A）动植物和其他自然产品是人类食物和药物的重要来源，如这些油炸的蚱蜢。（B）野生动物为世界许多地区的居民摄取蛋白质的重要来源，如马来西亚婆罗洲的野猪（A. 图片版权归 Alan Tobey/istockphoto.com 所有；B. R. Primack 摄影）

(*Cricetomys* sp.)；在博茨瓦纳，每年吃掉的跳兔(*Pedetes capensis*)在3000t以上；在巴西亚马孙地区，每年捕杀的猎物约有1000t；而在中非，每年的捕杀量竟然达到了100万～400万吨(Fa et al. 2002)。非洲野生动物的捕杀是不可持续性的，超出了可持续捕杀量的6倍。捕杀的野生动物不仅包括鱼类、鸟类和哺乳动物，也包括昆虫、蜘蛛、蜗牛和蛆虫。在非洲某些地区，昆虫可能是主要的蛋白质来源，还提供人体必需的维生素。

在水资源丰富的地区，野生鱼类是人们主要的蛋白质来源。全世界每年有1.3亿吨鱼类、甲壳类动物和软体动物被捕捞，主要为野生种类，其中约1亿吨来自海洋，0.3亿吨来自淡水(Chivian and Bernstein 2008)。此类捕捞的渔获物大部分供当地居民消费。在沿海地区，渔业提供最多的就业机会，海产品也是当地消费最多的蛋白质产品。虽然人工养殖业发展迅速，但许多鱼饲料中含有野生鱼类制成的鱼粉(Gross 2008a)，因此人工养殖业的发展并没有减少自然资源的利用。

产品的消耗使用价值可通过假设不能从自然环境中获取而需要购买时人们愿意支付的价值来衡量，也称为替代成本法(substitute cost approach)。然而，许多情况下，当地居民没有钱购买这些产品。例如，记录一个非洲家庭或村庄每月吃掉了猎物的数目，在市场上购买相当数量的肉类需要的花费，被认为是这些猎物的消耗使用价值。在偏远地区，可能根本就没有市场，当自然资源耗尽时，人们或者被迫改变生活方式，或者迁移到其他地方，或者在原地过着更加艰难的生活。

> 产品的消耗使用价值可通过假设不能从自然环境中获取而需要购买时人们愿意支付的价值来计算。

从野外获取的薪柴也可计算其消费使用价值(图4.5)。薪柴是全世界26亿人口取暖、做饭的主要能源(MEA 2005)。薪柴用量占全球木材用量一半以上。在尼泊尔、坦桑尼亚、秘鲁等国家，薪柴的价值相当于人们不能从自然环境中获得薪柴需要购买煤油或其他燃料时应支付的价值。在世界许多地方，人们没有钱用于购买燃料，这容易引发所谓的“穷人能源危机”。当附近的薪柴耗尽时，人们(特别是妇女)不得不去更远的地方砍伐薪柴，从而导致植被破坏不断扩大的恶性循环。农作物秸秆和动物粪便也被当作燃料，这使农田的矿质营养成分流失，降低了农田的生产力。

图4.5 印度妇女头顶着一捆薪柴回村庄。薪柴是当地居民消费的最重要自然产品之一，特别是在非洲和南亚(图片版权归Borderlands/Alamy所有)

人类与自然环境长期共处，形成了各种避免自然资源过度利用的公约规范(Berkes

2001)，如不允许砍伐某些种类的野生果树、不允许在动物的交配季节捕猎。这类公约规范存在于村庄或部落，通过强大的社会压力而执行。例如，在云南纳西族的传统社会，村民盖房子砍树要事先提出申请，由村寨首领和德高望重的老人共同商议，决定应该砍多少棵树、砍多粗的树，甚至可能在山上把树选出来。如果多砍、错砍，或者砍的时候伤及别的树，都要受到惩罚。

随着人口增长、商品经济的发展和国家政府的建立，许多传统的生物多样性保护规范已经失去了约束力，自上而下和集中化的政府决策取而代之，控制着森林、渔业和野生生物等自然资源。如今，人们为了获取经济利益，在乡镇集市上出售各种自然资源。随着传统社会约束力的瓦解，人们开始以破坏性和不可持续性的方式掠夺自然资源。当资源耗尽时，当地居民又不得不以更高的价格从集市购买那些原本可以免费得到的产品。尽管乡镇集市的出现加剧了生物多样性的丧失，但也给当地居民带来了一些好处，例如，人们能以更高的价格出售他们的产品。有了足够的钱，人们可以投资自己的事业、让孩子接受更好的教育和享受现代医疗服务。

尽管发展中国家对自然产品的依赖性更大，但在北美和欧洲一些发达国家，仍有许多人靠薪柴取暖，靠野生动物和海产品满足基本的蛋白质需求。如果这些生活必需品要花钱购买，他们中的许多人将无法在原地继续生活下去。

生产使用价值

从野外获取的、在国内或国际市场上销售的产品的价值属于生物多样性的生产使用价值。经济学上通过以下两种方法计算产品的生产使用价值：一是该产品初次进入市场的售价减去产品的生产成本；二是用商品的最终零售价表示产品的生产使用价值。例如，非洲有一种特有树种黑檀(*Dalbergia melanoxylon*)，主要用于制造高质量的木管乐器，其木材价格与成品乐器零售价格相比只占很少的部分。根据第一种方法，黑檀的生产使用价值等于黑檀木材的价格减去黑檀的砍伐成本；根据第二种方法，黑檀的生产使用价值直接等于乐器的零售价格。两种方法的计算结果差别非常大。所以，如何确定黑檀适当的生产价值给生态经济学家出了难题。

在工业国家，自然资源的使用价值很重要。美国 GDP 的 4.5%(2008 年约 6300 亿美元)在某种程度上依赖于野生物种。发展中国家工业化程度低，乡村人口比例高，自然资源生产使用价值占 GDP 的比例更高。

> 许多种类的自然资源在市场销售，具有巨大的市场价值，被认为是生物多样性的生产使用价值。

从自然环境获得且在市场上销售的产品种类繁多，如薪柴、建筑用材、野生动物的肉类和皮毛、纤维、藤条(一种用于制造家具和其他家庭用品的蔓藤)、蜂蜜、蜂蜡、天然染料、海藻、动物饲料、天然香料、植物树胶和树脂(Baskin 1997; Chivian and Bernstein 2008)。目前，许多跨国企业收购仙人掌、兰花和其他园艺植物，动物园和私人收藏者收购鸟类、哺乳动物、两栖动物和爬行动物等。每年水产市场观赏鱼的价值约为 10 亿美元，其中野生鱼类占总数的 15%～20%。撒哈拉沙漠以南的 23 个非洲国家的大面积土地被开辟成国际狩猎场

（Findsey et al. 2007）。

在多数情况下，生物能够繁殖后代，建立新的种群只要少量的个体，因此只要少量收集野生物种就能满足使用需求。野生物种被用于表演展览、新药开发、工业生产和生物防治等（Chivian and Bernstein 2008）；栽培作物的野生近缘种可用于杂交育种和作物基因改良，以上可看成为野生物种的生产使用价值；另外，野生物种具有维持和改进经济活动的潜能，因此也可看成是野生物种的选择价值。少量收集的野生物种将在第 5 章的选择价值部分展开讨论，大量收集的野生资源将在下文详细讨论。

森林产品

木材是从自然环境中获得的最重要的产品之一，每年的出口价值约 1350 亿美元（WRI 2003）。实际上，大多数木材不进入国际市场，在当地消耗，木材和其他森林产品每年的总价值可达 4000 亿美元。热带地区的国家大量出口木材、胶合板、木浆等森林产品，用以换取外汇，为工业化提供资金、偿还债务和提供就业等。诸如印度尼西亚、巴西和马来西亚等热带地区的国家，通过出口木材产品，每年赚得几十亿美元（Corlett and Primack 2010）[图 4.6（A）]。

（A）

（B）

图 4.6　木材工业是许多热带地区国家主要的收入来源。（A）秘鲁伊基托斯附近亚马孙河上满载木材的货船。（B）非木材产品往往在当地经济中占有重要地位。许多乡村居民采集自然森林产品在当地市场出售，增加了他们的经济收入。图为马来西亚沙捞越的陆达雅族人在出售野生蜂蜜和野果（A. 图片版权归 Morley Read/Alamy 所有；B. R. Primark 摄）

猎物、水果、橡胶、树脂、藤条和药用植物等从森林中获取的非木材产品也具有巨大的生产使用价值。这些非木材产品有时候也称为“森林小产品”。实际上，非木材产品在经济上非常重要，甚至与木材的价值相当。在印度，非木材产品占森林产品总价值的 40%，提供的就业岗位占林业岗位的 55%。有研究表明，津巴布韦农村收入 35% 源于自然产品。特别值得注意的是，贫困家庭对自然产品的依赖性更大。这表明生态系统的一项重要服务功能是为人类提供自然资源（WRI 2005）。

许多研究表明，自然生态系统为乡村居民提供的产品和服务没有进入政府的统计数据。森林生态系统的价值还包括水源净化、水土保持等生态系统服务价值，非木材产品的价值也是相当可观的，保护森林带来的收益要远远大于大量伐木，或者把森林开发成商业用地。值得一提的是，森林能吸收大气中的 CO_2，这项重要功能也被赋予了经济价值（van Kooten and Sohngen 2007）。谨慎采伐、尽量减少对周围生物群落的破坏、保证树木在生态系统中的作用，再结合非木材产品的收获，这将是维持森林永续利用的途径。

天然药物

有效的药物不仅可以维持人体健康，而且可以支撑一个巨大的产业——制药业。全世界每年药物销售额约 3000 亿美元（Chivian and Bernstein 2008）。自然资源是目前所使用的药物及将来可能用到的药物的主要来源。产自马达加斯加的长春花（*Catharanthus roseus*）有很大的药用价值（表 4.2），从中提取出的两种有效成分对于治疗霍奇金病、白血病和其他血癌有重要的促进作用。可以预见，具有重要药用价值的物种将不断被发现，但很难估计有多少物种将会在被发现之前就已经灭绝。

表 4.2　在传统药用植物中首先发现的 20 种药物

药物	用途	植物来源	俗名
阿马林	治疗心律不齐	*Rauwolfia* spp.	萝芙木
阿司匹林	消炎止痛	*Spiraea ulmaria*	绣线菊
阿托品	在检查中放大瞳孔	*Atropa belladonna*	颠茄
咖啡因	提神醒脑	*Camellia sinensis*	茶
绵毛胡桐内酯	治疗艾滋病	*Calophyllum* spp.	海棠木
可卡因	眼科麻醉药	*Erythroxylum coca*	古柯
可待因	镇痛、止咳	*Papaver somniferum*	罂粟
洋地黄毒苷	强心剂	*Digitalis purpurea*	毛地黄
麻黄素	扩张支气管	*Ephedra sinica*	麻黄
吐根	催吐剂	*Cephaelis ipecachuanha*	吐根
吗啡	止痛剂	*Papaver somniferum*	罂粟
假麻黄碱	解充血药	*Ephedra sinica*	麻黄
奎宁	治疗疟疾	*Cinchona pubescens*	金鸡纳树
利血平	治疗高血压	*Rauwolfia serpentina*	萝芙木
番泻苷 A，B	泻药	*Cassia angustifolia*	番泻树
莨菪碱	止痛解痉	*Datura stramonium*	曼陀罗
毒毛旋花苷	治疗充血性心力衰竭	*Strophanthus gratus*	毒毛旋花
四氢大麻酚	止吐药	*Cannabis sativa*	大麻
毒马钱碱	手术中松弛肌肉	*Strychnos guianensis*	马钱
筒箭毒碱	肌肉松弛剂	*Chondrodendron tomentosum*	箭毒木
长春新碱	治疗儿童白血病	*Catharanthus roseus*	长春花
华法林	抗凝血剂	*Melilotus* spp.	草木樨

资料来源：引自 Balick and Cox 1996; Chivian and Bernstein 2008

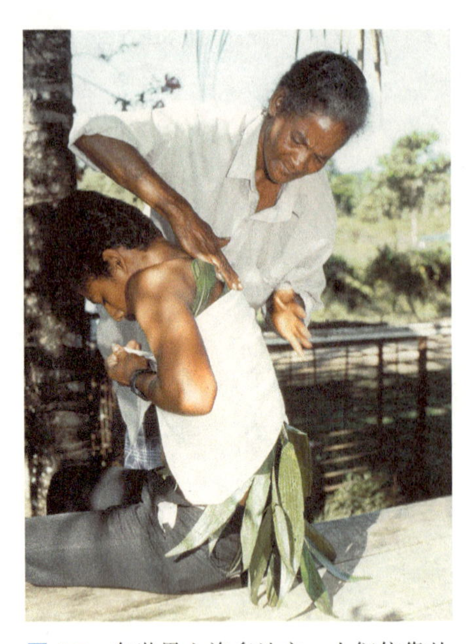

图 4.7 在世界上许多地方，人们依靠从周围环境中获得的自然产品治疗疾病。图为洪都拉斯伯利兹乡村医生 Hortense Robinson 和一位助产婆演示一种砍棕（*Chamaedorea tepejilote*）叶子的敷药疗法（图片由 Michael J. Balick 提供）

许多通过化学途径合成的药物也是首先在用于传统医药的野生物种中发现的（Cox 2001; Chivian and Bernstein 2008）（图 4.7）。古希腊人和美国土著部落用柳树皮提取物治疗疼痛，乙酰水杨酸由此被发现，它是现代阿司匹林中缓解疼痛的成分，是最重要和最常用的药物之一。与此类似，安第斯山土著居民使用古柯治疗疼痛和其他疾病；普鲁卡因和利多卡因是古柯药效成分的衍生物，它是牙科和外科手术中常用的麻醉剂。许多重要药物是在动物中首先发现的，诸如响尾蛇、蜜蜂和锥螺等有毒动物是药用化学物质的重要来源。

美国 20 种最常用药物是基于天然产物开发而成的。这些药物每年销售额达 60 亿美元。美国约 25% 处方有从植物中提取出的药物。青霉素、四环素等重要抗生素是真菌和其他微生物的次级代谢产物（Chivian and Bernstein 2008）。最近有研究表明，环孢霉素在心脏和肾脏移植手术中起着重要作用，该药物也是从真菌中获得的。人们正在积极地从自然界中寻找下一代药物和工业原料，这将在第 5 章详细讨论。

案例研究：单一资源的多种利用

美洲鲎（*Limulus polyphemus*）是一种提供多种价值的动物。这种动物生活在浅海，行动比较笨拙（图 4.8）。在美国，渔民大量捕捞美洲鲎用作捕鱼的廉价饵料。然而，最近几年，人们发现美洲鲎的卵和幼崽是涉禽类和沿海鱼类的食物来源。没有美洲鲎，鸟类和鱼的数量将大幅下降。因此，美洲鲎对当地观鸟和钓鱼旅游业很重要。此外，美洲鲎的血可以用来制造鲎血细胞溶解物（LAL），该物质可以用来检测注射药品和疫苗是否存在细菌污染（Odell et al. 2005）。然而，LAL 不能人工合成，美洲鲎是其唯一来源。如果没有 LAL，我们检测药品纯度的能力将会大打折扣。

> 一个物种或者生态系统往往能给人类社会提供多种多样的产品和服务。有时，为了平衡各方面的使用需求，有必要采取折中的开发和利用方案。

目前，渔民、钓鱼爱好者、环保组织和生物医药企业都为控制美国沿海的美洲鲎争得不可开交。每个竞争者都能为自己对美洲鲎使用权或保护美洲鲎提出很好的理由。一项折中方案最终得到采纳：对美洲鲎进行可持续利用，同时确保它在浅海生态系统中占有一席之地。

图 4.8　美洲鲎（*Limulus polyphemus*）大量聚集在海滩浅水区产卵。对于利益相关者群体来说，美洲鲎有着巨大的价值（图片版权归 Edward R. Degginger/Bruce Coleman Inc./ Alamy 所有）

小结

1. 保护生态学家和生态经济学家正在研究计算生物多样性经济价值的新方法，为生物多样性的保护提供更充分的依据。尽管一些保护生物学家认为生物多样性是无价的，无法用金钱来衡量，但赋予生物多样性经济价值能使人们更易理解保护生物多样性的重要意义。
2. 许多国家的 GDP 表面上似乎在增长，当除去自然资源消耗和环境破坏等发展成本时，实际上并没有增长，甚至有下滑的趋势。使用成本–效益分析法对大型发展项目进行环境和经济影响评估将成为惯例。此外，赋予环境和生物多样性经济价值为公众及管理部门了解环境退化程度提供了参考。
3. 经济学家已经提出了许多种计算生物多样性经济价值的方法体系。其中之一是将资源的价值划分为使用价值和非使用价值。使用价值包括直接使用价值和间接使用价值。直接使用价值是指人们收获的产品；间接使用价值是未被消耗或未被破坏的自然资源所能提供的服务和“潜在的好处”；选择价值是指对人类社会未来的预期价值。非使用价值包括存在价值和遗产价值，非使用价值的计算基于社会的支付意愿。
4. 直接使用价值可进一步划分为消费使用价值和生产使用价值。消费使用价值被赋予在当地消耗的产品，如薪柴、猎物、水果和蔬菜、药用植物和建筑材料。产品的消费使用价值可以通过假设不能从自然环境中获取而需要购买时人们愿意支付的价值来计算。许多人依靠自然产品生活，当不能从自然环境中直接获取这些产品时，他们的生活质量就会降低。生产使用价值被赋予从自然环境获得并在市场销售的产品，如商用木材、猎物、鱼类和甲壳动物。

讨论题

1. 列出当前你所在地区的一些大型开发项目，如水坝、污水处理厂、大型购物商场、高速公路和房地产开发项目，尽可能收集有关项目的信息。从生物多样性、经济繁荣和人类健康等方面评估该项目的成本与效益，谁支付成本、谁得到效益？评价过去开展的一些项目，确定它们对周围生态系统和人类社区的影响（该问题具有一定的挑战性，适合小组协作共同完成）。

2. 传统（或者农村）社会是如何利用和保护生物多样性的？生物多样性对于传统社会和现代社会的相对重要性分别是什么？传统社会和现代社会又是如何保存及传承生物多样性知识的？
3. 假设欧洲医药公司在印度尼西亚某个偏远地区进行传统医药的调查和研究，并发现一种在治疗癌症方面有巨大潜力的药物。在当前的体制下，谁将从新药销售中获利？请你设计出一种利润分配方案，使利益分配更加公平、印度尼西亚的生物多样性得到更好的保护。

推荐阅读

Balick, M. J. and P. A. Cox. 1996. *Plants, People and Culture: The Science of Ethnobotany*. Scientific American Library, New York. 传统利用植物的精彩故事和轶事，附有精致的插图。

Balmford, A. and 18 others. 2002. Economic reasons for conserving wild nature. *Science* 297: 950-953. 生态系统服务为生物多样性的保护提供了重要的依据。

Chivian, E. and A. Bernstein（eds.）. 2008. *Sustaining Life: How Human Health Depends on Biodiversity*. Oxford University Press, New York. 很好的实例和精致的图片。

Common, M. and S. Stagl. 2005. *Ecological Economics: An Introduction*. Cambridge University Press, New York. 阅读本书无需经济学基础。

Davidar, P, M. Arjunan, and J. P. Puyravaud. 2008. Why do local households harvest forest products?A case study from the southern Western Ghats, India. *Biological Conservation* 141: 1876-1884. 采伐热带森林的部分原因是除了满足自身消费需求外，人们还砍伐树木在市场出售，以牟取经济利益。

Hoeinghaus, D. J. and 7 others. 2009. Effects of river impoundment on ecosystem services of large tropical rivers: Embodied energy and market value of artisanal fisheries. *Conservation Biology* 23: 1222-1231. 水坝通常对野生鱼类的生存有负面影响，造成巨大的经济损失。

Lant, C. L., J. B. Ruhl, and S. E. Kraft. 2008. The tragedy of ecosystem services. *BioScience* 58: 969-974. 应该修改相应的法律，使公共财产得到保护。

Lindsey, P A., P A. Roulet, and S. S. Romañach. 2007. Economic and conservation significance of the trophy hunting industry in sub-Saharan Africa. *Biological Conservation* 134: 455-469. 在非洲，狩猎场的面积要大于国家公园的面积。

Myers, N. and J. Kent. 2001. *Perverse Subsidies: How Tax Dollars Can Undercut the Environment and the Economy*. Island Press, Washington, D. C. 国家仍在为造成环境破坏和污染的行业买单。

Naidoo, R. and W. L. Adamowicz. 2006. Modeling opportunity costs of conservation in transitional landscapes. *Conservation Biology* 20: 490-500. 生物多样性的保护需要考虑土地价格和自然资源的贴现率。

Niles, L. J. 2009. Effects of horseshoe crab harvest in Delaware Bay on red knots: Are harvest restrictions working? *BioScience* 59: 153-164. 美洲鲎的限制捕捞政策没能发挥作用，过度捕捞依然存在，导致该物种的种群数量下降。

Redford, K. H. and W. M. Adams. 2009. Payment for ecosystem services and the challenge of saving nature. *Conservation Biology* 23: 785-787. 生态系统服务的概念在环境保护策略中被广泛采用，但也存在一些问题。

Sachs, J. D. 2008. *Common Wealth: Economics for a Crowded Planet*. Penguin Press, New York. 目前，解决贫困、气候变化和环境破坏等问题需要投入的成本不多，但未来的收益却相当大。

Shanley P. and L. Luz. 2003. The impacts of forest degradation on medicinal plant use and implications for health care in Eastern Amazonia. *BioScience* 53: 573-584. 传统药用植物的丧失威胁到人类的健康。

（阳文静 编译，马克平 蒋志刚 审校）

第 5 章

间接使用价值

生物多样性间接经济价值是指生态系统服务方面的价值，是生物多样性未被消耗或未被破坏的情况下给人们带来的现时或未来的经济利益（图5.1）。这些利益不是通常意义的商品和服务，一般不会出现在国家经济统计数据中（如GDP）。由于它们归全社会共同所有，因此也被称为公共物品（public good）。然而，重要自然产品的持续获得与生态系统的正常运转密切相关。如果生态系统不能提供这些产品和服务，我们就必须付出相当大的代价寻找替代资源，甚至可能面临经济下滑的局面。

生态系统服务
供给服务（如食物、水、纤维和燃料）
调节服务（如气候调节、洪水调蓄、土壤保持、疾病控制）
文化服务（如精神、道德、娱乐和教育）
支持服务（如初级生产和土壤形成）

人类福祉与消除贫困
保证舒适生活的基本物质
健康
远离灾难的安全措施
安定的社会
选择自由与行动自由
科学与艺术进步

图 5.1 自然生态系统提供许多人类福祉所必需的重要产品和服务（MEA 2005）

5.1 非消耗使用价值

生物群落提供的多种多样的环境服务可视为特殊类型的间接使用价值，即非消耗使用价值（nonconsumptive use value）（因为这些服务不会被消耗掉）。经济学家尝试在区域和全球水平计算生态系统服务的非消耗使用价值（Naeem et al. 2009; Peterson et al. 2010）。其中一种计算方法认为生态系统的非消耗使用价值是巨大的，可达每年 33 万亿美元，远远超过生物多样性的直接使用价值（Costanza et al. 1997）。这个数值差不多是全球国民生产总值的两倍。从这一点可以认为人类社会完全依存于自然生态系统。如果自然生态系统服务继续恶化或被破坏，人类社会将无法维持下去。湿地生态系统的服务功能非常重要，包括海岸湿地、河口、沼泽和河岸群落（表 5.1）。仅仅最近几十年，科学家才认识到这种陆地 - 水域交界处的湿地生态系统对水体净化和营养循环过程都很重要，并在洪水调蓄中起到巨大作用（见"水土保持"部分）。湿地这类至关重要的生态系统对全球变化非常敏感，如气候变化引起海平面上升会对其产生很大的影响。

表 5.1 利用生态经济学估算的世界各类型生态系统的服务价值

生态系统[a]	总面积 /（$\times 10^6$ hm^2）	每年的局域价值 / [美元 /（hm^2 · 年）]	每年的全球价值 /（$\times 10^9$ 美元 / 年）
海岸	3 102	4 052	12.6
外海	33 200	252	8.4
湿地	330	14 785	4.9
热带雨林	1 900	2 007	3.8
湖泊河流	200	8 498	1.7
其他森林	2 955	302	0.9
草地	3 898	232	0.9
农田	1 400	92	0.1

资料来源：引自 Costanza et al. 1997。

a 不包括沙漠、苔原、冰川和岩石等生态系统

对于怎样计算生物多样性的经济价值，甚至是否应该加以计算，许多经济学家之间存在很大争议。Costanzat 等（1997）估计全球生物多样性间接价值为 33 万亿美元。Pimental 等（1997）和 Balmford 等（2002）使用不同的方法，得出的数值虽然明显低于前者，但也达到每年几万亿美元。生物多样性的间接使用价值估算差异表明我们还需要在这方面做更多的工作。

可以将生物群落提供的多种多样的环境服务划分为几种具体类型的间接使用价值。下面分别描述的是几种与生物多样性保护有关但往往不出现在环境影响评估资产列表

或 GDP 中的特殊使用价值。后面，我们还将讨论另外两种生物多样性价值的评估方法：选择价值与存在价值，前者是指生物多样性对人类社会未来的预期价值；后者是指为保护生物多样性人们愿意支付的价值。

生态系统生产力和碳汇

植物和藻类凭借光合作用将太阳能固定在自己的活组织中。植物可以被人类用作食物、薪柴和动物饲料。植物也是众多食物链的起点，人们从食物链中获得了各种动物产品。人类对自然资源的需求约占陆地生态系统生产力的一半（MEA 2005）。过度放牧、过度采伐或频繁火灾破坏了一个地区的植被，降低了生态系统利用太阳能的能力，最终将导致植物生物量的减少，生活在当地的动物数量也因此减少，人类的生活质量也会随之下降。

江河入海口是植物和藻类快速生长的区域，植物和藻类是商业捕捞的鱼类及贝类食物链的起点。美国国家海洋渔业局估计，江河入海口的破坏使美国鱼类和贝类的捕捞量下降，娱乐性钓鱼活动也受到负面影响，每年的经济损失达 2 亿美元（McNeely et al. 1990）。即使花费很高的代价重建和恢复退化水域，往往也不能恢复之前的生态系统功能，在物种组成和丰富度上会有较大差异。

科学家正在积极探索生物群落的物种丧失怎样影响生态系统过程，如植物总生长量、植物吸收 CO_2 的能力和适应全球气候变化的能力（Flombaum and Sala 2008; Egoh et al. 2009; Luck et al. 2009）。科学家设计草地实验以试图回答这个问题。在美国明尼苏达州和德国，试验草地被划分成 3m × 3m 的样方，在每个样方中随机种入 1 ～ 24 种植物。结果显示，在物种丰富度高的样方中，植物的生长速度快，土壤氮素的利用效率也高。这表明物种丰富度对植物生产力有显著影响（图 5.2）。以上研究结果在附近天然草地的观测中得到进一步证实。样方内植物群落的抗旱和抵抗外来物种入侵的能力随物种丰富度的增加而增强。科学家又在其他草地、牧场、湿地和海洋生态系统中进行了类似的实

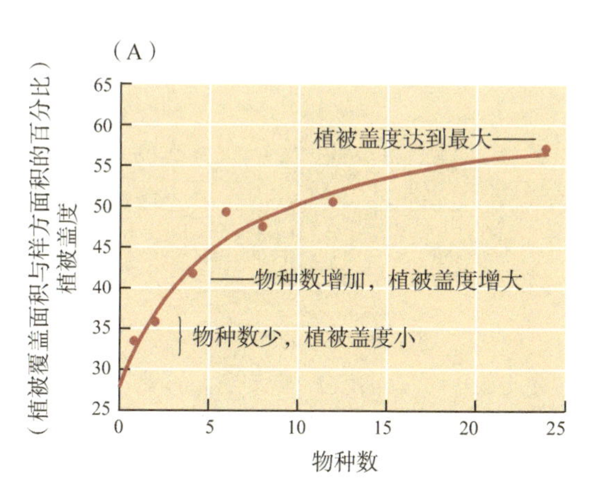

图 5.2　（A）在不同的样方中种植不同数目的草地物种。物种种类最多的样方植物生长最快，植物生长速度用植被盖度来表示，即植被覆盖面积与样方面积的百分比。（B）德国草地实验样地的景观图。样方的颜色和颜色深浅随着物种种类及植物密度的变化而变化。实验样地的面积为 300m × 300m，每个样方的面积为 20m × 20m（A. 引自 Tilman 1999；B. Alexandra Weigelt 博士摄）

验，得出了相同的结论（Palumbi et al. 2009）。

众所周知，人类活动已经导致了主要生态系统中物种数量的减少（Foley et al. 2005）。但我们不清楚的是，当物种数量减少到何种程度时，生态系统生产力就会受到影响呢？我们急需知道问题的答案，以便采取相应的措施阻止森林、牧场、农业和渔业物种数量的急剧减少。在许多地方，这些产业使用的物种种类很少，需要输入大量的矿物肥料维持生产。可以肯定的是，物种丰富度低的生态系统适应气候变化的能力也更弱，如大气 CO_2 浓度升高和全球气候变化。温带生态系统物种组成较少，当遭受干旱和病虫害等不利因素时，物种丧失的效应往往很快显现出来。

> 生物多样性降低的生态系统，其适应环境变化的能力也减弱，如 CO_2 浓度升高、气温上升和全球气候变化。

原始森林和恢复林地在固碳及大气 CO_2 吸收方面的重要价值已经逐渐被经济学家认识（van Kooten and Sohngen 2007; Butler et al. 2009）。减少 CO_2 排放是应对全球气候变化的措施之一，政府和企业要投入一定的资金用于保护及恢复森林（Berkessy and Wintle 2008; Venter et al. 2010），以补偿他们自身的碳排放。在某些情况下，生态系统作为碳汇和在流域管理方面的价值要大于直接收获产品的价值。北美等温带地区的再生林对缓解大气 CO_2 浓度升高有至关重要的作用。当前，碳汇交易的市场价值每年约为 3500 万美元，这个数值预计在未来 5 年还将增加 30 ～ 100 倍。然而，碳汇交易市场还不成熟，在市场定义和调控方面都存在一些问题。

水土保持

生物群落在保护流域、保持水质和缓冲生态系统受到极端洪水及干旱影响方面均起到重要作用（Foley et al. 2007）。植物的叶片和落叶截留雨水，直接减少雨水对土壤的冲刷侵蚀。根和土壤生物使土壤透气良好，增加土壤吸水能力和持水力，使土壤在大雨过后几天至几星期内慢慢释放所储存的水，以减轻洪灾的破坏。美国国家森林的水源供给价值每年约 40 亿美元。

当植被因砍伐、开垦或被其他人类活动破坏后，土壤流失速度就会迅速增加，特别是山体滑坡更容易发生，从而使土地的利用价值降低（Quist et al. 2003）。对土壤的破坏也将降低植物抗干扰能力，使土地不再适于耕作。水土流失也可能伤害群落内的植物和动物，使饮用水质恶化，导致人类健康问题增多。水土流失还使泥沙不断流入水库堵塞大坝，危害电力生产，同时形成沙洲和岛屿，使河流和港口的通航量下降。

洪水是目前世界上最频发的自然灾害，每年有数千人在洪水中丧生（**图 5.3**）。过去几十年里，由于沿海人口增多、湿地和河流上游生态系统遭到破坏，大规模洪水的发生频率增加了许多倍（Barbier et al. 2008; Ewel 2010）。东南亚和中美洲洪水的发生与水分涵养区森林过度采伐有密切关系，给当地人们带来了空前的灾难。洪水使印度农业区遭受重大的损失，促使政府和民间组织在喜马拉雅地区大量植树。2004 年印度洋海啸造成严重破坏的部分原因是海岸红树林的破坏和填埋，约有 30 万人在这场灾难中丧生。在发达国家，湿地已被列在优先保护的地位，以减少洪灾的发生。在某些地

图 5.3 密苏里州密西西比河沿岸被洪水淹没的地区，只有房顶露在外面。在左上角可以看到河槽（Andrea Booher 摄 / 联邦紧急事务管理局图片）

方，每公顷湿地的生态系统服务价值达 6000 美元，是将湿地改造成农业用地价值的 3 倍（MEA 2005）。正是由于将美国中西部密西西比河、欧洲莱茵河、中国的长江沿岸河漫滩开垦成农业用地，才导致洪水对当地的环境和财产造成多次大规模的破坏。例如，2005 年卡特里娜飓风让地处密西西比河三角洲的新奥尔良城遭遇了毁灭性的洪水。密西西比河三角洲通过一个世纪的排水、建造防洪堤，使三角洲逐步走向城市化发展（专栏 5.1）。如果这些河流沿岸仅有一小部分湿地恢复到原来的状态，相信洪水对当地的威胁就会大大减弱。

发展中国家的许多地区，人们生活在湖边或河流旁，日常用水和农业灌溉都很方便。但过度的森林砍伐导致了严重的水土流失，水坝建设对水循环造成了干扰，工业和农业污染使水质下降，人们越来越难找到洁净的水源。全世界有超过 10 亿人口面临缺水的困境。烧开水、购买瓶装水、挖井、建造雨水收集系统和污水处理工厂、铺设输水管道和购买水泵等要耗费大量的资本，据此可以计算地表水的使用价值。例如，20 世纪 80 年代末，纽约政府为了保护水源、保证纽约市的供水质量，每年向纽约州的乡镇政府提供 15 亿美元补偿，用于保护涵养水源的森林和改进耕种方式。人工完成同样的工作至少要花费 80 亿～ 90 亿美元（www.nyc.gov/watershed）。湿地的价值可以根据人工建造湿地需要耗费的成本来计算。芝加哥地区 $1hm^2$ 湿地的平均价值为 5.1 万美元（Robertson 2006）。

> 当前的市场体系没有计算湿地生态系统的服务价值，如污水处理、水净化和洪水调蓄，而所有这些对于人类社会的正常运转十分重要。

霍乱和痢疾等水传播疾病及肠道疾病的发病率在持续增加，世界半数人口的健康受到威胁，影响了人们正常的生活和工作，甚至可能导致死亡。因此，这些情况也应考虑在洁净水源和自然系统的经济价值中。

专栏 5.1　实现的预言：生态系统服务怎样成为头版新闻

“当急转的风暴旋涡到达海岸时，数百万人惶恐地转移至高地，大约20万人留了下来，然而，都是些老弱病残和无家可归的人们……。这场风暴以核弹头般的能量袭击了布莱顿海峡（Breton Sound），将致命的风暴潮推向庞恰特雷恩湖。风暴潮使海水上涨了8m，当海水淹没新奥尔良的部分地区时，人们爬上屋顶逃生。成千上万的人淹死在已被地下道污水和工业废水污染的海水中。将城市抽干花了两个月的时间，然而，这座自由城已被一层腐臭的淤泥掩埋，100万人无家可归……。这是美国历史上最糟糕的自然灾害。”

这段文字摘自《国家地理》（*National Geographic*）杂志，像是对卡特里娜飓风袭击新奥尔良这场灾难的描述。然而，事实上这段文字发表在2004年10月，而真正的灾难却是发生在2005年8月29日（Bourne 2004）。《科学美国人》（*Scientific American*）月刊、《大众工匠》（*Popular Mechanics*）月刊和《休斯敦纪事报》（*Houston Chronicle*）等重要的科学刊物和报纸也发表过类似的文章，预示这场灾难的发生。早在1998年，由政府官员、工程师和科学家联合发表的路易斯安那州特遣部队报告就表达过类似的担忧。

新奥尔良即将发生的灾难怎么能如此准确和清晰地预测呢？这跟密西西比三角洲的地质历史、生态过程以及海岸湿地的破坏有关。

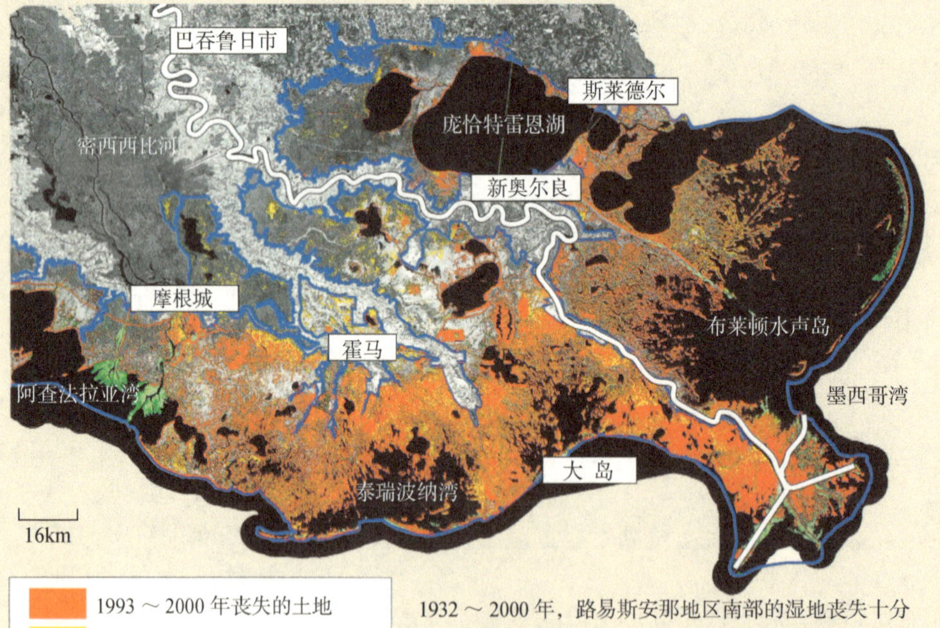

1932 ～ 2000 年，路易斯安那地区南部的湿地丧失十分严重，新奥尔良失去了湿地的保护，完全暴露在飓风中。密西西比河注入墨西哥湾的河口湿地几乎完全丧失，新奥尔良和庞恰特雷恩湖南部及东部的湿地退化非常严重（引自“路易斯安那州海岸 100 年间的土地变化”[地图编号：USGS-NWRC02003-03-085]：ftp://www.nwrc.usgs.gov/special/landloss.htm）

要不是河流的沉积作用，密西西比三角洲早已沉入海平面以下。数千年来，混浊的密西西比河带来了大量的泥沙，沉积在三角洲的沼泽和湿地中，滋养着那里的植物。生长茂密的植被能减少水土流失，保护这片土地，新的沉积物能补偿土地的下沉。100年前，这里的沼泽和湿地还能减弱风暴的威力，保护着新奥尔良。然而，20世纪以来，人们在三角洲沿岸不断建造防洪堤和防洪墙，破坏了自然平衡。防洪堤把密西西比河挡在三角洲以外，阻止了泥沙的沉积，打破了水土流失和土壤沉积间的平衡，这片土地沉入了海平面以下。为了使新奥尔良保持干燥而不断往外抽水，导致这座城市下沉更快。

更糟糕的是，新奥尔良南部海岸的湿地被填埋，开发成商业区，或者开挖成船只通行和石油钻探的河道。在湿地中开挖的河道长度超过了12 800km，使水土流失加剧。高盐分的海水从河道流入湿地，使湿地生态系统的健康状况进一步恶化。

20世纪90年代，新奥尔良已经处在海平面5m以下，它的安全完全依赖于城市周边的防洪堤，防止南面的密西西比河和北面的庞恰特雷恩湖将其淹没。修复湿地的提案被搁置，得不到足够的资金支持。与每年丧失64km^{2}的湿地相比，所有的努力都是微不足道的。事实上，新奥尔良只是一个岛屿。2005年，当飓风来袭时，失去湿地的新奥尔良完全暴露在海洋的狂风暴雨之中。

自然生态系统对现代社会的重要性常常被低估，人类为此付出了沉重的代价，应当把生态系统的恢复和重建放在优先考虑的地位。

卡特里娜飓风造成了重大的损失，人们开始认识到海岸湿地系统的生态服务具有巨大的经济价值，是无可替代的。如果湿地仍然存在，它能减弱风暴的威力，就能避免许多的生命财产损失。随着新奥尔良重建工作的缓慢进行，为了避免又一次灾难的发生，政府认识到花费100亿美元或者更多的钱用于修复湿地生态系统是非常必要的。

人们逐渐认识到，建造水坝、水库和开垦耕地的同时，应该采取保护上游生态系统和自然群落的措施，以保证水的稳定供应和良好的水质。例如，印度尼西亚苏拉威西岛位于当地农业区的上游，是重要的水源涵养区，政府在该地区建立了柏尼国家公园，以保护当地的植被不受破坏。在许多地方，为了保护生态环境，政府给农民和其他土地所有者提供一定的补偿（Sanchez-Azofeifa 2007）。

废物处理和养分循环

处于沼泽、湖泊、河流、河漫滩、潮沼、红树林、河口、海岸和外海的水生生物群落能分解和螯合有毒污染物，如重金属和杀虫剂。真菌和细菌在这个过程中起着重要作用。生物群落的废物处理服务价值每年约为 2.4 万亿美元（Costanza et al. 1997; Balmford et al. 2002）。当这些生态系统遭到破坏时，人们要建造昂贵的人工设施来实现同样的功能。

水生生物群落的另一个重要功能是大量营养元素的处理、储存和循环，使营养元素能被进行光合作用的植物吸收利用，而这些营养元素往往是以生活和农业污水的形式进入水体生态系统的。水生生物群落也为固氮菌提供了生存环境。生物群落的养分循环服务价值每年约为 15.9 亿美元，其中近海区占大部分（Costanza et al. 1997）。

纽约湾是水体生态系统提供废物处理服务的典型案例。纽约湾位于哈德逊河的出口，面积有 $5200km^2$。几百年来，纽约湾一直被当作免费的污水处理系统，纽约市数百万人口的生活污水就排放在这里（Pearce 2000）。然而，20 世纪 60 ~ 70 年代，随着污水排放量的增大，纽约湾的水质下降，生物多样性减少，不再适合游泳和钓鱼。为了解决这些问题，1987 年政府开始禁止将污水直接排入纽约湾，水质才有所好转，人们能在水里游泳，水生生物也变得多了起来。然而，政府不得不投入几十亿美元，用于建造人工污水处理系统。

气候调节

植物群落对于调节局部、区域、甚至全球的气候都非常重要（Foley et al. 2007）。在局地尺度，树木提供庇荫，蒸腾水分可以在炎热的天气降低气温。这种冷却效应能减少风扇和空调的使用，增加了空气的舒适度，提高了人们的工作效率。树木作为风障在减少农业土壤流失和冷天减少建筑物热量散失方面也非常重要。

在区域水平，树木能截留雨水，然后通过蒸腾作用使水分回到大气中，再以雨水的形式返回地面。在全球水平，大面积森林丧失，已经导致年降水量减少并明显改变气候模式，如亚马孙盆地和西非。在陆地和水环境中，植物的生长与碳循环紧密相连。植物寿命缩短会降低 CO_2 的吸收能力，而 CO_2 浓度升高会导致全球变暖（IPCC 2007）。植物是“绿色之肺”，产生氧气供所有动物包括人类呼吸。

以上所述的各种生态系统服务在未来几十年将受到全球气候变化的直接影响。例如，海平面上升减少海岸潮汐湿地的面积，气温上升将使森林枯萎。全球气候变化可能导致生态系统服务的降低（Marshall et al. 2008; Craft et al. 2009）。

物种关系

许多能被人类直接利用的物种要依赖其他野生物种才能持续生存。例如，被人类直接利用的野生动物和鱼类以野生昆虫为食。如果昆虫和植物数量减少，最终将导致动物捕获量的减少。因此，对人类没有直接价值的野生动物减少可能导致与之相关的具有重要经济价值的物种减少。

许多农作物同样受益于昆虫和其他野生动物（Cleveland et al. 2006; Gardiner et al. 2009; Philpott et al. 2009）。例如，许多鸟类、蝙蝠和昆虫（如异色瓢虫）（图 5.4）以农作物的害虫为食（专栏 5.2）。昆虫还为许多农作物传粉（Priess et al. 2007）。美国大约有 150 种农作物需要昆虫传粉，包括野生昆虫和人工饲养的蜜蜂（Kremen and Ostfeld 2005）。昆虫的传粉服务价值每年约为 200 亿～ 400 亿美元。由于疾病和害虫的影响，人工饲养蜜蜂的数量在下降，野生昆虫成为最主要的传粉者，它们的经济价值在不断增加。许多重要的野生植物依靠蝙蝠、鸟类和灵长类动物传播种子。当这些动物的数量减少时，植物的种子无法传播到其他地方，这种植物将趋向于局部灭绝（Sethi and Howe 2009）。但是，我们应该注意的是，相似的物种往往具有相同的生态功能，当某个物种在局部环境中消失时，它的近缘物种可能代替它执行相应的生态功能。

专栏 5.2 案例研究：得克萨斯蝙蝠值多少钱？

请你想象一下：在24h内，消灭农田中25t满天飞舞的害虫，这项工作不仅是免费的，而且在美国整个西南部进行。许多人觉得这不可思议，因为对人类来说这是不太可能完成的任务，但体态轻盈的巴西犬吻蝠（*Tadarida brasiliensis*）却能做到。巴西犬吻蝠是著名的害虫防治天敌，在夏天形成庞大的繁殖群。美国得克萨斯州圣安东尼奥的布雷肯洞穴中有上百万只蝙蝠，是世界上已知的最大的蝙蝠集群之一。蝙蝠喜爱吃各种各样的农作物害虫，包括秋夜蛾（*Spodotera frugiperda*）、粉纹夜蛾（*Trichoplusia ni*）和烟芽夜蛾（*Heliothis virescens*）、棉铃虫（*Helicoverpa zea*），一个晚上能吃掉其体重一半重量的害虫，尤其爱吃飞蛾，而飞蛾的幼虫是农作物的主要害虫之一。美国农民每年花费超过10亿美元用于购买杀虫剂。

墨西哥长尾蝙蝠能吃掉大量的飞蛾，在这个过程中，提供免费的害虫控制服务（图片版权归 Merlin D. Tuttle 所有，国际蝙蝠保护组织 www.batcon.org）

作为控制农业害虫的天敌，蝙蝠提供的生态系统服务有着意想不到的重要性。

如果没有蝙蝠，害虫会变得更加猖獗，农民要花更多的钱用于购买杀虫剂，农作物会遭受更大的损失。研究人员估计，仅在得克萨斯州，蝙蝠的虫害控制服务价值每年就达74.1万美元，约占棉花生产总值的15%（Cleveland et al. 2006）。在世界其他地区，蝙蝠和鸟类的虫害控制服务价值同样很高。除了农业上的重要价值，布雷肯蝙蝠洞穴还被国际蝙蝠保护组织开发成旅游景点，一方面是为了更好地保护世界上最大的蝙蝠集群，另一方面是让公众了解蝙蝠对人类社会的重要性。

生物群落种间最重要的关系之一是许多森林树种、农作物与土壤微生物之间的关系。微生物分解植物和动物残骸获得能量，同时也为植物提供重要的营养。真菌和细菌将氮等矿质营养元素释放到土壤，这些元素被植物进一步吸收利用。菌根真菌的菌丝从土壤伸入植物根内，使植物根部吸引水分和矿物元素的能力增强。共生固氮菌能将氮气转化成植物利

种间关系对于生物多样性的保护和人们经济收益的获得都很重要，例如，许多农作物依靠昆虫传粉。

(A)

(B)

图 5.4 农作物受益于野生生物。(A)一只鹪鹩在吃菜粉蝶，菜粉蝶的幼虫是卷心菜、花椰菜等蔬菜的主要害虫。(B)一只大黄蜂在苹果花上采蜜，没有大黄蜂等昆虫的传粉，苹果树就不能结果(A. 图片版权归 Steve Byland/istockphoto.com 所有；B. 图片版权归 Sergey Ladanov/Shutterstock 所有)

图 5.5 菜豆菌根共生体。菜豆(*Phaseolus vulgaris*)的正常根系在内生固氮菌(*Rhizobium* sp.)刺激作用下形成这些球状的结节(图片由 David McIntyre 提供)

用的氮化合物(图 5.5)，植物为共生菌提供生长所需的光合作用产物。北美和欧洲一些地区，许多植物生长状况不好，部分原因是酸雨和空气污染破坏了土壤真菌。如果植物根系没有真菌，它们的抗病和抗旱能力就会减弱。

环境监测者

对化学毒物非常敏感的物种可作为监测环境健康状况的“早期预警信号”。一些物种甚至可以代替昂贵的检测仪器。其中人们熟知的是地衣。地衣生活在石头和树木上，它容易吸收雨水中的化学物质和空气污染物(Jovan and McCune 2005)。高浓度的有毒化学物质能杀死某些种类的地衣，因此地衣的分布和多度能指示空气污染源周围的区域受污染的程度。有些种类的地衣只生活在人为干扰少的老龄林，可以指示稀有种和濒危种出现的可能性。贝类等滤食性动物也可以有效监测污染。为了捕食，每天有很多水从它们的身体流过，有毒化学物质，如重金属、多氯联苯衍生物(PCB)和杀虫剂等富集在它们的体内。美国国家海洋和大气管理局(NOAA)从 1986 年开始实施“贻贝观察”项目，目前已建立 300 个海洋和淡水的观测点，采集贻贝(*Mytilus* sp.)和河蚬(*Corbicula fluminea*)，分析其体内的有毒物质，指示水的污染状况。引起水华暴发的浮游藻类释放大量的毒素污染水源，毒素在甲壳类动物体内存留和富集，在浅海区监测水华能有效地指示甲壳类动物受毒素污染的程度以及对游泳者的潜在危害(Anderson 2009)。

宜人价值

生态系统为人类提供了许多休闲服务，如远足、摄影和观鸟等非消耗性活动，给人们带来了许多乐趣（Buckley 2009）。这类活动的经济价值相当可观（图 5.6），有时称为宜人价值（amenity value）。美国的国家公园、野生动物保护区以及其他受保护的地区每年吸引着 3.5 亿游客前来参观和旅游。游客进行的活动是非消耗性的，如欣赏风景和宿营。他们在门票、交通、住宿、食物和装备上的花费约 40 亿美元。在中国，2009 年森林公园旅游人数 3.32 亿人次，直接旅游收入为 226.14 亿元，创造的社会综合旅游产值近 1800 亿元（国家林业局 2010）。

消耗性使用

商业狩猎・娱乐狩猎・维持基本生活的狩猎・商业捕鱼・娱乐捕鱼・维持基本生活的捕鱼・获取兽皮・获取动物器官和宠物交易・通过其他活动间接杀害动物（污染、兼捕、交通事故）・消除计划对动物的生存构成了现实和潜在的威胁

低消耗性使用

动物园和野生动物园・水族馆・科学研究

非消耗性使用

观鸟・观鲸・摄影旅行・漫步大自然・商业摄影和电影拍摄・在公园、自然保护区和游乐区观赏野生动植物

图 5.6 在传统社会和现代社会，人们利用野生生物的方式是多种多样的，既有消耗性使用，也有非消耗性使用。野生生物的用途及其对人类的价值一直都在不断增加（引自 Duffus and Dearden 1990）

许多以生物多样性保护或特殊的美景而闻名的旅游胜地，其非消耗的宜人价值远高于其他产业所带来的价值，如放牧、采矿和森林采伐。如果将外地购买的食物、住宿、装备及本地的服务计算在内，旅游等活动的宜人价值将会更高。狩猎和捕鱼等活动理论上是资源消耗性的，但有时也被认为是非消耗性活动，因为捕鱼者和狩猎者捕到的动物的价值与该活动花费的时间和金钱相比是微不足道的。况且，越来越多的捕鱼者和狩猎者将捕获的猎物放生，进一步证明这项活动是非资源消耗性的。在东非、美国阿拉斯加，以及一些发达国家，娱乐性狩猎和捕鱼产业创造了大量的就业机会，是农村经济的主要收入来源之一。在美国，娱乐性狩猎和捕鱼产业带来的价值每年约为 1000 亿美元（MEA 2005）。旅游等休闲活动未来的价值可能会大于这个数字，因为许多游客、捕鱼者和狩猎者表示他们愿意在这类活动上花更多的钱。

生态旅游

生态旅游是一种特殊的娱乐休闲价值。人们游览某些地区，愿意花钱体验不寻常的生物群落（如热带雨林、非洲大草原、珊瑚礁、沙漠、加拉帕戈斯群岛和湿地等），参观“旗舰种”等（如狩猎旅游中的大象）。旅游业是世界上最大的产业之一（和石油和汽车产业相当）。世界旅游产业年收入为 6000 亿美元，其中生态旅游业占 20%。

来自发达国家的人们希望体验热带雨林的生物多样性，因此许多发展中国家生态旅

游业增长迅速。例如，卢旺达的大猩猩生态旅游产业已成为该国赚取外汇的第三大产业。生态旅游业是许多东非国家的支柱产业，如肯尼亚和坦桑尼亚。在拉丁美洲和亚洲许多国家，生态旅游对当地的经济发展日益重要。

生态旅游收入对于保护当地生物多样性和恢复退化土地的作用非常大，特别是当生态旅游活动与生物多样性保护方案整合在一起时(Fennell 2007)。在综合保护与发展项目(ICDP)中，生态旅游使当地社会主动改善住宿条件、培训具有专业知识的当地向导，也促进了当地手工艺品贸易及其他收入的增长；同时，生态旅游的收入也使当地居民放弃破坏性的狩猎、捕鱼、放牧等活动(图 5.7)。生态旅游使当地居民有更多的学习新技术和就业培训的机会，环境得到更好的保护，社区基础设施建设更加完善，如学校、公路、医院和商店等。

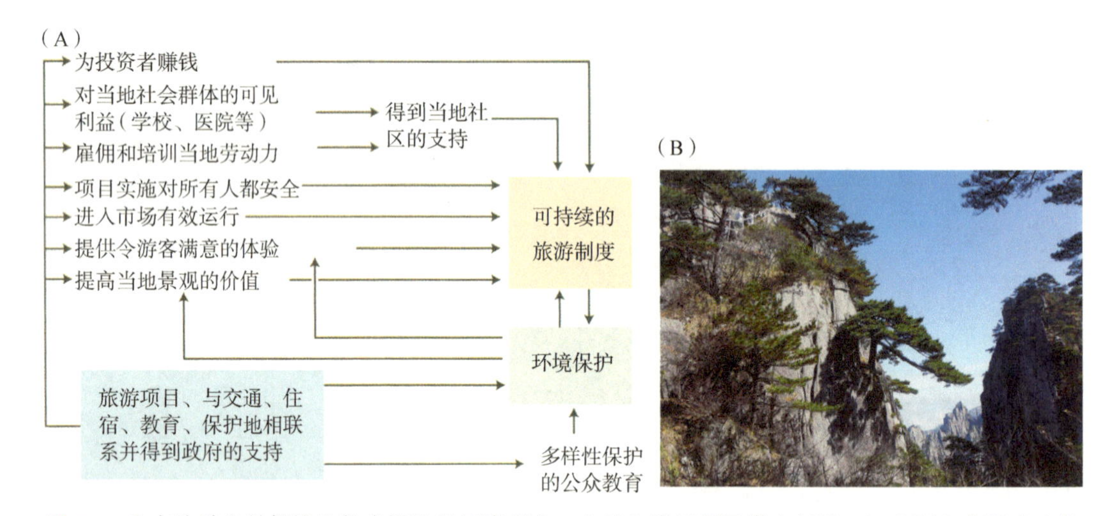

图 5.7 生态旅游业是保护生物多样性的经济理由，也能为附近居民带来好处。(A)图中表明成功的生态系统旅游项目的一些基本要素。(B)游览安徽黄山世界自然遗产地的生态旅游者体验独特的黄山松(*Pinus taiwanensis*)景观，为该地区经济带来巨大收益。中间的松树被命名为探海松(A. Braithwaite 2001；B. 马克平摄影)

为了达到保护生物多样性的目标，生态旅游业应该给当地经济带来丰厚且稳定的收入(Reynisdottir et al. 2008)。然而，旅游目的地国家的消费只占游客总花费的20%～40%，国家公园门票只占其中的0.01%～0.1%(Gossling 1999; Balmford et al. 2009)。例如，两周旅行的总花费是4000美元，只有40美分至40美元是花在门票上的。即使在著名的风景旅游区，如印度尼西亚的科莫多国家公园，旅游收入不到公园管理预算的10%。由此可见，为了使当地民众从生态旅游业中受益，提高门票价格以及增加游客在目的地的消费是优先采取的措施。

> 迅速发展的生态旅游业能为生物多样性的保护提供更多的资金。然而，生态旅游业经济收益的计算必须减去所有可能的成本。

生态旅游业可能存在一个问题，即游客在游览过程中往往无意识地破坏景点，如踩踏野花、击碎珊瑚、干扰巢居鸟类群体，导致敏感地区的退化和干扰(Walker et al.

2005; Nash 2009)。例如，南极的阿德利企鹅(*Pygoscelis adeliae*)由于受到游人的干扰，它们的孵化成功率降低了 47%(Giese 1996)。游客的到来使当地居民对薪柴和食物的需求增加，可能会使森林遭到砍伐，也间接地危害到旅游景点。此外，游人的存在、流动和需求可能改变当地传统文化及习惯；随着当时居民逐渐树立以金钱为目的的经济观念，他们的价值观、风俗习惯及与自然的和谐关系将随之消失。然而，生态旅游业最大的问题是只给游客留下了一段有趣的经历，并没有让他们理解生物多样性丧失所带来的严峻的环境和社会问题(图 5.8)。为了克服这些弊端，一些旅游公司采取了相应的措施以减少游客带来的负面影响。评判生态旅游项目是否成功的标准是：当地民众能从生态旅游业中受益，生活质量得到提高；公园管理能得到足够的旅游收入，并用于公园的管理和生物多样性的保护。甚至可以通过 "绿色环球 21 可持续旅游标准体系" 等评估和认证项目对生态旅游活动的可持续性进行评估。

图 5.8 在发展中国家，生态旅游有时让游客产生美好的错觉，掩盖和让人忽视了这些国家面临的真正问题(引自 E.G. Magazin，德国)

教育和科学价值

许多以教育和娱乐为目的的书籍、杂志、电视节目、电影都以大自然为主题，所有这些材料都具有经济价值(Osterlind 2005)。例如，中国中央电视台历时 4 年精心打造的长达 11h 的自然生态记录片《森林之歌》(www.cntv.com，搜索 "森林之歌")，用精美的画面展示了森林的神奇与美丽，以及人、动物和森林的和谐关系。这些材料不仅有极高的欣赏价值，同时也具有经济价值。自然材料常常结合在学校课程里。此类教育材料每年的产值可达上千亿美元，是生物多样性的非消耗性使用价值的重要组成部分，因为大自然是这些教育材料的来源。另外，有许多科学家和富有激情的艺术家(很多是业余的)进行生态考察以准备教育材料。生态考察活动常在农村地区进行，这也为当地民众提供了培训和就业机会。同时，这类科学活动给农村地区带来了经济利益。

5.2 从长计议：选择价值

除了以上讨论的所有价值，选择价值是生物多样性的另一方面的价值。在本章后面，我们还将讨论存在价值。

能够在未来某个时候为人类社会提供经济利益称为生物多样性的选择价值。随着社会发展，人类的需求也在不断改变，而满足这些需求的方式也必须不断改变；这些方式常常存在于以前未使用过的动植物遗传资源中。例如，对农作物进行基因改良不仅能增加产量，还能使农作物的抗病和抗虫害能力增强（Sairam et al. 2005）。农作物欠收往往和遗传多样性低有关：1846 年爱尔兰土豆遭受枯萎病，1922 年前苏联小麦欠收，1984 年美国佛罗里达州暴发柑橘溃疡病。为了解决这些问题，科学家在不断地开发新的抗病和抗虫害品种。抗性基因往往来自农作物的野生近缘种和传统的地方品种。

农作物的基因改良是一个长期和逐步积累的过程。农作物新品种的开发有巨大的经济影响力，有很高的选择价值（Nabhan 2008）。在美国，农作物改良使农作物增产的价值每年达 80 亿～150 亿美元（Frisvold et al. 2003）。在发展中国家，水稻、小麦和其他农作物的基因改良带来的价值每年达 60 亿～110 亿美元。例如，最近科学家在墨西哥哈利斯科州发现了一种多年生玉米，是目前栽培玉米的野生近缘种，通过该种能够培育出多年生的高产玉米，不需要每年翻地和重新栽种，节约了生产成本，它对现代农业的潜在价值至少有几十亿美元。由此可见，仅在农作物改良方面，生物多样性就有相当大的选择价值。

野生生物在生物防治方面也有巨大的选择价值。生物学家通常在外来入侵物种的原产地寻找它们的天敌，将天敌生物引入入侵地，控制外来或入侵物种的扩散，实施生物防治。例如，无刺仙人掌（*Opuntia inermis*）作为篱笆植物从南美引入澳大利亚，该物种的扩散失去了控制，占据了大面积的牧场。该入侵种的原产地有一种飞蛾（*Cactoblastis cactorum*）的幼虫以它为食，将飞蛾引入澳大利亚后，无刺仙人掌的种群数量急剧下降，使当地的植被得以恢复。因此，原产地生境对于寻找入侵物种的天敌有重要的价值。

人类在全世界生物群落中不断寻找能够对抗人类疾病或具有其他经济价值*的新植物、动物、真菌及其他微生物，这项活动称为“生物勘探”（bioprospecting）（**专栏 5.3**）（Lawrence et al. 2010）。生物勘探通常由官方研究机构、制药公司和大学的研究人员进行。例如，美国国家癌症研究所从几万种野生生物中筛选能够治疗癌症和艾滋病的药物。为了促进新药研究并利用新产品获利，哥斯达黎加政府成立了国家生物多样性研究所（INBio），收集生物产品，为医药公司和医学研究机构提供生物样品（**图 5.9**）。默克公司是德国一家跨国制药公司，它与 INBio 签订协议，每年支付 100 万美元给 INBio 以资助其生物勘探的活动，并将购买 INBio 任何有商业价值的产品的专利权（Regavan 2008; Bhatti et al. 2009）。INBio 已经签署了 40 份类似的协议，使 INBio 有足够的资金用于生物勘探活动和员工培训。葛兰素史克公司 1999 年与巴西政府签订 300 万美元的协议，用以在大约 4 万种植物、真菌和细菌中取样、筛选和调查研究，其中

> 自然资源的潜在经济价值和对人类健康的价值促进了生物多样性的保护。

* 我们在第 4 章讨论了自然资源的生产使用价值。然而，它们作为新产品的未来价值使它们在当前也具有一定的价值，因此，本章我们将讨论它们的选择价值。

专栏 5.3 微生物的巨大价值：绝对不能忽视！

它们确实存在，而且数量庞大。它们占据着城市、郊区、乡村和森林。无论是在豪华的高档宾馆还是肮脏简陋的小镇，或者荒芜的沙漠，它们都过得安然自在。它们居住在医院、旅馆、公园、电影院、动物的消化道，也生活在山顶、热带雨林和海滨。它们能生活在深海，也能生活在火山口附近，甚至可能生活在火星上。它们是世界上最庞大的群体之一。如果我们能看见微米级的物体，我们就能在地球上几乎任何地方看到它们。然而，让许多人感到心安的是，我们用肉眼看不见它们。因此，地球上数以亿计的微生物被我们忽略了，看不见也想不到，只有当我们感冒了或很久没有清理冰箱蔬菜盒的时候，才会想起它们。

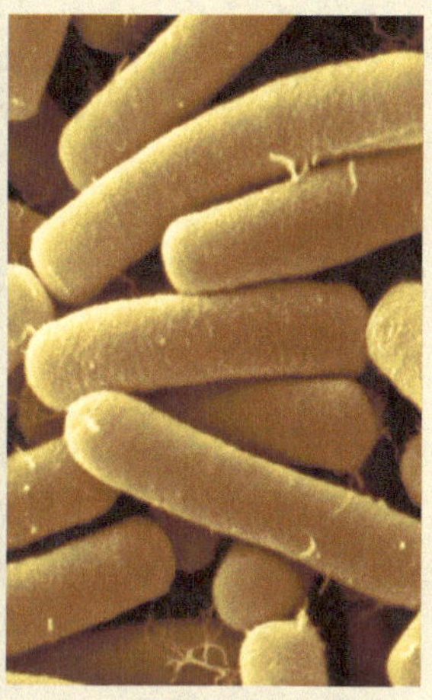

土壤科学家正在监测生物反应器，检验是否可以利用细菌降解农业废水中的硝酸盐。苏云金芽孢杆菌（*Bacillus thuringiensis*）在农业害虫控制方面应用越来越广泛，右图是它的扫描电镜照片（图片由 Peggy Greb/USDA ARS 提供；显微图片版权归 Medical-on-line/Alamy 所有）

微生物是细菌、酵母、原生动物、真菌及古细菌*的总称。一抔泥土中含有数以千计、数以百万计、甚至数以亿计的不同种类的微生物，古细菌除外。古细菌只存在于极端环境，如深海火山口、煤矿、高盐环境及热泉中。 很少人认识到，这些看不见的生物对我们的日常生活有着至关重要的作用。一般认为微生物对我们的健康有潜在的危害，因此，超市的货架上摆满了各种抗菌肥皂和抗菌喷雾剂。

事实上，绝大多数微生物是对人类有益的，至少是无害的。那些对我们有害的微生物，如引起足癣的真菌、艾滋病病毒和引起疟疾的原生生物，与微生物总数相比是非常少的。另一方面，毫不夸张地说，没有微生物我们将无法生存。微生物在食品生产加工中起着关键的作用，如面包、奶酪、醋、酸奶、酱油、豆腐，以及酒精饮料（啤酒、葡萄酒等）；人类消化道中的微生物能够帮助消化食物；固氮菌把空气中的氮气转化成植物吸收利用的氮化合物，氮元素对于植物的生长非常重要；土壤中的微生物能分解有机废物，释放营养物质供植物吸收利用，如磷酸盐、硝酸盐、二氧化碳和硫酸盐。总之，没有细菌就不会有植物，因此也不会有人类和其他动物所需的食物、氧气。

近年来，科学家开始认识到，微生物不仅对于其他生物的生存很重要，而且有助于保护濒危物种。例如，农药的使用导致许多昆虫和鸟类的种群数量下降。农药能直接杀死非害虫和非病原体物种，或者使它们无法获取食物和丧失繁殖能力。与此同时，许多害虫和病原体产生了抗药性。当农药的效力越来越低时，农学家开始寻找微生物途径以解决病虫害问题。苏云金芽孢杆菌产生一种

---

* 微生物也包括病毒，病毒结构非常简单，由蛋白质保护外壳包裹遗传物质片段组成。它们能入侵其他物种的细胞，并在细胞中进行自我复制。病毒一般不认为是独立生活的有机体。

能够杀死很多害虫的毒素；放射形土壤杆菌（*Agrobacterium radiobacter*）能够抑制重要果树和花卉的病原体的生长。可以将这些细菌直接喷洒到农作物上，或者通过分子生物学技术将细菌中的抗性基因转移到农作物的细胞中。转基因作物的种植能提高产量，但也有人认认为这种做法有违生物伦理，有潜在的风险，因为转基因作物对其他物种的影响还不清楚，它也可能将害虫抗性基因转移给杂草。

此外，科学家正在研究利用细菌冶炼金属，甚至在微生物的作用下，污水可以用来发电（Burton 2005）。利用生物工程技术可以培养出执行特殊任务的微生物，来完成工程技术手段无法完成的任务。例如，一种工程菌可降解氰化物、原油和杂酚油等污染物，越来越多地将其应用于清理有毒的垃圾处理场。该工程菌可用于恢复受污染的栖息地，在生物多样性保护工作中将起到重要作用。具有讽刺意味的是，地球上最复杂、最高等的生物——人类制造的问题，却要最简单、最低等的生物来解决。

细菌不仅对于维持生态系统的功能和人类的生存非常关键，在生物多样性保护方面也有着重要价值，并能在保护策略中得到体现。

部分资金用以资助科学研究和当地生物群落保护和项目开发。以上这类资助项目为许多国家保护生物资源和认识当地生物多样性提供了经济驱动力。

图 5.9 INBio 的分类学家和技术人员在归类及整理哥斯达黎加的野生物种样品。在图片所示的办公室中，许多种类的植物和昆虫都进行了编目。研究人员检测它们是否能用于治疗人类的疾病

生物勘探的成果之一是在短叶红豆杉（*Taxus brevifolia*）中发现有效的抗癌物质。短叶红豆杉原产于北美的原始森林，从中提取出的紫杉醇能大幅度降低卵巢癌的死亡率。另一个典型的例子是银杏（*Ginkgo biloba*）。银杏原产于中国极少数地区，它的果可以食用，叶是传统的中药药材，树形美观，作为行道树在世界各地广泛栽种。在过去的 30

年，银杏种植产业的价值每年达 5 亿美元（图 5.10）。以银杏叶为原料生产的药品用于治疗心血管疾病和改善脑的功能，在欧洲、亚洲和北美广泛使用。

（A）

（B）

图 5.10 （A）由于叶片美观和寿命较长，银杏作为观赏植物被广泛栽种。该物种在医药方面的产值每年达数亿美元。（B）由于叶片也具有药用价值，银杏作为经济树种大量栽培，每年收获从树干发出的新枝芽（Richard Primack and Peter Del Tredici 摄，哈佛大学阿诺德树木园）

寻找有价值的自然产品的范围非常广泛。昆虫学家寻找可用作生物防治的昆虫天敌，微生物学家寻找对生物化学加工有帮助的细菌，农业科学家寻找比家畜产生更多的动物蛋白而且对环境危害更小的物种。快速增长的生物技术产业需要寻找减少污染的新途径，发展可替代的工艺，与威胁人类健康的疾病作斗争。分子生物学中的转基因技术可以将某些物种有价值的基因转移到其他物种中去。如果生物多样性减少，将会对生命科学与技术的发展产生重大影响。

谁拥有世界生物多样性商业开发的权利？这是目前保护生物学家、环境经济学家、政府和公司企业争论不休的问题。过去，许多国际公司随意收集物种资源（通常是在发展中国家）。这些公司完全拥有这些物种的开发权，一旦发现具有商业利用价值，就马上进行开发并销售获利。例如，免疫抑制剂环孢霉素是丝孢菌（*Tolypocladium inflatum*）的次级代谢产物。瑞士山德士（Sandoz）公司（1996 年与汽巴 - 嘉基公司合并为诺华公司）将其开发成一系列药物，每年的销售额达 12 亿美元。这株丝孢菌是从挪威的土壤样品中筛选得到的，但挪威没有从这种药物产品中获

> 当前保护生物学家、政府、生态经济学家、企业和当地群众都在争论的一个问题是：“谁拥有世界生物多样性的商业权利？”

得任何回报。这种未经授权的、出于商业目的进行生物材料收集的行为也被称为“生物海盗”（biopiracy）。许多发展中国家对此已采取了防范措施，通过立法来控制出于研究和商业目的生物采集活动，违反法律将会被逮捕，受到罚款甚至刑事处罚（Bhatti et al. 2009）。

现在，不管是发展中国家还是发达国家，都要求分享利用本国生物多样性所产生的商业利益。这是合理的，因为当地居民保护了物种并将物种提供给科学家，他们应该分享利用物种资源所得的利益。然而，目前主要的挑战是如何通过外交途径签订协议并实施协议条款，以确保物种发现、商业开发和市场化过程中所有参与者都能公平分享利益。

如何计算物种的选择价值？一种方法是计算当前利用的野生物种对世界经济产生的影响。我们假设过去 20 年内，将新发现的或未被利用的野生物种应用于农作物新品种培育、新工业产品的开发和新药物的研发，使这些产业的价值增加了 1000 亿美元。现在，自然界中有 25 万种植物未被开发利用。假设这些植物未来 20 年内给世界经济带来的价值也是 1000 亿美元；粗略计算可知，平均每种未利用植物对世界经济的潜在贡献是 40 万美元。选择价值的计算方法研究还处于初步阶段，为了使用方便，我们假设每个物种的平均选择价值是可以计算的。

然而，大多数物种没有经济价值或者没有直接的经济价值，也几乎没有选择价值，只有少数物种在研发新药物、改进治疗方法和防止农作物品质退化等方面有巨大的潜在价值。如果一个物种在其价值被发现前就已经灭绝，这对全球经济是相当大的损失，尽管世界上的大多数物种仍然存在。正如美国环境保护先驱 Aldo Leopold 所说：

> “在过去几十亿年间，生物区系中进化出了一些我们喜爱但又不了解的生物，除了傻瓜谁又会丢弃这些看似无用的部分呢？就像是一个聪明的修补匠会尽量保存每一个螺丝和齿轮，以备不时之需一样。”

我们可以把全球生物多样性比喻为保持地球有效运转的手册。一个物种的丧失就意味着撕毁了手册的一页。也许未来的一天人类需要这页上的信息拯救自己和其他物种，然而很遗憾，这页上的信息已经不可挽回地丧失了。

5.3 存在价值

全世界许多人都关心并愿意保护野生动植物和整个生态系统。他们的这种热情可能与其在某一天参观不同寻常的生态系统或在野外看见某个独特的物种的经历有关。这些人意识到生物多样性的重要性，并愿意为防止物种灭绝、生境破坏和遗传变异损失支付的价值的总和可称为生物多样性的存在价值（existence value）（Martin-Lopez et al. 2007）。生物多样性的存在价值也可以是受益价值（beneficiary value）或遗产价值（bequest value）——为保护子孙后代的某种价值而愿意支付的价值总和。

某些特殊的物种，即所谓的“明星物种”，如大熊猫、鲸、狮子、大象、野牛、海牛和许多鸟类，更能引起人们的强烈关注（图 5.11）。目前，世界上很多地方成立了保护某些特定野生物种（如蝴蝶、其他昆虫，以及野生花卉和真菌等）的环保组织。人们也愿意为这些环保组织直接提供经济资助。例如，在美国，环保组织每年得到的资助达几十亿美元，其中名列前茅的有美国大自然保护协会（TNC）（2008 年 11 亿美元）、世界自然基金会（WWF）（1.1 亿美元）、鸭类保护协会（Ducks Unlimited）（1.8 亿美元）、马鲛俱乐部（0.51 亿美元）。人们还会督促政府投资于特殊生境和景观的保护，或者直接购买要保护的土地。例如，美国政府投入数百万美元用于保护濒危物种褐鹈鹕（*Pelecanus occidentalis*），该物种的种群数量已经有所恢复。调查问卷显示，美国民众平均每人愿意花 31 美元（如果按照美国人口折算，总数可达 90 亿美元/年）用于保护美国的国鸟——白头海雕（*Haliaeetus leucocephalus*）。该物种的种群数量在过去下降明显，目前正在恢复当中（图 5.12）（Groom et al. 2006）。

图 5.12 白头海雕（*Haliaeetus leucocephalus*）是美国的象征。许多人表示愿意提供资助，帮助该物种能够继续生存下去（图片版权归 Stockbyte/PictureQuest 所有）

图 5.11 有超凡魅力的物种（如鲸鱼）对许多人都有绝对的宜人价值。图中人们向一头小步须鲸打招呼，这头步须鲸被捕鱼的网刺缠住，营救者帮助鲸浮在水面以便呼吸，最后将其放生。大多数人发现与其他物种互动是一种受教育且令人激动的经历，这种经历能丰富人的生活（新西兰水族馆 Scott Kraus 惠赠）

> 公众、政府和社会组织每年提供大量资助，用于确保特定物种和特殊生态系统（如森林、珊瑚礁、湿地和大草原）的永续存在。

生物群落也具有存在价值，如温带古老的森林、热带雨林、珊瑚礁和大草原以及风景优美的地区。每年有越来越多的人向保护组织提供资助，他们希望这些自然景观不受破坏，能够持续存在。过去 20 年来，美国和英国进行的民意调查显示，相比其他社会问题，公众更热衷于关心环境保护。更值得一提的是，人们更希望环境保护能纳入学校的课程（www.neetf.org；www.

epa.gov/enviroed）。

目前，并不是所有的物种都被赋予存在价值。虽然一些昆虫，如君主斑蝶（*Danaus plexippus*）已经受到人们的关注和保护，但许多无脊椎动物和微生物几乎完全被忽视了。保护生物学家还应加强公众的生物多样性保护教育，使人们认识到所有的物种都应受到保护，而不仅仅是哺乳动物和鸟类。类似的，公众也应该认识到所有生物群落的保护价值，包括那些不受人关注的生物群落。这些生物群落在遗传上是独一无二的，并且可能具有某些特殊的价值。

5.4 合理评估经济价值

生态经济学帮助人们更清楚地了解生物多样性的商品和服务价值，也帮助科学家更好地评价项目，因为现在他们可以将环境成本纳入经济产值计算方程，而以前环境成本是排除在计算方程之外的。如果考虑环境成本，一些开始看起来成功的发展项目实际运行后却带来经济损失。因此，对发展项目进行评价时，例如，从热带湿地生态系统中引水灌溉的项目，短期的经济利益（农作物产量增高）应该减去环境成本。图 4.3 显示了热带湿地生态系统总的经济价值，包括使用价值、选择价值和存在价值。当湿地生态系统因排水而遭到破坏，能提供的服务减少，其价值显著降低，损失的价值要超过项目短期产生的经济利益。只有把湿地的价值纳入计算方程，才能准确评估整个项目的实际价值。

尽管生态经济学正在构建更为完善的项目评价体系，将公有财产资源的消耗纳入商业项目的成本计算，许多环境学家仍然认为生态经济学还处在初步发展阶段。绿色GDP 核算方法的采用仍然意味着接受当前的世界经济体系。有些环境学家倡议，当前的经济体系应该发生根本性的变革，因为当前的经济体系是导致环境污染和恶化、物种加速灭绝等环境和社会问题出现的重要原因。

环境学家认为，当前经济体系中，最可恶的现象莫过于世界上的少数人过度挥霍资源，而绝大多数人还生活在贫困之中。每年有数百万儿童死于疾病、营养不良、战争，以及其他与贫困相关的因素；每年有成千上万的物种由于生境丧失而灭绝。因此，他们建议对当前经济体系进行大刀阔斧的改革，而不只是做微小的调整。

环境学家认为，要实现可持续性发展，就必须大幅减少发达国家的资源消耗，减少自然资源的过度开发，并赋予自然环境和生物多样性更高的经济价值。一些具体的措施包括稳定和减少全球人口数量、征收更高的化石燃料税、惩罚能源的低效率利用、鼓励使用公共交通工具和高能效交通工具、强制实施废品回收制度。政府还应保护濒危物种的生境，禁止破坏性的开发利用，并因此给土地所有者提供一定的补偿。西方国家农业经济的弊端之一是过度生产肉类和乳制品，倡导素食生活不仅有利于人们的健康，还能减少自然资源的消耗。市场贸易中，只有通过可持续性方式获得的产品才能在国内和国际市场上买卖。另外，还应减免发展中国家的债务，向穷人受益的项目投资。最终，一种良性的制度将会建立，即破坏生物多样性的行为受到惩罚，保护生物多样性的行为将会受到鼓励，确保工业发展的同时自然环境也受到保护。当前，许多国家采取了类似的政策。然而，大多数国家政府并没有积极地执行这些政策。或许在将来的某一天，这样的政策会在全世界得到有效的实施。那时，生物生多样性才会受到真正的保护。

小结

1. 生物多样性间接使用价值是指能给人们带来经济利益但生物多样性本身不消耗或被破坏。生态系统的非消耗使用价值是它的重要组成部分，包括生态系统生产力（所有食物链的起点和碳汇）、水土保持、气候调节、废物处理和养分循环、农作物改良和休闲娱乐等。
2. 当前，休闲娱乐和生态旅游业发展迅速，生物多样性的价值得到突出的体现。参与这项活动的人数众多，创造了十分可观的经济价值。在许多国家，特别是发展中国家，生态旅游是主要的外汇收入来源。即使在工业化国家，休闲娱乐业在国家公园周边地区的经济中逐渐占主导地位。教育材料和大众传播媒体常常以生物多样性为主题，每年创造的价值十分可观。
3. 生物多样性具有选择价值，因为它具有未来为人类社会带来利益的潜力，如新药、生物防治天敌和农作物。生物技术的发展使人们能够更好地利用自然资源，包括遗传多样性和新的化学物质。
4. 生物多样性的存在价值是指为了保护物种、群落和自然景观，通过税收和捐助等形式，人们愿意支付的价值。

讨论题

1. 列出你所在地区人们使用的自然资源，你能计算这些自然资源的价值吗？如果没有任何直接收获或开采的自然产品，请考虑基本的生态系统服务，如洪水调蓄、淡水供应和水土保持等。
2. 询问他人每年在旅游等与自然相关活动上的花费是多少，他们愿意花多少钱用于保护濒危物种，如大熊猫、珙桐，又愿意花多少钱用于保护水源和森林。用你所在城市、国家以及全世界的人口数量乘以平均每人愿意支付的价值，以此计算物种、群落等生物多样性组成部分的价值，你觉得这种计算方法合理吗？如果不合理，应该如何改进呢？
3. 假设蜻蜓的唯一种群生活在一个池塘里，除非政府出资购买这个池塘，使生境避免遭到干扰和破坏，否则该物种将会灭绝，这种蜻蜓到底值多少钱？请使用不同的计算方法，并比较计算结果的差异，你认为哪种方法最好？

推荐阅读

Balmford, A. J. Beresford, J. Green, R. Naidoo. M. Walpole, and A. Manica. 2009. A global perspective on trends in nature-based tourism. *PLoS Biology* 7: e1000144. 全世界生态旅游正在蓬勃发展，这可能有助于保护生物多样性。

Bhatti, S., S. Carrizosa, P. McGuire, and T. Young（eds.）. 2009. *Contracting for ABS: The Legal and Scientific Implications of Bioprospecting Contracts*. IUCN, Gland. 生物勘探利益分享制度的综合介绍，有大量的研究案例。

Butler, R., L. P. Koh, and J. Ghazoul. 2009. REDD in the red: Palm oil could undermine carbon payment schemes. *Conservation Letters* 2: 67-73. 对于土地所有者而言，种植热带经济树种比保护森林更能获利。

Craft, C. and 7 others. 2009. Forecasting the effects of accelerated sea-level rise on tidal marsh ecosystem services. *Frontiers in Ecology and the Environment* 7: 73-78. 海平面上升导致潮汐湿地丧失，将造成

重大的经济损失。

Ewel, K. C. 2010. Appreciating tropical coastal wetlands from a landscape perspective. *Frontiers in Ecology and the Environment* 8: 20-26. 滨海湿地为附近居民提供了重要的产品和服务。

Gardiner, M. M. and 9 others. 2009. Landscape diversity enhances biological control of an introduced crop pest in the north-central USA. *Ecological Applications* 19: 143-154. 利用天敌防治大豆害虫，减少了杀虫剂的使用。

Granek, E. F. and 16 others. 2010. Ecosystem services as a common language for coastal ecosystem-based management. *Conservation Biology* 24: 207-216. 生态系统服务使公众认识到保护生物多样性的重要意义，并能参与其中。

Luck, G. W. and 21 others. 2009. Quantifying the contribution of organisms to the provision of ecosystem services. *BioScience* 59: 223-235. 作者提供了一个评估每个物种生态系统服务价值的框架。

Nabhan, G. P 2008. *Where Our Food Comes From: Retracing Nicolay Vavilov's Quest to End Famine*. Shearwater Press 人类的食物供应安全依赖于农作物的遗传多样性。

Naeem S., D. E. Bunker, A. Hector, M. Loreau, and C. Perrings (eds.). 2009. *Biodiversity, Ecosystem Functioning, and Human Wellbeing: An Ecological and Economic Perspective*. Oxford University Press, Oxford, UK. 生物多样性对人类的健康非常重要。

Nash, S. 2009. Ecotourism and other invasions. *BioScience* 59: 106-110. 加拉帕戈斯群岛保护相对较好，但生态旅游带来的环境压力也在日益增大。

Sánchez-Azofeifa, G. A., A. Pfaff, J. A. Robalino, and J. P. Boomhower. 2007. Costa Rica's payment for environmental services program: Intention, implementation, and impact. *Conservation Biology* 21: 1165-1173. 哥斯达黎加在发展环境服务市场方面走在世界前列，但交易契约对森林砍伐的影响还不清楚。

Srinivasan, U. T. and 9 others. 2008. The debt of nations and the distribution of ecological impacts from human activities. *Proceedings of the National Academy of Sciences USA* 105: 1768-1773. 贫穷国家的生态系统服务受发达国家经济活动的负面影响。

Venter, O., J. E. M. Watson, E. Meijaard, W. F. Laurance, and H. P. Possingham. 2010. Avoiding Unintended outcomes from REDD. *Conservation Biology* 24: 5-6. 气候变化项目可能使热带雨林受保护的面积增加。

Thorp, J. H. and 8 others. 2010. Linking ecosystem services, rehabilitation, and river hydrogeomorphology. *BioScience* 60: 67-74. 湿地生态系统经济价值的计算还存在一些问题。

（阳文静 编译，马克平 蒋志刚 审校）

第 6 章

环境伦理学

正如第4章和第5章所讨论的，生态经济学这个新学科为生态保护提供了新依据，并能应用于政治领域。尽管经济学论据证明生物多样性保护是正当的，同时也有很强的伦理学依据来证明其正当性（Novacek 2008；Justus et al. 2009）。人们却常常认为经济学依据是更客观和更令人信服的，但伦理学依据也有其独特的价值：它们在多数宗教和哲学价值体系中形成了稳固的根基，容易被普通大众理解和接受（Moseley 2009；Woodhams 2009）。它们能引导人们对生命的普遍尊重，人们对自然或自然中某部分的崇敬之情，感受生命世界的古老、美感、脆弱性和独特性，或相信神的创造。对于许多人来说，伦理学依据为生态保护提供了最令人信服的理由。

环境伦理学（environmental ethics）作为哲学中一门富有活力的新学科，阐明了人们对自然世界的伦理价值观（Brennan and Lo 2008；Minteer and Collins 2008）。这必然会对统治现代社会的物质主义价值观提出挑战。如果当代社会不再像过去那样过分追求物质财富，转而追求人类的未来，自然环境的保护和生物多样性的维持将会变成首要目标（Mills 2003）。

6.1 生物多样性的伦理学价值

环境伦理学提供了人们能够理解的美德和价值。在人类史无前例的时刻，伦理观说服了人们保护生物多样性。尽管经济学价值体系为评估物种和生物群落价值提供了标准，同时也为保护某一个物种而不是另一个物种提供了依据，但伦理学依据仍然是十分重要的（Rolston 1994；Redford and Adams 2009）。根据传统的经济学理念，人们认为种群数量小的物种、没有美丽外形的物种、对人类没有直接利用价值或与有重要经济价值物种没有关联的物种的价值较低。根据这种衡量标准，人们通常认为世界上大量物种没有多大价值，特别是昆虫、无脊椎动物、真菌以及不开花植物。

尽管人们通常从物种的经济价值来衡量它是否值得保护，但是，也有人依据伦理道德保护物种免于灭绝，认为人类有意识地消灭自然界任一个物种在道德上是错误的，即便该物种没有重要的经济价值。伦理学还要求我们保护独特的生物群落和遗传变异。人们赞同根据伦理学价值观来保护生物多样性，因为它们呼吁我们高尚的本能，甚至令我们不得不相信物种是神赐的，这些均在制定社会决策中发挥着重要的作用（Fischer and van der Wal 2007）。人类社会做决策时往往更多地根据伦理学价值，而不是经济学价值。禁止奴役、限制童工和防止虐待动物，就是三个典型的例子。许多传统文化使得当地人与环境在上万年来和谐共处，因为当地社会伦理推崇个人对自然的责任并合理利用自然资源。这种伦理观可以作为现代社会优先选择的价值观。由前苏联总统戈尔巴乔夫和其他国家的领导人共同提出的“地球宪章”（The Earth Charter），就是一个融合环境伦理、保护、和平、社会和经济责任的国际环境准则（www.earthcharterinaction.org）。

> 在保护生物多样性时，伦理学依据可以作为经济学和生物学依据的补充，大多数人容易理解这些伦理学依据。

保护生物多样性的伦理学和非经济学准则已经纳入法律体系。例如，在美国，所有物种存在的权利受到《濒危物种法案》（ESA）的有力保护，法官在重案法院正式宣布：“美国国会打算给予濒危物种提供最优先的保护”（Rolston 1988）。《濒危物种法案》指出了提供保护的理由是基于物种在审美、生态、教育、历史、娱乐和科学方面的价值。正如下面所述，伦理学依据的整个范畴包括上述价值中的诸多方面，但是，经济价值显然不在此法案之中。当我们保护物种免于灭绝时，经济利益显然不是最重要的。根据法律，当对盈利和经济价值的追求威胁到物种生存时，必须把盈利和经济价值放在一边。

除了法律措施之外，如果人们具备保护自然环境和维持生物多样性的伦理价值观，我们就有机会看到对稀有资源的较低消耗和较多关注（Naess 1989；Cafaro 2010），我们也将看到人口增长得到遏制（Cafaro and Staples 2009）。然而，不幸的是，现代消费者一般持有不同观点，他们对待自然的态度是“怎么都行”——当人们认为合适时，可以随意使用或摧毁它，只要不伤害人类生命或者人们的财产。近年来，这种观点已经受到环境伦理学支持者们的质疑和反对。

维持生物多样性的伦理学依据

伦理学可以形成政治行动、法律修改以及企业管理的基础（Rolston 1994；Minteer and Collins 2008；Teel and Manfredo 2010）。基于物种的内在价值以及我们对他人的责任，下面的观点对于保护生物学是非常重要的，因为它们为保护所有物种，包括稀有种以及没有明显经济价值的物种提供了依据。

每个物种都有存在的权利　所有物种都以其特有的生物学策略在地球上生存，它们是伟大历史谱系中活着的代表，都有自己的美丽和健康。因此，不论它们对人类是否重要，个体是大还是小，简单还是复杂，进化上古老还是年轻，对人类来说是否有重要的经济价值，人类是喜欢还是讨厌它，每个物种的生存必须得到保证（专栏 6.1）。每个物种都有一种与人类需求和欲望无关的固有价值（Agar 2001；Sagoff 2008）。因此，我们不仅没有权利消灭任何一个物种，而且还有道德责任去保护因人类活动而濒危灭绝的物种。环境伦理学把人类看成是生物群落中的一部分，而不是地球的中心。

Robert Elliot（1992）认为野生生物具有下述属性，包括多样性、稳定性、复杂性、协调性、创造性、组织性，以及美丽和优雅，这些特征彰显了它们的固有价值。自然界生物的这些特征是我们所能欣赏的，它们唤起了人类的自我克制和有效保护。此外，我们可以把“自然状态”本身看成是一种宝贵财产，特别是在野生自然状态变得越来越稀缺的今天。

有些人认为承认自然世界的固有价值会产生悖论。他们说，我们必须利用大自然，所以我们不能承认其固有价值，因为一旦承认就意味着会限制我们利用自然。甚至同情环保主义者以及欣赏野生自然的人们也常常不承认其固有价值，因为这要求太多了。正如科学和自身经验告诉我们，如果自然是美丽而复杂的，那么我们又如何忍心持续利用它呢？但是我们必须这样做才能够生存。此外，世界已经有各种规则来约束我们的行为，增加另外一层规则是令人厌烦的。由于如此多的现代生活方式（特别是在发达国家）很大程度上依赖于对生态造成破坏的经济体系，因此，保护自然以及与自然和谐共处都是无望之举。

这些都是合理的关注。采取有效行动保护生物多样性，既是可能的，也是可取的（Schmidtz 2005）。首先，人类要以尊重的态度和合理的方式利用自然资源：利用自然资源固然是必要的，但并非所有利用自然的方式都是必要的。其次，没有人喜欢被条条框框束缚，过有道德的生活意味着承认我们对他人有责任。最后，即便是在工业化国家，我们也有可能以对环境负责的态度生活，这需要我们做出个人承诺：使用更少的资源，对环境的影响更小，并以积极的态度改变社会。如果大自然确有其固有价值，那么我们应该尊重这些价值，不论方便与否。

对上述观点持不同意见的人认为，尽管一些人尊重大自然的价值，但是，从道德层面上他们不必如此（Ferry 1995）。反对者们认为，人类有凌驾于其他所有物种之上的价值，只有人类是有意识的、有理性的和有道德的生命，除非我们的行为直接或间接地影响到他人，否则我们对待自然界的任何行为从道德上讲都是可以接受的。给非人类物种赋予生存权和法律保护，给人一种奇怪的感觉，特别是简单的有机体，它们甚至没有自我意识。低等的苔藓和真菌连神经系统都没有，它们如何能够享有权利？但是，不论我

专栏 6.1 鲨鱼：一种令人生畏的动物，数量在骤减

一只路氏双髻鲨（*Sphyrna lewini*）在位于加利福尼亚湾的科尔特斯海被刺网捕获；该物种被IUCN列为濒危物种（照片版权归Stephen Frink Collection / Alamy所有）

在众多受人类开发利用威胁的动植物中，最不被人喜欢的一种动物便是鲨鱼。大众对鲨鱼的认识几乎全部来源于媒体影像资料，鲨鱼给人的印象是残酷和滥杀的杀手[如电影《大白鲨》（Jaws）、《海底总动员》（Finding Nemo）、《颤栗汪洋》（Open Water）]；或来源于鲨鱼攻击人类的新闻报道（事实上很少发生，在2007年，只有71次鲨鱼袭击人事件，仅1人死亡）。对于很多人来说，鲨鱼只不过有一个可怕的三角鳍和一口锋利的牙齿。对于关心全世界范围内鲨鱼数量骤减的自然保护主义者们，鲨鱼的坏名声是一场噩梦。尽管如此，最近通过了一个大白鲨贸易的管理协议，往正确方向迈出了重要的一步。当我们对比每年被鲨鱼杀害的少数人类以及被人类残杀的数以亿计的鲨鱼时，人类显然是到目前为止最危险的杀手（Perry 2009）。事实上，鲨鱼对于人类的贡献大于对人类的危害。例如，鲨鱼肝油是重要的维生素A来源，在1947年人工合成之前，鱼肝油主要用于化妆品，还可以有效地使痔疮收缩，因此在医学中有广泛应用。在角鲨的内脏器官中发现的抗肿瘤药角鲨胺能够抑制脑肿瘤生长；鲨鱼的软骨是治疗肾癌的替代性药物。人类在大量研究鲨鱼的免疫系统，从而揭开鲨鱼即使面对高致癌物仍有非常低的癌症发病率的奥秘，这将给人类抗癌提供极其宝贵的信息（Raloff 2005）。由于鲨鱼在水中的优雅和力量，及其对人类现有和潜在的医学价值，应该得到公众的爱护，而不是捕杀。

> 过度捕捞使得鲨鱼种群下降，但是其生态学后果还有待得到公众重视。

把鲨鱼带入公众视野的另一件事是，在亚洲以及世界各地的中国餐馆，鱼翅汤是一道精美的菜肴，很受欢迎，对数种鲨鱼翅有

了大量的需求（Clarke 2008）。因此，在过去几十年中，捕获鲨鱼已经成为一个新兴的产业。一头巨型鲨鱼（或者鲸鲨）的单鳍可以带来高达57 000美元的利润。残忍的割鳍（finning），使被割去鱼鳍的鲨鱼在水中很快死亡，引起了公众对于鲨鱼的同情，人们开始呼吁禁止割鳍。更严重的问题是，在用渔网捕鲨鱼时，一些不到一岁的幼年鲨鱼也被捕获。

鲨鱼的高死亡率让保护主义者担忧几个方面的问题（Dicken et al. 2008； Dulvy et al. 2008）。鲨鱼生长很慢，繁殖周期长，一次只繁殖少数几只。鲨鱼不像鲑鱼等同样遭到过度捕捞的鱼类，种群数量可以通过每年大量繁殖后代得到恢复。第二个问题是，商业性和私人捕获鲨鱼在很多国家是不受管制的。越来越多的鲨鱼肉摆上餐桌，常常在鱼加薯条组合中见到鲨鱼肉。由于鲨鱼的大体型及其凶猛性，人们也开展了捕获鲨鱼运动。少数国家，特别是美国、澳大利亚、新西兰和加拿大，已经颁布法令阻止捕获鲨鱼，包括禁止割鳍，但是其他从事商业捕鲨的国家既没有采取行动，也没有出台任何管制条例。最近美国颁布的禁止在附近海域捕获大型鲨鱼的禁令是迈向正确方向的第一步，但是仍然允许捕获小型个体以及可以在公海捕获大型个体，这将阻碍鲨鱼种群恢复到原来的数量。

鲨鱼已经被大量捕杀，然而我们却对鲨鱼缺乏全面了解。鲨鱼有350多个物种，由于缺乏各个物种的资料，目前的管理方案常常把所有物种当作一个整体来对待。因此，在物种水平上对鲨鱼实施保护基本不可能。在过去的20年中，由于过度捕捞，大西洋鲨鱼物种数急剧减少。

对鲨鱼种群数量骤减的关注已经不仅仅限于鲨鱼本身，还涉及其他重要因素。鲨鱼是海洋生态系统中最大和最重要的捕食者，它们以多种海洋生物为食，广布于各大洋。陆地生态学家已经观察到捕食者对于猎物种群控制的重要性，意识到捕食者消失之后生态系统将会出现不平衡问题。鲨鱼数量的减少可能给海洋生态系统带来重大的，甚至是灾难性的影响，一些有害物种的个体数量可能会快速增加。具有讽刺意味的是，鲨鱼已经存活了4亿年，是地球上存活时间最长的生物之一，然而它们的未来取决于人类态度的转变。保护主义者必须说服各国政府不应该仅仅看到鲨鱼凶残可怕的一面，而要让大家行动起来，保护这个关乎海洋生态系统健康的关键类群。

们是否给予它们权利，它们通过自身的进化适应了不断变化的环境，积累了过去数百万种生命形式的经验和历史，单凭这一点，物种就有重大的价值（Rolston 2000）。一个物种由于人类活动过早地灭绝，破坏了这种历史，可以说是“大屠杀”（Rolston 1989），因为物种的后代被杀死，进化和物种形成过程被切断了。

其他人，特别是动物权利保护者，难以给“物种”赋予权利，尽管他们尊重动物“个体”的权利（Regan 2004）。例如，Singer（1979）强调“物种并不是一个实体存在，所以没有凌驾于个体之上的权益”。然后，Rolston（1994）反驳他，不论从生物学还是伦理学角度，物种，而不是个体，是我们保护的目标。所有个体最终将死亡，只有物种是持续的、进化的，有时会形成新物种。在某种意义上，个体是物种的临时代表，因此物种比个体更重要。

聚焦于“物种”的观点对现代西方个人主义的道德传统提出了挑战。生物多样性原则要求保护濒危“物种”优先于濒危物种之“个体”。例如，美国国家公园管理局曾在圣塔芭芭拉岛杀死数百只兔子，去保护一种该岛屿特有的濒危景天科植物特氏仙女杯（*Dudleya traskiae*）。在该案例中，一种濒危植物物种被认为比一个普通物种的几百个个体更有价值（图 6.1）。

图 6.1 政府部门认为在圣塔芭芭拉岛上，濒危景天科植物特氏仙女杯（*Dudleya traskiae*）的存在价值要比普通兔子高。为了阻止兔子破坏这种脆弱的植物，依赖植物嫩叶为食（植株底部）的兔子被杀死（照片由加州本土植物协会提供，1985）

所有物种是相互依存的 在自然群落中，物种间以错综复杂的方式相互作用。一个物种的丧失将对群落中其他成员带来深远的影响（正如第2章所述），其他物种可能随之灭绝，或整个生态系统因为一连串的物种灭绝而变得不稳定。基于这些原因，如果我们重视自然界的某些部分，我们就应该保护整个自然界（Leopold 1949）。我们有责任将生态系统作为一个整体加以保护，因为它是适合我们生存的地方（Diamond 2005）。即使我们只重视人类自己，自我保护的本能也应该迫使我们去保护生物多样性。当自然界繁荣，人类也会随之繁荣；当自然界遭到破坏，人类就要面对由于环境污染引起或者加重的普遍健康问题，如哮喘、食物中毒、水生疾病以及癌症。

对此，Ehrlich（1981）有个形象的比喻：物种是维系“地球飞船”这台机器的铆钉，承载了所有包括人类在内的物种，在时间隧道中穿梭。物种灭绝就像铆钉离开飞船，尽管离开的物种有的重要，有的不太重要，但是，当足够多的物种灭绝时，“地球飞船”就会失事，从而危害到飞船上的其他物种。该比喻中，作为铆钉的物种阻止了“地球飞船”的失事，因此，是生物多样性拯救了人类，而不是相反。

> 我们可以得出这样的结论：由于自然的固有价值，而不是人类需求，人类有责任保护物种以及生物多样性的其他方面。

人类有责任充当地球的管家 许多宗教信徒认为破坏物种的行为是错误的，因为物种是上帝创造的（Moseley 2009）。如果上帝创造了世界，那么上帝创造的所有物种都有其价值。在犹太教、基督教和伊斯兰教的传统中，人类保护动物的责任是作为与神的契约的一部分被界定的。《创世纪》中描述了地球生物多样性的创造是神圣的行为，“生物多样性是好的，应该保佑生物多样性”。在诺亚方舟的故事中，上帝命令诺亚去拯救两个物种，这两个物种不能仅仅是人类认为有用的物种。上帝为建造方舟提供了详细的指导说明，比如早期物种拯救工程中提到“让物种和你一样活着”。伊斯兰教的创始人、先知穆罕默德延续了人类责任的主题：“世界是绿色的、美好的，上帝已任命你为管家，他正看着你如何表现。”信仰上帝创造的价值，也就是支持生物多样性保护：人类对上帝创造的产物有责任，必须维持而不是破坏它们。

其他宗教传统也支持保护自然（Bassett 2000；Science and Spirit 2001）。例如，印度教赋予某些动物神性，承认人类与其他生灵之间的亲属关系（比如一个物种的灵魂可以转世到另一个物种）。印度教以及印度的其他宗教，如佛教和耆那教，首要伦理观点即是善待所有生命。因此，许多信徒成为素食主义者，过着简朴的物质生活。当然，也有宗教持有不同的观点，认为人类是万物的中心，人类可以支配自然。由于许多人的伦理价值基于他们的宗教信仰，督促人们保护生物多样性就会变得比较容易（Foltz et al. 2003；Wirzba 2003）。许多宗教的发言人都声称他们的宗教信仰支持对大自然的保护（专栏 6.2）。

人们应对他人负有责任　人类必须谨慎行事，使其对自然环境的破坏最小化，因为这种破坏不仅仅危害到其他物种的利益，同时也危害到人类自身。发生在今天的很多污染和环境退化问题是可以避免的，完全可以通过合理规划使得这些危害降到最低程度。我们对他人的责任要求我们在环境能够承受的范围内生活（Norton 2003）。这个目标可以通过工业化发达国家采取强力措施，降低自然资源的过量和不成比例消费等途径来实现。为何在美国和加拿大每年人均能源消耗量比在中国要高 9 倍，比在印度要高 17 倍？如果这种生活方式不能得到有效遏制，全球变暖将会导致世界范围内的粮食减产，海平面的上升可能淹没从孟加拉国到密西西比三角洲的低海拔地区，而贫困人口将遭受最大的损失。美国人口不到世界总人口的 5%，却消耗世界 25% 的能源，到目前还没有加入最近旨在遏制全球变暖的国际行动中。美国和其他一些国家的领导人拒绝采取有效措施防止全球变暖是不道德的行为，因为正是他们不采取任何积极行动，世界公民尤其是穷人的生存和生计受到了极大的威胁（Gardiner 2004；Gardiner et al. 2010）。

人类应对我们的后代负责　如果我们的日常生活导致自然资源退化和物种灭绝，我们的后代将为此付出生存和生活质量大大降低的代价（Gardiner et al. 2010）。当物种消失，荒野被开发，孩子们被剥夺了成长中最令他们激动和开心的经历之一——在荒野中看到"新"的动物和植物而惊叹。Rolston（1995）预言："我们可以有把握地说，在未来几十年，随着生物多样性的丧失，人们的生活质量也随之下降，尽管通常认为必须牺牲生物多样性以改善人类生活。"应该意识到，我们今天生活的地球是向后代借的，而他们也有权利从我们这里继承一个状态良好的地球。

150 多年前，哲学家和博物学家亨利 · 梭罗在他的日记中（1856 年）记载了他所生活的马萨诸塞州康科德地区日渐衰退的生态景观：

> 当我想到那些高贵华丽的野生动物在这里消失，我不能不感觉到自己生活在一个已被驯服和阉割的国度……，我费尽千辛万苦追寻着春天的脚步，以为我将拥有一首完美的诗歌，然而，令人懊恼的是，我发现自己读到的和拥有的是一首不完美的副本，我的祖先们已经撕裂了属于春天的第一片叶子，肢解了那些荒野中的乡间小道。

和梭罗一样，我们很多人都相信，我们的后代将"想知道整个天堂和整个地球"。他们有权利知道和探索野性自然，我们不应该把野性自然从他们身边掠走。

尊重人类的生活和利益与尊重生物多样性是一致的　一些人认为对大自然过多的保护会损害人类的生活质量；但是，尊重和保护生物多样性与人类更好的健康和更多的机遇是紧密相关的（Jacob et al. 2009）。保护生物学中最令人振奋的进展在于支持处于弱势的乡村民

专栏 6.2 宗教信仰与自然保护

1986年9月，五大宗教派别——佛教、基督教、印度教、伊斯兰教和犹太教，在意大利阿西尼城圣弗朗西斯大教堂举行“自然宣言”仪式。这些宗教领袖们宣称他们的宗教支持保护自然是历史上第一次。下面摘录了这些宗教派别的宣言。

世界上的宗教领袖们越来越关注自然资源的保护和对所有生命的尊重。

佛教自然宣言

我们也需要认真对待除了人类之外的其他生灵的根本原因就在于它们也有幸福感和痛苦感……，许多人把某种动物对人类是否有利用价值作为唯一衡量标准，这种衡量生命价值和生存权利的标准，导致了人类对待动物的冷漠和残酷。我们把人类的生存当作是无可争辩的权利，然而，作为地球的共同居住者，其他物种也有生存权。由于人类和其他非人类生命都把地球环境作为生存和幸福生活的地方，让我们以决心和信心来共同保护环境，修复由于过去不重视而导致的生态失衡。

基督教自然宣言

上帝创造了万物，不论是可见的还是不可见的，我们都应该感谢他给予子民馈赠的这些礼物……，每个个体、每个物种以及所有物种在宇宙中都是和谐的共同体，这彰显了上帝无限的真与美、爱与善、智慧、威严、光荣与力量。人类占主导并不能被误解为可以随意、滥用、征服或破坏上帝创造的其他生灵。人类应该与其他所有上帝创造物共生，人类对其他创造物每一次不负责任的行为都是令人厌恶的，这是对神的智慧的冒犯，神要求人类与宇宙万物和谐共处。

印度教自然宣言

印度教对待自然的观点是对自然充满敬畏，认识到大自然的巨大力量，地球、天空、空气、水、火以及各种类型的生命，包括树木、森林和动物，所有这些都在自然中相互联系。神与万物并不分裂，而是通过自然现象来表达神的存在。摩诃婆罗多（Mahabharata）说：“即便在一个村庄中只有一棵开满花朵和结满果实的树，这个地方依然值得崇拜和尊敬。”让我们宣告我们阻止破坏环境的决心吧，发扬尊重所有生命的古老优良传统，扭转我们已经开始的自杀行为。让我们呼唤古老印度教的格言吧：“地球是我们的母亲，万物都是她的孩子。”

穆斯林自然宣言

伊斯兰教义的本质是整个宇宙都是神的创造物。真主让水在地球表面流淌，让雨水从天而降，保持昼夜更替。是真主创造了成对植物和动物，让它们能够繁衍后代。我们都是真主在地球的管家，并不是地球的主人；地球并不属于我们，而属于真主，他委托我们来维护她。

犹太教自然宣言

当整个世界处于危险之中，当环境正在被破坏、各类生物，包括动物和植物正在灭绝，我们犹太教把保护整个自然作为关心的焦点。我们对所有生命都肩负保护责任，使它们免于遭受来自我们及他人的恶行。我们都是这个脆弱的璀璨星球的过客，让我们一起为这个星球保驾护航。

众，结合保护生物多样性来发展经济。通过帮助穷人建立经济作物田，实现一定程度的经济独立，有时候降低了对野生物种的过度捕获。或者通过与当地住民合作，建立法律上属于自己的土地，从而实现保护他们所拥有土地的生物多样性。在发达国家，环境正义（environmental justice）运动旨在帮助贫困和政治上弱势的群体，常常是少数族裔，保护他们自己的环境；在此过程中，他们的福祉和生物多样性保护也得到了加强。当人们拥有完全的政治权利、稳定的谋生手段以及对环境问题的正确认识时，他们可能会更主动地保护生物多样性。因此，为穷人和没有权力的人争取社会公平和政治权利，同样也是为保护自然环境而努力（Pellow 2005）。

> 环境正义和社会正义是相关的，因为二者都鼓励对所有生命，包括人类和非人类的普遍尊重。

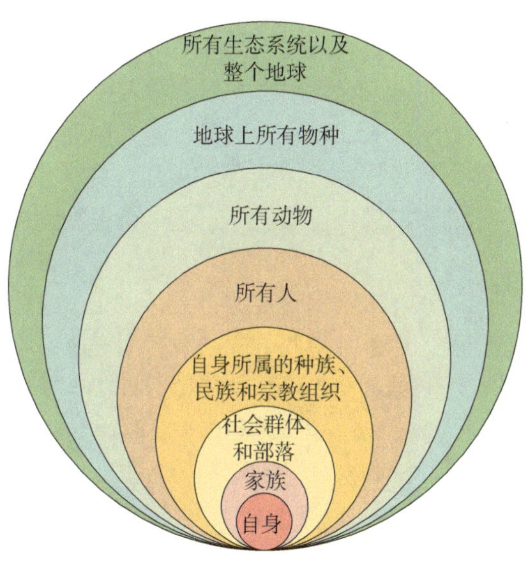

图 6.2 环境伦理学认为个人具有从自身逐渐外扩到更大范围的一系列道德义务（引自 Noss 1992）

人类发育的成熟造就了人们懂得自我克制和尊重他人。环境主义者认为随着人类的更加成熟，人类会意识到“所有生命形式都是平等的”，承认每个物种的固有价值（Naess 1986）。他们设想扩大道德义务的圈子，从自身扩大到家族、当地社区、自身的民族、所有人类、动物、所有物种、生态系统，以及最终扩大到整个地球（图 6.2）。

保护生物学家需要认真对待公众的看法。公众认为，比起关注人类自己，他们更关注鸟类、龟类以及整个大自然。我们需要寻求一个双赢方案，使人类和自然的利益都能得到保障。然而，很多情况下，保护生物多样性可能与满足人类需求或增进人类利益是冲突的。例如，如果一个部落需要捕猎某个濒危物种所剩的最后几个个体来维持生计，环境保护原则要求这个部落做出牺牲。在这种情况下，保护物种免于灭绝应该是首当其冲考虑的目标（Rolston 1995）。

6.2 开明的自身利益：生物多样性与人类发展

经济学论点强调保护生物多样性其实是为了满足我们自身的物质利益，而伦理学观点基于野性自然的固有价值以及对他人的责任，强调我们对待自然应该是利他的，不论我们的自身物质利益如何。环境伦理学第二部分呼吁开明的自身利益，认为保护生物多样性和开发我们对自然的知识，能够让我们变得更幸福（Sandler 2007）。下面几点描述了保护生物多样性为何也属于开明的自身利益。

审美和娱乐享受 几乎每个人都喜欢野生动物和赏心悦目的生态景观，它们所带来的愉悦提高了我们的生活质量。与大自然相关的活动在孩子们的成长过程中是非常重要

的（Carson 1965；Kahn and Kellert 2002）。在冰川国家公园里踏上一片开满野花的原野，或者在城市公园中看到迁徙的莺类，丰富了人们的生活。对许多人来说，亲身经历野性自然，意味着我们不仅仅是在博物馆、动物园和植物园读到和看到一些动植物，这是远远无法满足人们的需求的。一些户外活动，如远足、划独木舟和登山，从身体上、智力上和情感上使我们得到了满足。人们每年在这些活动上花费数百亿美元，足以证明他们是多么的重视大自然。要是公园里不再有候鸟，草场中不再有野花和蝴蝶，我们又该怎样呢？我们还会依然从大自然中找到乐趣吗？

艺术表达和哲学洞察力 历史上，诗人、作家、画家以及音乐家等都曾从野性自然中获得过灵感（Thoreau 1854；Swanson et al. 2008）。大自然为画家和雕塑家提供了无数的形式和符号，供他们尽情地呈现和诠释（图 6.3）。诗人往往从野性自然或者田园生活中获得最大灵感。维护生物多样性，为所有艺术家以及欣赏艺术的人们提供了条件。哲学家也走进大自然，洞察人类存在的意义，以及在宇宙中的位置。生物多样性的丧失，阻止了这些经验的产生，使我们失去了智力资源。

图 6.3 稀有的野花和蝴蝶是植物雕刻家 Patrick O'Hara 的灵感来源。在位于爱尔兰西部的工作室，O'Hara 从大自然获得灵感，去浇铸、雕刻和描绘，鼓舞了全世界很多人对于自然保护的赞赏（图片由 Anna O'Hara 提供；www.ohara-art.com）

科学知识 科学以及我们日益丰富的自然知识是人类发展历程中取得的最大成就之一。对自然的保护促进了这些知识的获取。自然的野生状态允许人们研究原本的生态关系，野生物种保存着进化历史。一些受到大自然启迪的年轻人成为科学家，没有成为科学家的人们也能运用基础科学知识，更好地了解当地的牧场、森林和溪流。

> 维持生命的多样性为我们提供了科学研究和宗教启迪的机会。

科学界有三个重要的谜：生命如何起源、多样性的生命如何相互关联形成复杂的生态系统，以及人类如何进化。成千上万的生物学家致力于回答这些问题，并逐渐接近答案。分子生物学新技术使我们能够深入地了解现存物种之间的关系，以及一些只能从化石中看到的已灭绝物种间的关系。然而，当物种开始灭绝，生态系统遭到破坏，我们将失去揭开奥秘的线索，问题将很难得到解决。例如，如果与人类亲缘关系最近的动物——黑猩猩、倭黑猩猩、大猩猩以及猩猩灭绝，我们将失去研究人类自然和社会进化的线索。

认识人类历史 从科学角度和通过个人经历来认识大自然，是了解人类历史的关键：踏着祖先曾经走过的土地，可以增进我们了解他们是如何在没有机械化帮助下以缓慢的步伐体验世界。我们常常忘记人类最近是如何过上现代生活的——城市的夜空被照亮

了，我们使用高速的交通工具，用上了电话和电脑。因此，我们需要保留自然净土，为人类留出回顾历史的空间。

宗教的启示 许多宗教有到荒野中与上帝交流或者在人类社会中面对诱惑与邪恶时净化自身的传统。虽然传统不同，苏族（Sioux）、犹他族（Ute）、夏安族（Cheyenne）以及美国其他原住民的后代也曾在旷野中获得过类似的启示。置身于大自然，我们会宁静地专注自己，有时候甚至能体会到超然的感觉（图 6.4）。当置身于文明假象中时，我们的心思都集中于唯我的日常生活。尽管宗教不会因为我们身处人为改造的环境中而消失，但许多宗教氛围已经被冲淡。最好的环境保护行动应当让不同的群体共同参与，包括科学家、宗教领袖以及休闲钓鱼组织（图 6.5）。

图 6.4　西藏布达拉宫。与大自然之间的精神纽带经常出现在宗教神殿及其景观中，如这座藏传佛教寺庙（牛克昌摄）

图 6.5　不同的人和机构欣赏大自然的理由不同，如科学家、牧师和渔夫，但是他们仍然可以一起工作，去保护大自然（照片由 Sudeep Chandra 惠赠）

保护生命支撑系统和经济利益 显然，生物多样性维持了我们的基本生命支撑系统，比如食物生产、水供应、氧气供给、废弃物处置、土壤保育等。在一个干净和完整的自然环境中我们将生活得更健康更幸福。除了提供生命支撑系统之外，生物多样性直接或间接地为我们创造了巨大的经济财富（详见第 4 章和第 5 章）。基于上述原因，破坏生态系统和物种是与人类的真实利益相违背的。

6.3　深层生态学

认识到生物多样性的经济价值和固有价值，人类应该克制自己的行为。看起来保护仅仅是一个永无止境的“不可触犯”（thou shalt nots）的名单，但许多环境主义者相信通过了解我们真实的自身利益会形成不同的结论（Naess 1989）：

地球生活状况的危机能够帮助人类选择一条新的途径，在发展、效率和理性行动方面建立新的标准。意识形态的改变主要致力于追求生活质量，而不是高标准的生活。

过去的200年中，工业革命带来技术进步和社会变革，产生了巨大的物质财富，提高了千百万人的生活水平。但是，收益递减律（the law of diminishing returns）也适用于此：在发达国家，以牺牲生活质量为代价继续增加社会财富的意义已不大（McKibben 2007；Ng 2008）。这种永不满足的对物质财富的追求被称为富贵病（affluenza）。同样，生物多样性的继续丧失和对自然景观的持续开发并不会提高人们的生活水平。而随着物质财富的增加和人们体验大自然机会的减少，人类所失去的东西越来越宝贵。人类的幸福和发展需要维持我们现在所剩下的生物多样性，不应为了个人和公司财富而将其牺牲掉。

过去的50年中，生态学家、自然作家、宗教领袖和哲学家们一起阐述了他们对大自然的欣赏，倡导人们为了保护自然而改变生活方式。在20世纪60～70年代，Paul Ehrlich 和 Barry Commoner 呼吁职业生物学家和学者应该利用自己环境方面的知识来引领保护自然的政治运动。美国前副总统阿尔·戈尔（Al Gore）一直致力于让公众关注并寻求解决全球变暖问题的途径。今天，宗教领袖们要求追随者开展与环境保护相结合的社会活动。全世界许多活跃的环境保护组织，如绿色和平（Greenpeace）、地球优先（Earth First）等都致力于保护物种和生态系统。

> 深层生态学是一门环境哲学，提倡通过改变个人态度、生活方式甚至社会，来保护生物多样性。

支持行动主义的环境哲学之一便是深层生态学（deep ecology）（Barnhill et al. 2006；Naess 2008）。它的理论前提是“生物平等论”，生物圈中所有物种都有平等的生存和自由发展权（Devall and Sessions 1985）。人类有权利繁衍和繁荣，其他物种也享有同样的权利，平等分享这个星球。深层生态学家反对“人类主导论”，人类不应该凌驾于其他物种之上，不应该从物质利益来衡量人类幸福（表 6.1）。

表 6.1　主导世界观和深层生态学概要对比

主导世界观	深层生态学
人类主导自然	人类与自然和谐共处
自然环境和物种都是供人类利用的资源	不论人类是否需要，大自然都有其固有价值
伴随着生活水平的提高，人口不断增长	有稳定的人口，并且生活简单
地球有无限的资源	地球资源有限，必须谨慎使用
越来越先进的技术带来进步和解决方案	尊重地球，使用适当的技术
物质进步是目标	精神和道德进步是目标
强势的中央政府	根据生态系统和生物地理区进行分布式管理

深层生态学家把自然的固有价值更多地看成是让人们生活更美好的机会，而不是限制条件。由于现在人类活动正在破坏地球上的生物多样性，所以现存的政治、经济、技术、意识形态结构都需要从根本上改变。重视环境质量、美学、文化和宗教观念的进步，而不是通过更高的物质消耗水平来提高人们的生活质量。提高成人认知能力、积极组织远足活动、观鸟、参加自然历史俱乐部、鼓励健康的生活方式、为减少空气污染游说等都是良好的实践案例。深层生态学作为一种哲学体系，不仅对于生物多样性保护有价值，同样也是个人、社会和政治变革的理论基础。

小结

1. 生物多样性保护可以基于伦理学依据和经济学依据。多数宗教、哲学和文化的价值体系为保护物种提供了正当理由，这些理由甚至支持保护其他对人类没有明显经济价值或审美价值的物种。
2. 环境伦理学的核心论点是人类有责任保护物种、生物群落和生物多样性的其他方面，不论它们对人类是否重要。人类没有权利破坏物种，而应该采取积极行动防止物种灭绝。
3. 物种，而不是个体，是保护的恰当目标；是物种在进化和产生变异，个体只是物种的代表。
4. 生物群落中物种以复杂的方式相互作用，一个物种的丧失可能对整个生物群落以及人类社会造成深远影响。
5. 人类必须学会在生态保护的框架中生活，尽量减少对环境的破坏，每个人都要对自身的行为负责；人类有义务为后代保持一个状态良好的地球。
6. 保护自然也是为了我们自身利益。生物多样性给予世世代代的作家、艺术家、音乐家和宗教思想家以灵感。
7. 深层生态学是为了保护生物多样性和促进人类繁荣发展，从而鼓励当代社会做出重大变革的一门哲学。支持此哲学的人们致力于改变个人生活方式和政治行动。

讨论题

1. 物种、生物群落，以及河流、湖泊和山岳，它们有权利吗？我们能够随便对待它们吗？道德义务的底线在哪里？
2. 人类对没有自我意识的动物，以及没有神经系统的植物有责任吗？对生物群落呢？对山岳和河流呢？如果有责任，那么这种责任源于什么？对每一种类型，哪种形式的保护和尊重是合适的？
3. 下面的活动在你的生活中扮演什么角色——消耗资源、身体愉悦、追求知识、艺术表达、娱乐活动、消遣？总的来说，这些活动在人类生活中起什么作用？维护生物多样性是否会限制这些活动？还是继续享受这些活动的前提？
4. 你自己的环境哲学是什么？这个想法来自哪里？原因是什么？为了情感还是信仰？你的环境哲学会在很大程度上影响你的生活吗？这种环境哲学是容易还是很难施行？
5. 如果房子着火了，你最大的希望是救出屋里的所有人。假如有一个人死亡，你将会悲痛欲绝。于是，我们应该尽力拯救任何一个濒危的物种吗？这个类比合理吗？
6. 假如在管理计划中对于一个濒危物种的保护将威胁到另一个濒危物种的生存，我们应如何采取保护行动？

推荐阅读

Bearzi, G. 2009. When swordfish conservation biologists eat swordfish. *Conservation Biology* 23: 1-2. 保护生

物学家应该以身作则。

Cafaro, P. 2010. Economic growth or the flourishing of life: The ethical choice global climate change puts to humanity in the 21st century. *Essays in Philosophy*(online) 11 (1), article 6. http: //commons. pacificu. edu / eip / vol11 / iss1 / 6. 全球变暖要求我们重新审视把经济目标作为首要任务的准则。

Carson, R. L. 1965. *The Sense of Wonder*. Harper & Row, New York. Rachel Carson 的最后一部著作，恳求家长对孩子进行自然教育。

Gardiner, S., S. Caney. D. Jamieson, and H. Shue. 2010. *Climate Ethics*: *Essential Readings*. Oxford University Press, New York. 探索气候伦理学的各方面，包括对后代以及其他物种的责任。

Justus, J., M. Coyvan, H. Regan, and L. Maguire. 2009. Buying into conservation: Intrinsic versus instrumental value. *Trends in Ecology and Evolution* 24: 187-191. 保护生物多样性的最好理由是哪一种？

Kahn, P H., Jr. and S. R. Kellert (eds.). 2002. *Children and Nature*: *Psychological*, *Sociocultural*, *and Evolutionary Investigations*. The MIT Press, Cambridge, MA. 接触大自然对孩子有许多好处。

Leopold, A. 1949. *A Sand County Almanac and Sketches Here and There*. Oxford University Press, New York. 陈述了大自然的美丽和价值，以及保护大自然对人类的好处。

McKibben, B. 2007. *Deep Economy*: *The Wealth of Communities and the Durable Future*. Henry Holt, New York. 大量证据表明当前的经济发展模式既不是可持续的也不能改善我们的生活，我们需要替代性的发展方式。

Minteer, B. A. and J. P. Collins. 2005. Ecological ethics: Building a new tool kit for ecologists and biodiversity managers. *Conservation Biology* 19: 1803-1812. 当人们需要控制非本土动物种群时，引发了伦理问题。

Moseley, L. (ed.). 2009. *Holy Ground*: *A Gathering of Voices on Caring for Creation*. Sierra Club Books, San Francisco 许多宗教领袖找到了自然保护的共同理由。

Naess, A. (au.), A. Drengson, and B. Devall (eds.). 2008. *The Ecology of Wisdom*: *Writings by Arne Naess*. Counterpoint, Berkeley, CA. 一位有影响力的思想家和深层生态学运动开创者的重要文集。

Rolston, H., III. 1994. *Conserving Natural Value*. Columbia University Press, New York. 一位重要的环境哲学家列出的保护生物多样性的伦理学依据。

Sandler, R. 2007. *Character and Environment: A Virtue-Oriented Approach to Environmental Ethics*. Columbia University Press, New York. 探讨了我们如何转换到可持续型社会和如何保护自然。

Swanson, F. J., C. Goodrich, and K. D. Moore. 2008. Bridging boundaries: Scientists, creative writers, and the long view of the forest. *Frontiers in Ecology, and the Environment* 6: 499-504. 倡导保护生物学家和其他领域中有创造力的人们合作。

Teel, T. T. and M. J. Manfredo. 2010. Understanding the diversity of public interests in wildlife conservation. *Conservation Biology* 24: 128-139. 公众对保护野生生物持有不同的态度，这将影响到政府的保护行动。

Thoreau, H. D. 1854. *Walden*: *or*, *Life in the Woods*. Ticknor and Fields, Boston. 在该著作出版 150 年之后，仍然是保护自然的一个强有力的个人观点。

Woodhams, D. C. 2009. Converting the religious: Putting amphibian conservation in context. *BioScience* 59: 463-464. 自然保护主义者需要与宗教社会形成一个共同的保护事业。

（杜彦君 编译，马克平 蒋志刚 审校）

第 III 篇

生物多样性面临的威胁

第7章

物种灭绝

生物多样性正在遭受空前的危机。当前，地球上的物种数量是地质历史上最高的；同时，灭绝率也是最高的（Mace 2005; Wake and Vredenburg 2008）。生态系统和生物群落不断遭到破坏而退化，许多物种濒临灭绝。幸存物种的种群不断衰退、特异的种群和亚种遭到破坏、种群间的隔离程度急剧增大，导致遗传多样性丧失。

人类从自身利益出发，改变和破坏自然环境，导致生物多样性全面丧失。当前，陆地生态系统约50%的净初级生产力被人类利用和消费，其总量相当于25%的地球总初级生产力（Haberl et al. 2007）。农民放弃传统农业，导致一些农作物和家畜的遗传多样性降低。美国97%的蔬菜品种已经灭绝（Veteto 2008）。为了商业利益，热带国家的农民放弃当地品种，改种一些产量高的品种。我们将在第14章、第20章讨论农作物和家畜多样性的丧失情况及其对世界农业的影响。

保护生物学家 E. O. Wilson 认为物种灭绝是最严重的环境恶化。生物群落遭破坏而退化、收缩，利用价值随之降低。但是，只要生物群落中的物种未灭绝，群落仍可能恢复。同样，种群的个体数减少会降低遗传多样性，但是，只要物种未灭绝，种群可以通过突变、自然选择和重组来恢复遗传多样性。不幸的是，如果群落中

> 目前的物种灭绝速率空前且不可逆转。局部种群、遗传变异和生态系统的丧失引起极大关注。

的物种灭绝，其携带的遗传信息以及该物种独特的性状组合就永远消失了，导致该种群不能恢复、群落变得简单。而且，人类不可能再发现它的潜在利用价值了。

“灭绝”这个术语内涵丰富，具体理解随情况不同而变化。灭绝意味着一个物种的所有个体从地球上消失，例如，哥斯达黎加的金蟾蜍（*Bufo periglenes*）已经灭绝（图 7.1）；野外灭绝意味着一个物种的个体仅存在于人工饲养或者栽培状态下。以上两种灭绝即全球灭绝。局部灭绝意味着物种在某些分布点上消失。区域灭绝意味着物种从其分布范围内的某一国家或者地区消失。另外，生态学灭绝意味着物种在群落中的个体极少，以至于可以忽略它对群落中其他物种的影响（McConkey and Drake 2006）。

图 7.1 在哥斯达黎加经过多次调查，没有发现任何金蟾蜍（*Bufo periglenes*）个体，于是，2004 年正式宣布该物种灭绝（照片由 Charles H. Smith 提供）

7.1 过去的大灭绝

生命起源以来，地球上的物种多样性持续增加。然而，这种增长并不稳定，在快速成种期之后长期变化甚微，偶尔也会发生大灭绝（Ward 2004）。科学家通过研究化石记录，推测不同地质历史时期出现的物种及科的数量，从中可以发现大灭绝的格局。

与陆地动物不同，海洋动物身体的某些部位能够形成化石保存在海洋沉积物中，因此，海洋动物的进化历史研究得更清楚。海洋动物起源于大约 6 亿年前的古生代，化石记录表明，随后的 1.5 亿年里不断进化出新科，科的数量在随后 2 亿年急剧增加到 400 个左右，然后又急剧减少到 200 个。海洋动物科的数量在中生代和新生代的最后 2.5 亿年里逐渐增加到 700 多个（图 7.2）。化石记录展示了海洋生物缓慢的进化过程，其进化速率大约是每百万年出现 2 个新科。

除了海洋生物稳定增长的趋势之外，我们还能从化石资料中发现 5 次大灭绝，相邻灭绝事件间隔大约为 6000 万年至 1.5 亿年（图 7.3）。这 5 次大灭绝分别发生在奥陶纪末、晚泥盆纪、二叠纪末、三叠纪末和白垩纪末，它们属于“自然大灭绝”。其中，约 6500 万年前白垩纪末的恐龙灭绝最著名。随后，哺乳动物在陆地生物群落中逐渐占据主导地位。另外，约 2.5 亿年前的二叠纪末大灭绝是这 5 次灭绝中规模最大的一次，海洋中多达 95% 的种和 50% 以上的科灭绝（Wake and Vredenburg 2008）。很可能是广泛的火山喷发和外星体撞击导致地球气候的急剧变化，从而导致了大量物种灭绝。另外一种推测是海底甲烷气流大量释放造成了物种大量灭绝，因为甲烷气流不仅释放了大量有毒烟尘，而且甲烷也是一种比二氧化碳更容易影响气候变化的温室气体。这次大灭绝之后，生物多样性经过 8000 多万年至 1 亿年的时间才逐渐恢复。

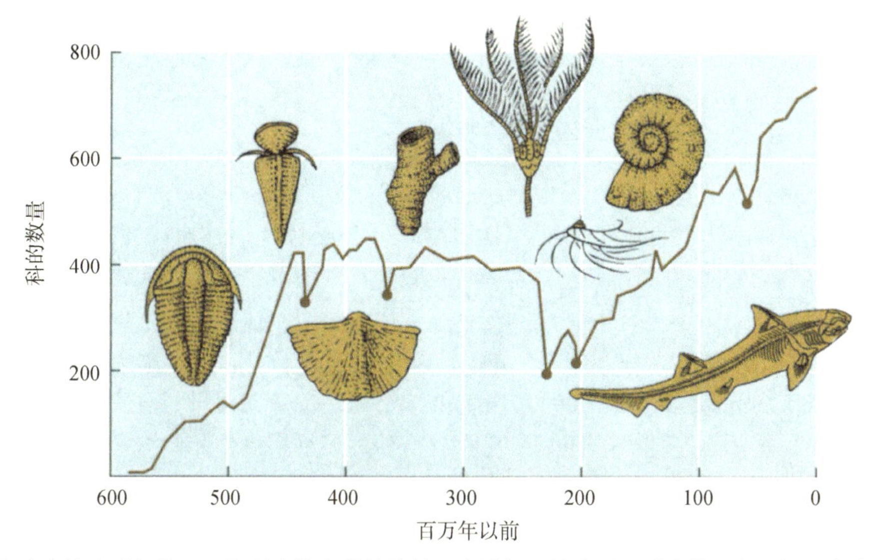

图 7.2　在过去的地质年代里，海洋生物中科的数量逐渐增加，从中可以看出曾经发生的 5 次大灭绝

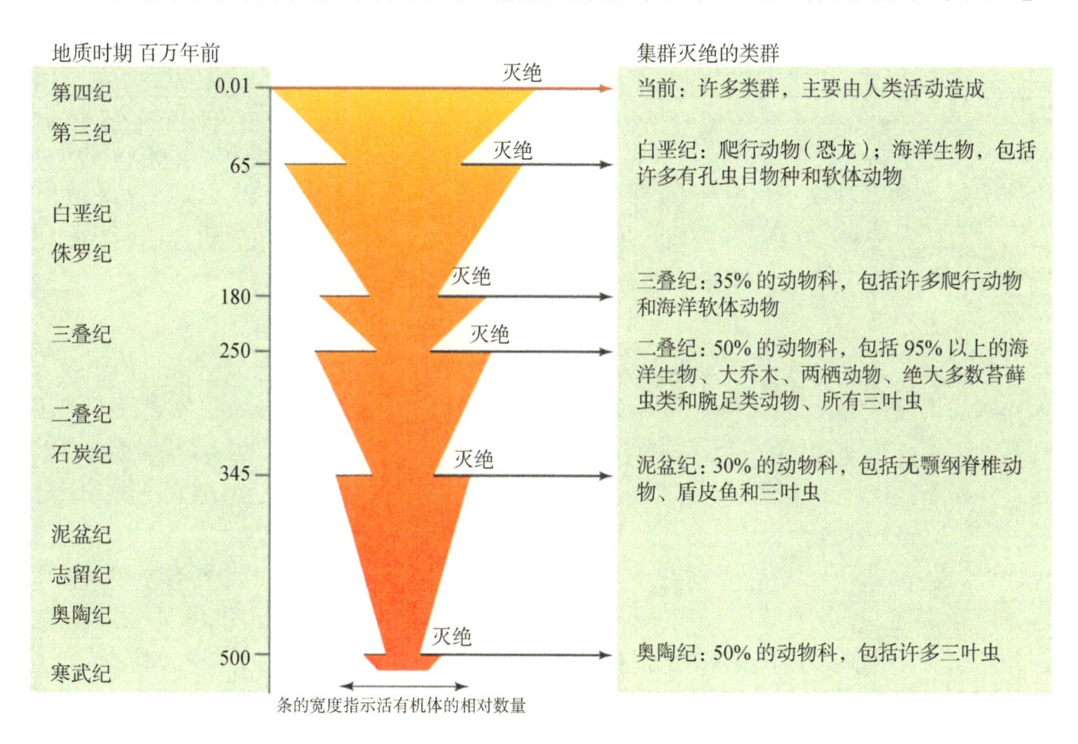

图 7.3　经过无数的年代，地球上的物种总量逐渐增加，但是，在过去 5 次大灭绝中，很多生物已消失，其中最严重的一次灭绝发生在 2.5 亿年前的二叠纪末。第 6 次大灭绝开始于 3 万年前，持续到现在，主要原因是地球人口增长、人类对动物的捕杀和人类活动造成的生境丧失

7.2 人类造成的大灭绝

全球物种多样性在当前地质时期达到最高。昆虫、脊椎动物和有花植物等高级类群的多样性在大约3万年前达到高峰。随后，随着智人(*Homo sapiens*)逐渐占据统治地位，全球生物多样性不断衰退。为了满足对自然资源的需求，人类日益改变了其他生物赖以生存的陆生和水生环境。地球上的生物目前正处在第六次大灭绝的中期，这次大灭绝并非一次“天灾”，而是一次“人祸”(Mace et al. 2005 ; Wake and Vredenburg 2008)。最早引起注意的事件是人类活动导致澳大利亚和美国大型哺乳动物的灭绝，人类来到这些大陆之后不久，74%～ 86% 的大型哺乳动物(体重超过 44kg)灭绝。这些灭绝事件可能是由人类直接或间接造成的，如狩猎活动、砍伐和燃烧森林及草原、外来种的引入、新疾病等(Johnson 2009)。古生物学家和考古学家在世界各地都发现了大量史前人类改变和破坏生态环境的证据，它们与物种高灭绝率事件相吻合。

> 当人类到达各个大洲的时候，许多大型哺乳动物灭绝。这些灭绝事件由人类活动所致几乎没有疑问。

距今约 1 万～ 1.2 万年时，随着牛、羊、小麦、玉米、水稻和其他农作物驯化成功，人类将北美洲、中美洲、欧洲和亚洲的大量原始草地和森林改造成牧场和农场。我们不了解这种景观变化造成了哪些物种灭绝，但是，人类活动引起的景观变化必然会影响野生物种的生存。

过去 2000 年以来，鸟类和哺乳动物引人注目，所以我们最熟悉它们的灭绝率。它们体型较大，研究得比较清楚，野生种的消失比较明显(表 7.1)。世界上其他 99.9% 的物种的灭绝率则只能粗略估计。事实上，鸟类和哺乳动物的灭绝率也并不确定，因为一些视为灭绝的物种又重新被发现了。例如，澳大利亚夜鹦鹉(*Pezoporous occidentalis*)最后一次被发现是 1912 年，随后宣告灭绝，但 1979 年它又被重新发现。有时，我们很难确认一个物种的灭绝，例如，北美鸟类学家 2004 年宣布在阿肯色州的沼泽林中发现了数十年前已灭绝的象牙喙啄木鸟(*Campephilus principalis*)，但随后展开的调查却没有发现它们的存活个体(Stokstad 2007)。此外，一些所谓现存的物种实际上可能已经灭绝。例如，白鳍豚(*Lipotes vexillifer*)特产于中国长江中、下游水域，虽然它尚未被正式宣告灭绝，但 2006 年在长江中详细调查时并没有发现白鳍豚(图 7.4)，即使有白鳍豚个体存在，也处于功能性灭绝状态。许多分布在偏远地区的物种，科学家还没有通过调查来确定这些物种是否依然存在。有些物种可能未发现就已灭绝。

近代，人类如何影响物种灭绝率？自 1600 年以来，大约有 77 种哺乳动物和 129 种鸟类已经灭绝，分别代表它们已知种类的 1.6% 和 1.3%(Baillie et al. 2004)。虽然这些物种的灭绝率不高，但灭绝的趋势逐渐升高，近 150 年是灭绝事件的高发期(图 7.5)。1500 ～ 1725 年，每 25 年最多有 5 种鸟灭绝。1750 ～ 1850 年，每 25 年约有 8 ～ 12 种鸟灭绝。1850 年以后，每 25 年灭绝的鸟类增加到 16 种。灭绝率增加对生物多样性构成了极大威胁。最开始灭绝的几乎都是岛屿物种，1800 年以后大陆种的灭绝数量开始增加。虽然某些物种已野外灭绝，但仍有人工饲养的个体存活。未来，大陆种灭绝的比例可能会更高。

表 7.1　1984 ~ 2006 年灭绝的物种

物种	普通名	灭绝时间	灭绝地点
两栖动物			
Atelopus ignescens	火斑蟾	1988（最后一次记录）	厄瓜多尔
Bufo baxteri	怀俄明蟾蜍	20 世纪 90 年代中期[a]	美国
Bufo periglenes	金蟾蜍	1989（最后一次记录）	哥斯达黎加
Incilius holdridgei	霍尔德里奇蟾蜍	1986（最后一次记录）	哥斯达黎加
Rheobatrachus vitellinus	孵溪蟾	1985（最后一次记录）	澳大利亚
Cynops wolterstorffi	滇池蝾螈	1986（最后一次记录）	中国
鸟类			
Corvus hawaiiensis	夏威夷乌鸦	2002[a]	夏威夷群岛
Crax mitu	剃刀嘴凤冠雉	20 世纪 80 年代末期	巴西
Cyanopsitta spixii	斯皮克斯金刚鹦鹉	2000（最后一次记录）	巴西
Gallirallus owstoni	关岛秧鸡	1987[a]	关岛
Melamprosops phaeosoma	毛岛蜜雀	2004（最后一次记录）	夏威夷群岛
Moho braccatus	奥亚吸蜜鸟	1987（最后一次叫声记录）	夏威夷群岛
Myadestes myadestinus	夏威夷暗鸫	2004	夏威夷群岛
Podilymbus gigas	阿提特兰䴙䴘	1986	危地马拉
哺乳动物			
Diceros bicornis longipes	西部黑犀	2006	喀麦隆
Oryx dammah	弯角剑羚	1996[a]	乍得
植物			
Argyroxiphium virescens	银剑树	1996	夏威夷群岛
Commidendrum rotundifolium	橡胶木	1986[a]	圣赫勒拿岛
Nesiota elliptica	圣赫勒拿橄榄	2003	圣赫勒拿岛

数据来源：IUCN 2009（www.iucnredlist.org）。a. 物种在饲养或栽培状态下存活

图 7.4 “淇淇”——世界上第一头人工饲养、也是存活时间最长的白鳍豚。1980 年 1 月 11 日在长江城陵矶江段搁浅且严重受伤，1 月 12 日运回武汉的中国科学院水生生物研究所，经各方专家全力救治，约半年后痊愈。2002 年 7 月 14 日高寿自然死亡。淇淇在人工饲养条件下生活了近 23 年，创造了世界上人工饲养淡水鲸类最长的纪录之一（图片承蒙王丁提供）

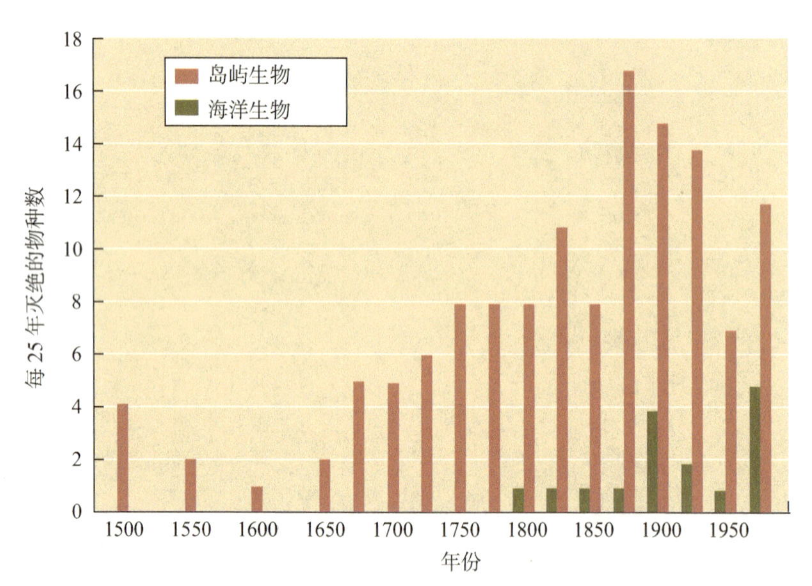

图 7.5 自 1500 年以来的物种灭绝率。从 1650 年到现在，灭绝率逐渐增加。灭绝最早发生于岛屿，大陆物种的灭绝率自 1800 年开始增加（Baillie et al. 2004）

只有当一个物种长期未被发现，才能宣布灭绝，这种确定灭绝的方式导致灭绝率自 1950 年以后明显降低。未来几年，将会确认许多物种在 1950 ～ 2000 年这段时间内已灭绝。过去几年，确认灭绝的物种包括斯皮克斯金刚鹦鹉（*Cyanopsitta spixii*）（2004 年）、夏威夷乌鸦（*Corvus hawaiiensis*）（2004 年）、哥斯达黎加的蒙特沃德金蟾蜍（*Bufo periglenes*）和瓦顿小姐红疣猴（*Procolobus badius waldroni*）。其中，瓦顿小姐红疣猴是过去 100 年以来宣布灭绝的第一种灵长类动物（Oates et al. 2000）。另外，许多未被列入灭绝的物种和一些没有记载的物种，遭人类破坏而大批消亡，仅存少数个体。许多珍稀物种现在很难找到，说明物种在加速灭绝。

尽管许多物种的少数个体在分散的小种群中能存活若干年到上百年，特别是一些孤立的木本植物个体可存活达几百年，但它们最终仍然难逃灭绝的厄运。这些注定要灭绝的物种称为“活着的死物种”（the living dead）或“注定要灭绝的物种”（committed to extinction）（图 7.6，He 2009）。在物种丰富的热带雨林破碎化生境中（如马达加斯加和巴西的大西洋沿岸森林），这类物种较多（Ferraz et al. 2003）。这类物种幸存少数个体，物种未灭绝，幸存种群失去了生殖能力，将随着幸存个体死亡而灭绝。如果残存的森林斑块或公园附近的生境持续遭到破坏，其中的动物会躲避到残存的森林斑块或者公园中，残存森林斑块中脊椎动物的数量会短暂增加（Laurance 2007b）。由于生境丧失和破碎化而导致物种最终消亡，称为灭绝负债（Kuussaari et al. 2009）。例如，基于马达加斯加的森林破坏情况，预测未来几十年至几个世纪，大约有 9% 的物种灭绝（Allnutt et al. 2008）。

图 7.6 百山祖冷杉（*Abies beshanzuensis*）为中国特有植物，生长于中国东部、浙江省庆元县百山祖自然保护区，仅存 3 株野生植株，野外濒临灭绝。可以通过人工繁殖、栽培的形式保存该物种（照片由赵云鹏提供）

当下的受威胁种数量较大，灭绝率在 21 世纪依然会很高。12% 的现存鸟类是受威胁种，哺乳动物和两栖类的受威胁种各占 27% 和 36%（www.iucnredlist.org）。（表 7.2）列举了一些受灭绝威胁程度较高的动物，如海龟、海牛和犀牛等。植物也面临较大威胁，裸子植物（松柏类、银杏和苏铁）及棕榈植物面临的威胁更大。我们对许多真菌、鱼和昆虫的认识不够，还不能确定这些物种的灭绝风险。我们对陆生生物灭绝的信息了解较多，对海洋生物的灭绝却知之甚少。最近一项调查表明，约 1/3 的珊瑚面临灭绝，由此可以看出海洋生物受威胁的程度（Carpenter et al. 2008）。

不同生物类群面临不同程度的灭绝威胁。各种原因造成某些生物受到严重威胁。例如，全世界 23 种鳄鱼，其中 12 种由于生境丧失以及人类过度捕杀而濒临灭绝。全世界约 54% 的灵长类动物和 58% 的海燕、信天翁也因为类似的原因濒临灭绝。人类为了获得大型猫科动物的皮毛、享受打猎的乐趣、消除它们对人和家畜的威胁，对它们进行猎杀。兰科植物对生境的要求很严，遭到过度采挖而面临较大的威胁。中国按照 IUCN 保护级别评估的 1202 种兰科植物中，78% 的物种面临灭绝威胁（汪松和解焱 2004）。欧洲软体动物灭绝的数量比鸟类、哺乳动物、爬行动物和两栖动物等灭绝的总和还多（Bouchet et al. 1999）。

> 许多物种种群分散，每个种群仅有少数个体。尽管它们有可能存活数年或数十年，但最终难逃灭绝的厄运。

表 7.2　各动、植物主要类群受灭绝威胁的物种数

物种类群	总物种数	受灭绝威胁的物种数	受灭绝威胁的物种比例 /%
脊椎动物			
鱼类	28 000	1 722	6[a]
两栖动物	6 248	2 279	36
爬行动物	8 240	622	8[a]
鳄鱼	23	12	52
海龟	205	175	85
鸟类	9 865	2 065	21
雁形目禽类（水鸟）	161	37	23
海燕和信天翁	128	74	58
哺乳动物	5 414	1 464	27
灵长目动物	413	224	54
海牛、儒艮	4	4	100
马、貘、犀牛	16	14	88
植物			
裸子植物	18 000	727	4[a]
被子植物	260 000	9 115	4[a]
棕榈科植物	356	293	82
真菌	100 000	3	0[a]

数据来源：IUCN2009（www.iucnredlist.org）。a. 低百分比反映了数据不充分，归因于已评估的物种数目太少

过去的地质历史时期，形成的新物种数往往超过或与同期灭绝的物种数持平。当前，人类引起的物种灭绝率远远超过新物种形成的速率。虽然存在很多物种快速进化的例子（如果蝇在局部环境的适应性进化、植物不正常减数分裂时通过染色体加倍而获得

新的性状），但这类快速进化不能形成新科或新目。通过快速进化的方式形成新科或新目，至少需要几十万年。著名博物学家 William Beebe 曾经说过：如果地球上所有生物全部灭绝，那么，地球需要经历又一个宇宙历史才能重现昔日辉煌。

7.3 背景灭绝率

对比没有人类干扰时的自然灭绝率，我们就能理解当前人类引起的物种灭绝率很严重。据化石记录，一个物种能在地球上存活百万年至千万年（Mace et al. 2005；Pimm and Jenkins 2005）。地球上目前大约存在 1000 万个物种，每年大约有 1 ～ 10 个物种灭绝，背景灭绝率为每年 0.000 01%～ 0.0001%。以上背景灭绝率是根据广布的海洋动物进行估计的，分布狭窄的物种更易灭绝，相应的灭绝率可能更高。但是，陆地动物的灭绝情况与背景灭绝率一致。研究表明，鸟类和哺乳动物当前的灭绝率是 0.01%/ 年，比背景灭绝率高 100 ～ 1000 倍。1850 ～ 1950 年，实际观测结果是大约 100 种鸟类和哺乳动物灭绝。根据背景灭绝率，灭绝的物种数为 1 种。因此，99% 以上的现生物种灭绝是由人类活动造成的。

> 99% 以上的现生物种灭绝是由人类活动造成的。

有些科学家认为估计背景灭绝率时的假设未经检验，由此对背景灭绝率的精确性提出了质疑（Regan et al. 2001）。但是，即使采取保守的估计，当前的物种灭绝率也比背景灭绝率高 36 ～ 78 倍。因此，没有人怀疑现生物种灭绝主要由人类活动引起，而且，灭绝率远高于背景灭绝率。

7.4 岛屿上的物种灭绝率

岛屿上的陆生生物灭绝率最高是不足为怪的，因为岛屿生物赖以生存的地方有限、种群规模和数量均较小（Régnier et al. 2009；Clavero et al. 2009）。这些灭绝的物种包括鸟类、哺乳动物和爬行动物。另外，大洋岛屿上的许多地方特有种濒临灭绝。多数物种是仅发现于特定产地的特有种，容易灭绝（详见第 8 章）。

岛屿生物在演化和成种过程中通常没有过多的竞争者、捕食者和疾病，特有种的比例较高（表 7.3）。当人类把外来生物从大陆引入岛屿时，这些岛屿特有种因为缺乏竞争能力而大量消亡（专栏 7.1；第 8 章）。人类来到一个岛屿之后不久，经常因狩猎造成动物的灭绝率达到最高，大量渐危种消失之后，灭绝率呈现下降趋势（图 7.7）。总体上，人类在岛屿上定居的时间越长，生物灭绝的百分比越高。岛屿上植物也因为生境遭到破坏而面临灭绝的威胁。在马达加斯加，9000 种植物中有 72% 是地方特有种，其中 189 种濒临灭绝。许多狐猴种类也是马达加斯加的特有种，大多数是受威胁种。

欧洲人移民岛屿时，大量砍伐原始森林、引入新物种，对岛屿造成严重破坏。例如，1840 ～ 1880 年，至少 60 种动物被引入澳大利亚，它们迅速替代一些当地物种、改变当地群落。另外，欧洲人 15 世纪把猴子和猪带到马达加斯加以东的马斯克林群岛，

专栏 7.1 入侵种和岛屿生物灭绝

基于少数几个物种的进化辐射，能够在相互隔离的岛屿上形成大量新物种，在夏威夷群岛和加拉帕戈斯群岛上可以见到这样的情形。例如，夏威夷群岛上，1～2种果蝇迅速进化为800多个物种（Howarth 1990）。岛屿生态系统除了具有独特的生物多样性以外，还是岛屿生物学家研究进化的天然实验室。达尔文在加拉帕戈斯群岛对达尔文雀的研究是展示岛屿物种快速进化的经典案例，这项研究支持了他的物种起源学说。这两个群岛上的特有物种比例都比较高，夏威夷群岛的形成时间更早、气候更湿润、地形更复杂，因此，物种丰富度和生物多样性水平更高。

不幸的是，以上这些因素在造就独特的岛屿生物多样性的同时，也使岛屿生态系统极易受外来入侵种、生境破坏和过度利用的影响。在夏威夷群岛上，最早的外来种引入大约始于1300年以前，伴随着波利尼西亚人的到来，波利尼西亚猪、狗、波利尼西亚鼠以及各种植物相继被引入。古生物学家目前已确认至少有62种鸟在波利尼西亚人到达以后灭绝。自1778年欧洲人到达，相继带来黑鼠、猪、猫、绵羊、马、牛、山羊、猫鼬和2000种左右的节肢动物，进一步导致夏威夷本土的鸟类、昆虫和植物灭绝。而且，许多引入的植物逸为野生，取代了本土植物。外来种和生境破坏如此严重，本土物种占有面积如此小，对比美国其他州，夏威夷群岛上的物种灭绝可能最严重。

> 入侵种是岛屿生物面临的重要威胁。控制入侵种是一项优先保护策略，能使受威胁的特有种得以恢复。

直到现在，加拉帕戈斯群岛上干旱、多石的环境不适合人类居住，它受人类影响的程度远比夏威夷群岛小。引入的山羊、牛和猪是造成许多本土植物衰退的主要原因。岛屿上的山羊种群已经达到8万只，远远超出本土植物的承受能力。猪吃掉鬣蜥和海龟（包括濒危种太平洋绿海龟）的卵。一些栽培植物，如番石榴（*Psidium guajava*）和悬钩子（*Rubus niveus*），逸为野生并取代本土植物。随着岛屿人口增多，引入的植物种数持续增加。著名的达尔文雀也受到影响，有几种已经灭绝（Grant et al. 2005）。厄瓜多尔政府拥有加拉帕戈斯群岛的管辖权，将该群岛的保护列为国家战略重点，但一些非法的商业渔民对该群岛造成了破坏。

在这两个群岛上，保护生物学家和政府组织在努力清除一些影响很大、破坏性很强的入侵物种，特别是哺乳动物（Cruz 2007）。捕杀和清除野山羊、猪以及其他有蹄类动物的同时，家畜被严格控制在围栏中，加拉帕戈斯秧鸡的种群因此开始恢复（Donlan et al. 2007）。还可通过除草剂、砍伐和焚烧清除外来植物。为了有效管理夏威夷群岛的自然保护区，控制外来种的管理成本占总成本的75%以上。另外，入侵昆虫、无脊椎动物和杂草比较小，不容易发现，对它们的控制更加困难。外来入侵种的问题现在得到了重视，相应的政府部门和保护组织对岛屿生境进行了有效保护，并恢复和扩大岛屿的原生生物群落。

夏威夷群岛和加拉帕戈斯群岛拥有独特、丰富且受到严重威胁的特有生物区系。

（A）在加拉帕戈斯群岛上通过围栏清除外来的山羊和猪；（B）当山羊和猪被围在围栏内以后，本土植被开始恢复（Josh Donlan et al. 2007）

并在岛上定居、捕猎，导致 19 种鸟类（包括渡渡鸟）和 8 种爬行动物灭绝。斯蒂芬岛异鹩是新西兰一个很小的岛上的特有种，被看灯塔的人养的猫捕杀而灭绝，由此可见猎食动物对岛屿本地物种的影响。

通过比较大陆、岛屿和海洋自 1600 年以来灭绝的物种数，可以进一步了解岛屿物种的脆弱性。虽然岛屿面积只占地球表面积的很小部分，但是，灭绝的 726 种动

表 7.3 不同岛屿、群岛上的本土植物及特有植物

岛屿（群岛）	本土植物	特有植物	特有植物的比例 /%
大不列颠	1 500	16	1
所罗门群岛	2 780	30	1
斯里兰卡	3 000	890	30
牙买加	2 746	923	33
菲律宾	8 000	3 500	44
古巴	6 004	3 229	54
斐济	1 307	760	58
马达加斯加	9 000	6 500	72
新西兰	2 160	1 942	90
澳大利亚	15 000	14 074	94

数据来源：WRI 1998

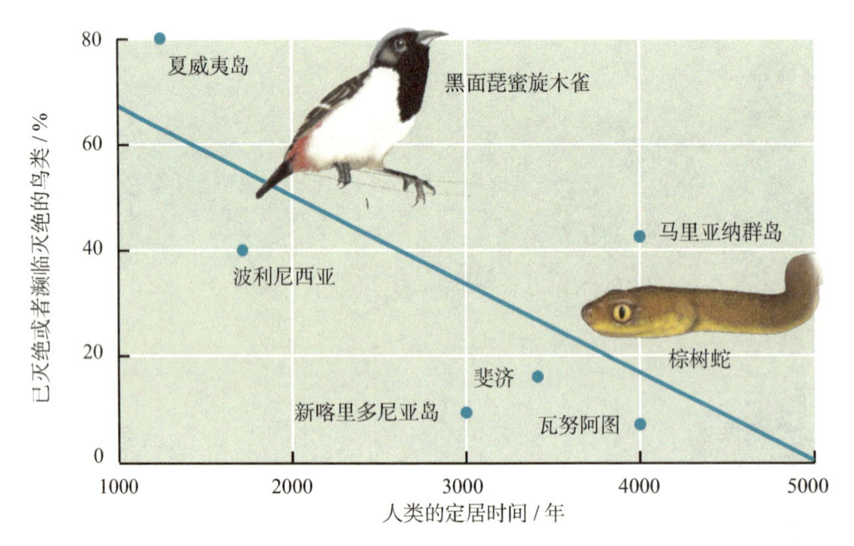

图 7.7 人类定居某一岛屿的时间越长，欧洲人到达之后，各岛屿上鸟类的灭绝率或濒临灭绝的比例越低。这可能意味着那些敏感的鸟类在欧洲人到达之前已经灭绝。人类在夏威夷岛屿上定居的时间短，因此，灭绝率或者濒危种的比例较高；马里亚纳群岛上鸟类的灭绝率较高，是棕树蛇（外来种）造成的破坏作用（Pimm et al. 1995）

> 岛屿生物比大陆生物的灭绝率更高，淡水生物比海洋生物更易灭绝。

植物中，岛屿物种占 351 种（Baillie et al. 2004）。未来几十年，由于大陆低地的物种很丰富且遭受严重的人类破坏，这些区域的物种灭绝将逐渐增加。

7.5 水生环境中的物种灭绝率

虽然获得了大量关于陆生生物灭绝的信息，但是我们对海洋鱼类和珊瑚礁物种的灭绝情况却知之甚少。仅有 14 种海洋生物被证实灭绝，其中哺乳动物 4 种、鸟类 5 种、鱼类 1 种和软体动物 4 种（Régnier et al. 2009）。因为缺乏对海洋生物的详细研究，我们极可能低估海洋生物的灭绝（Edgar et al. 2005）。许多海洋哺乳动物是顶级捕食者，其灭绝对整个海洋生物群落有很大影响。另外，某些海洋物种代表一个属、一个科甚至一个目，这些物种灭绝是全球生物多样性的巨大损失。我们曾经认为海洋中的生物似乎不可能灭绝，目前依然有很多人持这种观点。但有研究表明，随着海岸带的严重污染和海洋生物的过度捕捞，海洋生物难逃灭绝（Jackson 2008）。人类活动（如过度捕捞）使海洋中的鲸和大型鱼类衰减了 90%。

多数淡水鱼类生活在大陆水域，这里是淡水鱼类灭绝的高发区。北美超过 1/3 的淡水鱼类濒临灭绝（Moyle and Cech 2004）。美国加利福尼亚州的工业发展使水资源匮乏，导致该地区淡水鱼类受到严重威胁，67 种本地淡水鱼中，10% 已经灭绝、58% 濒临灭绝。大量鱼类和水生无脊椎动物（如软体动物）由于受到堤坝、污染、灌溉工程、外来种侵入和生境破坏的影响濒临灭绝（图 7.8）。

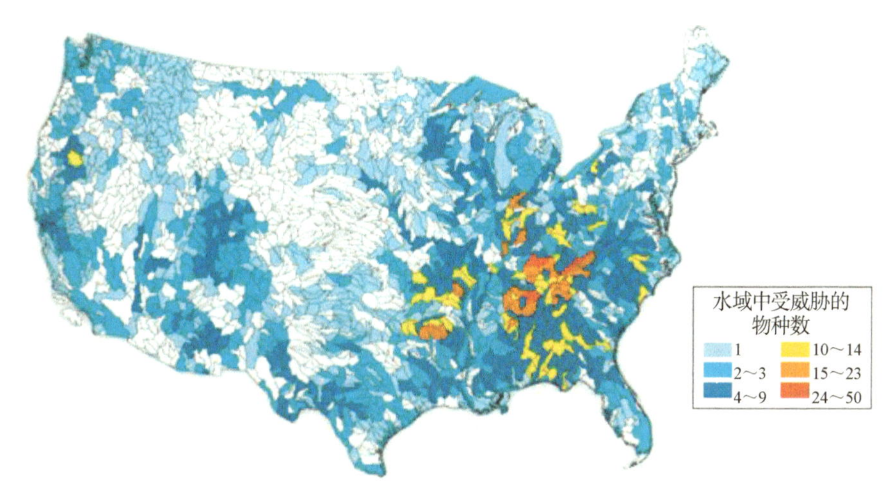

图 7.8 美国各水域中受威胁的鱼类和蚌类。阿巴拉契亚山脉水域中受威胁物种最多，其他受威胁物种较多的区域包括阿肯色州和密苏里州的欧扎克山脉、印第安那州、阿拉巴马州南部。主要威胁因素包括水坝、灌溉系统、工业和农业污染、外来种、生境丧失。受威胁最严重的物种分布在那些物种丰富度最高、受人类影响最大的区域

7.6 岛屿生物地理学和灭绝率预测

生物学家注意到岛屿面积与物种数目之间存在密切关系，MacArthur 和 Wilson（1967）据此提出岛屿生物地理学模型。该模型预测，岛屿越大，岛屿上的物种越多（图 7.9）。这与我们的直觉相符，岛屿越大，生境和群落类型的变异越大，地理隔离程度越高、独立种群的数量越多、单个种群越大，因此，形成新物种的概率越高，新

成的物种或者新迁移的物种灭绝的概率越低。用如下经验公式来表示“种-面积”关系：

$$S = C \times A^Z$$

式中，S 是岛屿上的物种数；A 是岛屿面积；C 和 Z 是常数。Z 决定曲线斜率；C 和 Z 会因为岛屿类型、物种类群不同而发生变化。Z 取值范围为 0.15 ～ 0.35，通常为 0.25（Connor and McCoy 2001）。分布区狭窄的两栖和爬行类的 Z 值接近 0.35，广布大陆种的 Z 值常接近 0.15。昆虫的 C 值较高，鸟类较低。

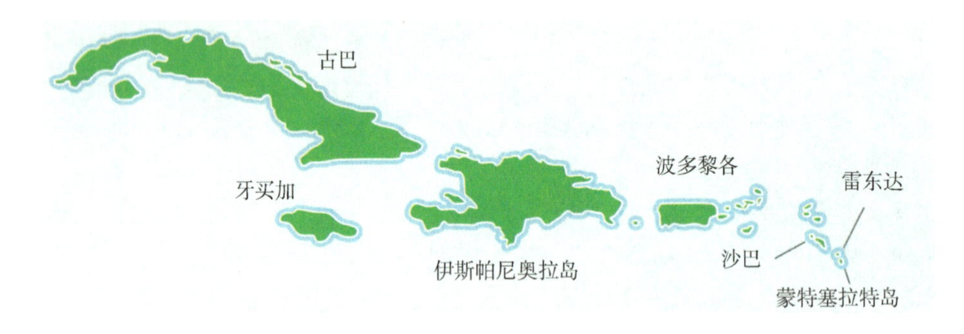

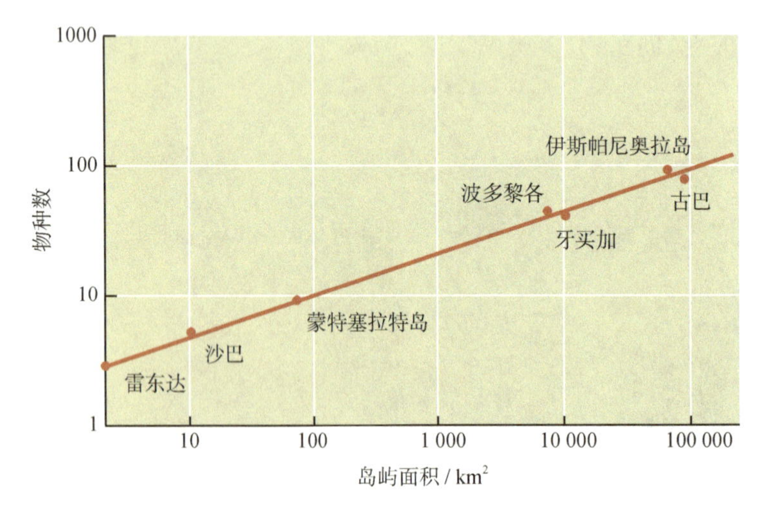

图 7.9 根据岛屿面积预测岛屿的物种数。图中显示了西印度群岛上 7 个岛屿的两栖类和爬行动物的物种数。大岛屿（如古巴和伊斯帕尼奥拉岛）上的物种数远高于小岛屿（如沙巴和雷东达）（Wilson 1989）

绝大多数生物学家接受岛屿生物地理学模型（Quammen 1996；Triantis et al. 2008；Chen 2009）。对于许多植物和动物类群而言，该模型能够解释 50% 的物种数变异，能很好地描述物种丰富度的格局。岛屿面积和物种数之间呈非线性关系，加勒比海域三个岛屿的数据较好地验证了这种关系：三个岛屿的面积分别为 93km²、8959km² 和 114 524km²，根据“种-面积”关系，物种数的理论值分别为 2、12 和 30，实际调查的物种数分别为 2、10 和 57。

MacArthur 和 Wilson（1967）曾提出假说，认为岛屿上的物种数是物种迁入（包括新物种形成）和物种灭绝的动态平衡。在物种迁入新岛屿的早期，迁入物种数比灭绝物种数多，最终，物种迁入和物种灭绝会达到平衡（图 7.10）。物种在大岛屿上找到合适生境的概率高，因此，大岛屿上早期的物种迁入速率高于小岛屿。大岛屿上的生境多样性较高，容纳的种群较多，因此，大岛屿上的物种灭绝率比小岛屿低。岛屿离大陆的距离越近，新物种迁入越容易，物种迁入速率高。而且，岛屿生物地理模型可以预测，离大陆近的大岛屿上的物种数要高于离大陆远的小岛屿上的物种数。

灭绝率和生境丧失

“种 - 面积”关系能预测生境遭破坏时灭绝的物种数（Laurance 2007；Rompré et al. 2009）。岛屿生境遭破坏，残存的物种数相当于面积较小、生境未被破坏的岛屿上的理论物种数（图 7.11）。岛屿生物地理学模型可用来对破碎生境包围的国家公园或自然保护区进行管理（Chittaro et al. 2010）。保护区相当于茫茫“沙海”中的“绿洲”。岛屿生物地理学模型预测，岛屿或栖息地的一半遭破坏时，大约有 10% 的物种消失。假如这些物种是地方特有种，它们就会灭绝。当 90% 的岛屿生境遭到破坏时，岛上 50% 的物种会消失；当 99% 的岛屿或栖息地面积遭破坏时，75% 的物种将消失。过去 180 年，新加坡 95% 的原始森林遭破坏，基于岛屿生物地理模型，预测 30% 的森林物种从新加坡消失。事实上，1923 ～ 1998 年，新加坡本土鸟类有 90% 已经消失，灭绝率较高的是林栖的食虫鸟类和大型地栖鸟类（Castelletta et al. 2005）。

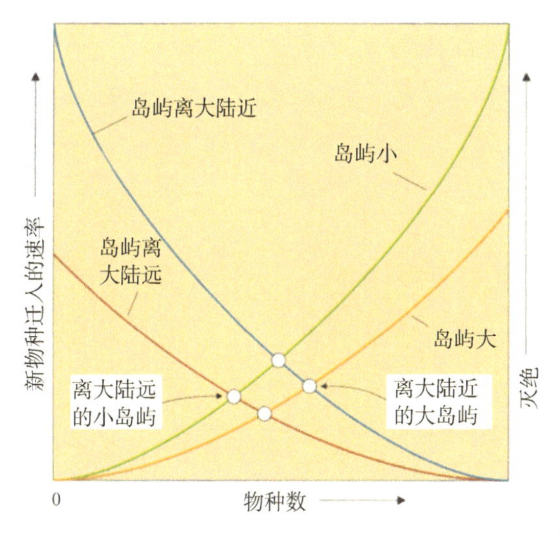

图 7.10　岛屿生物地理模型描述了岛屿上物种迁入与物种灭绝之间的关系。早期，扩散能力强的物种迅速占领岛屿，物种迁入率很高，随着岛屿上物种数增加，物种迁入率下降。灭绝率随着岛屿上物种数的增多而增加。离大陆近的岛屿，物种迁入率高。小岛屿上的物种灭绝率高。当岛屿上的物种迁入率等于灭绝率时，岛屿上的物种数达到平衡。离大陆近的大岛屿上的物种数较多，离大陆远的小岛屿上的物种数较少（MacArthur and Wilson 1967）

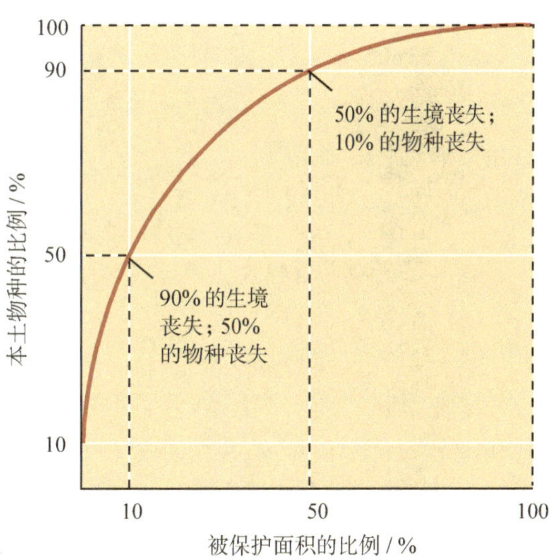

图 7.11　根据岛屿生物地理模型，随生境面积增加，物种数以渐近线的方式增长。随着面积的增加，物种数在早期迅速增加，随后逐渐达到平衡。而且，曲线的形状随地理位置和物种不同而发生变化。该曲线指示了生境丧失和物种丧失之间的关系。如果 50% 的生境被破坏，10% 的物种丧失；90% 的生境遭破坏，50% 的物种丧失。因此，如果一个国家的保护区能够覆盖 10% 的国土面积，就能保护 50% 的物种

据估计，全球每年有 1% 的热带雨林遭破坏，Wilson（1989）预测全球 500 万物种（大多数是昆虫和植物）中每年将有 0.2%～ 0.3%（大约 10 000 ～ 15 000 个物种）消失，这意味着地球上每天有 34 个物种消失。估计到 2050 年，非洲热带物种灭绝率将达到 35%，亚洲热带为 20%，美洲热带为 15%，其他地区为 8%～ 10%（千年生态系统评估 MEA，2005）。在珍稀物种较多的国家中，森林破坏率较高，森林破碎化日益严重，灭

岛屿生物地理模型预测物种灭绝率与生境丧失量成正比，存活的物种数与原始生境面积成正比。

绝率可能会继续上升（Laurance et al. 2007）。如果热点地区（尤其是富含地方特有种的地区）受到保护，灭绝率会降低。如果生境破坏集中在这些热点地区，灭绝率可能会升高。成千上万的物种在未来 50 年将趋于灭绝（Bradshaw et al. 2009），这可能成为继 6500 万年前白垩纪末生物大灭绝之后最严重的一次。

岛屿生物地理模型的假设条件

应用岛屿生物地理模型估计灭绝率需要一些假设，它们可能会影响估计的有效性。

1. 估计某区域的灭绝率时，"种－面积"曲线中各参数通常使用该地区的特征值。但广布种（如海洋动物、温带森林物种）的灭绝率通常比狭域种（如岛屿上的鸟类、淡水鱼类）的灭绝率低。
2. 估计灭绝率时，假设被破坏生境中的局部特有种全部灭绝。实际上，许多物种能够在破碎生境中生存，并且能扩散到附近的次生林，少量物种也能在人工林中生存。被大面积择伐的热带雨林中的幸存物种能适应改变后的生境。
3. 估计灭绝率时，假设生境破坏是随机的。但是，有些物种丰富的地区往往得到保护，实际的物种灭绝情况并不如模型预测的情况那样严重。另外，热带雨林低山地区的物种多样性高，这些区域常被开垦为农田。
4. 生境破碎的程度可能会影响灭绝率。如果残存生境被分割成许多小斑块，或者道路穿插其中，活动范围大或依靠大种群才能维持生存的物种可能会灭绝。另外，破碎化森林中，狩猎、农田开垦和外来种入侵的概率增加，加剧物种灭绝。

另外，我们还可利用熟悉的物种预测灭绝率。这种方法研究生境、种群数目、物种地理分布等随时间衰退的情况，依据经验对少数物种的灭绝率做出精确预测（Mace 1995）。例如，该方法预测，世界上 725 种受威胁脊椎动物中，约 15 ～ 20 种会在未来 100 年内灭绝，而且某些类群的灭绝率可能会更高。结合岛屿生物地理模型和生境破坏情况，预测某区域的物种灭绝数与该区域实际灭绝种数或受灭绝威胁的物种数是一致的（Brooks et al. 2002）。

灭绝的时间

物种在残存生境中最终灭绝的时间是保护生物学中的重要问题，岛屿生物地理模型也无法回答这个问题。一些物种的小种群可能会存活数十年甚至上百年，但是最终难逃灭绝的厄运。将模型的预测结果与历史上曾经发生的灭绝进行对比，可以估计灭绝的时间。例如，肯尼亚的残存森林中，最乐观的估计是每 1000 hm^2 破碎化林地中将有 50% 的物种在 50 年内消失，每 10 000hm^2 破碎化林地中将有 50% 的物种在 100 年内消失（Brooks et al. 1999）。澳大利亚的某些森林哺乳动物在 80 hm^2 的残存林中能存活 50 年，在 300 hm^2 的残存林中能存活 100 年（图 7.12）（Laurance et al. 2008）。如果残存生境能够恢复（如近几个世纪的新英格兰和波多黎各），小种群就可能得以存活。尽管北美东部 98% 的原始森林遭砍伐，但残存的破碎生境为动物（如鸟类）提供了避难所。

7.7 局部灭绝

保护生物学除了重点研究全球性灭绝问题，还关注物种的局部灭绝(Balmford et al. 2003；Rooney et al. 2004；Bilney et al. 2010)。生境破坏导致广布种幸存于破碎化的生境。例如，美国埋葬虫(*Nicrophorus americanus*)曾广布于北美中部和东部，现仅存 3 个孤立种群(图 7.13；Muths and Scott 2000)。局部灭绝严重威胁生物群落。对马萨诸塞州、Concord 镇间隔 150 年的两次调查结果显示，27% 的本地植物未被发现；36% 的本地植物残存 1 ～ 2 个种群，极易灭绝：曾经很常见的物种现在残存少量个体，某些类群(如兰花、百合)的局部丧失尤其严重。造成该区域物种丧失的原因可能是森林演替、外来种入侵、空气和水污染、放牧、生境破碎化以及气候变化等(Willis et al. 2008；Primack and Miller-Rushing 2008)。澳大利亚的阿德莱德市 1836 年和 2002 年的两次调查结果表明，40 种本地哺乳动物中，20 种已灭绝；1136 种本地植物中，89 种已灭绝(Tait et al. 2005)。

图 7.12 浣熊负鼠(*Pseudocheirus peregrinus*)对残存森林的大小敏感。如果残存生境面积小于 $10hm^2$，种群在 10 年内灭绝。40 ～ $80hm^2$ 的残存森林中，种群存活的时间平均为 50 年(照片：ANT Photo Library/Photo Researchers, Inc.)

美国自然遗产项目组在夏威夷、纽约和宾夕法尼亚州的植物调查结果表明，4%～ 8% 的植物未能找到。英国约 13% 的蝴蝶过去几十年发生了局部灭绝(Thomas et al. 2004)。印尼苏门答腊岛 20 世纪 80 年代存在 12 个亚洲象种群，但 20 年后只剩下 3 个(Hedges et al. 2005)。

> 许多物种的种群正在丧失，这类局部灭绝导致局部地区物种丰富度降低，影响生态系统功能，削减自然界的欣赏价值。

局部灭绝打破群落中的物种联系，极易引发新的灭绝。局部物种丧失可能会降低一个地方的欣赏价值，导致人们不再关心该区域的保护。

丧失的种群 全球 500 万已知物种由 10 亿个种群组成，每个物种平均约有 200 个种群(Hughes and Roughgarden 2000)。种群的消失量大致相当于生境消失的比例，所以种群远比物种消失迅速(参见图 7.11)。当草原生态系统的 90% 遭破坏时，植物、动物和真菌的种群会随之消失 90%。热带雨林至少拥有全球 50% 的物种，每年以 1% 的速率减少，这表明每年将有 500 万个(或每天约有 13 500 个)种群消失。

> 物种丰富的热带雨林面积每年以 1% 的速率减少，这相当于每天有 13 500 多个种群消失，最终将导致物种灭绝。

大量的局部灭绝事件警示大自然正在遭受严重破坏。我们必须采取措施阻止局部灭绝和全球灭绝。局部种群的消失不仅代表生物多样性的丧失，也降低了该地区的科学、生态和社会公益价值。

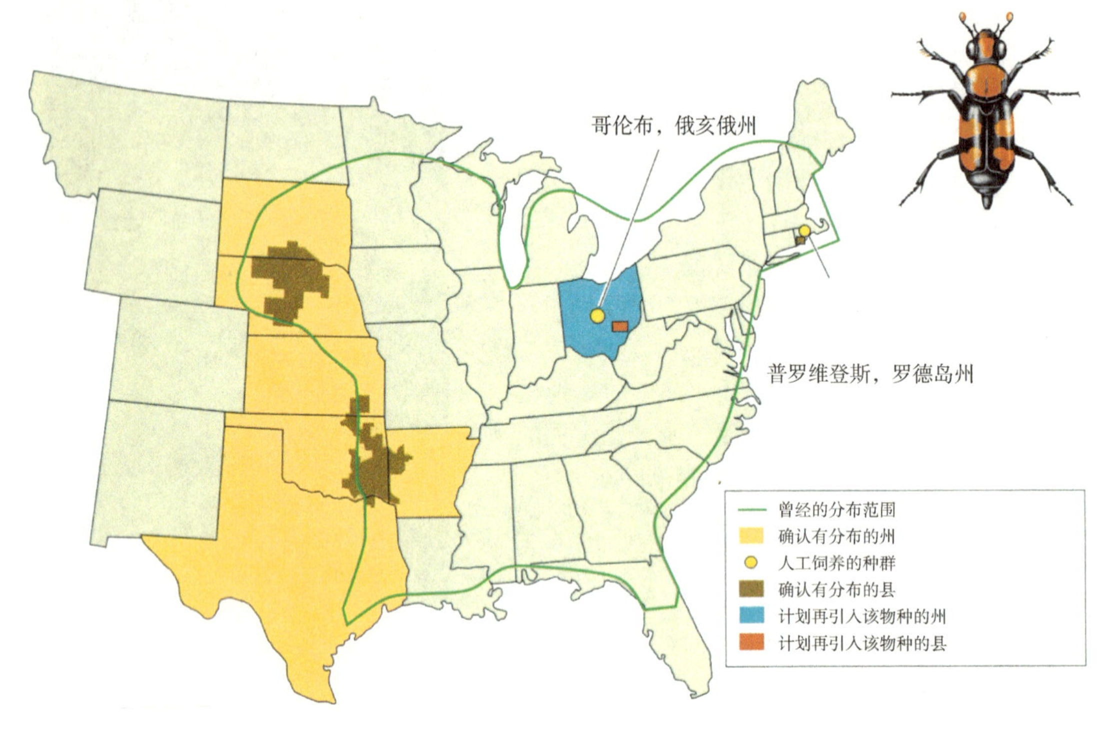

图 7.13 美国埋葬虫（*Nicrophorus americanus*）曾广布于北美中部和东部，现在的分布范围急剧减小，仅存 3 个孤立种群。研究人员已经开始寻找该物种衰退的原因，制订恢复计划，并尝试人工饲养（O'Meilla 2004）

小结

1. 相比过去的地质时期，地球上的现世物种多样性最高。当前的物种灭绝率很高，与地球上曾经发生的 5 次大灭绝相当。
2. 人类活动造成许多物种灭绝。公元 1600 年以来，约 1. 6% 的哺乳动物和 1. 3% 的鸟类灭绝。物种灭绝在加速，许多物种濒临灭绝。鸟类和哺乳动物的灭绝率是自然灭绝率的 100 ～ 1000 倍。
3. 破碎生境中残存一些寿命很长的个体，由于生殖失败，尽管它们可以存活数年或数十年，但仍然难逃灭绝的厄运，它们是"活着的死物种"。
4. 岛屿物种比大陆物种更易灭绝，淡水物种比海洋物种更易灭绝。
5. 根据岛屿面积、岛屿和大陆的距离，岛屿生物地理模型可以预测岛屿上的物种数。依据当前的生境破坏速率，2%～ 3% 的物种会在未来 10 年灭绝，每年将有 1 万～ 1. 5 万个物种从地球上消失。种群数量和种群大小的衰减趋势也支持以上预测。
6. 许多物种的种群不断减少，局部灭绝代表一种生物多样性丧失，危害群落。

讨论题

1. 给定不同的 C 值（0. 5、1、2、4 等）和 Z 值（0. 15、0. 25、0. 35 等），利用岛屿生物地理模型，预测岛屿上的物种数。假定岛屿上原始生境的破坏程度（30%、70%、97%、98%），预测灭绝的物种数并说明预测时需要的假设。

2. 为什么人们关心物种的局部灭绝?
3. 如果地球上 50% 的现有物种在未来 200 年内灭绝，要进化出相同数目的物种，需要多长时间?

推荐阅读

Bilney, R. J., R. Cooke, and J. G. White. 2010. Underestimated and severe: Small mammal decline from the forests of southeastern Australia since European settlement, as revealed by a top-order predator. *Biological Conservation* 143: 52-59. 欧洲人移民澳大利亚以后，小型哺乳动物的分布范围急剧收缩，局部灭绝很严重。

Carpenter, K. E., M. Abrar, G. Aeby, R. B. Aronson, S. Banks, A. Bruckner, et a1. 2008. One-third of reef-building coral faces elevated extinction risk from climate change and local impacts. *Science* 321: 560-563. 气候变化和局部事件使得造礁珊瑚灭绝率升高。

Chittaro, P. M., et a1. 2010. Trade-offs between species conservation and the size of marine protected areas. *Conservation Biology* 24: 197-206. “种 - 面积”关系可以作为海洋自然保护区建设的理论依据。

Jackson, J. B. C. 2008. Ecological extinction and evolution in the brave new ocean. *Proceedings of the National Academy of Sciences USA* 105: 11458-11465. 人类活动的影响导致复杂的海洋生态系统衰退，可能会进一步导致大量的海洋生物灭绝。

Johnson, C. 2009. Megafaunal decline and fall. *Science* 326: 1072-1073. 动物体形越大，越容易灭绝。

Kuussaari, M., R. Bommarco, R. K. Heikkinen, A. Helm, J. Krauss, R. Lindborg, et al. 2009. Extinction debt: A challenge for biodiversity conservation. *Trends in Ecology and Evolution* 24: 564-571. 人类活动对生物多样性的影响会体现在未来的灭绝事件中。

Laurance, W. F. 2007. Have we overstated the tropical biodiversity crisis? *Trends in Ecology and Evolution* 22: 65-70. 热带雨林的加速破坏会威胁大量物种。

Laurance, W. F., S. G. Laurance, and D. W. Hilbert. 2008. Long-term dynamics of a fragmented rainforest mammal assemblage. *Conservation Biology* 22: 1154-1164. 破碎化雨林中的许多物种将局部灭绝。

MacArthur, R. H. and E. O. Wilson. 1967. *The Theory of Island Biogeography*. Princeton University Press, Princeton NJ. 这本经典著作对现代的保护生物学有深远影响。

Primack, R. B., A. J. Miller-Rushing, and K. Dharaneeswaran. 2009. Changes in the flora of Thoreau's Concord. *Biological Conservation* 142: 500-508. 在保护很好的城市郊区，人类活动会造成大量的局部灭绝。

Quammen, D. 1996. *The Song of the Dodo: Island Biogeography in an Age of Extinctions*. Scribner, New York. 用通俗的语言解释岛屿生物地理学理论。

Régnier, C., B. Fontaine, and P. Bouchet. 2009. Not knowing, not recording, not listing: Numerous unnoticed mollusk extinctions. *Conservation Biology* 23: 1214-1221. 软体动物没有引起我们的足够重视，但它们是受威胁最严重的生物之一。

Stokstad, E. 2007. Gambling on a ghost bird. *Science* 317: 888-892. 著名的鸟类学家宣布发现了一种认为已经绝灭的啄木鸟，但他们可能是错误的。

Wake, D. B. and V. T. Vredenburg. 2008. Are we in the midst of the sixth mass extinction?A view from the world of amphibians. *Proceedings of the National Academy of Sciences USA* 105: 11466-11473. 深入研究表明，两栖动物是受威胁最严重的动物类群之一。

（陈国科 编译，马克平 蒋志刚 审校）

第 8 章

物种对灭绝的脆弱性

不同物种灭绝的概率不同，稀有种比常见种更易灭绝。“稀有”在保护生物学中有多种解释（Feldhamer and Morzillo 2008）。通常，稀有种分布狭窄、占据稀有的特殊生境、种群很小（Harrison et al. 2008）。分布范围是确定稀有种的首要标准，也是最明显的标准。例如，攀枝花苏铁（*Cycas panzhihuaensis*）分布于中国西南部四川、云南两省交界的金沙江河谷地区，属于稀有种（图8.1）。许多稀有种分布在岛屿上，有些稀有种可能分布在破碎的生境中，它们在局部区域的多度可能很高。

特有与稀有相互联系，表示物种只分布于单一的地理区域。分布狭窄的稀有种类似于特有种，某些特有种的分布范围可能很广，多度也较高。但是，稀有种的分布范围通常较窄，是分布区狭窄的特有种。某些稀有种可能只在分布范围的一部分区域稀有。有些物种的分布范围可能曾经很广，但是，人类活动和生境破坏导致其分布范围变窄，它们是假稀有种。有些稀有种占据极特殊生境。例如，狐米草（*Spartina patens*）在其分布范围内很常见，但它只分布于盐沼地，是稀有种。而常见种往往分布于多种生境中。

物种的种群很小，即为稀有种。例如，伊比利亚猞猁（*Lynx pardinus*）曾广布于西班牙和葡萄牙，现在，该物种的种群小，而且各种群间相互隔离（图8.2）。广布种至少在某些区域是大种群。

图 8.1　攀枝花苏铁（*Cycas panzhihuaensis*）是第四纪冰期后，残留于中国西南横断山区的古老维管植物之一，野生种群集中分布在四川、云南两省交界的金沙江河谷地区。其生境受南亚热带半干旱河谷气候影响，多生在母质为石灰岩、沙页岩的红褐土和红壤上。其地理分布范围狭窄，是稀有种（照片由余志祥提供）

图 8.2　极危种伊比利亚猞猁（*Lynx pardinus*），它曾经广布于伊比利亚半岛，目前，零星分布于西班牙，个体数不超过 100 只。生境破碎化和猎物减少是造成该物种衰退的原因（照片版权：Carlos Sanz/VWPICS/Visual & Written SL/Alamy）

分布区狭窄的物种（如岛屿物种）极易灭绝。

判断稀有种的三项标准（地理分布狭窄、生境特殊、小种群）既适用于物种的全部分布范围，也适用于物种分布范围的某一区域。这三项标准也是确定优先保护的依据。如果物种分布范围狭窄、生境特殊且种群很小，就应该得到保护，要尽可能对它的生境进行管理，维持残存的脆弱种群。某些物种受阻于地理障碍或者扩散能力较弱，当前的分布范围很窄，但它对生境没有偏好，可以将一些个体引到新地点，建立新种群（见第 13 章）。事实上，我们可以经常观察到这样的现象：扩散能力差的植物种群比较聚集，扩散能力强的植物种群比较分散（Quinn et al. 1994）。广布种的种群较多，扩散到其他地点的概率高，灭绝风险相应较小，需要被抢救的紧迫性较低。

8.1 特有种与灭绝

局限分布于某区域的物种就是该区域的特有种。是否特有对物种的灭绝风险影响很大。某一孤立岛屿（如马达加斯加）上的特有种灭绝，就意味着该物种在全球灭绝；相反，大陆物种的种群较多，少数种群灭绝对该物种的影响不大。例如，北美东部 98% 的森林被开垦为农田，鸟类没有因此而灭绝。被破坏的森林恢复之前，残存的破碎林能够维持这些鸟类的生存。

我们可以增加特有种的分布点，这类扩展的区域并不是物种的自然分布区域。例如，全世界很多动物园有大熊猫（*Ailuropoda melanoleuca*），但它只是中国特有种。刺槐

(*Robinia pseudoacacia*)属于北美东部和南部的特有种，该物种已被引种到北美、欧洲和世界其他温带地区，并扩散到当地的生态系统中。有些特有种的地理分布很广，如野黑樱(*Prunus serotina*)是西半球的特有种，在美洲北部、中部和南部都有分布；一些特有种的分布范围很狭窄。有些特有种系统发育年轻，分布范围很窄，为新特有种，如东非维多利亚湖中的几百种丽鱼。古特有种在系统发生上相对古老，近缘种已灭绝，中国的大熊猫和印度洋中的腔棘鱼都属于古特有种。这些分布区狭窄的特有种都可能灭绝，应该受到重视。

孤立区域(如远离大陆的岛屿、历史悠久的湖泊、沙漠中的孤立山顶)，特有种比例较高。另外，在一些地中海气候影响的大陆(如非洲南部、加利福尼亚)，特有种的比例也较高(表 8.1)。澳大利亚的生物区系在进化上几乎完全孤立，94% 的本土植物是特有种。美国夏威夷岛屿的特有种也很多(图 8.3)。地理上不孤立的区域，特有种往往较少。例如，德国、比利时的生物区系与周边国家的生物区系很相似，特有种很少。马达加斯加岛是特有种最集中的区域之一，岛上的湿润热带雨林孕育了丰富的特有种，岛上所有的狐猴、99% 的蛙类以及 92% 的植物都是特有种(Goodman and Benstead 2005)，但是，岛上 80% 的生境遭人类破坏，将近 50% 的鸟类和哺乳动物特有种可能因此而灭绝。

表 8.1 世界上部分地区的特有植物

地区	面积 /km^2	总物种数	特有植物种数	特有植物比例 /%
欧洲	10 000 000	10 500	3 500	33
澳大利亚	7 628 300	15 000	14 074	94
中国	9 600 000	28 684	14 939	52
美国得克萨斯州	751 000	4 694	379	8
美国加利福尼亚州	411 000	5 647	1 517	27
德国	349 270	2 600	6	<1
美国南北卡罗来纳州	217 000	3 586	23	1
南非开普敦地区	90 000	8 578	5 850	68
巴拿马	75 000	9 000	1 222	14
比利时	30 230	1 400	1	<1

数据来源：Gentry 1986；WRI 2000；Huang et al. 2011

8.2 最易灭绝的物种

生态系统遭人类破坏时，许多物种的分布范围、种群会减小，一些物种会灭绝。为

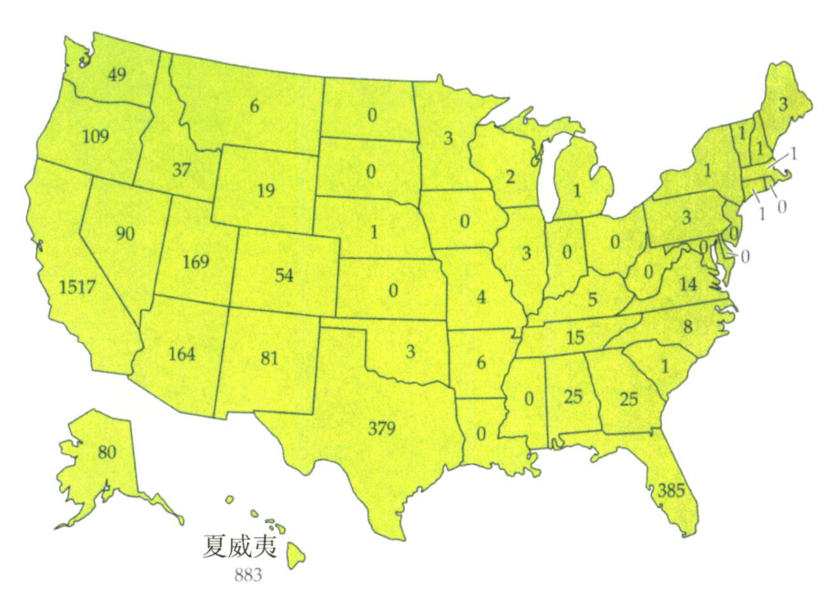

图 8.3　美国各州的特有植物种数。得克萨斯州有 379 种特有植物，纽约州只有 1 种。加利福尼亚的面积很大，生境多样性高，特有植物最多。总体趋势是纬度越低，特有植物越多。夏威夷群岛远离大陆，虽然它的面积较小，但特有植物很多（Gentry 1986）

了防止灭绝，我们需要采取措施，对稀有物种进行监护和管理。生态学家发现某些物种极易灭绝，它们通常具备稀有种的特征（Hockey and Curtis 2009；Grouios and Mane 2009）。这些物种可以划分为如下 5 类。

> 即使缺乏详细的数据，保护生物学家也可以通过鉴定易灭绝物种的特征来预测渐危种的需求。

- *地理分布非常局限的物种*。一些物种仅分布在有限地理区的一个或几个产地，一旦该地区遭到人类活动破坏，这些物种就可能灭绝（Cardillo et al. 2008；Lawler et al. 2010）。大洋岛屿上的鸟类由于分布区局限而灭绝或濒临灭绝。许多鱼类因局限于某一湖泊或水域而灭绝。分布狭窄的物种在面对气候变化时容易灭绝（见第 9 章）。研究表明，许多鸟类（特别是分布狭窄的鸟类）在面对气候变化时，容易灭绝（Sekercioglu et al. 2008）。
- *仅有 1 个或几个种群的物种*。只有一个种群的物种可能因为地震、火灾、疾病暴发和人类活动等偶然事件而导致灭绝。种群数目越少，物种灭绝风险越高。种群数目极少的物种的分布区也非常局限。
- *种群规模小的物种*。种群规模小的物种比种群规模大的物种更容易受到统计随机性、环境变化、遗传变异丧失的影响，因此，小种群物种更易灭绝（图 8.4）。

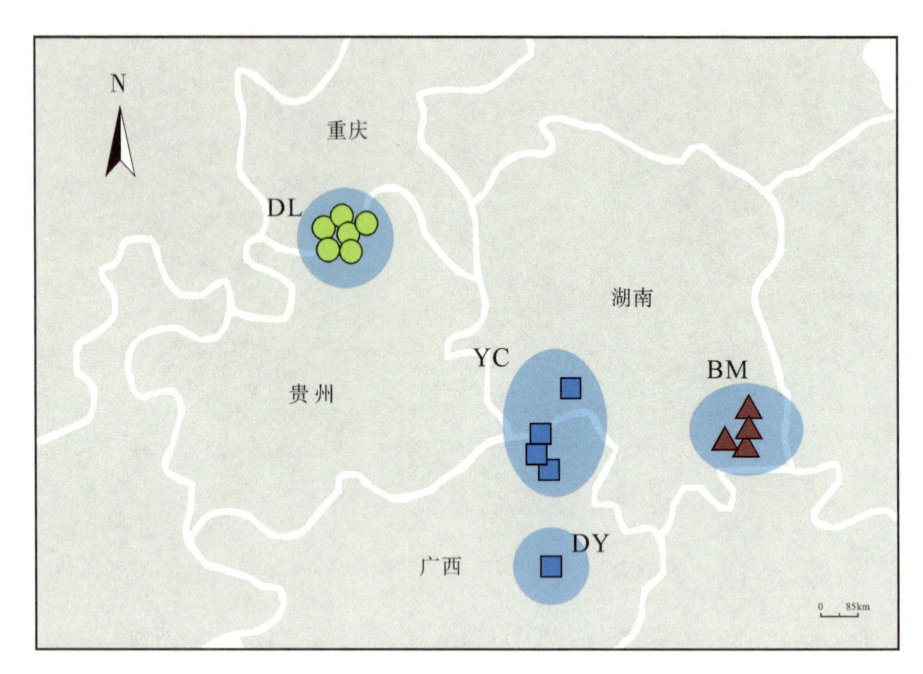

图 8.4 中国特有裸子植物银杉（*Cathaya argyrophylla*）的 4 个孑遗避难所。种群孤立地分布于重庆和贵州交界的大娄山（DL）、湖南和广西交界的越城岭（YC）、广西中东部的大瑶山（DY）以及湖南西南部的八面山（BM）。图中三角形、方形和实心圆代表现存种群，3 种不同形状代表不同的线粒体单倍型。分子群体遗传学研究表明，上述种群被保留在自第四纪冰期以来 4 个相互隔离的避难所中，群体内遗传多样性低、群体间分化大，从而出现近交衰退、散布能力差、生殖和存活率低等现象，加上所处生境破坏和破碎化等诸多因素，银杉的所有种群都有面临灭绝的危险（Wang and Ge 2006；图片由葛颂提供）

种群大小能很好地预测破碎种群的灭绝（见第 7 章）。例如，巴西的破碎化森林中，鸟类的存活时间受破碎林的面积、生境多样性、生境破坏前鸟类的多度等因素的影响（Laurance 2008b）。相对于生境单一、面积小的破碎林，生境多样、面积大的破碎林中鸟类的多样性高，生境破坏前鸟类的多度越高，种群存活时间越长。

- 种群正在衰退的物种。种群衰退是一个持续过程。如果不能确定种群衰退的原因，采取挽救措施，那么物种就可能灭绝（Peery et al. 2004）。达尔文 150 多年前在《物种起源》（1859）中指出："在物种灭绝之前，它们通常会变得稀有。当物种变得稀有时，我们习以为常；当物种持续稀有而灭绝时，我们却大惊小怪。同样的道理，一个人死亡之前通常会生病。可是，当这个人生病时，我们习以为常；当这个人因为长期生病而死亡时，我们却怀疑他被暴力攻击而死亡。"
- 被人类捕猎或采集的物种。过度捕猎会导致物种的种群迅速变小（见第 10 章），如果不对捕猎活动进行管理，物种会因此灭绝。物种的不当利用经常是它们灭绝的前奏（图 8.5）。

另外，还有一些物种不能归入以上 5 类，但它们也具有与灭绝相关的一些特点。

- 需要较大生活空间的物种。某些动物或群居物种依赖的生境面积较大，一旦人类破坏了它们的部分生境，这些物种就很容易灭绝。
- 体型较大的动物。大型动物个体需要较大的生境和较多的食物，它们通常生育

图 8.5 黄龙胆（*Gentiana lutea*）是欧洲山地草原上的一种美丽的多年生草本植物，它的根被收集，用作传统医药，每年消耗约 1500t 干黄龙胆根。过度采挖造成了许多种群衰退，在葡萄牙、阿尔巴尼亚、德国部分地区以及瑞士，该物种已被列为 IUCN 极危（CR）物种。虽然政府限定了合法的采挖区域，但是，非法的采挖仍在继续（照片版权：Arco Images GmbH/Alamy）

率低，而且容易被人类捕猎。顶级肉食动物与人类可能存在竞争关系，它们的食物可能是人类喜爱的野味，它们偶尔也会危害家畜，因此它们常被人类猎杀（图 8.6）。种子大、存活时间短的植物比种子小、存活时间长的植物更易灭绝（Kolb and Diekmann 2005）。

- *不能有效扩散的物种*。环境变化迫使物种在行为或生理方面适应新的生境。不能适应环境变化的物种要么迁移到适宜生存的生境，要么灭绝。生物经常无法适应人类活动造成的环境剧变，迁移是它们的唯一选择。当原来的生境遭到破坏、污染、外来种入侵、全球气候变化等事件影响时，那些无法穿越道路、农田和破碎生境的物种注定要灭绝。扩散在水生环境中也非常重要，堤坝、污染、渠道和沉积物经常会阻碍生物的活动。美国的双壳类和腹足类淡水动物的扩散能力有限，而且需要比较特化的生境，它们的灭绝风险比蜻蜓高（Stein et al. 2000）。澳大利亚昆士兰的 16 种哺乳动物在破碎雨林中存活的能力主要取决于它们利用这些次生林的能力，次生林对于维持原始林中某些物种存活很重要（Laurance 1991）。
- *季节性迁徙的物种*。季节性迁徙的物种需要两种或多种生境，如果某种生境遭破坏，这些物种可能无法生存。例如，每年有 120 种、10 亿只鸣禽在美国北部和热带美洲之间迁徙，它们的生存和繁殖依赖于这两个地区以及迁徙路线上的适宜生境。另外，物种所需生境之间若有障碍（如道路、栅栏或堤坝）阻止其扩散，它们就可能无法完成生活史（Wilcove and Wikelski 2008）。典型案例是鲑鱼受到堤坝阻止而无法游到河的上游去产卵。有蹄类动物、食果脊椎动物、食虫鸟类等通常沿着海拔、水分梯度在不同生境中迁徙、觅食。如果不能成功迁徙而被局限在某种生境中，它们可能无法生存，即使能存活，也可能无法储备足

图 8.6 北美(A)和澳大利亚(B),食草哺乳动物的体重分布。柱的绿色区域代表欧洲人到达时还存活的物种数;柱的红色区域表示从人类初次到达该区域到欧洲人到达该区域这段时间内灭绝的物种数。澳大利亚的物种数相对较少,体重分布更均匀。绝大多数灭绝的物种是大动物,如长毛猛犸象(上图)和塔斯马尼亚虎(下图)(Johnson 2009)[照片版权:INTERFOTO/Alamy(A);William Home Lizars(B)]

够的营养进行繁殖。穿越国界的物种面临的困难更多,需要多国合作才能有效保护这些物种。例如,白鹤(*Grus leucogeranus*)每年往返于俄罗斯和印度之间,行程约 4800km,需要穿越 6 个国界线,有的是关系紧张的、甚至处于军事对峙状态的国境线,因此,白鹤的保护面临许多困难。

- 遗传变异低的物种。种群内的遗传变异可以保证一个物种适应变化的环境(见第 2 章和第 11 章)。环境中出现新的疾病、捕食者或其他变化时,遗传变异性较小的物种就更容易灭绝。
- 需要特化生境的物种。生理或形态特化的物种通常不能适应变化的环境(Dunn et al. 2009;Van Turnhout et al. 2010)。例如,沼泽地植物会因为生境遭人类破坏而迅速灭绝。食性高度特化的物种容易灭绝。一些螨类的生存依赖于特定鸟类的羽毛,这种鸟的灭绝将导致螨类的灭绝。有些昆虫只采食一种植物,这种植物灭绝将导致昆虫的灭绝。相互联系的多个物种灭绝称为“共同灭绝”(co-extinction)。例如,某些食性特化的鸟类尾随行军蚁,捡食行军蚁嘴边逃跑的昆

> 许多物种需要稳定的环境才能生存,在人类活动改变后的环境中往往不能生存。

虫，行军蚁的局部灭绝将导致这种鸟的灭绝（图 8.7）。有些物种的生境奇特、稀有，如加利福尼亚的温水池、美国西南部的花岗岩层和孤立的高山。保护生境对于保护这类物种很重要。

图 8.7 巴西的横斑蚁鵙（*Thamnophilus doliatus*）食性特化，它捡食行军蚁嘴边逃跑的昆虫和小动物。如果生境破碎或者伐木导致行军蚁局部灭绝，这种鸟就会灭绝（照片版权：Peter Arnold Images/Photolibrary.com）

- 发现于稳定、原始生境中的物种。许多物种的生境扰动很小，如原始热带雨林和温带落叶林的核心区。如果这些区域遭破坏（如砍伐、放牧、火灾和其他变化等），许多本土种将无法适应小气候的改变（光线增多、湿度减小和温差大）以及外来种侵入。另外，物种在稳定生境中的生殖年龄会延迟，子代个体数少。遭遇生境干扰时，这些物种不能很快扩展种群，难逃灭绝。空气污染和水污染改变环境，如果物种不能适应改变的生境，也将灭绝（专栏 8.1）。例如，人类排放大量的废弃物造成珊瑚礁中的物种灭绝，也使得淡水生态系统中的无脊椎动物（如蟹、虾、蚌、蜗牛等）不能生存。
- 暂时或长期群聚的物种。某些特殊生境中群聚的物种极易发生局域灭绝（Reed 1999）。例如，蝙蝠虽然分散觅食，但那些在洞穴中栖息的种类通常成群聚集。猎捕者如果白天进入蝙蝠栖息的洞穴，就能迅速毁灭整个群体。人类经常捕猎野牛群、候鸽群和繁殖期的鱼群。某些鱼类（如大马哈鱼和大肚鲱）在繁殖期通常聚集到河的上游产卵，用渔网几乎可以将它们一网打尽，造成灭绝。过度采集聚集分布的果树、果实，会使幼苗更新出现困难。繁殖期的海龟通常在少数几个海滩集聚产卵，人类对海龟的集中捕杀、对海龟蛋的集中收集会造成其灭绝。当种群规模降到一定程度，许多群居的动物种无法觅食、交配或集体防御，种群最终会消失，这就是“阿利效应”（Allee effect）。相对于那些个体分散的物种，聚集分布的物种在遭遇生境破坏时更易灭绝。
- 在人类活动触及范围之外演化的物种。经历过人类扰动的物种比那些在人类以及相关驯化生物活动范围之外演化的物种有更多的生存机会（Balmford 1996）。例如，太平洋的岛屿中，波利尼西亚人曾定居的岛屿上的鸟类灭绝率

专栏 8.1 受威胁的蛙和蟾蜍

1989年在英国坎特伯雷举行的首届"世界两栖爬行动物学大会"上，一些看似平常的现象引起了很大关注，科学家注意到两栖动物的种群正在衰退。至少20年前，蛙、蟾蜍、火蜥蜴及其他一些两栖动物比较常见。现在，这些物种逐渐变得稀少，其中一些濒临灭绝。科学家开始研究它们衰退的原因，希望找到一些办法来遏制衰退趋势。这次会议之后，围绕该主题发表了较多的研究论文、综述和专著。随后，2000～2004年进行了全球两栖动物评估（Stuart et al. 2004）。结果表明，43%的两栖动物种群正在衰退，36%的两栖动物面临灭绝威胁（www.iucnredlist.org）。

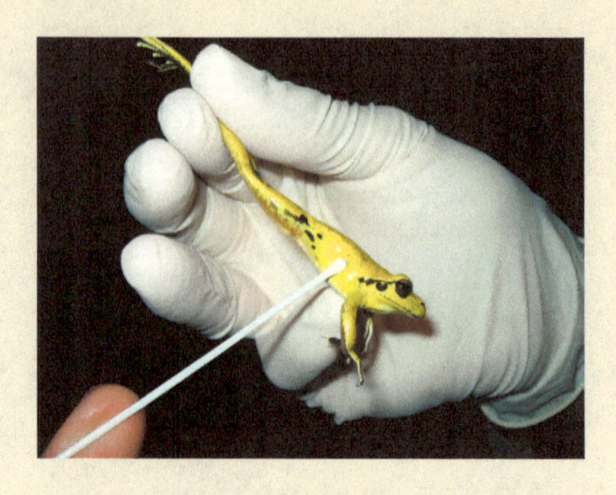
研究人员用棉棒触及澳大利亚蛙的反应。稍后将检查棉棒上是否有致病壶菌。

全球的研究表明，两栖动物面临多种威胁。水体真菌的感染是造成两栖动物衰退的重要原因。

这些研究表明，两栖动物面临人类干扰时特别脆弱，可能是因为许多物种同时需要水生和陆生环境来完成生活史，任一生境被破坏，就会生殖失败。跟其他物种类似，两栖动物对杀虫剂、化学污染及酸雨敏感（见第9章）。化学污染物和杀虫剂能轻易地穿透两栖动物的体表，酸雨破坏它们的卵和蝌蚪。

湿地丧失对两栖动物影响较大。池塘是两栖动物的适宜生境，过去100年，英国的池塘数量减少了70%。另外，掠食性鱼类的引入、干旱、极端气候、臭氧层破坏后紫外辐射的增强也造成了一些两栖动物的衰退，常导致两栖动物极易遭受蛙壶菌（*Batrachochytrium dendrobatidis*）的感染（Murray 2009）。这种致死真菌可能是通过世界贸易（尤其是活体水生生物贸易）在全球传播的（Picco and Collins 2008）。虽然最近有关两栖动物的研究较多，科学家仍然不清楚它们到底是全球衰退还是局部衰退。不过，过去20年对两栖动物的保护和研究使我们了解到它们面临的威胁及其原因。在此基础上采取的保护措施可能包括：避免对湿地的破坏和污染、减少有害真菌传播、为受威胁物种建立新种群。如果这些措施都不成功，应该考虑人工养殖。如果我们不了解物种衰退的原因，就不能采取有效的保护措施。

易灭绝物种的特征很多，需要通过研究找出这些特征，从而制订相应的保护措施。

明显偏低。另外，澳大利亚西部过去受人类活动影响小，当前这些区域的植物灭绝率比那些人类活动密集区高10倍以上（Greuter 1995）。

- 与最近灭绝或受威胁种密切相关的物种。例如，灵长类动物、鹤、海龟和兰科植物符合上述的某些特征，易发生灭绝。

易灭绝物种的各项特征之间相互联系而形成不同类别。例如，许多兰科植物的生境特化、与传粉者之间的关系特化、被人类过度采集，从而导致了这些兰科植物种群衰退（图 8.8）。许多海鸟因为生殖能力差、在繁殖季节积聚产卵受到外来种攻击、石油污染和商业捕捉等多种原因濒临灭绝（Munilla et al. 2007）。另外，不同物种生活史差异较大，导致它们灭绝的原因也不同。例如，造成蝴蝶、水母和仙人掌灭绝的原因就完全不同。找出物种灭绝的原因以后，就可以采取相应的保护措施。那些极易灭绝的物种可能具备以上所有这些导致物种灭绝的特征。正如 David Ehrenfeld（1970）所说："体形大的猎食动物的生态幅通常较窄，怀孕期长，每次孕育的幼崽数量少，而且它们极易遭到人类捕杀，同时也没有得到有效的管理。这类物种的分布范围狭窄且跨越国界线。它们害怕人类，繁殖季节聚集，有许多稳定的行为特征。"

图 8.8　丽江杓兰（*Cypripedium lichiangense*）产于中国云南省西北部和四川省西南部，为中国特有种，花大而艳丽，为重要的花卉资源。由于人为破坏、生境丧失，该物种已被列为 IUCN 红色名录中的濒危（EN）植物（照片由金效华提供）

迄今，我们对已鉴定的大多数受威胁物种（尤其是鸟类和哺乳动物）做了比较详细的研究。只有非常了解一个物种，才能认识它所面临的危险（Duncan and Lockwood 2001）。绝不能因为物种知识的匮乏而轻言一个物种或类群没有受到灭绝的威胁，知识的匮乏只能敦促我们尽快研究它们。例如，直到 10 年前，人们才通过深入研究发现大量两栖动物濒临灭绝，它们的保护状态才得以明了。

8.3 保护级别

确定最易灭绝的物种对于生物多样性保护是必要的。为了保护稀有种和濒危种，首先要明确它们的状态，为此,IUCN确定了物种的保护级别划分体系。其中，极危(CR)、濒危(EN)和易危(VU)有灭绝风险，IUCN进一步对它们受到的威胁进行量化(Mace et al. 2008；www.iucnredlist.org)。通过出版红皮书和红色名录、关注一些特殊物种等活动，IUCN的保护级别划分体系对于国家和全球水平的生物多样性保护有很大帮助。另外，通过一些国际公约[如濒危野生动植物种国际贸易公约,(CITES)]，确定需要保护的濒临灭绝的物种。IUCN的保护级别划分体系如下。

灭绝(EX)：物种(或者亚种、变型)已不存在。目前，IUCN确定全球有717种动物、87种植物灭绝。

野外灭绝(EW)：物种处于栽培和圈养状态，或者，物种的野生种群不在原产地。目前，IUCN确定全球有37种动物、28种植物野外灭绝。

极危(CR)：根据IUCN评判标准中A～E的任何一项,物种野外灭绝的概率特别高。

濒危(EN)：根据IUCN评判标准中A～E的任何一项，物种野外灭绝的概率很高。

易危(EN)：根据IUCN评判标准中A～E的任何一项，物种野外灭绝的概率高。

近危(NT)：物种(或者亚种、变型)接近受威胁的标准，但不是受威胁物种。

无危(LC)：物种(或者亚种、变型)不是受威胁物种，也不接近受威胁的标准(广布种和多度高的物种属于此类)。

数据缺乏(DD)：判断物种(或者亚种、变型)灭绝风险的信息不足。

未予评估(NE)：还未应用IUCN标准对物种的灭绝风险进行评估。

在国家或者区域水平应用IUCN标准，需要附加两类保护级别：

区域灭绝(RE)：物种(或者亚种、变型)在该国或该区域灭绝，但仍然存在于世界其他国家或者地区。

不适用(NA)：在该国或区域不适合用IUCN标准对物种(或者亚种、变型)进行评价。例如，该国或该区域不是物种的自然分布区；待评价物种只是偶尔迁徙到该国或者该区域。

> IUCN利用物种占有的面积、存活的成年个体数等量化的信息，确定物种的保护级别。

极危、濒危和易危物种都面临灭绝威胁，IUCN基于种群生存力分析，关注种群的发展趋势和生境条件，并量化物种的灭绝风险(表8.2)。而且，基于该系统的标准分类方法和信息，我们能对以前的评价结果进行修正。

生境丧失是该系统的一个标准，即使我们对某一物种不够了解，如果它的生境丧失，即可列为受威胁物种。IUCN对物种评价时主要依据物种分布的区域、存活的成年个体数、生境或种群的衰退趋势，而对物种的灭绝风险关注较少(Kindvall and Gärdenfors 2003)。事实上，基于种群生存力分析的物种灭绝风险，与物种的IUCN等级及其他风险评估结果非常相关(O'Grady et al. 2004)。

物种的基础数据不足时，IUCN的评估结果存在误差。物种的基础数据收集工作往往费时、费力，这一问题在发展中国家尤为明显。即便如此，相对于过去一些主观的评价方法，IUCN评价体系优势明显，对物种保护有很大的帮助。

表 8.2 用于确定物种保护级别的红色名录标准

红色名录标准 A-E	确定"极危"物种的量化条件 [a]
A. 个体数已减少	通过观察，或基于利用水平、外来种和疾病威胁、生境衰退等因素进行推测，过去 10 年或 3 个世代内（或更长时间），种群个体数至少减少了 80%
B. 分布区	分布区狭窄（单个分布点的面积小于 100km^2），生境质量、生境面积下降、面临过度商业开发
C. 个体数将减少	估计种群的成熟个体数少于 250，预计今后 3 年或 1 个世代内，成熟个体数将减少至少 25%
D. 存活的成熟个体数	种群的成熟个体数少于 50
E. 物种的灭绝概率	今后 10 年或者 3 个世代，灭绝的概率至少达 50%

a. 如果一个物种符合标准 A 至 E 中的任意一项的条件，该物种即可列为"极危"种。"濒危"种和"易危"种用类似的方法确定，详细资料见 IUCN 网站（www.iucnredlist.org）

应用表 8.2 的评价规则和（图 8.9）的分类体系，IUCN 在一系列红皮书和红色名录中评估和描述了动植物受到的威胁，详细资料已按国家和类群列在 IUCN 网站（www.iucn.org）。IUCN 红色名录旨在吸引公众注意那些受国家法律或国际公约保护的受威胁物种（Donald et al. 2007；Fontaine et al. 2007）。目前，5414 种哺乳动物中的 1464 种被列为受威胁物种；9865 种鸟类中的 2065 种被列为受威胁物种；6248 种两栖类动物中的 2279 种被列为受威胁物种（表 7.2）。而且，有些国家已有该国的红色名录（表 8.3）。

> 应用 IUCN 标准可以确定受威胁物种红色名录，并进一步确定物种是否对保护策略做出响应。

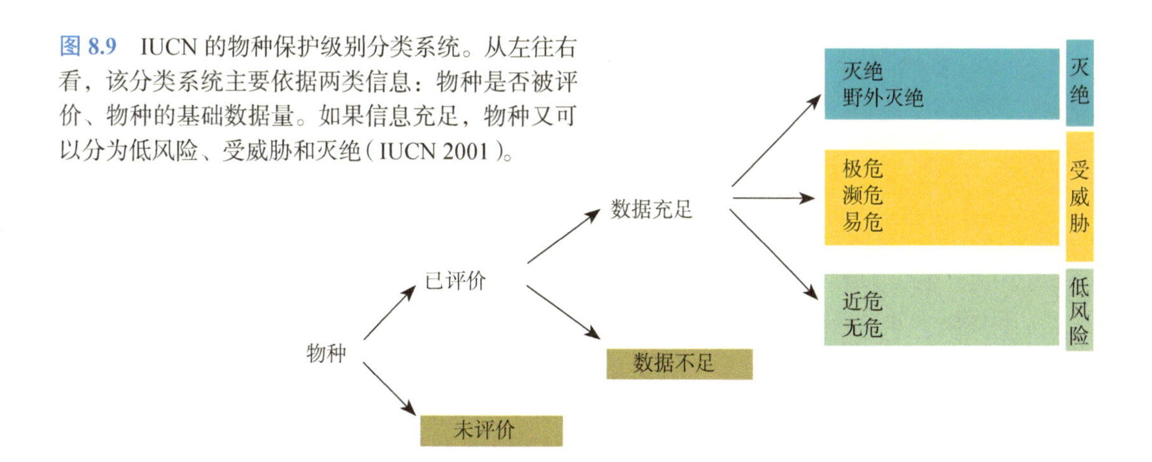

图 8.9 IUCN 的物种保护级别分类系统。从左往右看，该分类系统主要依据两类信息：物种是否被评价、物种的基础数据量。如果信息充足，物种又可以分为低风险、受威胁和灭绝（IUCN 2001）。

表 8.3 一些温带国家陆生、淡水和海洋生物中面临全球灭绝的物种比例[a]

	哺乳动物		鸟类		爬行动物		两栖动物[b]		植物[b]	
	总物种数	受威胁物种的比例/%	总物种数	受威胁物种的比例/%	总物种数	受威胁物种的比例/%	总物种数	受威胁物种的比例/%	总物种数	受威胁物种的比例/%
阿根廷	374	9	974	5	220	2	158	18	9 000	0.5
加拿大	206	4	536	3	33	9	46	2	6 889	0
中国	555	13	1234	7	340	9	326	27	30 000	1.5
日本	145	19	443	9	66	18	56	34	4 700	0.3
俄罗斯	299	11	601	1	58	14	29	0[b]	11 400	0.1
南非	298	8	762	5	299	6	116	18	23 000	0.3
英国	75	7	268	1.5	5	0	8	0	1 550	0.9
美国	441	8	866	9	273	13	269	21	22 079	1

数据来源：IUCN 2009（www.iucnredlist.org）; NatureServe 2009。a. 受威胁物种包括极危种、濒危种和易危种。b. 俄罗斯的两栖动物以及所有国家的植物，绝大部分还没有评价，因此，受灭绝威胁的比例很小，当所有的物种都评价以后，受威胁物种的比例很可能会增加

虽然 IUCN 已评估了 1722 种鱼类、1513 种爬行动物、2197 种软体动物、1259 种昆虫、1735 种甲壳类动物和 12041 种植物，但它们在各类群中所占比例很小。大多数鸟类、两栖类和哺乳动物已按照 IUCN 标准评估，但是，爬行类、鱼类和高等植物评价的比例却较低。昆虫、无脊椎动物、苔藓、水藻、真菌和微生物按照 IUCN 评价的比例更低（Regnier et al. 2009）。最近的一项调查显示，10%～15% 的蜻蜓可列为濒危种（Clausnitzer et al. 2009）。因此，迫切需要用 IUCN 标准评价更多的物种。

将 IUCN 标准应用到特定地理范围和特定类群，是我们确定优先保护的一种方式。例如，哺乳动物比鸟类面临的威胁更大。从地区上看，日本的物种比南非的物种面临的威胁大，而且，这两个国家的物种受到的威胁又比英国的物种面临的威胁大（表 8.3）。而且，利用 IUCN 红色名录标准，评估受国家法律保护的物种的受威胁等级，可以为建立这些物种的受威胁等级体系、实施有效的保护提供参考（图 8.10）。

长期跟踪物种的保护状态，可以判断某项保护策略是否有效（Butchart and Bird 2010）。例如，红色名录指标（Red List Index）显示，某些动物的保护状态在 1988 ～ 2004 年持续下降，信天翁、海燕和两栖类动物的保护状态下降尤为明显（Quayle et al. 2007；Baillie et al. 2008）。可能因为某些保护策略延缓了物种的衰退，一些极危物种的灭绝率比预测值要低（Brooke et al. 2008）。另外，地球生命指数（Living Planet Index）显示，从 1970 年至 2005 年，1686 种脊椎动物的种群规模降了 28%（Collen et al.2009）。

瑞士使用另外的途径来确定那些对保护策略有响应的物种（Gigon et al. 2000）。317 个物种的种群保持稳定或者多度增加，它们被列为蓝色名录，表明相应保护策略有效果（图 8.11）（www.bluelists.ethz.ch）。虽然该方法没有被广泛应用，但它提供了一种可能的物种保护策略。另外，一些国家将生境相似的受威胁物种集中管理（Pärtel et al. 2005）。

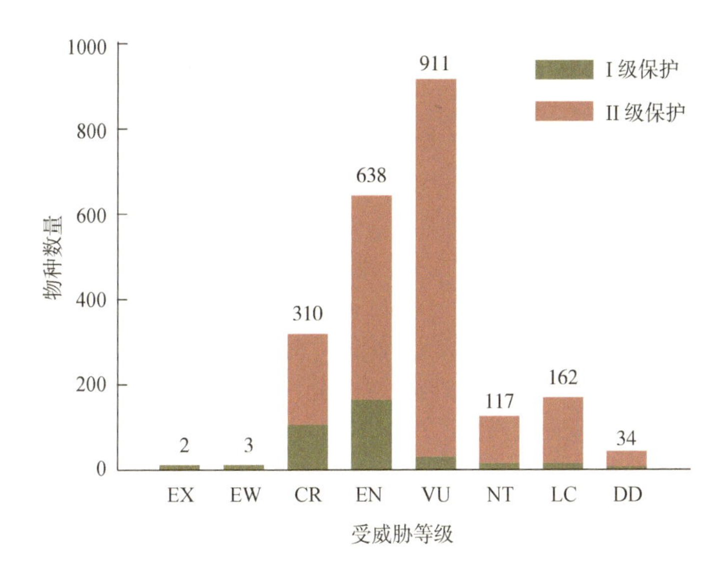

图 8.10 采用 IUCN 红色名录的受威胁等级和标准，对 2177 种中国重点保护野生植物进行受威胁等级的评估。评估结果为：绝灭（EX）2 种，野外绝灭（EW）3 种，极危（CR）310 种，濒危（EN）638 种，易危（VU）911 种，近危（NT）117 种，无危（LC）162 种，数据缺乏（DD）34 种。将评估结果与国家 I、II 保护级别进行对比，发现两者之间存在较为明显的不一致性，名录中有 162 个物种被评估为无危（LC），评估为极危（CR）的物种中包含有大量的 II 级保护植物，所占比例甚至超过了 I 级保护植物（张殷波等 2011）

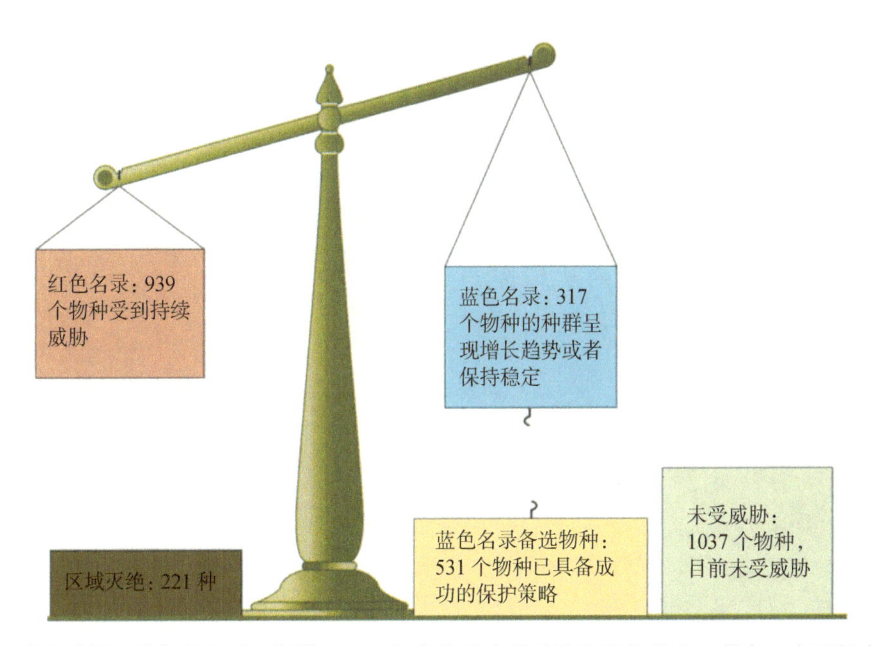

图 8.11 瑞士采用一种新的方法，评估 IUCN 红色名录中受威胁物种的状态。其中，由于相应的保护策略取得效果，317 个物种的种群呈现增长趋势或保持稳定，因此，将它们从红色名录中删除，列为蓝色名录。531 个物种已具备成功的保护策略，是蓝色名录的备选物种。939 个物种持续衰退，而且还没有找到成功的恢复策略。另外，1037 个物种暂时未被列为受威胁物种，但它们存在多度减少、数据不足和对保护策略不响应的情况。随着蓝色名录中物种数增加，红色名录和蓝色名录间的平衡状态将被改变（Gigon et al. 2000）

8.4 自然遗产数据中心

与 IUCN 类似，自然遗产项目的“公益自然”（NatureServe）网络致力于物种保护，它覆盖全美所有的州、加拿大的 3 个省和 14 个拉丁美洲国家（www.natureserve.org/explorer）。该网络得到“大自然保护协会”（The Nature Conservancy）支持，主要任务是搜集、组织和管理“具有保护价值的单元”的信息，包括 6.4 万条种、亚种和群落的信息，而且还包括将近 50 万精确定位的种群的信息（De Grammont and Cuarón 2006）。该系统将“具有保护价值的单元”划分等级，评价标准包括：残存的种群数量和出现的次数；残存的个体数、群落的分布范围；被保护的地点数；受威胁的程度；物种或群落的脆弱性。将它们受到的危险分为 5 级，1 代表极度危险，5 代表安全。另外，物种也被分为如下等级：X（灭绝）；H（曾经分布、正在核实）；unknown（未调查）。

Stein 等（2000）介绍了“公益自然”在美国的评估结果。水生物种（包括淡水蚌类、淡水螯虾、两栖类、鱼类）的灭绝风险高于昆虫和陆地脊椎动物（图 8.12）。淡水蚌类受威胁最严重，12% 的物种可能已经灭绝，25% 的物种受到严重威胁。

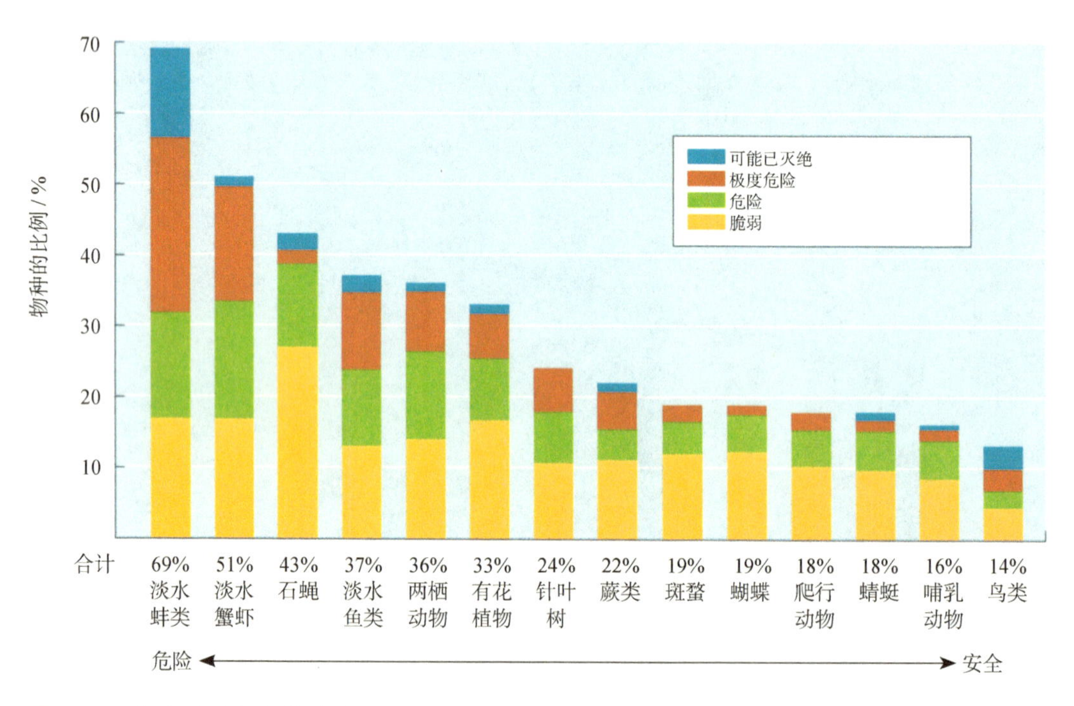

图 8.12 采用“大自然保护协会”（The Nature Conservancy）认可的标准，“公益自然”（NatureServe）将美国的部分物种分为极度危险、危险和脆弱三个等级。图中还展示了每类物种中可能灭绝的物种比例。从左向右，物种受威胁的程度降低（Stein et al. 2000）

该系统还对美国 7107 个生物群落进行了评估，结果表明，仅 25% 的群落比较安全，58% 的群落易危，将近 1% 的群落可能已经灭绝，另外 17% 的群落还未评价。

事实证明，该系统能很成功地管理大量的物种及生态系统的分布信息（Pearman et al. 2006）。大约几百人维护着各个区域的数据中心，每年被访问将近 20 万次，主要用于濒危物种的保护、撰写环境影响报告、科学研究和土地利用决策。组织和管理这些信息非常费时、费力，但对于生物多样性保护极其重要。了解哪些物种和生物群落处在威胁中以及它们的位置，对于有效保护它们是至关重要的。

小结

1. 稀有种比常见种更易灭绝。有如下任一特征的物种即为稀有种：分布狭窄、生境特化或小种群。岛屿、湖泊和山顶这类孤立生境中可能有一些局域特有种。
2. 极易灭绝的物种常具有一些特征：分布狭窄、种群极少、种群规模小、种群衰退、被人类过度利用。另外一些特征包括：种群密度低、活动范围大、体形大、种群增长率低、扩散能力差、在不同生境迁徙、遗传多样性低、特殊的生态位要求、需要稳定的环境、极度聚集。易灭绝的物种可能具备其中一些特征。
3. IUCN 将物种的保护级别分为 9 类（包括 2 个国家水平的级别），受威胁物种的等级有 3 类：极危、濒危和易危。这一系统广泛应用于评估物种的保护级别、确定优先保护对象。保护级别的划分依赖物种的数量化信息，例如，野外存活的个体数、种群数、种群的发展趋势、物种占有的面积以及物种面临的威胁。
4. 世界上一些国家和地区及一些保护组织，也在建立另外一些有关濒危物种和生物群落的名录。

讨论题

1. 认识一些著名的濒危种，如澳大利亚的树袋熊、脊美鲸、非洲猎豹。为什么这些物种会濒临灭绝？使用 IUCN 的评估标准对它们进行评估。
2. 设想最近刚发现一种极易灭绝的动物，符合易危物种的各项特征，我们该如何保护它？假定一些种群特征、生活史特征、地理范围，应用 IUCN 的评价体系对它进行评估。

推荐阅读

Brooke, A. D., S. H. M. Butchart, S. T. Garnett, G. M. Crowley, N. B. Mantilla-Beniers, and A. Stattersfield. 2008. Rates of movement of threatened bird species between IUCN Red List categories and toward extinction. *Conservation Biology* 22: 417-427. 红色名录提供了一套标准的方法来评估物种受到的威胁以及对保护策略的响应。

Bulman, C. R., R. J. Wilson, A. R. Holt, A. L. Galvez-Bravo, R. I. Early, M. S. Warren, and C. D. Thomas. 2007. Minimum viable population size, extinction debt, and the conservation of declining species. *Ecological Applications* 17: 1460-1473. 许多物种的种群都比较小，它们面临灭绝威胁。

Butchart, S. H. and J. P. Bird. 2010. Data deficient birds on the IUCN Red List: What don't we know and why does it matter? *Biological Conservation* 143: 239-247. 相对其他类群，鸟类的保护状态比较清楚，但是，评估所需的信息还是欠缺。

Cardillo, M., G. M. Mace, J. L. Gittleman, K. E. Jones, J. Bielby, and A. Purvis. 2008. The predictability of extinction: Biological and external correlates of decline in mammals. *Proceedings of the Royal Society*, Series B 275: 1441-1448. 有些物种更易灭绝。

Donald, P. F., F. J. Sanderson, I. J. Butterfield, S. M. Bierman, R. D. Gregory, and Z. Walicky. 2007. International conservation policy delivers benefits for birds in Europe. *Science* 317: 810-813. 在那些得到保护的国家，鸟类种群开始恢复。

Dunn, R. R., N. C. Harris, R. K. Colwell, L. P. Koh, and N. S. Sodhi. 2009. The sixth mass coextinction: Are most endangered species parasites and mutualists? *Proceedings of the Royal Society*, Series B 276: 3037-3045. 当一种脊椎动物灭绝时，与它共存的其他物种也面临灭绝。

Fontaine, B. and 70 others. 2007。The European Union's 2010 target: Putting rare species in focus. *Biological Conservation* 139: 167-185. 欧盟划分了 13 万个物种的受威胁等级。

International Union for Conservation of Nature（IUCN）. www. iucnredlist. org. 该网站收集了受威胁物种名录，以及一些对你有帮助的报告。

Lawler, J. J., S. L. Shafer, B. A. Bancroft, and A. R. Blaustein. 2010. Projected climate impacts for the amphibians of the Western Hemisphere. *Conservation Biology* 24: 38-50. 气候变化会引起温度和降水发生变化，山地两栖动物对此尤其敏感。

Mace, G. M., N. J. Collar, K. J. Gaston, C. Hilton-Taylor, H. R. Akcakaya, N. Leader-Williams, et a1. 2008. Quantification of extinction risk: IUCN's system for classifying threatened species. *Conservation Biology* 22: 1424-1442. IUCN 评估物种受威胁水平的方法越来越客观。

NatureServe. 2009. http: //natureserve. org. 该网站组织和提供北美生物多样性调查的数据。

Van Turnhout, C. A. M., R. P. B. Foppen, R. S. E. W. Leuven, A. Van Strien, and H. Siepel. 2010. Life-history and ecological correlates of population change in Dutch breeding birds. *Biological Conservation* 143: 173-181. 荷兰的农业活动造成一些在地面筑巢的鸟类的种群衰退。

Wilcove, D. S. and M. Wikelski. 2008. Going, going, gone: Is animal migration disappearing? *PLoS Biology* 6: 1361-1364. 栅栏、道路、农田以及其他一些人类活动阻止了物种的迁徙。

（陈国科 编译，马克平 蒋志刚 审校）

第 9 章

全球气候变化与生境破坏、破碎化和退化

在第7章和第8章，我们了解到人类自身发展已经严重威胁到其他的物种乃至整个生物群落。人类引起的干扰已经大大改变并破坏了自然景观，导致很多物种乃至整个生态系统面临灭绝。由人类威胁生物多样性的7种主要因素是：生境破坏、生境破碎化、生态系统退化（包括污染）、全球气候变化、生物资源过度利用、外来种入侵和疾病的不断扩散（图9.1）。在这一章，我们主要讨论前4种威胁因素，下一章我们将讨论后3种因素。大部分受威胁的物种和生态系统面临至少两种或两种以上的威胁因素，多重因素交互作用也加快了物种灭绝的速率，阻碍了生物多样性的保护（Burgman et al. 2007）。而这些威胁因素又发展如此之快，以致生物物种来不及通过调整遗传因子改变自身的性状，去适应新的环境和抵御威胁。

9.1 人口增长及其影响

图 9.1 所示的威胁生物多样性的 7 种主要因素基本上是人口不断增长，需要消耗越来越多的自然资源引起的。大约 300 年前，世界人口增长速度还很缓慢，出生率略高于死亡率。近 150 年，生物多样性遭到严重破坏，也正是在此期间，全球人口呈现爆炸性增长态势，

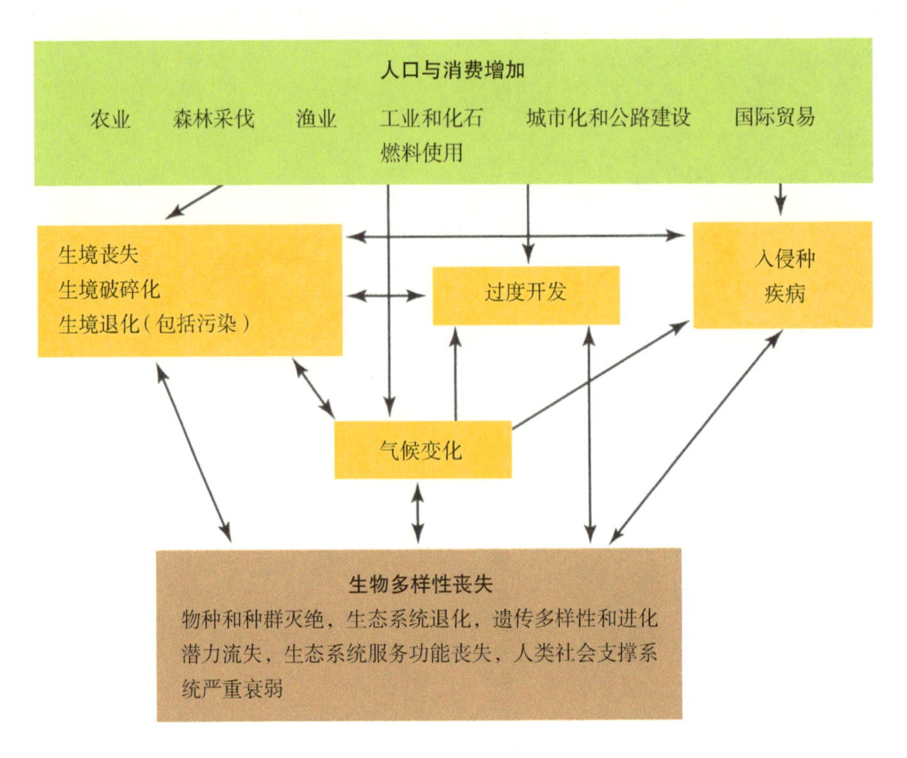

图 9.1 人类活动引起的威胁生物多样性的主要因素（黄色框）。这 7 种因素交互作用加速了生物多样性的丧失（引自 Groom et al. 2006）

从 1850 年的 10 亿增长至 2010 年的 70 亿。由于现代医疗事业（特别是疾病的控制）和公共卫生技术（如垃圾移除和污水处理）的发展，以及更安全的食物供给，使人口死亡率不断下降，而人口出生率却维持在较高的水平，最终导致人口数量剧增。目前，在发达国家、拉丁美洲和亚洲许多发展中国家的人口增长速度已经放缓，但在其他地区，特别是热带非洲，人口增长率仍维持较高的水平。如果这些人口增长率高的国家能及时采取有效的措施来控制人口增长，世界人口数量可能会在 2050 年达到 80 亿的高峰值之后逐渐下降。因为人口密度可以很好地预测生物多样性受威胁程度，根据预测，到 2050 年，人口数量的增加将导致 14% 的现存鸟类和哺乳动物濒临灭绝（Gaston 2005）。

表 9.1 人类主导全球生态系统的三种方式

1 陆地表面	人类土地利用和对资源的需求，主要是农业和林业，已经改变了一半的地球表面。
2 氮循环	人类活动，如栽植固氮植物、使用氮肥和燃烧化石燃料等每年向陆地系统释放大量的氮素，其总量大于自然的生物和物理过程产生的增量。
3 大气碳循环	到 21 世纪中叶，人类利用化石燃料和砍伐森林将导致大气中的二氧化碳浓度加倍。

人类依赖自然资源而生存，如薪柴、野生动植物资源。人类也大量开垦自然生境，将其变成农业和居住用地，以满足生存的需要。目前，农业生态系统占据全球 1/4 的土地面积。更多的人口意味着人类影响更大，生物多样性减少得更快（Laurance 2007；Clausen and York 2008）。流经高人口密度居住区的河流往往会遭受严重的氮素污染；具有较高人口增长率的国家，其森林采伐强度也更大。因此，一些科学家强烈建议控制人

口数量是保护生物多样性的关键(Rockstrom et al. 2009)。

在人类贪婪欲望的驱动下，一个地区或国家为了短期的利益消耗自然资源，这种行为一旦开始就很难再停下来。如果人类活动受地方习俗影响或政府调控，生物群落才有可能在邻近高密度人口的地区比较完好地保存下来。在非洲、印度和中国，宗教信仰对一些乡村周围生物群落的保留起到了至关重要的作用。战争、政局动荡以及其他社会不稳定因素可能影响宗教对保护生物多样性的积极作用，其结果通常是世世代代持续利用的资源被争相采掘和出售，这是很大的灾难。人口密度越高、城市越大，人类活动造成的破坏也越大，因此更应该重视管理，采取积极的调控措施(Grimm et al. 2008)。

在很多发展中国家，大农场主、商业机构，甚至是政府通过行政权力或武力强制征地使很多农民失去土地。失地的农民别无选择，只能举家搬迁到未开垦的偏远地区。在新的地方，他们只能通过刀耕火种、破坏自然生境或狩猎等手段来谋生，也导致了当地物种的灭绝。政局动荡、无政府状态和战争也会迫使一些农民抛弃自己的土地，躲到偏远地区以图安全。目前，世界上大约还有 10 亿赤贫人口，每天的生活费少于 2 美元。他们整天忍饥挨饿，根本不可能考虑到生物多样性的保护。如果不能通过可持续的方式改善赤贫人口的生活水平，如果穷人和富人之间经济利益不平等的现象继续存在，我们的生存环境还将继续恶化(Holland et al. 2009)。

人口增长不是物种灭绝、生境丧失的唯一原因，生物资源的过度开发和利用也是主要原因。单单满足人类个体基本生活需求不一定就导致物种的灭绝和生境的破坏。高度工业化的现代社会，尤其是在发达国家，为了维持较高的生活水平，对自然资源的需求日益增加。同时，很多迅速崛起的发展中国家也纷纷效仿发达国家，追求与工业化国家一样的资源过度消耗水平。例如，中国和印度目前成为大豆、棕榈油和木材的主要进口国，而这些产品的获取过程会导致热带森林的破坏。自然资源的低效使用和过度消耗也是生物多样性下降的主要因素。

> 威胁生物多样性的主要因素：生境丧失、生境破碎化、污染、全球气候变化、资源过度开采、外来种入侵以及疾病扩散。导致这些威胁因素产生的根本原因是人口的快速增长。

不均衡地利用自然资源也会导致生物多样性丧失。发达国家居民(以及发展中国家的少数富有阶层)极不均衡地消耗着全世界的能源、矿产、木材和食物，因此对环境造成了不均衡的影响(图 9.2；Myers and Kent 2004)。贫穷国家生境破坏同其产品输出到富有国家有密切的联系。例如，人口仅占世界 5% 的美国，每年却消耗大约世界 25%～30% 的自然资源。美国人均消耗能源量和纸产品用量分别是印度人均量的 23 倍和 79 倍(Randolph and Masters 2008)。

人口对环境的影响(I)可以用公式表示为 $I=P\times A\times T$。式中，P 为人口数量；A 为人均收入；T 为反映人类技术发展水平的因素(Ehrlich and Goulder 2007；Dietz et al. 2007)。需要指出的是，人类对环境的影响即使跨越遥远的地理距离也仍然能够起作用。例如，美国、法国、德国和日本等工业化国家向其他国家购买食物、木材和石油等资源，破坏了其他国家的环境。这种资源和劳动力市场在全世界范围内流动被称为全球化(globalization)。在华盛顿的餐厅吃到的鱼可能来自于阿拉斯加海域，该海域海洋生物

图 9.2 富裕的发达国家总是批评贫穷的发展中国家缺乏有效的环境保护措施，却不愿承认他们过度消耗自然资源才是环境破坏的主要原因（卡通画由 Scott Willis 制作，版权归 San Jose Mercury News 所有）

的大量捕杀已导致虎鲸、海狮、海豹和海獭种群的衰减。在意大利或法国，饭后的巧克力甜点和咖啡可能源于西非、印尼或巴西等地的农业种植园，而这些地区的热带雨林正遭受急剧破坏。生态足迹（ecological footprint）的概念涵盖了地区间的联系，其定义为人类活动在跨越空间距离对环境产生的影响（图 9.3）（Holden and Hoyer 2005）。在美国的西部，人口密集区和农业区的生态足迹最大（Leu et al. 2008）。

在典型的发达国家，现代都市的生态足迹一般是都市面积的 290 ～ 1130 倍。例如，加拿大多伦多，面积仅为 630km^2，而每个居民需要 7.7hm^2（0.077km^2）来提供食物、水分和垃圾处理。因此，拥有 240 万人口的多伦多，其生态足迹达 18.5 万 km^2，相当于一个新泽西州或整个叙利亚的面积。从长远的角度考虑，这种资源过度消耗的生活方式是不可持续的。遗憾的是，一些新兴的发展中国家不断壮大的中产阶级（包括人口密集、发展迅速的中国和印度）也选择了资源过度消耗的生活方式，因此也加剧了环境严重恶化的可能性（Grumbine 2007）。发达国家富裕的人们应反省自身过度的资源消耗（特别是对化石燃料的消耗），重新审视自身的生活方式。与此同时，发达国家应该帮助发展中国家控制人口增长、保护生物多样性，并帮助其以可持续的方式发展工业。

在全球一体化的世界里，消耗巨量的自然资源是无法实现长期可持续发展的。

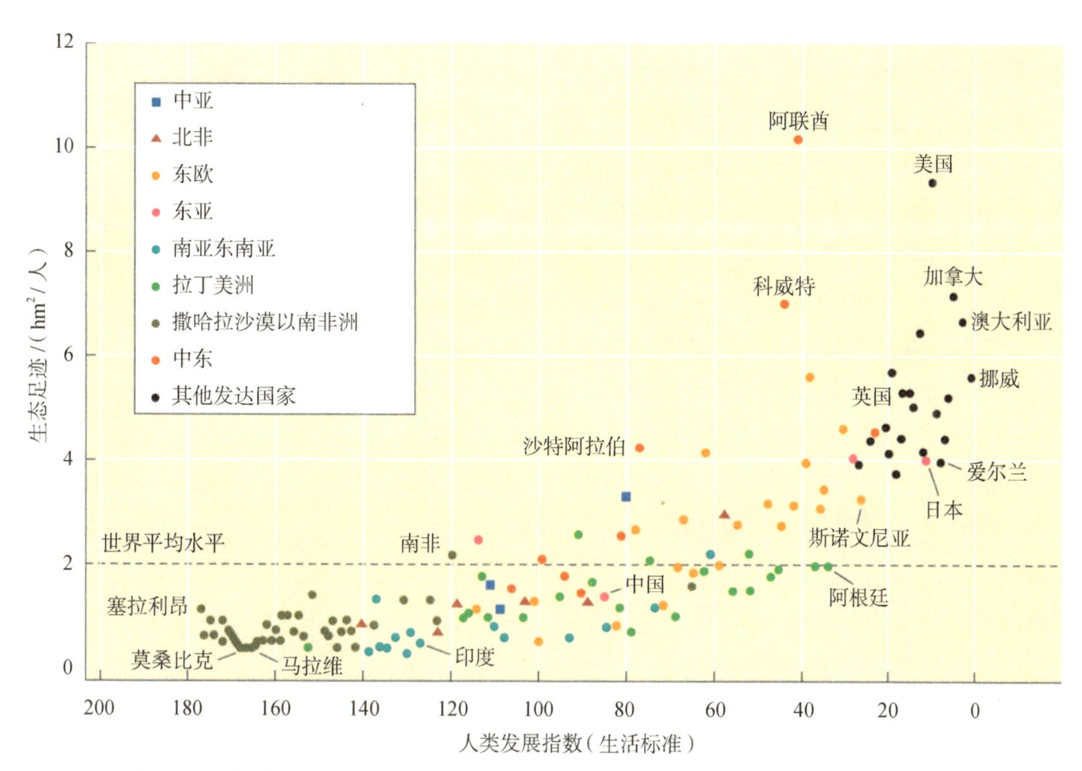

图 9.3　生态足迹法估算容纳各国居民的平均地表面积。尽管计算方法存在争议，但基本上提供了明确的信息。当用该指标与衡量人类生活水平的经济发展指数作图时，生态足迹则刻画了发达国家不均衡地消耗大量自然资源的现实（数据源于全球足迹网络和联合国发展计划署 2006）

9.2 生境破坏

生物多样性（包括物种、生物群落和遗传资源多样性）丧失的主要原因不仅仅是人类的直接开采与猎杀，还源于生境破坏，这也是人口增长和人类活动频繁的必然结果（图 9.4）。在未来的几十年内，土地利用方式的改变仍将是威胁陆地生态系统生物多样性的首要因素，其余因素可能依次为过度资源开发、气候变化和外来种入侵（IUCN 2004）。因此，保护生物多样性最重要的方式是对生境的保护。“生境丧失”不仅包括生境彻底破坏，也包括与污染有关的生境退化和生境破碎化。有些物种对生境退化或破碎化很敏感，所以不仅仅是生境彻底破坏才算生境丧失。举个例子，被酸雨污染过的一片湿地，尽管看起来还是一块健康的湿地，但是由于湿地内的青蛙对酸雨带来的化学物种特别敏感，所以这片湿地已经不适合青蛙的生存，对于青蛙来说，这个湿地已经是丧失了。当生境受损和发生退化时，植物、动物和其他生物将无处生存，最终走向灭亡。

世界上许多地方，特别是岛屿和高密度人口聚集的地区，多数原始生境早已受到破坏（MEA 2005）（图 9.5）。世界上 98% 适合农业耕作的土地已经被人类开垦（Sanderson et al. 2002）。由于世界人口不断增长，人类必须在未来的 30 年内让农产品的产量增加

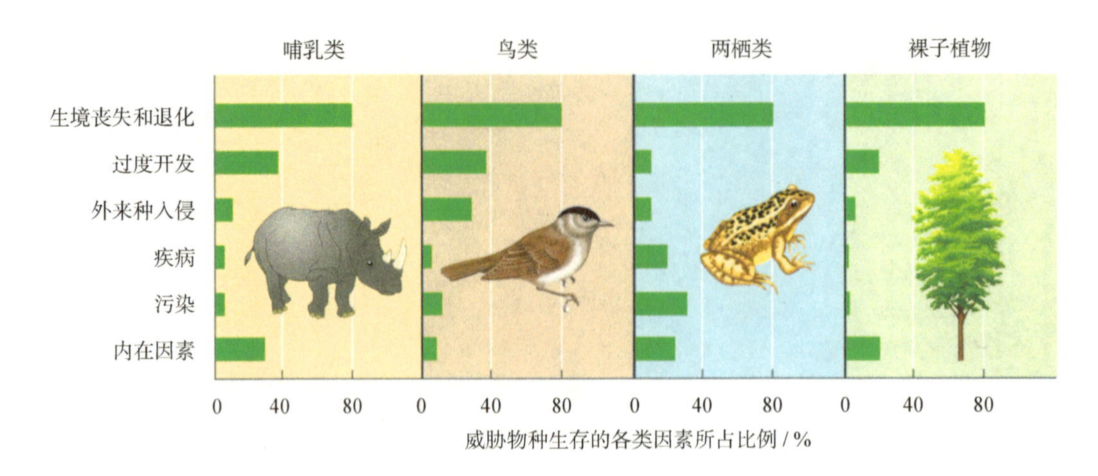

图 9.4 自然生境的丧失与退化是威胁世界生物多样性的最重要因素，其次是人类对资源的过度利用。然而不同种类的生物面临不同因素的威胁。例如，鸟类受入侵种的危害严重，而两栖类则受疾病和污染的威胁严重。物种通常要同时面对多重威胁，因此全部威胁要素的总和可能超过 100%（IUCN 2004）

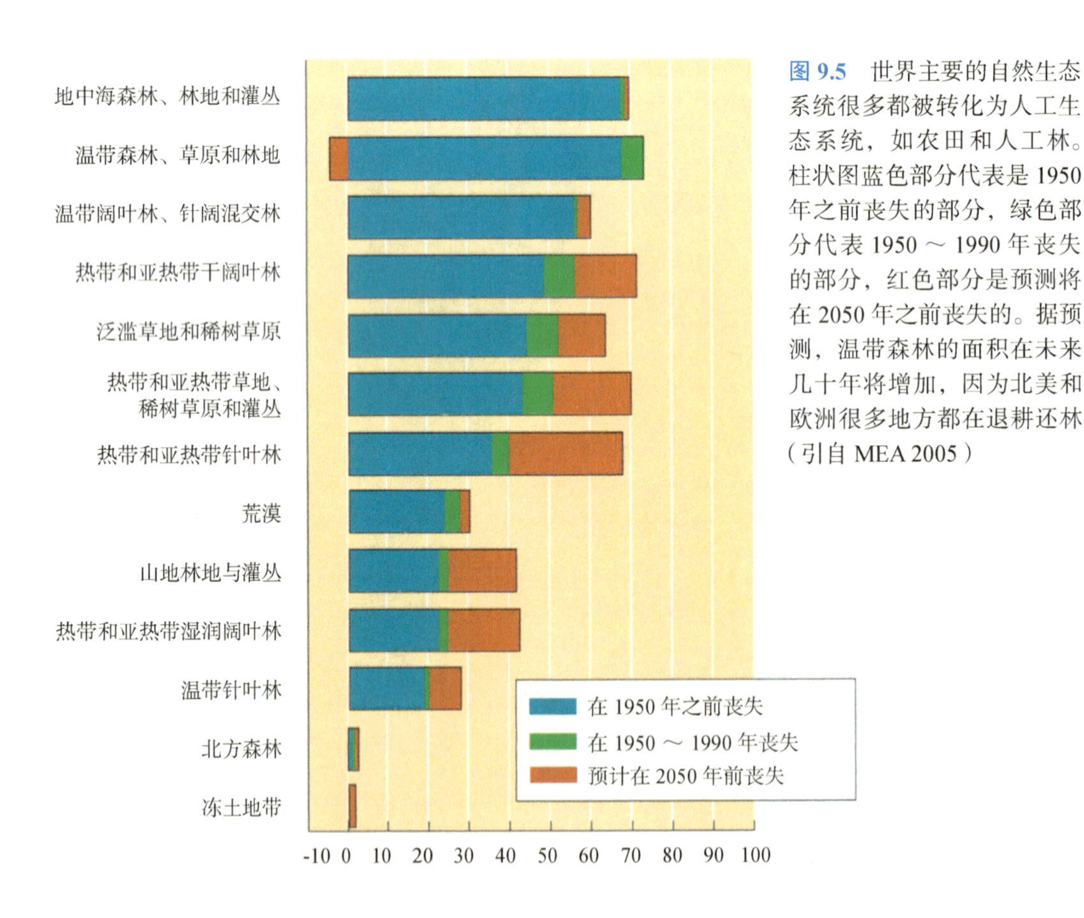

图 9.5 世界主要的自然生态系统很多都被转化为人工生态系统，如农田和人工林。柱状图蓝色部分代表是 1950 年之前丧失的部分，绿色部分代表 1950 ～ 1990 年丧失的部分，红色部分是预测将在 2050 年之前丧失的。据预测，温带森林的面积在未来几十年将增加，因为北美和欧洲很多地方都在退耕还林（引自 MEA 2005）

30%～ 50% 才能够养活所有的人口。因此，为保护生物多样性而保护生境的计划将遭遇农业土地扩增的严重挑战。

生境遭受严重干扰的地区有欧洲、南亚和东亚（包括菲律宾和日本）、澳大利亚的东南和西南部、新西兰、马达加斯加、西非、南美的东南和北部海岸、中美洲、加勒比海，以及北美东部和中部。在这些地区，很多超过半数以上的自然生境受到干扰或彻底丧失。在欧洲，仅有 15% 的土地面积未曾受过人类活动的干扰。在德国和英国，现在已经很难找到未被人类改造过的原始生境。

在美国，天然植被仅占植被总面积的 42%，东部及中西部天然林则不到 25%（Stein et al. 2000）。自从欧洲移民定居以来，美国某些生物群落面积已经丧失了 98% 以上（Noss et al. 1995），如东部的原始落叶林、东南沿海平原的原始长叶松林（*Pinus palustris*）和稀树草原、佛罗里达干草原、加州的天然草地、中西部山区草原和密西西比河流域的生态系统。在美国，许多濒危物种的生存受生境破坏影响，主要的影响因素依次包括农业（威胁 38% 的濒危物种）、商业开发（35%）、水利工程（30%）、户外娱乐场所（27%）、放牧（22%）、污染（20%）、基础设施建设（17%）、火干扰（13%）和森林采伐（12%）（Stein et al. 2000；Wilcove and Master 2005）。在中国，影响因素依次为森林采伐（威胁着 33.2% 的脊椎动物）、农业（12.6%）、修建大坝和水库（6.9%）、过度放牧（6.2%）、粮食短缺（4.3%）、人工造林（4.1%）、水资源利用（3.9%）、旅游（2.7%）、采矿（2.5%）和基础设施修建（2.3%）等（Li and Wilcove 2005）。

在很多热带国家，50% 以上野生动物的栖息地已经被破坏（Gallant et al.2007）。在亚洲热带地区，65% 的原始热带雨林已经丧失。两个生物多样性最丰富的国家——巴西和印度尼西亚目前尚存一半的原始森林，虽然也已建成保护区，但是这些原始生境破坏和退化的压力依然存在（Koh and Wilcove 2007；Laurance 2007）。撒哈拉沙漠以南中部非洲地区 65% 的原始森林已经丧失，其中最严重的几个地区是卢旺达（80%）、冈比亚（89%）和加纳（82%）。刚果民主共和国（原扎伊尔）的情况稍好，尽管最近内战有较大影响，但还保存有一半的原始森林。

地中海地区上千年来一直是人口分布密集的地区，仅仅有 10% 的原始森林保留下来。值得注意的是，野生种群丧失的数量与生境丧失的面积呈一定的比例关系，即使地中海森林生境依然存在，近 90% 的鸟类、蝴蝶、野生花卉、蛙类以及苔藓的种群已不复存在了。

大部分重要的野生物种栖息地已经被破坏，幸存下来的也只有很小一部分受到保护。某些亚洲的灵长类动物，如爪哇长臂猿，其 95% 的生境已经被破坏，这也意味着 95% 的种群已经消失，而目前仅有 2% 的生境得到保护（WRI 2000）。生活在苏门答腊和婆罗洲的大猩猩，其生境大部分已经丢失，现在仅有 35% 的活动范围被保护起来（Meijaard and Wich 2007）。在北美，野牛的活动范围仅仅是它们原始生境的 1%（Sanderson et al.2008）。

不断受到威胁的热带雨林

热带雨林的破坏已经等同于物种的丧失。热带雨林占据地球面积的 7%，却拥有全球半数以上的物种（Bradshaw et al.2009；Corlett and Primack 2010）。许多物种对当地的经济发展至关重要，并具有供全人类利用的潜力。热带雨林对水土保持、气候调节具有重要作用，对于当地人来说，它是人们赖以生存的家园；对于世界人民来说，它是潜在的碳库，可以吸收化石燃料燃烧释放的大量二氧化碳。目前，全世界 40% 的热带雨林位于巴西的亚马孙流域（Rodrigues et al.2009）。

热带雨林分布于海拔 1800m 以下、多数年份月降水量不少于 100mm 的无霜地区。热带雨林的特征为物种丰富、种间关系复杂。因为雨林的土壤瘠薄、养分贫瘠，所以毁林开荒后很容易发生森林退化和水土流失。在学术界，关于热带雨林最初的分布范围、目前的面积以及森林采伐的速率有相当多的争论（见图 3.1）（Jenkins et al. 2003；Corlett and Primack 2010）。根据降雨和温度的分布，热带雨林和相对湿润的森林的面积估计有 1600 万 km^2。根据地面调查、航片和卫星遥感数据的综合评估，在 1990 年，仅有 1150 万 km^2 的热带雨林和相对湿润的森林仍然存在。根据最新的卫星图片数据表明，2000 ～ 2005 年间，全世界 2.4% 的热带雨林丧失（Hansen et al. 2008b）。其中，超过 60% 的热带雨林丧失发生在泛热带地区，尤其是巴西，几乎占了已经丧失的热带雨林的一半。另外 1/3 的丧失来自亚洲，印度尼西亚是仅次于巴西的热带雨林丧失率较大的国家。而非洲的热带雨林丧失份额较小，仅占 5.4%，这与非洲当前农业现代化水平较低有关系。令人惊讶的是，55% 的热带雨林丧失仅发生在 6% 的热带雨林区，包括巴西亚马孙流域南部和东南部的弧形森林砍伐区、马来西亚大部分地区和印度尼西亚的苏门答腊及加里曼丹部分地区。据估计，目前每年森林采伐速率接近原始森林面积的 1%（Laurance 2007）。

因为森林覆盖率的定义和森林砍伐统计方式不断变化，目前难以获得热带雨林丧失的精确数字，但普遍同意的是热带森林采伐速率高得令人担忧，并且每年还在不断增加（Laurance and Luizao 2007）。可以肯定地说，如果按照现在的采伐速率，五六十年后，几乎所有的热带雨林将被砍光。唯一能幸存的热带雨林只有保护区和交通不便的偏远地区。目前，很多热带国家开始兴建森林公园，这让我们看到一丝希望。但是，这样的森林公园需要大量的资金支持和有效的管理，这在很多地区是做不到的。其结果是，很多地方的森林公园仅有几个雇员和少量的设施，是名副其实的“纸上公园”。

贫穷、无地的农民在政府帮助下想摆脱绝望，通过毁林开荒重建家园的同时，破坏了全球绝大部分的热带雨林 [图 9.6（A）、（B）]。其中一些土地转变为永久耕地或放牧用地，但多数土地仍以刀耕火种的方式利用。刀耕火种是一种古老、比较原始的农业生产方式。这种耕作方式没有固定的农田，农民先把地上的树木全部砍倒，已经枯死或风干的树木被焚烧后，农民就在林中清出一片土地进行耕作，靠自然肥力获得粮食产量。两三个生长季过后，当这片土地的肥力减退、不再适宜庄稼生长时，就放弃它，再去开发一片新的天然植被，这种耕作方式称之为刀耕火种（Phua et al. 2008）。雨林的退化也与薪柴的生产有关，多数薪柴用于当地农民烧火做饭。目前全世界有 20 多亿人用薪材生火，所造成的后果非常可怕。随着热带地区某些发展中国家人口的增长，在未来几十年内必将进一步加剧雨林的丧失（表 9.2）。

热带雨林的破坏速率不断增加，但现在更糟糕的是，相对于商业种植，农民对于热

（A）

（B）

（C）

图 9.6　热带雨林被砍伐有各种原因。（A）图中所示的是生活在巴西亚马孙流域的贝蒙部落土著人为搭建住处而砍倒树木，并且放火烧林准备种植庄稼。这种村落通常在几个生长季过后，伴随土壤肥力下降而废弃，这是一种广泛采用的农业耕作方式，称为“刀耕火种”。（B）图中所示是马来西亚婆罗洲的沙巴地区，热带雨林正在被开垦为小块的种植用地，图中显示的是农田与雨林的交界地带。（C）曾经是热带雨林的生境已被开垦为油棕种植地，从空中看下来，仿佛置身绿色的海洋（图 A 版权所有 © David Woodfall/Alamy；图 B 版权所有 ©Matthew Lambey/Alamy；图 C 版权所有 ©Jeremy suttonhibbert/Alamy）

带雨林的破坏显得微不足道。商业种植为寻求商业利益而建立大型养牛场和种植大面积经济植物，如橡胶、油棕和大豆等（Butler and Laurance 2008）。养牛产业和大豆种植是美洲热带森林破坏的主要因素，而经济树种的种植则是东南亚地区毁林的主要因素。商业开发和种植业对生物多样性的破坏比农民的刀耕火种要严重得多，因为商业种植首先是砍伐，往往是彻底清除森林，然后种上单一的物种或是改造成牧场。因此，商业开发的过程，也是生物多样性丧失的过程。

在不同的地理区域，雨林区的商业开发和种植的侧重点不同，例如，亚洲和美洲的热带地区主要是木材的砍伐，热带美洲主要是开发养牛牧场，而在人口增长迅速的热带非洲主要以农业种植为主（Corlett 2009；Corlett and Primack 2010）。亚洲的毁林率最高，每年大约 1.2%；热带美洲有较大的森林面积，因此毁林面积最大，大约每年有 7.5 万 km^2。按目前毁林速率，到 21 世纪 40 年代后期，除了受到保护的亚马孙盆地、刚果河盆地和新几内亚，以及难以进入的局部区域外，真正的热带雨林将所剩无几。世界人口持续增多和热带许多发展中国家贫困加剧，导致对不断缩小的雨林面积产生更大的需求，因此实际形势要比预期更为严峻。

表 9.2　五个热带雨林主要分布国家的相关统计数据（需要注意的是，由于文献时间不同，数据获取时间或许不同，但是依然可以看出每个国家热带雨林受威胁的主要因素是什么）

	巴西	DRC	印度尼西亚	PNG	马达加斯加
森林面积 /（$\times 10^3 km^2$）（2005）[a]	4777	1336	885	294	128
森林覆盖率 /%（2005）[a]	57	59	49	65	22
原始林比例 /%（2000）[b]	32	29	20	35	8
森林覆盖年变化率 /%（2000 ~ 2005）[a]	−0.6	−0.2	−2.0	−0.5	−0.3
木材年产量 /（$\times 10^7 m^3$）（2008）[c]	25	0.3	34	3	0.1
牛的数量 /（$\times 10^6$）（2007）[d]	200	1	11	0.1	10
人口数量 /（$\times 10^6$）（2005）[e]	186	59	219	6	18
人口密度 /（人 /km^2）（2005）[e]	22	25	119	13	32
人口增长率 / %（2005）[e]	1.0	2.8	1.2	2.4	2.7
2050 年人口计划数 [e]	219	148	288	13	43
生育率（每个妇女生小孩个数）（2005）[e]	1.9	6.1	2.2	4.1	4.8
5 岁前婴儿死亡率 /‰（2005）[e]	29	198	32	69	100
生活期望值（2005）[e]	72	48	71	61	60
人均 GDP（PPP）/ 美元（2005）[f]	10 200	300	3 900	2 200	1 000

资料来源：Corlett and Primack 2010；a. FAO 世界森林资源评估 2005。包括所有的森林类型，马达加斯加的案例大部分不是热带雨林。b. Potapov et al. 2008；c. 国际热带木材组织；d. FAOSTAT；e. 联合国人口计划署；f. 国际货币基金会。GDP，国内生产总值；PPP，购买力水平；DRC，刚果民主共和国；PNG，巴布亚新几内亚

热带雨林遭到破坏是工业化国家需求廉价农产品（包括可可、蔗糖、棕榈油、橙汁、香蕉和牛肉）、低廉的豆制品和木材产品的结果（图 9.7）（Nepstad et al. 2006）。20 世纪 80 年代，当哥斯达黎加及其他拉丁美洲国家将雨林转化为养牛牧场时，世界的毁林率达到最高。牧场产出的大部分牛肉卖到美国和其他发达国家，用于生产便宜的汉堡包。这一“汉堡包链”引起公众的反对和消费者抵制，迫使一些美国饭店、连锁店停止销售源于热带养牛牧场生产的牛肉。尽管拉美雨林的破坏仍在继续，而联合抵制这一行为使大众认识到了引起森林采伐的这种国际间的联系。但是，出口养牛场的产品却是巴西等热带美洲国家经济收入的重要来源。保

> 美国和其他工业国家对咖啡、巧克力、蔗糖、木材和牛肉的需求促使热带雨林遭到大面积破坏。

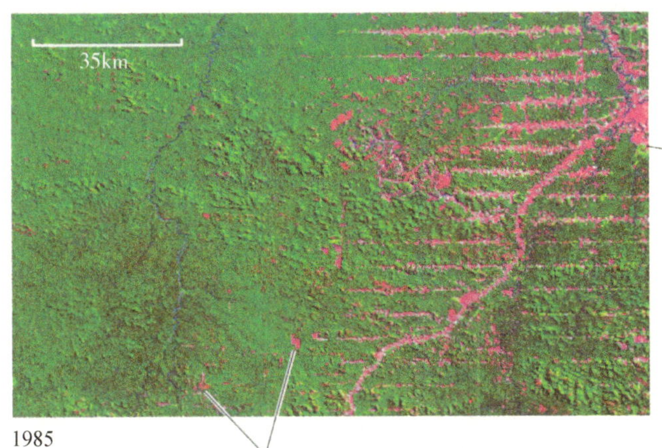

1985

深“粉”色为最近的火烧区域

2001

图 9.7 位于亚马孙盆地的巴西 Rondonia 州的遥感图片显示了 15 年间雨林不断遭受吞食的过程。沿政府修建的东西向公路网（粉线）两侧，森林（绿色）已变成大片牧场和小范围的家庭农场开垦的农田。深粉色的“斑点”很可能是最近的火烧区域。Ariquemes 城镇位于右上角（本图经南达科他州立大学 GIScCE 中心的 Christopher Barber 授权，基于美国地质调查局和巴西国家空间技术研究院数据编译）

护生物学的首要任务是提供信息支持、帮助合理规划，并提高大众保护意识，停止当前对雨林的破坏，保护大面积雨林可持续发展。很多温带发达国家的人并不知道他们的食物选择将决定热带地区的土地利用类型。如果他们知道为什么用于食品的棕榈油使用这么普遍，这些东西到底来自哪里，也许他们会感到非常痛心。当然，对于很多快速工业化的国家，如印度和中国，因毁林而获得的农产品不仅仅用于出口，很大一部分也是为了满足国内日益增长的物质需求。

东南亚国家印尼婆罗洲和苏门答腊岛的例子或许可以让我们了解热带雨林丧失是多么迅速、多么严重。1995 ～ 2005 年的 10 年间，这两个大岛内大约 42% 的低地雨林被彻底破坏。罪魁祸首是合法或非法的木材砍伐，当然，经济植物的发展，特别是油棕的种植，也是重要的破坏因素（Hansen et al. 2009）。

中国西双版纳热带雨林实例：西双版纳植物园位于热带森林环抱的滇南热带地区，由于橡胶价格的飚升，西双版纳的橡胶种植园迅速扩增。1976 ～ 2003 年间，森林面积平均每年减少 14 000 hm^2，森林覆盖率已减少到不足 50%，且原始热带雨林面积已缩小到不足 3.6%（Li et al. 2007；2008），在生物量中储存的碳已经丧失了 600 万吨（Li et al. 2008）。1988 ～ 2006 年，该镇橡胶林面积从 12% 增加到 46%，而森林面积从 49% 减少到 28%（Hu et al. 2008），当橡胶园取代森林以后，加剧了水分蒸发和地表径流，使该地区干旱频繁，整个生态系统服务价值下降了1140万美元。破坏生态系统会促使将来的经济发展出现危机（Qiu 2009），这显然是一种不合算的投资。

其他受威胁的生境

热带雨林的丧失是生境丧失中最能引起公众关注的例子。但同时，其他一些重要的生境也难逃厄运，下面我们将讨论其他受威胁的生境。

热带落叶林 并非所有的热带森林都是湿润的雨林。热带落叶林覆盖面积比热带雨林小得多，其特点是具有明显的干湿季交替，且干季时间较长。热带落叶林在旱季落叶，就像温带落叶林在冬季落叶一样。热带落叶林覆盖的土地比热带雨林覆盖的土地更适合农业耕作和畜牧养殖，所以落叶林更易遭到采伐和焚烧。落叶林不同于雨林，越适中的降水（年均降水量为250～2000mm），矿物养分在土壤中停留的时间越长，进而更充分地被植物所吸收。热带落叶林区往往更适合人居住，如中美洲的落叶林区的人口密度是相邻雨林区的5倍。今天，中美洲太平洋沿岸地区的原始落叶林保留下来的已不到2%，马达加斯加岛热带落叶林保留了不到原来的3%（图 9.8）（Gillespieet et al. 2000）。

图 9.8 竖毛的马达加斯加狐猴（*Propithecus verreauxi*）是灵长类家族的成员。野生狐猴的唯一分布区就在马达加斯加岛上，实际上许多种狐猴濒危灭绝就是由马达加斯加岛森林破坏造成的（版权所有 ©Kevin Schafer/Alamy）

草原 并不是所有受威胁的生态系统都分布在热带，北温带和南温带的草地几乎全部遭到了人类活动（主要是农业）的破坏。究其原因，与森林相比，将大面积的草地转化为农田和牧场要相对容易得多。中国北方草原是欧亚大陆草原的东翼，昔日风吹草低见牛羊、水草丰美的鄂尔多斯草原和科尔沁草原，经过200～300年的开垦、农耕、撂荒，变成了如今的风沙源——毛乌素沙地和科尔沁沙地。还有一些地方在草原乱挖野生植物，不仅造成草原植物资源减少，还对草原生态造成严重破坏，仅内蒙古自治区因滥挖、乱采而破坏的草原已有 40 万 hm^2（苏大学　2008）。一些地方不合理开采草原水资源的行为致使下游湖泊干涸、绿洲草原缩减、湖泊及绿洲草原外围植被退化、珍稀动物因失去栖息地而不断消失。以内蒙古黑河流域下游为例，原有 26 种国家保护动物，现已有 9 种消失，10 余种迁移他乡（龚家栋等　1998）。

许多温带草地都有更为人们熟知的名称，如南美著名的阿根廷潘帕斯（pampas）草原，广袤的俄罗斯、乌克兰和蒙古高原的大草原（steppe），美国中部广大的“产粮区”（bread basket）曾一度被高草草地（tallgrass prairie）覆盖，但如今只留下面积不大、呈斑块状零星分布的北美草原（buffalo grass）（White et al. 2000）。虽然政府正在采取措施努力恢复受损的生境，但与大面积农业耕作的破坏程度相比，目前取得的进展是微乎其微的。

湿地和水体生境　湿地作为陆地与水域交界的生境，对鱼类、两栖类、水生无脊椎动物以及许多水禽的生长具有重要意义。湿地也是洪水控制、农田灌溉、水体净化、污水循环和能源生产的重要源泉。尽管许多湿地物种分布广泛，但也有一些水域以丰富的物种特有性著称。

出于开发目的，通常将湿地灌满或排干，或被水道、大坝所取代，或者受到化学污染（Coleman et al. 2008）。这些因素也让美国最重要的野生动物栖息湿地——佛罗里达国家公园的沼泽地濒临崩溃（见表 5.1，美国路易斯安那州湿地破坏后带来的灾难性后果）。近 200 年以来，美国已有半数以上的湿地遭到破坏，结果导致 40%～50% 的美国东南部淡水蜗牛灭绝或濒危（Stein et al. 2000）。

美国加州的圣地亚哥有一种湿地，夏天干枯而冬天存水，这种特殊的生境是当地特有生物群落良好的栖息地。然而，这种湿地目前已有 97% 受到破坏。美国太平洋大麻哈鱼濒临灭绝的危险，主要是由于洄游产卵的河流遭破坏或被大坝拦腰斩断（Laetz et al. 2009）。全美国 520 万千米长的河流中约 98% 已经退化，它们不再是天然的美景。湿地的破坏在另外一些工业化国家同样严重，如欧洲和日本。欧洲的湿地有 60%～70% 已经遭到破坏。日本有 3 万多条河流，其中只有 2 条是没有大坝或是没有人工设施的天然河流。近 50 年来，发展中国家的大批发展项目，大多是由政府组织或受国际援助修建大坝和排水灌溉系统，同样使湿地受到了破坏或威胁。中国长江修建的三峡大坝就是近几年的实例（Stone 2008）。三峡大坝是世界上最大的水力发电站，产生大量清洁、干净的能源。但是，目前三峡四期工程规划移民总人数将逾 130 万，而实际迁移人口可能会更多，移民的同时也破坏了无数个生物群落和考古地点。类似工程带来的经济效益固然十分重要，然而当地人民的权益和生态系统的价值却常常无法得到足够的重视。

海岸水生生境

人口增长集中在沿海地区，20% 海岸带由于受到人类活动影响而退化。世界范围内高强度地捕捞鱼类、贝类、海藻以及其他海产品正改变着海洋环境（Halpern et al.2007）。因此，海洋环境同样受到污染、捕捞、沉积、毁灭性的渔业活动、海水温度和海平面升高以及外来种入侵等因素的威胁。我们关于人类对海洋影响的了解远远比不上对陆地生态系统的了解，但人类对海洋的影响特别是对浅海区的威胁可能更严峻。红树林和珊瑚礁是两种值得特别关注的海岸带生态系统。

红树林 红树林是热带地区最重要的湿地，由少数几种能耐受咸水的木本植物组成。红树林占据被海水淹没的海岸地带，具有典型的淤泥底。红树林是虾类和鱼类重要的繁殖和捕食场所（图 9.9）。例如，在澳大利亚，商业渔民捕捉的鱼类中有 2/3 的种类在某种程度上依赖于红树林生态系统。

图 9.9 东南亚及其他热带地区海岸线上的红树林，很多已经被开发成养虾场或其他人工系统。破碎化的红树林和河道依然可见

红树林具有巨大的经济价值和生态价值，后者体现为保护沿岸不受暴风和海啸袭击，但却常常遭到皆伐，特别在东南亚国家，一半以上的红树林已遭到砍伐，变为种植水稻和虾类的养殖孵化场所（Barbier 2006）。过度采伐红树林获取薪材和木材，也是该生态系统受到严重破坏的重要因素。世界上超过 35% 的红树林生态系统遭到破坏，并且每年还有更多的红树林正遭到进一步破坏（Martinuzzi et al. 2009）。目前 40% 的红树林生态系统中特有脊椎动物已经濒临灭绝（Luthe and Greenberg 2009）。

珊瑚礁 热带珊瑚礁是非常重要的生态系统，虽然仅占据 0.2% 的水体面积，却为 1/3 的海洋鱼类提供生存环境（见第 3 章）。珊瑚礁的形成需要成千上万年的时间，世界上已有 20% 的珊瑚礁遭到破坏，另有 20% 的珊瑚礁因过度捕捞和收获、污染以及入侵物种的引入而退化（MEA 2005a）。珊瑚礁破坏最严重的地区是菲律宾，超过 90% 的珊瑚死亡或即将死亡。主要原因有水体污染直接导致珊瑚死亡或引起藻类过度繁殖，由森林采伐导致的沉积作用，过度捕捞鱼类、蛤类和其他动物，以及爆炸炸药释放氰化物来捕获少量幸存生物的捕捞方式。本章即将讨论的气候变暖在珊瑚礁快速退化中也扮演着重要角色。

在未来 40 年内，热带地区的大部分珊瑚礁将会遭到人类活动的损害或破坏（图 9.10），这些珊瑚礁区域包括东南亚海域、东非、马达加斯加海域和加勒比海湾（图 9.10）。在加勒比海湾，由于鱼类过度捕捞、沉积物堆积、飓风破坏、污染、疾病及沿海岸的开发，造成该区域的珊瑚礁数量急剧减少并最终被大型的海藻取代（Carpentar et al.2008；Mora 2009）。鹿角珊瑚是加勒比海域主要的珊瑚类型，但是近年来却越来越稀少。

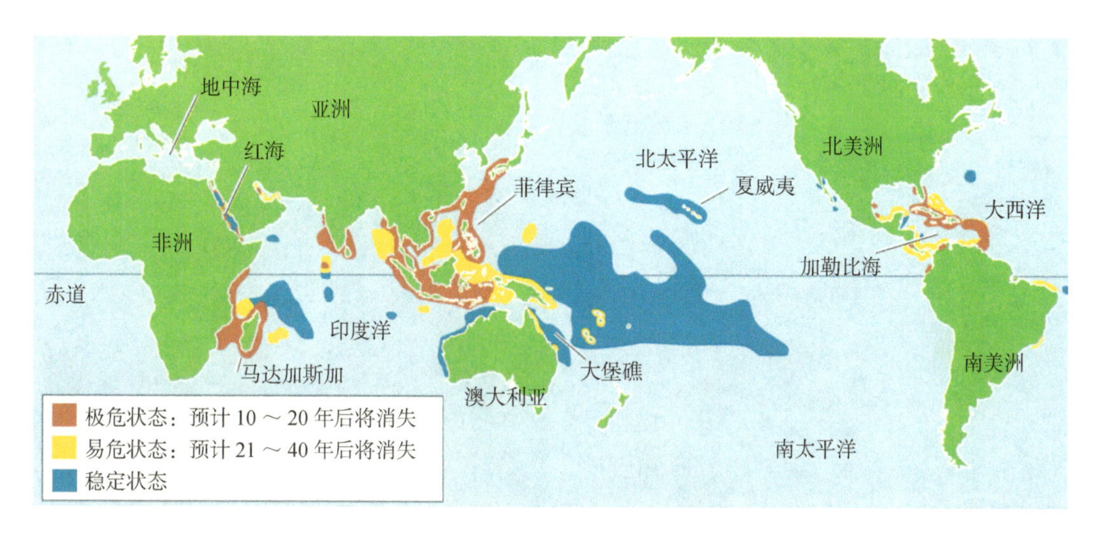

图 9.10　未来 40 年里，倘若不采取保护措施，大面积的珊瑚礁将会遭到人类活动的损害或破坏（Bryant et al. 1998）

在过去的 10 年间，科学家在 300m 深的冷海水区域发现大量的珊瑚礁，这些区域主要在北大西洋的温带区域。这一区域的珊瑚礁蕴藏丰富的物种，其中很多是从未发现的新种。然而，与此同时，这些珊瑚礁却被拖网捕捞船所破坏。珊瑚礁为鱼类提供食物，捕捞船撒网捕鱼过程却对珊瑚礁造成毁灭性的破坏。

荒漠化

由于人类活动的破坏使许多季节性干旱的生境退化成荒漠，这一过程称为荒漠化（desertification）（Okin et al. 2009）。这类脆弱的生态系统包括草地、落叶林和灌丛，也包括温带灌丛带，如地中海地区，澳大利亚西南部、南非、智利中部和美国加利福尼亚地区。干旱或半干旱地区大约覆盖全球 41% 的土地面积，是 10 亿人民赖以生存的家园。近 10%～ 20% 的干旱地区中度或重度荒漠化，至少丧失了植物生产能力的 25%（Neff et al. 2005）。这些地区最初适合农业耕作，但由于重复种植，常常会导致土壤侵蚀和土壤持水力下降（图 9.11），特别是在干旱和大风年间。家畜过度啃食植被、土地遭受家畜的践踏，以及人类砍伐森林获取薪材，其结果导致干旱区植被严重破坏。干旱季节的火灾也时常烧毁剩下的植被。荒漠化进程造成退化的生物群落无法恢复和土壤流失，最终，原来适宜耕作的土地变成荒漠。在地中海地区，荒漠化过程在几千年前古希腊时期就已经开始了。

(A)

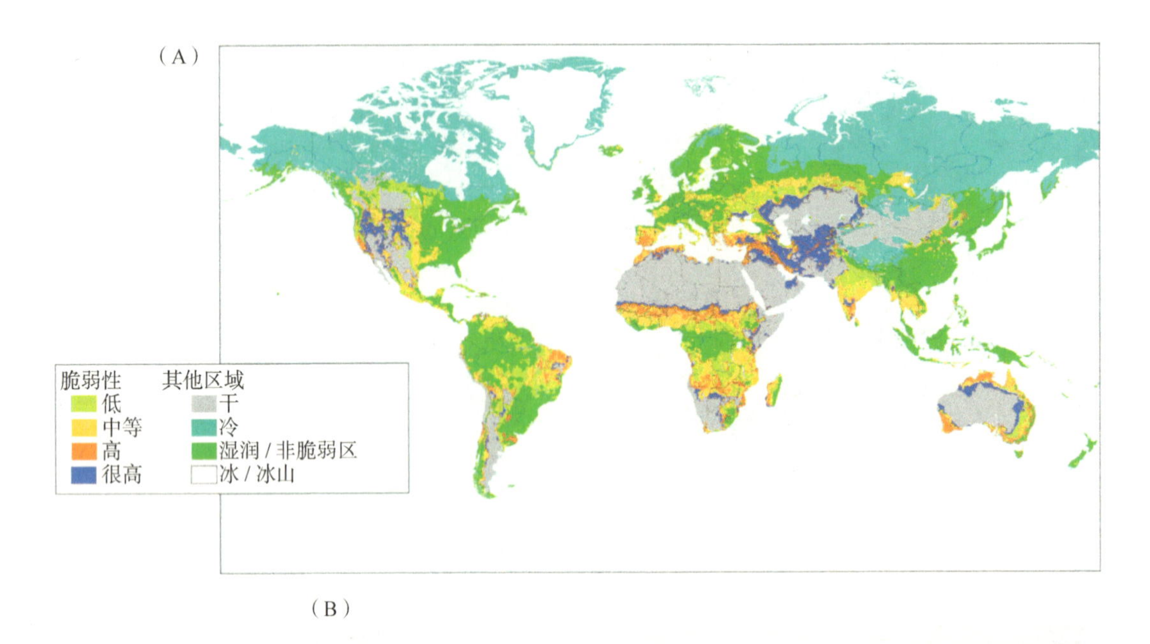

(B)

图 9.11 (A)由于持续的干旱和沙化，世界干旱区正在加速荒漠化。图中红色、橘色和黄色区域是荒漠化脆弱区域，预计在未来几十年内退化为沙漠的潜在风险很大。(B)人类放牧强度不断加强，半干旱区土地荒漠化日趋严重

世界上曾有 900 万 km^2 的半干旱地区由于人类活动已经荒漠化。荒漠化地区不同于自然的荒漠，没有自然荒漠的动植物群落。荒漠化过程在非洲的撒哈拉地区(撒哈拉沙漠南部)最为严重，当地多数大型哺乳动物遭到灭绝的威胁。撒哈拉目前有 10 亿人口，这一数量是土地可持续承载量的 2.5 倍。更严重的问题是，撒哈拉地区的人口增长迅速，又大多处于赤贫状态，社会动荡不安，战争和种族冲突频繁，人们大肆消耗和破坏当地的自然资源，根本不考虑是否能够可持续利用(MEA 2005)。在全球气候变化情况下，撒哈拉地区未来将更干旱少雨，更进一步加剧该地区的荒漠化过程(Verstraete et al. 2009)。除非实施改善农业耕作方式、消除贫穷、稳定社会和控制人口增长的计划，否则进一步荒漠

> 随着人口增长，人类和家畜迁入干旱地区，而该地区无法承载如此庞大的种群数量，使得半干旱地区彻底转变为沙漠。

化将无法避免。

9.3 生境破碎化

除被彻底毁掉的生境以外，许多大面积的连续生境被公路、农田、村镇和其他大范围的人工设施分割成生境片段。生境破碎化（habitat fragmentation）是大片连续的生境面积减小且被分割为多个片段的过程（图 9.12）。破碎化的生境不仅被高度修饰和退化的景观隔离，而且每个片段的边界同时又可能受到另外一些环境因素的影响，即边缘效应（edge effect）。破碎片段通常残留于最差的土地，如陡坡、贫瘠的土壤和难以抵达的地区。

（A）

（B）

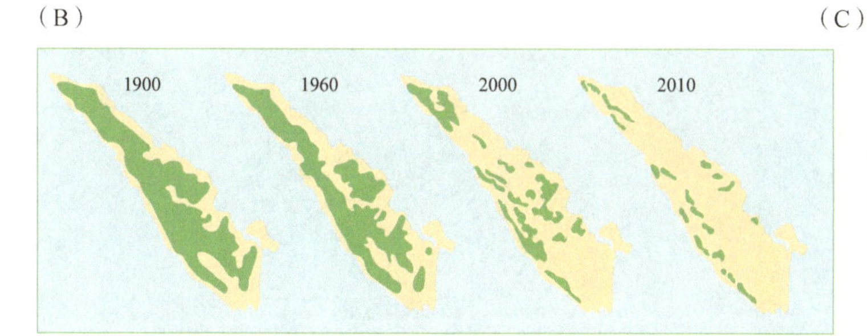

（C）

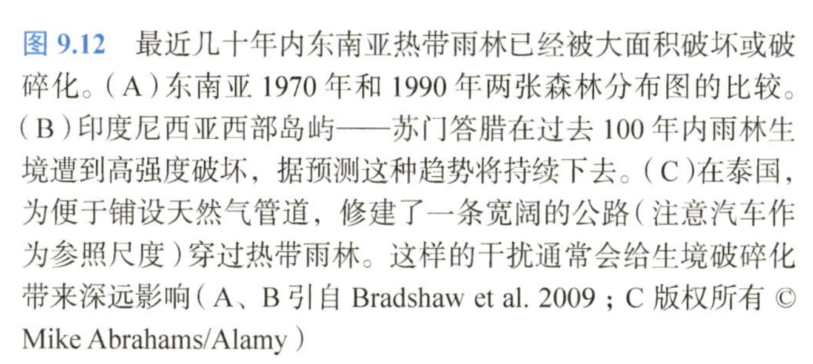

图 9.12　最近几十年内东南亚热带雨林已经被大面积破坏或破碎化。（A）东南亚 1970 年和 1990 年两张森林分布图的比较。（B）印度尼西亚西部岛屿——苏门答腊在过去 100 年内雨林生境遭到高强度破坏，据预测这种趋势将持续下去。（C）在泰国，为便于铺设天然气管道，修建了一条宽阔的公路（注意汽车作为参照尺度）穿过热带雨林。这样的干扰通常会给生境破碎化带来深远影响（A、B 引自 Bradshaw et al. 2009；C 版权所有 © Mike Abrahams/Alamy）

生境面积严重减少的同时总是伴随着生境破碎化。哪怕只有微小的减少，如公路、铁路、高压线、围墙或任意阻止动物自由通行的障碍物将生境分割，破碎化也会发生（图 9.13）。生境破碎化更像一个荒凉的岛屿，被人类主导的“海洋”包围。很多物种无法在小的生境范围内生存，因此生境破碎化过程将会对生物多样性构成严重威胁。

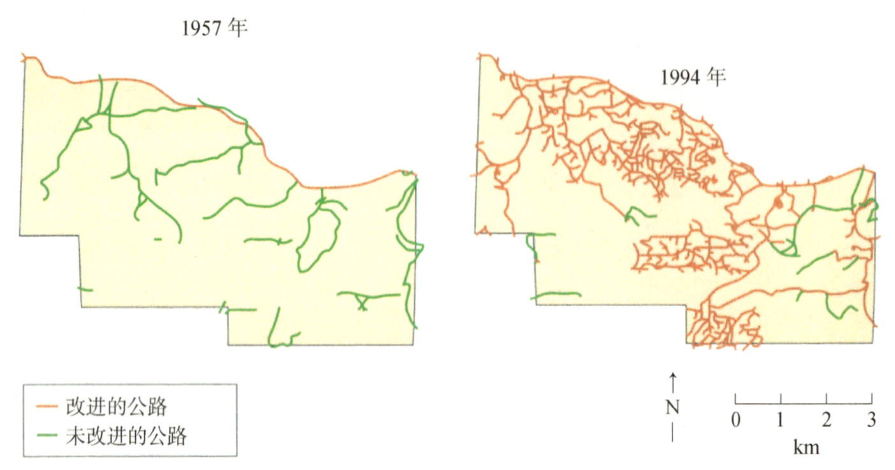

图 9.13 在美国的科罗拉多州，乡村的发展导致公路网络膨胀和生境破碎化。很多生物物种之前的活动范围很广，现在只能局限于斑块化的生境内（Knight et al. 2006）

破碎化的生境与原始生境有三点重要的不同：

1. 生境的破碎化使单位面积中有更长的边界线，会产生更大的边缘效应。

2. 对每一个生境片段而言，中心到生境边缘的距离更近。

3. 最初连续的生境所栖息的种群数量较大，变成各自分离的破碎化生境后，拥有的种群数量较小。

用一个简单的例子说明以上三点不同和破碎化将引发的问题。一个边长为 1km 的正方形保护区（图 9.14），面积为 $1km^2$（100 hm^2），保护区边界为 4000m。保护区中心点距离最近边长 500m。假如边缘效应有利于家猫和引入的鼠类捕食保护区内的鸟类，捕食者

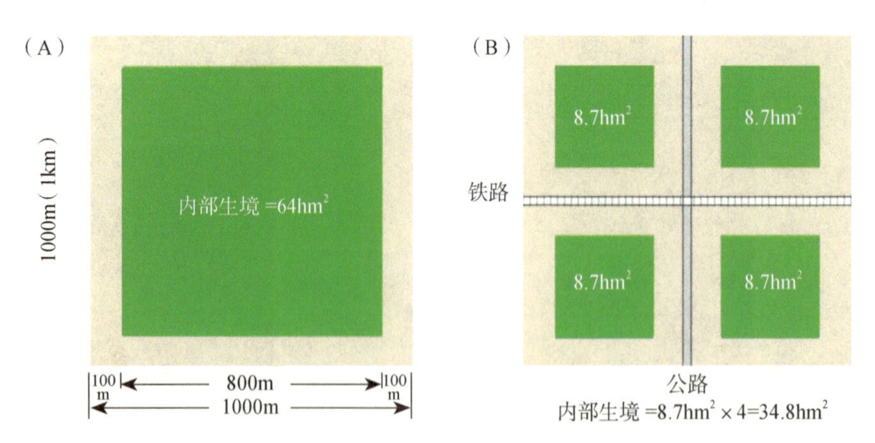

图 9.14 由生境破碎化和边缘效应导致生境面积减小的例子。（A）没有遭到破碎化的、面积为 $1km^2$ 的保护区。假设边缘效应（阴影区）影响到保护区内 100m，鸟类可用来筑巢的内部生境的面积近 $64hm^2$。（B）保护区被一条公路和一条铁路对分后，尽管公路和铁路没有占据多少实际面积，但延伸出来的边缘效应几乎使一半的鸟巢生境遭到破坏

可以在距离保护区边缘 100m 以内的森林里觅食和猎捕，妨碍了森林鸟类繁殖。那么只有保护区内部共 $64hm^2$ 的面积可供鸟类哺育后代，不适合繁殖的边缘生境占了 $36hm^2$。

设想保护区被南北向 10m 宽的公路和东西向 10m 宽的铁路均等分为 4 份，道路占用了共 19 900m^2（$2hm^2$）的面积。因为保护区仅有 2% 面积的土地被公路和铁路占用，政府规划者争辩说这对保护区的影响是微不足道的。然而，保护区已经被分割成 4 个片段，每个面积为 495m × 495m。每个生境片段中心到边长最近一点的距离缩短为 247m，不到先前距离的一半。现在，家猫和鼠类能够沿着公路、铁路或边缘进入森林，意味着鸟类只能在这四个片段中心的区域成功地养育幼雏。每个中心区为 $8.7hm^2$，总计 $34.8hm^2$。这样，即使公路和铁路仅仅占用 2% 的土地，但是由于边缘效应增大，使得适宜鸟类生存的生境减少了大约一半的面积。与大片森林相比，在小的森林生境中，鸟类生存和繁殖能力下降的事实就是证据（图 9.15）。同样，生境破碎化也会影响其他类型的动物和植物种群。

> 导致生境破碎化的障碍物降低了动物觅食、寻找配偶迁移和在新栖息地定殖的能力。破碎化的生境常常会产生趋于局地灭绝的、个体数量小的亚种群。

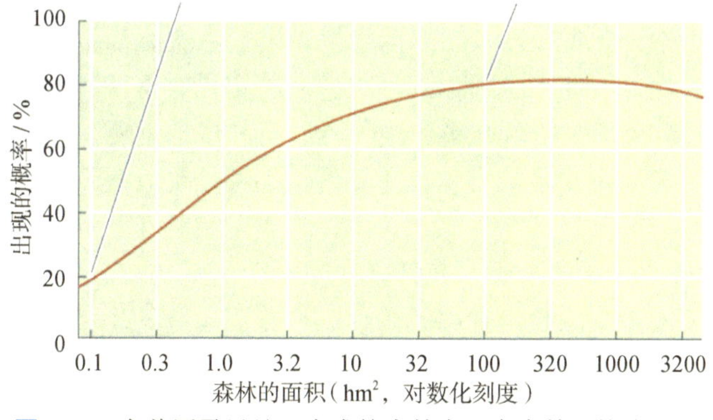

图 9.15　在美国马里兰一个成熟森林内，当森林斑块为 $0.1hm^2$ 时，画眉鸟出现的概率为 20%；当森林斑块面积增加到 $100hm^2$ 时，画眉鸟出现的概率增加到 80%（Deker et al. 1991; 照片版权 © William Leaman / Alamy）

物种扩散和定殖　生境破碎化对生物的正常活动造成障碍，限制物种的扩散和定殖潜力（Laurance et al. 2008）。在一个未破碎化的生境内，植物的种子、孢子和动物可以主动或被动在生境内自由扩散。当它们达到适合生长的地方，就会定居下来，建立新的种群。随着时间的推移，在局部尺度建立起来的种群有可能因为群落的演替或是环境发生变化而逐渐衰退和灭绝，其后代通过扩散作用，又重新寻找适合的地方定居，建立新的种群。在景观尺度，这种不断定居、灭绝、再定居的种群有时被称为集合种群（metapopulation，见第 12 章）。

生境破碎化会限制物种扩散和定居的潜力。许多森林内部的鸟类、哺乳动物和昆虫不敢穿越即使很短的一段开阔空间（Laurance et al. 2009）。因为它们的天敌，如鹰、猫头鹰、捕蝇草和鼠类正在森林的边缘等着，它们随时都有被捕食的危险。100m 宽的农业用地可以是某些无脊椎动物不可逾越的障碍。道路对动物活动范围的影响非常明显。很多动物不敢通过道路到达另外一个不一样的生境生活，因其常常会在穿越公路时被机动车轧死。为了避免这种情况，很多道路建设过程特别设置了允许动物通过的廊道，以减少对动物的影响（Grilo et al. 2009）。

生活在生境片段的物种在自然演替和种群局部灭绝后，生境片段间的障碍物妨碍新物种的迁入，生境片段内的物种数将会慢慢衰减（Beier et al.2002）。这样，小生境片段内种群的局部灭绝速度就会加快。在过去的 100 年内，比利时的欧石楠灌丛植被减少了 99%，剩下的 1% 也呈严重的破碎化状态。生物多样性丧失最严重地区也是生境破碎化最严重地区，说明扩散在物种丰富度维持中的作用（Piessens et al. 2005）。在河流生态系统中，修建大坝或人工湖也可能造成水生生境破碎化，继而导致一些洄游的动物如大麻哈鱼和河豚的灭绝（Gross 2008）。

可以生活在受干扰的生境中且能在这样的生境中自由迁移的物种数量会在未受干扰的破碎化的小块生境中增加。特别是在林区，原始林斑块之间有次生林或人工林连接比中间间隔以牧场或农田要好（Laurance 2008b）。尽管目前世界上很多森林公园和自然区都是原始生境的斑块，但是因为面积太小，而且互相隔离，很难保护当地物种的多个种群。

食物来源和繁殖交配受到限制 无论是独居或群居的动物类型，大多都需要自由地穿越不同的景观区域以便能猎取斑块化分布或季节性限制的食物和水资源（Becker et al. 2010）。一种特定的资源或许在一年内仅能维持数周，甚至几年才出现一次。当生境破碎化后，被限制在单一生境片段中的物种可能无法自由迁移去获取特定稀有资源，它们的种群就会消退甚至灭绝。例如，长臂猿等灵长类是典型的生活在森林中的动物，它们以树上的果实为生。当遇到果实缺乏的年份，灵长类动物主要的活动将是扩大范围找食物。如果森林被人工设施破碎化，这些灵长类动物不愿意冒险通过人工设施或开阔地去寻找食物，因此生境破碎化也阻止它们的食物来源，使其生存受到严重威胁甚至灭绝。篱笆墙能够阻止大型草食动物如羚羊或野牛的自由迁移，迫使它们在不适宜的生境中过度啃食，最终导致这些动物饿死和生境退化（Dudley and Platania 2007）。

对于物种的扩散限制，生境的破碎化有时也表现为阻碍了分布广泛的种群的繁殖交配，导致很多动物种群的生育能力降低。植物也有可能因为生境破碎化而减少种子产量，例如，破碎化导致如蜜蜂和蝴蝶等传粉者在不同的生境斑块之间迁移机会减少，因此降低了传粉效率。

种群的分割 生境破碎化将一个分布广泛的种群分割为两个或更多个亚种群，每个种群限定在一定的区域内，限制了配偶的自由选择，导致种群数量陡然下降或灭绝。更小的种群对近交衰退、遗传漂变和其他小种群产生的相关问题可能更为敏感（见第 11 章）。虽然大面积的生境能维持一个大种群，但生境破碎化后，每个生境片段都将无法维持一个个体数量足够大的亚种群长期生存。在生境斑块之间建立让动物通过的廊道可能是保持种群数量的一种比较好的方法。

边缘效应

破碎化也会改变每个生境斑块边缘的微环境，包括光照、温度、风向、湿度和

> 生境破碎化增加了边缘效应——改变了光照、湿度、温度和风速，这给当地的生态系统带来了不利影响。

火灾的发生概率等（Laurance 2008b）。每一项微环境的改变都将对生境内物种活力和组成、生态系统健康产生影响。

微气候的变化　在森林或其他群落内，太阳光被林冠层的树叶吸收和反射。在热带雨林内，能够到达森林地被层的直射光往往不足 1%。森林的林冠层对林下的微环境起了缓冲的作用，白天让林下保持相对湿润阴凉，也减少了空气的流动；晚上则起到保温的作用。一旦森林被破坏，地表直接暴露于太阳光下，白天将变得很热；另一方面，没有林冠层的保护作用，热量流失很快，湿度也会降低，晚上地表会更凉。在森林的边缘地带，风往往比较大，会带走很多水分，使地表变得很干燥，导致某些树种和地被植物死亡。这种效应在群落边缘最强烈，从边缘到森林中心地带逐渐减弱。亚马孙森林边缘效应的研究结果表明，边缘效应在距离生境边缘 60m 内最强烈，100 ～ 300m 的区域内明显增加树种的死亡率（图 9.16）（Laurance et al. 2002）。由于许多动植物已经适应于某一水平的温度、湿度和光照，在片段化森林中这种特定水平的温湿度和光照变化会使许多物种消失。温带森林中的耐阴植物、演替晚期的热带乔木和对温度敏感的动物如某

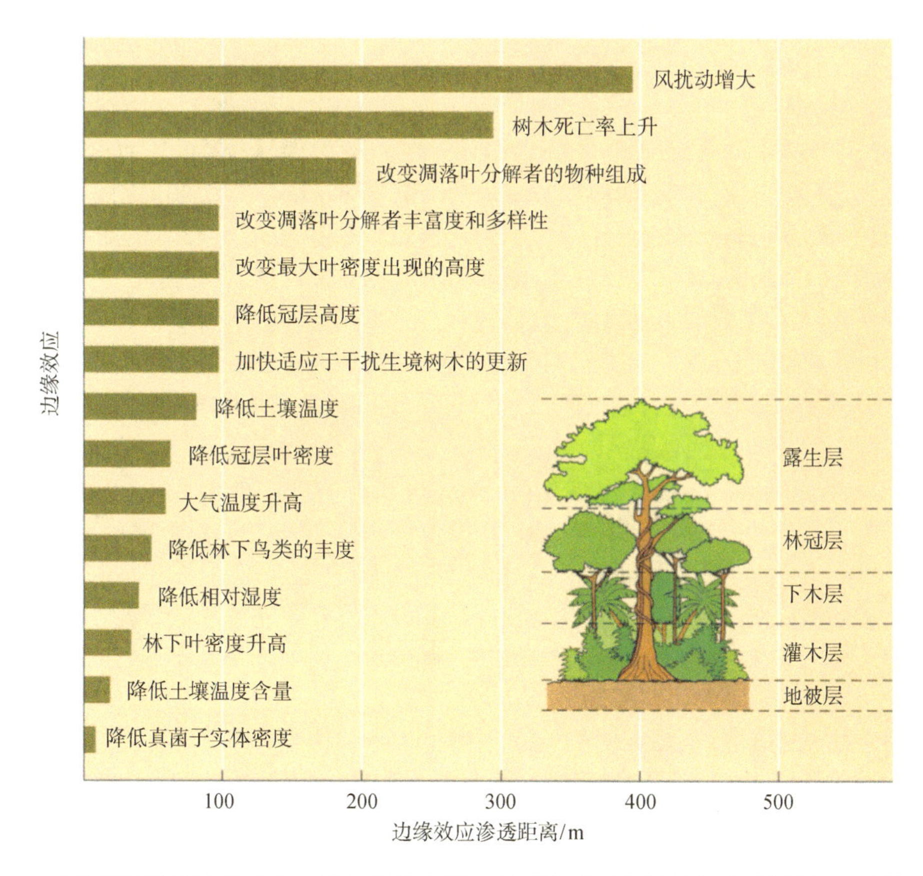

图 9.16　亚马孙雨林的边缘效应。柱状图代表某一因素影响到森林片段内部的距离。例如，生长在距离边界 300 m 以内的乔木具有较高的死亡率，在距离边缘 100m 以内，林冠层的平均树高下降（Laurance et al. 2002）

些昆虫和两栖类常常会因生境破碎化而灭绝，导致生物群落组成的改变。

某些藤本植物或先锋树种能够适应边缘环境，可能迅速占领森林的边缘地带，这样也算是减轻了环境的改变对森林中心地带的影响。随着时间的推移，不同于森林内部的动植物物种将占据森林的边缘。

增加火灾发生概率 当森林破碎化后，森林边缘的风力增加、湿度降低、温度升高，更容易发生火灾。另外，邻近的农田中农民有规律的火烧，如收获甘蔗时的情形；以及刀耕火种的无规律火烧也可能蔓延到破碎化生境中。当森林斑块边缘由于倒木而出现木材堆积时，发生火灾的危险会更大。在印度尼西亚的婆罗洲和巴西的亚马孙，1997～1998 年异常干旱的季节中数百万公顷的热带湿润森林被焚烧。这是耕作和择伐造成森林片段化、择伐后形成的灌丛堆积，以及人为火灾共同造成的环境灾难（Barlwo and Peres 2004；Le Page et al. 2007；Messian and Cochrane 2007）。森林被火烧后，枯死木质积累，在阳光的直射下，地表更容易变得干燥，增加了再次发生火灾的概率。最终，由于林火的影响，森林会退化为灌丛。

种间相互作用 破碎化的生境片段更容易遭受外来种和本地有害种的入侵（Flory and Clay 2009）。森林边缘是一种受干扰的生境，有害物种很容易在此定居、繁殖和扩散到森林片段的内部。例如，有些风媒入侵植物的种子可以随风深入森林片段的内部，在有倒木的地方迅速定居和繁殖。蝴蝶也偏好于离森林边缘 250m 以内的森林生境。在北美温带地区，杂食动物可以沿着森林边缘或在小的生境片段里（在干扰和未受干扰的生境中均能获取食物）增加种群的数量，降低森林内部物种的数量，如浣熊、黄鼠狼、蓝松鸡和某些鸟类。这些适应于边缘生境的物种也会吃掉森林鸟类的卵和幼雏，常常使生活在距离边缘不远的森林生境（距离生境边缘数百米）和小生境片段内的鸟类不能成功地繁殖（Lampilla et al.2005）。北美燕八哥喜欢生活在森林的边缘，但是它们能够飞入距离生境边缘 15km 的森林内，然后将卵产在其他种类鸟的巢里，妨碍了生境片段内许多候鸟的繁殖（Lloyd et al.2005）。生境破碎化、巢不断受到侵扰以及热带冬季生境遭到破坏等多种因素相结合，很可能导致了北美特别是美国东半部一种迁徙鸣禽——深蓝色林莺（*Dendroica cerulea*）种群数量的锐减（Valiela and Martinetto 2007）。

在生境破碎化的人类居住地，家猫往往是主要的捕食者。美国的密歇根地区，26% 的农场主家里都养猫，而且这些猫出入自由，一只猫平均每周会吃掉一只鸟，甚至包括一些受重点保护的鸟类（Lepczyk et al. 2003）。因此，当地的农场主也想了一个办法，在猫的脖子上套了一个特制的项圈，以减少这些家猫对鸟类、两栖类和其他小动物的捕食。在很多地区，对于一些大型动物来说，猎人是很重要的捕食者。而正是由于生境破碎化导致道路的便捷，让猎人容易进入森林内部狩猎。如果狩猎强度不受控制，将使动物失去庇护所，种群数量也将不断下降。

疾病传播 生境破碎化后，家养动物与野生动物的接触更多，导致一些家养动物的传染病通过野生的种群迅速传播开来，因为野生种往往对这些疾病没有免疫能力。当然，家养动物与野生动物频繁接触，疾病也有可能从野生种群迅速传到家养动物，甚至传给人类。我们将在第 10 章讨论外来物种对疾病传播的影响，其中一个关于生境破碎化的案例研究表明，白脚鼠和黑腿壁虱个体密度高的地区，当地人感染莱姆病（一种急性传染病）的概率也更高（Killiea et al. 2008）。

两个生境破碎化的研究案例

在过去的 10 年内，有关生境破碎化的文献大量发表。有些研究表明生境破碎化导致当地环境发生变化，进而引起了当地物种的丧失和衰减。下面讨论两个典型的案例。

- 美国加利福尼亚东南部沙巴拉树丛和海岸灌丛遭受城市化快速发展的影响，定居于此的 8 种鸟是生境破碎化影响的例证（Crook et al. 2001）。与大的斑块相比，小的斑块（面积小于 $10hm^2$）物种灭绝率高，新物种定居率低。种群初始密度高的鸟类在斑块生境里灭绝的可能性会低些，在小斑块中有可能存活下来。
- 驯鹿是一种斯堪的纳维亚文化的重要象征。野生驯鹿（*Rangifer tarandus tarandus*）仅存的最后一个种群生活在挪威南部（Vistnes et al. 2008）。1900 年之前，驯鹿作为连续的群体，在本区各个山脉间自由迁徙。随着基础建设的发展，野生驯鹿总是保持与人类居住区及其他建筑设施（如旅游区、公路、电力设施）5km 远的距离，于是被分隔成 26 个不同的群体，成为斑块化种群（图 9.17）。现在发现只有大约原来驯鹿活动范围 10% 的区域距离人类设施 5km 以上。因为孤立的群体不能迁移，其结果是驯鹿斑块栖息地的植被过度啃食，环境容纳量下降，必须通过积极的猎捕以控制当地种群的增长。如果再修建公路、输电线路和旅游区，驯鹿种群将遭受进一步破碎化的影响，其命运将更加令人担忧。

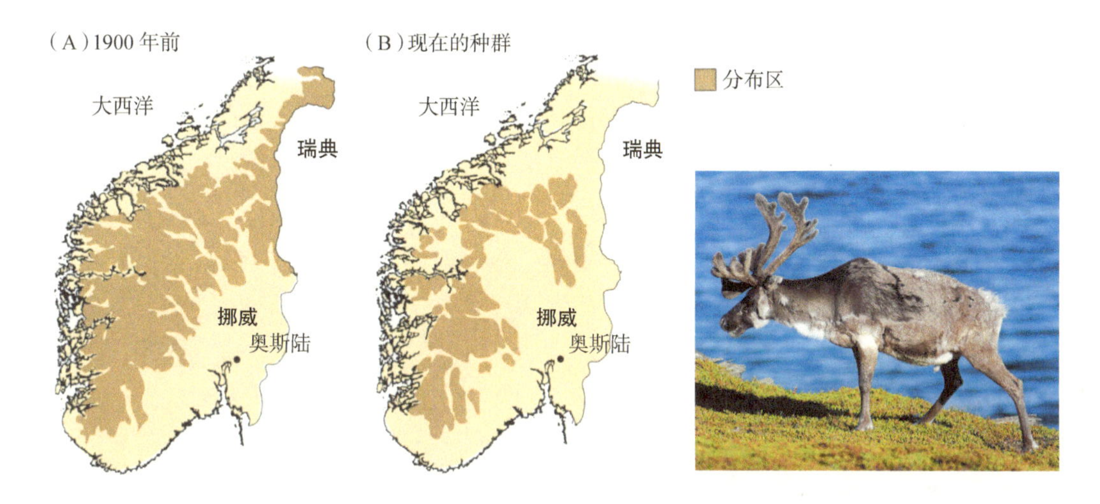

图 9.17　（A）野生驯鹿群体从前分布在挪威南部整个山脉，仅有一个生境间断。（B）现在驯鹿的活动范围被公路、输电线路以及其他类型的基础设施隔断，分为 26 个孤立的亚种群（引自 Nelleman et al. 2001；版权所有 © Zwerger-Schon Imagebroker/AGE Fotostock）

9.4　生境退化和污染

即使一种生境没有受到严重破坏或破碎化，该生境下的生态系统和物种也会深受人类活动的影响。外界因素在改变优势植物的结构和群落内其他特征的情况下，都能破坏生物群落并导致物种灭绝。例如，温带落叶林里频繁且失控的地表火可能引起生境的物理性退化；这种火也许不会杀死成熟的树木，但丰富的多年生草本植物和地表昆虫会渐渐衰落。草地群落保留过多的牛将逐渐使本地种发生变化，常常是本地种灭绝，而能由化学制剂、废弃物和能源生产的副产品所造成的大气、水体和土壤污染，会以隐密的方式对生境造成破坏。

够忍受过牧和践踏的外来种快速生长。珊瑚礁周围频繁出没的游船和潜水者会使其退化，如脆弱的物种被潜水员脚蹼、船体和锚打碎。在公众看不到的地方，渔民每年在近海约 1500 万 km^2 的海底撒网捕鱼，面积约是同期森林砍伐面积的 150 倍之多。撒网捕鱼破坏纤小的生物（如海葵和海绵），降低物种多样性和生物量，破坏群落结构（图 9.19）（Hinz et al. 2009）。有人认为深海采矿行为将会大大增加这种退化的规模（Halfer and Fujita 2007）。

最不易察觉而普遍存在的环境退化形式是污染，杀虫剂、除草剂、污水、农田肥料、工业化学物质和废水、工厂废气和汽车尾气、受侵蚀的山坡脱落的沉积物通常都能造成污染（Relyea 2005）。这些污染其实每天都在我们周围、在世界的任何一个角落出现，也常常不能明显觉察出来。污染对水质、空气质量，甚至对全球气候造成的普遍影响引起了巨大的注意，不仅因为它威胁到生物多样性，还危害人类健康（Kampa and Castanas 2008；Srinivasan and Reddy 2009；Dearborn and Kark 2010）。虽然环境污染时常显著可见，正如图 9.18 所示的大量原油泄漏事件，但不易察觉的、不可见的污染形式可能最具威胁——主要因为这种污染非常隐秘。

图 9.18 死去的鸟类、海洋哺乳动物和其他海洋动物全身覆盖了泄漏的原油。阿拉斯加基奈峡湾（Kenai Fjords）鸟类在埃克森公司瓦尔迪兹石油泄漏污染之后死亡、腐烂（照片版权所属 Accent Alaska.com/Alamy）

杀虫剂污染

引起全世界关注杀虫剂威胁的是蕾切尔·卡逊在 1962 年出版的《寂静的春天》。卡逊通过二氯二苯基三氯乙烷（DDT）和其他有机氯杀虫剂在食物链上富集浓缩来说明杀虫剂的危害（Elliott et al. 2005；Kelly et al. 2007；Weis and Cleveland 2008）。这些杀虫剂本来是用来在农作物上消灭害虫或在水体中杀死蚊子幼虫的，但却危害到野生动植物种群，特别是以大量接触 DDT 及其副产品的昆虫、鱼类或其他动物为食的鸟类种群深受其害。很多鸟类的身体各组织富集大量的杀虫剂，特别是隼和鹰类等猛禽，会变得越来越弱，生的蛋壳异常薄，孵化过程中易碎，幼鸟难以喂养成功，成体死亡率高，导致这些鸟类种群数量在全世界范围内急剧下降（专栏 9.1）。

在湖泊和河口地带，食肉性鱼类和海洋动物如海豚体内富集了 DDT、PCB 及其他杀虫剂。在农田区，益虫及其蛹和害虫一起被杀死。与此同时，蚊子和其他目标昆虫往

专栏 9.1　杀虫剂与猛禽：敏感物种可以作为环境污染的预警

猛禽如美国秃鹰、鱼鹰和游隼在世界上很多地方是权力、优雅、高贵的象征。当20世纪50年代这些物种及其他猛禽种群数量急剧下降时，对鸟类的关注很快转化为寻找原因的应急研究。引起猛禽种群数量急剧减少的罪魁祸首就是化学杀虫剂 DDT（二氯二苯基三氯乙烷,简称滴滴涕）以及相关的有机氯化合物如DDE 和氧桥氯甲桥奈。DDT 开始用于第二次世界大战期间，主要是用来对付作物病虫害。到第二次世界大战结束后，DDT的确控制住了病虫害，但是以昆虫为食的猛禽种群数量也随之急剧下降。

在一个城市屋顶，一只雄性游隼正在哺育雏鸟（照片由美国联邦鱼和野生动物管理局提供）

> 有害杀虫剂的禁令也导致很多猛禽种类的恢复。

DDT里面的化合物对猛禽的危害特别大，因为猛禽处于食物链的顶端。有毒的化学物质通过生物放大效应（biomagnification）富集在生物链的顶端。杀虫剂被昆虫和其他的无脊椎动物吃下吸收后，在它们体内组织残留的浓度是相当低的。但是鱼类、鸟类或是哺乳动物吃了这些昆虫后，这些有毒物质进一步富集，逐渐达到较高的浓度。例如，在湖水里的DDT浓度约为0.000 003ppm，在浮游动物体内的浓度约为0.04ppm。但以浮游动物为食的鲤科小鱼体内DDT的浓度可以达到0.5ppm，在以鲤科小鱼为食的鱼类体内可以达到2.0ppm，而在以捕鱼为食的鸟类体内可以达到25ppm。以鱼类为主要食物来源的鸟类，如鱼鹰和秃鹰是受危害比较大的类群，因为有毒物质往往通过农业水域排到河流和湖泊里面。游隼也是容易受生物放大效应危害的类群，因为它们主要以捕虫鸟类和蝙蝠为食。DDT及其衍生物可以引起鸟类的蛋壳变薄，影响胚胎正常发育，改变成鸟的行为，甚至直接导致成鸟死亡。

有害杀虫剂的禁令让很多猛禽种类得以恢复。美国自从1972年开始立法禁用DDT及其他含有机氯的杀虫剂后，猛禽的种群数量就很快恢复，这间接证明了DDT的危害性。在世界的其他地方，游隼的数量也明显恢复（Hoffman and Smith 2003; Craig et al. 2004）。人工饲养的游隼在大城市高楼顶放养也成功构建了新的繁殖种群。美国秃鹰、鱼鹰的种群恢复也有类似的情况。目前，在美国至少有7000对可以繁育的美国秃鹰，而在1963年仅有417对。

猛禽对于杀虫剂的敏感性也暗示对人类的危险，虽然化学毒物在被投入应用之前已经可以被预测到对其他的有机体有潜在的危险。但遗憾的是，目前很多明知道对人类和动物有危害的化学毒物仍然被生产并不断输入我们生存的环境。例如，大家都知道PCB（polychlorinated biphenyl，多氯联苯）可以致癌，但是目前还被继续使用，特别是在变压器制造工厂里面。有些新的化学物质，虽然目前还没发现毒性，但是也可能有潜在的、不可意料的危险。另外，铅污染也逐渐引起关注，因为人们观察到美国秃鹰、加利福尼亚鹰、黑嘴天鹅以及其他的鸟类在吸收了弹药爆炸遗留下来的铅粒和子弹碎片后会迅速死亡。制药厂里排往水域里面的化学污染物也是很大的问题，经常会破坏动物荷尔蒙平衡，影响动物的行为和繁殖。

对于敏感物种的观测，比如在这个例子中能富集毒物的猛禽，可以让我们认识到向环境中输入有害化学物质的危险性。希望这样的案例能够引起人类重新思考“寂静的春天”，并停止用化学物质来污染我们的环境。

美国秃鹰现在可以在北美很多区域繁殖，因此，种群数量得以增加（由加拿大野生生物管理局和康涅狄克州环保局提供数据）

往对农药产生抵抗力，因此需要更多的 DDT 来控制害虫数量。20 世纪 70 年代，人们开始意识到这种恶性循环，许多工业化国家开始禁止 DDT 和其他相关化学杀虫剂的使用。禁止令部分恢复了一些鸟类种群的数量，最明显的是游隼（*Falco peregrinus*）、鱼鹰（*Pandion haliaetus*）和秃鹰（*Haliaeetus leucocephalus*）。然而，现在许多国家持续不断地使用大量的杀虫剂，甚至 DDT，仍然需要引起重视，这不仅仅危害濒危动物，也会对人类造成长期潜在的危害，特别是田间使用化学杀虫剂的工人和食用喷洒过杀虫剂的农作物的消费者危害更大。化学杀虫剂广泛分布在空气和水中，危害植物、动物和居住在远离杀虫剂使用地点的人们（Daly et al. 2007）。甚至在挪威和俄罗斯北部的北极熊体内都发现了富集的杀虫剂，这些有毒物质对北极熊的健康造成危害。另外，在几十年前就禁止杀虫剂使用的国家，环境中仍存在这些物质，对水生脊椎动物的繁殖和内分泌还会有不利影响（Oehlmann et al. 2009）。

水污染

水污染对人类、动物和生活在水里的所有物种均具有负面影响，它破坏了重要的食物来源、污染了饮用水。当人类和其他物种接触到被化学品污染的水源后，会对其健康产生直接、长期的危害（Oehlmann et al. 2009）。水污染经常对水体生态系统造成严重的破坏（图 9.19）。河流、湖泊和海洋常常作为开放的存储区，接收工业废水、生活污水和农业废水排放。高密度的人口几乎总意味着严重的水污染。杀虫剂、除草剂、石油产品、重金属（如汞、铅和锌）、清洁剂和工业废物倾倒至水环境中，会直接杀死水体内的物种（Relyea 2005）。在美国，水污染威胁着 90% 的濒危鱼类和淡水蚌的生存。养分和化学物质从虾和鲑鱼养殖场源源不断地释放，是海岸带的主要污染源。

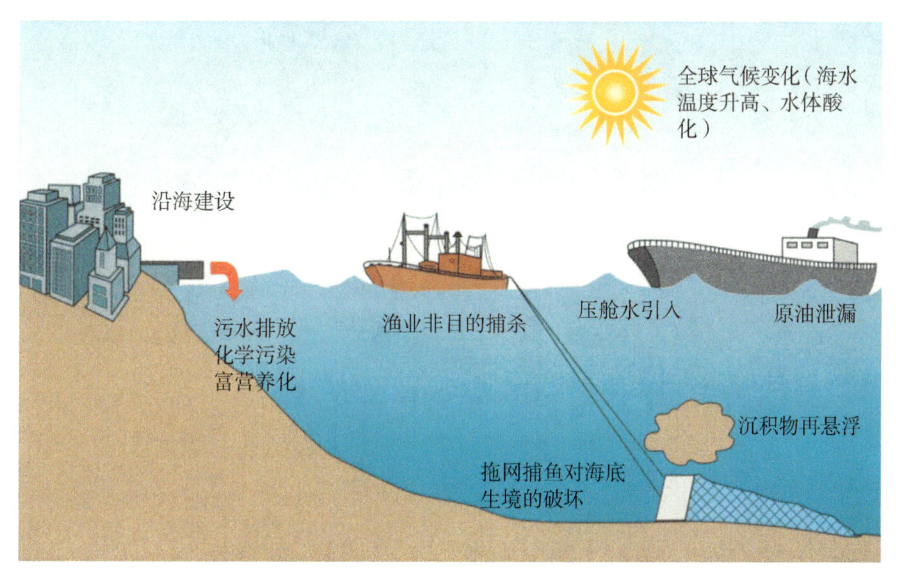

图 9.19　水生环境面临多种威胁，如专栏所示对海洋造成的损害。拖网是一种捕鱼方法，即一只船沿着海底拖拉一个渔网，不加区分地捕获商业化鱼类和非商业物种以及其他海洋生物（非目的捕杀），破坏了海洋生物群落的结构组成（Snelgrove 2001）

即使水体内的生物没有被有毒物质直接杀死，机体也会受到破坏而变得没有活力。有毒废物倾倒在陆地环境只能产生局部影响；相比之下，有毒废物排放在水里会扩散到较大范围；即使浓度很低，也会通过生物富集作用对水生生物产生致命的影响。许多水生环境中必需矿质元素（如氮和磷）的浓度低，为了适应这样的环境，水生生物吸收大量的水来获取它们必需的养分；伴随重要矿物质摄取的同时，污染环境中的生物也在体内富集了有毒化学物质；最终，对植物和动物产生毒害作用。以这些水生生物为食的物种摄取了高浓度的有毒化合物，处于食物链高营养级的物种摄取的有毒物质的浓度越高。一些长寿命的捕食性鱼类（如鲨鱼和金枪鱼）体内累计汞等有毒元素，常常食用这些海产品的人群的神经系统会受到损害（图 9.20，Campbell et al. 2008；Jaeger et al. 2009）。

> 水污染不仅对生物多样性造成破坏，也影响人类的健康。

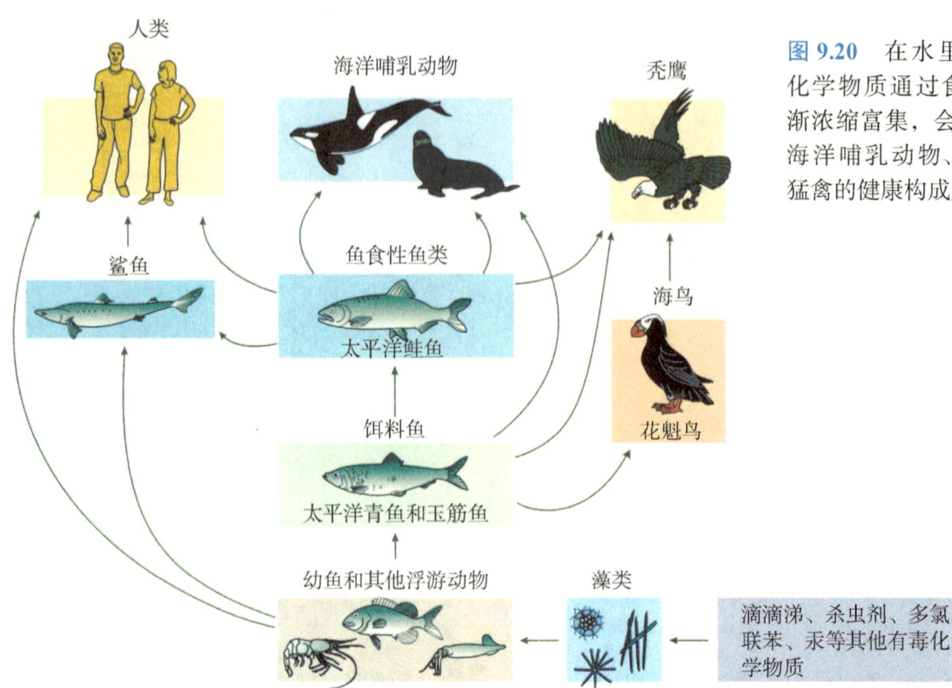

图 9.20 在水里的有毒化学物质通过食物链逐渐浓缩富集，会对人类、海洋哺乳动物、海鸟和猛禽的健康构成威胁

即使是对动植物有益的必需矿物质，在浓度高时也会变成有害的污染物（Smith and Schindler 2009）。为了维持人口的增长和生活水平，人类活动产生的生活污水、农业化肥、清洁剂、工业废水和土壤侵蚀常常释放大量的氮素、磷素到河流、湖泊和池塘中，引发富营养化过程（eutrophication）。这些化合物浓度升高，使得池塘和湖泊里的藻类及光合细菌产生厚厚的“水华”。水华旺盛繁殖限制其他浮游生物生长，并遮盖底栖植物种类，扼杀了生态系统中鱼类和其他动物的食物来源。伴随藻类层越来越厚，其下层沉入底部而死亡，分解这些垂死藻类的细菌和真菌因为有了额外的食物得以繁盛，耗尽水中几乎全部的氧气。氧气缺乏使得许多幸存的动物死亡（有时能看到死鱼漂浮在水面上），群落结构变得极为贫乏、单一，仅由少数能够耐受水体污染和低氧含量的物种构成一片“死亡地带”（图 9.21）。

大量人为的养分输入造成水体富营养化也能影响海洋生态系统，特别是在海岸带和狭窄水域如美洲的墨西哥湾，欧洲的地中海、里海和波罗的海，以及日本的内海（Greene et al. 2005）。在温暖的热带水域，富营养化导致藻类繁盛生长并覆盖了珊瑚礁，进而彻底改变了当地的生物群落。

由于森林砍伐和山地开垦造成的水土流失也能破坏水生生态系统。流入水体的沉积物落在沉水植物的叶面影响了光合速率。因水道变成褐色或者大量的悬浮颗粒使水体变得混浊，不断增大的混浊度减少了水体透光性，使进行光合作用的水层深度变浅，同时也妨碍了动物在水下的视觉、觅食和生存。许多珊瑚种类的生存需要水晶般清澈的水体。珊瑚具有精细的过滤系统，在清水中选择微小的食物颗粒。充满土壤颗粒的混水会使珊瑚的过滤系统关闭，继而不能觅食。因此，不断增加的沉积物对珊瑚具有特别的伤害。珊瑚动物以水藻为食，如果水体混浊，水藻的光合作用受到抑制，其生长受到影响，会危及珊瑚动物的生存。

图 9.21　富营养化引起加利福尼亚萨尔顿海鱼死亡。人类活动增加的氮素和磷素流失到水生生态系统中，使得藻类大量繁殖形成厚厚的绿色水华，并使其他光合细菌得以繁盛。这些水华最终破坏了植物，耗尽了水体中的氧气，缺乏鱼类和其他食物资源来供养水生动物，留下了一个"死气沉沉"的生态系统

大气污染

由于森林有巨大的经济价值，关于空气污染对森林群落的影响研究得比较深入（Bytnerowicz et al. 2007；Karnosky et al. 2007）。研究表明，在世界很多地方，特别在北欧和北美东部，空气污染对森林内树种有比较大的影响，使得树木变得更容易受到害虫、真菌和疾病的侵害（图 9.22）。这些树死后，会造成很多物种的局部灭绝。即使整

图 9.22　在发电厂和重工业区附近的森林正面临大面积死亡，可能是由于酸雨、氮沉降、臭氧破坏、病虫害等因素共同作用引起的。照片拍于北卡罗来纳州（摄像 Bruce Coleman，Inc./Alamy）

个生物群落没有受到破坏，群落内物种组成也有改变，因为比较脆弱的物种会由于空气污染而在群落内消失。地衣是真菌和藻类共生体，能够在比较贫瘠的环境中生存，但对空气污染特别敏感。所以，在很多地方，地衣经常被用作空气污染严重程度的指示物种。

过去，人类认为大气具有充分的缓冲能力，释放到大气中的物质能够广泛扩散，不会造成太大的影响。但是，有几种大气污染已经广泛地扩散，伤害到了整个生态系统；这些形式的污染也严重威胁着人类健康，再次证明了人与自然存在依存关系。尽管在北美和欧洲的一些地方，大气污染的水平有所降低，但在世界其他地区仍持续上升。在人口稠密、工业化程度不断提高的中国和其他一些亚洲国家，大气污染尤为严重（Zhao et al. 2006）。

酸雨 冶炼以及燃煤和燃油电厂等向大气排放巨量的氧化氮和氧化硫。继而，与大气中的水分结合形成硝酸和硫酸。硝酸和硫酸变成云的一部分，极大地降低了雨水的pH（酸度的度量标准），导致大面积树木衰败和死亡。森林死亡对木材生产、水体质量和娱乐消遣等方面造成巨大的影响。酸雨反过来又降低了土壤和水体如池塘和湖泊中的pH，并且增加有毒金属如铝的浓度。

目前，酸雨在很多地方都是最严重的环境问题之一，如在北美东部、欧洲、中国和韩国等东亚国家。在未来 50 年，东南亚、印度西海岸和中南非也将受到酸雨的严重影响。仅仅美国一年就将 4000 万吨能够产生酸雨的化合物释放到大气中（Lynch et al. 2000）。经济快速发展中的国家，如中国、印度及东南亚各国，由于工业化进程加快，汽车拥有量迅速增加，大量燃烧高硫的煤，导致酸雨强度和频率增加，直接对当地的生物多样性造成严重的威胁。预计在未来的 50 年内，酸雨将是这些国家严重的环境问题（Larssen et al. 2006）。

水中酸度增加会伤害许多动植物，使很多鱼类不能产卵或即刻死亡（图 9.23）。除了疾病侵染和生境退化因素之外，酸雨和水体污染是导致世界上许多两栖动物急剧下降的重要因素（Norris 2007）。大多数两栖动物生活史中都至少有部分阶段是离不开水体

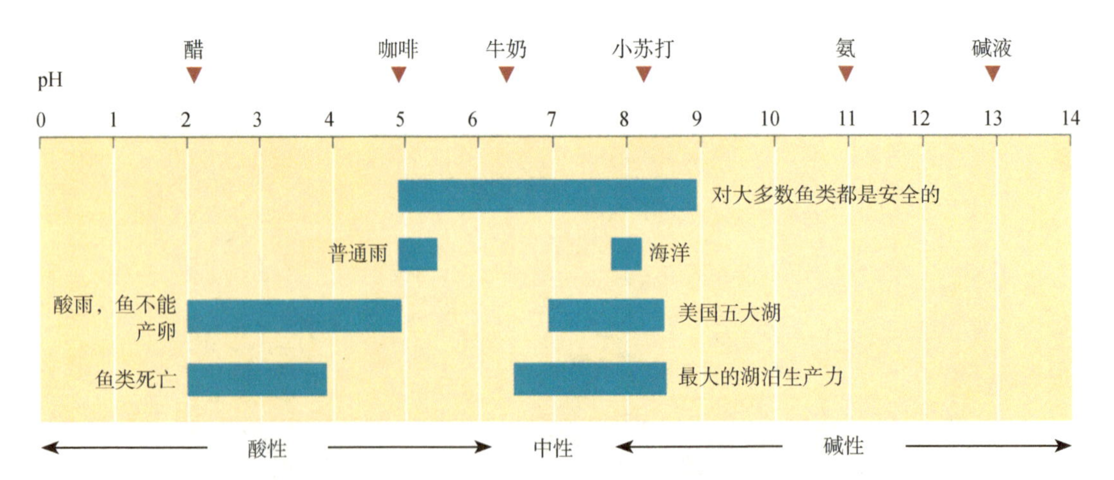

图 9.23 展示对鱼类致命的酸度范围 pH 表。研究表明鱼类的确会在重度酸化湖里消失（引自 Cox 1993，数据来源于美国联邦鱼和野生动物管理局）

酸雨和其他类型的空气污染在亚洲伴随工业化而快速增加。酸雨尤其对内陆水体物种有害。

的，水中 pH 降低引发卵和幼小动物死亡率增大。酸度也能抑制微生物的分解过程，降低矿物质的循环速率和生态系统的生产力。酸雨导致许多工业化国家的池塘和湖泊里丧失大部分动物群落，而这些受损的水体却常常位于城市和主要工业污染源数百千米以外、曾被错误地认为是未受污染的纯净地区。美国和欧洲国家采取了更好的控制污染手段，使许多地方的酸雨问题有所缓解；但是，一些发展中国家如中国，伴随燃烧高硫的化石燃料以推动工业快速发展，导致酸雨问题日益严重（MEA 2005a）。

臭氧产生和氮沉降 汽车、电厂和其他工业活动释放碳氢化合物及氮氧化物等工业废弃物。在太阳光下，这些化合物与大气反应产生臭氧和其他次级化合物，统称为光化学烟雾（photochemical smog）。尽管臭氧在大气层上部对吸收有害的紫外辐射具有重要作用，但在地表层高密度的臭氧能够破坏植物组织，使其变得脆弱，从而危害生物群落、降低农业产量。吸入臭氧和烟雾对人体及动物都是有害的。因此，人类和生物群落都是治理大气污染的受益者。光化学烟雾有时很严重，致使人们尽量避免室外活动。大气氮化合物通过雨水和尘埃沉降。由于这种养分具有潜在的毒性，全世界的生物群落都会因此受到伤害或发生改变（Brys et al. 2005）。特别是氮沉降与酸雨的共同作用，导致对树木生长有益的共生真菌密度降低，树木在干旱和炎热年份变得更加脆弱，更易于死亡。

有毒金属 含铅汽油（尽管对人类健康有害，但许多发展中国家仍旧使用）、采矿和冶炼等工业活动向大气释放大量铅、锌、汞和其他有毒金属（Driscoll et al. 2007）。这些有毒化合物直接毒害动植物，并且会对小孩造成永久性伤害。在大型冶炼工厂附近，这些重金属产生的影响尤为明显，甚至几千米以外的地方都会寸草不生。

地区或国家水平的政策和法规的严格施行，可以有效降低空气污染程度，将汽油去铅化就是一个比较好的例子。在北美和欧洲某些地区，目前空气污染程度正在下降。但是在很多发展中国家，如很多亚洲国家，由于工业化进程的加快，空气污染程度正在加剧（Zhao et al. 2006）。控制大气污染最有效的措施是降低机动车的排放量、发展和使用公共交通系统、开发更为有效的工业烟雾净化设施，减少能源的总体利用。在欧洲和日本已经积极地推进了许多措施；美国则远滞后于其他大多数工业化国家，特别在减少机动车排放、增加燃油利用率方面，并没有积极的措施。

9.5 全球气候变化

大气中的二氧化碳（CO_2）、甲烷和其他微量气体，允许太阳光穿过大气层，温暖地球表面。这些气体和水蒸气（以云的形式存在）能够吸收地表反射的太阳能，减缓热量从地表散发、反射回太空的速度。这些气体像温室的玻璃一样，可以透射太阳光，并存留温室内由太阳能转化的热能，因此被称为温室气体（greenhouse gases）。这种类似加热地球大气温度的作用称为温室效应（greenhouse effect）（图 9.24）。这些气体像“毯子”一样覆盖在地球表面：气体浓度越厚，被束缚在地球表面的热量越多，地表温度越高。

温室效应使地球上的生命繁茂——没有它，地表温度将会剧烈下降。由于人类活动的影响，温室气体不断增加，科学家相信这种变化将影响到全球的气候（Karl and

Trenberth 2003；Gore 2006；IPCC 2007）。全球变暖（global warming）这一术语描绘气温正在逐渐升高；全球气候变化（global climate change）指完整的气候特征，包括降水和风的格局正在发生变化，而且未来还会发生持续的变化。

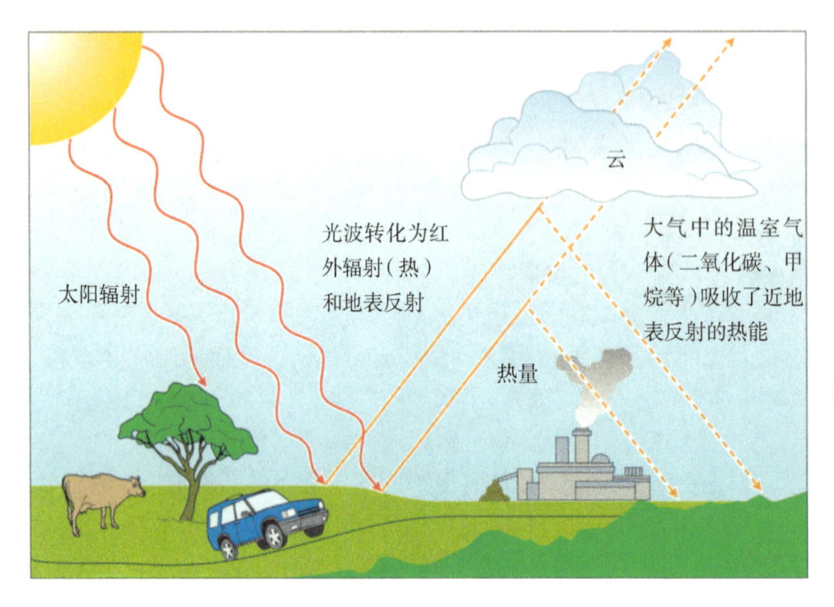

图 9.24 温室效应：大气与水蒸气（云）形成毯子覆盖在地球表面，其作用相当于温室的玻璃屋顶，将热量束缚在地表附近

在过去的 100 年间，地球大气层中的 CO_2、甲烷和其他微量气体含量一直稳步增加，主要原因是化石燃料如煤炭、石油、天然气的使用（IPCC 2007；Kannan and James 2009）。此外，毁林开荒、燃烧薪材取暖和做饭也增加了 CO_2 的含量。现在，人类每天向大气中释放大约 7000 万吨 CO_2。在过去的 100 年里，大气中 CO_2 含量由 290ppm（mg/L）增加到现在的 387ppm（图 9.25）。据此推算，到本世纪下半叶 CO_2 浓度还将翻番。由于每个 CO_2 分子在被植物和自然地球化学过程吸收之前，平均在大气中存留大

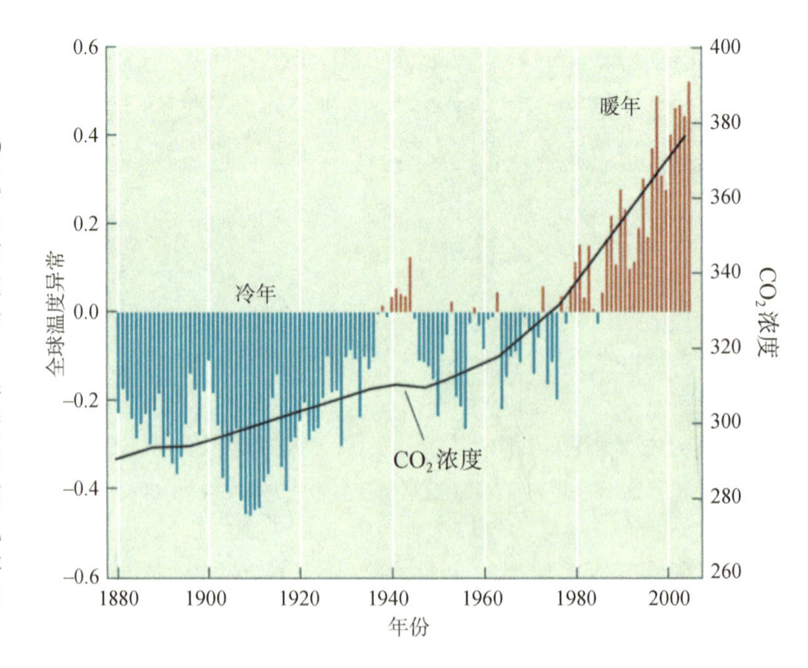

图 9.25 在过去的 130 年，人类活动导致大气中 CO_2 的浓度显著增加。以 1961 ～ 1991 年年均温的均值作为参照，在 1980 年之前，全球年均温基本上比参照温度低，而在 1980 年后明显比参照均温高。图上在温度刻度表示与参照均温的差值。大部分科学家相信，全球变暖是与大气中 CO_2 及其他温室气体浓度增加息息相关的（引自 Karl 2006）

约 100 年，即便现在各国政府明天就开始完成京都议定书计划，切实努力地降低 CO_2 排放量，也很难使目前 CO_2 的含量在短期内降下来。因时间上的滞后性，大气中的 CO_2 水平至少在短期内还会持续上升。

另外一种重要的温室气体是甲烷。在过去的 100 年内，空气中甲烷的含量从 0.8ppm 上升到 1.7ppm，主要原因是由于水稻种植、养殖业和微生物分解垃圾、热带森林和草地生物分解和化石燃料的使用。甲烷的吸热效应比 CO_2 更强。虽然大气甲烷浓度比较低，但对于温室效应的作用不容忽视。甲烷在大气存留的时间比 CO_2 更长。减少甲烷排放关键在于改变农业耕作模式和加强污染的治理。

政府间气候变化专门委员会（IPCC）的首席科学家们已达成共识，认为人类活动导致的温室气体含量增加已影响到世界的气候和生态系统，而且这些影响在未来还会增强（表 9.3）（Rosenzweig et al. 2008）。支持这一结论的最有力证据是，20 世纪，地球表面的温度已经增加了 0.6℃（IPCC 2007；Robinson et al. 2008）。在高纬度地区，如西伯利亚、阿拉斯加和加拿大，温度增加更明显。海洋水体温度在过去的 50 年里，正以平均每年 0.06℃的速度升高，结果导致当地一些海洋物种向纬度更高海域扩散。

表 9.3　全球变暖的一些证据

1. 温度升高与热浪袭击频率增加	实例：2005 年和 2007 年是有气象记录以来（至少 125 年）最暖的 2 年。2003 年 8 月热浪袭击法国，气温达到 40°C（104°F），导致 10 000 多人死亡。
2. 极地冰川融化	实例：在过去的 25 年里，北冰洋夏季冰川面积减少 15%。自 1850 年以来，欧洲阿尔卑斯冰川比先前范围减少 30%～40%。
3. 海平面升高	实例：1938 年以来，切萨皮克海湾是野生动物的避难所，其中 1/3 的沿海滩涂已被升高的海平面淹没。
4. 植物提早开花	实例：有 2/3 的植物与几十年前相比开花期都有所提前。
5. 早春活动提前	实例：在英国，1/3 的鸟类生产卵期比 30 年前要早，橡树比 40 年前要早长叶。
6. 物种分布范围迁移	实例：欧洲 2/3 的蝴蝶种类正向北迁移，其分布范围与几十年前记录相比，大约向北迁移了 35～250km。
7. 种群衰退	实例：伴随艾德琳企鹅栖息地——北冰洋冰山的融化，其种群数量在过去的 25 年里已经衰退了 1/3。

数据来源：科学家关怀联盟

气象学家们利用模型预测，到 2100 年，CO_2 和其他温室气体含量增加导致的全球平均气温很可能会增加 2～4℃（图 9.26）；假如 CO_2 含量升高速率比预测的快，则温度升高幅度会更大。在不久的将来，假如所有的国家都降低温室气体的排放，则温度升高幅度可能会稍有下降。温度增加幅度将会在高纬度地区最大（IPCC 2007；Kannan and James 2009）。全球范围的降水已经开始增加，并将持续增加，但降水格局的变化因地区而异。伴随气温升高，极端天气事件（如飓风、洪水和地区干旱）很可能会增多（Jentsch et al. 2007）。在热带季雨林和稀树草原（Savanna）地区，温度升高将会导致火灾频率上升。在沿海地区，暴风会导致洪水泛滥、城市和其他居民聚集地遭到破坏，并将严重损害海岸带植被、海滩和珊瑚礁。系列飓风，包括曾在 2005 年摧毁美国南部的卡特里娜（Katrina）飓风，许多气候学家认为这就是未来可能发生的自然灾害。

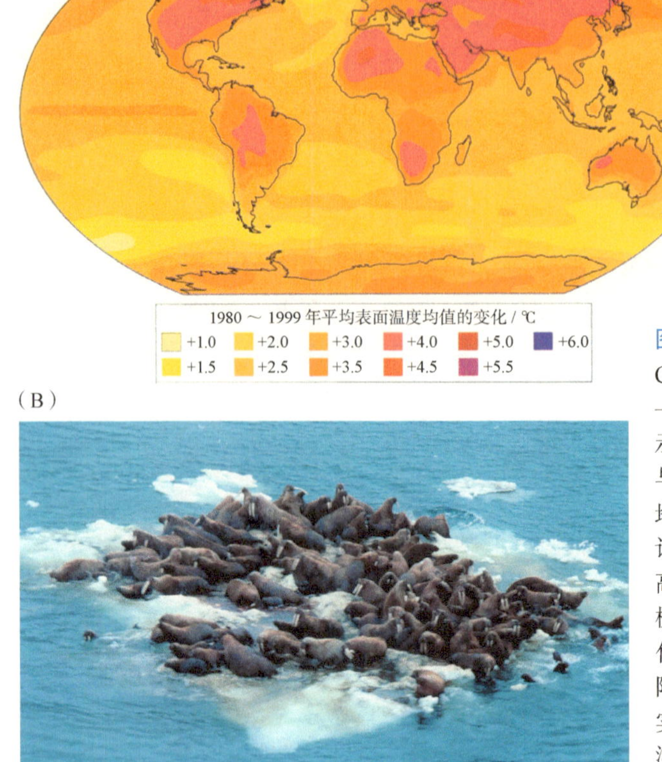

图 9.26 （A）全球气候模型预测 CO_2 含量在本世纪中后期会增加一倍，温度将显著升高。图中显示在 2080 ～ 2099 年的预测温度与 1980 ～ 1999 年记录到的平均地表实测温度之间偏移情况（以℃计量）。（B）气候模型预测温度升高幅度最大的地区将出现在北极。极地冰山正以令人担忧的速度融化，如图中所示，海象被迫远离阿拉斯加来到白令海峡，这一事实看起来已经证实了科学家的预测。（A）引自 IPCC 2007；（B）由 Budd Christman 摄影，NOAA 授权

目前，未来天气形势的计算机模拟模型正在迅速改进，以包括更多的变量：海洋吸收空气中二氧化碳的作用；植物群落对二氧化碳浓度增加和温度升高有何种反应；人类燃烧化石燃料带来的空气中微粒子增多有什么效应；云层反射太阳光的作用等。尽管关于全球气候变化细节问题在科学界争论不休，但是气候正在而且还将继续变化是个全世界都公认的事实。

政府和公众逐渐意识到气候变化对人类财富和自然环境的影响，因而降低 CO_2 和其他温室气体排放的呼声也愈发强烈。1997 年签署的《京都议定书》，就是针对治理温室气体这一问题所达成的全球性一致的重要协定，它要求各成员国降低温室气体的排放。不幸的是，美国、俄罗斯和大多数非洲以及中东国家在合约条款方面没有立即达成一致。但政府代表在 2007 年 12 月于印度尼西亚巴厘岛制订新的协议，将被更多的国家接受。2007 年诺贝尔和平奖授予了美国前副总统戈尔和联合国政府间气候变化专家小组（IPCC），这使公众更加关注这一话题。当前，采取措施降低温室气体排放，将能够减缓未来气候变化的影响，这一点已得到广泛地认可。中国为此大力推进植树造林、退耕还林还草、天然林资源保护等政策措施，森林覆盖率由 20 世纪 80 年代初期的 12% 提高到目前的 18.21%。据估算，1980 ～ 2005 年中国人工造林累计净吸收约 30.6 亿吨 CO_2，森林管理累计净吸收 16.2 亿吨 CO_2，减少毁林排放 4.3 亿吨 CO_2（国家发展和改

革委员会 2007），有效增强了温室气体吸收能力。

温带和热带气候变化

全球气候变化并不是新现象。在过去 200 万年间，地球冷暖循环至少发生 10 次。地球变暖的时候，两极的冰盖融化，海平面上升，生物物种向两极和高山上迁移，以适应气候变暖。当地球变冷的时候，两极冰盖凝结，海平面下降，物种又开始向赤道和低海拔区域迁移。在地球冷暖循环过程中，很多物种灭绝；目前现存的物种都是多次全球气候变化后幸存下来的。但对于现在这场由于人类活动带来的全球气候变暖，物种是否能够渡过难关还很难说。因为这次由人类活动引起的全球气候变化的速度远超过地质历史上自然的气候变化，自然界很多物种很难快速作出调整以应对这样迅速的变化（Jackson et al. 2009；Post et al. 2009）。人类活动导致的生境破碎化影响或阻止了许多物种迁移到适合生存的新生境，分布区狭窄或扩散能力弱的物种可能走向灭绝；而分布广泛、容易扩散的物种将在新生境中得以生存繁衍（Sekercioglu et al. 2008）。据估计，目前分布范围比较小的物种的灭绝率大约在 9%～ 13%；到 2050 年，超过 100 万的物种将灭绝（Thomas et al. 2004）。如果优势物种不能适应新的环境条件，整个生物群落将会发生改变。高山草甸的增温实验表明，气候变化将导致群落内的物种丧失。据估计，由于气候变暖，一些特定群落，如美国云冷杉和杨桦林等生物群落的面积将会缩小 90% 以上。如果气候变暖和 CO_2 水平升高适合入侵种生长和病虫害暴发，物种损失将更为严重。

全球气候变化使北温带和南温带气候区将向极地偏移。目前能够清楚观测到，山地植物开始往更高海拔转移，而候鸟则需要花更长的时间迁徙。据预测，在接下来的一个世纪内，温度升高和生长季延长对北极和山地生态系统的影响最大。

由于全球气候变化引起的温度和降水格局的改变，对于热带生态系统影响也非常明显（IPCC 2007）。很多物种和生物群落对温度及降水变化很敏感，因此很小的温度和降水变化对群落的物种组成、物质循环和能量流动、扩散模式和抵御灾害方面都会造成不利的影响（Robinson et al. 2008）。尽管气候变化對热带雨林地区效应不突出，但是已经可以观察到。例如，在哥斯达黎加山区两栖动物的灭绝和减少，很有可能跟气候变暖有关。气候变暖对于只分布在热带山区顶部的物种影响最大，因为这些物种没有地方可以迁移了；如果适应不了气候变暖，只有灭绝。

植物与气候变化

根据最新的观察，植物对气候变暖已经有明显的反应，如春天的时候提早开花和发芽等。在接下来几十年内，由于二氧化碳浓度增加和温度上升，一些能够适应变化的植物会因此加快代谢，生长率增加。但那些不能适应变化的植物的生理过程将受影响，数量会因此降低。植被格局和植物群落生产力也将发生相应的变化，但这些变化并没有一致的格局（Goetz et al. 2007）。研究表明，很多物种因为全球变暖而死亡率增加，这种状况在接下来几十年将继续（Breshears et al. 2009）。亚马孙河流域的很多热带雨林将变为稀树草原（Malhi et al. 2008）。草食性的昆虫和传粉者种群也会因为植被格局的改变而改变。

在 21 世纪末，温带大面积的农作物，如小麦、玉米和大豆，会因为气温的升高而减产 30% 甚者更多。这样人类的粮食主产区不得不从赤道向两极转移（Schenker and Roberts 2009）。现在很多国家森林公园倒是很适合农业耕作。因此，在未来很长一段时间内，生物多样性保护与粮食生产将会是很大的矛盾。

海平面上升与水温升高

温度升高已造成高山冰山和极地冰帽的融化（见图 4.14B），并且消融速率正逐渐加快。由于固体水分的释放与热膨胀，预计到 2100 年海平面将升高 20 ～ 60cm，低海拔沿岸的湿地群落最终将会被洪水淹没（IPCC 2007）。科学界给出的预估值有时被认为太保守了，有人甚至预测海平面将升高 80 ～ 130cm。如果海平面升高如此之快，对于低海拔国家将是灭顶之灾，如孟加拉国在 100 年内将被海水淹没。海平面的不断升高有可能导致美国 25%～ 80% 的滨海湿地被海水淹没。一些沿海城市也将遭殃，如迈阿密和纽约，必须花巨资建海堤来抵御海平面上升（图 9.27）。有资料表明，在过去 100 年，海平面已经上升了 20cm（IPCC 2007）。很多低海拔的岛屿，以前是露出水面的，现在都已经在水面以下（McClanahan et al. 2009）。近 30 年来，中国海平面上升趋势加剧，引发海水入侵、土壤盐渍化、海岸侵蚀，降低了海岸带生态系统的服务功能和海岸带生物多样性，造成海洋渔业资源和珍稀濒危生物资源衰退（国务院新闻办公室 2008）。

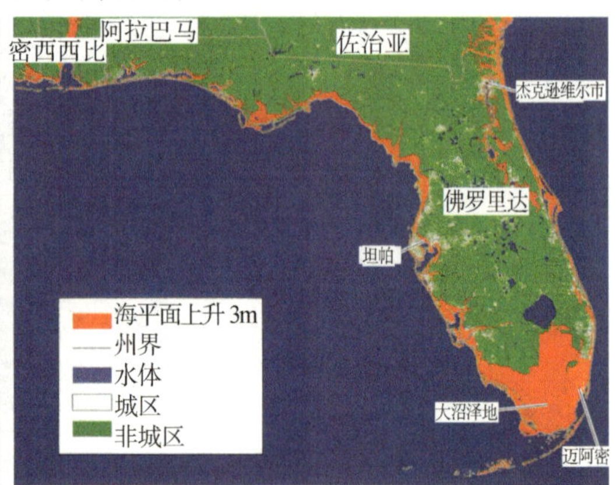

图 9.27 （A）据预测，如果到 21 世纪末海平面上升 1m，南佛罗里达很多海岸将被淹没，包括迈阿密大部分地区以及本地区大多数的沼泽地。（B）如果几个世纪后海平面上升 3m，南佛罗里达的迈阿密、坦帕、杰克逊维尔市及很多群落及生态系统将全部被淹没（Robbins 2009; 地图来自 J. Weiss 和 J. Overpeck.）

海平面上升速度如此之快，让很多物种都来不及调整以适应这种变化。沿海湿地里很多物种，由于人工设施（如道路）的障碍，无法顺利迁移到安全地带来躲避海平面上升，只能坐以待毙（Feagin et al. 2005）。如果沿海湿地被海水淹没，将对世界的海产品产业造成很大影响，因为很多商业鱼类和贝类都主要在沿海湿地内生存。

海平面上升对很多珊瑚礁物种潜在影响也很大。很多珊瑚礁物种对于生存的海域环境要求比较高，只有光照和水流适合的地方才能生存。在接下来的几十年内，海平面估计每年上升 1cm，而珊瑚每年估计也只能长 1cm。这样，很多珊瑚礁的增长速度不及海平面上升得快，最终将被海水淹没，致使一些珊瑚礁物种死亡。在未来 10 年里，不断升高的温度对珊瑚礁及其赖以生存的水生生物来说将面临一场灾难。同时，大气 CO_2 浓度升高也能够增加海洋的酸性，降低珊瑚沉积碳酸钙骨骼的能力，珊瑚礁的形成也会变慢（Death et al. 2009）。

水温增加已经改变了海洋环境（Valdes et al. 2009）。由于海水温度变化，在美国加利福尼亚海岸带，喜温的南方物种数量不断增加，而喜冷的北方物种数量则不断减少（Robinson et al. 2008）。珊瑚礁也同样受到海水温度不断升高的威胁（Carpenter et al.2008；Thompson and van Voesik 2009）。近 10 年来，太平洋和印度洋异常高的海水温度导致生活于珊瑚礁内为其提供重要碳氢化合物的共生藻类死亡。"白化"是珊瑚礁遭受大量死亡的前奏，估计印度洋的珊瑚礁死亡率高达 70%（图 9.28）。在未来 10 年里，不断升高的温度对珊瑚礁及其赖以生存的水生生物来说将是一场灾难（Wooldridge and Done 2009）。

> 气候变化将引起海平面上升和海水温度升高。这些变化对海洋生态学和人类占据的海岸带都具有强烈的影响。

图 9.28　在世界范围内，由于海水温度上升、污染和疾病传播等共同作用，珊瑚将大量死亡。在五颜六色健康的珊瑚上产生白化或是白斑，紧接着就是死亡

全球变暖的整体影响

全球气候变化可能从根本上重塑生物群落、改变物种分布。这种改变第一步就是颠覆物种自身的扩散能力，并且已有迹象表明这一过程已经开始（见表 9.3），如鸟类和植物分布区向两极迁移以及春天繁殖期提前等（Parmesan and Yohe 2003；Cleland et al. 2007；Willis et al. 2008）。海水升温已经影响到海岸带的物种分布（Vilchis et al. 2005）。

由于全球气候变化的影响深远，所以在未来几十年里应该对生物群落、生态系统功能和气候进行认真的监测。特别是温度升高和降水格局的变化可能会导致作物减产及森林大面积丧失，造成严重的社会、经济和政治影响。全球气候变化将给海岸周边人口带来灾难，他们经受着温度与降水的巨大变化以及海平面升高引发的洪水威胁。撒哈拉以南的非洲很多地区生长季将缩短，导致粮食产量下降（Lobell et al. 2008）。贫困人口对这种变化的适应能力最差，因而将遭受最为严重的影响（Srinivasan et al. 2008）。但是，世界上所有的国家最终都将受到气候变化的影响，因此应该意识到问题的紧迫性、着手解决的时刻到了。

气候变化很可能使当前的保护区不再具有保护稀有物种和濒危物种的功能（McClanahan et al. 2008；Heller and Zavaleta 2009；Mawdsley et al. 2009），因而需要选择将来适合这些物种生存的新地点，如选择具有较大的海拔梯度的地点重新建立保护区（图 9.29）。物种随气候变暖会向坡上迁移以保持处于相同的气候条件，因此需要鉴别和建立物种未来潜在的迁移路线，如南北向河谷。如果物种由于气候变化在野生条件下濒临灭绝，最终残留的个体将迁移到新的栖息地里生存，即迁地保护。对于孤立的珍稀濒危种群，可以考虑迁移到能够适合它们生存的比较高海拔和高纬度地区，这可以称为“辅助迁移”（assisted migration）。但这种类型的迁移是否合理有效，在科学界引起广泛的讨论，比如这种迁移是否会带来外来种入侵的问题？如果气候变化没有像预测的那么严重，这样兴师动众迁移，是不是劳民伤财呢？

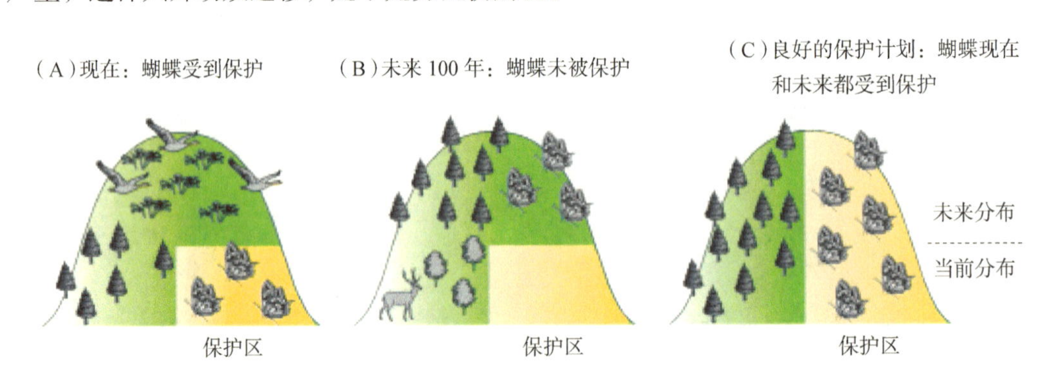

图 9.29 （A）一种珍稀蝴蝶目前生活的保护区；（B）由于接下来 100 年内气候变暖，这种蝴蝶将迁移到更高海拔区域，但是这些区域并不是保护区。（C）为了应对气候变暖对这种蝴蝶的影响，沿着蝴蝶迁移路线，在更高的海拔的区域设置保护区是非常必要的。但是这样的计划对于高山植物及动物并不适合

尽管全球气候变化的前景受到很大关注，但不应该将注意力从大规模的生境破坏上转移。目前，生境破坏仍然是物种灭绝的主要原因。保护生物群落完整与恢复退化生态系统具有最大的优先权，特别是水生环境。长远来看，我们还要降低化石燃料的使用、保护和重建森林以降低温室气体浓度。

小结

1. 人类活动引起的巨大的环境变化造成生物多样性丧失，致使一些物种甚至生态系统濒临灭绝。人类干扰程度将不断加剧，尤其是物种丰富的热带国家，因为到 2050 年，人口将达到 80 亿～ 100

亿。要缓解目前的生物多样性危机，努力降低人口出生率和减少资源的过度消耗是根本途径。

2. 生物多样性面临的最大的威胁是生境的丧失，因此保护生物多样性，首先要保护生境。很多独特和濒危物种已经丢失大部分原始生境，现存的仅仅是原始生境的很小一部分。物种丰富的热带雨林地区，目前正以惊人的速度受到破坏。生境破坏也正在世界上其他生态系统类型发生，如热带季雨林、湿地、草原、珊瑚礁和其他物种丰富的群落。
3. 生境破碎化过程是指大片连续的生境不但面积缩小，并且被分割为多个生境片段。生境破碎化能导致幸存物种的快速丧失，因为它阻碍了正常的扩散、定居、采食过程，并且生境片段的环境条件也经常会发生改变。生境破碎化还会导致很多本地固有物种的食物类型及其他必需资源缺乏，也会导致环境条件变化，进而引起害虫数量增加，让当地物种生存能力大大降低。
4. 环境污染使许多物种从生态系统中消失，甚至是在生物群落没有受到明显扰动的情况下。抑杀害虫的杀虫剂会富集在鸟类体内，特别是肉食性鸟，直接导致鸟类种群的下降。由于化工产品、工业和生活污水引发的水体污染，可以直接杀死水中的生物或导致种群逐渐丧失。过量的养分排入水体引起富营养化，导致水中藻类和浮游植物增长迅速，破坏水中的生物群落结构。酸雨、氮沉降、有毒的重金属、光化学烟雾和近地表的高浓度臭氧都是危害严重的大气污染类型。
5. 由于人类活动，化石燃料燃烧和森林采伐产生大量的二氧化碳和其他温室气体，正引起全球气候变化，特别是大气温度升高。在接下来一个世纪，温度改变可能使许多物种将无法生存在当前的分布区，进而逐渐濒于灭绝。由于两极冰盖融化，海平面将上升，处于海岸带的很多生物群落将被海水直接淹没。保护生物学家应该密切监测物种适应气候变化的过程，关注物种何时无法适应气候的变化。

讨论题

1. 人口增加与生物多样性的丧失有直接关系，是否还有其他因素降低了生物多样性，我们又该如何衡量它们的相对重要性呢？是否有可能找到一个既能够满足人口增长需求，又能保护生物多样性的平衡点？
2. 发达国家的人们过度消耗自然资源是生物多样性丧失的重要原因。有个替代的方案叫“生活得简单些，可以让别人具有基本的生存条件”。想想维持你和你的家庭生活的生活资料下限，跟你们家现在所消耗的生活资料相比，到底有多大的差别。你是否愿意改变你们的生活方式，降低生活质量来保护环境和帮助别人？如果整个社会都能改变浪费的生活方式，不知道对于我们的环境有多好？
3. 作为普通人，能为保护环境和保护生物多样性做点什么呢？从对环境无害的行动到积极参与大型环保组织的活动方面谈谈你的看法。
4. 看看你的居住地附近，哪些是受破坏最严重的生境，哪些是保持最好的生境，为什么有这样的差别？
5. 查查森林公园和保护区的分布图。看看是否被道路、输电线路以及其他人工设施破碎化？破碎化过程是如何影响生境片段的大小、内部生境的面积和生境边缘的长度的？分析一下，如果加上新的道路或是减少已经存在的道路和其他设施，对于森林公园或者保护区将有怎样的生物学的、立法的、政治的和经济的影响。

推荐阅读

Becker, C. G., C. R. Fonseca, C. F. B. Haddad, and P. I. Prado. 2010. Habitat split as a cause of local population declines of amphibians with aquatic larvae. *Conservation Biology* 24: 287-294. 森林破碎化显

著降低两栖动物的种群大小。

Carpenter, K. E. and 38 others. 2009. One-third of reef-building corals face elevated extinction risk from climate change and local impacts. *Science* 321: 560-563. 珊瑚种类比陆地生物类群有更高的灭绝风险，特别是加勒比海域和西太平洋地区。

Gore, A. 2006. *An Inconvenient Truth*. Rodale Books, New York. 这本书（和电影）向世人证明全球变暖正在发生。作者诺贝尔奖得主戈尔用简洁的语言概括："难以忽视的真相并未消失"。

Heller, N. E. and E. S. Zavaleta. 2009. Biodiversity management in the face of climate change: A review of 22 years of recommendations. *Biological Conservation* 142: 14-32. 管理者需要开始考虑如何应对气候变化。

Intergovernmental Panel on Climate Change（IPCC）. 2007. *Climate Change* 2007: *The Physical Science Basis*. Contribution of working Group I to the Fourth Assessment Report. Cambridge University Press, Cambridge. 关于全球气候变化证据的全面报告，包括对未来几十年的气候预测。

Jackson S. T., J. L. Betancourt, R. K. Booth, and S. T. Gray. 2009. Ecology and the ratchet of events: Climate variability, niche dimensions, and species distributions. *Proceedings of the National Academy of Sciences USA* 106（suppl. 2）: 19685-19692. 在未来几十年，由于气候变化，很多物种将无法在当前生存的地方继续生存。

Laurance, W. F., M. Goosem, and S. G. W. Laurance. 2009. Impacts of roads and linear clearings on tropical forests. *Trends in Ecology and Evolution* 24: 659-679. 热带地区物种对线性的设施影（如道路）很敏感，因为这些设施导致生境破碎化，也为人类的定居和资源开发提供了新的场所。

Oehlmann, T. and 10 others. 2009. A critical analysis of the biological impacts of plasticizers on wildlife. *Philosophical Transactions of the Royal Society*, Series B 364: 2047-2062. 塑料释放出来的化学物质影响生物的激素系统。

Sekercioglu, C. H., S. H. Schneider, J. P Fay, and S. R. Loarie. 2008. Climate change, elevational range shifts, and bird extinctions. *Conservation Biology* 22: 140-150. 据估计，到本世纪末，气候变化将引起上百种鸟类灭绝。

Smith, V. H. and D. W. Schindler. 2009. Eutrophication science: Where do we go from here? *Trends in Ecology and Evolution* 24: 201-207. 富营养化是一个严重的水质问题，还有很多重要的问题仍然未知。

Thompson, D. M. and R. van Woesik. 2009. Corals escape bleaching in regions that recently and historically expressed frequent thermal stress. *Proceedings of the Royal Society* , Series B 276: 2893-2901. 近来珊瑚礁白化过程减缓可能与敏感的珊瑚物种在 1998 年快速死亡有关。

Verstraete, M. M., R. J. Scholes, and M. S. Smith. 2009. Climate and desertification: Looking at an old problem through new lenses. *Frontiers in Ecology and the Environment* 7: 421-428. 由于温度升高和降水格局的变化，干旱区的许多地方将面临更严重的威胁。

Willis, C. G., B. Ruhfel, R. B. Primack, A. J. Miller-Rushing, and C. C. Davis. 2008. Phvlogenetic patterns of species loss in Thoreau's woods are driven by climate change. *Proceedings of the National Academy of Sciences USA* 105: 17029-17033. 气候变化已经影响到温带生态系统中植物物种的分布和数量。

Wooldridge, S. A. and T. T. Done. 2009. Improved water quality can ameliorate effects of climate change on corals. *Ecological Applications* 19: 1492-1499. 目前对于珊瑚物种的主要威胁因素仍然来自污染。

（赖江山 朱丽 编译，马克平 蒋志刚 审校）

第 10 章

过度开发、入侵种与疾病

人类活动破坏着生物群落，即使生物群落表面看上去完整，但实际上已受到重大损失。本章讨论三种威胁生物群落的因素，它们造成的后果虽然没有生境退化和丧失那么显而易见，但是其造成的危害并不小。这三种因素分别是对物种资源的过度开发、入侵种引入和疾病传播。这些因素常常伴随生境破碎化与退化，或因其造成更严重的危害。全球气候变化也使得生物群落面对众多的威胁因素变得更加脆弱。

10.1 过度开发

人类过度开发威胁着美国 1/4 的脊椎动物；而在中国，威胁脊椎动物生存的各类要素中，过度开采所占比例最大（78%），其余依次为生境退化（70%）、污染（20%）和外来种入侵（3%）等（Li and Wilcove 2005）。中国对野生资源的过度开发程度更大，其原因在于中国拥有大量贫困的农村人口，过度开发野生物种作为食物和中药材。人类一直从自然中猎获、采集生存所必需的食物和其他资源，在人口数量少且利用简单手段猎获、采集的时候产生的影响不大，人们可以持续地猎获、采集资源；然而伴随人口数量增多，人们对环境的利用程度也逐步增大，获取资源的效率也显著提高（图 10.1）（Lewis 2004），导致许多地方大型动物几乎完全丧失，造成奇怪的“空壳”生境。

图 10.1 高强度的捕捞已导致世界许多地方的渔业达到危机水平。大批金枪鱼从拖捞船转运到海洋加工船，进行高效率加工，以满足人类消费需求，这种效率最终会导致大规模的过度捕捞（图片版权归 Stories / Alamy 所有）

技术进步是一把“双刃剑”，在一些发展中国家，枪支取代了吹管、长矛和弓箭，用于在热带雨林和稀树草原上狩猎；先前只能在周边小范围水域捕鱼的渔夫，如今可乘装有马达的快船去更遥远的水域捕鱼；有强大机动力的捕鱼船和高效的“渔业加工船”可以从世界所有海域中捕鱼，然后在全球市场上售出。然而，甚至在工业社会之前，人类高强度地掠夺资源，特别是肉类资源，导致当地鸟类、哺乳动物和两栖类种群下降与灭绝（Steadman et al. 2002）。例如，夏威夷国王穿的宗教礼服——披风是由蜜鸟的羽毛制成（*Drepanis* sp.），一个披风需要 70 000 只这种现在已经灭绝的蜜鸟羽毛。

从前，受传统文化的限制，常常会避免对社会公共资源或自然资源进行过度采伐（Cinner and Aswani 2007）。例如，可能会严格限制在特殊领地内收获的权利，禁止到某一地区捕猎或收获；明令禁止收获雌性、幼小或个体较小的动物；在一年中的一些季节或一天中某些时间段禁猎；禁止一些有效的收获方式。有趣的是，这些限制使传统社区在长期的、可持续的基础上获取社会公共资源，这与当前工业化国家限制渔业发展以及许多严格限制捕鱼的规定是非常相似的。太平洋岛屿上的传统社区拥有非常成熟的禁止条例（Cinner 2005）。这里对礁滩、礁湖

当今社会人口数量增加和科学技术提高，导致对众多生物资源非可持续地利用。

和森林资源的利用都有明确的限制，有效地杜绝了对资源的过度开发。当今社会也有类似禁令，例如，过度捕猎飞狐已导致其种群数量骤减，因此在汤加群岛只有国王才能猎捕飞狐。

现代社会的资源开发

但是，如今在资源利用方面，这些自愿接受的限制条例保留下来的很少，世界上许多地方的资源被恣意开采（de Merode and Cowlishaw 2006）。曾经以传统和行政手段来调控自然资源，变成对饥饿的穷人和贪婪的富人均没有任何限制、可任意开采的开放资源。在上述章节中，我们已经知晓发达国家与公司是如何利用自然资源谋取经济利润的。如果市场中存在某种商品，当地人就会在环境中找到这种产品，然后卖掉。有时他们会卖掉获取某种资源的权利，如森林、矿山等，以换取金钱来购买他们想要的商品。在未开发地区，曾经以传统和行政手段来调控自然资源获取量，今天已经被大大削弱。在曾经有人类大量迁移、社会动荡和战争的地区，这样的调控手段可能已不复存在。像索马里、柬埔寨、前南斯拉夫、刚果民主共和国以及卢旺达这些被内部冲突困扰的国家里，农民手中的武器泛滥，自然环境资源遭受肆意开采，导致食物分配网络崩溃（Loucks et al. 2009）。最能干的猎手杀掉最多的动物，卖掉最多的肉，为自己或家庭赚得最多的钱。有时，动物遭到猎杀的原因仅仅是作为射击的靶子，甚至是对政府发泄不满的牺牲品。

世界上许多地区，野生哺乳动物的肉被称为“丛林肉”（bushmeat），是重要的蛋白质来源。猎人们住到新近砍伐的林区、国家公园和其他靠近公路的地区，合法或非法地捕杀野生哺乳动物，最终导致灵长类（如大猩猩、黑猩猩）、有蹄类以及其他哺乳动物遭到大规模猎杀，种群数量降低了 80% 以上，特别是靠近公路或乡村几千米以内的物种，可能已被消灭殆尽（Perry et al. 2009；Suárez et al. 2009）。猎人们不断地掠取动物资源，其数量远远超过可持续利用水平的 6 倍以上，致使森林拥有大体完整的植物群落，却缺少应有的动物群落。过于密集地捕杀动物导致动物种群衰减被称为“丛林肉危机”，特别在非洲（图 10.2），已成为保护野生动物的官员和生物学家主要关注的问题（www.bushmeat.org）。另外，因为人类也属于灵长类，所以食用灵长类丛林肉（猴和猿）增加了传播给人类新疾病的可能性。在许多沿海地区，人们密集地捕杀海龟、鲸鱼、海豚和海牛，以满足对肉类的需求，导致这些种群的数量下降

图 10.2 获取丛林肉的猎人起初捕获体型最大的动物，接下来猎取体型中等和较小的动物，直至丛林变成“空壳森林”。照片中的猴子为红尾长尾猴（*Cercopithecus ascanius*）（图片版权归 Martin Harvey/Alamy 所有）

（Clapham and van Waerebeek 2007）。在非洲海岸，鱼类出口到欧洲市场的同时，甚至增大了当地人对丛林肉需求量，以满足对蛋白质的摄取（Brashares et al. 2004）。

解决办法包括限制丛林肉出售和运输，限制出售武器和弹药，关闭伐木搬运专用公路，推进立法保护关键濒危物种，建立禁止狩猎的自然保护区，并且最重要的是提供替代的蛋白质资源，降低对丛林肉的需求（Bennett et al. 2007）。目前正大力推动以“食物安全、利用畜牧养殖取代对野生动物非法利用、保护野生动物”为前提的项目（Lewis 2004）。限制丛林肉市场、增加畜牧业生产将会降低对野生动物种群的猎杀压力，阻止其种群数量下降。

国际野生物种贸易

合法和非法野生动物贸易导致野生物种种群衰减。野生物种世界贸易值每年 100 多亿美元，其中不包括食用鱼类。最具代表性的例子是国际毛皮贸易，它已经降低了狩猎类物种如毛丝鼠（*Chinchilla* spp.）、小羊驼（*Vicugna vicugna*）、大水獭（*Pteronura brasiliensis*）以及众多猫类的种群数量。昆虫收集者过度捕获蝴蝶，园艺工作者过度采集兰花、仙人掌和其他植物，贝壳收集者收集海洋软体动物，养鱼爱好者过度捕捞热带鱼类，这些实例都说明了整个生物群落已成为满足巨大国际需求的对象（**表 10.1**）（Uthicke et al. 2009）。估计每年有 3.5 亿条热带鱼类在世界鱼市上售出，其价值大概在 10 亿美元左右。然而，捕捞和运输过程中死亡的数量则是这个数字的很多倍（Karesh et al. 2005）。特别在东亚，许多稀有动物（如熊、虎）因其某个器官或身体某个部位可作为药材或补品而遭到捕杀。野生动物的出口国家主要是发展中国家，常常是热带地区；大多数进口国家是一些发达国家和东亚地区，包括加拿大、中国、欧盟、香港、日本、新加坡、中国台湾和美国。其他活体动物的国际贸易也有类似庞大的数量：每年交易 640 000 只爬行动物、4 000 000 只鸟类和 40 000 只灵长类（Karesh et al. 2005）。

表 10.1　世界野生物种贸易的主要对象

种群	每年贸易数量[a]	注释
灵长类	40 000	多数用于生化药学研究，同时也用于宠物、动物园、马戏团和个人收集
鸟类	400 万	动物园和宠物。大多数是栖息鸟类，也有约 80 000 只鹦鹉合法和非法的贸易
两栖类	640 万	动物园和宠物，也有 1000 万～ 1500 万张未加工毛皮。爬行类用于加工 5000 万件产品（主要来自野生个体，人工养殖的数量也在增加）
观赏鱼类	3.5 亿	多数海水热带鱼是野生的，并可能采用破坏其他野生动物和周边珊瑚礁的非法手段获取
珊瑚礁	1000 ~ 2000t	珊瑚礁遭到破坏性挖掘，用来装饰水族箱和加工珊瑚类珠宝
兰花类	900 万 ~ 1000 万	约占国际野生物种贸易比例的 10%，有时特意误标以逃脱管制
仙人掌类	700 万 ~ 800 万	约有 15% 的仙人掌贸易来自野生，走私是目前面临的主要问题

数据来源：WRI 2005, Karesh et al. 2005。a. 珊瑚礁为例外，数字表示个体数量（质量）

为了调控与限制野生物种国际贸易，许多种群数量下降的动物种列入了《国际濒危野生动植物物种国际贸易公约》(CITES，见第 21 章)附录受到保护。列入 CITES 附录使许多受威胁的物种和类群免受进一步的开发利用。

除了数目惊人的合法贸易外，野生动物的非法贸易达到 10 亿美元以上(Christy 2010)。从不质问商品来源的黑市交易将贫困的老百姓、腐败的海关官员、无赖商人和富有的买家联系起来，有时这些交易与非法贩卖毒品和武器有着同样的性质和手段，甚至是同一批交易团伙。国际法令执行机构面临的主要危险任务就是制止这些持续不断的非法活动。

植物和动物过度开采格局很多时候表现出惊人的相似。一种资源的价值被认识后，针对这种资源的商业市场便得到发展，当地居民就会尽可能多地攫取和出售这种资源。最初的销售利润用来购买枪支、商船、货车、工具和其他可以更迅速掠取资源的物品，建设公路、货船和飞机等运输网络将捕猎者、买家和存储地方便地联系起来。伴随供应缩减、价格上升，会更强烈地刺激过度开采这一资源，资源物种最终被彻底攫取，变为稀有种甚至灭绝，而市场又会寻找另外的物种或地区去开发。商业捕鱼就表现为这种格局，首先工业化捕获一个物种直至利润降低，又立即更换另一物种，如此循环往复，这个过程有时称为“向食物网底层捕鱼”(Link 2007)(专栏 10.1)。伴随捕捉到的成熟个体数量越来越少，猎物的平均尺寸大小也常常减小(图 10.3)(McClenachan 2009)。特别是食物网顶层的捕食者不断地消失——这给余下的食物网造成难以预计的后果；例如，近十年中，几种先前常见的鲨鱼种数量减少了 75%，给营养级底层造成了连锁效应(Myers et al. 2007)。

> 合法与非法地过度开采的野生物种资源持续不断地供应全球市场。

(A)

(B)

图 10.3 美国佛罗里达南部基韦斯特港捕获的鱼类。(A)1957 年的渔获物数量多、个体大、品种多。(B)经过 30 年的过度开采，于 2007 年捕获的渔获物数量少、个体小、品种少(图片来自 McClenachan 2009)

对野生资源的过度开采还有许多其他实例。例如，菲律宾渔民向国际市场大量售卖观赏鱼类，非洲矿业城镇过度开发导致周围的野生物种资源越来越少等。国际野生物种

专栏 10.1 濒危的鲸鱼：种群数量能否恢复？

鲸鱼个体大、大脑发达、具有复杂的社会组织与种间通讯系统，很可能是世界上最有智慧的动物。驼背鲸难懂而独特的嗓音激发了公众的想象力，使得大家强烈地支持对鲸鱼的研究，并要求采取法律措施来保护他们。但是，鲸鱼在大众不断地支持下，面临的形势真的改善了吗?

由于对鲸鱼开展研究很困难，科学家近来才开始理解鲸类行为与生态的复杂性。这其中有很多原因：首先，通常用于跟踪陆地动物个体和种群研究的无线追踪装置很难挂在鲸类身上；其次，鲸类的活动范围常常较大，可以在一年里从热带游到极地海域；最后，鲸类生活在辽阔的远洋海域中，这大大增加了研究的花费与难度。

海洋捕食者很少能够捕捉到体积较大的鲸鱼。因此，在过去的400年间，鲸鱼面对的最大威胁来自人类。直至30年前，商业捕鲸已成为威胁鲸类种群下降唯一的重要因素，这种严峻形势至今未能得到改善（Morrel 2007）。

> 受到保护的某些鲸类种群数量已经得到了恢复。但是，其他鲸类仍然面对不同程度的威胁，并且需要采取进一步的保护措施。

商业捕鲸始于11世纪，在19～20世纪到达巅峰。在19世纪，鲸须和鲸油是国际交易市场上的重要产品。最早捕获的几种鲸鱼已被推向灭绝的边缘。露脊鲸（right whale）因其运动缓慢、容易捕获并能提供接近150桶鲸油和丰富的鲸须而命名。“right”对于捕鲸者来说是“正确”的捕捉对象。20世纪新技术的发展，使捕鲸者开始屠杀速度更快的远洋鲸类。在20世纪前半叶，几乎有200万条鲸类惨遭杀戮，主要用于加工肥皂、食用油和肉类。

1935年国际协议规定捕捉露脊鲸与灰

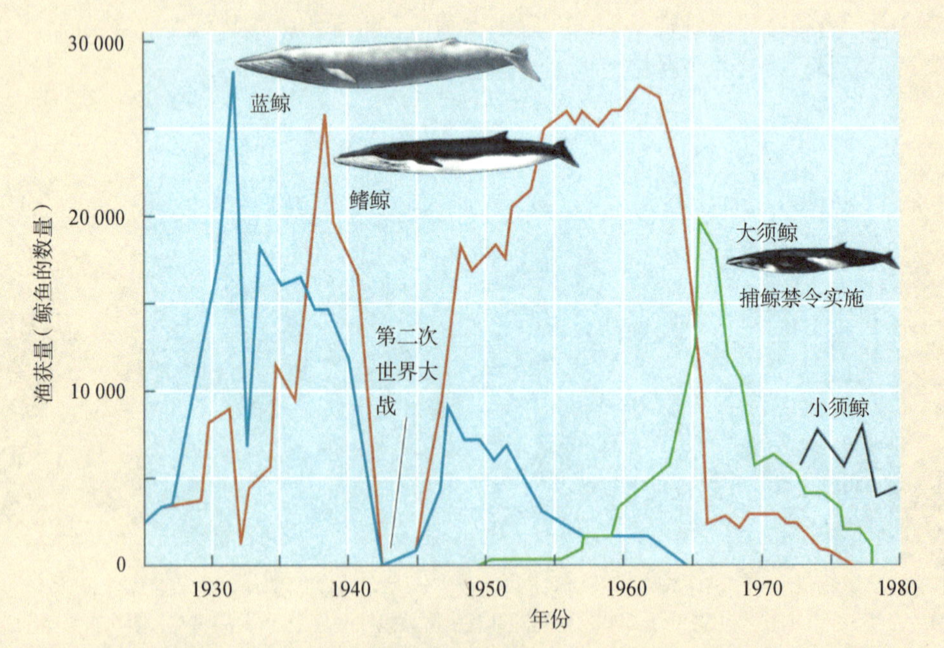

年度捕鲸情况。随着大型鲸类接近商业捕捞极限，小型鲸类逐渐成为主要的捕捞对象。商业捕鲸在第二次世界大战期间中断，20 世纪 60 年代受捕鲸禁令实施的影响捕鲸数量明显下降

鲸是非法的，其物种数量已经下降到不足原始种群的5%。1946年国际捕鲸委员会（International Whaling Commission, IWC）成立，旨在维护捕鲸业可持续的发展。20世纪60年代早期，IWC明令禁止某些海域捕鲸或捕杀某种鲸类。1982年IWC投票表决并通过了一项无限期停止商业捕鲸的决定，1986年全球商业捕鲸禁令正式生效。但少数国家如日本、挪威、俄罗斯和冰岛等反对禁令实施，声称全面禁止捕鲸将会威胁到海洋鱼类的生存。少数几个国家利用IWC公约规定的有关"科学研究"豁免条款，以"科学研究"的名义继续进行捕鲸活动，大肆捕杀更多的鲸鱼，远远超出公约的许可（Gales et al. 2007）。近些年来，日本舰队每年捕获1500只甚至更多的小须鲸及数量稍少些的大须鲸、布氏鲸和抹香鲸。更糟糕的是，捕鲸者常常在政府默许下频频捕杀长须鲸和驼背鲸等保护物种（Alter et al. 2003）。尽管如此，自1986年商业捕鲸禁令颁布后，每年捕杀鲸鱼的数量已急剧下降。

自从禁令实施以来，各种鲸类物种得以不同程度的恢复。露脊鲸自1936年受到保护以来，在北大西洋和北太平洋仍未得到恢复；而驼背鲸自20世纪80年代晚期，种群数量每年增加5%～10%，在某些海域已经翻倍；东灰鲸被捕杀到少于3000只，目前已经恢复到约23 000只的原始种群水平。

尽管捕鲸禁令大大减小了鲸类面临的最直接威胁，然而其他因素也可能导致鲸鱼的非正常死亡。面临威胁最大的物种是露脊鲸，北大西洋露脊鲸目前估计有400只，种群数量远小于从前（IUCN红色名录）。露脊鲸经常与船只发生碰撞，或是困在捕鱼装置中而意外受伤、死亡。近年来，政府积极采取系列措施降低人类活动

世界范围内人类捕获的鲸类

物种	捕鲸业开展前的数量[a]	现有数量	主要食物	种群状态
须鲸类				
蓝鲸	200 000	10～25 000	浮游生物	濒危
北极露脊鲸	56 000	25 500	浮游生物	无危
鳍鲸	475 000	60 000	浮游生物，鱼类	濒危
灰鲸	23 000	15～22 000	甲壳类	无危
驼背鲸	150 000	60 000	浮游生物，鱼类	无危
小须鲸	140 000	1 000 000	浮游生物，鱼类	无危
北露脊鲸	不详	1 300	浮游生物	濒危
大须鲸	250 000	54 000	浮游生物，鱼类	濒危
南露脊鲸	100 000	3～4 000	浮游生物	无危
齿鲸类				
白鲸	不详	200 000	鱼类，甲壳类，乌贼	近危
独角鲸	不详	50 000	鱼类，乌贼，甲壳类	近危
抹香鲸	1 100 000	360 000	鱼类，乌贼	易危

数据来源：美国鲸类社会（www.acsonline.org）；IUCN 红色名录。a. 捕杀前种群数量主要是估算的，近来证据显示原有种群数量可能更多（Roman and Palumbi 2003；Alter et al. 2007）

导致的鲸鱼意外受伤与死亡，例如，在美国佛罗里达州的鲸鱼繁殖海域禁止使用流刺网，以及限制船只行驶的速度与海域等。此外，基于生物声学检测器得到的鲸鱼分布信息协助渔船和商业货轮避开新西兰海岸鲸鱼重要的摄食海域。

许多鲸类体积太小，如海豚，不适合大范围商业开发。例如，人类有意或无意的捕捞行为，导致海豚种群锐减。因过度捕捞导致鱼类日渐稀有，人们逐渐将海豚作为替代品，其他稀有海洋动物如海牛也变成捕杀对象。尽管如此，商业渔船的意外捕捞仍然造成很大比例的海豚丧生。海豚在东太平洋热带水域特别容易遭到渔业设施的危害，因为它们常常追随成群而行的金枪鱼，每年有成千上万只海豚意外死于捕捞金枪鱼的大型围网内。减少海豚遭到非目的捕杀的方法是采用特殊的渔业装置捕捞金枪鱼，减少海豚的意外捕获，并将应用这种受到国际认可的“友好对待海豚”的捕鱼方法捕捞的金枪鱼贴上标签。

生活在海岸、河口附近体积较小的鲸类和海豚将面对更多的威胁，不仅包括大坝、化学与噪声污染的间接威胁，而且还面临与该地区众多出海、航运船只不断碰撞的直接威胁。尽管国际社会共同努力遏制种群衰退，但白鱀豚（*Lipotes vexillifer*）最终于2007年灭绝，成为人为导致的第一个鲸类物种的灭绝。一般来讲，鲸类与海豚对化学污染和致癌物（特别是重金属和杀虫剂）是非常敏感的，而这些物质在河岸与港口的浓度大大高于深海。例如，圣罗伦斯河白鲸（*Delphinapterus leucas*）组织切片中含有PCB致癌物质的浓度远远高于生活于北冰洋海域的白鲸（Mckinney et al. 2006）。长期生活于高度污染的河流中，使鲸类健康遭受严重的危害，大批鲸类相继死亡。科学家通过对生活于圣罗伦斯河白鲸的尸体解剖，才找到死亡的原因：由于受到一系列有毒物质的侵害，使其免疫系统遭到严重的破坏，受寄生虫、细菌、病毒和原生动物感染，这些白鲸患上了呼吸系统和肠胃疾病，并表现出异常高的癌症病发率，导致种群数量锐减。

在未来的几年里，鲸类和人类利用海洋资源的矛盾冲突更大。在北大西洋海域，长须鲸、驼背鲸、小须鲸、逆戟鲸和抹香鲸吃掉的鱼类和乌贼正是商业渔船集中捕捞的对象。美国海军使用声纳系统造成的海洋噪声日益严重，致使大批鲸鱼冲向海滩搁浅死亡（Parsons et al. 2008）。伴随人类高效利用海洋资源与破坏海洋生境，制定行之有效的方案来保护鲸类和其他海洋生物、确保海洋生态系统的可持续发展将面临更大的挑战。

商业捕鲸船正在捕杀一只鲸鱼，表面上用于科学研究，实际目的是对鲸鱼肉进行加工和出售（图片版权归 Jeremy Sutton-Hibbert / Alamy 所有）

贸易一个突出的例子是中国对海马（*Hippocampus* spp.; 图 10.4）的巨大需求，引起世界上许多地方海马种群数量相应下降。海马看似与龙（中国文化敬畏的象征）很像，并认为对疾病有疗效，因此中国人将晒干的海马用作中药。中国每年消耗海马约有 45t，大概有 0.16 亿条海马，需要全世界的海马种群来满足这不断增长的需求，因而必须由国际协定来监测和调控海马的国际贸易（Foster and Vincent 2005）。

图 10.4 世界各地过度捕捞海马用于中药材、水生生物展览和珍品收藏。现在，所有的海马进出口交易都要受到管制（照片得到 ACJ Vincent / Project Seahorse 许可）

世界贸易的另外一个例子是蛙腿。每年印度尼西亚出口蛙腿 0.94 亿～ 2.35 亿，用于西欧奢侈的饮食。这种高强度的捕获给蛙种群、森林生态系统和农业带来的影响目前还不甚清楚。因为蛙物种的名字在运输标签中经常标错，给判定这一问题的严重程度增加困难（Warkentin et al. 2009; www.traffic.org）。同样，在美国每年进出口上百万只两栖类和爬行类动物，用作食品、宠物和加工服饰（Schlaeofer et al. 2005）。人类对动植物资源如此过度攫取，导致其种群数量持续较少。即使人类停止开发利用资源，物种能否得到恢复还是个未知数（图 10.5）。

中国也深受野生物种贸易之害。藏羚羊就是一个显著的例证。20 世纪初，生活在青藏高原上的藏羚羊超过 100 万头，而到了 80 年代中期，其数量锐减至不足 7.5 万头（梁清华 2008），将近 90% 的藏羚羊在短短的几十年中消失了。在亚洲、欧洲、美洲和澳洲等地的时尚中心，这种以藏羚羊羊绒织成的昂贵披肩备受推崇。藏羚羊被大规模捕杀和非法出口，正是为了满足日益兴旺的羊绒贸易。

商业捕获

政府与工业部门认为应用现代科学的管理方法可以避免过度捕获野生物种。在野生动物和渔业管理以及林业领域里，已经发展了最大可持续产量（maximum sustainable yield）的概念，是指资源的利用量可以通过每年的自然增长而弥补，这样，在资源不受

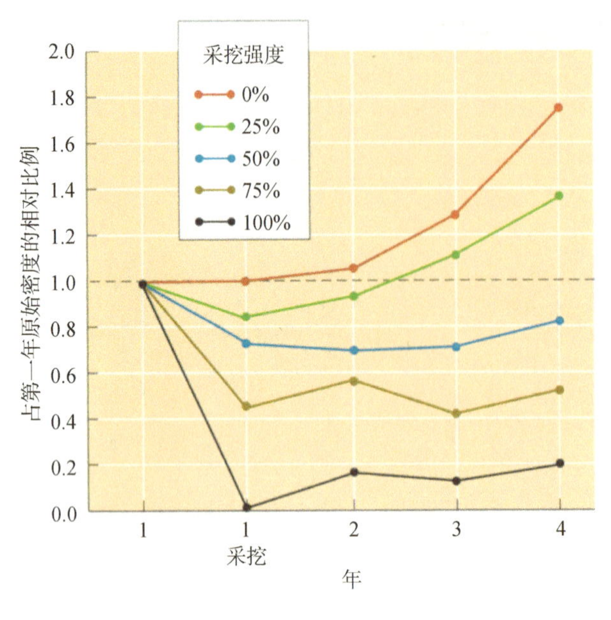

图 10.5 胡黄连属(*Neopicrorhiza*)植物是喜马拉雅山特产的中草药，当地对其采挖成风造成种群数量锐减。在进行各种采挖强度的实验样地里，其种群数量均在第一年有所下降。未经采挖和轻度采挖(25%)处理，种群密度在接下来 3 年里有所升高；重度采挖(75% 和 100%)处理，种群密度仍然维持很低水平，几乎所有植物个体采挖殆尽，已有其他植物种入侵到样地中。(引自 Ghimire et al. 2005; 照片得到 S. K. Ghimere 许可)

破坏的情况下可以收获该资源的最大量。应用种群最大生长速率(r)和承载率(B，给定面积内所能承载的最大种群或生物量)来计算最大可持续产量(Y_{max})。当种群数量大小处于环境容量的一半，或是生物量达到最大值一半时，种群通常有最大可持续产量，其计算公式为

$$Y_{max} = rB / 4$$

对于 r 值为 2 的增长型种群(即种群数量每年翻倍直至达到环境承载力)，理论上每年可以收获总产量的一半。在高度可控的情况下，这种资源可以定量，如林场可以获取最大可持续木材产量。然而现实世界，因为天气条件、疾病暴发、非法利用等对存量造成影响不可预测的情况下，很难应用理论上的最大可持续产量来利用资源(Berkes et al. 2006)。而且，商业实体和政府官员往往缺乏关键的生物信息进行精确计算。因此，高强度的捕获导致物种急剧衰减便不足为奇。当前，海洋资源收益的管理面临许多严峻问题，其根源在于盲目地依赖于最大可持续产量的计算结果。

捕渔业收益管理面临的问题 世界主要鱼类产区有 80% 属于过度捕捞(Mora et al. 2009)，导致多数发展中国家对重要的蛋白质资源——鱼类的消耗不断下降。但是，捕渔业产值是以最大可持续产量为基础的。例如，近些年来尽管大西洋蓝鳍金枪鱼种群数量已经下降了 97%(Safina and Klinger 2008; www.bigmarinefish.com)，如果按照最大可持续产量计算，以当前的捕捞强度其种群数量是可以维持长久的。为满足当地商业利润、保持就业岗位和财政收入，政府常常将收获限额标准设定太高，破坏了资源基础(Dichmont et al. 2010)。特别是对于穿越国境线和游经国际海域的迁移物种，协调国际

协定和监督各国遵守产量限定是非常困难的。正如大西洋海域捕鲸业和渔业经营活动一样，非法捕捞获得的额外渔业产出是不计算在官方数字中的（McClanahan et al. 2008）。

而且，在捕捞过程中有相当比例的年幼种群可能遭到伤害。另外一个困难是，即使在资源基础发生波动时，捕渔量仍然维持在以乐观估计资源产量为标准的常值。假如物种资源储备在某一年内因为变数和天气因素而减少时，仍然按照常规值进行捕获将会严重降低或破坏该物种的生存。为了保护物种不受破坏，政府更频繁地关闭渔场希望种群得到恢复。例如，加拿大捕鱼舰队在纽芬兰岛以外的地区持续大量捕获鳕鱼，甚至是在种群数量不断下降的情况下也未停止捕捞。最终，鳕鱼存量下降到原始种群的 1%。为此，1992 年政府被迫关闭渔业，取消 35 000 个工作岗位（MEA 2005）。

类似的许多实例已经清楚地证明依赖于简单数学模型计算的最大可持续产量常常不适用于实际情况。产量模型应该主要用于调查鱼资源存量，而不是用来确定唯一的产量标准。渔业的可持续发展需要持续不断地监控资源存量和调整合适捕获水平。即使政府禁令降低了捕获压力，但是由于鱼类密度太低难以成功繁殖、竞争物种已经建立种群或多数年份不适合繁殖等原因，鱼类资源的存量可能需要经历几年的时间才能得到恢复。有时，鱼类存量甚至经过好多年的完全禁捕仍然无法得到恢复。鱼类和贝类的水产养殖业快速发展希望能够降低对野生资源的开发（Diana 2009），但是养殖业也存在负面的影响，例如，水污染和驯养种群会将寄生虫和新基因传递给野生种群。

> 商业渔船由于高捕捞标准的压力、波动的鱼种群和非法捕捞而过度捕获。许多非商业物种在捕鱼经营活动中遭到非目的捕杀而意外死亡。

对于许多水生物种而言，捕捞行为的直接影响要小于商业捕渔的间接影响（Cox et al. 2007; Zydelis et al. 2009）。许多水生脊椎动物和无脊椎动物在捕渔过程被无意抓到而死亡或受伤，即非目的性捕捞（bycatch）。将近有 25% 的捕获量属于非目标物种，它们因遭到无意捕获后又遗弃回海里而死。捕渔商船非目的捕捞导致鳐种群下降、上百万只海鸟大批死亡、大量海龟和海豚死于非命，这一切引发公众强烈呼吁要求改进捕鱼方式降低意外捕获。改进鱼网、鱼钩和其他捕鱼方式可以明显降低非目的捕杀，成为当前渔业研究的活跃领域（Carruthers et al. 2009）。例如，夏威夷基地的剑鱼船无意捕捞到大量海龟而导致其垂死挣扎，如果渔船将 J 形状的诱饵吊钩换作环形钩，海龟的捕获数量将下降 80% 以上（Gilman et al. 2007）。尽管如此，仍有许多水生动物无意进入废弃和丢失的渔业装置中而意外丧生。

怎样才能停止过度捕捞？

许多物种因过度捕杀变得日渐稀有，当该物种不再具有商业捕获的可行性时，其种群数量可能会趁此机会得到恢复。不幸的是，在捕杀和生境破坏共同作用下，许多物种（如犀牛和野生猫科动物）的数量严重下降以至于只有实施积极的保护措施才能使其恢复。有时，稀有性甚至加大了需求量：伴随稀有物种变得更为稀缺，价格随之升高，使其在黑市上变成更加珍贵的商品（Gault et al. 2008）。在发展中国家落后地区，贫穷的当地人可能会不顾一切地攫取和出售仅存的动植物资源，为家人换取食物。

在这种形势下，寻找保护和管理幸存物种的方法是保护生物学家的首要任务。正如第 20 章所述，将生物多样性保护与地方经济发展有机联系起来可能是一个很好的解决办法。有时这种联系令可持续利用自然资源得到特殊的认可，并且制造商能够以更高的价格出售其产品。目前，这样的可持续发展资格认证产品如林产品和海产品已经打入市场，特别是在拥有越来越多富裕消费群体的中国和其他亚洲国家，这些产品能否对生物多样性保护有显著的正面影响还需要时间的检验（Butler and Laurance 2008）。建立国家公园、自然保护区、海上禁捕区和其他保护地也能够保护受过度捕获的物种。通过国际条约如《濒危野生动植物种国际贸易公约》（CITES）和其他相应国家法规强行减少或制止捕杀活动，物种数量便能够得以恢复。大象、海獭、海龟、海豹和某些鲸鱼都是在严令禁止过度开发后，种群得以成功恢复的实例（Lotze and Worm 2009）。

可持续发展资格认证的林产品、海产品和其他认证产品可能会阻止人类过度利用自然资源。

10.2 外来种入侵

物种能够通过自然扩散过程迁移到新地区，但是在人类活动的作用下，物种扩散得更远、更快，并且仍在人类影响下扩散的物种数量更多（Ricciardi 2007）。世界的各个角落都受到物种扩散的影响，即使在南极大陆和周围岛屿，仅仅在过去的 200 年间就遭受着近 200 种植物、动物、无脊椎动物和微生物的入侵（Frenot et al. 2005）。人类活动有意或无意地将物种在世界范围内广泛传播，淡化了原有地区间的差异。这种更为同质的新型物种分布极为明显，以致一些科学家认为我们进入一个进化的新时代，即“同质化时代”。

外来种（exotic species）是由于人类活动打破天然的地理屏障，使其在远离原产地以外的地区生存的物种。大多数外来物种由于不适应新环境，或者到达新生境的种群数量不够多而无法在新生境中存活。然而，一定比例的物种却能在新生境中建立种群，许多被认为是入侵种，它们以牺牲本地种为代价，换取种群的繁盛（Davis 2009; Wilson et al. 2009）。这些入侵种可通过竞争有限的资源而取代本地种，也可能直接捕食本地种使之濒临灭绝边缘，或者通过改变生境使本地种无法继续生存（图 10.6）（Gooden et al. 2009）。在美国，威胁濒危物种的各类因素中，外来入侵种占 42%，特别给鸟类和植物带来了严重影响（Pimental et al. 2005），因此它们也被称为“致危物种”（endangering species）。成千上万的外来物种给美国每年造成的损失达 1200 亿美元。在中国，仅因烟粉虱（*Bemisia tabaci*）、紫茎泽兰（*Eupatorium adenophorum*）、松材线虫（*Bursaphelenchuh xylophilus*）等 11 种主要外来入侵生物，

入侵种可通过竞争有限资源替代本地种，也可能直接捕食本地种使之濒临灭绝边缘，或者通过改变生境使本地种不能继续生存。

每年给农林牧渔业生产造成的经济损失就达 574 亿多元（徐海根等 . 2004）。IUCN 数据库表明，全球有一半以上的动物灭绝完全或部分归结于入侵种的影响（Clavero and García-Berthou 2005）。

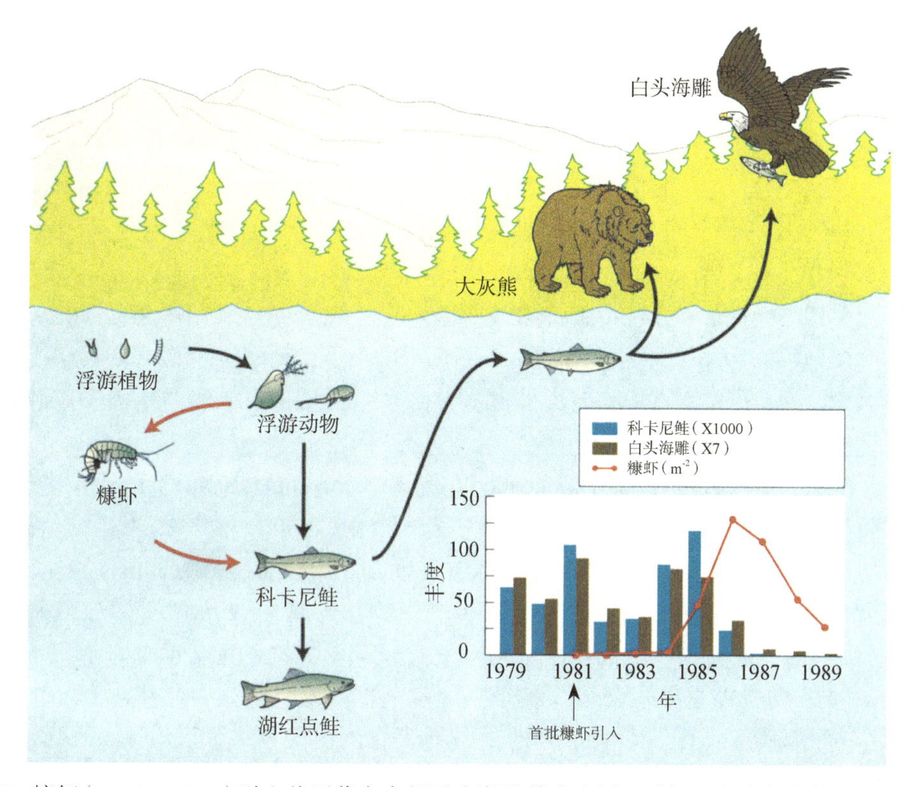

图 10.6 糠虾（Mysis relicta）引入美国蒙大拿州平头湖及其支流后，破坏了湖中的食物网。天然食物链包括大灰熊、白头海雕和湖红点鲑，它们都以科卡尼鲑为食；科卡尼鲑以浮游动物（水蚤类和桡足动物）为食；浮游动物以浮游植物（海藻）为食。糠虾作为科卡尼鲑的食物引入湖中，吃掉大量的浮游动物，使得科卡尼鲑因缺少食物而种群数量锐减，这一点正如白头海雕依赖于科卡尼鲑的数量一样。白头海雕和科卡尼鲑的数量直到 2005 年仍处于种群衰退之中（引自 Spencer et al. 1991 和 Spencer 个人通讯）

许多物种是通过以下方式引进的。

- 欧洲殖民扩张：欧洲殖民者在新地区安家落户，在北美、新西兰、澳大利亚和南非等地释放了成百上千只欧洲鸟类、鱼类和哺乳动物，以使乡村的环境变得对自己更为熟悉，同时也提供用来打猎和消费的猎物及鱼类。
- 园艺、农业和水产业：大量植物作为观赏植物、农作物、牧草和土壤稳定剂引入新地区种植，其中许多物种从栽培状态下逃逸，在野生状态下建立种群。随着水产养殖日益扩大，更多物种逃逸并在海洋和淡水环境中成为入侵种（Chapman et al. 2003）。
- 意外传入：物种常常被人类活动无意识地传播（Lee and Chown 2009）。例如，杂草种子随商业化种子一起收获，并传播到新地点；鼠类、蛇和昆虫搭乘海外船只、飞机运往国外；病原菌、寄生物和昆虫随寄主（特别是植株的叶部和根部）四处传播。通过现代交通工具，鞋子、衣服和行李可以在几天之内携带黏附的种子、昆虫和微生物周游世界。远洋航行的轮船装载近15万t的压舱水，其间含有大量海洋生物的成虫、幼虫。政府正在制定法律降低物种通过压舱水传播，例如，要求轮船停靠之前，在远离海岸的深海区更换压舱水（Costello et al. 2007）。

- 生物控制：当外来种变为入侵种时，通常的解决办法是从原产地引进天敌来控制入侵种的数量。虽然生物控制的方法常常会取得显著的效果，然而也有天敌本身变成入侵种的情况，在攻击目标入侵种的同时或根本就不攻击入侵对象，转而攻击本地种（Elkington et al. 2006）。例如，一种寄生蝇（*Compsilura concinnata*）引入北美控制舞毒蛾（*Lymantria dispar*），同时发现他也能够寄生于200多种本地蛾类，使本地蛾类种群的数量大大降低。另外一个例子是食草性象甲（*Rhinocyllus conicus*）引入北美用来控制入侵种欧亚飞廉（*Carduus* spp.），发现他同时也会袭击北美蓟类（*Cirsium* spp.），几种罕见、稀有物种也受到了威胁（Louda et al. 2003）。为减少类似事件发生，被选作生物防治因子的物种释放之前，应该事先对目标物种的专一性进行检验。

世界上许多地区都遭受着外来种的严重侵害，美国目前有20多种外来哺乳动物、97种外来鸟类、70种外来鱼类、88种外来软体动物、5000种外来植物，53种外来两栖爬行动物，以及4500种外来昆虫和其他节肢动物（Pimental et al. 2005）。许多北美湿地生态系统中，外来多年生植物占有绝对种群优势：千屈菜（*Lythrum salicaria*）曾作为观赏植物从欧洲引入美国，目前已成为覆盖北美东部沼泽地的优势群落；而日本金银花（*Lonicera japonica*）则密集地交错盘结于美国东南部滩地。外来一年生禾草目前已广泛覆盖于北美西部草原地区，增大了当地夏季地表火的可能性。欧洲有3700多种归化的外来物种，原产于欧洲以外的物种数量占一半，另外一半正向欧洲原产地以外的地区扩散。当入侵物种在群落中成为优势物种时，本地植物的多样性、丰富度以及赖以生存的昆虫数量相应地减少（Heleno et al. 2009）；还有证据表明入侵植物甚至能够降低土壤微生物的多样性（Callaway et al. 2004）。而且，许多严重的农业杂草也是入侵种，每年给作物产量造成的损失和额外的杂草防除花费达上百亿美元（专栏10.2）。中国也同样遭受着严重的物种入侵，如原产于中美洲的紫茎泽兰（*Eupatorium adenophorum*）通过自然扩散传入我国云南省，经半个世纪的扩散，已经对中国广大西南山区，乃至华中、华南地区的生物多样性构成了巨大的威胁（卢志军等. 2004），并给当地的农林牧业生产带来了巨大的损失。

昆虫的有意引入，如欧洲蜜蜂（*Apis mellifera*）和生物控制因子象鼻虫（*Rhinocyllus conicus*），或意外引入如火蚁（*Solenopsis invicta*）和舞毒蛾（*Lymantria dispar*），能够在入侵地建立巨大的种群（图10.7），给本地昆虫群系带来毁灭性的影响。美国南部的一些地区，外来火蚁入侵使当地昆虫多样性下降了40%，本地鸟类也相应地大批减少（图10.8）。目前，引自欧洲的外来蚯蚓已遍及美国各地，使北美的土壤条件发生改变，并取代了土壤中的本地物种，由此可能给当地丰富的地下生物群落以及从枯落物到植物间的养分循环造成巨大而未知的影响（Nuzzo et al. 2009）。被世界自然保护联盟列入全球100种最危险入侵生物的B型烟粉虱，近20年来伴随着花木调运传入到我国，并通过非对称交配互作（Liu et al. 2007）逐渐取代了土著烟粉虱。在入侵和取代土著烟粉虱的

专栏 10.2 遗传修饰生物体（GMO）与保护生物学

保护生物学家关注的一个特别话题就是遗传修饰生物体（genetically modified organism，GMO）在农业、林业、水产养殖业、医药产品和有毒废物清理中日益广泛的使用（Snow et al. 2005）。在这种生物体内，科学家运用DNA整合技术，将不同来源的生物基因整合到遗传修饰生物体的基因编码内。这种基因转移不仅能够打破物种界限，而且能够打破更高分类阶元界限，如可将细菌生成昆虫毒素基因转移到作物如玉米体内。美国、阿根廷、中国和加拿大等国家种植大量的转基因作物，主要是大豆、玉米、棉花和油料作物。遗传修饰动物还在发展中，转基因鲑鱼和猪具有潜在的商业价值。一些欧洲人担心GMO会与近缘物种杂交产生新的、侵略性杂草和病毒性疾病（Kuparinen et al. 2007）。GMO有可能会伤害作物以外其他生活在农田里或农田附近的物种，如昆虫、鸟类和土壤生物群落。人们担心食用GMO作物为来源的食物是否安全，特别是会不会引起致敏反应。事实上，人类早在文明社会初期就已经通过选择性交配、杂交和其他形式的人工选择对作物和家养动物进行遗传修饰。然而，作为潜在基因转移来源的许多物种，如病毒、细菌、昆虫、真菌和贝类，在以前的杂交过程中从未用到，因而，政府可能会对这种研究和商业应用实施特殊的控制。一些人对此也会有所顾虑，特别在欧洲，遗传修饰作物能与近缘物种杂交，产生的新的、具有入侵性的杂草和致命的病毒入侵（Kuparinen et al. 2007）。非常明确的一点就是遗传修饰作物有潜力增加作物产量来满足不断增长的人口需求，生产出更便宜的药，降低农用化学制剂的使用与流失[另一方面，一个非常畅销的遗传修饰生物体——转基因大豆（Roundup Ready soybean），经过除草剂厂商的遗传修饰能使其对草甘膦除草剂（通常是农达牌Roundup®除草剂）具有更高的抗性]（www.sourcewatch.org）。

虽然，转基因作物在减少杀虫剂使用的同时，能够提供更为丰富多样、价格低廉的食物；然而，转基因作物带来的各种风险，诸如这类作物与野生物种杂交势必会产生新的杂草和疾病，危害以这些作物为食的野生物种，以及食用转基因作物可能会给人类带来危害等问题一直备受关注

中国是栽培稻的起源地之一，也是稻米品种多样性中心，野生稻资源和地方品种资源都相当丰富。一旦转基因稻米导致基因污染，中国天然的水稻遗传资源宝库可能受到

严重的破坏，还会影响到科学家运用物种和基因多样性资源解决粮食安全问题的能力。此外，遗传修饰生物体的应用能潜在地伤害其他物种，如生活在田间或邻近农田的昆虫、鸟类和土壤微生物。而且，目前很难确定食用遗传修饰生物是否有害人体健康或引起特殊的过敏反应。

总之，遗传修饰生物体的好处还需要进一步检验，同时还应与潜在的风险进行权衡。最好的处理方法是在遗传修饰生物体被授权商业使用之前，要谨慎对待和进行彻底调查，在释放后要及时监控对环境和人体健康的影响。

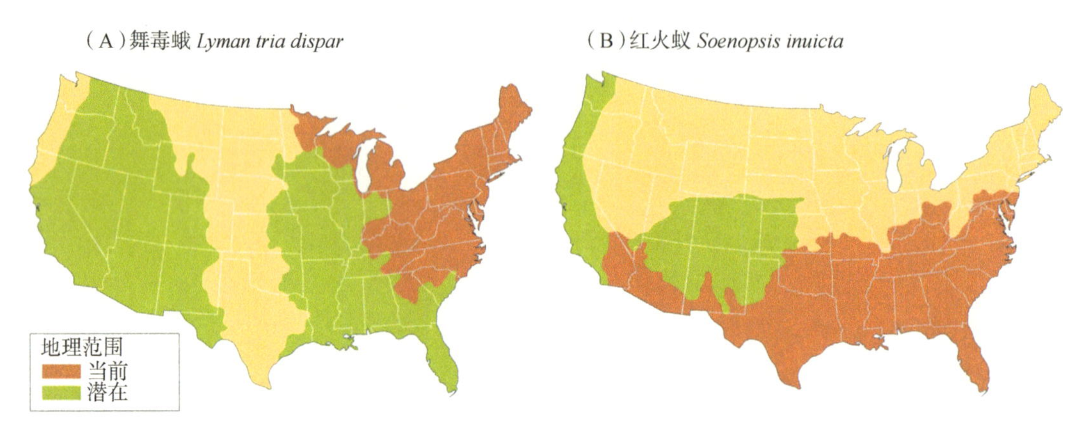

图 10.7　美国两个重要的入侵种当前和潜在的地理范围。（A）预测舞毒蛾将广泛入侵至美国森林地区，使林区树木遭到破坏、生态系统服务功能下降。（B）火蚁将扩散至西南和西部海岸，破坏当地的野生动物，给公众健康带来潜在威胁（引自 Crowl et al. 2008）

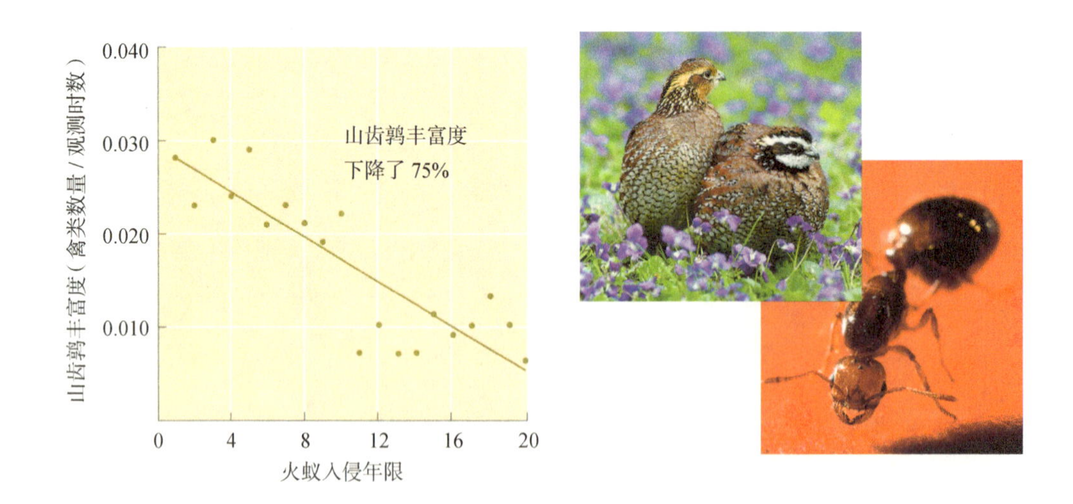

图 10.8　得克萨斯州北部山齿鹑（*Colinas virginianus*）的丰富度在该地区遭受外来红火蚁（*Solenopsis invicta*）入侵后的 20 年间锐减。红火蚁能直接袭击和干扰山齿鹑，特别是在幼鸟阶段与其竞争昆虫等食物（引自 Allen et al. 1995；山齿鹑图片版权归美国鱼和野生动物管理局 Steve Maslowski 所有；火蚁图片版权归美国农业部农业研究局 Richard Nowitz 所有）

同时，B 型烟粉虱通过直接取食植物汁液、传播植物双生病毒，严重危害大田作物、蔬菜和花卉，造成巨额的经济损失。在人类居住区，家猫可能是鸟类和小型哺乳动物最严重的威胁：一只温和的家猫到野外会变成可怕的捕食者，这样的家猫到人类居住区以外很远的地方猎食，直接威胁着某些野生物种的生存。

岛屿上的入侵物种

岛屿生境的隔离性促进了特有物种独特集群的形成（见第 7 章），但也使得这些物种容易遭受入侵种的破坏。仅有极少数的物种能够在没有人类活动的协助下穿越水域进行大面积扩散，因而在未遭受干扰的岛屿生物群落中一般缺少像肉食哺乳动物一样代表着食物链中最高营养级的大型捕食者。岛屿动植物已经适应了具有少有哺乳类捕食者或采食者的生物群落，使它们缺乏或失去防御天敌的能力。很多岛屿植物防御采食的能力极为有限，不能够产生适口性较差和粗糙的生长组织，也不能在受到损伤后进行快速的补偿生长。一些鸟类甚至失去飞行能力，就在地面简单筑巢。

在相当于选择压力的外来入侵种引入后，岛屿特有物种的繁盛常常会迅速地衰落。引入岛屿上的动物常常会有效地捕食特有动物或过度地采食当地植物，使其达到灭绝的地步（Clavero et al. 2009）。外来植物通常质地粗糙或适口性差，与适口性较好的本地植物相比，外来植物常常能够与外来采食者如牛、羊更好地共存。伴随本地植被不断衰落，外来物种开始占据当地景观。岛屿物种常常对大陆物种携带的疾病没有自然的免疫力，当外来物种（如鸡、鸭）引入岛屿后，频繁地携带病原菌或寄生虫，虽然它们对携带者没有害处，却可以毁灭本地种群（如野生鸟类）。

一个外来种引进岛屿就可能会导致无数个本地物种的局部灭绝。下面三个例子说明了入侵种对岛屿生物群落的影响。

- *圣卡塔利娜岛的植物*：当外来的山羊、猪和鹿引入加利福尼亚海岸外的圣卡塔利娜岛后，当地 48 种本地植物发生了局部灭绝。当前，岛屿上有 1/3 的植物为外来物种。在岛上部分地区几乎完全清除掉山羊和猪后，许多稀有野生花卉又再次出现，林地也得以再次繁茂。
- *太平洋岛屿上的鸟类*：棕树蛇（*Boiga irregularies*; 图 10.9）引到太平洋的许多岛屿上之后，对那些岛屿的特有鸟类、蝙蝠和爬行动物产生了毁灭性的影响。这种蛇捕食鸟卵、雏鸟和成鸟。仅关岛一处，就致使 13 种森林鸟类中的 10 种灭绝（Perry and Vice 2009）。由于没有听到鸟鸣，有的旅游者说："在寂静与蜘蛛网之间，关岛雨林被一种坟墓的气氛所笼罩"（Jaffe 1994）。棕树蛇可能为了寻找新的猎物，开始向熟睡的人类展开进攻。政府每年花费 200 万美元竭力地控制棕树蛇种群，到目前为止还远未成功。

> 入侵种将许多岛屿物种推向濒临灭绝边缘，入侵种可能会改变淡水和海洋生态系统。

- *社会群岛的蛇*：将蜗牛作为生物控制因子有意引入社会群岛后导致当地 50 多种本地蜗牛灭绝（www.zsl.org）。

图 10.9 棕树蛇（*Boiga irregularies*）入侵至太平洋的许多岛屿上，破坏了当地特有鸟类种群。图中成年蛇正在吞食一只鸟（Julie Savidge 摄）

水生生境中的入侵物种

淡水生境与海洋岛屿有相似之处，它们都被周边广袤而荒凉的地域所隔离。外来物种对脆弱的湖泊生态系统和孤立的溪流系统产生严重影响。用于商业与钓鱼活动的外来鱼类引入湖泊已有很长的历史，例如，尼罗河鲈鱼（*Lates niloticus*）引入东非的维多利亚湖，导致大量特有棘鳍类热带淡水鱼相继灭绝。世界上已有 120 多种鱼类引入海洋、河口系统以及内陆海域。尽管一些种类是为了促进渔业而有意引入的，但大部分是由于开凿运河和压舱水携带而无意识引入的。这些外来鱼种往往比本地鱼体积大，更具进攻性，最终可能导致当地鱼种的灭绝。海鳗的入侵给北美五大湖的商业捕捞与钓鱼活动带来严重损失，特别是带给湖红点鲑种群的伤害最大。美国和加拿大每年花费 1300 万美元控制海鳗种群。对马达加斯加的淡水生境调查结果显示，入侵鱼类是所有淡水生境的优势物种，原有的 28 种本地淡水鱼仅剩下 5 种。但是，一旦这些入侵性鱼类从水生生境中根除，有些本地鱼类种群数量是可以恢复的（Vredenburg 2004）。

淡水生境的入侵更容易发现，然而海洋和河流生态系统也会遭受入侵。最近调查发现了 329 种入侵性海洋物种，并且世界范围内有 84% 海域面积遭受着至少一种入侵种的影响（Molnar et al. 2008）。北欧，特别是英国、地中海地区及美国西海岸和夏威夷周边地区受入侵危害最大。轮船货运特别是压舱水传播是导致物种入侵的主要因素，其次是水产养殖业。最常见的入侵种是甲壳类动物、软体动物、海藻、鱼类、软体虫和植物。美国仔细调查过的各河口岸，发现有 70 ～ 235 个外来物种。由于许多外来物种没有被鉴别出来，或是调查漏掉了个别地点，因此实际数量可能会更高（Carlton 2001）。

梳状水母（*Mnemiopsis leidyi*）的例子说明了海洋生态环境也会受入侵种的威胁（Lehtiniemi et al. 2007）。该物种可能通过压舱水从北美海岸于 1982 年首先扩散至东欧黑海，食鱼的梳状水母在那里没有捕食者和有效的竞争者。7 年之后，即 1989 年，黑海生物量的 95% 是梳状水母。这种水母最喜欢以鱼苗和鱼类赖以生存的浮游动物为食，再加上过度捕鱼，总计给黑海捕渔业带来 2.5 亿美元损失，使整个生态系统处于崩溃边缘（Boersma et al. 2007）。然而，1997 年另外一种栉水母出现后，由于栉水母以梳状水母为食，使鱼类种群开始有恢复的迹象。

水生生态系统中有 1/3 的恶性入侵种是水族馆和观赏类物种，每年世界贸易量达 250 亿美元（Keller and Lodge 2007），这些物种所带来的有害影响应该作为贸易总体花费的一部分。用作海水水族馆装饰性植物的一种具有高度入侵性的绿藻——杉叶蕨藻（*Caulerpa taxifolia*）在地中海西北部迅速扩散，在竞争中取得优势并取代了本地藻类，降低了鱼类的丰富度。2000 年在加利福尼亚州许多地方都发现了杉叶蕨藻，当地实施了强有力的铲除计划，成功地消灭了该物种的入侵。对多数有害水族馆物种的引种实施禁令并建立“白名单”选取非入侵性的替代物种能够降低入侵性水生物种的危害。

20 世纪 80 年代中期斑马贝（*Dreissena polymorpha*）引入北美五大湖流域（Strayer 2009），成为近些年一个令人震惊的入侵事件。这个原产于里海的个体小、带条纹的贝类显然是通过欧洲油轮的压舱水引入伊利湖的。两年时间，斑马贝在伊利湖部分水域中的密度就达到每平方米 70 万个个体。斑马贝是一种表面有硬壳的生物，单体斑马贝会聚集一大片，并沉积在所有可以依附的硬质表面，导致本地贝类不断地窒息而死（**图 10.10**）。斑马贝具有惊人的繁殖能力：一只雌性斑马贝每年能够产 100 个卵，并且在幼虫阶段能够沿水流进行长距离扩散。斑马贝于 1989 年入侵至五大湖，目前通过幼虫扩散已经向南入侵至整个密西西比河流域，通过附着在拖曳游船的船底向西穿越落基山脉。伴随斑马贝沿美国五大湖及其支流的各个方向进一步扩散，它们将会给渔业、大坝、发电厂水处理设施和轮船带来巨大的经济损失，估计每年达 10 亿美元；同时也破坏了当地的水生生物群落（Pimentel et al. 2005）。仅仅是保证入水管不含斑马贝这一项工程就要花掉巨额的新增维护费用。

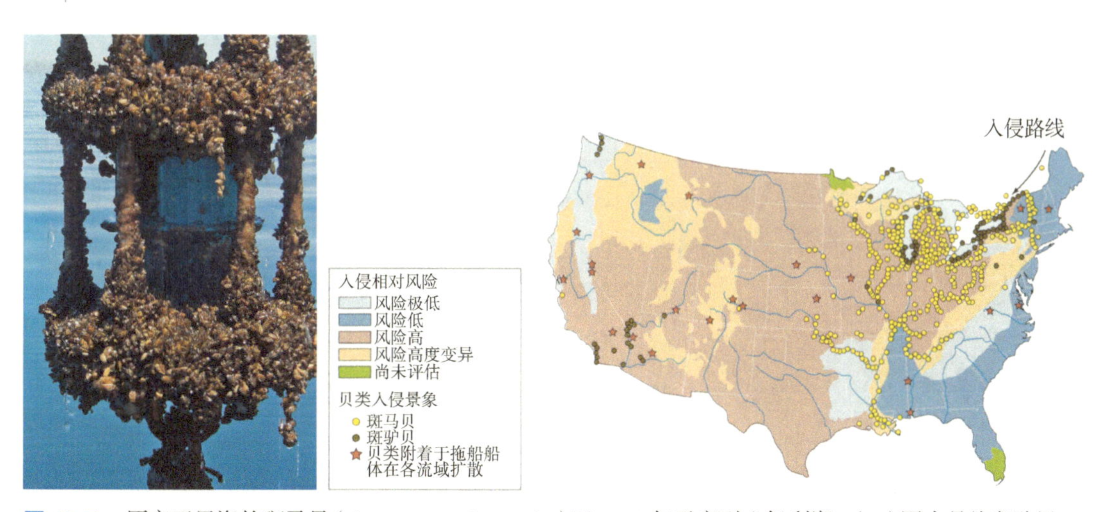

图 10.10 原产于里海的斑马贝（*Dreissena polymorpha*）于 1988 年无意引入伊利湖。（A）图中是从密歇根湖取回的遭受成千上万只难以对付的斑马贝的侵害的流速计。这种小型软体动物造成的典型侵害，是通过形成硬壳并破坏本地贝类和其他生物。（B）过去的 20 年里，斑马贝在北美种群暴发、分布和即将扩散到其他溪流的相对风险评估。星号代表拖船上有活的斑马贝附着于船体的地点（A. M. McCormick 摄影，NOAA/ 五大湖环境调查实验室授权；B. 数据来源于 Whittier et al. 2008 和美国地质调查局）

外来物种的入侵能力

大多数外来物种不能够在原产地以外的地区或新生境中存活。仅有很少的一部分(可能不到 1%)能够扩散到新生境中，并实现种群增长。为什么外来种能够成功入侵，在新的生境中占有优势，并能够轻而易举地替代本地物种呢？其中一个原因是在入侵地缺少原产地能控制其种群生长的自然捕食者或寄生物(Davis 2009)。例如，野兔引入澳大利亚后，由于无法有效控制其种群数量而四处扩散，使本地植物被采食而处于濒危灭绝的境地。为此，澳大利亚采用的控制手段之一就是引入病菌来制约野兔数量。波多黎各金线雨蛙(*Eleutherodactylus coqui*)引入夏威夷后，种群密度竟然增长到原产地的 100 倍，很大程度上是由于缺少捕食者。金线雨蛙破坏本地昆虫种群、使人类整晚清晰地听到他们大声鸣叫而彻夜难眠(Sin and Radford 2007)。

外来种可能比本地种更容易充分利用受干扰的生境(Leprieur et al. 2008)。人类活动的干扰可以创造出不寻常的环境条件，如矿质养分提高、土壤扰动加大、火灾频度增加、光照增强以及生境破碎化，而一些外来物种比本地物种更容易适应这种环境条件。事实上，入侵物种集中分布的地区往往是受到人类活动改变最严重的生境。例如，在北美西部，人类活动导致牛群的过度放牧和自然火频度增加，为外来一年生禾草在先前本地多年生禾草占据优势的地区建立种群提供了机会。北美的人工池塘、湖泊与天然水体相比，有更大的遭受外来水生物种入侵的可能性，而且这些人工水域促进了入侵种扩散到周边的自然水域(Johnson et al. 2008)。当生境受到全球气候变化而进一步改变后，很可能更容易遭受入侵(Hellman et al. 2008; Ibáñez et al. 2009; Walther et al. 2009)。该领域一个关键性的结论是：在众多外来物种中，更容易发生入侵和在新生境造成巨大影响的物种是那些已经在其他地区表现出强大入侵性的物种(Ricciardi 2003)。

“入侵种”这一术语一般定义为在原产地以外的地区扩散，但是一些本地种在原产地适应了人类活动而改变的生境后，也会过度繁殖，因此，它们与外来入侵种受到同样的关注。在北美，森林破碎化、城郊的开发以及随后导致废弃物四处可见的环境，使郊狼、狐狸和一种海鸥数量增加。在墨西哥湾，当地的水母利用石油钻塔和人工渔礁产卵，变得丰富起来；由于氮素污染导致浮游生物大量繁殖引起水花，为以水花为食的水母提供丰富的食物资源。入侵性物种数量的增多，是以牺牲其他当地土著种为代价的，这些异常丰富的本地物种对受威胁的物种和保护区的管理无疑是一种挑战。

> 人类活动改变环境的地方，入侵种和不受欢迎的本地物种可能旺盛生长。本地稀有种与入侵种杂交使得物种鉴别特征变得不够明显。

另外一种特殊类型的入侵种是外来引进的，但其又与本地生物群落有着密切关系。当入侵物种与本地物种或变种杂交，本地物种特有的基因型可能会消失，物种边界变得模糊，这个过程称为遗传湮没(genetic swamping)(Fox 2008)。本地鲑鱼面对商业引进物种时正处于这样的命运。在美国西南部，阿帕奇鲑鱼(*Oncorhynchus apache*)由于受到生境破坏和与外来物种的竞争，其分布面积已经缩小，这一物种还能与引进的虹鳟鱼

（*O. mykiss*）杂交，使物种鉴别特征不明显。得克萨斯州西部和新墨西哥一种罕见的特有物种佩科斯斯鳉（*Cyprinodon pecosensis*），能与引进的外来种杂色鳉（*C. variegatus*）杂交，其杂交后代比纯种佩科斯斯鳉更有活力（Rosenfield et al. 2004）。

入侵物种是美国国家公园系统中生物群系所面临的最严重威胁。只要原有物种存在，生境退化、破碎化和污染在数年或数十年内还是有潜力恢复的，但外来物种一旦定居，就几乎不可能再从群落中消除。外来物种可以建立巨大的种群，进行广泛地扩散，并彻底地整合到本地群落中，清除它们异常困难，经常需要付出昂贵的代价（King et al. 2009; Rinella et al. 2008）；而且人为引进的哺乳动物过度采食本地植物群落，但是公众可能会抵制减少这些哺乳动物的数量的企图，特别是动物保护组织竭力反对控制种群庞大的鹿、野马、山羊和野猪。然而，如果试图将稀有本地物种从灭绝中挽救回来，就必须减少这些外来动物的种群数量。作为管理计划的一部分，当入侵植物和非本地食草动物从系统中去除后，本地物种可以自行恢复。可见，拯救物种有时需要一个全面的恢复计划（见第 13 章、第 19 章，图 10.11）。

（A）

（B）

图 10.11　外来物种去除能够使本地物种得到恢复。在这个例子中，美国加利福尼亚洪堡海湾国家野生生物动植物保护区兰菲尔沙丘单元（Lanphere Dunes Unit of the Humboldt Bay National Wildlife Refuge, California）中，外来入侵种欧洲海滩草（*Ammophila arenaria*）占据绝对优势，替代了原有的沙丘植被（A）；在根除欧洲海滩草后重建的沙丘植被，本地物种得以恢复（B）（照片版权归 Andrea Pickart 所有）

控制入侵种

入侵种造成如此严重的威胁，因而降低物种引入速率应该在物种保护方面具有更大的优先权（图 10.12）（Chornesky et al. 2005; Keller et al. 2008）。政府通过制定和执行法令以及海关限制，旨在限制外来种的引入，有时会限制和审查有关土壤、木材、植物、动物及其他物品在国际甚至国内各地间的运输。在选择有益或比较理想的物种进行人为引入之前，需要关于待引进物种更为全面的生态信息（Gordon and Gantz 2008）。当前，政府花费巨资来控制外来种的扩散和暴发。但是，在种群初始建立时，对其采取控制和铲除措施、阻止其种群暴发是最为经济

> 国家必须阻止新入侵种的引进，监控入侵种的进入与扩散，并阻止入侵种建立新种群。

和有效的手段。培训公民和保护区员工共同监督脆弱的生境，以便入侵种出现时能够采取迅速、彻底的控制措施，这是阻止其种群建立的一个有效方法，需要各级政府和土地拥有者通力合作、共同努力。

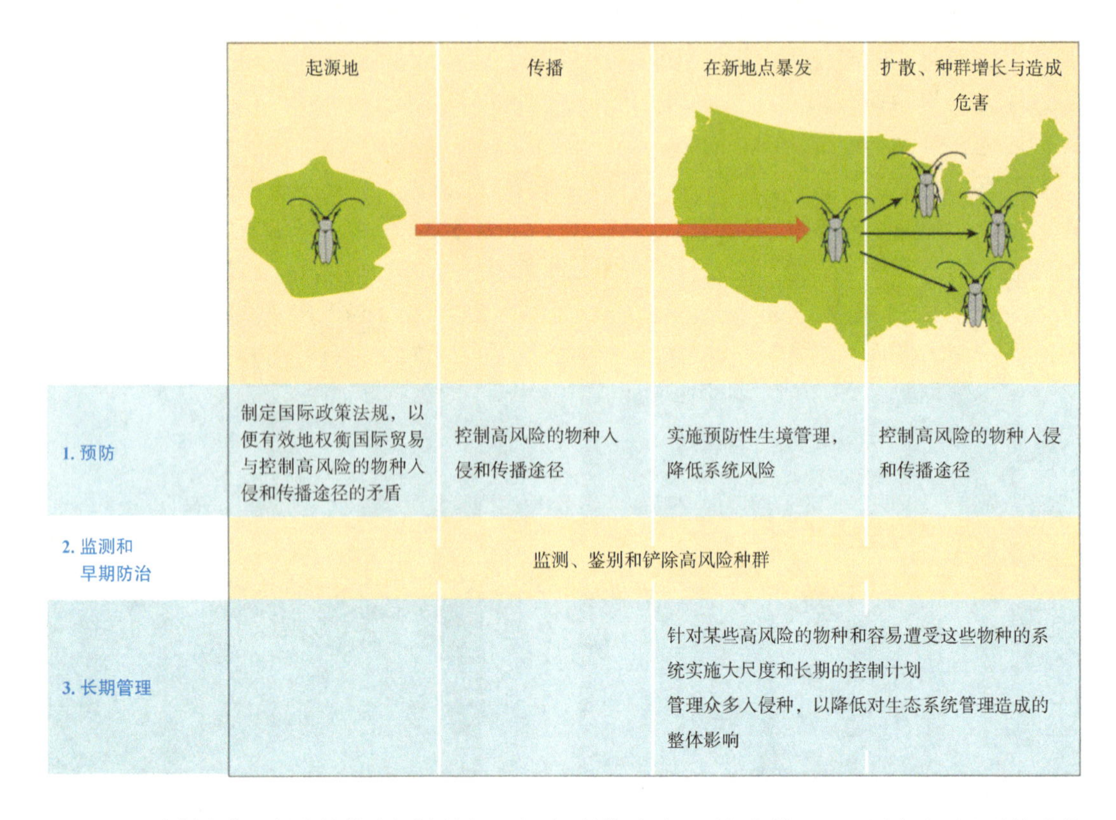

图 10.12 降低有害入侵种的策略包括预防、监测、早期防治以及长期管理，上图为应用这种策略管理亚洲天牛（*Anoplophora glabripennis*）的图解说明。该物种通过木质柳条箱和包装材料中从亚洲传入北美。天牛的侵染使得树木特别是枫树大面积死亡。唯一有效的措施是砍掉受侵染的树木，并销毁木材（引自 Chornesky et al. 2005）

筛选外来物种在原产地的天敌，可能是生物控制计划的一个必要环节（Louda et al. 2005）。这一计划需要对外来种天敌的专一性和种间作用进行认真检验，同时也需要在释放后仔细监控其控制入侵种的有效性和对本地物种和群落等非靶标生物的影响。有时可能需要改变土地利用方式来恢复本地群落，有时也可能通过物理防除、诱捕和毒药的方式来控制入侵种（Howald et al. 2007; King et al. 2009）。当引入的野兔从新西兰岛移除后，大蜥蜴（*Sphenodon punctatus*）种群数量又急速增长（Towns et al. 2007）。因此，有必要经常性地开展广泛的公共教育计划，以便人们更清醒地认识到入侵种需要移除或杀死的原因，特别当入侵种是山羊、马和野兔等哺乳动物的时候。

入侵种的影响一般是负面的，但是它们也能带来一些好处。有时，入侵种能够减少土壤侵蚀、为本地昆虫如蜜蜂提供花蜜、为鸟类和哺乳动物提供筑巢场所等。在这种情形下，需要我们进行权衡，确定是否潜在的利益大于整体的代价。

10.3 疾病

人类活动及其与疾病交互作用导致疾病传播概率增加，成为物种和生物群落的重要威胁。人类活动导致的生境破坏可以使疾病携带者增多、感染范围扩大。野生动物种群与附近携带病菌的家养动物和人接触可能会传染上疾病（Jones et al. 2008），通过不断增长的人口流动和外来物种的扩散使疾病得以进一步扩散。病原生物对野生和驯养动物种群的感染都很普遍，并且能够降低脆弱种群的大小和密度。假如致病生物消灭了群落中的关键种或优势种，则对整个生物群落的结构也会产生重要影响（Breed et al. 2009）。致病生物可以是微小的寄生微生物如病毒、细菌、真菌和原生生物，也可能是大的病原菌如寄生蠕虫或节肢动物。寄生物生活在宿主体内或体表，吸取宿主营养、破坏宿主组织、降低宿主的生存与繁殖能力。

鼻部综合征就是其中一例，致使美国东部成千上万只蝙蝠死亡，一些洞穴中已有90% 的蝙蝠死亡。受病菌感染的蝙蝠鼻部有白色粉状真菌或菌丝，显然是因真菌引起的皮肤发炎而死；并且蝙蝠在冬季，中间从休眠中苏醒，而不是春季，使其能量储存迅速消减而最终饿死。2006 年在纽约的一个洞穴中发现，随着蝙蝠的迁移，这种真菌病原菌已经迅速扩散到其他州的种群和洞穴中，威胁着濒危种印第安蝙蝠（*Myotis soldalis*）的生存。科学家认为洞穴探险者或蝙蝠研究者从欧洲蝙蝠洞穴回来后，通过携带该种病菌的衣服、靴子或其他装备无意间将其引入美国。就这一点而言，保护蝙蝠唯一有效的方式是，科学家进入保护区之前要消毒衣物和装备，其余所有来访者均禁止探访蝙蝠洞穴。

流行病学的三个主要原则，对管理和驯养濒危物种在降低疾病风险方面具有重要的实践意义（Scott 1988）：

1. 宿主与寄生物高频率地接触会引发疾病的传播。
2. 生境破坏间接地增大了生物对疾病的易感性。
3. 在保护项目中，物种接触到在野生状态时从未遇过的动物甚至人类时，可能会从中感染上疾病。

我们依次思考每个原则，意识到多重因素的相互作用会增大疾病暴发频率。第一，宿主（如山羊）与寄生物（如蛔虫）高频度地接触是疾病传播的因素之一。一般来讲，宿主种群密度增加，寄生物侵染概率也会随之增大，表示为宿主侵染率和每个宿主体内侵染寄生物的数量。此外，在宿主种群体内的寄生物，在侵染阶段具有较高的密度会增大疾病暴发率。在自然生境中，当动物远离它们的排泄物、唾液、蜕皮和其他传染源后，疾病感染率会明显降低。然而，在非自然、受限制的条件下，如生境破碎化、动物园和国家公园，动物始终与潜在的传染源接触，使疾病传播的概率增加。在破碎化的保护区内，动物种群可能会形成异常高密度的局部种群，从而促进疾病在整个种群中迅速传播。

第二，生境破坏间接加剧生物对疾病的易感性。当宿主种群由于生境破坏而聚集至缩小的适生区中时，生境质量和食物的可利用性会经常性地遭到破坏，导致营养状况降低、动物体质虚弱，对疾病的抵抗力下降。年幼、年老和怀孕个体在这种情况下可能更容易感染上疾病。植物种群也会类似地受到生境退化或破碎化的影响。生境退化与破碎化对植物微环境的改变、大气污染的胁迫、砍伐和其他人类活动造成的直接损伤，会增大植物种群的疾病侵染率。海洋哺乳动物、海龟、鱼类、珊瑚、贝类和海草等水生生物，在水体污染、受到伤害和非正常的环境波动的情况下，容易遭受病菌的侵染（Harvell et al. 2004）。最近研究表明生物多样性能够通过减少适合的宿主物种或是通过捕食和竞争来限制宿主种群大小，进而控制疾病（包括能够传染给人类的疾病）的侵染率（Ostfeld 2009）。例如，莱姆病（关节炎）和其他壁虱类病菌的增加与某种啮齿类动物宿主及当地生物多样性的整体丧失有关（图 10.13）。

（A）

（B）

（C）

图 10.13 （A）白足鼠是莱姆病的主要宿主，在城郊发展导致的生境破碎化条件下，种群的丰富度得以提高。（B）野外生物学家正在对患病（如瘟疫）的白足鼠进行取样。（C）黑腿壁虱接触一只感染的动物而染病时，能够将莱姆病从病患动物传染给人类（A. 版权归 Rolf Nussbaumer / Naturepl.com 所有；B. 引自 Crowl et al. 2008；C. 版权归 Michael L. Levin / CDC 所有）

第三，许多生活在保护区和动物园内的物种，接触到在野生状态时很少或从未遭遇过的其他物种，包括人类和家养动物，一些疾病如狂犬病、莱姆病、流感、瘟热病、汉坦病毒以及禽流感就会从一个物种传给另一个物种。作为疾病携带者，它们像正常物种一样能够很好地抵御疾病的感染，但是却可以将疾病传染给接触到的易感群体。例如，看上去很健康的非洲象在动物园与亚洲象共处的时候，能够转染致命的疱疹病毒给亚洲象。疾病在拥挤的种群中传染非常迅速。疱疹病毒在国际鹤类联盟的驯养鹤类种群中暴发，席卷了整个种群，使几种稀有鹤类全部死亡。这种病毒暴发显然与驯养鹤类种群的密度过高有关（Docherty and Romaine 1983）。

疾病也可以从家养动物传染给野生种群（图 10.14）（Tomley and Shirley 2009）。19 世纪晚期的牛瘟疫病毒便是一个典型的例子，它从家养牛传染给野生羚羊、角马，以及其他东部和南部非洲有蹄类动物，致使 75% 的动物丧生。在 20 世纪 90 年代初，坦桑尼亚塞伦盖蒂国家公园大约有 25% 的非洲狮死于犬瘟热病，这显然是非洲狮接触到生活在公园周边 3 万只家犬中的一只或几只患犬瘟热的犬传染而来的（Kissui and Packer 2004）。对于濒危物种而言，这种疾病的暴发堪称致命的最后打击：1987 年，黑足鼬（*Mustela nigrepes*）最后一个野生种群被犬瘟热病毒毁灭。黑足鼬驯养繁殖项目所面临的主要问题之一，就是保护驯养个体免遭犬瘟热病毒、人类病毒和其他疾病的侵害。目前正通过严格的检疫措施和将驯养种群拆分为地理隔离的亚种群来实现这一点（见图 13.1）。人类疾病如肺结核、囊虫病和流感也会直接传染给驯养猩猩、黑猩猩、疣猴、雪貂和其他动物（Szentiks et al. 2009）。驯养动物一旦感染上人类或其他物种的外来疾病，便不应该再放回野生环境，否则将会威胁整个野生种群。当驯养的阿拉伯羚羊感染上家养牲畜患有的蓝舌病、猩猩感染上人类的肺结核后，都不能够按计划重返大自然，否则可能会传染给野生种群。

> 疾病的侵染率增加，威胁着野生、驯养物种以及人类的健康。不同物种之间疾病的传播应引起特别的关注。

图 10.14 由于人口密度增大、农业的发展、农业用地和人类居住地向野外扩展，导致传染性疾病如狂犬病、莱姆病、流感、禽流感、汉坦病毒及瘟热病能够在野生种群、家养动物和人类之间传播。图中所示为禽流感的感染和传播路线，路线显示野生水禽、鸡和人类都能感染上这种病毒。重叠阴影区域代表三个类群间共同患有的疾病。绿色箭头代表病毒高速度侵染的主要因素；蓝色箭头代表导致病毒在三个类群中扩散的因素（引自 Daszak et al. 2000）

外来疾病的引入能致死大批物种，甚至是分布广泛、种群数量丰富的物种，如上文提到的患有鼻部综合征的蝙蝠。曾经在美国东部广泛分布的美洲栗（*Castanea dentata*）的彻底消失，就是由于进口至纽约市的中国栗树所携带的共生真菌到处扩散导致的。真菌疾病还能致使林地里大片美洲榆（*Ulmus americana*）和山茱萸（*Cornus florida*）成批死亡（图 10.15）。据报道，美国西部广泛分布的橡树和松树死于真菌病毒已经引起高度重视，因为它们是许多生态系统中的优势群落（Mckinney et al. 2007）。北美淡水螯虾于19世纪中期人为引进至欧洲，同时一种真菌类病原菌（*Aphanomyces astaci*）也随之入侵，导致整个欧洲本地淡水螯虾种群感染这种病原菌而大批死亡（Edgerton et al. 2004）。外来疾病对特有岛屿物种（见专栏 7.1）和蛙类物种（见专栏 8.1）具有特别强大的杀伤力。热带家蚊（*Culex quinquefasciatus*）和鸟疟疾（*Plasmomdium relictum capistranoae*）的引入已成为许多夏威夷特有鸟类种群衰退和灭绝的重要因素。

采取措施阻止疾病在驯养动物间扩散，以确保新疾病不会被无意传染给野生种群。

图 10.15　山茱萸（*Cornus florida*）种群在美国东部森林正在衰退，主要是由于外来真菌——毁灭性座盘孢（*Discula destructiva*）导致的炭疽病引起的（Jonathan P. Evans 摄影）

降低疾病传播可以采取很多行动措施：

1. 植物、动物、土壤和其他生物材料在穿越边境时需要监视、检查，必要时进行检疫并适当处理，这些处置过程应该包括对驯养和野生物种，以及对研究者使用的装备和衣物采取相应的措施。
2. 必须尽力减少濒危物种与人类、驯化物种和密切相关物种之间的相互作用。这种相互作用往往发生在动物园、水族馆、植物园或小保护区里，例如，人们与濒危动物接触时可能需要佩戴面罩并穿上消毒衣服（见图 10.13 和图 13.1）。

采取措施阻止疾病在驯养动物间扩散，以确保新疾病不会被无意传染给野生种群。

3. 需要对濒危物种进行监控，以便及早发现种群疾病暴发，必要时应对患病个体进行诊治或者从种群中移除（Sandmeier et al. 2009）。
4. 在野生和驯养条件下，适宜的生存条件和种群密度能够降低种群对疾病的易感性，减小疾病的传播速率。

种群中不同个体对特殊疾病的易感性有所不同。保护生物学家可能在实践中处于进退两难的境地：一是保护稀有物种的所有个体免受潜在疾病的侵染，以便维持种群数量和遗传变异；或者通过自然选择过程淘汰最容易遭受疾病侵染的遗传基因。如果疾病仅仅消灭掉有限个体，种群数量依然很大，那么种群在经受疾病考验后最终的适应能力可能会有所提高。然而，如果疾病致使种群中大量的个体死亡，那么整个种群将可能会面临灭绝。不幸的是，我们常常很难预计疾病对于一个稀有物种的隔离种群的危害程度，特别是环境条件和种群状况已经在人类活动下发生了变化的情形下。

10.4 入侵种与疾病对人类健康的影响

入侵种和病原生物对人类生存有严重的直接影响。入侵性非洲蜂（*Apis mellifera scutellata*）和火蚁（*Solenopsis invicta*）扩散至新大陆不仅占据了本地昆虫物种的生态位，而且给人类带来了严重的伤害。伴随城郊及城市远郊地区的发展以及相关生境的破碎化，人类活动逐渐扩展至更大的区域，促使疾病在人类、驯养动物和野生物种之间传播（Rwego et al. 2008; Tomley and Shirley 2009）。严重的病害和病原生物的扩散潜力大大促进了人类、宠物和野生动物的迁移。由患病壁虱传播导致的莱姆病和落基山脉斑疹伤寒、蚊子传播的西尼罗热病毒等急剧暴发，已引起美国一些地区的恐慌。另外一类病原生物如汉坦病毒、艾滋病病毒、腺鼠疫、疯牛病和禽流感等，可以在野生物种和人类之间进行传播。例如，禽流感就是从野生禽类传染给家养禽类（如鸡）并具有在大尺度上扩散给人类潜力的病例。禽流感也可能会消灭易感性濒危动物的残遗种群。

这样的例子在人类活动改变的环境条件下可能会变得更为常见。全球气候变化引起的近年来暖冬气候，使得许多昆虫疾病携带者和相关疾病如疟疾和登革热扩散范围增大，并在热带国家向更高海拔和远离赤道的地区扩散。当前，疾病的主要传播范围局限在热带气候区域（Lafferty 2009; Ostfeld 2009; Pongsiri et al. 2009），如果世界温度按全球气候变化模型预测的幅度升高（见第 9 章），这一范围将会发生变化。例如，侵染牛的一种热带病毒登革热在过去的 10 年里已经席卷了整个欧洲。不断变暖和污染日益严重的水生环境以及不寻常的暴雨天气致使水生疾病如霍乱开始袭击先前从未感染的人群和动物种群，并且其传染范围可能会持续扩大。

伴随外来病原生物的引入与繁殖，发达国家有可能会变成更加危险的地方。此外，假如观鸟者、猎人、游泳者和探险者都被户外经历吓倒或感到失望，那么保护工作所做的一切努力可能会受到质疑。保护生物学家有义务阻止破坏人类和生物多样性的潜在入侵种和危险物种的扩散；同时，保护生物学家也需要公众积极参与保护相关的活动。

10.5 结论

正如第 7 ～ 10 章所述，一系列因素同时或者接续作用会毁灭一个物种。例如，从前分布于西欧至地中海地带的一种大型淡水贻贝 *Margaritifera auricularia*，如今仅剩下残余种群离散地分布在法国、西班牙和摩洛哥几条河流中（Araujo and Ramos 2000）。早在新石器时代贻贝炫目的外壳和珍珠就被当作装饰品，对其过度采集成为种群下降的主要原因，导致 15 ～ 16 世纪贻贝种群在中欧的河流中消失；污染、淡水生境的破坏和持续的过度采集，使近些年贻贝种群的分布范围和种群数量不断减少。贻贝种群也受到其他物种丧失的影响，因为在其幼虫阶段需要附着在鲑鱼鳃丝上以完成其生活史。在一些残余种群中幼小个体的缺失表明该物种无法在当前的条件下繁殖。为此，必须实施全面的保护计划来挽救该物种，包括阻止过度采集、控制水体质量、维护鱼类储量和保护其生存环境。

> 开展全面的保护工作必须首先认识到生物多样性所面临的多重威胁。

威胁生物多样性的因素有很多，但其根本原因是相同的——破坏性的人类活动。我们很容易将其归咎于贫困的乡村人口或是某种工业生产破坏了生物多样性，但是真正的困难在于证实建立和管理保护区并评估生物多样性价值是完全符合人类利益的。此外，我们必须明白经济条件、国家以及国际联系促进了对生物多样性的破坏，并且需要我们寻找切实可行的替代品。这些替代品必须包括稳定人口的数量、在不破坏环境的前提下维持发展中国家农村人口的生存、提供刺激和补偿机制说服人类和工业生产重视和保护环境、对于以破坏环境为代价获取的产品限制其国际贸易、说服发达国家人民减少对世界资源的消耗并对于可持续和非破坏性利用自然资源的方式生产的商品给予合理价格。

小结

1. 过度开发威胁着世界 1/3 的濒危脊椎动物和其他物种。贫穷、高效的收获方法和全球经济一体化相结合共同导致了对许多物种的过度开发，并将其推向灭绝的边缘；应特别关注过度开发鸟类、哺乳类和鱼类为食物这一问题。许多传统社会拥有禁止对自然资源过度开发的习俗，但是这些习俗正逐渐瓦解。可持续利用自然资源的方法正逐渐得到发展。
2. 人类有意或无意地将成千上万的物种从一个地区引入到新的地区，其中一些外来物种变成了入侵种，以牺牲本地种为代价，使入侵种得以迅速扩散。入侵种有时能够排除本地种的生长，在生态系统中占有绝对优势。岛屿物种特别容易遭受外来入侵种的危害。阻止入侵种的建立和根除已建立的入侵种群是非常重要的任务。
3. 人类活动可以增加野生物种的患病概率。动物在自然保护区或是生境破碎化的条件下拥挤在一起，而不像在野生状态下分散分布时，疾病和寄生菌暴发率增大。当动物被限制在自然保护区和破碎化生境里，不能像在广阔野生环境中那样自由扩散，常常会导致疾病和寄生菌增加。圈养在动物园中的动物，其疾病暴发频率增高，有时还会在相关动物中传播。患病的圈养动物不能够回到野生状态，以防将疾病扩散给野生种群。
4. 物种遭受着一系列因素的综合威胁，为此必须针对这些因素制订一个全面的保护计划。

讨论题

1. 详细地研究一个濒危物种。探讨直接威胁这一物种的所有因素是什么？这些直接威胁因素与宏观的社会、经济、政治和立法等方面有怎样的联系？
2. 控制入侵种可能需要寻找其原产地专一的自然天敌、寄生或捕食者，通过释放这些生物来控制入侵种在新生境的传播。例如，当前为控制外来种千屈菜在北美的入侵所采取的措施是释放其原产地以千屈菜为食的几种欧洲甲虫。另外一个例子是，生物学家们正在考虑引进外来真菌到夏威夷消灭入侵性波多黎各科奎蛙。假如这些生物控制因子攻击当地物种而不是既定的入侵种怎么办？这些可能后果该怎样预计和避免？在制订一个生物控制计划时，应充分考虑到做出的决定所涉及的生物、经济和伦理问题。
3. 为什么在许多地方控制渔业发展、维持可持续的捕获水平如此之难？思考你所在地区的渔业、狩猎、伐木和其他开发行为，是否这些活动得到了很好的管理？计算一下可持续开发这些资源的水平，并考虑这样的开发水平是否能够得到很好的监控与实施？
4. 开发一种语言或计算机模型模拟疾病怎样在种群中传播。其扩散速率取决于宿主的密度、被侵染宿主个体所占的百分率、疾病的传染速率和疾病对宿主存活和繁殖率的影响程度。因为个体聚集在动物园或自然保护区内，或是由于生境破碎化而无法迁移，导致宿主密度增加，将如何影响侵染个体的百分比和整个种群大小？

推荐阅读

Bennett, E. L. and 13 others. 2007. Hunting for consensus: Reconciling bushmeat harvest, conservation, and development policy in West and Central Africa. *Conservation Biology* 21: 884-887. 保护机构必须制定一个协调各方利益的政策方案，以促进解决丛林肉问题。

Christy, B. 2010. Asia's wildlife trade. *National Geographic* 217(1): 78-107. 严重破坏生物多样性的非法与合法野生动物贸易额达数十亿美元。

Cox, T. M., R. L. Lewiston, R. Zydelis, L. B. Crowder, C. Safina, and J. Reed. 2007. Comparing effectiveness of experimental and implemented by catch reduction measures: The ideal and the real. *Conservation Biology* 21: 1155-1164. 需要国际合作和共同监测，将实验结果转化到实际应用中，以降低非目的捕获。

Davis, M. A. 2009. *Invasion Biology*. Oxford University Press, Oxford, UK. 讲述了入侵生物学的实例与理论。

Dichmont, C. M., S. Pascoe, T. Kompas, A. E. Punt, and R. Deng. 2010. On implementing maximum economic yield in commercial fisheries. *Proceedings of the National Academy of Sciences USA* 107: 16-21. 为什么管理渔业发展如此困难？

Gordon, D. R. and C. A. Gantz. 2008. Screening new plant introductions for potential invasiveness. *Conservation Letters* 1: 227-235. 如澳大利亚杂草风险评估系统等类似的工具对于预测物种的入侵性非常有用。

Keller, R. R and D. M. Lodge. 2007. Species invasions from commerce in live aquatic organisms: Problems and possible solutions. *BioScience* 57: 428-436. 人类活动导致物种大尺度入侵。

King, C. M., R. M. McDonald, R, D. Martin, and T. Dennis. 2009. Why is eradication of invasive mustelids so difficult? *Biological Conservation* 142: 806-816. 对一种入侵性捕食者采取控制措施的案例研究。

Li, Y. M. and D. S. Wilcove. 2005. Threats to vertebrate species in China and the United States. *BioScience* 55:

148-153. 分析中国受威胁物种的致危因素，并将这些致危因素与美国类似的数据作了比较。

Link, J. S. 2007. Underappreciated species in ecology: "Ugly fish" in the northwest Atlantic Ocean. *Ecological Applications* 17: 2037-2060. 伴随海洋捕捞强度增大，非商业物种的数量不断增加，生态关系也悄然发生变化。

Lotze, H. K. and B. Worm. 2009. Historical baselines for large marine mammals. *Trends in Ecology and Evolution* 24: 254-262. 保护措施的实施使得一些类群诸如鲸鱼和海豹已经开始恢复。

Loucks, C. and 8 others. 2009. Wildlife decline in Cambodia, 1953-2005: Exploring the legacy of armed conflict. *Conservation Letters* 2: 82-92. 武装冲突和合法持有枪械给野生动物种群造成了伤害。

Mathiessen, R. 2000. *Tigers in the Snow.* North Point, Press. New York. 描绘了大量为保护虎免受各种威胁的英勇斗争事迹。

Mora, C. and 9 others. 2009. Management effectiveness of the world's marine fisheries. *PLoS Biology* 7: e1000131. 可持续发展的关键在于制定政策，有时也需要纳入精确的科学信息。

Pongsiri, M. J. and 8 others. 2009. Biodiversity loss affects global disease ecology. *BioScience* 59: 945-954. 生物多样性丧失有时与疾病暴发有关。

Snow, A. A. and 6 others. 2005. Genetically engineered organisms and the environment: Current status and recommendations. *Ecological Applications* 15: 377-404. 对于遗传修饰生物体的双重性应该正确地权衡对待。

Strayer, D. L. 2009. Twenty years of zebra mussels: Lessons from the mollusk that made headlines. *Frontiers in Ecology and the Environment* 7: 135-141. 这种入侵种不断扩散并造成严重影响。

Walther, G. R. and 28 others. 2009. Alien species in a warmer world: Risks and opportunities. *Trends in Ecology and Evolution* 24: 686-693. 气候变化影响生物入侵。

Weber, E and B. Li. 2008. Plant invasions in China: what is to be expected in the wake of economic development? *BioScience* 58: 437-444. 中国迅速的经济发展和国际贸易的增强，将使入侵物种以越来越快的速度引入中国，而对铁路运输的更大依赖将导致栖息地退化，为外来植物的快速扩张提供便利条件。

（朱丽 编译，蒋志刚 马克平 审校）

第Ⅳ篇

种群和物种水平的保护

第 11 章

小种群问题

没有种群能够永续生存。受气候变化、植被演替、疾病以及许多偶发事件等因素的影响，任何一个种群最终都将面临相同的命运——灭绝。而我们现在真正需要考虑的问题是：一个种群是否即将灭绝，什么因素导致其灭绝，以及该物种的其他种群能否持续生存。例如，一个持续生存了千百年的非洲狮种群会因气候的变化，或者连续10年的人类捕杀和传入疾病的作用而趋于灭绝吗？一些离开原栖地种群的非洲狮个体是否能在新的栖息地内成功地新建种群？非洲狮所有潜在栖息地是否会因人类新建立的聚居区而全部消失？

如第7章所述，人类活动造成的物种灭绝速度已超过自然灭绝率的100倍以上，并且远远超过新物种进化产生的速度。同时，现存濒危物种往往只有少量的几个种群，甚至只有一个种群。因此，保护种群已成为物种保护的关键，通常一个稀有物种的数个种群成为保护工作的重要目标。为了尽可能地在受人类活动影响的有限条件下维持物种的生存，保护生物学家必须确定不同情况下的种群稳定性。例如，自然保护区内濒危物种种群是否能够持续生存或增长，是否正在迅速减少，是否需予以特别的关注才能防止灭绝？

目前，国际上已建有许多国家公园和野生动物禁猎区等各种类型的自然保护区，对那些已成为重要国家象征和旅游资源的大型“魅力”动物加以保护，如狮、虎、犀牛、野牛和熊等。然而，自然保护区往往是在受胁物种的大多数种群因栖息地丧失、退化和片段化或资源过度开发而遭到严重损失后才建立起来的，仅仅通过简单划定受胁物种生活的栖息地作为保护区域还不足以有效地阻止其数量的减少和灭绝。即使该自然保护区已在法律上得到有效保护的情形下，濒危物种亦可能会快速减少直至灭绝。此外，自然保护区外未受保护的个体却可能仍然处于胁迫之中。因此，我们目前面临的问题是：什么是保护濒危物种不多的残留种群的最佳策略呢？小种群保护有什么需要予以特别关注的问题？

11.1 小种群的基本概念

最理想的濒危物种保护计划应该是最大限度地在受保护栖息地的高质量区域保护尽可能多的个体（Wilhere 2008）。但是，在制订保护计划时，计划制订者、土地管理者、官员和野生动物生物学家会遇到各种问题。实际上，他们常常只能是在一般原则的指导下尽量达到最佳现实目标。例如，在制订以长叶松林为栖息地的红顶啄木鸟种群保护计划时，他们需要了解保护一个红顶啄木鸟种群的持续生存需要多少面积的长叶松林；被保护的栖息地能支持多少个体是保证物种生存所必需的，是50、500、5000，还是50000，甚至是更多个体？此外，计划制订者还必须协调各种有限资源需求中的矛盾与冲突，从中找到既能满足人类社会与经济发展需要，同时又能满足生物多样性保护需要的可行办法。目前在美国有关北极野生动物禁猎区内北美驯鹿等野生动物保护和当地丰富的原油资源利用的矛盾与争论就是一个生动的例证。

> 制订一项物种保护计划首先必须确定最小生存种群，即在正常和严酷年份均能保证物种生存的个体数目。然后，保护能维持最小生存种群所需面积的栖息地。

最小生存种群（MVP）

Shaffer（1981）在其发表的非常有影响力的论文中提出了最小生存种群的概念（minimum viable population，MVP），即保证物种长期生存所必需的种群个体数量，“在统计随机性、环境和遗传随机性，以及自然灾变等各种因素的可预见作用下，任何特定物种在任何特定栖息地中有99%的概率存活1000年的最小孤立种群即为最小生存种群。”换言之，最小生存种群是指预计在可预见的将来能以很高概率生存下去的最小种群。Shaffer本人强调该定义是尝试性的，生存概率可以被设定为95%、99%或者任何百分比；而可预见的将来的时间范围同样也是可以调整，比如100年或500年等。最小生存种群概念提出的意义是使人们可以定量地估算物种长期生存所必需的种群大小。

Shaffer（1981）形象地把保护最小生存种群比作防汛。例如，在规划防汛系统和制定湿地建筑标准时，仅以年均降水量作为指导是不够的。在制订防汛计划时，还必须考虑特大降水量和严重洪涝等极端情况，可能50年才发生一次。同理，在保护自然系统时，我们亦必须认识到某些特定的灾难事件可能在更长的时间内才会出现，如飓风、地震、森林火灾、流行病及食物匮乏等。因此，在制订濒危物种的长期保护计划时，我们必须保证种群在普通年份和极端严酷年份均能生存。当然，精确估计特定物种最小生存种群大小往往需要该物种的详细种群统计学和栖息环境分析数据，这可能费时、费钱。对 200 多个物种的详细数据分析显示，大部分物种的长期最小生存种群值为 3000 ~ 5000，平均值为 4000（Traill et al. 2007）。而对于那些种群数量极度变化的物种，如某些无脊椎动物和一年生植物等，保护 10 000 个个体的种群可能是一种有效的策略。

不幸的是，许多物种的种群大小低于此推荐值，特别是濒危物种。例如，对澳大利亚西南部沼泽地中生活的两种稀有穴居蛙（*Geocrina*）调查后发现，其中一个物种的 6 个种群中有 4 个种群个体数量少于 250，另一个物种的 51 个种群中有 48 个种群个体数量少于 50（Driscoll 1999）。又如，在大多数加勒比海的海龟繁殖地，每年来产卵的雌海龟少于 100 只，甚至有很多繁殖地少于 10 只（McClenachan et al. 2006）。还有，在 20 世纪 70 年代末，中国特有的濒危物种扬子鳄（*Alligator sinensis*）在其最主要分布区安徽省境内的种群数量达 1000 条左右（Thorbjarnarson et al. 2002），但到了 2002 年其野生种群数量已不到 120 条，且分散分布于 23 个地方种群之中。

野外研究证实小种群最容易衰落和灭绝（Grouios and Manne 2009）。例如，对美国西南沙漠 120 只加拿大盘羊（*Ovis canadensis*）种群的长期跟踪（部分种群跟踪时间长达 70 年）（Berger 1990，1999）发现，个体数少于 50 只的未管理种群 50 年内 100% 消失了，而同期所有个体数超过 100 只的种群却依然存在（图 11.1）。造成大多数种群灭绝的原因不是单因素的，而是多种因素的。对于加拿大盘羊，至少 100 只个体就是其最小种群数量，个体数少于 50 的未管理种群即便在短时期内亦无法维持它们的数量。进一步的研究发现，占据大（大栖息地可允许种群数量增长）而远离（23km 以上）家养羊群（病源）栖息地的加拿大盘羊种群有更高的持续生存概率（Singer et al. 2001）。然而，尽管小种群持续生存受各种因素的影响，但通过政府机构对栖息地进行管理和释放补充动物个体等手段仍可使趋于灭绝的小种群得以持续生存。

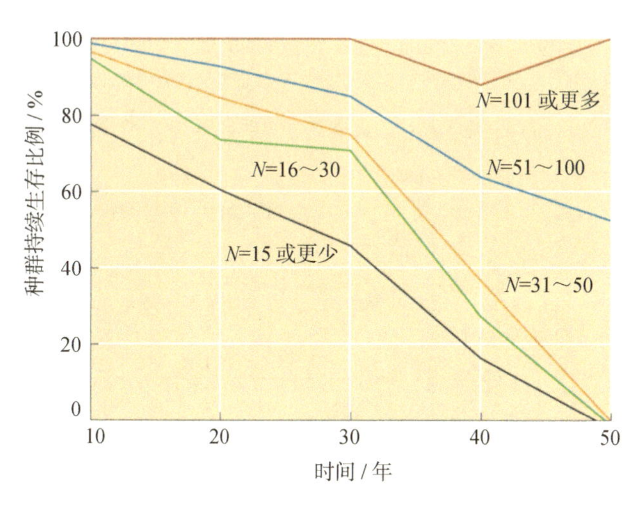

图 11.1 加拿大盘羊初始种群大小（N）与其存活种群百分比时间变化间关系。几乎所有超过 100 个个体的种群都能持续生存超过 50 年，而少于 50 个个体的种群均在 50 年内灭绝。未包括那些被积极管理和人工补充动物的种群（数据来自 Berger 1990；照片来自 Jim Peaco，由国家公园服务机构提供）

加利福尼亚海岸的海峡群岛（Channel Islands）鸟类的长期野外研究发现，只有个体数量超过 100 对的鸟类种群才能以大于 90% 的概率存活 80 年（图 11.2）。该野外研究证据进一步证实了保证种群持续生存需要大种群的观点。然而，尽管大多数证据都显示小种群难以持续生存，但也有不少例外。许多只有 10 对或更少个体的鸟类种群已明显地持续生存了 80 年之久。北美太平洋海岸的北象海豹种群在 19 世纪末因人类捕杀而只剩下约 100 头，目前在其繁殖地的种群数量已经恢复到了 150 000 头。朱鹮（*Nipponia nippon*）曾广泛分布于亚洲东南部地区，由于人为捕杀和栖息地的不断丧失，分布区迅速缩小，种群数量急剧减少，其野生种群到 20 世纪中叶已基本绝灭。1981 年 5 月，朱鹮野生种群（2 对成鸟、3 只幼鸟）在陕西省洋县境内被重新发现，经过 30 年的保护努力，野外种群数量已到近 1000 只。

小种群比大种群更容易灭绝。

图 11.2 海峡群岛鸟类物种的灭绝率，以仓鸮（*Tyto alba*）为例。每个点代表该物种在不同种群数量等级上的灭绝百分比；随着种群个体数量的增加，灭绝率随之下降。个体数量小于 10 对的种群有 39% 的可能性在 80 年内灭绝，而个体数量在 10 ～ 100 对的种群平均只有 10% 的可能性灭绝，个体数量超过 100 对的种群则灭绝的可能性非常低（Jones and Diamond 1976；照片由 Thomas G. Barnes/美国鱼和野生动物管理局提供）

一旦确定了一个物种最小种群值，就可能通过研究濒危物种群体和个体巢区的大小来估算其最小动态面积（minimum dynamic area，MDA），即维持最小生存种群所必需的适宜栖息地面积（Thiollay 1989）。例如，在非洲保护区中许多小型哺乳动物种群需要 100 ～ 1000km^2 的最小动态面积（图 16.2）。而对狮子等大型食肉动物的保护，则需要面积为 10 000km^2 的保护区。

尽管有例外，但大多数物种的保护需要大种群，而小种群物种的灭绝风险更大。导致小种群物种个体数量快速下降和局域灭绝的主要原因有以下三个方面：

1. 丧失遗传变异性，以及由此而产生的近交衰退和遗传漂变等问题；
2. 出生率和死亡率的随机变化导致的种群统计随机性波动；
3. 由于捕食、竞争、疾病、食物供应造成的环境波动，以及不定期发生的自然灾变（如火灾、风暴和干旱）。

现在我们来详细分析这些因素是如何导致小种群衰退的。

遗传变异性的丧失

就如第 2 章中的描述那样，种群适应环境变化的能力依赖于遗传变异性，即个体具有不同的等位基因（alleles）——同一基因的不同形式。具有某一特定等位基因或等位基因组合的个体可能正好拥有某种在新环境条件下生存和繁殖所需的特征（Wayne and Morin 2004；Frankham 2005；Allendorf and Luikart 2007）。种群内特定等位基因出现频率介于常见与非常偶见之间。种群中新等位基因既可以通过随机突变产生，也可以通过其他种群的个体迁入而产生。

在小种群中，仅仅是偶然因素就可能导致世代间等位基因频率的改变，这取决于哪些个体能存活到性成熟、配对并留下后代。这种等位基因频率改变的随机过程被称为遗传漂变（genetic drift），它与自然选择改变等位基因频率是两个相互独立的过程（Hedrick 2005）。当小种群中一个等位基因的出现频率很低时，那么它就极有可能在任何一代中丢失。例如，在一个由 1000 个个体组成的种群中，如果有一个稀有等位基因占所有现存基因（基因库）的 5%，那么种群中就会有 100 份拥有该等位基因的拷贝（1000 个个体 ×2 份每个个体 ×0.05 等位基因频率）。那么，该稀有等位基因就有可能在种群中存在许多代。但是，如果种群只有 10 个个体，它只有 1 份拷贝（10 个个体 ×2 份每个个体 ×0.05 等位基因频率），那么该稀有等位基因很有可能就会因偶然性而在种群的下一代中丢失。

假设在一个孤立的种群中，基因库中的每个基因有两个等位基因，据此 Wright（1931）提出了种群经过一代后基因杂合度大小（H）的计算公式。公式中 N_e 指**有效种群大小**（effective population size），即种群中繁殖个体数量。

$$H=1-1/[2N_e]$$

根据该公式，拥有 50 个繁殖个体的种群将可能在一代之后保留原种群杂合度的 99%：

$$H=1-1/100=1.00-0.01=0.99$$

杂合度随着时间的推移而下降，在 t 代后其杂合度的保留比例（H_t）为

$$H_t=H^t$$

因此，对于有 50 只动物的种群，2 代以后的保留杂合度为 98%（0.99×0.99），3 代以后为 97%，10 代以后为 90%。而对于 10 个个体的种群，1 代后保留杂合度只有 95%，2 代后为 90%，3 代为 86%，10 代后则只有 60%（图 11.3）。

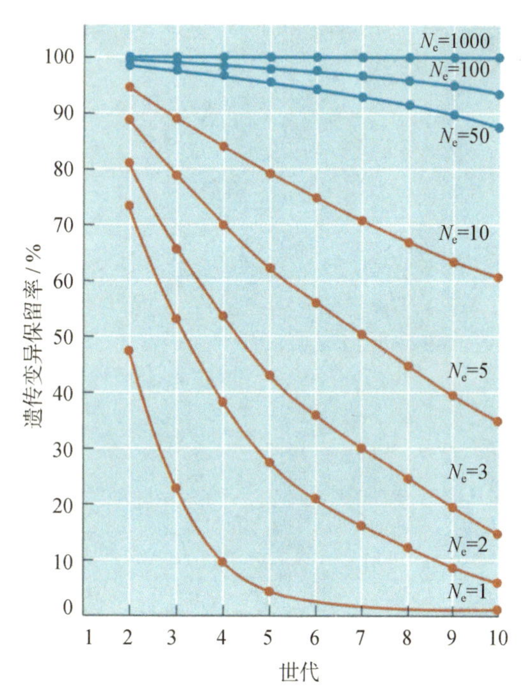

图 11.3　遗传漂变导致遗传变异性随时间的随机丢失。该图显示不同有效种群大小（N_e）的理论种群在 10 代后遗传变异性的平均百分比。经历 10 代以后，10 个个体的种群丢失约 40% 的遗传变异性，5 个个体的种群丢失 65%，而 2 个个体的种群则丢失达 95%。蓝线表示大种群遗传变异性的丢失慢，红线表示小种群遗传变异性的丢失快（Meffe and Carroll 1997）

上述公式说明孤立小种群遗传变异性会出现显著的丢失，特别是那些生活在岛屿和片段化景观中的小种群。当然，随着时间的推移，种群也可以通过基因突变和少量其他远距离种群个体的迁入来增加其遗传变异性。在自然界，每基因每代的突变率为万分之一到百万分之

一之间。因此，在大种群中突变就有可能补偿等位基因的随机丢失，但对小种群的补偿作用较小。而对于只有 100 个或更少个体的种群来说，仅靠突变是无法有效抵消遗传漂变的。所幸的是，如果种群间个体存在少量的迁移就可减少因小种群而导致的遗传变异性损失（图 11.4）（Corlatti et al. 2009；Bell et al. 2010）。在 100 个个体的孤立种群中，即便每代只有 1 ～ 2 个个体迁入，也会大大减弱遗传漂变的影响。如果每代能从附近种群迁入 4 ～ 10 个个体，那么遗传漂变的影响就可以忽略不计了。来自相邻种群的基因流是防止加拉帕戈斯雀（Turner and Wilcove 2006；Grant and Grant 2008）和斯堪的纳维亚狼（Ingvarsson 2001）小种群遗传变异性丢失的重要因素。即使有遗传漂变的影响，亦可明显地使提高适合度的遗传变异能在种群中保持更长时间（McKay and Latta 2002）。

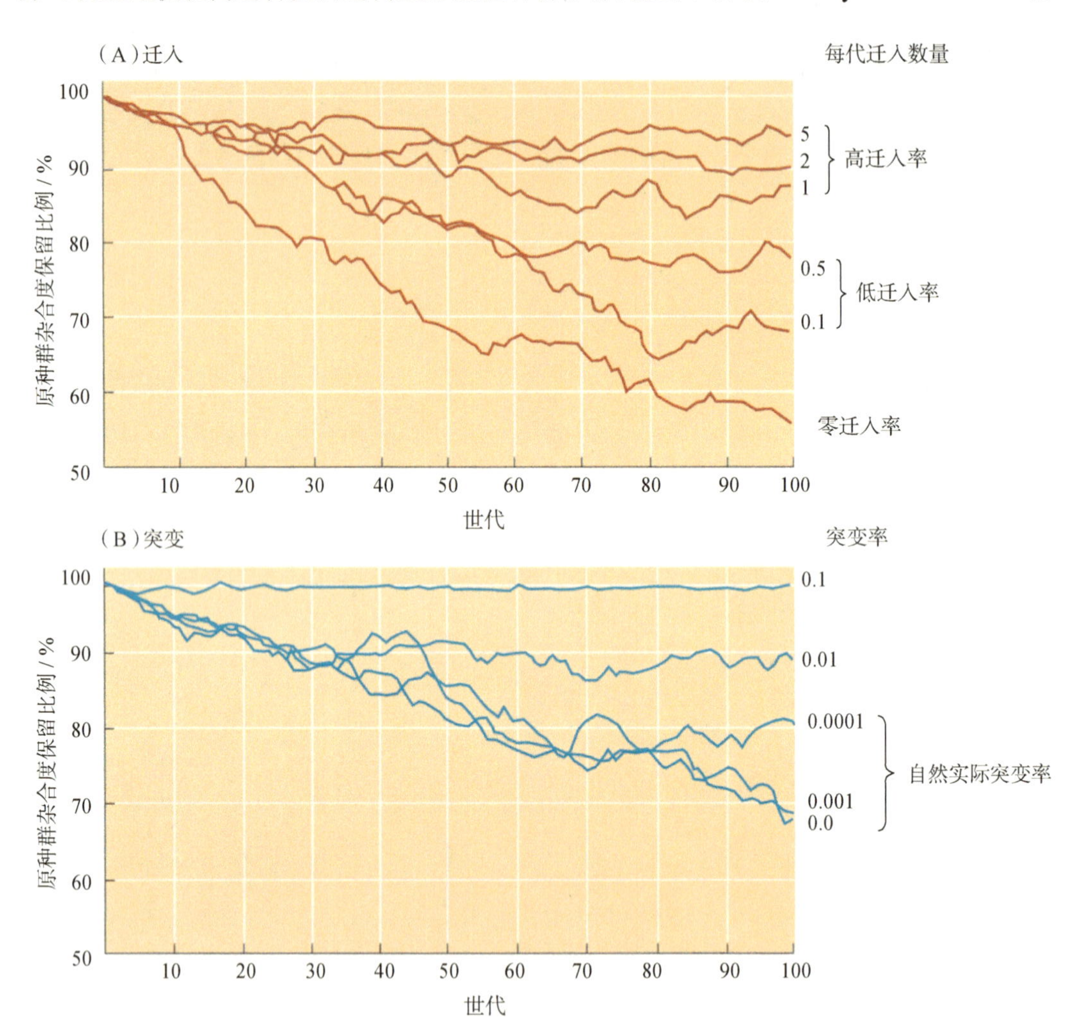

图 11.4 迁入与突变对 25 个 N_e=120 个个体的模拟种群 100 代后遗传变异性的影响。（A）对于 120 个个体的孤立种群，即使是来自较大种群的低比例迁入也能防止因遗传漂变而导致的杂合度丢失。根据该模型，只要有 0.1 的迁入率（每 10 代迁入 1 只），就能提升杂合度水平；如果迁入率达到 1，遗传漂变的影响就可忽略不计。（B）突变更难抵消遗传漂变的影响。根据该模型，每代的突变率必须达到 1%（0.01）或更大才能影响杂合度水平。因为这个突变率已远远超出自然种群的实际突变率，所以突变在维持小种群遗传变异性中的作用不大（Lacy 1987）

野外调查数据证实，有效种群越小，其等位基因丢失得越快（Turner and Wilcover 2006; Grant and Grant 2008）。例如，对 89 种鸟类进行全面调查显示，从 40 对个体到个体数超过千万只的鸟类种群，它们的杂合度水平分别在 30% 到超过 90% 之间（图 11.5），大种群鸟类明显比小种群鸟类具有更高的杂合性。几乎所有个体数超过 1000 万只的鸟类，其杂合度均超过 60%，而大多数个体数少于 10 000 只的鸟类其杂合度均小于 60%。

图 11.5　在 89 种鸟类物种中，种群越小其杂合度水平越低。马岛海鹛（*Haliaeetus vociferoides*）是一个繁殖对数少于 40 对、杂合度非常低的极端例子；而阿拉斯加州柳雷鸟（*Lagopus lagopus*）则是种群个体数量超过 1000 万只、具有很高的杂合度的另一个极端例子（Evans and Sheldon 2008；海鹛照片来自 Danita Delimont/Alamy；柳雷鸟照片由 Dave Menke / 美国鱼和野生动物管理局提供）

不幸的是，稀有、濒危物种通常为小而孤立的种群，进而导致其遗传变异性的快速丢失。通过 170 组对比分析显示，受胁且分布范围窄的类群比非受胁且分布广泛的近缘种的遗传变异性平均低 35%（Spielman et al. 2004）。在有些情况下，整个物种缺乏遗传变异。在澳大利亚孤立进化的瓦勒迈杉（*Wollemia nobilis*），目前只有 40 棵，且分布于两个相邻的种群。对其进行深入研究后发现，与事先预测的一样，该物种没有任何遗传变异（Peakall et al. 2003）。

保护生物学家应该致力于保护尽可能大的种群以维持其遗传变异性。但是，究竟应该保护多大的种群呢？究竟需要多少个体才能维持遗传变异性呢？根据动物繁育工作者的实践经验，Franklin（1980）认为种群内至少要有 50 个繁殖个体才能避免短期近交衰退（即近亲交配导致适合度降低），且能在每代丢失 2%～ 3% 杂合度的状态下维持其种群。然而，这个来源于圈养动物的数字是否适用于各类野生动物还是不确定的。

根据果蝇基因的突变率数据，Franklin 进一步指出具有 500 个繁殖个体的小种群，通过突变而产生的新遗传变异可抵消遗传漂变造成的变异性损失。该范围值（至少 50 个个体以防止近交衰退和至少 500 个个体的突变率可抵消遗传漂变）被称为 50/500 法则（50/500 rule）：为了维持遗传变异性，孤立种群至少要有 50 个个体，最好是 500 个个体。然而，野外研究发现即使是有效种群个体数量超过 50 只也会发生近交衰退，而且有益的突变率比想象的要低得多。因此，50/500 法则已是一个过时的法则（Frankham et al. 2009）。有研究证据显示，至少要有几千只繁殖个体才能维持种群的遗传变异性以及保证种群的长期生存。尽管遗传变异性和最小生存种群研究为我们提供了一些保护物种的实践指导，但最理想的状态仍然是尽可能多地保护稀有、濒危物种的个体，以尽可能地提高它们的生存概率。

遗传变异性减少的后果

遭受遗传漂变影响的小种群会变得对一系列有害的遗传学效应更加敏感，如近交衰退、远交衰退和进化可塑性丧失。这些因素可使种群数量减少，并可进一步导致遗传变异性的丧失和适合度的下降，最终使种群灭绝概率的上升（Frankham et al. 2009）。

近交衰退　多数自然种群存在着各种防止近亲交配（inbreeding）的机制。大多数动物大种群内的个体通常是不会与近亲进行交配的；这种与同一物种的非亲缘个体交配的倾向称为远交（outbreeding）。在动物中，个体可以通过从出生地扩散，或者行为约束、独特个体气味和其他感觉信号等来防止近亲交配。在植物中，亦存在有很多促进异花传粉和限制自花授粉的形态学与生理学机制。然而，在某些情况下，特别是当种群很小又没有其他可交配个体存在时，这些防止近交的机制就会失去作用。而亲代与子代间、子代相互间和近亲间的交配，以及雌雄同体物种的自交均可导致近交衰退（inbreeding depression），即后代个体从双亲那里获得两个相同有缺陷的隐性等位基因，并表现为后代的死亡率高、数量少，且生活力弱、不育或交配成功率低（Frankham et al. 2009；Jaquièry et al. 2009）。这些因素又使得下一代个体数量更少，并因此而导致更加严重的近交衰退。

> 小种群一旦丢失其遗传变异性，它很可能就会进入种群大小减少和每代遗传变异更低的下降旋涡。

近交衰退存在的证据来自对人类种群（多代近亲婚姻记录）、圈养动物种群和栽培植物的研究（Leberg and Firmin 2007；Frankham 2005）。在许多圈养动物种群中，近亲交配，如亲代 - 子代交配、子代 - 子代交配，都会导致后代的平均死亡率比非近交动物高 33%（图 11.6）。这种由近亲繁殖导致的低适合度有时被认为是“近亲交配代价”。近

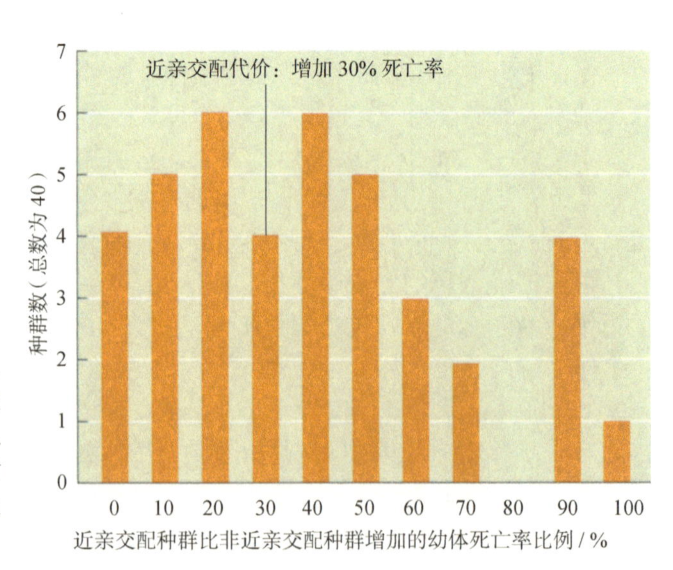

图 11.6　高度近交（如母子间交配、父女间交配、兄弟姐妹间交配）导致“近亲交配代价”。基于 40 个近交哺乳动物种群的调查，显示近交群体相对于同种物种远交群体幼体死亡率的上升百分比（After Ralls et al. 1988）

交衰退是动物园中圈养小种群和家养动物繁殖计划中的一个严重问题。同样，人们在野外也发现了近交的负面影响（Crnokrak and Roff 1999）：在超过 150 组有效数据中，90% 的数据显示近交是有害的。如在跃升花（*Ipomopsis aggregata*）中，来自少于 100 个体的植物小种群产的种子比来自于植物大种群的小，其发芽率低并更易受环境压力的影响（图 11.7）（Heschel and Paige 1995）。又如，Bouzat 等（2008）对伊利诺伊州草原松鸡（*Tympanuchus cupido pinnatus*）的独立小种群进行研究后发现，该种群已出现了遗传突变的减少和近交衰退，包括低受精率和低孵化率。而引入遗传多样性丰富的大种群个体即可恢复其卵孵化率，种群数量也随之开始增长。该结果说明维持现存种群遗传变异性的重要性，以及恢复低遗传变异种群的遗传变异性这一保护策略的重要性。

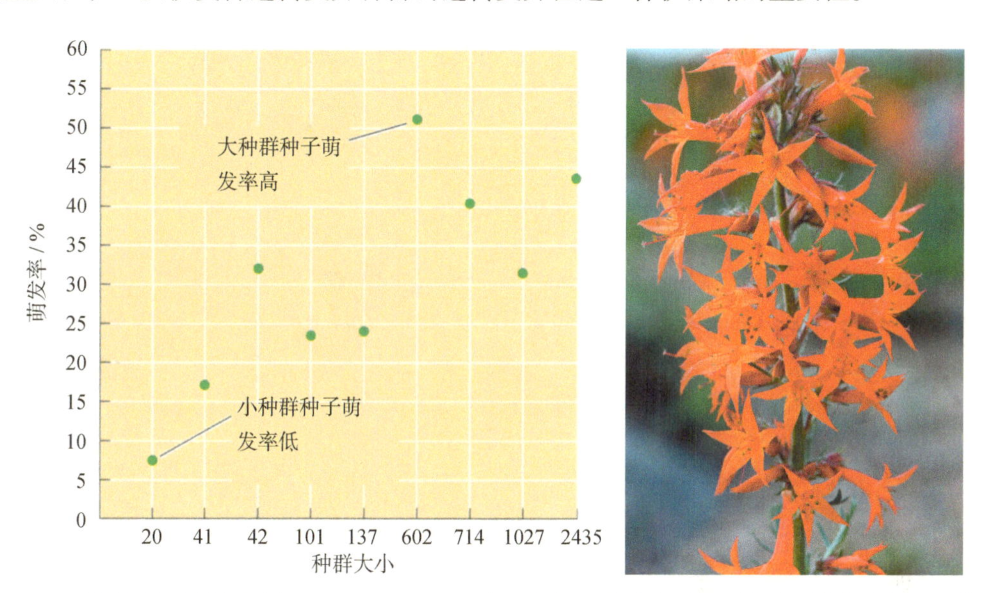

图 11.7 亚利桑那山区跃升花（*Ipomopsis aggregata*）小种群（个体数少于 150）的种子萌发率低于大种群。最小种群的种子萌发率非常低（Heschel and Paige 1995；照片来自 Bob Gibbons/Alamy）

远交衰退 不同的物种在野外几乎是不会交配的；自然界存在很强的生态学、行为、生理学及形态学隔离机制以保证交配只在同种个体间进行。然而，当物种数量很少且其栖息地被破坏时，就会发生远交，即不同种群及物种间的个体交配（图 11.8）。无法与本物种交配的个体就可能与近缘种的个体进行交配，进而导致后代出现远交衰退（outbreeding depression），并具体表现为生活力弱、不育及缺乏对环境的适应性等。远交衰退有可能由来自不同种亲代的染色体和酶系统不相容所引起的（Montalvo and Ellstrand 2001）。例如，马和驴杂交通常能产下骡子。尽管骡子在身体方面并不弱（相反他们还相当强壮而被人们利用），但它们几乎是不育的。

不同亚种间交配，甚至同物种中不同基因型或不同种群间的交配也会导致远交衰退。这种交配可能会出现在人工繁育方案中，或者不同种群的个体圈养在一起时也可能会发生这种交配。在此情况下，拥有不同基因型的后代几乎不能产生准确的基因组合并使其在特定的局部环境中生存和成功繁殖（Frankham et al. 2009）。例如，当斯洛伐克的北山羊（*Capra ibex*）种群趋于灭绝时，来自奥地利、土耳其及西纳半岛北山羊种群的个体被引入以重建新种群。虽然这些亚种间个体可以相互交配，但其分娩产仔的时间

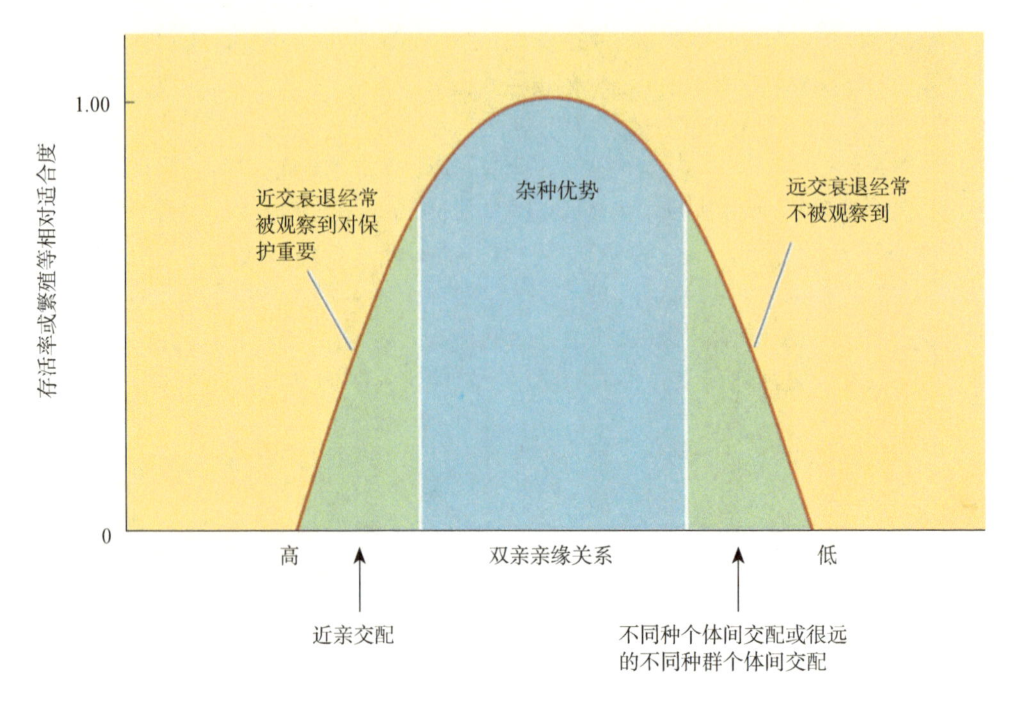

图 11.8 同种非近亲个体交配产生的后代具有很高的适合度（杂种优势），表现为高存活率及高繁殖率（生育后代的数量）。近亲交配（兄弟或姊妹间、亲代与子代间交配）或雌雄同体物种自体受精会导致低的适合度和近交衰退。远缘种群间的个体交配，甚至不同物种间的交配，会导致低适合度和远交衰退（Groom et al. 2006）

是在严酷的冬季而不是春季。因此，这些杂种后代的存活率很低。处于地理分布区两端的同种物种个体间配对会导致远交衰退，意味着该实验的失败。然而，在其他许多动物的研究中并没有发现远交衰退现象，人们甚至发现一些杂种比其亲本物种更强壮（McClelland and Naish 2007），这种情况被称为杂种优势（hybrid vigor）。由于近交衰退的影响已被广泛验证，所以较之远交衰退，人们对近交衰退问题更为关注。

在植物中，远交衰退现象可能更为明显。从某种程度上讲，通过风、昆虫或者其他传粉媒介将花粉传到花柱上是一个随机的过程。如果一棵稀有植物长在其近缘常见种旁边，那么它可能会被常见种的花粉所吞没（Ellstrand 1992）而最终产生不出种子（Willi et al. 2007）。当常见种和稀有种交配产生杂种后代时，由于常见种的大量基因混入相对较小稀有种基因库，有可能导致稀有种遗传独特性的丢失。例如，加利福尼亚超过 90% 的受威胁和濒危植物是其同属其他物种的近邻，这些稀有植物很可能因此而被杂交，其胁迫的严重性不容忽视。这种遗传独特性的丢失也发生在园林植物中，当园林中各种不同来源的植物个体被种植在一起，就可导致交叉传粉，进而产生杂种种子。

进化可塑性的丧失　进化过程是非定向性的，即个体和种群不存在对尚未经历的生存环境的适应，这使得遗传变异性对于物种的长期生存尤为重要。在某些个体上携带的无害（或甚至轻微有害）而没有立刻表达其有利性的稀有等位基因和独特等位基因组合有可能会在将来的特定环境中表达而产生独特的适应性。一旦这些等位基因或等位基因组合能表达出其有利性，携带这些基因的个体就更有可能成功生存和繁殖，使这些稀有等位基因传给后代，进而通过自然选择使它们在种群中的频率迅速增加。

小种群的遗传变异性丢失可能削弱其响应新环境及长期环境变化的能力，如环境污染、新疾病和全球气候变化等（Willi et al. 2007）。根据自然选择的基本法则，种群进化率直接与遗传变异性的大小有关。小种群比大种群更加不可能拥有适应长期环境变化所需的遗传变异性，因此小种群也就更容易灭绝。例如，在许多植物种群中，有些个体拥有能提高对高浓度有毒金属（如锌和铅）耐受性的等位基因，即使在它们目前的生活环境中不存在这些有毒金属。然而，一旦因污染而使环境中有毒金属含量超标时，拥有这些等位基因的个体就能比普通个体更好地适应、生长、生存并且繁殖。随后，这些等位基因在种群中的频率就会迅速增加。但是，如果种群变小，其能耐受金属的基因型被丢失，那么该种群将面临灭绝。又如，历史上曾广泛分布于海南岛热带雨林的海南长臂猿（*Nomascus hainanus*）仅分布于中国的海南岛，由于栖息地的丧失和人为捕猎等原因，分布范围大幅度缩小，种群数量急剧下降，由 20 世纪 50 年代的 2000 多只减至 70 年代末期的 7 ～ 8 只（Liu and Jiang，1989），后经保护发展到 20 余只，其栖息地面积已不足 16 km^2（Zhou et al. 2005），并被分隔为 2 个种群。对其中一个种群的线粒体 D-loop 区的序列分析显示，其遗传多样性较低，单倍型多样性为 0.600，核苷酸多样性为 0.008 29（李志刚等，2010）。目前，该物种已列为极危种和全球最濒危的 25 种灵长类之一。

有效种群大小的决定因素

本节我们将讨论有效种群大小的决定因素，并以种群中的繁殖个体数量来估计有效种群大小。限制种群中繁殖个体数量的因素有性比、生殖输出差异，以及种群波动和瓶颈效应等。

由于种群中许多个体不能生育，如不能找到配偶、太老或太年轻、健康状况差、不育、营养不良、体型小，以及限制个体寻找配的社会结构等，均会导致有效种群数量少于种群总个体数。而生境退化和片段化会引起并加重这些因素对有效种群大小的影响（Alò and Turner 2005）。此外，许多植物、真菌、细菌以及原生生物都有种子、孢子或其他结构，它们能在土壤中处于休眠状态直到环境变得稳定和适合时再萌发。这些个体明显不是繁殖种群的一部分，但却可以是种群成员。因此，有效种群的大小（N_e）通常远小于实际种群（N）的大小。即使在大种群中，基于有效种群的遗传变异性丢失率也可能非常严重。例如，假如在由 1000 条个体组成的短吻鳄种群中，如果 990 条是未成熟个体，只有 10 条成熟的繁殖个体——5 雄、5 雌，那么其有效种群是 10 而不是 1000。又如，一种稀有橡树可能有 20 株成熟的个体、500 株树苗，以及 2000 株幼苗，其种群大小虽有 2520，但其有效种群大小为 20。

> 当种群的生殖输出差异很大、性比很悬殊、种群具有波动性和瓶颈效应时，有效种群大小 N_e 将远小于总种群大小。

从遗传学的角度看，当种群性别比率不平衡、生殖输出有差异，或者种群具有波动性和瓶颈效应时，有效种群还会比预期的更小。所有这些因素的综合影响是很重要的。如果出现下述任何一种情况，均可使有效种群小于最初通过计算繁殖个体数量获得的预期值。中国重新引入的麋鹿（*Elaphurus davidianus*）的有效种群即远小于实际种群（专栏 11.1）。

专栏 11.1 麋鹿的有效种群与遗传多样性

据化石出土地点推测，麋鹿（*Elaphurus davidianus*）曾分布于东亚的中国、朝鲜和日本。在我国，麋鹿的化石出土地点覆盖了辽宁以南的广大地区。华南、华东的平原湿地曾是麋鹿的适宜生境。随着气候变化和人类活动范围的扩大，中国的土地覆盖发生了巨大的变化，麋鹿的原生湿地生境不复存在，导致了野生麋鹿最终在中国灭绝。19世纪末，中国最后一群人工饲养的麋鹿——北京南苑皇家猎苑麋鹿种群毁于接踵而来的洪灾和八国联军之役。这时，英国乌邦寺庄园的主人贝德福德侯爵从德国、英国、法国和比利时收集了当时世界上仅存的18头麋鹿组成繁殖群体。后来，这群麋鹿的繁殖后代被引种到世界各地。

我国从1985年起从英国重新引入麋鹿，分别建立了北京和大丰两个麋鹿保护种群。麋鹿是个高度近交的动物，最初的奠基群仅18头个体。于长青（1996）利用血浆蛋白电泳发现麋鹿的遗传多样性很低。麋鹿在近代至少已经经历了3次遗传瓶颈效应。第一次是乌邦寺麋鹿群建群时，第二次是英国各动物园的麋鹿群建群时，第三次是北京麋鹿苑和大丰麋鹿自然保护区重引入麋鹿建群时，麋鹿引入到湖北天鹅洲建群时又经历了第四次遗传瓶颈效应。麋鹿以极高近交系数、较少的奠基种群，能够繁衍到今天，是一个保护生物学奇迹。Sternicki等（2003）利用国际物种信息系统（International Species Information System，ISIS）登记的1947～2002年出生的2042只麋鹿数据计算了麋鹿的近交系数，发现麋鹿的近交系数高达0.2637，置信区间为0.2422～0.2812，高于兄妹交配的近交系数。曾岩等（2007）发现中国麋鹿的线粒体DNA只有一个单倍型，没有变异。然而，万秋红等（2011）发现麋鹿有9个第二型组织相容性复合体位点（MHC class II loci），比已知哺乳动物的高。曾岩等（2012）发现麋鹿初生仔鹿的生存力与遗传多样性无关。这可能部分说明为什么经过多个遗传瓶颈后，麋鹿仍有旺盛的生命力。

然而，麋鹿的配偶制度是“后宫制”（harem mating system）。一个80头的群体中，只有5～7头公鹿繁殖后代。一个近交系

北京麋鹿苑的麋鹿是我国最早重新引入的麋鹿（蒋志刚摄）

数为0.2637、种群大小为80只的麋鹿种群的有效种群大小为63，由于封闭繁育，这个种群的近交系数会逐代上升。当奠基群分别为这个有效种群的1/2、1/4、1/8和1/16之一时，近交系数逐代上升的情形见图。当有效种群大小为3时，近交系数在第8代即上升到接近1。

目前，中国已经建立53个麋鹿群体，但是90% 以上的群体大小在25头以下，75.5% 的麋鹿群只有不到10头麋鹿。因此，中国多数小麋鹿种群是无法长期自我维持的。因此，要降低种群的近交程度，必须保持一个较大的繁殖种群。但是，由于麋鹿的后宫制，在一定的范围内，当繁殖群越大时，雄鹿的繁殖偏倚越严重。目前，麋鹿还在被引入到不同的地点。在组成麋鹿繁殖群的时候，既要考虑繁殖群大小对近交系数的影响，也要考虑雄性繁殖偏倚对近交系数的影响，还要考虑参加繁殖雄鹿的数目对近交系数的影响。

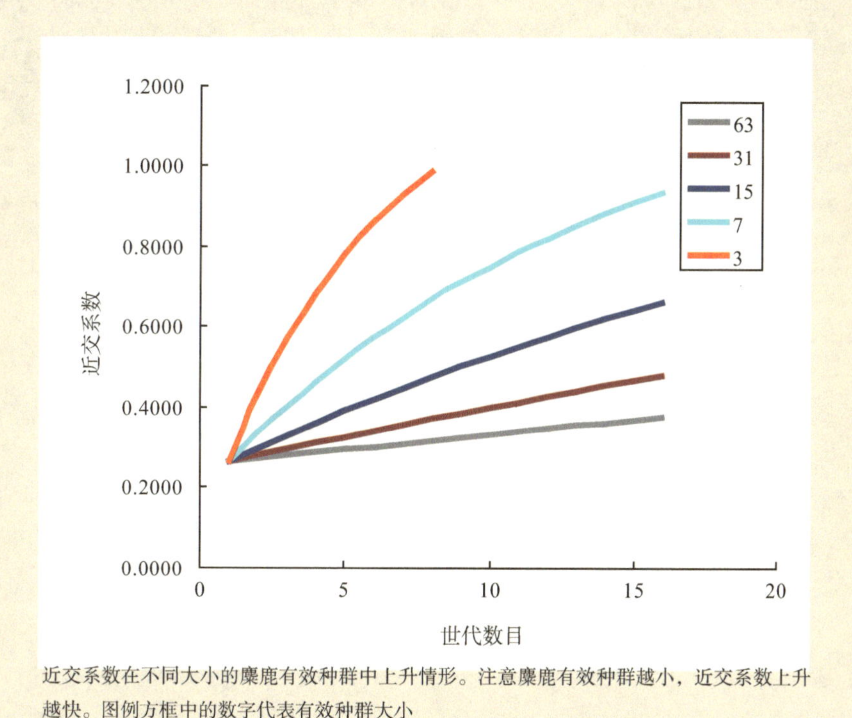

近交系数在不同大小的麋鹿有效种群中上升情形。注意麋鹿有效种群越小，近交系数上升越快。图例方框中的数字代表有效种群大小

性别比率不平衡　偶然性、不同性别的死亡率差异，以及人类的对某一性别选择性收获与捕猎等因素可导致种群雌雄性别数量不相等。例如，假设一个单配制（1 雄 1 雌形成的长期配对关系）鹅种群由 20 只雄鹅和 6 只雌鹅组成，那么只有 12 只个体能够配对，即 6 只雄鹅和 6 只雌鹅配对。在该例子中，有效种群大小是 12，而不是 26。在许多动物中，社会系统可能会阻止一些个体的交配，尽管它们在生理上已具备交配的能力。例如，象海豹，一只占统治地位的雄性象海豹会与许多雌性象海豹交配，并且阻止其他雄象海豹与雌象海豹交配（图 11.9）；而在非洲野狗中，占统治地位的雌体常常产下了群体所有后代。

图 11.9 一只雄象海豹（在照片左侧，一只在吼叫的，有着长口鼻的较大型动物），与许多雌象海豹交配；其有效种群数量会因只有一头雄性个体提供遗传学投入而减少（照片来自 Bert Gildart/Peter Arnold Images/Photolibrary.com）

下述公式描述了雄性和雌性数量不相等对有效种群的影响：

$$N_e=[4(N_f \times N_m)]/(N_f+N_m)$$

式中，N_m 和 N_f 是成年繁殖雄性和雌性个体各自在种群中的数量。一般来说，当繁殖个体的性别比例不平衡度度升高时，有效种群大小与繁殖个体数量之比（N_e/N）就会下降（**图 11.10**）。这是因为只有少数几个一种性别的个体对下一代基因组成有着不成比例的重要贡献，而不是像 1 雄 1 雌配制系统那样，两性具有同等贡献。例如，在印度佩里亚尔老虎保护区，雄性亚洲象会因象牙而被偷猎（Ranakrishnan et al. 1998）。1997 年，保护区内共有 1166 头亚洲象，其中成年象 709 头。而在成年象中，有 704 头雌象，却只有 5 头雄象。根据上述公式推算，即便这些亚洲象均进行繁殖，其有效种群大小亦仅为 20 头。

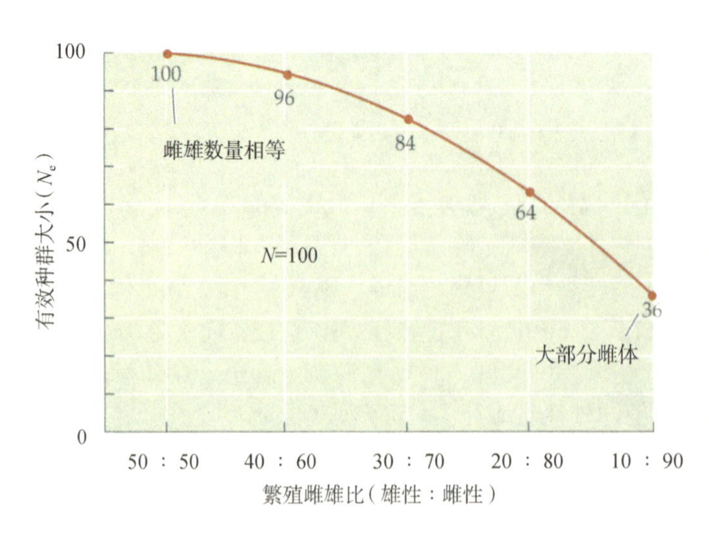

图 11.10 当由 100 个个体组成的繁殖种群（N）中雄性和雌性的数量越来越不平衡时，有效种群（N_e）将变得越来越小。当有 50 头雄性繁殖个体和 50 头雌性繁殖个体时，N_e 为 100；但当雄性繁殖个体数为 10 而雌性繁殖个体数为 90 时，N_e 仅为 36

生殖输出差异 在许多物种中，不同个体间繁殖后代的数量差别非常大，而且在一些非常多产的物种中特别普遍，如植物和鱼类（见 Hedrick 2005）。对于这些物种来说，许多个体，甚至是大多数个体可能只生产下少量的后代，而其余个体则生产大量的后代。因此，后代产量不均衡引起的少数亲代个体在子代基因库中的不成比例表达会导致 N_e 值的明显减少。繁殖输出差异越大，其有效种群一般也就越小。对于大量野外物种估计后，Frankham（1995）认为后代数量变动是影响有效种群的重要因素，可占各种影响因素贡献率的 54%。而在许多由大量产 1 粒或几粒种子的小植株和少量的产数以千计种子的大植株组成的一年生植物种群中，其 N_e 值可降至更低。

种群波动和瓶颈 有些物种的种群数量存在着非常剧烈的世代间变化，如蝴蝶、一年生植物和两栖动物等。在极端波动中，有效种群大小总是处于个体数量的最高值与最低值之间。这是 N_e 低于种群统计大小的最重要原因。用每年繁殖个体（N）数可计算经过 t 年时间后的有效种群大小：

$$N_e=t/(1/N_1+1/N_2+\cdots+1/N_t)$$

假设在 1 个连续监测了 5 年的蝴蝶种群中，其每年的繁殖个体数分别为 10、20、100、20 及 10 只，那么，

$$N_e=5/(1/10+1/20+1/100+1/20+1/10)=5/(31/100)=5(100/31)=16.1$$

5 年间的该蝴蝶的有效种群高于最低种群水平（10），但远低于最大种群值（100）和算术平均值（32）。

种群个体数最少的年份常常决定了有效种群大小，单一年份种群个体数的急剧减少会显著地降低 N_e 的值。这个原则也适用于种群瓶颈（population bottleneck）现象。当一个种群数量急剧减少、没有携带稀有等位基因个体的生存和繁殖而丢失这些等位基因时，就会发生种群瓶颈现象（Jamieson et al. 2006；Roman and Darling 2007）。随着等位基因的减少及杂合度的降低，种群中个体的适合度就会下降。

奠基者效应（founder effect）是一种特殊类型的瓶颈效应，指的是一些个体离开原种群，建立一个新的种群。这个新种群的遗传变异性比原来较大的种群低。当用相对少量的个体建立圈养种群时，也会发生瓶颈效应。例如，美国斯氏瞪羚圈养种群即来源于 1 只雄性个体和 3 只雌性个体。如果因人类活动而使一个种群片段化，那么每个小的亚种群就会丢失其遗传变异性并最终灭绝。许多被大坝片段化的鱼类种群就是面临着这种命运（Wofford et al. 2005）。

坦桑尼亚恩戈罗戈罗火山口的狮群（*Panthera leo*）就是一个很好的瓶颈效应例证（Munson et al. 2008）。在 1962 年之前，火山口的狮群有 60 ～ 75 个个体，但螫蝇的暴发使狮群只剩下 9 头雌狮和 1 头雄狮（图 11.11）。两年后，有 7 头其他地方的雄狮迁入火山口，之后便再无新个体迁入。数量偏少的奠基者、孤立的种群，以及个体的繁殖成功率差异对该种群的影响已造成了明显的瓶颈效应，并导致种群近交衰退。与邻近的塞伦盖蒂大狮群相比，火山口狮群的遗传变异性很低、精子高度异常（图 11.12）、繁殖率低、幼狮死亡率高，以及受感

仅由少数个体建立的新种群可能有低的遗传多样性。如果种群快速增长，就可能恢复其遗传变异性。

染概率高(Munson et al. 2008)。尽管种群数量在1983年上升到了75～125头，但至此这个种群就开始衰落了。到了2003年，在火山区通过附近家犬传入的犬瘟热病毒暴发后，该狮群数量锐减到34头。

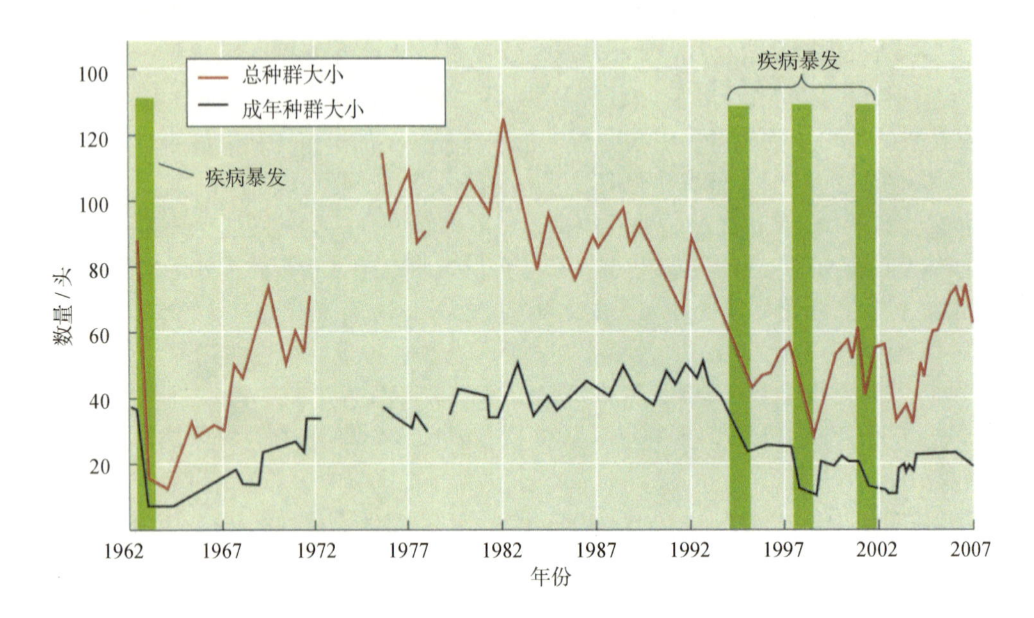

图 11.11 在1962年的灾难前，1961年的恩戈罗戈罗火山口的狮群大约拥有90头狮子。之后，在该种群个体数再次锐减到不到40头(其中成年个体少于20头)前的1983年曾达到过125头的高峰。从1962年起，种群就面临个体数量少、孤立和缺少迁入者的问题，再加上疾病的冲击，种群因瓶颈效应明显地丢失了遗传变异性。图中断线的部分是因为缺少某些年份的调查数据。4条绿色的立柱代表疾病暴发的时期(Munson et al. 2008)

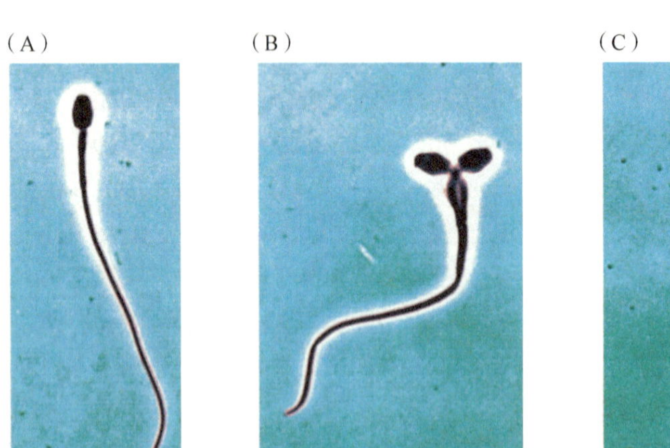

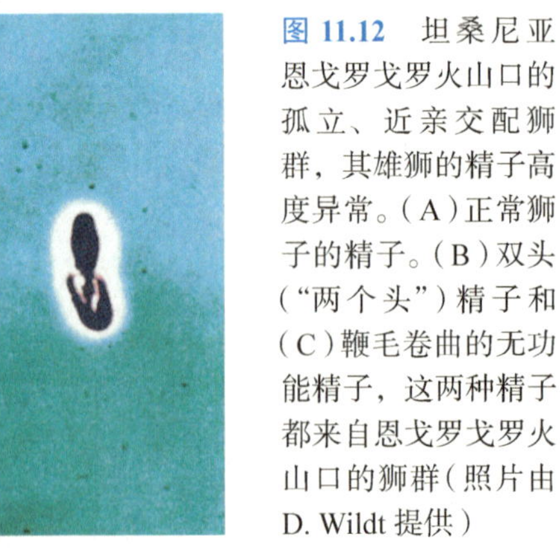

图 11.12 坦桑尼亚恩戈罗戈罗火山口的孤立、近亲交配狮群，其雄狮的精子高度异常。(A)正常狮子的精子。(B)双头("两个头")精子和(C)鞭毛卷曲的无功能精子，这两种精子都来自恩戈罗戈罗火山口的狮群(照片由D. Wildt提供)

种群瓶颈效应并不总是导致杂合度的明显降低。当多个世代中繁殖个体都小于10头时，种群瓶颈效应才会非常明显。如果种群在经历一个短暂瓶颈效应后迅速增长，即使现存等位基因丢失严重，其种群平均杂合度也能得以恢复。例如，尽管尼泊尔独角犀(*Rhinoceros unicornis*)经历了瓶颈效应，但其种群还能维持高水平的杂合度（专栏 11.2）。在奇旺国家公园内，犀牛数量曾从 800 头跌到了不到 100 头，其中繁殖个体不到 30 头。当一个世代有效种群只有 30 个个体时，该种群将在下一代丢失 1.7% 的杂合度。然而，经过公园守卫的严密保护，独角犀种群数量恢复到了 400 头。毛里求斯隼（*Falco punctatus*）是一个更为极端的例子，其种群经过长期衰退在 1974 年只剩下一对繁育鸟。但经过精心保护后，如今毛里求斯隼的数量已经恢复到了 1000 只。进一步对现存的毛里求斯隼与博物馆标本和其他地区隼的遗传变异性进行比较研究发现，经历了瓶颈效应后的毛里求斯隼种群只丢失了大约一半的遗传变异性（Ewing et al. 2008）。

这些例子说明有效种群大小通常小于种群个体总数。尤其是当种群大小波动、存在大量非繁殖个体，以及不平衡性比等因素联合作用时，有效种群大小有可能远远低于好年份时的种群个体数。大量的野外研究数据显示，有效种群的平均大小只有种群总个体数的 11%。也就是说，一个 300 头动物的种群，其数量似乎可以维持种群存活，但其有效种群可能只有 33 头，这意味着该种群正面临严重的灭绝危险（Frankham 2005）。如果保护计划的目标是保护 5000 个繁殖个体，那么有效种群可能是 550 个左右。对于多产物种，比如鱼类、海藻，以及许多无脊椎动物，其有效种群大小可能小于 1%（Frankham et al. 2009）。总之，只是简单地维持大种群并不能阻止遗传变异性的丢失，除非其有效种群也很大。对于稀有和濒危物种的圈养种群，通过繁殖控制、种群再分、定期移除优势雄性个体使社会序位低的雄性能有机会交配，以及在亚种群间定期交换一些选择个体等方法可以有效地维持其遗传变异性。

11.2 影响小种群生存的其他因素

本节我们将讨论影响小种群的其他因素。环境中的随机变化，或称随机性（stochasticity），能够引起物种种群大小的变化。例如，一个濒危蝴蝶种群可能会受其食用植物数量和捕食者数量波动的影响。物理环境的变化也会强烈地影响蝴蝶种群；在普通年份，气候足够温暖能满足毛虫进食和生长的需要；而在较冷的年份里，毛虫会停止活动并最终饿死。这种环境随机性（environmental stochasticity）会影响种群的所有个体，并与特定种群个体出生率和死亡率随年份变化的统计随机性（demographic stochasticity）或称统计变化（demographic variation）相关。

> 出生率和死亡率的随机波动、种群密度下降而引起的社会行为瓦解，以及环境随机性都会造成种群大小的不稳定，从而导致种群的局域灭绝。

种群统计随机性

在一个理想而稳定的环境中，种群会一直增长达到环境最大承载量（K），此时每个个体的平均出生率（b）将等于平均死亡率（d），种群大小保持稳定。在任何实际种群中，个体通常不会产下平均数量的后代；它们可能没有后代，可能留下比平均数略少的后代或比平均数多的后代。例如，在理想而稳定的大熊猫种群中，每只雌性熊猫在其一生都

专栏 11.2 亚洲和非洲犀牛：遗传多样性与栖息地丧失

在近几十年来，保护生物学家一直致力于开展对部分原产地的犀牛保护和数量恢复工作（Amin et al. 2006）。这是一项极其重要的任务：在亚洲和非洲有5种犀牛，有3种为极危物种，所有这5种犀牛都代表着古老和不寻常的生存适应。栖息地的破坏和侵占是栖息于亚洲森林的3种犀牛面临的最严重胁迫，而为获取犀牛角（用来制药和雕刻）而进行的非法猎杀是2种非洲犀牛面临的主要胁迫。

犀牛消失得如此之快以至于人们估计5种犀牛现存数量只有17 000 头（Amin et al. 2006），且只存在于其原分布区的很小片段化区域内。5种犀牛中，数量最多的是白犀（*Ceratotherium simum*），其野外数量估计有11 300头，而其独特的北方亚种只有4头（www.rhino-irf.org）。数量最少的是小独角犀（*Rhinoceros sondaicus*），在爪哇岛最西端估计还有50头，另外在越南还有6头；但这两个种群在基因上有很大的区别（IUCN 2008）。

每种犀牛的全面衰退已经引起了人们足够的重视，但许多现存犀牛均生活在孤立的小种群中，其面临的问题还在不断恶化。例如，数量大约有4000头的非洲黑犀（*Diceros bicornis*）分布在大约75个小的、相距很远的亚群体里。现存双角犀（*Dicerorhinus sumatrensis*）的每个种群所包含的个体都不到100只，该物种总数已不到250只。一些生物学家担心如此小的种群会因为遗传变异性丧失、近交衰退，以及近亲交配而带来的遗传疾病等原因不能长期存活。

> 了解遗传学特征对于物种有效保护计划制订非常必要。

犀牛种群的遗传变异性问题不像初看时那样简单。在不同犀牛中遗传多样性变化很大。对尼泊尔独角犀或称印度犀（*Rhinoceros unicornis*）的研究发现，尽管该物种的种群数量很少，估计只有2500头（见图），但至少在这个种群中其遗传多样性是相对较高的。此结论不同于通常的假设，即小种群必然具有较低的杂合度。尽管该物种已经历了一个种群瓶颈效应，但世代时间长和遗传学上独特的种群个体的高移动性的联合作用使得印度犀能维持其遗传变异性（Pluhácek et al. 2007）。如今印度犀种群在自然公园、动物园及保护区数量都有了极大的增长，显然它们在遗传学上是健康的。然而，这种物种将可能永远地被限制在这些被重重看守着的残留栖息地斑块内，再也没有机会恢复其原有分布区和数量了。而且，为了维持物种的遗传变异性，犀牛的配偶选择也越来越决定于野生动物生物学家。

与印度犀不同，微卫星DNA的研究数据显示黑犀的4个亚种在遗传上有明显的区别；它们可能代表了对整个物种分布区内局部环境条件的适应（Harley et al. 2005）。但是，如果将不同亚种的黑犀放在同一个保护区内以增加其遗传多样性，会有丢失对当地亚种生存至关紧要的适应差异性的风险吗？维持遗传多样性依赖于控制外在胁迫因素对繁殖种群的作用，其中包括为了获得犀牛角的非法捕猎。同时，还必须维持自然公园的最佳状况以保证所有成年个体均能繁殖。濒危犀牛的人工繁殖是一项特别具有挑战性的任务，特别是白犀通常在动物园里不能繁殖。

遗传学分析对于制定种群分散和数量不到300头的双角犀保护策略具有重要作用。对东苏门答腊、西苏门答腊、马拉西亚半岛，以及婆罗洲的犀牛血液和毛发样品中的线粒体DNA分析显示，婆罗洲种群的谱系明显不同于其他三个种群，而其他三个种群则在遗传上非常相似。因此，研究者建议在繁殖和保护计划中，婆罗洲的犀牛应该作为

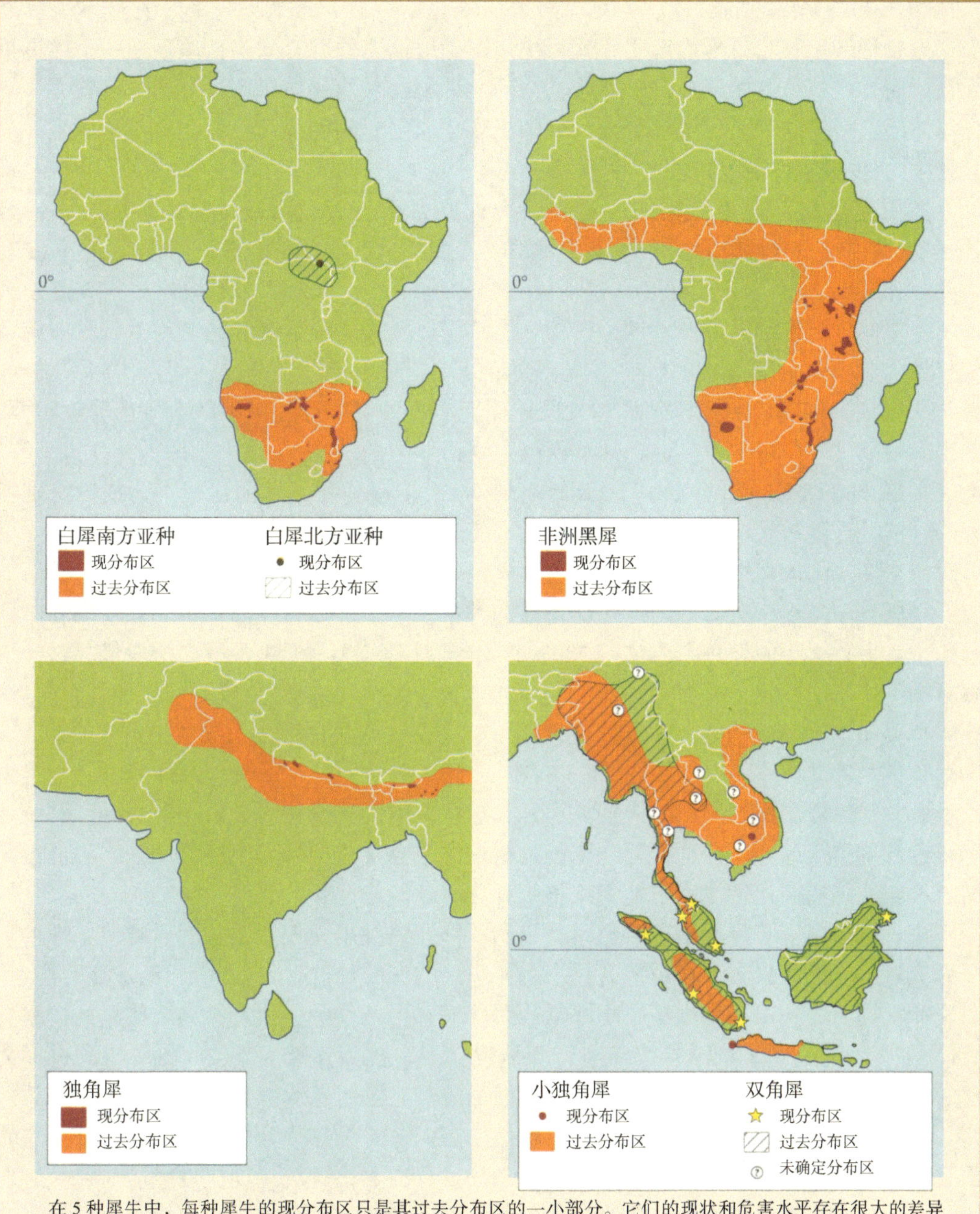

在 5 种犀牛中，每种犀牛的现分布区只是其过去分布区的一小部分。它们的现状和危害水平存在很大的差异（引自 www.rhinos-irf.org.）

一个独立的种群对待，而其他三个种群则可以作为一个保护单元来管理（Morales et al. 1997）。由于该物种受到来自于伐木与农业的严重威胁，需要制订野外和圈养种群的繁殖计划。

就像这项研究表明的那样，对于犀牛的保护并没有一个简单的、能解决一切问题的方法；管理必须根据特定物种和种群的特殊遗传及环境状况不断调整。

将平均产下 2 个存活的后代。但是，野外研究显示雌性个体的生育率变化非常大。然而，只要种群足够大，平均出生率就可用来准确地描述种群。同样，由于一些个体过早死亡，而另一些个体的寿命则相对较长，因此种群的平均死亡率也只有通过检验大量的个体才能获得。这种因出生率和死亡率随机变化而引起的种群大小变化就是种群统计变化或称为种群统计随机性。

环境变化或其他不稳定的因素会使得种群大小随着时间波动。一般而言，一旦种群个体数量少于 50 只，个体出生率和死亡率的变化就开始引起种群的上下波动（Schleuning and Matthies 2009）。在任何一个年份，如果因为高于平均死亡率或低于平均出生率而导致种群向下波动的话，那么次年已经变小的种群就会更容易受到种群统计随机性的影响。种群大小随机向上波动会最终受到环境承载量的限制而再次向下波动。总之，一旦种群因为栖息地破坏和片段化而变小，种群统计随机性就会变得非常重要，并很有可能使种群进一步衰退，甚至仅仅是因为偶然性（在一年里出生率低、死亡率高）而使种群灭绝（Melbourne and Hastings 2008）。出生率和死亡率变化很大的物种特别容易受种群统计随机性的影响而灭绝，比如一年生植物和昆虫。而低出生率的物种需要更多时间来恢复因偶然性而减少的种群，其灭绝概率也要比其他物种高，如大象。

设想有一个由 3 个雌雄同体个体构成的种群，每个个体只存活 1 年，并完成配对和繁殖，然后死亡。假设每个个体有 33% 的可能性生产出 0 个、1 个或 2 个后代，这样该种群的平均出生率就为每个个体产 1 个后代，是一个在理论上稳定的种群。然而，当这些个体繁殖时，就会有 1/27（$0.33 \times 0.33 \times 0.33$）的概率没有后代而导致种群灭亡；有 1 个后代的概率为 1/9（$0.33 \times 0.33 \times 0.33 \times 3$），但它将无法找到配偶，该种群注定亦将灭亡；有 2 个后代的概率为 22%。由此可见，出生率的随机变化可导致小种群的种群统计随机性和种群灭绝。同样地，死亡率的随机波动也会造成种群大小的波动。当种群很小时，一年的随机高死亡率就可能淘汰整个种群。

当种群数量下降到一个危险值时，平衡的性比就会出现偏差，从而导致出生率的下降以及进一步的种群减少。设想有一个由 4 只鸟构成的种群，2 雌 2 雄，组成 2 个配对，每个雌鸟在其一生中平均产下 2 个存活的后代。在下一代中，全为雄鸟或雌鸟的概率有 1/8，在这种情况下，将不再产卵和繁殖后代；下一代为 3 雄 1 雌或 3 雌 1 雄的概率为 50%（8/16），使该种群在再下一代中只有一个配对，进而导致种群衰退。例如，海滨沙鹀（*Ammodramus maritimus nigrescens*）最后幸存的 5 只个体均为雄性，已无法进行圈养繁育。又如，在西班牙雕（*Aquila adalberti*）中亦存在着这种统计随机性效应。在大种群中，只有成熟个体才能繁殖。但当该种群很小时，未成熟的鸟类个体更有可能繁殖。这些未成熟鸟类个体一般会产更多的雄性后代，并使得种群进一步衰退，进而增加种群局部灭绝的可能性（图 11.13）（Ferrrer et al. 2009）。

种群密度和“阿利”效应 在许多小种群中，当种群密度一旦降到一定的水平，由于相互作用关系（特别是那些影响交配的因素）的瓦解，可导致种群统计的不稳定（Gascoigne et al. 2009）。种群大小、密度，以及种群增长率之间的相互作用有时被称为“阿利”效应（Allee effect）。当种群数量低于一定水平时，集群生活的食草哺乳动物和鸟类就可能无法找到食物或防御捕食者。集群猎食动物需要一定数量的个体以保证狩猎的效率，如野狗和狮。

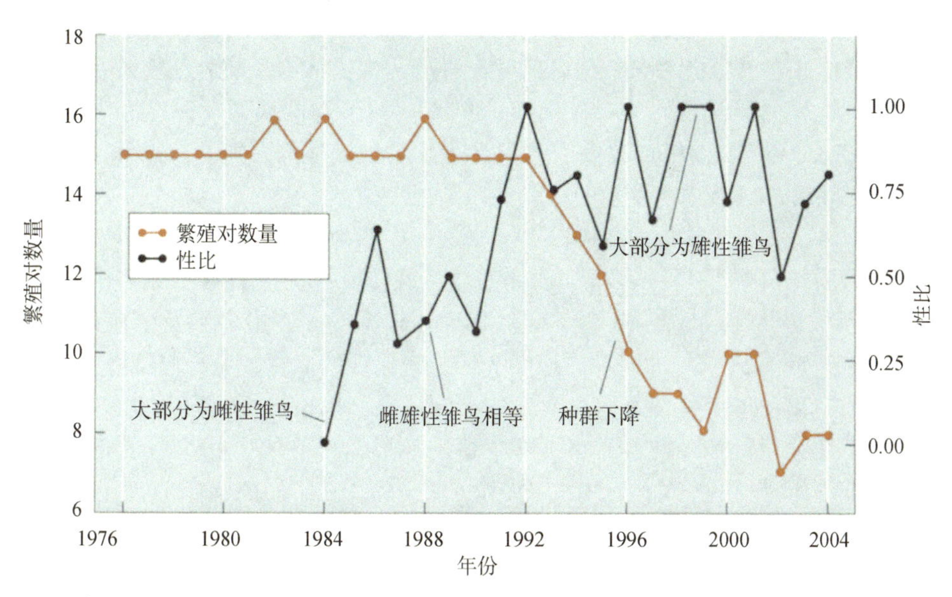

图 11.13 当西班牙雕的配对数量下降时，雏鸟的性别比由 1984 年的全部为雌性转变为大致相等，再转变为几乎全为雄性。这种转变是因为当种群变小时，未成熟雄性个体开始繁育并主要产雄性后代（Ferrer et al. 2009）

"阿利"效应对小种群最明显的作用可能是对其生殖行为的影响：许多物种的分布广而分散，一旦其种群密度降到一定的阈值以下，它们就很难找到配偶，如熊、蜘蛛和虎等。甚至在植物中，当种群大小和密度下降时，植物个体间的距离增大，由于传粉动物可能不会到达孤立和分散的植株，最终可导致传粉不充分，进而影响种子产量。在这种情况下，出生率下降，种群密度变低，诸如不平衡性比等问题将会更变得严重，进而使出生率进一步下降。一旦出生率降到零，灭绝就不可避免了。

> 当种群大小和密度跌落到一定水平时，许多动物的社会系统和繁殖系统就会瓦解。

11.3 环境变化与灾变

生物和物理环境的随机变化，被称为环境随机性，同样也能引起一个物种种群大小的变化。例如，一种濒危兔子的种群会受吃相同类型植物的鹿科动物种群数量波动的影响，会受其天敌狐狸种群数量波动的影响，还会受兔子寄生虫和病原体种群数量波动的影响。物理环境的变化也会强烈地影响兔子的种群——普通年份的降雨会促进植物生长和种群增长；而在干旱的年份，植物生长受到限制，从而兔子也会陷入饥荒。种群统计随机性只影响种群中的一些个体，而环境随机性会影响种群中的所有个体。

> 即使一个种群似乎是稳定和增长的，但偶尔一次环境事件或者灾变都有可能极大地降低种群大小，甚至导致其灭亡。保护生物学家也需要考虑这类偶尔事件。

无法预测的自然灾变，如干旱、暴风、地震和火灾，以及伴随着周边生物群落的相继死亡，均能引起种群数量的极大波动。自然灾变能直接杀死种群中的部分个体或者甚至能使某一地区的整个种群消失，如大型哺乳动物。在许多案例中，其种群死亡率达到 70%～ 90%(Young 1994)。对于脊椎动物来说，每代约有 15% 的灾变频率(Reed et al. 2003)。尽管任何一年发生自然灾变的可能性都很低，但在数十年和几百年时间内，自然灾变发生的可能性还是很高的。

设想一个由 100 只兔子构成的种群，其平均出生率为 0.2，并且每年平均有 20 只兔子被狐狸吃掉。这样种群可一直将其个体数维持在 100 只，即每年有 20 只兔子出生，有 20 只被捕食。但是，如果连续 3 年狐狸每年吃 40 只兔子，种群数量会在第 1、2、3 年分别减至 80、56、27 只。如果此后连续 3 年没有狐狸的捕食，兔子种群将在第 4、5、6 年增加至 32、38、46 只。尽管整个 6 年的平均捕食率是相同的(每年 20 只兔子)，但每年的捕食率变化使得兔子种群大小下降了超过 50%。对于只有 46 只兔子的种群，如果狐狸仍以每年 20 只的速率捕食的话，就有可能使兔子在随后的 5 ～ 10 年灭绝。

Menges(1992)及其他学者通过模拟研究发现，环境随机性通常比种群统计随机性在增加小种群和中等大小种群灭绝概率中起着更为重要的作用。即使对那些在稳定环境下的增长种群，环境变化也会大大增加其灭绝风险(Mangle and Tier 1994)。如果在种群模型中加入环境变化参数，通常可导致种群具有更低的增长率、更小的种群大小，以及更高的灭绝概率，并使该模型能更好地反映实际情况。例如，在热带棕榈树模型用种群统计变化来预测其最小生存种群时，如果种群以 95% 的概率生存 100 年的话，那么该种群需要有大约 48 株成熟的个体(图 11.14)。然而，当中等环境变化被引入模型后，最小生存种群数量增加到了 380 株个体，这意味着需要保护一个比原来大 7 倍的种群。

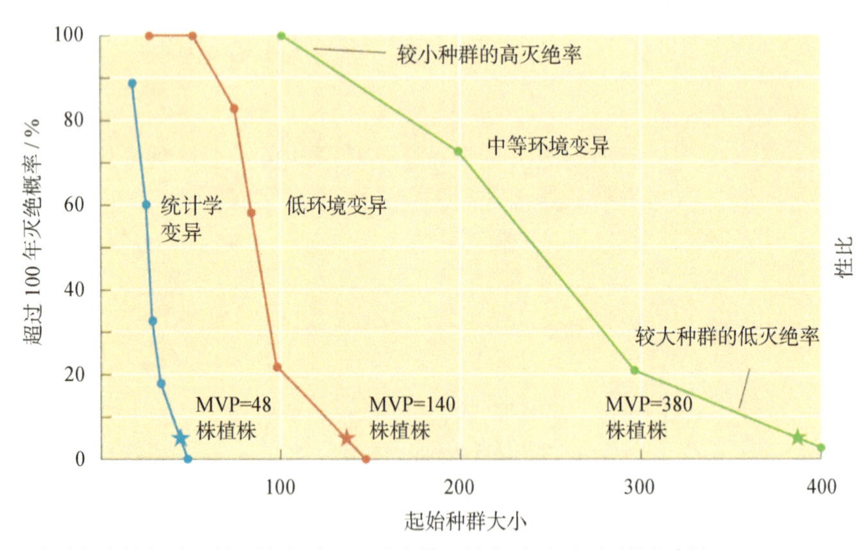

图 11.14 种群统计学变异，低环境变异，以及中等环境变异对墨西哥棕榈树(*Astrocaryum mexicanum*)种群灭绝概率的影响。在这项研究中，最小生存种群(由五角星表示)被定义为在 100 年内灭绝的概率小于 5% 的种群(Menges 1992；数据来自 Piñero et al. 1984)

在以两年生草本植物葱芥(*Alliaria petiolata*)为材料的实验中，也同样证实存在着种群大小和环境变化间的相互作用，葱芥在美国是一种入侵种植物(Drayton and Primack 1999)。实验时，将不同大小的种群随机分为两组，即对照组和实验组。在 4

年实验期间，每年通过移除实验组所有开花的植株来模拟极端环境事件。总之，经过 4 年时间不同大小实验种群的灭绝概率分别为 43%（最初个体少于 10 株的小种群）、9%（10～50 个株葱芥的中等大小种群）和 7%（大于 50 株葱芥的大种群）。而对于对照种群，小、中、大种群的灭绝概率分别为 11%、0% 和 0%。同时，大量在土壤中的休眠种子可使得大多数实验种群得以持续存活，即使连续 4 年移除所有的开花植株。然而，对于灭绝的敏感性，小种群远远大于大种群。

11.4 灭绝漩涡

种群越小，其对于未来的种群统计变化、环境变化，以及导致低生育率和高死亡率等使得种群衰退甚至灭绝的遗传因素就越敏感。小种群的这种衰退直至灭绝的趋势就像一个漩涡，就如气体或液体向内进行螺旋式旋转的旋转体，越接近中心，其旋转速度越快。处于灭绝漩涡（extinction vortex）中心就意味着被湮没，即物种的局部灭绝。一旦被卷入此漩涡，物种就不可避免地会被推向灭绝（Fagan and Holmes 2006）。

例如，自然灾变、新的疾病或者人为干扰都会使大种群变成小种群。接着小种群会受到近交衰退的影响，并伴随着降低的幼体成活率。死亡率的增加会导致种群更小以及更多的近亲交配。同样，种群统计随机性也常常会使种群衰退，这导致更严重的种群统计波动，并且再次增加其灭绝概率。

环境变化、种群统计变化和遗传变异性丢失这三种力量中的任何一种因素导致种群衰退，这就会使该种群更容易受到其他两种因素的影响（图 11.15）。例如，由森林片段化引起的猩猩种群衰退，会导致近交衰退、种群数量减少，而种群数量减少会导致种群的社会结构瓦解，使个体无法找到配偶，这又会导致种群的进一步衰退；之后，更小的种群对未来的种群衰退，以及由偶发环境事件所引起的灭绝也更为敏感。

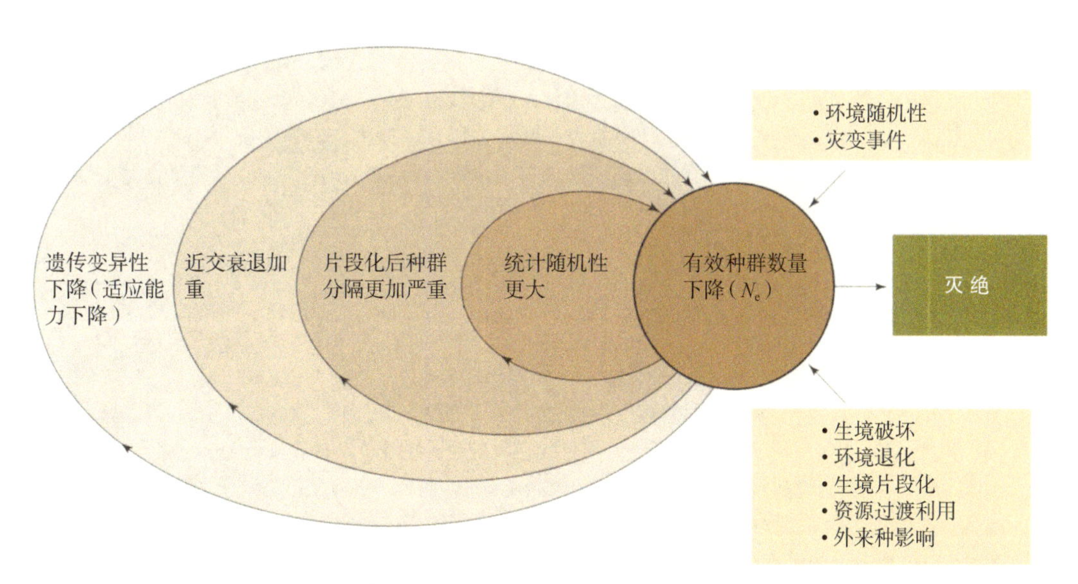

图 11.15　一旦种群小到一定的阈值，它便进入了灭绝漩涡。在此灭绝漩涡中，所有影响小种群的因素均可使种群逐步衰退，并常常导致物种局部灭绝（Gilpin and Soulé 1986；Guerrant 1992）

物种从小种群问题中恢复通常需要有利的条件和积极的管理。

必须要记住的是，当一个种群变得更小时，它同样也会趋于变成生态学灭绝。例如，一旦猩猩种群衰退到一定程度，它在群落中将不再是一个有效的种子散布者。

灭绝漩涡的重要意义在于它强调了只考虑引起种群衰退最初原因并不足以恢复受威胁的种群。如前所述的伊利诺伊州草原松鸡就是如此。随着欧洲定居者的到来，松鸡种群从原来的 100 万只下降到不到 50 只，其繁殖力和孵化率也随之下降。栖息地破坏是种群衰退的一个主要的原因，但随后的栖息地重建并没有使种群恢复。只有在与其他州的松鸡种群进行杂交以防止其近交衰退后，伊利诺伊州草原松鸡的数量才得以增长。

就如松鸡的例子，一旦种群变得很小，它就极有可能灭绝，除非存在有能使种群增长的不同寻常和非常有利的条件（Schott et al. 2005）。因此，就如下一章将要描述的那样，这种种群通常需要一个谨慎制定的种群和栖息地管理计划才能使其种群增长，并使种群摆脱由于种群小而带来的有害影响。

小结

1. 在很多例子中，保护种群是防止物种灭绝的关键。最小生存种群（MVP）是指在可预见的将来维持高概率持续生存所需的最小种群大小。对于许多物种来说，MVP 至少要包含几千个个体。
2. 生物学家已经发现，小种群比大种群更容易灭绝。主要原因有以下三个方面：遗传变异性丢失，以及由此而产生的近交衰退和遗传漂变问题；种群统计随机性；环境随机性或自然灾变。
3. 为了保护小种群，我们需要确定有效种群的大小，即基于真正繁殖后代的个体数量的遗传学估算值。当然，计算的有效种群大小通常会因下述因素影响而远远少于全部存活个体的数量：①许多个体并不繁殖；②性比不均衡；③不同个体繁殖的后代数量不同；④种群大小会随着时间而波动。
4. 出生率和死亡率的变化会引起小种群数量的随机波动，并导致其灭绝。环境变化也能引起种群数量的随机波动，特别是偶发的自然灾变有时会导致种群数量的大幅度下降。
5. 种群一旦因生境破坏、片段化和其他人为干扰而引起数量下降，那么它将会对种群数量的随机波动更敏感，以致最终灭绝。种群统计随机性、环境随机性和遗传变异性丢失对小种群的联合作用会产生灭绝漩涡，进而加速种群的灭绝。如果要消除灭绝漩涡的作用，就必须有效地进行种群和栖息地管理。

讨论题

1. 设想一个物种有 4 个种群构成，分别有 4、10、40 和 100 个个体。请用 Wright 的公式，$H=1-1/[2N_e]$，计算每个种群在第 1、2、5 和 10 代后的杂合度丢失。假设雄性个体和雌性个体数量相等，计算每个种群的有效种群大小为 N_e；然后，假设雄性和雌性比例不同时，再计算其有效种群大小。在允许每组种群数量在其平均值附近随机波动的情况下，计算这种波动是如何影响杂合度丢失和有效种群大小。
2. 构建一个简单的具稳定种群大小的兔子种群模型；然后加入环境变化（比如剧烈的冬季暴风雪或者捕食者）和种群统计变化（每年每只兔子生育的后代数量）等参数，并请用本课本展示的或用计算机模拟（见 Shultz et al. 1999；Donovan and Welden 2002 的说明）和随机数发生器（抛硬币是最简单的）等方法来确定该种群是否能够待续生存。

3. 找出一个现存的濒危野生物种，并分析该物种是怎样或可能怎样被小种群问题所影响？可根据情况从遗传学、生理学、行为和生态学等方面选择适当的角度进行分析。

推荐阅读

Bell, C. D., J. M. Blumenthal, A. C. Broderick: and B. J. Godley. 2010. Investigating potential for depensation in marine turtles. How low can you go? *Conservation Biology* 24: 226-235. 高基因流可能是低种群密度海龟持续生存的原因。

Corlatti, L., K. Hacklander, and F. Frey-Roos. 2009. Ability of wildlife overpasses to provide connectivity and prevent genetic isolation. *Conservation Biology* 23: 548-556. 扩散是维持片段化种群的遗传变异所需的。

Evans, S. R. and B. C. Sheldon. 2008. Interspecific patterns of genetic diversity in birds: Correlations with extinction risk. *Conservation Biology* 22: 1016-1025. 小种群物种有低遗传变异和高灭绝风险。

Ewing, S. R. R. G, Nager, M. A. C. Nicoll A. Aumjaud. C. G. Jones, and L. F. Keller. 2008. Inbreeding and loss of genetic variation in a reintroduced population of Mauritius kestrel. *Conservation Biology* 22: 395-404. 尽管该项目获得明显成功，但遗传变异性的丧失仍是一个问题。

Ferrer, M., I. Newton, and M. Pandolfi. 2009. Small populations and offspring sex-ratio deviations in eagles. *Conservation Biology* 23: 1017-1025. 小种群可导致雏鸟性比的明显偏雄。

Frankham, R. 2005. Genetics and extinction. *Biological Conservation* 126: 131-140. 野外小种群遭受负遗传效应影响。

Frankham, R., J. D. Ballou, and D. A. Briscoe. 2009. *Introduction to Conservation Genetics*, 2nd ed. Cambridge University Press, Cambridge, UK. 一本很好的介绍遗传学对于保护重要性的读物。

Hedrick, P. 2005. Large variance in reproductive success and the N_e/N ratio. *Evolution* 59: 1596-1599. 许多因素可减小有效种群大小。

Jamieson, I. G., G. P. Wallis, and J. V. Briskie. 2006. Inbreeding and endangered species management. Is New Zealand out of step with the rest of the world? *Conservation Biology*. 22: 38-47. 种群瓶颈和近交衰退影响稀有物种的恢复。

Melbourne, B. A. and A. Hastings. 2008. Extinction risk depends strongly on factors contributing to stochasticity. *Nature* 454: 100-103. 灭绝风险受环境和统计因素的影响。

Schleuning, M. and D. Matthies. 2009. Habitat change and plant demography: Assessing the extinction risk of a formerly common grassland perennial. *Conservation Biology* 23: 174-183. 生境变化和合理管理的缺乏可导致植物灭绝风险的增加。

Schrott, G. R., K. A. with, and A. W. King. 2005. Demographic limitations on the ability of habitat restoration to rescue declining populations. *Conservation Biology* 19: 1181-1193. 重建小种群有时需要集约管理。

Wayne, R. K. and P. A. Morin. 2004. Conservation genetics in the new molecular age. *Frontiers in Ecology and the Environment* 2: 89-97. 现代分子生物学技术可以用于评估种群特征和提出管理策略。

Wilhere, G. F. 2008. The how-much-is-enough myth. *Conservation Biology* 22: 514-517. 什么程度的保护是足够的，这个问题既是保护科学的关键，又是一个不易客观回答的问题。

Willi, Y., M. van Kleunen, S. Dietrich, and M. Fischer. 2007. Genetic rescue persists beyond first-generation outbreeding in small populations of a rare plant. *Proceedings of the Royal Society*, Series B 274: 2357-2364. 尽管存在远交衰退风险，种群间远交仍是一种有用的保护策略。

（丁平 编译，蒋志刚 马克平 审校）

第12章

应用种群生物学

即便没有人类干扰，任何一个物种的种群或是稳定的或是上升的或是下降的，也常常会有个体数量上的波动。那么保护生物学家如何确定一个濒危或稀有物种的保护项目是否有好的前景呢？很多人类活动会常常干扰原生物种的种群，引起种群个体数量的骤降。但我们该如何评估人类的干扰，并采用何种预防和恢复措施呢？本章中我们将探讨应用种群生物学，通过分析影响珍稀濒危物种数量和分布的因素来回答上述问题。

在保护和管理珍稀物种过程中，关键是掌握这个物种的生态学和独有特征（有时称为“自然史”）及其种群状态，尤其是影响其种群大小和分布的动态过程（种群生物学）。了解这些信息，土地管理者才能确定是哪些因素使该物种处于危险之中，以便对其进行有效保护。在本章中我们将介绍如何应用自然史和种群生物学的信息对保护区域内物种的生存能力及不同管理方法的影响进行数学预测。

为了有效进行种群水平的生物保护，保护生物学家必须尽可能详细地了解这个物种的以下几个方面的问题。而对于多数物种来说，在开展进一步调查前我们仅仅能回答其中的少数几个问题，却常常需要在收集这些信息的同时，甚至获得相关信息之前就必须作出一些物种管理方面的决定。

- 环境：在该物种生活的区域有多少种生境类型，面积各有多大？环境因子在时空上的变异如何？环境受到灾变影响的频率有多高？人类活动对其生境产生何种影响？
- 分布：该物种在生活区内的确切生活地点在哪里？该物种是聚集分布、随机分布还是均匀分布？在一定时间内，其个体是否在生活区内或不同区域之间移动或迁移？该物种能有效定殖新生境吗？人类活动如何影响该物种的分布？
- 生物作用：该物种需要何种食物和其他资源，其获得方式如何？有其他物种与其竞争吗？捕食者、疾病和寄生者如何影响其种群大小？它与何种互惠生物（传粉者、散布者）相互作用？幼体阶段是自行扩散，还是依赖其他物种帮助扩散？人类活动如何改变群落内的种间关系？
- 形态学：物种的外貌如何？形状、大小、颜色、表面结构、身体各部分的功能如何？身体各部分的形状和功能如何对应，其在适应环境和生存上的意义如何？该物种与相似物种区别的特征是什么？
- 生理学：对于一个个体来说，需要多少食物、水、矿物质以及必需品来维持其生存、生长和繁殖？个体利用资源的效率有多高？该物种对极端天气条件如冷、热、风、雨等的敏感性和脆弱性怎样？其繁殖时间以及繁殖期的特殊需求是什么？
- 种群统计学：现在和过去的种群大小如何？种群的个体数目是稳定、上升还是下降？种群是否是成年与幼年个体的混合群体，表明种群正在补充新个体？首次繁殖的年龄有多大？
- 行为学：个体的哪些行为有助于其生存？种群的个体是如何交配和繁殖后代的？一个物种的个体间是如何互作、合作或竞争的？在一天或一年中，何时最容易对该物种进行监测？

> 种群生物学知识对于物种保护至关重要，但应急保护决策往往必须在获得完整的种群生物学信息之前做出。

- 遗传学：该物种种内在形态、生理和行为特征上的变异程度怎样？整个物种的变异范围有多大？多大百分比的基因存在变异？每个存在变异的基因存在多少等位基因？存在对局部地点的遗传适应吗？
- 与人类的相互作用：人类活动如何影响该物种？人类活动对物种是有益还是有害？人类是否收获和利用该物种？当地人对该物种都有哪些了解？

12.1 种群研究方法

种群研究方法大多数来自对陆生植物和动物的研究，对原生动物、细菌、真菌等类群的研究则没有那么深入，尤其对在土壤、淡水和海洋中的很多种类，我们还知之甚少。在这一部分中，我们将看到保护生物学家如何根据研究物种的不同，采用适当的方法开展种群研究。

收集生态信息

获取一个物种保护和保护状态的相关基本信息可以通过三个主要途径：发表的文

献、未发表的文献及野外工作。

发表的文献 由于前人可能已经对我们要研究的物种或相关物种，或者对相同的生境类型开展过研究，在开展研究和保护之前，很有必要了解这些相关工作。可以通过一些图书索引如 Web of Knowledge、BIOSIS，Biological Abstracts、中国知网（CNKI）、万方数据、维普资讯（CSDL）等搜索到大量出版的图书、发表的相关论文和研究报告。我们可以将文献中记录的以前的种群大小和分布情况与现有的状况进行比较。在图书馆中，相同类别的书常常放在一起，我们也很容易找到一些相类似的资料。互联网提供了不断增长的数据库、网址、杂志、新的文章、专业讨论组，以及一些需要购买的数据库（如 ISI Web of Science、Science Direct 等）。谷歌学术搜索（Google Scholar）是开始进行一个保护生物学主题相关搜索的最佳网站之一。当然，对一些从互联网获得的信息，我们也要仔细检查，因为有些网站并不保证所载文章的准确性。由于很多重要科学发现常常首先发表在一些报刊等媒体上，有时有关结果比专业期刊总结得更清楚，因而查找报纸索引和通俗杂志有时也是不错的选择。

一旦得到了一篇重要文献，从这篇文献所引用的文献中又可以找到更早些发表的有用文献。科学引文索引（science citation index，SCI）可以在很多图书馆查到，也同时可以通过订阅的科学引文数据库（ISI Web of Science）进行网上搜索。这一数据库是追踪文献的有用工具，例如，P.D. Boersma 曾在 20 世纪 90 年代发表过关于企鹅生态学和保护的重要文章，当我们在科学引文数据库中搜索“P.D. Boersma”时，就能够搜索到任何引用 Boersma 研究工作的文章。

未发表文献 有很多学者、积极参与的公民、政府机构和保护组织 [如国家和地方的农林业机构、渔业和野生动物保护机构、公益自然（NatureServe）、大自然保护协会（The Nature Conservancy）、世界自然保护联盟（IUCN）、世界自然基金会（the World Wildlife Fund）] 等，有很多未发表的报告，这些报告也是保护生物学信息的重要来源。在很多发表的文章以及权威人士的对话、演讲和文章中也常常引用这些所谓的“灰色文献”。例如，联合国粮农组织非正式发表的热带林业行动计划系列报告就包含了很多关于热带国家保护的信息。通常，可以向作者索取或通过互联网免费下载这些报告。政府和保护组织有时也会提供一些发表文献之外的报告。在这些机构工作的学者有时也愿意与人们分享报告之外的很多关于物种、保护和管理措施方面的知识（一份环境组织和信息源的清单见附录）。

野外调查工作 对一个物种的自然史的认识通常必须通过细致的野外调查（Feinsinger 2001）。在保护生物学中，开展野外工作是必不可少的，这是由于我们目前仅仅对世界上很少的一部分物种开展了研究，目标物种在不同地点的生态学特性可能也会发生变化。只有通过野外细致的观察，我们才能了解一个物种的真实生存状态并确定他与生物和非生物环境的关系。针对像北极熊、座头鲸、沼兰这样的物种进行野外调查无疑是费时、费力并且花费巨大的，但是这样的野外调查对于完善濒危物种的保护计

> 必须开展野外实地研究来了解目标物种的自然史。为了提出合适的物种和群落保护计划，保护生物学家需要进行种群调查、开展种群统计学研究，并完成种群生存能力分析。

划十分重要，并且也是相当令人振奋和满足的。有些科学爱好者用最少的仪器和资金支持对周围的物种开展了相当出色的研究，这种研究在很多国家，特别是英国已经有了很长时间的传承。尽管通过细致的观察能够得到很多自然史信息，还是有很多专门的技术方法需要相关领域专家的指导或者阅读使用手册。例如，鸟类学家展开粘网捕捉鸟类，并在它们的腿上套上标志环就需要一定的指导和学习。野外调查工作一个重要而又常常被人忽视的部分就是向居住在当地的公众解释研究的目的，并听取他们对这一项目的看法。很多时候，当地人拥有令人惊讶的看法和观测经验，并且愿意与科学家分享（Smart et al. 2005）。

野外调查工作的重要性在最近对阿根廷麦哲伦企鹅（*Spheniscus magellanicus*）的研究中得以体现，调查确定了在喂食期麦哲伦企鹅的捕食范围（Boersma 2008；Boersma and Rebstock 2009）。此前认为麦哲伦企鹅只在离巢 30km 以内的海域进行捕食，但是对安装了无线电发射器和卫星定位装置的麦哲伦企鹅进行追踪，研究人员发现麦哲伦企鹅可以游到离巢 600km 的海域（图 12.1）。在哺育幼企鹅的关键时期，成年企鹅首先在季节禁捕区捕食，那里有更丰富的食物，而且被渔网逮到的风险较小。基于这些信息，阿根廷政府同意延长禁渔期，幼企鹅的存活和生长的比率随之提高。

图 12.1 安装卫星定位装置的麦哲伦企鹅（*Spheniscus magellanicus*）可以通过卫星追踪。研究结果表明，在孵卵期企鹅的捕食范围可达离巢 600km 的地方。而在喂食期，成年企鹅的捕食范围主要在为保护鱼类产卵而设立的禁渔区范围内。这一野外工作提供了企鹅捕食范围的有力证据，也促使当地规定禁渔区的禁渔时间持续到幼企鹅离巢后，以保护麦哲伦企鹅（引自 Boersma et al. 2006）

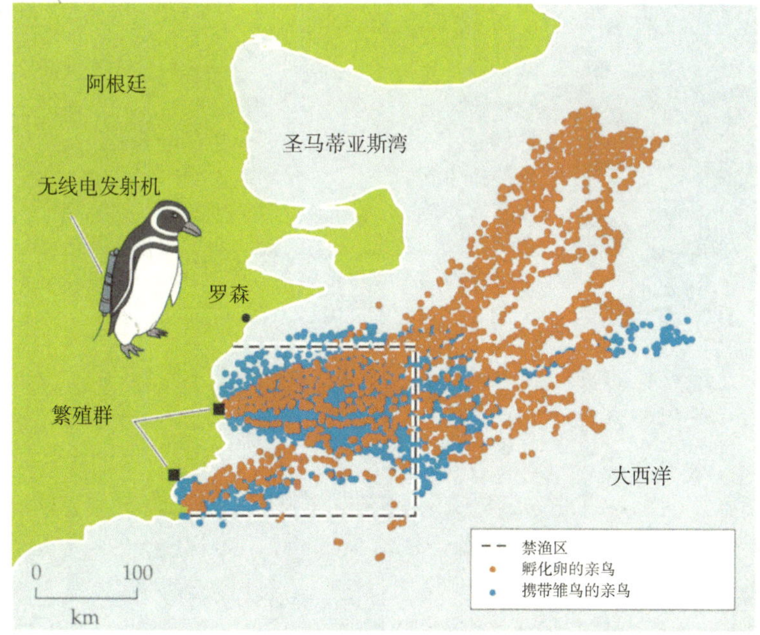

种群监测

要了解目标种的保护状态，必须要在野外开展种群调查并进行一段时间的监测（图 12.2）。调查可以是对每个个体全部计数，也可以是通过取样的方法对种群大小进行估计。通过对种群的连续调查和观测，我们就能够确定种群大小和分布的变化情况（Marsh and Trenham 2008；Mattfeldt et al. 2009）。长期调查记录能够让我们将长期种群波动趋势（由人类干扰引起的）以及由天气等不确定的自然因素与其他不可预测的因子引起的短期波动区分开来（Scholes et al. 2008）。调查记录也可以用来确定保护措施对某一濒危物种是否有效，以及当前的捕获水平或物种入侵对濒危物种的负面影响。

（A）

（B）

（C）

图 12.2　对物种进行种群监测需要专门的技术。（A）植物学家监测十年间杓兰叶片大小及花的数量变化，如图所示，分别监测单独叶片的二氧化碳同化速率，以了解叶片的光合能力和植物健康情况。注意，用金属丝将编号铝标签固定在地上并用红色标注。（B）在罗马尼亚，将无线电发射器安装到一只受保护的赫曼陆龟（*Testudo hermanii boettgeri*）身上，以追踪其在草地上的活动范围。研究人员使用便携式接收器定位每只被标记的动物（银色按钮是温度记录仪）。（C）调查珊瑚礁的物种丰富度及分布需使用样方和水下书写工具（A、B. Richard Primack 摄；C. 照片版权 © Tim Rock /Waterframe/Photolibrary.com）

当观察到突然或长期的种群衰退时，会促使我们采取更为有力的措施（专栏 12.1）。监测工作可以以一些敏感物种（如蝴蝶）为目标，将其作为指示物种来反映群落的长期稳定状态（Wikström et al. 2008）。

种群监测在温带国家具有悠久的历史，尤其是在英国，这在保护生物学中起到十分重要的作用。繁殖鸟类调查项目（Breeding Bird Survey，BBS）已经在北美开展了 35 年，记录了大约 1000 个样带中的鸟类丰富度信息。这些信息可用来确定一定时期鸣禽迁徙种群的稳定程度（Sauer et al. 2003）。还有些机构通过在热带森林建立大型的固定样地开

专栏 12.1 从学者到保护活动家——三位灵长类研究先驱的故事

类人猿是与人类的亲缘关系最近，包括黑猩猩、大猩猩和猩猩。人类对神秘了数个世纪的类人猿的认知大多是在过去50年内获得的。大部分知识都是基于这三位灵长类动物学家的先驱性工作：Jane Goodall、Dian Fossey和Biruté Galdikas。她们同时出现在女性科学家相对稀少的时期，所以其研究工作显得弥足珍贵。她们最初在各自的领域进行长期科研，但最终都致力于物种保护而不只是对科学知识的探索。

> 许多最初从事野外物种及生态系统研究的科研工作者，随后都加入到生物保护者的行列。

1960年，这三位中的第一位Goodall在坦桑尼亚的贡贝国家公园开始了她对黑猩猩的研究工作，并很快收到成效。三个月内，她观察到黑猩猩的一些新行为，包括用草棍从白蚁巢中取食白蚁。这一发现引起了轰动：这是除人类以外的灵长类动物使用工具的首例（Morell 1993；Peterson 2006）。尽管一些灵长类动物学家质疑Goodall通过对每个个体分别命名（而不是数字命名），并观察其各自的特征来解释黑猩猩种群动态的方法，但该方法已经成为灵长类研究的标准方法。通过对多个黑猩猩种群世代的细心观察，她对黑猩猩的社会结构有了新的认识。在研究的第二个十年里，她和助手们得到了更多的惊人发现，包括群体间的自相残杀和精心策划的争斗。Goodall在贡贝的工作是有史以来持续时间最长的动物野外观测研究，目前已完成了第五个十年的研究（Pusey et al. 2007）。

第二位灵长类动物学家是Dian Fossey，她从1967年开始在卢旺达火山国家公园定居并从事对山地大猩猩的研究直到18年后离世（Neinaber 2006）。她最先发现雌性猩猩会在不同群体间迁移，雄性猩猩杀死幼猩猩以促使雌性猩猩进入发情期——这是理解大猩猩社会动态的两条关键信息。像Goodall一样，Fossey也把她的研究基地——卢旺达卡里索科研究中心（Karisoke Research Center）发展成为一个重要的野外研究中心。

Biruté Galdikas是三人中最年轻的，她于1971年在婆罗洲开始从事猩猩的研究工作。与黑猩猩和山地大猩猩不同，猩猩是树栖而独居的动物，这使得研究工作十分

三位灵长类动物学家：Dian Fossey（左）、Jane Goodall（中）和Biruté Galdikas起初从事动物行为学，最终都成为生物保护活动家（照片由李基基金会惠赠）

困难。尽管如此，经过长期的精心研究，Galdikas揭示了猩猩饮食、雌雄猩猩之间的长期配偶关系、母猩猩对幼仔的长期照顾以及幼年雄猩猩形成流浪群体等现象（Morell 1993）。

她们取得的科研成果以新的研究方法为基础，这些方法便于她们研究个体之间差异性对群体社会动态的影响，包括长期或多年观察相同的个体、原始种群对人类影响的适应以及鉴别所研究个体的特征。这些方法使得她们对类人猿产生同情心，这与“做好科研工作”要将理性与感性分开的这一普遍看法相违背。然而，她们的研究既保护了动物，又探索了科学知识。

展观察和监测，如在巴拿马巴罗科罗拉多岛建立的 50hm^2 的固定样地（BCI 样地），这些固定样地可以用来监测样地物种和群落的变化（Hardesty 2007）。在 BCI 样地的研究表明许多热带树种和鸟类在数量上的波动比原先估计的大的多，关于最小可存活种群大小的估计可能需要上调。中国森林生物多样性监测网络是 BCI 的合作伙伴，建立了从寒温带到热带的大型监测样地，自 2004 年开始监测和研究工作。

随着政府部门和保护机构越来越关注珍稀濒危物种，监测项目的数量也急剧增加。作为管理措施的一部分，相关法律也要求必须进行其中的一些研究。一些监测规划有利于估测种群在未来的存活能力，称为种群生存力分析（PVA；本章后面讨论）。越来越多的志愿者参与物种保护和种群监测的活动，从而大大扩展了种群监测的范围和强度（Danielson et al. 2009；Mueller et al. 2010）。而对公众进行相关培训和科普教育不但能够给专业研究提供更多数据，也常常能培养他们的兴趣，使其成为环境保护的倡导者（Low et al. 2009）。以下四个项目就在很大程度上依赖于志愿者的参与：北美两栖动物监测项目（North American Amphibian Monitoring Program）、加拿大环境观察项目（Environment Canada）、加拿大鸟巢观察项目（Project Nestwatch）和美国蛙类观察项目（Frogwatch USA）。也有一些其他方案旨在监测蝴蝶、鸟类、水质和濒危野生有花植物。北行之旅（Journey North）召集学生追踪春季鸟类和蝴蝶的向北迁徙，以及进行其他与春季相关的物候观察（www.learner.org/jnorth）。

种群监测需要与环境中其他参数的监测相结合才能理解种群变化的原因。对于生态系统过程（如温度、降水、湿度、土壤 pH、水质、溪流的水量、土壤侵蚀等）和群落特征（如出现的物种、植被盖度、各个营养级的生物量等）进行长期监测能够让研究者确定生态系统的健康情况以及所关注物种的生存状态。对这些指标的监测也有助于项目管理者判断他们的目标是否达到或者需要进行管理计划的修订（称之为适应性管理），这些将在第 17 章中进行讨论。

常用的监测类型包括普查、取样调查和种群统计学研究等。

普查（census）是计数种群中出现的所有个体，这通常是经济而直接的方法。通过对种群的连续普查，研究者能够确定该种群个体数量是增加、减少还是保持稳定。通过对南太平洋库雷环礁岛（Kure Atoll）几个岛屿海滩的夏威夷僧海豹（*Monachus schauinslandi*）的普查，发现成年海豹的数量从 20 世纪 50 年代的 100 只降低到 60 年代末的不足 14 只（图 12.3）。在这期间，幼年海豹的数量也有相似的下降。根据这一调查结果，在美国 1976 年颁布的濒危物种法案中，夏威夷僧海豹被列为濒危物种（第 20 章中讨论）（Baker and Thompson 2007）。针对一些海豹种群采取了保护措施以扭转其衰退趋势，但仅对一部分种群实施了保护。1979 年关闭海岸警卫队兵站后，燕鸥岛（Tern Island）的种群个体数量迅速恢复，但由于幼海豹死亡率的上升，在 90 年代海豹种群又有所下降（Baker and Johanos 2004）。

图 12.3 （A）夏威夷僧海豹（*Monachus schauinslandi*）。（B）对夏威夷僧海豹种群的调查表明这一物种正面临灭绝，蓝色线条显示绿岛（Green Island）库雷环礁岛种群，绿色线条显示燕鸥岛（Tern Island）法国战舰浅滩（French Frigate Shoals）种群。种群数量为单次计数、几次计数的平均值或者最大值。1960 年海岸警卫队兵站设立后，由于人类和狗对其产生干扰，绿岛海豹种群个体数量明显下降；1979 年海岸警卫队兵站关闭后，海豹受到的干扰减少，燕鸥岛海豹种群个体数量明显恢复（A. James D. Watt 摄，美国内政部惠赠；B. 引自 Gerrodette and Gilmartin 1990）

对一个群落的普查可以确定一个地点存在哪些物种；与过去的普查结果比对后可确定消失的物种。在较大范围内开展普查有助于确定物种的分布范围及丰富度较高的区域，而某一时期的普查可以反映区域内物种的变化情况。

在专业团体的监督下，英伦三岛大量的业余博物学家进行了当地最广泛的普查，取得了最为详尽的物种分布信息，即在覆盖英伦三岛 $10km^2$ 样区内记录了各种植物、地衣和鸟类有无的情况。Monks Wood 实验站的生物信息记录中心整理并分析了 16 000 个物种的信息，共计 450 万条分布记录。其中英伦三岛的植物监测计划是 1600 名志愿者在 1987 ～ 1988 年集中完成的，他们收集了 100 万条关于所有植物种的信息（Rich 2006）。该数据与 1930 ～ 1960 年的详细监测数据对比后发现，草地、欧石楠灌丛（healthland）、水环境和沼泽中大量物种的频度呈下降趋势，然而引进的杂草物种却增加了（图 12.4）。

种群取样调查（survey） 是指在群落中用重复取样的方法估计目标物种的个体数量或密度。整个区域常常划分为很多个单元，通过选择部分单元计数的方法来估计该物种实际的个体数，从而进一步估算种群大小。例如，为了调查稀有的佛罗里达榧树（*Torreya taxifolia*），将佛罗里达州北部和佐治亚州南部的阿巴拉契科拉河河谷中的佛罗

图 12.4 英伦三岛的监测计划记录了一种身披银色绒毛的多年生草本植物——林地鼠曲草（*Gnaphalium sylvaticum*）的种群下降过程。1930～1960 年繁盛的鼠曲草在 1987～1988 年的调查中已不复存在（空心圆），尤其是在爱尔兰岛和英格兰岛。在苏格兰岛仍存在许多种群（橙色点），而且出现了一些新的种群（黄色叉）（见 Rich and Woodruff 1996；照片版权：Bernd Haynold）

里达榧树生长区分成 5 个部分，分别调查其种群数量（Schwartz et al. 2000）。在 1825hm^2 的区域内共调查到 365 株香榧树，估测其密度为每公顷 0.2 株。而整个河谷的总面积为 20 370hm^2，所以估计整个区域内香榧树的最大数量为 4074 株（20 370hm^2 × 0.2 株 /hm^2）。之所以称之为最大数量，是因为 5 个调查区内香榧树的密度要高于整个区域的密度。我们也可以运用相似的方法调查各种生态系统中不同物种的情况，例如，可以通过统计一个 10m × 10m 的样方内冠棘海星的数量来估算整个珊瑚礁上冠棘海星的总量。另外，也可以通过统计每小时用粘网捕获的蝙蝠数量或每升海水中某一种甲壳类动物的密度来进行种群调查。

诸如观察动物及其足迹和粪便、设置自动摄像机、聆听动物鸣叫等多种调查方法均可用来估算种群大小及其随时间的变化趋势。标记重捕法是一种专门的调查方法，对动物进行捕获、标记、释放和重捕来估算种群大小及个体的活动（参照 Cowen et al. 2009）。近些年来分子标记技术迅速发展，而对粪便和毛发样品进行 DNA 分析进一步促进了种群调查的发展（Guschanski et al. 2009）。在某些情况下，经过特殊训练的狗能够找到珍稀动物物种的粪便。这些粪便 DNA 研究表明，种群大小往往比原先传统调查的估测值还要大，这可能是因为有些个体从未被发现过。

取样调查通常适用于比较大的种群或者分布区较大的物种。尽管该方法比较费时，但仍是监测种群大小及其变化最系统且可重复的方法。这种方法尤其适用于那些在生活史的某个阶段比较小、不显眼或隐藏的物种，如植物的幼苗、水生无脊椎动物的幼虫等。在植物种群中，即使地上没有成熟的植株个体，物种也可能以大量可育种子的形式存在（Adams et al. 2005）。可以在调查点取得土壤样品，经过实验室检测来确定种子密度，即每立方厘米土壤中种子的个数。取样调查的缺点是费用较高（如获取海洋物种样本需租一艘航船)、技术上困难(从土壤中分离并识别种子)、结果不精确(常常缺失或包括了一些稀有种的群聚的数据)。在一些艰险的环境(如深海)进行这样的种群调查尤其困难。

种群统计学(demographic study)　追踪不同年龄和大小的已知个体进行种群统计学研究能够确定种群个体的生长速率以及繁殖和生存状况(Quintana-Ascencio et al. 2007)。可以对整个种群进行追踪,也可以进行取样监测。在完整的种群统计学研究中,要对个体数量计数、确定年龄和性别、测量个体大小、进行标记以便追踪辨认,每个个体要进行定位作图,有时也要收集组织材料样品进行遗传分析。根据研究物种的特性和研究目的不同,可以采用不同的研究技术和方法。在追踪个体上,每个学科都有不同的技术,如鸟类追踪所用的脚环、哺乳动物在耳部进行的标记,以及植物学家在树木上用来标记的铝牌等。种群统计学数据可以用标准化的数学公式(称为生活史公式)记录种群变化并确定生活史的关键阶段(deRoos 2008)。

研究人员运用生物声学记录这一新兴技术来调查森林生境中很难观测到的大象种群,是一个种群统计学典型的例子。借助于生物声学记录,研究人员通过人耳无法识别的动物声学特征来追踪动物个体。这一技术可准确估测种群大小且实时追踪动物的活动,为物种保护对策的制定提供关键的信息(Joubert and Joubert 2008)。卫星跟踪技术可以用于鸟类迁徙时间、路线和途径地等的研究,不仅有助于候鸟保护,而且为防止鸟机相撞和预防鸟类介导的流行病的传播提供科学依据(伍和启等 2008)。

种群统计学研究可以根据任何监测方法提供的信息进行全面分析,以提出能够确保当地种群持续发展的管理手段。种群统计学的缺点是耗时、费用高、需重复调查,要求研究人员必须具备物种生活史知识,而且还要进行定量分析或复杂的统计分析。运用长期积累的种群统计学数据可以预测在未来某个时间点目标种群存在的可能性及其大小。如果预测该种群将要灭绝,就需要运用管理措施将种群的存活率和生殖率提高到某一适当水平,或扩大种群数量。

> 种群统计学研究能够提供种群内个体的数量、年龄、性别、所处环境和位置等信息。这些数据能够指示种群的稳定性,并且是建立模型、预测物种未来命运的基础。

种群统计学研究能够提供种群年龄结构方面的信息。一个典型的稳定种群通常具有由物种特性决定的稳定年龄结构,即幼年、青年和老年个体的比例保持稳定。当某一年龄段缺失或数量很少时,尤其当幼年的个体数很少时,常常表明该种群有衰退的危险,而大量的幼年和青年个体常常表明该种群处于稳定或者增长状态。然而,某些物种个体的年龄不易确定,如植物、真菌以及集群性的无脊椎动物等。较小的个体可能是幼体,也可能是生长缓慢的成体;较大的个体可能是成体,也可能是生长快速的幼体。对于这些物种,基于个体大小的种群结构组成通常视为种群稳定性的一个近似指标,还需要通过跟踪个体研究生长率与死亡率进行验证。对于许多寿命较长的物种,如树木,群落中可能很少出现新的个体,通常年份处于较低的繁殖水平,而在偶然的某一年大量繁殖。在这种情况下,需要对长期数据的精心分析才能确定种群的发展趋势。

种群的繁殖特征，如性别比例、交配结构、育幼成体比率，以及一夫一妻制和一夫多妻制的交配系统等都会影响保护策略的成败，需要对其进行全面、系统的分析。例如，引进种群外的个体与恩戈罗恩戈罗火山区内高度近交的非洲狮（参见第 11 章）交配，从而提高种群的基因多样性的保护策略。如果外来非洲狮个体不适应原狮群的社会动态，它们就不能繁殖后代甚至可能被当地种群驱逐或杀死。

最后，种群统计学可以反映环境最大承载力，这些研究可以确定环境最多可以承载的种群数量，若超出该值，种群数量则开始下降。近年来，由于周围生境的减少以及种群个体向外的扩散迁移限制，使得自然保护区中常常拥有个体数量异常巨大的种群。由于空间有限，许多自然保护区预计将长期承载这些大种群。种群统计学的数据有助于确定自然保护区的最大承载力，使物种免于种群和环境的压力。在人为原因导致自然种群中捕食者调控机制丧失的情况下，这一作用显得尤为重要。

种群监测 以下案例介绍各种监测技术在野外中的应用。

- 虎鲸 虎鲸（*Orcinus orca*）是海洋系统中容易识别的顶级捕食者。多种来源的观测数据表示在 20 世纪 90 年代中期，虎鲸只出现在加拿大北部的哈德逊海湾，此后逐渐繁盛。有人预测未来几年虎鲸数量的增长会引起被捕食者如海豹和小鲸鱼物种的丰富度发生重大变化（图 12.5）（Higdon and Ferguson 2009）。
- 蝴蝶 英国的赫特福德郡县 2km × 2km 方形区域内进行过一次蝴蝶普查（Thomas and Abery 1995）。这份相当详尽的资料表明当地蝴蝶物种局部灭绝率相当高：

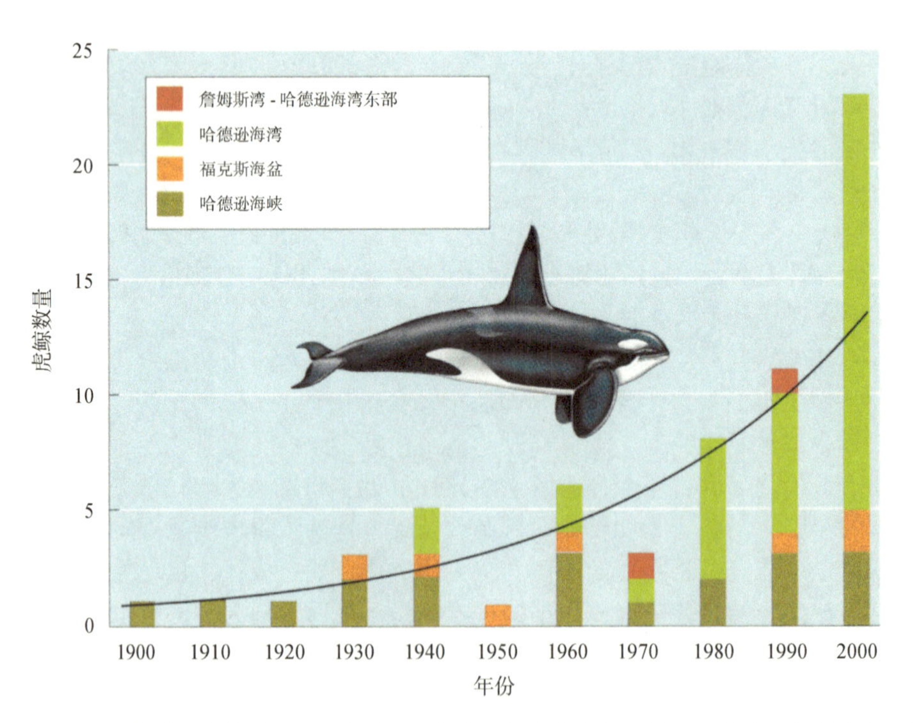

图 12.5 可能由于冬季海冰的减少，过去的 110 年内，加拿大东部哈德逊海湾内虎鲸的数量逐年上升（引自 Higdon and Ferguson 2009）

调查区内 67% 的样方中 1970 年以前曾经存在的物种已局部灭绝。

- 鱼类 在南非环礁湖的一个海洋保护区内，将无线电发射器安装在一种洄游鱼类南美白海鳊身上。研究发现，被标记的海鳊有 50% 的时间待在保护区内，而保护区只占其生境面积的 4%(Kerwarth et al. 2009)。

12.2 种群生存力分析

对于种群统计学分析的一个拓展是用来预测在一定的环境条件下某个物种是否能够生存下去(Zabel et al. 2006)。种群生存力分析(population viability analysis，PVA)可以看成是一种风险评估，它是用数学和统计学的方法预测在未来某个时间点目标种群或目标物种灭绝的可能性。通过评估物种的需求与环境所提供资源的关系，研究者可以确定该物种自然历史中的脆弱阶段。在判断生境丧失、生境破碎化和生境退化对珍稀物种的影响时，种群生存力分析是非常有效的，如欧洲野牛(Beissinger et al. 2009；Naujokaitis-Lewis et al. 2009)。种群生存力分析的一个重要部分是估计管理措施，如减少(或增加)狩猎、增加(或减少)保护区面积等如何影响物种灭绝的概率。种群生存力分析可以用来模拟通过加入别处捕获的或圈养的个体以扩大种群所产生的影响(Kohlmann et al. 2005)。

进行种群生存力分析应先用种群或特定物种的平均死亡率、平均种群补员(recruitment)和现有年龄(个体大小)结构，构建一个种群或保护物种的数学模型。使用电子制表软件可以很容易构建出来这样的模型，并通过矩阵代数的方法进行分析。由于这一初始模型只能显示一个结果，即增长型种群、衰退型种群或稳定型种群，所以称之为确定性模型。通过调节死亡率变量，使之在历年观测值域内随机变化，可以将环境、遗传结构和种群统计量变化融入模型之中。灾难性事件也可以通过随机发生的方式在模型编程中考虑(图 12.6)。成百上千次运行这些模型模拟种群的随机变化，预测其在某一特定时期内灭绝的可能性，或物种灭绝的平均时间，进而制订和分析影响种群参数的管理机制(例如，增加成体存活率 10%，提高幼体补充率 20%)。将加入这些管理机制后的种群模拟结果与原始模型比较后，可确定该管理机制是如何影响种群未来的存活情况的(Maschinski et al. 2006；Bakker and Doak 2009)。

现有的计算机模拟软件如 VORTEX 和 RAMAS 都可以运行种群生存力分析模型。可以对模型进行调整以囊括景观信息及多种环境因素，如额外食物的供给、风暴发生的频率以及外来竞争者的去除。基于种群分析的目的和物种管理的考虑来选择模型。PVA 可以运用敏感性分析来研究模型参数，

该方法可确定哪一参数或参数组合对物种灭绝影响最大。例如，敏感性分析结果可能表明，成年个体死亡率很小的变动都会对物种灭绝的可能性产生巨大的影响；而幼年个体死亡率即使发生较大变化，也不会对物种灭绝产生很大影响。显然，对物种灭绝概率产生巨大影响的因素是保护工作的重点关注对象，而对影响很小的因素则可以给予较少的关注。

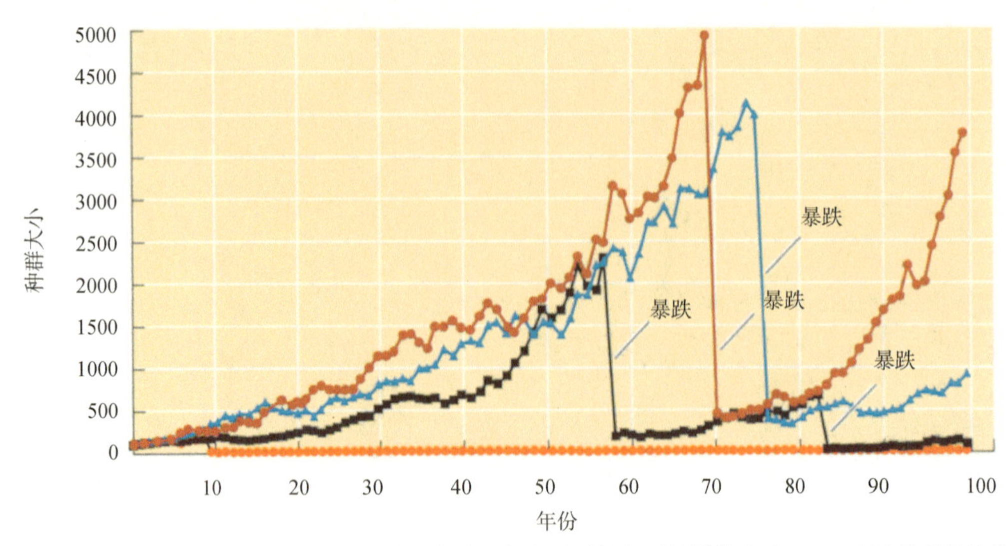

图 12.6 图中所示为四个种群的 PVA 模拟曲线。每个种群的年平均增长率为 5%，且随种群统计量和环境变化而上下波动。在任意一年都有 2% 的概率发生灾变，灾变会导致种群 90% 的个体死亡。例如，种群 1（黑方格）在第 55 和 82 年经历灾变。灾变过后种群数量通常很小，环境和种群数量的变动会导致物种局地灭绝。以上四个种群都至少经历一次灾变。其中一个种群（橙色圈）在灾变后 10 年灭绝，另一种群（黑方格）在第 100 年濒于灭绝（引自 Possingham et al. 2001）

> 种群生存力分析是用数学和统计学的方法，预测种群或物种在某一特定时期内灭绝的可能性。应用种群生存力分析也可以用来模拟生境退化和管理措施对物种的影响。

应用这些统计模型时要谨慎，并且需要了解很多相关知识（Schultz and Hammond 2003）。通常需要至少 10 年的数据来进行种群生存力分析才能得到比较好的预测结果（McCarthy et al. 2003）。应用不同的模型假设以及很小的参数改变都可能改变模型的预测结果。另一难题是模型不能囊括所有可能的参数及未来可能发生的事件，如气候异常或生物入侵。PVA 在展示所选管理策略的效力方面具有非常重要的价值（Pfab and Witkowski 2000；Traill et al. 2010）。因此，正如下面例子所显示的那样，种群生存力分析正在成为物种管理的有力工具。未来回顾这些研究并检验其预测是否准确将是很有价值的。

夏威夷长脚鹬 夏威夷长脚鹬（*Himantopus mexicanus knudseni*）是仅存于夏威夷的珍稀鸟类（见专栏 18.1 中的图）。70 年以前捕猎和海岸的开发使其减少到仅有 200 只，随后的保护使其种群数量达到目前的近 1200 只（Reed et al. 2007）。政府的保护工作目标是增加到 2000 只。用种群生存力分析预测这一物种有 95% 的概率能够延续 100 年。模型探讨了种群是以一个大种群还是以栖居于 6 个独立岛屿的亚种群形式发展。根据目前这一种群的增长趋势，模型预测该种群数量会持续增长直至占据所有的生态位。然而，当筑巢失败的比例和雏鸟的死亡率都超过 70% 或者成年鸟每年的死亡率超过 30% 时，种群就会出现快速衰退。为了保持较低的死亡率，就必须控制外来捕食者的数量，恢复湿地生境。更为重要的是，我们还需要更多的湿地来实现保护 2000 只夏威夷长脚鹬的目标。

湿地豹纹蝶　湿地豹纹蝶（*Euphydryas aurina*）生活在轻度放牧的草地上，人们发现他在英国的数量正在减少。通过对比 6 个现存种群和 6 个灭绝种群，人们发现现存种群所占据的面积要比灭绝种群大得多。种群生存力分析的结果表明需要至少 100 hm^2 的面积，才能使湿地豹纹蝶种群有 95% 可能性生存 100 年（图 12.7）。在现存种群中，只有 2 个种群所占据的面积达到了这一标准，如果不能增加栖息地的面积或者促进其食源植物的生长，其余的湿地豹纹蝶 4 个种群有很大的灭绝风险（Bulman et al. 2007）。

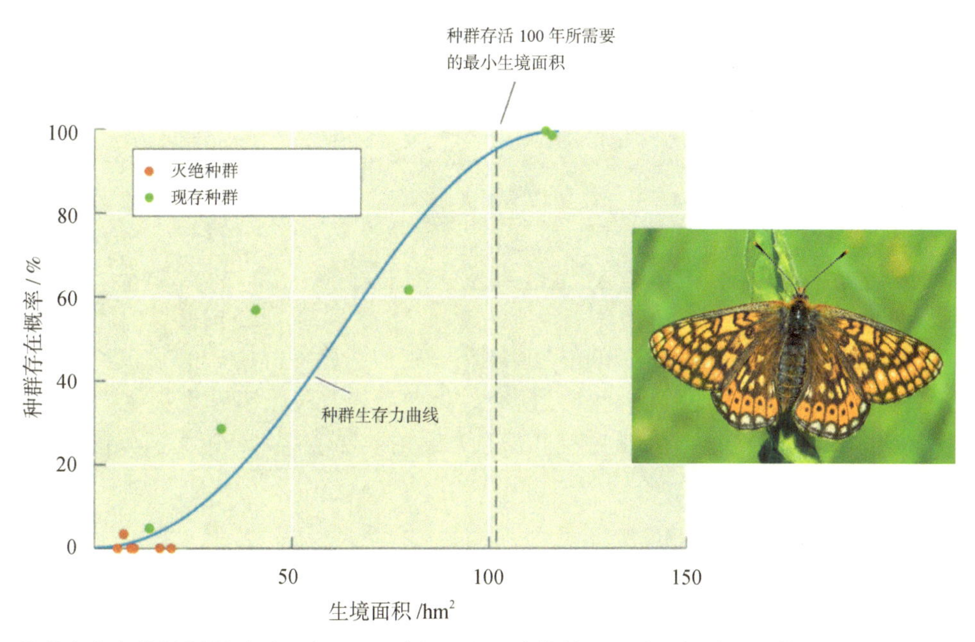

图 12.7　种群生存力分析预测需要至少 100 hm^2 的面积，才能使湿地豹纹蝶种群维持 100 年（95% 置信区间），所以已灭绝种群所占的生境面积都远远小于 100 hm^2。如果不增加栖息地面积，现存种群中 4 个栖息地小于 100 hm^2 的种群在未来 10 年面临灭绝的风险（引自 Bulman et al. 2007；照片版权 Sergey Chushkin/Shutterstock.）

利德贝特负鼠　最完全的种群生存力分析可能是对栖居于澳大利亚东南部桉树林中一种濒危的有袋类动物利德贝特负鼠（*Gymnobelideus leadbeateri*）的研究（Lindenmayer 2000）。由于森林砍伐造成其生境破坏，模型预测未来 20 ～ 30 年内该物种的种群数量会减少 90% 以上。种群模型也可用于研究物种的生境斑块和扩散廊道的空间分布、筑巢条件以及森林动态等。基于大量的野外调查，这些模型能够预测不同的伐木管理方案对种群生存和物种灭绝的影响。分析结果指出需要在该物种出现的全部区域内，在景观尺度上对其进行综合管理。

这些例子诠释了 PVA 在物种管理方面的应用。进行物种生存力分析首先要对物种的生态学知识有明确的认知：物种所受到的威胁及种群结构变化特征。此外，对模型的不足之处我们也应该充分了解。

12.3 集合种群

一段时间中，一个物种在某地的种群可能消失，而在周围适合的地方形成新的种群。我们常常把由多个种群构成、种群之间存在某种程度的个体迁移或被动扩散的复合体，称为集合种群(metapopulation)，即“种群的种群”(Holt and Barfield 2010)。对于某些物种来说，集合中的单个种群常常存在的时间短暂，并且该物种每代之间的分布也有很大变化。而对于另一些物种，集合种群可能由一个或多个源种群(source populations)和多个汇种群(sink populations)构成。

其中，源种群又称为核心种群，具有较稳定的个体数目；汇种群又称为卫星种群，其种群个体数目随迁移而波动。在环境不适合的年份汇种群可能灭绝，而在条件适宜时，个体可以从相对稳定的源种群迁移到汇种群中，从而恢复汇种群(图12.8)。集合种群中也可以包含一些相对固定的种群，个体可以偶尔在种群之间迁移。那些由繁殖区和越冬区彼此分离的迁移种群构成的集合种群，其结构更为复杂。集合种群很适合进行模型研究，目前已经开发了多种模拟程序(Donovan and Welden 2002)。结合多个种群的空间信息，运用种群生存力分析可以模拟集合种群的动态变化。

> 一个物种的种群通常通过个体扩散而联结，可称之为集合种群。在这样一个系统中，一个种群的消失会对其他种群产生负面影响。

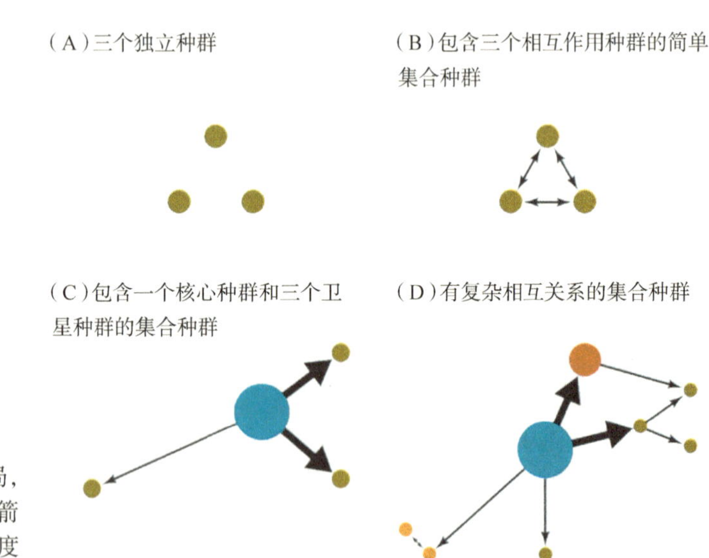

图12.8 可能的集合种群格局，种群的大小用圈的大小表示，箭头表示种群间迁移的大小和强度(引自White 1996)

经典种群研究的目标只针对一个或少数几个种群，集合种群的研究则能较为准确地了解该物种的概貌。集合种群研究表明本地物种种群的栖息地随时间而不断变化，个体可以在种群间迁移，也可以迁居到新的生境。某一生境中原来的物种灭绝后，则会被新的物种重新占据；由交叉的道路和农田干扰引起的生境间迁移率的降低，会导致集合种群中本地物种的永久性灭绝。这些模型尤其适用于模拟斑块景观中的鸟类种群。集合种群模型承认存在少数个体迁移的情况，这使生物学家能够考虑边界效应、遗传漂变和基因流对该物种的影响。小种群灭绝的一个重要原因是由于个体数量限制而造成的遗传变异的丧失，而种群间的个体迁移，即使是少数个体，仍可以大大降低这种遗传变异的丧失，实际上从遗传上起到了“拯救”小种群的作用。下面两个例子说明了在集合种群水平上评估和管理物种比在单个种群水平更为适用。

- **加拿大盘羊** 在加利福尼亚东南部沙漠中生活的加拿大盘羊（*Ovis canadensis*）提供了一个很好的研究集合种群动态过程的例子。观察发现在这些加拿大盘羊集合种群中，种群斑块是随着时间而变化的，种群的栖息地也常常转换（图 12.9）。种群迁移和基因流主要发生距离在 15 km 以内的种群间，并且受到生境地形的影响（Epps et al. 2005，2007）。人类建立的障碍，如高速路、灌渠、城区等几乎完全阻止了相关地区的种群迁移。保持种群现存区与潜在适合区之间的扩散通道对于保护物种是至关重要的。

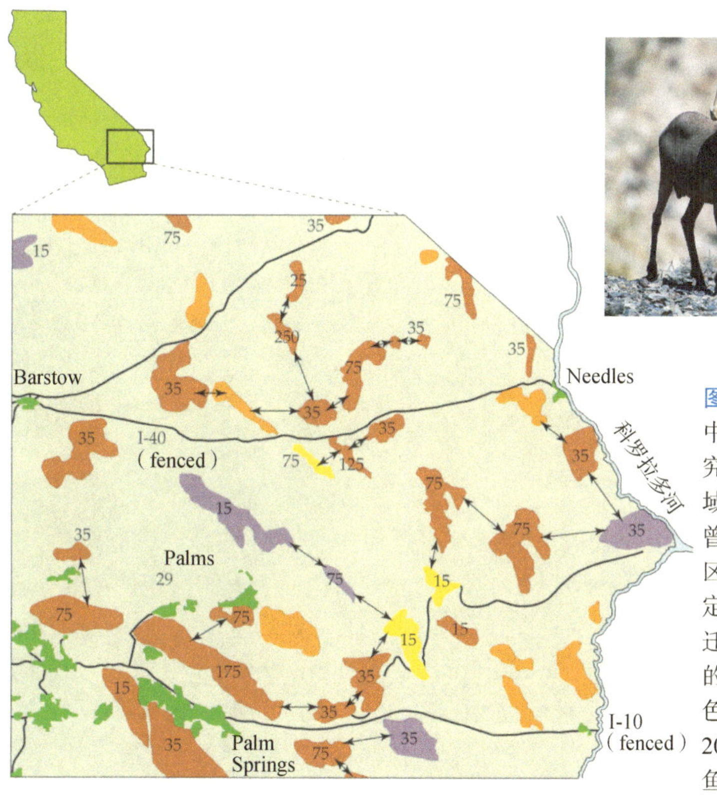

图 12.9 加利福尼亚东南部沙漠中加拿大盘羊集合种群的动态研究。红色显示种群长期占据的区域，并注明种群数量。橙色显示曾经的占据区域，紫色显示放归区，黄色显示在过去 15 年重新定殖的区域。箭头显示观察到的迁移情况。人类的定居点、主要的高速公路和人工河渠分别以黑色和绿色显示（引自 Epps et al. 2007；照片由 Ryan Hagerty/ 美国鱼和野生动物管理局惠赠）

- **弗氏马先蒿** 弗氏马先蒿（*Pedicularis furbishiae*）是生长于缅因州北部和新布伦瑞克省绵延 200km 的圣约翰河河畔的特有植物，那里常年遭受周期性的洪水泛滥（图 12.10）（Schwartz 2003）。洪水经常破坏那些已存在的种群，同时为新种群的建立开辟出适宜的裸露河岸。随着灌木和乔木的生长，该种群最终会因为受到遮阴的影响而衰退。由于该这些种群存在时间很短，任何针对单一种群的研究方法都不能得到该物种的概貌。该物种具有一个特点，即现有种群通过

图 12.10 弗氏马先蒿(*Pedicularis furbishiae*)以一系列短命种群的形式存在，而将它作为一个集合种群进行保护是最好的方式(美国鱼和野生动物管理局惠赠)

种子散播迁移到新的适宜生境。对该物种而言，集合种群的研究方法尤为适宜，集水流域(watershed)则成为最合适的管理单元。

我们要特别注意到，破坏集合种群中的一个核心种群，就会引起相关几个小的卫星种群的灭绝，这些卫星种群依赖于核心种群周期性的补充个体(Gutiérrez 2005)。另外，人类干扰如围栏、道路、河坝等会降低生境斑块之间的迁移率，从而降低在局地灭绝后周围种群个体重新进入该地区的可能性。由人类活动引起的生境破碎化有时会将一个大的连续种群改变为一个集合种群，在这个集合种群中一些小的短时种群占据生境片段。当每个片段中种群很小并且种群在生境片段间的迁移率很低时，每个生境片段中的种群将逐步灭绝并且不会重新建立。

集合种群强调种群动态过程的本质，揭示在更广的区域内，去除一些核心种群或降低迁移的可能性，是怎样导致某一物种的局地灭绝。例如，对加利福尼亚斑蝶(*Euphydryas* sp.)的研究发现，没有人为管理的草地生境发生演替后，一个大的核心种群灭绝了，不久卫星种群也灭绝了。所以，通过人为的周期性放火或放牧来维护草场，才能维持蝴蝶种群的存在。有效管理一个物种常常需要了解这些集合种群的动态，并且恢复生境和扩散通道。

12.4 物种及生态系统的长期监测

种群监测需要与环境中其他参数的监测相结合。对于生态系统过程(如温度、降水、湿度、土壤 pH、水质、溪流的水量、土壤侵蚀)和群落特征(如出现的物种、植被盖度、各个营养级的生物量等)进行长期监测能够让研究者确定生态系统的健康情况以及所关注物种的生存状态(Sagarin and Pouchard 2009；PapWorth et al. 2009)。美国长期生态研究计划将监测的时间尺度划分为月、年到十年、百年(图 12.11)(Hobbie et al. 2003)。

例如，许多两栖动物、昆虫及一年生植物种群个体数量有很大的年际波动，所以我们需要多年的监测数据，并结合目标物种种群数量的变化规律，来确定该物种的种群是正在衰退还是仅仅是处于正常波动中的较低水平。例如，由于一种鲵类较低的种群数量(几年中的繁殖数量都很低)，起初被认为很珍稀。而在随后适宜繁殖的年份中，其种群数量大得惊人(Pechmann 2003)。另一个例子是，对南非两种火烈鸟 [大型火烈鸟(*Phoenicopterus ruber*)和小型火烈鸟(*Phoenicopterus minor*)] 种群 40 年的观测得出，这些火烈鸟只在雨水充沛的年份繁殖大量后代(图 12.12)。然而，当前种群中的幼鸟数

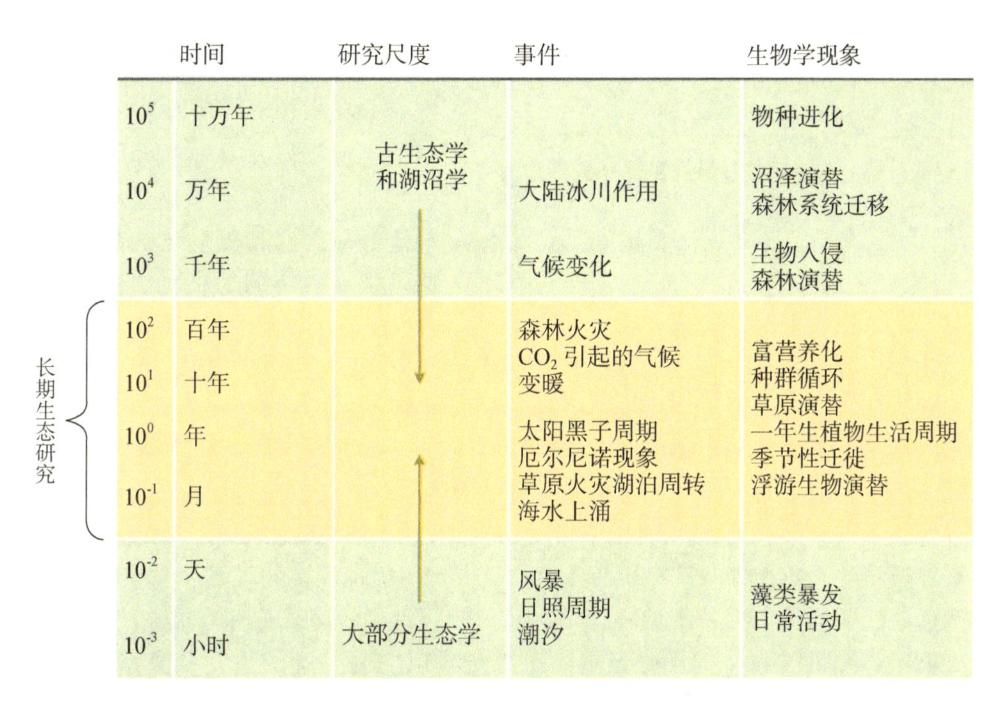

图 12.11 长期生态研究（LTER）计划将各种变化发生的时间尺度分为月、年到十年、百年，以便于理解短期观测所无法获得的生态系统结构、功能和过程的变化（引自 Magnuson 1990）

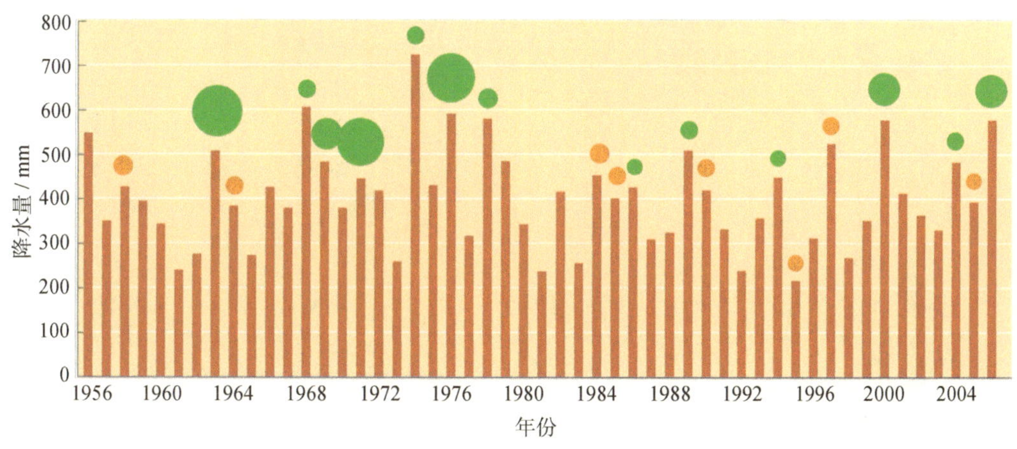

图 12.12 图中的立柱显示了埃托夏国家公园 1956 ～ 2006 年的降水数据。圆点表示该年份火烈鸟的繁殖情况。橙色圆点表示繁殖失败的情况，即产下的蛋没有孵出幼鸟。小、中和大的绿圆点分别表示孵出的幼鸟数目少于 100 只、100 ～ 1000 只及 1000 只以上。由图可知上一次大规模的孵化幼鸟活动发生在 1976 年（引自 Simmons 1996 及个人通讯；照片版权 Kevin Schafer/DigitalVision/Photolibrary.com）

量较原来要少很多，表明这些物种可能正濒于局地灭绝。

环境所产生的作用效果要在距离最初作用很长时间后才会显现，这对于理解生态系统的变化来说是一个挑战。例如，酸雨、氮沉降以及其他的大气污染都会引起森林中溪水水体化学成分、藻类群落及氧气含量的变化，最终使得某些珍稀昆虫类的幼虫无法在水生环境中生存。在这个例子中，造成昆虫数量下降的原因（大气污染）可能在数十年前就产生了。即使是生境破碎化，也会通过逐渐的环境退化以及集合种群的灭绝产生滞后效应。

> 进行种群和生态系统长期监测是必要的，因为种群和生态系统的变化常常很慢。

监测计划的一个主要目的是收集生态系统功能和生物群落的基础数据，用以监测自然群落的变化情况。对这些指标的监测，也有助于项目管理者判断他们的目标是否达到或者要进行管理计划的修订。对生物多样性的监测与对同一地区社会和经济特点的监测结合得越来越紧密。例如，跟踪人们的年均收入、生活和教育水平，以及人们从邻近生态系统获得的动植物资源量和价值，以认清人类与物种保护的联系。当地居民经常参与监测活动，因为他们熟悉本地环境，并且对确保良好的区域管理有极大的兴趣（Low et al. 2009）。长期的种群监测可警示生态系统及以之为基础的人类社会系统的衰退。Magnuson（1990）这样解释长期种群监测的必要性：

> 如果没有长期研究所提供的数据，不仅在试图理解和预测周围世界的变化时会产生严重的判断错误，而且会在管理环境的过程中犯严重错误。尽管一些足以引起地球宇宙飞船遭到严重破坏的事故可能很快被发现，但也有些问题可能是缓慢发生和难以预见的。

小结

1. 保护和管理某一珍稀或濒危物种，需牢固掌握其生态学特征，有时称之为自然历史。这些基础知识涉及物种所处的环境、物种分布、生物互作、形态学、生理学、种群统计学、行为学、遗传学以及与人类的作用关系。这些信息可以从各种发表或未发表的文献及野外调查来获得。运用普查、种群调查及种群统计学方法对野外生存的某一物种进行长期监测，可以揭示种群数量周期性的变化规律，以区分长期的种群数量下降和短期的种群数量波动。
2. 种群生存力分析（PVA）利用种群统计学、遗传学、环境因素及自然灾害的数据来估计种群在一个环境中的生存能力。种群生存力分析也用来评估不同的管理手段可能对种群未来的持续能力有多大影响。
3. 许多物种存在多个临时种群构成、种群之间存在某种程度个体迁移或被动扩散的复合体，称为集合种群。而对于另一些物种，集合种群可能由一个或多个具有较稳定个体数目的核心种群和多个个体数目随迁移而波动的卫星种群所构成。
4. 长期监测工作可以提供物种、群落、生态系统功能及人类社会潜在威胁的预警。

讨论题

1. 参考 Maschinski 关于亚利桑那州的克里夫罗斯的研究成果（2006）、Pfab 和 Witkowski 关于南非植被的研究(2000)或者其他种群生存力分析(PVA)文献，总结 PVA 的优缺点。

2. 利用图 12. 8 作为基础，构建多种集合种群模型，最简单的模型是某些灾难事件如飓风，定期地影响物种个体从一个巨大的核心种群向卫星种群的迁移。在随机的飓风干扰(每四年一次)和个体迁移率(每四年一次)情况下，模型得出怎样的结果？如何解释？

(A)对濒危蟾蜍物种进行 PVA 分析。该蟾蜍曾经广布于诸多大型岛屿，但现在仅存于大西洋中部一个孤立的小岛上。假设该岛最多可承载 20 种蟾蜍，但现存 10 种。春季每对蟾蜍可繁殖 0 ～ 5 个可育后代(例如，抛掷 5 次硬币，出现正面的次数即为每对蟾蜍繁殖出的可育后代的数量)。当性别比例不均衡时，某些个体则不能配对繁殖。繁殖期过后，成年蟾蜍死亡，后代的性别完全随机(例如，抛掷一次硬币，正面表示该后代是雄性，背面则表示雌性，或者使用随机数生成器、模拟软件如 VORTEX 或 RAMAS)。

(B)对每 10 个蟾蜍世代进行 10 次种群模拟并绘制种群大小随时间变化的图表，种群灭绝的概率是多少？人为假定恶化蟾蜍的生存条件，如将该岛屿承载力降到 15(甚至 10)只蟾蜍，或引进鼠类使得后代每三年死亡 50%，或给蟾蜍供给额外的食物资源，检测哪一种情况下蟾蜍的繁育率较高。比较研究在不同的生态、遗传及生活史条件下基础模型的变化。有条件的话，建议运行计算机软件进行 PVA 分析。

推荐阅读

Boersma, P. D. 2008. Penguins as marine sentinels. *BioScience* 58: 597-607. 由于鱼类过捕，企鹅不得不游到更远的海域捕食。

Bulman, C. R. and 6 others. 2007. Minimum viable metapopulation size, extinction debt, and the conservation of a declining species. *Ecological Applications* 17: 1460-1473. 集合种群模型可以识别出最需要进行物种保护的区域。

Feinsinger, P. 2001. *Designing Field Studies for Biodiversity Conservation.* Island Press, Washington, D. C. 指导建立野外调查大纲。

Goodall, J. 1999. *Reason for Hope: A Spiritual Journey*. Warner Books, New York. 这位了不起的女士讲述了她对黑猩猩和人类的贡献。

Guschanski, K., L. Vigilant, A. McNeilage, M. Gray, E. Kagoda, and M. M. Robbins. 2009. Counting elusive animals: Comparing field and genetic census of the entire mountain gorilla population of Bwindi Impenetrable National Park, Uganda. *Biological Conservation* 142: 290-300. 基因技术为种群普查提供了新的途径。

Higdon, J. W. and S. H. Ferguson. 2009. Loss of Arctic sea ice causing punctuated change in sightings of killer whales(*Orcinus orca*)over the past century *Eciological Applications* 19: 1365-1375. 创造性地运用原来的观测数据显示某一物种的变化。

Holt, R. D. and M. Barfield. 2010. Metapopulation perspectives on the evolution of species' niches. In S. Cantrell, C. Cosner, and S. Ruan(eds.), *Spatial Ecology*, pp. 189-212. Chapman and Hall, Boca Raton, FL. 种群空间特征对于理解物种及其管理是至关重要的。

Low, B., S. R. Sundaresan, I. R. Fischhoff, and D. I. Rubenstein. 2009. Partnering with local communities to identify conservation priorities for endangered Grevy's zebra. *Biological Conservation* 142: 1548-1555. 居民参加种群监测既能获取有用的数据，又能提高当地群众对物种保护的关注。

Marsh, D. M. and P. C. Trenham. 2008. Current trends in plant and animal population monitoring. *Conservation Biology* 22: 647-655. 种群监测项目必须协调好监测方案与目标的关系。

Maschinski, J., J. E. Baggs, P. F. Quintana-Ascencio, and E. S. Menges. 2006. Using population viability analysis to predict the effects of climate change on the extinction risk of an endangered limestone endemic shrub, Arizona cliffrose. *Conservation Biology* 20: 218-228. 种群生存力分析模型显示需要对物种进行管理以防灭绝。

Mueller, J. G., I. H. B. Assanou, I. D. Guimbo, and A. M. Almedom. 2010. Evaluating rapid participatory rural appraisal as an assessment of ethnoecological knowledge and local biodiversity patterns. *Conservation Biology* 24: 140-150. 当地居民为种群监测提供精确的植被特征信息。

Papworth, S. K., J. Rist, L. Coad, and E. J. Milner-Gulland. 2009. Evidence for shifting baseline syndrome in conservation. *Conservation Letters* 2: 93-100. 人们常常忘记以前的生物多样性是什么样子。

Pfab, M. F. and E. T. F. Witkowski. 2000. A simple population viability analysis of the critically endangered *Euphorbia clivicola* R. A. Dyer under four management scenarios. *Biological Conservation* 96: 263-270. 给出了一个易于理解的 PVA 应用的实例。

Pusey, A. E., L. Pintea, M. L. Wilson, S. Kamenya, and J. Goodall. 2007. The contribution of long-term research at Gombe National Park to chimpanzee conservation. *Conservation Biology* 21: 623-634. 长期的调查研究对物种保护至关重要。

Scholes, R. J. and 8 others. 2008. Toward a global biodiversity observing system. *Science* 321: 1044-1045. 全球生物多样性监测网络（GEO BON）提出一个新的监测全球生物多样性的途径。

Traill, L. W., B. W. Brook, R. R. Frankham, and C. J. A. Bradshaw. 2010. Pragmatic population viability targets in a rapidly changing world. *Biological Conservation* 143: 28-34. 种群生存力分析研究表明物种管理者需要保护成千上万的物种个体。

Zabel, R. W., M. D. Scheuerell, M. M. McClure, and J. G. Williams. 2006. The interplay between climate variability and density dependence in the population viability of Chinook salmon. *Conservation Biology* 20: 190-200. 在多变的环境中，各种因子交互作用共同影响鲑鱼的生存。

（梁宇 李珊 编译，蒋志刚 马克平 审校）

第 13 章

建立新种群

在第11章和第12章我们讨论了保护生物学家在保护野生濒危物种方面所面临的各种问题，这一章我们主要来探讨解决这些问题的有效方法，主要包括建立新的野生或者半野生的珍稀濒危种群以及扩大现有种群规模。这些方法能够使小种群物种及隔离种群物种存续下去。

通过互补的、在野外建立新种群以及开展人工繁育计划使很多物种都受益良多。与圈养种群以及隔离野生种群相比，在野外分布范围很广的种群不太容易被突发灾难所摧毁，如地震、台风、疾病、流行病或者战争。同时，增加种群的数量以及规模能够有效降低种群灭绝的风险。

但是，重建计划并不一定会有效果，除非我们能够弄清楚并能够控制导致野生物种种群减少的各种因素（Houston et al. 2007）。例如，由于DDT（二氯二苯三氯乙烷，一种杀虫剂）的危害，游隼的分布范围大大缩小了。为了建立新的野生种群，DDT的使用必须首先禁止。通过放归人工圈养繁殖游隼，游隼种群在北美地区特别是在城市地区得到了恢复。而对濒危的加州兀鹫来说，其种群减少的一个很重要因素就是猎人的铅弹。当加州兀鹫吃了被猎人打死的动物以后，兀鹫就会受到损伤甚至死于铅中毒。在加利福尼亚州，规定猎人打猎的时候不能使用铅弹，这是通过圈养种群成功建立新的野生加州兀鹫种群的一个前提条件。

13.1 建立新种群的三种方式

目前主要有三种基本方式来进行动植物新种群重建，其中大多数方法都是由 IUCN 再引入专家组制定的（www.iucnsscrsg.org）。所有的方法都包含了对现存物种个体的重新安置。

再引入项目*：就是将圈养个体以及野外捕获个体重新释放到它们历史分布范围内合适的地点。再引入项目的主要目标是在物种的原始分布范围内进行种群重建。例如，为了恢复黄石国家森林公园内的捕食者和被捕食者的平衡，美国野生动物管理人员在 1995 年启动了灰狼的再引入项目（专栏 13.1）。通常，物种个体被释放到它们或它们祖先生活过的地方可以保证这些个体对环境的适应性。当一个新的保护区建立以后，或者当一个现存种群遇到新的威胁，并且在这个地点已经不能顺利地繁衍时，或者当存在某些自然的以及人为的障碍从而导致物种不能正常维持其扩散趋势时，野外捕获的个体也经常被释放到其他适宜它们生存的环境中去。

> 濒危物种种群重建不仅能够使重建物种受益，还能惠泽其他物种甚至整个生态系统。这些重建项目能够成功的关键是避免导致物种种群减少的因素发生作用。

增补项目：将人工饲养或者其他地方获得的野生个体放归到现有野生种群中，以提高现有种群的规模及其基因库。

引入项目：将人工饲养或者野外获得的动植物个体释放到历史上该物种不存在但很适宜它们种群延续的地区。实施引入项目常常是由于物种在原生地的环境已经被破坏，不适合该物种生存，或者导致原来野生种群衰退和灭亡的因素仍然存在，因此不适于种群重建。在不久的将来，我们可能需要采取更多的引入项目来保护那些由于气候变化特别是全球性增温（见第 9 章）而不适合原生地环境的物种。

在实施某一物种的引入项目时，我们必须进行周全的考虑和评估，以免引入物种损害当地的生态系统以及其他濒危物种（Ricciardi and Simberloff 2009）。另外，也要注意释放的个体不能携带病菌，以免传播后损害野生种群。例如，在将黑足鼬放归到北美草地时，必须防止它们在放归前从人类或者宠物狗感染疾病，从而将疾病传染给其他野生个体（图 13.1）。同时，物种对新的环境会产生基因层面的适应，从而导致原有的基因库并不能真正得到保护。

我们可以采用不同的方法和实验处理来帮助放归个体尽快适应新环境以成功建立新种群，例如，动物放归以后一段时间内，在放归地点给它们提供额外的食物以及水源，或者为引入的植物去除它们在引入地的竞争对手。通过对各种方式、方法的细心跟踪调查，我们能够对现有的管理方法进行评估并发展新的管理手段（Goossens et al. 2005）。这些管理手段能够用来更好地管理现有的野生种群。

---

* 遗憾的是，很多人仍然对建立种群这个概念的理解有些偏差。再引入项目有时也被称为“重建项目”或者“恢复项目”。另外一个概念“迁地保护”通常是指将物种从一个将要受到破坏的地点迁到另一个地点使之得到更好的保护。

专栏 13.1 灰狼的回归遭受了冷遇

对公众来说，保护通常意味着保护濒危动物，例如，仅有130只野生个体的加州兀鹫，或者估计仅有1600只个体的大熊猫。虽然这些保护措施在避免物种灭绝方面起了非常关键的作用，但是保护的最终目的是使被破坏的生态系统恢复到以前的平衡状态。有时这也包括再引入物种到原来的生态系统——这些物种在其他地方有大量个体且不需要通过再引入项目来保护它们。这方面比较典型的例子就是1995年在黄石地区进行的灰狼放归项目。

> 放归关键捕食者到生态系统当中能够对处于较低营养级的物种种群产生巨大的影响，从而改变整个生态系统的结构。

直到1995年，黄石国家公园的生态系统仍处于失衡状态，这很大程度上是由于100年前的有计划地捕杀灰狼所导致的。灰狼会对公园里面的北美马鹿种群以及其他野生动物造成威胁。它们的灭绝导致北美马鹿及其他食草动物的种群迅速增长，不仅破坏了原有的植被，还导致大量食草动物遭受饥荒困扰。从生物学角度出发，再次引入灰狼，通过其对其他野生动物种群的影响，对于黄石国家公园的生态平衡恢复是非常必要的。

当美国鱼和野生动物管理局在1987年提出向黄石国家公园及其周围政府属地（大黄石国家公园）中再引入灰狼时，马上引起各方质疑。蒙大拿州、怀俄明州以及爱达荷州的大农场主们认为狼群会对家畜造成破坏并且会危及人类的安全（Smith et al. 2003）。猎人们争辩说狼群会减少野味的供应，同时木业及采矿企业担心一个保护物种的出现将会限制他们在联邦土地上进行各种资源开采。支持这些反对意见的另一个证据是灰狼仅仅在加拿大就超过50 000只，它们并没有马上灭绝的风险。为了调和这些争论，大家就灰狼引入策略达成了一致，认为引入的灰狼种群在黄石公园中是“实验性的、非必须的”，给予灰狼某种程度的保护，但是允许人们对逃离国家公园以及袭击家畜的灰狼采取灵活的处理方式。

1995～1996年，从加拿大向黄石公园地区共引入5个狼群和一部分零散个体（Berger 2007）。这些灰狼先在大圈里面圈养了10周（目的是为了打破它们的返家趋势）然后才被释放。狼群对公园的环境适应得很好，它们捕食并繁殖了大量的后代。到2009年，在大黄石地区形成了33个种群共计390只自由生活的灰狼（Vonholdt et al. 2008），在更大的区域范围内，灰狼数目超过了1600只（见图）。

狼群的活动改变了黄石公园的生态结构（Barber-Meyer et al. 2008;Hamlin et al. 2008）。北美马鹿聚集形成大的群体，灰狼与北美灰熊以及草原狼相互影响。狼群杀死动物的腐肉数量会影响腐食者的动态，如灰熊及腐臭甲虫。由于降低了食草动物捕食的强度，一些树种正在得到恢复并形成了高密度的幼树。现在，作为黄石公园一项吸引人的项目，以狼作为精选主题的书籍及纪念品被售卖给来公园的参观者，并创造了非常可观的经济价值。许多科学家以及学生志愿者研究狼群对生态系统的影响及其生态功能，结果证明是值得的。

每年狼群在这个落基山北部地区确实会杀死大约400头牛羊以及其他家畜，但是，被狼群杀死的牛仅仅占这一地区养殖的40万头的一小部分，因此是微不足道的。这个项目投入数百万美金，但与其在黄石地区产生的巨大生态价值以及成千上万的被黄石公园狼的故事所吸引的游客相比，这些损失是很小的。另外，一个取名野生动物卫士的组织承担了对被狼杀死动物的损失评估，并对农场主进行了补偿，自2000年开始已经支付了100万美金（www.defenders.org），但是农场主的反应仍然是复杂的。以前，在私人土地上袭击家畜的狼是被放归到偏远政府属地上的，但是现在由于没有额外的无狼区域来放归它们，它们被公园的管理者射杀了（Baker et al. 2008;Harper et al. 2008）。随着灰狼种群的增长，在公园以外进行捕食的狼群数量大大增加，这加剧了与农场主的矛盾；当它们在公园以外区域游荡的时候，越来越多的狼被人类杀死。

黄石公园的狼群引入项目已经表明狼是可以被再引入的，并且能够使原来的生态系统动态恢复到原始的平衡状态。考虑到该项目的成功，蒙大拿州以及爱达荷州认为灰狼不再需要保护，当狼在追逐或者袭击家畜的时候普通公民可以猎杀它们（Bergstrom et al. 2009）。最后，该项目的成功与失败主要取决于能否找到一个妥协方案，从而使牧场主以及其他土地所有者转变态度支持该项目。

（A）

（B）

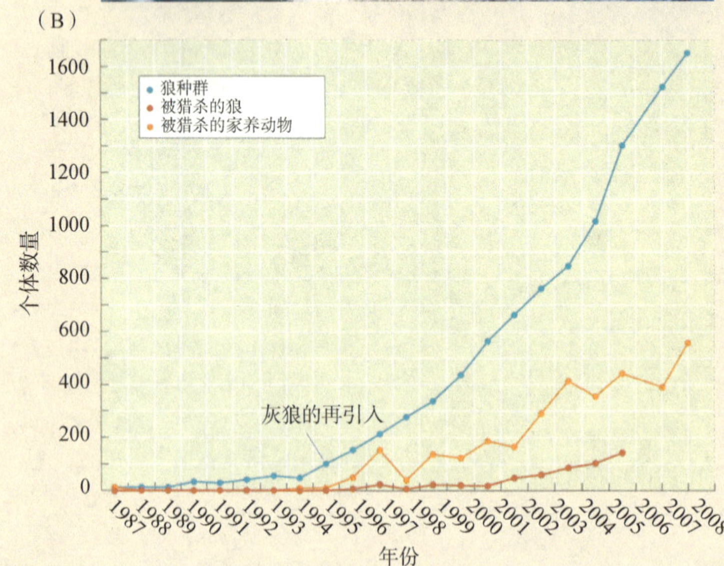

（A）黄石公园中，灰狼（*Canis lupus*）安装了无线电项圈以便研究者追踪它的运动路线；（B）在黄石地区1995年开展原生地放归项目以后，蒙大拿州、怀俄明州及爱达荷州的狼数量大大增加，而被狼杀死的家畜数量和政府授权捕杀的狼的数量也相应增加（A. 图片提供：Wolliam Campbell，美国鱼和野生动物管理局；B. 引自 Musiani et al. 2003, 并由 Musiani 根据 Clark and Johnson 2009 补充近年数据）

图 13.1 （A）在保护区域内，人们用笼子使黑足鼬（*Mustela nigrepes*）适应它们最终放归地点的环境。管理人员戴有口罩以降低人类疾病对鼬的传染。（B）一只饲养在科罗拉多养殖场的黑足鼬（A. M.R. Matchett 摄，美国鱼和野生动物管理局惠赠；B. Ryan Hagerty，美国鱼和野生动物管理局惠赠）

作为一项建立新种群的特殊方式，我们尝试着通过对易受伤害的年幼动物个体进行人工饲养，然后再将它们放归到新的生境中去以提高放归项目的成活率。例如，通过孵化野外收集的海龟卵并在附近的孵化场对幼龟进行人工饲养，然后将它们放归到野外正是基于这种特殊重建方式的一个典型案例。

13.2 动物种群重建的成功经验

由于新种群建立项目需要长期、认真的工作，因而常常是困难重重并且花费巨大。捕获、饲养、监测以及释放珍稀物种，如加州兀鹫、游隼、黑足鼬等需要数百万美元的花费以及长年的工作。特别是当进行种群重建的物种是长寿命的物种时，常常需要很多年以后才能判定项目成功与否（Grenier et al. 2007）。

再引入项目经常成为热烈讨论的公众话题，如美国的加州兀鹫、黑足鼬、灰熊以及灰狼等再引入项目以及欧洲的一些类似项目。这些项目经常受到多方指责。有人认为这些保护措施是浪费纳税人的钱（例如，为了保护一些丑陋的鸟而花费数百万美元！），有些人认为这些项目不是必需的（例如，其他地方有很多灰狼，为什么这里要引入并保护它们？），侵犯隐私的（我们想要我们自己的生活而不需要政府告诉我们要做什么！），没有得到很好的管理（很多黑足鼬在人工饲养中染病死亡！），或者是不道德的（为什么不能让那些濒临灭绝的物种在平静的生活中死亡而不将它们捕获并送到动物园？）。

由于各种争论和极端情绪，种群重建项目最好能有当地人参加，使得当地社区为项目的成功担当一份责任（这一点也同样适用于其他保护项目）。至少，我们要解释项目的必要性及其目的，来说服当地的居民支持或至少是使他们不反对我们的保护计划。在很多情况下，这些项目具有巨大的教育价值（Ausband and Foresman 2007）。对人们进行引导和鼓励远比强加的规定和法律更有利于项目的顺利开展。例如，在怀俄明州进行的灰狼再引入项目对由于灰狼放归造成的农场和家畜损失进行了赔偿，同时清除或者转移了那些经常袭击家畜的灰狼，从而获取当地人对项目的支持（Haney et al. 2007；Nyhus et al. 2003）。

成功的再引入项目常常具有巨大的教育价值。在巴西，保护金头狮狨的再引入项目已经成为保护最后一片大西洋森林片段最具感召力的一个方面。在中东以及北非，人工培育的阿拉伯羚羊被成功地再引入到它们以前生活的许多沙漠地区，这些保护的努力吸引了公众的注意力，增强了民族自豪感，还为当地居民提供了很多就业机会。

在放归前几天或者几周让动物熟悉放归地环境，并在放归以后立刻给予它们一定的照料和帮助能够提高再引入项目的成功率。

在为再引入项目选择合适的植物或者动物个体时需要考虑它们的遗传构成。圈养种群可能已经丧失了较多的遗传多样性。正如在太平洋鲑鱼身上发生的那样，很多人工养护的物种在繁殖了几代以后会对良好的圈养环境产生遗传适应性（Waples et al. 2004），从而导致它们在被释放到野生环境时不能存活下去。在选择个体的时候必须注意避免近交衰退，从而能够获得最具遗传多样性的释放种群（Vilas et al. 2006）。同时，为了提高野外释放个体的存活率，应该尽可能地在与释放地环境和气候相似的区域选择合适的释放个体（Olsson 2007）。

对一些物种来说，需要给予它们特别的照顾和协助来直接提高放归的存活率（Miskelly et al. 2009）。这种方法被称为软放归（见图 13.1）。这些动物可能需要为它们在放归地点提供食物及庇护场所，直到它们熟悉和适应当地环境并能够独自生存。或者我们需要在放归地暂时将它们饲养在笼子中直到它们逐渐适应放归区域的景色、声音、气味以及地形。例如，我们采用软放归的方式放归了 88 只人工饲养的毛里求斯隼幼仔，它们的存活率和野外孵化的 284 只幼仔的存活率没有显著的差异（图 13.2）（Nicoll et al. 2004）。目前，完全通过野外繁殖的毛里求斯隼的种群得到了持续的增长（Ewing et al. 2008）。

如果不进行食物方面的辅助而唐突地对群居性物种进行放归（硬放归），很可能导致种群重建项目失败。特别是当遭受干旱或者食物匮乏威胁时，必须采取必要的干预措施。即使是当物种有充足的食物时，我们也必须提供额外的食物以提高放归种群的繁殖速率，使新建种群能够维持并保持增长。必须监测和控制病虫害的暴发。对这一地区的人类活动如耕种、打猎的影响进行评估，并尽可能对这类活动进行适当控制。在任何情况下，我们都必须作出判断和决定，选择对目标物种进行帮助还是强迫该物种依靠它们自己存活下去。

目前已经有很多针对狩猎动物的种群重建项目，这些项目的开展对我们保护受威胁的濒危物种具有重大的借鉴意义。根据现有的大约 200 个种群重建项目，我们可以得到以下规律（Griffith et al.1989；Fischer and Lindenmayer 2000）：

1. 在较好的生境进行放归的成功率（84%）比在差的生境（38%）放归高。
2. 在历史核心分布区域进行放归的存活率（78%）要比在历史分布区域边缘或者非历史分布区域（48%）放归高。
3. 野外捕获个体的放归成功率（75%）要高于人工饲养个体（38%）。
4. 食草动物的放归成功率（77%）要高于食肉动物（48%）。

对鸟类以及哺乳动物的研究表明，当放归个体数小于 100 时，新种群成功建立的概

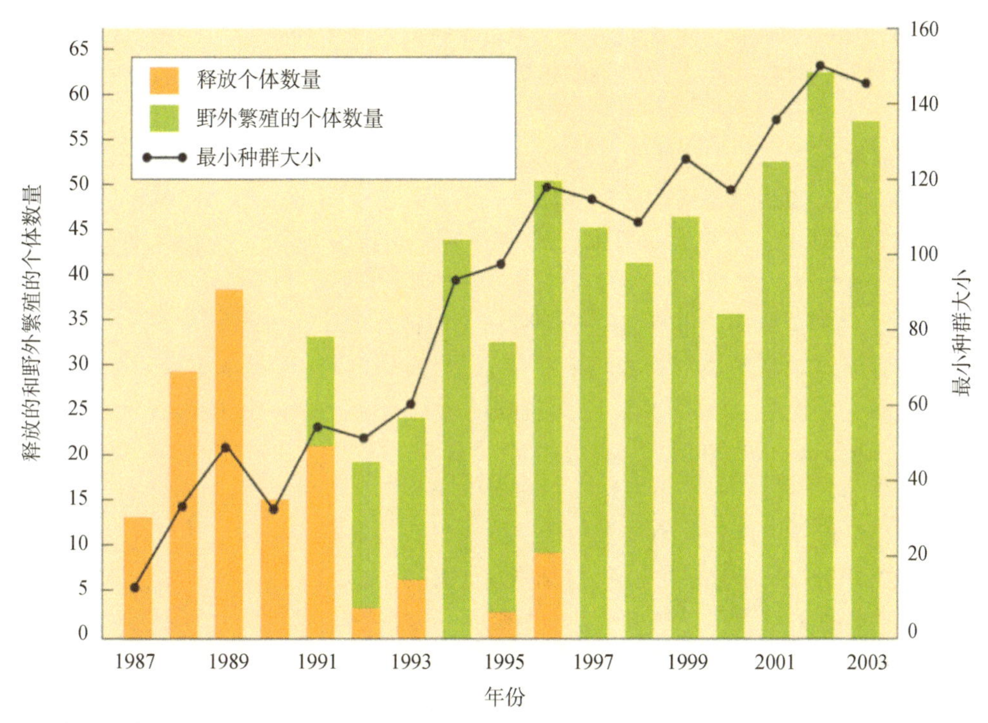

图 13.2 在毛里求斯隼再引入项目开始的前 4 年（1987 ～ 1990），所有的后代都是人工驯养的。从 1991 年开始，它们开始繁殖新生个体，到 1997 年所有新个体都是野外繁殖的。隼的新生个体以及最小种群大小（成年繁殖个体以及出羽的幼体数目）都在不断增长

率随放归个体数的增加而增加，但是随着释放个体数超过 100，种群重建的成功率并不能随之进一步增加，后续的研究已经证明这些结论的可靠性。

另一项研究（Beck et al.1994）分析了一类特殊的再引入项目——将人工繁殖的动物个体放归到其历史分布区域。评判这种再引入项目是否成功的标准在于能否建立能够自我维持的大于 500 个个体的新种群。根据这个标准，现有的 145 个再引入项目中只有 16 个是成功的——成功率显著低于其他研究。一项仅针对大型食草动物的再引入项目的分析表明，以下因素能够提高项目的成功率：一次释放大于 20 个个体；释放更多的成年个体；释放个体拥有合适的性别比例（Komers and Curman 2000）。虽然很难得到完整的信息来评价再引入项目的结果，研究表明在美国西部进行的超过 400 项对短寿命鱼类的放归野外项目的成功率大约是 26%（Hendrickson and Brooks 1991）。可能是由于对生境有较高要求，两栖动物、爬行动物以及无脊椎动物的再引入项目以及迁地保护项目的成功率低于 50%（Griffiths and Pavajeau 2008；Germano and Bishop 2009）。由于较低的重建成功率，我们应该尽可能采取多点放归，以提高放归物种成功建立新种群的概率，至少建立一个种群。

非常明显，对种群重建项目进行监测很重要，它能够使我们确定该项目是否达到了预期目标（Adamski and Witkowski 2007；Armstrong and Seddon 2008）。很多的项目由于缺乏书面监测记录或连续动态监测，因此很难评价这些项目是否成功。监测的主要内容包括确定释放个体能否存活并建立繁殖种群，跟踪和监测以确定它们的个体数量是否增长，地理分布范围是否扩大。同时，我们还要通过对生态系统重要组分的监测来评估再

引入项目的影响，例如，当我们向某一生态系统引入一个捕食者，这将极大地影响被捕食者及其竞争物种的动态，并间接对植物群落产生影响。在另外一个项目中，水獭种群的引入引起了公众的兴趣，但同时降低了鱼类以及贝类的数量，因此引起了渔民的愤怒（Fanshawe et al. 2003）。对种群重建项目的监测需要持续几年甚至几十年，因为很多开始看似成功的项目最后都失败了。例如，在美国西部进行食蚊鱼的再引入项目一开始取得了成功，建立了一个很大的可生存的种群，但是10年后的一场洪水使这个新建种群灭绝了（Minckley 1995）。

目前，我们迫切需要进行以下三个方面关于种群重建的研究。

1. 再引入项目的成本需要得到核算以确定该项目是不是物有所值的。以南非野狗的一个项目为例，新种群建立项目的花费是保护保护区现有种群的20倍（Lindsey et al. 2005）。
2. 目前绝大部分研究主要集中在温带陆生物种，要加大对热带物种以及海洋生物种群重建项目研究的投入。
3. 正如下一节所描述的，我们需要发展教授动物后天习得性行为的方法，以提高动物种群重建项目的成功率。我们还需要能够比较那些后天习得性行为动物的重建成功率与那些拥有先天习得行为动物的成功率。

动物的后天习得性行为

无论是对引入项目还是再引入项目而言，为了保证项目的成功实施，必须考虑释放物种的行为（Buchholz 2007）。野生的社会性动物（特别是一些哺乳动物和鸟类）从它们的同伴，特别是它们的父母那里学会了如何与同伴交流以及如何适应环境，并学会了各种生存技能，例如，如何寻找食物，如何收集、捕获以及进食。对肉食动物狮子以及野狗来说，捕食的技巧非常复杂精妙，需要很好的团队配合。为了得到维持生存及繁殖的各种食物，像犀鸟、长臂猿这些食果动物，必须学会在较大的区域内进行季节性的迁徙。

但是对人工饲养的哺乳动物以及鸟类来说，由于它们生活在笼子或者圈舍中，不需要去探索如何生存以及获得食物，因为每天都有人按照日程给它们提供相同的食物。很多物种被单独饲养或者生活在人工社会居群（小居群或者单一年龄居群），从而导致它们缺乏相应的社会行为属性。在这种情况下，这些动物可能会由于缺乏必需的生存技能而不能在野外生存。另外，社会属性的缺失会导致它们不能够通过协作寻找食物、预知危险、寻找配偶以及喂养后代（Brightsmith et al. 2005；Mathews et al. 2005）。

为了克服这些问题，人工饲养的个体在释放到放归地前后要对它们进行相关训练。它们必须学会寻找食物及庇护场所、躲避捕食者并与同伴互相协作。目前已经为一些哺乳动物和鸟类确立了训练方式。例如，训练黑猩猩使用嫩枝来取食白蚁，并教授它们如何筑巢；训练红狼如何猎杀猎物；通过将它们与捕食者模型放在一起，使它们感到恐惧，从而使它们害怕潜在的捕食者。

> 人工圈养繁育的哺乳动物及鸟类如果想在放归野外以后能够存活并且繁殖后代，就必须学会躲避捕食者以及适合该物种的社会行为。

特异性的社会关系对人们来说是训练人工饲养的鸟类和哺乳动物的难点之一，因为我们对很多物种行为上的细节还知之甚少。尽管如此，我们还是在一些人工饲养的社会性动物上进行了成功的尝试（Nicholson et al. 2007）。有时，人们通过模仿野生动物的外貌和行为对圈养个体进行训练，这种方法对年幼个体来说是非常有效的。例如，在饲养加州兀鹫雏鸟的时候由于人类印记效应的影响使它们不能够从同类那里学习正常的社会关系。现在，我们通过使用鹫状手偶对刚孵化的雏鸟进行喂养，从而使它们能够识别同类（图 13.3）。但是，即使我们对它们进行了训练，当这些人工饲养的加州兀鹫被释放到野外保护区后，它们仍然会聚集在建筑物周边，造成损伤并使人们受到惊吓。为了打破这种联系，加州兀鹫现在被饲养在远离建筑物的户外封闭式笼舍中。

图 13.3 饲养加州兀鹫雏鸟时，研究者用鹫状手偶进行喂食。保护生物学家希望通过减少人类与它们的接触来提高它们放归野外以后的存活率（Ron Garrison 摄，美国鱼和野生动物保护管理局惠赠）

当人工圈养的动物被作为种群补充计划的一部分而释放到野生环境，让它们跟野生同伴习得各种社会行为，将极大地提高项目的成功率。其中一种有效方式就是让野生同种个体作为圈养个体的“指导者”。例如，我们将捕获的野生金狮绒与人工饲养的个体放在一起，以使人工饲养个体能够从它们的野生同伴那里学会必要的技能。当它们形成社会团体以后，再一起放归。人工饲养的动物能够通过观察居群中野生动物的行为来获得关于食物种类以及潜在威胁的知识（Brightsmith et al. 2005）。

动物再引入项目案例 我们通过以下 5 个案例来介绍实施动物再引入项目的不同方式。

- 大西洋角嘴海雀：由于人类过度的采集角嘴海雀（*Fratercula arctica*）及其鸟蛋食用，导致在缅因海岸地区很难再发现它们的踪迹。从 1973 年开始，人们在缅因海岸地区的东岩石蛋岛开展了角嘴海雀的再引入项目。在 13 年间，研究者总共放归了超过 900 只雏鸟，并给它们提供了人工巢穴、鱼和维生素；每年都定期将富有攻击性的海鸥赶离小岛。经过一个生长季以后，羽翼丰满的雏鸟开始离开小岛飞往广阔的大海。为了使它们离开后能够返回小岛，同时也为了使这个小岛看起来被角嘴海雀所占据，研究者在岛上放置了角嘴海雀模型（图 13.4）。角嘴海雀在 1977 年开始返岛，到 2008 年共有 101 对角嘴海雀在岛上繁殖后代。
- 红狼：1987 年，通过向北卡罗来纳州东北部的鳄鱼河国家野生动物保护区放归 42 只人工繁殖幼仔重建了红狼（*Canis rufus*）种群。目前超过 100 只个体占据了 70 万 hm^2 的私人和联邦土地，其中包含一个军事基地。这些动物在这里繁殖了后代并建立了多个种群，它们以捕杀鹿、浣熊、野兔以及啮齿动物为生（Kramer and Kenkins 2009）。虽然红狼的种群恢复项目看上去是成功的，但是很多土地所有者不太希望它们出现在自己的土地上。目前对该种群最大的威胁是红狼和草原狼的野外交配，因为这会影响红狼种群的血统。

图 13.4 角嘴海雀被再引入到缅因海岸附近的东岩石蛋岛。研究者在岛上设置了一些角嘴海雀模型来吸引角嘴海雀到岛上生活并繁殖后代（Stephen W.Kress 摄 /www.projectpuffin.org）

- 肯普氏丽海龟：为了阻止肯普氏丽海龟（*Lepidochelys kempii*）种群的迅速减少，我们尝试着通过收集野生龟蛋，然后在得克萨斯对孵化的幼龟进行为期一年的人工饲养，经过标记以后放归到墨西哥湾（Shaver and Wibbels 2007）。虽然在 1978 ～ 2000 年，向该地区放归了大约 24 000 只幼龟，但是直到 2004 年只有 23 只普氏丽海龟在野外成功筑巢。虽然对这个结果的估计是比较保守的，因为监测是不完全的，有些龟丢失了标记，但是由于该项目的高成本及低成功率，大规模放归海龟项目最终被终止了。通过海龟种群的模型研究表明，商业性捕鱼活动导致了海龟种群的减少，因此首要任务就是避免商业性捕鱼对海龟种群产生的负面影响（Lewison et al. 2003；Shaver and Wibbels 2007）。
- 鸮鹦鹉（*Strigops habroptilus*）：它不仅是世界上最大，而且是唯一不会飞、不喜欢群居的夜行性鹦鹉。由于哺乳类捕食者的引入，拒推断新西兰鸮鹦鹉已经灭绝了，但是在 19 世纪 70 年代末人们还发现了鸮鹦鹉的两个小种群。它们的种群数量在不断减少，迫切需要人们采取措施来保护。野外捕获了 5 只鸮鹦鹉被放归到远离海岸、没有它们天敌的 3 个小岛。虽然一开始鸮鹦鹉繁殖的成功率很低，但是随着向成年个体提供额外的食物如苹果、红薯及本地种子，鸮鹦鹉的繁殖成功率大大提高。通过人工孵化、饲养、放归野外这一系列人工辅助过程，雏鸟的存活率逐渐得到改善。目前这一种群拥有 86 只个体，并在不断增长中。
- 大弯食蚊鱼：大弯食蚊鱼（*Gambusia gaigei*）最初是在得克萨斯州的两处泉水中发现的体型较小的鱼类。由于泉水的干涸，其中的一个种群于 1954 年消失了。同时，另一个种群由于其生活的泉水被改造成了鱼池，种群数量大大减少，于 1960 年也消失了。但是在这之前，人们从改造后的人工鱼池中选取了两雌一雄的个体开始了人工繁育项目。通过人工繁殖饲养以及向大弯国家公园的人工池塘中放归，使这一濒危物种在遭受连续的干旱和外来鱼类入侵以后顺利地存活下来。人们在两个泉水池中重建了它们的种群，目前大概有几千条个体，根据保护计划，维护了天然流动泉水以保护这些食蚊鱼（Hubbs et al. 2002）。为了防止野生种群再次消失，在新墨西哥州异地保留了一个人工饲养的食蚊鱼种群。

13.3 建立植物新种群

建立珍稀濒危植物种群的方法与建立陆地脊椎动物的方法有很大的不同（Montalvo and Ellstrand 2001）。动物能够主动进行扩散并寻找最合适的微生境；而对于植物而言，其种子必须借助风、动物、水或者保护生物学家等媒介才能扩散到其他地点（Bacles et al. 2006；Jordano et al. 2007）。一旦种子落地或者移栽完成，即使适合的生境就在几米以外它们也不可能移动过去，因而植物直接接触的微生境对植物的生存至关重要。如果某个地点阳光太强、太湿、太干，都会抑制种子的萌发或导致植物的不育乃至死亡。植物学家可能会通过简单的将目标物种种子散播到一个合适的空地上来建立新的植物种群。然而由于幼苗阶段植物的死亡率很高，可以采用类似于动物种群重建的方式，通过移植野生的或者人工培育的成年个体来进行种群重建。

> 新建植物种群可以通过种子播种、移栽幼苗或者成年植株的方式实现。在移栽前对移栽地进行火烧处理或者物理去除其他竞争植物能够提高重建成功率。

对很多植物来说，火烧以及林窗干扰有助于幼苗的更新；因此，并不是每一个地点都能一直适合幼苗的生长。在进行植物种群重建项目时，必须仔细地选择合适的重建地点。最好能够在与移栽地相似气候和环境的地点挑选移栽植株和种子，这样能够保证它们对移栽地有很好的遗传适应能力，从而提高项目的成功率（Vergeer et al.2004）。但是，与动物的再引入项目相同的是，在进行种群重建时必须找出目标物种种群减少的原始原因。例如，在加州有很多稀有的乡土植物被引入的多年生草本竞争排除了。因此，要保证这些稀有物种的再引入项目的成功，首先必须找到能够控制或者清除这些草本植物的技术和方法。

在很多的案例中，即使在一些看起来很适宜的环境中，珍稀植物也常常不能通过种子建立新的种群。在一项研究中，6 种一年生植物通过种子播种的方式分别种植在 48 块明显适宜它们生长的地点（Primack 1996），但是种群能够维持 2 年的地点仅有 5 块，仅有一个地点的种群维持了 6 年。在这唯一明显重建成功的地点，新种群数量超过了 10 000 棵植株，并沿着沼泽池的边缘蔓延了 30m（图 13.5）。接着，又对 35 种多年生草本进行了相同的尝试，将它们用种子播种的方式播种到 173 个适宜它们生长的地点，但是 173 个地点中长出幼苗的仅有 6 个，35 个物种中没有萌发出植株的有 32 个物种。

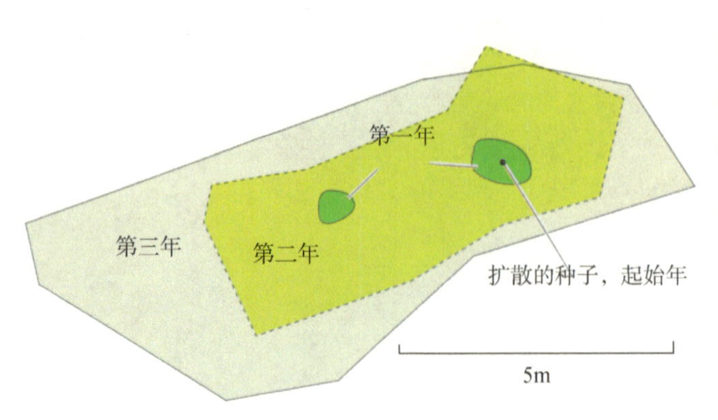

图 13.5 有时植物的种群重建可以通过种子播种来实现。我们在靠近波士顿的马萨诸塞州的哈蒙德地区的一块空置地上引入了一种一年生凤仙花——好望角凤仙花（*Impatiens capensis*）。在 1m 的半径中播种了 100 颗种子（黑点），并于一年以后形成了两个独立的种群（深绿色区域）。它们的种群分布范围在第二年（虚线）及第三年（实线）继续得到扩展。到第七年，种群增加到了 10 000 株，蔓延了大概 30m（引自 Primack 1996，David McIntyre 摄）

图 13.6 稀有物种的幼苗生长在温室的工作台上，它们接下来要被移栽到野外。直接通过种子进行的重建很难成功，将种子或枝条在人工条件下培育成幼苗乃至成年植株以后进行移栽能够极大地提高重建的成功率（R. Primack 摄）

为了提高重建的成功率，植物学家通常在控制条件下进行种子萌发并在保护条件下培育幼苗（图 13.6）。当植株度过了脆弱的幼苗期再移栽到野外。在移栽的时候必须针对物种选取合适的方法（如选择合适的种植深度、灌溉强度、种植时间、季节、土地平整等等）来保证移栽的存活率。移栽幼苗以及成年植株的开花和结实时间要比用种子直接播种提早至少一年，这能促进种子传播并快速形成子二代（Guerrant et al. 2004）。在其他情况下，常从现存野生群落中挖掘植株（要么野生植物在当地不是受到威胁的物种，要么在移除个体所占的比例很小不足以损害野生植物现有种群的前提下），然后移栽到适宜它们生长的空置地中（Gunnarsson and Soderstron 2007）。

尽管这些移栽的方法常常能够确保这一物种的存活率，但由于没有模拟自然过程，从而导致新种群有时不能产生种子和幼苗形成下一代。植物生态学家正在采用一些处理方法，如防止动物采食、去除竞争植物、燃烧叶片凋落物、在干旱区域种植其他植物来营造遮阴环境和叶片凋落物，以及施加微量元素来提高植物种群建立的机会（Donath et al. 2007）（图 13.7A）。选择多个地点进行重建，同时尽可能地增加播种以及移栽植株的数量，并能够在同一地点连续几年实施目标物种的再引入对植物种群能否成功重建是非常关键的。需要仔细地对幼苗以及成年植株的数量进行监测，这样才能准确判断重建项目是否成功。一个植物种群重建项目成功的标志是重建能够自我维持甚至是不断增长的种群，同时这个种群产生的后代要能够顺利地取代移栽的个体（Guerrant et al. 2004）。有些重建项目看上去成功了，但是在接下来的几年中所有的个体都死亡了。随着这方面研究的深入，我们希望植物种群重建的成功率能够得到提升。

植物再引入项目研究案例　通过下面两个案例介绍两种关于植物再引入的实验性方法。

- 草甸乳草：草甸乳草是美国中西部一种濒危的多年生草本植物，这种植物的一个突出特点是种子产量很小。在一项尝试性试验中用了多种方法重建种群（Bell et al. 2003）。在实验中发现大幼苗的存活率显著高于小幼苗，经过燃烧处理的生境中的存活率显著高于对照组（图 13.7B）。幼苗的存活率在雨水比较充足的年份也比较高。到 2009 年，在经过燃烧处理的生境中重建的种群无论在生长还是种子产量方面都比对照组好。根据这些研究结果，管理者现在通过火烧处理来辅助草甸乳草的种群重建。

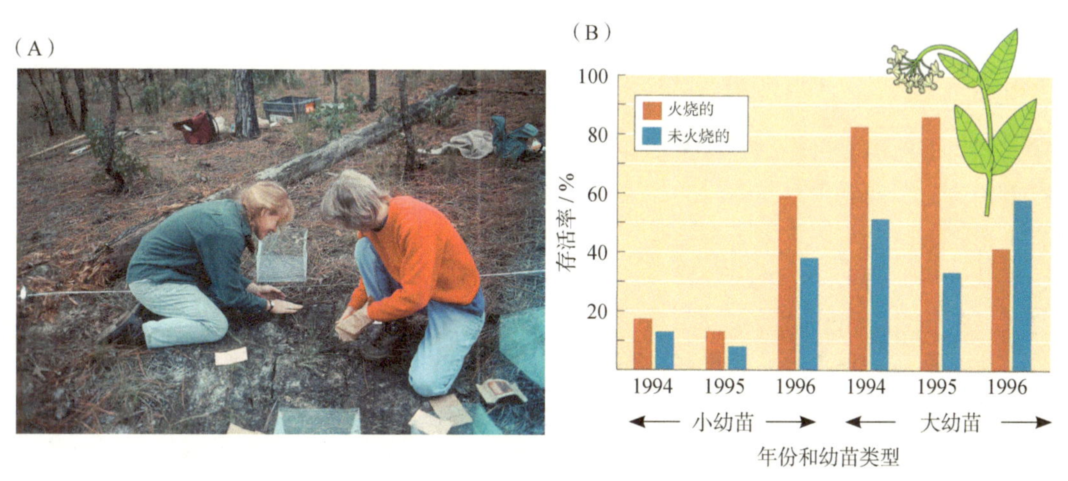

图 13.7　（A）在南加州，几种方法用于林务局土地上珍稀野生花卉物种的种群重建。在播种的松林中，烧除了林下层的栎树。此外，为了检验野兔、鹿以及其他动物对植物种群建立的影响，种植者将部分植株用铁丝笼罩起来；（B）在草甸乳草（*Asclepias meadii*）的种群重建实验中，大幼苗的成活率高于小幼苗，在经过和火烧处理生境中的植株存活率高于对照组。幼苗的存活率在雨水最丰富的 1996 年达到最高（A. R. Primack 摄；B. 引自 Bowles et al.1998）

- 诺尔托花梗仙人掌：诺尔托花梗仙人掌（*Pediocactus knowltonii*）是一种小型多年生仙人掌，它仅分布于新墨西哥州西北部的一块狭窄的山顶区域（图 13.8）。虽然现在这块土地属于大自然保护协会（TNC），但是该物种仍然受到人类活动，如石油以及天然气开采、放牧等的干扰。为了避免该物种的灭绝，1985 年在两块邻近的相似地点进行了种群重建的尝试（Sicinski and McDonald 2007）。在其中一个地点一共种植了 150 株个体，18 年后，40% 的个体仍然存活，它们中的一半能够开花结实，但是其中只有 4 株是第二代个体。

图 13.8 生长在新墨西哥州的诺尔托花梗仙人掌（图片版权归 Robert Sivinski/ 美国林务局所有）

13.4 新种群的状态

建立新种群在科学研究、保护工作、政府规章和道德规范的交叉部分产生了一些新的问题。这些问题需要阐明，因为未来生物多样性危机会引起越来越多的野生物种和种群的消亡，这就需要更多的再引入和引入项目增补种群。另外，在全球气候变化的背景下，如果一些物种的栖息地变得太热、太干而不适宜生存，那么就需要将它们转移到其他合适的地区（McLachlan et al. 2007）。

由于濒危物种立法导致很多物种被保护而不能被拥有或利用，使越来越多的项目和研究不能顺利进行（Reinartz 1995；Falk et al. 1996）。虽然这不是立法的本意，但是如果政府机构严格按照法律来管理科研项目，那么很多研究项目就不能开展，也就不会得出很多关于种群重建的新理论以及新方法。有时为了等待政府的批准，很多种群重建实验项目被延后了超过 5 年。对再引入以及其他保护项目来说，新的科学结论是非常重要的。因此，当政府官员在否定合理的科学研究项目的时候，他们应该思考这些决定对保护生物多样性以及维护全体居民的利益是不是最有利的。与环境污染、过度开发、生境破坏以及破碎化相比，合理设计的科学研究所造成的生物多样性丧失是非常小的。

我们对通过再引入项目以及引入项目重建的珍稀濒危物种的实验性种群采用了不同程度的保护，如分为重点种群和非重点种群。美国濒危物种保护法案对两类实验种群的保护进行了不同的规定：对濒危物种的延续非常关键的重点种群必须被严格保护；反之，则不被法律保护。例如，在大黄石地区的灰狼放归项目，由于这些种群被认为不是必须的重点种群，所以土地拥有者不会被濒危物种保护法案所约束，从而使他们不会反对这种实验性的种群重建项目。但是不利的方面是，土地的拥有者能够随意杀死他们认为有威胁的动物而不需要任何合法的理由。

有时候再引入项目会被滥用。在很多情况下，建立新种群和栖息地的目的是为了缓解和补偿由于经济发展所造成的野生濒危物种种群衰退和栖息地破坏。这些行动主要是针对受法律保护的物种及栖息地，主要包括：①尽可能降低损害程度； ②通过建立新种群及栖息地来补偿其所遭受的损失；③在破坏以后对残留种群及栖息地进行更进一步的保护。

> 通过再引入项目建立新种群并不能降低对濒危物种野生种群保护的迫切性。

但是，有些时候开发者仅仅为了自己的便利和利益而进行濒危物种种群重建，这种行为的动机是值得质疑的，同时他们常常对补偿措施的效果进行夸大。考虑到珍稀物种种群重建的成功率很低，我们还是要优先考虑对现有种群进行保护。人工维持的栖息地没有自然栖息地那么多的生物多样性及生态系统功能，因此至少对某些物种或者生态系统功能来说，通过保护以及置换来保护被破坏的栖息地是有益的。例如，人工维持的湿地与自然湿地相比一般具有较低的涵养水分能力，以及分解人类生活污水和其他污染物的能力（Bellio et al. 2009）。立法者、环境工程师和科学家必须明白，通过再引入项目建立新种群并不能降低对濒危物种野生种群保护的迫切性。原始种群拥有更加完备的基因库，并与群落中的其他组分有着紧密的联系。再引入项目并不是保护现有种群以及物种的备选方案，它们都是为了实现一个共同的目标：提高物种种群野外存活的概率。最后，保护生物学家必须用政府官员以及民众所能理解的方式阐明再引入项目的优缺点，同时必须解释他们所关心的问题（Musiani et al. 2003；Guerrant et al. 2004；Seddon et al. 2007）。如果生物学家能够使社会大众特别是学生群体参与再引入项目，将极大提升项目被公众接受的程度。当人们有了参与再引入项目的经历以后，他们能够更好地了解他们所做的事情，从而使他们能够积极地支持保护项目的开展。

小结

1. 建立野生新种群是保护濒危物种的一种方法。其通过使用人工繁殖个体、野外捕获经人工饲养个体或者被捕获野生个体来建立珍稀濒危物种野生种群。再引入项目主要是指将物种放归到其历史分布区；引入项目指将物种释放到历史上不存在该物种但现在条件适宜的地区；补充项目指向现有野生种群中释放新个体以增加种群大小及其基因库。
2. 人工饲养的哺乳动物以及鸟类会由于缺少必备的生存技能而在野外不能顺利存活。因此在放归前需要对一些物种进行社会关系及行为方面的训练，并在放归以后提供一些辅助措施来提高种群重建的成功率（软释放）。通常珍稀动物的种群重建很难成功，但是如果我们能够在其历史分布区中选择良好的栖息地进行放归并使用大量野外捕获个体进行放归，将极大地增强项目成功的可能。
3. 植物的再引入项目需要采用多种方式，因为植物对生境的专一性要求更高并且不能够移动。目前的研究主要集中于重建地筛选、栖息地管理以及移植技术。
4. 有时一些新建濒危物种种群会受到法律的保护。参与濒危物种种群重建的保护生物学家不仅要教育公众让他们明白进行种群重建的成效以及不确定性，还要注意防止这些重建项目会削弱法律对重建目标物种野生种群保护的力度。

讨论题

1. 如何评判一个再引入项目是否成功？提出简单的标准，然后进行细化。在你的标准中注意考虑应用种群统计学、环境以及遗传学因素。
2. 如 Donlan 等（2006）所描述的，在澳大利亚、南美、美国西南部以及其他非分布区进行非洲犀牛、非洲象以及非洲狮野生种群重建是不是合适的？需要考虑法律、经济及生态方面的原因。
3. 随着珍稀濒危物种种群重建的成功率越来越高，是否意味着我们不需要对现有野生种群进行保护？再引入项目的成本和收益是什么？
4. 目前，商业种植者以及植物园培育了很多濒危植物，并将它们（植物或者种子）出售给政府机构、保护组织、园艺团体以及公众，然后这些受法律保护的物种被用于建立新种群，但是缺乏有效的措施来规范濒危植物的销售和种植。你是如何看待目前的这种现象（优缺点）？政府是否有必要对受保护物种的繁育以及种植进行更加严格的管理？
5. 让孩子们参与当地野生花卉或者蝴蝶的再引入项目有什么缺点和益处？他们的父母以及老师需要关注什么？

推荐阅读

Adamski, P. and Z. J. Witkowski. 2007. Effectiveness of population recovery projects based on captive breeding. *Biological Conservation* 140: 1-7. 介绍恢复项目的监测和评价方法。

Armstrong, D. P. and P. J. Seddon. 2008. Directions in reintroduction biology. *Trends in Ecology and Evolution* 23: 20-25. 当制订物种再引入计划时，可以参考本文描述的需要回答的关键问题。

Bergstrom, B. J., S. Vignieri, S. R. Sheffield, W. Sechrest, and A. A. Carlson. 2009. The northern Rocky Mountain gray wolf is not yet recovered. *BioScience* 59: 991-999. 作者认为在当地生态系统恢复之前不能对再引入的灰狼取消法律保护。

Donlan, J. and 11 others. 2006. Re-wilding North America. *Nature* 436: 913-914. 一些保护生物学家建议在美洲平原上建立非洲大型狩猎动物的种群。

Fischer, J. and D. B. Lindenmayer. 2000. An assessment of published results of animal relocations. *Biological Conservation* 96: 1-11. 通过对 180 个研究案例进行分析并总结项目成功的原因：使用野外捕获个体、一次放归大量个体、去除引起种群减少的因素。

Grenier, M. B., D. B. McDonald, and S. W. Buskirk. 2007. Rapid population growth of a critically endangered carnivore. *Science* 317: 779. 黑足鼬的再引入项目曾经面临诸多问题，但现在已经表现出成功的迹象。

Griffiths, R. A. and L. Pavajeau. 2008. Captive breeding, reintroduction, and the conservation of amphibians. *Conservation Biology* 22: 852-861. 针对两栖动物的项目通常拥有多重目标并需要长时间的投入。

Lindsey, R. A., R. Alexander, J. T. DuToit, and M. G. L. Mills. 2005. The cost efficiency of wild dog conservation in South Africa. *Conservation Biology* 19: 1205-1214. 正确的实施再引入项目通常是花费高昂的。

Mathews, F., M. Orros, G. McLaren, M. Gelling, and R. Foster. 2005. Keeping fit on the ark: assessing the suitability of captive-bred animals for release. *Biological Conservation* 121: 569-577. 很多人工饲养的动物丧失了在野外生存的技能。

Minckley, W. L. 1995. Translocation as a tool for conserving imperiled fishes: Experiences in western United States. *Biological Conservation* 72: 297-309. 总结了淡水鱼类的放归；关于鱼类的保护可以参考其他文献。

Miskelly, C. M., G. A. Taylor, H. Gummer, and R. Williams. 2009. Translocations of eight species of burrow-nesting seabirds(genera *Pterodroma*, *Pelecanoides*, *Pachyptila and Puffinus*: Family Procellariidae). *Biological Conservation* 142: 1965-1980. 评价使用人工饲养雏鸟来建立海鸟新种群的效果。

Ricciardi, A. and D. Simberloff. 2009. Assisted colonization is not a viable conservation strategy. *Trends in Ecology and Evolution* 24: 248-253. 一些研究者认为可以通过建立新种群来应对全球变化；这些科学家不同意这种看法。

Seddon, P. J., D. P. Armstrong, and R. F. Maloney. 2007. Developing the science of reintroduction biology. *Conservation Biology* 21: 303-312. 这一领域的进展将来自于越来越多的实验手段运用以及模型模拟。

Vilas, C., E. San Miguel, R. Amaro, and C. Garcia. 2006. Relative contribution of inbreeding depression and eroded adaptive diversity to extinction risk in small populations of shore campion. *Conservation Biology* 20: 229-238. 使用远系交配种子能够提高再引入项目的成功率。

（陈磊 编译，蒋志刚 马克平 审校）

第 14 章

迁地保护

保护的目的是为了维持自然界的生物多样性，从而能够保证各个尺度上生态系统的健康。对于大多数物种来说，长期保护生物多样性的理想策略是在野外保护现存种群及自然群落，这也被称为就地保护（*in situ*, or on-site, conservation）。

这些物种只有在自然群落中才能对环境变化产生进化适应。正如在第 2 章讨论的那样，生态系统层面的种间相互作用对稀有种的延续非常关键；这些关系相当复杂，在人工条件下很难复制。同时，由于人工饲养的动物种群比较小，从而导致种内的遗传多样性会由于遗传漂变而丧失；对植物来说也是如此，特别是当某种植物对传粉者有特殊要求的时候，人工种植的植物种群可能很难保证异花授粉。对这些物种来说，就地保护应该是最好的选择。但是随着人类活动的不断增加，仅仅依靠就地保护对大多数稀有种来说并不是一个切实可行的选择，因为还有很多因素会导致就地保护管理下的物种种群规模下降乃至灭绝，如生境破坏、遗传变异丧失、近交衰退、人口和环境的变化、栖息地质量不断恶化、生境片段化、气候变化、入侵物种的竞争、疾病以及过度的捕猎和采收。特别是当物种由于种群太小而难以维持，保护措施不能有效阻止其种群衰退，或者当最后留存的个体处于保护区以外时，就地保护就难以得到成效。在这种情况下，防止物种灭绝的最好方法就是将个体置于人工环境下进行保护（Russello and Amato 2007；Bowkett 2009）。

> 与保护现有种群及建立新种群相结合，包括动物园、水族馆和植物园在内的迁地保护措施是进行珍稀物种保护和公众教育的重要策略。

对某些物种来说，使用迁地保护来代替就地保护意味着存活与死亡之间的抉择。动物的迁地保护机构 / 设施主要包括动物园、水族馆、保护区、野生动物养殖场及私人养殖园，而植物主要保存在植物园、树木园及种子库。与就地保护相比，对特定物种的迁地保护具有投入较低以及能够通过从较大基因库选择人工饲养个体迅速扩大现有小种群的优势。虽然保护的目的是为了维持自然界的生物多样性，因此最好能够在野外就地保护物种种群，但是迁地保护应该是一个详尽的、完整的保护策略的重要组成部分，而不是一个次优选择（Conway et al. 2001；Zimmerman et al. 2008；Bowkett 2009）。如果对原始栖息地破坏严重的物种采取就地保护措施，很可能由于生境丧失而导致这些物种灭绝，因此迁地保护在这时就是一个很好的备选方案。

有很多在野外灭绝的物种在人工条件下生存了下来，如麋鹿（*Elaphurus davidianus*）和野马（*Equus caballus przewalski*）（图 14.1）。我们只能见到人工栽培的富兰克林树（*Franklinia alatamaha*），该物种在野外已经灭绝了。正如以上的几种情况，迁地保护的最终目的是：①拥有足够的个体数量；②在合适的地点在野外建立新种群。例如，1992 年一群共 14 匹野马被放归到蒙古的一个国家公园，其种群得到了稳定的增长，目前大概有 325 个个体（IUCN 2008；Adams et al. 2009）。

图 14.1 IUCN 已经宣布野马（*Equus caballus przewalski*）种群在野外灭绝。世界上有一些动物园仍然维持了一定数量的种群并能够成功繁殖。在蒙古进行的野马再引入项目到目前为止看起来是成功的（图片版权归 Erich Kuchling/Westend61/Alamy 所有）

一项整合了迁地保护以及就地保护要素的间接策略就是在小的保护区内对珍稀濒危物种种群进行监测和管理；该种群从某种程度上说还是野生种群，同时能够通过不定期人为干预避免种群数量的进一步减少。

正如上面所描述的，就地保护和迁地保护是两种互补的策略。迁地保护的个体可以定期地释放到野外，以建立新种群并增加现存野生种群的规模（图 14.2）。

通过对人工饲养种群的研究能够使我们进一步了解物种基本的生物学、生理学以及基因特征，这些知识是不能通过研究野生种群得到的。这些结论对我们下一步进行的就地保护具有重要的借鉴意义。同样，由于能够较容易地利用人工饲养动物个体，科学家可以通过它们来开发和检验相关技术（如无线电颈圈），最终这些技术将促进对野生种群的研究和保护。建立长期的、能够自我维持的迁地保护种群，不仅可以为展示以及研究提供活体材料，还可以减少野外捕获或采集物种个体数目。用于展示的人工繁殖个体能够使公众明白保护该物种的必要性，从而促使其野生种群得到保护。参观动物园的人

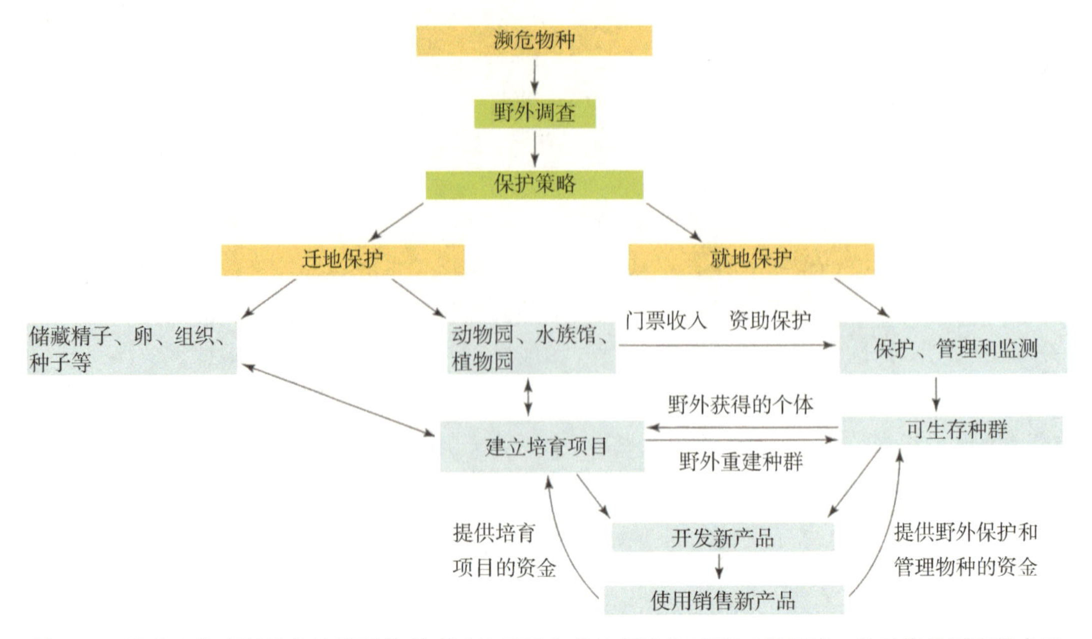

图 14.2 这个生物多样性保护模型体现了迁地保护和就地保护的互惠互利关系，并且提供了两种备选的保护策略。尽管现在没有任何物种的保护符合这一理想模型，但中国的大熊猫保护项目仍借鉴了其中的很多要素（引自 Maxted 2001）

数很多，全世界每年动物园访问量超过了 6 亿人次（图 14.3）。

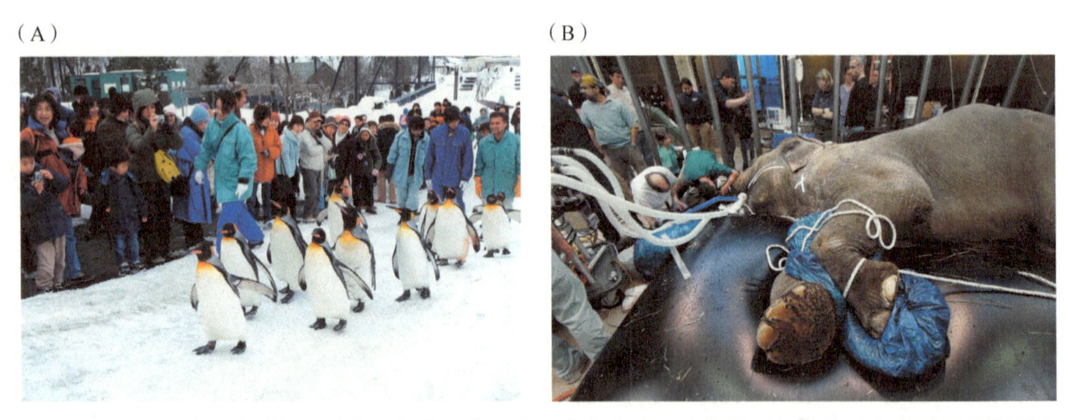

图 14.3 （A）日本北海道旭山动物园的参观者正在观赏帝企鹅。动物园不仅能够对公众开展保护野生动物的科普教育，还能为物种的就地保护提供研究便利。（B）兽医正在给人工饲养的亚洲象做牙科手术，获得的知识和经验能够用来帮助野生物种（A. 图片版权归 JTB Photo Communications, Inc./Alamy 所有；B. 图片版权归 Richard Clement/Zuma Press 所有）

动物园、水族馆、植物园，甚至是参观它们的观众都经常为就地保护项目提供经济支持。另外，迁地保护项目开发的新产品所产生的收益以及授权费能够为野生物种提供保护基金。反之，就地保护种群对不能进行人工繁育物种的延续是非常关键的；同时由于缺少能够自我维持的迁地保护种群，就地保护种群可以增强动物园、水族馆以及植物园的持续能力。

14.1 迁地保护设施

目前最普遍的迁地保护设施是动物园、水族馆、植物园以及种子库。在这一节中，我们将探讨它们在保护项目中的作用和地位。

动物园

多数重要动物园当前的一个目标是建立长期可持续的珍稀动物人工繁殖种群。动物园通常着重保护大型脊椎动物，特别是哺乳动物，因为这些物种能够吸引公众（图 14.4）。在过去，这些物种通常被放在笼子内展示，与自然环境没有任何联系。世界动物园保护战略（World Zoo Conservation Strategy）试图将动物园项目与野外的保护工作联系起来，作为该战略的一部分，全球 2000 个动物园和水族馆将在他们的公众展示和研究项目中更多地加入生态学主题以及关于濒危物种所面临威胁等方面的内容（Praded 2002）。在北美，国家动物园保护研究中心与其他动物园一起参与制订一个长期计划来开发一系列科学的、目标明确的方法进行濒危物种的保护。

图 14.4 广州番禺香江野生动物世界的角马（蒋志刚摄）

近年来，动物园展示的生物种类不断增加，但有巨大号召力的仍然是大型动物如大熊猫、长颈鹿和大象，因为这些动物能够吸引观众，从而影响他们对物种保护的态度。事实上，超过 90% 的家庭喜欢到动物园和水族馆观看各种生物，他们认为这是教育孩子关注物种以及生境保护的一种方式（www.aza.org）。就这点而论，迁地保护物种更像是它们野生同伴与人类沟通的桥梁。但是，动物园应该在展示能吸引观众的大型动物和对公众吸引较小但代表更丰富生物多样性的小型动物（如昆虫）之间建立平衡。

考虑到每年大约有6亿参观者，动物园潜在的教育及经济影响是非常巨大的。动物园内开展的教育项目、关于动物园的文章、动物园实地项目都将公众的注意力引向了保护动物和生境的重要性。一项对参观者的调查发现，动物园和水族馆能够增强公众对生物多样性和生境保护的了解，从而促使公众反思自己能为保护做些什么（Falk et al. 2007）。例如，当公众在动物园看到大熊猫或者读到关于大熊猫的书籍以后有兴趣参与保护它们，他们就可能会进行捐款或者对政府施加压力，最终可能会迫使政府选择合适的地点为大熊猫建立保护区（专栏14.1）。同时，保护区域内成千上万的其他物种也会一并得到保护。

目前，全球动物园大概保护了超过200万只动物，其中包含至少50万只陆地脊椎动物，超过7400种（亚种）哺乳动物、鸟类、爬行动物及两栖动物（表14.1；www.isis.org）。虽然人工饲养的动物数目看起来很大，但是与人类豢养作宠物的猫、狗以及鱼类的数目相比就微不足道了。如果动物园将精力放在个体较小的昆虫、两栖和爬行动物上，由于相对饲养大型哺乳动物（如大熊猫、大象以及犀牛）而言花费较少，就可以饲养繁殖更多的物种（Balmford 1996）。很多动物园都在向这个方向发展，他们引入了很多有吸引力的蛙类以及五彩斑斓的蝴蝶。例如，由于壶菌（chytrid fungus）的侵袭导致了蛙类和两栖类物种数量大减，7家北美洲的动物园联合一些大学以及野生动物卫士组织开展了巴拿马两栖动物拯救和保护项目（www.aza.org），他们的主要目的是通过人工繁育蛙类以及其他两栖动物种群以避免这些物种灭绝（专栏8.1）。

动物园和相关大学、政府野生动物保护部门以及保护组织进行联合是发展珍稀濒危物种人工饲养的合理选择，因为他们具备相关领域如照顾动物、兽医、动物行为、繁殖生物学和遗传学的知识和经验。动物园及相关保护组织已经着手建立机构并改进技术以建立保护动物的繁殖种群，并且推动野生条件下进行保护和放归所需的新方法和新项目的研究（Zimmermann et al. 2008）。其中的一些机构是非常专业的，例如，位于威斯康星州的国际鹤类保护基金会，他们矢志于建立所有鹤类物种的人工繁育种群。他们的努力得到了回报，目前，动物园中仅有不到7%的陆生哺乳动物是从野外捕获的，这一比例还会随着动物园繁育经验的提升而下降（表14.1）。对于珍稀哺乳动物，大约有10%的个体是从野外获得的。

表14.1 国际物种名录系统（ISIS）统计的动物园圈养的陆生脊椎动物个体数量

地点	哺乳动物	鸟类	爬行动物	两栖动物	总计
欧洲	93 482	109 903	26 778	13 661	243 824
北美洲	54 393	57 668	29 976	25 208	167 236
中美洲	11 630	4 175	1 195	65	17 065
南美洲	2 372	3 927	1 682	177	8 158
亚洲	8 437	22 624	3 637	529	35 137
大洋洲	6 266	8 629	3 188	1 288	19 371
非洲	6 235	15 018	1 278	293	22 824
总计					
所有物种	182 725	221 944	67 725	41 221	513 615
种及亚种数	2 238	3 753	969	544	7 486
野外出生个体比率[a]	5%	9%	15%	5%	
珍稀物种[b]	59 030	37 748	22 474	3 398	122 650
种及亚种数	527	344	207	29	1 107
野外出生个体比率[a]	7%	9%	18%	7%	

数据来源：ISIS（2009年2月），由Laurie Bingamen Lackey提供。a. 由于很多动物园不提供动物来源数据，因而此数据为大约数值。b. 指濒危野生动植物种国际贸易公约包括的物种。

专栏 14.1 仅有关爱并不能拯救大熊猫

中国的卧龙国家级自然保护区及其他机构成功地使用人工授精和人工饲养的方式来繁育大熊猫，但是这些人工繁育的大熊猫可能由于缺乏必需的行为技能而不能在野外存活（图片版权归 LMR 集团 /Alamy 所有）

大熊猫是世界上最为熟知的濒危物种之一。由于深受欢迎并被无数人喜爱，其形象也成为著名的国际性保护组织——世界自然基金会（World Wide Fund for Nature）的徽标，但是大熊猫的未来仍然处于危险的境地。和其他许多濒危物种一样，大熊猫的生存主要受到了生境破坏以及破碎化的影响（Shen et al. 2008）。同时，人类活动的压力使大熊猫的一些与众不同的生理和行为需求不能得到满足，这也使得它们特别容易灭绝。

大熊猫与其他物种的一点不同在于它们喜欢吃竹子。虽然对大熊猫来说并不缺少竹子，但是由于竹子的繁殖周期大概是 15～100 年，并且在同一区域的个体会在同一时间开花并死亡。过去，在竹子由于开花全部死亡后，大熊猫会迁徙到其他地方寻找食物。但是现在由于农田、道路以及居住地阻碍，当竹子死亡以后大熊猫就不能通过迁徙到别处觅食。例如，20 世纪 70 年代，由于大熊猫主要分布区域的几种竹子大开花，至少导致 128 头大熊猫饿死，种群数量减少了超过 23%。

在这次灾难以后，中国政府尝试着建立能够自我维持的人工繁育种群。但是，由于大熊猫在人工条件下选择配偶非常苛刻，同时经过动物园和其他繁殖机构配对的大熊猫对交配不感兴趣导致成功率很低。另外，大熊猫每个生殖季节只能繁育一胎也是导致项目成功率不高的原因之一。因此，即使在最好的条件下，种群增长的速率也是非常缓慢的。尽管存在以上的问题，但是随着对大熊猫的营养、居住需求以及生物学特点了解的深入，大熊猫繁育项目要比想象的更加成功。从 1963 年中国政府开始繁育大熊猫到 1989 年间，人工繁殖的 90 只熊猫幼仔中仅有 37 只存活超过 6 个月。在尝试很多方法以后，人工授精技术成为了繁育大熊猫的关键。目前，位于中国四川的卧龙大熊猫人工繁育中心以及其他机构每年能够繁殖超过 24 头幼仔。由于 2008 年的大地震损坏了卧龙保护区的一些设施导致繁育的速度暂时下降了。人工繁育项目的最终目标是将一些大熊猫放归野外。但是，当将人工饲养的大熊猫释放到保护区内的野生种群中时，几乎可以肯定它们缺少必需的行为技能。

> 中国科学家成功地通过使用兽医药来辅助大熊猫的人工饲养。接下来的挑战将是如何将人工繁育的大熊猫通过再引入项目建立野生新种群。

人工繁育项目的价值在于能够为就地保护筹集资金并吸引公众的注意。目前，从中国租借大熊猫至美国和欧洲的动物园为中国的大熊猫保护项目提供了巨大的经济支持，这也是大熊猫交流计划的一部分。

生境破碎化是威胁大熊猫生存的另外一个原因（Shen et al. 2008）。现在，在 23 000km^2、地跨 6 条山脉的栖息地内大约有 1600 头大熊猫，散布形成了大约 25 个种群（见下图）。其中很多种群是仅有不到 20 头个体的小种群，他们可能最终会遭受近交衰退。由于修路、建大坝、旅游开发等政府主导项目以及保护区周边居民活动，使很多大熊猫栖息地越来越片段化（Li et al. 2003）。虽然中国政府通过颁布严格的惩罚措施减少了盗猎大熊猫的现象，但是大熊猫仍然受到猎人们设置的用于捕捉羚羊、鹿以及其他野味的陷阱威胁。

中国政府投入了巨大的人力物力来建立保护区以保护大熊猫的野生种群（Shen et al. 2008）。目前一共建立了 40 个保护区，约占大熊猫现有栖息地的 45%。但是，由于中国巨大的人口压力，要管好这些保护区也许不那么容易。大熊猫不仅需要更多的森林和竹子，它们也需要人类的保护。可是随着人类对他们的山地避难所的干扰，这些愿望几乎变成了不可及的梦想。只有时间会证明它们是否能够达到预期目标。

目前，大熊猫在中国的分布被分割成很多孤立种群（引自 Shen et al. 2008）

对一些普通物种如浣熊、白尾鹿，由于这些物种个体能够稳定的从野外获得，就没有必要为它们建立人工繁育种群及保护计划。动物园真正要做的是为那些不能从野外稳定获得的稀有物种建立能够自我维持的人工种群，如大猩猩、扬子鳄及雪豹。

人工繁育方式及目标　对珍稀濒危物种相关知识的收集整理和传播促进了人工繁育项目的成功进行。一些国际组织，如 IUCN 物种生存委员会保护培育专家组、美国动物园及水族馆协会、欧洲动物园及水族馆协会以及大洋洲动物园及水族馆协会，向动物园提供正确保育物种以及相关的野生动物行为和生存状态方面的信息（www.aza.org）。这些信息涉及动物的营养需求、在转运和治疗过程中的麻醉技术、最佳的居住环境、疫苗和抗体接种，以及繁殖记录等诸多内容。信息的收集工作由一个中心数据库——动物记录保存系统（ARKS）所支持，由国际物种名录系统（ISIS）维护，它保存着 76 个国家 825 个成员机构包括 10 000 个物种 200 万个体的跟踪记录（www.isis.org）。这样的一个数据库能够很好地用于对动物园种群健康的监测。

> 动物园常常运用兽医学的最新方法来建立健康的濒危物种种群。

大多数物种在人工饲养条件下可以无限制地繁殖后代，在这种情况下通过采取节育措施及其他管理计划来控制种群是非常必要的。但是，有些稀有动物由于不能很好地适应人工条件导致繁殖率不高。动物园对此进行了大量的研究，并不断摸索饲养条件来克服这些问题，以提高物种的繁殖成功率。同时，正在开发的一些新技术也被用来提高圈养动物的繁殖率（Holt et al.2003；Pukazhenthi et al. 2006；Wildt et al. 2009）。有些技术直接来自于人类医学以及兽医学，有些是来自于专门的研究机构，如史密森国家动物园保护研究中心、圣地亚哥动物园濒危物种繁育中心、新奥尔良奥德班自然研究所物种生存中心、英国泽西岛杜雷尔野生动物保护信托基金会等。例如，换窝异亲抚养（cross-fostering）是一种通过从普遍种中为稀有物种的幼体选取养父母以提高稀有种繁殖率的方法。很多鸟类物种如秃鹫一般每年只产一窝卵，但是当生物学家将它们下的第一窝卵移除以后，母鸟就会另产第二窝卵。如果将移除的第一窝卵由另外一种亲缘关系相近的普通种母鸟代为孵化，每只稀有物种的母鸟就能够每年繁殖两窝。通常这种技术也被称为双窝法，它能够使稀有物种的繁殖率翻倍。

另外一种和双窝法比较相似的方法就是人工孵化。特别是当母体不能很好地照顾幼体或者幼体容易受到捕食者、寄生虫或者疾病侵害的时候，可以采用人工繁育的方式使幼体渡过脆弱的初生期。我们已经针对卵生物种如龟类、鸟类、鱼类及两栖类进行了很多尝试：首先将从野外收集的卵置于理想的孵化条件之下孵化，然后将幼体放归到野外或者继续进行人工饲养。

有时，一些人工饲养的物种个体会对交配丧失兴趣，或者动物园某一珍稀物种仅有一头或者几头（如大熊猫）而不足以繁殖后代。在这种情况下，像人类生育诊所中进行的一样，当隔离的雌性动物自动进入或者通过激素诱导进入发情期，我们就可以对它们进行人工授精。可以使用生物化学的方法来监测尿液以及粪便中的激素含量来确定雌性个体适宜交配的时间。从合适的雄性个体收集精子并将其储存在低温或冷冻环境中，然后对选中的雌性个体进行人工授精。虽然人工授精被广泛用于很多家畜的繁殖，但是在保护繁殖项目中需要为每一个物种制订具体的精子收集保存、雌性接受性识别以及精子运输的方案。可以使用其他机构亲缘关系较远个体的精子进行人工授精，这能够极大地提高物种的基因多样性。例如，通过使用野生纳米比亚雄性猎豹的精液进行人工授精，增大了北美洲动物园猎豹种群的基因库（Comizzoli et al. 2009）。人工授精不仅要比从野外捕捉濒危物种个体更具有优势，而且比从其他机构获取雄性个体显得经济。最近，生殖生物学家已经能够对某些物种进行基于性别的精子细胞筛选（Behr et al. 2009）。基于这种新技术，异地保护机构能够通过控制出生个体的性别来维持理想的种群性别比例，从而促进圈养繁殖管理。

胚胎移植技术已经被成功地用于一些珍稀物种，如大羚羊、野牛、老虎、豹猫及普氏野马。使用激素人工诱导超数排卵，然后通过体外受精及其他方式得到胚胎，最后通过腹腔镜移植到生理状态相同、亲缘关系接近的其他常见种代孕雌性动物体内。整个代孕过程一直持续到幼仔生产（图 14.5）。将来，该技术可能被用于增加某一稀有物种的繁殖产出。

图 14.5 通过胚胎移植繁育濒危动物斑哥羚羊（*Tragelaphus euryceros*），其代孕母亲为大羚羊（*Taurotragus oryx*），此研究在辛辛那提动物园的濒危野生动物保育研究中心进行。斑哥羚羊在它们自己的圈养种群中也繁育成功（摄影版权为辛辛那提动植物园所有）

随着尖端的医药以及兽医技术的应用，越来越多的新方法被用来繁育人工饲养条件下难以繁殖的物种（Holt and Lloyd 2009）。这些方法包括克隆技术（主要针对仅有少数个体的物种）、异种杂交技术（现有种群不能够实现自我繁殖），通过人工诱导冬眠或休眠来维持休眠种群，以及通过生物化学或者手术方法对没有外部性别差异的动物个体进行性别鉴定。其中一种最与众不同的技术是基因资源库（genome resource bank），通过将纯化后的 DNA、卵、精子、胚胎和其他物种组织保存在低温条件下，以保存基因多样性并开展各种繁育项目和科学研究，其中的一个项目被称为冷冻诺亚方舟计划（Clarke 2009）。但是，这些技术都非常昂贵，并且只能应用于某些特定物种。在任何情况下，基因资源库这种保护方式都不能代替就地保护及迁地保护，因为这两种保护方式不仅保护了物种本身，还保存了它们在野外生存所必需的生态学关系以及各种行为特征。

正如我们在第 11 章所讨论的那样，近亲繁殖是一个很严重的问题，特别对于动物园中的小种群物种尤其如此。以前动物园人工饲养种群近亲繁殖是非常普遍的（图 14.6），但是现在动物园的管理者意识到了这个问题并尽可能在确定交配对象时考虑潜在的遗传问题（Pelletier et al. 2009）。现代的动物园通过使用由 ISIS 提供的全球电脑数据库以及专门的血统记录来跟踪濒危人工饲养动物的遗传谱系并将其作为物种存续计划的一部分，以此来避免谱系相关个体配对所导致的近交衰退。目前拥有的几百份血统记录详细登记了欧洲、北美、日本、澳大利亚以及其他全球性的圈养物种血缘关系。家谱系统的建立能够用来制订繁育计划以避免小种群基因多样性的逐渐丧失（见第 11 章）。

迁地保护现在也越来越多地被用来挽救濒危的无脊椎动物。其中一个最令人瞩目的案例莫过于太平洋岛屿莫雷阿岛的帕图里蜗牛（partulid snail）（Miller et al. 2007;

Lee et al.2008）。由于引入了捕食性蜗牛来控制农业害虫，这个蜗牛科的 33 个物种大多数在野外已经灭绝了。目前，该科的 4 种蜗牛被圈养繁殖项目保存了下来。人们尝试着将这几种乡土物种通过再引入的方式放归到莫雷阿岛，但是由于捕食性蜗牛持续不断的攻击使这些努力最终都失败了。

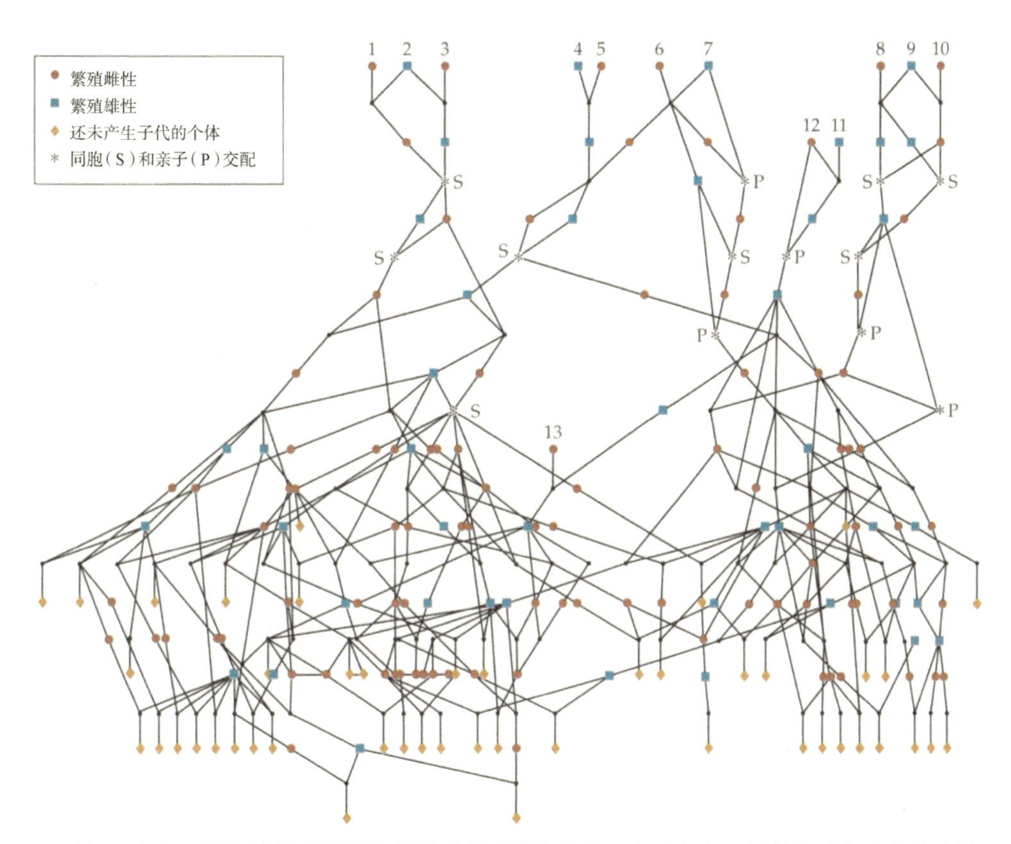

图 14.6 正如一个人工饲养的普氏野马种群谱系关系所表明的，在过去人工饲养种群中近亲繁殖是一种非常普遍的现象，如兄弟姐妹以及亲子之间的交配。其中，13 个初始个体分别用数字表示（引自 Thomas 1995）

繁殖圈养项目的另外一个重要目的就是繁育家畜，因为人类需要动物蛋白、乳制品、皮革、羊毛、农作和运输畜力，以及用于娱乐消遣的动物。虽然现存的家畜数量非常巨大（约有 10 亿头牛、10 亿头羊），但是由于人们普遍追求农业高产导致传统农业的势微，从而使适宜当地环境的各种圈养家畜迅速地消失了。例如，过去 100 年中存在的 3831 个驴、水牛、牛、山羊、马、猪以及绵羊品种，其中 16% 的品种已经灭绝了，另外还有 23% 的品种变得非常稀有并处于灭绝的边缘（Ruane 2000）。一半的家禽品种都是濒危的。通过保护本地品种的一些特性如抗病性、耐旱性、整体健康度及产肉量来保存物种的遗传变异对动物繁育计划非常关键（图 14.7）。政府机构以及保护组织现在已经开始着手维持本地品种的种群安全，并通过冷冻收藏精子以及胚胎以备将来使用。但是，为了保护这些能够促进家畜健康以及高产的全球性资源我们需要做更多的努力。

迁地保护的局限性　迁地保护并不是一种保护所有甚至大多数濒危物种的理想方式。短期以及长期投入、有限的种群规模、物种对人工环境的适应性、缺乏学习生存技能的能力以及潜在的遗传问题都是迁地保护必须关注的焦点（Miller et al. 2007；Zimmerman et al. 2008）。

图 14.7 索艾羊（Soay sheep）是一种生活在苏格兰的圣基达岛（St Kilda Is.）上的残遗绵羊品种。索艾羊保留了 5000 多年前运送到英国的第一只绵羊的性状，其中的某些性状对发展低维护畜牧业非常有价值：个体小（25～36kg）、健康强壮、产毛量高（图片版权归 Mark boulton/Alamy 所有）

下面我们就详细介绍一些迁地保护的局限性。

> 维持圈养种群的成本非常高昂，并且这也引起了某些伦理层面的争论。同时，人工圈养的动物会由于缺少必备的生存技能而不能在野外生存。

- 投入：特别是对大型动物，迁地保护投入巨大。运营动物园的花费要比其他保护项目更加高昂，同时，将其作为单一的策略用于保护个别物种的性价比也不高，例如，在动物园保护非洲象以及黑犀牛的花费是在东非国家公园保护相同数目的 50 倍（Leader-Williams 1990），因此在野外保护这些物种具有明显的性价比优势。在这些情况下，我们不仅能够保护群落中成千上万的其他物种，还保护了一定范围内的生态系统服务功能。但是，动物园以及水族馆吸引了大量的游客以及捐助者获得了大量的资金，从而使他们能够维持人工饲养动物种群并通过明星物种为野生种群保护筹集资金。对那些小型动物、植物或者栖息地保护和管理费用异常高昂的动物来说，迁地保护比维持一个野生种群更加有效。例如，人工圈养一只濒危的波多黎各鹦鹉雏鸟的花费是 22 000 美元；虽然这看起来非常昂贵，但是与每年花费 100 万美元来保护仅有 30～35 只个体并陷入衰退的野生种群相比还是令人满意的（White et al. 2005；Morell 2008）。迄今为止，已经圈养繁殖了 62 只波多黎各鹦鹉，其中 46 只已放归到野外。
- 种群大小：为了避免遗传漂变，迁地保护物种的种群规模至少要达到几百个个体，最好是几千个个体。由于空间的限制，没有一家动物园能够维持如此规模的大型动物种群。从全球来看，仅有一些脊椎动物有这样的规模，并且它们的种群分散在几十个甚至几百个不同机构。动物园目前正通过使用储存精子以及更好的配种记录来保证选取亲缘关系较远的个体进行配对，并以此来维持整个种群的遗传变异。在植物园中，特别是对乔木来说，大多数物种仅有一个或几个个体。

- 适应性：迁地保护种群可能会对人工环境产生遗传适应性（Williams and Hoffman 2009）。例如，在围栏圈养条件下对捕食者非常敏感的动物常常不能茁壮成长，而更易驯化的、不敏感的个体在这种条件下更倾向于繁育后代，随着时间的推移动物园种群的遗传结构就被改变了。当这些人工圈养种群的个体被释放到野外以后，它们将不再躲避其天敌从而导致较低的放归存活率。
- 技能学习：迁地保护种群个体对它们的野生生境知之甚少导致它们被放归后不能在野外顺利存活。例如，人工圈养繁殖的动物被放归到野生生境中以后可能不能辨别哪些食物是可以吃的，哪些捕食者是危险的，甚至也不能找到水源。这些问题最可能发生在社会性哺乳动物以及鸟类身上，因为这些物种的幼体需要从成年个体那里学习生存技能以及寻找关键的资源。迁徙性物种可能不知道什么时候迁徙以及迁徙去到哪里。正如第 13 章所描述的，在将这些物种放归到野外栖息地以前对人工繁育个体进行适当的训练可能是必需的。
- 遗传变异：迁地保护种群可能仅仅占该物种基因库的一小部分。例如，通过从温暖低地生境收集的个体来建立的圈养种群，其个体可能在生理上不能很好地适应寒冷高地生境，即使该物种以前在这种生境中存在过。同时，正如在第 11 章讨论的那样，随着时间的推移，较小的圈养种群会由于遗传漂变不断地丧失遗传变异性。
- 持续性：迁地保护项目不仅需要持续的资金，还需要稳定的体制政策。虽然在某种程度上对就地保护项目也同样如此，但是中断动物园、水族馆或者温室的维护几天或者几周就会造成个体以及物种的巨大损失。另外，冷冻保存的精子、卵、组织以及种子易受到断电的影响。2010 年发生在智利、海地的地震，以及近年来很多地区发生的政府服务功能下降都表明一个国家和地区的外部环境变化有时是非常迅速的。在这些情况下动物园没有能力来保护其收集的物种。
- 集中性：因为迁地保护项目一般集中在某一相对较小的地点，在遭受异常灾祸如火灾、飓风或者流行病以后，整个濒危物种种群可能会被完全摧毁。例如，安德鲁飓风夷平了南佛罗里达所有的动物园，大量圈养动物都丢失了。
- 多余动物处置：在人工饲养条件下有些物种很容易繁殖，如小猴。在这种情况下，我们到底应该如何处理那些其他动物园不想要、放归野外也生存不了的多余动物呢？我们对这个伦理道德方面的议题的回答是“维护动物的权益是捕获者以及饲养者的责任”。通常杀死或者售卖动物是不可接受的，特别是当某个极度濒危物种个体可能关系到该物种存续的时候。

尽管存在很多局限性，当就地保护很难进行或行不通的时候，迁地保护策略可能是最好的甚至是唯一的备选方案。正如 Michael Soulé 所说“没有无希望的保护项目，只有没希望的人以及昂贵的保护项目”（Soulé 1987）。

道德伦理　迁地保护技术为由于人类活动造成的问题提供了技术性的解决方案。通常，花费最少以及最可能成功的方案就是在野外保护物种及其栖息地，以便种群能够自然恢复。迁地保护种群可用于筹集资金、科学研究以及教育项目来促进种群的就地保护，同时也可以为那些将要灭绝的物种提供安全保障。当研究者开展迁地保护项目以保护濒危物种时，他们必须首先明确一系列社会伦理道德问题（Zimmermann et al. 2008）：

1. 建立迁地保护种群对野生种群有何益处？是让某一个物种剩余个体在野外度过余生还是建立一个不能再适应野外条件的圈养种群？
2. 建立一个珍稀物种的圈养种群而不知道它在自然环境中是否能存活，真的代表保护措施的成功吗？
3. 这些圈养的物种主要是为了这些个体的利益还是整个物种的利益，是动物园的经济利益，还是为了给动物园参观者带来快乐？
4. 这些圈养动物获得了基于其生物学需求的适当照料了吗？整个物种得到的能否弥补这些个体所失去的呢？
5. 关于保护问题我们对公众进行了足够的科普教育了吗？

即使这些问题的答案都表明进行迁地保护管理是必需的，但是建立稀有动物的迁地保护种群也并非总是可行的。当某一物种的数量急剧减少，就会引发严重的近交衰退，从而导致该物种较低的繁殖成功率以及较高的幼仔死亡率。由于某些物种特别是海洋哺乳动物体型较大或者对生活环境的要求较高，以至于在迁地保护条件下没有办法维持长期可持续的种群。很多无脊椎动物具有复杂的生命周期，随着它们的成长，不仅食性会发生改变，对环境的需求也会发生细微的变化。仅靠现有的知识我们还不能对它们中的很多物种进行全生命周期培养。另外，还有一些物种在人工饲养条件下不能进行交配和繁殖后代。基于这些考虑，动物园越来越多的将用于展示的动物与野外的保护项目联系起来。

水族馆

公众水族馆通常定位于展示与众不同的、有吸引力的鱼类，有时候也会增加一些海豹、海豚及其他海洋哺乳动物的展示和表演（**图 14.8A**）。但是，随着人们对环境的不断关注，水族馆不再仅仅是一个迁地保护机构，他还通过动物展示、出版物以及媒体对公众进行科普教育。水族馆还率先向消费者提供各种关于食用海产品的建议。进行这些活动是非常必要的，因为大量的海洋以及淡水鱼类都有灭绝的危险。仅在北美洲，自从欧洲的定居者到达以后就有 21 个物种灭绝了，有 154 个物种被定义为濒危物种（Baillie et al. 2004）。大规模的鱼类灭绝发生在世界各地，如非洲大湖、安第斯湖、马达加斯加以及菲律宾群岛。其他种类的物种如软体动物和珊瑚也同样有灭绝的危险。

> 水族馆主要是用来优先保护海洋生物，特别是鱼类以及海洋哺乳动物。

为了应对这些水生物种所面临的威胁，为公众水族馆服务的鱼类学者、海洋哺乳动物学家以及珊瑚礁专家加强了与其他海洋研究机构、政府渔业部门以及保护组织的合作，并对物种丰富的自然群落以及一些明星物种进行了保护。目前，全球水族馆约饲养了 60 万尾鱼类个体，其中多数来自于野生环境。人们目前正在改进繁育技术以减少从野外获取珍稀鱼类。我们希望水族馆繁育的珍稀鱼类能够最终放归到野生环境中去。鱼类的繁育设施主要是室内水族馆、半自然水体、鱼类产卵池以及渔场。鱼类的繁育技术一开始是由渔业生物学家为了实现鳟鱼、巴斯鱼、大马哈鱼以及其他商业养殖鱼类的大规模放养而开发的。还有一些其他的技术来源于水生宠物交易，因为商人要繁育热带鱼类进行销售。目前这些技术被应用于濒危淡水动物。虽然很多繁育濒危海洋鱼类和珊瑚类的项目才刚刚起步，但是公共以及私人团体正在努力地解决某些物种的繁育技术难题。现在，很多物种已经达到了商业化生产的水平，家庭水族爱好者现在可以期待那些需要从野外获得的鱼类、珊瑚以及其他物种能实现人工繁殖，并形成可以自我维持的种群。

水族馆在保护濒危鲸类、海牛、海龟以及其他大型海洋动物方面发挥了越来越大的作用。水族馆的工作人员经常应公众的要求参与救助搁浅在海边或者在浅水中迷路的动物。水族馆可以从饲养常见物种的工作中获得经验教训，并应用到帮助濒危物种的项目中。瓶鼻海豚是当今最受欢迎的一种水生生物，对其圈养种群的大量经验已应用到其他物种。研究者现在能够维持其现有种群，让它们自然繁殖或者对其进行人工授精、人工饲养幼仔，并能将它们释放到自然环境中去。一些水族馆也建立了能够大量繁殖海龟的孵化场，孵化出来的幼龟随后会被放归到野外（图 14.8B、C）。公众对这些项目非常关注，并吸引了大量的志愿者。

（A）

（B）

（C）

图 14.8 （A）公众水族馆不仅参与就地保护和迁地保护项目，并且在关于海洋保护问题的公众科普教育方面起了重要作用。（B，C）与鱼类相比，水族馆越来越倾向于繁育饲养海洋哺乳动物，正如图片所示，通过孵化场繁殖的小海龟将被放归到大海中去（A. 图片版权归 tororo reaction/Shutterstock；B、C. Richard Primack 摄）

近年来由于全球水产业的快速发展（目前已经占全球鱼类以及贝类产量的 30%）使水生生物多样的迁地保护具有了额外的意义。水产业包括温带地区广阔的鲑鱼、鲤鱼以及鲶鱼渔场，热带地区的捕虾场，以及中国和日本生产的 1.2 亿吨水产品。当鱼类、蛙类、软体动物和甲壳类动物的人工饲养不断增加以满足人类需要时，我们有必要保存它们的基因库，以继续改良这些物种、提高它们的抗病能力，以及对难以预料威胁的抵抗能力。有讽刺意味的是，从水产养殖场逃脱的鱼类和无脊椎动物会极大地危害当地物种的多样性，因为这些外来物种会成为入侵种，不仅能传播疾病，还会与本地种进行杂交（Frazer 2009）。未来我们面临的挑战就是要在增加水产品产量和保护受人类威胁的水生生物多样性之间找到平衡点。

植物园和树木园

全世界有数百万园艺爱好者，其历史可以追溯到几千年前。家庭菜园一直以来都是用来种植蔬菜和日用草本植物的。在古代，医生和治疗师在花园中种植草药来给患者治病。在最近的几个世纪，皇室为了个人享受建立了大型的私人花园，同时政府部门也为城镇居民建立了一些植物园。在认识到植物在社会经济活动中的重要作用以后，很多的欧洲国家在他们的殖民地各处建立了大量植物园。树木园是植物园的一种特殊形式，它主要用于栽培乔木以及其他木本植物。虽然这些大型植物园主要用来展示美丽的植物，但是它们也展示了现实世界的多样性，同时促进那些可以被应用于园艺、农业、森林、园林景观以及工业的植物的传播和培育。

全世界 1775 个植物园收集了主要的植物种类，这是植物保护的重要资源。目前植物园收集的植物包括 8 万种植物的 400 万植株，物种数约占世界植物区系的 30%（Guerrant et al. 2004；www.bgci.org）。如果我们考虑那些生长在温室、引种驯化基地、私人花园的植物，数量还会更大。英国的皇家植物园——丘园是世界上最大的植物园，它种植了超过 30 000 种植物，约占世界植物总数的 10%，其中 2700 种是 IUCN 列出的受威胁物种。一个最令人激动的新植物园是位于英国西南部的伊甸园项目，它在世界上最大的巨型圆顶温室中向公众展示了 5000 多种热带、温带以及地中海地区的植物（图 14.9）（edenproject.org）。目前每年访问伊甸园项目的游客已经达到了 140 万人次。

植物园越来越把精力放在培育珍稀濒危植物上，有些也特化为某些类群的专类植物园（Given 1995）。哈佛大学的阿诺德树木园种植了几千种温带树种；新英格兰野生花卉协会在其所属植物园树林中种植了几千种温带多年生草本植物。南非 25% 的植物物种被种植于南非主要的植物园中。超过 250 个植物园拥有可以自由支配的自然保留地。另外，植物园还对每年大约 2 亿参观者进行关于物种保护方面的科普宣传。

在很多方面，受控条件下种植植物要比繁育动物容易得多。足够的植物种群材料可以通过种子、芽和根扦插以及对植物的其他部分进行组织培养而得到。大多数植物对光、水、营养元素的基本需求是相似的，这些条件在温室以及植物园中都能够得到满足。植物栽培的关键是如何选取光照、温度、湿度、土壤类型以及土壤湿度使之适宜植物的生长，这方面的知识可以简单地通过观察植物自然生长地的环境而获得。因为植物不能移动，它们生长的地方一般密度很高。如果空间是植物生长的限制因子，则可以通过修剪来减小植物的体型。植物通常种植于室外花园，它们仅需要极少的养护以及除草

图 14.9 在英国康沃尔郡，伊甸园项目在一系列巨型温室内培育了 5000 多种重要经济植物。该项目具有一个吸引人的公众形象，如图，观众们正在参观该项目的地中海植物群落（图片版权归 Jack Sullivan/Alamy 所有）

就能够存活。一些多年生植物特别是灌木以及乔木是长寿命物种，因此一旦种植并渡过幼苗期以后，它们能够存活几十年甚至几个世纪。与主要进行异交的物种（如玉米或者谷物）相比，自花传粉物种（如小麦）仅需要较少的个体就足以维持其种群的遗传变异性。很多植物都能够稳定的生产种植，把它们收集并萌发就能够得到更多的植物个体。虽然风、昆虫以及其他动物对植物园内的很多物种进行交叉授粉，但是有些物种本身是自花授粉的。为了提高某些植物的种子产量，我们有时进行简单的人工授粉。植物园以及研究机构从野生以及栽培植物上收集种子保存，这能够为他们已收集的活体植株提供关键的备份，这些种子有时也被称为种子库。有些植物的种子能够在凉爽干燥的条件下休眠几年甚至几十年，特别是那些生长在干扰严重的温带干燥地区的物种。

> 植物园收集的植物活体不仅为濒危物种以及重要经济植物提供了迁地保护，而且还促进了人们对这些物种的了解。

植物园在植物保护中具有独特的地位，因为植物园栽植的植物活体和其标本馆收集的植物标本是我们了解植物分布以及生境需求的最好来源。植物园的工作人员经常是植物鉴定、分布和保护状态方面的权威。植物园会通过组织野外科考来发现新物种并确定已知物种的分布及状态。

和动物园一样，保护濒危物种已经成为植物园的一个主要目标。在美国，由密苏里植物园植物保护中心牵头组建了一个有 37 个植物园参加的植物保护网络（http://centerforplantconservation.org）。这些植物园一起培育其共有的超过 700 种稀有植物。虽然大多数植物生长在热带地区，但是仅在美国就有 3000 种植物在某种程度上受到了威胁，超过450种濒危植物栽培于这些植物园中。他们的最终目标是获得足够的遗传材料以及经验，并在必要的时候通过再引入的方式将物种回归野外（Vitt et al. 2010）。对植物进行迁地保护是给植物购买了一份保险，但是和对待普通保单的态度一样，在有选择的情况下最好还是不要去履行保险条款。

国际植物园保护联盟（BGCI）组织和协调了超过700个植物园的保护活动。该项目的首要目标是建立一个世界范围的数据库来协调植物活体采集活动，并确定哪些重要植物还没有收集或收集的不够。其中的一个项目已经建立了在线植物搜索数据库，目前收录了植物园栽植的57.5万个物种（或品种），其中有3000种植物是稀有或者濒危的。通过该数据库我们能够知道某种植物种植于哪些植物园，同时还提供到IUCN的濒危植物名录的链接以及植物图片的图像搜索服务（www.bgci.org）。

世界上大多数物种都是在热带地区发现的，但是大多数植物园都坐落在温带地区。虽然在热带地区如新加坡、斯里兰卡、爪哇岛以及哥伦比亚确实存在着一些规模较大的植物园，但是国际社会还是应该优先在热带地区新建植物园并对当地的植物分类学家、遗传学家以及园艺师进行培训以满足新建植物园的人员需求（Guerrant et al. 2004）。

中国现代植物园的历史仅有100年左右。新中国成立前植物园发展极为缓慢，到1949年全国仅8个植物园，包括中国自己建立的南京中山植物园（1929年）、庐山植物园（1934年），日本人建立的台湾恒春植物园（1906年）、辽宁熊岳树木园（1915年）和台北植物园（1921年）等。由于经济和战争的双重影响，到中华人民共和国成立时只有庐山植物园具有一定规模。

随着新中国的成立，植物园的建设迎来第一个高峰。这一时期主要是中国科学院创建的植物园，如人们所熟悉的北京植物园（1956年与北京市共建）、华南植物园（1956年）、西双版纳热带植物园（1959年）等。进入20世纪80年代，随着经济发展、植物资源开发利用和保护的需要，中国植物园的建设如雨后春笋般蓬勃发展，目前全国大约有300个植物园（包括树木园）。

中国的植物园按功能可分为5类：以中国科学院的植物园为代表的科学植物园，功能包括物种保存、科学研究、资源开发和公众教育等方面；城建、园林或旅游部门建立的以植物展示和休闲娱乐为主的植物园，比较突出的如北京植物园、深圳仙湖植物园、上海辰山植物园和杭州植物园等；教育部门建立的以植物教学、实习为主的植物园，如北京教学植物园、南京林业大学树木园等；医药部门建立的以药用植物收集展示为主的植物园，如北京药用植物园、南宁药用植物园等；农林部门建立的专门收集林木资源的植物园，如南岳树木园、长沙植物园等。

种子库

植物园和研究机构通过从野生以及培育植株上收集种子建立种子库（Johnson 2008）。种子库一开始主要是搜集占人类食物消耗的比例超过90%的大约100种植物的种子，但是随后种子搜集的范围慢慢扩大到了那些有灭绝危险的或者遗传多样性有丧失风险的物种。

> 由于很多野生植物以及农作物的种子在寒冷干燥的条件下可以存放很多年，因此种子库是进行植物保护的一项有效策略。

正如先前所提到的，大多数植物的种子在寒冷干燥的条件下都能存放很长的时间，在合适的条件下还可以进行萌发并用来生产新植株（图 14.10）。在低温条件下，种子的新陈代谢速率很低，从而使胚里面的营养储备得以保存。这种特性使种子非常适合迁地保护，因为用很少的花费和监管就能在很小的空间中保存大量稀有物种的种子。坐落在科罗拉多州柯林斯堡的美国农业部农产研究服务中心（USDA ARS）国家基因资源保护中心（NCGRP），其前身为国家种子储存实验室，在 –196℃的条件下保存了一些物种的种子。国家基因资源保护中心保存了 7000 种植物的超过 50 万份种子材料（ars.usda.gov）。中国农业科学院作物品种资源研究所（北京）共收集了 37 万份种子材料。全世界有超过 60 个重要的种子库，他们在国际农业研究顾问组（CGIAR）的协调下开展活动。包括规模较小的 1300 个区域性种子库在内，这些种子库一共收集了 600 万份种子材料（BGCI 2005）。大多数机构建立种子库的目的主要是为农作物如小麦、水稻、玉米以及大豆的遗传育种保存足够的遗传变异性。

（A）

（B）

（C）
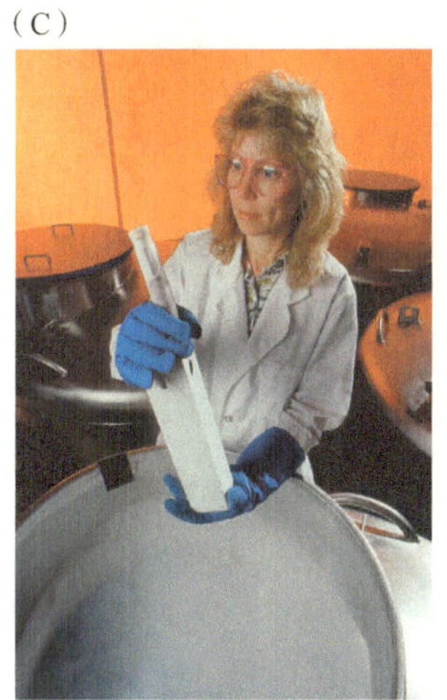

（D）

图 14.10 （A）坐落于科罗拉多州柯林斯堡的国家基因资源保护中心是一所现代化的种子库设施。（B）在种子库中，很多植物的种子被分门别类，登记编目并保存在 0℃的条件下。（C）也有种子被保存在 –196℃的液氮中。（D）种子的形状和大小差异很大。每一个这样的种子都代表一株具有独特基因的休眠个体（图片由美国农业部惠赠）

目前，有大约 3 万种野生植物的种子保存在种子库中，约占世界植物种类的 10%。为了收集剩下的物种，很多植物园积极地收集并保存种子，特别是针对那些濒危物种。植物园运营的种子库要比其收集的植物活体包含更多的遗传变异性信息。世界上最大的种子库项目是英格兰皇家植物园（丘园）主导的千年种子库计划，它的目标是在 2020 年保存全球大约 25 万种种子植物中 25% 的植物种子，主要的精力用于收集全球干燥地区的物种以及英国植物。一些植物园和美国国土管理局开展了种子成功（Seeds of Success）项目，他们的目标是收集和保存所有美国本土植物的种子。挪威最近建立了一个最新的种子库——斯瓦尔巴环球种子库，数以百万计的冷冻种子材料被保存在永冻土层之下。种子库保存的范围不断扩大，种子植物的花粉，和蕨类、苔藓、真菌的孢子，以及微生物也被保存于种子库中。

在中国，由著名植物学家吴征镒院士 1999 年致信时任国务院总理朱镕基建议立项的国家重大科学工程“中国西南野生生物种质资源库”（以下简称“种质资源库”），于 2004 年得到国家发改委的正式批复，2005 年开工建设，2007 年建成并投入试运行，总共投资约 1.48 亿元。建成后，种质资源库主要包括种子库、植物离体种质库、DNA 库、微生物种子库、动物种质库、信息中心和植物种质资源圃。同时建立研究中心，主要学术方向是种子生物学、植物基因组学和保护生物学。种质采集在 15 年内将达到 19 000 种 19 万份（株），其中包括重复保存的种类、复份、菌株和细胞株或细胞系。种质资源库从 2005 年底就开始了野生植物种子的采集和保存工作。通过与西南、西北、华中、华北，以及华南和华东地区部分省区 15 个单位合作，在科技部平台项目的支持下，采集了 208 科 1944 属 10 341 种 73 607 份重要野生植物种质材料，此外还采集保存了 DNA 序列材料 1311 种 12 155 份，微生物材料 1134 种 8565 份，动物种质材料 354 种 13 805 份（见中国西南野生生物种质资源库网站 www.genobank.org）。

建立种子库的组织和机构已经开发了一系列的取样策略以保证所保存的种子能够包含该物种大部分的遗传变异信息（Guerrant et al. 2004）。为了实现这个目标，每个物种的种子都必须采自至少 5 个种群，然后从每个种群抽取 10～50 株个体。同时，种子采集必须是有节制的，不能将野生种群的大多数种子全部采光。

虽然种子库在保护植物方面具有较大的潜力，但是由于某些原因其仍然具有局限性。当某个种子库出现电力供应中断或者设备出现问题时，整个种子库就会被损坏。即使在保存状态下种子也会由于储存物质的耗尽而慢慢地丧失萌发能力，同时有害突变也会不断的累积，使供应的旧种子根本没有可能萌发。为了克服这种渐进式的种子质量恶化，必须通过种子萌发、种植新个体直至成熟、授粉、保存新样品等一系列过程对其进行定期的更新。种子材料的检测以及更新对那些拥有大量收藏的种子库来说是一项艰巨的任务。恢复那些个体较大以及成熟期比较长的物种如乔木的种子活力可能是非常昂贵并且耗时的。

世界上大约有 10% 的植物的种子是异储型种子，它们的种子不是不能休眠，就是不耐低温储藏，以至于不能保存在种子库中。这些物种的种子必须马上萌发，否则就会死亡。与温带地区相比，生产异储型种子的物种在热带森林里面更加常见。很多经济价值很高的热带果树、用材树种、作物（如可可树、橡胶树）的种子都不能够储存。大量的研究正在寻求解决异储型种子的保存方法，其中一种比较可能的方法就是仅保存种子内部的胚或者其幼苗。保护这些物种的遗传变异性的一种方法就是建立被称为“克隆库”或者“无性系种子园”的专类植物园，这种方法需要大的场地空间以及经费投入。在过去，由于块根植物如木薯、山药以及红薯并不生产种子，因此没有被很好地保存在种子库中。通过无性繁殖，这些物种的遗传变异性可以保存在一些专类植物园中，如秘鲁的国际马铃薯中心和哥伦比亚国际热带农业中心。这些工作是非常关键的，因为这些块根植物在热带发展中国家人们的饮食中占有重要的地位。另外一种保护遗传多样性的方法是就地保护传统的农业耕作习惯（见第 20 章）。无性繁殖对稀有植物物种特别是那些仅存一个个体的植物的繁育是必需的。对这些物种来说，通过对单片叶的一部分组织进行组织培养，最终就能培育出整个植株。

农业种子库 种子库是保护和利用农作物及其野生亲本遗传变异的一种有效途径。通常对某种疾病或者害虫的抗性特征仅仅存在于某个地方品种中，其仅在小范围分布或者存在于野生亲本中。保护地方品种的遗传变异性对农业的发展非常关键，因为这些遗传变异信息不仅可以用来维持和提高现代农业的生产力，同时还可以提高作物对环境变化如酸雨、全球气候变化以及水土流失的适应能力。研究人员已经对全世界的重要粮食作物的地方品种进行了梳理和收集，并通过作物改良计划将这些地方品种与现代品种进行杂交。主要的粮食作物如小麦、玉米、燕麦、马铃薯、大豆以及其他豆科作物已经被全部保存在种子库中，其他的一些重要作物如水稻、谷子和高粱还在收集之中。研究者在保护遗传变异方面正在和时间赛跑，因为仅占全球 10%～15% 耕地从事传统耕作的农民已经不再种植多样的本地农作物品种，他们更倾向于种植高产品种（Altieri 2004）（专栏 14.2）。

> 一些种子库主要集中于保存重要作物的遗传变异信息，其在改善农业生产方面发挥了重要作用。

为了使大家更好地理解作物种子库的价值，举个典型案例。1 型水稻草状矮化病毒摧毁了整个非洲的水稻种植业。为了解决这个问题，农业研究者通过使用从世界各地收集的几千个种子材料来种植野生稻和栽培稻（Lin and Yuan 1980），并在印度获得的一份野生稻种子材料中发现了这种病毒的抗性基因，随后马上开展了一个重要的繁育项目将野生个体内的抗病基因转移到高产水稻品种中。如果没有采集到该野生稻的材料或者在采集到之前该品种就已经消失了，非洲水稻种植业的前景是难以预料的。

尽管他们在收集和保存种质资源材料方面取得了明显的成功，但是农作物种子库还是具有较大的局限性。首先，种子库一般没有对种子的收集地点和生长的环境进行详细的记录，而且对其中的很多种子的质量不了解，很多种子可能不能萌发。很多地区性的重要作物包括药用植物、纤维植物以及其他有用的植物也没有在种子库中得到足够的保存，即使它们对热带国家具有很重要的经济价值。

很多农作物种子库是在国际农业研究磋商组织以及全球植物遗传资源理事会领导下开展保护工作的（www.cgiar.org; http://www.biodiversityinternational.org/）。位于菲律宾的国际水稻研究所保存了大约 8 万份水稻种子材料。该组织在培育高产的、绿色革命作物品种方面发挥了巨大的作用。另外，还有一些专门进行专类性的种子收藏的机构，例如，保存有 12 000 份玉米种子材料、10 万份小麦材料的墨西哥国际玉米小麦品种改良中心，以及位于纽约州日内瓦的国家种质资源系统库植物遗传资源研究室（PGRU）。国际农业研究磋商组织正在建立一个总额高达 2.6 亿美元的全球作物多样性信托基金来帮助这些种子库的运营（www.croptrust.org）。

关于种子库的一个主要争论是农作物遗传资源的所有权以及控制权归属问题（Brush 2007）。本地农作物品种及其野生亲本的基因是培育适合现代农业优良高产农作物品种的基石（Nabhan 2008）。虽然大约 96% 的现代农业所必需的原始遗传变异都来自于发展

专栏 14.2 种子储藏以及作物品种

很多普通作物包括大多数人经常吃的水果和蔬菜都可能受到遗传多样性降低的威胁。造成这种现象的原因很简单：商业化种植倾向于集中种植那些高产的，口味、性状、大小和颜色能够吸引消费者的品种。这样的决策直接导致了很多普通作物的独特品种被舍弃了，以前常见的品种也变得不常见或者稀有了。如果没有普通园艺工作者以及植物育种人员，特别是成立于 1975 年、位于美国衣阿华州的种子保存交换组织（Seed Savers Exchange, SSE）的努力，很多的植物品种可能已经完全灭绝了。

种子保存交换组织主要集中于保护各种鲜为人知的、由殖民者从其他国家带到北美洲的珍稀农作物品种（www.seedsavers.org）。你喜欢吃黄瓜吗？你需要迷你白黄瓜、巴黎腌黄瓜还是墨西哥酸黄瓜？在过去的 35 年中，种子保存交换组织通过成立一个约有 750 多名园艺师以及植物育种者参与的组织保护了超过 12 000 个作物品种。其他有兴趣的园艺师、植物育种者以及历史保护团体可以通过 SSE 提供的目录册、内部通讯以及网站来了解这些被保存的农作物品种。大多数品种都是仅由一个栽培者提供的，并负责对其提供的这一品种进行管理，这也使这些品种显得与众不同。

这些独一无二的蔬菜及果树品种都拥有较长、极有吸引力的历史，特别是一些类似“传家宝”式的品种，它们的历史可以往前追溯几个世纪甚至几千年前它们起源的地方，可能是欧洲的某个小镇或者村庄。其他的植物可能是看上去令人感兴趣的、具有药用特性的或者特殊的颜色及气味。仅凭这些，园艺师就有充分的理由去收集这些品种。另外，这些品种在繁育新农作物品种中具有极大的潜在价值，以应对未来农业生产的各种威胁。

种子保存交换组织的创始人 Kent 和 Diane Whealy 在衣阿华州运营了一个牧场，很多作物品种都种植在那里。为了保证所有品种不会由于生境或者气候条件的限制而被遗漏，所有的种植者都分布在美国的不同地区以及气候带。同时他们也为普通园艺师提供了大量有趣的植物。一名衣阿华州的负责人提供了大概 200 种南瓜品种以及 53 种西瓜品种。另外，为了帮助种植者收集一些特别的品种（例如那些以前见到过但是不知道具体名字的物种），他们每年都会在种子储藏收获专刊刊登“植物搜寻服务”，种植者可以通过发布他们所需植物的特征来寻求普通会员的帮助。

种子保存交换组织（SSE）刊发了花园种子编目，收录了数百种种子目录以及上千个蔬菜品种。种子保存交换组织的总部位于美国衣阿华州的遗产农场，在那里种植了许多独特的平时难以见到的蔬菜品种（插图版权归 Judith Ann Griffith 所有；农场照片由 John Torgrimsom 惠赠）

中国家，如印度、埃塞俄比亚、秘鲁、墨西哥、印度尼西亚和中国，但是绝大多数优良品种的繁育项目都是由北美洲和欧洲的发达国家所主导的（图 14.11）。过去那些通常来自发达国家种子库的研究者，能够自由地从发展中国家收集种子和植物组织，然后把它们送到研究站和种子公司。种子公司用这些种子通过成熟的繁育项目和田间试验发展出新的“精品”品系。接下来他们就会以高价把种子卖回到发展中国家以追求利益最大化，每年的交易金额的总数达到数百万美元。然而，在这一系列的过程中拥有原种资源的国家却没有得到任何好处。

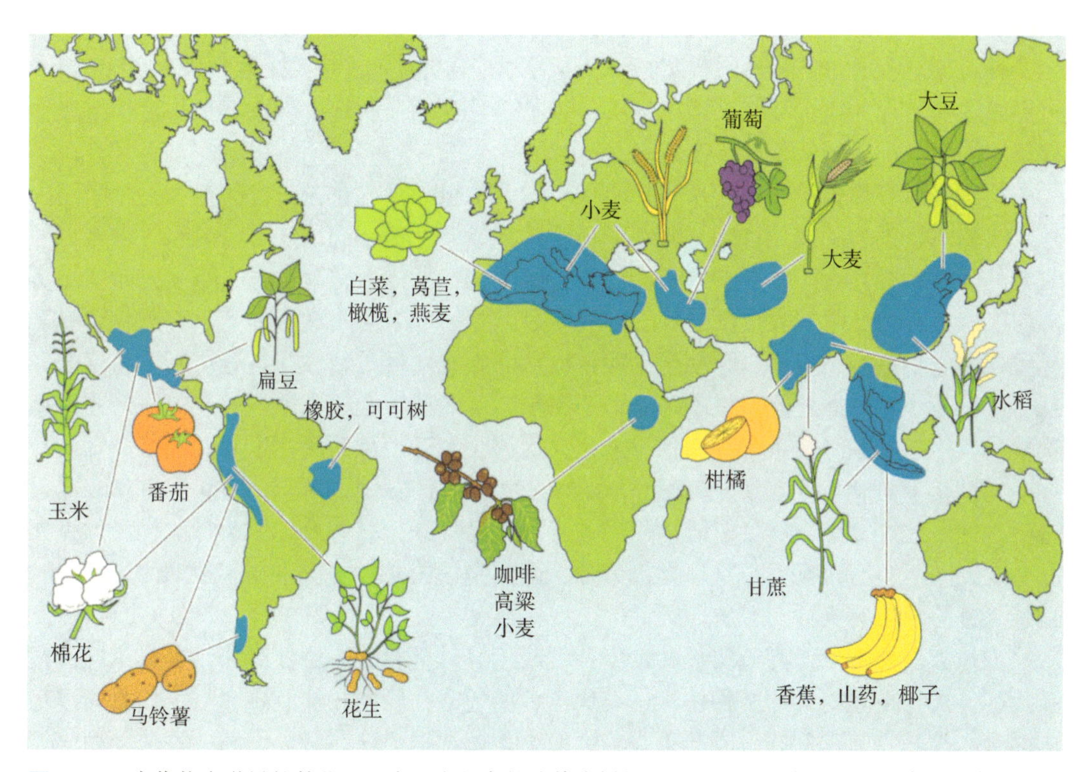

图 14.11 农作物在世界的某些地区表现出很高的遗传多样性，这些地区通常是相关农作物首先驯化的地点，或者是仍然沿用传统耕作方式种植该作物的地区。这种遗传多样性对于维持农作物的产量极为重要（Garrison Wilkes 惠赠）

发展中国家现在质疑为什么他们要无偿地提供遗传资源却要花高价购买由这些资源衍生的种子。事实上，所有的国家都从种子以及植物组织自由互换中获益良多。由国际繁育中心通过现代 DNA 技术培育的一些现代品种已经在世界各地广泛种植，这些新品种整合了来自于多个国家的地方品种的优良特性。很多国家虽然为国际良种繁育项目提供了各种遗传资源，但是这些优良品种的使用也提高了他们的农业生产效率。实际上，发展中国家农业所使用的农作物品种大约有 2/3 是从世界上其他国家引进的。

1992 年联合国环境与发展大会通过的《生物多样性公约》试图通过一个相对公平的方式来解决遗传资源获取与惠益共享问题（见第 21 章）。目前已有 193 个缔约方，经过 8 年的努力，终于于 2010 年 10 月在日本名古屋召开的第十次缔约方大会上通过了遗传资源获取与惠益共享的《名古屋议定书》。《生物多样性公约》涵盖了以下重要政策条款：

- 各个国家有权利对本国生物多样性资源进行管理，实现资源的有偿使用。
- 各个国家有责任对本国生物多样性进行编目并进行保护。
- 只有经过东道国、当地政府以及土地所有者的同意以后才能开展采集活动。
- 关于新品种的研究活动、繁育、加工处理以及生产都应该尽可能地在生物资源所属国进行。
- 经济收益、新产品以及新品种应该与贡献遗传资源的国家公平共享。

很多国家、国际机构、保护组织以及公司目前正在研究制定能够履行生物多样性保护公约各项条款的金融及法律机制。各方难以调和的分歧已经阻碍了该公约的履行。但是，在哥斯达黎加和巴西的主导之下的一些协议正在商定之中（见第5章），我们将通过跟踪这些协议的执行情况来确定这些条款是否是互惠互利的，以及其是否适用于其他协议和国家。

树木遗传资源保护 林业作为一门规模庞大的全球性行业在过去的很长一段时间内依靠在树木中发现的遗传性变异获得了巨大的成功（Grattapaglia et al. 2009）。依靠野外收集的种子来建立人工林具有一定的弊端，因为选择性伐木经常会先去除优树而留下劣等树。在这种情况下，收集到的种子一般质量较差，如果使用这些种子进行造林可能会导致树木生长缓慢、畸形、时常遭受病害，从而影响木材质量，并且这些后遗症仅能在几年甚至几十年以后才能表现出来。为了保护树木的遗传变异资源，林业工作者通过从优树选取插条和亲缘关系较近的种子来建立优树收集区，从而保存重要的经济林木材料并进行遗传育种研究。在美国东南部的优树收集区内仅火炬松就有8000份材料。通过选择其中一些个体建立的种子园已经用来生产商品种子。有些重要属树种的种子如栎属和杨属，一旦生产出来就很难保存；另外，即使是松树的种子也不能无限期的保存，它们最终都会成长为大树。

通过建立保护区对商业树种的野生种群或近缘种进行保护是保存遗传变异资源的重要途径。由于商业树种通常种植于远离原产地的地方，因此在林业研究与保护方面进行国际合作是必需的。例如，原产于北美洲的火炬松和辐射松在其他大洲的种植面积已经达到了600万 hm^2。在新西兰，通过现代遗传育种和集约经营技术，使当前新西兰辐射松人工林面积已经达到了130万 hm^2，辐射松产业已成为该国经济支柱产业之一。由于刺槐材质比较耐用，并且能够在退化的贫瘠地区生长，其人工林占到了匈牙利整个森林面积的19%。桉树具有速生、丰产等特性，使得其在中国的人工林面积达到360万 hm^2，主要分布在广西、广东、海南、福建等地，仅广西的桉树人工林面积就达180多万 hm^2，占该自治区木材产量的70%（http://www.forestry.gov.cn/）。虽然这些人工林远离原产地，但是仍然需要通过使用其自然种群提供的遗传变异来进行不断的改良从而能够适应恶劣的环境。

14.2 结论

随着越来越多的自然环境被人类活动所支配，迁地保护在保护野生物种方面发挥了更加重要的作用。通过各种保护项目、研究活动以及科普宣传，人工饲养和栽培的物种可以充当它们的野生同类与人类交流的桥梁。对于那些极度濒危的物种，一旦弄清楚它们濒危的原因并控制这些不利因素的影响，就可以将人工饲养 / 栽培的个体释放到野外进行种群重建。虽然迁地保护的成本非常高昂，但是通过动物园、水族馆和植物园展出物种、对驯养物种进行基因改良、生物技术以及医药行业开发新产品也能够获得收入。这些收入的一部分必须直接用来支持生物多样性保护，如保护区的建设和管理。

小结

1. 一些在野外有灭绝风险的物种可以通过人类的监管而得到保护，这也被称为迁地保护。这些人工圈养的种群可以通过放归到野外而重建种群，同时还可以用于关于物种保护主题的科普宣传。
2. 动物园经常运用现代兽医药技术来建立能够自我维持的珍稀濒危陆地脊椎动物种群。现在，动物园保有的物种数超过了 7400 种（以及亚种），物种个体超过了 200 万，它们中的大多数个体都是人工繁育的。一些濒危家畜品种也在动物园里得到了保护。
3. 特别是针对海洋哺乳动物，水族馆在它们的动物展示以及户外表演中越来越强调保护的主题。
4. 全球的植物园以及树木园现在都将收集和栽植珍稀濒危物种作为他们工作的重点。在低温条件下，大多数植物的种子都能够在种子库中保存较长的时间。为了保护基因改良项目所必需的遗传材料，一些种子库通常专门收集主要农作物品种、商业木材树种，以及它们的野生亲本和近缘种的种子。

讨论题

1. 植物、陆地动物和水生物种的迁地保护方法有哪些异同点？
2. 如果每个物种都进行了圈养，是否生物多样性就得到了足够保护？这样是否可能？是否可行？将每个物种的组织材料进行冷冻保藏对保护生物多样性有何帮助？这种措施是否可能？是否可行？
3. 关于保护驯养动植物及其亲本遗传变异的争论是否与我们提出的关于保护濒危野生物种的争论是一样的？
4. 迁地保护机构的资源有多少比例用于保护才能宣称自己是保护组织？什么类型的保护活动对每一个机构来说都是适宜的？参观一个动物园、水族馆或者植物园，然后评价他们的保护活动的效果（可以使用或者参考 Miller et al. 2004 的方法）。

推荐阅读

Altieri, M. A. 2004. Linking ecologists and traditional farmers in the search for sustainable agriculture. *Frontiers in Ecology and the Environment* 2: 35-42. 生态学家可以从传统农民（与一般农民和园丁）那里学到很多东西。

Bowkett, A. E. 2009. Recent captive—breeding proposals and the return of the ark concept to global species conservation. *Conservation Biology* 23: 773-776. 动物园平衡了使用迁地保护以及就地保护方法进行濒危物种保护的需求。

Clarke, A. G. 2009. The Frozen Ark Project: The role of zoos and aquariums in preserving the genetic material of threatened animals. *International Zoo Yearbook* 43: 222-230. 冷冻保存濒危物种遗传材料的努力正在进行中；什么时候这种方法才能够成为一项保护策略？

Conway, W. G., M. Hutchins, M. Souza, Y. Kapentanakos, and E. Paul. 2001. *The AZA Field Conservation*

Resource Guide. Zoo Atlanta, Atlanta, GA. 由动物园以及水族馆的工作人员支持或者指导的几百个项目的信息。

Fraze, L. N. 2009. Sea-cage aquaculture, sea lice, and declines of wild fish. *Conservation Biology* 23: 599-607. 水产养殖业在减少野生物种的捕获量方面具有较大潜力，同时它也会造成较大的环境影响。

Guerrant, E. O., Jr., K. Havens, and M. Maunder. 2004. *Ex Situ Conservation: Supporting Species Survival in the Wild*. Island Press, Washington, D. C. 描述了植物园与植物保护的关系。

Holt, W. V, A. R. Pickard, J. C. Rodger, and D. E. Wildt(eds.). 2003. *Reproductive Science and Integrated Conservation*. Conservation Biology Series, no. 8. Cambridge University Press, New York. 繁殖技术方面的进展对圈养繁殖项目产生了巨大影响。

Johnson, R. C. 2008. Gene banks pay big dividends to agriculture, the environment, and human welfare. *PLoS Biology* 6: e148. 农作物的遗传多样性对人类非常重要，但是到底谁是他的主人们呢？

Miller, B. and 9 others. 2004. Evaluating the conservation mission of zoos, aquariums, botanical gardens, and natural history museums. *Conservation Biology* 18: 86-93. 为了提高这些机构的效率，需要回答的8个难题。

Morell, V. 2008. Into the wild: Reintroduced animals face daunting odds. *Science* 320: 742-743. 当人工圈养的动物被释放到野外以后很难建立新种群。

Pukazhenthi, B., P. Comizzoli, A. J. Travis, and D. E. Wildt. 2006. Applications of emerging technologies to the study and conservation of threatened and endangered species. *Reproduction Fertility and Development* 18: 77-90. 动物园开始使用高科技的药物。

Vitt, P., K. Havens, A. T. Kramer, D. Sollenberger, and E. Yates. 2010. Assisted migration of plants: Changes in latitudes, changes in attitudes. *Biological Conservation* 143: 18-27. 我们需要通过建立种子库来应对可能的气候变化。

Williams, S. E. and E. A. Hoffman. 2009. Minimizing genetic adaptation in captive breeding programs: A review. *Biological Conservation* 142: 2388-2400. 物种会对圈养环境产生基因层面的适应性，从而导致它们可能不再适应野生环境。

Zimmermann, A., M. Hatchwell, L. Dickie, and C. D. West(eds.)2008. *Zoos in the 21st Century: Catalysts for Conservation*. Cambridge University Press, Cambridge. 很多现代动物园将就地保护作为他们的工作之一，并且在全球生物多样性的保护和管理中起到了越来越重要的作用。

（陈磊 编译，蒋志刚 马克平 审校）

第 V 篇

生态系统和景观水平的保护与恢复

第 15 章

保护地的建立

生态系统类型复杂多样，既有极少数未受人类活动干扰的类型，如海底生物群落和亚马孙偏远热带雨林，也有受人类活动强烈干扰的类型，如城市、农田、人工池塘及污染严重的河流和湖泊等。即使是地球上最偏僻的地方，也有人类活动的痕迹，如二氧化碳浓度升高、气候变化、化学污染及资源产品的采集等；同样，即使是人类活动最强烈的地区，也存在着从未受人类活动影响的原生群落。

目前，受中度干扰的生境，由于其覆盖面积大，已成为保护生物学研究最具有挑战性的领域，也为保护生物学的研究提供了绝好的机遇。择伐林、过度捕捞的海洋及放牧草地孕育着丰富的生物多样性。保护就是在生物多样性和生态系统功能的保护与人类对其利用之间，寻求一种平衡或折中。

保护地是通过法律手段或按照传统风俗划定的特定陆地或海洋，其目的是进行生物多样性及与其相关的自然文化资源的管理和保护（www.iucn.org）。保护地可维持健康、完整的生态系统，是生物多样性保护的最有效方法。有人认为，依据现有的资源和经验，人类只能保护地球上很小一部分物种，保护地是保护物种的唯一有效途径。生态系统的保护，涉及单个保护地（protected area）的建立、保护地网络的建立、保护地的有效管理、保护地外的保护、退化生物群落的恢复（www.wri.org）等方面的内容。

本章将讨论生物群落保护的关键——按照法律法规建立保护地，保护地内允许进行资源商业利用、允许当地居民对资源的传统利用及允许发展娱乐业等活动。首先讨论现有保护地，然后深入讨论保护地的建立。

整个 20 世纪及 21 世纪初，保护地的数量不断增加（图 15.1）。全球约有 80% 的保护地是 1962 年首届世界公园会议后建立的（Chape et al. 2003; www.wdpa.opg）。目前，保护地覆盖全球 13% 的地表面积。全球 23% 的土地是资源可持续利用性土地，诸如林地、水库流域、放牧地等。对这些面积受限土地的保护，需重点突出生物多样性的重要性，第 18 章将进一步详述。

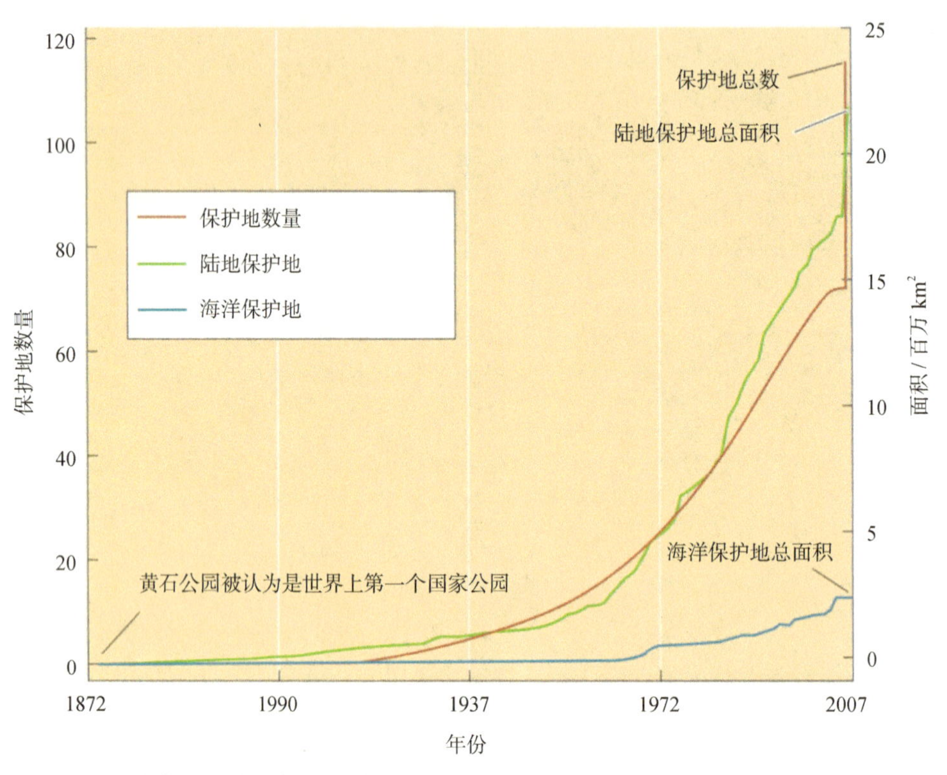

图 15.1 过去 135 年期间，全球保护地数量和面积增加的趋势。最后一年的保护地数据，也包括了那些确切建立年份不清楚的保护地。注意：海洋保护地主要是近 40 年期间建立的，其面积远远小于陆地保护地的面积（www.unep-wcmc.org/protected_areas/pdf/stateOfThe-World's ProtectedAreas.pdf）

15.1 保护地的建立和分类

保护地的建立有多种方式，但是最常见的有如下几种：

1. 国家、地区或地方建立的保护地；
2. 私人或保护组织购买土地建立的保护地；
3. 传统社团和土著居民建立的保护地；
4. 大学或研究机构建立的用于开展生物多样性保护、研究和教育的生物研究基地。

通过法律手段和购买土地的方式建立保护地，并不能完全使栖息地得到保护。但是，这些方式却为栖息地的保护奠定了基础。发展中国家政府间的合作、国际保护组织、跨国银行、教育研究机构以及发达国家政府等，已通过多种方式筹集资金、召集科学管理方面的专家进行培训，进而建立保护地。

在建立保护地过程中，每一个机构都优先关注他们自己感兴趣的领域。在保护地规划时，必须规定哪些人类活动在多大程度上可以在保护地内进行。一般来说，允许从事大量人类活动的保护地，只有少部分的生物多样性能够得到有效的保护。然而，有些生物多样性的维持依赖于一定的栖息地干扰，尤其是那些受人类长期干扰的生物多样性。例如，许多动植物的存活，依赖于传统耕种方式下形成的特殊结构和功能的生态系统（第 18 章详细叙述）。当这些传统的耕种方式不再继续或进一步加强时，一些物种将不能继续存活。

国际自然保护联盟（IUCN）依据人类对栖息地利用程度的高低，制订了一套保护地分类系统，将保护地分为 6 类（表 15.1）。这六类中的前五类为真正意义上的保护地，主要是为生物多样性的保护而建立的（然而，严格意义上的保护地只包括前三类）。第六类是资源管理型保护地，尽管其建立的目的是保护生物多样性，但是，这里可以开展诸如木材生产和放牧等资源生产活动。资源管理型保护地极其重要，其面积通常比其他保护地面积大，拥有大量的甚至是全部原始物种，而且其他保护地通常镶嵌在这些保护地之中。

依据人类活动的影响程度及其对资源的需求程度，IUCN 制定了保护地分类系统，既包括了严格意义上的保护地，也包括了资源管理型保护地。

表 15.1 IUCN 制定的保护地 I～VI 分类系统

类型	说明
I a 严格的自然保护地	主要用于科学研究和监测；一定面积的陆地或海洋，具有明显的生态系统类型代表性，或在地质或生理上具有显著的代表性，或具有显著的物种代表性
I b 荒野保护地	为保护荒野区而建立；未受人类活动改变或受轻微人类活动改变的仍然保持原有自然特征的大面积陆地或海洋，没有固定的、明显的人类居住痕迹，其目的是为了保护自然特征
II 国家公园	主要用于保护生态系统并提供旅游休闲服务；划定一定面积的陆地或海洋建立国家公园，其目的是：①保护生态系统目前和未来的完整性；②杜绝开发利用和非法占有；③为人类提供精神的、科学的、教育的和旅游休闲的服务功能，实现环境和文化的和谐
III 自然遗迹	主要用于保护某些特定的自然特征；一定面积的具有一种或多种特定的较高自然或文化价值的特殊区域，或具有稀有性、代表性、美学或文化价值的特殊地段
IV 栖息地 / 物种保护地	对保护地进行有效科学的管理；积极采取行动，确保栖息地的可持续性，能满足特定物种的需求
V 陆地和海洋景观保护地	主要用于陆地和海洋景观的保护，并为人类提供休闲服务；包括一定面积的陆地、海岸线和海洋，是在人类和自然长期相互作用形成的具有重要美学价值、生态价值、文化价值及丰富生物多样性的特殊地段
VI 自然资源保护地	主要为了实现自然生态系统的可持续利用；包括未受人类活动改变的自然生态系统，对其管理的目的是为了确保生物多样性的长期维持和保护，并为社区可持续发展提供自然产品和服务功能

资料来源：www.iucn.org。

15.2 现有保护地

目前，全球至少有 180 个国家建立了保护地（Chape et al. 2008；www.iucn.opg）。截至 2005 年，只有叙利亚、也门、赤道几内亚、几内亚比绍等少数几个国家没有建立保护地。生物多样性丰富、生态系统类型多样的大国显然已从保护地的建立中受益。因此，普遍认为每一个国家至少应该建有一处国家公园。截至 2009 年，全球按照 IUCN 的 I～VI 标准已建立了 108 000 个保护地，覆盖了地球陆地地表 3000 万 km^2 和海洋的 200 万 km^2（图 15.2），然而，大部分被保护的土地，对人类而言没有多大的利用价值。世界上最大的公园位于荒芜的格陵兰公园，面积为 97 万 km^2，约占全球保护地总面积的 3%。全球符合 IUCN I～IV 类标准的严格意义上的保护地，其面积占地球表面积的 6%。

有些国家和地区保护地的管理措施比较粗放，没有严格执行国家公园和野生动物保护地的相关法律。而另一方面，一些国家和地区却对没有受法律保护的保护地进行了很好的保护，美国国家森林野生动植物保护地就是很好的例子。各国受保护的保护地面积不等，保护地面积占国土面积最大的是德国，占到 32%，澳大利亚为 36%，中国为 17%，英国为 15%。俄罗斯为 8%，希腊为 3%，土耳其为 3%。尽管有些国家建立了很多保护地，但某些具有高经济价值的特殊生境仍未得到有效保护（Dietz and Czech 2005；earthtrends.wri.org）。

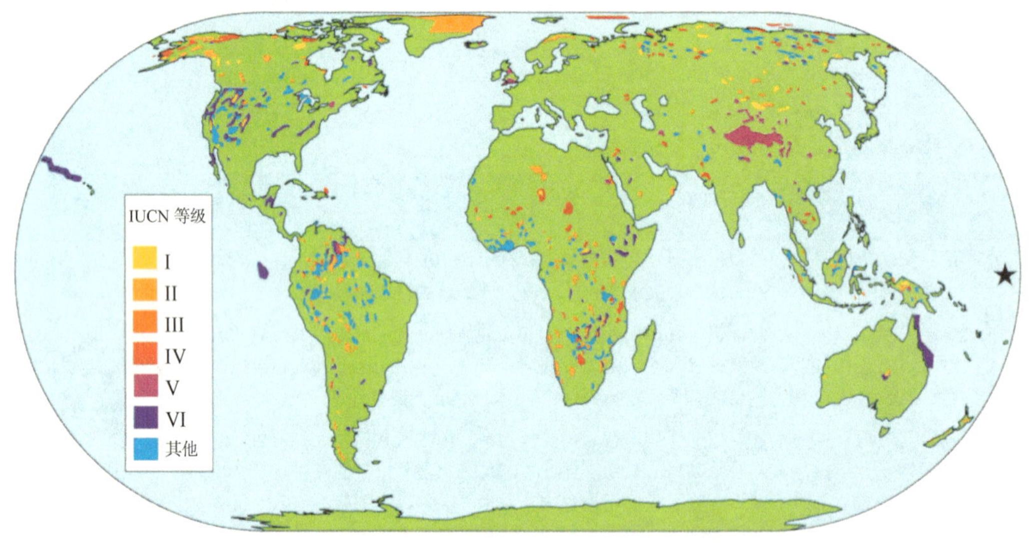

图 15.2 全球陆地和海洋保护地。小面积的保护地无法显示在大比例尺的地图上。图上显示的是符合 IUCN I～VI 类标准、大面积的保护地，以及目前已按同样标准进行保护但还没有得到正式认可的保护地。注意：最大的保护地位于格陵兰、夏威夷、加拉巴哥群岛、北阿拉斯加、澳大利亚东北部及中国西部。星号显示的是新建的凤凰岛保护地（根据世界自然保护区数据库 2005 年的数据，www.unep-wcmc.org.wdpa/）

海洋保护地

海洋保护滞后于陆地保护，主要是因为海洋保护地的建立难度较大，即使是建立优先区也比较困难（Salm et al. 2000；Game et al. 2009）。江河湖泊等淡水生态系统，同样需要建立优先区加以保护（Higgins et al. 2005）。目前，仅有 1% 的海洋环境以保护地的形式保护。而事实上，为了对商业捕捞进行科学管理，至少需要对 20% 的海洋环境建立保护地加以保护（图 15.3）（www.iucn.org；Spalding et al. 2008）。保护海岸和海洋生物多样性，需要更多的投入。全球已经建立了 5000 多个海洋和海岸保护地，但是这些保护地大多面积比较小。世界上三个面积最大的海洋保护地（MPA）即澳大利亚大堡礁海洋公园（the Great Barrier Reef Marine Park）、夏威夷西北岛自然遗迹（the Northwestern Hawaiian Islands Marine National Monument）和凤凰群岛保护地（the Phoenix Islands Protected Area）[由南太平洋基里巴斯共和国（Kiribati）所建，见专栏 15.1]，其面积占海洋保护地总面积的一半。遗憾的是，大部分海洋保护地只存在于地图上，实际中由于过度捕捞和污染而很少得到保护。一项调查发现，只有不到 10% 的海洋保护地能达到其保护目的（IUCN 2004）。

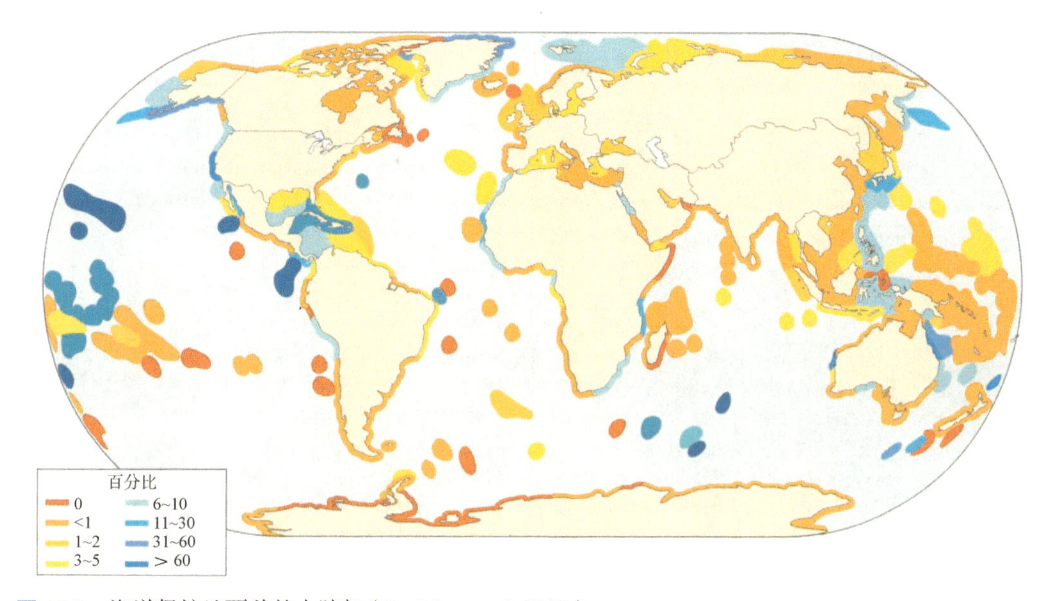

图 15.3　海洋保护地覆盖的大陆架（Spalding et al. 2008）

美国现建有 1700 个海洋保护地，其中 13 个保护地的总面积为 46 548 km^2。与其形成显明对照的是，美国现建有 906 个国家森林和野生动物保护地，面积达 1 657 084km^2。目前，全球都在通过建立海洋公园来保护养殖场内商业捕捞的物种，进而保护海洋生物多样性，维持其水质及海洋生态系统的物理和生物学特征。但是，允许在保护质量较高的保护地内从事如游泳和潜水等与旅游休闲相关的经济活动（图 15.4）。然而，

（A）　（B）

图 15.4　（A）加利福尼亚蒙特雷湾国家海洋保护地（MBNMS）；（B）生活在 MBNMS 戴维森海山海洋深处的羽管虫及各种各样的珊瑚虫（NOAA）

专栏 15.1 凤凰群岛保护地：世界上最大的海洋公园

近来，因拥有世界上最大的海洋保护地（MPA），太平洋岛国基里巴斯共和国受到了全球的普遍关注。基里巴斯共和国位于赤道附近的太平洋中部，2006 年与新英格兰水族馆和保护国际（CI）携手，共同建立了凤凰群岛保护地（PIPA）。2008 年，基里巴斯将凤凰群岛保护地的面积几乎扩大了两倍，目前面积为 410 500km^2（与美国加利福尼亚州或德国面积相近）。凤凰群岛保护地是世界上最大的海洋保护区，覆盖了世界上仅存的完全未受过人类干扰的海洋珊瑚群岛（Lilley 2008）。凤凰群岛保护地包括 8 个凤凰环状珊瑚岛和 2 个水下暗礁系统，是太平洋岛第一个海洋保护地，也是重要的深海栖息地，其面积占全球海洋保护地总面积的 16%，被联合国教科文组织（UNESCO）指定为世界遗产地。

凤凰群岛是海洋未利用区域，人类对其的开发利用非常有限（整个公园内，只一个珊瑚岛上有 31 人居住）。凤凰群岛从未受到珊瑚礁水的污染和海洋疾病的威胁，仍然保持着自然原貌。与地球上其他过度捕捞的珊瑚礁相比，凤凰群岛拥有 120 多种珊瑚和 514 种岩礁鱼，包括大鲸鱼和鲶鱼等顶级捕食者。同时，这里是海鸟和海龟的重要迁移栖息地。

凤凰群岛受人为影响小，便于观测气候变化和海洋酸化对海洋环境的影响等全球变化现象，是观测大尺度生态系统功能的理想场所。例如，2002～2003 年海洋表层海水

保护地东西长 684km，南北长 620km，包括 8 个小岛和无数水下海山（新英格兰水族馆 Kerry Lagueux 提供）

异常高温，导致大面积的珊瑚出现漂白现象（Alling et al. 2007）就是首先在这里发现。最新考察研究发现，这里的生态系统正在迅速恢复。

商业渔场是基里巴斯的主要经济来源，建立保护地需要政府关闭这些渔场。作为管理计划的一部分，新西兰水族馆和保护国际共同捐助资金，补偿了其因关闭商业渔场造成的经济损失（Handwerk 2006）。凤凰群岛保护地是世界上最大的海洋保护发起者。在当今资源紧缺的情况下，对任何发展中国家，其都是可贵的。一个完整的珊瑚礁生态系统，能够帮助科学家回答如何最大限度地保护海洋环境。

目前，全球都在建立海洋保护地。最近，太平洋岛国基里巴斯共和国建立了全球受人类影响最小、面积最大的海洋保护地。

目前大面积的海洋仍未得到有效保护（Guarderas et al. 2008）。同样，淡水资源的保护仍然面临着类似的挑战（Abell et al. 2008）。

物种数量是保护地保护生物多样性的重要标志，其对维持保护地的健康生态系统和重要物种有效种群至关重要。

建立海洋保护地的一种途径是对海洋群落的每种类型进行有选择地保护。人类对海洋环境的了解非常有限，海洋生物地理分布界限不明显，且海洋生物幼虫和成虫的扩散范围广，确定海洋生物地理分布界限远比陆地困难（Planes et al.2009；Underwood et al. 2009）。目前，判断海洋生物地理分布界限，主要是通过海洋动物的分布（海岸、大陆架、海洋）及影响海洋物种生态和分布特性（水流、温度）的物理属性来实现的。

保护地的有效性

保护地维持生物多样性的重要性在许多热带国家尤为明显。公园内森林和动物物种丰富，而公园外森林和动物则比较少见（Lee et al. 2007）。然而，这些保护地仍面临着来自砍伐、狩猎及其他人类活动的威胁。在管理过程中，保护地的管理常常与当地居民发生冲突。同时，一些国家公园内部退化比公园外还严重（Wright et al. 2007）。总体而言，保护地能有效地保护土地的完整性（Bruner et al. 2001；DeFries et al. 2005）。一项研究表明，热带森林国家公园内的林中空地，比公园周边控制区域的空地少得多（图 15.5）。

如果国家公园是建在物种集中分布的区域，那么将有更多的物种得到保护。这也说明，为什么墨西哥保护地仅占国土总面积的 4%，却保护了该国 82% 的哺乳动物（Ceballos 2007）。这些保护地沿山体海拔梯度分布。不同类型的地层镶嵌分布，既包括了地层古老的区域，也包括了那些重要的自然资源丰富的区域，如河流和水洞。一个包含了具有各种代表性的栖息地保护地系统，可保护更高比例的物种。英国的保护地系统，保护了该国 88% 的植物物种。其中，26% 的物种仅在保护地内分布（Jackson et al. 2009）。

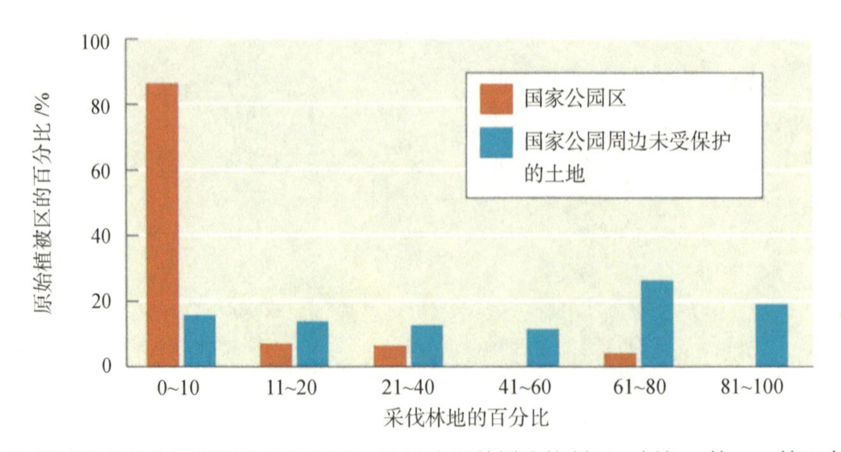

图 15.5 热带国家森林公园开垦的土地面积，远远小于其周边控制区。例如，第一、第二条立柱显示，国家公园 80% 的土地为原始森林（开垦 <10%），而其周边控制区域则仅有少于 20% 的土地为未开垦区（Bruner et al. 2001）

通常，景观既包括大面积的常见栖息地类型，也包括小面积的稀有栖息地类型。保护生物多样性，不仅要保护大面积的常见栖息地类型，更应保护不同栖息地类型的代表性区域（Shafer 1999）。如果栖息地和土地利用方式不适合物种的生存，即使保护地是建在濒危物种分布的地理范围内，物种也可能从保护地内消失（Rondinini et al. 2005）。

应该清醒地认识到，我们也不清楚保护地内大部分物种和生态系统的未来命运。许多物种种群减少迅速，其未来灭绝的可能性极大。同样，火烧、疾病暴发、非法狩猎等灾难性事件的发生，也可能使物种从隔离的栖息地中迅速消失。因此，尽管公园中现存物种数量是公园保护生物多样性潜力的重要指标，但是，保护地真正的价值在于其能够长期维持物种存活及其所在生态系统的健康。

15.3 新保护地的创建

正如本章开始提到的，建立保护地的途径较多，常见的主要包括：①通过政府行为（中央政府或地方各级政府）建立；②通过私人或保护组织（如大自然保护协会）购买土地建立；③依据土著居民的传统风俗建立；④由大学和研究机构通过建立野外生物观测站（包括生物多样性保护研究和保护教育）建立（图 15.6）。

目前，政府是建立保护地并对其进行管理的主要力量。国际保护团体制定保护地建立的准则，并提供生物多样性保护的机会，但最终做出保护地建立决策的还是中央及地方各级政府。目前，许多国家正在起草或者已经开始起草国家环境保护方案和国家生物多样性保护方案及热带雨林保护方案等，这些方案的制定有助于确定保护地优先区（中央政府同时决定公园管理的类型，第 17 章和第 18 章将对其进一步详述；保护地管理方式的确定，关系到保护地能否实现其保护目标，而不仅仅是文件上谈谈而已）。

各级政府、保护组织、公司及个人，在保护地的建立和管理过程中扮演着重要角色。这些组织和个人通常独立开展工作，但是现在他们已逐渐开始合作建立和管理保护地。当地居民是建立国家公园的重要合作伙伴。为了维持传统的生活方式或

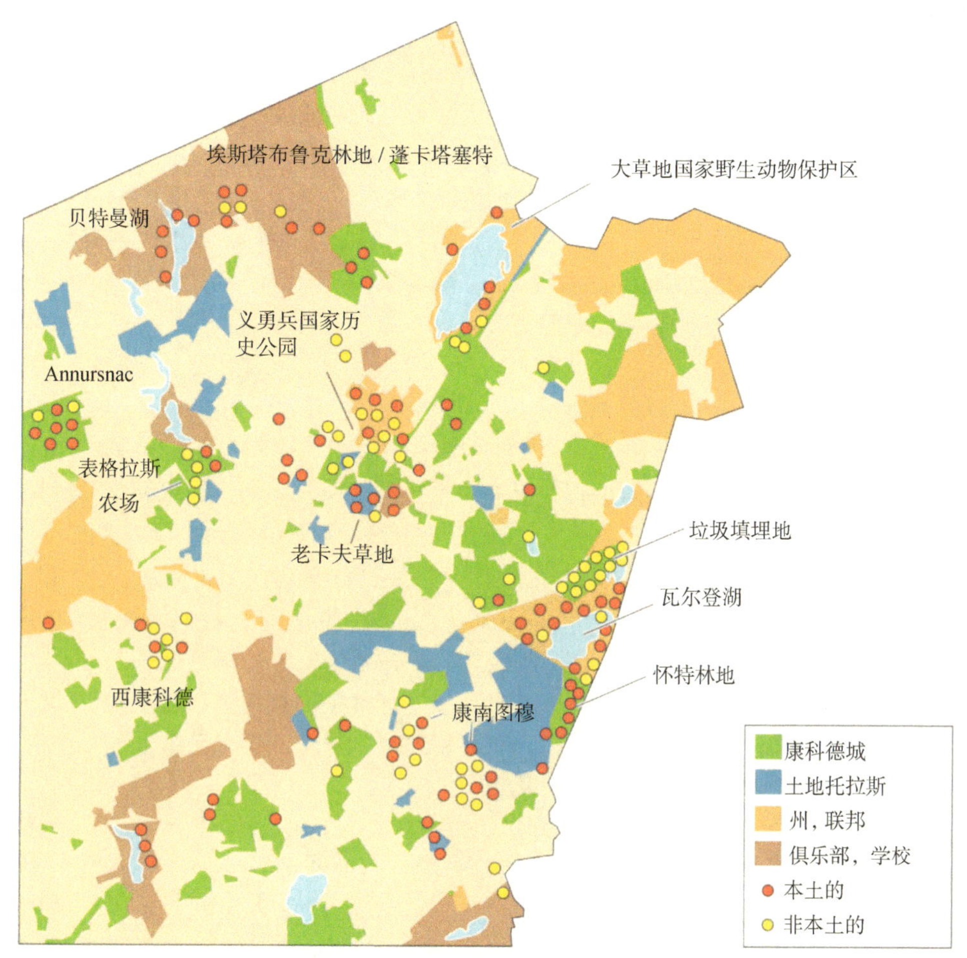

图 15.6　康科德（Concord），一个各级政府和私人保护组织共同建立的保护地，位于马萨诸塞州东部一个郊区城市，面积 $67km^2$，包括瓦尔登湖（Walden Pond），即博物学家亨利·大卫·梭罗（Henry David Thoreau）的著名著作《瓦尔登湖》。注意，这里分布有不同面积和各种形状的保护地。保护地内发现有许多珍稀物种，有些物种在保护地外同样可发现（Primack et al. 2009）

为了保护土地，传统社团已经建立了许多保护地。这些保护地中的大部分，与当地居民的民族宗教信仰相联系，并已存在了相当长的时间。这些保护地，通常是其他地区已经消失的稀有动植物物种集中分布的地方，同时也是诸如泉水和森林流域等重要资源的分布地。许多国家的中央政府，如美国、加拿大、哥伦比亚、巴西、澳大利亚和马来西亚等国，均承认传统社区对其赖以生存的土地拥有所有权，并可对其所属土地进行狩猎、耕作和管理。有时承认土地的权属会引起法律界和新闻界的冲突。这些传统社团一旦与现代社会接触，他们的生活方式及其对环境的态度很快会发生变化。

建立新的保护地需要遵照如下步骤，其详细内容将在后面详细叙述：

1. 识别优先保护对象；
2. 确定每一个优先保护对象所处区域的面积；
3. 用空缺分析技术将新建的保护地和现有保护地网络连接到一起。

优先保护：应该保护什么？

在一个拥挤的世界里，用于保护的资源和政府资金都非常有限。因此，找出生物多样性优先保护的对象极其重要。目前，许多物种濒临灭绝危险，而一些保护生物学家认为，没有哪一类生态系统或哪一类物种应该灭绝。但事实上，我们没有足够的资源资金来拯救所有濒临灭绝的生物。保护面临的真正挑战，是在资金和资源有限的情况下，找到使生物多样性损失减少到最小限度的方法（Bottrill et al. 2009）。保护规划者必须解决三个相关问题：什么需要保护？哪些地区应该得到保护？如何保护？以下三个标准能够回答前两个问题，并有助于找到优先保护对象。

1. 独特性（不可取代性）：与普通种、广布种组成的生态系统相比，稀有特有种组成的生态系统类型或具有特殊特征（如特殊景观价值或地理特征）的生态系统类型应该优先得到保护。与具有多个种的属相比，一个物种如在分类学上是特有的，是其所属属或科的单一种（Faith 2008），那么对其的保护具有更重要的价值。同样，如果一个种群具有其他种群不多见的遗传特征，那么对这个种群的保护比对常见种群的保护更有价值。

2. 濒危性（脆弱性）：与非濒危物种相比，濒危物种更应优先得到保护。因此，与具有52万只个体的沙丘鹤（*Grus canadensis*）相比，只有约382只个体的美洲鹤（*Grus americana*）更应优先得到保护。即将遭到破坏的生态系统应优先得到保护，如西非的热带雨林、美国东南部的湿地生态系统，以及其他具有大量特有或分布受限物种的生态系统。通过对生态系统的地理范围大小、分布面积的减少程度及生态系统功能损失等方面的评估，确定其濒危程度（Nicholson et al. 2009）。

3. 实用性：对人类目前或将来具有实用价值的物种的保护，优先于没有明显实用价值的物种。例如，相对于目前还没有任何经济价值的草种，野生小麦家系在培育新品种、改善耕作多样性方面具有潜在的实用价值，对其应优先加以保护。对于具有重要文化意义的物种，如印度虎、美国秃鹰，应优先加以保护。与几乎没有什么经济价值的干旱灌丛林等群落相比，具有重要经济价值的沿海湿地生态系统类型具有更大的保护价值。

根据这些标准，印度尼西亚的科莫多龙（科莫多巨蜥，the Komodo dragon of Indonesia）（*Varanus komodoensis*）（图 15.7）是符合上述保护标准的典型物种：它是世界上最大的蜥蜴（独特性），它只出现在发展中国家几个小岛上（濒危性）；它不仅具有重要的科学价值，同时也是很重要的观光胜地（实用性）。目前，印度尼西亚的这些岛屿被划定为科莫多国家公园加以保护，并被联合国教科文组织（UNESCO）指定为世界遗产地（http：//whc.unesco.org）。这些专门设立的保护地，包括了具有重要自然或文化价值的各种栖息地类型，是人类超越国家界限的宝贵财富，也是人类生命和灵感不可取代的重要资源。

印度西高止山脉（the Western Ghats）与其西南海岸线平行分布，其上分布的热带雨林需优先保护：这些热带雨林中分布有许多特有物种，包括几种栽培种的原型，如黑胡椒（独特性）；热带雨林中许多产品是当地居民生活所必不可少的资源（实用性）；热带雨林具有重要的流域服务功能，可为当地防洪并进行水利发电（实用性）。但是，印度西高止山系上的热带雨林仍然面临着砍伐、火烧、薪材采集和其他林产品采集以及破碎化等方面的威胁（濒危性）。

图 15.7 印度尼西亚食肉动物科莫多巨蜥（*Varanus komodoensis*）是世界上监测到的最大的蜥蜴。每年都有成千上万的游客拥挤到这里，参观野生科莫多巨蜥。为保护这一物种而建立了科莫多国家公园（照片 Stephen Frink Collection/Alamy）

应该保护哪些区域？

为了保护物种和生态系统，根据上述三项标准，已经建立了几个国家和国际优先保护系统。保护地建立的不同途径之间基本上是相互补充的，但在重点保护方面有所侧重，基本原则则类似。由于气候变化的原因，目前正对这些保护途径进行重新评估。

物种途径 建立保护地的物种途径，即为保护某些特殊物种而建立优先保护地，进而保护整个生物群落。为了保护那些受特别关注的物种，如稀有种、濒危种、关键种及某些具有文化意义的物种而建立保护地；这些物种是建立保护地保护生态系统的动力，称之为目标种（focal species）。指示种（indicator species）是目标种的一种，与濒危生物群落或特殊生态系统过程极其相关，如美国西北部濒危的北部斑点鸮（spotted owl）和美国东南部的红冠啄木鸟（red-cockaded woodpecker）均可视为指示种（图 15.8）。为保护指示种而建立保护地，其目的是为了保护更大范围的具有相似分布特征的物种和生态系统过程（Halme et al. 2009）。例如，保护红冠啄木鸟的同时，美国东南部的长叶松成熟林也得到了有效的保护。当然，被指定

图 15.8 美国北部斑点鸮（*Strix occidentalis caurina*）是西北太平洋老龄林的指示种，那里分布着丰富的木材资源。保护斑点鸮的同时也保护了其他物种（John and Karen Hollingsworth/美国鱼和野生动物管理局）

的指示种和被保护的物种与生态系统过程在大尺度上需保持一致。为确保整个生物群落得到有效保护，更多情况是指定一系列指示种（Lawton and Gaston 2001）。

目标种的另一种类型是旗舰种（flagship species），即公众众所周知的物种。很多国家公园是为保护旗舰种而建立的，这些公园受到公众的普遍关注，同时具有象征意义，是重要的旅游资源（Rabinowitz 2000）。通过对指示种和旗舰种的保护，整个生态系统数以千计的物种和生态系统过程都将得到有效保护。保护旗舰种和指示种的同时，也保护了其他物种和生物群落。所以，旗舰种也可称之为伞护种（umbrella species）（Ozaki et al. 2006）。例如，普查结果显示，印度虎正濒临灭绝，印度自1973年随即开始了保护印度虎的计划。通过建立的18个老虎保护地，并对其进行严格的管理，印度虎种群数量下降的速度有所减缓。同时，通过对印度虎的保护，其他受威胁的生态系统也得到了有效的保护。

> 基于独特性、濒危性和实用性，已经发展了几种保护物种和生态系统的优先保护途径：物种途径、生态系统途径和热点地区途径。

物种保护途径，主要是依据物种个体制定生存计划来开展保护行动，该计划同时也确定出了优先保护的区域。在美洲，自然遗产项目和保护数据中心，均被组织到公益自然（NatureServe）网络中。应用稀有物种和濒危物种的信息，寻求尚未得到有效保护但却是濒危物种集中出现且现有物种数量正急剧下降的区域（www.natureserve.org）。另一项类似的重要项目是国际自然保护联盟物种生存委员会行动计划。约有7000多名科学家组成的100多个专家组对哺乳动物、鸟类、无脊椎动物、爬行动物、鱼类和植物等，进行评估并制订行动计划，其网站http：//www.iucn.org上有详细的信息。通过这些行动计划，国际组织和非政府组织合作开展一个国家或多个国家的保护计划。

生态系统途径 许多保护生物学家坚持认为，不能仅把物种作为保护对象，而应对其所在的生态系统和生物群落进行保护（Tallis and Polasky 2009）。他们声称，从长远的角度而言，花费100万美元保护栖息地并对其进行科学管理，使生态系统能自我维持，远比花同样代价保护一个特色物种能保护更多的生物多样性，并为人类提供更多的价值。从防洪、净化水源和休闲旅游等方面，向决策者和公众说明一个生态系统的价值相对比较容易。而从一个特色物种的保护价值方面，向决策者和公众说明生态系统的价值则比较困难。

生态系统保护途径旨在力争有更多代表性的生态系统类型得到有效的保护。具有代表性的生态系统类型应包括能代表其生态系统特征的物种和环境条件。任何一个生态系统，都不可能具有完全的代表性，但是生物学家们正致力于确定保护的最适宜场所。

确定全球哪些地区迫切需要得到进一步的保护至关重要，以此对这些优先保护地给予更多的资源、研究和公众的关注。一项对全球13个主要陆生生物群落的研究表明，栖息地被保护的面积及栖息地转变为其他类型的比例，在不同生物群落类型之间存在着显著差异。（图15.9）显示，温带草原、地中海森林和热带干旱森林生物群落面临着严重威胁。其保护面积比例比较小，应该对这些类型进行优先保护（Hoekstra et al. 2004；Jenkins and Joppa 2009）。苔原、北方森林和山地草原生物群落类型暂时不需要建立新保护地。

热点地区途径 当无法获取整个生态系统的具体数据时，可以某些生物多样性指标来指导保护工作的开展。例如，显花植物丰富的地带，同样分布有丰富的苔藓、蜗牛、蜘蛛和菌类（Fleishman and Murphy 2009）。同样，生物多样性高的地带，其生物多样性

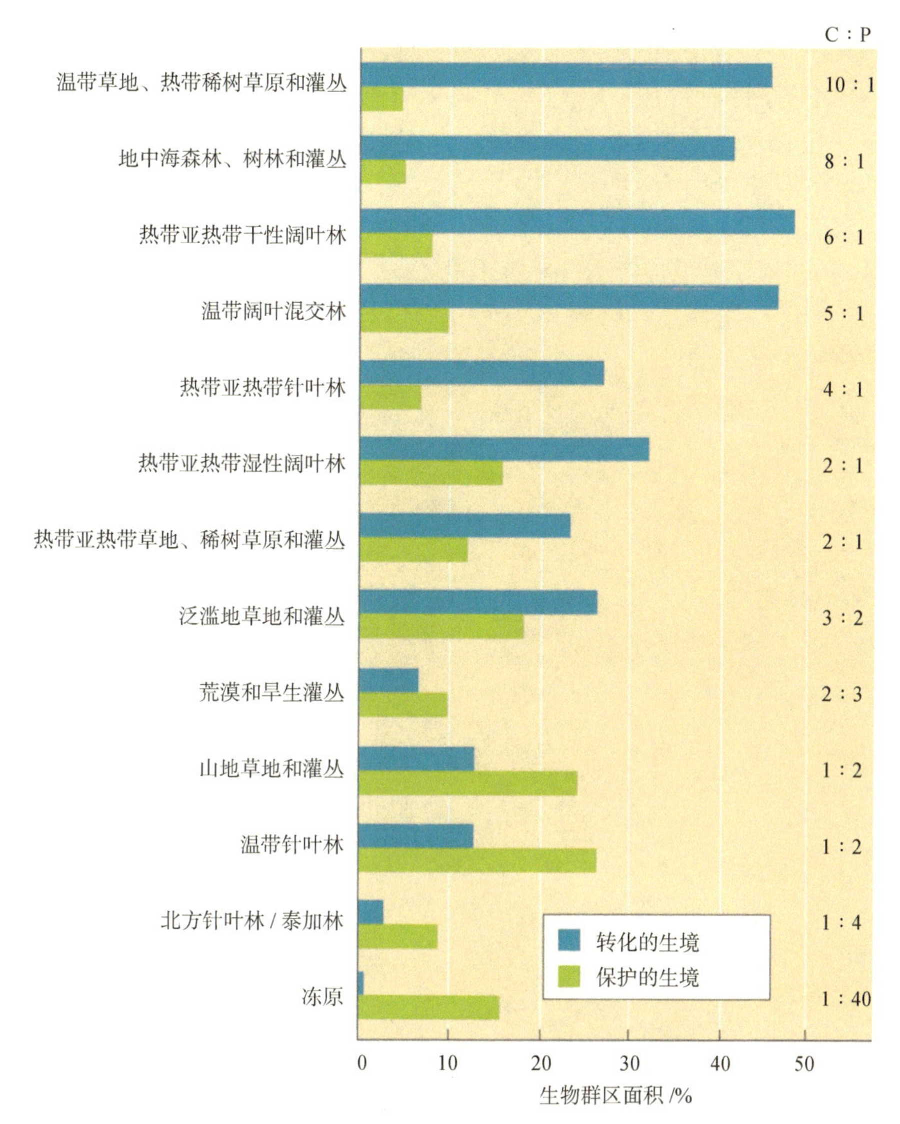

图 15.9 全球 13 个主要生物群区被保护的面积和转化为其他类型栖息地的面积百分比。同样可表示为 C : P，即转化为其他类型栖息地的面积与被保护面积的百分比（Hoekstra et al. 2004）

的特有程度也比较高。也就是说，有些物种只出现在某一地带而不出现在其他地带。热点地区途径期望的结果是，在保护某类生物物种多样性分布中心的同时，也有效保护了其他物种的多样性。

> 许多保护地的建立是为保护那些大型的、世人关注的物种和物种高度集中分布的区域。

这一途径目前正在系统地扩大。位于英格兰的国际自然保护联盟植物保护办公室，正在确定全球大约 250 个多样性高度集中分布的植物中心和国家级重要植物分布区（IPA），并对其进行详细记录。这项工作首先发起于欧洲（Hoffmann et al. 2008）。鸟类国际正在确定重要鸟类的分布区（IBA），即鸟类高度集中分布但其分布严格受限制的区域（Tushabe et al. 2006；www.birdlife.org）。目前，已经确定出 2400 种分布严格受限制鸟类的 200 处重要分布区。这些区域大多为岛屿和孤立的高山，拥有诸如蜥蜴、蝴蝶和植物等特有物种，是需优先加以保护的区域。进一步的分析结果显示，部分重要鸟类分布区没有建立保护地的地段，急需采取措施进行保护，防止物种灭绝。生物多样性指标途径并不一定适用于所有地区和所有物种。例如，研究发现对意大利保护地内丰富的维管植物的保护并不能代替对该保护地内菌类多样性的保护（Chiarucci et al. 2005）。

世界保护监测中心、鸟类国际、保护国际、世界自然基金会及其他国际组织，利用类似的方法试图确定出全球生物多样性和特有性高、物种濒临灭绝且栖息地破坏严重的区域，即所谓的保护热点地区（图 15.10）（Fonseca 2009；Laurance 2009；www.

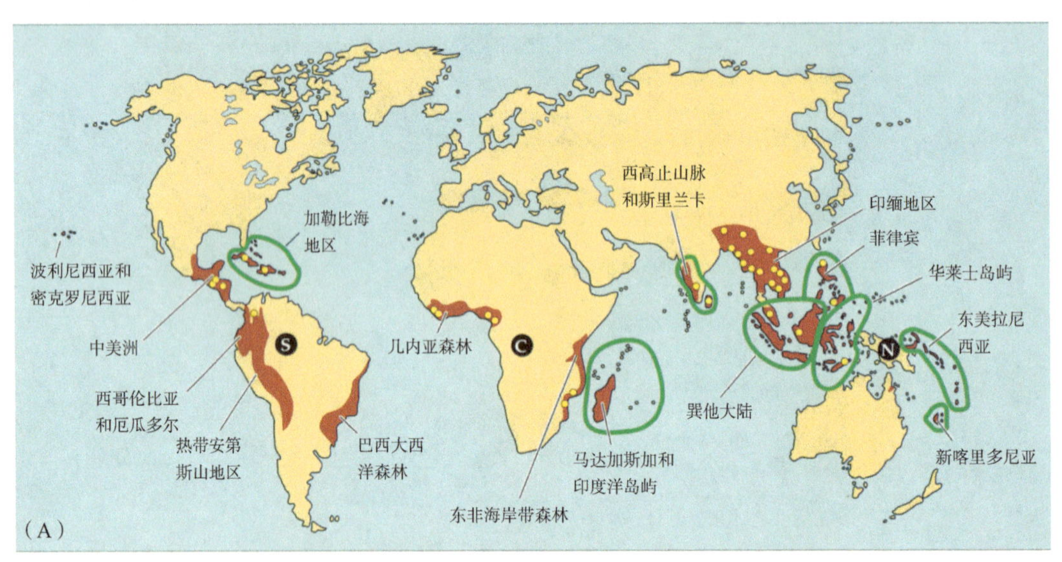

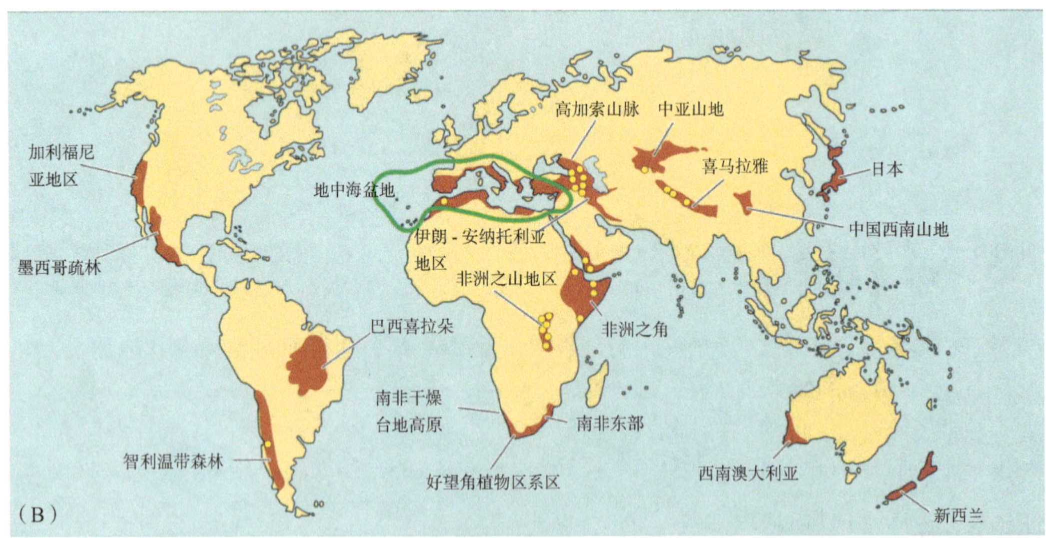

图 15.10 基于生物多样性丰富度、特有性及灭绝的威胁程度的全球生物多样性优先保护的热点地区。（A）16 个热带雨林热点地区。绿圈标注的是岛屿群，玻利尼西亚 / 密克罗尼西亚区覆盖大部分太平洋岛群（包括夏威夷群岛、斐济群岛、萨摩亚群岛、法属玻利尼西亚、马里亚纳群岛等）；黑圈表示 3 个残存的热带雨林地带，即南美洲Ⓢ、非洲刚果盆地Ⓒ、新圭亚那岛Ⓝ；（B）18 个其他生态系统类型热点地区。黄点表示 1950～2000 年期间，由于军事冲突导致 1000 名遇难者的区域（Mittermeier et al. 2005；Hansen et al. 2009） biodiversityhotspots.org)。基于这些标准，全球已经确定出了 34 个生物多样性热点地区，包括 12 066 个陆生脊椎动物特有种(占全球总数的 42%)的整个分布区和其他陆生脊椎动物 35% 的物种部分分布区，这些分布区仅占全球陆地表面的 2.3%(表 15.2)。

表 15.2 全球 34 个生物多样性热点地区比较

地理位置[a]	原有范围 ($\times 1000\ km^2$)	现存的未受干扰的植被 /%	保护区内面积 /%[b]	物种数		
				植物	鸟类	哺乳动物
美洲						
智利中部	397	30	11	3 892	226	65
热带安第斯山	1 543	25	8	30 000	1 728	569
哥伦比亚西部 / 厄瓜多尔	275	24	7	11 000	892	283
巴西大西洋森林	1 234	8	2	20 000	936	263
巴西喜拉朵	2 032	22	1	10 000	605	195
墨西哥松栎林	461	20	2	5 300	525	328
加利福尼亚	294	25	10	3 488	341	151
中美洲	1 130	20	6	17 000	1 124	440
加勒比海群岛	230	10	7	13 000	607	89
非洲						
西非几内亚森林	620	15	3	9 000	793	320
南非干燥台地高原	103	29	2	6 356	227	74
南非好望角	79	20	13	9 000	324	90
南非东南部	274	24	7	8 100	541	193
马达加斯加和印度洋岛	600	10	2	13 000	367	183
东非海岸带森林	291	10	4	4 000	639	198
非洲之山东部	1 018	10	6	7 598	1 325	490
非洲之角	1 659	5	3	5 000	704	219
欧洲和中东						
地中海盆地	2 085	5	1	22 500	497	224
高加索山脉	863	20	1	6 400	381	130
伊朗 - 安纳托利亚	900	15	3	6 000	364	141
亚洲大陆						
中亚山地	863	20	7	5 500	493	143
喜马拉雅	742	25	10	10 000	797	300
高止山脉 - 斯里兰卡	190	23	11	5 916	457	140
印缅地区	2 373	5	6	13 500	1 277	433
中国西南山地	262	8	2	12 000	611	237
太平洋沿岸地区						
巽他大陆岛屿	1 501	7	6	25 000	771	381
华莱士岛屿	338	15	6	10 000	650	222
菲律宾	297	7	6	9 253	535	167
澳大利亚西南	357	30	11	5 571	285	57
东美拉尼西亚岛屿	99	30	0	8 000	365	86
新喀里多尼亚(岛)	19	27	3	3 270	105	9
新西兰	270	22	22	2 300	198	4
日本	373	20	6	5 600	368	91
密克罗尼西亚 / 玻利尼西亚(包括夏威夷)	47	21	4	5 330	300	15

资料来源：Mittermeier et al. 2005；www.biodiversityhotspots.org。 a. 蓝色表示热带雨林热点地区；其他热点地区包括各种类型的生态系统类型；b. 数据的估算基于 IUCN 的 Ⅰ～Ⅵ保护地

大部分热点地区位于巴西大西洋海岸与西非等地处孤立状态的热带雨林。热点地区同样还包括像加勒比海、菲律宾和新西兰等的岛屿。其他热点地区位于温带的温暖季节性干旱区域，如地中海盆地、加利福尼亚和澳大利亚西南山地等。其余的热点地区包括干旱森林（the dry forest）、巴西喜拉朵热带稀树草原（savannas of the Brazilian Cerrado）、肯尼亚和坦桑尼亚东部山地森林、中国中南部森林（south central China）等区域。最后，全球生物多样性分布的另一中心区域是热带安第斯山区，该区占全球陆地地表面积的0.3%，约有30 000种植物、1728种鸟、569种哺乳动物、610种爬行动物和1155种两栖动物分布在这里的热带雨林和高海拔草地中。在过去的几十年里，大家对热点地区途径非常积极，并为此投入了很多经费。目前，大家正观望该途径在生物多样性珍贵稀有、但却面临人类巨大压力地区保护目标的实现程度。然而，由于边远、地形起伏不平及地区的武装冲突和暴动，使得这些区域的保护管理实施难度较大（Hanson et al. 2009）。

热点地区途径同样适用于单个国家（da Silva et al. 2005）。在美国，稀有濒危物种的热点地区主要分布于夏威夷岛、阿巴拉契亚山脉（Appalachians）南部、佛罗里达Panhandle区、死亡谷（the Death Valley）、旧金山海湾（the San Francisco Bay Area）和南加利福尼亚海岸带和中心区域（图 15.11）。美国大自然保护协会将土地购买资金全部投入到了上述物种丰富地带的保护中。热点地区途径非常适用，对位于热点地区外的受威胁生态系统和特有种的保护同样非常重要（Stohlgren et al. 2005）。通过对全球具有代表性的生物群落的保护，实现生物多样性的保护目的。预计，未来30年将投入900～3300亿美元，用于生物多样性的保护（Pimm et al. 2001）。

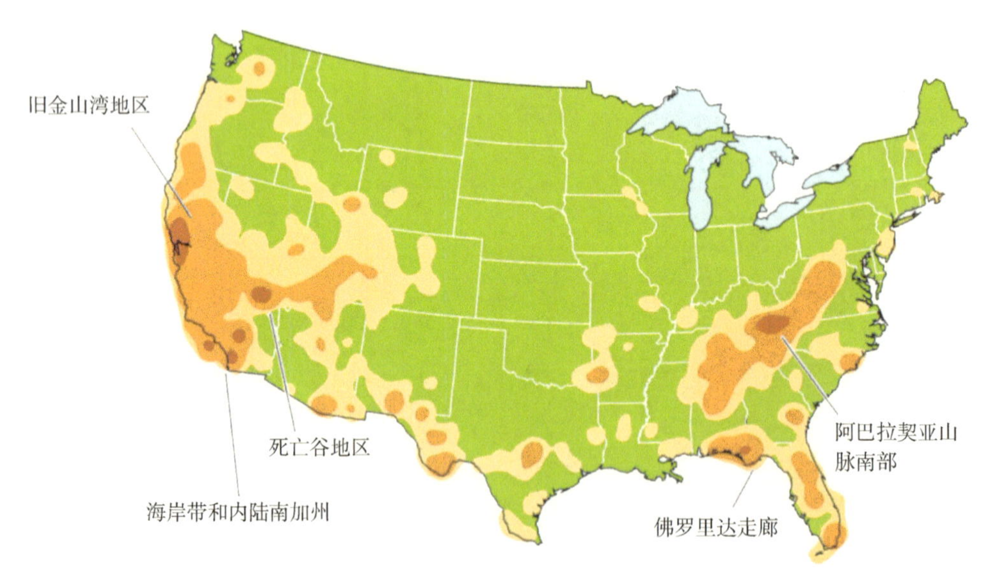

图 15.11　美国基于对稀有物种加权估算的物种丰富度最高的区域。这里没有显示稀有物种最高的夏威夷岛。红色阴影区表示稀有度最高的区域（Stein et al. 2000）

利用该方法确定出了全球17个生物多样性高度集中的国家（全球有200个），约占全球生物多样性的70%。这些国家是：墨西哥、哥伦比亚、巴西、秘鲁、厄瓜多尔、委内瑞拉、美国、刚果民主共和国、南非、马达加斯加、印度尼西亚、马来西亚、菲律宾、印度、中国、新几内亚和澳大利亚。其中，很多国家由于经济落后、政府对保护地的保护效果差等原因，生物多样性面临严重的威胁。对这些国家生物多样性的保护，需要增加公众的关注度和国际资金的资助力度（Mittermeier et al.1997；Shi et al.2005; Liu 2009）。目前，急需对淡水和海洋生态系统进行热点地区分析。

荒野区 荒野区是另一种需要建立保护地并加以优先保护的区域。大面积的荒野区几乎从未受到人类活动的影响。这里人口密度低，近期又不可能被开发，是地球上大型野生哺乳动物生存的避难所。荒野区受人类活动影响极小，保持着自然群落的真实面貌，可以看成是对照控制区。例如，西藏羌塘保护区，广袤的荒野区是为了保护野生牦牛（*Bos grunniens*）种群。主要的保护措施是禁止狩猎、控制栖息地面积减小及禁止与家养牦牛杂交，避免种群数量不断减少。在美国，一些私人保护组织建议建立荒野区保护网络，并提倡通过加强对区域生态系统的管理来保护诸如灰熊、狼和大型猫科动物等大型食肉动物有效种群（www.wildlandsproject.org）。目前，欧洲正在努力保护位于波兰和白俄罗斯（前苏联的一部分）交界处 1500km^2 的比亚沃维耶扎原始森林（the Bialowieza Forest）（Daleszczyk and Bunevich 2009）。

> 荒野区保护的是没有人类影响下的生态系统的自然过程。

全球三大热带荒野区占地球陆地地表总面积的 6%，是具有代表性的优先保护地（见图 15.10A）（Mittermeier et al. 2003）。需要强调指出的是，即使是这些所谓的荒野区，也遭受了人类长期的干扰，其森林结构和动植物密度已经受到了人类活动的严重影响。目前，三大热带森林荒野区退化极其严重。

- **南美** 南美的荒野区包括雨林、稀树草原和山脉。但是，几乎没有人穿越过圭亚那南部、委内瑞拉南部、巴西北部、哥伦比亚、厄瓜多尔、秘鲁和玻利维亚等荒野区。威胁荒野区的主要因素是现代公路网络的发展，公路网络的发展又促进了伐木、移民和农业的发展（见第 21 章）。二者综合的结果，极易导致大面积的森林火灾和其他问题。
- **非洲刚果盆地** 刚果盆地主要集中分布于非洲赤道区域，主要包括加蓬的大部分、刚果共和国和刚果民主共和国。这里人口密度低，栖息地受人类干扰相对小。战争和无政府管理使得这里大部分土地没有得到有效保护。但这里人口压力非常低。近年来新建公路和伐木活动的增加，使得这里的保护亟须提上日程。
- **新几内亚** 新几内亚受伐木、采矿和移民等活动的影响比较严重，但仍然拥有亚太地区面积最大的几乎未受人类干扰的森林（尤其在巴布亚岛西部的印度尼西亚省和整个岛的西部）。岛的整个东部地区是巴布亚新几内亚独立国，面积 46 万 km^2，人口 670 万；而 42 万 km^2 的西巴布亚岛上居住有 260 万人。婆罗洲岛（Borneo）上分布有大面积的森林，但是伐木、种植农业、人口的不断扩张及交通网络的发展，使这块土地上荒野森林面积迅速减少。

目前，荒野区保护面临的主要问题是其对那些无地居民的吸引力。目前，荒野区的人口为 7500 多万（土地面积占全球总面积的 6%，而人口占全球总人口的 1.1%）。但是，人口正在以每年 3% 的速度增长，其增长速度是全球人口增长速度的两倍多，移民是人口增长的关键因素（Cincotta et al. 2000）。

使用有限的数据建立保护地 一般来说，新保护地的建立需符合如下标准：生态系统类型分布受限但其物种特有性高；所代表的生态系统类型在其他保护地不具有代表性；有受威胁物种分布；有人类可以利用的潜在资源，如在农业或医学方面具有潜在使用价值的物种，或易被公众理解的生态服务功能。我们描述确定保护地的方法，在实施过程中应该考虑区域性的问题。分类学家在采集动植物及其他物种标本的过程中，可提供有关物种及其所在群落的数据（van Gemerden et al. 2005）。遗憾的是，这样的数据大多数情况下不存在或不完全。为此，我们可以通过召集不同背景的生物学家，集成其采集知识来识别被保护区域的位置，以此补充缺少数据的不足。同时，可派遣生物学家到了解很少的地区进行实地普查，获得物种编目数据。由此，保护地边界可很快被确定。经过培训的生物学家可对生物多样性做出快速评估，如植被制图、制订物种名录、鉴定物种、估计物种的数量、获取新物种及其新的属性（Kerr et al. 2000）。

克服数据缺乏的另一种方法，是依据生态学和保护生物学的一般原理，第 16 章将进一步叙述。例如，国家公园应该覆盖有不同的海拔梯度、不同类型的栖息地、保护公众所感兴趣的各种类型及有重要旅游价值的物种、代表不同气候带特征的栖息地以及具有大量特有种的单个生物地理区域。

气候变化 目前，急需研究清楚气候变化背景下，现有保护地在多大程度上还能继续维持物种和生态系统的完整性（Post et al. 2009）。如果气候变化显著或相应的植被在气候变化背景下发生改变，目标物种将不可能继续存活于现有的保护地内。未来几十年内，需在物种和生态系统可能扩散及生存的地方建立新的保护地。应对气候变化最好的办法，就是保护海拔梯度和环境梯度，以便使物种和生态系统响应气候变化而逐渐扩散。

15.4 连接新建保护地与保护区网络

保护地一旦建立，资源和人员就能有效地配置到保护地的关键区域。尽量避免资金筹集机构、保护组织和土地信托等组织机构对高利润项目的优先倾向。麦克阿瑟基金这项最大的私人保护基金，决定在全球范围内的不同地区同时开展保护行动，称之为“移动手电筒”途径。这引起了公众的极大注意，因为该基金没有像其他基金一样把钱仅仅投入到全球少数几个鲜为人知地区的保护行动中，诸如哥斯达黎加（Costa Rica）、巴拿马（Panama）和肯尼亚（Kenya）等。

保护的另外一个步骤是将新建的保护地与现存的保护地连接起来形成保护区网络。因为只有将生态系统的各种类型都纳入到保护区系统中，生物多样性的保护才最有效。这些生态系统类型既应包括那些未受人类活动影响的类型，同时也需包括那些人类活动占主导的类型，如人工造林区和牧场。

空缺分析

判断生态系统和群落保护的有效性，方法之一就是将新建的生物多样性优先区及现有保护地和即将建立的保护地进行比较（图 15.12）（Turner and Wilcove 2006；Langhammer et al. 2007）。通过比较，我们就能够发现哪些地方是保护的空缺地带，需

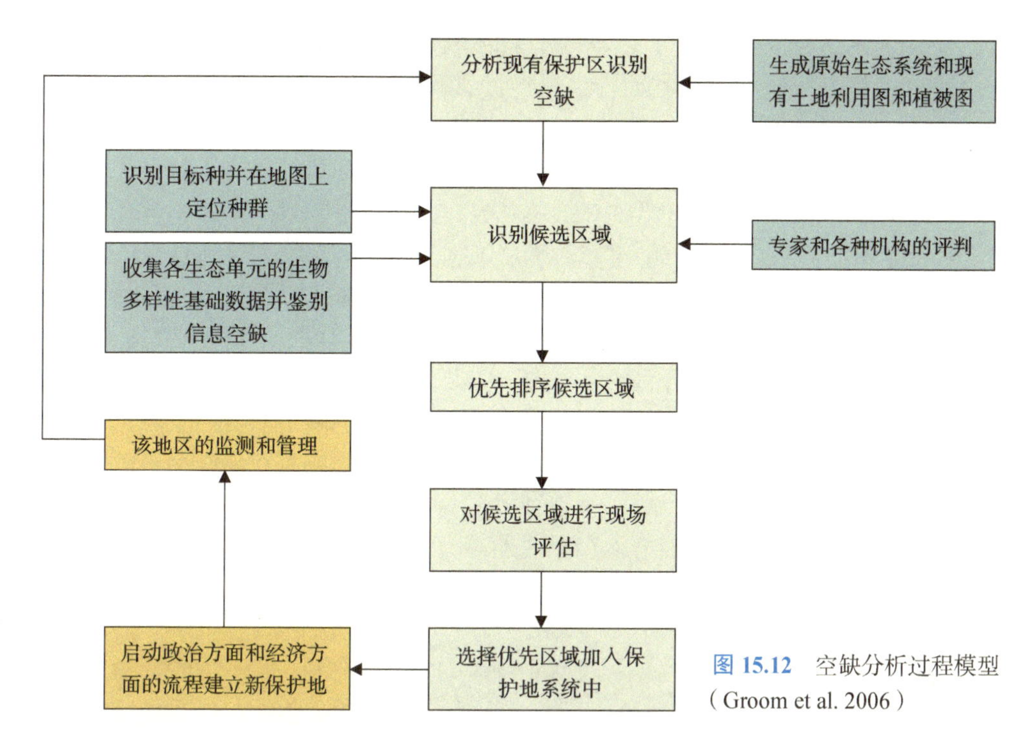

图 15.12　空缺分析过程模型（Groom et al. 2006）

要通过建立保护地对生物多样性进行保护。过去曾使用过这种方法建立国家公园，用以保护特殊生态系统（Shafer 1999）。如今，其已发展成为一种系统的保护规划方法，称之为空缺分析（Tognelli et al. 2009）。通过空缺分析方法补充保护地，提高了保护地网络的生物多样性。空缺分析包括以下几个步骤：

1. 收集整理有关物种、生态系统、区域或保护单元的自然特征等方面的数据，同时收集相关的人口密度和经济要素方面的信息；
2. 确定保护目标，如某个生态系统类型需要保护的面积、需要保护稀有物种的个体数量；
3. 综合分析现有保护地，确定哪些类型或区域已经受到保护，哪些还没有得到保护；
4. 确定需要增加的新保护地的面积；
5. 一旦新增加保护地的面积确定后，需要对其制订并实施管理计划；
6. 对新增加保护地进行监测，看其是否有助于达到预期目标；如果没有达到，修改管理计划或再增加面积以实现目标。

研究人员运用空缺分析方法，详细分析了英国鸟类调查记录，确定出了新自然保护地的潜在位置（Williams et al. 1996）。通过对全英国 2827 个普查网格单元（每一个栅格为 10km × 10km）中的 218 种鸟类 170 098 个繁殖记录数据的分析，确定出了三个能够潜在保护鸟繁殖地的保护地系统；每一个保护地网络占栅格单元的 5%，总体约为英国土地面积的 5%。建立这三个保护地网络的目的是：①保护物种丰富的热点地区；②保护稀有物种的热点地区（分布狭窄的特有种）；③保护互补区域（complementary areas），每增加一个栅格单元，就会有新的物种被保护。分析结果显示，选择物种热点地区进行保护，使每个网格单元被保护鸟数量达到最大，但仍有近 11% 的稀有鸟类没有得到保护。相反，选择互补区域，尽可能保护所有的鸟类，是最有效的保护策略。除了对鸟类的保护，这种方法适用于哺乳动物、植物、独特的生态系统类型及其他生物多样性组分。这种方法的优点在于，每新增加一个保护地，就能加强生物多样性的保护范围（Cowling and Pressey 2003）。尽管有这些优点，但是土地管理者常常认为这些理论方法是不切实际的。他们认为，这种方法在筹募基金、公众关系、政治权力、管理计划的制定和处理土地资源需求竞争等方面常常为琐事困扰。

国际上，科学家常常将全球濒危物种的分布和保护地的分布进行比较（Maiorano et al. 2008）。全球空缺分析项目正在分析保护地对全球脊椎动物的保护有效性（Maiorano et al. 2008）。通过对全球范围内的哺乳动物、鸟类、两栖动物、海龟、乌龟等共 11 633 个物种的分布与保护地的分布进行比较，该项目确定出了保护地空缺地带，发现 1424 个物种分布于空缺地带。这一惊人的结果表明，大量的空缺物种正濒临灭绝危险，其中两栖类是受保护最少的类群。一项研究制订出了濒临灭绝动植物的分布图，指出需进行保护的区域，并须立即采取保护措施（图 15.13）（Ricketts et al. 2005）。

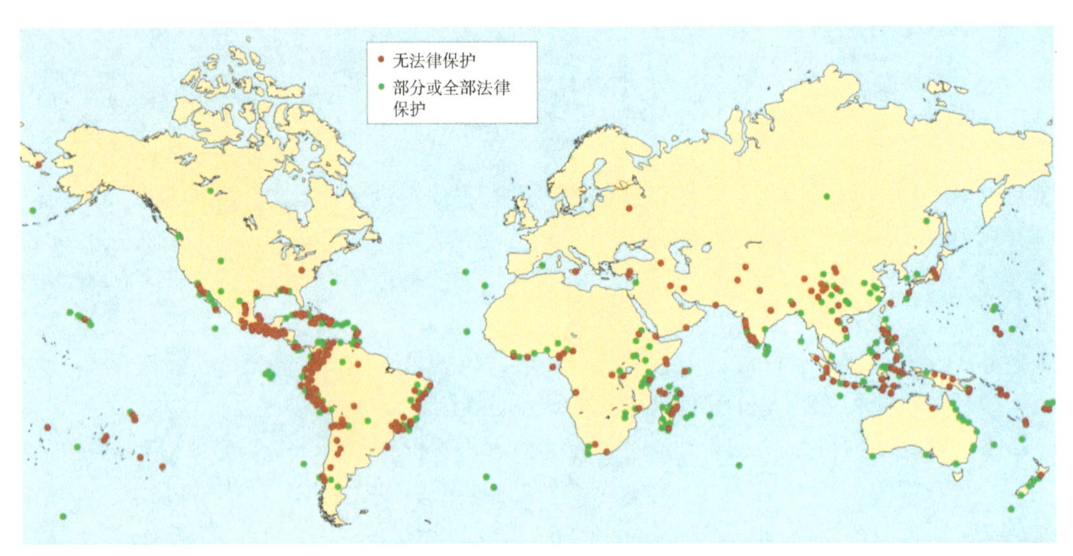

图 15.13 全球 595 个地点的 794 种动植物濒临灭绝分布图。图上显示的大部分物种没有得到合法地保护，只有部分物种得到了部分或全部合法保护。濒临灭绝物种最多的地区是中美洲、南美洲安第斯山和巴西大西洋沿岸（Ricketts et al. 2005）

空缺分析方法同样适用于主要的生物群区（见图 15.9）。全球 40% 的主要生物区已被转化为农业和林业用地，如温带草原、地中海森林和灌丛、热带干旱森林和温带落叶林；目前，只有不到 10% 的受威胁栖息地得到了有效保护（Hoekstra et al. 2005）。相对而言，山地草原和温带针叶林保护的比较好，受威胁程度较小。大部分热带雨林并没有转化为其他土地类型，保护得相对较好。

国家尺度上，通过对比分析植被类型图和生物群落图，可以看出政府保护下的土地类型和面积（Wright et al. 2001）。美国西部 62% 的土地为公有，通过空缺分析项目，各个州都研发出了各自生态系统制图的综合系统。这套制图系统覆盖土地 1.48 亿 hm^2，实现了 73 种特有植被类型图与政府维持下自然状态土地（如国家公园、荒野区和野生动物避难所）图的比较。73 种植被类型中，至少有 10% 的 25 种植被类型（占总数的 34%）位于保护地内；其中，许多植被类型为国家山地公园中代表性比较高的高海拔植被类型。另外 48 种植被类型，其保护面积不到 10%，其中，43 种植被类型主要分布于政府目前管理的土地上，用于资源开采，未来可能成为被保护的对象。其余 5 种类型为分布于私人土地上的植被类型，可通过协商来建立保护地。一个明显的问题是，到目前为止，美国没有一个联邦政府机构负责美国全部生态系统类型的管理。某些政府机构，如国防部、土地管理局，可能是保护生物多样性的重要力量，但他们有比保护更重要的管理职责。联邦政府机构、州、地方政府和私人土地所有者之间的合作，是保护生物群落的关键。

最新的地理信息系统（GIS）技术推动了空缺分析的发展，通过计算机，地理信息系统将海量的环境数据和物种分布数据整合到一起（Murray-Smith et al. 2009）。通过 GIS，可以找出哪些关键区域需要建立国家公园和保护地，并尽量避免开发活动。GIS 最基础的功能是对各种地图数据进行存储、显示和操作管理等。地图数据包括植被类型、气象、土壤、地形、地质、水文、物种分布、人类活动和资源利用等方面的数据（图 15.14）。这一

> GIS 是空缺分析的有效工具，其通过对海量数据的分析，指出国家公园和保护地内关键保护地段及保护地外需优先保护的区域。

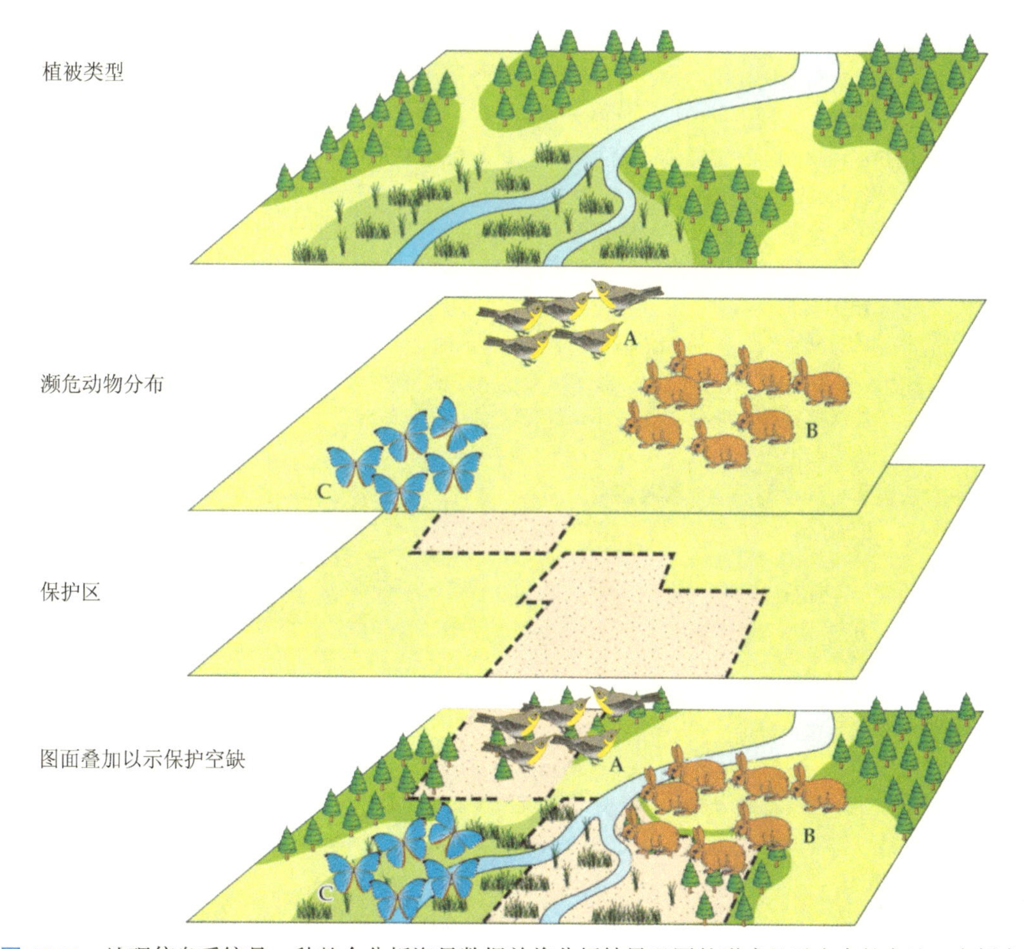

图 15.14　地理信息系统是一种整合分析海量数据并将分析结果以图的形式显示出来的方法。本例中，植被类型图、濒危动物分布图、保护地分布图叠加后，显示出需要保护的地段。叠加图显示物种 A 完全受保护地保护，而物种 B 只有部分分布在保护地内，物种 C 则完全分布于保护地外。亟需建立一个新的保护地来保护物种 C（Scott et al. 1991）

技术能识别出景观中生物因素和非生物因素的相关性，帮助设计生物多样性保护地，甚至可以找出稀有物种和被保护物种的可能位置。航空影像和卫星图片也是GIS分析的数据来源，它们能突显出植被结构和分布格局。GIS通过对多时段图像的解译，可显示出栖息地的破碎化和退化过程，并提出相应的保护措施，并能说明当前政策是否在发挥作用，或是否需要调整。

事实上，当地居民更清楚关键资源和重要物种分布在哪里，他们是建立和管理保护地的重要合作伙伴。将科学的管理方法和社区知识整合到一起，或许是最好的保护策略（Ban et al. 2009）。本章重点强调了官方建立的保护地。而土著居民和私人在有价值的地方建立的保护地，并没有被正式列入官方保护地名单中，但其对生物多样性的保护至关重要，本书的后面部分将重点介绍。

小结

1. 保护栖息地是保护生物多样性的最有效方式。政府、民间保护组织、当地居民社团和个人都能保护土地。保护地包括自然保护区、国家公园、野生动植物避难所、国家名胜古迹、陆地和海洋景观保护地、资源管理型保护地。
2. 全球保护地数量目前已达10万多个，保护地面积占地表面积的13%。由于人类社会对自然资源的需求，严格意义上的保护地仅占地球表面的6%。因此，进行林业生产、放牧及捕鱼等资源生产的陆地和水体，是生物多样性的优先保护区域。目前，许多新的海洋保护地正在建立过程中，其保护的有效性有待进一步评估。
3. 基于物种和生物群落的特殊性、濒危性和实用性，政府机构和保护组织已对新建的保护地进行了优先排序。许多保护地建立的目的，是为了保护目标种及其整个生物群落和相关的生态过程。然而，由于气候变化的影响，也许有些物种不能在保护地内长期存活。因此，未来几十年，需要在物种及生态系统可能扩散和生存的地带建立新的保护地。
4. 国际保护组织正在确定动植物集中分布的热点地区。如果这些热点地区能够得到保护，全球大部分生物多样性就可得到有效保护。此外，荒野区受人类活动影响小，其生态和进化过程可继续保持，需加以优先保护。
5. 空缺分析技术可确定哪些地方需要建立保护地，并将其增加到现有的保护地网络中。新的计算机制图技术，即GIS技术大大促进了空缺分析技术的发展。

讨论题

1. 获取一张标有保护地（如自然保护区和国家公园）和多用途土地的城镇、州或国家地图。看看每一块土地归谁负责？管理这些土地的目的是什么？
   （A）考虑一下这个地区的水生生境（池塘、沼泽、河流、湖泊、河口和海岸带等）。谁负责管理这些生境？他们是如何在生物多样性保护与对自然资源的利用之间实现平衡的？
   （B）如果某一地区需建立新的保护地，建在哪里？为什么？告诉大家具体位置、大小和形状，并验证你的想法。
   （C）到21世纪末，该地的保护地网络受气候变化的影响程度如何？在未来几十年间，如何采取行动应对气候变化以更好地保护物种和生态系统？
2. 想像一下：一个孤立的湖岸边，生活着一群种群数量不断下降的稀有种——火烈鸟。湖里栖息着许多特有的鱼类、小龙虾和昆虫。这个湖泊及其湖岸隶属于一家伐木公司，他们计划在火烈鸟生活的湖岸边建造一个造纸厂。湖水受造纸厂严重污染，火烈鸟将因此而失去食物来源。你计划投资 100 万美元来保护这个湖泊，这家公司也愿意把这个湖泊及其湖岸以 100 万美元的价格卖给你。而有效保护火烈鸟的措施有圈养、增加火烈鸟种群数量、改善栖息地；同时，对这个湖及其湖岸要进行自然历史研究，这些活动共需花掉 75 万美元。仅仅买下这块土地，但不投入资金对火烈鸟进行科学管理和研究，可行吗？还是只管理好火烈鸟而任由湖泊继续破坏污染呢？你能给出其他更好的办法和可行性方案吗？

推荐阅读

Abell, R., M. L. Thieme, C. Revenga, M. Bryer, M. Kottelat, N. Bogutskaya, et a1. 2008. Freshwater ecoregions of the world: A new map of biogeographic units for freshwater biodiversity conservation. *BioScience* 58: 403-414. 相对而言，淡水保护受到的关注度较低；这些新的信息可能有所帮助。

Bottrill, M. C., L. N. Joseph, J. Carwardine, M. Bode, C. Cook, and E. T. Game. 2009. Finite conservation funds mean triage is unavoidable. *Trends in Ecology and Evolution* 24: 183-184. 资金有限，因而做出保护什么的抉择是比较困难的一件事情。

Chape, S., M. D. Spalding, and M. D. Jenkins(eds.). 2008. *The World's Protected Areas: Status, Values, and Prospects in theTwenty-First Century*. University of California Press, Berkeley, CA. 关于保护地的海量信息。

DeFries, R., A. Hansen, A. C. Newton, and M. C. Hansen. 2005. Increasing isolation of protected areas in tropical forests of the past twenty years. *Ecological Applications* 15: 19-26. 保护地应该是有效的；但是，保护地周边的土地往往退化比较严重。

Faith, D. P . 2008. Threatened species and the potential loss of phylogenetic diversity: Conservation scenarios based on estimated extinction probabilities and phylogenetic risk analysis. *Conservation Biology* 22: 1461-1470. 做出优先保护抉择时需要考虑物种在进化上的独特性。

Fleishman, E. and D. D. Murphy. 2009. A realistic assessment of the indicator potential of butterflies and other charismatic taxonomic groups. *Conservation Biology* 23: 1109-1116. 用指示类群决定生物多样性的格局究竟多么有效？

Game, E. T., H. S. Grantham, A. J. Hobday, R. L. Pressey, A. T. Lombard, L. E. Beckley, et al. 2009. Pelagic protected areas: The missing dimension in ocean conservation. *Trends in Ecol ogy and Evolution* 24: 360-369. 远离大陆架的海洋生态系统是全球最大的未受保护的生态系统。

Hanson, T., T. M. Brooks, G. A. B. da Fonseca, M. Hoffmann, J. F Lamoreux, G. Machlis, et al. 2009. Warfare in biodiversity hotspots. *Conservation Biology* 23: 578-587. 全球许多生物多样性热点地区往往也是战争多发区，使生物多样性的保护面临重重困难。

Jackson, S. F., K. Walker, and K. J. Gaston. 2009. Relationship between distributions of threatened plants and protected areas in Britain. *Biological Conservation* 142: 1515-1522. 英国建立有大量的小面积保护地，这些保护地对保护非常重要。

Mittermeier, R. A., P. R. Gil, M. Hoffman, J. Pilgrim, J. Brooks, C. Goettsch, et a1. 2005. *Hotspots Revisited: Earth's Biologically Richest and Most Endangered Terrestrial Ecoregions*. Conservation International, Washington, D. C. 详细介绍全球生物多样性热点地区的网站：www. biodiversityhotspots. org/Pages/default. aspx.

Planes, S., G. P. Jones, and S. R. Thorrold. 2009. Larval dispersal connects fish populations in a network of marine protected areas. *Proceeding of the National Academy of Sciences USA* 106: 5693-5697. 对扩散格局和物种状态进行进一步的科学研究，建立更有效的保护地系统。

Post, E., J. Brodie, M. Hebblewhite, A. D. Anders, J. A. K. Maier, and C. C. Wilmers. 2009. Global population dynamics and hot spots of response to climate change. *BioScience* 59: 489-497. 物种分布的某些地段对气候变化尤为敏感。

Rabinowitz, A. 2000. *Jaguar: One Man's* struggle *to Establish the World's First Jaguar Preserve*. Island Press, Washington, D. C. 有时，一个目标明确的人会取得杰出的成就。

Spalding, M. D., L. Fish, and L. J. Wood. 2008. Towards representative protection of the world's coasts and oceans—progress, gaps, and opportunities. *Conservation Letters* 1: 217-226. 全球对海洋保护做出的努力仍然落后于对陆地生态系统的保护，尽管全球正在建立海洋保护地系统。

Turner, W. R. and D. S. Wilcove. 2006. Adaptive decision rules for the acquisition of nature reserves. *Conservation Biology* 20: 527-537. 土地的可用性，土地的状况及资金限制均对建立保护地网络至关重要。

（中国珍 编译，蒋志刚 马克平 审校）

第 16 章

保护地网络设计

本章将讨论有效保护地设计方面的一些问题。目前，保护生物学家正在研究保护地的设计问题，并为新保护地和保护区系统的建立提供最好的方法。保护地要力求保护所有类型的物种和生态系统（有关概念在第 15 章已有简单叙述）。目前，已有大量的关于保护地网络最有效设计方面的生态学文献资料（Margules and Sarkar 2007; Nicholson and Possingham 2007）。同时，气候变化可能会使物种和生态系统的丰富度及分布发生改变，需要对现有保护地网络和拟建的保护地网络的生物多样性保护能力进行评估。

现有保护地大多没有经过详细论证就建立了，因此，未来新保护地建立需尽量进行详细、科学的论证。自然保护地的大小和位置决定于人口的分布、土地的潜在价值、公民的保护意识及历史等因素（Armsworth et al. 20006）。在经济发达地区，私人保护团体和政府部门筹集资金购买土地的能力通常决定了什么类型的土地应该建保护地（Lerner et al. 2007）。有些情况下，购买土地的目的是为了保护主要水源或特色物种，而有时被购买的土地只属于富有捐赠者的财产。

多数情况下，土地之所以被划为保护地是因为土地没有直接的商业价值（Scott et al. 2001）。最大的国家公园常常位于几乎没有人类居住的地带或不适宜进行农业生产、伐木、城市化或其他人类活动的偏远地带。典型的例子如马来西亚巴哥（Bako）国家公园，其位于土壤贫瘠、森林极度不健康的地带；瑞士山石公园位于崎岖不平的地带；此外还有美国西南部的大沙漠公园和阿拉斯加 100 万 km^2 的联邦苔原和高山公园。城市里即使是建立小面积的保护地也需要付出高额的代价。欧洲和北美大都市区建立的保护地和公园基本是以前富人和皇家的财产。美国中西部大草原保护区大多为先前的铁路通航区，或形状奇特、历史不寻常的地带。

16.1 保护地的设计

政府、企业和土地私有者们对土地进行管理时既要考虑土地的生产力，也要兼顾生物多样性的保护问题，保护区的设计已经成为他们最感兴趣的话题。然而，即使是考虑了生物多样性的保护问题，也并不意味着已经形成了统一的自然保护地设计原则。即使是应用简单常规的原则进行自然保护地设计，保护生物学家也一定要谨慎，具有不同背景的人对保护也有不同的考虑和理解（Cawardine et al. 2009）。通过相互沟通和交流，自然保护设计理论的科研人员和自然保护地建立的管理者、规划者及政策制定者均能从对方获得有益的信息（Turner and Wilcove 2006）。

建立和完善模型是利用有限资金实现有效保护的最佳方式。为此，保护生物学家提出了“4R”理论。

- 代表性（representation）：保护地应尽可能覆盖生物多样性的各个方面（物种、种群、生境等）；
- 弹性（resiliency）：保护地的面积需要足够大，以便在可预见的未来能保持生物多样性的各个方面处于良好状态，即使是气候变化影响；
- 冗余性（redundancy）：保护地必须保护生物多样性的每个方面有足够的数量，以应对未来不确定的变化；
- 现实性（reality）：保护地的建立和维护不仅需要充足的资金和政治支持，而且需要对其进行有效的管理。

在保护区设计和保护区网络建立过程中，下面几个特殊问题需要特别关注：

- 多大面积的自然保护区才能有效保护生物多样性？
- 是一个大面积的保护区保护效果最佳，还是多个小面积的保护区保护效果更好？
- 为防止一个物种局部灭绝，保护地应该至少保护多少物种数量？
- 保护区最好的形状应该是什么样的？
- 在建立保护区网络时，各保护区之间相距近些好还是远些好？是应该相互隔离还是通过廊道连通？

第 7 章中我们已经运用 MacArthur 和 Wilson（1967）的岛屿生物地理学模型对上述部分问题进行了探讨。同时，解决这些问题的思路常常也来源于野生动物和国家公园管理人员的实践（Shafer 2001; Tabarelli and Gascom 2005; Roux et al. 2008）。岛屿生物地理学假设（这种假设往往不现实）生境岛屿是被非保护地带隔离的地段。而事实上，物种本身能够在这些未受保护的地段生存和扩散。从事岛屿生物地理学模型和自然保护地的研究人员已经对岛屿生物地理学模型进行了改进（图 16.1），这些改进目前仍处于争论中。

这些原理主要适用于陆生脊椎动物、有花植物以及大型无脊椎动物的保护；对水

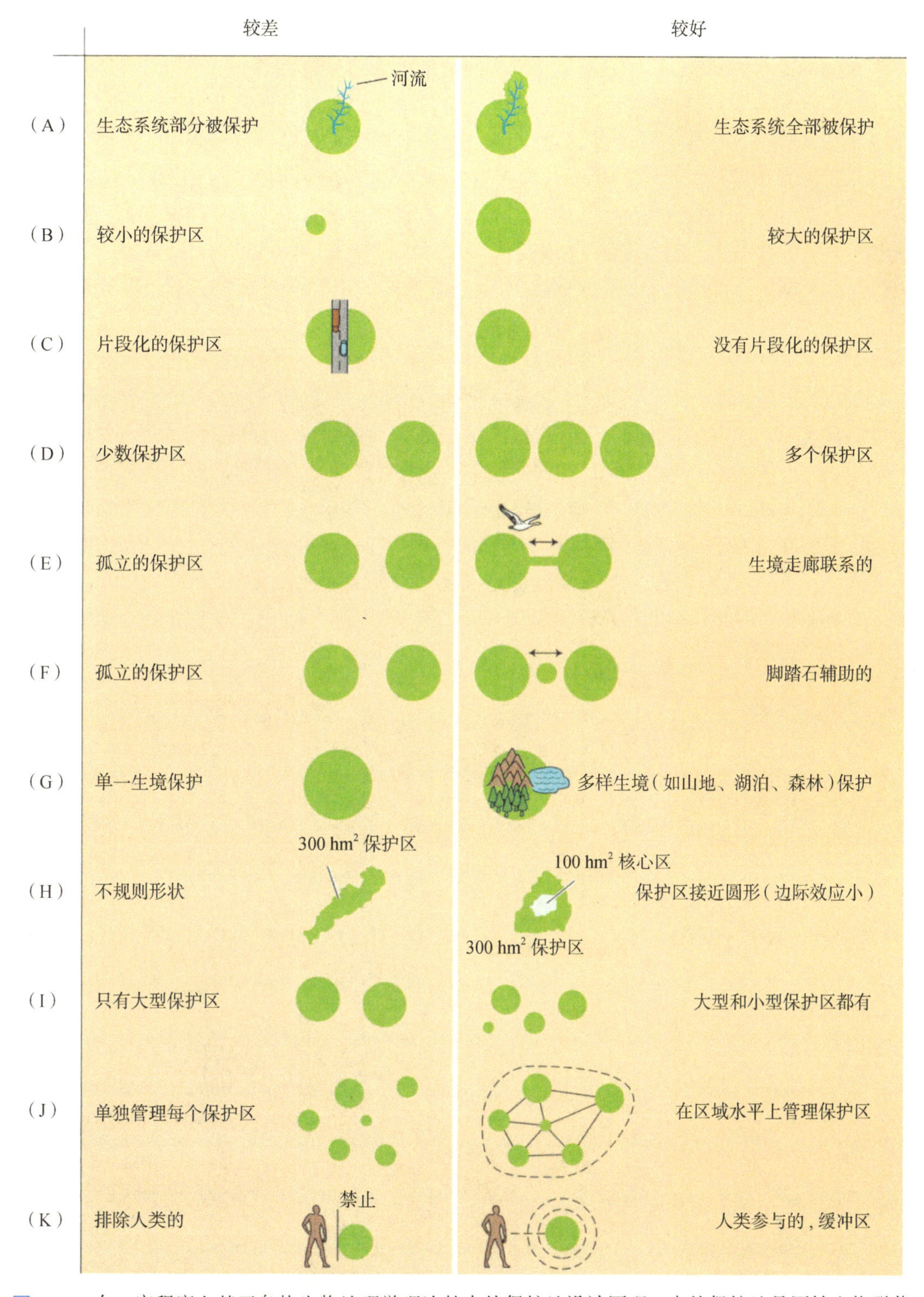

图 16.1 在一定程度上基于岛屿生物地理学理论的自然保护地设计原理。自然保护地是原始生物群落分布的土地，并被人类进行工农业生产活动的土地类型所包围。关于保护区设计原理的应用，目前仍处于探讨和争论中。一般而言，图中右侧的设计优于左侧的设计（引自 Shafer 1997）

> 土地管理者已将自然保护地设计原理应用到保护地网络的建立和管理中。

生生物而言，由于其物种的扩散机制目前还不是十分清楚，这些原理的应用需进一步的研究（Leathwick 2008；Planed et al. 2009）。

最新证据表明，许多广泛分布的海洋生物，其后代扩散的距离较短。如果大部分海洋生物都具有这种现象，那么应该建立新的保护地来保护这些特殊地段的遗传变异。建立海洋自然保护区的过程中，需对污染控制给予特别关注，无处不在的污染对海洋具有极大的危害。加勒比海地区和太平洋地区诸多国家在保护方面形成了许多值得借鉴的宝贵经验：许多单个岛屿国家把一半或更大面积的海岸线指定为海洋公园。其中，整个博内尔岛（Bonaire）就是一个海洋公园，而生态旅游是其主要产业。

保护地的大小和特点

关于自然保护地大小的争论，早期主要集中于是一个面积大的保护地能够使物种丰富度的保护达到最大，还是几个小面积的保护地能够使物种丰富度达到最大（Soulé and Simberloff 1986；McCarthy et al. 2006）。这个争论就是文献中经常提到的著名的 SLOSS 争论（一个面积大的保护地与几个面积小的保护地的争论）。例如，是建立一个 10 000 hm^2 的大面积保护地好，还是建立 4 个 2500 hm^2 保护地更好？主张建立大面积保护地的学者认为只有面积大的保护地才能保证低密度物种（如大型食肉动物）种群数量足够大、分布广，从而使种群能够长期稳定（图 16.2）。同样，面积大的保护地使栖息地边

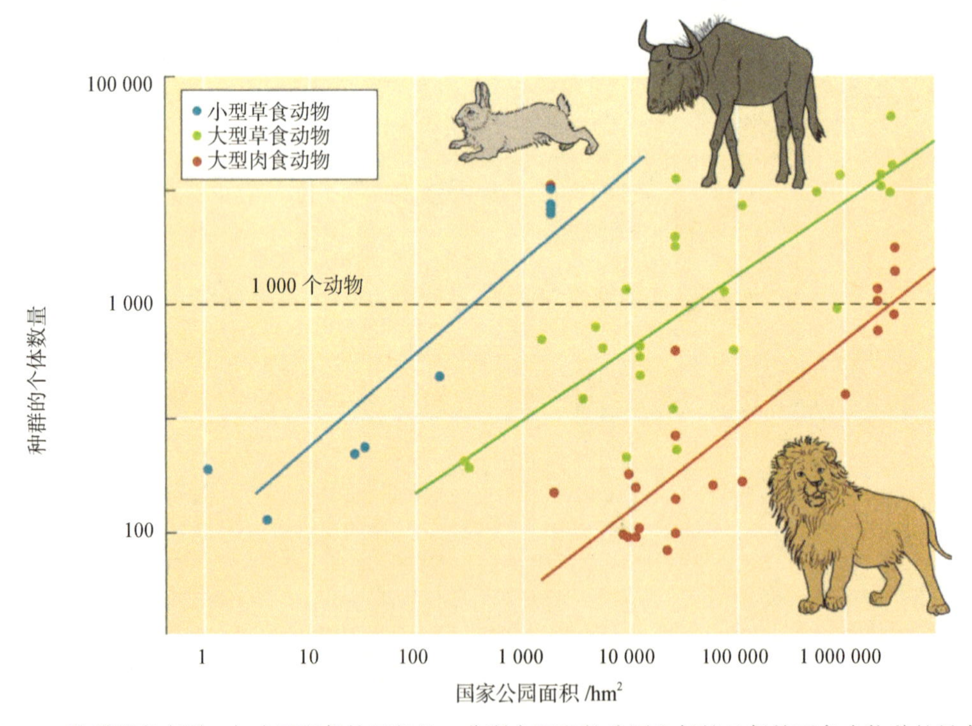

图 16.2 种群研究表明，与小面积保护区相比，非洲大面积的公园和保护地保护了各个物种的最大种群；只有大面积的公园才可长期有效地保护脊椎动物种群。每种符号表示公园内的一种动物种群。一个有效种群的物种数量如果为 1000（虚线），保护小型草食动物（如兔子、松鼠等）需要的面积至少为 100hm^2，保护大型草食动物（如斑马、羚牛等）至少需要的面积为 10 000hm^2，而保护大型食肉动物（如狮子、土狼）需要的面积至少为 1 000 000hm^2（Schonewald-Cox 1983）

际效应最小化，且能够覆盖各类物种及其栖息地类型。

通过对美国西北部的 14 个国家公园里 299 个哺乳动物种群的分析，表明大型国家公园在保护生物多样性方面更为有效（图 16.3）（Newmark 1995）。29 种哺乳动物现在已局部灭绝，7 种哺乳动物已经迁移到保护地中。面积为 $1000km^2$ 的保护地的物种灭绝率很低或为零，而面积小于 $1000km^2$ 的保护地其物种灭绝速率很高。初始种群数量小或个体小的物种，其灭绝率最高。事实表明，大面积的保护地周边的人口密度比小面积保护地周边人口密度低，这也是小面积保护地物种灭绝率高的原因(Wiersma et al. 2004)。

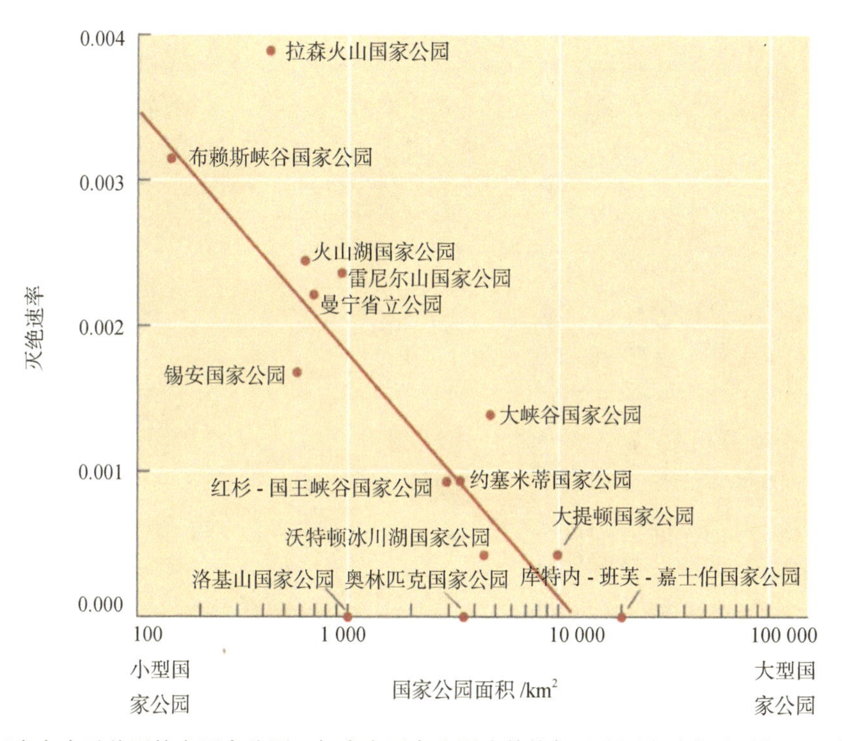

图 16.3 每个点表示美国特定国家公园、加拿大国家公园或其他邻近公园内动物种群的灭绝率。小面积公园物种灭绝率远远高于大面积的公园。*y* 轴表示每个物种每年的灭绝率（Newmark 1995）

另外，公园面积达到一定大小后，如再继续增大面积，新增物种的数量会随国家公园面积的增加而下降。这时，保护物种的有效策略是在距国家公园一定距离外的地段再建立第二个、第三个或第四个国家公园。主张建立大面积保护地的人士认为不需要建立小面积的保护地，因为小面积的保护地不能长期维持种群、生态系统的过程及生态系统的所有演替阶段，保护价值低。而主张建立小面积保护地的人士则认为，与一个大面积的保护地相比，布局合理的数个小面积保护地能维持更多种类的栖息地类型和更多稀有物种（Maiorano et al. 2008）。对美国的四个国家公园进行对比分析表明了分布于不同类型栖息地内位置适宜的几个保护区的保护价值。位于栖息地差异显著的三个国家公园［得克萨斯州的大本德（Big Bend in Texas）、华盛顿州北瀑布（North Cascades）和加利福尼亚红杉（Redwoods）］里的大型

> 大面积的保护地能维持更多的物种和更多类型的栖息地。多个小面积的保护地在保护特殊物种和生态系统类型时非常重要。

哺乳动物总的个体数量远远高于美国面积最大的黄石公园内的物种数量，尽管黄石公园的面积大于其他三个公园的总面积。建立多个小面积的保护地能减少大型灾害如外来动物入侵、疾病和火灾等对整个所有物种的危害。

目前一致认为保护区的大小取决于物种种群的大小及其所在的环境条件。大面积的保护区能维持更大的种群和更多类型的栖息地，因而能维持更多的物种。研究大面积国家公园内种群灭绝率具有重要的意义主要表现在：

1. 新公园的建立要尽可能的面积大，以保护尽可能多的物种，同时每个物种的种群数量需尽可能大，并尽可能覆盖多种类型的栖息地和自然资源，尤其是关键资源类型。此外，建立国家公园时需要考虑栖息地的特征如海拔梯度。
2. 为减小保护地的外部威胁，如果有可能，最好把保护地周边的土地征用过来用作保护地缓冲带，并将其纳入保护地的管理中。例如，湿地周边的陆地往往是两栖类、蛇类及龟等的栖息地。同时，保护地内最好是完整的自然生态单元，如流域或一个完整的山体，这样可减小保护地的外部威胁（Possingham et al. 2005）。
3. 尽管建立大面积保护区有很多优势，但是小面积的保护区经过有效管理后对植物、无脊椎动物及小型脊椎动物的保护同样非常重要（Pellens and Grandcolas 2007）。澳大利亚农田内一片保护完好的 50 m^2 的林地能够保护一定数量的本地昆虫，这是破碎化生境保护功能的最好例证（Abensperg-Traun and Smith 1999）。
4. 气候变化将改变现有保护地内的生态系统，其结果将是物种可利用栖息地的面积减少、种群数量下降、物种灭绝的可能性增加。栖息于热带山区的动物尤其危险（Sekercioglou et al. 2008）。

实际生活中我们往往别无选择，只能建立小面积的保护地保护物种和生态系统，并对其进行有效管理。英国有 10 000 个保护地，其平均面积仅仅 3km^2（图 16.4）（Jackson et al. 2009）。小面积的

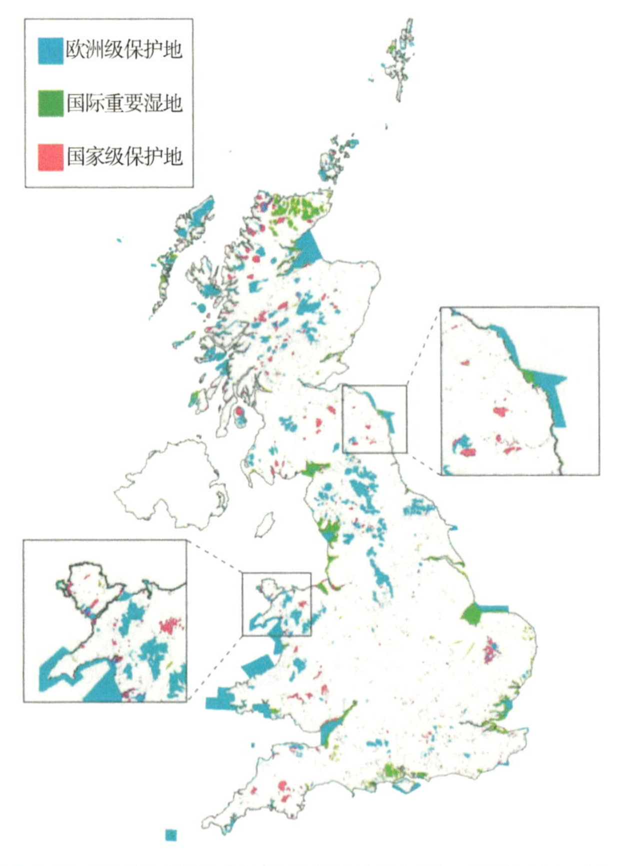

图 16.4 英国生物多样性保护地的地理位置。不难发现，这些保护地面积和形状千差万别，数量众多，且分布分散。大部分小面积的保护区在这张图上无法显示。许多保护区有双重身份，一些其他类型的保护区在图上没有显示（Sarah Little 惠赠）

保护地周边通常人口密度高、土地类型发生较大改变。多个小面积的保护地在保护相互隔离的濒危物种方面可能是一种比较有效的方式，尤其当需要保护的生境类型特有性高时，多个小面积的保护地非常有效（Markovchick-Nicholls et al. 2008）。世界上许多国家建有数量众多的小面积保护地（面积小于 100 hm^2），这些保护地总面积仅仅占受保护土地很小的比例。

这种情况在欧洲各国以及中国、爪哇等高度耕作聚居的国家尤其显著。Bukit Timah 保护区是小面积保护区的很好例证，这个保护区长期保护了新加坡大量的物种。Bukit Timah 保护区从 1860 年建立并与周边森林隔离开，面积 164 hm^2，占新加坡原有森林面积的 0.2%，却保护了新加坡 74% 的原有植物区系、72% 的鸟类以及 56% 的鱼类（Corlett and Turner 1996）。此外，人口密集地带周边的小面积保护区是开展保护生物学教育、研究及培养公民保护生物学意识很好的场所。到 2030 年，世界上将有超过 60% 的人口生活在城市，建立一系列小面积的保护区供公众和保护教育势在必行。

保护地设计与物种保护

种群大小是预测物种灭绝可能性的最好指标，保护区的面积需尽可能大以便维持稀有种、濒危种、关键种和重要经济物种等重要物种更大的种群。目前的研究表明，维持大型脊椎动物的有效种群，至少需要保护几百个繁殖个体，理想的保护目标是保护的个体数量达到几千个。如果一个保护地保护有多个稀有种群，其物种存活率也高，一个种群灭绝了，其他物种会迁移到该灭绝物种的分布范围内。

现有的几种保护策略保证了分散、孤立自然保护地内稀有小种群的生存。以复合种群的形式管理种群，使保护地之间保持连通以保证物种可自然迁移。有时，可将一个保护地内的个体放归到另一个正处于繁殖期的种群中。广布种不能忍受人类的干扰，这是保护区能否维持有效种群的难题。比较理想的保护地面积应足够大，能够保证大部分广布种维持其有效种群。广布种通常为大型的旗舰种或伞护种，对这些物种的保护通常也能为群落内其他物种提供保护（见第 15 章）。红顶啄木鸟（*Picoides borealis*）是一种栖息于大面积成熟长叶松林下的鸟类，为保护该类鸟，美国南卡罗来纳州萨凡纳河核加工厂附近大面积的松树林得到了有效保护，与此同时，许多濒危植物也因此而得到了保护（**图 16.5**）。

保护区的有效设计需要全面掌握物种的自然历史和生物群落的分布等信息。掌握物种的取食行为、筑巢行为、日活动和季节性活动形式、潜在的捕食者和竞争者，以及对疾病和病虫危害的抵抗程度等方面的信息有助于提高保护策略的有效性。保护地重点关注指示种或旗舰种可能忽视对其他物种的保护，如果保护地追求维持最大化物种多样性和生态过程，则可能忽视公众对旗舰种的关注程度。

最小边际效应和生境破碎化效应

保护地的设计应尽可能地减小边际效应。圆形保护地的周长 / 面积比最小，边际效应最小（见第 9 章）。长条型、线型保护地边界最大，其内部点都靠近边界（Yamaura et al. 2008）。对有 4 条直边的保护地而言，正方形公园的设计比长方形公园的设计更为

(A)

(B)

图 16.5 美国西南部长叶松生境分布于南卡罗来纳州、北卡莱罗纳州和佐治亚州，保护这些森林的目的是为了保护濒危的红顶啄木鸟(*Picoides borealis*)，重度采伐区缺乏该鸟类筑巢所需的树洞。(A)美国鱼和野生动物管理局的工人正在凿开松树树干安装啄木鸟筑巢所需的箱子。(B)成年啄木鸟栖息于筑巢洞(A. John and Karen Hollingsworth/美国鱼和野生动物管理局；B. Derrick Hamrick/Photolibrary.com)

合理。但是，这些设计思想实际很少被采纳。由于公园土地的获得比公园本身设计要困难得多，加之公园土地获得的随机性，大部分国家公园的形状是不规则的。

正如第 9 章讨论提到的一样，要尽可能地避免道路、绿篱、采伐及其他人类活动引起的保护地内部破碎化。破碎化使物种种群分割为两个或几个小种群，而小种群更易濒临灭绝。破碎化可能影响或改变保护地内部的气候条件。破碎化生境是外来物种入侵的切入点，具有显著的边际效应，危害本地物种的生存和繁衍，是物种扩散的阻隔带，最终可能减小物种占据生境的可能性。

保护地是地球上唯一未被开发利用的土地，因而常常成为发展农业、修建大坝和居民居住首选的地带，这是保护地破碎化的潜在威胁。西欧国家人口密集而土地稀少，未利用土地面临开发的压力极大。城区内未开发的公园土地，可能是新型工业发展、娱乐、学校、垃圾处理和政府办公等活动开展的理想之地。美国东部区的保护地内公路、铁路、电线纵横交错，保护地像被胡乱切开的煎饼一样隔离成了许多块，这大大减少了物种的中心栖息地。政府官员更倾向于把交通网和其他基础设施建在保护地内，这样可以避免来自土地私有者和居民区的反对。某些保护地和森林监管人员常常出于自身利益考虑，允许保护地内进行基础设施修建或从事商品生产等活动，而无视这些人类活动对保护地生物多样性的破坏。不过，目前不少保护团体和政府官员已经开始注重并提倡维持保护地的完整性，保护地面临的形势正在迅速改观。

16.2 保护地网络

将小面积的保护地连成大的保护地网络是目前的保护策略(Wiersma 2007)。自然保护区通常镶嵌于采伐、放牧和耕种等用于资源开发的区域中。如果保护生物学家在资源开发的同时重视区域生物多样性的保护，那么保护计划将能保护更大面积的栖息地，破碎化进程也将有所减缓（Berry et al. 2005）。为资源开发利用而设立的生境管理地带有时可作为生物保护的第二优先区或作为保护地之间的物种扩散廊道。如果可能，应该把珍稀种群作为集合种群加以管理，这样可促进种群间基因的交流和扩散。在高度发达的城市，许多相互隔离的小面积保护区受不同的政府机构和私人组织管理，公众和土地私有者之间的合作显得尤其重要（专栏 16.1）。

通过合作来实现保护目标，一个很好的范例是芝加哥荒野项目。为保护芝加哥这个国际大都市，约有 240 多个组织合作建立并管理一个由高草草原、林地、小溪、河流及湿地等生境类型组成的面积达 14.5 万 hm^2 的保护地网络（图 16.6；www.

（A）

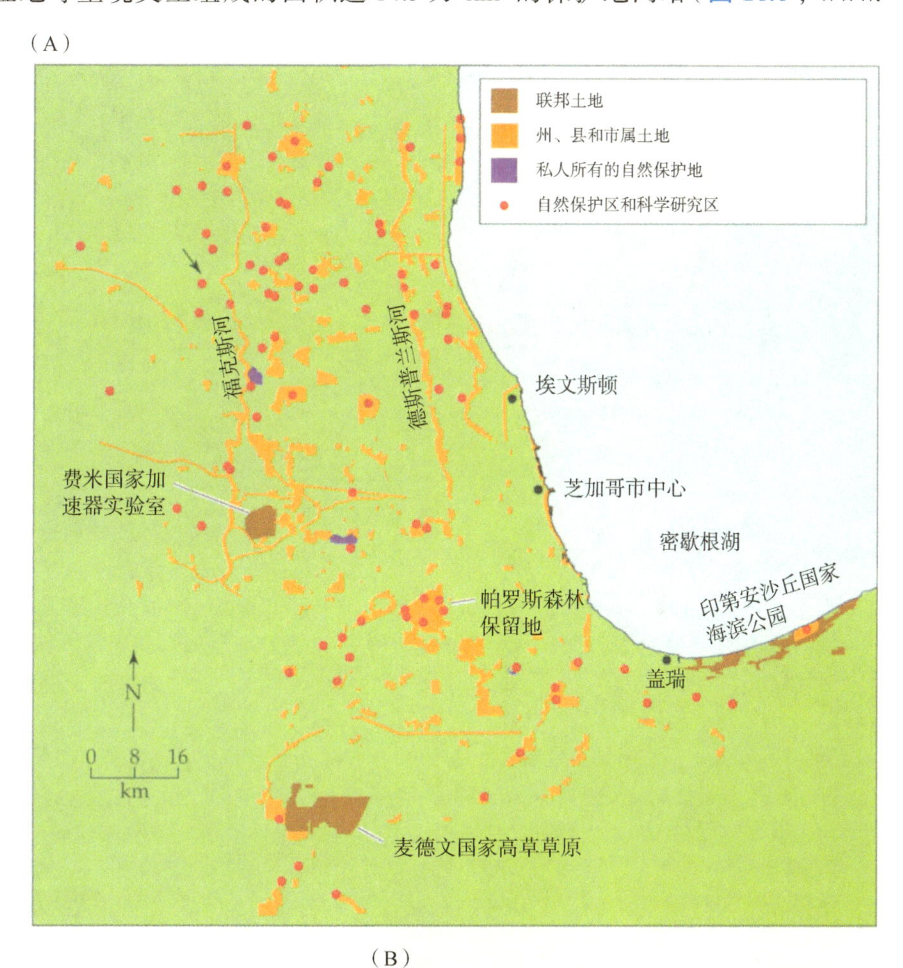

（B）

图 16.6　（A）芝加哥的农田包围人口高度密集的城市，其野生动植物保护项目吸引了 240 个组织共同保护芝加哥的生物多样性。线形区域为河流的蔓延地或河岸带。（B）生活在山间小湖的一个家庭，这种景观是项目区西北角非常独特的（如图 16.6A 中箭头所示）（芝加哥区域生物多样性委员会惠赠，www.chicagowildernessmag.org；Stephen Packard 摄）

专栏 16.1 生态学家和房地产专家在大自然保护协会的联合

目前，许多非盈利性组织致力于保护生物多样性，如大自然保护协会（TNC）通过从私企筹集资金的办法，实现其保护全球生物及其栖息地的目标（Birchard 2005; Fishburn et al. 2009）。通过与个人、土著民族、政府及商业团体的共同合作，大自然保护协会寻求新的途径来保护具有重要生态价值的野生动物栖息地。通常，大自然保护协会为了保护土地把整个受威胁的栖息地全部购买下来，或告诉土地所有者如何在获取最大利益的同时管理和保护好他们的土地。

> 许多保护组织积极投身于保护地的建立。一些大的保护组织甚至建立了自己的国际保护地体系。

大自然保护协会成立于1951年，目前已经有100多万会员（www.nature.org）。与其他保护组织相比，公众对大自然保护协会不是十分了解。大自然保护协会提倡的工作方式是不冲突、高效率、结果导向型，这与绿色和平组织（Greenpeace）和地球优先同盟（Earth First）等组织的活跃型工作方式形成鲜明的对比（McCormick 2004）。大自然保护协会的管理方式比较成功：仅仅在美国就有600万hm^2的保护地，其拥有的高生态价值的土地，甚至出售或捐赠给了地方、州或联邦政府，并被指定为公共土地，如州野生动物保护区、国家野生动物保护站、国家公园和国家森林保护站等。除美国外，它还与30多个国家的土著民族、地方社区、非政府组织及政府机构密切合作，保护面积总计约5000万hm^2。

目前，大自然保护协会拥有1.6亿多美元的周转资金用于保护，其中大部分资金来自私人捐款。大自然保护协会把这些资金大部分投入到直接购买土地，必要时为一些好的保护方法如以债务替换自然资源（debt-for-nature swaps）提供资助。大自然保护协会每年投入自然保护的资金约7亿多美元（Goldman et al. 2008）。到目前为止，大自然保护协会已经建立了世界上最大的私人自然保护区和野生动物保护区体系。

与其他土地信托组织一样（见第20章），通过创新途径，大自然保护协会实现它的保护使命。如果不能将受保护的栖息地完全购买下来，它会寻求其他方法为土地所有者提供资金使土地得到应有的保护。例如，30年前美国国会通过授予土地信托的土地开发权、设立税收奖励制度来鼓励土地所有者保护具有重要生态价值的土地和水源。通过税收奖励制度鼓励土地所有者与大自然保护协会精诚合作，共同保护他们的土地。近几年来，提高了获得税收奖励和其他资金资助的机会，目的是扩大碳积累等生态系统的服务功能（Goldman et al. 2008）。

在不背离保护生物多样性的宗旨的前提下，大自然保护协会经常会寻求一些灵活的保护措施，实现保护区经济上的自我维持。例如，南达科他州（Dakota）草原保护区的运行资金部分来源于保护区内通过美洲野牛群获得的经费。对美洲野牛进行合理放牧管理可增加草原生物多样性。当美洲野牛种群达到一定数量时，为了不过度放牧，多余的美洲野牛被卖掉（www.buffalofield-campaign.org）。出售野牛每年可为保护区带来大约25 000美元的收益。

另外，通过700多位雇员，大自然保护协会积极推动美国及其他30多个国家的稀有和濒危物种及其栖息地的确定项目（www.nature.org）。在美国，大自然保护协会与各个州政府共同合作，在推动自然遗产项目过程中发挥着重要的指导作用。自然遗产项目工作人员编制每个州的动植物名录，然后把信息录入到每个州的计算机数据库中，并在大自然保护协会派生的一个独立组织——公益自然（NatureServe）备份存档。生物学家依据这些数据可监测整个国家的物种和种群的生存状况。当自然遗产项目的生物学家确定物种的生存状态如稀有、独特、数量下降或濒危后，州政府机构及自然保护协会等保护组织就会利用这些信息及时进行政策调整。

近年来，大自然保护协会已经设计出了各生态区内或生态区之间各种类型的保护地方案。一个生态区是一个由气候、地质、地形和动植物等特征决定土地或水域单元。生态区方案表示物种、自然群落和生态系统的分布和多样性特性。

Tina Buijs，一位 TNC 的公园管理者正在和 Hurio 土著社区的农民 Juan Antillanca 交谈。这个社区紧邻 TNC 在智利的 Costera Valdiviana 保护区。保护区面积 147 500 英亩*，主要保护温带雨林和 36km 的太平洋海岸线。通过与当地居民的紧密联系，TNC 官员实现自己的保护目的（Mark Godfrey/ 大自然保护协会）

大自然保护协会高效率的保护方法是成功的，这主要归功于它以科学为依据，重视合作，并因此而吸引包括一些开发商、大公司等大量组织或个人的参与，尽管这些个人有时对环保主义者并不是很感兴趣。总之，大自然保护协会避免使用法律手段，更倾向于市场化的途径，通过经济鼓励和其他途径来实现保护的目的。大自然保护协会的基本原则本质上来讲就是“通过私人行动保护土地和水源”；到目前为止，这一想法被证明是正确的。

chicagowildernessmag.org)。这些组织包括博物馆、动物园、森林保护站、国家和地方政府机构、民间保护组织。自然保护区网络处于芝加哥高度发达的城市核心区和城市外围高度发达的农业景观之间，是唯一为城市休闲而未被开发利用的土地，是居民生活质量保证的关键。基于这个大型项目，芝加哥地区生物多样性委员会加大了保护力度，促进了委员之间的交流，制定了土地保护的相关政策，并开展相关科学研究，鼓励志愿者积极加入。编制芝加哥荒野生物多样性地图集就是这个项目教育计划中的一部分，通过生物多样性地图集来宣传芝加哥荒野网络中物种和栖息地的多样性，并为此设立大型橡实项目(the mighty acorns program)，借此为学生讲授自然管理的课程。

生境廊道

保护地系统设计的一个积极的策略是通过生境廊道(连接保护地之间的狭长地带)将孤立的保护地连接起来，形成一个大的保护地网络系统(Cushman et al. 2009)。生境廊道，也称之为保护廊道或迁移廊道，有助于动植物个体从一个保护区扩散到另一个保护区，促进个体迁移和基因交流。通过建立相互连通的保护地网络，改善孤立保护的状况，廊道使种群以复合种群的形式相互交流。对那些须在不同生境类型间进

*1 英亩≈ 4046.86m^2

行季节性迁移以获得食物和水资源的动物（如非洲稀树草原上的大型食草哺乳动物）而言，廊道的保护极其重要。对大型食草动物的保护，不能仅仅局限于单个自然保护区，否则它们将面临食物短缺的威胁。对巴西树栖动物的研究表明，大多数物种的适宜廊道宽度为30～40m，原始林物种的廊道宽度则为200 m（Laurance and Laurance 1999）。农田景观中，需要改善破碎化生境之间的连通性，以维持种群的有效性（Hilty and Merenlender 2004）。

许多公园管理者在大范围管理和保护物种时，欣然采纳了廊道的保护策略。为保护濒危物种斯蒂芬跳鼠（*Dipodomys stephensi*），加利福尼亚州河滨市（Riverside）建立了一个17 400hm^{2}的保护区，保护扩散廊道是该保护项目的重要内容。为保护濒危物种佛罗里达豹（*Felis concolor coryi* 或 *Puma concolor coryi*），佛罗里达州投资数百万美元用于廊道建设。许多地区公路和铁路的地上、地下都建立了涵洞、隧道和天桥等通道为蜥蜴、两栖类和哺乳动物的栖息地间提供扩散的廊道（Corlatti et al. 2009）。这些通道减少了动物和车辆之间的冲突，既拯救了动物，也节省了资金。加拿大班夫（Banff）国家公园沿主要公路建立了篱笆、天桥和地下通道，交通工具与驯鹿、麋鹿和其他大型哺乳动物的冲突减少了96%（图16.7）。

> 建立生境廊道可能使相互隔离的保护地转变为相互连通的保护地网络，并使相互隔离的种群成为集合种群。

（A）

（B）

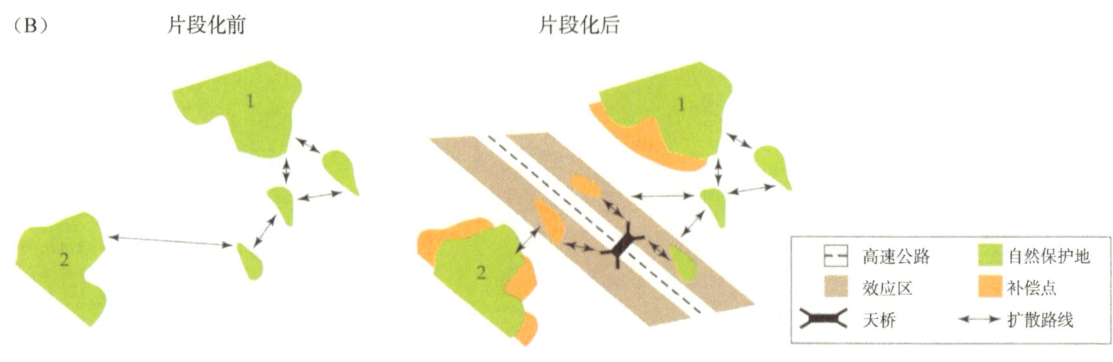

图16.7 （A）有绿篱隔离的高速公路上，高架桥使道路两侧森林动物安全迁移。（B）利用小面积保护地作为跳脚石，两片大面积森林斑块间的物种可自由迁移。右侧区显示生境破坏及新修道路后形成的广阔边界阻隔了物种的迁移。为消除道路对物种扩散的影响，保护地系统中增加了补偿生境（黄色的），同时高速公路上修建的高架桥促进了物种之间的迁移（A. Scott Jackson；B. Cuperus et al. 1999）

建这些廊道花费了公民的大量资金，一个重要的问题就是与支付同数量的经费用于在其他地方买地建立新的保护地相比，投入如此多的经费用于廊道建设是否能为目标种的保护带来更多的好处。

一些保护生物学家开始计划建立大尺度的栖息地廊道。美国有一项荒野地网络工程，也称之为陆地脊梁工程计划（the Spine of the Continent Initiative），即通过建生境廊道把美国所有的保护地都连接起来，形成一个保护地系统，使目前数量正在减少的大型哺乳动物和人类社会能够共存（Soulé and Terborgh 1999）。北美东部有 2000 多个国家级、州级及地方级保护地，但是只有其中 14 个面积超过 2700 km^2，接近于大型哺乳动物维持其有效种群数量的面积（Gurd et al. 2001）。用廊道将保护地连接起来，把其作为一个保护系统进行集中统一管理，这是保护稀有物种的有效方法。

建立物种迁移的廊道可能是保护物种最有效的策略（Caro et al. 2009）。例如，大型食草动物在草地上寻找水源和食物时迁移格局是有规律的，而不是随意走动的。在季节性干旱的稀树草原，动物常常沿着河岸边的森林活动。在山区，许多鸟类和哺乳动物每年暖季向高海拔地区有规律地迁移。为保护鸟类，哥斯达黎加在布劳略卡里国家公园（Braulio Carrillo National Park）和拉塞尔瓦生物站（La Selva Biological Station）之间建立了廊道。这个廊道面积为 7700hm^2，长 18km，宽几千米，称之为拉斯塔布拉斯带状保护区（zona protectora Las Tablas），连通了海拔梯度，使至少 75 种鸟类能够在两个大保护区之间自由迁移（Bennett 1999）。

未来几十年期间，随着全球气候变化，许多物种将向高海拔和高纬度地区迁移。设立廊道来保护物种的可能迁移路线，如纵横南北的河流峡谷、山脊和海岸线，将是一种非常有效的预防措施。在物种未来可能迁移方向上扩大现有保护地将有助于长期维持种群（Hannah 2010）。跨海拔梯度、降水梯度和土壤梯度的廊道能保证物种从当前的位置迁移到更适宜的位置。同样，海洋保护区的保护也应该考虑气候变化的因素，尤其要考虑气候变化对物种分布和海平面的影响（McLeod et al. 2009）。

建立廊道的思想直观上看起来很诱人，但也可能存在一些不足之处（Simberloff et al.1992；Orrock and Damschen 2005）。廊道可能有利于病虫害和疾病的侵入；一次大的蔓延就可能使病虫害和疾病迅速扩散到所有相互连通的自然保护区，引起所有稀有种群的灭绝。猎人和动物的天敌趋于集中出现在野生动物迁移的线路，因此动物沿廊道迁移很可能面临被捕猎的危险。此外，通过购买土地在现有公路上建立天桥和地下通道等廊道的费用昂贵，无论何时建立廊道，都需要评价建立廊道的费用，以此来决定所投入的资金是否真正达到既定保护目标。

到目前为止，部分研究支持廊道的保护作用，而另外一些研究则表明廊道没有任何保护作用（Pardini et al. 2005）。一般而言，维持现有廊道是重要的，因为许多廊道沿水源分布，廊道本身是重要的生物栖息地。当在大片未利用土地上新建立保护地时，保护地之间留存的一小面积生物栖息地可作为廊道加以保护，这样的廊道像跳板一样有利于物种的迁移。同样，森林物种更倾向于在恢复的次生林内迁移扩散，而很少选择开阔的农田和牧场（Castellon and Sieving 2006）。在已知物种迁移路线上设立廊道极其重要（Newmark 2008）。需要对不同物种利用廊道的能力和在保护区栖息地迁移的能力进行更加全面的评估。

生境廊道案例分析

通过分析一些案例，说明生境廊道的概念及其在实际中的应用，以及在建立和维持这些生境廊道过程中可能遇到的一些困难。

班夫国家公园 在班夫国家公园，加拿大政府已经在四车道的跨加拿大高速公路上建立了各种地下通道和天桥，以便野生动物自由迁移并减少车辆和大型哺乳动物冲突事件的发生(Ford et al. 2009)。通过动物足迹评估了13种廊道的使用情况。灰熊、狼、麋鹿和驯鹿等主要偏好使用宽度较大的天桥，而黑熊和美洲狮则偏好狭窄的地下通道(图16.7)。美洲狮偏好于有植被覆盖的通道，而灰熊、美洲马鹿和驯鹿更喜欢开阔的通道。这一结果说明需要在公路上修建一些不同类型并为不同植被覆盖的通道。

坦桑尼亚塞鲁斯-尼亚萨省(Selous-Niassa)野生动物廊道 塞鲁斯-尼亚萨省野生动物廊道(SNWC)，连通了坦桑尼亚的塞鲁斯禁猎区和莫桑比克的尼亚萨省禁猎区。这两个保护区是东非最大的保护区(Mpanduji et al. 2008)。对带有无线电项圈大象的跟踪研究表明，这些动物使用廊道的频率很高。廊道和整个保护区是大象及其他迁移动物的重要栖息地，然而廊道却并没有得到与保护区同样程度的保护，这是有效保护中经常面临的问题(Caro et al. 2009)。对廊道构成威胁的主要因素包括：农田向廊道扩展、跨廊道建立公路、狩猎、政府缺少对廊道的有效保护措施。塞鲁斯-尼亚萨省野生动物廊道的状况要好于坦桑尼亚的其他野生动物廊道，但在附近人口不断增长的情况下，仍旧需要进一步改进以确保其长期的完整性(Mpanduji et al.2008，Caro et al. 2009)。迫切需要将野生动物的迁移路线写到文件中，并把这些信息提供给政府官员。

狒狒保留区 廊道在小尺度上或许更重要，因为廊道可将孤立的森林斑块连通起来。伯利兹城(Belize)百慕大码头(Bermudian landing)村附近47km² 的狒狒保留区已经实施廊道工程(图16.8)。当地居民将伯利兹城河岸的森林开发为农田，黑吼猴(*Alouatta pigra*)无法穿越森林斑块间开阔的农田，其种群数量因此而逐年下降(Horwich and Lyon 2007)。为了缓解这一趋势，1985年对狒狒保护区土地具有所有权的450名居民，答应保护维持约20m宽的河岸森林廊道及其界限。在农田周围和森林斑块之间也

(A)

(B)

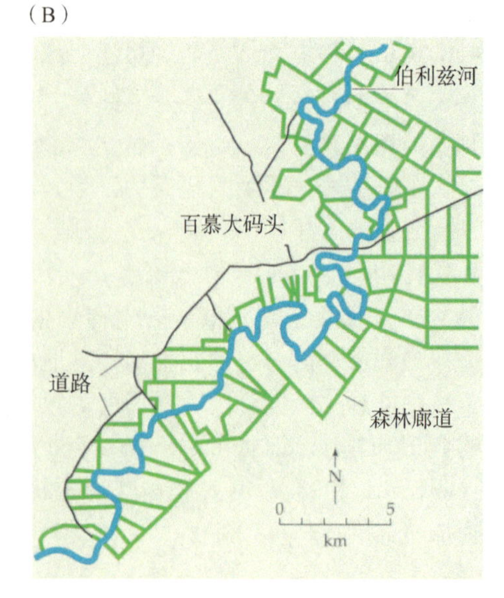

图16.8 (A)空中架设的索道有助于黑吼猴穿越公路和林中空地，这成为当地旅游的一个观赏点。(B)伯利兹城(Belize)百慕大码头(Bermudian landing)村狒狒保留区努力保护沿伯利兹河和林中空地的廊道(黑绿色区域)(R. P. Horwich and J. Lyon)

建立了森林廊道。保护计划中的其他内容还包括保护树木以便为猴子提供食物，并在公路上空设立索道以便猴子能够安全穿越。24 年之后，这一工程取得的结果非常复杂：一方面，由于栖息地良好的连通性，黑吼猴种群数量不断增加；而另一方面，狒狒保护区森林的采伐速率却和周围地区的一样（Wyman and Stein 2009）。与此同时，与工程相关的生态旅游则仅给村子里少数几户带来丰厚的收入，第 20 章进行了详细论述。

16.3 景观生态学和保护地设计

土地利用格局、保护理论和保护地设计三者之间的相互作用集中体现在景观生态学原理中，景观生态学研究局部和区域生境类型的格局及其对物种分布和生态系统过程的影响（Koh et al. 2009；Wu and Hobbs 2009）。景观是地形和生态系统的重复格局，景观中每一种生态系统都有其独特的植被结构和物种组成（图 16.9）。大多数情况下，保护生物学家需要在景观的大背景下考虑生物多样性的保护，而不仅仅是在发现受威胁物种的某个特定位置进行（Boyd et al. 2008；Ficetola et al. 2009）。

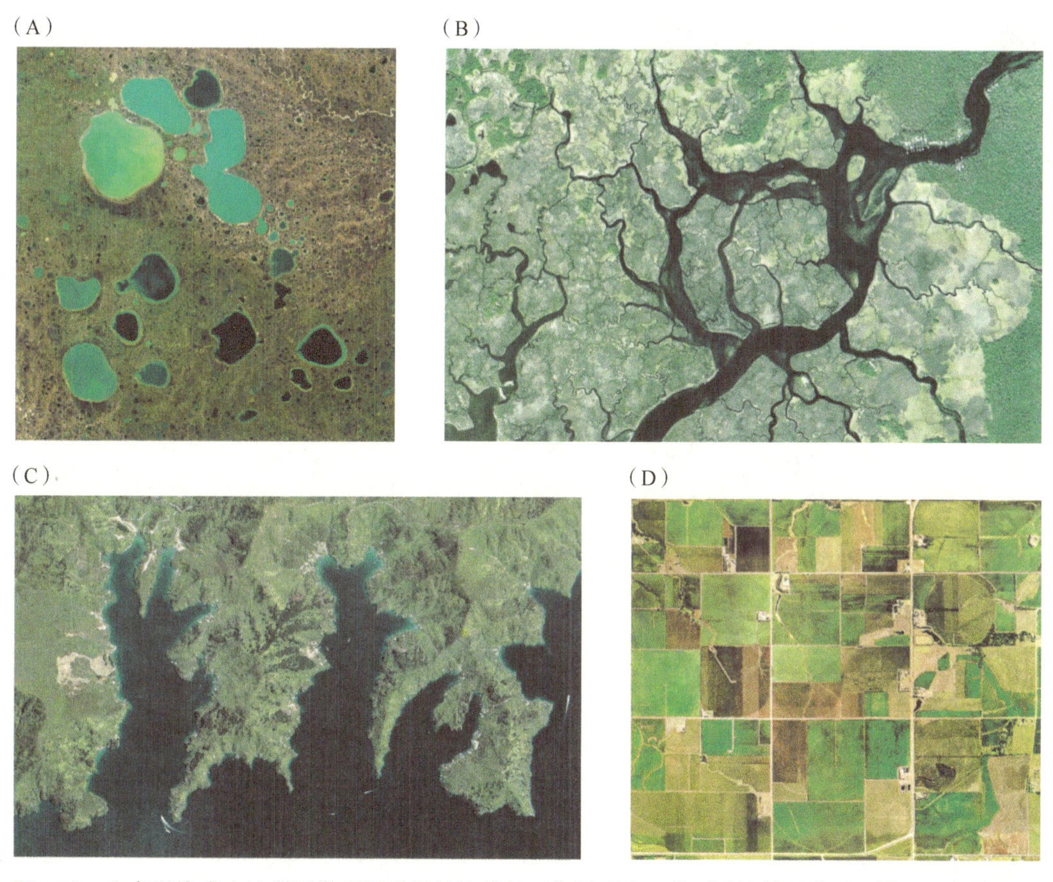

图 16.9　生态系统或土地利用类型以重复的格局相互作用形成 4 种不同的景观类型。景观生态学原理主要集中于这些相互作用，而不是某一种生境类型。（A）西伯利亚壶穴状湖泊显示的是分散斑块状的景观；（B）佛罗里达州海湾海岸带湿地航片显示的是网络状景观；（C）新西兰南岛海岸带图像显示的是叉合状景观；（D）内布拉斯加州农田显示的是棋盘景观（A. Earth Observatory 的 Jesse Allen 提供的 NASA 图像；B. 美国地质调查局；C. Digital Globe；D. USDA Farm Agency）

欧亚地区长期从事传统的农业和森林经营活动，景观生态学的研究比较深入；而景观生态学在北美地区的研究则主要强调单个生境类型，且普遍认为（有时是错误的）人类活动对生境的影响很小。由于长期的农业、放牧、造林及树篱建设等人为活动，欧洲城郊形成了土地斑块状镶嵌的格局，这种格局对物种的分布状况具有显著的影响（Fischer et al. 2008）。日本里山（Satoyama）洪水冲击后形成的稻田、乡村及森林景观镶嵌类型为湿地物种（如蜻蜓、两栖类、水禽）的活动提供了多样的生境类型（图 16.10）（Kobori and Primack 2003; Kadoya et al. 2009）。在亚洲和欧洲大部分地区，传统的农业、放牧及林业生产活动已经被放弃。某些地区的农民完全放弃农田耕作而迁移到城市从事生产活动，有些地区的农业活动已经高度集约化，大量使用机械和农药。为保护生物群落，保护组织和政府机构出台了相关政策以维护传统的景观格局，对传统生产活动予以补助并招募志愿者进行土地管理。

有些情况下，由人类长期的传统活动形成的景观格局有助于生物多样性的保护，尤其是在那些近期放弃了农业、放牧和其他传统生产方式的地点，对弃耕地的管理有可能有助于物种的保护。

图 16.10 日本东京附近的传统农业景观：村庄（黑）、次生林（黑绿）、稻田（浅绿）、割草地（米色）等景观类型交互出现。这种景观格局在过去非常常见，但随着日本农业机械化的发展、农村人口外迁以及城市化进程的加快，这种格局目前已少见了，面积为 4km × 4km（Yamaoko et al. 1977）

异质性环境中，许多物种不是局限于某一生境类型内，而是在不同生境类型间或两种生境类型交界处迁移或分布。这种情况下，生境类型的区域空间格局显得尤为重要。物种出现与否及其种群密度的大小取决于生境斑块的大小及斑块间的连通性。例如，同样是 $100hm^2$ 的国家公园，景观格局不同的两种类型公园内其稀有动物种群的大小截然不同：一种类型公园是由斑块面积是 $1hm^2$ 的 100 个农田和森林斑块棋盘状交替组成的，另一种公园则是由 4 个面积为 $25hm^2$ 的斑块组成（图 16.11）。这些不同组合格局的景观对小气候（风、温度、湿度、光）、病虫害的暴发和动物的迁移都将产生不同的影响，第 9 章已有详细论述。土地利用方式不同，形成的景观格局也不同。如林区的刀耕火种、自给农业、种植农业以及城郊开发活动使原始的森林景观形成了面积、分布及物种种类和数量不同的景观斑块。例如，森林覆盖率高的池塘内某些特定的蛙类的丰富度明显高（Mazerolle et al. 2005）。

为了提高保护地动物的数量和种类多样性，野生动物管理者们尽可能地提高景观类型的多样性。创建景观类型的主要方式有：建立并维护空旷原野及草地、鼓励种植小灌木丛、种植果树及农作物、定期采伐斑块状森林、建立小型池塘和水坝、修建穿越不同土地斑块的小路和土路等。这些景观活动常常能引起公众的关注并吸引他们前来参观和捐资。这样做的结果往往使公园边际化加大，形成大量的过渡带，动物丰富度增加并且

图 16.11 两个面积均为 100 hm^2 的正方形保护区，森林和牧场面积均等（其中阴影部分为森林，非阴影部分为牧场），但斑块的大小不同。那么，哪种景观格局更加有利于哪一物种的存活？这是每一位管理者都必须回答的问题

易于观察。然而，这些景观中的物种很可能都是依赖于人类干扰存活的常见种或入侵种。稀有种往往存活于大面积未受干扰的栖息地中，而在有大量边际的保护区内则很少出现（Horner-Devine et al. 2003；Crooks et al. 2004）。对野生动物数量最大化和栖息地多样化的网格状保护地采取的集约化管理措施，有时并不适用于有真正保护价值的稀有物种。

为了弥补这种保护方式的局限性，我们需要从区域景观尺度上保护生物多样性。景观尺度上的景观单元大小接近于种群的自然大小及其扩散格局。小尺度上构建含有多种类型生境的微缩景观的另一种方法是在统一的区域规划下，把一个地区所有的公园（包括廊道）连接起来，并建成更大面积的生境单元（图 16.12）。

荒野地保护项目（The Wildlands Project）和美国国家野生动植物保护地系统（U.S. National Wildlife Refuge System）是真正意义上相互连通的公园系统。大面积的生境单元将在更大范围内保护那些不能容忍人类活动干扰并只能在较大面积的生境中生存和繁衍的珍稀物种，如灰熊、狼及大型猫科动物。

16.4 结论

在保护生物学界，对于保护区的最优设计方案仍旧在讨论当中。最新的研究结果和激烈的讨论有利于为不同的问题提供更好的见解。然而，在描述保护生物学家努力为土地管理者们提供自然保护区网络设计最简单明了的方案的意愿时，一位名叫 David Ehrenfeld（1989）的著名保护生物学家是这样论述的：

> 我不得不指出，在寻求科学保护的通用规则即“保护的遗传密码”方面，存在着很多困扰，诸如表达物种灭绝率、有效种群大小、自然保护区设计等理想化的方式。这些格式化的规则容易被滥用，尤其当那些所谓的保护主义者沉迷于自己所建立的模型时。如果是这样，那么那些试图通过对现实世界简化来提取物种灭绝的高度抽象规律的智人的想法，将变成连写童话的刘易斯卡罗尔（Lewis Carroll）都将感兴趣的怪谈了。……，因此，对于解决不同的保护问题要有不同的途径和方式，也就不足为奇了。

图 16.12　黄石到育空（Y2Y）生态区计划沿落基山把美国和加拿大的国家公园及其他政府管辖地连接到一起，建立一个区域景观保护单元，这有可能是保护管理大型动物最好的措施了（源自黄石到育空保护计划）

*1 英里 =1609.344m

目前保护地管理者仍然是根据每块土地的优缺点做出是否购买土地的决定。管理者一定要明白最好的例子和最适合的模型，不过最终将是资金和政策这些具体情况决定行动的方案（Knight and Cowling 2007；Zavaleta et al. 2008）。保护区系统设计目前面临最大的挑战是预料到何种管理方式才能实现保护地的保护目标。大多情况下，保护地的管理计划远比保护地本身的面积大小和形状等问题重要。另外，保护地附近居住的人们可能有助于实现保护管理目标，也有可能与保护地管理者发生冲突而限制保护目标的实现（第 17 章将详细讨论）。保护地系统未来面临的最大挑战是在人口增长，以及土地利用方式、气候、外来入侵种和其他因素都有可能发生变化的不确定性背景下，保护地系统将如何保护生物多样性。目前建立的保护地网络在未来几十年或几个世纪还能够继续保护同样的物种和生态系统吗？

小结

1. 保护生物学家正在研究保护区网络最好的设计方法。有些情况下，保护设计的研究是基于把保护地看成是被人类景观本底包围形成的岛屿的假设。研究形成的认识与常识及自然历史数据相结合，形成适用的保护方法。
2. 保护生物学家争论的焦点是建一个大面积的保护地合理，还是建立面积相等的数个小面积的保护地合理？这两种观点都有其各自令人信服证据和观点。一般而言，大面积的保护地比同样面积的数个小面积保护地内具有更多的物种。
3. 保护区在设计时尽量减小边际效应，如果有可能，一个保护区应该包括一个完整的生态系统类型。保护区内尽量避免由于公路、围栏建设和其他人类活动造成保护地破碎化的趋势，破碎化的保护地妨碍物种个体的迁移，并有助于外来物种和疾病的传播。如果可能，政府权力机构和土地私人所有者通过合作，共同管理相邻的土地，把相邻的土地斑块作为一个土地单元进行统一管理。
4. 建议通过建立生境廊道，把相互孤立的保护地连接起来。这些廊道可以促进动物在保护地之间自由迁徙，并有利于基因交流和扩散，占据新的适宜位置。如果生境廊道正好是物种的迁移路线，生境廊道的保护将是最有效的。保护地网络应该是未来应对气候变化的最有效方式。
5. 过去，野生动物学家提倡建立有更多边际、不同类型生境相互镶嵌的栖息地。这种景观设计常常能增加物种的数量和丰富度，但这种景观格局不利于某些受关注物种的保护，这些物种往往需要大面积的未受干扰生境才能存活。

讨论题

1. 已知一个具有 50 只个体的稀有甲虫种群，栖息于城市中 $1hm^2$（$100m \times 100m$）林地内面积为 $10m \times 10m$ 的斑块中。这块林地是否应该建成保护区？如果建立了保护区，是否因面积小而起不到保护作用？你如何做决定？如何设计并管理保护地以增加甲虫的生存机会？
2. 找到一张国家公园或保护区的地图。仔细观测，看这个保护区的形状和位置与本章讨论的保护地的理想设计有何不同？你将采取什么措施来改进保护地的设计？如何和保护地周边的土地所有者共同管理保护区，以便更好地保护生物多样性？
3. 找到一个国家或地区的保护地分布图。考虑如何用生境廊道将这些保护地连接到一起，建成一个保护地系统？它将取得什么样的成果？建立廊道需要购买多大面积的土地？购买这些土地需要花多少钱？这些廊道能够帮助物种来响应气候变化吗？在投入一样的情况下，能否想出其他更有效的方法来实现保护的目的？要想验证这些想法，你可能需要多种不同的假设。

推荐阅读

Birchard, B. 2005. *Nature's Keepers: The Remarkable Story of How the Nature Conservancy Became the Largest Environmental Group in the World.* Jossey-Bass, San Francisco, CA. TNC 是一个大型的公益组织，他们知道做什么。

Cawardine, J., J. K. Carissa, K. A. Wilson, R. L. Pressey, and H. P Possingham. 2009. Hitting the target and missing the point: Target-based conservation planning in context. *Conservation Letters* 2: 4-11. 需要一种更加可行的保护途径与保护目标相符，这样避免误解。

Corlatti, L., K. Hacklander, and F. Frey-Roos. 2009. Ability of wildlife overpasses to provide connectivity and prevent genetic isolation. *Conservation Biology* 23: 548-556. 建立野生动物保护天桥被证明是很有效的保护措施。

Goldman, R. L., H. Tallis, P. Kareiva, and G. C. Daily. 2008. Field evidence that ecosystem service projects support biodiversity and diversify options. *Proceedings of the Nationa Academy of Sciences USA* 105: 9445-9448. 生态系统服务方面的项目急速增加，其影响也是非常好的。

Hannah, L. 2010. A global conservation system for climate-change adaptation. *Conservation Biology* 24: 70-77. 全球保护地网络规划一定要考虑气候变化的因素。

Knight, A. and R. M. Cowling. 2007. Embracing opportunism in the selection of priority conservation areas. *Conservation Biology* 21: 1124-1126. 建立新的保护地往往取决于资金和政治意愿，而不是精细的规划过程。

Koh, L. P., P. Levang, and J. Ghazoul. 2009. Designer landscapes for sustainable biofuels. *Trends in Ecology and Evolution* 24: 431-438. 异质性植被和低度开发的景观保存着最丰富的生物多样性。

Leathwick, J. 2008. Novel methods for the design and evaluation of marine protected areas in offshore waters. *Conservation Letters* 1: 91-102. 精心设计的海洋保护地（MPA）会取得更好的保护效果。

Lerner, J., J. Mackey, and F. Casey. 2007. What's in Noah's wallet? Land conservation spending in the United States. *BioScience* 57: 419-423. 美国政府在 1992～2001 年间，投资了 20 亿美元用于土地保护。

Margules, C. and S. Sarkar. 2007. *Systematic Conservation Planning.* Cambridge University Press, Cambridge, UK. 建立综合保护地网络最有效的方法指南。

Markovchick-Nicholls, L. and 6 others. 2008. Relationships between human disturbance and wildlife land use in urban habitat fragments. *Conservation Biology* 22: 99-109. 许多动物能够存活于大城市中残存的栖息地斑块中。

Nicholson, E. and H. P Possingham. 2007. Making conservation decisions under uncertainty for the persistence of multiple species. *Ecological Applications* 17: 251-265. 当信息不全时，保护设计原理可以指导保护地的建立。

Roux, D. J. and 10 others. 2008. Designing protected areas to conserve riverine biodiversity: Lessons from the hypothetical redesign of Kruger National Park. *Biological Conservation* 141: 100-117. 如果得到更好的管理，克鲁格国家公园能够更有效地保护生物多样性。

Tabarelli, M. and C. Gascon. 2005. Lessons from fragmentation research: Improving management and policy guidelines for biodiversity conservation. *Conservation Biology* 19: 734-739. 破碎化的景观需要连通。

Wilcove, D. S. and M. Wikelski. 2008. Going, going, gone: Is animal migration disappearing? *PLoS Biology* 6: 1361-1364. 在非洲和其他地区，人类的居住和农业活动阻碍了动物的迁徙，并危害了其种群的生存和繁衍。

Wu, J. and R. J. Hobbs (eds.). 2009. *Key Topics in Landscape Ecology.* Cambridge University Press, Cambridge, UK. 领衔科学家们提出了当前的保护主题。

（中国珍 编译，蒋志刚 马克平 审校）

第 17 章

保护地的管理

根据法律地位、成立历史以及自身特征的不同，不同的保护地有着不同的保护目的。一些保护地的建立是为了保护生物多样性以满足特殊物种的需求，或是为了保护整个生态系统。另外一些保护地的设立则是为了保存其文化娱乐价值。通常有一种错误的认识，认为保护地一旦建立，就完成了大部分的保护工作，不用再多做什么了。然而无论保护地建立的目的何在，大部分的保护地都需要进行积极的管理，而且为每个保护地制订适合其自身特征的管理策略也是非常重要的。本章将着重论述保护地管理的一些策略和措施。

很多人认为"自然最了解自己"。只要人类不去干扰大自然，生物多样性就可以得到很好的保护，但事实并非如此。人类已经很大程度上改变了自然环境，以至于剩下的物种和群落需要人类的监测和管理来更好地生存繁衍。

如果人类不加以干预，保护地则有名无实。世界上到处都是政府颁布却未加管理的"纸上保护地"（Joppa et al. 2008）。随着它们生境质量的退化，保护地内的物种也在逐渐或迅速地丧失。在一些国家，人们毫无顾忌地在保护地内耕作、砍伐、采矿、打猎和捕鱼。他们认为政府的土地就是"大家"的土地，"任何人"都可以拿走他们想要的，"没有人"愿意去阻止或干涉。因此，公园需要积极管理以防止其进一步退化。

在一些国家，特别是在亚洲和欧洲（如日本和法国），诸如林地、草地和树篱等生境都是由于几百甚至上千年的人类活动而形成的。作为土地传统管理实践的成果，这些生境都有着较高的物种多样性。如果想让物种继续生存，就必须将这些生境维持下去。如果对这些区域不加以管理，它们将会经历演替并且丧失特有种。因此，有效的管理对于保存特有种是十分必要的。例如，在大草原上，适当的放牧要比未放牧的控制区域能保存更多的物种（图 17.1）。

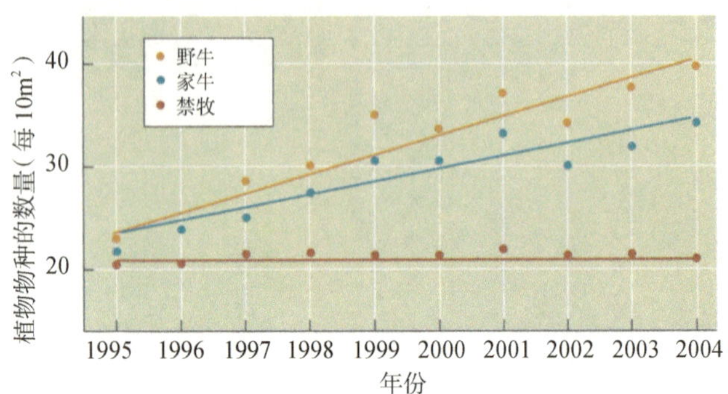

图 17.1 在美国的中西部大草原，大型食草动物最初是吃高草的。这些食草动物的丧失不仅改变了草地生态系统的生态环境，也造成了很多植物种的丧失。对草原生态系统十年的研究表明，与未经放牧的样方相比，经牛羊放牧的样方内物种的数量呈逐渐增加趋势（Towne et al. 2005；摄影者 Jim Peaco/ 美国国家公园管理局）

很多公园管理的成功经验都来自英国。这里有很多科学家和志愿者成功地监测并管理了小型保护区，如 Monks Wood 和 Castle Hill 自然保护区（Morris 2000；www.naturalengland.org.uk）。他们对不同的放牧方式（羊与牛；轻度放牧与过度放牧）。对野花、蝴蝶和鸟数量的影响也均有监测。例如，在苏格兰 Ben Lawers 国家级自然保护区内的山地草地上，曾做过关于稀有的高山龙胆对不同放牧强度反应的研究。当羊群被隔离在外时，龙胆数量最初是增加的。但是三年以后，由于竞争不过植株较高的植物，并且幼苗缺少定植所需要的开放空间，龙胆数量开始下降。因此，适度的放牧对于维持这种稀有野花至关重要。家畜放牧对于减少一些入侵植物和不需要的灌木也是很有用的。

这些积极的管理对于一些保护区来说是很重要的，而对于另外一些保护区也许是无效的甚至有害的。通常来说，是由于缺乏对生物相互作用的理解或是对管理目标不了解而引起的。举例如下：

- 公园管理者通过管理措施增加了狩猎物种（game species）的数量，并允许人们进行狩猎活动，同时也能提高公园的收入。而要增加狩猎动物的数量，往往需要减少这些物种的顶级捕食者，如狼和美洲豹。不过，如果没有捕食者的控制，狩猎物种及啮齿类动物的增长会远远超出估计，带来的后果就是过度放牧、生境退化及动植物群落的瓦解。
- 一些热情的公园管理者会清除空心树、枯立木，腐烂木以及林下灌木丛以增进公园的面貌，而这些或许在无形中也清除了一些动物筑巢以及越冬所需的关键资源。例如，空心树被鸟、蝙蝠和熊利用，而腐烂木是很多兰花种子萌发的地方，并且也是生态系统重要的营养资源（Keeton et al. 2007）。腐朽木和发芽的倒木在水生生态系统中也起着很大的作用（Gurnell et al. 2005）。在这些例证中，一个“干净”的公园等同于一个生物意义上的贫瘠公园。

> 未经管理的“纸上保护地”通常都不能保护生物多样性。需要将明确的保护目标和实际的方法相结合才能完成管理计划。充足的资金和优秀的领导对于保护地管理也是相当重要的。

- 在很多公园里，火是自然生态的一部分。尝试遏制火的发生是昂贵的，并且浪费管理资源。人为阻止火循环会导致火依赖物种的丧失和大量反常剧烈火灾的形成，就像 1988 年发生在美国黄石公园里的大火。

首要的问题是必须对公园进行积极的管理，以防止生境退化。管理最有效的公园通常是那些管理者能够从科研和监测项目提供的信息中获利，并且能够得到执行管理计划所需资金的公园。

相比大的保护地，那些地处居住区和大城市的小型保护区需要更为积极的管理。它们通常是被改变的环境所包围，内部生境较小，并且更容易受到外界物种和人类活动的影响。即便是在大型保护地，也要通过积极的管理来控制狩猎强度、火灾频率及游人数量。除非保护区面积很大或是地理位置遥远，否则，仅仅简单地看住其边界是不够的。

在一个题为“动植物群落保护的科学管理”的专题报告中（Duffey and Watts 1971），来自 Monks Wood 保护区的 Michael Morris 强调为每一个保护区制订管理目标的重要性如下：

> 管理自然保护区没有绝对的对与错……管理方法的适用性都必须和某一特定区域的管理目标相联系……只有当管理目标确定下来才能加以科学的管理。

管理的目标和类型要基于保护地的生态目标和社会意义，而两者都可以随时间变化。在一些国家，也许很难对保护地进行管理，或者由于资金不足或领导不力而导致管理失败。甚至在战争期间，由于政府停止运作而使得管理也完全停止（图 17.2）。这种情形下，由于砍伐和狩猎，自然资源通常会快速、严重地退化。这些失败的管理曾经发生在阿富汗、刚果民主共和国和卢旺达等。尽管有时保护地的管理人员会继续他们的工作，但都得不到足够的安全和资金保障（Hart and Hart 2003；Zahler 2003）。

图 17.2 在巴西北部 Rio Negro 地区瓦伊米里阿特落阿里部落（Waimiri Atroari）树立的土地保护告示牌警示摩托车骑行者小心驾驶，以免伤及野生动物。警示牌上成串的子弹孔表明非法狩猎也是该地区需要关注的问题（摄影 William Laurance）

17.1 将监测作为一种管理工具

保护地管理的一个重要方面是对生物多样性组成成分及其相关因子的监测，如珍稀濒危物种的个体数，草本、灌木和乔木植物的密度，迁徙动物到达和离开公园的时间，池塘水的深度，冲蚀到溪流中的土壤量，以及当地居民利用自然资源的数量等。基本的监测方法包括记录标准观测值、开展对主要元素的普查、定点拍摄照片，以及访谈保护地参观者（参考第 12 章）。当考虑到人类与保护的联系时，监测生物多样性的社会经济特征也逐渐纳入到保护地监测的范围。诸如居民年收入、饮食富足程度、教育水平以及人们从附近生态系统中获取的动植物数量和价值等，都是生物多样性监测的内容。

具体的管理形式要基于公园管理的目标。监测不仅能够使管理者了解公园的健康状况，而且能够指示哪种管理实践是行之有效的（Bormann et al. 2007；Levin and Lubchenco 2008；de Bello et al. 2010）。可以通过比较不同的控制区域的方法，或是与基础数据相比较的方法来检验公园管理的效果。管理者必须坚持不断地完善保护地内外的相关信息，并且积极调整管理方案以达到保护的目标，这被称为“适应性管理”（图 17.3）。有时这也意味着管理方案需要能带来一定的经济效益，即投资会带来不同的结果（Salafsky et al. 2003；Briggs 2009）。在一些保护地，有时需要做出艰难的选择。例如，在新西兰，当受保护的海狮捕食濒危的黄眼企鹅时，应该优先保护哪一个物种？（David et al. 2003；Lalas et al. 2007）

监测的尺度和方法必须与管理需要相适应。对于在偏远地区的保护地，利用卫星和飞机对伐木、轮耕、采矿等活动进行遥感监测是一种行之有效的方法（Buchanan et al. 2009；Morgan et al. 2010）。当地居民经过培训后也可以执行监测活动。这些居民熟知保护地的情况，并且他们也希望能够为监测过程尽力（Anadon et al. 2009）。

管理者们通常要通过阅读有着类似情况的科研报告以掌握合适的管理方法。科学家

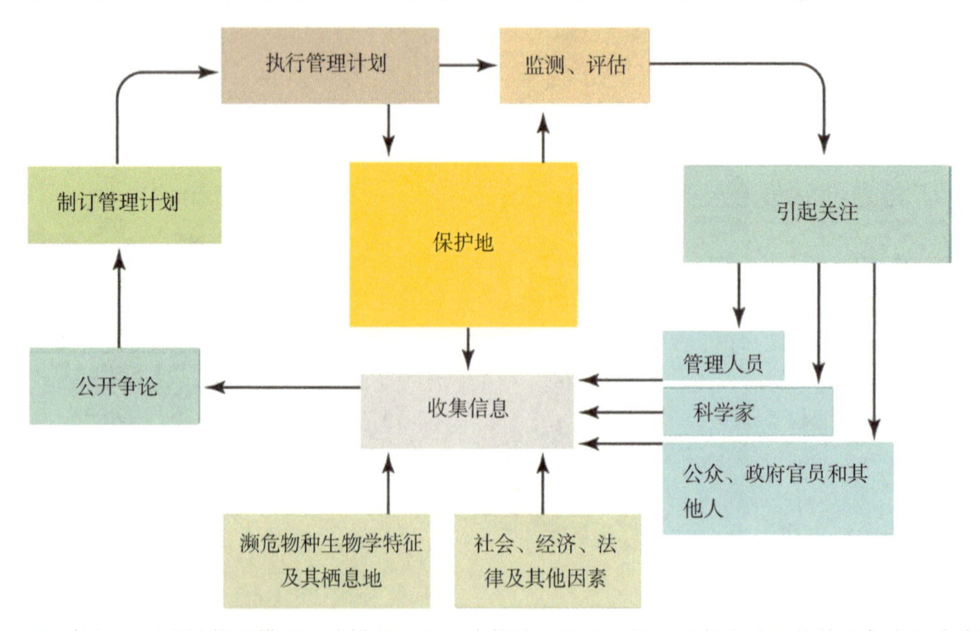

图 17.3 保护地适应性管理模型，该模型强调了决策阶段的重要性，且每个阶段的输入都有很多来源（引自 Cork et al. 2000）

会将相似的研究结果整理成综述。一个系统的综述包含了对很多管理案例的详细分析（www.environmentalevidence.org）。最近的系统综述已经涉及这一类型的管理案例，如除草剂和生物控制对遏制入侵植物，如千里光（*Senecio scandens*）的有效性。

巨型仙人掌或仙人柱（*Carnegiea giantea*）是沙漠地貌的指示植物，科学家对其进行了数十年的长期监测。1933 年，为了保护这种标志性植物，在美国亚利桑那州的图森市设立了巨人柱国家公园。从详细的观测和精确的拍照记录中发现，公园内的大型巨人柱的数量正在下降。通过 80 年的调查显示，成年的巨型仙人掌被每十年一次的零下气温毁坏或者冻死，而且由于 19 世纪 80 年代到 1979 年的过度放牧，幼苗被家畜践踏，并且土地变得过度紧实，也阻碍了仙人掌植株的更新。驱逐家畜 30 年后，在公园内设立的长期监测样地里发现了大量的巨型仙人掌幼株（Drezner 2007）。管理者还将继续对这些样地进行严密监测，以察看是否在 21 世纪后期会出现巨型仙人掌林。

必须对保护地经行监测，以检验是否达到了保护目的。并且要根据监测所获得的新信息来不断调整管理方案。

已经有越来越多的科学家致力于生态系统的长期监测。其中比较著名的是美国国家自然科学基金会建立的 26 个长期生态研究网络的监测站（LTER）。这些监测站同时也是联合国教科文组织（UNESCO）人与生物圈系统的生物圈保护地。

为了监测我国不同地带的森林生物多样性变化，综合研究生物多样性维持机制与保护对策，发展森林生态学与保护生物学，中国科学院生物多样性委员会于 2004 年组织建立了“中国森林生物多样性监测网络（Chinese Forest Biodiversity Monitoring Networks，CForBio）”。截至 2012 年年底，已经建立大型森林监测样地 11 个，如在吉林长白山、浙江古田山、广东鼎湖山和云南西双版纳等地建立的代表温带阔叶红松林（25hm^2）、中亚热带常绿阔叶林（24hm^2）、南亚热带季风常绿阔叶林（20hm^2）和热带季雨林（20hm^2）等典型地带性植被类型的长期监测样地。该网络是中国森林生态系统生物多样性变化的监测基地，也是全球森林监测网络（The Smithsonian Institution Global Earth Observatory，SIGEO）的重要组成部分（http：//www.cfbiodiv.org/）。

17.2 识别和管理威胁

保护地的管理必须考虑到那些威胁生物多样性和生态系统健康的因素。这些威胁包括外来物种的入侵、稀有种数量的减少、生境丧失、破碎化和退化以及人类对资源的过度利用等（详见第 9 章和第 10 章）。甚至在一个管理良好的保护地，空气污染、酸雨、水污染、全球气候变化和大气组成成分的变化都会影响自然群落，并导致某些物种的增加和其他物种的减少或消失（Hansen et al. 2010；Lawler et al. 2010）。在大西洋马萨诸塞州东部的史德渥根海岸国家海洋保护区，露脊鲸在与进出波士顿港口的商业渔船碰撞中屡受伤害。对鲸区的监测显示，渔船的航道位于露脊鲸集中区和须鲸居住区。2007 年，这些航道改换到了低密度鲸区（图 17.4），新的航道将与鲸接触的概率减少了近 81%。

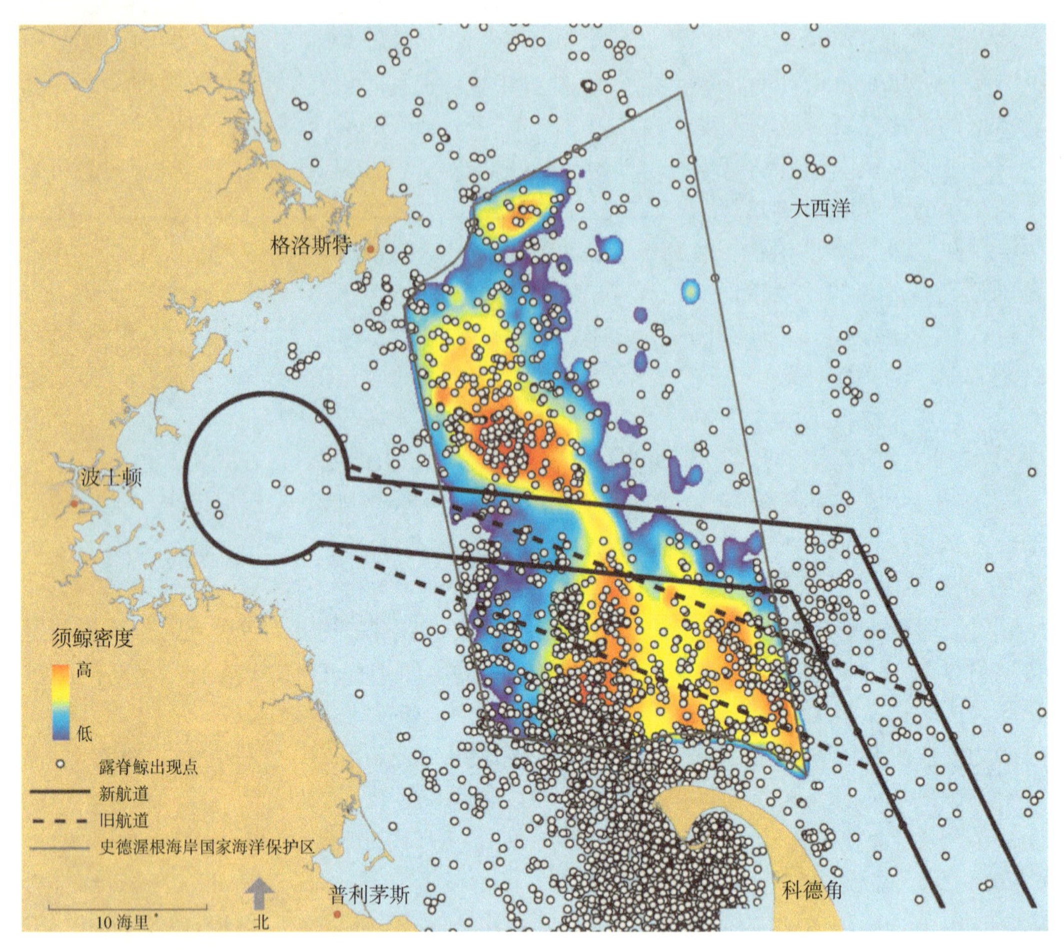

图 17.4 从大西洋进入波士顿港口的渔船需要穿过史德渥根海岸国家海洋保护区，而这里是濒危物种露脊鲸和其他须鲸集中的区域。为了将对鲸群的伤害降至最低，这些航道于 2007 年被迁移到鲸群密度较小的区域（引自史德渥根国家海洋保护区网）

管理入侵物种

现在，外来物种的入侵被认为是保护地最主要的威胁，特别是湿地、草原和岛屿生态系统。外来物种已经出现在很多保护地内部，而新的外来种可能已经入侵至保护地边界。如果放任这些物种增加，本地物种甚至整个群落也许会从保护地中消失。当入侵种已经威胁到本地物种时，就需要将入侵种移除或者至少要减小它入侵的频率。刚刚出现的外来物种，发现其具有入侵性时，应该在其密度还比较低时果断地清除掉。比起等到外来种数量急剧增加而需要的大规模清除活动来说，每年对入侵种进行清理是一种物有所值的方法（Kingsford et al. 2009）。例如，入侵北美湿地的千屈菜（*Lythrum salicaria*），它的竞争力要大于很多本地物种，在沿河流、池塘边缘以及沼泽地里大量出现。由于大部分水鸟不吃这种千屈菜，且它还会排挤其他有益物种，因此会对野生生物产生不利影响。

一旦这种外来种开始在某一区域定植，将很难将其清除。在岛屿和其他保护地，减少的当地动植物数量的恢复，通常是由于外来动物的减少引起的，如山羊、老鼠、兔子和海鸥。控制动物的方法有毒化、射杀、捕捉以及阻止其繁殖等。这种情况下，需要向

* 1 海里 =1852m

公众解释干预的目的以及对公众的担忧做出回应。入侵植物可以通过物理清除的方法来控制，如除草剂、火烧、调整放牧强度、割草、投放特种昆虫以及其他生物控制。一个关于害虫管理的例子是，稀有种燕鸥在美国缅因州一个岛屿的繁殖地被分布区扩大的海鸥种群所侵占(Anderson and Devlin 1999)。当这些入侵的海鸥被毒化和射杀时，燕鸥便会返回岛屿，并且它们的数量也在恢复。但是仍然需要保持警惕，如果不是保护地管理人员射杀海鸥，海鸥就会很快返回岛屿。类似的例子还有清除池塘中的非本地鱼类，可以使当地的两栖类动物数量在几年内得以恢复(Pope 2008)。

17.3 生境管理

保护地必须得到精心的管理才能维持其原有生境(Rahmig et al. 2009)。大多数物种仅仅占据了特定生境或是生境的特定演替阶段。当土地被设为保护地后，干扰和土地利用格局都会发生显著变化，以致很多栖息在该生境的物种难以繁衍下去。火、放牧和树倒等自然干扰是生态系统中一些稀有物种生存的要素(Lepczyk et al. 2008)。小型保护地不可能包括生境演替的所有阶段，因而会造成很多物种的丧失。如果一个孤立保护地被老龄乔木占据，那处于演替早期阶段的草本和藤本植物就可能会丧失(图 17.5)。如果有火或风暴对保护地进行彻底清理，就可以清除老龄乔木。在城市中隔离的保护地内，由于人类的频繁干扰，会使处于演替晚期的动植物消失。而演替早期的物种如果未能占据邻近的生境，也有可能会丧失。

保护地管理者必须积极有效地管理生境以使保护地内有连续的演替阶段，这样处于

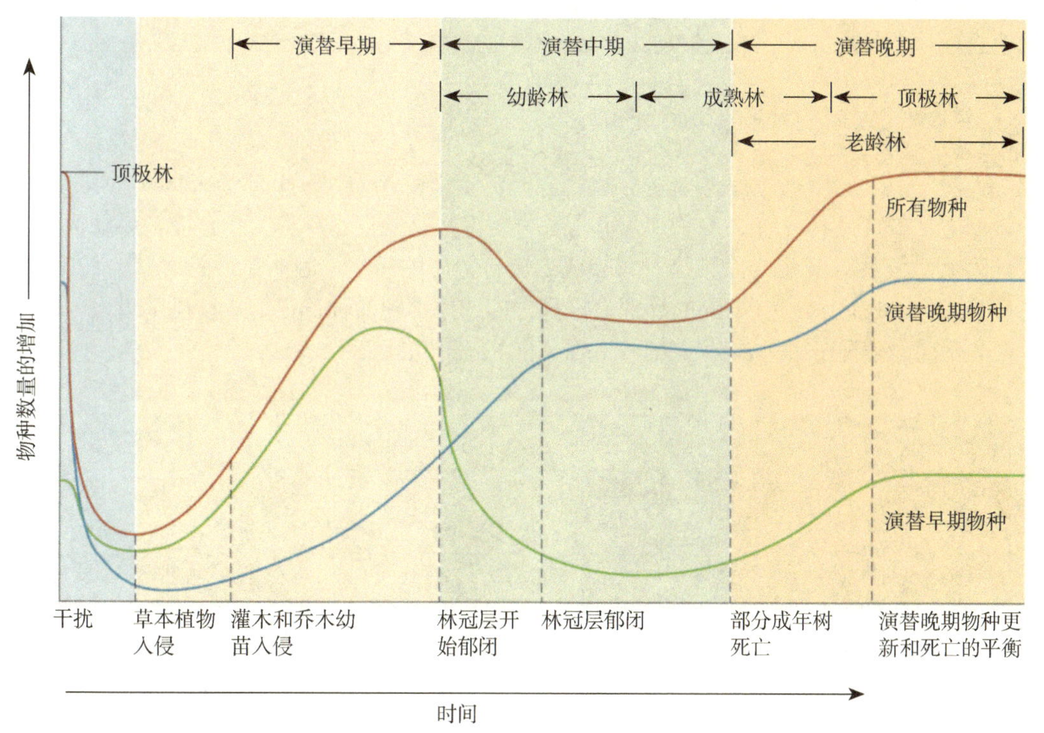

图 17.5 在火、飓风和伐木等主要干扰因子作用下的森林演替中，物种多样性变化的一般模型。处于演替早期的物种一般是生长较快、不耐阴的物种；而处于演替晚期的物种生长较慢且耐阴。整个演替阶段要持续数十年甚至几个世纪(引自 Norse 1986)

各种阶段的物种都可以在其中生存繁衍（专栏 17.1）。一种可行的措施就是在草地、灌木地和森林中周期性地火干扰以重启演替进程（Davies et al. 2009）。在野生动植物保护地内，放牧、火烧、刈割及浅耕等被用来维持草地及牧场的开阔生境。例如，在远离美国马萨诸塞州海岸的楠塔基特（Nantucket）岛上生长的很多特有野花却经常出现在欧石楠丛生的荒野区。这些欧石楠丛生的荒野本来是依靠羊群放牧才得以维持，而现在每隔几年就要对其进行火烧干扰，以防止橡树灌丛和野花的侵占（图 17.6A）。当然，这些火烧必须是合法且要严格控制，以防止对周边财产造成损坏。进行火烧前，管理者需要制订公众教育计划，并向当地居民解释火在维持生态平衡中的重要性。除此之外，保护地内应尽量减少人类干扰和火干扰，以维持老龄物种所需的生存环境（图 17.6B）。

（A）

（B）

图 17.6　保护地管理：施加干预还是任之不管。（A）美国马萨诸塞州海岸的楠塔基特岛保护地内的欧石楠灌丛，要定期进行火干扰以维持开阔生境，保护野花和其他稀有物种。（B）有时，管理也包括将人类干扰控制到最小程度。例如，位于美国旧金山湾高度城市化中心地区的穆尔国家森林纪念地，保护着原始的红杉林（A. 摄影 Elise Smith，美国鱼和野生动物管理局；B. 图片由美国国家保护地管理局提供）

> 积极的管理需要开展一些具体的活动，包括控制性火干扰、保持传统农业活动以及加强对人类使用的约束。

通过田间试验可以决定最佳的保护地管理方式，如对英国白垩草地（chalk grassland）加以特定的管理措施可维持其群落的多样性。研究表明，物种数量、相对多度和物种种类都取决于管理策略，包括对草地进行放牧、刈割或火烧；管理的年限；施肥量；管理执行的周期；等等（Bennie et al. 2006）。不同的管理策略都偏向选择不同的种群，如生物群落可以因放牧程度的不同而表现出很大差异（Krueper et al. 2003；图 17.7）。

图 17.7　（A）美国亚利桑那州圣佩德罗河（San Pedro River）沿岸由于家畜的过度放牧，导致植被严重退化，河床外露。（B）通过禁牧家畜的管理措施，河流沿岸的植被和生态过程都得以恢复（摄影 Dave Krueper，美国鱼与野生动物管理局）

专栏 17.1　生境管理：成功保护濒危蝴蝶的关键

1980 年的英国，黄蜜蛱蝶（*Mellicta athalia*）比其他蝴蝶物种更易于灭绝的评价一直受人怀疑。由于其生存环境的改变，这种蝶类的分布范围在 70 年间持续减小。黄蜜蛱蝶在幼虫期以生长在未经开垦的草地上或是刚刚清理过的林间空地上的植物为食。这些地方都是自然形成的短期生境斑块，需要对它们进行定期的采伐或是放牧以维持蝴蝶需要的食物。而传统林业活动的减少和过度的农业活动阻碍了这些生境的产生（Dover and Settele 2009）。黄蜜蛱蝶面临和其他一些必须在特殊、短暂生境上栖息的蝶类相似的困境——它们通过扩散将短暂的种群连接起来而生存，就是所谓的集合种群。在英吉利东部石楠地里发现的银蓝灰蝶（*Plebejus argus*）和在英国南部短草草地上发现的银点弄蝶（*Hesperis comma*）都需要对其生境进行管理才能生存下来。

只有在钟石楠属和石楠属幼树生长的地方才能找到银蓝灰蝶。成年银蓝灰蝶以花蜜为食，而幼虫则以叶片为食。更独特的是，银蓝灰蝶的幼虫必须被一种特定的黑蚂蚁（*Lasius* sp.）照料才能生存，而这种黑蚂蚁的分布是多变的。当银蓝灰蝶的生存环境由于人类的活动而遭到破坏时，自然形成的格局就会受到干扰。物种扩散能力有限，也许很难在一个新的适宜生境上定居。尤其银蓝灰蝶的扩散距离几乎短于 1 km（Harris 2008）。有实验尝试将成年蝶类移到未经干扰的地方建立新种群，在一定程度上取得了成功。

详细的生态学研究为特殊物种的管理策略提供了参考依据，如增加黄蜜蛱蝶喜欢

黄蜜蛱蝶（*Mellicta athalia*）的幼虫以处于演替早期阶段的植物为食，并且需要因干扰而产生的林间空地作为生境。这种类型的生境现在都需要人为伐木来产生（蝴蝶的幼虫摄影：FLPA/ John Tinning/ AGE Fotostock；蝴蝶摄影：Aleksander Bolbot/ istockpphoto.com；生境摄影：Ian West/ OSF/ Photolibrary.com）

需要对稀有蝴蝶进行积极的管理以维持它们的种群数量。如果不加以管理，很多地方的蝶类将会减少甚至消失。

的生境（如新采伐过的林地和未经干扰的草地）以加强对这种蝶类的管理。经过数十年的人为控制以延长黄蜜蛱蝶摄食植物的早期阶段，评估结果证明人类干预对其成功定居有显著的作用。而在生境未加管理的地方，大部分的定居都是失败的（Warren 1991; Hodgson et al. 2009）。然而，新的问题是濒危物种需要依赖人类干扰的程度是多大。现在，黄蜜蛱蝶已经表现出必须依赖人类的干预才能生存；很多其他物种的情况也类似，需要依靠人类的帮助。通过放牧活动以及在两种偶然情况下的发现，稀有银点弄蝶的分布面积增加了 10 倍。这两种情况是：兔子增加导致草皮高度变矮；气候变暖帮助了银点弄蝶越冬（Davies et al. 2006）。人们越来越多地种植本地草种及花卉到被外来入侵种占领的路边生境。这样做的最初目的是为了减少道路两边的维持成本并美化道路，带来的一个间接好处是导致稀有蝴蝶种多度和多样性的持续增加。这得益于丰富的花蜜供给和蝴蝶的摄食植物的增加（Collinge 2003; Dover 2008）。

蝴蝶象征着魅力和自由，对于人类社会是非常重要的。如果我们想让蝴蝶一直存在，就需要将蝴蝶生境管理纳入管理目标。很多情况下，这意味着要继续进行传统的土地利用活动，特别是在土地受到人类过度干扰的欧洲国家，有时甚至需要特意修复蝴蝶喜欢的生境来维持其生存。然而，决定并非易事，需要保护的蝶类有很多，对一种蝴蝶有益的管理措施也许会对另一种蝶类有害（Poyry et al. 2005）。

17.4 水域管理

河流、湖泊、沼泽及河口等等湿地生态系统都必须有足够的清水供给以维持其生态过程。维持湿地生态系统的健康对于水禽、鱼类、两栖类、水生生物等其他种群都是至关重要的（Greathouse et al. 2006；Deacon et al. 2007）。然而，因与农业灌溉用水、居民及工业用水、洪涝控制规划及水电坝的建设相竞争，保护地也许会被终止。湿地是相互连通的，影响一个湿地水位和水质的决策往往也会影响到其他湿地。因而将整个流域纳入到保护地内是维持湿地生态系统的一种有效措施。

保护地内位于流域下游的地方最容易受到水利工程的影响，而处于上游的区域受到的影响相对较小。位于上游的保护地能确保居住在下游的成千上万人需要的水源不受影响。这样既能保护生物多样性，又能使水域得到保护（Verhoeven et al. 2006）。然而，即使是在偏远地区的水资源依然会受到人类活动的干扰。例如，在波多黎各的山区，加勒比海国家森林公园内的河水被用来饮用和发电（Pringle 2000；图 17.8）。这条河流为 60 万人口提供了赖以生存的水资源。然而，这意味着平均每天有多于一半的水被移走。最终会导致大部分的支流干涸，而且在很大程度上影响了鱼群和其他水生动物群落以及相关的生态过程。

自然保护区内的水域可能会被周边的农业、居民和工业活动所污染，而且这种污染会持续数十年。例如，佛罗里达州的国家湿地公园被不断发展的农业和城市所包围，以致河流改道、河水污染。有时也会发生突发性污染。1988 年，西班牙某矿区的一座大

图 17.8　波多黎各山区的加勒比海国家森林公园以及周边地区为饮用水、发电站、私用污水处理厂和过滤水厂提供了大量的水源。平均每天有超过一半的水从河流移走，最终导致河流干涸。需要注意的是，取水口通常是在未被开发的山区，这些水都是干净的。而污水处理厂则是设在海岸附近的小镇上（引自 Pringle 2000）

坝崩塌，释放出约 15 万 m^3 的酸性淤泥。这些含有高浓度砷、铅、锌的淤泥都流入了多纳纳（Donana）国家湿地公园，导致大量的鱼群和水生无脊椎动物死亡。在这种情况下，保护地管理者必须通过法律手段以维护保护地内需要的洁净水质。水质监测可以证明水质和水量的变化，而且能提供证据说服政府和公众认清问题的严重性。同时，管理人员也需要积极提倡维持水资源的重要性（Roux et al. 2008）。

中国政府于 2001 年启动了中国湿地保护行动计划，其目标是基本遏制住因人为因素导致的天然湿地数量下降的趋势，扩大湿地保护区的面积，建设 10 处国家级湿地保护与合理利用试验示范区，基本形成中国湿地生物多样性就地保护网络体系。到 2020 年，通过实施退耕还林、退田还湖、疏浚泥沙等综合治理措施，使退化的湿地得到不同程度的恢复和治理，发挥明显的生态、经济和社会效益。

17.5 关键资源的管理

对于很多保护地来说，很有必要保护、维持以及补充生物赖以生存的关键资源。这些资源包括食物缺乏时可以提供果实的树木、干旱季节提供水资源的池塘、矿物盐沼地等。例如，当湿地逐渐转化为农田时，丹顶鹤需要的天然食物会减少，通常会用谷物来代替饲养（图 17.9A）。那么究竟应该用这种额外的食物资源来帮助丹顶鹤过冬，还是任由其饿死？

增强保护地关键资源和关键种的保护力度可以提高其他保护物种的种群数量。例如，种植果树和修建人工池塘可以使小型保护区内脊椎动物的密度维持在较高水平。人工池塘不仅能为人们喜爱的昆虫（如蜻蜓）提供其所需的生境，而且也是城市中重要的科普教育基地（Kobori and Primack 2003）。此外，当死树上缺少巢穴供鸟类或哺乳动物居住时，可以在树上建人工巢或钻取栖息洞来代替（Lindenmayer et al. 2009；图 16.5）。可以通过修建人工浮台供海龟晾晒，并清理池塘周边的灌木丛来增加池塘中的海龟数量（图 17.9B）。通过这些措施，稀有物种才能保持一定的种群数量。而如果不加以干预，稀有物种数量很难继续维持。总之，我们必须在建立不受人类干扰的自然保护区和建立依赖人类管理的半自然保护区之间维持一定的平衡。

（A）　（B）

图 17.9 （A）必须给丹顶鹤（*Grus japonicus*）提供食物以帮助它们越冬。（B）设计人工浮台供海龟“晒太阳”，有利于种群的增长（A. 摄影 David Tipling/ Alamy；B. 摄影 Mark Primack）

17.6 管理和人员

无论是发达国家还是发展中国家，保护地管理的一个核心部分是制定保护地资源的利用政策，并且能为不同人群所使用（Redford and Sanderson 2000；Leischer 2008）。利益诉求不同的人群总是想掌控保护地的运行体制或管理措施。在很多国家，同一个政府制定的不同政策会给保护地管理带来很大的挑战。大的发展项目（如道路、大坝等）、开采（砍伐森林）或勘探活动（石油、天然气和矿物），以及和管理目标相冲突的政策都可以对保护地内的生物多样性造成威胁。当地居民也会因无法使用保护地的资源而有所埋怨。例如，农场主不想丧失用来放牧的资源，驾雪车者也习惯于在无路的自然区域驾驶。居住在保护地周围的居民已经习惯于利用保护地内的资源，突然不允许进入保护地，会使他们失去赖以生存的基本资源，并因此埋

> 当地居民对保护地管理的参与通常是保护地政策缺失的重要部分。必须将由政府和其他组织来制定保护项目的自上而下的策略和由当地居民领导的自下而上的策略整合到一起。

怨和沮丧。通常这样的人群并不是保护地的有力支持者（Wilkie et al. 2006；Mascia and Claus 2009）。

因此，大部分保护地的繁荣与否取决于居住在保护地里或周边居民的支持、忽视或敌对的程度。为了得到当地居民的支持，在建立保护地的过程中，必须考虑到不同利益人群的需要（图 17.3）。这一过程要将自上而下和自下而上的策略相结合，即将政府定义的保护地和当地居民定义的保护目标相结合。如果将保护地的保护目的给当地居民讲清楚，且大部分人表示赞成和同意时，保护地就可以得到有力的维持。这样做不仅阐明了保护地建立的意义，增加当地居民对保护地建设和管理的支持，还可以使他们了解保护地界限划分和进行生态监测活动的意义，同时也有助于保护地达到管理目标。

最好的情景是，对当地居民进行培训并聘用他们，使其参与到保护地管理活动中。这样他们既可以从生物多样性保护行动中受益，又可以约束自己在保护地内的行为活动。当居民看到保护地可以维持他们的生计和传统文化时，也会积极支持保护地的建设和管理。另一种极端情形是，如果当地居民和政府间关系不融洽，或者建立保护地的目的没有解释清楚，民众可能会拒绝接受保护地，并且无视保护地的管理条例。结果可能导致当地居民与保护地管理人员发生冲突，并损害保护地的利益。保护地管理及治安人员需要经常巡逻以防止非法活动。在很多保护地，一些当地居民认为自己的行为只是为了维持生计，但有时却因此而被逮捕甚至坐牢。冲突的不断升级最终会导致居民的暴力行为，保护地管理人员可能会因此而受到威胁、袭击甚至伤害。

与保护地管理者发生冲突的不仅仅是当地居民。在很多发展中国家，新近移民也会索要土地和资源，这给当地居民和保护地都造成了巨大的威胁（专栏 17.2）。他们对保护地和其中的物种知之甚少，不足以共同为保护地服务。他们的动机只是为了短暂的经济利益。具有讽刺意味的是，将当地居民整合到保护地规划中的措施，可能会吸引更多周边的贫困居民加入，结果反而会使保护地不堪重负，所以即使是好的管理措施也有其不足之处（Wittemyer et al. 2008）。

无论是发展中国家还是发达国家，制定明确的规则、限定保护地的资源利用范围是管理规划的核心部分（Kothari et al. 1996；Terborgh et al. 2002）。有时必须限制所有人对保护地内的自然资源进行采掘或消耗，包括当地居民。这种情况常常发生在整个生态系统受威胁时，我们称其为“围篱与惩罚”（fences and fines）政策。在肯尼亚，支持将当地居民整合到保护地管理中的野生动物专家和其他支持将当地居民排除在外的专家之间的斗争，长期以来都在进行着。斗争的结果是一个令专家和当地居民都很困惑的摇摆不定的政策。理论上说，像肯尼亚这样通过旅游业获利的国家，应该有足够的条件来支持保护地管理和维持高质量的就业率，并且能够和当地居民共享收益。对于自然旅游业发达的国家，应将部分收益用来补偿当地居民的损失，如不允许种植的庄稼、未能放牧的牛羊以及禁止收获的自然产品。事实是，只有很少一部分的旅游收益用来补偿保护地周围的居民。这个问题已经超出了保护地管理的范围，需要政府制定政策将旅游收入与周围居民共享。

分区管理以缓解冲突的需求

对保护地需求冲突的一个可行的解决办法是分区管理（zoning），既考虑保护地整

专栏 17.2 人与豹的共存管理

Sanjay Gandhi 国家公园的情况清楚地说明了保护地管理存在的挑战。Sanjay Gandhi 国家公园被孟买（宝莱坞电影工业所在地）——印度面积和人口密度最大的城市之一——所包围（Zerah 2007）。一个重要的豹种群栖息在这个公园里，大概有 33 头，其中大部分是野生动物官员从豹的其他定居地捕获后在这里放生的。不幸的是对于这些豹子来说，103km^2 的公园实在是太小了。每头豹子的领地加上捕食区，需要 25km^2 的生境，因此，豹的数量比该地区所能承载的数量多了 8 倍，这些豹不得不在公园外觅食。然而孟买本身住房供给不足，65 000 贫民非法住在公园内的贫民窟中，这使得情况更加恶化。这些居民在公园里狩猎，且狩猎对象和豹子是一样的。饥饿的豹子由于缺乏食物，开始在公园内外捕食猫狗和其他家养动物，甚至会伤害人类，平均每年有 15 人葬身豹腹。

公园管理部门面临一个艰巨的任务，既要保护豹子不被遇难者愤怒的家属报复杀害，又要保护附近的居民们避免受饥饿的豹子袭击。一个短期的解决办法是在公园中投放猪和兔来喂豹子。有两个长期的解决办法：将贫民迁出公园范围；加固公园的围墙或者给豹子在远离城市的地方建一个新的公园。然而没有一个长期解决办法是普遍有效的。已经规划将非法的贫民区拆除（Deshpande 2009），这将稍微缓解一些人类与野生动物之间的冲突。

印度野生生物管理者正努力试图找到保护豹子和为人们提供基本需要之间的正确折中方法（摄影：Interfoto/Alamy）

体规划目标，又设立可以进行特定活动的区域（Eigenbrod et al. 2009）。例如，在森林中设计一些分区，包括采伐区、狩猎区、野生动植物保护地、自然步道或是河流流域区。在海洋保护地可以设定专门的渔业区，而在其他区域则禁止进行渔业活动；也可以设立进行冲浪、滑水及潜水等娱乐活动的区域，同样在区域之外的地方则禁止此类活动（图 17.10）。

图 17.10 加勒比海荷兰管辖的萨巴岛（Saba）建立了分区管理系统，不仅可以保护海洋环境，而且允许捕鱼活动。萨巴海洋公园包括了该岛全部的海岸，所以设计禁渔区对于维持珊瑚礁的健康和鱼类的数量是极其重要的（引自 Agardy 1997）

其他常见的分区还包括濒危物种恢复区、退化群落恢复区以及科研区。例如，在美国马萨诸塞州科德角的国家海滨公园内，要优先保护燕鸥和千鸟在海滩上筑巢，然后再为越野车或渔民设立可行的区域（图 17.11）。如果公园管理者不加以严格管制，将会导致这些滨鸟无法繁殖生存。解决这种情况的一种折中策略是：禁止人们在滨鸟筑巢的关键海滩上活动，但是开放其他海滩以供娱乐活动。有时，甚至像遛狗这样安静的活动也要进行管理，因其可能会对野生动物产生影响（Reed and Merenlender 2008）。

> 在海洋保护区通常都会设立禁渔区，这样可以使鱼类和其他海洋生物数量得到恢复。分区管理还可以把相互冲突的活动分开。

（A）

（B）

图 17.11 （A）在沿海保护区，由于鸟筑巢的需要，会在一些特定区域禁止人类活动。（B）设立一些可以进行更密集活动的区域，如驾驶越野车（A. 摄影 Martin Creasser/ Alamy；B. 摄影 imagebroker/ Alamy）

分区管理所面临的挑战是要说服公众，让他们相信分区管理可以使自然资源得到长期持续的利用。管理者常常需要做相当大的努力来告知公众保护区中哪些活动在哪些区域是允许的，从而加强管理（Andersson et al. 2007）。

业已证明，菲律宾对海洋保护区的分区管理是一种重建和维持鱼类以及其他海洋生物多样性的有效途径（图 17.12）。这些分区包括海洋保护区（MPA）、海洋公园以及禁渔区（McClanahan et al. 2007；Leathwick et al. 2008）。与附近未加保护的区域相比，海洋公园往往拥有更多商业价值很高的鱼类、数量更加丰富的鱼群以及更广布的珊瑚礁。有证据表明，从海洋保护区游入相邻未受保护区域的鱼群，不仅可以恢复该保护区中的鱼类数量，而且可以供渔民进行捕捞。世界上大部分的海洋保护区都可以使草食性鱼类的数量维持在健康状态，从而减少了肉质藻类的覆盖率，这对于造礁珊瑚的存活至关重要。然而，在将分区管理完全应用于捕鱼业之前，我们需要做更多的研究来证明将渔业集中在少量渔业区内是否会严重损害这些区域。对海洋保护区进行分区管理往往会受到很多挑战，渔民总是企图进入非捕捞区进行渔业活动。这些区域总是有最好的鱼类，结果导致海洋保护区边缘的鱼类被过度捕捞。结合政府干预、宣传、教育、张贴警告标示以及加大执法力度等都会显著推动分区管理的成功，特别是对于海洋保护区。

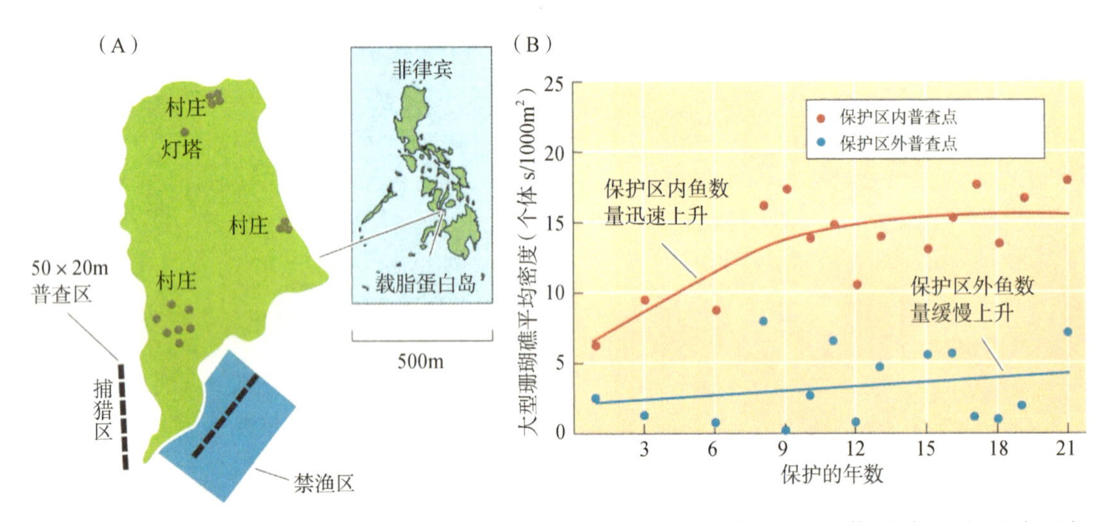

图 17.12 菲律宾阿波岛（Apo）上大型珊瑚礁鱼类因过度捕捞，目前已经很少能见到了。（A）为了应对过去捕捞，在岛屿的东部建立了保护区（蓝色区域），而在岛屿西部的未保护区依旧可以进行渔业活动。分别在两个区域设立 6 个水下取样点（图中的黑色小长方形）对大型珊瑚礁鱼类数量进行了调查。（B）保护区建立后，禁渔区鱼类的数量大体呈现上升趋势。而在未保护的海域，因过度捕捞，鱼类数量最初没有增加；8 年后，因保护区内鱼类的大量溢出，未受保护的海域内鱼类数量也出现了明显的上升（引自 Abesamis and Russ 2005）

澳大利亚东海岸的大堡礁是分区管理的一个典型案例。大堡礁海洋公园绵延海岸线 2300km，宽达 400km，保护着大堡礁地区近 3400 万 hm^2（98.5%）的资源。目前已规划有 70 个生物区，每个生物区内至少 20% 的区域是禁止商业捕鱼的，但是在某些区域可以进行休闲垂钓。公园为商业捕鱼、科研以及传统捕鱼规划出了单独的区域。大堡礁海洋公园已经成为世界上很多公园效仿的良好案例。

联合国教科文组织（UNESCO）通过提出“人与生物圈计划”（MAB）率先提出了平

衡人类需要和资源保护的方法。这项计划在世界范围内选定了数百个生物圈保护区，以尝试将人类活动、科学研究、自然资源保护以及旅游业整合在一起。生物圈的概念建立在分区管理体系的基础上，即将保护区分为核心区、缓冲区和过渡区（图 17.13）。在核心区域内，生物群落被严格保护。在缓冲区内，可以进行无破坏性的科研活动及传统人类活动，如采集茅草、药用植物和小型薪材。管理人员需严格监控这些活动对生物多样性的影响。而在过渡区内，允许一些可持续发展活动（如小规模的农业活动）、自然资源的开采（如择伐）以及科研试验。在很多地区，通过为旅客提供食物、住所以及导游服务还可获得额外收入。这些分区很容易画在纸上，但是却很难付诸实践。让住在生物圈保护区里或是周边的居民了解各个区域的分界线以及允许或禁止的活动并得到他们的支持，不是一件易事。

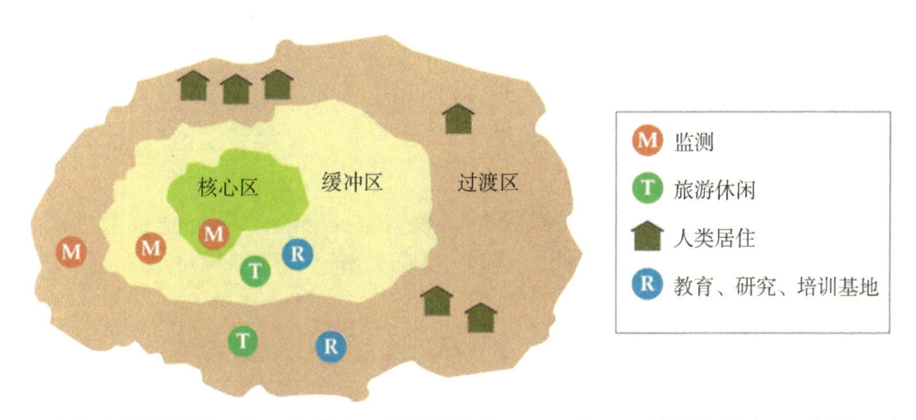

图 17.13 人与生物圈保护区的一般模式：受保护的核心区；核心区外围是缓冲区，缓冲区内可以进行科研活动和人类活动，但必须对其进行监测和管理；缓冲区外围是过渡区，可进行可持续开发活动和试验研究

对于在核心区周边设立缓冲区和过渡区仍然存在争议。当地居民可能会因此产生更多的活动，而这些活动带来的土地变化可能会一直维持下去（如种植、园林以及早期的演替）。同时，缓冲区也会给动物在受保护的核心区和被人类占据的过渡区之间活动提供便利条件。只有当核心区面积足以保护各种关键物种，并且当地居民愿意遵循各个区域的设计和用途时，分区管理才能得以顺利实施。世界各地对分区管理的实施程度因为社会情形的不同而不同。在保护区管理、政治意愿以及土地所有制较弱的地方，缓冲区通常被认为是公共用地或是可以随意使用的无人管理用地。然而，在许多发展中国家，一个管理良好的保护区所带来的经济利益往往会吸引更多周边居民前来保护区活动，这不仅超出了保护区的承受能力，也给保护区带来了更大的压力。所以，我们应该更加关注保护区的发展，以协调保护地与周边土地的利用。不仅仅考虑保护区内生物多样性的保护以及适应其发展的需要，而要进一步扩大规划，把人类和自然资源保护的需要也纳入其中。

中国于 1973 年加入“人与生物圈计划”，并于 1993 年由中国人与生物圈国家委员会建立了“中国生物圈保护区网络”（CBRN），目前已有 158 个保护区成员（http：//www.china-mab.cas.cn/）。中国生物圈保护区网络致力于中国生物圈保护区的能力建设、科学研究、信息交流、公共教育等。

17.7 控制保护地内的活动

保护地内一些人类活动与保护生物多样性之间是相抵触的。如果继续这些活动，生物群落内的一些重要组分可能会被毁掉（专栏 17.3）（Wells and McShane 2004）。因此，下列活动必须予以控制或完全停止。

• **商业狩猎或捕鱼** 一些有限的个人休闲的狩猎或垂钓是允许的，但频繁的商业捕猎则会导致物种的减少。如果在保护地内进行商业捕猎，保护地管理者必须严密监控以保证动物种群的数量。然而，在一些偏远的保护地，很难控制那些装备精良的当地捕猎者在夜间的活动，并且他们还会常常威胁恐吓保护地管理者。只有在狩猎者必经之地设立检查站，才能有效地管理狩猎活动；或者，如果周围的村庄有良好的自控能力，狩猎活动也会得到控制。厄瓜多尔加拉帕戈斯群岛（Galapagos Island）上仍然在发生的冲突就是管理保护地内狩猎之难的最好例证（Hile 2004；www. galapagos. org）。渔民们拒绝接受对捕捞龙虾、海参、鲨鱼以及其他海洋生物的限制，并且直接把愤怒发泄到保护地和科学家，不仅威胁科研工作者、挟持人质，而且毁坏保护地设施、实验室、科研仪器和数据手册。在冲突不是很激烈的情况下，海洋保护区的分区管理可以限制捕鱼活动，这已被证明是一种重建和维持鱼类数量的有效方式（见图 17.12）。

• **过度收获天然植物产品** 类似于狩猎和捕鱼，个人收获诸如果实、纤维、树脂以及蘑菇之类的天然植物产品的活动或许可以允许，但是商业行为的收获活动则是有害的。在自然保护区内，有时甚至是个人的采收活动都是不允许的，因为每年都有成千上万的游客进入保护区，并且当地居民的人口数量相对于保护区面积已经过剩。因此，监测植物种群的数量对于防止过度采收的发生是十分必要的。保护区内位置偏远的区域，总能发现非法采集森林产品的人群，这些产品包括药用植物、观赏植物以及菌类等。处理这样的情况对于保护区管理者来说是一种很大的挑战，特别是当它们与非法狩猎、高价值植物收购以及有组织的犯罪集团相联系时。

• **采伐和农业** 这些活动有时能使土地退化、物种减少（Zarin et al. 2007）。当这些活动规模比较大、带有商业性质并且被外部利益所控制时，就要随时加以制止。然而，如果当地居民需要砍伐林木来获得收入或是开展种植以维持生活所需时，这些活动就很难禁止了。改变保护地的分区或类型，或是用已经改变的区域换取其他地方的完整区域，在一些地方都取得了成功。有时，一些受限制的收获或是农业活动反而对于维持演替阶段以及保护传统农业系统是有益的。这种体制不仅给保护地带来了经济收益，而且也给周围的居民提供了就业的机会。

• **火烧** 当火烧用来清除残茬、开阔空地以进行耕种时，可能会造成大范围破坏性的森林大火。如在择伐后发生，破坏性会更大。当地居民有意无意间引发的偶然火灾可以开辟生境，为家畜和野生动物提供饲料，减少不必要的物种，以及产生多种演替阶段。但是如果火灾频发，则会使生境变干燥，引起土壤侵蚀以及本地物种的减少。

• **休闲娱乐活动** 一些流行的活动，如道路外的徒步、指定区域外的露营，以及驾驶摩托车、越野车或山地自行车等会造成敏感性植物和动物的减少，因而对于这些活动

专栏 17.3 北极野生生物管理和石油钻井能共存吗?

美国拥有总面积达 100 万 km^2 的 500 多个野生动物保护区。在一个国家级野生动物保护区内，人们也许会认为应该优先保护生物多样性。然而，有 60% 的保护区都允许进行对生物多样性有害的活动，如捕鱼、狩猎、放牧、伐木、采矿和钻探。在美国，人们正在热烈地争论北极国家野生动物保护区（ANWR）未来的发展和管理。ANWR 是一片远离人烟的原始荒地，很少有人类的足迹，因此有时被称为“美国的塞伦盖蒂”（Serengeti）。保护区内有丰富的野生动物，包括成群的北美驯鹿和麝牛、冻原天鹅和海鸟的筑巢地以及离岸的露背鲸（USFWS and Nodvin 2008）。另一方面，ANWR 存有多达 70 亿桶石油，对美国的战略能源需求非常重要。环境学家曾描述过这里石油泄漏的潜在风险、钻井平台的丑陋、对冻原带来的破坏以及国家宝藏的丧失。而与此同时，商业界以及一些政府官员却强调需要给美国的能源独立多提供一个选择。结果可能是一种妥协性的安排：容许在保护区的限定地域进行对环境影响最小的采油活动，例如，使用斜孔石油钻探能减少钻井平台的数量，以及只在冬天利用结冰的冰原作为道路进行供应货运。有关 ANWR 的讨论已经维持了好多年，最终如何解决仍未定论。然而，每当对生物多样性保护的强烈关注与巨大的商业利益发生冲突时，任何解决方案都会显得不完美。

北极国家野生动物保护区的特征之一是有着大片的草地和成群的野生动物。美国对能源的需求是否会导致在这片 6000 万 hm^2 的荒野上进行石油勘探和开采？（摄影：Accent Alaska.com/ Alamy）

要严加控制，限制在特定的区域内（图 17.14）。甚至类似观鸟的活动也要相应减少。在很多重度开发的保护地，徒步旅行者穿着厚重的靴子频繁踩踏会造成道路两旁的植被退化，甚至树木死亡。例如，在加利福尼亚州，因旅游者在树干周围走动而造成的土壤紧实，对红杉产生了破坏。很多保护地是禁止遛狗的，因为狗会恐吓追逐其他动物。在热带海洋保护区，游泳和潜水活动常常被限制在特定的区域内，以防对脆弱的分枝珊瑚造成大规模的破坏（DiFranco et al. 2009）。

图 17.14 在很多保护地都贴有如上图的标识（来自罗马尼亚）或是小册子，以指导游人哪些行为是鼓励的，哪些行为是禁止的（摄影：Richard Primack）

17.8 保护地管理面临的挑战

在未来的几十年中，人口数量会继续迅猛增加，而像薪炭材、药用植物和野生动物等自然资源将会越来越紧缺。发展中国家的保护地管理者们应该预计到，人类对于剩下的自然资源会有越来越大的需求。在过去的 40 年内，由于对自然资源需求的不断增加，核心区外缓冲区内 70% 的区域已经失去植被覆盖（Mayaux et al. 2005）。当食物不足、没有地方可去时，越来越多的人会选择在高密度的野生动物区周边居住和耕作，因此冲突在所难免。大象、灵长类动物及鸟群都是农作物的主要捕食者，而像虎之类的肉食性动物则对周边的居民造成了威胁。

为了使保护地得到有效管理，必须有大量的资金来支持足够多装备精良、训练有素且热情积极的保护地管理者来执行保护地管理政策（Aung 2007）。房屋、通讯设备以及其他基本设施都缺一不可。有很多地方，特别是发展中国家，保护地人员缺乏，往往缺少去保护地内偏远地方巡逻所需的装备。这种情况在发达国家也有发生。在大多数的发展中国家，保护自然资源的项目只能得到执行项目所需资金的 10% 的资助（Balmford et al. 2003）。因缺乏足够的通讯和交通工具，保护地管理者只能在总部周围巡逻，而对保护地内偏远地方发生的情况知之甚少。

> 为了更加有效地管理保护地，必须有足够的人员、设备及资金来完成管理目标。世界上很多地方，保护地的资金和人手都是不足的。

绝不能低估充足的人员和设备对于保护地管理的重要性。例如，在巴拿马，保护地守卫人员高频率的反偷猎巡逻使得保护地内大型哺乳动物种类丰富，并且有助于种子的传播（Wright et al. 2000；Brodie et al. 2009）。而对其他 86 个热带保护地的研究也表明，通常植被状况维持良好的保护地都有以下特征：①每单位面积内有足够多的巡护人员；②有清晰连续的保护地边界；③当保护地内的动物或其他管理活动毁坏了农作物时，能对当地居民做出补偿（Bruner et al. 2001）（有趣的是，一些自然保护地由于法定定义而阻止了私有用地的发展，甚至在巡护人员不足或是边界不清的情况下，仍然能有效地维持生物群落）。对非洲热带雨林保护地的研究也表明，一个成功的保护地与公众的积极态度、保护地制度的有效实施、大面积的保护地、低密度人口以及良好的保护管理工作都紧密相连（Struhsaker et al. 2005）。而来自加纳的研究也表明，只要保护地的高级管理者提高预算、加强巡逻和监督就能有效地减少偷猎行为（Jachmann 2008）。

大多数的研究都表明管理人员和设备是保护地成功管理的要素，但是找到支持这些要素的资金却非易事（Bruner et al. 2004；Struhsaker et al. 2005；Steinmetz et al. 2010）。例如，有研究对美国和巴西亚马孙河的国家公园及生物保护区进行了比较（表 17.1）（Peres and Terborgh 1995；Peres and Lake 2003）。美国的国家公园共有管理者 4000 名，而巴西因为资金不足，仅有 23 名！这个比率相当于在美国每 82km^2 有一个管理者，而在巴西却是每 6053km^2 才有一个管理者。巴西半数的保护地都缺乏基本的交通工具，如摩托艇、卡车或是越野车；很显然，让数量甚少的管理者仅仅靠步行或是独木舟，对面积巨大且路面崎岖不平的保护地进行充分地巡逻是不可能的，因此保护地仍然处于无人管理状态。而刚果国家公园的情况更为困窘，本来就不多的预算由于战争和衰退的经济愈加减少（Inogwabini et al. 2005）。为了补救这些困境，国际保护组织正试着填补不足，提供了相当于刚果政府自身投资 20 倍之多的资金来管理该国的自然保护区。

表 17.1 巴西亚马孙河和美国国家公园及生物保护区内人员及可利用资源的比较

项目	巴西亚马孙河	美国
保护面积 /km^2	139 222	326 721
巡护员人数	23	4 002
公园职员总数 [a]	65	19 000
巡护员：平方公里	1：6 053	1：82
管理和巡护人数 [b]	31	100
行政楼 [b]	45	100
检查站 [b]	52	100
机动车 [b]	45	100

引自 Peres and Terborgh 1995。a 包括所有的办公室职员；b 保护区内至少有一处检查站或一辆机动车的百分比

具有讽刺意味的是，发达国家的动物园和保护组织投入大量的资金用于支持动物的圈养和保护项目，而在很多发展中国家，生物多样性非常丰富的保护地却因资金不足而退化。例如，美国的圣地亚哥动物协会花费大量的时间和财力向公众开放外来动物的展览，这种展览每年的预算约为 8000 万美元，相当于非洲撒哈拉沙漠以南所有国家野生生物保护预算之和。很多情况下，比起挽救那些濒临灭绝的物种或是濒临瓦

解的生态系统所需的资金，用于管理濒危物种和生境的成本要小得多。最后，保护生物学家们需要说明保护地的管理是否达到预期的目标，以及保护资金是否被有效地使用（Christensen 2003）。

本章讨论了保护地管理的原理和实践。而要想执行管理制度，守护人员必须先经过培训成为专业的保护管理者，同时还要熟知学术和实践技能。而且，要给管理者提供稳定充足的收入，这样他们才有能力去很好地履行保护生物多样性的职责。

小结

1. 必须对保护地进行管理以维持其生物多样性，因为保护地原始环境已经被人类活动所改变，并且这种改变还在持续。有效的管理首先需要明确优先顺序。可以通过监测手段来决定当前的管理实践运作是否良好，还是需要调整。
2. 保护地内的部分区域要定期进行火烧、开垦或其他人类干扰以产生一些物种需要的开阔空地和演替阶段。例如，这些干扰对于一些濒危蝴蝶是至关重要的，因为它们需要以处于演替早期阶段的植物为食来完成其生活史的循环。
3. 要对筑巢地和水洞等等重要资源加以保护、修复甚至纳入保护地，以维持某些物种的数量。
4. 分区管理是一种有效的管理方式，即在保护地内的不同区域，允许或禁止目的不同的活动。在生物圈保护区，核心区用来进行严格的保护，而周围的缓冲区和过渡区是允许适度的人类活动的。
5. 保护地必须有足够的人员和资金，才能使管理工作行之有效。然而大部分情形是，保护地并没有足够的管理者和资金来实现管理目标。

讨论题

1. 回想一下你曾经去过的某个国家公园或是自然保护区。这个保护区通过什么方式经营得很好或是很糟？保护区建立的目的是什么？如何才能更好的实现保护目标？
2. 想象一个大都市中有一片开放自然地保护着一些濒危物种。如果想更加有效地保护这些物种，保护区是应该由一个政府机构、科学家、附近的居民或非政府环保组织（NGO）来管理，还是由所有这些机构组成的委员会来管理？由这些不同机构来管理的利弊何在？
3. 与陆地保护区管理相比，对河口、岛屿或淡水湖等水生保护区的管理面临哪些特殊的困难？
4. 假设 1988 年在美国黄石国家公园的大火发生期间，你是一名公园管理员，你应该怎样向公众解释自然火灾对维持成熟的印第安松林生态系统的生态益处，并使他们不担心公园会被烧毁呢？

推荐阅读

Anadón, J. D., A. Gimenez, R. Ballestar, and I. Pérez. 2009. Evaluation of local ecological knowledge as a method for collecting extensive data on animal abundance. *Conservation Biology* 23: 617-625. 保护地监测效果可以得益于当地民众，因为他们可以提供关于野生生物多度和分布的准确信息。

Davies, K. W., T. J. Svejcar, and J. D. Bates. 2009. Interaction of historical and nonhistorical disturbances maintains native plant communities. *Ecological Applications* 19: 1536-1545. 对生物多样性的管理需要结合新旧土地利用实践。

Jachmann, H. 2008. Monitoring law-enforcement performance in nine protected areas in Ghana. *Biological Conservation* 141: 89-99. 高级管理员对普通管理员工作表现及监督力度的严格监管能够有效地降低偷猎程度。

Joppa, L. N., S. R. Loarie, and S. L. Pimm. 2008. On the protection of "protected areas." *Proceedings of the National Academy of Sciences USA* 105: 6673-6678. 管理保护地应该同时抵制保护地边界外的人类活动带来的极大影响。

Krueper, D., J. Bart, and T. D. Rich. 2003. Response of vegetation and breeding birds to the removal of cattle on the San Pedro River, Arizona（*U. S. A.*）. *Conservation Biology* 17: 607-615. 照片中管理之前和之后的巨大差异证明了保护地管理如何影响着生物群落。

Lawler, J. J. and 11 others. 2010. Resource management in a changing and uncertain climate. *Frontiers in Ecology and the Environment* 8: 35-43. 管理者应该考虑气候变化对未来的保护地的影响。

Levin, S. and J Lubchenco. 2008. Resilience, robustness, and marine ecosystem-based management. *BioScience* 58: 27-32. 应该增强对个人的激励机制以使管理更加有效。

McClanahan, T. R., N. A. J. Graham, J. M. Calnan, and M. A. MacNeil. 2007. Toward pristine biomass: Reef fish recovery in coral marine protected areas in Kenya. *Ecological Applications* 17: 1055-1067. 由于过去十多年的保护，生物量和物种丰富度都有增加。

Morgan, J. L., S. E. Gergel, and N. C. Coops. 2010. Aerial photography: A rapidly evolving tool for ecological management. *BioScience* 60: 47-59. 航拍使得研究人员能够在大尺度上监测和管理生态系统。

Rahmig, C. J., W. E. Jensen, and K. A. with. 2009. Grassland bird responses to land management in the largest remaining tallgrass prairie. *Conservation Biology* 23: 420-432. 管理制度应多样化，因为物种对不同管理制度的响应不同。

Redford, K. H. and S. E. Sanderson. 2000. Extracting humans from nature. *Conservation Biology*: 1362-1364. 作者提出应将对当地居民的管理整合入保护管理策略中；而本期其他文章则给出了排除当地居民或者给予他们更多权利的案例。

Reed, S. E. and A. M. Merenlender. 2008. Quiet, non-consumptive recreation reduces protected area effectiveness. *Conservation Letters* 1: 146-154. 安静的以及非机动车的休闲用途会减少野生生物保护面积的 5 倍。

Salafsky, N., R. Margoluis, K. H. Redford, and J. G. Robinson. 2002. Improving the practice of conservation: A conceptual framework and research agenda for conservation science. *Conservation Biology* 16: 1469-1479. 保护生物学家需证明他们达到了管理目标并且有效地利用了管理基金。

Steinmetz, R., W Chutipong, N. Seuaturien, E. Chirngsaard, and M. Khaengkhetkarn. 2010. Population recovery patterns of Southeast Asian ungulates after poaching. *Biological Conservatlon* 143: 42-51. 一旦偷猎得到控制，一些大型哺乳动物的数量将会得到恢复。

Wilkie, D. S., G. A. Morelli, J. Demmer, M. Starkey, P Telfer, and M. Steil. 2006. Parks and people: Assessing the human welfare effects of establishing protected areas for biodiversity conservation. *Conservation Biology* 20: 247-249. 新国家公园的建立可以对当地居民产生正负双面影响。

Zarin, D. J., M. D. Schulze, E. Vidal, and M. Lentini. 2007. Beyond reaping the first harvest: Management objectives for timber production in the Brazilian Amazon. *Conservation Biology* 21: 916-925. 低影响的采伐对保护生物多样性有潜在价值，但前提是要保持良好的管理。

（刘晓娟 编译，蒋志刚 马克平 审校）

第 18 章

保护地外的生物多样性保护

仅仅依靠保护地来保护生物多样性是非常没有远见的。如果只依赖保护地就会产生一种矛盾，即在保护地内的物种和生态系统得到了保护，而保护地外同样的物种和生态系统却遭到破坏，而且反过来又会导致保护地内的生物多样性降低（Boyd et al. 2008; Newmark 2008）。

类似这样的生物多样性降低的部分原因是由于有些物种必须穿越保护地边界才能获得保护地本身不能提供的资源。例如，在印度，虎有时会离开保护场所到人类活动的景观中获取猎物。通常情况下，保护地面积越小，生物多样性保护的长久维持就越依赖于保护地外的区域。保护地外未受到保护的地区对整个保护策略而言是非常关键的，包括主要用于开发资源的政府和私有土地，如放牧地和伐木林、私有农场和放牧场、高度改造的城市用地，还有海洋、湖泊、河流以及其他能够捕获食物的水生生态系统。

IUCN 前首席科学家 Jeff McNeely（1989）认为"在多数情况下国家公园边界成了心理边界，仿佛大自然既然受到国家公园的保护，我们就可以滥用其周围的土地，使国家公园成为因孤立而遭受更多威胁的'岛屿'生境"。将健康与非健康的生态系统截然划分边界，无论对于整个生物多样性财富的保护，还是对于依靠生物多样性获取食物、物质和生态系统服务的人类社会都是毫无用处的。对保护地以外的生物多样性进行保护，应该采取多种方式竭力淡化保护地和非保护地生态系统的分界限，尽可能使非保护地维持在适当的生态健康状态

（Radeloff et al. 2010）。这样做也有助于使国家公园内的生态系统处于更为健康的状态。

巴西和印度尼西亚等一些国家正在建立崭新的、大型的国家公园用来保护当地的生物多样性、维护生态系统服务以及提供生态旅游的场所。然而，如果国家公园之外的地区遭到破坏，保护地内部的生物多样性也会降低（Danby and Slocombe 2005）。一般来讲，保护地面积越小，生物多样性的长久维持就越依赖于相邻未受保护的地区。特别是对于大型动物和迁移性物种而言，保护地边界内物种个体的数量可能低于最小存活种群大小。对于这样的物种，制订包括相邻非保护地在内的管理方案对维持种群数量的长期稳定是至关重要的。

> 许多濒危物种和特殊的生态系统完全或部分地分布于非保护地，因此，针对这些地区的生物多样性的保护应该得到重视。

上一章论述了管理保护地的原则，本章将探讨保护地边界外以及其他非保护地域的生物多样性保护与管理策略。自然保护地与非保护地相互补充，成为物种生存和维持生态系统服务的基础。其坏处在于有些人为的景观会造成大气和水体污染，破坏其周围保护区的发展、阻碍动植物的扩散迁移；其好处是保护地周围的非保护地为生态系统过程和新种群提供额外的空间，也可为个体在保护地之间的扩散提供廊道。

即使最乐观的估计，世界上也有 80% 以上的土地处于保护地之外（Dinerstein et al. 2006），中国大约有 83% 的面积处在保护地之外（www.mep.gov.cn）。其中一个原因是必须结合经济发展水平、自然状况和人口因素等因地制宜地建设自然保护区，才能管理好自然。此外，一个国家不可能全部建立自然保护区，必须给人们的生产、生活留下空间。因此，制定保护区外的保护策略势在必行。在保护区外，人类对生态系统利用方式多种多样，但是许多地区由于利用程度不大，仍保留着原来的生物区系（图 18.1）。协调人类需求和保护行为之间利益冲突是对保护区外能否成功实施保护计划的关键（Koh et al. 2009）。许多珍稀濒危物种和生态系统几乎在每个国家里都主要存在或只存在于一些未受保护的公共或私有土地上。在美国，全球稀有或列入美国濒危物种法案中 60% 的物种生存在私有林地上（Robles et al. 2008）。即使濒危物种分布于公共土地上，其土地管理也往往不是以保护生物多样性为目的，而是主要经营伐木、放牧、开矿或其他经济活动。还有些国家的许多稀有、濒危生态系统和物种主要或全部分布于私有土地上，造成保护区系统无法覆盖这些私有土地而存在空缺。

18.1 未保护生境的价值

显然，鼓励私有土地拥有者和政府土地管理者保护珍稀物种及生物群落对生物多样性长期保护是非常重要的（Wilcove et al. 2004）。通常的做法是土地拥有者把土地的开发权力让给或卖给保护组织。有些国家的政府部门把稀有物种或濒危生物群落的位置通报给道路修筑者和开发者，要求他们调整计划以避免对这些地区造成破坏。实施这样的保护措施有时也需要公众教育甚至是财政扶持。下面几个例子体现了保护地以外区域的重要性。

• **加拿大盘羊**　加拿大盘羊（*Ovis canadensis*）种群常常零散地分布于大面积非适宜生境包围的陡峭开阔地（Epps et al. 2007）。由于加拿大盘羊适应新生境的速度很慢，所

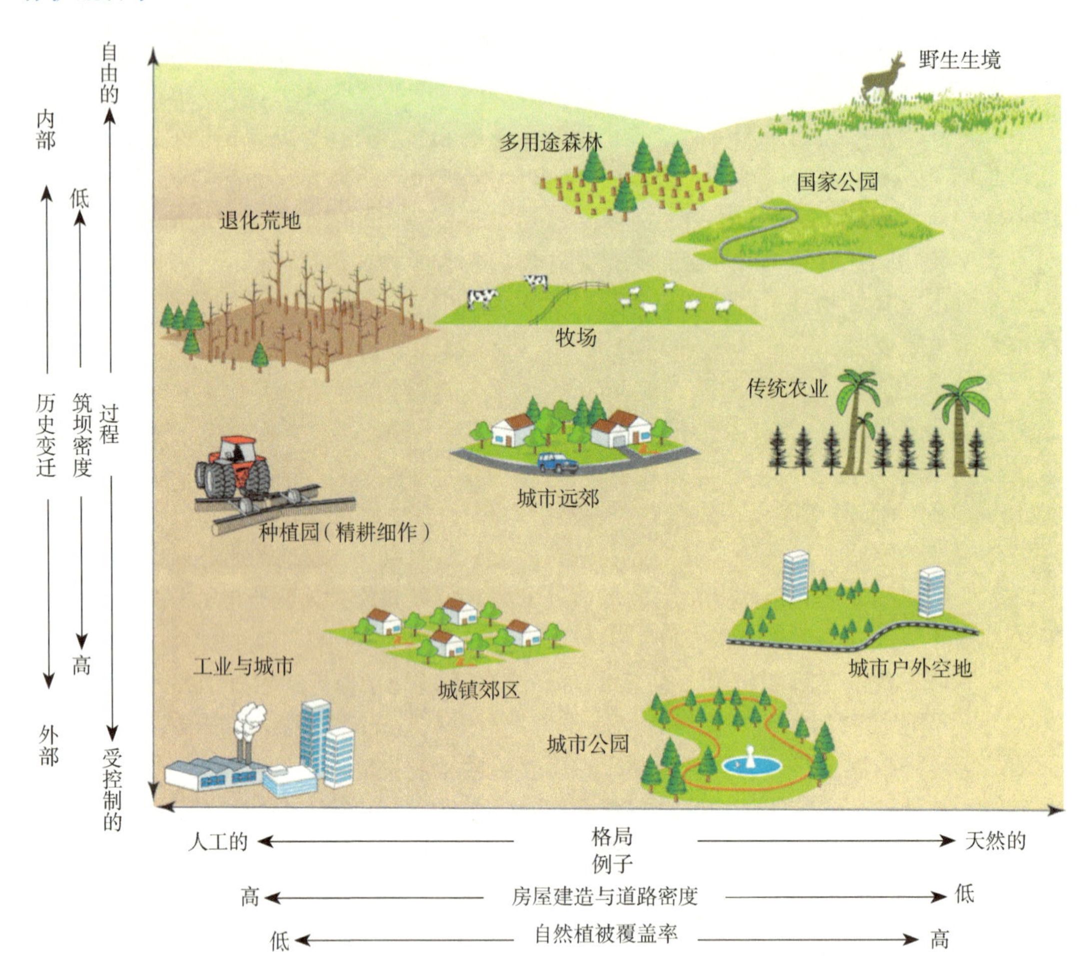

图 18.1 人类通过农业生产、筑路、建房等活动改变了自然植被和物种组成的格局，进而引起景观变化；生态系统过程（水分流动、养分循环等）也由于控制火行为、筑坝，以及其他改变物种组成与植物覆盖的活动而发生变化。野生生境保持着最原始的格局和过程，城市地区保留最少，其他景观的各种变化处于中等水平（Theobald 2004）

以从前的保护措施主要是重点保护有加拿大盘羊分布的生境，并将它们释放到曾经分布过的地区。然而，通过无线电遥测研究发现加拿大盘羊常常在其分布区以外的地区活动，甚至能够在山区间的不利地形中穿越自如。零散分布的加拿大盘羊种群实际是占据更大生境的大型复合种群中的一部分（见图 12.9）。这样，不仅加拿大盘羊分布的地区应该得到保护，种群间的生境也必须保护起来，因为它是加拿大盘羊种群扩散、繁殖和基因流的自然通道。

• **佛罗里达美洲狮** 佛罗里达美洲狮（*Feilis concolor coryi*）是美洲狮的一个亚种，分布于佛罗里达州南部（Thatcher et al. 2009），其种群数量少于 100 只，处于濒危状态。这种美洲狮于 1982 年被佛罗里达州命名为州兽，曾引起政府和研究人员的高度关注。美洲狮分布区有一半以上为私有土地，根据对美洲狮的无线电追踪，发现它们都会至少有一段时间生活在私有土地上（图 18.2）。私有土地有较好的土壤可以供养更多的猎物。美洲狮在私有土地上度过的大部分时光都能获得更好美食，并且生境条件也好于公共土地。

自从 1996 年以来，政府通过土地收购计划已将 20 万 hm^2 的美洲豹分布生境归于公

（A）

（B）

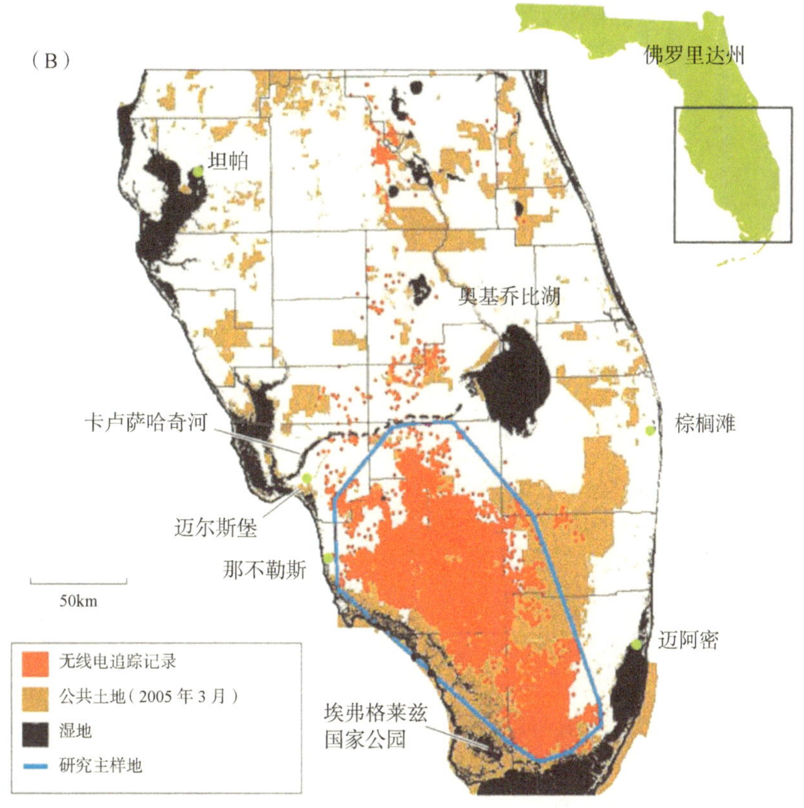

图 18.2 （A）在南佛罗里达州的公共和私有土地上都能够发现佛罗里达美洲豹。（B）红点代表无线电追踪到 79 只美洲豹 55 000 个遥测记录；棕色阴影部分为公共土地（A. 图片版权归美国鱼和野生动物管理局 Larry Richardson 所有；B. 引自 Kautz et al. 2006）

有，为确保美洲豹种群的延续，必须对更多的生境加以保护，也有人提议再收购 20 万 hm^2 的土地（Kautz et al. 2006）。同时，减缓土地开发的步伐也是不现实的。有两个切实可行的办法：一是教育土地拥有者使其认识到保护价值；二是补偿有保护意愿的土地私有者实施管理措施，准许美洲豹继续生活，特别是要减少生境破碎化，优先保护常绿阔叶林、阔叶混交林沼泽和柏树沼泽等美洲狮偏好的生境。此外，特殊的公路地下通道已经建好，以期能减少美洲豹死于机动车误伤的概率。

当把非保护地留出来或采取一些不会危害生态系统的管理措施时，当地种仍能继续生活在非保护地域。有较长轮歇期的择伐林或传统刀耕火种方式退耕恢复的森林中仍旧保留了相当比例的原有生物区系，并保持着大部分的生态系统服务功能（Clarke et al. 2005；Dias et al. 2010）。在马来西亚择伐林地中，物种能从邻近非干扰地段迁移过来并定居，使择伐雨林在轮歇 30 年后仍然能够保留大部分的森林鸟类（Peh et al. 2005）。灵长类动物能忍受低干扰水平的择伐作业（Arnhem et al. 2008）。然而更高强度的砍伐则会导致物种丧失，如啄木鸟往往需要年龄较老的大树（Lammertink 2004）。

森林管理委员会（Forest Stewardship Council）已成为引领机构之一，推动以森林可持续发展为基础的木材经营认证。林业认证因需求旺盛迅速增多，特别在欧洲甚至供大于求。林业认证需要得到森林管理委员会和其他相应机构授权，进行森林管理和监督长期环境效益，以及保护当地居民与工人的健康和权益。与此同时，主要的工业（如伐木、采矿）和农业机构也筹划各自的认证体系，这些认证在实际操作中一般对可持续发展的监控要求较低，判定标准也较为宽松。

路边的草坪常常为开阔的草地，是许多物种如蝴蝶的重要生存资源（Saarinen et al. 2005）。大量类似的草地生境被输电线占据。美国输电线占地达 200 万 hm^2 之多（500 万英亩）。在输电线用地区域，由于不经常割草和不施用杀虫剂，使得高密度的鸟类、昆虫和其他动物保留下来（King et al. 2009）。假如这种管理措施能够扩展到更大比例的输电线用地区域，这些地区将变成昆虫和其他物种的新生境。美国残余的草原也是许多草地物种的重要生境，特别是在进行放牧和火烧管理的地方。

许多发生重大改变的生态系统仍具有保护的价值。尽管大坝、水库、运河、疏浚作业、港口设置和海岸开发破坏了当地的水生群落，一些鸟类、鱼类和其他水生物种仍然能够适应受损的生境条件，特别是在水资源未受污染的情况下。同样，在用于发展商业捕鱼的河口和海域中，尽管许多非商业物种的种群密度常常会下降，但种群仍能存活下来。

在大面积受政府管辖以非消耗资源为目的的自然生境上有一些出色案例，如邻近大城市水源供给地——马萨诸塞州的卡宾（Quabbin）水库。政府划定的安全区和军事禁区往往是世界上最自然的区域。美国国防部管辖的 1000 万 hm^2 土地中大部分地区未曾开发，拥有 200 多种受威胁和濒危物种（专栏 18.1）。例如，位于新墨西哥州中南部的白沙导弹靶场（White Sands Missile Range）占地近 100 万 hm^2，相当于黄石国家公园（Yellowstone National Park）的面积。尽管军事禁区内某些地方会受到军事活动的损坏，但大部分生境仍然因禁止通行成为尚未开发的缓冲区。

> 甚至受人类活动影响的生态系统也能够保留相当数量的生物多样性，并且对保护生物多样性具有重要作用。

另外一些未受法律保护的区域也会保留一些物种，是因为这些区域的人类干扰强度和利用程度非常低。边界或国界区域，如朝鲜和韩国之间的非军事区（三八线），由于尚未有人类居住和开发，经常会有大量野生生物。由于地势陡峭，很难进行耕作和开发的山区经常被政府作为重要的流域来管理，以便得到一个稳定的水源供应并防止洪水和土壤侵蚀，这些地点同时也能保留一些重要的生物群落。同样，沙漠、苔原物种和生态系统与其他未受保护的群落相比，具有更小的风险，因为这些地区是人类居住和利用的边缘地带（MEA 2005）。

专栏 18.1 捍卫野生物种：保护行动在士兵中得以推动

机车轰鸣和坦克行进的震击噪声似乎与野生物种的保护并不协调，然而美国一些面积较大的未开发土地是遍布全国的军事禁区。美国国防部管辖 1000 多万公顷的土地，接近国家公园管理局（National Park Service）管辖的 3500 万 hm^2 国家公园总面积的 1/3。国家公园每年接待上千万游客，而军事基地仅限于军事人员和授权人士进入，这些限制条例使得禁区大部分面积仍然保持原始的自然状态。而且军事训练往往对土地利用程度并不高，例如，佛罗里达州碧湖公园（Avon Park）空军基地占地 44 000 hm^2，仅有 1250 hm^2 用于空军训练，其他基地军事训练也只占用类似很小比例的土地。另外，意外火灾、坦克训练和大炮演习等军事训练本身提供了某些物种所需要的干扰或开阔生境，如分布于威斯康星州麦科堡（Fort McCoy）的濒危蓝蝶（Karner blue butterfly）及其宿主植物。军事基地实际上变成了约 300 种濒危物种的避难所，这其中有许多物种的最大种群分布在军事基地内（Stein et al. 2008）。稀有和濒危沙漠陆龟、海牛、红顶啄木鸟、白头海雕、大西洋香柏和贝尔氏绿雀鹛均在军事基地里找到了安全的天堂。

军事基地显然不同于真正的生物种保护区的一个重要方面是所有军事基地均遭受着显著的军事训练扰动。尽管多数地方作为保密区而未受到干扰，然而未开发的土地可能大部分阶段性地用作训练军队适应各种潜在的作战环境。很多基地具有有毒废品垃圾场、高浓度化学污染物，以及炸弹爆炸、大炮演习和使用重量级机车等形式的人类干扰，这一切给当地的野生物种带来严重的负面影响。

> 军事禁区有时成为拥有独特物种和生境的大片土地。随着政府的鼓励与资金资助，军事人员变成了保护生物多样性的参与者。

1991 年美国国会通过立法，设立了遗产资源管理方案（Legacy Resource Management Program），准许军队重视环境安全为基础的

濒危物种夏威夷长脚鹬（*Himantopus mexicanus knudseni*）生活于夏威夷海军陆战队基地（Hawaii Marine Corps Base）Nu'upia 野生物种管理区（Nu'upia Wildlife Management Area）裸露的泥滩上。海军陆战队周期性地使用两栖作战突击车辆，虽然根除了几乎蔓延整个海滩的入侵灌木群落，但与此同时，长脚鹬也丧失了其赖以生存的生境（图片版权归 Mark J. Rauzon 所有）

军事训练，并为国防部提供财政援助进行研究和制订保护计划。近期制订的方案包括恢复物种整个生境（Efroymson et al. 2005）。有时，保护生物多样性的行动意味着在太平洋西北部吉姆溪海军无线发射台（Jim Creek Navy Radio Station）保护老龄林，在美国西部希尔堡（Fort Sill）保护大片未放牧的高草草原，或是在北卡罗来纳州的布莱格要塞（Fort Bragg）保护红顶啄木鸟的松树生境。在南卡罗来纳州约克敦海军武器站（Naval Weapon Station），海军生物学家在树上安装了巢箱和钻孔为红顶啄木鸟提供将来的巢穴；将废弃地下掩体修建成蝙蝠的活动场所。在加利福尼亚州圣佩德罗管道运输线建设过程中，因工人们发现曾被认为是濒危物种的帕洛斯韦尔德蓝蝶种群而使工程被迫终止。海军生物学家正监控其种群动态，并为其恢复海岸低矮灌木林生境。乡村周围的很多基地通过重新栽种树木、用推土机掩埋炮弹弹坑和平整机动车履带压出的车道使土地重换新貌，生境也得以恢复。位于美国路易斯安那州什里夫波特市的巴克斯代尔空军基地（Barksdale Air Force Base），员工们重新灌溉了沿雷德河（Red River）枯竭的湿地，为成千上万只涉禽恢复了 830hm^2 湿地，并将受污染的地区清理干净。位于科罗拉多州落基山的军火库已经建设成落基山军火库国家野生动物保护区（Rocky Mountain Arsenal National Wildlife Refuge），保护当地的野牛群。美国军方在位于加利福尼亚州欧文堡的陆军国家训练中心修建围栏，以防濒危物种沙漠龟在坦克训练过程中被撞死，训练场地内上千只沙漠龟将转运到其他地区用于补充衰退的种群。

军用土地的生境保护并非是解决生物多样性保护问题的完美方式：军事指挥官拒绝从事非军事活动、当议会质疑对这种保护活动的资助，或是当军事活动与物种保护看起来无法协调时，矛盾冲突依然存在。尽管如此，目前还是鼓励在军事禁区进行物种保护。例如，在美国加利福尼亚州彭德尔顿营地（Camp Pendleton），通过警示牌上写着“基地军事指挥官命令”，清楚地传达信息，警告人们远离燕鸥筑巢地点。

在世界许多地方，富人获得大面积土地作为个人财产或用于个人狩猎，这些地方的利用强度通常非常低，有意地保留下较大的野生种群。欧洲一些地区如皇室保留了数百年的独特老龄林比亚沃维耶扎原始森林（Bialowieza Forest）。近 10 年来，许多这样的遗产都已被政府机构和保护组织监管。

18.2 城市地区的物种保护

许多本地种甚至能够在城市地区、小保护区、河流、池塘和其他受破坏程度较低的生境中幸存下来（Rubbo and Kiesecker 2005；Ellis and Ramankutty 2008；Vermonden et al. 2009）。伴随郊区和城市群落在城市中心以外的地区扩张，这种现象在将来会变得更为常见。在人类统治的地区中保护生物多样性的残余群落不仅面对特殊的挑战，而且也为教育公众保护生物多样性提供了独特的机会。例如，在美国得克萨斯州首府奥斯汀一个非常受欢迎的游泳场所发现了一个蝾螈新种之后，为了人类和蝾螈和谐共存，管理者需要在怎样经营这一场所方面有所改变。在欧洲，白鹳常常在烟囱和高楼里筑巢。当地居民甚至竖起特殊的杆子作为白鹳的筑巢场所，因为鹳在森林里的天然筑巢场所早已不复存在了（图 18.3）。游隼和秃鹰等濒危猛禽在波士顿、纽约商业区的摩天大楼中筑巢和养育后代，因为在这些地区的城市公园系统里伴随城市常见的鸽子和大家鼠的出没，也出现了一些小型哺乳动物，为它们提供了丰富的食物资源。甚至在城市地区高尔夫球场的池塘里，只要水体还没有受到污染，就会成为适合一些蝾螈、蜻蜓和其他湿地物种生存的生境（Colding et al. 2009）。

图 18.3 白鹳（*Ciconia ciconia*）利用生活区的建筑物（如烟囱）筑巢（图片版权归 Roland Vidmar/ istock-photo.com 所有）

看到这些物种适应在城市生境里生存的一些令人兴奋的例子，我们不能认为所有的物种都有在人类统治的景观里存活下来的潜力。我们还有很多事情需要研究，例如，对于各种各样的物种来说，什么样的生境和干扰特征是至关重要的？怎样将其整合到城市和郊区景观中？一般来讲，土地利用强度增大会降低该地区本地种的数量；而且，景观的大小与形状将决定物种和生态系统过程保留的程度。如何将这些一般性原理应用到特殊生境中？为解决这一问题，还有更多的研究工作需要去做。

野生动物在城市景观里不断出现，给动物和人类都带来了相当严重的后果。疾病传播，以及人类、家畜和野生动物之间其他潜在的有害直接作用引起了重大关注。例如，开发林地和山区峡谷包括建立花园吸引了鹿的进入，尽管鹿看起来对都市人是无害的，对野生动物也没有影响，但是它们却带来很多问题：通过携带壁虱将莱姆病和落基山斑疹热等传染给人类、给公路交通造成重大的隐患、雄鹿在交配期间对人类有相当大的攻击性。有时鹿生活在新开发的地区，也会吸引捕食者如美洲狮进入开发区，这种罕见的和具有生态重要性的顶极食肉动物增大了人类与野生动物之间的潜在冲突风险。

18.3 农业用地的物种保护

传统的农业系统和林业种植园，以相对小尺度的耕作和有限的外部投入与机械化（见第 20 章）为特征，也能够保留相当多的生物多样性。常常在小面积田地、树篱和林地交错分布的传统农业景观中，鸟类、昆虫和其他动植物更为丰富。一些物种仅仅分布于这些高度修饰过的生境。高强度的“现代”农业更注重作物高产、机械化和外部投入，与之相比较，传统方法管理的农业景观很少使用除草剂、化肥、杀虫剂，并有更大的生境异质性。同样，用有机方法耕作农地比用非有机方法耕作农地拥有更多的鸟类（Beecher et al. 2002），这是因为有机农田能提供更多昆虫供鸟取食。

> 传统经营的农场和有机农田比密集型农场常常拥有更多的生物多样性。政府资助项目使在农业耕作中保护鸟类、野花和其他生物多样性组分的农民得到经济补偿。

然而在世界很多地区，最好的农业用地也是被高强度利用的地方，质量差一点的土地被人们撂荒，那里的人们去城市生活了（West and Brockington 2006）。如此高强度的农业密集型经营常常导致野生动物减少（Ghilain and Bélisle

2008）。资助传统农业且把保护野生生物作为主要目标的政府项目越来越多。欧洲推行的“自然 2000”项目，就包括由政府资助保持传统农业景观和耕作方式的农民（Aviron et al. 2009）。例如，农民在耕作中如果保留传统农田野花如矢车菊（*Centaurea cyanus*）和虞美人（*Papaver rhoeas*）将会得到资助，这些杂草在精耕农业中常常通过施用化肥和除草剂方式除掉的（图 18.4）（Buner et al. 2005）。美国政府已经设立机动项目，如果在农民经营的农场里草原鸟类种群增加会得到经济补偿（Herkert 2009）。在日本，政府扶植的传统耕作稻田比现代方法耕作土地拥有更高密度的冬季鸟类种群（Amano 2009）。

图 18.4 欧洲农民减少除草剂和化肥使用，并降低耕作强度可以得到政府的经济补偿，使矢车菊和虞美人等农田中的传统野花得以保留。在这种情况下，瑞士农民在农田之间保留了野花带以维持野花和动物种群（图片版权归 Agroscope Reckenholz-Tänikon ART 所有）

以热带国家农业系统保护生物多样性为例，在传统的林下咖啡种植园里，咖啡生长在多种遮阴林木下，通常每个农场能达到 40 个树种（图 18.5A）（Philpott et al. 2007，2008）。仅在拉丁美洲北部，咖啡种植面积就达 270 万 hm^2。这些林木 - 咖啡种植园为多层结构的植被，并有多种鸟和昆虫栖居，其丰富的多样性可以比得上邻近的自然森林（Bakermans et al. 2007）。然而，值得关注的问题是，本地物种能否在这些人工林的环境中更新。一种称为咖啡叶锈病的真菌疾病在许多地区广泛扩散，促使遮阴种植转为没有遮阴树种的高产阳光种植。而且，因为遮阴树种和咖啡的差异，需要施用更多的杀虫剂和化肥（图 18.5B）。阳光咖啡种植地区的物种多样性仅仅是遮阴种植区的一小部分。阳光咖啡种植地区更易于发生水土流失和土壤侵蚀。因此，许多热带国家物种多样性的保护正在试图通过调控和扶植农场主保留遮阴咖啡耕作方式，尽力减少林中空地、监控遮阴咖啡种植园内森林物种的健康以及销售“环境友好”的遮阴咖啡产品，并给予额外的补贴。但此种政策实施的困难在于遮阴咖啡的标准不统一，一些标注“环境友好的遮阴咖啡”产品实际上是和阳光咖啡一样的种植方式，只不过种植园里零星点缀着一些小树。

佛罗里达州生态系统服务付费（PES）项目得到私人保护组织和政府机构的支持；对保留有丰富野生动物（如本地湿草地物种）未加改造的牧场，他们会给牧场主相应的

（A）

（B）

图 18.5　两种类型的咖啡经营系统。（A）遮阴咖啡生长在多种树冠之下，这能为鸟类、昆虫和其他动物生活提供一个森林环境。（B）阳光咖啡为单作栽培模式，没有遮阴树木，动物数量明显减少（A. 版权归 John Warburton-Lee Photograph / Alamy 所有；B. 版权归 Elder Vieira Salles / shutterStock 所有）

经济补偿。这一项目给牧场主一个选择机会而不是直接将其转变为精耕农业，导致多样性下降（Bohlen et al. 2009；Jordan and Weaver 2010）。

采伐、皆伐恢复期的林地和弃耕地，仍旧保留相当大比例的原始生物区系和大部分的生态系统服务。当火和侵蚀没有彻底破坏土壤时，本地物种能够从邻近非干扰地（如陡坡、低洼地和河岸森林）迁移过来，并进行繁殖更新。在热带森林中，当狩猎水平得到控制时，灵长类物种看起来可以忍受低干扰水平的择伐（Clark et al. 2009）。

18.4 多种用途的生境

许多国家的政府拥有大片土地并将其规划为多种用途，以便提供多样化的产品和服务。美国土地管理局监管着 1.1 亿 hm^2 的多用途土地，包括 83% 的内华达州、犹他州、怀俄明州、俄勒冈州、爱达荷州以及西部其他州的大部分地区（图 18.6）。从前这些土地被用作伐木场、采矿场、放牧场、野生动物园和休闲娱乐场，如今这些多用途土地因其能够保护物种、生物群落和生态系统服务功能而日益得到重视和管理（Gardner et al. 2007）。1973 年美国颁布《濒危物种法案》和其他类似法令，如 1976 年颁布的《国家森林管理法案》，要求土地拥有者包括政府机构停止威胁名录中所列物种的活动。

保护生物学家正试图利用法律手段阻止政府默许在公共土地上威胁濒危物种生存的行为。例如，20 世纪 80 年代晚期，威斯康星州的保护植物学家质疑美国林务局对克梅根国家森林公园（Chequamegon-Nicolet National Forest）进行多重利用。这片森林虽然没有遭受砍伐和猎鹿，但是被美国林务局用于经营各种活动。因此，这里很少有濒危物种能够存活下来，许多迁徙性的鸣禽和本地野花在数十年来有所减少（Rooney et al. 2004）。这些物种种群数量的下降似乎与森林内部条件以及在特殊修建的“野生动物空地”里有充足食物而导致白尾鹿种群数量过多有关。威斯康星州植物学家认为保护生物多样性的有效方式是放弃所有的伐木、修路活动以及几个面积为 200～400 km^2 的大型野生动物

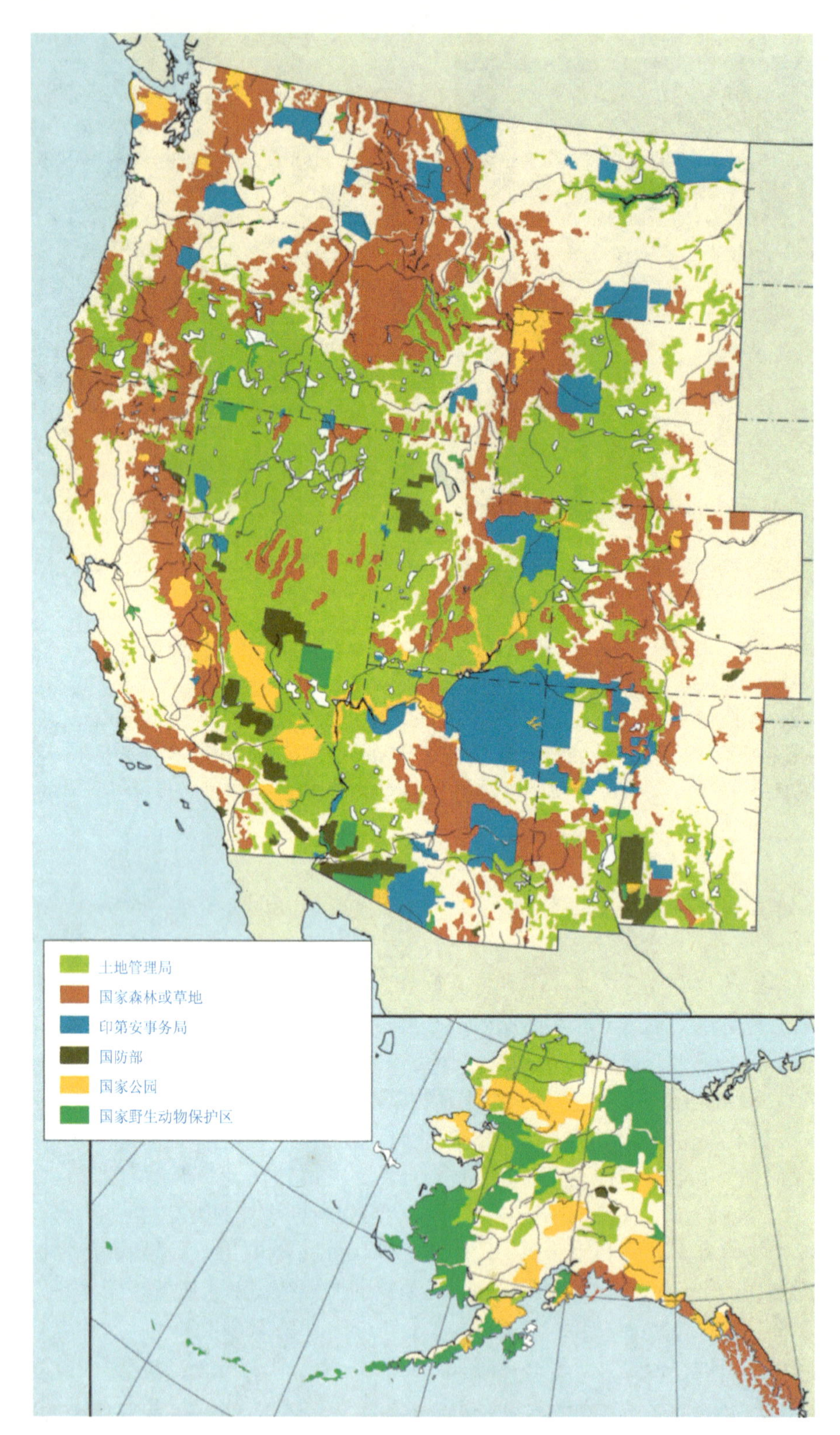

图 18.6 美国阿拉斯加州和西部各州政府机构拥有大部分土地，包括一些面积巨大的土地。多种用途的土地管理不断将保护生物多样性作为主要的目标（数据来源于国家地理学会）

空地。美国林务局主管拒绝了这些建立“多样性保护区”的提议。这件事引起最初参与的科学家和塞拉俱乐部等环保组织的集体法律诉讼。美国林务局最终同意加强生物多样性保护。然而，美国林务局最近出台的新规定在一定程度上限制科学家和公众在制定联邦土地管理决策中所起的作用，并且将可持续管理摆在次要位置（Noon et al. 2005）。因此，美国公共森林管理仍旧存在争议。

18.5 生态系统管理

本章重点强调在局域尺度上或特殊地点的生物多样性保护。与此同时，世界各地的政府部门和保护组织都在不断地敦促资源管理者站在更为宏观的地理尺度上想问题，逐渐拓宽传统的理念，在强调最大物质生产（如收获的木材蓄积量）以及服务（如到公园的参观者数量）时，也要从长远的角度重视生物多样性和生态系统过程的保护（Koonz and Bodine 2008; Levin et al. 2009）。这种观点包括在生态系统管理（ecosystem management）概念中，生态系统是一个包括众多利益相关者的大尺度管理系统，其主要目标是保护生态系统组分和过程同时能长期满足社会的需要（图 18.7）。

> 生态系统管理将私人和公共土地所有者、企业和环境保护组织联系起来，在更大的尺度上共同制订和实施保护方案。

与传统上政府部门、私人保护组织、企业或土地所有者各自为政不同，生态系统管理鼓励他们合作以达到共同的目标（Richmond et al. 2006; Armitage et al. 2009）。例如，

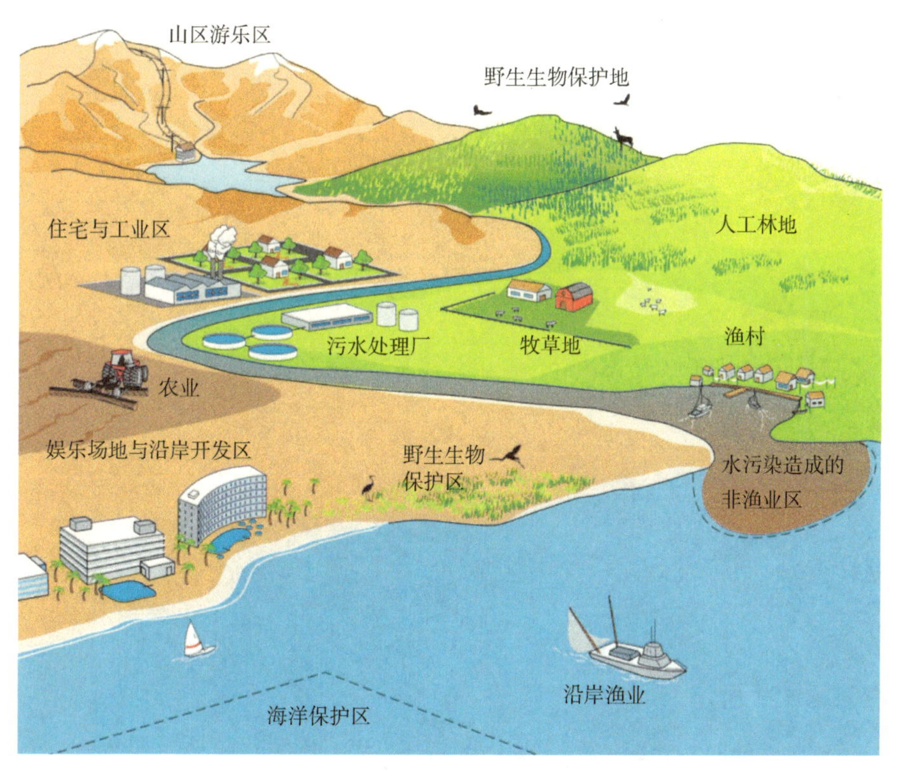

图 18.7 生态系统管理将所有对大型生态系统产生影响和从中得到利益的相关方联系起来。这种情况下，一个集水区需进行多目标管理，这些目标间可能相互影响（Miller 1996）

一个大型濒海森林流域生态系统管理项目会将山顶到海岸的全部利益相关者联系在一起，包括林业人员、农民、企业集团、市民和渔业部门。一些团体加入到这类项目以说服公众该组织是“绿色的”。无论如何，公众对以多样性保护为基础的生态系统管理的认可是至关重要的因素，它是下一步将生态系统管理概念贯彻到保护实践的关键。

生态系统管理的主要内容如下：

- 应用最好的科学理念和知识制定区域可持续发展的综合规划。这个规划应包括生物的、经济的和社会的考量，而且政府部门、企业、保护组织和市民等各种利益相关方都能接受。
- 确保所有物种的可存活种群、所有代表性生物群落及其演替阶段，以及健康的生态系统功能。
- 寻求和理解生态系统等级所有水平及尺度之间的联系——从单个生物体到物种、生物群落、生态系统，甚至包括区域或全球尺度。
- 监测生态系统重要组分（重要物种的个体数量、植被盖度、水质等），搜集需要的数据，然后用这些结果以一种适应性的方式来调整管理，此过程有时称为适应性管理。

马尔派 - 宝德兰集团（Malpai Borderlands Group）的工作可以作为生态系统管理的实例，这是一个牧场主和土地所有者非营利性的合作企业，致力于促进保护组织（如大自然保护协会）、私有土地所有者、科学家和政府部门之间的合作（www.malpaiborderlandsgroup.org）。该团体正在发展一个跨熔岩区的合作网络，该网络沿着美国亚利桑那州和新墨西哥州边界横贯大约 40 万 hm^2 独特而崎岖的山地和沙漠。这里孤立的山脉和诸如圣伯纳迪诺山谷（San Bernardino Valley）以及安尼马斯和佩隆西约山脉（Animas and Peloncillo Mountains）的“天空岛屿”，是美国生物多样性最丰富的地区之一，拥有 265 种鸟类、90 种哺乳动物和美国最为丰富多样的蜥蜴区系（图 18.8）。其中有 6 个物种列入濒危名录，包括墨西哥美洲豹、奇里卡瓦豹蛙、新墨西哥州脊鼻响尾蛇、小长鼻蝠和紫骨尾鱼等。这里也是很多其他稀有和特有物种如古尔德火鸡的家园。

图 18.8 马尔派 - 宝德兰集团支持亚利桑那南部和新墨西哥州 40 万 hm^2 沙漠和山地的生态系统管理。大量的稀有和濒危物种如墨西哥美洲豹（*Panthera onca*）等从中得到保护（图片由 Warner Glenn 提供，引自《火的眼睛：遭遇宝德兰美洲豹》）

马尔派 - 宝德兰集团通过控制火烧方式管理牧场，重新引进本地草本植物，将新方法应用于家畜放牧，把科学研究纳入管理计划，并且通过应用保护地役权方式（不开发土地的协议）阻止当地开发。他们的目标是在宝德兰地区创造一个"健康、非破碎化景观，建设一个人与动植物和谐共存丰富多样的繁荣生态群落"（Allen 2006）。

大多数生态系统管理项目在提高利益相关方的合作、促进公众意识到生物多样性保护问题方面较为成功（Keough and Blahna 2006）。然而，由于参与集团间的互不信任，使得在生态系统管理方面的许多努力未能延续下去。某些集团如房地产开发商和保护实践者常常站在完全不同的立场上。有保护意愿的集团被迫组成联盟可能会削弱他们游说政府采取保护措施的能力以及妨碍他们到法院打官司的决心（Peterson et al. 2005）。

生态系统管理的一个合理扩展是生物群区管理（bioregional management），它常常针对单独一个大尺度生态系统如加勒比海、澳大利亚的大堡礁，或是像中美洲的保护地一样若干相互联系的生态系统，将保护与使用整合起来（Schellnhuber et al. 2001）。生物群区管理特别适合于那些跨越国界唯一的、连续的大型生态系统，或当一个国家或地区的活动将直接影响另一个国家生态系统的情况。例如，参与地中海行动计划（Mediterranean Action Plan，MAP）的欧盟和 21 个国家之间生物群区合作是绝对必需的，因为地中海海岸有大量的人口、繁忙的油船运输，微弱的潮汐无法迅速地清除来自周边城市、农业和工业的污染（图 18.9）。这些问题共同威胁着包括地中海及其周边陆地以及与之相关的旅游业、捕鱼业在内的整个地中海系统的健康。跨越国境的生态系统管理也是必要的，因为源自一个国家的污染能够显著地破坏邻近国家的自然资源。这一计划的参与者同意开展合作研究、监督和控制污染，并通过整合海岸带计划促进可持续发展（NOAA and Duffy 2008; Frantzi et al. 2009）。

图 18.9　参与地中海行动计划的国家共同合作监督、控制污染，并协调保护区域。沿海岸的重要保护区用圆点表示。注意在法国、利比亚和埃及沿岸没有重要的保护区（Miller 1996）

18.6 案例研究

世界各地的生物多样性保护正在成为土地管理的一个重要目标。下面通过三个案例总结这一章内容——美国太平洋西北部的老龄林、肯尼亚保护地外大型野生动物种群和纳米比亚一个以公社为基础的成功项目，这些例子说明了保护地以外的地区管理生物多样性的问题。

针叶林生态系统管理

美国太平洋西北部针叶林具有丰富的自然资源，传统认为木材生产是最为重要的。在这一生态系统中，采伐与珍稀物种如北部的斑点林鸮（*Strix occidentalis caurina*）、斑海雀（*Brachyramphus marmoratus*）和鲑鱼的保护的权衡已成为激烈争论的焦点，被称为“斑点林鸮与就业”争端。一些环保主义者想停止所有在老龄林里的砍伐作业，然而许多当地居民需要伐木业在没有外界干扰下持续作业。一个区域性的解决方案是将大多数联邦土地作为森林保护地用来保护生物多样性和生态系统服务功能，同时降低其余林地的伐木水平（Carroll and Johnson 2008）。尽管在生境保护计划实施下伐木仍然在州和私有土地上继续进行，但是在某种意义上减弱了对珍稀和濒危物种的影响，并且维持了水质和鱼类种群。

森林管理技术的发展促成了这种妥协的方案：超过 200 年的老龄林的许多标志性物种包括穴居鸟类如北部的斑点林鸮，在自然干扰后低密度的幼龄林中也有分布（因为即使非常年幼的林地至少会有一些年老的大树、一些死的枯树和火烧、风暴后倒木）。这些资源足以支持一个复杂的动植物群落。然而，森林皆伐技术为获得最大的木材产量而清除了所有年龄的活树和死树，消灭了动植物生存需要的某种生境和资源。而且皆伐还破坏了周边的小溪和河流，导致鲑鱼和其他水生动物丧生。在太平洋西北部的森林管理中，过去的皆伐经营模式导致森林破碎化的斑块交错分布。在这一森林景观格局中，斑块之间树龄相异、斑块内部年龄一致，而且这些树中缺少某些动物能在里面生活的老龄树。

> 森林经营方式正在转变，开始将生物多样性保护作为重要的目标。

既能使针叶林生产木材又能保留其生物多样性的重要组分的森林经营方式研究已经展开。生物多样性保护已经融入太平洋西北部地区的“生态林业”或“绿树保留”（green-tree retention）项目中（Halpern et al. 2005；Zarin et al. 2007）。这种方法在伐掉大部分树木同时，保留低密度的中等至大龄的活树、所有枯立木和采伐作业时的倒木，以便保持结构复杂性（或是称作为结构性保留），为森林恢复过程中的动物提供栖息地（图 18.10）。这种采伐方式会留下大约 15% 的树木，如果必要的话，还能保留更大的比例。禁止在靠近溪流的地区采伐，以保护水质和其他生态系统服务功能。

采伐方式的改变产生了重要的经济效果。现在大面积的自然林都严禁砍伐，仍可以砍伐的大部分联邦林区、国有和私有的一些林区正在建设生态林。生态林要求降低木材砍伐水平和较长的轮歇期，有时会减少木材生产的短期利润。尽管一些老龄“大树”仍旧遭到砍伐，令环保主义者不满，但是美国公民和政府在利用这些森林和整个地区的经济发展方面还是成功地达成了协议。其他的择伐方式包括“低影响采伐”（low-impact logging）和“轻度采伐”（light-touch logging），也在世界各地的林区开始发展起来。

图 18.10 （A）传统皆伐方式砍掉某地区的全部树木，森林恢复需要 70 年，这样降低了森林结构的多样化。前一幅图片为森林皆伐后的情景，后一幅图片则在砍伐中保留了一些树木。（B）新方法通过保留一些老树、立枯体和倒木更好地维持了森林结构的多样性。"绿树保留" 的采伐方式如照片所示（图片引自 Hansen et al. 1991；照片受 Charles Halpern 和 Davis Phillips 许可）

非洲国家公园外的野生动物

许多东非和南非国家如肯尼亚、坦桑尼亚和南非的国家公园以拥有庞大的野生动物种群而闻名，成为重要的生态旅游业的基础。尽管国家公园名声显赫，肯尼亚 65 万只大型野生动物中，有 2/3 生活在国家公园边界之外的商业牧场和当地的传统放牧地上（Young et al. 2005; Western et al. 2009）。许多著名物种如长颈鹿、非洲象、黑斑羚、细纹斑马、大羚羊和鸵鸟有 70% 的种群分布于国家公园外的乡村放牧场。国家公园中大型食草动物常常季节性地去国家公园外采食。然而，由于围栏、偷猎和农业开发导致野生动物可以利用的公园外牧场数量逐渐减少。

尽管这些野生动物种群减少，但在亚撒哈拉非洲地区的非保护地依然维持着野生动物种群的延续（Western 1989）。最重要的因素是一些物种在国家公园外受到野生动物保护官员强制执行禁止野生动物狩猎和贸易的法律。另一些物种的肉类很有价值，所以它们在牧场出现是很受欢迎的。另外，某些传统的部落如马赛人尽管被准许猎杀大型捕食者，但他们禁止狩猎和食用野生动物。在某些特殊地区，私有牧场野生动物和家畜一起管理的利润比单一经营家畜更高。这是因为牛和许多野生动物以不同种类的植物为食，并且野生动物常常更能忍受干旱。许多牧场也开发旅游业来观赏野生动物，创造了额外的财政收入，并且也激励着野生动物的保护。

纳米比亚社区为基础的野生动物管理

政府保护野生动物的另外一种方式是最好让当地居民有强烈兴趣对保护成功进行投资。这一点越来越得到肯定。东非和南非许多国家鼓励以社区为基础的自然资源管理（Community-Based Natural Resource Management，CBNRM）保护计划，授予当地土地拥有者和社团权利管理其土地上的野生动物，并从中获取利润。在此政策出台之前，野生动物受政府官员管理，常常没有当地居民的投入，老百姓在自己的土地上保护野生动物只能获得微小、甚至没有经济报酬。通过 CBNRM 计划改变了管理系统，非洲国家希望在促进乡村经济发展的同时，能抵消威胁当地野生动物的压力。

> 许多非洲国家将私有土地上的野生动物用于生态旅游和狩猎战利品，希望能够通过这种方式保护野生动物资源，并能够从中获取财政收入。

非洲南部纳米比亚最大胆的新计划是利用当地社区管理野生动物（Schumann et al. 2008）。这个国家有 180 万人口，14% 的土地是国家公园和保护地，45% 是私有土地，41% 是公有土地。纳米比亚政府于 1996 年开始授予传统社区团体在自己的土地上利用和管理野生动物的权利。为获得此项权利需要首先建立管理委员会和确定土地边界，然后政府指派这个委员会作为“公共保护地”。建立保护地并参与野生动物管理的好处有如下 4 点：

1. 保护地联合旅游业共同建立合资企业，5% ~10% 的总利润付给保护地。旅游业雇佣一些来自社区的员工。合资企业所获得的财政收入用于训练和雇佣狩猎保安人员，以及雇佣社区人员监测野生动物种群和防止偷猎。
2. 保护地成员利用合资企业资金为旅游团体建立野营地，提供直接财政支持、雇员和营业经验。
3. 保护地能够向政府申请狩猎额度指标。假如通过监测，野生动物种群足够大，就可以出售、拍卖给专业猎手获利，外国旅游者愿意为非洲打猎经历付高额费用。不管动物是否真的被射死，全部的狩猎费用直接交付给保护地。付给保护地高价动物如狮和非洲象的捕猎费用每只达到 11 000 美元，猎物的肉分给社区团体作为额外的好处。
4. 一旦保护地建立了野生动物管理计划，可以对 4 种野生动物（长角羚、跳羚、林羚和疣猪）进行狩猎用以维持生计。实际上，狩猎常常由狩猎保安人员和专业猎手来做，然后将肉类分给社团的每个成员。

在过去的 23 年里，纳米比亚已经建立了 50 个保护地，还有 20～30 个正在筹建中（**图 18.11**）。整个面积约有 119 000 km^2，占国土面积的 14%（Jones and Weaver 2009）。起初建立保护地曾得到了外部机构如美国国际发展署（U.S. Agency for International Development）的资金支持，其保护地成员还接受了旅游、财务和市场营销技能等方面的培训，以及如何有效宣传以便获取政府和私有部门资助的训练。

某些保护地重要的财政收入来自于野生动物管理。这些收入能够建造更多的旅游设施和社区建筑（如学校），以及给社区成员发放工资，甚至是建立银行账户。然而，保护地依赖于国际旅游作为主要的收入来源。当地区和全球出现经济危机时，唯一的资金来源可能得不到保障。此外，遥远地方的保护地很难从旅游业获取利益以及与合资企业进行协商，结果导致这些保护地从游客和猎人那里只能获得很少的经济收入，可能在当

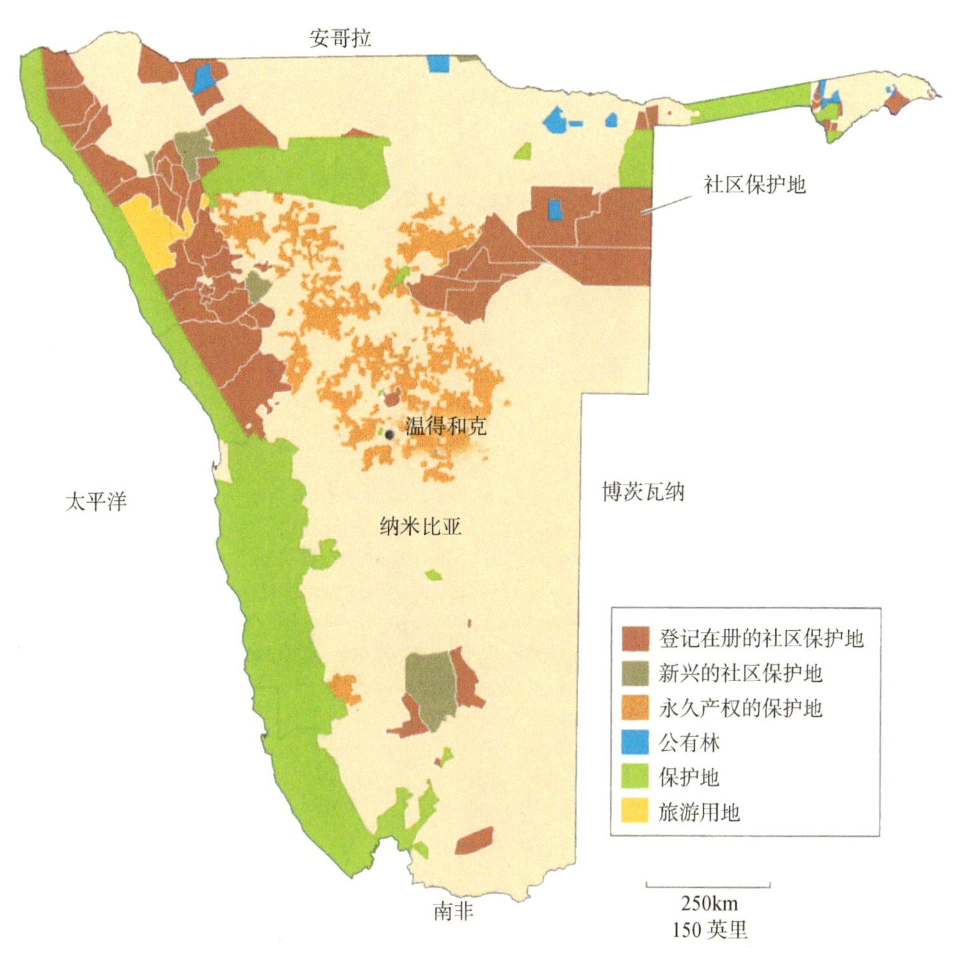

图 18.11 纳米比亚社区保护区和国家保护区的分布。Nyae Nyae 社区保护区中野生动物的增加如图 18.12 所示（NASCO 2008）

前的系统中无法盈利。

一般而言，社区管理系统有正面的保护作用。纳米比亚野生动物种群表现出强烈的增加趋势（图 18.12）。这些趋势始于在一场严重的旱灾结束之后的 20 世纪 80 年代中期，在纳米比亚社区管理期间野生动物种群持续增加。部分原因可能由于保护地成员提高了家畜管理技术，降低了与大型肉食动物的矛盾冲突（Schumann 2008）。

其他非洲国家也有像纳米比亚一样的保护项目，他们也常常依赖外界政府资助，开展他们的社区野生动物保护项目。当这些外界资金扶持终止时，野生动物保护项目也就随之结束。因此这些项目非常依赖于外国游客和外部资助，还无法做到真正的自食其力。另外，地方政府机构的无能和腐败也是导致这些项目失败的原因。如果这些社区野生动物保护项目是一个成功的计划，它们将既能保护野生动物，又能够为当地老百姓提供稳定的经济收入。

小结

1. 相当可观的生物多样性存在于保护地之外，特别在进行多种资源开发的生境中。这种未受到保护

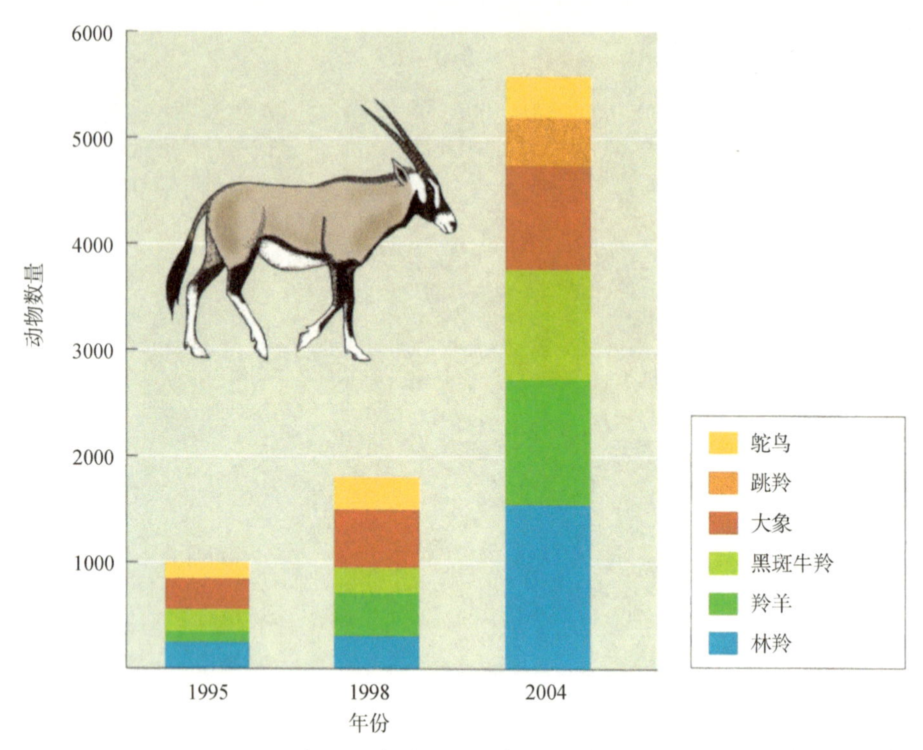

图 18.12 纳米比亚 Nyae Nyae 社区保护区分别于 1995 年、1998 年和 2004 年进行空中调查的动物数量。这些调查的地点见图 18.11（纳米比亚环境与旅游部和世界资源研究所 2009）

的生境对多样性的保护是至关重要的，因为几乎所有国家的保护地仅仅占国土面积的一小部分。生活在保护地里的动物常常在保护地外采食或者迁移到非保护地，这些地区常常生境丧失、容易遭到猎杀和人类的其他威胁。政府鼓励生物多样性保护在多重利用的土地上具有优先权，包括森林、放牧地、农业用地、军事禁区和城市用地。

2. 政府机构、私有保护组织、企业和土地私有者在大尺度生态系统管理项目中正在以生物多样性保护为目的进行合作，试图可持续地利用自然资源。生物群区管理包括国家间共同管理跨越国界的大型生态系统。
3. 在温带森林生态系统，伐木业在不破坏溪流和减少生境破碎化，以及一些演替晚期组分包括活的树木、立枯体和倒木等得以保留的前提下，生物多样性能够得到提高。
4. 非洲标志性的大型动物绝大部分分布于国家公园之外。当地老百姓和土地拥有者常常出于各种目的在自己的土地上保护野生动物。如今，当地社区正将野生动物管理与生态旅游业（有时也包括狩猎）相结合。

讨论题

1. 思考一个国家森林公园用于伐木、打猎和采矿已有数十年，假如在森林中发现了濒危植物，这些活动是否应该停止？伐木、打猎和采矿业与濒危物种能否共存？假如能，应该怎样共存？假如伐木已经停止或得到相应缩减，伐木公司及其雇员是否应该得到补偿？
2. 设想政府通知你濒危的佛罗里达美洲豹生活在你拥有的一片土地上，而你曾打算将这里建设成一个高尔夫球场。你是高兴、生气、犹豫还是骄傲？你的选择是什么？保护你自身权利、公众权利和美洲豹权利的公平妥协会是什么？
3. 选择一个涉及不止一个国家的大型水生生态系统，如黑海、莱茵河、加勒比海、圣劳伦斯河或是中国南海。什么样的机构或组织负责、确保这些生态系统的长期健康发展？他们将以何种方式，或能否合作来共同管理这片区域？

推荐阅读

Aviron, S., H. Nitsch, P. Jeanneret, S. Buholzer, H. Luka, L. Pfiffner, et al. 2009. Ecological cross compliance promotes farmland biodiversity in Switzerland. *Frontiers in Ecology and the Environment* 7: 247-252. 各种政府项目促进自然资源的保护。

Bohlen, P J., S. Lynch, L. Shabman, M. Clark, S. Shukla, and H. Swain. 2009. Paying for environmental services from agricultural lands: An example from the northern Everglades. *Frontiers in Ecology and the Environment* 7: 46-55. 项目能够鼓励农民非高强度地利用土地和开展有益于环境的农业经营措施。

Boyd, C. and 9 others. 2008. Spatial scale and the conservation of threatened species. *Conservation Letters* 1: 37-43. 多数濒危物种需要基于景观水平的保护；只有站点保护是不够的。

Colding, J., J. Lundberg, S. Lundberg, and E. Andersson. 2009. Golf courses and wetland fauna. *Ecological Applications* 19: 1481-1491. 高尔夫球场具有保护野生动物的潜质。

Dias, M. S., W. E. Magnusson, and J Zuanon. 2010. Effects of reduced-impact logging on fish assemblages in Central Amazonia. *Conservation Biology* 24: 278-286. 认真的择伐比普通采伐行为对生物多样性具有较小的影响，但是这种好的采伐措施怎样才能得到推广？

Dinerstein, E. and 14 others. 2006. The fate of wild tigers. *BioScience* 57: 508-514. 要维持野生虎生存，既需要保护地也需要保护地之外的生境。

Jordan, N. and K. D. Warner. 2010. Enhancing the multifunctionality of U. S. agriculture. *Bio Science* 60: 60-66. 农业生产有利于社会，同时通过提供一系列生态系统服务而增强自身的经济能力。

Koontz, T. M. and J. Bodine. 2008. Implementing ecosystem management in public agencies: Lessons from the U. S. Bureau of Land Management and the Forest Service. *Conservation Biology* 22: 60-69. 有效管理措施实施的障碍常常来自政治、文化和法律。

Levin, P. S., M. J. Fogarty, S. A. Murawski, and D. Fluharty. 2009. Integrated ecosystem assessments: Developing the scientific basis for ecosystem-based management of the ocean. *PLoS Biology* 7: 23-28. 作者阐述了生态系统管理这一观念能够在海洋系统中以切实可行的方式实施。

Philpott, S. M., P. Bichier, R. Rice, and R. Greenberg. 2007. Field-testing ecological and economic benefits of coffee certification programs. *Conservation Biology* 21: 975-985. 需要设立有机的、公平贸易和遮阴认证方面的项目，以促使种植咖啡的当地农民和生物多样性保护同时受益。

Radeloff, V. C. and 7 others. 2010. Housing growth in and near United States protected areas limits their conservation value. *Proceedings of the National Academy of Sciences USA* 107: 940-945. 毗邻国家公园的地区能够促进生物多样性的保护，但是如果过度发展也可能威胁到多样性的保护。

Richmond, R. H. and 9 others. 2006. Watersheds and coral reefs: Conservation science, policy, and implementation. *BioScience* 57: 598-607. 需要采取流域综合管理来防止水土流失和泥沙沉积。

Stein, B. A., C. Scott, and N. Benton. 2008. Federal lands and endangered species: The role of the military and other federal lands in sustaining biodiversity. *Bioscience* 58: 339-347. 特别是在夏威夷地区，许多濒危物种分布于军事用地。

Wilcove, D. S., M. J. Bean, B. Long, W. J. Snape III, B. M. Beehler, and J. Eisenberg. 2004. The private side of conservation. *Frontiers in Ecology and the Environment* 2: 326-331. 在生物多样性保护方面，私人与公众的积极性同等重要。

（朱丽 编译，蒋志刚 马克平 审校）

第 19 章

恢复生态学

很多生态系统受到飓风以及由雷电引发的火灾等自然现象的破坏，但是经过一段时间的生态演替，会恢复到原来的群落结构，甚至有相似的物种组成（见第 2 章）。然而，有些生态系统遭受了巨大的破坏，已经退化到不可恢复的地步，尤其是受到高强度人类活动的影响，如采矿、放牧、伐木，丧失了自然恢复的能力。有时候，自然恢复需要几百年至上千年的时间，因此我们应该行动起来干预这些人类活动，以促进或加快退化生态系统的恢复。

受损和退化生态系统为保护生物学家提供了重要的机遇，它们可以把已有的研究成果用于恢复物种和群落（Clewell and Aronson 2008）。生态恢复（ecological restoration）是恢复现在已经退化、受损或破坏的物种和生态系统的实践过程（www.ser.org）。恢复生态学（restoration ecology）是研究被恢复种群、群落和生态系统的科学（Falk et al. 2006）；生态恢复和恢复生态学是相互交叉的学科：前者为恢复工作提供了有价值的科学数据，而后者对恢复项目做出了评估，有助于改进方法。本章将探讨这两门相互联系的学科，以及它们在保护生物多样性中的实践效果。

恢复生态学在不同情况下都发挥了重要的作用（Clewell and Aronson 2008）。例如，法律要求企业恢复露天开采或废弃物处理等活动所破坏的生境。有时候，政府必须恢复由当局自身活动，如往河流和河口排放生活污水、军事基地化学物污染等破坏的生态系统。恢复常常是补偿性缓解（compensatory mitigation）的一部分，即创建或恢复一个新生境以替代由于开发而破坏的生境（Clewell and Aronson 2006）。有些情况下，需要恢复的对象是生态过程而不是生态系统。例如，被修建堤坝扰乱的年度洪水、被灭火措施扰乱的自然火，如果这些过程的缺失对当地和区域生态系统和群落有害的话，可能需要调整目前的管理措施。美国新奥尔良市和墨西哥湾沿岸其他城市在 2005 年遭到飓风卡特里娜（Katrina）和随后的较小飓风丽塔（Rita）的破坏，部分原因是由于湿地面积减少和过度开发造成的。已经发生的自然灾害说明生态系统的服务功能对于生物和人类都非常重要。具有讽刺意味的是，路易斯安那海岸湿地保护与恢复工作早在 7 年前（1998 年）的评估中就已经预测到飓风可能造成的破坏，并强调了立即恢复湿地的紧迫性（专栏 5.1）。

生态恢复起源于使用实用技术恢复生态系统功能或具有经济价值的物种，如人工湿地建设（预防洪水泛滥）、矿区复垦（防止土壤侵蚀）、过度放牧管理（提高草地生产力）、皆伐迹地造林（木材生产、娱乐和生态系统价值）（图 19.1）。然而，这些技术往往只产生简单的生物群落或不能自我维持的群落。随着人们对于生物多样性的关注，恢复计划已经把重建原来物种组合和生态系统作为一个主要目标。保护生物学家需要为实现这个目标而不懈努力。

图 19.1 （A）广东省鹤山市 1984 年时的极度退化的丘陵山地景观；（B）恢复 28 年后的森林景观（傅声雷提供照片）

19.1 受损和修复

许多情况下，在没有人类干预下受损生态系统不会恢复到之前的水平。例如，若土壤经侵蚀被冲刷走，原始的植物物种已经不能在这个地方生长。当造成破坏的因素继续存在时，生态系统的恢复将变得不可能（Christian-Smith and Merenlender 2010）。例如，只要外来引入的牛群持续过度放牧，美国西部已经退化的萨瓦纳（Savanna）林地的恢复是不可能成功的；在恢复中，降低牛的啃食压力是关键的出发点。

一旦破坏因素被去除或得到控制，原始群落可能通过自然恢复过程依靠残余种群得到重建。然而，当大量的原始种在较大区域内消失时，由于缺少种源，生态恢复变得不可能。例如，美国大面积的草原被开垦为农田，导致该区域草原物种彻底消失。即使当一个单独的土地斑块弃耕后，原来的群落也不可能自然恢复，主要原因是没有原来植物的种源，附近也没有原来的动物种群。定居点可能被入侵种所占据，特别是在受到干扰的区域。在本土种恢复之前，必须先清除入侵种（Cuevas and Zalba 2010）。当物理环境改变时，原始种不能在该定居点生存，恢复同样也是空谈。其中一个例子就是在采矿区，由于土壤侵蚀、重金属污染以及土壤贫瘠，矿区的自然恢复可能会推迟数十年甚至几个世纪。有些情况下，完全恢复从生物学上是不可能的，或者仅仅由于耗资太大（Seasted et al. 2008）。然而，美国俄亥俄州的 The Wilds 野生动物园，原是一个露天开采的矿区，现在已经恢复建设为一个野生动物园，拥有全球最大黑犀牛繁殖实验室，成为俄亥俄州哥伦布市附近的一道风景，每年迎来大量参观者（图 19.2）。

（A）

（B）

（C）

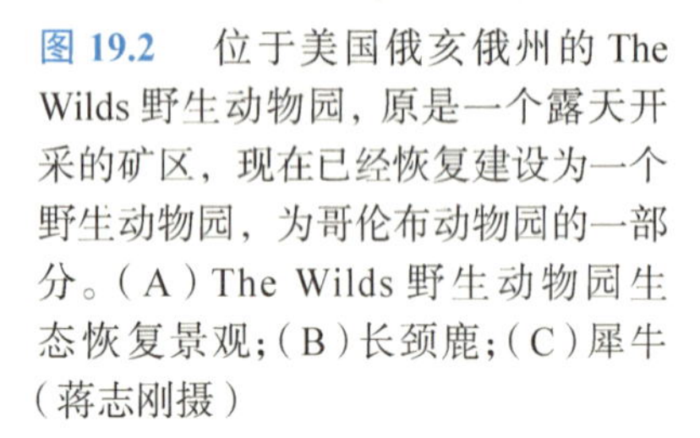

图 19.2　位于美国俄亥俄州的 The Wilds 野生动物园，原是一个露天开采的矿区，现在已经恢复建设为一个野生动物园，为哥伦布动物园的一部分。（A）The Wilds 野生动物园生态恢复景观；（B）长颈鹿；（C）犀牛（蒋志刚摄）

在一些有挑战性的生境中恢复生态系统需要对物理环境进行改变，如添加土壤、营养物和水分，去除外来种，引进本土种（Zhang et al. 2008）。恢复工作需要因地制宜，通过试验比较不同的恢复方法（Zedler 2005）（图 19.3）。待恢复的地点需要监测几年甚至几十年，以确定管理目标的实现程度以及是否需要进一步的管理措施，这种方式称为适应性恢复（adaptive restoration）（Zedler 2005）。特别是当本土种不能成活时，必须重新引入本土种，如果入侵种仍然大量存在，需要先去除。

有时候，人类活动创造了全新的环境，如水库、运河、垃圾场和工业用地。如果对这些地方疏于管护，常会被入侵种占据，由此形成的生物群落在保护方面没有价值，在美学上也不吸引人（Suding et al. 2004）。如果清除入侵种，并引入本地种，本地群落可能会得到恢复。

生态恢复的目标常常是创建新生境，应与参照生境（reference sites）的生态系统功

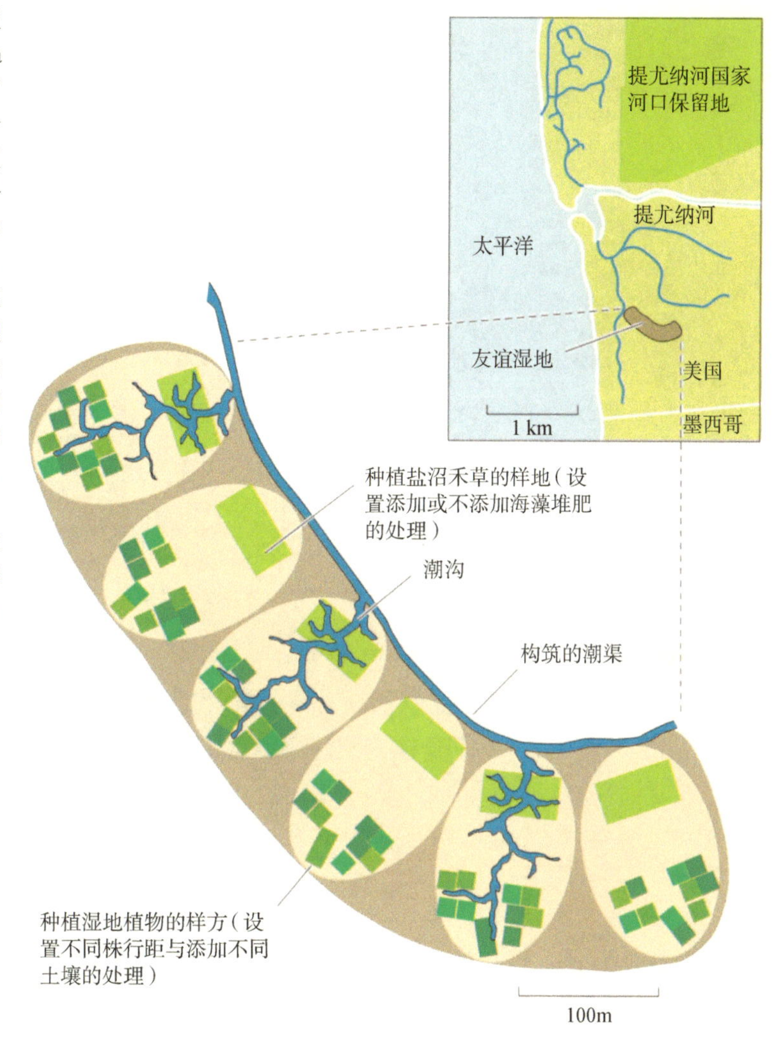

图 19.3 在加利福尼亚州提尤纳河口（Tijuana Estuary）的“友谊湿地”（Friendship Marsh），一个测试不同实验处理对恢复效果影响的实验。实验分成 6 个实验区（虚线），3 个有潮汐小溪，3 个没有，用来测试排水的效果。在每个实验区，恢复处理（绿色小区）包括不同物种、不同栽植密度、不同土壤添加处理。在最大的小区中（淡绿色长方形），通过用与不用海藻堆肥，栽植盐生沼泽植物，检验对植物、鱼类、无脊椎动物和海藻的影响（引自 Zedler 2005）

能或物种组成类似（Swetnam et al. 1999；Humphries and Winemiller 2009）。参照生境为恢复提供了直观的目标和量化的方法，担当着对照生境的角色，也是生态恢复中的重要概念。恢复的另一个目标是创建一个历史景观，如使用旧照片和杂志去创建传统农业景观。使用参照生境并不意味着固定不变的恢复：由于生态系统随着时间会改变，特别是受气候变化、植物演替、常见种多度的变化以及其他因素影响，恢复的目标必须随着时间的推移做出改变。

> 有些生态系统已经遭到人类活动的严重破坏，以至于它们自身恢复的能力受到了限制。生态恢复可以帮助生态系统恢复部分或者全部原始物种，或创建一个新的有价值的群落。

为了评价是否实现恢复目标，首先需要有明确的目标，恢复生境和参照生境都需要随着时间进行监测（专栏 19.1）（Burger 2008）。已成功恢复的生态系统应该被本地种所占据，包含所有关键类群，有适宜本地种生长的物理环境和生态过程，例如，在半干旱寒冷地区，生态系统的恢复需要数十年甚至上百年。需要进行监测，以确定一些方法的效率与成本。例如，为了恢复生态系统过程以及重新连接

专栏 19.1 许多小项目能够净化切萨皮克湾吗?

切萨皮克湾(Chesapeake Bay)是美国最重要的钓鱼和休闲娱乐地区之一。然而，围绕切萨皮克湾的居民用地、农业用地以及工业用地导致了海水质量的明显下降，影响了生物多样性的各个方面。污染带来了直接的经济后果，首先是鱼类和贝类的捕捞量降低，水质变得不适合游泳。这种污染类型并不是点源污染，因为找不到单个污染源，所以需要综合的恢复途径。在 1987 年，联邦、州以及当地政府签署了一份协议，规定流入海湾的营养物和沉淀物降低 40%。从那时起，超过 4700 个独立恢复项目开始实施，耗资超过 4 亿美元(Hassett et al. 2005; Craig et al. 2008; Stokstad 2009)。其中多数项目是恢复小溪和河流，如种植本土植被，但多数钱花在水处理项目上。这些项目的一个缺点是仅仅有 5% 的项目受到监测，主要监测植被结构，然而很少有项目监测水质，从而确定是否实现了预期降低营养物和沉淀物的目标。切萨皮克湾恢复项目表明了整个社会已经有共识，认为有必要恢复大型水生生态系统，科学家要确保恢复工作能实现预期的服务功能。

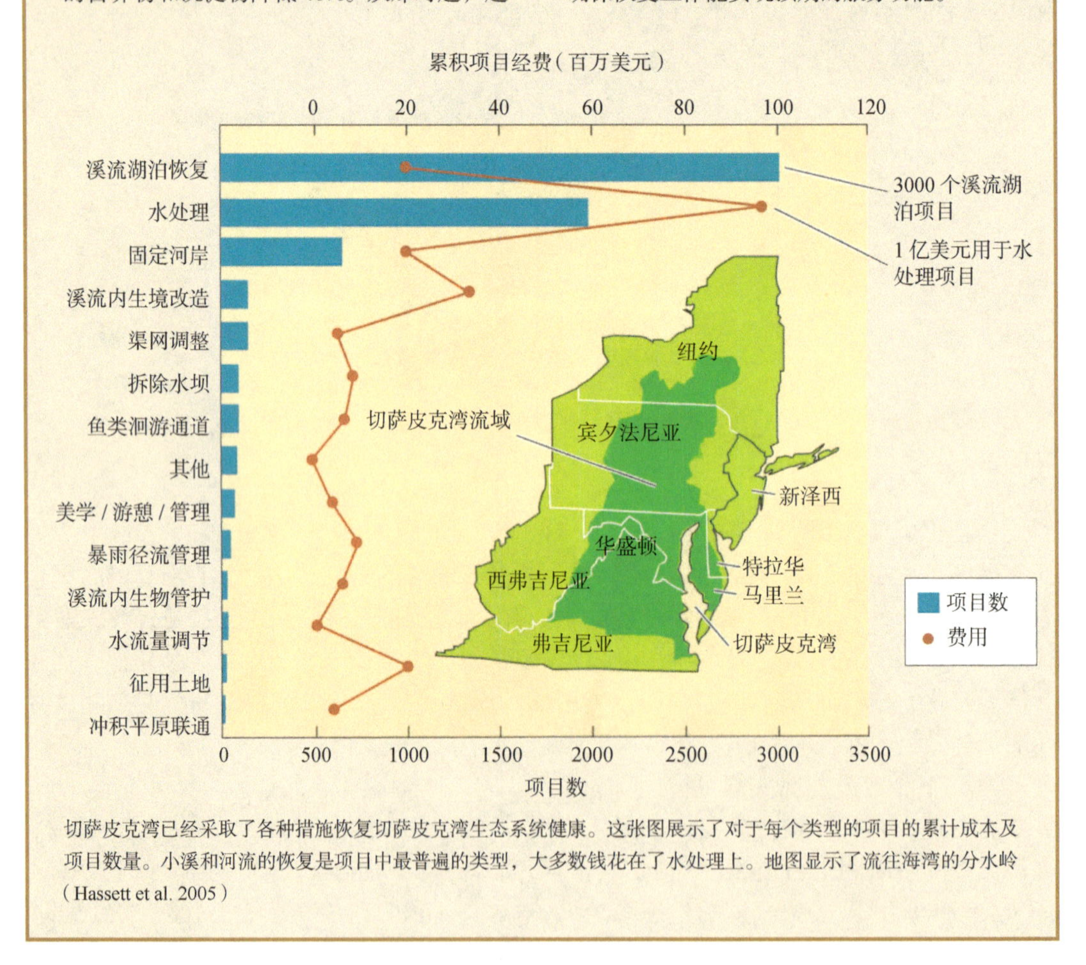

切萨皮克湾已经采取了各种措施恢复切萨皮克湾生态系统健康。这张图展示了对于每个类型的项目的累计成本及项目数量。小溪和河流的恢复是项目中最普遍的类型，大多数钱花在了水处理上。地图显示了流往海湾的分水岭(Hassett et al. 2005)

破碎化的生境，需要在受保护的区域逐渐废弃道路；同时需要监测这种昂贵的恢复手段的有效性(Switalski et al. 2004)。

19.2 生态恢复的方法

恢复生态学为恢复各种类型的退化生态系统提供了理论和技术指导。图 19.4 列出了 4 种可行的恢复生态群落和生态系统的方法（Bradshaw 1990）。

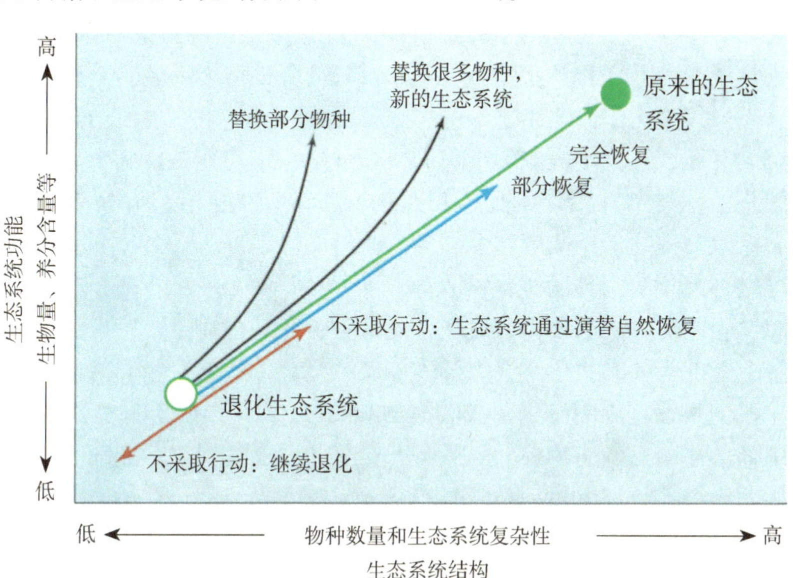

图 19.4 必须确定哪种行动方案是最好的，是把一个退化地完全恢复、部分恢复、用不同的物种取代，还是不采取任何行动（引自 Bradshaw 1990）

1. 不采取任何行动：不采取行动的原因是恢复项目可能耗资巨大，最早的恢复尝试失败了，或已有经验表明生态系统能够自行恢复。让生态系统自动恢复，也被称为“消极恢复”（passive restoration），典型代表是北美东部农田经过几十年的废耕后最终恢复为森林。
2. 替代：一个退化生态系统被另一个高产的类型所替代，如一个退化的森林可能被一个高产的草场所替代。这种替代新建了一个生物群落，恢复了生态功能，如洪水控制和土壤保持。未来在新群落中将整合比被替代群落更多数量的本土种。
3. 部分恢复：至少一部分生态系统功能和原来的部分优势种得到恢复。一个例子是，在退化草原上栽植一些易成活的并且对生态系统功能很关键的植物，可能延迟部分稀有种的恢复。
4. 完全恢复：通过去除破坏性因素、立地调整、重新引入原来物种等，以恢复原来的物种组成、生态系统结构和过程。例如，在一个湖泊生态系统在恢复前，污染源必须得到有效控制。必须重建自然生态过程，可以修复生态系统。

实践因素

恢复生态学项目常常涉及不同领域的专业知识。这些背景的专业人员与保护生物学家常常有不同的目标。例如，参与项目的土木工程师寻求相对经济的方式，以建立稳固的地表，预防土壤侵蚀，使得生境比起周围的更好。用来处理污水的植物必须成为湖泊、河流和河口恢复的一部分。为了恢复用来控制洪水和恢复野生动物生境的湿地群落，需要改变大坝和河道以重建原来的水流格局。而生态学家对恢复的考虑更多的是基于物种多样性、物种组成、植被结构及生态系统功能（Dodds et al. 2008；Rodrigues et al. 2009）。为了务实，生态恢复必须同时考虑恢复的速度、成本、结果的可靠性，以及目标群落能够持久的能力。生态恢复的专业人员必须对自然系统如何运作和哪些恢复方法是可行的有清楚的把握（Falk et al. 2006）。考虑成本、是否可获得种子、何时浇水、施肥量、如何清除入侵种，以及如何准备表层土壤，这些都是评价一个项目成果的最重要部分。处理这些实践细节一般不是从事科研的生物学家们的重点，但是这些细节必须在生态恢复中加以考虑。

恢复生态学作为生态学的一门分支学科有其重要价值。它能检验我们对生态群落理解的好坏，以及多大程度上我们可以重建一个功能良好的生态系统，这将证明我们现有知识的深度，并指出不足。正如Bradshaw（1990年）所说："从事生态系统恢复的生态学家像工程师一样从事建设任务，通过飞机是否从天上掉下来、桥梁是否坍塌、生态系统是否繁茂等来检验他们的理论是否正确"。从这个角度来讲，恢复生态学可以视为一门试验性的方法论学科，对现有的基础研究进行补充。除了作为保护策略之外，恢复生态学为以各种方式重新组装群落提供了机会，检验这些群落运行效果，在更大尺度上检验科学假说（Wallace et al. 2005；Suding and Hobbs 2009）。例如，已经发现在恢复项目中如果种植更多的物种，随后会有更多的生物量积累、更高的植被覆盖，以及更多的土壤营养物吸收（Callaway et al. 2003）。

对陆地退化群落的恢复一般强调对原始植物群落整体的重建。这种强调是适宜的，因为新建的群落拥有原始群落大部分的生物量，也为群落其他组成部分提供了空间结构。然而，未来的恢复生态学需要把更多注意力集中于群落的其他主要组成部分。例如，真菌和细菌在土壤分解和营养物循环中发挥了重要作用（见专栏5.3）；土壤无脊椎动物有助于土壤结构的形成；草食动物降低了植物竞争，有助于维持物种多样性；鸟类和昆虫常常是必要的传粉者；许多鸟类和哺乳动物作为重要的昆虫捕食者、松土者（soil diggers）和种子传播者（Allen et al. 2003）。如果一个地区的生境即将受到破坏，未来想要得到恢复，如露天开采中包含大量种子、无脊椎动物以及其他土壤有机体的土壤上层，可以先将其小心移走和保存，然后在随后的恢复中再使用。这种使用当地生物材料的方法避免了引入不适应当地生境的外来基因型（Hufford and Mazer 2003）。尽管这些方法是迈向正确方向的第一步，但在这个过程中许多物种仍然在丧失，群落结构完全改变了。大型动物和地上无脊椎动物需要从现存种群中引入，如果它们不能自动扩散到群落中，还需要从圈养种群中引入。在这个过程中，一定要认真地计划和监测被引入物种，使引入物种变成入侵种的可能性最小化（见第13章）。

> 恢复工程的评估需要确定是否实现了目标，包括恢复成本和速度，这些工程可能同时为了解生态学过程提供了新的视野。

如果退化的土地和水生群落能够恢复到原始群落的物种组成，并被整合到受保护区域中，那么恢复生态学在生物群落保护中将发挥越来越重要的作用。尽管现存自然生态系统的保护是关键的，但是我们常常仅仅通过恢复才能够增加本土种占主导的生态系统的面积。因为退化区域生产力较低，没有多大经济价值，政府愿意为了增加生产力和保护价值而去恢复这些区域。

许多保护项目是由地方保护组织资助和发起的，因为他们能够看到一个健康的环境与他们私人或经济福利之间的直接关联。人们能够理解植物可以产生薪柴、木材和食物，阻止土壤被冲走，在炎热天气时降低周围温度（图 19.5）。一个例子是加里·马塔伊博士（Wangari Maathai）于 1977 年在肯尼亚发起的绿带运动（Green Belt Movement）。绿带运动鼓励肯尼亚的农村妇女在已被砍伐的地区重新植树以控制土壤侵蚀、恢复生态系统。通过这样的草根运动，在肯尼亚栽植了 3000 万株树。加里·马塔伊博士也由于出色的工作获得了 2004 年的诺贝尔和平奖。

图 19.5 广东省鹤山恢复项目把学生实习和参观作为恢复工作的一部分（林永标摄）

19.3 案例研究

下面的个案研究阐明了生态恢复中遇到的问题和解决途径。

日本的湿地恢复

日本有一个很有启发的湿地恢复案例，在那里，父母、教师和孩子们在学校附近和公园建立了 500 多个小池塘，为蜻蜓和其他当地水生物种提供栖息环境（Kobori 2009）。蜻蜓作为日本文化的一个重要象征，是用来教授孩子们动物学、生态学、化学和保育原理的一个出发点。他们在这些池塘中种植水生植物，一些蜻蜓主动飞来繁殖，而其他蜻蜓的幼虫可从其他池塘迁入，孩子们负责管理这些“生机勃勃的实验室”，这样的活动有助于培养他们的主人翁责任感，提高了他们的环保意识。

大峡谷 – 科罗拉多河流生态系统

河道截流对下游生态系统造成严重的影响，恢复河水流动需要这些生态系统首先得到恢复（Rood et al. 2005；Helfield et al. 2007）。美国一个引人注目的恢复案例是流经大峡谷（Grand Canyon）的科罗拉多河流。1963 年格伦峡谷大坝（Glen Canyon Dam）的建设和对鲍威尔湖（Lake Powell）的填湖工程已经大大改变了河流。尽管这些工程为区域提供了水和电力，但每年春季流经大峡谷的洪水明显减少了。洪水可以为特有的大峡谷鱼类创造生境，若没有洪水，沙滩和河岸要么消失，要么木本植物过度生长，引入的供垂钓的鱼开始取代本土鱼。为了恢复关键的洪水事件，美国资源再利用局（Bureau of Reclamation）开始试验改变水流量作为恢复技术，1996 年 3 月的一周中从格伦峡谷大坝排放了 9 亿 m^3 的洪水（$1350m^3/s$）（Yanites 2006）。洪水有效地为本地鱼创造了河滩生境，但是到 2002 年河流几乎恢复到洪水前的状况，于是，2004 年第 2 次排放量为 $1220m^3/s$（Yanites 2006）。研究表明需要更多的排放量以阻止淤泥堆积，维持下游生境。

矿区的恢复

位于内蒙古境内的准格尔黑岱沟露天煤矿自 1990 年开采以来，形成了大面积无土壤结构、无地表植被的排土场。该煤田地处生态系统十分脆弱的黄土高原区，如不能在煤田开采中和开采后迅速恢复植被，矿区和周围地区的自然生态环境将会迅速恶化。为此，内蒙古环保所、内蒙古农牧学院等单位于 1992 年对排土场进行了植被恢复。他们的主要方法是：首先，引入各类植物 99 种，按照植物出苗率、成活率、越冬及生长状况的综合评价，筛选出适于排土场生长的植物种；其次，建立乔灌草生态结构模式，有灌草型、乔草型、乔灌草型和观赏型乔灌草。同时，根系也形成不同的层次，地上、地下均呈多层现象，形成了该类型较为复杂且稳定的生态结构。这种结构不但充分利用地上、地下空间及光照和水分，而且复杂的生态结构产生了良好的生态效益，形成了排土场植被结构的特有景观。植物庞大根系的垂直和水平分布，在土壤中形成了 30～70cm 的网状结构，起到了固定土壤、涵养水分、增加肥力、降低地表温度的作用，充分说明了乔灌草生态结构有显著的生态效益（卫智军等　2003）。

19.4 城市地区的恢复

许多城市地区也需要进行恢复，降低人类对生态系统的影响强度，提高居住者生活质量（Jordan 2003；Tzoulas et al. 2007）。当地市民愿意与政府部门和保护组织合作一起恢复退化的城市地区。煞风景的水泥沟渠代之以大石块砌成的蜿蜒溪流，并配以本地的湿地植物。空地和被遗弃的土地上栽植本地的灌木、乔木和野花。砾石坑用土填平或建成池塘。本地植物的定居常常导致本地鸟类和昆虫种群数量的增加（Burghardt et al. 2009）。这些活动十分有益，既可以培养人们的自豪感，建立崭新的社区，又能使不动产升值。然而，这类恢复常常只有一部分是成功的，因为规模小，城市环境已经被高度改变。建设人类和生物多样性和谐共处的城市环境，称为和谐生态学（reconciliation ecology），随着城市的扩张，将越发显现其重要性（Chen and Wu 2009）。

巨大的城市垃圾填埋场为恢复本地群落提供了机遇。在美国，每年有 1.5 亿吨垃圾被埋在 5000 多个垃圾场。这些“眼中钉”成为保护行动的焦点。当这些垃圾场达到最大的承受能力时，可以用塑料薄膜和泥土等覆盖防止或尽量减少有毒化学物质和污染物渗入附近的溪流、沼泽及其他湿地。如果这些填埋场任其自行演替，它们通常被外来草本植物所覆盖。在地表栽植本地乔灌木树种可以吸引鸟类和哺乳动物，这些动物将从周边带来本地植物的种子。

让我们看看纽约市史泰顿岛（Staten Island）福莱式科尔（Fresh Kill）垃圾场的恢复工作（www.nycgovparks.org）。该垃圾填埋场占地达 1000hm^2，是埃及金字塔体积的 25 倍，高度和自由女神像差不多，已经于 2001 年关闭，正在改造成具有完整生态系统的大型公园。该工程将在未来 30 年分 6 个阶段完成（Corner 2005）。首先改造地形，建立类似于自然海岸沙丘的外形和排水系统。然后种植 18 科 52 000 棵乔木和灌木，创建有特色的本地植物群落：一个橡树灌木林、一个松树 - 橡树混交林，以及一个低灌林。草本植物也会种植于这些群落中。随后，这些树木为食果鸟类提供栖息地，从而为群落带来了许多植物的种子。一年之后，32 个其他物种的乔本植物幼苗出现在这里。本地鸟类，如鱼鹰、鹰、白鹭等在这里筑巢和捕食。此外，福莱式科尔位置毗邻现有野生动物保护区，并沿着大西洋候鸟迁徙路线，这将为 3000hm^2 的史泰顿岛绿色带（Staten Island Greenbelt）提供最后的连接（Sugarman 2009）。该工程的最终目标是建立一个面积相当于 3 倍多中央公园（Central Park）的大型公园，有足够多的野生生物和许多休闲、文化和教育设施（图 19.6）。

> 在严重退化的城市地区，如垃圾填埋场，能够在人口密集区附近创建新的生物多样性生境。

（A）

（B）

图 19.6 （A）纽约市史泰顿岛（Staten Island）福莱式科尔（Fresh Kill）垃圾场；注意大量的鸥。（B）该地的未来规划蓝图，恢复工作将包括休闲地、自然区域和重建的湿地（A. 来自 Infrastructure：A Field Guide to the Industrial Landscape，版权归 Brain Hayes 所有；B. 图版权归 NYC Parks and Recreation 所有）

19.5 一些重要生态系统的恢复

生态群落的恢复主要集中于湿地、湖泊、草原和森林生态系统。这些环境由于人类活动的强烈干扰已经发生了重大变化，正如下面描述的那样亟待恢复。

湿地

针对沼泽等湿地已经开展了广泛的恢复工作（Halpern et al. 2007）。由于湿地在洪水控制、保持水质和生物群落保护方面的重要性还未被充分认识，湿地经常遭到破坏甚至被填掉。在美国，一半以上的原有湿地已经丧失，特别是人口众多的州，如加利福尼亚州有 90% 以上的湿地已经丧失。尽管单个湿地的丧失看起来并不是很重要，但是许多湿地的集体丧失，经过几年甚至几十年之后，暴雨或龙卷风带来的洪水会造成地势较低区域的财产损失。今天，由于《美国清洁水法案》(Clean Water Act)和“无湿地净损失”(no net loss of wetlands)政策对湿地的保护，那些破坏湿地的大型开发项目必须修复已经破坏的湿地或重建新的湿地，以补偿那些被破坏而没有被修复的湿地(专栏 19.2)(Robertson 2006)。重建原来的水文状态并栽植本地植物已经成为恢复与重建项目的重点。经验表明，这些恢复湿地的项目往往没有很好地体现当地生境的物种组成或水文特征。物种组成、水分运动、土壤以及立地历史常常是不可能完全匹配的。恢复的湿地将被外来的入侵种所占据。然而，恢复的湿地经常有一些原有湿地的植物种类，或至少有相似种类，因而可以在一定程度上发挥原有湿地的生态系统功能，如控制洪水和降低污染，它们通常也是野生动物的栖息地(Meyer et al. 2010)。另外，关于恢复方法的研究可能进一步提高恢复效果。

来自伊拉克的例子阐明了恢复的潜力。一个面积很大的沼泽地覆盖伊拉克东南部地区，这个湿地是有自己独特文化的 7.5 万人的家园，大量鸟类、鱼类以及植物在这里生存。伊拉克前政府抽干了湿地 80% 的水，开发成农田，驱逐当地人。随着前总统萨达姆·侯赛因的下台，当地居民打开大坝，让水重新淹没该区域。到目前为止，多达 20 % 的沼泽地已经恢复，还给野生生物和人们以前的生境(图 19.7)(Richardson et al. 2005；Mohamed et al. 2008)。尽管如此，原初植物和动物的恢复需要几十年的时间。

中国对湿地恢复的研究开展得较晚(崔保山和刘兴土　1999)。20 世纪 70 年代，中国科学院水生生物研究所利用水域生态系统藻菌共生的氧化塘生态工程技术，使污染严重的湖北鸭儿湖地区水相和陆相环境得到很大的改善，推动了我国湿地恢复研究的开展，相继对江苏太湖、安徽巢湖、武汉东湖及沿海滩涂等开展了湿地恢复研究工作。

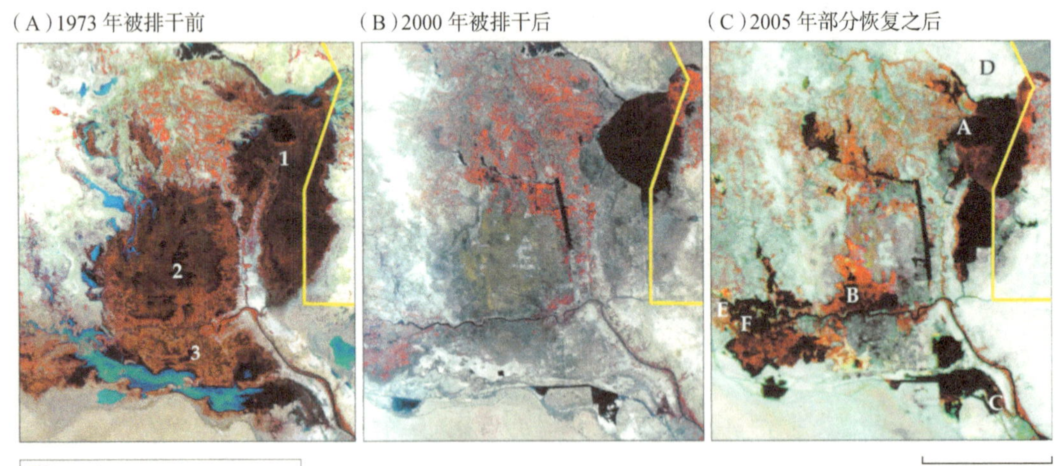

图 19.7　伊拉克沼泽地恢复的地球资源(探测)卫星图像。图像中沼泽地为红色，农田为粉色，湿地为黑色和蓝色。(A)1973 年，沼泽地覆盖了伊拉克南部广大地区，是该区域 40 万阿拉伯人的家园；三个主要的沼泽地标记为 1、2、3；(B)正如 2000 年图像显示，出于政治原因，沼泽地被政府排干；(C)近些年重新为湖泊和湿地注水，已经恢复了一些沼泽植被，主要恢复区在图中标为 A、B、F，其他字母显示抽样点。新的运河仍然可见(来源：Richardson and Hussain 2006；版权归 Curtis 所有)

专栏 19.2　美国基西米河(Kissimmee River)的生态恢复：恢复被渠化的河流为自然状态

美国基西米河原本是一条蜿蜒的天然河流，流经基西米湖(Lake Kissimmee)，一直延伸至佛罗里达州中部的欧基求碧湖(Lake Okeechobee)。它的蜿蜒曲折造就了湿地和泛滥平原纵横交错，各种水鸟、涉禽、鱼类以及其他野生生物在这里生存。基西米河有独特的水文特征。众多的引水湖泊和小溪通往基西米河，加上平坦的泛滥平原、较低的河岸以及低效的排水系统，往往导致频繁的洪水、茂密的植被以及引人注目的野生生物生境。

但是在 20 世纪五六十年代，佛罗里达州城市和农业的快速膨胀时，人们并没有考虑这种快速膨胀是否会影响创造了如此独特生态系统的年度洪水。为了满足人们防洪的要求，基西米河实行河道渠化工程，将本来蜿蜒的天然河流变成了几段近似直线的人工运河，提高了河道的排洪能力，但同时也对河流生态环境造成了严重的负面影响。对生物多样性的负面影响是直接的：越冬鸟的数量急剧下降，为人们提供钓鱼的生境显著减少，天然群落中多样化的涉禽和鱼类被少数物种所取代，如牛背鹭(cattle egret)、雀鳝(gar)和北美鱼(bowfin)(Jones et al. 2010)。随着河道渠化造成的负面影响越来越明显，越来越多的保护组织要求把基西米河恢复为原始状态。开始的恢复计划主要集中于恢复特定的目标种以及河流的功能。渔民要求恢复大口黑鲈(largemouth bass)渔场，周围居民呼吁通过恢复湿地功

基西米河恢复工程包括 36km 长的防洪渠的回填和两个水闸的拆除(S65B 和 S65C)。在这个过程中，水将重新流过 64km 长的河道、季节性洪水将重新淹没两岸的泛滥平原。在 2001 年结束的项目一期，S65B 被移除，13km 的防洪渠被回填，23km 的河道被疏浚。图不是按比例尺绘的，基西米湖到欧基求碧湖的距离大约为 90km(Jones 2010)

能从而提高水质，捕猎者和观鸟者要求提高水禽的生存条件。很明显，恢复工作应该聚焦于恢复生态系统的生态完整性，而不是仅仅恢复物种丰富度。1984 年的示范工程表明了基西米河的恢复从技术上是可行的。

1992 年，美国国会准许恢复大约 1/3 的基西米河，通过回填长达 36km 的运河来恢复泛滥平原（Jones et al. 2010）。为了实现这个目标，联邦和州政府征集了超过 4 万 hm^2 土地，为超过 260 种鱼类和野生物种提供生境，包括濒危的白头海雕（bald eagle）、蜗鸢（snail kite）和林鹳（wood stork）。第一阶段的重建于 1999~2001 年完成，改变了上游水库的运用方式，塑造具有季节性变化的来流条件，使得洪水可以流经大约 3800hm^2 的泛滥平原。在项目开始前、进行中以及完成后都要对生物和非生物环境的关键方面进行评估和监测，从而确定是否实现了恢复目标。第一阶段的恢复取得了令人鼓舞的成绩：溶解氧含量增加，被用来钓鱼的鱼类数量翻倍，涉禽密度增加了 3 倍，鸭类数量增加了 30 倍。

对大型湿地的恢复能够带来有价值的生态系统利益，但也是非常昂贵的。

另外两个阶段的恢复工程于 2009 年完成，项目最终将于 2015 年完成。届时，源头水将会注入河流。生态监测将会在项目完成后五年内进行，直到生态反应趋于稳定。目前为止，总的项目成本大约为 9.87 亿美元，由联邦政府和佛罗里达州政府平摊。虽然成本看起来很高，但是，一个健康的基西米河带来的生态系统功能将是无价的，将成为佛罗里达自然遗产的一个重要部分。

湖泊

湖沼学家（研究内陆水体的化学、生物学和物理学的科学家）已经掌握了对群落生态学和营养结构有价值的信息（Sondergaard et al. 2007）。对湖泊和池塘最普遍的问题是富营养化（cultural eutrophication），这是由于人类活动导致水体中存在过量矿质营养元素所致。富营养化的特征是藻类（特别是蓝绿藻）种群增加，水体透明度降低，氧气浓度降低，鱼死亡，最终导致水中浮游植物等的繁茂。

许多湖泊的富营养化可以通过降低进入水体的矿质营养元素的数量、更好的排污系统，以及转移污染水源来控制。最引人注目和花费巨大的一个例子是伊利湖（Lake Erie）的恢复（LEPR 2008；Markham et al. 2008；Sponberg 2009）。伊利湖是 20 世纪五六十年代北美五大湖中污染最严重的，水质恶化、藻类水华广布、鱼类种群数量减少、商业捕鱼业崩溃、深水氧气缺乏。然而，从 1972 年开始，美国和加拿大政府在废水处理设施上投资超过数十亿美元，把每年流入湖泊的磷含量由 1972 年的 15 260t 减少到 1985 年的 2449t。一旦水质开始改善，本地的捕食性鱼类种群开始自然恢复；州政府也往湖中加入这类鱼苗，因为这些鱼捕食小鱼，而这些小鱼以浮游生物（漂浮在水中的单细胞、无光合作用的生物）为食。随着小鱼数量减少，浮游动物增多并消耗更多的藻类，这样水质就得到了彻底改善。

湖泊恢复既可以改善水质，又可以重建物种组成和群落结构。

具有讽刺意义的是，湖水透明度的提高可能与破坏性的斑马蚌的入侵有关，因为大量的外来蚌类过滤掉了数以吨计的藻类（图 10.10）。湖泊深处的氧气水平得到了显著提高，然而，由于大量外来物种的存在以及被改变的水化学，湖泊很难恢复到原始状态。但是，综合控制水质的措施和数十亿元的投资使得这个大型水域生态系统在很大程度上得到了恢复。

北美草原

北美中部很多以前的小块农田被恢复为北美草原，由于物种丰富，有许多美丽的野花，并且能够在少数几年内完成恢复。北美大草原代表了恢复工作的理想对象（Foster et al. 2009）。

对北美草原恢复工作的一些最早研究开始于 20 世纪 30 年代的美国威斯康星州。尽管恢复中使用了各种各样的技术方法，但基本方法是，在有草地物种的情况下可以选择浅耕、火烧、耙地等措施；如果只有外来物种存在，则可通过机械措施整地或应用除草剂去除全部植被，然后通过移植草皮来重建本地物种，或直接撒播野生或栽培植物的种子（图 19.8）。最简单的方法是从一个自然草地上搜集带有种子的本地干草，然而撒在已平整的土地上。这些本地物种更加可能在缺乏化肥的情况下顺利定居，因为肥料的使用常常有利于非本地物种的生长。当然，重建所有的植物物种、土壤结构以及无脊椎动物可能需要几百年，甚至永远也实现不了这个目标。Cottam（1990）在总结他过去 50 年来关于威斯康星州恢复试验的文章中提到：

（A）

（B）

图 19.8 （A）20 世纪 30 年代末期，民间资源保护队（Civilian Conservation Corps，是美国大萧条期间罗斯福总统旨在提高就业而成立的组织）参加威斯康星大学恢复中西部北美大草原的项目；（B）恢复后的北美大草原（A. 版权归威斯康星大学植物园和档案馆所有；B. 由 Molly Field Murray 惠赠）

> 北美草原的恢复是一件令人激动并有回报的事业。它充满了惊喜、了不起的成功，也有可怕的失败。你会学到很多，通常更多的是“什么不能够去做”，而不是“去做什么”。虽然成功是不容易的，但是，北美草原的植物是有恢复能力的，即便有一个糟糕的开始，最终也可能长成一片美丽的大草原。

北美草原恢复工程同时也具有教育价值，可以鼓励市民去充当保护行动的志愿者。由于北美草原恢复中使用的技术类似于普通公园和农田的恢复方法，所以非常适合志愿者。有恢复工程经历的人们常常变成保护的坚定支持者。芝加哥城市中心区以此类项目著称：有的使用本土草本植物而非草坪植物种在近郊建立草原植被，有的把林地恢复到历史状态——草原。然而，一些针对芝加哥公共土地的草原恢复计划已经遭到社区组织的强烈反对，他们支持维持公园的林地状态。反对者强调在实施恢复工程之前，要花时间与所有利益相关者协商，特别是当地居民。政府官员和生物学家都对这种反对感到震惊（Gobster and Hull 2009）。在这种情况下，这些组织获得了胜利，一些原计划要改为草原的林地被保持了下来。

有人提出了一个颇具雄心的草原恢复计划，让美国的大草原［从达科塔斯（Dakotas）到得克萨斯，从怀俄明到内布拉斯加约 38 万 km^2 的矮草草原］休养生息，或称为“野牛公园”项目（buffalo commons）（Adams 2006）。现在这些地方多是对环境不利且常常无收益的农业和牧业用地，经常需要政府补贴。这个地区的人口正在下降，城镇居民歇业，年轻人也离开了。从生态、社会以及经济的观点看，最好的长期利用方式是恢复成矮草草原生态系统。可鼓励当地人开展环境危害低的主导产业，如旅游业、野生生物管理、低强度的牛或野牛放牧，仅留下最好的土地用于农业。世界自然基金会（WWF）已经开始对蒙大拿州的大草原恢复项目贯彻这个观念，在区域性的保护中把政府和私人土地联合起来。

草原恢复项目在很多城市都受到高度认可，吸引了众多志愿者。有人甚至提出恢复大规模草原及其野生动物的计划。

恢复生态学的一个难题是确定人类到达北美洲之前的生态系统状态。例如，早在 12 000 年前，早期的人类捕获北美哺乳动物导致它们灭绝。有一个有趣的想法：考虑北美大草原是应该恢复到欧洲殖民者定居北美的几百年前的状态，还是人类在北美定居的 12 000 年前的状态。另一个更加大胆的建议是把非洲和亚洲的大型动物，如象、印度豹、骆驼，甚至狮引入到该地区，以重建 12 000 年以前，即人类到达北美洲之前的生态系统（Hayward 2009）。这些提议或计划仍存在争议，因为该地区许多农民和牧民想要继续而不是改变他们现有的生活方式，并且抱怨科学家或政府提出了他们不喜欢的建议。

哥斯达黎加热带干旱森林

一个始于 1984 年的令人兴奋的恢复生态学试验正在哥斯达黎加西北部实施。长期以来，中美洲热带干旱森林大规模地转变成农场和牧场，仅仅只有一些破碎化的热带雨林遗留。即便在这些破碎化的生境中，伐木、频繁的火灾以及捕猎都威胁到剩余物种。当公众的注意力集中于更加迷人的其他热带森林时，对中美洲热带干旱森林的破坏远远没有受到足够的重视。美国生态学家 Daniel Janzen 一直与哥斯达黎加国家公园管理局和当地人员合作，在瓜那卡斯特保护区（Area de Conservación Guanacaste，ACG）对 13 万 hm^2 的陆地和 4.3 万 hm^2 过度捕鱼的海洋生境开展恢复工作（图 19.9）（Allen 2001；Ehrlich and Pringle 2008）。该工程包括制定关键昆虫群体的目录，包括苍蝇、黄蜂、蛾和蝴蝶，使用的方法包括传统鉴定方法和 DNA 条形码技术（Janzen et al. 2009）。

该恢复地区包括边际牧场、低质草地和雨林斑块，恢复措施包括栽种本地和外来树种形成遮阴环境以排除杂草入侵，防止人类引起火灾，禁止伐木和狩猎。最初，利用家畜放牧来控制杂草，当由野生动物传播或风传播种子使得森林开始恢复时，就逐渐停止了放牧。仅仅 25 年时间，这种方法已经把成千上万公顷草场转变成物种丰富的茂密林地，并且有大量的本地动物种群从邻近的干旱森林生态系统迁徙进来，但这个地区原来的森林结构可能需要 200～500 年才会重新恢复。

(A)

(B)

(C)

图 19.9 瓜那卡斯特保护区(Area de Conservación Guanacaste, ACG)是恢复生态学中的一次试验，也是恢复已破碎化的哥斯达黎加热带干旱森林的一次尝试。(A)贫瘠的草地与零星的森林受到牛的过度啃食，并经常发生火灾;(B)在连续 17 年没有放牧和火灾影响下，本土树木和其他物种在这个幼龄森林中重新定居;(C)来自于美国的生态学家 Daniel Janzen 是瓜那卡斯特恢复工程背后的强有力的推动者。这里，他与哥斯达黎加两位商人讨论生态旅游发展方案(照片由 Daniel Janzen 惠赠)

该项恢复工程的创新之处在于居住在此地的瓜那卡斯特保护区的所有 95 个哥斯达黎加工作人员，与从事研究和其他特殊工程的 55 个人一起工作。瓜那卡斯特保护区为员工提供了培训和晋升的机会，为员工的孩子提供教育机会，对曾是农牧场的土地进行充分的开发利用。保护区从当地社区选择雇员，而不是使用稀缺的资源来引进咨询人员。在瓜那卡斯特恢复工程中的关键组成部分是生物文化恢复(biocultural restoration)。项目组成成员给邻近学校的学生讲授基础生物学和生态学知识。每年，他们为周围学校小学 4～6 年级的 2500 名学生以及市民们讲课。Janzen(引自 Allen 1988)坚信：在乡村地区如瓜那卡斯特，为人们提供认识大自然的机会是国家公园以及被恢复区域的一个最有价值的功能：

> 公众迫不及待地想要接触可以提供给他们的各种教育要素——生物学、音乐、文学、政治学、教育等其他方面……生物文化恢复的目标是让人们了解他们祖辈曾经拥有的自然历史。他们现在已经受到了文化上的剥夺，好像他们已不能再阅读、聆听音乐或者观看多姿的自然。

这种教育模式已经为社区人员进行了自然保护扫盲，人们的看法已经开始转变，认为瓜那卡斯特保护区为所有人提供了一些有价值的东西，把保护区看成是为社区制造“野生资源”的大牧场，而不仅仅是一个“国家公园”。

2009 年，瓜那卡斯特保护区恢复项目的土地购买和公园管理的资金总额达到 5600 万美元，包括来源于哥斯达黎加政府、8500 名个人、40 个机构和基金会，以及 9 个国家的捐助。因为公园非常接近泛美高速公路(Pan-American Highway)，每年有 170 万美元的生态旅游收入。在生态、科研以及教育设施的扩大过程中新增的岗位为当地社区特别是对自然和保护教育感兴趣的人们提供了非常重要的收入来源。为了让这种成功的模式持续，瓜那卡斯特保护区必须确保公园开发以及管理计划要整合社区需求和恢复需求，使两者都得到满足。同时，在科学家设计和实施的项目中，需要获得基础和应用信息以促进恢复生态学科的发展。

该恢复工程之所以实现了如此多的目标，并吸引了众多的媒体关注，很大程度上是由于有一位表达能力超强的著名生态学家 Daniel Janzen，他为这个事业奉献了自己毕生的时间和精力（Laurance 2008a）。他的激情和梦想已经鼓舞了许多人加入到这项事业中，他是一个经典例子，证明了一个人在保护事业中的可以发挥重大作用。

19.6 恢复生态学的未来

恢复生态学是保护生物学里发展迅速的方向之一，有自己的学会——国际恢复生态学会（the Society for Ecological Restoration），以及自己的刊物《恢复生态学》（*Restoration Ecology*）和《生态恢复》（*Ecological Restoration*）。科学家们充分利用已发表的更多研究成果，制订恢复计划，并对项目的实施与管理提出意见和建议，尽量将退化生态系统恢复与生物多样性保护相结合。已恢复的土地可以为保护生物多样性提供新的机会。需要强调的是，保护生物学家必须努力确保恢复项目是合法的，不要变成一些环境污染企业的面子工程，仅对经营感兴趣（Ehrlich and Pringle 2008）。不能在容易看到的地方建一个 5hm^2 的“示范项目”以补偿在别处的数千或数万公顷的土地破坏，保护生物学者不能接受这样的项目。通过在一个新的地点构建一些相似物种集群来试图缓和对完整生物群落的破坏几乎不会成功，因为不会为相同的物种提供适宜的生境，也不能提供相似的生态系统功能，因此，恢复生态学家需提防这样的项目。最好的长期策略是在自然状态下开展生物群落的保护和管理，只有这样，我们才能确信所有物种和生态系统的长期存在是可能的。

> 生态恢复是环境保护中越来越重要的工具，但是保护现存的生物多样性仍然是首要目标。

小结

1. 生态恢复是重建已经退化、受损甚至严重破坏的生境中种群和整个生态系统的实践。恢复生态学是研究这类生态恢复的学科。如果整体恢复不可能或者太昂贵的话，对特定物种或者生态系统功能的部分恢复是合适的目标。
2. 在退化或废弃地特别是没有其他价值的地方建立新的群落，如湿地、森林和大草原，为提高生物多样性提供了机遇，也提高了生活在周围地区人们的生活质量。恢复生态学通过检验我们利用本地种重建生物群落的能力，也为群落生态学提供了新的视野。
3. 生态恢复工程始于消除阻止生态系统恢复的因子，然后有机组合地点选择、生境管理和重新引入原始种，使得群落慢慢地重新获得物种和指点参考地点的生态系统特征。对生境的恢复需要监测以确定是否按照原初的物种组成和生态系统功能重建。
4. 在一个地点建立新的生境从而取代在其他地方丧失的生境，称为“补偿性减缓”，这种方法有一定的价值但并不是有效的保护策略。最好的策略仍然是保护自然发生的种群和群落。

讨论题

1. 恢复生态学家正在提高他们恢复生物群落的能力，这是否意味着生物群落能够建到人类活动区周围，也不会阻止人类活动的进一步扩张？
2. 你能用什么方法和技术来监测及评估恢复项目的成功程度？你建议用多大的时间尺度？
3. 你认为最容易恢复的生态系统有哪些？最难的呢？为什么？
4. 由于非洲地区人口膨胀加上贫穷、战乱和环境破坏，保护行动显得异常艰辛。想想生长在非洲维龙加山脉（Virunga Mountains）的高山大猩猩的困境吧。如果不大可能在本土保护这些大猩猩，为何不在社会更安定的地方，如哥斯达黎加、墨西哥或波多黎各高山种植一些非洲植物，然后在这个地方释放大猩猩种群？这样可行吗？如果把这种方法扩展到在墨西哥退化牧场创造整个非洲萨瓦纳生态系统，并引入草食类动物和捕食者，这样效果如何？这种恢复方法的优点和缺点都有哪些？

推荐阅读

Adams, J. S. 2006. *The Future of the Wild: Radical Conservation for a Crowded World.* Beacon Press, Boston. 作者为野生生物保护提供一个恢复和管理大片土地的途径。

Allen, W. 2001. *Green Phoenix: Restoring the Tropical Forests of Guanacaste, Costa Rica.* Oxford University Press, Oxford. 生动地描述了 Dan Janzen 恢复哥斯达黎加干旱森林的使命。

Clewell, A. F. and J. Aronson. 2006. Motivations for the restoration of ecosystems. *Conservation Biology* 20: 420-428. 各种原因驱动着生态系统的恢复，在此过程中保护生物学家需要有所贡献。

Christian-Smith, J. and A. Merenlender. 2010. The disconnect between restoration goals and practices: A case study of watershed restoration in the Russian River basin. *Restoration Ecology* 18: 95-102. 数以百计的小型恢复项目并没有说明引起退化的主要驱动力。

Craig, L. S., M. A. Palmer, D. C. Richardson, S. Filoso, E. S. Bernhardt, B. P Bledsoe, et al. 2008. Stream restoration strategies for reducing river nitrogen loads. *Frontiers in Ecology and the Environment* 6: 529-538. 氮含量高的小溪是旨在降低污染的恢复工作的首选。

Dodds, W. K. and 7 others. 2008. Comparing ecosystem goods and services provided by restored and native lands. *BioScience* 58: 837-845. 恢复工程十年之内，被恢复的生态系统能够提供 31%～93% 的土地收益。

Falk, D. A., M. A. Palmer, and J. B. Zedler（eds.）. 2006. *Foundations of Restoration Ecology: The Science and Practice of Ecological Restoration.* Island Press, Washington, D. C. 关于这个快速发展领域的重要信息资源。

Gobster, P H. and R. B. Hull. 2009. *Restoring Nature: Perspectives from the Social Sciences and Humanities.* Island Press, Washington, D. C. 包括一些不同寻常的讨论，内容包括哪些人能够在城市恢复中做决策，哪些人应该负责实施。

Helfman, S. G. 2007. *Fish Conservation: A Guide to Understanding and Restoring Global Aquatic Biodiversity and Fishery Resources.* Island Press, Washington, D. C A comprehensive overview of marine and freshwater fish diversity and fishery issues. 海洋和淡水鱼类多样性以及渔业问题的综合概况。

Humphries, P. and K. O. Winemiller. 2009. Historical impacts on river fauna, shifting base lines, and challenges for restoration. *BioScience* 59: 673-684. 海洋和淡水物种已经受到过度捕捞，应该在恢复中考虑它们。

Meyer, C. K., M. R. Whiles, and S. G. Baer. 2010. Plant community recovery following restoration in temporarily variable riparian wetlands. *Restoration Ecology* 18: 52-64. 由于生境和气候的多样性决定了

恢复后的响应也是千差万别的。

Restoration Ecology and *Ecological Restoration*. 查阅这两种期刊，看看该领域的进展。很多大学的图书馆可以下载这两个刊物的文章，网址：www. ser. org。

Rodrigues, R. R., R. A. F . Lima, S. Gandolfi, and A. G. Nave. 2009. On the restoration of high diversity forests: 30 years of experience in the Brazilian Atlantic Forest. *Biological Conservation* 142: 1242-1251. 降低成本，在景观尺度上开展恢复工作，要考虑社会和政治因素，这些都是恢复实践中面临的主要挑战。

Suding, K. N. and R. J. Hobbs. 2009. Threshold models in restoration and conservation: A developing framework. *Trends in Ecology and Evolution* 24: 271-279. 由于生态系统会迅速改变，这对恢复提出了挑战。

Swetnam, T. W., C. D. Allen, and J. L. Betancourt. 1999. Applied historical ecology: Using the past to manage the future. *Ecological Applications* 9: 1189-1206. 对生境历史的了解在恢复工作中是很重要的。

Switalski, T. A., J. A. Bissonette, T. H. DeLuca, C. H. Luce, and M. A. Madej. 2004. Benefits and impacts of road removal. *Frontiers in Ecology and the Environment* 2: 21-28. 道路是可以去除的，但是太费钱而且很困难。

（杜彦君 编译，蒋志刚 马克平 审校）

第Ⅵ篇

可持续发展遇到的挑战

第 20 章

地方和国家水平上的保护与可持续发展

就像我们看到的那样，在为人类提供经济利益的同时，保护生物学中的许多问题需要多学科的途径去实现生物多样性的保护目标(McShane and Wells 2004)。在专栏 1.1 中展示的巴西海龟保护项目描述了这样一个方案：保护生物学家雇用本地渔民为保护工作者，建立旅游和科教设施，为当地人提供医疗服务和文化培训，为政府建立新保护区和保护立法提供信息支持。

全球的保护生物学家都在地方和国家水平上积极工作以求建立这样的新颖途径。本章审视了一些在地方和国家水平上采用的，往往结合了政府机构、私人保护组织和当地居民参与的，用于促进保护计划顺利完成的策略。因为许多土著人生活在世界上生物多样性最丰富的地区。本章也介绍了作为保护生物多样性重要一员的土著人如何保护他们生存的土地。最后，本章以这些行动的简要评估为结束，并提出一些可能的改进建议。

就像曾讨论过的那样，保护生物多样性的努力有时会与现实或潜在的其他人类需求相冲突(图 20.1)。许多保护生物学家、决策者和土地管理者都认识到了**可持续发展**的必要——经济发展要同时满足当今与未来在资源和就业方面的需求，还要尽量减小对生物多样性的负面影响(Holden and Linnerud 2007)。可持续发展与传统的**不可持续发展**方式不同。不可持续发展

图 20.1　可持续发展首先要明确人类发展和自然保护之间存在的冲突（照片版权：Lazar Mihai-Bogdan/shutterstock and George Burba/shutterstock）

不能长期存在的原因是它们将摧毁或者耗尽所依赖的资源（Pollan 2007）。

> 可持续的经济发展目标是满足当前与未来的人类社会的需要，同时保护物种、生态系统和生物多样性的其他方面。

当今许多经济活动几乎无法采取环境友好的途径进行，最终破坏或者耗竭了环境资源，因此可持续发展的理念非常必要。就像一些环境经济学家所描述的那样，**经济发展**是指效率或者组织上的改进，不一定导致资源消耗的增长。经济发展和**经济增长**有明显的区别，后者定义为伴随着资源消耗的物质增长。可持续发展强调了促进当前经济发展并限制不可持续的经济增长，因此它在生物多样性保护中是个有用且重要的概念。

在这个定义下，投资国家公园基础设施促进生物多样性保护并让当地居民有更多机会增加收入，将减少破坏性的伐木和渔业，是可持续发展的良好方式。但很不幸，“可持续发展”一词经常不准确地被过度使用，并且常常被曲解。很少有政客或者商人愿意宣称他们反对可持续发展。许多大公司以及它们资助的政治组织，曲意使用“可持续发展”的概念“绿色化”他们的工业活动，而在实际行动中少有变化。

例如，在原始森林中进行的一个巨大采矿活动，即使它将所占土地的一部分建为公园，也不能定为可持续发展。相似地，建造填满“高效节能”设备的大房子和装载了最新节能技术的超大 SUV，如果其净结果是能源使用增加的话，仍然无法认为这是真正的可持续发展或者“绿色技术”。另一方面，有些人走向了另一个极端，宣称“可持续发展”是指地球的大量表面都限制任何开发，必须保持或者如果可能的话恢复到原始状态。在所有类似的争议性事件中，所有的相关科学家和民众都必须认真地研究这个问题，鉴别相关利益团体所鼓吹的立场及其原因，然后小心地做出最能满足人类社会和保护生物多样性两方面需求的决定。这种显然的冲突双方必须有某种形式的妥协，许多情况下是以政府决策和法律为基础，在政府机构和法院中得到解决（专栏 20.1）。

专栏 20.1 “绿色”能源有多清洁?

当前全球巨大的二氧化碳释放量和人类依靠化石燃料(煤、石油和天然气)的程度,意味着人们要采取一些相关措施去应对当前及未来气候变化会带来的损害(McKibben 2007)。这些措施主要集中在各种可再生能源,从风能、生物能到太阳能,但在通常的争论中,往往忽视这些“绿色”能源直接的生态影响。

风能作为可行的全球分布的电力来源被广为推广(Lu et al. 2009),但电力风车对野生动物产生显著威胁。最近的研究表明,大量迁徙的蝙蝠和鸟类,特别是猛禽类,常因撞击风车而丧生,当风车建在迁徙路线上时情况更为严重(Kunz et al. 2007;Horn et al. 2008)。风车限制了美国中部大平原艾草榛鸡的分布,导致了这些濒危动物生境的破碎化(Pruett et al. 2009)。减少对野生动物伤害的关键是建设转速较慢的风车便于蝙蝠和鸟类躲避,并让风电场远离已知的迁徙通道。风车旋转的噪声也会干扰附近的居民,在风电场选址时应予考虑。

生物能源,如玉米乙醇,是另一个潜在的绿色能源。植物中的碳来自大气而不是化石燃料,理论上可以让完全使用生物能源的汽车或者发电站不产生额外的碳排放。这需

> 跨学科方法、当地社区参与和重要生境与物种的恢复是保护生物学的成功做法。

要增加玉米生产来满足增长中的乙醇需求,然而这会放大它的负面环境影响,包括加剧土壤侵蚀和使用更多的除草剂与肥料导致水源污染。生产生物能源的农田面积的增长也以本地生境和生物多样性为代价(Danielson et al. 2009)。统计表明,玉米乙醇和其他生物燃料的生产实际上还是需要大量的化石燃料,超过了它所声称的环境效益(Bourne 2007)。整个社会最能获益的方式可能是使用废弃的植物材料而不是种植专门的作物,作为农业和林业的副产品生产生物能源。

> 社会可持续发展需要包括风能、生物能和太阳能在内的可再生能源,但也需要评估其环境影响。

太阳能是解决能源危机的途径之一,但同样带来环境问题。如果要在国家的能源结构中占据一席之地,建设和维护太阳能设施需要大量的土地、水和其他材料。在洛杉矶和圣地亚哥附近的斯特灵能源系统(Stirling Energy Systems)项目,计划在沙漠里建设

绵羊在为周边村镇提供能源的风车下吃草。这样的风电场会显著影响野生动物,需要谨慎考虑其设计和布局(照片版权 ©Otmar Smit/Shutterstock)

6万个太阳能接收单元，可能带来对许多沙漠生态系统尚不为人知的负面影响（Carroll 2009），那里许多珍稀濒危物种的生境必然受到冲击和破碎化。要满足美国的能源需求需要3万 km^2 面积（大概佛蒙特州或者比利时那么大）的太阳能电池板。这听起来很大，但它还不到美国屋顶和其他硬化地面面积总和的25%，这是比开阔地更适宜的安装太阳能电池板的地方（Parfit 2005）。

减少化石能源消费和温室气体排放的重要性毋庸置疑，全部转变为依靠可再生能源在环境保护上并非高明的做法。我们要评估各种能源并仔细规划其可持续性，而不是解决了旧问题却又带来新问题。

20.1 地方水平的保护

在地方层面上保护生物多样性最有效的策略是将原始生物群落设计为自然保护区或者保护用地，将公共用地根据各种保护目标划出，为将来增加选择机会。例如，政府部门购买土地建立用于休闲的公园、保护生物多样性的保护区、木材生产和其他用途的森林，维护集水区保证水源供应等。在一些情况下，具有公共精神的公民直接购买土地捐赠给保护组织。这些人很多都得到政府在税收方面的鼓励。

土地托拉斯

在许多国家，非营利性的私人保护组织是大量获得土地并用于保护的主要力量（Gallo et al. 2009）。在荷兰，大概一半的保护土地归私人所有。仅仅在美国，超过1500万 hm^2 的保护地由大约1700个地方上的土地托拉斯所有，它们都是私有的、非营利性的为保护土地和自然资源而建立的组织（www.landtrustalliance.org）。在国家水平，主要的组织如大自然保护协会和奥杜邦学会一起在美国保护了另外的1000万 hm^2 的土地（参见专栏16.1）。

土地托拉斯在欧洲很普遍。英国国民托拉斯（the National Trust）拥有超过360万成员和5.2万志愿者，拥有25万 hm^2 土地，很多是农田，包括57个国家级自然保护区、466个特殊科学价值保护地、355个杰出自然景观点，以及4万个考古遗址（图 20.2）。在英国众多的土地托拉斯中，最著名的要数皇家鸟类保护学会（RSBP），拥有超过100万成员，管理着大约13万 hm^2 的200个保护区（www.rsbp.org）。RSBP 拥有大约4500万美元的年收入，活跃于全球的鸟类保护事务中。这些保护区大部分都强调自然教育，经常跟学校课程相结合，也有一些其他土地托拉斯集中在流域保护、本土农业保护或者一些特定的物种。这些私人保护区网络被合称为CART——保育、福利和休闲托拉斯（Conservation, Amenity, and Recreation Trusts），代表其多样的目标。

> 私人保护组织以土地托拉斯的形式保护了数百万公顷的土地。土地拥有者的其他土地安排，如地役权和限制开发的协定，增加了保护生物多样性的土地面积。

除直接购买土地外，政府和保护组织可以较低的不动产税或其他的税收利益鼓励土地拥有者放弃开发建设或者分割销售土地的权利，从而获得保护地役权（conservation easements）用于保护（Armsworth and Sanchirico 2008）。有时候政府或

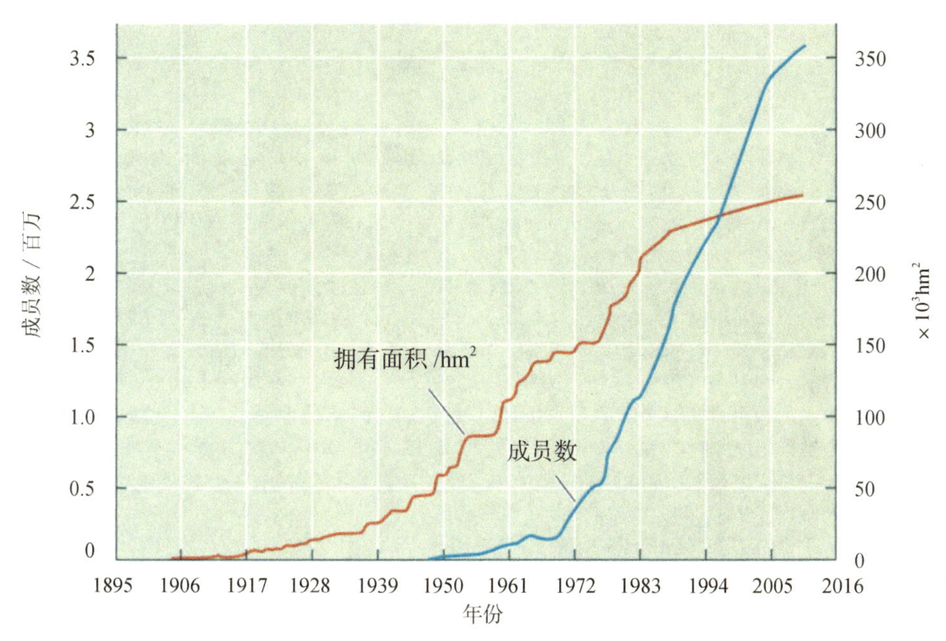

图 20.2　英国国民托拉斯的会员从 19 世纪 60 年代开始快速增长，拥有的土地也相应地增长；到 2010 年，会员数量超过 360 万人（依据 Dwyer and Hodge 1996）

者保护组织购买土地的开发权，以弥补土地拥有者不向开发商销售开发权的损失。对许多土地拥有者来说，接受保护地役权是有吸引力的选择：在继续拥有土地的情况下他们也能获取经济利益并在保护项目中有很好的参与感。当然，较低的税收或其他金钱补偿并非总是必需的，许多土地拥有者志愿在没有补偿的情况下接受生物多样性保护带来的约束。

土地托拉斯或者政府机构所采用的另一个策略是有限开发，通常也理解为保护性的开发（Milder et al. 2008）：土地拥有者、开发商和保护组织达成协议，允许土地部分进行商业开发，其余的通过保护地役权保护起来。有限开发允许建设必要的建筑和其他基础设施，这些都是人类社会发展的需求。由于与保护区相邻，开发地区能更好地升值，因此，有限开发项目往往能取得成功。

政府与保护机构可以通过其他机制进一步鼓励私人土地的保护，包括当土地拥有者停止破坏性活动或者采取积极措施时进行补偿（Matta et al. 2009）。保护租赁（conservation leasing）的方式是付费给那些积极进行保护行动的私人土地拥有者。任何有利于保护的管理措施，如除草、有控制的火烧、建立人工鸟巢、栽植本土植物等，都会得到减税或报酬。在有些情况下，仍然允许私人土地拥有者在将来对土地进行开发，即使濒危物种已经在那里生存。一个相关的设想是环保金融体系（conservation banking），例如，一个土地拥有者有意保护一个濒危物种或者受保护的生境类型（如湿地），或者恢复了退化生境，或者建设新生境（Dreschler and Watzold 2009），而开发商因为在其他地方的建设项目破坏了相似生境可以为这些新生境的保护提供补偿。这些补偿资金可用于新建立、恢复生境或者进行保护管理，保护生存在那里的濒危物种（Roberston 2006）。一个相关的项目是为生态系统服务付费（payments for ecosystem service，PES），参加项目的土地拥有者通过开展特定的保护活动而得到报酬（图 20.3）

(A)

(B)

图 20.3 不同的规则和管理方式能产生不同的保护结果。(A)南佛罗里达的一个农业改良化的牧场，使用非本土的植物和化肥。(B)如果提供保护津贴，牧场主能够维持拥有许多佛罗里达本土植物的原生大草原，减少化肥使用(来自 Bohlen et al. 2009；照片作者 Patrick Bohlen and Carlton Ward Jr.)

(Bohlen et al. 2009)。土地拥有者通过生境保护(如停止砍伐)或者生境恢复(如植树造林)也可获得碳排放信用额，然后作为燃烧化石燃料的碳排放权，与政府和国际公司进行交易，获得收入(Kiesecker et al. 2009)。保护特许权(conservation concessions)是保护组织与伐木公司或者其他采掘工业竞争土地使用权的途径。这些保护项目的问题是它们必须持续地监测，以保证相关协议的实施(Czech 2002；Wunder et al. 2008)。

公众观念也会是一些问题的来源。土地托拉斯的保护活动有时候被诟病为精英主义，因为只有那些足够富裕的土地拥有者能有土地用于保护活动并从低税收中获益。另一些人认为土地的其他用途如农业或者商业活动会更有生产力。从政府的角度看，虽然信托中的土地税收较少，但其损失可以从与保护区相邻的房子及其他不动产的升值中产生的更多不动产税得到弥补。而且，保护区中的人员雇佣、休闲活动、旅游和研究项目，会通过当地经济发展产生收益。最后，通过保护重要的自然景观和生物群落，自然保护区也保护并发扬了当地社群的文化遗产，有益于可持续发展。

本节及本书中其他地方描述的保护活动的指标需要持续地监测，以保证法律规章的效力，保证各种保护协议都得到执行，特别是在那些环境恶化形势难以逆转的地方更是如此。例如，一个开发商同意现在的开发规模并承诺保护一片森林，但获得开发许可之后无视保护协议砍光了树。到采取行动去阻止的时候，森林已不复存在，再也难以恢复。甚至即使应用了诸如罚款或者撤销合同等约束手段，只要开发商觉得开发的潜在利益更大，管理者和官方也经常迁就既成事实而让开发商在被清理的土地上继续开发。保护工作者应提高认识，让公众和司法系统认识到环境保护的毁约行为与对个人财产的侵犯同样严重。

> 保护目标不能简单地通过获取土地来实现，就像持家、种菜和付账一样，保护项目需要保持警觉，且用心管理。

地方立法

在物种和生境的保护与社会需求之间寻求合理平衡的大部分行动，有赖于相关的公众、保护组织和政府部门的动议。这些动议的结果经常形成环境规章或法律。行动往往有多种形式，但都是从个人或集体决定开始，阻止对生境和物种的破坏，以保护在经济、文化、生物、科学或者娱乐上具有潜在价值的东西。最近几十年非政府组织（NGO）的发展令人瞩目，尽管很多NGO是地方性的，但国际性的NGO已多达4万个（图 20.4）。很多NGO鼓励人们去保护环境，推动公民福利，帮助组织和培训公众去实现保护目标。

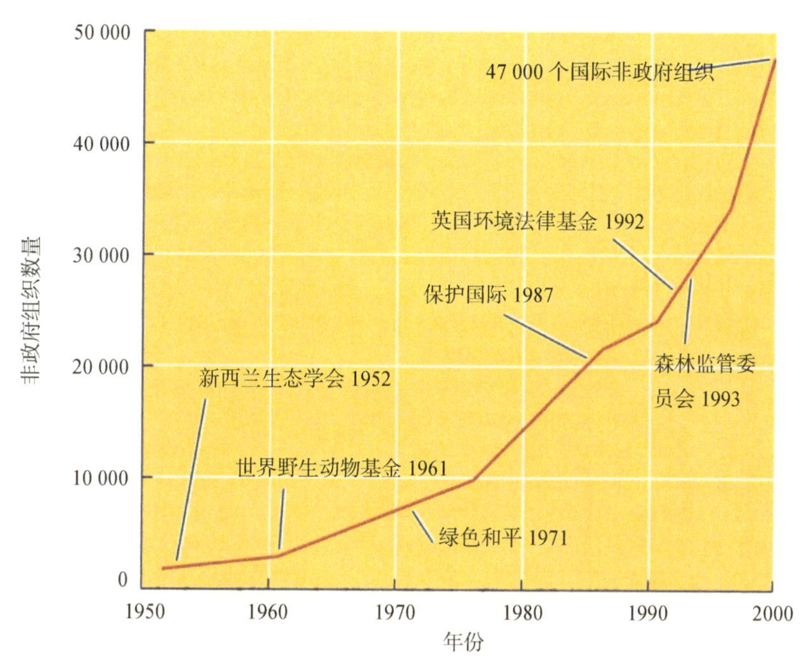

图 20.4 从 1950 年开始，国际非政府组织的数量有了巨大的增长；其中很多致力于保护环境、推动人民福利和游说政府采取跟保护有关的行动（根据 WRI 2003）

在现代社会，地方政府通过法律法规来有效地保护物种和生境，同时也努力满足社会长期需求（Saterson 2001）。这些地方法律法规通常但不总是与国家法律相当或者有时更严格。这些法律法规能够通过的原因是公众和政治领袖觉得他们代表了大部分人的意愿，在为社会提供长期利益。大多数保护法律法规限制了能直接影响生物和生态系统的活动，规范了何时何地可以打猎或捕鱼，可以使用的工具、陷阱和其他装备，以及可以带走的猎物的尺寸、数量和种类。这些保护法令通过渔猎许可证制度和渔猎场管理、持枪护林员巡逻，进一步加强了约束。在一些保护区域则完全禁止渔猎活动。相似的法令限制了植物、海草与贝壳动物的采集，阻止野生动植物贸易。这些限制措施已长期应用于鲑鱼、鹿类，以及有观赏价值的植物，包括兰花、杜鹃花和多肉植物。此外，还发展了一些新动议对其他产品如观赏鱼和木材的来源进行确认，确认其野外种群没有被非法的渔猎或采集所耗竭。

约束土地利用方式的法律是保护生物多样性的另一个途径。这些法律包括对土地利用的获取或扩展、利用类型、污染的产生进行约束。例如，机动车甚至行人都被限制接近一些对破坏极为敏感的生境或自然资源，如鸟类巢区、沼泽、沙丘、野花生境斑块和饮用水源。非控制的火灾往往对生境造成严重破坏，所以可能造成火灾的情形如营火被严格限制。土地规划分区法有时阻止在敏感的地区如沿岸沙滩、冲积平原上进行建设开发。湿地因为在削减洪水、保持水质、维持野生动物的生存等方面的价值而经常被严格保护。即使允许开发，建设手续也受到越来越严格的审查以保证不对濒危物种和生态系统，特别是对湿地造成破坏。对于大部分地区和国家的项目，如水坝、运河、采矿和冶金工业、石油开采和高速公路建设，为了避免对自然资源和人类健康非故意的损害，在项目开工之前对所有潜在的环境影响进行评估是必不可少的。要做好环境评估，指出项目对环境可能的破坏，从而使这些项目可以用相对环境友好的方式开展。

在地方水平上跟保护有关的法律法规的表决与实施有时会形成情绪化的社会响应，导致社群的分裂甚至发生暴力。为了避免这种适得其反的结果，保护生物学家必须说服公众：深思熟虑之后可持续地利用自然资源，从长远来看会为社会带来最大的利益。公众必须能在破坏性的快速开发中所获得的利益之外看待问题。例如，村庄经常要限制水源区的开发以保障饮水供应，这就意味着不能在这些敏感的地方建房子或者商业设施，土地拥有者也应该因为放弃了开发机会而得到补偿。保护生物学家要清楚地将这些原因与法令限制联系起来。那些受到法令影响的人们如果了解了减少当前消耗而带来长期利益的重要性，可能成为保护自然资源的盟友。这些人必须在整个决策过程中保持随时知会并提供咨询。使用最直接的科学证据进行良好地沟通、协商和妥协，解释立场、规则和法令限制，是保护工作者需要具备的重要能力——在一个人的事业中光有热切的信仰是不够的。

20.2 国家水平的保护

全球的大部分地区，中央政府在保护活动中起着领导作用（Zimmerer 2006）。在西方，政府可以用税收购买新的土地用于保护。保护目标主要是水源保护区、密集城市化区域附近的开阔地、濒危物种栖息地以及与现有保护地相邻的区域。在美国，有特殊的资助机制，例如，建立了土地遗产倡议和土地与水体保护基金，购买土地用于保护目的。中央政府也能通过对土地拥有者给予现金补贴、许诺税收减免等方式强烈地影响私有土地上的保护活动。

国家公园建设是特别重要的保护策略。国家公园往往是许多国家唯一的大宗保护土地来源。例如，哥斯达黎加国家公园保护地达 62 万 hm^2，占据国家陆地面积的 12%（www.costarica-nationalparks.com）。在保护区之外，森林破坏的速度相当快，一段时间之后国家公园可能是整个国家唯一未受干扰的生境和自然产品的来源，如木材。2009 年，美国国家公园系统在 391 个地点保护了 840 万 hm^2 的土地；美国政府还拥有 550 个国家野生生物避难所，占地面积达 6200 万 hm^2；土地管理局和国家景观保护系统拥有 886 个保护区，覆盖了 1100 万 hm^2 的面积和许多国有森林。

在中国，各级政府和林业、环境保护和农业等部门同样是建立各种保护地的主导力量。截至 2011 年底，中国已建立各种类型、不同级别的自然保护区 2640 个，占国土面积的 14.93%，其中国家级自然保护区 335 个，初步形成了类型较齐全、布局较合理、功能较健全的全国自然保护区网络；已建立国家级、省级和县（市）级森林公园 2747 处，其中国家级森林公园 746 处，森林公园规划总面积超过 1700 万 hm^2，占国土面积的 1.78%；已建立国家级风景名胜区 187 处，面积 841.6 万 hm^2，占国土面积的 0.88%；国家湿地公园试点 100 处，国家地质公园 138 处。全国各类保护区域总面积约占国土面积的 17%。此外，我国还建立了国家级海洋特别保护区 17 处，国家级畜禽遗传资源保护基地 113 处。

国家立法

国家立法机构和政府部门是立法规范环境污染的主体。法律在立法机构通过之后以规章制度的形式由政府部门实施，能影响有害气体、污水和固体垃圾的排放与处理，促进水体的恢复，保护诸如饮水、森林、渔钓捕捞等人类的健康和财富之源，也保护了可能被环境污染或其他人类活动所破坏的生物多样性。例如，空气污染能够加重人们呼吸系统疾病，也能破坏森林和生物群落；对水源的污染和破坏也能杀死陆生和水生生物，如两栖爬行动物和鱼类。因此，这些法律的实施水平体现了一个国家保护其公民和自然完整性的决心。

中央政府也能也能通过对国界、海关和和商业贸易的控制对生物多样性保护产生切实的影响。为了保护森林和规范其利用，就像泰国经过灾难性的洪水之后所做的那样，政府可以禁止砍伐；也可以限制原木的出口，如印度尼西亚；还可以对破坏环境的伐木公司罚款。一些破坏环境的采矿也应该被禁止。运送油料和化学品的方法也可以得到规范。保护生物学家可以向政府官员提供关键信息用于建立必需的政策框架，并将形成的法律和规定用于生物多样性保护。

为了阻止稀有物种被过度利用，政府可以限制这些物种的加工，并通过法律和一些国际协定，如濒危野生动植物种贸易国际公约（CITES）控制这些物种的进出口。美国政府通过 CITES 的履约和野鸟保护法案限制了濒危热带鹦鹉的贸易。触犯这些法规的人被抓住后将面临罚款或者监禁。国家政府也能通过规范所有外来物种的进口来避免入侵性物种的进入。

最后，中央政府能鉴定其境内的濒危物种并逐步加以保护，如寻找并保护这些物种的生境，控制这些物种的利用，开展研究项目，执行就地和迁地保护计划。欧洲国家的濒危物种保护是通过将国际公约如 CITES 和国际湿地公约的国内立法实施的，IUCN 编撰的全球物种红色名录和国家红色名录的濒危物种可能通过立法进行保护（Fontaine et al. 2007）。欧洲国家通过欧盟采纳的法令保护物种和生境，其中包括早先的欧洲野生动物与自然栖息地公约（Bern Convention）。有些国家或许有额外的法律，例如，英国的野生动物与乡野法案 1981（Wildlife and Countryside Act 1981）保护了濒危物种占据的生境。

> 中央政府在国境内保护指定的濒危物种，建立国家公园，实施环境保护法。

迄今为止，对哥斯达黎加加勒比多尔督雷诺海滩的绿海龟（*Chelonia mydas*）种群恢复的影响因素已有许多解释（图 20.5）。经过几十年过量捡拾海龟蛋之后，哥斯达黎加政府采取了一系列行动来保护这个濒危物种。首先，政府在 1963 年禁止捡拾龟蛋和捕获成年个体；1970 年，政府建立了多尔督雷诺国家公园以保护整个区域。保护活动逐渐从禁止捕捞海龟和强调产卵海龟的价值转向旅游业。尼加拉瓜和相邻的国家也签署了 CITES 并采取了保护措施。作为这些联合行动的结果，在海滩上筑巢产卵的绿海龟种群从 1970 年来增加了超过 3 倍（Troëng and Rankin 2005）。

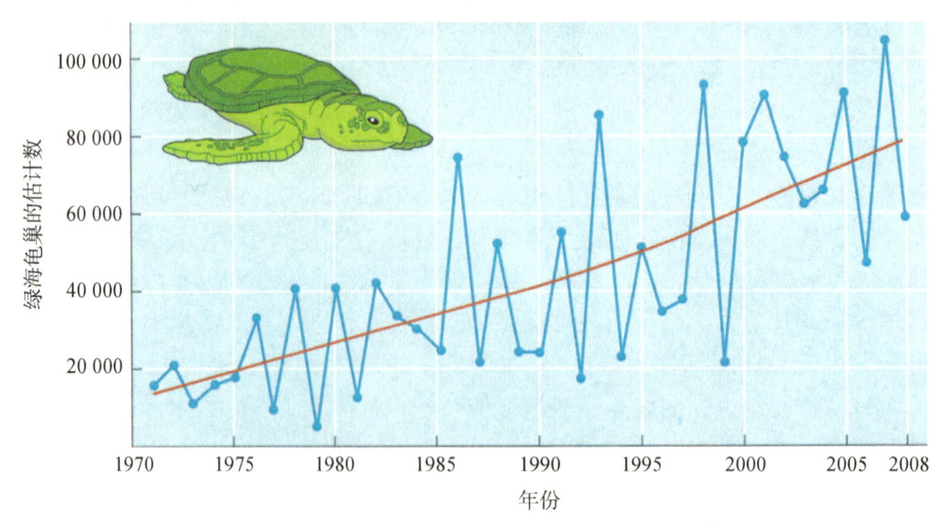

图 20.5 自 1963 年政府采取一系列保护措施开始，在哥斯达黎加多尔督雷诺海滩筑巢的海龟数量快速增长。年际龟巢数量变动很大，红线表示数量变化的大致趋势（基于 Troëng and Rankin 2005 的数据并更新了加勒比保护组织的数据）

有趣的是，国家立法保护物种的努力受到许多文化因素的影响。一些文化偏好的物种得到了强烈的保护同时另一些濒危程度相当的物种却没有得到所需要的保护。在英国，讨人喜爱且常见的刺猬（*Erimaceous europaeus*）和獾（*Meles meles*）比许多真正濒危的昆虫物种受到了更多的保护（Harrop 1999）。另外，一个两难的局面是，对一个濒危物种的保护措施意味着导致同地生存的另一个濒危物种的生存危机。例如，一个物种的生存需要防止火灾，而一些其他物种却需要经常性的火烧干扰以维持其种群。尽管许多国家已通过立法保护其生物多样性，但中央政府有时并没有督促保护机构去履行环境保护责任。有些国家已将自然资源和保护区的管理和决策权下放到地方政府、乡村组织和保护机构（WRI 2003）。由于法律规定在生物多样性保护中的重要作用，保护生物学家必须拥有全面的相关知识（Rohlf and Dobkin 2005）。

美国濒危物种法案

自然保护相关法律有时会令人觉得是无效的、不公平的或者执法代价太大。然而在许多情况下，这些法律在保护生物多样性方面能产生巨大影响。在美国，最重要的保护物种多样性的法律是 1973 年通过并在 1978 年、1982 年两次修订的《濒危物种法案》（Engangered Species Act，ESA）。这个法案已经成为其他国家的范例，尽管它的实施过程经常有争议（Stem et al. 2005）。ESA 由国会拟定以“提供一个保护濒危物种所依存的生态系统的途径和保护这些物种的程序”。所有 ESA 保护的物种都是官方的濒危和受威胁物种，每个种都要求有相应的保护和恢复计划。

按照该法案的描述，“濒危物种”是指那些将由于人类活动和（或）自然的原因，在其全部或者主要分布区内逐渐灭绝的物种；“受威胁物种”是指在不远的将来可能会变成濒危的那些种类。由分别代表美国内务部和经济部的美国鱼和野生动物管理局（FWS）与国家渔业服务局（NMFS）讨论后，可以从名单中添加或者删减物种。从 1973 年起，超过 1322 种美国生物曾被列入名单中，包括一些著名的生物物种如鸣鹤（*Grus americana*）和海牛（*Trichechus manatus*）；另外还对 576 种世界其他地方的濒危物种的进口进行特殊限制（图 20.6）。

（A）

（B）

图 20.6 （A）鸣鹤得到濒危物种法案的保护，被精细地管理。一个专家装扮成成年鸣鹤在训练人工养大的幼年鸣鹤觅食和飞行技巧。它们最终将加入野生鸟群，整个过程不会看到未经装扮的正常人。（B）一个人工管理的鸟群被训练着跟随一个超轻型飞机从佛罗里达的越冬地向威斯康星的夏季繁殖地迁移（A. 国际鹤类基金会版权所有；B. 美国鱼和野生动物管理局所有）

ESA 要求美国所有政府机构向美国鱼和野生动物管理局和国家渔业服务局咨询以决定它们的行动是否会影响 ESA 名录中的物种，禁止可能危害这些物种及其生境的活动。其原因是，物种受到的威胁主要来自国有土地上的活动，如伐木，放牧和采矿。ESA 也阻止个人、商业和地方政府伤害或者捕捉 ESA 名录中的动物及破坏它们的生境，禁止这些物种的贸易（Taylor et al. 2005）。通过保护 ESA 名录中的指标性物种的生境，美国保护了拥有数以千计其他物种的生物群落。这些对私有土地的限制对物种恢复十分重要，因为大概 10% 的濒危物种仅分布在私有土地上（Stein et al. 2000）。ESA 提供了保护物种的法律依据，但得到私有土地拥有者的善意支持和协助对保护和恢复工作也十分重要（Langpap 2006）。

对美国 ESA 名录变化的分析展示了一系列的趋势。尽管世界上大部分物种是昆虫和其他无脊椎动物，ESA 名录中的物种绝大部分是植物（745 种）和脊椎动物（超过 300 种）。如果与脊椎动物相同比例的无脊椎动物得到保护，ESA 保护物种将达到难以想象的 29 000 个左右（Dunn 2005）。美国 300 种贝类动物中超过 40% 已经灭绝或者有灭绝的危险，然而仅 70 种列在了 ESA 名录中。很明显，需要更努力地研究较少被认知的和不被关注的无脊椎动物类群，并随时将名录扩大以覆盖那些濒危物种（Stankey and Shindler 2006）。另一个 ESA 名录的研究显示，当一个动物种类被加入到 ESA 名录时平均还有 1000 个个体，而植物被加入的时候平均只有 120 个个体（Wilcove et al. 1993）。39 个物种在列入的时候只有 10 个或者更少的个体，一个淡水贝类物种在列入的时候只有一个残存的无法繁殖的种群。这样种群急剧缩小的物种会面临遗传上和种群结构上的问题，妨碍甚至阻止种群的恢复。ESA 要更有效，濒危物种必须在种群下降到无法恢复之前就得到保护。一个记录种群下降的物种清单将有助于一个物种在专家认为已经糟糕到应该得到保护之前成为候选者，以便快速地更新到保护名录中。

ESA 已成为美国生物保护和商业利益间争论的一个源头。许多私人或者商业土地拥有者共同的观点是，在私有财产上，政府没有权力告诉别人什么能做、什么不能做。

ESA 名录中物种的保护要求之强烈、经济成本之高昂，以致商人和土地拥有者经常强烈游说阻止将他们土地上的物种被列入 ESA 保护名录。在极端的情况下，土地拥有者会悄悄地清除他们土地上的濒危物种，“杀掉、铲掉然后闭口不言”，以逃避 ESA 的条款。在科罗拉多州和怀俄明州，适于濒危的普里勃草地林跳鼠（*Zapus hudsonius*）生活的溪流边生境，大概有 1/4 遭受如此命运（Brook et al. 2003）。很清楚，某些形式的补偿会鼓励土地拥有者支持 ESA 的条款。

ESA 和物种恢复 目前有 249 种生物是加入 ESA 保护名录的候选者。在等待官方决定的时候，大量的物种可能已经灭绝了。虽然经济代价不认为是编制名录的影响因素，但政府部门不情愿将一些物种加入到名录的原因从根本上说还是因为它将导致对土地开发的限制。另一个重要的障碍是物种恢复的困难——重新恢复物种生境或者减小威胁至可被移出 ESA 名录的程度。到目前为止，在 ESA 名录的 1300 种中仅有约 20 种被移出，另有 20 种有足够的证据表明它们的状态从濒危好转到受威胁的水平（Schwartz 2008）。最显著的成功案例包括褐鹈鹕、美国游隼和短吻鳄。2007 年，由于在美国南部 48 个州中，白头雕数量从 20 世纪 60 年代的 400 对繁殖亲鸟增长到目前的 7000 对，白头雕从美国濒危和受威胁物种名录中移除。7 个物种因为已灭绝而被除名，11 个物种因为发现了新的种群或者经研究不是独立的物种而被除名。总体而言，名录中不到一半的物种的个体数量还在持续下降，另外将近一半的物种个体数保持稳定或者上升状态，最令人惊讶的是其余的将近 100 种的状态未知（Taylor et al. 2005）。由于较低的个体数及其导致的脆弱性，人们认识到名录的候选物种和已移出的物种仍然需要一定程度的保护管理以维持它们的种群（图 20.7）（Scott et al. 2005）。

> 列入《美国濒危物种法案》的物种得到较好的保护，越早列入越有助于其恢复。

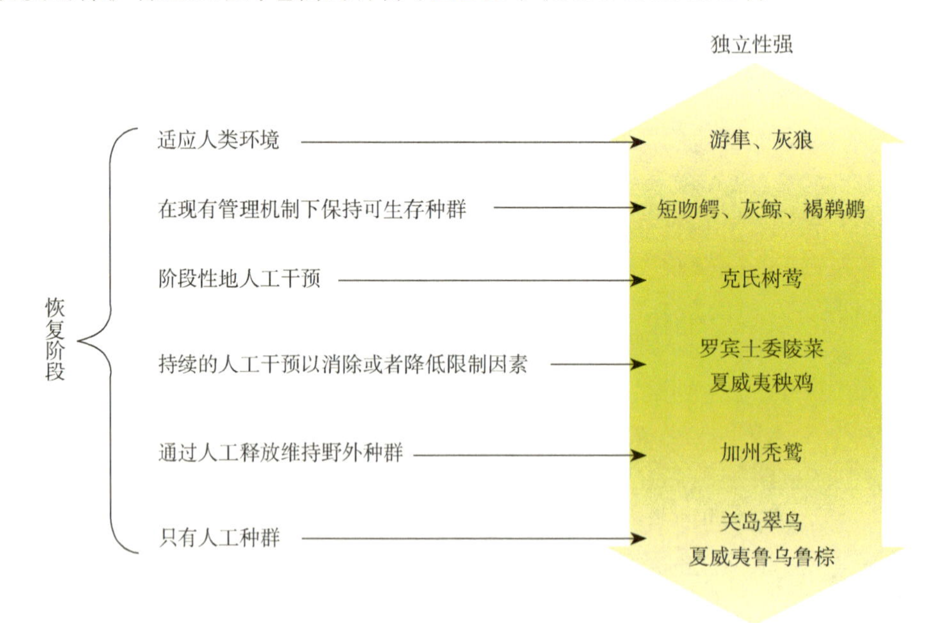

图 20.7 濒危物种经常需要把主动管理和人工介入作为保护过程的一部分。有些物种不依赖于人，而另一些需要人工干预。这种依赖性呈现一个连续的梯度（根据 Scott et al. 2005）

实施物种恢复计划的困难，经常不是因为生物学的原因，更多的是政治、管辖权，以及最根本的经济上的原因（Hagen and Hodges 2006；Briggs 2009）。例如，一种濒危河蚌的保护需要免遭污染和免受一个已建大坝的影响。建立污水处理系统和拆除大坝是最直接的保护措施，但实际上代价高昂很难实施。美国鱼和野生动物管理局每年在 ESA 物种相关的活动上仅有 3.5 亿美元的预算。要增加经费到每年 6.5 亿美元才有助于建立真正有效的机制，对所有 ESA 物种实施有效的恢复（Miller et al. 2002；Taylor et al. 2005）。正如国会时不时讨论的那样，如果政府为私有土地上为保护 ESA 物种而限制土地使用带来的损失提供财政补偿的话，所需预算会更高。

尽管在过去 20 年 ESA 相关的预算逐步增长，但 ESA 保护的物种数量增长更快。结果是每个物种能得到的保护经费比以前更少，而在将来的几十年里，由于全球变化还将会有新的物种加入（Holtcamp 2010）。一项研究表明，保护经费得到较大比例满足的物种比只得到一部分预算经费的物种，更容易通过保护行动达到稳定或者改善的状态（Miller et al. 2002）。得到 ESA 保护的时间越长，改善的可能性越大（图 20.8）（Taylor et al. 2005）。另外，如果提供了典型生境和恢复计划，物种恢复的可能性将越大。

实施《濒危物种法案》的经费不足。增加经费将促进物种恢复，并最终从濒危物种保护行动的名单中移除。

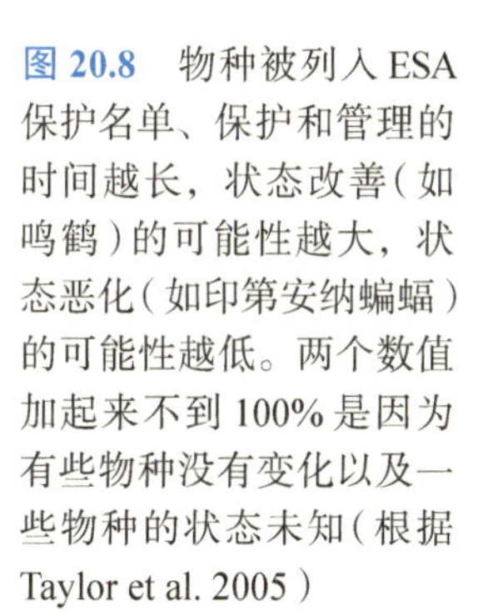

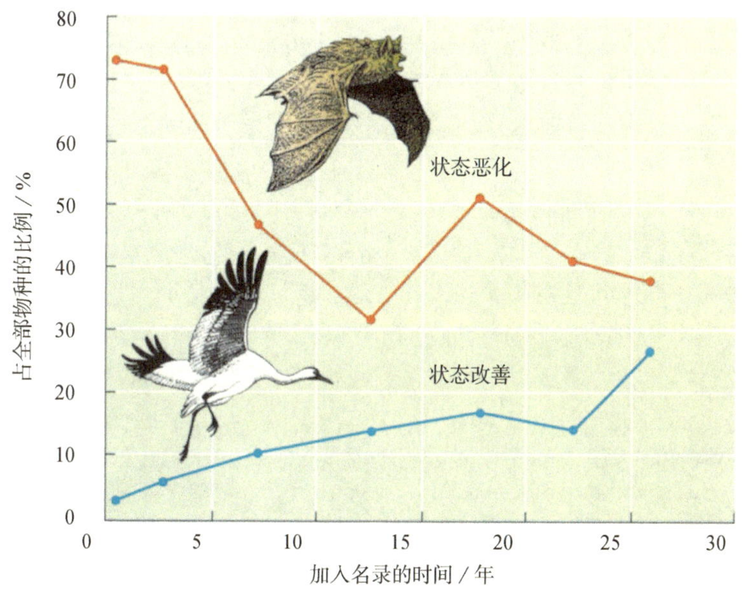

图 20.8 物种被列入 ESA 保护名单、保护和管理的时间越长，状态改善（如鸣鹤）的可能性越大，状态恶化（如印第安纳蝙蝠）的可能性越低。两个数值加起来不到 100% 是因为有些物种没有变化以及一些物种的状态未知（根据 Taylor et al. 2005）

尽管如此，根据受威胁程度、恢复的可能性和分类学独特性，有些物种会不成比例地得到较多的经费，包括一些公众认知且支持度较高的鸟类或者兽类明星物种（如加利福尼亚秃鹫和西印第安海牛），或者是一些在保护后能促进高价值生态系统保护的物种（例如在东南部松林里的红冠啄木鸟）。另一些物种则因为公众相对地认识较少而持续经费支持不足，这些情况包括分布区狭小、不是鸟类或者哺乳动物，或者它们生存于较少或者没有政治代表（选票）的区域（Restani and Marzluff 2002）。

与濒危物种法案的冲突：妥协方案 人们曾试图在经济利益和保护之间进行妥协，

以决定一个小型的濒危鱼类蜗牛镖(snail darter)的保护是否应该阻止一个重要的水坝项目。结果是ESA在1978年修订了条款，允许建立一个内阁水平的委员会，即所谓的“上帝小组”，将一些物种从保护名录里去除。在这个修订之外，实施ESA物种保护的压力经常迫使商业组织、保护团队和政府之间进行妥协以兼顾保护需求和商业利益(Camacho 2007)。为了提供一个合法的机制，1982年国会修改了ESA，使“生境保护计划(HCP)”的提出成为可能。这个计划允许在指定的地点进行开发，但同时要求保护有或者可能有濒危物种生存的生物群落或者生态系统斑块。这些计划由包括开发者、保护团体、市民团体和地方政府在内的利益相关者共同制定，由鱼和野生动物管理局批准并决定如何分担经费。这些计划的一个重要特征是：如果针对指定濒危物种的保护计划没能成功，开发者仅承担有限的经济责任；如果后续需要变更保护计划，由政府买单。迄今为止大概有650个生境保护计划项目覆盖1600万hm^2土地，涉及超过500种濒危生物。在一个案例中，加州河滨县一个创新性的项目允许开发者在濒危的斯蒂芬跳鼠(*Dipodomys stephensi*)的历史分布区中建设，前提是资助用于购买濒危生物避难所的基金。到目前为止，已获得超过4200万美元经费保护了41 000 hm^2的生境，长期目标是募取1亿美元。结果这个生境保护计划项目建立了新的保护区，这个物种也被认为已恢复到可以从濒危物种名单中移除的程度。然而，这种方法的效力还要继续观察(Brock and Kelt 2004)。在这个以及其他案例中，作为一种妥协，开发者通过向保护基金支付额外费用支持保护活动的方式使开发项目得以继续。这种项目要认真地监控以评估它们是否达到了宣称的目标。

> 美国《濒危物种法案》对物种保护之强烈，保护和商业开发者经常妥协，允许在保护物种的前提下进行有限开发。

1991年加利福尼亚州通过了《自然群落保护规划法案》(Natural Community Conservation Planning Act)，是一个与ESA相似的建立了生境保护计划的法律。一个这样的保护计划保护了南加州海岸的鼠尾草灌丛，灌丛中大概有100种稀有、敏感、受威胁或者濒危的植物和动物，其中最引人注目的是加州食虫莺(*Polioptila californica*)，它是一个受到ESA保护的旗舰物种(图20.9)(Winchell and Doherty 2008)。由于长期农业开发的和近期城市化的结果，原始海岸鼠尾草灌丛只剩下不到20%，且分隔成不同的

(A)

(B)

图20.9 (A)加州食虫莺(*Polioptila californica*)；(B)一个生境保护计划在加州南部无序开发和破碎化的环境中保护了加州食虫莺生存的海岸鼠尾草灌丛(图片中部)(A, B. Morse Peterson 摄影；B, Claire Dobert 摄影。两图由美国鱼和野生动物管理局惠允使用)

碎片。这个计划的协调过程充满挑战，因为 3/4 的生境是私有土地，计划区域内包含了 50 个市和 5 个县。这个计划包含拥有高质量生境的永久保护区和允许最多有 5% 的土地可以开发的低质量生境区域。

尽管生境保护计划并不完美，它们至少尝试去建立下一代的保护计划：寻求保护许多物种的、整个生态系统的或者扩展到一个较大地理范围的所有群落的方法，其中包括许多项目、土地拥有者和司法参与。这种方法的困难在于保护生物学家一厢情愿的努力往往难以实现目标，要在具有明显不同目标的利益群体间达成共识。确实，在有些情况下，保护生物学家总是陷于没有效率的官僚体系里而无法对濒危物种的保护产生显著影响。

20.3 土著人、保护和可持续利用

这部分我们将检视土著人对保护所持的态度，讨论土著人如何规范他们的资源利用，回顾有土著人参与的保护项目（Shackeroff and Campbell 2007）。人类活动的影响有时也和生物多样性保护相一致。在人类用传统方式已经长期世代生存的地方有许多高度多样的生物群落，人们用可持续的方式使用他们的环境资源。但也有很多土著人一旦获取了现代工具如枪和链锯，就像现代社会那样，在过去和现在破坏他们生存的环境并导致一些物种灭绝。

即使在热带雨林的遥远地区、崎岖的山地和沙漠这些被政府和保护者认为是“荒野”的地方，依然有少量的人口定居。这些在偏僻地区实行传统生活方式的、相对较少受到外界或者说现代技术影响的人群，通常会被冠以各种称呼，如“部落人”、“土著人”、“本地人”或者更普遍的称为“传统居民”（Timmer and Juma 2005；www.iwgia.org）。这些人认为他们是当地原始或者最长久的定居者，常常以社区或者村庄的组织形式存在。有必要将原来定居的土著人和新近外地迁来的定居者区别开来。后者可能不像前者那么关注周边生物群落的健康或者不那么重视现存的生物和土地的生态限制。在许多国家，如印度和墨西哥，土著人居住的地区和具有高度保护价值的原始森林有惊人的相关性（Toledo 2001）。这些土著人往往已建立了对自然资源所有权的传统体系，有时候被他们的政府所承认，在保护工作中是潜在的重要伙伴（Nepstad et al. 2006；West and Brockington 2006）。全球范围内，大概有 3.7 亿土著人生活在 70 多个国家，占据了 12%～19% 的陆地面积（Redford and Mansour 1996；indigenouspeople.net）。大概有 200 万 km^2 的热带雨林受到土著人某种形式的保护，其中约一半在巴西的亚马孙地区（Nepstad et al. 2006）。然而，保持传统文化的人群数量正在下降。在世界的大部分地区，土著人逐渐地整合到现代社会中，改变了信仰系统（特别是社区的年轻成员），更多地使用外界生产的物品。有时候这种转变会导致土著人与土地和保护伦理间的联系减弱。然而，就像本文后面介绍的那样，也有一些案例是土著居民恢复了他们的传统价值，并组织成各种受现代保护思想影响的形式。

不仅不是对原始环境的威胁，有时候土著人已经是数千年来他们生存环境的有机组成部分（Brghesia 2009）。现有生物群落中动植物组合和相对密度的格局可能反映了人类活动历史。就像在墨西哥恰帕斯州拉肯顿玛雅（Lacandon Maya）地区那样，当地人的渔业、选择性捕猎、种植业或者在休耕地上种植特定的有价值树种，造就了传

统的农业生态系统和森林(图 20.10)(Diemont and Martin 2009)。在他们永久的和临时的农地之外，山坡上、沿着河道以及其他零碎或者不适合高强度农作的地方分布着良好管理的森林。人们依靠这些森林里数以百计的植物种类获取食物、木材和其他产品。森林里的物种组成随着人们种植喜好的有用物种和定期选择性地铲除其他物种而改变。森林资源向拉肯顿家庭提供了在他们遭遇恶劣气候和虫灾导致农作物收成不好的时候继续生存的方式。相似的土著人的乡村森林在全球分布十分广泛(Heckenberger 2009)。

> 在世界的许多地方，高生物多样性的区域往往居住着土著居民，形成了长期的资源保护和利用模式。这些人对于那些区域的保护行动十分重要，有时候是必需的。

图 20.10　墨西哥南部的拉肯顿玛雅实行传统的玉米、蔬菜和其他作物的轮作。这种小尺度的农业，结合了选择性的种植、铲除树木和其他物种，产生拥有许多有用植物的异质性的森林(图片由 James D. Nations 惠允使用)

保护理念

西方文明曾经用不同的视角审视土著人的保护伦理。有些土著居民砍伐森林和过量猎获野生动物，是生物多样性的破坏者。土著居民在获得枪支、链锯和机动设备后破坏速度更快。而另一些土著社群被视为“高尚的野人”，与自然和谐共处，仅仅最小限度地干扰自然环境。中庸一点的视角是，不同的土著社群变化很大，没有一个简单的人与环境关系的描述适合于所有的土著社群(Berkes 2004；Hames 2007)。除了在社群间变化很大外，每个社群内部也经常发生变化，当他们遇到外界影响时会迅速改变，老辈成员和年轻成员的理念经常截然不同。

很多土著社群确实有着强烈的保护伦理。这些伦理不像西方保护理念那样清晰，也很少有明确的陈述，但它倾向于影响人们的日常活动，可能比西方信仰更久远（Schwartzman and Zimmerman 2005；Abensperg-Traun 2009）。在这种社群中，与信仰系统、村规民约和领导权威等相关联，人们基于传统的生态学知识产生各种管理实践。这些实践可能包括限制收获的季节和方法，限制一些区域不能收获，或者限制可以收获的动物的年龄、大小和性别。如果用尊重他们传统规则的方式去沟通，他们可能成为保护生物学家的坚定盟友。一个详细记录在案的例子是居住在巴西西北部一个土著人保留区里的图卡诺印第安人（Andrew-Essien and Bisong 2009）。他们的食物主要是根茎作物和河里的鱼。他们有强烈的宗教和文化上的禁忌以禁止砍伐上日尼格罗河（Upper Rio Negro）沿岸的森林。他们的这些信念对于维持鱼的种群非常重要：图卡诺人认为这些森林属于鱼而人类不能砍伐。他们也设置了很广的禁止捕鱼的区域，仅有少于 40% 的河岸允许捕鱼。人类学家 Janet M. Chernela（1999）观察到："因为渔民依靠河流系统，图卡诺人清醒地认识到环境和鱼类生活史间的关系，特别是邻近森林的养分资源对于维持渔业至关重要。"

在巴布亚新几内亚，在特兰斯福来（TransFly）建立和连接多个湿地、草地和热带雨林生态区保护地，保护了超过 200 万 hm^2 的荒野。超过 60 个不同的土著部落生活在这个区域或者和这里有文化联系。他们大部分加入了世界野生动物保护基金会，支持并欢迎生物多样性保护（www.panda.org）。特兰斯福来是一个生物多样性热点地区（参见第 15 章），是很多特有物种的家园，包括美丽迷人的天堂鸟（**图 20.11A**）。新几内亚部落男子长期以来捕猎天堂鸟和其他鸟类获取雄鸟梦幻般精美的羽毛，用于装饰顶戴和其他等级标志（**图 20.11B**）。现在这些鸟中的很多种类已经受威胁，人们急切地想了解并支持能维持这些鸟类种群的活动，包括限制采集羽毛和鸟卵。

把支持保护活动作为传统价值并当作日常生活的一部分的当地居民，经常被鼓励成

(A)

(B)

图 20.11 （A）这里有许多天堂鸟种类，如金牌天堂鸟（*Paradisaea decora*），它是新几内亚特有的。（B）帕亚扣那（Payakona）和其他新几内亚部落男子在仪式顶戴装饰中使用天堂鸟羽毛。当地人和国际保护机构合作建立了巨大的国际保护区，将保护这些鸟类和其他野生动物（照片版权所有：Tim Laman）

为保护生物多样性的主要力量。在世界上的许多地方，人们划定了许多区域作为神山圣林，这种保护和它们的宗教信仰直接联系（Dudley et al. 2009）。政府批准的对神圣森林或者传统社群所有的森林的砍伐，经常成为全球传统社群游行反对的目标。加拿大魁北克的阿尔冈琴族人在传统管辖的广大区域内禁止砍伐（Matchewan 2009）。在印度，“契普柯运动”（Chipko movement）的追随者们拥抱着树阻止砍伐。在印尼的婆罗洲，一个叫彭南斯（Penans）的渔猎采集原始小部族通过阻塞进入他们传统森林的伐木公路而吸引了全球的注意。在泰国，佛教僧侣和村民一起阻止商业砍伐保护乡村森林和神圣的墓地。就像泰国的Tambon地区的一个领导引述的那样（Alcorn 1991）：“这是我们的乡村森林，刚刚被纳入到一个新的国家公园，但不曾有任何人跟我们商量过。我们在公路修进来之前保护了它们。我们在一条新路上设立路障阻止非法砍伐。我们抓住了地方警长并因为砍伐而拘禁了他，警告他不要再来。”

在发展中国家，政府已认识到授权土著人并帮助他们获得对传统所有的土地的合法所有权，经常是成功建立由地方管理的保护区的有效因素（Bhagwat and Rutte 2006）。

土著人参与的保护行动

在发展中国家以及许多发达国家如澳大利亚和加拿大，经常无法将土著人用于获取资源的土地从国家指定用于建立保护区的区域中分离出来。土著人经常利用保护区里的资源，或者要靠这些资源生存。另外，大量的生物多样性保存在当地土著人所有的用传统方式管理的土地上。例如，土著部落拥有巴布亚新几内亚97%的土地。巴西亚马孙盆地的印第安保留区占地超过1亿hm^2（22%），有着极为丰富的生境，超过了所有的国家公园。因纽特人控制着加拿大的1/5土地。在澳大利亚，土著人控制了9000万hm^2土地，包括了许多最重要的保护区域。这些带来的挑战是，要建立适当的战略，将这些原住民包括在保护项目和政策制定之中（Blaustein 2007）。土著社群、政府部门和保护组织在保护区里合作性的伙伴关系，被定义为“共同管理”（Borrini-Feyerabend et al. 2004）。共同管理包括分享决策权，进而共同决策具体管理事务（**表20.1**）。建立这种新途径是试图避免“生态殖民主义”。这是一些政府和保护组织通常的做法，不关注土著人的传统权益和习惯，仅以建立新保护区为目的，这种行为被称为“生态殖民主义”，因为它跟历史上殖民地力量对土著权利的侵犯类似（Cox and Elmqvist 1997）。

表20.1　针对保护区和当地居民之间关系的比较好的管理原则

考虑权益	当地人的权益必须在保护区的决策中得到考虑和尊重。
合法表达	当地人必须能够影响决策，并且有言论和结社自由。
权力明晰	在保护区的政府机构必须有决策权，特别是在影响当地人的事务上能做出决定；政府官员和当地头人的权力边界必须明确。
公平	保护区的利益和成本必须公平地分享与分担，并且有大家认同的解决争端的方法。
方向	必须形成保护区的长期目标并达成一致。
透明	经济事务和决策过程必须透明。
信息共享	保护区的相关信息和报告必须准备就绪以便任何人获取。

资料来源：修改自Prorrini-Feyerabend et al. 2004

已经有许多保护区，在保护区建立前就吸收了当地定居的土著社群参与保护工作，允许他们定期进入保护区去采集自然资源，或者在保护和管理生物多样性方面得到补偿。“生物圈保护区”里，允许当地居民利用缓冲区的资源。例如，非洲一些地方经过土著人和政府间妥协之后，允许土著人的牛群在一些特定的国家公园里放牧，条件是土著人不能伤害公园内外的野生动物。

在一些项目里，为了兼顾土著人和保护区的利益，土著人的经济需求包括在保护管理计划里。这种项目，即所谓的“整体保护和发展项目（ICDP）”，尽管在实际实施时经常有后面介绍的各种问题，人们还是认为值得认真考虑（Baral et al. 2007；Linkie et al. 2008）。特别是，为了取得成功经常要在地方、国家和全球水平采取行动；如果某个行动不起作用，整个项目就可能失败。

> 整体保护和发展项目（ICDP）吸纳当地居民，结合生物多样性保护和经济发展，进行可持续的活动。

从野生动物管理项目到生态旅游，有许多可能的策略可以归到整体保护和发展项目。这些项目通常都试图结合生物多样性保护和土著人对经济发展的需求，包括减少贫困、增加就业、增进健康和提高食物安全。在过去的 15 年里启动了大量这样的项目，提供了许多可供评估和改进的案例。这些项目的一个重要组成部分是必须持续地监测生物的、社会的和经济的因素，以判断它们实现目标的有效程度。吸收当地人参与到监测工作里会增加信息并有助于他们理解项目带来的利益和问题（Braschler 2009）。这些项目希望当地人认可资源的可持续利用比破坏性地使用更有价值，然后参与到生物多样性的保护中去。以下是若干当前还在执行的整体保护和发展项目的例子。

生物圈保护区　第 17 章描述的联合国教科文组织的人与生物圈（MAB）项目，在它的目标中包括保护“长期建立起来的多样和谐的土地利用模式”（Batisse 1997）。这个项目是 ICDP 途径的成功案例，至少它宣称将土地利用模式作为保护对象。全球 107 个国家中有 610 个生物圈保护区，占地超过 2.6 亿 hm^2（图 20.12A）。中国 1973 年加入“人与生物圈计划”，目前在中国已建立 31 个世界人与生物圈保护区。同时，中国还于 1993 年建立了国家水平的“中国生物圈保护区网络”（CBRN），目前已有 158 个保护区成员（图 20.12B）。中国生物圈保护区网络成立以来，一直致力于中国生物圈保护区的

（A）

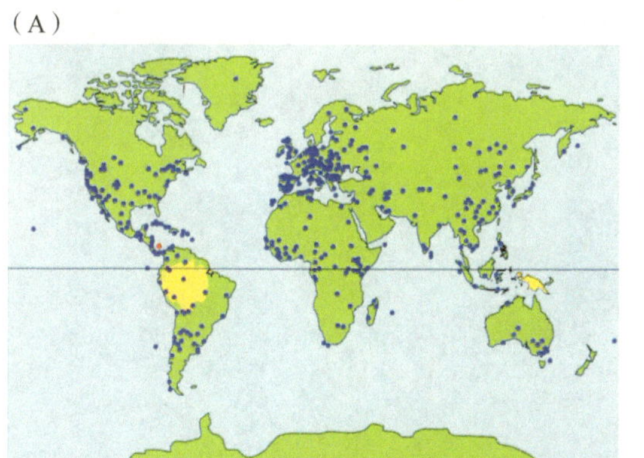

（B）

图 20.12　（A）世界人与生物圈保护区的位置（点），黄色区域指 MAB 保护区的设置还缺乏代表性的亚马孙盆地和新几内亚的热带雨林生境。巴拿马的库那亚拉土著保护区（文中会讨论）标为红色（数据来源：www.unesco.org）。（B）中国生物圈保护区网络（CBRN），目前已有 158 个保护区成员（资料来源：http：//www.china-mab.cas.cn）

能力建设、科学研究、信息交流和公共教育等。

MAB 项目承认人们在塑造自然景观的角色，同时寻求在不恶化环境的情况下可持续使用自然资源的途径。它在全球设计生物圈保护区应用的科学框架中，整合了自然科学和社会科学，包括调查自然群落如何响应不同的人类活动、人们如何响应环境变化，以及已退化的环境如何能够恢复到原初的状态。生物圈保护区富有魅力的一个特征是形成土地利用分区系统，从完全的保护区域到耕种区、砍伐区，包括了多种利用水平（见图 17.13）。

一个范例是巴拿马东北海岸的库纳亚拉（Kuna Yala）土著保护区。这里包括 6 万 hm^2 热带雨林和珊瑚岛、60 个村庄的 5 万库纳人，实施着传统的药物、渔业、农业和林业管理（**图 20.13**）。外部研究机构的科学家通过雇用和训练当地人作为向导和研究助手开展管理研究。库纳亚拉当地政府试图控制保护区经济发展的类型和速度。然而，库纳亚拉似乎会出现这样的变化：随着旅游业的发展，传统保护理念在面对外来影响时不断被侵蚀，特别是年轻的库纳人开始质疑是否有必要这么严格地保护自然（Posey and Balick 2006）。另外，库纳人也很难建立专门的组织去管理保护区和跟外面的保护和捐赠组织打交道，进行海洋生物研究的科学家还曾被库纳人从保护区里驱逐出来。进一步地，海平面的上升和海洋资源的下降迫使村庄头人们开始考虑未来的其他选择（Guzman et al. 2003；Posey and Balik 2006）。这个例子说明土著人权利的增长并不保证生物多样性得到保护。当传统发生变化或者消失、开发利用的经济压力上升或者项目管理不良的时候，这种情况尤为明显。这是一个挑战，无可避免也不能回避，需要找一个途径将保护工作整合到库纳亚拉社会的文化中。

农业就地保护 现代农业的长期健康发展有赖于保存在传统农夫栽培的地方品种中的遗传变异资源（Bisht et al. 2007；见第 14 章）。一个国际农业组织“国际农业研究咨询

图 20.13 库纳人仍然用传统的方法在库纳亚拉土著保留区中捕鱼（照片版权：Andoni Canela/AGE Fotostock）

专家组”提出的创新性的建议是，给保护农业遗传资源的村庄以补助金（Brush 2004）。向维持诸如小麦、玉米、马铃薯等主要农作物遗传多样性的村庄提供补助，对于全球农业的长期健康发展来说是相当小的投资。在中国，一个政府项目通过套种优质的传统品种和高产的杂交品种实现水稻遗传资源的维持（Zhu et al. 2003）。参加到这种项目的村庄在面对快速变化的世界时会更有机会保持他们的文化（图 20.14）。

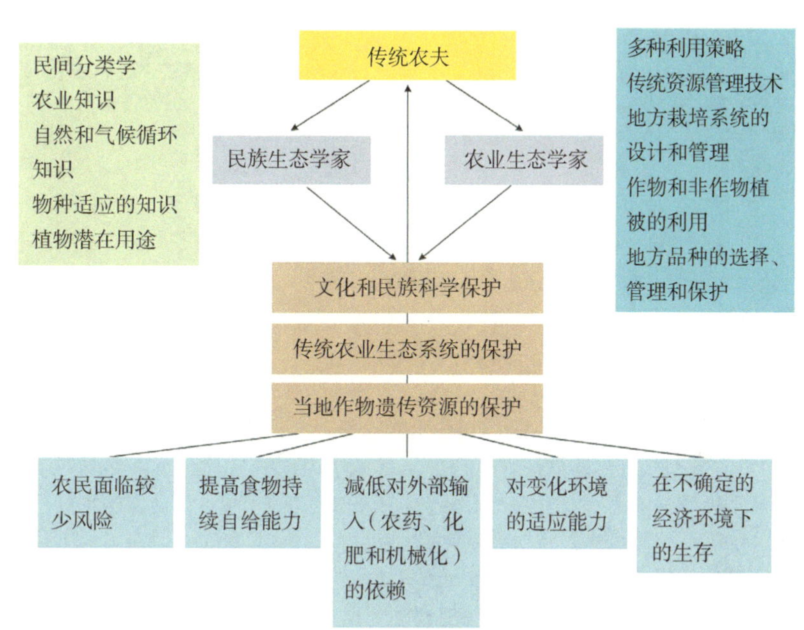

图 20.14　同时用人类文化和农业的视角来看传统农业实践是很有用的。这些观点的整合能在理论和方法论上引出这些传统农业生态系统中发现的环境、文化和遗传变异的保护途径（根据 Altieri and Anderson 1992；Altieri 2004）

在美国西南部，使用了一个不同的策略将传统农业和遗传资源保护联系起来，保护重点是耐旱的旱地作物（www.nativeseeds.org）。一个名为“本土种子 / 搜索”（Native Seeds/SEARCH）的私有机构搜集了 1800 份传统作物品种用于长期保存。这个机构也鼓励由 4600 个农民和其他成员组成的网络栽培传统作物，提供给他们传统品种的种子并收购他们没卖完的种子。

许多国家也建立了专门的保护区保护经济作物的野生近缘种和古代的自然植物遗传资源（Barazani et al. 2008）。印度东北部的诺瑞克生物圈自然保护区（Nokrek Biosphere Reserve），专门用于保护柑橘、柠檬、柚子和其他柑橘近缘种。秘鲁山区的村庄跟国际马铃薯中心以及其他各种国际保护组织合作建立一个马铃薯公园，种植了大概 1200 个马铃薯品种，维持着传统的栽培方式和文化习惯。

可获取自然产品保护区　在世界的许多地方，土著社群已经从自然群落里收获产品达数十年甚至数世纪的时间。销售或者直接实物交换这些自然产品是人们生计的主要部分。可以理解，当地人对保持他们继续从周边地区采集自然产品的权利非常关注（专栏 20.2）。在那些这种采集代表了传统社会有机组成部分的地区，建立将传统采集排除在外的国家公园，会面对当地社区的强烈抵制，包括抢占土地、杀鸡取卵耗竭资源并将土地转换为其他用途。一种被称为“可获取自然产品保护区”（extractive reserves）的保护方式可能是解决这个问题的合适途径。然而，这些项目需要评估一下是否能够维持一个可持续的收获水平而不破坏资源基础。

巴西政府一直试图将土著人对采集性保护区的合理需求明确化，即确定土著人应以何

专栏 20.2 西南印度的人类友好式保护：成功与失败

对于发展中国家的土著社群来说，从野外采集的叶片、果实、根茎和其他非木材森林产品（NTFP）经常是重要的食物、药材和现金收入的重要来源。随着森林萎缩和退化，在有些地区非木材森林产品已经不确定是否还能可持续采集。如果不能，必须寻找替代性的收入来源以支持乡村家庭的生计。在印度的班加罗尔，一个由阿苏卡生态与环境研究基金（Ashoka Trust for Research in Ecology and the Environment, ATREE）启动的关于非木材森林产品的研究，起初是监测一个叫所里加人（Soliga）的4500人的部落，从BRT（Biligiri Rangaswamy Temple）野生动物保护区中采集的非木材森林产品的数量（Setty et al. 2008）。然后这些研究者采取了超常规的措施去培训当地人监测森林的健康并加工、销售森林产品。随着时间推移，由于经济的和社会的因素，所里加人自身成为了保护项目的焦点（Shankar et al. 2005）。

需要先交代一些背景。这些山区森林里的居住者——所里加人，从远古时代起就以部落的形式生存在这片遥远的物种丰富的地区。数千所里加人在这里过着刀耕火种和采集非木材森林产品的生活。但当1974年建立了540 km^2的BRT保护区之后，印度森林部强迫他们在保护区周围定点耕种。

当前的保护项目始于1993年，那时候研究者们通过调查判断，从森林里采集的非木材森林产品平均起来是所里加人50%的现金收入来源（Hegde et al. 1996）。研究也发现许多可食和药用植物由于过度采集而更新不良。无序的野生蜂蜜采集导致蜜蜂幼虫的死亡，进而损害整个蜂群。另一个问题是，所里加人向政府控制的合作者销售非木材森林产品原材料，失去了在加工和销售产品的环节能获取的更多收入。

> 就像这个例子介绍的那样，研究者们与当地人一起工作，将保护和发展整合起来。参与者间良好的沟通和长期信任是这种项目的关键。

针对这样的诉求，研究者们发起了一个项目，包含着简单的理念：如果所里加人自己加工原材料，然后将产品直接销售给临近的乡镇，他们将持续地增加收入，也可以通过较少的采集就能满足家庭开支。如果有若干这样的生意就能保证产生就业岗位，雇用许多人，从而有益于整个社群。他们的产品包括野生蜂蜜、野生植物加工的草药、野果制作的果酱和泡菜，直接卖给了消费者，而且使用了所里加人自己的品牌“Prakruti”，意思是“自然”。所里加人和研究者也开始监测森林资源的健康状态和项目的财务（Setty et al. 2008）。随着时间推移，逐渐由所里加

所里加人经常召开会议和研究者们交流想法，在当前活动和未来方向上达成一致。作为项目的一部分，所里加人利用当地植物材料生产能在邻近乡镇销售的家具。这些活动为村民提供了就业，为村庄项目提供资金（图片由Siddappa Setty惠允使用）

人自己负责这些生意。许多当地人看到了，保护森林资源符合他们的长期利益。然而在 2005 年，印度森林部禁止在 BRT 保护区商业采集非木材森林产品，扼杀了这个项目刚刚获得的成果。

在这个禁令生效之后，研究者们将重点转移到帮助所里加人在另一个新实施的法律《森林权益法》的框架下，主张他们使用和管理非木材森林产品的权利。为这种努力进行的计划和培训工作在新建的社区保护中心举办。这是为促进研究者和村民的双向交流而特别建立的。研究者们也帮助所里加人利用在他们土地上栽培的和野生的植物，以及生长在保护区边缘的入侵植物，推出新的食品、药材和家具产品。这个例子说明了在国家控制的保护区中，发展基于社区的自然资源管理的潜力和会面临的问题。

种方式采集诸如药用植物、可食的种子、橡胶、树脂和巴西坚果等自然资源，将对森林生态系统的破坏减至最小（Posey and Balick 2006；Wadt et al. 2008）。同时，因为生态系统基本保持原始状态，政府向土著人对生物多样性保护的支持付费。巴西的这种可获取自然资源的保护区面积约 300 万 hm^2，保证了土著人能够继续他们的生活方式并降低土地向牧场、农田转变的可能。

> 可获取自然产品的保护区面临的挑战是去寻找一个平衡点，允许土著人采集足够的自然资源获得适当的收入的同时不破坏当地生态系统。

这种保护区似乎适合亚马孙热带雨林，那里居住着 68 000 个割胶者（rubber tapper）家庭。割胶者，或者称为“seringueiros”，居住密度大概是每个家庭 300～500 hm^2，他们仅清除几公顷森林用于栽培作物和饲养一些家畜（图 20.15）。契科·门德斯（Chico Mendes）的努力和他后来 1988 年被暗杀，让割胶者的困境吸引了全球的注意（见专栏 22.2）。为了响应地方和国际上双重的关注，1999 年巴西政府在割胶者区域建立了可获取自然产品保护区并开始补助橡胶和巴西坚果生产，有时候也得到国际保护组织的支持（Rosendo 2007）。对许多人来说，建立可获取自然产品的保护区是有意义的，因为橡胶

图 20.15 巴西建立的可获取自然产品保护区提供了保护森林的理由。割开野生橡胶树的树干，胶乳顺着割槽向下流到杯子里。胶乳处理后将用于生产天然橡胶产品（照片版权所有：Edward Parker/Alamy）

采集系统已经在那里运行超过100年。保护的希望在于，割胶者基于自己的内在利益强烈抵制生境破坏，因为这会破坏他们的生计。通常情况下确实是这样的，研究发现，可获取自然产品保护区中毁林速率较低（Ruiz-Perez et al. 2005）。

可获取自然产品保护区政策的前提是非木材资源采集是一种可持续的土地利用方式，但这种假设不一定总是正确。例如，在可获取自然产品保护区中的大型动物种群经常由于人的生存性捕猎和商业性捕猎而持续下降甚至灭绝（Posey and Balick 2006）。同时，巴西坚果树幼苗密度经常由于高强度的坚果采集而降低（Peres et al. 2003）。进一步地，在艰难的时候，如果资源价格比较低，割胶者可能要靠砍伐他们的森林卖木材来生存。尽管有这些担忧，可获取自然产品的保护区在巴西已成为一种避免大面积砍伐和农业化的可行的替代方式。森林资源的采集也在一些印度保护区中实施并成为重要的土地利用方式。

这种努力不仅限于拉丁美洲。许多东部和南部非洲的国家在保护野生动物的时候也积极实施社区发展和可持续采集策略，如第18章介绍的纳米比亚。这些国家都试图发展各种项目以便从商业性狩猎和野生动物旅游中获得收入，用于支持保护项目并为当地人带来明显的好处（Lindsey et al. 2007）。许多支持、发展和管理这些项目的资金来自发达国家（如美国、德国、日本和英国）、大型保护组织（如WWF），以及国际基金机构（如世界银行和全球环境基金）。

目前还不知道如果由外国政府提供的充足补贴减少或者撤销之后，这种项目能坚持多久。一些项目希望依靠旅游业能获得大部分的收入，但这种前景由于国际的和这些国家内部政治和经济的不稳定性而有很大的不确定性。最后人们还不清楚面临持续的不同水平的采集时，野生生物种群能否维持。未来几代的保护生物学家要评估这些项目，判断它们是否达到了它们所宣称的在保护和经济发展两方面的短期和长期目标。

社区的自发保护 在很多情况下，当地人已经保护他们附近的森林、野生动物、河流和沿海淡水等自然资源。这些地方的保护，有时叫做“社区保护区域”，因为对当地人有明显的好处，如维持自然资源供给食物和清洁饮水。这种保护经常由社区的长者实施，有时候也基于宗教或者传统信仰（Borrini-Feyerabend et al. 2004）。政府和保护组织可以通过向传统土地提供合法的头衔、提供科学技术支持、提供建设必须基础设施的经济支持等方式促进社区的自发保护。一个地方自发保护的例子是伯利兹东部的狒狒保护区，经由村民们的集体同意保护一个当地黑吼猴（当地人认为是狒狒）种群所需的森林生境（图16.7）（Waters and Ulloa 2007）。在这里工作的保护生物学家已经培训了能提供当地野生动物各种科学信息的自然向导，资助建立了一个自然博物馆，并培训了村庄领导者的商业能力。生态旅游者访问保护区时需向当地社区支付一些费用，如果要过夜并和村民一起吃饭，需要支付另外的费用。

在太平洋萨摩亚群岛，许多雨林土地和海洋区域都有其“惯例所有权”——归土著社区所有（Boydell and Holzknecht 2003）。因为要支付学校的学费和其他必需费用，村民面临不断增长的砍伐销售原木的压力。尽管如此，由于森林在当地信仰和文化中的重要性，以及药用植物和其他产品的价值，当地人有着保护这些森林的强烈愿望。有各种解决冲突的方案：在美属（东部）萨摩亚，大概90%的土地归土著人所有（www.fao.org），美国政府在1988年从村民那里租借森林和沿海土地建立了新的国家公园。土著人保留着土地的所有权和保持传统狩猎和采集的权力（www.fao.org）。村庄的长老们加入了国家公园的顾问委员会，这样他们在公园的管理事务中也能发表意见。在西部萨摩亚，超过 70% 的土地归土著人所有（www.fao.org），国际保护组织和捐赠者同意建立村民所需要的学校、医疗诊所和其他公共设施；作为交换，村民停止所有的商业砍伐。这样，每一块钱都有了双重的效果，既保护了森林又给村民以人道主义帮助。

为生态系统服务付费　向保护了特定生态系统的个人土地拥有者和当地民众直接付费是一个创造性的办法（Chen et al. 2009；Tallis et al. 2009；Zabel and Roe 2009）。这个途径在各种试图将保护和经济发展联系起来的方案中具有最简洁的优势。这些类型的项目有时被称为生态系统服务付费（payments for ecosystem services），且形式越来越丰富（图 20.16）。在这种机制中，地方居民可以通过保护和恢复生态系统参与政府、非政府保护组织和商业机构一起建立的市场。哥伦比亚的考卡河流域就是这样的例子。上游的土地拥有者砍伐树木并在坡地上过度放牧，导致了下游的洪水泛滥和溪流的不稳定（WWF and McGinley 2007）。下游的土地拥有者投资建立了甘蔗种植园，但发现需要保护水源。在当地非政府组织的帮助下，大约 4000 名土地拥有者组成水资源利用协会，为上游土地拥有者设立了一系列项目，包括社会性的项目提供教育和培训、生产性的项目促进植树造林和可持续农业，以及一个改善水质和减少侵蚀的基础设施项目。从 1980 年以来，水资源利用协会募集了大约 500 万美元用于上游地区（Porras and Neves 2006）。

> 未来跟全球气候变化有关的项目将变得更加普遍。新的市场正在发展起来，当地人通过诸如保护森林以维持水源、植树造林吸收二氧化碳等各种生态系统服务得到报酬。

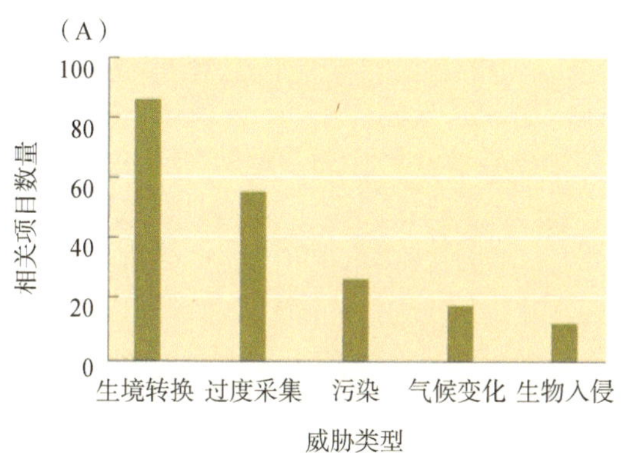

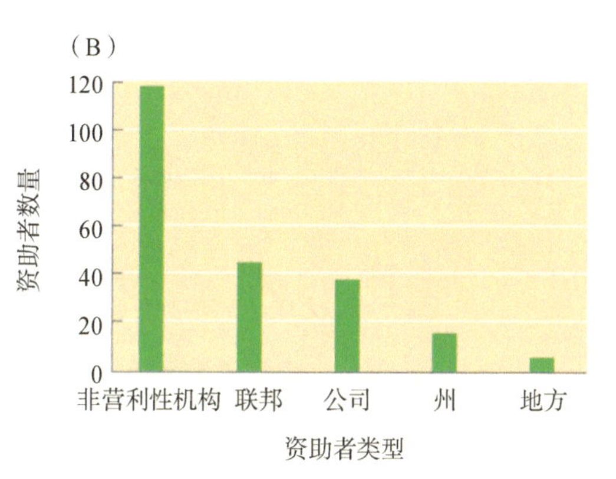

图 20.16　生态系统服务项目的类型。（A）以不同的威胁为目标的项目。大部分项目以生境转变（如从森林到农业土地）和过度采集（例如砍伐树木）为主题。（B）项目的资金来源主要是非营利性的保护组织，从国家、州省到地方的政府部门以及各种其他合作者（根据 Tallis et al. 2009）

乡村民众也能参与到新发展起来的生态系统服务市场（www.ecosystemmarketplace.com）。在墨西哥恰帕斯州 1996 年启动的斯高里特（Scolel Té）项目中，农民同意保持现有林地和恢复退化的土地以增加碳吸收能力，通过市场机制从欧洲赛车协会、世界银行和宗教组织等各种寻找碳固定能力以抵消他们的碳排放的合作伙伴那里获取报酬。农民还能通过在森林里套种耐阴的咖啡获得额外的收入。这个项目是将保护和碳交易相结合促进可持续发展的好例子。到目前为止有 700 名农民同意参加，年收入约 12 万美元。跟碳固定和气候变化挂钩的项目在未来的几年可能会得到更大发展，将为土地保护提供充足资金。然而在目前，这些项目经常无法提供足够的报酬以阻止土地拥有者将土地转为其他用途（Butler et al. 2009）。

评估传统社区参与的保护行动

前面介绍的很多项目取得成功的一个关键因素是，保护生物学家和地方社区、有影响力的领导以及有能力的政府机构形成有效、灵活的合作。一些项目在将保护和可持续发展、消除贫困结合起来等方面比较成功。英国的“赤道保护动议”（Equator Initiative）由许多引领性的保护机构、商业组织和政府共同负责，帮助资助和推广这样的项目。2008年，这个动议评选了全球25个最杰出的保护项目，授予“赤道保护奖”（www.equatorinitiative.org）。

然而，因为需要在多层次和多尺度运作项目，难度很大，许多这样的项目失败了。在许多情况下当地社群有着内在的抵触情绪且难以领导，结果未能管理出一个成功的保护项目（Linkie et al. 2008）。另外，包含了新近移民、极为贫穷且缺乏组织的当地人的项目往往实施起来会很困难。而且，跟项目有关的政府部门可能缺乏效率甚至腐败。在这些例子中，保护生物学家、政府官员和当地人可能难以在项目中达成一致的目标，导致误解、失去信任和沟通失败（Castillo et al. 2005）。这些因素会阻碍项目取得成功。还有一个不利因素是增长的人口压力，不仅仅来自当地人较高的出生率，还由于项目的成功可能吸引其他地区的人口向项目区域迁移（Stem et al. 2005；Struhsaker et al. 2005）。这些增长的人口会导致进一步的环境退化和社会结构的破坏。例如中国新建立的大熊猫保护区，由于生态旅游的发展，吸引了许多外来人口，建造旅馆和取暖不断增长的木材需求导致了森林破坏。相应地，尽管和当地人合作是可取的做法，但有些情况下是不可能的。因此有时候保护生物多样性的唯一途径是将人迁移出保护区并严格地巡护边界，尽管这样在许多国家政治上很困难且难以实施（Schmidt-Soltau 2009）。

> 当地人参与的保护项目经常由于资金、管理和各种条件的变化等而失败。建立跟当地人更好的合作方式，是保护生物学家和保护组织面临的重要挑战。

在许多情况下，起初看起来很有前途的项目，由于没有建立起项目自己的收入渠道，最后都随着外部资金和管理的停止而终止。即使是那些看起来很成功的项目，对能够评估项目是否达到预定目标的生态学和经济参数的监测工作也经常缺失。任何保护计划设计的时候就将评估进展和度量成果的机制考虑进来，这是至关重要的（Kapos et al. 2008）。项目也经常会被外部因素所破坏，如政治的不稳定和经济低迷。

标语“大处着眼小处着手”真实地说明了保护工作应如何开展。有一个因素总是正确的：不论是支持或者反对保护活动，相对于影响日常生活的其他事情来说，普通人对保护工作并没有太多的感受。如果人们知道他们惯常依赖的物种或者生境将因为土地开发而失去，他们可能会觉得应该马上采取行动。这种反应模式是柄“双刃剑”。如果把环境破坏认为是对人们福祉的威胁，将有利于保护工作开展；但更经常的情况是保护活动一开始总被认为是对当地传统生活方式的威胁或者是发展经济的阻碍。保护生物学家面临的挑战是在承认并明确导致人们反对的原因时，鼓励当地人去支持长期的保护目标。在许多情况下，提高人们的生活条件和经济水平，帮助他们争取对土地的权利对于在发展中国家保护生物多样性至关重要。

小结

1. 保护生物多样性的立法有地方、区域和国家等不同水平，私有和公有的土地都受到法律约束。政府和私有土地信托可以购买土地用于保护，或者为了未来的保护以各种方式获取土地的地役权和开发权。配套的法律限制污染，减少或者禁止特定类型的开发，为狩猎和其他消遣娱乐活动设置规则——全部都以保护生物多样性和保护人类健康为目标。
2. 国家通过建立自然保护区、国家公园和避难所、控制边界的进出口、建立各种法律规定等方式保护生物多样性。在美国，最有效的保护物种的法令是《濒危物种法案》。该法案对保护要求之强烈，商业组织和开发机构经常被迫和保护组织、政府部门达成妥协并协同工作，在保护物种的前提下允许适当开发。
3. 在许多国家，土著人拥有大面积未开发的土地，并且具有与生物多样性保护相一致的传统观念。
4. 保护生物学家和当地人在许多项目中协作以实现生物多样性保护、传统文化多样性保护和经济发展等的综合目标。允许人们以可持续的方式在不损害生物多样性的前提下使用保护区中的自然资源的保护方式被称为“整体保护与发展项目”。新的“生态系统服务转移支付”计划正在探索其可行性。

讨论题

1. 将发展和增长的概念应用到你所知的经济的所有方面，考虑诸如伐木、采矿、教育、修路、房地产和自然旅游业等各种经济类型。有哪些工业是或者至少接近可持续发展的？有哪些工业或者经济的哪些方面是明确不可持续的？发展和不可持续增长是否总是相关联，是否可以可持续地增长，或者有发展却没有增长？
2. 政府部门、私有保护组织、商业机构、社区和个人在生物多样性保护中都是什么样的角色？他们能否协同工作，或者他们的利益是否总是相互对立的？
3. 考虑一下在亚马孙流域遥远的地方新发现了一个狩猎采集部落，还发现那里拥有大量科学上的新物种。但在这之前那里已被指定为伐木和开矿项目区。那么这个项目是否可以按计划继续执行并且雇佣那些人做任何他们能胜任的工作？是否应该阻止外人进入这个区域，让那些土著人和新物种继续不受干扰地生活？应该派社会工作者去接触这个部落，让他们在特殊的学校中接受教育，并最终纳入到现代社会吗？你能想到一种整合保护和发展的折中方式吗？在这种情况下，应该由谁决定采取哪种行动？
4. 纳米比亚、赞比亚、津巴布韦的一些项目试图通过狩猎与生态旅游为乡村带来收入，并以非洲象和非洲狮这些受濒危野生动植物种国际贸易公约保护的物种作为狩猎对象。这些项目带来什么样的伦理、经济、政治、生态和社会问题？

推荐阅读

Abensperg-Traun, M. 2009. CITES, sustainable use of wild species and incentive-driven conservation in developing countries, with an emphasis on southern Africa. *Biological Conservation* 142: 948-963. 相比于政府机构，当地社区有时能更好地管理野生生物和其他自然资源。

Armsworth, P. R. and J. N. Sanchirico. 2008. The effectiveness of buying easements as a conservation strategy. *Conservation Letters* 1: 182-189. 当开发者有其他土地可以购买的时候地役权才最有效。

Bohlen, P. J., S. Lynch, L. Shabman, M. Clark, S. Shukla, and H. Swain. 2009. Paying for environmental services from agricultural lands: An example from the northern Everglades. *Frontiers in Ecology and the Environment* 7: 46-55. 如果得到经济资助，农民愿意按照环境友好的方式管理他们的土地。

Braschler, B. 2009. Successfully implementing a citizen-scientist approach to insect moni- toring in a resource-poor country. *BioScience* 59: 103-104. 吸纳志愿者参与是生物保护工作很重要的途径。

Briggs, S. V. 2009. Priorities and paradigms: Directions in threatened species recovery. *Conservation Letters* 2: 101-108. 物种恢复行动必须有较高的投入产出比。

Danielson, F. and 10 others. 2009. Biofuel plantations on forested lands: Double jeopardy for biodiversity and climate. *Conservation Biology* 23: 348-358. 生物燃料生产具有显著的环境影响。

Diemont, S. A. W. and J. F. Martin. 2009. Lacandon Maya ecosystem management: Sustainable design for subsistence and environmental restoration. *Ecological Applications* 19: 254-266. 传统居民有重要的经验值得保育生物学家学习。

Dudley, N., L. Higgins-Zogin, and S. Mansourian. 2009. The links between protected areas，faith, and sacred natural sites. *Conservation Biology* 23: 568-577. 传统居民已经采取的保护行动。

Holtcamp, W. 2010. Silence of the pikas. *BioScience* 60: 8-12. 鼠兔受到气候变暖的威胁，可能需要得到美国濒危物种法案的保护。

Kiesecker, J. M. and 7 others. 2009. A framework for implementing biodiversity offsets: Se- lecting sites and determining scale. *BioScience* 59: 77-84. 实施保护项目的地点要仔细地挑选才能保证有比较好的成效。

Kunz, T. H. and 8 others. 2007. Ecological impacts of wind energy development on bats: Questions, research needs, and hypotheses. *Frontiers in Ecology and the Environment* 5: 315-324. 生物学家在发展和保护之间寻求双赢方案。

Schwartz, M. W. 2008. The performance of the Endangered Species Act. *Annual Review of Ecology, Evolution and Systematics* 39: 279-299. 许多保护物种在恢复中但没有达到确定性的保护目标。

Stem, C., R. Margoluis, N. Salafsky, and M. Brown. 2005. Monitoring and evaluation in conservation: A review of trends and approaches. *Conservation Biology* 19: 295-309. 有当地居民参与的保护项目需要监测和评估以便判断是否达到了预定的目标。

Struhsaker, T. T., P . J. Struhsaker, and K. S. Siex. 2005. Conserving Africa’s rain forests: Problems in protected areas and possible solutions. *Biological Conservation* 123: 45-54. 能说明保护项目为何能取得成功的优秀案例。

Tallis, H., R. Goldman, M. Uhl, and B. Brosi. 2009. Integrating conservation and development in the field: Implementing ecosystem service projects. *Frontiers in Ecology and the Environment* 7: 12-20. 在已发展起来的各种生物保护项目新模式中，哪些将取得成功?

薛达元 . 2009. 民族地区保护与持续利用生物多样性的传统技术 . 北京：中国环境科学出版社 . 通过对少数民族地区农业传统知识的案例调查和研究，介绍了我国部分少数民族在保护生物多样性和持续利用生物资源方面的传统生产方式、实用技术及生活方式 .

中华人民共和国环境保护部自然生态保护司 .2011.《中国生物多样性保护战略与行动计划》(2011—2030 年). 北京：中国环境科学出版社 . 中国为落实生物多样性公约的相关规定，进一步加强我国生物多样性保护工作 , 有效应对我国生物多样性保护面临的新问题、新挑战，提出了我国未来 20 年生物多样性保护的总体目标、战略任务和优先行动。

邹莉，谢宗强，欧晓昆 . 2005. 云南省香格里拉大峡谷藏族神山在自然保护中的意义 . 生物多样性，13: 51～57. 广泛分布于香格里拉大峡谷的藏族神山构成了一个“自下而上”的乡土保护体系，它不仅在保护生物多样性、维护当地脆弱的生态环境等方面发挥着重要的作用，而且还可以提供多种非林产品，实现多种生态功能。

（陈彬 编译，蒋志刚 马克平 审校）

第 21 章

保护与可持续发展的国际途径

生物多样性一般集中在发展中国家，而这些国家的政府一般比较弱，且贫穷程度、社会和经济不公平程度、人口增长和生境破坏程度相对比较高。除了上述问题以外，发展中国家愿意保护生物多样性，许多国家已经建立了保护区并批准了生物多样性公约（细节在本章讨论）。

从根本上看，保护自身的自然环境是每个国家自身的责任，自然环境是产品、生态系统服务、休闲和文化的源泉——因为在文学故事、歌曲和艺术中，许多物种和生物群落是国家的骄傲和象征。如果发展中国家的经济不够强大，他们就没有能力负担生境保存、研究和管理。虽然发展中国家会从生物多样性保护中获取很多利益，但是许多保护带来的惠益也能够全球增值，为农业、医药和工业供应自然原料，为育种和研究提供遗传材料。因此，让发达国家（包括美国、加拿大、日本、澳大利亚和许多欧洲国家）来负担保护生物多样性的费用是公平合理的。热带地区通过影响二氧化碳水平和气候模式在全球生态系统中扮演着重要角色，而且许多生物多样性的利益已经回流到发展中国家也是事实。在这一章中，我们来讨论国家如何共同合作来保护生物多样性的问题。

经常需要用国际合作和协议来保护生物多样性并解决污染和气候变化问题。国家可以团结起来管理共享的区域（如海岸带）及共有的资源（如迁徙动物和渔业作业区）。

各级政府需要考虑生物多样性保护。虽然目前存在于世界各国的主要管理机制是基于各个国家内部管理的，但是国家间的国际协议在物种和生境保护中的作用不断增强。国际合作的必要性有以下几个原因。

（1）物种可以越过国际边界迁徙。保护措施需要在其所有分布范围内的所有分布点上实施；如果一个相邻国家的主要生境遭到破坏，另一个国家保护迁徙动物的努力将是无效的（Bradshaw et al. 2008）。例如，如果迁徙鸟类在非洲的越冬地被破坏，那么在北欧对其进行的保护将不会成功。如果鲸类在国际水域遭到伤害或猎杀，在美国海岸水域对这些鲸类的保护也将不会有什么作用。物种在迁徙时是特别脆弱的，这时它们可能会更容易被发现、更加疲倦、在食物和水的需求上更加急切。国际上创建了国际公园（经常被称为“和平公园”）来保护在国家边界地区生活和迁徙的物种，如位于美国和加拿大国界上的保护灰熊和猞猁的沃特顿冰川国际和平公园。

（2）生物产品的国际贸易非常广泛。一个国家对一种产品的强烈需求可以导致另一个国家中对这个物种的过度采挖 / 捕获以满足这种需求。当人们愿意花高价来购买具有异国情调的宠物、植物或野生产品（如虎骨、犀牛角等）时，偷猎者为获取低投入的利润或者贫困、绝望的人们为了获得收入，将会猎捕甚至杀害最后一头动物以获利。为了防止过度采掘，需要教育那些购买野生产品的消费者和采集、贸易生物产品的人们，告诉他们过度利用野生物种的后果。当贫穷是过度采掘和捕杀的根源时，在严格控制资源利用的同时，有时需要为人们提供其他经济收入手段。帮助人们可持续地管理开采和利用有时是可能地，这依赖于物种的特性（如其繁殖的快慢）和人们组织和控制贸易的能力。在贪婪的人们蔑视法律以寻求利益的地方，需要强化执行力度和边境检查（World Bank 2005）。

（3）生物多样性的惠益具有国际重要性。国家社区受益于用在农业、医药和工业中的物种和品种，受益于调控气候的生态系统，得益于国家公园和其他具有国际科学和旅游价值的保护区。大家公认生物多样性具有内在价值、存在价值和选择价值。世界上那些使用和依赖来自贫穷热带国家生物多样性的价值和生态系统服务的发达国家，仅提供了有限的和不足的资金来帮助那些世界上的穷国以管理和保护这些全球范围内重要的资源（Balmford and Whitten 2003）。因此，资金水平有待提高，并需要更有效地使用。

（4）许多威胁生态系统的环境污染问题是国际范围内的，需要国际合作。这些威胁包括空气污染和酸雨，湖泊、江河和海洋污染，温室气体排放和全球气候变化以及臭氧损耗（Srinivasan et al. 2008）。另外，引起这些问题的国家的付出与其角色并不相符。例如，流经德国、奥地利、斯洛文尼亚、匈牙利、克罗地亚、塞尔维亚、黑山共和国、罗马尼亚和乌克兰的多瑙河，携带辽阔农业和工业区域上的污染流入另一个国际性水域——黑海，这时又有另外四个国家接界黑海。只有相关国家的共同努力才能解决类似的问题。

21.1 物种保护的国际协约

首先，我们来讨论现有的重要的保护物种的国际协约。如本书前面所述，世界上的主要国家已经签署了一些国际协议以加强生物多样性保护。国际协议为国家间提供了一个合作框架，共同协作保护物种、生境、生态系统过程和遗传变异。通常是在国际组织授权下，如联合国环境保护署（UNEP）、联合国粮食与农业组织（FAO）和国际自然保护联盟（IUCN），条约在国际会议上进行谈判，并在一定数量的国家批准后生效（图 21.1）。在物种保护方面最重要的一个国际条约是由 UNEP 协助在 1973 年建立的濒危物种国际贸易公约（CITES）（Doukakis et al. 2009；www.cites.org）。目前有 175 个国家批准了该公约。总部在瑞士的 CITES 公约建立了一个国际贸易需要监控的物种清单（名为附录）。该公约的成员国同意限制这些物种的贸易和破坏性的开采。附录 I 包含了 800 多种的动植物，其商业化贸易是禁止的。附录 II 包含了大约 4400 种动物和 28 000 种植物，其国际贸易是受管制和监测的。对植物来说，附录 I 和 II 覆盖了重要的园艺物种（如兰花、苏铁、仙人掌、肉食植物和桫椤），木材物种和野外收集的种子也逐渐被监管。对动物来说，严密管制的种类包括鹦鹉、大型猫科动物、鲸、海龟、被捕食的鸟类、犀牛、熊类和灵长类。采集并作为宠物、动物园圈养和水族馆贸易的物种以及用于皮毛或其他商业产品的物种也被严密监管。附录 III 包含了额外的 170 个物种，它们在某一个国家受到保护，保护它们的国家正寻求其他国家帮助。

当公约签署国通过了法律来推行这些类似 CITES 的国际公约时，这些国际公约得到了实施。国家也可以建立濒危物种红皮书，这些红皮书可以看成是 IUCN 全球红色名录的国家版。法律可以同时保护列入 CITES 附录和国家红皮书的物种。一旦一个国家

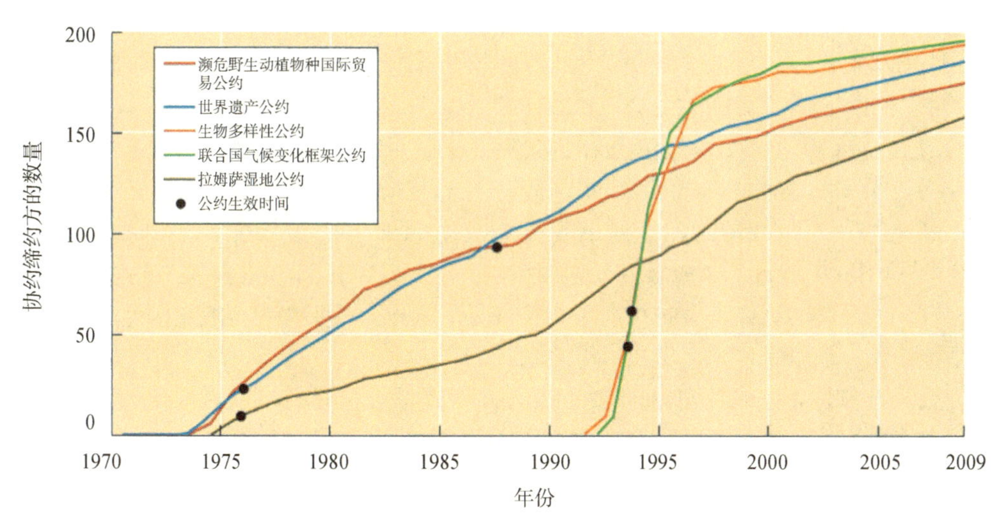

图 21.1 多国环境协议是经多国磋商后并被各国政府在条约或协议的规定下批准的，这些批准国成为“缔约方”或参加国。当一定数量的国家签署了某条约时（在图中用点表示），该条约才会生效（国家开始履行条约的规定）。图中的折线表明批准各种保护生物多样性条约的国家的数量。这些保护生物多样性的条约包括保护生境的条约（拉姆萨湿地公约，致力于世界文化和自然遗产保护的世界遗产公约），保护物种的条约（濒危野生动植物种国际贸易公约 /CITES 和生物多样性公约 /CBD），联合国气候变化框架公约 /UNFCCC（仿 WRI，2003）

图 21.2 一个海关官员展示了在美国边境上没收的野生生物产品。对某些产品来说，比如海龟，动物种类很容易确定，但对其他产品来说，比如袋子和鞋子，可能很难确定用来生产它们的动物种类（Jhon and Karen Hollongsworth 摄影，承蒙美国鱼和野生动物管理局许可）

通过了物种保护法律，警察、海关检察官、野生生物保护官员和其他政府机构就可以逮捕和起诉加工或贸易保护物种的个人和单位并可以没收有关的产品和生物（图 21.2）。在美国加利福尼亚一个案件中，一个爬行动物商人由于在其胸部捆绑了 15 条受保护的澳大利亚蜥蜴而在洛杉矶机场被抓捕，他将面临犯罪指控和罚金。CITES 秘书处定期通报特别的违法活动。CITES 秘书处向其成员国推荐暂停与越南进行野生物种贸易，原因是越南不愿意限制本国野生生物非法出口。

CITES 要求其成员国建立自己的管理和科学机构以履行他们的责任。由一些非政府组织如 IUCN（世界自然保护联盟）野生生物贸易项目、世界自然基金会（WWF）运行的 TRAFFIC 网络以及 UNEP 的世界保护监测中心（WCMC）等为履约提供技术支撑。CITES 除了由发展部门加强保护努力外，特别鼓励国家间的合作。该条约被用来作为限制某些濒危野生物种贸易的手段。这方面成功的著名案例是当偷猎者导致非洲象种群严重衰退时，CITES 在全球范围内禁止了象牙贸易（专栏 21.1）（Wasser et al. 2007）。最近，随着象群的恢复，非洲南部的国家开始允许有限的象牙销售，导致非法采收象牙案件的上升。

野生动物贸易可能听起来并不重要，但它是一桩巨大的违法生意，排除水生物种，每年的贸易金额约为 100 亿~200 亿美元。野生动物贸易依然是一个主要的问题，时常与木材违法贸易、毒品和军火走私联系在一起。所以毫不令人吃惊的是，统计准确数据是一项挑战（Blundell and Mascia 2005）。执行 CITES 的一个困难是活体动植物与动植物某部分的标本装船时经常贴错标签。或者是忽视物种名，或许是故意地这么做，以避免条约的限制。同时，有时缔约国无法实施条约限制贸易，原因是由于缺乏训练有素的执法人员或是本身腐败。最后一点，许多管制在偏远的边界实施很困难，比如老挝和越南的边界地区（Nooren and Claridge 2001）。结果是非法的野生生物贸易继续成为威胁生物多样性的诸多最严重因素中的一个，特别是在亚洲。

> 濒危物种贸易公约建立了贸易受禁止的、受控的和监测的物种名单。成员国要在其国内执行这个公约的规定。

另一重要条约是 42 个国家签署的重点关注鸟类的野生动物物种迁徙公约，经常被称为波恩公约。这个公约通过鼓励对跨越国境迁徙的鸟类实施保护，强调区域性的科研和管理途径以及狩猎条例，是对 CITES 的补充。这个公约现在将蝙蝠及其生境与波罗的海和北海的鲸类也包括进来。其他保护物种的国际协议还包括：

专栏 21.1 大象的战争：休战结束了吗?

许多国家中象牙的非法获取已造成了大象种群的下降。限制象牙的销售将有助于减少偷猎（摄影 ©Photoshot Holding Ltd/Alamy）

象牙贸易已经存在了几百年。早在公元前 4 世纪就已经出现的象牙贸易，被认为是当地非洲象灭绝的原因（Lee and Graham 2006）。由于东亚消费者购买力的上升，象牙雕制品的需求在 20 世纪 70 年代末和 80 年代初的需求每年超过 800t。象牙的贸易给不发达国家带来了大量的税收，为当地贫穷农民提供了可观的收入。然而，据估计在 20 世纪 80 年代晚期从非洲出口的象牙中有超过 80% 来自偷猎者猎杀的大象，这导致了全面的无法无天的甚至是武装的冲突。这段时期大量的非法猎杀称为“象牙危机”（Lee and Graham 2006），它大大降低了非洲大陆象群的数量，非洲象从原本高达 160 万头减少到不超过 60 万头（van Kooten 2008）。

应对这一威胁，野生动物管理部门制定了新的政策，允许让全副武装的巡护人员强势对抗偷猎者。结合激励措施如较高的薪水，提高了监护人员对其工作的投入。非洲东部国家和保护组织也联合起来要求 CITES 成员国停止象牙出口贸易。当这项禁令在 1989 年最终制定后，象牙的价格大幅下降，偷猎的比率也随之减少。

然而大象没有因此而获得生存安全。随着西方国家反对偷猎的援助迅速消失，到 2006 年时，偷猎现象比禁令出现之前还要恶劣，消费者日益增加的需求推动了象牙的价格，其价格在 2009 年达到 6500 美元 / 千克（Wasser et al. 2009）。由于中部非洲的战争和政治动荡，包括犯罪团伙在利润越来越丰厚的象牙贸易中的参与，偷猎现象持续存在。象牙被运往日本、中国以及其他东方国家，在那里，象牙可以通过一次拍卖而合法获得。据估计，每年非洲象种群数量以 8% 的速度丧失，超过了其在理想条件下仅为 6% 的繁殖率。

> 在CITES公约的保护下，用DNA分析来找出非法象牙装运的源头国家，结合在地面上增加巡逻以减少对大象的非法偷猎。然而农业扩张和栖息地的破碎化有可能成为大象的一个更大的长期威胁。

面对这种持续的威胁，一项高技术成为阻止偷猎的武器：使用 DNA 来跟踪和区分合法与非法象牙装运。科学家团队采用唯一的 DNA 标记大象的粪便、象牙和组织标本，对整个非洲象群已经完成了遗传定位图。来自世界上任何地方的非法象牙 DNA 都可以匹配在这张图谱上，从而可以通过追踪非法象牙装运以找到它们的源头。执法和保护措施也因此可以集中在最需要他们的地方（Wasser et al. 2009）。

以前象群下降的原因主要是因为大象偷猎，然而农业扩张导致的栖息地破碎化及丧失有可能成为一个更大的长期威胁（Blanc 2008）。新的农场、栅栏和道路的修建，导致大象传统的迁徙路线逐步被阻断。国家公园里，大象的种群正增加，但是大象不能离开保护区，否则会与农民和居民发生冲突，这导致在国家公园里的过度放牧。

数十年里，因偷猎和生境破碎化对东非大象种群的损害不仅仅只是一个纯粹的数字。大象是社会性动物，有着年长大象教导幼象的复杂行为（Poole 1966）。因偷猎者有选择性的猎杀较年长的大象（有最大象牙的象），导致从成年大象到下一代的知识传承被打断。大象也对其他动物依赖的微环境产生深远的影响：在进食时，大象剥落树叶、碰倒树木和踩踏灌木丛。大象的这些进食方式为食草动物开放了东非灌木林地，促进了大猩猩和其他森林动物偏爱植被的生长。而当只有少量的大象去执行这一服务，只能形成很少的开放林地，从而影响其他物种的生存。

低技术含量的巡逻和高科技的DNA侦查的组合将会成功地阻止偷猎吗？能够保存更多的生境以承载大象种群的恢复吗？只有时间会准确地告诉我们，但是很多人将会密切关注这些大型动物的命运。

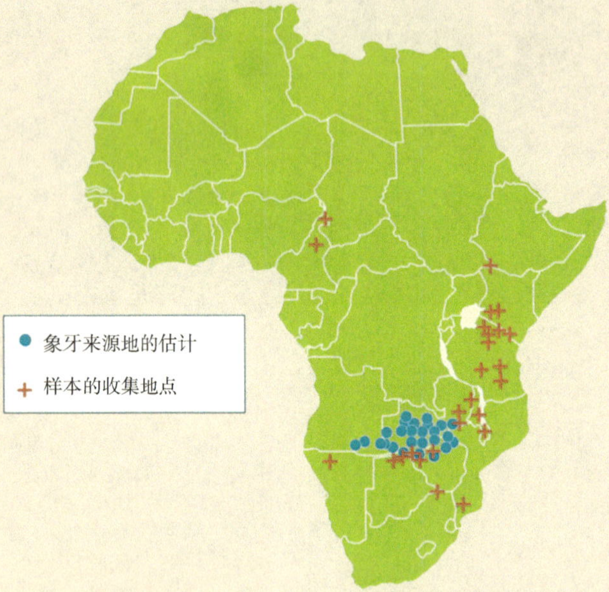

大象粪便及其他生物材料的样品从非洲各地采集而来，然后分析它们的DNA并做了一幅遗传图谱。当一批非法运输的象牙在香港被没收时，从象牙提取的DNA与这个遗传图谱进行匹配，发现象牙是从以赞比亚为中心的区域运来的

- 南极海洋生物资源保护公约（www.ccamlr.org）；
- 国际捕鲸公约，该公约建立了国际捕鲸委员会（见专栏10.1）（www.iwcoffice.org）；
- 鸟类保护国际公约和（比利时 / 荷兰 / 卢森堡）三国联盟的有关狩猎和鸟类保护的公约；
- 在西部和中部大西洋保护和管理高度洄游鱼类资源公约（www.wcpfc.int）；
- 其他保护特定动物类群的协约，如对虾、龙虾、螃蟹、皮海豹、南极海豹、鲑鱼和小羊驼。

一些关注对象宽泛的国际协议也不断寻求对濒危物种的直接保护。例如本章后面讲到的生物多样性公约，现在囊括了保护IUCN红色目录所列物种的推荐意见（www.iucnredlist.org）。

所有这些国际条约的弱点是它们按照共识来操作，如果一个或多个缔约方反对，一些必要的强硬措施就经常不能通过。另外，任何国家的参与是自愿的，当缔约方发现履约的条件困难时，他们可以忽视这些公约而寻求自身的利益（Carraro et al. 2006）。当几个国家决定不执行国际捕鲸委员会 1986 年的禁捕规定，并且日本政府不能让人信服地宣称需要获取进一步的数据以评估鲸鱼种群的状况并宣布它的船队将继续捕捞鲸鱼时，这种缺陷就显得更加突出。虽然来自条约相关组织的资助也会有所帮助，但劝说和公众压力是促使有关国家执行条约规定并起诉违反者的主要手段。很多公约受到的资助不够，因而不能有效地达成它们的目标。经常是缺乏监督机制来确定缔约国是否执行了条约。

21.2 生境保护的国际协约

> 缔约国可以通过拉姆萨湿地公约、世界遗产公约和生物圈保护计划来取得国际认可。边境地区的跨境公园同时为保护和国际合作提供了机遇。

生境公约强调需要保护独特的生物群落和生态系统特性（并且在这样的生境中，大量的个体物种可以受到保护），从而在国际水平补足了物种公约的作用。其中三个最重要的生境公约是拉姆萨湿地公约、保护世界文化和自然遗产公约（或称世界遗产公约）和联合国教科文组织的人与生物圈保护计划（也称为生物圈保护计划）。缔约国在这些公约下划定保护区自愿按公约条款进行管理；这些国家并没有放弃这些保护地的主权而令其国际化，而是仍然保留对这些地区的完全控制权。这些公约在保护土地和达成保护目标方面是有效的（www.panda.org）。

《拉姆萨湿地公约》签署于 1971 年，旨在阻止对湿地的持续破坏，尤其是那些迁徙类水禽的栖息地，还旨在让人类意识到湿地的生态、科学、经济、文化和休闲价值。拉姆萨湿地公约囊括了淡水、河口和海滨生境，包括总面积多于 1.8 亿 hm^2 的 1867 个保护地（图 21.3）。签署《拉姆萨湿地公约》的 159 个国家一致同意保护各自的湿地资源并对至少一个具有国际重要意义的湿地生境实施保护（www.ramsar.org）。28 个拉姆萨湿地公约缔约国已经联合起来形成了地中海湿地动议来开展区域合作。一个类似的计划是西半球滨海鸟类保护网络，主旨是保护美洲不断减少的湿地生境。

图 21.3　Los Lipez 是位于玻利维亚的纳入拉姆萨湿地公约名单的一处保护地，面积为 150 万 hm^2，以两种火烈鸟而闻名（摄影 ©J. Marshall-Tribaleye Image/Alamy）

中国 1992 年加入《湿地公约》，国家林业局成立了《湿地公约》履约办公室，通过广泛的国内外合作提高中国湿地保护的履约能力。黑龙江省扎龙（图 21.4）、吉林省向海、江西省鄱阳湖、湖南省东洞庭湖、海南省东寨港和青海省鸟岛等湿地保护区列入《国际重要湿地名录》。据 2005 年全国湿地资源调查统计，我国现有湿地面积约 3848 万 hm^2，居亚洲第一位，世界第四位。我国现有 100 hm^2 以上

图 21.4 黑龙江省扎龙国家级自然保护区是我国首批列入《国际重要湿地名录》的湿地自然保护区，主要是保护丹顶鹤的繁殖地（蒋志刚摄）

的各类湿地 3848.55 万 hm^2（不包括水稻田），现存自然或半自然湿地占国土总面积的 3.77%。到 2006 年年底，我国已经建立了湿地保护区 473 个，已有 45% 的天然湿地纳入保护区范围。2007 年 9 月，国务院批准成立中国履行《湿地公约》国家委员会，协调和指导国内相关部门开展履行《湿地公约》相关工作（http：//www.shidi.org）。截至 2008 年，中国共有 36 块湿地加入《国际重要湿地名录》。达赉湖等 4 个湿地类型保护区还加入了国际人与生物圈网络。

世界遗产公约是联合国教科文组织、世界自然保护联盟和国际古迹及遗址理事会联合发起的（whc.unesco.org）。该公约得到了广泛支持，有 186 个成员国参与。该公约的目的是通过世界遗产名录项目来保护国际上重要的文化和自然地区。该公约是独特的，因为它强调自然地区的文化和生物学的双重意义并认识到国际社会有义务在资金上给予支持。世界遗产名录项目由来自联合国基金会有限的资金资助，该基金会也提供技术帮助。与拉姆萨湿地公约一道，该公约致力于为原来依照国家法律建立的保护地寻求国际认可和支持。890 处世界遗产地保护的自然生境面积大约 1.42 亿 hm^2，并涵盖世界上优先保护的地区（图 21.5）。包括坦桑尼亚的塞伦盖提国家公园，斯里兰卡的辛哈拉加森林保护区，中国的大熊猫栖息地，巴西的伊瓜苏瀑布，澳大利亚的昆士兰雨林和美国的大雾山国家公园等，这些仅仅是其中的一小部分。

联合国教科文组织的人与生物圈保护计划始于 1971 年。正如第 7 章所述的那样（见 7.15 节），生物圈保护区旨在展示保护活动和可持续发展在满足当地人利益方面是不矛盾的。生物圈保护区分布在 107 个国家，共 610 处，占地面积超过 2.63 亿 hm^2，在美国有 47 处，俄罗斯 40 处，保加利亚 17 处，中国 31 处，德国 14 处，墨西哥 34 处（见图 20.13）。最大的生物圈保护区位于格陵兰岛，面积超过 9700 万 hm^2。

上述三个公约和生物多样性公约在加强保护区和某些生境类型的保护方面高度一致。更多的专门性国际协定保护了特殊地区的独特生态系统和生境，包括西半球、南极、南太平洋、非洲、加勒比海和欧盟等地区（WRI 2003）。另外还批准了其他一些阻止和限制地区性和国际性污染的国际协议。欧洲长距离跨国境的大气污染公约指出长距

（A）

（B）

图 21.5　世界遗产名录包括了一些世界上最著名的保护地。（A）巴西伊瓜苏国家公园中的伊瓜苏瀑布。（B）厄瓜多尔加拉帕戈斯（Galapagos）国家公园的仙人掌和一种蓝脚鲣鸟（A，摄影 ©Joris Van Ostaeyen/istock；B，承蒙 Andrew Sinauer 允许）

离转移的大气污染在酸雨形成、湖泊酸化和森林退化中的负面作用。《臭氧层保护公约》于 1985 年签署，以调节和逐步淘汰氟利昂等化合物的使用。《海洋法公约》则促进了世界海洋的和平利用和保护。

保护措施也可能会促进政府间的合作。当国家需要一起对某一区域开展管理时经常需要合作。在世界上许多地区，大面积的无人居住的山脉经常成为国家间的界限。这些崎岖的边界地区经常密布军队甚至导致武装冲突。一种可选的方法是在国家边界的两侧建立起穿越国境的公园来合作管理整个生态系统并大规模促进保护（Rosen and Bath 2009）。这种合作的一个早期例子是建立沃特顿冰川国际和平公园来管理位于美国的冰川国家公园和位于加拿大境内的沃特顿湖国家公园。今天，强大的努力将位于津巴布韦、莫桑比克和南非的国家公园和保护区连接起来成为更大的保护管理单元（图 21.6）。这种联合管理将另外带来保护大型动物的季节性

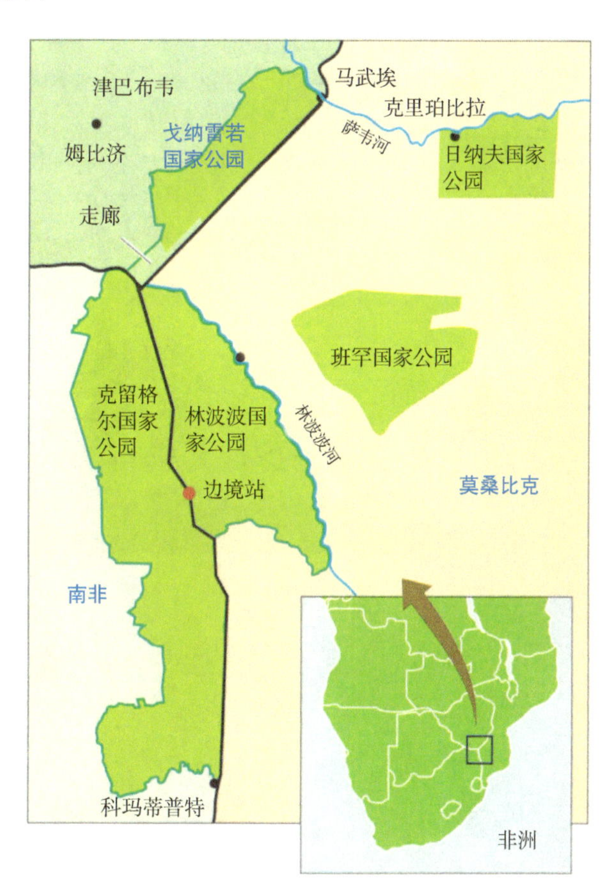

图 21.6　大林波波（Limpopo）跨国境公园具备联合南非、莫桑比克和津巴布韦境内国家公园和保护区内野生生物保护活动的潜在能力。一个更大的保护区将包括国家公园、私营动物保护区（game reserves）、私营农田和大农场（仿 www.sanpark.org）

迁移路线的优势。以色列和约旦建立的红海海洋和平公园具有重要意义，不光为保护，而且具有在饱受战争蹂躏的地区建立信任的潜力。

海洋污染成为另一个备受关注的方面，世界上广阔的海洋是由多个国家控制的国际水域组成的，而在某一海域排放的污染物非常容易扩散到其他海域。涉及海洋污染的协议包括防止倾倒废物和其他物质污染的海洋公约、海洋法公约和联合国环境规划署的区域海洋计划。区域水平的协议覆盖了大西洋东北部、波罗的海和其他特殊地区，特别是在北大西洋区。开放海域的远洋地带大部分没有开发，甚至没有管制，急需保护。

21.3 地球峰会

齐聚各国领导人的国际会议有时可以在保护问题上达成一致。1992 年 6 月于巴西里约热内卢开了 12 天的国际会议，即联合国环境与发展大会（UNCED），非官方称为地球峰会和里约峰会。里约峰会将来自 178 个国家的代表召集在一起，包括国家元首、联合国官员、主要的保护组织以及宗教和土著代表，目的是讨论在发展中国家，加强环境保护与有效的经济发展相结合的途径（United Nations 1993a，b）。该次会议通过将环境危机的严重性作为焦点，成功地引起世界对该问题的关注。该次环发大会建立了一个清晰的关联，将环境保护与通过发达国家增加财政援助在发展中国家减缓贫困联系起来（图 21.7）。一方面，世界上的发达国家有潜力为其市民提供资源并保护环境；另一方面，许多贫穷的国家相信经济的进步只能来自于快速地开发资源来刺激发展和减少贫

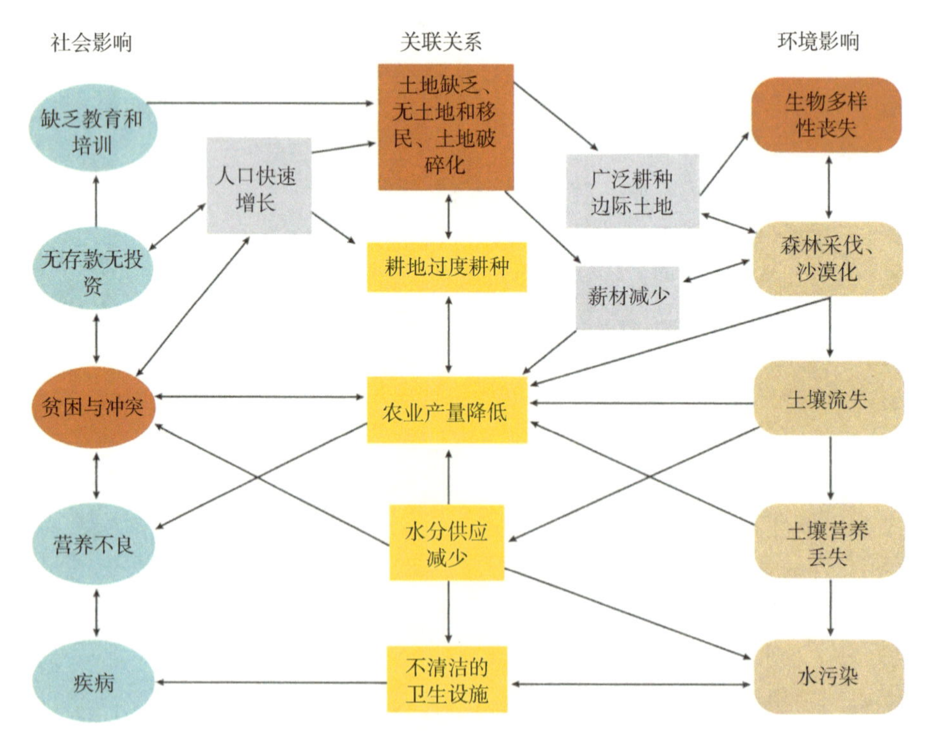

图 21.7 贫困与环境退化的关联。打断这些关联是世界银行和其他捐赠组织的资助重点（按照 Goodland 1994）

困。虽然这种策略能获得短期的利益，但经常会带来长期的代价。在全球峰会上，发达国家一致同意在全球环境和生物多样性保护长期目标中为发展中国家提供帮助。

会议经各方讨论，最终大部分国家签署了下列重要文件：

1. 《里约环境与发展宣言》。这是一个为指导富裕和贫穷国家在环境和发展问题上提供基本原则的、没有约束力的宣言。只要不破坏环境，为实现经济和社会发展而利用本国自然资源是合法的。该宣言确定了公司和政府应对其造成的环境破坏承担财政责任的“污染者付费”原则，宣称“国家应当以全球合作精神来保存、保护和恢复地球生态系统的整体性和健康”。
2. 《联合国气候变化框架公约》。几乎所有的国家都批准了这个公约（194 个国家签署），这个公约要求工业化国家减少二氧化碳和其他温室气体的排放量并且定期报告其减排进展。现在仍然没有特定的排放限制，但公约表明温室气体水平应该保持稳定，不能影响地球的气候。2009 年 12 月召开了哥本哈根气候变化峰会，以讨论和更新公约内容。
3. 《生物多样性公约》。这个公约有三个目标：保护生物多样性，生物多样性的可持续利用和分享利用遗传资源所得惠益（www.cbd.int）。前两个目标认识到国家有责任保护它们的生物多样性并负责任地利用生物多样性。虽然个别国家负有保护它们自己生物多样性的主要责任，实质性的国际基金已经为发展中国家的努力提供了帮助。公约也认识到土著居民有权分享来自利用生物多样性的惠益，特别是他们为该物种的利用贡献了自己的地方性或传统性知识。制定在国家、生物技术公司和当地居民之间共享生物多样性经济利益的国际知识产权法对该公约是一个重要挑战。经过十年的磋商谈判，终于在 2010 年 10 月第十次缔约方大会上通过了关于遗传资源获取与惠益共享的名古屋议定书。对于公平合理地共享利用遗传资源所得惠益建立了比较规范的国际准则。由于关注生物材料将如何被利用或者被滥用，一些发展中国家规定严格的程序限制科学家为了研究目的收集生物样品（Kothamasi and Kiers 2009）。这种限制有时会将相关的跨国生态学、分类学和生物多样性研究视为非法。这次大会还确定了未来十年全球生物多样性保护的目标，“立即采取有效措施，遏制生物多样性丧失”。这个目标较之 2002 年第六次缔约方大会制订的 2010 年生物多样性保护目标：“明显遏制生物多样性减少的态势”要高很多，包括 5 类 20 个可以执行的具体目标。5 类目标依次为：①将生物多样性保护主流化、纳入国家的社会经济发展规划和计划，以及生产和生活中，以减小直至消除导致生物多样性丧失的根本原因；②通过可持续利用，减少对生物多样性的直接压力；③保护生态系统、物种和遗传多样性，以改善生物多样性的受威胁现状；④提高生物多样性和生态系统带来的惠益；⑤通过参与性规划、知识管理和能力发展，加强战略规划的实施（http：//www.cbd.int/decision/cop/）。保护战略规划规定，到 2020 年陆地自然保护区的面积达到 17%，

> 国际会议使得国家可以坐下来拟订协约以保护生物多样性。在生物多样性公约框架下，缔约方有责任保护其境内的生物多样性，并有权利从利用其生物多样性财富获取惠益。

海洋保护区达到 10%（马克平　2011）。

4. 《二十一世纪议程》。这个 800 页的文件是以全面的方式描述注重环境保护的发展所需政策的一个创新性的尝试。《二十一世纪议程》把环境问题和其他诸如儿童福利、贫困、妇女权利、技术转移和财富的不公平分配等发展问题联系起来。为解决大气污染、土地退化与沙漠化、山区发展、农业和农村发展、森林采伐、水体环境和污染问题等，该议程制定了相关的行动计划。政府在实施这些行动计划时可采用的财政的、机构的、技术的、法律的和教育的机制也在该议程中进行了描述。

地球峰会以后，许多国家批准了两个重要的公约——生物多样性公约和联合国气候变化框架公约，形成了政府和保护组织采取特定行动的基础。随后的系列会议表明政府方面愿意继续讨论这方面的议题（图 21.8）。例如，生物多样性公约为建立、管理和资助保护区设立了重要的条款，虽然这些目标还远远没有达到。最重要的成功是 1997 年 12 月于京都达成的国际条约，将温室气体排放控制在 1990 年前的水平。最终京都议定书在 UNFCCC 框架下于 2004 年批准（见上），很多国家已经采取政策降低它们的温室气体排放，主要是二氧化碳。正因为如此，很多国家开始关注后京都时代，于 2007 年 12 月在巴里、2009 年 12 月在哥本哈根举行了会谈。2009 年哥本哈根大会确实达成了气候变化的协约，但寄希望于严厉行动计划的环境学家、国家和工业组织却因协约软弱的条款而失望。还需要举办国际会议在这个方面继续推动。

国际社会一直在努力以将全球峰会的主张付诸实施。其中一个例子是由 40 个国家签署的 1998 年的《奥胡斯公约》，该公约指出所有人都有权利拥有健康的环境。该公约要求政府将环境数据公布并给予市民、一些组织和国家拥有调查污染来源并采取措施减少环境破坏的权利。另一个例子是由前苏联领导人戈尔巴乔夫成立的国际绿十字组织，该组织活跃在冲突地区的环境协议磋商活动中。2002 年 8 月，另一个重要的环境峰会——

图 21.8　2009 年 12 月，许多国家的领导人以及政府间和非政府组织一道出席了在丹麦哥本哈根举行的联合国气候变化大会。形成新的全面的协议以减少温室气体排放（京都议定书的后续文件）主导了大会讨论（Pete Souza 摄影）

世界可持续发展峰会在南非约翰内斯堡召开，191 个国家和 2 万名代表参加了会议（WRI 2003）。虽然大会强调需要降低生物多样性的丧失，但主要关注可持续性的社会和经济目标。这种转变反映了自里约峰会以来一个重要的持续性的争论，即强调保护是为了促进对自然资源的可持续利用以使穷人获益还是为了保护区域和生物多样性（Lapham and Livermore 2003; Naughton-Treves et al. 2005）。2012 年 6 月的联合国可持续发展大会（Rio+20）上通过了第 66/288 号决议《我们希望的未来》（*The Future We Want*），强调绿色经济是可持续发展的重要手段，并且要着力解决贫困问题。同时敦促《生物多样性公约》缔约方履行承诺，实施《2011—2020 年生物多样性战略计划》、《爱知生物多样性目标》和《生物多样性公约关于获取遗传资源和公正和公平分享其利用所产生惠益的名古屋议定书》（http://www.uncsd2012.org/）。另一个系列国际协议是千年发展目标（MDG），目标是在 2015 年减少一半的极度贫困。MDG7（第 7 个千年目标）“保证环境的可持续性”的目标是在 2010 年降低生物多样性丧失，保护区是达成这一目标的重要的监测指标。虽然国家间没有订立正式的条约，但是另一个正面的发展出现了，即产品可持续性的国际认证，证明这些产品以可持续的方式生产，没有损害环境和伤害当地群众，比如木材和咖啡。

21.4 保护基金

这些国际会议和条约产生一个最具争议的议题是如何资助这些计划，特别是生物多样性公约以及其他与可持续发展和保护相关的项目。在全球峰会时代，估计这些项目的花费大约为每年 6000 亿美元，其中的 1250 亿美元来自发达国家，作为其海外发展援助（ODA）的一部分。由于在 1990 年代早期来自所有国家的海外发展援助大约为每年 600 亿美元，在那时，为实施这些公约需要增长认捐额度的几倍才够用。发达国家反对增加援助额度。作为一种替换手段，发达国家同意定到 2000 年，将他们的对国外援助提高到其国民生产总值（GNP）的 0.7%，等于将其 ODA 增加一倍。虽然主要的发达国家原则上同意这个数字，但没有为目标期限设计日程表。在 2008 年，22 个捐赠国中只有少数富裕的欧洲国家达到了 0.7% 的捐助目标，瑞典（0.98%）、卢森堡（0.92%）、挪威（0.88%）、丹麦（0.82%）和荷兰（0.80%）。过去的 10 年里许多比较大的发达国家的捐助都低于他们的国民生产总值 0.7% 的比例，如美国为 0.18%（Shah 2008；www.oecd.org）。

全球峰会后，保护的国际基金有所增长，但没有达到原先的承诺。大部分增加的基金是在世界银行和联合国环境规划署管理下，通过全球环境基金这个渠道，本章后面要讲到这一点。在这期间，资助的优先性也有显著变化（Quintero 2007）。确定资助项目的过程是什么？经常开始于一个保护生物学家、一个保护组织或政府确定了一个保护需求，比如保护一个物种、建立一个保护区、或培训公园管理人员。一般要通过比较复杂的分析—讨论—计划—项目设计—撰写建议书—募集资金和有不同类型保护组织参与的程序（Martin-Lopez et al. 2009）。私人基金（如麦克阿瑟基金会）、国际组织（如世界银行）和政府部门（如美国国际开发署）经常通过资助那些实施这些计划的机构（如非政府组织大学、博物馆和国家公园等有关部门）来为保护项目提供经费。

基金会、发展银行（如世界银行）和政府部门为地方性、国家水平和国际组织的保护活动提供经费。主要的国际保护非政府组织（NGO）（如世界自然基金会、保护国际、国际鸟盟、大自然保护协会和野生生物保护协会）经常通过一系列清晰连贯的优先项目来直接实施保护活动。这些非政府组织已经成为主要的保护资金资助来源，它们通过会员费、富人的捐助、公司的赞助和基金会与国际发展银行的资助来募集基金（图 21.9）。那些大的国际性保护组织（有时称为 BINGO），如大自然保护协会和国际鸟盟，从私人、政府、公司募集资金，然后将这些资金用于科学研究和培训。国际性 NGO 经常活跃于建立、加强和资助地方性 NGO 和在发展中国家主管保护项目的政府部门。附录列出了主要的致力于保护的 NGO 的名单（Zavaleta et al. 2008；Martin-Lopez et al. 2009）。当然，国际性的 NGO 与地方性的 NGO 组织的保护目标、优先内容和政策有时会有所不同（Halpern et al. 2006）。

> 近几十年里，政府和基金会对保护项目的资助大幅上升，非政府组织（NGO）在国际保护项目中扮演了重要角色。

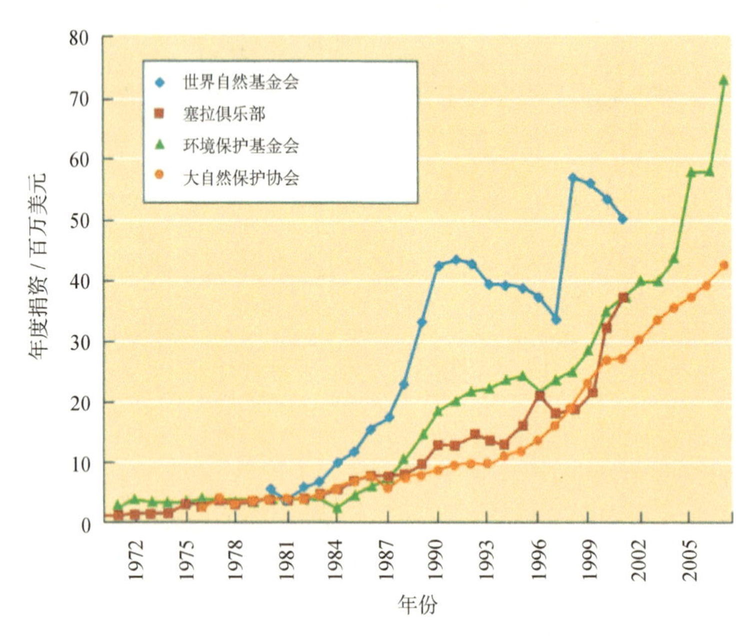

图 21.9 在过去的 40 多年里，来自许多保护组织的年度捐赠快速增加，如图所示为美国四大非政府组织的用于保护的捐赠：大自然保护协会（TNC）、世界自然基金会（WWF）、环境保护基金会（ED）和塞拉俱乐部（SC）。大自然保护协会的捐助额要乘以 100，2007 年的捐赠大约为 40 亿美元（依据 Zaradic et al. 2009）

从一个 BINGO（如世界自然基金会）的角度来看，与发展中国家的地方性组织一起工作是一种有效的策略，原因是保护工作依赖于地方经验，并且它能够培训和支持这个国家的公众，而后者以后又会帮助宣传保护。NGO 通常在执行保护项目方面比政府部门更有效率，但是由 NGO 启动的项目经常会由于资金耗尽，在执行几年后终止，因此他们通常不会形成一个持续的影响。同时，NGO 的收入变化较大，对经济状况比较依赖。最近经济不景气，由于收入减少，很多保护组织不得不大幅度减少其保护活动和裁减员工。

发达国家的政府和国际银行为拉丁美洲提供了 90% 的保护基金，显示了这些机构在资助中的重要性（图 21.10）（Castro et al. 2000）。虽然基金会和保护组织为拉丁美洲提供的资金只占 10%，但是他们有时比较灵活并能够资助创新的小项目且能提供更集中的管理。摩尔基金会为非政府组织保护国际提供了 2.6 亿美元的资助以支持其保护活动，显示了世界上私人基金资助逐渐增长的重要性。

现在项目资助的一个缺点是保护组织激烈竞争有限的经费（Wilson et al. 2009）。结果是保护的努力是重复的，相似的组织和项目缺乏协调机制。为了获得更多资助，保

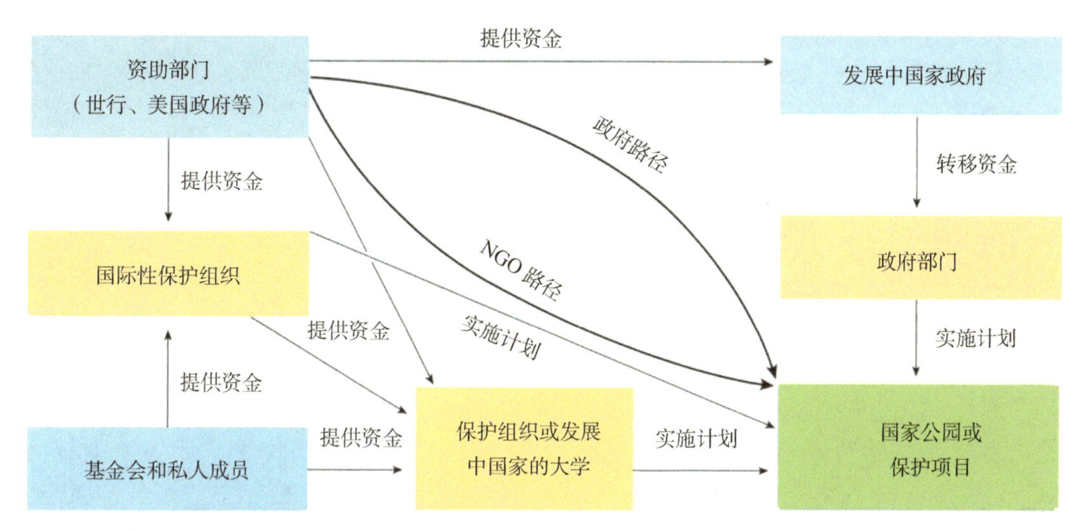

图 21.10　保护项目由发展银行、政府、基金会和保护组织资助，由国际性和地方性的非政府保护组织和发展中国家的政府部门执行

护组织常常夸大项目的成功一面而忽略失败一面，从而丧失了从错误中学习的机会。保护组织已经开始强调需要合作以取得共享的、长期的目标，这显然是一个积极的信号（Stem et al. 2005；Open Standard for Conservation Version 2.0 2007）。

发展中国家一个活跃的地方保护项目通常受到一个或多个保护基金会的资助，与国际保护非政府组织保持学术联系，并且从属于一个或多个地方或国际研究机构（Rodrigus，2004）。在这种情况下，全世界的保护界通过资金、专业知识和共同兴趣而联系在一起。伯利兹项目（Program for Belize，PFB）即是这种国际网络能力的一个良好案例（www.pfbelize.org）。初看伯利兹项目是一个伯利兹人的项目：雇佣伯利兹人，管理一个伯利兹保护设施（Rio Bravo 保护与管理区，The Rio Bravo Conservation and Management Area）。然而，伯利兹项目具有一个与其他，国家政府机构（如美国国际发展署）、主要资助机构（如麦克阿瑟基金会）、伯利兹国内的大学以及国外的大学（如波士顿大学）、国际保护非政府组织（如大自然保护协会）甚至大型企业（如可口可乐）合作相关的研究、管理和资金网络。在这种情形下，一个担心是富有的国际组织与一个挣扎生存的地方保护组织的不对称权力关系；地方非政府组织最终将不得不将保护的重点让位于国际目标而不是地方目标。

21.5 国际开发银行的作用

拙劣设计的大规模的国际性资助的项目经常会加剧森林退化、生境破坏、水生生态系统丧失的速度。那些项目包括大坝、水电工程和大量农村人口的重新安置、道路和交通、矿业、制造业、砍伐、农业和灌溉工程，以及石油、煤炭和天然气工程。这些项目可能由主要工业国家的国际开发部门和多边开发银行（MDB）资助，后者受主要的发达国家管理。最大的多边开发银行中有世界银行（向全球发展中国家贷款）、泛美开发银行、亚洲开发银行和非洲开发银行。

这些多边银行承诺在 2009～2010 年为 151 个国家的开发项目提供 1000 亿美元的贷

款（www.export.gov）。实际上那些 MDB 的影响甚至远大于年度总额所显示的，因为它们的资助经常与来自捐赠国、私人银行和其他政府机构的财政相关联：MDB 的 1000 亿美元的贷款可以吸引另外 500 亿美元的贷款，这就使得 MDB 成为发展中世界的积极参与者。与 MDB 有关的是一些国际性的财政机构，如国际货币组织和国际金融公司，以及政府支持的出口信贷机构，如美国进出口银行、日本进出口银行、德国 HERMES 出口信用担保公司、英国出口信用担保局、法国对外贸易保险公司、意大利外贸保险服务公司。这些国际机构合起来的国外投资和出口每年达到 4000 亿美元，这部分额度只相当于每年世界贸易总额的 2%（World Trade Report 2009）。这些信贷部门主要是为发达国家向发展中国家销售制造业产品和服务提供支持。

即使 MDB 的官方目标包括可持续经济发展和消除贫困，但它们资助的许多项目也会由于为国际消费者和工业市场提供出口产品而导致过分开采和自然资源的丧失（Cernea 2006；Norlen and Gordon 2007）。在 20 世纪 70 年代和 80 年代，许多 MDB 资助的项目导致了大范围的生态系统破坏，包括土壤流失、洪水、水污染、健康问题、地方民众收入锐减和生物多样性的丧失（Norlen and Gordon 2007）。林业、农业、矿业、水坝建设、发电和经济发展等的确是满足人类需求所需要的。保护组织需要参与进来，以保证这些活动的开展能够最低限度地危害环境和当地民众的生活。

巴西的亚马孙流域由于大规模开发已经丧失了大面积的自然生境（Adeney et al. 2008）。在过去的 40 年里，随着在亚马孙流域人迹罕至地区的道路建设（通常由国际银行资助的）而来的是大规模的热带雨林的消失和当地居民的流离失所（图 21.11；也

图 21.11 插图展示的是巴西的亚马孙河盆地。（A）2001 年巴西亚马孙地区的林区、退化区和森林采伐后的草地区。森林采伐主要发生在沿河地区和东南部居住区。（B）当巴西完成其计划在 2020 年修建的新公路系统时，远离道路的原始森林面积将急剧减少。如果政府实施强硬的保护措施，可能在一定程度上降低森林退化和森林采伐（根据 Laurance et al. 2001）

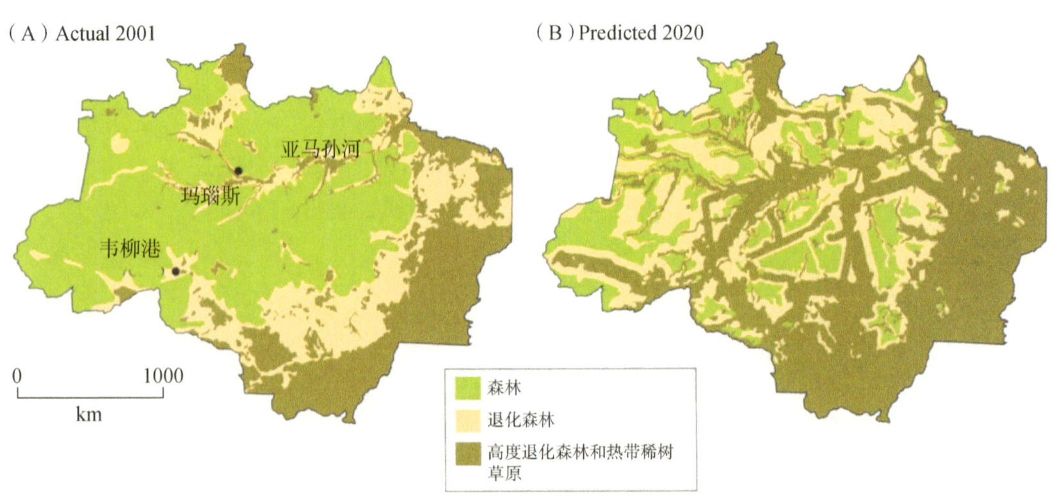

见图 9.7）。由国际发展银行资助的新一轮的 6245km 道路建设，将使能通道路的森林面积增加一倍，显著地扩大了大豆等作物的耕田面积，但这样做加速了森林的破碎化和消失，加剧生物多样性的丧失，同时增加森林火灾导致更多的二氧化碳释放（Soares-Filho et al. 2006；Malhi et al. 2008）。亚马孙能够为巴西和全世界提供的生态系统服务价值需要与大豆田、低水平的农业或农场所带来的价值和工作机会相比较。目前这个地区的保护强调在保护地、土著保护区及支持成片森林以外区域可持续发展的巨大网络中保护大范围的成片森林，但资助强度不够。其他促进消除贫困和推动发展的途径包括解决亚马孙流域移民的土地使用权、在现有耕地上提升农业生产和促进森林恢复等问题。

由国际开发银行资助的另一类项目是大坝和灌溉工程。这些大坝会带来很多利益，诸如提供农业活动的灌溉用水、水灾控制、水力发电等。利用大坝来发电意味着对产生空气污染和温室气体的化石燃料电厂的需求减小。然而，大坝也会通过改变水深、水温、泛滥水体、分水岭格局而增加泥沙沉积、使许多物种的生境消失并产生动物扩散的屏障而大面积破坏水生生态系统（专栏 21.2）。除此之外，大坝使生活在被淹没区居民不得不搬迁，经常会使他们变得贫困或被迫移居新的地方。世界银行的非自愿移民安置政策涉及这个问题。大规模的移民需要长远的规划和持续的支持。

大型建坝工程仍然存在争议。例如，由世界银行、亚洲开发银行以及其他政府和银行出资修建在湄公河支流上的“南川”2 号大坝（图 21.12）将为老挝带来巨大的发电量和收益。然而，大坝也使得 410km^2 的河畔居民区被淹没，6200 名当地居民不得不移民，且将对下游的生态环境和约十万居民产生未知的影响。世界银行和老挝政府虽宣布了水库周边新的保护区和移民计划，但是包括世界观察研究所和环境保护基金会这样的国际环境组织却指出：以前制定的有关类似这种大坝工程的协约就失败过，不履行对移民的承诺并对下游地区产生不确定的影响。

图 21.12　尽管许多环境保护组织包括世界观察研究所、环境保护基金会、国际河流协会等考虑到大坝的修建将对沿河的生物多样性和居住在河岸两边的人民的生活产生负面影响都提出过反对意见，世界银行还是在老挝资助修建了“南川”2 号大坝（摄影 ©Associated Press）

专栏 21.2 三峡大坝的成本有多高？

> 国际上一些银行对三峡大坝提供了部分贷款。整个三峡工程将淹没长江沿岸600km长的峡谷，迫使200万人移民，并且改变了大面积的生态环境。虽然大坝能提供需要的电力、控制洪水灾害和改善航运条件，但是其对生态环境的影响是很难评估的。

就字面意思来说，建坝是个伟大的建议：建坝可防洪，可提升航运能力，可以为成千上万的人们提供清洁的水力发电（Cleveland and Black 2008；Stone 2008）。长江作为世界最长河流之一，源起西藏高原，横跨整个中国后注入东海。洪水对于生活在长江边的人们来说一直是一个严重的问题：1954年的一场严重洪水灾难吞掉了3万多人的生命，而在1991年又有至少3000人丧生于洪水。该地区的经济因此变得萧条，人均收入低。1992年，中国政府同意在长江流域三峡地区下游处修建一个大坝，旨在提升航运能力、使1000万百姓远离涝灾并为工业发展提供电力。2003年，三峡大坝开始发电；2009年，整个大坝工程基本完工。据估计，大坝每年生产的电量能够减少3千万～5千万吨煤的消耗，而之前煤炭发电是中国的主要电力来源，这样就大大地降低了空气的污染程度。更进一步地说，每年将减少二氧化碳的排放量一亿吨。缓慢的河水和更加平缓的水流也将大大提升船只的航运能力。

但是，建设大坝的代价也不低。至大坝建成之日，整个工程耗资300亿美元。这些钱除了源于中国的银行外，还有很大一部分来自于国外政府资助的财政机构，如德国HERMES出口信用担保公司和日本的进出口银行，还有一些私人银行如花旗集团、大通曼哈顿银行、瑞士信贷、第一波士顿银行、美林证券、德意志银行和巴克莱银行协助中国政府为三峡工程发放债券。大坝后面又长又窄的水库东起宜昌，西至重庆（中国最大城市之一），横跨长江峡谷地带600多千米。水库所到之处的低地全部被淹没了，迫使一个个山村、乡镇和县城的居民搬迁，累计移民约200万人（Cleveland 2008）。这其中约有100多万人被迫从他们世代耕种

三峡大坝正在淹没华中600km长的长江谷地。由于这里的地形包含峡谷、沟壑、山坡，最后形成的水库是狭窄和非常深的（依据Chau 1995）

生活的地方移民到山上。但是，那些陡峭的山坡是一些没有被利用过的地方，只覆盖着一层薄薄的贫瘠土壤，而且缺少农业耕种足够的水资源。据估计现在的田地需要五倍的面积才能生产同等数量的粮食。由于这些陡峭的山坡被砍伐，水土流失也会加剧，增加大坝后面泥沙淤积和危险滑坡的可能性。寺庙、宝塔及其他重要的文化遗迹也被 175 米深的水淹没。长江流域有占全国捕捞 2/3 的淡水渔场和全国产出 40% 的农业用地——这些多数都将由于大坝而受到影响，而且可能是负面的（Xie et al. 2007）。

长江的水已经淹没了这个区域的许多田地而且继续沿着陡坡上升，几乎要淹没房子。照片中是一个新村庄，新建起来替代现在已经被淹没在水底的老村庄（摄影 ©Tina Mandley/Alamy）

大坝对自然群落及环境上的影响是深远而且是致命的。大坝堵塞了下游的养分移动，减缓水流，减少了水位变化，并形成沉积（Yang et al. 2007）。减缓的水流降低了含氧量并且降低了河流对污染物的净化能力。由于周围的水文条件变化，植物和动物群落组成将跟着变化（Xie et al. 2007；Cleveland and Black 2008）。随着三峡大坝的建设，珍稀濒危物种中华鲟（*Acipenser sinensis*）将无法洄游到上游产卵。

这些顾虑有些已经被大坝规划人员考虑到（Stone 2008）。尽管如此，关于边际土地对农业生产是否适宜？建坝后的淤泥淤积究竟有多快？或所淹没流域内的濒危物种将如何适应新的水文环境？我们知之甚少。三峡大坝最好的象征应该是中国人心中的财富象征、靠着长江流域浅水区生活的处于濒危状态的白鹤（*Grus leucogeranus*）。水面的变化可能会影响到白鹤的生存。在未来的几年内，我们最好能够根据电力生产、洪水控制、航运等来确定大坝带来的利益是否能平衡大坝建设成本、环境影响以及其社会扰动的成本。

改革开发贷款

为了使行动更负责，过去 15 年来世界银行及其他 MDB 对他们资助的项目都增加了环境和社会方面的要求（Mohamed and Al-Thukair 2009）。世界银行现在要求新的贷款项目要担当起环境责任来；他们雇佣了一批生态环境专业的专家去审查新项目和正在实施的项目，对这些项目实施更加严格的环境影响评估，采取强有力的管理政策去协调经济发展与环境可持续之间的关系（World Bank 2006；Norlen and Gordon 2007）。世界银行还将生物多样性保护纳入其大型项目之中，即被他们称之为“主流化”的实践活动（Quintero 2007）。因此，很多环境方面的非政府组织现在希望这些 MDB 能参与贷款，能够要求环境和社会影响评估。不然的话，国家和私营机构很少会考虑环境方面的要求，几乎没有项目监测。此外，MDB 意识到在项目实施前需要让感兴趣的各方开展公开讨论（Rosenberg and Korsmo 2001）。他们已经致力于促进公众评价、独立的评估以及重视当地组织对受资助项目的环境影响报告的讨论（WRI 2003）。然而，很多保护组织仍然怀疑世界银行是否对其资助的众多投资都执行该项政策。

> 世界银行及相关开发银行给发展中国家的一些大项目提供了贷款，其中许多造成了环境的破坏。如今，新项目要接受审查和监督，看其是否会对环境和社会造成影响。

将来，世界银行和 MDB 的行为必须进行认真的审查，特别是附属国际金融公司和进出口银行在借款给私有企业时更应如此。环境保护组织、媒体和公众必须继续监督 MDB 的由赠予国财政部或受赠国家做出的有关资助的决定，如有必要，在决议前可开展广泛讨论。世界银行和其他银行有网络信息中心，在那可以找到那些未决项目的信息，环境组织也要设法加入到野外工作的 MDB 的队伍中来。值得一提的是，MDB 没有执法权力：一旦一个国家的某个项目获得资助，它就有可能违反法律规定的环境协议，而不顾当地或国际的抗议。在这种情况下，MDB 的有效选择之一是取消下阶段的项目资助资金并推迟新项目。

一个需要观察的重要的工程是巨大的南美洲水道项目，这个项目中，通过挖掘和疏通巴拉圭 - 巴拉那河系统，使大型船只可以从布宜诺斯艾利斯沿阿根廷海岸向北 3400 公里运送货物到玻利维亚、巴拉圭和巴西，然后携带着大豆和其他农产品从南巴西卖到世界市场（Desbiez et al. 2009；Zeilhofera and de Mourab 2009）。该河流系统吸干了世界上最大的湿地 - 南美潘塔纳尔湿地，该湿地占地面积 14 万 km^2，包括巴西的西南地区、玻利维亚的东部地区、巴拉圭的东北地区，其总面积比英格兰、威尔士和荷兰的总和还要大（图 21.13）。这个湿地拥有广阔的、未被破坏的沼泽地，像美洲虎、貘、鬃狼和大

图 21.13　南美的潘塔纳尔湿地，这个世界上最大的湿地，有特殊的生物多样性和丰富的植物和水生生物。该地区目前正在被一个所谓的提高水运、发展工业以及扩展大豆农业的工程而改变其原有的面貌（摄影 ©Malcolm Schuyl/Alamy）

水獭之类的濒危野生生物数量惊人地丰富。环境学家相信，这个水道工程将会完全改变该地区的水文，淹没一些地方，抽干其他地方，并导致生物多样性的大量丧失（Baigun et al. 2008; Desbiez et al. 2009）。在阿根廷，虽然对湿地的维护可以最大限度地降低这些不利影响，但空前的洪水泛滥可能会发生。这个项目的最终花费估计为 10 亿美元，并且在下一个 25 年要投入 30 亿美元维护。作为整个项目的一部分，从玻利维亚到巴西海岸的一条天然气管道以及相关的钢铁和石化工厂正在建设中。资助、宣传和反对，这个项目总是这样循环往复，向前推进，一会停一下，然后又继续以其他形式开工。积极的一面是世界银行和非政府保护组织已经在这一地区建立了生物圈保护区以及新的国家公园来保护该地区丰富的生物多样性（WWF and McGinley 2007b）。

MDB 已经展示了其减少环境退化的部分承诺。在巴布亚新几内亚，世界银行拒绝发放贷款，直到政府采取一系列措施来确保谨慎的森林管理实践，这样做导致了对森林实践的全面评价并随后达成一个开放更多伐木区的备忘录。遗憾的是，世界银行和 MDB 的另一个趋势是资助"干净"的能够在环境和社会背景下公开评判的项目，而那些更大的进出口银行悄悄地资助那些损害环境为大公司获利的大项目。鉴于 MDB 已经资助了一些不一定对环境友好的项目，保护生物学家一个重要的任务是追踪和报告其实际的环境影响。这有助于确保国家的实施机构和它们的财政后盾在所关注项目内及将来更广泛的政策中追求一条在环境方面负责任的道路。

21.6 资金来源和项目

在过去的 20 年里，世界银行已经成为保护资金的主要来源。世界银行最近大约 8% 的投资都在环境项目上，主要是减缓和控制污染，其投资也包括资助生物多样性保护、森林管理和自然资源保护。从 1988～2008 年，世界银行提供的资金和贷款共有 60 亿美元，资助了大约 500 个生物多样性项目（图 21.14）（www.worldbank.org）。世界银行在 105 个国家资助保护项目以及 39 个多边地区项目。在这个过程中世界银行已经成为资助国际保护努力的最大资金来源。

许多世界银行的投资与其他来源（经常是政府）的资金相结合。由世界银行资助的保护活动包括建立保护区、保护濒危物种、恢复退化生境、培训保护职员、发展保护基础设施、关注气候变化、管理和保护森林以及管理淡水和海洋资源。另外，世界银行为实施此类项目的许多保护组织提供独立的资助。最近的趋势是资助大量的小规模项目，它们通常具有特定的目标并在地方水平上进行管理。

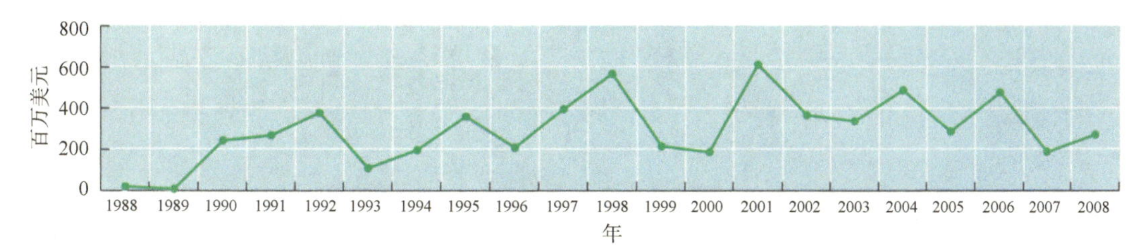

图 21.14　在 1988～2008 年期间，世界银行为生物多样性项目提供的年度资助额。年度间资助额的变化由合并大项目所导致。资助总额为 60 亿美元，其中 32% 是贷款，23% 是资助，45% 是由其他渠道的共同资助（仿 www.worldbank.org.）

世界银行活动的规模可从它与世界自然基金会的联合森林联盟项目中可见一斑，这个项目已经新建立了4700万 hm^2 的森林保护区。将来的目标包括另外2500万 hm^2 的森林保护区和着手为已经处于保护下的7000万 hm^2 的林区提供有效管理（www.worldwildlife.org/alliance）。通过森林良好实践的认证、森林恢复和社区林业几方面结合，另外3亿 hm^2 林地的管理将得到提升。世界银行也是减低由热带国家如印度尼西亚采伐森林而导致的二氧化碳排放主要倡导者之一。通过其森林碳伙伴合作基金，公司和发达国家能够通过购买碳信用点来抵消其目前的温室气体排放以保护这些热带森林。在实施这类项目中，世界银行也已与世界自然基金会和其他大的非政府组织进行合作。

生物多样性保护的另一主要资金来源是全球环境基金（GEF）。总部位于华盛顿特区的GEF于1991年建立，承担生物多样性公约的资金机制（www.thegef.org/gef）。它自己并不执行项目，而是由很多的机构来实施它的项目，如世界银行、联合国发展规划署（UNDP）、UNEP和地区性发展银行。GEF已经为165个国家的超过2400个项目提供了超过86亿美元的资助，使其本身与世界银行一起成为保护基金最大的重要来源之一。其资助了生物多样性保护和发展再生能源以降低温室气体排放方面的许多项目。利用来自GEF、世界银行、麦克阿瑟基金会和日本政府的资金，非政府组织——保护国际管理了关键生态系统合作基金，在生物多样性热点地区实施保护项目（www.cepf.net）。世界银行和GEF都有网站列出并描述其资助的各个项目并提供对项目的评价。GEF也提供报告来评估其过往项目。一个GEF报告认为其资助对全球保护区体系的完善作用很大，但其资助水平不足以影响全球碳排放。

国家环境基金

除了直接为项目提供资助和贷款，发展中国家中另外一个为保护提供稳定、长期支持的重要机制是国家环境基金（NEF）。NEF是作为保护信托基金或者基金会建立起来的一个托管人理事会，这个理事会包括了来自主办国政府、保护组织和捐赠机构的代表。他们分配每年的捐赠收入以支持资金不充足的政府部门和非政府的保护组织及其活动。国家环境基金已经在50多个发展中国家建立。其基金来自于发达国家和主要的国际保护组织（如世界银行、全球环境基金和世界自然基金会）。

一个早期的国家环境基金的例子就是为了环境保护而建立的不丹信托基金。该基金是不丹政府联合世界银行和世界自然基金会在1991年建立的。不丹信托基金已经收到了2600万美元（超过了目标的2000万美元）。该基金对这个东喜马拉雅国家提供每年100万美元的保护活动资助，用于调查丰富的生物资源、培训森林工作者、生态学家和其他环境职业人员、推动环境教育、建立和管理保护区，并设计和实施综合的保护发展项目。

近年，一些国家的环境基金有所增长，单是拉丁美洲和加勒比环境基金网络（RedLAC），就在13个国家开展了超过3000个项目，每年预算大于7000亿美元（www.redlac.org）。

债务自然环境转换

许多发展中国家累积了大量的难以偿还的国际债务。结果是发展中国家已经重新规划其还款计划、单方面降低额度或停止还款。由于其还款期望小，持有这些债务的商业银行会在国际二手债务市场把这些债务以较低的折扣卖掉。例如，哥斯达黎加的债务以其面值的 14%～18% 价格进行交易。

一个创新的方法是发展中国家的债务被当作资助生物多样性保护项目的承载体，称为债务 - 自然环境转换（Greiner and Lankester 2007）。一个常见债务 - 自然环境转换的类型是发达国家的一个 NGO（如保护国际）购买一个发展中国家的债务，以这个国家执行保护活动为代价，这个 NGO 同意免除债务。这样的保护活动可以包括为保护目的获取土地、公园管理、发展公园设施、保护教育或可持续发展项目。

哥斯达黎加在债务转换中处于先导。在 20 世纪 80 年代和 90 年代早期，外部的保护组织花费 1200 万美元购买了超过 7900 万美元的哥斯达黎加债务，随后将其转换成接近 4300 万美元债券用于 La Amistad 生物圈保护区、布劳略卡里国家公园、基督山国家公园、Guanacaste 国家公园、绿龟国家公园和蒙特维多云雾森林（私人保护地）的保护活动（Sheikh 2004）。债券的利息用于建立一个由哥斯达黎加政府和若干个地方性 NGO（包括哥斯达黎加国家公园基金会）管理的基金。

世界银行和全球环境基金目前资助和管理了几百个环境和可持续发展项目。国家环境基金和债务 - 自然环境转换为资助保护活动提供了额外的机制。

另外一种形式的转换是如果欠债的发展中国家同意资助一个国立环境基金或在其他保护方面作出贡献，直接拥有发展中国家债务的发达国家的政府，可能会取消一定比例的债务。这类项目已经在哥斯达黎加、哥伦比亚、波兰、菲律宾、马达加斯加和其他国家把价值 15 亿美元的债务转换为保护和可持续发展的活动。债务转换也进入美国主要的对外援助项目中，如美洲事业计划和热带森林保护法。一个例子是美国政府同意免除哥斯达黎加 2600 万美元的债务，作为哥斯达黎加政府实施森林保护计划的交换（www.nature.org）。

债务 - 自然环境转换具有巨大的潜在优势，也对捐赠者和受捐者有一些潜在的限制（Ferraro and Simpson 2006）。如果贫穷和管理失误是导致环境退化的原因，则债务转换不会改变与此相关的深层次问题。同样地，将金钱花费在保护项目上，可能会分散其他国内必需项目的资金，如医疗保护、学校和农业发展资金。

海洋环境

海洋保护落后于陆地保护，特别需要如 NEF 和债务 - 自然环境转换这样的创新基金项目的资助。海洋环境越容易被污染，海边地产的价值就越高。海洋资源的开放性意味着这类保护区需要特殊关注。建立影响较轻的生态旅游设施和限制捕鱼区是目前基金资助中的两类保护活动。来自世界银行、保护基金会和政府来源的海洋保护资助在过去十年里增长幅度很大，并保持了比较高的优先程度。例如，大自然保护协会正在增加其拥有的海洋和海岸带资源，它已经在 22 个国家获取了 10 000 多公顷的海域进行保护。

21.7 保护基金的有效性如何?

保护组织已经开发出一些工具用于评价其所资助项目的有效性（Kapos et al. 2008；

Leverington et al. 2008)。世界银行评估结果显示迄今为止执行的GEF项目有积极的也有消极的影响(见www.thegef.org/gef网站上的各类报告)。积极的方面是GEF为保护和生物多样性项目提供了更多的资金，评价了生物多样性相关的法规、传播保护信息、制定国家生物多样性策略、鉴别和保护重要生态系统和生境并提升执行生物多样性项目的能力。然而，也存在一些问题，包括缺少地方社区、当地科学工作者和政府官员的参与，过度信赖外国专家，复杂而耗时的申请程序，以及接受基金国家的人员缺少对GEF目标的理解等。另外一个问题是，将短期项目经费与贫穷国家的长期需求错配。

许多问题出现在其他国际保护基金：一个主要的缺点是资金只有一小部分用于资助大家公认的保护活动的重要基础——保护区的实际管理。人员工资、基础设施以及总部的管理费用分散了资助的资金。实际上，在有些国家，从秘鲁到加纳，甚至在大量资助期间，保护区可能仍然没有资金为车辆购买汽油、为职工发放工资，并无法满足其他基本需求。

必须承认，由于没有解决好四个关键问题(关注、合同、能力和缘由，又称“4C”问题)，很多国际援助的环境项目不能为存在的问题提供最终解决办法。环境资助只有在以下情况下才是有效的：资助落实到捐赠者和接受者共同关心的问题并且双方真正专注于解决问题时(人们是否真的想成功实现项目目标或只是想要钱)，当互惠的和可行的项目合同达成一致时(一旦资金到位，工作是否会立即开展？资金是否会转到私人手中？)，在单位、人力和基础设施方面具有实施项目能力的地方(人们是否有开展工作的技术，是否有必需的车辆、研究设备、建筑和信息等必要的基础来开展工作？)并找到涉及问题的根本缘由(项目是否能处理导致问题发生的根本原因或只是暂时减缓表面现象？)。虽然存在一些问题，保护项目的国际资助仍在继续。更加有效的是参照过去的经验来管理新项目，但是其结果是，申请和财务过程更加繁琐和费时。

为了未来需要增加保护资助

在地方、国家和全球水平上增加生物多样性资助的需求很大。目前，每年有60亿美元的预算用于陆地保护区，然而仅在热带地区，就需要130亿美元来扩大和有效管理保护陆地生物多样性的体系(Brooks et al. 2009)。单纯管理发展中国家现存的保护区可能就需要21亿美元，大约是目前花费的3倍(Bruner et al. 2004)。130亿美元是一大笔经费，与美国每年160亿美元的财政补贴相当，远远低于美国2010年高达1万亿美元的国防开支(**图21.15**)。类似地，由世界银行资助的保护基金看似巨额，但与世界银行及其相关组织资助的其他活动相比却很小。毫无疑问要适度调整，将世界的资源优先用于生物多样性保护(Bottrill et al. 2009)。让那些国家不去竞相获取新一代战斗机、导弹和其他武器系统，而把其花费用于保护生物多样性怎么样？让那些富裕的消费者不去购买最新款式的奢侈品和家用电器代替还能使用的物品，而是为保护项目捐助更多的资金如何？

保护组织和商业公司需要一起合作来推销“绿色产品”。森林管理委员会和类似的组织已经在为来自可持续管理的林地的木材作认证，那些咖啡公司也在销售林荫咖啡(shade-grown coffee)。如果教育消费者去购买这些价格较贵的绿色产品，将会极大地促进国际保护活动。

(A)国防投资巨大

(B)生物多样性投资很少

图 21.15 (A)国家在国防和农业补贴上投入巨资。(B)花在生物多样性保护和环境保护上只有非常少的钱(A. 照片承蒙 Micah P. Blechner/ 美国海军许可;B. 照片 ©Steve Bloom 图片 /Alamy)

2009 年的哥本哈根协定为保护热带森林规定了一个潜在的巨大的新的基金资源。由于全球 20% 的温室气体排放来自热带森林破坏,称为 REDD(降低森林砍伐和退化导致的温室气体排放)的一个基金机制可以负担热带林保护的费用(Gullison et al. 2007)。REDD 通过为保存在贫穷国家森林里的碳库付费来鼓励贫穷国家保护森林。重要的关注在于,在发展中国家,这笔钱是否很好地用于保护森林和减少贫困,或者这笔资金被用于其他目的或导致其他地方的严重砍伐。当 REDD 进入实施时,所有大小不同的组织都将能参与设计、实施和监测。

> 最近为生物多样性保护增加资金是可喜的,需要更多的资金来完成任务。

小结

1. 需要保护生物多样性的国际约定和公约的理由如下:物种跨界迁徙、生物产品国际贸易、生物多样性惠益的国际重要性、生物多样性受威胁范围国际化且需要国际合作。《濒危野生动植物种国际贸易公约》(CITES)管理和监测动植物濒危物种个体或产品的贸易,在一些情况下,贸易是完全禁止的。其他的国际协议保护了栖息地,如《拉姆萨湿地公约》、《世界遗产公约》和《UNESCO 生物圈保护计划》。
2. 主要的环境公约包括《生物多样性公约》和《联合国气候变化框架公约》。前者给予国家享有其境内生物多样性惠益的权利,但也有保护的责任。后者则设立了稳定和降低二氧化碳及其他温室气体排放的目标。
3. 由多边开发银行如世界银行及与其紧密联系的全球环境基金资助的新的重要开发项目现在都要求环境和社会影响评估。由于世界银行资助的巨大影响,并由于其过去资助的某些项目存在问题,环保组织目前严密监测其资助的活动。
4. 世界银行、全球环境基金和发达国家的政府正为保护发展中国家的生物多样性提供实际的资助。目前国际资助的增长态势可喜,但经费额度仍然不够阻止正在发生的生物多样性丧失。非政府保护组织也正执行一些国际保护项目。
5. 为保护生物多样性,人们想出了一些创新的思路来寻求财政支持。其中的一个途径是建立国家环境基金(NEF),基金的年度收入将用于资助保护活动。第二个途径是债务 - 自然环境转换,一个政府的外部债务可以得到豁免,以此为交换,这个政府必须要提供增加的保护基金。

讨论题

1. 请想象巴西、印度尼西亚、中国或印度建立了一座昂贵的大坝，提供电力和灌溉用水。建设的成本将需要几十年才能收回，甚至丧失的生态系统功能这些成本永远不会得到回报。对于这样一个项目来说，谁是胜利者，谁是失败者？请考虑那些不得不迁移的居民、新来的移民、建筑公司、木材公司、地方银行、国际银行、城市贫民、政府领导、环境组织和其他任何你认为会受到影响的对象。也请同时考虑从前生活在此地的动植物，它们能够继续在此地生存下去吗？它们能够迁移到另外一个地方吗？
2. 哪个因素是导致生物多样性丧失的重要因素？是发达国家的消费还是发展中国家的贫穷？贫穷是否与生物多样性保护有联系？如果有，如何联系？这些问题需要一起解决，还是需要分开处理？
3. 政府如何决定用于保护生物多样性的可以接受的资金额度？一个特定国家需要花多少钱用于生物多样性保护？你能算出个数额来吗？在保护生物多样性上，政府需要采取的最有效的投入产出方法是什么？
4. 假定秘鲁发现的一个物种能够大规模养殖和大范围销售，而且这个物种能够治疗一个困扰百万人的疾病。如果秘鲁政府对于保护这样一个完美物种不感兴趣，国际社会怎样做才能保护这个物种和如何公正地补偿这个国家保护这个物种？请提出不同的优惠条件、建议或其他可替代的方式来说服秘鲁政府和人民保护这个物种并参与到其商业化开发中来。
5. 你认为购买"绿色"（环保负责任的）产品是推动生物多样性保护的有效方法吗？人们是否愿意花更多的钱来购买那些以可持续形式生产的木材、咖啡和其他产品？如果是，价格高多少合适？你如何判定购买这样的产品是否能够真正地产生影响？

推荐阅读

Botrill, M. C. and 13 others. 2009. Finite conservation funds mean triage is unavoidable. *Trends in Ecology and Evolution* 24: 183-184. 由于目前保护资金不足，管理者必须建立清晰的优先保护目标。

Bruner, A. G., R. E. Gullison, and A. Balmford. 2004. Financial costs and shortfalls of managing and expanding protected-area systems in developing countries. *BioScience* 54: 1119-1126. 发展中国家用于保护区管理的预算不足，需要增加。

Gullison, R. E. and 10 others. 2007. Tropical forests and climate policy. *Science* 316: 985-986. 稳定二氧化碳水平和减轻全球变暖需要保护热带森林。

Kapos, V., A. Balmford, R. Aveling, P. Bubb, P. Carey, A. Entwistle, et al. 2008. Calibrating conservation: New tools for measuring success. *Conservation Letters* 1: 155-164. 一个评估保护项目是否达到目的的方法学。

Kothamasi, D. and E. T. Kiers. 2009. Emerging conflicts between biodiversity conservation laws and scientific research: The case of the Czech entomologists in India. *Conservation Biology* 23: 1328-1330. 两个捷克昆虫学家由于收集蝴蝶而被逮捕，凸显了科学研究与政府法律间的冲突。

Martín-López, B., C. Montes, L. Ramirez, and J. Benayas. 2009. What drives policy decision-making related to species conservation? *Biological Conservation* 142: 1370-1380. 政策与科学研究、资金和公众认识密切相关。

Naughton-Treves, L., M. B. Holland, and K. Brandon. 2005. The role of protected areas in conserving biodiversity and sustaining local livelihoods. *Annual Review of Environmental Resources* 30: 219-252. 讨论了一个争论：保护区的存在是为了生物多样性还是为了人们的利益。

Rosen, T. and A. Bath. 2009. Transboundary management of large carnivores in Europe: From incident to opportunity. *Conservation Letters* 2: 109-114. 必须要考虑再引入大型食肉动物及其管理的社会背景。

Soares-Filho, B. S. and 9 others. 2006. Modelling conservation in the Amazon basin. *Nature* 440: 520-523. 到 2050 年，高速公路和农业的快速扩张将让 40% 的亚马孙流域的森林消失。

Stem, C., R. Margoluis, N. Salafsky, and M. Brown. 2005. Monitoring and evaluation in con-servation: A review of trends and approaches. *conservation Biology* 19: 295-309. 通过合作评价项目，确定什么最有效，保护组织将受益匪浅。

Stone, R. 2008. China's environmental challenges: Three Gorges Dam: Into the unknown. *Science* 321: 628-632. 大坝是个巨大的工程，但其环境影响仍然不确定。

Wasser, S. K., B. Clark, and C. Laurie. 2009. The ivory trail. *Scientific American* 301: 68-76. DNA 技术正在用于追踪非法贸易象牙的原产国。

World Bank. 2006. *Mountains to Coral Reefs*: *The World Bank and Biodiversity* 1988-2005. World. Bank, Washington, D. C. 世界银行环保行动的一个官方报告。

Zavaleta, E., D. C. Miller, N. Salafsky, E. Fleishman, M. Webster, B. Gold, et a1. 2008. Enhancing the engagement of the U. S. private foundations with conservation science. *Conservation Biology* 22: 1477-1484. 私人基金已经成为保护资金的另一来源。

（魏伟 编译，蒋志刚 马克平 审校）

第 22 章

未来议程

正如我们在本书中所看到的，全球范围的生物多样性锐减并不神秘。生物群落遭到破坏，物种灭绝，都起因于人类对资源的过度利用。人类出于各种目的使用自然资源：贫苦的人们迫于生存需要，富裕的人们或国家过度消费，以及赚钱的诱惑（Sachs 2008）。当地居民或外来移民、地方商业利益、城市中心的大商户、跨国公司都可能对一个地区的生态环境造成破坏。从市郊向农村的扩张、军事冲突，或政府行为等等都可能破坏生态环境。人类有时并没有意识到或漠视自身活动对自然界的影响。

为了使保护政策得以实施，社会各阶层都需要意识到保护是为了他们自身的利益（Charnley 2006）。如果保护主义者能够展示生物多样性保护的价值远远大于破坏，那么公众和政府将会更加愿意保护生物多样性。生物多样性的评价不仅要考虑金钱上的直接价值，也要考虑其他无形的方面，包括其存在价值、期权价值以及内在价值。

22.1 存在的问题和可能的解决方案

保护生物学家对生物多样性保护目前存在的一些主要问题，以及所需要做出的政策和实践上的调整已达成共识（Sutherland et al. 2009，2010）。我们在下面列出了这些问题，并提出解决方案。需要注意的是，由于本书文字的限制，方案都是简化的，省略了很多的错综复杂的细节。这些细节对于为这些问题提供全面的、实用的解决方案是必不可少的。

问题：世界上大多数物种尚未被科学家描述，也不被大众所熟知，因此保护生物多样性是困难的。此外，大多数的生物群落没有被监测，人们无法确定它们随时间所发生的变化。

解决方案：应对更多的科学家和热心人士进行培训，来识别、分类和监测物种及生物群落，同时应增加相关资金的投入（Cohn 2008）。热心人士在接受了相关训练和来自科学家的指导后，往往可以在保护和监测生物多样性方面发挥非常重要的作用（Low et al. 2009；Sullivan et al. 2009）。热心于保护生物学的人们需要学习一些基本技能，例如物种识别和环境监测的技巧。他们往往愿意参加当地、国内和国际的保护组织，并为这些组织提供支持（专栏 22.1）。面向特定人群，如小学生或是老龄市民，所开展的保护教育可提供更有针对性的信息，这样有助于促进保护导向的行为（Jacobson et al. 2006）。还应让民众能够更方便地获取生物多样性的相关知识；可以通过新的网络生命大百科（www.eol.org）和生命之树项目（tolwe.org）等来达到这样的目的。

问题：很多保护项目是全球性的，涉及很多国家。

解决方案：正如 2009 年哥本哈根气候变化大会所展现的那样，世界各国越来越愿意加入关于国际保护问题的讨论。各国也更加愿意签署和实施有关的条约，例如生物多样性公约，联合国气候变化框架公约和濒危物种国际贸易公约。国际上保护工作正在不断展开，同时应鼓励保护生物学家和公众进一步参与进来。目前的积极进展是建立跨国保护区的趋势。这些保护区不仅有利于野生生物，也能鼓励国家间的合作。发达国家的民众和政府也必须认识到，由于他们对世界资源的过度消耗以及特定产品的消费（图 22.1），对生物多样性的破坏负有直接的责任。保护专家需要展示地方水平上个人行为和生活习惯改变的积极影响要远远超越他们所在的社区。

图 22.1 发达国家人们的生活模式影响了自然界。例如，驾车释放的二氧化碳会让全球气候变暖。制造和开动汽车所用的资源也会对环境产生影响。（摄影 ©Tim Graham/Alamy）

专栏 22.1 保护教育：使下一代成为环保人士

电视、报纸以及因特网每天充斥着保护地球重要性的大量信息。然而，绝大多数的人对于保护知之甚少。引导公众参与当地的保护项目是环保教育的有效途径之一。直接普及普通大众的保护教育需要有创造性并关注共同关注的问题，有时是非常成功的（Jacobson 2006）。科学家与公众共同参与野外工作是这些项目共同的特征之一，另一个快速涌现出来的特征是让公众利用互联网输入他们的数据并且追踪项目的结果。

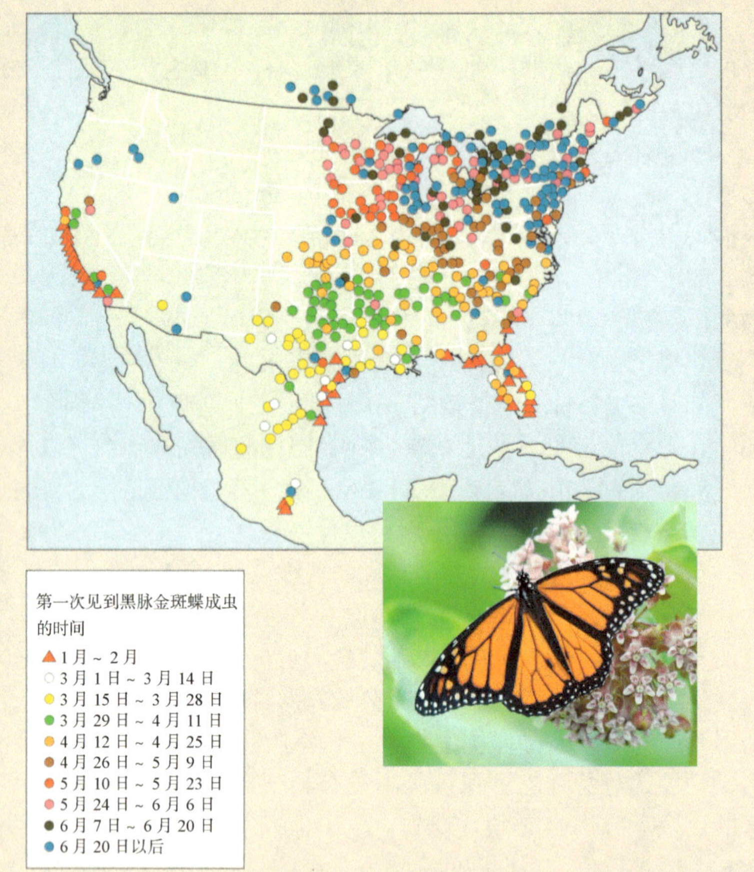

每个春天，数千名市民，特别是学生为向北迁徙网站提交他们的观察记录。这张图显示了2009年春天黑脉金斑蝶第一次在北美大陆出现时间的观察。这种蝴蝶主要在墨西哥中部过冬，3月开始往美国南部迁徙，在5月末和6月末到达美国北部和加拿大南部。加利福尼亚、佛罗里达和得克萨斯也有次要越冬地点（据 www.learner.org/jnorth；蝴蝶照片由 David McIntype 拍摄）

这些公民科学保护项目很多与鸟类有关。喂鸟者-观测（Feeder-Watch）项目（www.birds.cornrll.edu/pfw）是一个康奈尔大学鸟类学实验室（Cornell Lab of Orithonology）和加拿大鸟类研究协会（Bird Studies Canada）的倡议，号召人们每年冬天在喂鸟的同时调查鸟类种群动态。另一个具有挑战性的项目是由康奈尔和国家奥杜邦协会发起的 eBird（www.ebird.org）项目，是一个关于鸟类现存种类和丰富度的数据库，这些数据是由北美的野鸟观察者搜集（Sullivan et al. 2009）。最后一个项目是向北迁徙（Journey North，www.learner.org/jnorth），这是一个迁徙和季节性变化的全球研究，由学生观察记录迁徙格局、植物花期和其他表明季节变化的自然事件。例如，利用这个网站，学生们可以输入他们在春天看到第一只红宝石喉风鸟和黑脉金斑蝶的时间，然后他们便能看到其在整个北美第一次出现的日期地图。

通过教育公众并让公众参与到研究项目中，保护生物学家可以传播保护信息并做出好的科学研究。然后这些参与的市民通常会成为生物多样性保护的倡导者。

某些案例研究提供了社区为基础的项目如何迅速地提高保护意识并对保护活动产生影响。例如，在圣劳伦斯湾的社区居民以打鱼和采集海鸟蛋维持生活。不幸的是，即使这个地区的濒临灭绝的鸟类不再是必需的食物来源，当地的居民仍继续采食鸟蛋。结果由于人们的捕食，海鸟种群急剧下降（Blanchard 2005）。从 1955～1978 年，大西洋海鹦的种群从 62 000 只下降到 15 000 只。

魁北克拉布拉多基金会和加拿大野生动物局一起寻找拯救濒危海鸟的方法，认为保护海鸟最好的办法就是说服公众停止捕食鸟类和鸟蛋。他们的计划包括对孩子们的教育工作，使他们通过参与俱乐部和进行节目表演来解决海鸟的困境。8～17 岁的孩子们花 5 天的时间在圣玛丽角生态保护区互动学习，认识海鸟的重要性。然后这些孩子通过表演一场有关保护重要性的节目，在劝说家长保护鸟类上起到重要作用。这个基金会也借助媒体宣传教育内容，制作电视特别节目、海报以及挂历等。加拿大野生动物局的贡献在于雇佣当地市民在海鸟保护项目中工作。几年下来，这个项目使人们对海鸟保护的态度有了改变。在 1981 年有 54% 的当地居民支持捕杀大西洋海鹦，到 1988 年，这个数字下降到 27%。在一定程度上因为减少了捕杀海鸟和采食鸟蛋，圣劳伦斯湾的大西洋海鹦数量从 1977～1988 年翻了一番多，从那时起恢复到了它们原来的种群大小（Savenkoff et al. 2004）。

另一种水鸟——黑嘴树鸭，展示了一个物种如何成为湿地保护的旗舰种的。由于湿地的减少，过度捕杀以及引入的鼠和獴的掠食等原因的综合作用，这种树鸭在它们的原栖息地加勒比岛已经变得很稀少（Sorenson et al. 2004）。由于湿地被长期当作边际土地而占有和开发，保护工作者和加勒比海地区鸟类研究与保护协会（www.scscb.org）认识到拯救这个物种的第一步就是改变公众对黑嘴树鸭栖息地的认识。在当地政府和国际非政府组织以及美国鱼和野生动物管理局的支持下，启动了一个区域性的公众教育和认知项目，来培训当地的教师和教育者，使其认识到当地湿地的价值。这个项目编写了一本名为《神奇的西印第安群岛湿地》的教师手册，系统全面地介绍了加勒比湿地生态和保护的信息及教育活动。一起分发的材料还有一套幻灯片、一个木偶剧、海报、彩色画图本、保护主题纽扣、邮政明信片、湿地旅行笔记本、红树识别手册、湿地及水鸟识别卡片。这些材料为教师提供了基本的教学工具，方便教师将保护纳入班级教学主题，普及到非常多的学生和家长。一名教师的评论代表了很多人的反应："培训以前，我认为湿地是污浊的、不流动的，是蚊子出没的地方，唯恐躲避不及，现在我充分意识到湿地对保护的重要性。"教育材料及相关的培训会提高了树鸭的知名度，许多加勒比岛屿上树鸭和生境的保护得到改进。树鸭也积极响应，其种群数量在绝大多数的岛屿上趋于平稳或者有所提高。树鸭甚至已经扩大了它们的繁殖区而

巴哈马的教师在尝试一种植物采样技术，这是一个湿地教育培训研讨会的一部分（图片引用得到黑嘴树鸭和湿地保护项目 *Lisa Sorenson* 的允许）

进入瓜德罗普岛。从保护的角度来说这是一个振奋人心的消息。

为了在学校实施保护教育，有很多办法可行，如基于环境的教育，服务性学习，以及行动项目等（Jacobson 2006）。全球河流环境教育网络项目 GREEN 证实一个实用的、手把手方法的重要性。这个项目让 60 多个国家的孩子们学习评估水的质量并帮助保护当地的水源。GREEN 开始于密歇根州休伦高中的一个意外事件，学生们在休伦河里参加水上运动后感染上了 A 型肝炎。为了调查疾病的根源，学生们检测河水，发现大量的粪便大肠菌群，指示着存在有未经处理的污水。相关部门鉴定是由于存在有问题的下水道，随后他们立刻进行了维修。

许多其他的学校也热情地投入到这个项目之中，逐步的使 GREEN 成为一个全球环境网络，家长和教师可以通过网络进行交流（Earth Force 2010）。通过 GREEN 网站（www.earthforce.org/section/programs/green），老师们能获取水质量研究的资源信息，学校能发送他们从当地水域中获得的数据。这个项目敦促同学们批判性地思考水污染的可能原因，并且通过行动力劝社区和政府停止污染（Hamann and Drossman 2006; Earth Force 2010）。GREEN 不仅教会孩子们认识科学，还促使新一代的孩子们成为环保的积极分子。

公众教育项目已经成为教给大人和孩子科学知识并鼓励人们去保护环境资源的有效途径。所有这些项目将受益于保护生物学家更多的参与。

问题：发展中国家往往想要保护生物多样性，却面临着开发其国内资源的压力。

解决方案：发达国家的保护组织、动物园、水族馆、植物园和政府，以及联合国、世界银行这样的国际组织，应该继续为发展中国家的生物多样性保护活动提供经济上和技术上的支持，特别是建立和维护国家公园和其他自然保护地。同时为发展中国家的保护生物学家的培训提供支持也非常重要，这样他们便可以在他们自己国家里倡导生物多样性保护（Wrangham and Ross 2008）。类似的支持和培训应该有持续性，直到这些国家能够利用自己的资源和人员独立来开展生物多样性的保护。这个建议是公平合理的，因为发达国家有支持这些国家公园建设和维护的资金，而且他们需要在农业、工业、研究项目、动物园、水族馆、植物园和教育系统中利用这些被保护的生物资源。发展中国家的经济和社会问题也需要同时得到解决，特别是减少贫困和结束武装冲突方面的问题。有很多金融机制能够达成这些目标，包括直接资助、为生态系统服务的付款、债务 - 自然环境转换、信托基金等。发达国家的公民也能通过捐款参与到相关的组织和项目中来，进一步地推动保护目标的实现。

问题：经济分析常常为损害环境的开发项目描绘出一幅误导人的美好蓝图。经济决策经常不考虑生态系统服务的价值。

解决方案：开发工程必须全面彻底地评估得失，比较其可能的工程收益与环境和人们的付出，例如土壤侵蚀、环境污染、水质恶化、天然产品和其他生态系统服务丧失，以及是否损失人们的生活居住地。当地社会团体和普通公众应该能够看到所有可以拿到的信息，并参与到决策过程中。“谁污染谁治理”的政策必须执行，企业、政府，以及居民个人都要负责支付治理费用（Pope and Owen 2009；Szlavik and Fule 2009）。对那些带来环境损害的工业企业，尤其是损害人类健康的工业企业，如杀虫剂、交通运输、石化产品、伐木、捕鱼，以及烟草工业等，要终止拨付其财政补贴。这些专款应该被重新分配到那些能提高环境和人们身体健康的活动中，尤其是那些提供土地为大众提供生态系统服务的人们。

> 保护生物学家需要寻求惠及公众和保护生物多样性的途径。一个新的方法是补偿土地拥有者和当地群众在提供生态系统服务方面的贡献。

问题：穷人为了生存被频繁地指责破坏世界生物多样性。

解决方案：改变政府的政策（此为生物多样性丢失的根源）能够提高保护效果和改善当地人的生活。有许多实例，包括对土地的分区利用以及环境保护法律的加强。在某些地区，当地的行为导致了环境破坏，保护人员能帮助引进开发和人道主义的组织，协助当地人组织和发展能够可持续的经济活动，从而不破坏生物多样性。保护生物学家和保护组织正在提高其在贫穷农村地区项目中的参与度，这些项目倡导更小家庭的参与、更可靠的食物供给，以及更多的经济上有用的技能的培训（Sachs 2005；Setty et al. 2008）。这些项目必须密切联系承认基本人权的努力，尤其是当地居民的土地所有权或使用权。

保护组织和企业应该共同开拓市场，通过当地社区生产和销售"绿色"产品，并与当地居民共同分享部分利润。森林管理理事会和一些小型的组织已经开展基于可持续管理森林的木材产品认证，咖啡公司正在销售林荫咖啡（McMurtry 2009）。水族馆和海洋保护组织正在制订以可持续方式收获的并由消费者挑选的海产品名录（Kaiser and Edward-Jones 2006）。满足环境、人力投入和开发标准的产品都能被认证为公平贸易；在 2010 年，58 个发展中国家中 700 多个机构通过认证，销售这样的产品（www.fairtrade.net）（图 22.2）。如果消费者选择购买这些经过认证的产品而不是未经认证的产

（A）

（B）

图 22.2 （A）一名农户种植和加工可持续方式生产的咖啡豆，希望能卖个好价钱。（B）可持续方式生产和认证的咖啡在许多商场里可以买到，其包装上有明显的标志（A. 摄影 ©Randy Plett/ istockphoto.com；B. David MxIntyre 摄影）

品，即使价格稍微高一点，他们的购买能够成为一股强大的力量，促进当地的和国际的保护工作并为当地贫穷的居民带来切实的利益。

问题：保护区建立和管理决策的制定通常由中央政府来做，而很少来自公众以及地方组织的参与。结果，当地的民众有时感觉保护项目离他们很远，从而不支持这些保护项目。

解决方案：为了保障保护项目的成功实施，必要的事情是使当地的居民相信他们会从中受益，他们的参与将是十分重要的。为达到这一目的，环境影响的报告和其他项目信息应该公布于众，在项目的每一个步骤中都应该鼓励开放讨论。应该提供给地方居民所需的任何帮助，以便理解和评估呈现给他们的项目的重要意义。当地的居民常常愿意保护生物多样性及相关的生态系统服务，因为他们知道自己的生存依赖于自然环境的保护（MEA 2005）。应该建立相应的机制来确保政府机构、环保组织、当地民众和商人之间分享权力和义务，如果可能的话，还有管理上的决策过程（Salafsky et al. 2001）。在国家公园工作的保护生物学家应该定期的为附近的居民和学校讲解他们工作的目的和结果，倾听当地居民的意见。在某些情况下，一个区域性的策略，比如居住地保护计划或者自然群落保护计划，可能不得不协调一些必需的开发（导致生境丧失）与保护物种和生态系统之间的关系。

问题：国家公园和其他保护区的相关税收，商业活动和科学研究没有直接使周围的社区受益。

解决方案：当地社区常常要承担费用，但没有得到住在保护区附近的好处，需要建立相关的使地方社区受益的机制。例如，当地的居民有机会接受培训，并受雇于保护区，作为充分利用当地知识，增加民众收入的手段。还应该支持当地居民发展旅游业以及其他与保护区相关的商业活动。一部分公园的收入应该用于资助当地社区项目，比如学校、诊所、道路、文化活动、运动项目和器材以及社区商业等。这些基础设施将使整个村庄、城镇或者地区受益；这样就可以在保护项目和当地居民的生活改善间建立联系。

问题：国家公园和保护区常常预算不足，难以支付保护活动。

解决方案：通过提高门票、住宿费、或者餐饮费来提高保护区管理的资金收入通常是可行的，这些项目反映了保护区的维护成本。可以要求特许经营销售物品和提供服务的收入拿出一定的比例投入到保护区的管理中。同时，发达国家的动物园和保护组织应该继续给予发展中国家直接的经济援助来开展保护活动。例如，美国动物园和水族协会的成员和他们的合作伙伴一起参加了全球 100 多个国家的 3700 多个原生境保护项目。

问题：许多濒危物种和生物群落存在于私有土地和政府土地上，这些土地被安排用于木材经营、放牧、采矿和其他的活动，出租森林和牧场的木材公司从政府租赁土地，他们常常为了追求短期的经济效益而破坏生物多样性并降低了土地的生产能力。私营业主常常认为土地上濒危物种的存在限制土地的利用。

解决方案：修改法律从而使人们只有在能够维持生物群落健康的条件下，才能收获木材和使用牧场（Stocks 2005）。停止鼓励人们过度开发利用自然资源的税收补贴，为土地管理支付费用，尤其是在私有土地上，以促进保护工作（Environmental Defense 2000）。或者，教育土地所有者保护濒危物种，公开表扬他们所做的努力。在农民、牧场主、保护生物学家甚至猎户之间建立联系，因为生物多样性、野生生物和当地的生活方式都会受到经济增长过程的威胁。

问题：在许多国家，政府常常被过多的规定所束缚，效率很低。结果，政府在保护生物群落中既缓慢又低效。

解决方案：当地非政府组织和民众团体是推动保护的最有效率的机构（Posa et al. 2008）。相应地，这些组织团体应该在政治上、科学上、经济上得到鼓励和支持。保护生物学家需要教育民众关于当地环境方面的知识，鼓励他们必要时采取行动。开展大学、国家媒体和非政府组织的能力建设，来评估、提议和实施政策，也是鼓励国家级行动的一种有效方式。个人、组织和商业需要启动新的基金以支持保护活动。在保护基金和保护政策上一个很重要的趋势是加强国际非政府组织的力量，比如世界自然基金会（拥有大约 500 万成员）和英国皇家鸟类保护协会。在过去的几十年中非政府组织的数量急剧增加，其影响当地保护项目及国内外环境政策上的能力是实质性的。

问题：许多企业、银行及政府对保护议题不感兴趣、漠不关心。

解决方案：一旦了解到可以受益于可持续实践或认为公众会强烈支持保护动议时，官员会愿意支持自然资源的保护。在社会比较开放的国家中，游说或类似的努力可能会有效改变漠不关心的机构，因为大多数人都希望具有良好的公众形象。在改变的要求受忽视时，请愿、集会、上书和经济抵制都有一定的作用（见专栏 22.2）。在很多情况下，类似于绿色和平与地球优先（Earth First!）的激进环保团体能以其戏剧性的吸引公众眼球的行动占据媒体关注的中心。而主流自然资源保护组织则随后协商解决办法。在封闭社会中，较好的策略是确定并教育关键的领导者。更好地理解不同文化对生物多样性赋予的多重价值也有助于推动可持续的实践。

22.2 保护生物学家的作用

刚才我们所讨论的问题和解决办法都强调了保护生物学家的作用—他们将是解决这些问题的首要参与者。保护生物学和其他学科的不同，在于其在保护生物多样性的不同形式上都发挥着积极作用：物种、遗传变异、生物群落和生态系统功能。对保护生物学有贡献的不同学科的研究人员并不简单的只是研究或者谈论这个话题，他们和实践中的生物多样性保护有着共同的目标（Scott et al. 2007）。然而，他们需要共同努力，为现实世界的实际问题提供有效的解决办法（Fazey et al. 2005）。

保护生物学家面临的挑战

保护生物学理论和观点，越来越多的用于保护区管理和物种保护。同时，植物园、

专栏 22.2 环境保护行动主义遭遇反对者

过去的 20 年见证了公众对环境问题认知程度的巨大提高（Humes 2009）。很多自然资源保护组织在当前政治、社会体系下实现自然资源保护目标时，吸纳了数以百万计的新成员，其中的几个组织包括塞拉俱乐部（Sierra club）、世界自然基金会和大自然保护协会。其他组织则尝试采取更直接的方式：拥有 280 万成员、年预算达 3000 万美元的绿色和平国际组织积极阻止环境的破坏。然而蜂拥而出的环境保护行动产生了令人担忧的反作用，引起了工商界和劳工组织的反对，甚至有的政府也憎恶它们并担心自然资源的开发利用受限（Rohrman 2004）。在一些人的思想中，保护环境资源意味着利润降低与工作机会减少。当人们害怕因保护资源而失业或破产时，他们的怒气有时便会直指那些环保人士。这种趋势在经济衰退期间更加明显，比如那场始于 2008 年的世界性经济危机。环保主义者面临威胁、恐吓和身体伤害，有时候甚至是可怕的暴力行为，世界各地都有报道。

也许最著名的暴力事件是发生在 1988 年，巴西的环保人士奇科蒙德斯（Chico Mendes）在组织橡胶工人反抗开辟牧场和砍伐亚马逊雨林时，被牧场主暗杀。蒙德斯的殉难激起了世界范围内的骚动，引起全球对热带雨林破坏的关注。在蒙德斯死亡前后，巴西许多其他环保人士和社会活动家被毒打或杀害。

当地群众和环保人士联合在巴拿马反对建造新的水力发电大坝及其对他们生活方式带来的损害（摄影 © EEF/ZUMA Press）。图中标语 "NO" A LAS HIDROELECTRICAS 意为 "对水电大坝说 '不'"

在很多国家，那些反对推行以环境为代价无限制开发的国家政策，反对破坏环境的环保人士，被其政府指控为颠覆分子、叛徒或外国代理人。1995 年，尼日利亚 9 名环保人士遭到秘密审判后被吊死，他们都是奥贡尼（Ogoni）部落的成员，这个部落的土地被尼日利亚政府批准的大量石油开采项目所毁坏。

> 环保人士在保护环境上持强硬态度，这有时候会对他们的个人安全造成严重威胁。他们的行为给一些未解决的问题带来必要的关注，如捕鲸、砍伐原始森林和几乎无控制的石油开采。

北美、欧洲和其他发达国家的环保人士在与工业污染和破坏重要生物群落的行为作斗争时，有时候会采用激进的行动来宣传他们的主张。1997 年，一位名叫茱莉亚·巴特弗莱·希尔（Julia Butterfly Hill）的能言善辩的年轻女士吸引了国家媒体的注意，她决定在一棵 1000 年树龄的红杉树上静坐和居住，以抗议砍伐北加州的原始森林。她把这棵红杉称为月神（Luna）。最终，在伐木公司答应停止采伐某些原始森林后，在日益增长的公众关注的紧张局势下，希尔从她居住了两年的大树上下来了（Hill 2001）。她以此次获得的公众关注为基础，建立了一个环保团体，取名为"生命圈（Circle of Life）"。该团体宣传这样的观点，即生命可以被描述为深层生态学（deep ecology，人类与动植物及环境保持协调）的一种变奏。他们的活动包括举办环保节、旅游、环保运动和宣传社会正义（social justice）。该团体的目标是"改变人类与地球及一切生命的互动方式"（www.cirdeoflifefoundation.org）。

一些激进的环保团体主张采用公民不服从的行为来阻止对生物多样性和环境的破坏。他们被支持者称为"激情行动主义"而被反对者称为"生态恐怖主义"。在一些极端情况中，环保主义者为了生态而有意破坏、打砸车辆和建筑（Rohrman 2004）。一些激进的自然资源保护方式甚至在主流媒体上流行起来。例如，在动物星球频道系列片"鲸鱼战争"中的部分内容记录了海洋守护者协会的活动。该协会由绿色和平组织的创建人之一保尔·华生（Paul Watson）于 1977 年成立。海洋守护者协会标榜自己"保卫海洋野生动物与全球生境"（www.seashepherd.org）。系列片跟踪拍摄了海洋守护者协会的船员在公海上面对不法行为，挑战、破坏和拦阻正在进行捕鲸、捕海豹及割取鱼翅的船只。尽管这些行为备受争议，然而这种戏剧性场面使系列片大受普通民众的欢迎，并展现如何使用环保行动作为一种保护的手段。

绿色和平组织的积极分子坐在充气艇中试图阻挠日本捕鲸船的捕鲸活动。捕鲸船上的船员使用水枪驱赶环保分子（摄影 © Kate Davison/eyevine/ZUMA Press）

博物馆、自然中心、动物园、国家公园和水族馆也在重新调整其发展方向，以迎接生物多样性保护带来的挑战。建立大型保护区的需求和保护大的濒危物种种群的需求是同时在学术及大众文化中受到世界范围内关注的两个特别话题。小种群即便受到悉心的保护和管理，其局部灭绝的脆弱性，以及物种灭绝的惊人速率和世界范围内珍稀生物群落的破坏，都受到普遍关注。由于认识到气候变暖和冰川融化使寒冷地带生存的濒危物种如北极熊和企鹅面临着直接的危机，保护的紧迫感日益显著。由于高度的公众关注，保护生物多样性的需求出现在政治谈判中，并成为政府自然保护规划中的优先目标。然而，最终需要将保护生物学原理融入更广泛的国内政策与经济规划进程中（Czech 2004）。要达到将保护生物学融入经济政策或重新列为国内政策优先目标，需要大量的公众教育和政治努力。

保护生物学面临的最严峻挑战是协调生物多样性保护与当地民众的需求。当那些贫困人群，特别是那些发展中国家以及发达国家农村的人们，正不顾一切地去获取他们生存所需要的食物、木材和其他天然产品时，怎么才能说服他们放弃开发自然资源和生物多样性呢？保护区管理人员更需要寻求折中方案，特别是生物圈保护和综合保护开发的项目所示范的方案，既允许当地人获取所需的自然资源以供养家庭，又不对保护区内自然群落造成破坏。在每种情况下，都必须在完全排斥人类而保护脆弱的物种和鼓励人类自由取用保护区资源两者中取得平衡。在国家和全球层面上，资源必须平等分配，来结束现今的不公平。必须要建立有效的方法来控制世界人口的快速增长。同时，必须停止企业对自然资源的破坏，以避免追逐短期的利益而导致长期的生态灾难（Cowling et al. 2008）。策略上，还需要重视保护区以外的占 87% 面积的陆地环境，以及广袤的未曾保护的海洋环境中的生物多样性保护。

实现议程

保护生物学家还必须起到更加积极的作用才能成功地面对这些挑战。他们必须在公众论坛和教学中成为更积极的教育者和领导者（图 22.3）。保护生物学家们需要教育尽可能大范围的民众，告诉他们失去生物多样性所造成的问题（Van Heezik and Seddon 2005；de Groot and Steg 2009）。保护协会甚至将知识的宣传作为其职业道德新规定中的头等大事。为了对抗现代社会上频繁出现的悲观和被动态度，保护生物学家需要传递一种切合实际的乐观信息，告诉公众为保护生物多样性我们已经做了什么事和能做什么事。其他团体，例如渔民、猎人、观鸟者和驴友，他们一旦意识到这些问题，或者发现他们的个人兴趣、情绪和幸福感依赖于对自然的保护，也许会激励他们支持保护事业（Granek et al. 2008）。

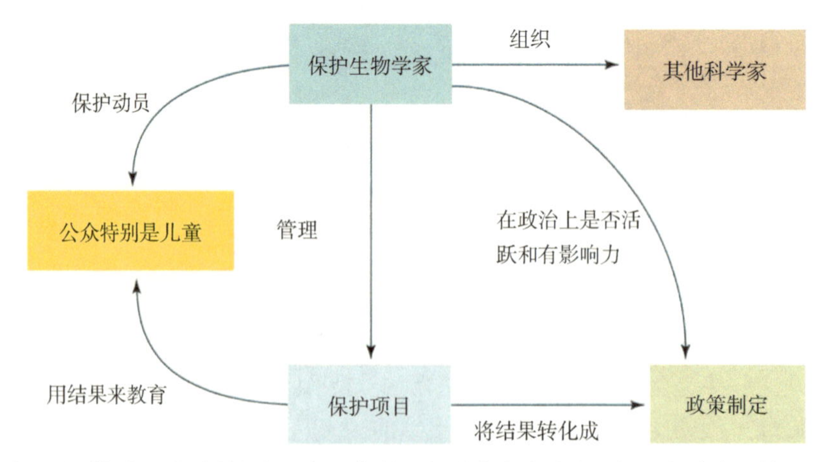

图 22.3　为了达到保护生物多样性的目标，保护生物学家应该成为积极的行动者。并不是每一个保护生物学家在每个角色上都能够很活跃，但是所有角色都很重要

保护生物学家通常在给大学生上课或撰写科学论文的时候涉及这些问题，但是这种形式的受众非常有限，毕竟大多数的科技文献只有几百或几千人会阅读。相反，数百万的成人会在电视上收看自然类节目，特别是由美国国家地理学会、公共广播电视（PBS）和英国广播公司（BBC）制作的节目；而数千万的儿童会收看动物星球频道和类似海底总动员、阿凡达之类的电影，这些节目通常都带有强烈的保护主题。为扩大影响范围，保护生物学家需要在村庄、市镇、城市、中小学、公园、社区和宗教团体演讲（Swanson et al. 2008）。保护主题也需要更广泛地融入公众讨论中。保护生物学家必须花更多时间用公众可以理解的方式，为报纸、杂志和博客写文章及社论，还可以通过收音机、电视和其他大众传媒发表演说（Jacobson 2009）。保护生物学家也需要付出特别的努力去跟儿童团体沟通，写出儿童能理解的作品。数以亿计的群众会参观动物园、水族馆和植物园，这些也是与公众交流保护信息的重要途径。保护生物学家必须继续寻找创新的方式去接触更多的受众，避免重复地“向已持相同观点的人宣传”。

墨林 · 塔特（Merlin Tuttle）博士和他的“蝙蝠保护国际”组织的工作展示了公众态度是怎样通过教育而改变的。蝙蝠保护国际在全美和全世界发起一次活动，向民众宣传教育，强调了蝙蝠作为食虫动物、传粉者和种子传播者在生态系统健康中扮演的重要角色。这次活动非常有价值的部分是为蝙蝠拍摄绝美的照片和电影。得克萨斯州奥斯汀的民众向政府请愿要求根除住在市中心桥底的数十万只墨西哥无尾蝙蝠（*Tadarida brasiliensis*），塔特干预了这次请愿。他和他的同事成功地让人们相信，蝙蝠不只看起来有趣，在大范围上还是控制有毒昆虫的关键。情况大为改观，现在这些蝙蝠作为市民骄傲和防治害虫的措施受到政府保护，每天晚上市民和旅行者都聚集起来，观察蝙蝠从桥底飞出进行晚间巡游的情景（图 22.4）。

图 22.4 在得克萨斯州奥斯汀，市民和游客每晚聚集在一起观察从国会大街大桥底下飞出的墨西哥无尾蝠（摄影 © Merlin D. Tuttle，蝙蝠保护国际，www.batcon.org）

保护生物学家也必须成为热衷于政治的领导人，以影响公共政策的制定实施（Beier 2008；Manolis et al. 2009）。参加政治进程，保护生物学家影响通过支持保护生物多样性的新法律，也可以辩论反对证实会对物种和生态系统有害的法规。这个过程中重要的第一步，是参加保护组织或者主流政党，通过团队合作和学习知识从而获取力量。当然，若是有人更愿意单干，也是可能的，认识到这一点很重要。让美国国会重新批准濒危物种法案、签署生物多样性公约和气候变化框架公约所遇到的诸多困难，都表明那些知道现在不行动的后果的科学家们需要更大的政治努力。尽管很多政治过程费时又冗长，但这通常是达到重要保护目标的唯一手段，比如说想要获得一块新的土地用以保护或者阻止过度砍伐原始森林。保护生物学家需要掌握法律过程的语言和方法，并与环保律师、市民团体和政客结成联盟。他们也需要清楚何时该提供客观的科学证据，何时该表达个人观点。

保护生物学家的一个关键的角色是成为翻译科学家，科学家拿到保护生物学数据与结果，并将其翻译成立法和其他公共政策（Barbour and Poff 2008）。为了使努力更有效，保护生物学家必须证明他们的研究发现的相关性以及他们的发现是不带偏见的并尊重所有利益相关者的价值标准和关注的。保护生物学家需要意识到影响他们计划的所有问题，并能用别人能理解的方式向大众宣讲他们的观点。因为需要他们的专业知识，保护生物学家应该带头开展保护活动。

保护生物学家的目标不是仅仅发现新知识，而是利用这些知识去保护生物多样性。保护生物学家必须学会展示其工作的实践意义。

在科学团体中，保护生物学家需要成为保护活动的组织者。大学、研究机构、博物馆、中学和政府部门中的很多专业生物学家和正在接受培训的生物学家都只专注于自己职业的专门需求。他们可能觉得所在的单位希望他们只专注于“纯科学”和“不涉足政治”。这些生物学家可能没有意识到，现在世界生物多样性正面临着遭受破坏的紧迫威胁，迫切需要他们来拯救（Scott et al. 2008）。也许他们忙于实现职业目标或觉得自己对于这场抗争来说并不重要。通过在他们同事之间激发兴趣，保护生物学家能提高专业宣传的受训水平反对破坏自然资源。这些专业生物学家也许能发现其参与对个人和职业都是有好处的，因为他们这种新的兴趣可能会提高其科学创造力和更多的启发式教学。

保护生物学家应该成为促进因子，说服一定范围的人们支持为自然资源保护所做的努力。在地方层面，自然资源保护计划的制订和展示方式要激励当地群众以便获得支持。 需要告诉当地群众，保护环境不单能拯救物种和生物群落，也有助于他们家庭的长期健康、他们自身的经济水平和生活质量（Liu 2007）。公众讨论、教育和宣传应该成为所有这些计划的主要部分。科学家可以在公众讨论和听证中作为专家证人提供他们的专业知识。需要特别注意劝说商业领袖和政客支持保护活动，只有用恰当的方式展示这些保护活动，才会得到其中大多数人的支持。有时保护被认为是有较好的宣传价值，或者认为支持保护比反对的结果要好。说服国家领导人可能是最难的，因为他们需要为各种利益团体负责。然而不管是出于理性、情感还是自身职业利益，其一旦融入自然资源保护事业，这些领导人就可做出重要的贡献。

最后，也是最重要的，保护生物学家需要在保护项目中成为有效的管理员和实践者

（Shanley and López 2009）。他们必须愿意四处奔波进行调查，了解动态变化；他们必须愿意忍受环境的艰苦，和当地居民一起谈话和工作，去敲门访谈并承担一定的风险。保护生物学家必须尽他们所能去学习各种关于他们试图保护的物种和生态系统的知识，并且随后把这些知识以容易理解的方式传授给他人并影响决策的制定。

如果保护生物学家愿意把他们的想法付诸实践，并且愿意和保护区管理者、土地利用规划者、政治家和当地居民一起合作，那么进展自然会随之而来。模型、新理论、创新方法与实际案例的正确结合将是这个学科成功的关键。一旦找到这个平衡，保护生物学家与满腔热情的公民和政府官员一起努力，将有能力在这个变化空前的时代保护世界上的生物多样性。

小结

1. 有一些涉及生物多样性保护的重要问题。为了应对这些问题，政策与实践必须做出许多改变。这种改变必须出现在地方、国家和全球水平上，并要求在个人、保护组织和政府层面的行动。
2. 保护生物学家必须示范其理论的实践意义及其新学科的方法，与全社会一起积极努力，保护生物多样性并恢复环境的退化因素。
3. 为了达成保护生物学的长期目标，实践者需要涉足保护教育和政治过程。

讨论题

1. Sutherland 及其同事在 2009 年提出了保护生物学的 100 个问题，尝试为那些你认为最紧急最重要的问题作答。
2. 学习了保护生物学之后，你是否考虑过改变你的生活方式或者你参与政治活动的程度吗？你想过你可以改变一点这个世界吗，如果是的话，用什么方式呢？
3. 去图书馆或网上在 *Conservation Biology*、*Biological Conservation*、*BioScience*、*Conserv- ation Letters*、*Ecological Applications*、*National Geographic* 和《生物多样性》等期刊上搜索你感兴趣的文章。你选择的文章在什么地方吸引你了？
4. 保护生物学家如何将基础科学和公共环境运动联系起来？保护生物学家和环保主义者们如何能为建立一个经济上和环境上稳定的世界而互相激励并丰富彼此？你能提出建议吗？
5. 风力发电作为可再生能源而得到重视，然而风车的运转会杀伤很多鸟类和蝙蝠（see Kunz et al. 2007）。如何平衡对持续能源的需求和保护濒危野生生物的需要？

推荐阅读

Beier, C. M. 2008. Influence of political opposition and compromise on conservation outcomes in the Tongass National Forest, Alaska. *Conservation Biology* 22: 1485-1496. 在这个有价值的例子中，持续和综合的谈判是保护荒原的关键。

Cohn, J. P. 2008. Citizen science: Can volunteers do real research? *BioScience* 58: 192-197. 志愿者协助科学研究，能够在促进数据收集的同时，提高其所在社区公众对野生生物的认识。

Granek, E. F., E. M. P. Madin, M. A. Brown, W. Figueira, D. S. Cameron, and Z. Hogan. 2008. Engaging recreational fishers in management and conservation: Global case studies. *Conservation Biology* 22: 1125-1134. 休闲捕鱼者可以成为积极的保护支持者。

Hill, J. 2001. *The Legacy of Luna: The Story of a Tree, a Woman , and the Struggle to Save the Red Woods*. Harper, San Francisco , CA. 起始于一次特殊的政治活动，这位著名的女士组建了她自己的环保团队。

Jacobson, S. K., M. McDuff, and M. Monroe. 2006. *Conservation Education and Outreach Techniques*. Oxford University Press , Oxford , UK. 赢得公众支持的有效方法。

Manolis, J. C., K. M. Chan M. E. Finkelstein S. Stephens , C. R. Nelson. J. B. Grant, et a1. 2009. Leadership: A new frontier in conservation science. *Conservation Biology* 23: 879-886. 保护生物学家需要将他们的科学整合进入政策、管理和更广泛的社会。

Scott, J. M., J. L. Rachlow, R. T. Lackey, A. B. Pidgorna, J. L. Aycrigg, G. R. Feldman, et a1. 2007. Policy advocacy in science: Prevalence, perspectives, and implications for conser vation biologists. *Conservation Biology*: 21: 29-35. 作者主张与保护政策相关的宣传，并广泛传播研究结果。

Sullivan, B., C. L. Wood, M. J. Iliff, R. E. Bonney, D. Fink, and S. Kelling. 2009. eBird: A citizen-based bird observation network in the biological sciences. *Biological Conservation* 142: 2282-2292. 由于其方便操作的方法，eBird 吸引了几万名观鸟者。

Sutherland, W. J. and 43 others. 2009. One hundred questions of importance to the conser vation of global biological diversity. *Conservation Biology* 23: 557-567. 展示了 100 个科学问题，其答案能够极大影响保护实践和政策。

Sutherland, W. J. and 22 others. 2010. A horizon scan of global conservation issues for 2010. *Trends in Ecology and Evolution* 25: 1-6. 综述了保护生物学的重要议题，例如辅助定植、降低非林地生态系统中砍伐与退化带来的温室气体排放和穿越北极的物种扩散等。

Van Heezik, Y. and P. J. Seddon. 2005. Conservation education structure and content of graduate wildlife management and conservation biology programs: An international perspective. *Conservation Biology* 19: 7-14. 保护教育项目不断增加，并高度多样化。

（魏伟 编译，蒋志刚 马克平 审校）

附录 I　部分环境组织和信息资源

关于保护活动，最好的参考资料是《保护指南 2005—2006》(*Conservation Directory 2005—2006*)(www.nwf.org/conservationdirectory)，该名录可以从网上下载或从岛屿出版社(Island Press)获得。名录上列举了 4000 多个地方性的、国家的以及国际的保护组织和出版物，超过 18 000 个在保护领域的领导者和政府官员的信息。网络搜索引擎，如谷歌(Google)等也为搜集保护信息提供了强大的平台，可以检索人员、组织、地点以及主题等。下面仅列举一些重要的组织和信息资源。

下面是几个可以搜索物种信息的生物多样性信息学平台：

Catalogue of Life(生物物种名录)
www.catalogueoflife.org
全球生物物种名录的权威提供者，2012 版的名录包括 135 万个物种，源于 133 个专题数据库。

Encyclopedia of Life(网络生命大百科)
www.eol.org
提供丰富的图文并茂的物种生物学知识，截至 2013 年 3 月，收录 129 万个生物类群的信息。

Global Biodiversity Information Facility(全球生物多样性信息网络)
www.gbif.org
全球最大的免费获取生物多样性信息的网络，截至 2013 年 3 月，已有近 4 亿条数据，以物种和标本信息为主。

National Specimen Information Infra-structure (中国国家标本资源信息共享平台)
www.nsii.org.cn
中国生物多样性信息最多的网站，截至 2013 年 3 月，可以查到上千万份数字化标本信息、高等植物和脊椎动物等物种信息、数十万条相关文献信息和数百万张彩色照片信息。

下面是保护生物学相关的重要组织和信息源：

Association of Zoo and Aquarium(动物园和水族馆协会)
8403 Colesville Road，Suite 710
Sliver Spring，MD 20910-3314 U.S.A.
www.aza.org
圈养野生动物的保护和繁殖。

BirdLife International(鸟类国际)
Wellbrook Court
Girton Road, Cambridge CB3 0NA, U. K.
www.birdlife.org.uk
全球鸟类的现状、保护重点和保护计划。

Center for Plant Conservation/Missouri Botanical Garden(密苏里植物园植物保护中心)
4344 Shaw Boulevard
St Louis，MO 63110 USA
www.centerforplantconservation.org
www.mobot.org
世界植物保护活动的重要单位之一。

Convention on Biological Diversity Secre-tariat (生物多样性公约秘书处)
413 Rue Saint-Jacques，Suite 800
Montreal，Quebec, Canada H2Y 1N9
www.cbd.int
促进实现生物多样性公约的目标：生物多样性保护、可持续利用和平等分享利用遗传资源所得惠益。

CITES Secretariat of Wild Fauna and Flora（濒危野生动植物种国际贸易公约秘书处）
International Environment House
15 Chemin des Anémones, CH-1219 Châtelaine-Geneva, Switzerland
www.cites.org
规范濒危物种的贸易。

Conservation International（保护国际）
2011 Crystal Drive, Suite 500
Arlington, VA 22202 U.S.A.
www.conservation.org；
www.biodiversityscience.org
致力于保护和可持续发展，国际生物多样性热点地区划定是其标志性项目之一。

Earthwatch Institute（地球观察研究所）
3 Clock Tower Place, Suite 100
P.O. Box 75, Maynard, MA 01754 U.S.A.
www.earthwatch.org
为国际保护项目交换信息，其中志愿者可以和科学家一起工作。

Environmental Defense Fund（美国环境保护基金会）
257 Park Avenue South
New York, NY 10010 USA
www.edf.org
从科学、法律和经济等多个方面开展环境项目，重视与企业的积极合作。

Employment Opportunities（就业指南）
www.webdirectory.com/employment,
www.ecojobs.com
最有参考价值的出版物为《环境就业指南》。

European Center for Nature Conservation（欧洲自然保护中心）
P.O. Box 90154
5000 LG Tilburg, The Netherlands
www.ecnc.nl
为制定保护政策提供专家意见。

Fauna & Flora International（野生动植物保护国际）
Jupiter House, 4th Floor
Station Road, Cambridge CB1 2JD, U. K.
www.fauna-flora.org
具有悠久历史的保护组织，致力于保护物种和生态系统。

Food and Agriculture Organization of the United Nations（FAO）（联合国粮农组织）
Viale delle Terme di Caracalla
00153 Rome, Italy
www.fao.org
联合国的一个机构，支持可持续农业、农村发展和资源管理。

Friends of Earth（地球之友）
1717 Massachusetts Avenue N.W., Suite 600
Washington, D.C. 20005-6303 U.S.A.
www.foe.org
致力于改进公共政策的国际环境组织。

Global Environment Facility（GEF）Secretariat（全球环境基金秘书处）
1818 H Street N.W.
Washington, D.C. 20433 U.S.A.
www.gefweb.org
资助国际生物多样性和环境项目。

Greenpeace International（国际绿色和平组织）
Ottho Heldringstraat 5
1006 AZ Amsterdam, The Netherlands
www.greenpeace.org/international
由反对破坏环境的积极分子组成，以草根阶层的行动和引人注目的抗议活动而闻名。

International Union for Nature Conservation（IUCN）（国际自然保护联盟或世界自然保护联盟）
Rue Mauverney 28
CH-1196, Gland, Switzerland
www.iucn.org
最重要的国际保护行动协调机构。编制保护专家名录以及濒危物种红皮书等。

National Audubon Society（美国国家奥杜邦学会）
700 Broadway
New York, NY 10003 U.S.A.
www.audubon.org
开展广泛的保护项目（特别关注鸟类），包括野生动植物保护、公众教育、研究和政策游说。

National Council for Science and the Environment（美国国家科学与环境委员会）
1101 17th Street N.W., Suite 250
Washington, D.C. 20036 U.S.A.
www.ncseonline.org
致力于提升有关环境决策的科学基础；他们的网页提供多方面的环境信息。

National Wildlife Federation（美国国家野生动物联盟）
11100 Wildlife Center Drive
Reston, VA 20190-5362 U.S.A.
www.nwf.org
宣传野生动物保护，出版《保护指南》（*Conservation Directory*）和著名的儿童读物"*Ranger Rick and Your Big Backyard*"。

Natural Resources Defense Council（自然资源保护委员会）
40 West 20th Street
New York, NY 10011 U.S.A.
www.nrdc.org
用法律和科学方法监测和影响政府行动和立法。

The Nature Conservancy（TNC）（大自然保护协会）
International Headquarters
4245 North Fairfax Drive, Suite 100
Arlington, VA 22203-1606 U.S.A.
www.nature.org
重视土地保护，保持和扩大美洲，特别是北美的稀有种的分布。

NatureServe（公益自然）
1101 Wilson Boulevard, 15th floor
Arlington, VA 22209 U.S.A.
www.natureserve.org
维护北美濒危物种数据库。

New York Botanical Garden/Institute for Economic Botany（纽约植物园 / 经济植物研究所）
200th Street and Kazimiroff Boulevard
Bronx, NY 10458 U.S.A.
www.nybg.org
开展对人类有用植物的研究和保护项目。

Ocean Conservancy（海洋保护组织）
1300 19th Street N.W., Floor 8
Washington, D.C. 20036 U.S.A.
www.oceanconservancy.org
关注海洋生物以及大洋和沿海生境的保护。

Rainforest Action Network（热带雨林行动网络）
221 Pine Street, Floor 5
San Francisco, CA 94104 U.S.A.
www.ran.org
致力于热带雨林保护。

Royal Botanic Gardens, Kew（英国皇家植物园，丘园）
Richmond Surrey TW9 3AB, U. K.
www.kew.org
著名的丘园拥有顶尖的植物研究所，并保存有大量的植物标本，牵头完成全球植物名录（TPL）。

Sierra Club（塞拉俱乐部）
85 Second Street, Second Floor
San Francisco, CA 94105-3441 U.S.A.
www.sierraclub.org
重视对荒野和旷地进行保护，以实现并促进对生态系统和资源的负责任的利用。

Smithsonian National Zoological Park（史密森研究院和国家动物园）
3001 Connection Ave. N.W.
Washington, D.C. 20008 U.S.A.
www.nationalzoo.si.edu
国家动物园和附近的美国国家自然历史博物馆集中了丰富的文献、生物标本和高水平的专家。

Society for Conservation Biology（国际保护生物学学会）
4245 N Fairfax Drive，Suite 400
Arlington，VA 22203 U.S.A.
www.conbio.org
保护生物学的牵头科学学会，通过《保护生物学》（*Conservation Biology*）杂志发表科学研究成果，发展新思想。

Student Conservation Association（学生保护联盟）
689 River Road，P.O. Box 550
Charlestown，NH 03603 U.S.A.
www.thesca.org
安置志愿者、实习生到保护组织和公共机构工作或实习。

United Nations Development Programme（UNDP）（联合国开发计划署）
One United Nations Plaza
www.undp.org
资助和协调国际经济发展活动，特别是利用自然资源开发的项目。

United Nations Environment Programme（UNEP）（联合国环境规划署）
United Nations Avenue，Gigiri
P.O. Box 30552, Nairobi, Kenya
www.unep.org
负责重要环境问题研究和管理的联合国机构。

United States Fish and Wildlife Service（美国鱼和野生动物管理局）
Department of the Interior
1849 C. Street N.W.
Washington，D.C. 20240 U.S.A.
www.fws.gov
美国主要的濒危物种保护的政府机构，拥有大量的研究和管理网络，同时也参与美国联邦政府的其他活动，如国家海洋渔业局和美国林务局等。其所属的国际发展部（Agency for International Development）活跃在许多发展中国家。每个州有相应的机构，特别与国家遗产项目（National Heritage）相关。

Wetlands International（湿地国际）
P.O. Box 471
6700 AL Wageningen, The Netherlands
www.wetlands.org
关注湿地的保护和可持续管理。

Wilderness Society（旷野学会）
1615 M Street N.W.
Wasington D.C. 20036 U.S.A.
www.tws.org
致力于旷野和野生动植物保护。

Wildlife Conservation Society（野生动物保护协会）
2300 Southern Boulevard
Bronx，NY 10460-1099 U.S.A.
www.wcs.org
野生动物保护和研究的领导者。

World Bank（世界银行）
1818 H Street N.W.
Wasington，D.C. 20433 U.S.A.
www.worldbank.org
一个多国银行，参与经济发展并越来越关注环境问题。

World Conservation Monitoring Center（WCMC）（世界保护监测中心）
219 Huntingdon Road
Cambridge CB3 0DL，U. K.
www.unep-wcmc.org
监测世界野生动物贸易、濒危物种现状、自然资源的利用和自然保护区。

World Resources Institute（WRI）（世界资源研究所）
10 G Street N.E.，Suite 800
Washington，D.C. 20002 U.S.A.
www.wri.org
发表环境、保护和社会发展方面的重要报告。

World Wildlife Fund（WWF）（世界自然基金会）
1250 Twenty-Fourth Street N.W.
P.O. Box 97180, Washington，D.C. 20090-7180 U.S.A.
www.worldwildlife.org　www.wwf.org
一个重要的保护组织，在世界各地有许多分支机构。同时开展野生生物和生态系统的研究和保护活动，全球生态区（ecoregions）划分是其标志性成果之一。

Xerces Society（薛西斯蝴蝶协会）（名称来源于一种灭绝的美国加州蝴蝶，名字叫 Xerces Blue）
4828 Southeast Hawthorne Boulevard
Portland，OR 97215-3252 U.S.A.
www.xerces.org
关注昆虫和其他无脊椎动物的保护。

Zoological Society of London（伦敦动物学会）
Outer Circle
Regent's Park
London NW1 4RY，U.K.
www.zsl.org
全球自然保护活动的中心之一。

（马克平 编译）

附录Ⅱ　章首页图片说明

第 1 章　生物学家将从偷猎者手中没收的海龟卵埋回原生境（版权：The Palm Beach Post/ZUMA Press）

第 2 章　红斑蜑螺（*Neritina communis*）的壳的变异，表明该物种较高的遗传多样性（版权：David McIntype）

第 3 章　许多未被描述的新物种生活在热带雨林的林冠层（版权：Andrew D. Sinauer）

第 4 章　绝大多数海洋生物是人类的食物来源，图中的海鱼是海味餐厅中的装饰品（版权：Richard Primack）

第 5 章　美国马萨诸塞州，鳕鱼角（Cape Cod）的盐沼地。地球上这类湿地每年为人类提供的生态系统服务的价值达几万亿美元（版权：David McIntype）

第 6 章　东京的樱花节，美丽的自然丰富了人们的生活（版权：Richard Primack）

第 7 章　已灭绝的卡罗来纳长尾鹦鹉（*Conuropsis carolinensis*）是唯一的产于美国东部的鹦鹉，最后一只死于 1918 年（版权：John James Audubon）

第 8 章　IUCN 红色名录已将天蓝丛蛙（*Dendrobates azureus*）列为易危（vulnerable）物种（版权：John Arnold/Shutterstock）

第 9 章　北极熊（*Ursus maritimus*）面临包括气候变化在内的多种威胁（版权：Susanne Miller/U.S. Fish and Wildlife Service）

第 10 章　凤眼莲（*Eichhornia* spp.）原产南美，虽然很漂亮，在世界其他地区为入侵植物（版权：JTB Photo Communications，Inc./Alamy.）

第 11 章　非洲猎豹（*Acinonyx jubatus*）及其他大型猫科动物由于种群较小，面临遗传多样性丧失的威胁（版权：Hilton Kotze/istockphoto.com.）

第 12 章　对受威胁的欧洲乌龟逐一编号，进行种群统计学研究（版权：Richard Primack）

第 13 章　美国加利福尼亚 Monterey 海湾国家海洋避难所内的海獭（*Enhydra lutris*）（版权：David Gomez/istockphoto.com）

第 14 章　印度尼西亚的一个救助站内饲养的幼年婆罗洲猩猩（*Pongo pygmaeus*）（版权：Berndt Fischer/OSF/Photolibrary.com）

第 15 章　菲律宾 Apo 岛海洋保护区内的蓝指海星（*Linckia laevigata*）及其他珊瑚礁物种（版权：ArteSub/Alamy）

第 16 章　美国马萨诸塞州的 Hawley 沼泽地，大自然保护协会（The Nature Conservancy）拥有其所有权和管理权（版权：David McIntype）

第 17 章　美国北卡罗来纳州 Pea 岛国家野生动物避难所，救火队员进行可控制的火烧管理（版权：美国鱼和野生动物管理局）

第 18 章　奥地利莱茵河畔的一处世界自然遗产，包括一些村庄、葡萄园、牧场、森林和湿地（版权：Richard Primack）

第 19 章　志愿者在密苏里河漫滩的农田种树，恢复其原始生境（版权：Steve Hillebrand/ 美国鱼和野生动物管理局）

第 20 章　被列入美国濒危物种保护法案的名录以后，美国短吻鳄（*Alligator mississippiensis*）的种群规模快速增加（版权：Andrew D. Sinauer）

第 21 章　肯尼亚政府没收非法收获的象牙，然后烧毁，说明在肯尼亚不能收获象牙（版权：Photoshot Holdings Lte/Alamy）

第 22 章　教育是保护生物学的重要组成部分。儿童在美国的 Harpers Ferry 国家历史公园修建湿地（版权：Todd Harless/ 美国鱼和野生动物管理局）

附录Ⅲ 词 汇 表

A

adaptive management 适应性管理

实施一定的管理计划并监测效果，然后利用取得的经验来调整和完善管理计划。

adaptive radiation 适应辐射进化

一个物种的不同种群适应局地环境的进化过程，成种过程紧随其后。

adaptive restoration 适应性恢复

利用监测数据来调整管理计划以达到恢复的目的。

affluenza 物欲症

无休止的物质财富的增长需求。

Allee effect “阿利”效应

一个物种的种群数量或种群密度一旦低于某个值，这个物种的社群结构就会丧失功能（如求偶），导致该种群对偶然事件脆弱，这种现象被称为“阿利”效应。

alleles 等位基因

位于一对同源染色体的相同位置上控制某一性状的不同形态的基因。不同的等位基因产生例如发色或血型等遗传特征的变化。

alpha diversity α 多样性

一个群体或特定区域内不同物种的数量，有多种测度指数。

amenity value 宜人价值

生物多样性的娱乐价值，包括生态旅游。

arboretum 树木园

特殊的植物园，旨在收集树木和其他木本植物。

artificial incubation 人工孵化

一种保护策略，旨在人工控制条件下，使受精卵正常进行胚胎发育而孵出幼体的过程。

artificial insemination 人工授精

用人工方法促使精、卵相遇而受精的一种生殖技术。常用于提高濒危物种的生殖率。

artificial selection 人工选择

通过人工方法保存具有有利变异的个体和淘汰具有不利变异的个体，以改良生物的性状和培育新品种的过程，家养动物和栽培植物是长期人工选择的结果。

augmentation 增补

见“增补计划”（restocking program）

autotroph 自养生物

见“初级生产者”（primary producer）

B

bequest value 遗产价值

为子孙后代保护某种具有价值的东西而愿意支付的总和，也称为“受益价值”（beneficiary value）。

beta diversity β 多样性

物种组成在环境梯度或样带上的变化速率。

binomial 双名法

物种的名称由属名和种加词构成。

biocultural restoration 生物文化恢复

恢复人们已经失去的生态学知识，让他们能够正确欣赏评价自然。

biodiversity（biological diversity）生物多样性

生物及其与环境形成的生态复合体，以及与此相关的各种生态过程的总和，物种多样性、遗传多样性和生态系统多样性三个层次最受关注。

biodiversity indicators 生物多样性指示种

也称为生物多样性代替种（surrogate species）。当不知道某个地理范围内整个群体的多样性时，以某个物种或物种组来估测整体生物多样性，这样的物种可称为生物多样性指示种。

biological community 生物群落

一定面积内所有生物的总和。

biological definition of a species 物种的生物学定义

物种是一群可以交配并繁衍后代的个体，与其他生物不能交配或交配后产生的杂种不能再繁衍。

biomagnification 生物富集

指有毒物质沿着食物链营养级的不断累积浓缩的过程。

biomass 生物量

指某一时刻单位面积内生活有机质的总量。

biome 生物群区

具有明显特征的大型生态系统，如温带草原、北方针叶林、温带落叶阔叶林、热带雨林等。

biophilia 生物多样性偏好

人类被公认的对生命世界多样性具有的一种认同倾向。

biopiracy 生物海盗

未经允许，出于商业等目的，搜集和利用他国生物材料的行为。

bioprospecting 生物勘探

主要是指发展中国家生物材料中天然产物发现和商业化的过程。

bioregional management 生物群区管理

一种针对单一大型生态系统或一系列相关的（跨国）生态系统的管理系统。

Biosphere Reserve Program 生物圈保护区计划

联合国教科文组织建立的全球生物圈保护区网络，以通过生物多样性保护与可持续利用造福于当地社区。

biota 生物区系

一个地区生物物种的总和。

bushmeat crisis 丛林肉危机

由于人类大量猎寻兽肉，致使野生动物种群急剧下降。

bycatch 非目的捕杀

在大规模渔业作业时，非故意地捕获一些非目标动物，如海洋哺乳动物、海龟、海鸟和一些不具商业价值的鱼类等。

C

carnivore 肉食动物

主要以肉为食物的动物，亦称次级消费者或者捕食者。

carrying capacity 容纳量

一个生态系统可以支撑的个体数量或者物种生物量，是体现生物生存环境限制的重要指标。

census 普查

一个种群的个体数量的计数。

CITES

见"《濒危野生动植物种国际贸易公约》"（Convention on International Trade in Endangered Species）

class 纲

一个分类学等级，纲包括多个近缘的目。

clonal repository 无性繁殖圃

特殊的植物园或者繁殖基地，以保存难以通过种子保持遗传变异的植物。

clone banks 无性繁殖库

从近缘家系的最好植株采集的种子和插条建立优良家系的人工种群，常用于保存树木的遗传变异。

co-management 社区共管

当地社区作为与政府机构和保护组织管理自然保护区的合作伙伴。

commodity value 商品价值

见"直接使用价值"（direct use value）

common property 公共资源

自然资源不属于个人财产，为社会所有，是公有资源，如渔业资源、森林和草地资源等。

community conserved area 社区自然保护区

由当地社区建立和管理的保护区。

compensatory mitigation 补偿性减缓

一个地方的生境遭到破坏或损毁以后，在另外一个地方重新建立和恢复作为补偿。

competition 竞争

在资源数量不能满足需要时，生物个体间所发生的争夺现象。在同种个体间出现的竞争称为种内竞争，在异种个体间进行的竞争称为种间竞争。

complementary areas 互补保护地

一种保护策略，每个新建立的保护区都会向已经存在的保护区体系增加新的物种或生物多样性的其他方面。

conservation banking 保护金融系统

开发者为了保护某种濒危物种或者某种栖息地类型而支付给土地所有者补偿费的一种机制。

conservation biology 保护生物学

源于多学科的新的科学分支，旨在研究和保护生物多样性。

conservation concession 保护专用地

一种保护生境的方法，保护组织向政府或者土地所有者支付一定的资金来维护特定的生境免于采掘业破坏。

conservation corridors 或 movement corridors
见“廊道”（corridors）

conservation development
见“有限发展”（limited development）

conservation easement 保护地役权
一种保护土地的方法，通常是土地所有者放弃在该土地上开发及建筑等的权利；作为交换，土地所有者也会在经济上或者税收上获得一定的好处。

conservation leasing 保护租借
支付土地所有者因为利用自己的土地保护生物多样性而带来的损失。

conservation units 保护单元
自然保护组织确定一定的区域，搜集和保存该区域的物种、生态系统和自然属性的数据。

consumptive use value 消耗使用价值
指满足当地人直接消耗的使用价值。

Convention on Biological Diversity（CBD）生物多样性公约
生物多样性保护的国际公约，要求缔约方采取行动保护和可持续利用其境内的生物多样性，并在国家间和国内公平共享利用生物多样性，特别是遗传资源所得惠益。

Convention on International Trade in Endangered Species（CITES）濒危野生动植物种国际贸易公约
主张并非完全禁止野生动物的国际贸易，而是以分级管制、依需要核发许可的原则来处理相关的事务；5000 种动物和 29 000 种植物被列入三个等级的附录中，受到 CITES 公约的管制。

corridor 廊道
保护区之间物种扩散和迁移的通道。

cost-benefit analysis 成本 - 效益分析
通过比较项目的全部成本和效益来评估项目价值的一种方法。

cross-fostering 替代养育
一种保护策略，利用普通种的个体照顾相关的稀有种的后代。

cryptic biodiversity 隐型种多样性
存在一个或多个遗传上不同的物种，但由于形态上比较相近而被错误地描述为一个独立物种。

cultural eutrophication 人为富营养化
人类向水体过度排放矿质营养元素，导致藻类暴发，引起相应的环境问题。

D

debt-for-nature swap 自然保护转移支付
发展中国家同意资助额外的保护活动来换取债务减免的一种协议。

decomposer 分解者
在死的动植物上取食或生长的物种，也称为食腐者（detritivore）。

deep ecology 深层生态学
通过转变个人生活方式和改变政策，强调生物多样性保护的一个生态学分支。

demographic stochasticity 种群统计随机性
小种群的出生率、死亡率和繁殖率的随机变化，有时引起种群大小的进一步下降，也称为种群统计变异（demographic variation）。

demographic study 种群统计研究
通过在时间上监测个体或种群，由此来确定生长率、繁殖和存活率等。

demographic variation 种群统计变异
见“种群统计随机性”（demographic stochasticity）

desertification 沙漠化
人类活动导致干旱生态系统退化成沙漠的过程。

detritivore 食腐者
见“分解者”（decomposer）

direct use value 直接使用价值
被人们直接收获利用的产品（如木材和动物）具有的价值，也称为“商品价值”（commodity value）。

E

Earth Summit 全球峰会（1992）
1992 年在里约热内卢举行的一次国际会议，形成了若干重要的国际公约，如《生物多样性公约》、《气候变化框架公约》等。也称为里约峰会（Rio Summit）。

ecocolonialism 生态殖民主义
为了建立新的保护区，政府和保护组织不顾当地居民的土地权和传统而开展的保护实践活动。

ecological economics 生态经济学
在经济分析中包括了生物多样性价值评估的一门学科。

ecological footprint（人类的）生态足迹
人类的消费格局和生活方式对局域乃至全球生态系统的影响。

ecological restoration 生态恢复
在一个地方重新建立其原始生态系统的过程。

ecologically extinct 生态灭绝
一个物种的数量降低到一定程度以后，对其所在的生态系统不再有显著的生态影响。

ecologically functional 生态作用
生态系统中某一物种足够丰富，对其他物种有显著影响。

ecology 生态学
研究生物与其生物和物理环境间关系的一门学科。

economic development 经济发展
一种经济活动，能促进社会效率提高、组织优化。

economic growth 经济增长
一种经济活动，通过增加资源使用，获得相应产品和服务的增加。

ecosystem 生态系统
生物群落及其与之相关的物理、化学环境的总体。

ecosystem diversity 生态系统多样性
某一地方或地理区域内的各种生态系统的总和。

ecosystem health 生态系统健康
生态系统中所有的生态过程都能正常发挥功能的一种状态。

ecosystem integrity 生态系统完整性
生态系统完整，具有正常的生态功能，没有遭受人类破坏。

ecosystem management 生态系统管理
许多利益相关者参与的大规模管理活动，初衷是保护生态系统的要素和过程。

ecosystem services 生态系统服务
生态系统为人类提供的利益，包括控制洪水、清洁水质、降低污染等。

ecotourism 生态旅游
为欣赏珍稀或特有物种、或者极具魅力的生物群落或自然景观而进行的旅游，这种旅游在发展中国家尤其盛行。

edge effects 边缘效应
在破碎化的生境边缘，其环境条件和生物条件都发生了改变。

effective population size 有效种群大小
一个种群中具有繁育能力的个体数量。

embryo transfer 胚胎移植
用手术的方式将胚胎移植到代孕母体中；通常用普通物种作为代孕者，通过胚胎移植来增加稀有物种的个体数。

endangered species 濒危物种
在不久的将来，具有高灭绝风险的野生物种；是 IUCN 评价体系及美国《濒危物种保护法案》中物种受威胁程度的一个等级。

Endangered Species Act（ESA）濒危物种保护法案
美国的一个重要的法律，用于保护濒危物种及其栖息地。

endemic 特有的
分布仅局限于某一特定的地理区域，而未在其他地方出现的现象。

endemic species 特有种
只在某个特定地区发现的物种。

environmental and economic impact assessment 环境和经济影响评估
评估一个项目在现在和未来对环境和经济可能存在的影响。

environmental ethics 环境伦理学
伦理学的一个分支学科，阐明自然界固有价值和人们保护环境的责任。

environmental justice 环境正义
一种活动，为经济和政治上的弱势群体授权，并协助保护他们的环境；在此过程中，保证了他们的利益，保护了生物多样性。

environmental stochasticity 环境随机性
生物和物理环境的随机变化，能增加小种群灭绝的风险。

environmentalism 环保主义
以政治激进主义为特点，旨在保护自然环境的广泛行动。

eutrophication 富营养化

由氮和磷等污染引起的水生环境的退化，特征是水中藻类大暴发，氧气贫乏。

***ex situ* conservation 迁地保护**

在人工环境条件下对物种进行保护，如动物园、水族馆、植物园等。

existence value 存在价值

人们为了确保生物多样性的持续存在而愿意支付的相应价值。

exotic species 外来种

由于人类的活动使一个物种出现在它的自然分布范围之外，该物种就是外来种。

extant 现存的

没有灭绝的，现实中还存活的（物种）。

externalities 外部效应

一种经济活动直接影响他人的利益，却没有承担相应的义务或获得回报。

extinct 灭绝的

物种已经不存在任何活的个体，则称该物种已经灭绝。

extinct in the wild 野外灭绝

物种在野生环境中已经灭绝，但在动物园、植物园或其他人工环境下还有一些个体存活。

extinction cascade 灭绝级联效应

一系列相关联的灭绝事件，一个物种的灭绝导致其他一个或几个物种的灭绝。

extinction debt 灭绝债

人类目前的活动将不可避免地导致将来许多物种的灭绝。

extinction vortex 灭绝漩涡

小种群不断衰落，并有向灭绝方向发展的趋势。

extirpation 局部灭绝

尽管一个物种在其他地方可能存在，但该种群在局域地区已经灭绝。

extractive reserve 有限利用保护区

一种保护区，在该保护区允许以可持续的方式获取某种特定的自然产品（如木材）。

F

50/500 rule 50/500 法则

种群的个体数必须维持在 50 ～ 500 范围内，才能防止遗传多样性的丧失；维持野生种群所需的个体数量更多。

family 科

一个分类学等级，一个科包括一个或多个亲缘关系相近的属。

fitness 适合度

一个个体生长、存活和繁殖的能力。

flagship species 旗舰种

引起公众关注的物种，有助于保护工作的开展（例如建立保护区）。

focal species 目标种

作为主要保护对象的物种。

food chains 食物链

不同营养级物种间的特殊的食物营养关系。

food web 食物网

由食物营养关系建立起来的物种间的网络。

founder effect 奠基者效应

由少数个体建立新种群时，遗传变异减少的现象。

G

gamma diversity γ 多样性

一个较大地区内的物种总和。

gap analysis 空缺分析

通过对濒危物种的分布和群落状况与保护区面积（现存的和已经提议的保护面积）的比较分析，确定保护工作中的空白点。

gap species 未受保护种

在其分布范围内没有受到保护的物种。

gene 基因

染色体上编码特定蛋白质的基本单位。

gene flow 基因流

由于个体的迁移，使种群间发生遗传重组和新等位基因的转移。

gene frequency 基因频率

种群中不同等位基因出现的比例。

gene pool 基因库

一个种群中的基因和等位基因的总和。

genetic diversity 遗传多样性

种内不同个体的遗传变异总和。

genetic drift 遗传漂变

在小种群中偶尔出现的遗传变异丧失和等位基因频率发生改变的现象。

genetic variation 遗传变异

种群内个体之间的遗传差异。

genetically modified organism（GMO）遗传修饰生物体

遗传编码经重组 DNA 技术改变过的生物。

genome resource bank（GRB）基因组资源库

对物种的 DNA、卵子、精子、胚胎和其他组织进行冷冻保存，用于繁殖和科学研究。

genotype 基因型

一个个体所具有的等位基因的特定组合。

genus 属

一个分类学等级，一个属包括一个或多个物种。

geographic information system（GIS）地理信息系统

整合和显示空间数据的计算机分析系统，这些空间数据通常与自然环境、生态系统、物种、保护区和人类活动有关。

global climate change 全球气候变化

全球气候特征发生了改变，而且将来还会持续改变的现象，产生这种变化的部分原因是由人类活动引起的。

Global Environment Facility（GEF）全球环境基金

一个大型的国际基金，旨在资助发展中国家的保护行动。

global warming 全球变暖

由人类活动产生的 CO_2 和其他温室气体在大气中的浓度不断增高，由此引起现在和将来气温的不断升高的现象。

globalization 全球化

全球经济联系不断增强的现象。

globally extinct 全球性灭绝

物种不再有任何生存个体。

greenhouse effect 温室效应

大气中的 CO_2 以及其他“温室气体”，允许太阳辐射透过，但却阻止热量通过再辐射释放出去，从而使地球温度升高的现象。

greenhouse gases 温室气体

大气中的一类气体（主要是 CO_2），允许太阳辐射到达地面，同时阻止地球表面的热量丧失。

guild 共位群

在同一个营养级，并且几乎利用相同的环境资源的一群物种。

H

Habitat Conservation Plans（HCP）生境保护计划

一种区域性的计划，在保护一些地区生物多样性的同时，允许在指定区域进行开发。

habitat corridors 生境走廊

在保护区之间相连接，能够使其中的物种相互迁移的通道。

habitat fragmentation 生境破碎化

连续生境的面积减少，被分割成两块或者多个碎片的过程。

hard release 硬释放（无协助释放）

将外来种群的个体释放到一个新的地点，然后人类不进行干预而建立新的种群的方式。

healthy ecosystem 健康生态系统

不论是否有人类的影响，其生态过程都能保持正常的生态系统。

herbivore 草食动物

取食植物的物种，也称为初级消费者（primary consumer）。

heterosis 杂种优势

通过远缘杂交，产生具有更高适合度的后代。

heterozygous 杂合的

一个个体的基因具有两个不同等位基因的状况。

homozegous 纯合的

一个个体的基因具有两个相同等位基因的状况。

hybrid 杂交种

两个不同物种的个体进行交配而产生的后代。

hybrid vigor 杂交优势

同“杂种优势”（heterosis）

I

***in situ* conservation 就地保护**

直接在野外对自然群落或者濒危物种的种群进行保护。

inbreeding 近亲繁殖

自体受精或亲缘关系相近的个体间的交配。

inbreeding depression 近交衰退

由于自交或近亲交配而产生较弱的后代或者降低出生率的现象。

indicator species 指示种

在保护计划中应用的物种，用于识别和保护一个生物群落或一系列生态过程。

indigenous people 当地人

见“土著居民”（traditional people）

indirect use value 间接使用价值

由生物多样性带来的，并不直接对资源进行破坏或者收获即可获得的价值，如水的质量、土壤保护、娱乐消遣、教育等，也称为公共产品（public goods）。

integrated conservation and development project（ICDP）综合保护与发展项目

一种保护项目，在保护的同时也注重满足地方的经济和社会福利需求。

Intergovernmental Panel on Climate Change（IPCC）政府间气候变化专门委员会

由联合国组织起来的顶尖科学家群体组成，主要研究人类活动对气候和生态系统的影响及其潜在意义。

intrinsic value 固有价值

一个物种或者生物多样性其他方面所具有的，与人类需求不直接相关的价值。

introduction 引种

作为保护计划的一部分或者意外地把某个物种释放到其自然生境以外的地方。

introduction program 引种计划

将濒危物种的一些个体转移到其原产地以外的区域，形成新的种群。

invasive species 入侵种

有意或无意引进的物种，该物种多度的增加将导致当地生物多样性的丧失。

inventory 编目

一定面积内物种的清单或一个种群中物种个体数的清单。

island biogeography model 岛屿生物地理学模型

反映岛屿大小与生活在该岛屿上的物种数量关系的一种模型，该模型可以用来预测生境破碎化对物种灭绝的影响。

IUCN 国际自然保护联盟或世界自然保护联盟

重要的国际性环保组织，以前称为“International Union for the Conservation of Nature and Natural Resources（IUCN）”（国际自然与自然资源保护联盟），后为“The World Conservation Union”（世界保护联盟），现在称为“International Union for Conservation of Nature”（国际自然保护联盟）。

K

keystone resource 关键资源

生态系统中对某些物种的生存至关重要的任何资源，如一个水坑。

keystone species 关键种

一个物种虽然在群落中的数量或者生物量不占优势，但却对该群落是非常重要的，如果丧失该物种，群落将发生根本变化。

kingdom 界

一个分类学等级，如动物界包括所有的动物。

L

land ethic 土地伦理

一种理念，提倡人类对自然资源的利用方式能够协调和促进生态系统健康。

land trust 土地信托基金会

保护和管理土地的一种保护组织。

landrace 地方品种

具备独特遗传性质的家畜或农作物品种。

landscape ecology 景观生态学

研究生境类型格局及其对物种分布和生态过程影响的学科。

legal title 法定土地所有权

由政府部门确认的，或者经过司法程序获得的土地所有权。

limited development 有限开发

仅对部分土地进行开发，而其余部分土地完全保护起来的一种折中方式，涉及土地拥有人、开发者以及保护组织。

limiting resource 限制性资源

一种关乎生存的需求，这种需求的存在与否将制约种群的大小，如沙漠中，水是一个限制性资源。

limnology 淡水生物学

研究淡水生态系统的物理、化学及生物环境的学科。

locally extinct 局域灭绝

一个物种在过去分布的某个区域完全消失了，但还在其他地区有个体生存。

locus 位点
基因在染色体上的位置。

M

marine protected area（MPA）海洋保护区
为重建和保持海洋生物多样性而建立起来的海洋、海岸带保护区域。

market failure 市场失灵
资源的分配不当，某些个体或行业通过使用某种公共资源（如水、大气、森林等）而获益，而其他个体或行业却因此蒙受较大损失。

maximum sustainable yield（MSY）最大可持续产量
在对该种群没有损害的条件下，每年能够收获的最大数量，这种收获可以通过种群的增长而恢复。

metapopulation 集合种群
一个物种的不同种群的集合，种群间可以在一定程度上相互迁移，也称为“种群的种群”。

minimum dynamic area（MDA）最小动态区
确保一个种群在未来能够维持而需要的最小面积。

minimum viable population（MVP）最小生存种群
确保一个种群在未来能够维持的最小个体数目。

mitigation 减缓
建立新的种群以补偿在其他地方被破坏的种群的过程。

morpho-species 形态种
种群中的某些个体在形态上易于识别和区分，但未被正式命名为新物种。

morphological definition of a species 物种的形态学定义
一组个体，根据形态学、生理学、生物化学等特征而区别于其他类群，视为一个物种。

multilateral development banks 多边开发银行
世界银行和发展中国家建立的地区银行组织，为发展中国家的经济发展提供资金。

multiple-use habitat 多功能生境
一个管理起来的区域，用于提供多种物质和服务功能。

mutalistic relationship 互惠共生关系
两个物种之间的关系是相互受益的。

mutations 突变
基因或染色体上发生的变化，导致产生新的等位基因形式或新的遗传变异。

N

national environmental fund（NEF）（美国）国家环境基金
一种信托基金，其年度收益用于支持保护活动。

natural history 博物学
是指对大自然的宏观观察和分类，如描述物种的生态学和生物学特征等。

natural resources 自然资源
在一定的时间和空间条件下，能够产生经济价值，以提高人类当前和未来福利的自然环境因素和条件。

natural selection 自然选择
物种进化的关键机理，对生物适应环境有利的变异得以保存，不利的变异遭到淘汰。

neoendemic 新特有
某些在系统发生上年轻的种或种下分类单元，局限分布于一定地区的现象。

non-use value 非利用价值
通常指生物多样性的存在价值（existence value），是人们对未被使用的生物多样性赋予的价值。

nonconsumptive use value 非消耗使用价值
生物多样性的某些使用价值，这种价值的获得并不消耗或破坏资源（如水质净化、土壤保持、游憩、教育等）。

nongovernmental organization（NGO）非政府组织
独立于政府的民间志愿组织，通过某种形式从事对社会有益的事业，许多环保组织就是非政府组织。

normative 规范化
通过制定、发布和实施标准（规范、规程和制度等）达到统一，以获得最佳秩序和社会效益。

O

omnivore 杂食动物
既取食植物也取食动物的动物。

open access resource 开放资源
见“公共资源”（common property）

option value 选择价值
生物多样性的一种价值，即在未来有可能为人类社会提供利益（如新的药物）的价值。

order 目
分类学等级，一个目包括一个或多个近缘的科。

outbreeding 远交
不同物种或者来自同种但分化较大的两个种群的个体杂交并产生后代。远交一般会产生杂种优势，提高后代个体的进化适合度。

outbreeding depression 远交衰退
当不同物种或者来自同种但分化较大的两个种群的个体杂交并产生后代时，其后代的进化适合度下降的现象。

overexploitation 过度利用
由于人类的高强度开发利用，导致资源逐渐枯竭、物种不断丧失的现象。

P

paleoendemic 古特有
某些系统发生上古老或原始的类群，存在于少数孤立的残遗分布区内，与分布区内的其他物种没有密切的亲缘关系。

parasite 寄生生物
在宿主上生长、取食但并不立即导致宿主死亡的生物。

payment for ecosystem services（PES）生态系统服务补偿（费用）
直接支付给土地所有人或社区的费用，用于保护关键的生态系统特征。

perverse subsidies 不合理补贴
政府支付或其他财政政策给予企业经济补贴，结果不仅不利于经济发展，也破坏了环境。

phenotype 表型
由基因型决定的，在特定环境下表现出来的形态、生理、解剖以及生化上的特征。

photochemical smog 光化学烟雾
由人类活动产生，经光化学反应形成的大气污染物。

photosynthetic species 光合作用物种
见“初级生产者”（primary producer）

phyletic evolution 种系渐变
物种形成以后，在自然选择作用下发生的缓慢变异过程。

phylum 门
分类学等级。一个门包括多个近缘的纲。

polymorphic gene 多型基因
在一个种群内，一种基因具有一种以上的形式或等位基因。

polyploidy 多倍性
种群中的一些个体出现染色体数目增加的现象，在植物新种形成中有重要作用。

population 种群
同一时期，一定地理范围内的同种生物个体的集合。

population biology 种群生物学
研究种群的数量、遗传特性及生态学特征的学科。

population bottleneck 种群瓶颈
种群大小的显著降低（如在某种病害以后），有时导致遗传变异的丧失。

population viability analysis（PVA）种群生存力分析
通过种群统计分析，预测种群在特定时期，在某种生境中存在的概率。

precautionary principle 审慎原则
对于可能引起不可预见危害的行动，最好避免实施。

predation 捕食
一种生物以其他生物个体的全部或部分为食的现象。

predator 捕食者
见“肉食动物”（carnivore），“寄生者”（parasite）

preservationist ethic 保护主义伦理
一种保护野生环境固有价值的观念。

primary consumer 初级消费者
见“草食动物”（herbivore）

primary producer 初级生产者
能够通过光合作用直接利用太阳能的生物，如绿色植物等。

productive use value 生产使用价值
市场上销售的产品的价值。

protected areas 保护地
为保护生物多样性而管理起来的栖息地。

public goods 公共产品

见“间接使用价值”（indirect use value）

R

rain forest 雨林

见“tropical rain forest”

Ramsar Convention on Wetlands 拉姆萨尔湿地保护公约

关于保护重要湿地的公约

rapid biodiversity assessments 生物多样性快速评估

为了快速确定新保护地的地理范围或对保护效果做出评价，由生物学家展开的物种编目和植被制图工作。

recombination 重组

在减数分裂过程中两个染色体之间发生的交换，是遗传变异的重要来源。

reconciliation ecology 和谐生态学

通过在城市中规划一定区域，促进人类和生物多样性和谐共存的一门学科。

Red Data Books 红皮书

由 IUCN 或者其他保护组织提供的濒危物种名录汇编。

Red List Criteria 红色名录标准

IUCN 评估物种受威胁程度的指标。

Reducing Emission from Deforestation and Degradation（REDD）森林减排计划

一项通过财政手段，减少森林破坏和退化的程度，从而减少温室气体排放的计划。

reference site 参考点

为物种组成、群落结构和生态系统过程的恢复确定的参考体系。

regionally extinct 区域灭绝

物种在其分布范围内的部分区域灭绝。

reintroduction program 再引入计划

某地点当前不再具有某个物种，而把以前捕获以后饲养的该物种个体，或者从其他地点捕获的野生个体再重新释放进来。

representative site 代表性保护地

能够代表较大范围的物种和生态系统特征的保护地。

resilience 弹性

生态系统在受到干扰以后恢复到原来状态的能力。

resistance 抗性

生态系统在受到干扰过程中维持现状的能力。

resource conservation ethic 资源保护伦理

一种理念，使自然资源能够长期为人类带来最大的利益。

restocking program 增补计划

在现存种群中增加额外的个体，以扩大种群和增加遗传变异。

restoration ecology 恢复生态学

关于修复被人类损害的原生生态系统的多样性及动态过程的一门科学，特别强调修复生态系统的整体性。

Rio Summit 里约峰会

见“Earth Summit”（全球峰会）

S

secondary consumer 次级消费者

见“肉食动物”（carnivore）

seed bank 种子库

保存从野生或栽培植物收集的全部种子，用于保护和作物品种改良，如中国农业科学院的种子样本储存库和中国科学院昆明植物所的中国西南野生生物种质资源库。

shifting cultivation 刀耕火种

一种耕作方式，将森林砍伐后火烧处理，然后种植几年农作物，当土壤肥力下降后则放弃耕作，让其自然恢复成林地。若干年后再砍伐，重复上述过程。也称为“轮歇农业”（slash-and-burn agriculture）。

sink population 汇种群

接受从“源种群”（source population）扩散进来的个体的种群。

SLOSS debate “SLOSS”争论

关于保护区是一个大的好或是几个小的好的争论。

soft release 软释放

与硬释放（hard release）相比，在利用外部资源种建立新的种群时需要人为的帮助。

source population 源种群

一个已经建立起来的种群，其部分个体扩散到新的地点。

speciation 物种形成

物种由于地理隔离、基因突变等原因，演化为不同物种的过程。

species 物种

分类学的基本单元，一个物种是由具有相似的遗传、生理和形态特征的个体组成的，这些个体能够相互交配。

species-area relationship 种 - 面积关系

种 - 面积关系是群落生态学研究的一个基本问题，阐述了物种数量随着取样面积增加而变化的规律。

species diversity 物种多样性

生物多样性在物种水平的表现，一是指一定区域内物种的总和，二是指群落水平上物种分布的均匀程度。

species richness 物种丰富度

指一定区域内的所有物种数目或某特定类群的物种数目。

stable ecosystem 稳定生态系统

在面对人类干预或反常气候条件下，能够基本维持同样状态的生态系统。

stochasticity 随机性

随机变化，即变化的产生是随机的。

substitute cost approach 价值替代途径

某类稀缺资源的价值，可以用与其作用相同的商品的市场价值来代替。

succession 演替

自然发生或者人类干扰引起的，物种组成、植被结构和生态系统特征等方面发生的渐变过程。

surrogate species 代替种

见“生物多样性指示种”（biodiversity indicators）

survey 调查

一种重复的取样方法，由此评价种群大小、种群密度和其他生物多样性指标。

sustainable development 可持续发展

在不破坏环境和生物多样性的前提下，能够满足人类现在和未来的生活需求的经济发展方式。

symbiotic relationship 共生关系

两个物种之间的互惠互利关系，彼此依赖，离开任何一方都不能长期存活。

T

taxonomist 分类学家

从事物种分类和鉴定的科学家。

taxonomy 分类学

对生物进行分类和鉴定的一个学科。

threatened 受威胁的

在 IUCN 评价体系中，归入濒危或渐危等级的物种；在美国《濒危物种保护法案》中指具有灭绝风险的物种，但风险等级小于濒危种。

total economic value 总经济价值

生物多样性某些方面的直接、间接和存在价值（existence value）的总和。

traditional people 土著居民

一个地区的居民，认为自己是该地区最早的居民，通常以社群或村为社会组织形式。

tragedy of the commons 公共资源悲剧

人类的无节制利用导致公共资源不断衰竭的现象。

trophic cascade 营养级联

在多营养级的系统中，关键种丧失导致自上而下的链式反应，造成植被和生物多样性发生巨大变化。

trophic levels 营养级

把生态系统中的生物按照其营养特性而划分成的等级，通过该等级可以了解能量在生态系统中的流动。

tropical rain forest 热带雨林

树种常绿的热带森林，大多数月份都有丰沛的降雨。特征是具有非常高的物种丰富度，是生物多样性非常重要的地区。

U

umbrella species 伞护种

对伞护种生存状态的保护，可以起到保护生态系统中其他物种的效果。

use value 使用价值

生物多样性的某些方面能提供给人类的直接和间接价值。

V

vulnerable species 渐危种

IUCN 评价体系中的一个等级，该等级的物种具有高灭绝风险，在不久的将来可能成为濒危种。

W

wilderness area 原野区

几乎没有受到人类任何干扰的地区。

World Bank 世界银行

为支持发展中国家经济发展而建立的国际银行机构。

World Conservation Union 世界自然保护联盟

见“国际自然保护联盟”（IUCN）

World Heritage Convention 世界遗产公约

对具有全球意义的文化和自然资源进行保护的一项公约。

Z

zoning 区划

一种管理保护区的方法，根据保护需要划定允许或禁止某些活动的区域。

zooplankton 浮游动物

浮游动物是一类漂浮于淡水和海洋生态系统中的单细胞生物，它们不能利用太阳能制造有机物。

（陈国科 编译，马克平 审校）

附录Ⅳ　参 考 文 献

原书参考文献

The numbers in parentheses at the end of each reference indicate the chapter where the main citation can be found.

Abell, R., M. L. Thieme, C. Revenga, M. Bryer, M. Kottelat, N. Bogutskaya, et al. 2008. Freshwater ecoregions of the world: a new map of biogeographic units for freshwater biodiversity conservation. *BioScience* 58: 403–414. (15)

Abensperg-Traun, M. 2009. CITES, sustainable use of wild species and incentive-driven conservation in developing countries, with an emphasis on southern Africa. *Biological Conservation* 142: 948–963. (20)

Abensperg-Traun, M. and G. T. Smith. 1999. How small is too small for small animals? Four terrestrial arthropod species in different-sized remnant woodlands in agricultural Western Australia. *Biodiversity and Conservation* 8: 709–726. (16)

Abesamis, R. A. and G. R. Russ. 2005. Density-dependent spillover from a marine reserve: long-term evidence. *Ecological Applications* 15: 1798–1812. (17)

Adams, G. P., M. H. Ratto, C. W. Collins, and D. R. Bergfelt. 2009. Artificial insemination in South American camelids and wild equids. *Theriogenology* 71: 166–175. (14)

Adams, J. S. 2006. *The Future of the Wild: Radical Conservation for a Crowded World*. Beacon Press, Boston. (19)

Adamski, P. and Z. J. Witkowski. 2007. Effectiveness of population recovery projects based on captive breeding. *Biological Conservation* 140: 1–7. (13)

Adeney, J. M., N. L. Christensen, Jr., and S. L. Pimm. 2009. Reserves protect against deforestation fires in the Amazon. *PLoS One* 4: e5014. (21)

Agar, N. 2001. *Life's Intrinsic Value: Science, Ethics, and Nature*. Columbia University Press, New York. (6)

Agardy, T. S. 1997. *Marine Protected Areas and Ocean Conservation*. R.G. Landes Company, Austin, TX. (17)

Alcock, J. 1993. *Animal Behavior: An Evolutionary Approach*. Sinauer Associates, Sunderland, MA. (2)

Alcorn, J. B. 1991. Ethics, economies and conservation. *In* M. L. Oldfield and J. B. Alcorn (eds.), *Biodiversity: Culture, Conservation and Ecodevelopment*, pp. 317–349. Westview Press, Boulder, CO. (20)

Alexander, S. (ed.). 2009. *Voluntary Simplicity: The Poetic Alternative to Consumer Culture*. Stead and Daughters, Whanganui, New Zealand. (6)

Allen, C., R. S. Lutz, and S. Demarais. 1995. Red imported fire ant impacts on northern bobwhite populations. *Ecological Applications* 5: 632–638. (10)

Allen, E., M. F. Allen, L. Egerton-Warburton, L. Corkidi, and A. Gómez-Pompa. 2003. Impacts of early- and late-seral mycorrhizae during restoration in seasonal tropical forest, Mexico. *Ecological Applications* 13: 1701–1717. (19)

Allen, L. S. 2006. Collaboration in the borderlands: the Malpai Borderlands Group. *Society for Range Management* 17–21. (18)

Allen, W. H. 1988. Biocultural restoration of a tropical forest: architects of Costa Rica's emerging Guanacaste National Park plan to make it an integral part of local culture. *BioScience* 38: 156–161. (19)

Allen, W. H. 2001. *Green Phoenix: Restoring the Tropical Forests of Guanacaste, Costa Rica*. Oxford University Press, Oxford. (19)

Allendorf, F. W. and G. Luikart. 2007. *Conservation and the Genetics of Populations*. Blackwell Publishing, Oxford, UK. (11)

Alling, A., O. Doherty, H. Logan, L. Feldman, and P. Dustan. 2007. Catastrophic coral mortality in the remote Central Pacific Ocean: Kirabati Phoenix Islands. *Atoll Research Bulletin* 545–555. (15)

Allnutt, T. F., S. Ferrier, G. Manion, G.V.N. Powell, T. H. Ricketts, B. L. Fisher, et al. 2008. A method for quantifying biodiversity loss and its application to a 50–year record of deforestation across Madagascar. *Conservation Letters* 1: 173–181. (7)

Almeida, A. P. and S. L. Mendes. 2007. An analysis of the role of local fishermen in the conservation of the loggerhead turtle (*Caretta caretta*) in Pontal do Ipiranga, Linhares, ES, Brazil. *Biological Conservation* 134: 106–112. (1)

Alò, D. and T. F. Turner. 2005. Effects of habitat fragmentation on effective population size in the endangered Rio Grande silvery minnow. *Conservation Biology* 19: 1138–1148. (11)

Alter, S. E., E. Rynes, and S. R. Palumbi. 2007. DNA evidence for historic population size and past ecosystem impacts of gray whales. *Proceedings of the National Academy of Sciences USA* 104: 15162–15167. (10)

Altieri, M. A. 2004. Linking ecologists and traditional farmers in the search for sustainable agriculture. *Frontiers in Ecology and the Environment* 2: 35–42. (14, 20)

Altieri, M. A. and M. K. Anderson. 1992. Peasant farming systems, agricultural modernization and the conservation of crop genetic resources in Latin America. *In* P. L. Fiedler and S. K. Jain (eds.), *Conservation Biology: The Theory and Practice of Nature Conservation, Preservation and Management*, pp. 49–64. Chapman and Hall, New York. (20)

Alvarez-Filip, L., N. K. Dulvy, J. A. Gill, I. M. Côté, and A. R. Watkinson. 2009. Flattening of Caribbean coral reefs: region-wide declines in architectural complexity. *Proceedings of the Royal Society B* 276: 3019–3025. (2)

Amano, T. 2009. Conserving bird species in Japanese farmland: past achievements and future challenges. *Biological Conservation* 142: 1913–1921. (18)

American Cetacean Society. 2010. *http://www.acsonline.org* (10)

Amin, R., K. Thomas, R. H. Emslie, T. J. Foose, and N. van Strien. 2006. An overview of the conservation status of and threats to rhinoceros species in the wild. *International Zoo Yearbook* 40: 96–117. (11)

Anadón, J. D., A. Gimenez, R. Ballestar, and I. Pérez. 2009. Evaluation of local ecological knowledge as a method for collecting extensive data on animal abundance. *Conservation Biology* 23: 617–625. (17)

Anderson, D. M. 2009. Approaches to monitoring, control and management of harmful algal blooms (HABs). *Ocean and Coastal Management* 52: 342–347. (5)

Anderson, J.G.T. and C. M. Devlin. 1999. Restoration of a multi-species seabird colony. *Biological Conservation* 90: 175–181. (17)

Andrew-Essien, E. and F. Bisong. 2009. Conflicts, conservation and natural resource use in protected area systems: an analysis of recurrent issues. *European Journal of Scientific Research* 25: 118–129. (20)

Araujo, R. and M. A. Ramos. 2000. Status and conservation of the giant European freshwater pearl mussel (*Margaritifera auricularia*) (Spengler, 1793) (*Bivalvia: Unionoidea*). *Biological Conservation* 96: 233–239. (10)

Armitage, D. R., R. Plummer, F. Berkes, R. I. Arthur, A. T. Charles, I. J. Davidson-Hunt, et al. 2009. Adaptive co-management for social-ecological complexity. *Frontiers in Ecology and the Environment* 7: 95–102. (18)

Armstrong, D. P. and P. J. Seddon. 2008. Directions in reintroduction biology. *Trends in Ecology and Evolution* 23: 20–25. (13)

Armsworth, P. R., G. C. Daily, P. Kareiva, and J. N. Sanchirico. 2006. Land market feedbacks can undermine biodiversity conservation. *Proceedings of the National Academy of Sciences USA* 103: 5403–5408. (16)

Armsworth, P. R. and J. N. Sanchirico. 2008. The effectiveness of buying easements as a conservation strategy. *Conservation Letters* 1: 182–189. (20)

Arnhem, E., J. Dupain, R. V. Drubbel, C. Devos, and M. Vercauteren. 2008. Selective logging, habitat quality and home range use by sympatric gorillas and chimpanzees: a case study from an active logging concession in Southeast Cameroon. *Folia Primatologica* 79: 1–14. (18)

Arnold, A. E. and F. Lutzoni. 2007. Diversity and host range of foliar fungal endophytes: are tropical leaves biodiversity hotspots? *Ecology* 88: 541–549. (3)

Association of Zoos & Aquariums. 2009. *http://www.aza.org* (14)

Atkinson, G. and S. Mourato. 2008. Environmental cost-benefit analysis. *Annual Review of Environment and Resources* 33: 317–344. (4)

Aung, U. M. 2007. Policy and practice in Myanmar's protected area system. *Journal of Environmental Management* 84: 188–203. (17)

Ausband, D. E. and K. R. Foresman. 2007. Swift fox reintroductions on the Blackfeet Indian Reservation, Montana, USA. *Biological Conservation* 136: 423–430. (13)

Aviron, S., H. Nitsch, P. Jeanneret, S. Buholzer, H. Luka, L. Pfiffner, et al. 2009. Ecological cross compliance promotes farmland biodiversity in Switzerland. *Frontiers in Ecology and the Environment* 7: 247–252. (18)

Azam, F. and A. Z. Worden. 2004. Oceanography: microbes, molecules, and marine ecosystems. *Science* 303: 1622–1624. (3)

Bacles, C.F.E., A. F. Lowe, and R. A. Ennos. 2006. Effective seed dispersal across a fragmented landscape. *Science* 311: 628–628. (13)

Bagstad, K. J., K. Stapleton, and J. R. D'Agostino. 2007. Taxes, subsidies, and insurance as drivers of United States coastal development. *Ecological Economics* 63: 285–298. (4)

Baigún, C.R.M., A. Puig, P. G. Minotti, P. Kandus, R. Quintana, and R. Vicari. 2008. Resource use in the Parana River Delta (Argentina): moving away from an ecohydrological approach? *Ecohydrology and Hydrobiology* 8: 245–262. (21)

Baillie, J.E.M., B. Collen, R. Amin, H. R. Akçakaya, S.H.M. Butchart, N. Brummitt, et al. 2008. Toward monitoring global biodiversity. *Conservation Letters* 1: 18–26. (8)

Baillie, J.E.M., C. Hilton-Taylor, and S. N. Stuart (eds.). 2004. *2004 IUCN Red List of threatened species: a global species assessment*. IUCN/SSC Red List Programme, Cambridge, UK. (7, 14)

Baker, J. D. and T. C. Johanos. 2004. Abundance of the Hawaiian monk seal in the main Hawaiian Islands. *Biological Conservation* 116: 103–110. (12)

Baker, J. D. and P. M. Thompson. 2007. Temporal and spatial variation in age-specific survival rates of a long-lived mammal, the Hawaiian monk seal. *Proceedings of the Royal Society B* 274: 407–415. (12)

Bakermans, M. H., A. C. Vitz, A. D. Rodewald, and C. G. Rengifo. 2009. Migratory songbird use of shade coffee in the Venezuelan Andes with implications for conservation of cerulean warbler. *Biological Conservation* 142: 2476–2483. (18)

Bakker, V. J. and D. F. Doak. 2009. Population viability management: ecological standards to guide adaptive management for rare species. *Frontiers in Ecology and the Environment* 7: 158–165. (12)

Balick, M. J. and P. A. Cox. 1996. *Plants, People and Culture: The Science of Ethnobotany*. Scientific American Library, New York. (4)

Balmford, A. 1996. Extinction filters and current resilience: the significance of past selection pressures for conservation biology. *Trends in Ecology and Evolution* 11: 193–196. (8, 14)

Balmford, A., J. Beresford, J. Green, R. Naidoo, M. Walpole, and A. Manica. 2009. A global perspective on trends in nature-based tourism. *PLoS Biology* 7: e1000144. (5)

Balmford, A., A. Bruner, P. Cooper, R. Costanza, S. Farber, R. E. Green, et al. 2002. Economic reasons for conserving wild nature. *Science* 297: 950–953. (4, 5)

Balmford, A., R. E. Green, and M. Jenkins. 2003. Measuring the changing state of nature. *Trends in Ecology and Evolution* 18: 326–330. (7, 17)

Balmford, A. and T. Whitten. 2003. Who should pay for tropical conservation, and how could the costs be met? *Oryx* 37: 238–250. (21)

Ban, N. C., C. R. Picard, and A.C.J. Vincent. 2009. Comparing and integrating community-based and science-based approaches to prioritizing marine areas for protection. *Conservation Biology* 23: 899–910. (15)

Bani, L., D. Massimino, L. Bottonni, and R. Massa. 2006. A multi-scale method for selecting indicator species and priority conservation areas: a case study for broadleaved forests in Lombardy, Italy. *Conservation Biology* 20: 512–526. (15)

Baral, N., M. J. Stern, and J. T. Heinen. 2007. Integrated conservation and development project life cycles in the Annapurna Conservation Area, Nepal: is development overpowering conservation? *Biodiversity and Conservation* 16: 2903–2917. (20)

Barazani, O., A. Perevolotsky, and R. Hadas. 2008. A problem of the rich: prioritizing local plant genetic resources for ex situ conservation in Israel. *Biological Conservation* 141: 596–600. (20)

Barbier, E. B., J. C. Burgess, and C. Folke. 1994. *Paradise Lost? The Ecological Economics of Biodiversity*. Earthscan Publications, London. (4)

Barbier, E. B., E. W. Koch, B. R. Silliman, S. D. Hacker, E. Wolanski, J. Primavera, et al. 2008. Coastal ecosystem-based management with nonlinear ecological functions and values. *Science* 319: 321–323. (5)

Barbour, M. T. and N. L. Poff. 2008. Perspective: communicating our science to influence public policy. *Journal of the North American Benthological Society* 27: 562–569. (22)

Barbour, R. C., J. M. O'Reilly-Wapstra, D. W. De Little, G. J. Jordan, D. A. Steane, J. R. Humphreys, et al. 2009. A geographic mosaic of genetic variation within a foundation tree species and its community-level consequences. *Ecology* 90: 1762–1772. (2)

Barlow, J. and C. A. Peres. 2004. Ecological responses to El Nino-induced surface fires in central Brazilian Amazonia: management implications for flammable tropical forests. *Philosophical Transactions of the Royal Society B* 359: 367–380. (9)

Barnhill, D. L., S. Sarkar, and L. Kalof. 2006. Deep ecology. *In* C. J. Cleveland (ed.), *Encyclopedia of Earth*. Environmental Information Coalition, National Council for Science and the Environment, Washington, D.C. *http://www.eoearth.org/article/Deep_ecology* (6)

Baskin, Y. 1997. *The Work of Nature: How the Diversity of Life Sustains Us*. Island Press, Washington, D.C. (4)

Bass, M. S., M. Finer, C. N. Jenkins, H. Kreft, D. F. Cisneros-Heredia, S. F. McCracken, et al. 2010. Global conservation significance of Ecuador's Yasuní National Park. *PLoS One* 5: e8767. (3)

Bassett, L. (ed.). 2000. *Faith and Earth: A Book of Reflection for Action*. United Nations Environment Programme, New York. (6)

Batisse, M. 1997. A challenge for biodiversity conservation and regional development. *Environment* 39: 7–33. (20)

Bearzi, G. 2009. When swordfish conservation biologists eat swordfish. *Conservation Biology* 23: 1–2. (6)

Beck, B. B., L. G. Rapport, M.R.S. Price, and A. C. Wilson. 1994. Reintroduction of captive-born animals. *In* P. J. Olney, G. M. Mace, and A.T.C. Feistner (eds.), *Creative Conservation: Interactive Management of Wild and Captive Animals*, pp. 265–286. Chapman and Hall, London. (13)

Becker, C .G., C. R. Fonseca, C.F.B. Haddad, and P. I. Prado. 2010. Habitat split as a cause of local population declines of amphibians with aquatic larvae. *Conservation Biology* 24: 287–294. (9)

Beecher, N. A., R. J. Johnson, J. R. Brandle, R. M. Case, and L. J. Young. 2002. Agroecology of birds in organic and nonorganic farmland. *Conservation Biology* 16: 1620–1631. (18)

Behr, B., D. Rath, P. Mueller, T. B. Hildebrandt, F. Goeritz, B. C. Braun, et al. 2009. Feasibility of sex-sorting sperm from the white and the black rhinoceros (*Ceratotherium simum, Diceros bicornis*). *Theriogenology* 72: 353–364. (14)

Beier, C. M. 2008. Influence of political opposition and compromise on conservation outcomes in the Tongass National Forest, Alaska. *Conservation Biology* 22: 1485–1496. (22)

Beier, P., M. van Drielen, and B. O. Kankam. 2002. Avifaunal collapse in West African forest fragments. *Conservation Biology* 16: 1097–1111. (9)

Beissinger, S. R., E. Nicholson, and H. P. Possingham. 2009. Application of population viability analysis to landscape conservation planning. *In* J. J. Millspaugh and F. R. Thompson, III (eds.), *Models for Planning Wildlife Conservation in Large Landscapes*, pp. 33–50. Academic Press, San Diego, CA. (12)

Bell, C. D., J. M. Blumenthal, A. C. Broderick, and B. J. Godley. 2010. Investigating potential for depensation in marine turtles: how low can you go? *Conservation Biology* 24: 226–235. (11)

Bell, T. J., M. L. Bowles, and K. A. McEachern. 2003. Projecting the success of plant population restoration with viability analysis. *In* C. A. Brigham and M. M. Schwartz (eds.), *Population Viability in Plants*, pp. 313–348. Springer-Verlag, Heidelberg. (13)

Bellio, M. G., R. T. Kingsford, and S. W. Kotagama. 2009. Natural versus artificial wetlands and their waterbirds in Sri Lanka. *Biological Conservation* 142: 3076–3085. (13)

Benayas, J.M.R., J. M. Bullock, and A. C. Newton. 2008. Creating woodland islets to reconcile ecological restoration, conservation, and agricultural land use. *Frontiers in Ecology and the Environment* 6: 329–336. (17)

Benítez, P. C., L. McCallum, M. Obersteiner, and Y. Yamagata. 2007. Global potential for carbon sequestration: geographical distribution, country risk and policy implications. *Ecological Economics* 60: 572–583. (4)

Bennett, A. F. 1999. *Linkages in the Landscape: The Role of Corridors and Connectivity in Wildlife Conservation*. IUCN, Gland, Switzerland. (16)

Bennett, E. L., E. Blencowe, K. Brandon, D. Brown, R. W. Burn, G. Cowlishaw, et al. 2007. Hunting for consensus: reconciling bushmeat harvest, conservation, and development policy in West and Central Africa. *Conservation Biology* 21: 884–887. (10)

Bennie, J., M. O. Hill, R. Baxter, and B. Huntley. 2006. Influence of slope and aspect on long-term vegetation change in British chalk grasslands. *Journal of Ecology* 94: 355–368. (17)

Berger, J. 1990. Persistence of different-sized populations: an empirical assessment of rapid extinctions in bighorn sheep. *Conservation Biology* 4: 91–98. (11)

Berger, J. 1999. Intervention and persistence in small populations of bighorn sheep. *Conservation Biology* 13: 432–435. (11)

Berger, J. 2007. Carnivore repatriation and holarctic prey: narrowing the deficit in ecological effectiveness. *Conservation Biology* 21: 1105–1116. (13)

Bergstrom, B. J., S. Vignieri, S. R. Sheffield, W. Sechrest, and A. A. Carlson. 2009. The northern Rocky Mountain gray wolf is not yet recovered. *BioScience* 59: 991–999. (13)

Berkes, F. 2001. Religious traditions and biodiversity. *In* S. A. Levin (ed.), *Encyclopedia of Biodiversity*, vol. 5, pp. 109–120. Academic Press, San Diego, CA. (4)

Berkes, F. 2004. Rethinking community-based conservation. *Conservation Biology* 18: 621–630. (20)

Berkessy, S. A. and B. A. Wintle. 2008. Using carbon investment to grow the biodiversity bank. *Conservation Biology* 22: 510–513. (5)

Berry, O., M. D. Tocher, D. M. Gleeson, and S. D. Sarre. 2005. Effect of vegetation matrix on animal dispersal: genetic evidence from a study of endangered skinks. *Conservation Biology* 19: 855–864. (16)

Bertness, M. D., C. Holdredge, and A. H. Altieri. 2009. Substrate mediates consumer control of salt marsh cordgrass on Cape Cod, New England. *Ecology* 90: 2108–2117. (2)

Beschta, R. L. and W. J. Ripple 2009. Large predators and trophic cascades in terrestrial ecosystems of the western United States. *Biological Conservation* 142: 2401–2414. (2)

Beyer, H. L., E. H. Merrill, N. Varley, and M. S. Boyce. 2007. Willow on Yellowstone's northern range: evidence for a trophic cascade? *Ecological Applications* 17: 1563–1571. (2)

Bhagwat, S. A. and C. Rutte. 2006. Sacred groves: potential for biodiversity management. *Frontiers in Ecology and the Environment* 4: 519–524. (20)

Bhatti, S., S. Carrizosa, P. McGuire, and T. Young (eds.). 2009. *Contracting for ABS: The Legal and Scientific Implications of Bioprospecting Contracts*. IUCN, Gland, Switzerland. (5)

Bickford, D., D. J. Lohman, N. S. Sodhi, P.K.L. Ng, R. Meier, K. Winker, et al. 2007. Cryptic species as a window on diversity and conservation. *Trends in Ecology and Evolution* 22: 148–55. (2)

Big Marine Fish. 2008. *http://www.bigmarinefish.com* (10)

Billington, H. L. 1991. Effect of population size on genetic variation in a dioecious conifer. *Conservation Biology* 5: 115–119. (11)

Bilney, R. J., R. Cooke, and J. G. White. 2010. Underestimated and severe: small mammal decline from the forests of south-eastern Australia since European settlement, as revealed by a top-order predator. *Biological Conservation* 143: 52–59. (7)

Biodiversity International. *http://www.biodiversityinternational.org* (14)

Birchard, B. 2005. *Nature's Keepers: The Remarkable Story of How the Nature Conservancy Became the Largest Environmental Group in the World*. Jossey-Bass, San Francisco, CA. (16)

BirdLife International. 2010. *http://www.birdlife.org* (15)

Bisht, I. S., P. S. Mehta, and D. C. Bhandari. 2007. Traditional crop diversity and its conservation on-farm for sustainable agricultural production in Kumaon Himalaya of Uttaranchal state: a case study. *Genetic Resources and Crop Evolution* 54: 345–357. (20)

Blanc, J. 2008. *Loxodonta africana*. *In* IUCN Red List of Threatened Species, Version 2009.2. *http://www.iucnredlist.org* (21)

Blanchard, K. A. 2005. Seabird populations of the North Shore of the Gulf of St. Lawrence: culture and conservation. *In* B. Child and M. W. Lyman (eds.), *Natural Resources As Community Assets: Lessons From Two Continents*, pp. 211–236. The Sand County Foundation, Madison, WI and The Aspen Institute, Washington, D.C. (22)

Blaustein, R. J. 2007. Protected areas and equity concerns. *BioScience* 57: 216–221. (20)

Blue Lists. 2009. *http://www.bluelists.ethz.ch* (8)

Blundell, A. G. and M. B. Mascia. 2005. Discrepancies in reported levels of international wildlife trade. *Conservation Biology* 19: 2020–2025. (21)

Boersma, M., A. M. Malzahn, W. Greve, and J. Javidpour. 2007. The first occurrence of the ctenophore *Mnemiopsis leidyi* in the North Sea. *Helgoland Marine Research* 61: 153–155. (10)

Boersma, P. D. 2006. Landscape-level conservation for the sea. *In* M. J. Groom, G. K. Meffe, and C. R. Carroll (eds.), *Principles of Conservation Biology*, 3rd ed, pp. 447–448. Sinauer Associates, Sunderland, MA. (12)

Boersma, P. D. 2008. Penguins as marine sentinels. *BioScience* 58: 597–607. (12)

Boersma, P. D. and G. A. Rebstock. 2009. Foraging distance affects reproductive success in Magellanic penguins. *Marine Ecology Progress Series* 375: 263–275. (12)

Bohlen, P. J., S. Lynch, L. Shabman, M. Clark, S. Shukla, and H. Swain. 2009. Paying for environmental services from agricultural lands: an example from the northern Everglades. *Frontiers in Ecology and the Environment* 7: 46–55. (18, 20)

Borghesio, L. 2009. Effects of fire on the vegetation of a lowland heathland in North-western Italy. *Plant Ecology* 201: 723–731. (20)

Bormann, B. T., R. W. Haynes, and J. R. Martin. 2007. Adaptive management of forest ecosystems: did some rubber hit the road? *BioScience* 57: 186–191. (17)

Borrini-Feyerabend, G., M. Pimbert, T. Farvar, A. Kothari, and Y. Renard. 2004. *Sharing Power: Learning by Doing in Co-Management of Natural Resources throughout the World*. IIED and IUCN/CEESP/CMWG, Cenesta, Tehran. (20)

Botanic Gardens Conservation International (BGCI). 2005. *http://www.bgci.org* (14)

Bottrill, M. C., L. N. Joseph, J. Carwardine, M. Bode, C. Cook, and E. T. Game. 2009. Finite conservation funds mean triage is unavoidable. *Trends in Ecology and Evolution* 24: 183–184. (15, 21)

Boucher, G. and P.J.D. Lambshead. 1995. Ecological biodiversity of marine nematodes in samples from temperate, tropical and deep-sea regions. *Conservation Biology* 9: 1594–1605. (3)

Bouchet, P., G. Falkner, and M. B. Seddon. 1999. Lists of protected land and freshwater molluscs in the Bern Convention and European Habitats Directive: are they relevant to conservation? *Biological Conservation* 90: 21–31. (7)

Bourne, J. K., Jr. 2004. Gone with the water (Louisiana's wetlands). *National Geographic Magazine* 206(October): 88–105. (5)

Bourne, J. K. 2007. Green dreams. *National Geographic Magazine* 212(October): 38–59. (20)

Bouzat, J. L., J. A. Johnson, J. E. Toepfer, S. A. Simpson, T. L. Ekser, and R. L. Westemeier. 2008. Beyond the beneficial effects of translocations as an effective tool for the genetic restoration of isolated populations. *Conservation Genetics* 10: 191–201. (11, 12)

Bowkett, A. E. 2009. Recent captive-breeding proposals and the return of the ark concept to global species conservation. *Conservation Biology* 23: 773–776. (14)

Bowles, M. L., J. L. McBride, and R. F. Betz. 1998. Management and restoration ecology of Mead's milkweed. *Annals of the Missouri Botanical Garden* 85: 110–125. (13)

Boyd, C., T. M. Brooks, S.H.M. Butchart, G. J. Edgar, G.A.B. da Fonseca, F. Hawkins, et al. 2008. Spatial scale and the conservation of threatened species. *Conservation Letters* 1: 37–43. (16, 18)

Boydell, S. and H. Holzknecht. 2003. Land-caught in the conflict between custom and commercialism. *Land Use Policy* 20: 203–207. (20)

Bradshaw, A. D. 1990. The reclamation of derelict land and the ecology of ecosystems. *In* W. R. Jordan III, M. E. Gilpin, and J. D. Aber (eds.), *Restoration Ecology: A Synthetic Approach to Ecological Research*, pp. 53–74. Cambridge University Press, Cambridge. (19)

Bradshaw, C.J.A., B. M Fitzpatrick, C. C Steinberg, B. W. Brook, and M. G. Meekan. 2008. Decline in whale shark size and abundance at Ningaloo Reef over the past decade: the world's largest fish is getting smaller. *Biological Conservation* 141: 1894–190. (21)

Bradshaw, C.J.A., N. S. Sodhi, and B. W. Brook. 2009. Tropical turmoil: a biodiversity tragedy in progress. *Frontiers in Ecology and the Environment* 7: 79–87. (7, 9)

Braithwaite, R. W. 2001. Tourism, role of. *In* S. A. Levin (ed.), *Encyclopedia of Biodiversity*, vol. 5, pp. 667–679. Academic Press, San Diego, CA. (5)

Brandt, A. A., A. J. Gooday, S. N. Brandão, S. Brix, W. Brökeland, T. Cedhagen, et al. 2007. First insights in the biodiversity and biogeography of the Southern Ocean deep sea. *Nature* 447: 307–311. (3)

Braschler, B. 2009. Successfully implementing a citizen-scientist approach to insect monitoring in a resource-poor country. *BioScience* 59:103–104. (20)

Brashares, J. S., P. Arcese, M. K. Sam, P. B. Coppolillo, A.R.E. Sinclair, and A. Balmford. 2004. Bushmeat hunting, wildlife declines, and fish supply in West Africa. *Science* 306: 1180–1183. (10)

Breed, A. C., R. K. Plowright, D.T.S. Hayman, D. L. Knobel, F. M. Molenaar, D. Gardner-Roberts, et al. 2009. Disease management in endangered mammals. *In* R. J. Delahay, G. C. Smith, M. R. Hutchings, S. Rossi, G. Marion, et al. (eds.), *Management of Disease in Wild Mammals*, pp. 215–239. Springer, Japan. (10)

Brennan, A. and Y. S. Lo. 2008. Environmental ethics. *Stanford Encyclopedia of Philosophy*. *http://plato.stanford.edu/entries/ethics-environmental* (6)

Brennan, A. J. 2008. Theoretical foundations of sustainable economic welfare indicators – ISEW and political economy of the disembedded system. *Ecological Economics* 67: 1–19. (4)

Breshears D. D., O. B. Myers, C. W. Meyer, F. J. Barnes, C. B. Zhou, C. D. Allen, et al. 2009. Tree die-off in response to global change-type drought: mortality insights from a decade of plant water potential measurements. *Frontiers in Ecology and the Environment* 7: 185–189. (9)

Briggs. S. V. 2009. Priorities and paradigms: directions in threatened species recovery. *Conservation Letters* 2: 101–108. (17, 20)

Brightsmith, D., J. Hilburn, A. del Campo, J. Boyd, M. Frisius, R. Frisius, et al. 2005. The use of hand-raised psittacines for reintroduction: a case study of scarlet macaws (*Ara macao*) in Peru and Costa Rica. *Biological Conservation* 121: 465–472. (13)

Brock, R. E. and D. A. Kelt. 2004. Influence of roads on the endangered Stephens' kangaroo rat (*Dipodomys stephensi*): are dirt and gravel roads different? *Biological Conservation* 118: 633–640. (20)

Brodie, J. F., O. E. Helmy, W. Y. Brockelman, and J. L. Maron. 2009. Bushmeat poaching reduces the seed dispersal and population growth rate of a mammal-dispersed tree. *Ecological Applications* 19: 854–863. (17)

Brook, A., M. Zint, and R. DeYoung. 2003. Landowner's response to an Endangered Species Act listing and implications for encouraging conservation. *Conservation Biology* 17: 1638–1649. (20)

Brooke, A. D., S.H.M. Butchart, S. T. Garnett, G. M. Crowley, N. B. Mantilla-Beniers, and A. Stattersfield. 2008. Rates of movement of threatened bird species between IUCN Red List categories and toward extinction. *Conservation Biology* 22: 417–427. (8)

Brooks, T. M., R. A. Mittermeier, C. G. Mittermeier, G.A.B. da Fonseca, A. B. Rylands, W. R. Konstant, et al. 2002. Habitat loss and

extinction in the hotspots of biodiversity. *Conservation Biology* 16: 909–923. (7)
Brooks, T. M., S. L. Pimm, and J. O. Oyugi. 1999. Time lag between deforestation and bird extinction in tropical forest fragments. *Conservation Biology* 13: 1140–1150. (7)
Brooks, T. M., S. J. Wright, and D. Sheil. 2009. Evaluating the success of conservation actions in safeguarding tropical forest biodiversity. *Conservation Biology* 23: 1448–1457. (21)
Bruner, A. G., R. E. Gullison, and A. Balmford. 2004. Financial costs and shortfalls of managing and expanding protected-area systems in developing countries. *BioScience* 54: 1119–1126. (17, 21)
Bruner, A. G., R. E. Gullison, R. E. Rice, and G.A.B. da Fonseca. 2001. Effectiveness of parks in promoting tropical diversity. *Science* 291: 125–128. (15, 17)
Bruno, J. F. and J. B. Cardinale. 2008. Cascading effects of predator richness. *Frontiers in Ecology and the Environment* 6: 539–546. (2)
Brush, S. B. 2004. Growing biodiversity. *Nature* 430: 967–968. (20)
Brush, S. B. 2007. Farmers' rights and protection of traditional agricultural knowledge. *World Development* 35: 1499–1514. (14)
Bryant, D., L. Burke, J. McManus, and M. Spalding. 1998. *Reefs at Risk: A Map-Based Indicator of Threats to the World's Coral Reefs.* World Resources Institute, Washington, D.C. (9)
Brys, R., H. Jacquemyn, P. Endels, G. De Blust, and M. Hermy. 2005. Effect of habitat deterioration on population dynamics and extinction risks in a previously common perennial. *Conservation Biology* 19: 1633–1643. (9)
Buchanan, G. M., P. F. Donald, L.D.C. Fishpool, J. A. Arinaitwe, M. Balman, and P. Mayaux. 2009. An assessment of land cover and threats in Important Bird Areas in Africa. *Bird Conservation International* 19: 49–61. (17)
Buchholz, R. 2007. Behavioral biology: an effective and relevant conservation tool. *Trends in Ecology and Evolution* 22: 401407. (13)
Buckley, M. C. and E. E. Crone. 2008. Negative off-site impacts of ecological restoration: understanding and addressing the conflict. *Conservation Biology* 22: 1118–1124. (4)
Buckley, R. 2009. Parks and tourism. *PLoS Biology* 7: e1000143. (5)
Buffalo Field Campaign. 2010. *http://www.buffalofieldcampaign.org* (16)
Bull, A. T. 2004. *Microbial Diversity and Bioprospecting*. ASM Press, Washington, D.C. (5)
Bulman, C. R., R. J. Wilson, A. R. Holt, A. L. Galvez-Bravo, R. I. Early, M. S. Warren et al. 2007. Minimum viable population size, extinction debt, and the conservation of declining species. *Ecological Applications* 17: 1460–1473. (8, 12)
Buner, F., M. Jenny, N. Zbinden, and B. Naef-Daenzer. 2005. Ecologically enhanced areas—a key habitat structure for re-introduced grey partridges *Perdix perdix*. *Biological Conservation* 124: 373–381. (18)
Burger, J. 2008. Environmental management: integrating ecological evaluation, remediation, restoration, natural resource damage assessment and long-term stewardship on contaminated lands. *Science of the Total Environment* 400: 16–19. (19)
Burghardt, K. T., D. W. Tallamy, and W. G. Shriver. 2009. Impact of native plants on bird and butterfly biodiversity in suburban landscapes. *Conservation Biology* 23: 219–224. (19)
Burgman, M. A., D. Keith, S. D. Hopper, D. Widyatmoko, and C. Drill. 2007. Threat syndromes and conservation of the Australian flora. *Biological Conservation* 134: 73–82. (9)
Burton, A. 2005. Microbes muster pollution power. *Frontiers in Ecology and the Environment* 3: 182. (5)
Bushmeat Crisis Task Force. 2009. *http://www.bushmeat.org* (10)
Butchart, S. H. and J. P. Bird. 2010. Data Deficient birds on the IUCN Red List: what don't we know and why does it matter? *Biological Conservation* 143: 239–247. (8)
Butler, R. A., L. P. Koh, and J. Ghazoul. 2009. REDD in the red: palm oil could undermine carbon payment schemes. *Conservation Letters* 2: 67–73. (5, 20)
Butler, R. A. and W. F. Laurance. 2008. New strategies for conserving tropical forests. *Trends in Ecology and Evolution* 23: 469–472. (9, 10)
Bytnerowicz, A., K. Omasa, and E. Paoletti. 2007. Integrated effects of air pollution and climate change on forests: a northern hemisphere perspective. *Environmental Pollution* 147: 438–445. (9)

Cafaro, P. 2010. Economic growth or the flourishing of life: the ethical choice global climate change puts to humanity in the 21st century. *Essays in Philosophy* 11: 6. (6)
Cafaro, P. and W. Staples. 2009. The environmental argument for reducing immigration into the United States. *Environmental Ethics* 31: 5–30. (6)
Cain, M. L., W. D. Bowman, and S. D. Hacker. 2008. *Ecology*. Sinauer Associates, Sunderland, MA. (2)
Callaway, J. C., G. Sullivan, and J. B. Zedler. 2003. Species-rich plantings increase biomass and nitrogen accumulation in a wetland restoration experiment. *Ecological Applications* 13: 1626–1639. (19)
Callaway, R. M., G. C. Thelen, A. Rodriguez, and W. E. Holben. 2004. Soil biota and exotic plant invasion. *Nature* 427: 731–733. (10)
Callicott, J. B. 1990. Whither conservation ethics? *Conservation Biology* 4: 15–20. (1)
Calver, M., S. Thomas, S. Bradley, and H. McCutcheon. 2007. Reducing the rate of predation on wildlife by pet cats: the efficacy and practicability of collar-mounted pounce protectors. *Biological Conservation* 137: 341–348. (9)
Camacho, A. E. 2007. Can regulation evolve? Lessons from a study in maladaptive management. *UCLA Law Review* 55: 293–358. (20)
Campbell, L., P. Verburg, D. G. Dixon, and R. E. Hecky. 2008. Mercury biomagnification in the food web of Lake Tanganyika (Tanzania, East Africa). *Science of the Total Environment* 402: 184–191. (9)
Cardillo, M., G. M. Mace, J. L. Gittleman, K. E. Jones, J. Bielby, and A. Purvis. 2008. The predictability of extinction: biological and external correlates of decline in mammals. *Proceedings of the Royal Society B* 275: 1441–1448. (8)
Carlton, J. T. 2001a. Endangered marine invertebrates. *In* S.A. Levin (ed.), *Encyclopedia of Biodiversity*, vol. 2, pp. 455–464. Academic Press, San Diego, CA. (10)
Carlton, J. T. 2001b. Introduced species in U.S. coastal waters: environmental impacts and management priorities. Pew Oceans Commission, Arlington, VA. (10)
Caro, T., T. Jones, and T.R.B. Davenport. 2009. Realities of documenting wildlife corridors in tropical countries. *Biological Conservation* 142: 2807–2811. (16)
Caron, D. A. 2009. New accomplishments and approaches for assessing protistan diversity and ecology in natural ecosystems. *BioScience* 59: 287–299. (3)
Carpenter, K. E., M. Abrar, G. Aeby, R. B. Aronson, S. Banks, A. Bruckner, et al. 2008. One-third of reef-building coral face elevated extinction risk from climate change and local impacts. *Science* 321: 560–563. (7, 9)
Carraro, C., J. Eyckmans, and M. Finus. 2006. Optimal transfers and participation decisions in international environmental agreements. *The Review of International Organizations* 1: 379–396. (21)
Carroll, C. 2009. Can solar save us? *National Geographic Magazine* 216(September): 52. (20)
Carroll, C. and D. S. Johnson. 2008. The importance of being spatial (and reserved): assessing northern spotted owl habitat relationships with hierarchical Bayesian methods. *Conservation Biology* 22: 1026–1036. (18)
Carruthers, E. H., D. C. Schneider, and J. D. Neilson. 2009. Estimating the odds of survival and identifying mitigation opportunities for common bycatch in pelagic longline fisheries. *Biological Conservation* 142: 2620–2630. (10)
Carson, R. 1962. *Silent Spring*. Houghton Mifflin, Boston. (1)

Carson, R. L. 1965. *The Sense of Wonder*. Harper & Row, New York. (6)

Castelletta, M., J. M. Thiollay, and N. S. Sodhi. 2005. The effects of extreme forest fragmentation on the bird community of Singapore Island. *Biological Conservation* 121: 135–155. (7)

Castellón, T. D. and K. E. Sieving. 2006. An experimental test of matrix permeability and corridor use by an endemic understory bird. *Conservation Biology* 20: 135–145. (16)

Castillo, A., A. Torres, A. Velázquez, and G. Bocco. 2005. The use of ecological science by rural producers: a case study in Mexico. *Ecological Applications* 15: 745–756. (20)

Castro, G., I. Locker, V. Russell, L. Cornwell, and E. Fajer. 2000. *Mapping Conservation Investments: An Assessment of Biodiversity Funding in Latin America and the Caribbean*. World Wildlife Fund, Washington, D.C. (21)

Cawardine, J., J. K. Carissa, K. A. Wilson, R. L. Pressey, and H. P. Possingham. 2009. Hitting the target and missing the point: target-based conservation planning in context. *Conservation Letters* 2: 4–11. (16)

Ceballos, G. 2007. Conservation priorities for mammals in megadiverse Mexico: the efficiency of reserve networks. *Ecological Applications* 17: 569–578. (15)

Center for Plant Conservation: Recovering America's Vanishing Flora. *http://centerforplantconservation.org* (14)

Cernea, M. 2006. Re-examining "displacement": a redefinition of concepts in development and conservation policies. *Social Change* 36: 8–35. (21)

Chan, K.M.A. 2008. Value and advocacy in conservation biology: crisis discipline or discipline in crisis? *Conservation Biology* 22: 1–3. (1)

Chape, S., S. Blyth, L. Fish, P. Fox, and M. Spaulding. 2003. *2003 United Nations List of Protected Areas*. IUCN and UNEP-WCMC, Gland, Switzerland. (15)

Chape, S., M. D. Spalding, and M. D. Jenkins (eds.). 2008. *The World's Protected Areas: Status, Values, and Prospects in the Twenty-First Century*. University of California Press, CA. (15)

Chapman, J. W., T. W. Miller, and E. V. Coan. 2003. Live seafood species as recipes for invasion. *Conservation Biology* 17: 1386–1395. (10)

Charnley, S. 2006. The Northwest Forest Plan as a model for broad-scale ecosystem management: a social perspective. *Conservation Biology* 20: 330–340. (22)

Chau. K. C. 1995. The Three Gorges Project of China: resettlement prospects and problems. *Ambio* 24: 98–102. (21)

Chen, X. and J. Wu. 2009. Sustainable landscape architecture: implications of the Chinese philosophy of "unity of man with nature" and beyond. *Landscape Ecology* 24: 1015–1026. (19)

Chen, X. D., F. Lupi, G. M. He, and J. G. Liu. 2009. Linking social norms to efficient conservation investment in payments for ecosystem services. *Proceedings of the National Academy of Sciences USA* 106: 11812–11817. (20)

Chen, Y. H. 2009. Combining the species-area habitat relationship and environmental cluster analysis to set conservation priorities: a study in the Zhoushan Archipelago, China. *Conservation Biology* 23: 537–545. (7)

Chernela, J. 1999. Indigenous knowledge and Amazonian blackwaters of hunger. *In* D. Posey (ed.), *Cultural and Spiritual Values of Biodiversity*, pp. 423–426. United Nations Environment Programme (UNEP), London. (20)

Chiarucci, A., F. D'auria, V. De Dominicis, A. Laganà, C. Perini, and E. Salerni. 2005. Using vascular plants as a surrogate taxon to maximize fungal species richness in reserve design. *Conservation Biology* 19: 1644–1652. (15)

Chicago Regional Biodiversity Council. 2001. *Chicago Wilderness, An Atlas of Biodiversity*. Chicago Regional Biodiversity Council, Chicago, IL. (16)

Chicago Wilderness Habitat Project. 2009. *http://www.habitatproject.org* (16)

Chicago Wilderness Magazine. 2004. *http://chicagowildernessmag.org* (16)

Chittaro, P. M., I. C. Kaplan, A. Keller, and P. S. Levin. 2010. Trade-offs between species conservation and the size of marine protected areas. *Conservation Biology* 24: 197–206. (7)

Chivian, E. and A. Bernstein (eds.). 2008. *Sustaining Life: How Human Health Depends on Biodiversity*. Oxford University Press, New York. (2, 3, 4, 5)

Chornesky, E. A., A. M. Bartuska, G. H. Aplet, K. O. Britton, J. Cummings-Carlson, F. W. Davis, et al. 2005. Science priorities for reducing the threat of invasive species to sustainable forestry. *BioScience* 55: 335–348. (10)

Chown, S. L. and K. J. Gaston. 2000. Areas, cradles and museums: the latitudinal gradient in species richness. *Trends in Ecology and Evolution* 15: 311–315. (3)

Christensen, J. 2003. Auditing conservation in an age of accountability. *Conservation in Practice* 4: 12–19. (17)

Christian-Smith, J. and A. Merenlender. 2010. The disconnect between restoration goals and practices: a case study of watershed restoration in the Russian River basin. *Restoration Ecology* 18: 95–102. (19)

Christy, B. 2010. Asia's wildlife trade. *National Geographic Magazine* 217(January): 78–107. (10)

Cincotta, R. P., J. Wisnewski, and R. Engelman. 2000. Human population in biodiversity hotspots. *Nature* 404: 990–992. (15)

Cinner, J. E. and S. Aswani. 2007. Integrating customary management into marine conservation. *Biological Conservation* 140: 201–216. (10)

Cinner, J. E., M. J. Marnane, T. R. McClanahan, T. H. Clark, and J. Ben. 2005. Trade, tenure, and tradition: influence of sociocultural factors on resource use in Melanesia. *Conservation Biology* 19: 1469–1477. (10)

Circle of Life. 2007. *http://www.circleoflife.org* (22)

Clapham, P. and K. van Waerebeek. 2007. Bushmeat and bycatch: the sum of the parts. *Molecular Ecology* 16: 2607–2609. (10)

Clark, C. J., J. R. Poulsen, R. Malonga, and P. W. Elkan, Jr. 2009. Logging concessions can extend the conservation estate for central African tropical forests. *Conservation Biology* 23: 1281–1293. (18)

Clarke, A. G. 2009. The Frozen Ark Project: the role of zoos and aquariums in preserving the genetic material of threatened animals. *International Zoo Yearbook* 43: 222–230. (14)

Clarke, F. M., D. V. Pio, and P. A. Racey. 2005. A comparison of logging systems and bat diversity in the Neotropics. *Conservation Biology* 19: 1194–1204. (18)

Clarke, S. 2008. Use of shark fin trade data to estimate historic total shark removals in the Atlantic Ocean. *Aquatic Living Resources* 21: 73–381. (6)

Clausen, R. and R. York. 2008. Economic growth and marine diversity: influence of human social structure on decline of marine trophic levels. *Conservation Biology* 22: 458–466. (9)

Clausnitzer, V., V. J. Kalkman, M. Ram, B. Collen, J.E.M. Baillie, M. Bedjanic, et al. 2009. Odonata enter the biodiversity crisis debate: the first global assessment of an insect group. *Biological Conservation* 142: 1864–1869. (8)

Clavero, M., L. Brotons, P. Pons, and D. Sol. 2009. Prominent role of invasive species in avian biodiversity loss. *Biological Conservation* 142: 2043–2049. (7, 10)

Clavero, M. and E. García-Berthou. 2005. Invasive species are a leading cause of animal extinctions. *Trends in Ecology and Evolution* 20: 110–110. (10)

Cleland, E. E., I. Chuine, A. Menzel, H. A. Mooney, and M. D. Schwartz. 2007. Shifting plant phenology in response to global change. *Trends in Ecology and Evolution* 22: 357–365. (9)

Cleveland, C. J. and B. Black. 2008. Three Gorges Dam, China. *In* C. J. Cleveland (ed.), *Encyclopedia of Earth*. Environmental Information Coalition, National Council for Science and the Environment, Washington, D.C. *http://www.eoearth.org/article/Three_Gorges_Dam%2C_China* (21)

Cleveland, C. J., M. Betke, P. Federico, J. D. Frank, T. G. Hallam, J. Horn, et al. 2006. Economic value of the pest control service provided by Brazilian free-tailed bats in south-central Texas. *Frontiers in Ecology and the Environment* 4: 238–243. (5)

Clewell, A. F. and J. Aronson. 2006. Motivations for the restoration of ecosystems. *Conservation Biology* 20: 420–428. (19)

Clewell, A. F. and J. Aronson. 2008. *Ecological Restoration: Principles, Values, and Structure of an Emerging Profession*. Island Press, Washington, D.C. (19)

Cohn, J. P. 2008. Citizen science: can volunteers do real research? *BioScience* 58: 192–197. (22)

Colding, J., J. Lundberg, S. Lundberg, and E. Andersson. 2009. Golf courses and wetland fauna. *Ecological Applications* 19: 1481–1491. (18)

Coleman, D. C. 2008. From peds to paradoxes: linkages between soil biota and their influences on ecological processes. *Soil Biology and Biochemistry* 40: 271–289. (5)

Coleman, J. M., O. K. Huh, and D. Braud. 2008. Wetland loss in world deltas. *Journal of Coastal Research 24* (1A): 1–14. (9)

Collaboration for Environmental Evidence. 2009. *http://www.environmentalevidence.org* (17)

Collen, B., J. Loh, S. Whitmee, L. McRae, R. Amin, and J.E.M. Baillie. 2009. Monitoring change in vertebrate abundance: the Living Planet Index. *Conservation Biology* 23: 317–327. (8)

Collinge, S. K., K. L. Prudic, and J. C. Oliver. 2003. Effects of local habitat characteristics and landscape context on grassland butterfly diversity. *Conservation Biology* 17: 178–187. (17)

Colwell R. K., G. Brehm, C. L. Cardelús, A. C. Gilman, and J. T. Longino. 2008. Global warming, elevational range shifts, and lowland biotic attrition in the wet tropics. *Science* 322: 258–261. (9)

Comizzoli, P., A. E. Crosier, N. Songsasen, M. S. Gunther, J. G. Howard, and D. E. Wildt. 2009. Advances in reproductive science for wild carnivore conservation. *Reproduction in Domestic Animals* 44: 47–52. (14)

Commission for the Conservation of Antarctic Marine Living Resources (CCAMLR). *http://www.ccamlr.org* (21)

Common, M. and S. Stagl. 2005. *Ecological Economics: An Introduction*. Cambridge University Press, New York. (4)

Comprehensive Everglades Restoration Plan (CERP): The Journey to Restore America's Everglades. *http://www.evergladesplan.org* (19)

Congressional Research Service and P. Saundry. 2009. Wilderness areas in the United States. *In* C. J. Cleveland (ed.), *Encyclopedia of Earth*. Environmental Information Coalition, National Council for Science and the Environment, Washington, D.C. *http://www.eoearth.org/article/Wilderness_areas_in_the_United_States* (1)

Connor, E. F. and E. D. McCoy. 2001. Species-area relationships. *In* S. A. Levin (ed.), *Encyclopedia of Biodiversity* 5: 397–412. Academic Press, San Diego, CA. (7)

Conservation International Biodiversity Hotspots. 2007. *http://www.biodiversityhotspots.org* (15)

Conservation International and K. J. Caley. 2008. Biological diversity in the Mediterranean Basin. *In* C. J. Cleveland (ed.), *Encyclopedia of Earth*. Environmental Information Coalition, National Council for Science and the Environment, Washington, D.C. *http://www.eoearth.org/article/Biological_diversity_in_the_Mediterranean_Basin* (3)

Conservation Measures Partnership (CMP). 2007. Open Standards for the Practice of Conservation, Version 2.0. *http://www.conservationmeasures.org* (21)

Consultative Group on International Agricultural Research. 2009. *http://www.cgiar.org* (14)

Convention on Biological Diversity. 2010. *http://www.cbd.int* (21)

Convention on International Trade in Endangered Species of Wild Flora and Fauna (CITES). *http://www.cites.org* (10, 21)

Conway, W. G., M. Hutchins, M. Souza, Y. Kapentanakos, and E. Paul. 2001. *The AZA Field Conservation Resource Guide*. Zoo Atlanta, Atlanta, GA. (14)

Cooper, N. S. 2000. How natural is a nature reserve?: an ideological study of British nature conservation landscapes. *Biological Conservation* 9: 1131–1152. (1)

Cork, S. J., T. W. Clark, and N. Mazur. 2000. Introduction: an interdisciplinary effort for koala conservation. *Conservation Biology* 14: 606–609. (17)

Corlatti, L., K. Hacklander, and F. Frey-Roos. 2009. Ability of wildlife overpasses to provide connectivity and prevent genetic isolation. *Conservation Biology* 23: 548–556. (11, 16)

Corlett, R. T. 2009. Seed dispersal distances and plant migration potential in tropical East Asia. *Biotropica* 41: 592–598. (9)

Corlett, R. T. and R. B. Primack. 2010. *Tropical Rain Forests: An Ecological and Biogeographical Comparison*, 2nd ed. Blackwell Publishing, Malden, MA. (3, 4, 9)

Corlett, R. T. and I. M. Turner. 1996. The conservation value of small, isolated fragments of lowland tropical rain forest. *Trends in Ecology and Evolution* 11: 330–333. (16)

Corral-Verdugo, V., M. Bonnes, C. Tapia-Fonllem, B. Fraijo-Sing, M. Frias-Armenta, and G. Carrus. 2009. Correlates of pro-sustainability orientation: the affinity towards diversity. *Journal of Environmental Psychology* 29: 34–43. (1)

Costa Rica National Parks, National System of Conservation Areas. 2005. *http://www.costarica-nationalparks.com* (20)

Costanza, R., R. d'Arge, R. de Groot, S. Farber, M. Grasso, B. Hannon, et al. 1997. The value of the world's ecosystem services and natural capital. *Nature* 387: 253–260. (5)

Costello, C., J. M. Drake, and D. M. Lodge. 2007. Evaluating an invasive species policy: ballast water exchange in the Great Lakes. *Ecological Applications* 17: 655–662. (10)

Cottam, G. 1990. Community dynamics on an artificial prairie. *In* W. R. Jordan III, M. E. Gilpin, and J. D. Aber (eds.), *Restoration Ecology: A Synthetic Approach to Ecological Research*, pp. 257–270. Cambridge University Press, Cambridge MA. (19)

Cowen, L., S. J. Walsh, C. J. Schwarz, N. Cadigan, and J. Morgan. 2009. Estimating exploitation rates of migrating yellowtail flounder (*Limanda ferruginea*) using multistate mark-recapture methods incorporating tag loss and variable reporting rates. *Canadian Journal of Fisheries and Aquatic Sciences* 66: 1245–1255. (12)

Cowling, R. M., B. Egoh, A. T. Knight, P. J. O'Farrell, B. Reyers, M. Rouget, et al. 2008. An operational model for mainstreaming ecosystem services for implementation. *Proceedings of the National Academy of Sciences USA* 105: 9483–9488. (22)

Cowling, R. M. and R. L. Pressey. 2003. Introduction to systematic conservation planning in the Cape Floristic Region. *Biological Conservation* 112: 1–13. (15)

Cox, G. W. 1993. *Conservation Ecology*. W.C. Brown, Dubuque, IA. (9)

Cox, P. A. 2001. Pharmacology, biodiversity and. *In* S. A. Levin (ed.), *Encyclopedia of Biodiversity*, vol. 4, pp. 523–536. Academic Press, San Diego, CA. (4)

Cox, P. A. and T. Elmqvist. 1997. Ecocolonialism and indigenous-controlled rainforest preserves in Samoa. *Ambio* 26: 84–89. (20)

Cox, T. M., R. L. Lewison, R. Zydelis, L. B. Crowder, C. Safina, and A. J. Read. 2007. Comparing effectiveness of experimental and implemented bycatch reduction measures: the ideal and the real. *Conservation Biology* 21: 1155–1164. (10)

Craft, C., J. Clough, J. Ehman, S. Joye, R. Park, S. Pennings, et al. 2009. Forecasting the effects of accelerated sea-level rise on tidal marsh ecosystem services. *Frontiers in Ecology and the Environment* 7: 73–78. (5)

Craig, G. R., G. C. White, and J. H. Enderson. 2004. Survival, recruitment, and rate of population change of the peregrine falcon population in Colorado. *The Journal of Wildlife Management* 68: 1032–1038. (9)

Craig, L. S., M. A. Palmer, D. C. Richardson, S. Filoso, E. S. Bernhardt, B. P. Bledsoe, et al. 2008. Stream restoration strategies for reducing river nitrogen loads. *Frontiers in Ecology and the Environment* 6: 529–538. (19)

Critical Ecosystem Partnership Fund (CEPF). 2009. *http://www.cepf.net* (21)

Crnokrak, P. and D. A. Roff. 1999. Inbreeding depression in the wild. *Heredity* 83: 260–270. (11)

Crooks, K. R., A. V. Suarez, and D. T. Bolger. 2001. Extinction and colonization of birds on habitat islands. *Conservation Biology* 15: 159–172. (9)

Crooks, K. R., A. V. Suarez, and D. T. Bolger. 2004. Avian assemblages along a gradient of urbanization in a highly fragmented landscape. *Biological Conservation* 115: 451–462. (16)

Crowl, T. A., T. O. Crist, R. R. Parmenter, G. Belovsky, and A. E. Lugo. 2008. The spread of invasive species and infectious disease as drivers of ecosystem change. *Frontiers in Ecology and the Environment* 6: 238–246. (10)

Cuevas, Y. A. and S. M. Zalba. 2010. Recovery of native grasslands after removing invasive pines. *Restoration Ecology* In press (19)

Cuperus, R., K. J. Canters, H.A.V. de Hars, and D. S. Friedman. 1999. Guidelines for ecological compensation associated with highways. *Biological Conservation* 90: 41–51. (16)

Cushman, S. A., K. S. McKelvey, and M. K. Schwartz. 2009. Use of empirically derived source-destination models to map regional conservation corridors. *Conservation Biology* 23: 368–376. (16)

Czech, B. 2002. A transdisciplinary approach to conservation land acquisition. *Conservation Biology* 16: 1488–1497. (20)

Czech, B. 2004. Policies for managing urban growth and landscape change: a key to conservation in the 21st century. USDA Forest Service General Technical Report North Central 265: 8–13. (22)

Czech, B. 2008. Prospects for reconciling the conflict between economic growth and biodiversity conservation with technological progress. *Conservation Biology* 22: 1389–1398. (1)

da Silva, J.M.C., A. B. Rylands, and G.A.B. da Fonseca. 2005. The fate of the Amazonian areas of endemism. *Conservation Biology* 19: 689–694. (15)

Dahles, H. 2005. A trip too far: ecotourism, politics, and exploitation. *Development Change* 36: 969–971. (5)

Daleszczyk, K. and A. N. Bunevich. 2009. Population viability analysis of European bison populations in Polish and Belarusian parts of Bialowieza Forest with and without gene exchange. *Biological Conservation* 142: 3068–3075. (15)

Daly, G. L., Y. D. Lei, C. Teixeira, D.C.G. Muir, L. E. Castillo, and F. Wania. 2007. Accumulation of current-use pesticides in neotropical montane forests. *Environmental Science and Technology* 41: 1118–1123. (9)

Danby, R. K. and D. S. Slocombe. 2005. Regional ecology, ecosystem geography, and transboundary protected areas in the St. Elias Mountains. *Ecological Applications* 15: 405–422. (18)

Danielson, F., H. Beukema, N. D. Burgess, F. Parish, C. A. Brühl, P. F. Donald, et al. 2009. Biofuel plantations on forested lands: double jeopardy for biodiversity and climate. *Conservation Biology* 23: 348–358. (20)

Darwin, C. R. 1859. *On the Origin of Species*. John Murray, London. (2, 8)

Daszak, P., A. A. Cunningham, and A. D. Hyatt. 2000. Emerging infectious diseases of wildlife—threats to biodiversity and human health. *Science* 287: 443–449. (10)

David, J.H.M., P. Cury, R.J.M. Crawford, R. M. Randall, L. G. Underhill, and M. A. Meÿer. 2003. Assessing conservation priorities in the Benguela ecosystem, South Africa: analysing predation by seals on threatened seabirds. *Biological Conservation* 114: 289–292. (17)

Davidar, P., M. Arjunan, and J. Puyravaud. 2008. Why do local households harvest forest products? A case study from the southern Western Ghats, India. *Biological Conservation* 141: 1876–1884. (4)

Davies, A. R. 2008. Does sustainability count? Environmental policy, sustainable development and the governance of grassroots sustainability enterprise in Ireland. *Sustainable Development* 17: 174–182. (1)

Davies, K. W., T. J. Svejcar, and J. D. Bates. 2009. Interaction of historical and nonhistorical disturbances maintains native plant communities. *Ecological Applications* 19: 1536–1545. (17)

Davies, Z. G., R. J. Wilson, S. Coles, and C. D. Thomas. 2006. Changing habitat associations of a thermally constrained species, the silver-spotted skipper butterfly, in response to climate warming. *Journal of Animal Ecology* 75: 247–256. (17)

Davis, M. A. 2009. *Invasion Biology*. Oxford University Press, Oxford, UK. (10)

Dawson, M. R., L. Marivaux, C. K. Li, K. C. Beard, and G. Métais. 2006. *Laonastes* and the "Lazarus effect" in recent mammals. *Science* 311: 1456–1458. (3)

de Bello, F., S. Lavorel, P. Gerhold, Ü. Reier, and M. Pärtel. 2010. A biodiversity monitoring framework for practical conservation of grasslands and shrublands. *Biological Conservation* 143: 9–17. (17)

De Grammont, P. C. and A. D. Cuarón. 2006. An evaluation of threatened species categorization systems used on the American continent. *Conservation Biology* 20: 14–27. (8)

de Groot, J.I.M. and L. Steg. 2009. Morality and prosocial behavior: the role of awareness, responsibility, and norms in the norm activation model. *Journal of Social Psychology* 149: 425–49. (22)

Deguise, I. E. and J. T. Kerr. 2006. Protected areas and prospects for endangered species conservation in Canada. *Conservation Biology* 20: 48–55. (18)

De Merode, E. and G. Cowlishaw. 2006. Species protection, the changing informal economy, and the politics of access to the bushmeat trade in the Democratic Republic of Congo. *Conservation Biology* 20: 1262–1271. (10)

De Roos, A. M. 2008. Demographic analysis of continuous-time life-history models. *Ecology Letters* 11: 1–15. (12)

De'ath, G., J. M. Lough, and K. E. Fabricius. 2009. Declining coral calcification on the Great Barrier Reef. *Science* 323: 116–119. (9)

Deacon, J. E., A. E. Williams, C. D. Williams, and J. E. Williams. 2007. Fueling population growth in Las Vegas: how large-scale groundwater withdrawal could burn regional biodiversity. *BioScience* 57: 688–698. (17)

Dearborn, D. C. and S. Kark. 2010. Motivations for conserving urban biodiversity. *Conservation Biology* 24: 432–440. (9)

Decker, D. J., M. E. Krasny, G. R. Goff, C. R. Smith, and D. W. Gross (eds.). 1991. *Challenges in the Conservation of Biological Resources: A Practitioner's Guide*. Westview Press, Boulder, CO. (9)

DeFries, R. S., A. Hansen, A. C. Newton, and M. C. Hansen. 2005. Increasing isolation of protected areas in tropical forests of the past twenty years. *Ecological Applications* 15: 19–26. (15)

Desbiez, A.L.J., R. E. Bodmer, and S. A. Santos. 2009. Wildlife habitat selection and sustainable resources management in a Neotropical wetland. *International Journal of Biodiversity and Conservation* 1: 11–20. (21)

Deshpande, S. 2009. Bombay HC free to decide on national park encroachment: SC. *The Times of India. http://timesofindia.indiatimes.com/Mumbai/Bombay-HC-free-to-decide-on-national-park-encroachment-SC/articleshow/4230913.cms* (17)

Devall, B. and G. Sessions. 1985. *Deep Ecology*. Gibbs Smith Publishers, Salt Lake City, UT. (6)

Di Franco, A., M. Milazzo, P. Baiata, A. Tomasello, and R. Chemello. 2009. Scuba diver behaviour and its effects on the biota of a Mediterranean marine protected area. *Environmental Conservation* 36: 32–40. (17)

Diamond, J. 1999. *Guns, Germs and Steel: The Fates of Human Societies*. W.W. Norton & Company, New York. (1)

Diamond, J. 2005. *Collapse: How Societies Choose to Fail or Succeed*. Penguin Books, New York. (1, 6)

Diana, J. S. 2009. Aquaculture production and biodiversity conservation. *BioScience* 59: 27–38. (10)

Dias, M. S., W. E. Magnusson, and J. Zuanon. 2010. Effects of reduced-impact logging on fish assemblages in Central Amazonia. *Conservation Biology* 24: 278–286. (18)

Dichmont, C. M., S. Pascoe, T. Kompas, A. E. Punt, and R. Deng. 2010. On implementing maximum economic yield in commercial fisheries. *Proceedings of the National Academy of Sciences USA* 107: 16–21. (10)

Dicken, M. L., A. J. Booth, and M. J. Smale. 2008. Estimates of juvenile and adult raggedtooth shark (*Carcharias taurus*) abundance along the east coast of South Africa. *Canadian Journal of Fisheries and Aquatic Sciences* 65: 621–632. (6)

Diemont, S.A.W. and J. F. Martin. 2009. Lacandon Maya ecosystem management: sustainable design for subsistence and environmental restoration. *Ecological Applications* 19: 254–266. (20)

Dietz, R. W. and B. Czech. 2005. Conservation deficits for the continental United States: an ecosystem gap analysis. *Conservation Biology* 19: 1478–1487. (15)

Dietz, T., E. A. Rosa, and R. York. 2007. Driving the human ecological footprint. *Frontiers in Ecology and the Environment* 5: 13–18. (9)

Dinerstein, E., C. Loucks, E. Wikramanayake, J. Ginsberg, E. Sanderson, J. Seidensticker, et al. 2006. The fate of wild tigers. *BioScience* 57: 508–514. (18)

Dobson, A. 1995. Biodiversity and human health. *Trends in Ecology and Evolution* 10: 390–392. (4)

Docherty, D.E. and R. I. Romaine. 1983. Inclusion body disease of cranes: a serological follow-up to the 1978 die-off. *Avian Diseases* 27: 830–835. (10)

Dodds, W. K., K. C. Wilson, R. L. Rehmeier, G. L. Knight, S. Wiggam, J. A. Falke, et al. 2008. Comparing ecosystem goods and services provided by restored and native lands. *BioScience* 59: 837–845. (19)

Donath, T. W., S. Bissels, N. Hölzel, and A. Otte. 2007. Large scale application of diaspore transfer with plant material in restoration practice: impact of seed and microsite limitation. *Biological Conservation* 138: 224–234. (13)

Donlan, C. J., K. Campbell, W. Cabrera, C. Lavoie, V. Carrion, and F. Cruz. 2007. Recovery of the Galápagos rail (*Laterallus spilonotus*) following the removal of invasive mammals. *Biological Conservation* 138: 520–524. (7)

Donlan, J., H. W. Greene, J. Berger, C. E. Bock, J. H. Bock, D. A. Burney, et al. 2006. Re-wilding North America. *Nature* 436: 913–914. (13)

Donoghue, M. J. and W. S. Alverson. 2000. A new age of discovery. *Annals of the Missouri Botanical Garden* 87: 110–126. (3)

Donovan, T. M. and C. W. Welden. 2002. *Spreadsheet Exercises in Conservation Biology and Landscape Ecology*. Sinauer Associates, Sunderland, MA. (11, 12)

Doukakis, P., E.C.M. Parsons, W.C.G. Burns, A. K. Salomon, E. Hines, and J. A. Cigliano. 2009. Gaining traction: retreading the wheels of marine conservation. *Conservation Biology* 23: 841–846. (21)

Dover, J. and J. Settele. 2009. The influences of landscape structure on butterfly distribution and movement: a review. *Journal of Insect Conservation* 13: 3–27. (17)

Drayton, B. and R. B. Primack. 1999. Experimental extinction of garlic mustard (*Alliaria petiolata*) populations: implications for weed science and conservation biology. *Biological Invasions* 1: 159–167. (11)

Dreschler, M. and F. Wätzold. 2009. Applying tradable permits to biodiversity conservation: effects of space-dependent conservation benefits and cost heterogeneity on habitat allocation. *Ecological Economics* 68: 1083–1092. (20)

Drezner, T. D. 2007. Variation in age and height of onset of reproduction in the saguaro cactus (*Carnegiea gigantea*) in the Sonoran Desert. *Plant Ecology* 194: 223–229. (17)

Driscoll, C. T., Y. J. Han, C. Y. Chen, D. C. Evers, K. F. Lambert, T. M. Holsen, et al. 2007. Mercury contamination in forest and freshwater ecosystems in the northeastern United States. *BioScience* 57: 17–28. (9)

Driscoll, D. A. 1999. Genetic neighbourhood and effective population size for two endangered frogs. *Biological Conservation* 88: 221–229. (11)

Dudley, N., L. Higgins-Zogib, and S. Mansourian. 2009. The links between protected areas, faiths, and sacred natural sites. *Conservation Biology* 23: 568–577. (1, 20)

Dudley, R. K. and S. P. Platania. 2007. Flow regulation and fragmentation imperil pelagic-spawning riverine fishes. *Ecological Applications* 17: 2074–2086. (9)

Duffey, E. and A. S. Watts (eds.). 1971. *The Scientific Management of Animal and Plant Communities for Conservation*. Blackwell Scientific Publications, Oxford, UK. (17)

Duffus, D. A. and P. Dearden. 1990. Non-consumptive wildlife-oriented recreation: a conceptual framework. *Biological Conservation* 53: 213–231. (5)

Dulvy, N. K., J. K. Baum, S. Clarke, L.J.V. Compagno, E. Cortés, A. Domingo, et al. 2008. You can swim but you can't hide: the global status and conservation of oceanic pelagic sharks and rays. *Aquatic Conservation: Marine and Freshwater Ecosystems* 18: 459–482. (6)

Duncan, J. R. and J. L. Lockwood. 2001. Extinction in a field of bullets: a search for causes in the decline of the world's freshwater fishes. *Biological Conservation* 102: 97–105. (8)

Dunn, R. R. 2005. Modern insect extinctions, the neglected majority. *Conservation Biology* 19: 1030–1036. (20)

Dunn, R. R., N. C. Harris, R. K. Colwell, L. P. Koh, and N. S. Sodhi. 2009. The sixth mass coextinction: are most endangered species parasites and mutualists? *Proceedings of the Royal Society B* 276: 3037–3045. (8)

Dwyer, J. C. and I. D. Hodge. 1996. *Countryside in Trust: Land Management by Conservation, Recreation and Amenity Organizations*. John Wiley and Sons, Chichester, UK. (20)

Earth Charter Initiative. *http://www.earthcharterinaction.org* (6)

Earth Force. 2010. *http://www.earthforce.org* (22)

Ebbin, S. A. 2009. Institutional and ethical dimensions of resilience in fishing systems: perspectives from co-managed fisheries in the Pacific Northwest. *Marine Policy* 33: 264–270. (1)

eBird. *http://ebird.org* (22)

Ecosystem Marketplace. 2010. The Katoomba Group. *http://ecosystemmarketplace.com* (20)

Eden Project. *http://www.edenproject.com* (14)

Edgar, G. J., C. R. Samson, and N. S. Barrett. 2005. Species extinction in the marine environment: Tasmania as a regional example of overlooked losses in biodiversity. *Conservation Biology* 19: 1294–1300. (7)

Edgerton, B. F., P. Henttonen, J. Jussila, A. Mannonen, P. Paasonen, T. Taugbøl, et al. 2004. Understanding the causes of disease in freshwater crayfish. *Conservation Biology* 18: 1466–1474. (10)

Efroymson, R. A., V. H. Dale, L. M. Baskaran, M. Chang, M. Aldridge, and M. W. Berry. 2005. Planning transboundary ecological risk assessments at military installations. *Human and Ecological Risk Assessment* 11: 1193–1215. (18)

Egoh, B., B. Reyers, M. Rouget, M. Bode, and D. M. Richardson. 2009. Spatial congruence between biodiversity and ecosystem services in South Africa. *Biological Conservation* 142: 553–562. (5)

Ehrenfeld, D. W. 1970. *Biological Conservation*. Holt, Rinehart and Winston, New York. (8)

Ehrenfeld, D. W. 1989. Hard times for diversity. *In* D. Western and M. Pearl (eds.), *Conservation for the Twenty-first Century*, pp. 247–250. Oxford University Press, New York. (16)

Ehrlich, P. R. and A. H. Ehrlich. 1981. *Extinction: The Causes and Consequences of the Disappearance of Species*. Random House, New York. (6)

Ehrlich, P. R. and L. H. Goulder. 2007. Is current consumption excessive? A general framework and some indications for the United States. *Conservation Biology* 21: 1145–1154. (9)

Ehrlich, P. R. and R. M. Pringle. 2008. Where does biodiversity go from here? A grim business-as-usual forecast and a hopeful portfolio of partial solutions. *Proceedings of the National Academy of Sciences USA* 105: 11579–11586. (19)

Eigenbrod, F., B. J. Anderson, P. R. Armsworth, A. Heinemeyer, S. F. Jackson, M. Parnell, et al. 2009. Ecosystem service benefits of contrasting conservation strategies in a human-dominated region. *Proceedings of the Royal Society B* 276: 2903–2911. (17)

Elfring, C. 1989. Preserving land through local land trusts. *BioScience* 39: 71–74. (20)

Elkinton, J. S., D. Parry, and G. H. Boettner. 2006. Implicating an introduced generalist parasitoid in the invasive browntail moth's enigmatic demise. *Ecology* 87: 2664–2672. (10)

Elliot, R. 1992. Intrinsic value, environmental obligation and naturalness. *The Monist* 75: 138–160. (6)

Elliott, J. E., M. J. Miller, and L. K. Wilson. 2005. Assessing breeding potential of peregrine falcons based on chlorinated hydrocarbon concentrations in prey. *Environmental Pollution* 134: 353–361. (9)

Ellis, E. C. and N. Ramankutty. 2008. Putting people in the map: anthropogenic biomes of the world. *Frontiers in Ecology and the Environment* 6: 439–447. (18)

Ellstrand, N. C. 1992. Gene flow by pollen: implications for plant conservation genetics. *Oikos* 63: 77–86. (11)

Emerson, R. W. 1836. *Nature*. James Monroe and Co., Boston. (1)

Emerton, L. 1999. Balancing the opportunity costs of wildlife conservation for communities around Lake Mburo National Park, Uganda. Evaluating Eden Series Discussion Paper No. 5, International Institute for Environment and Development, London. (4)

Encyclopedia of Life. 2010. *http://eol.org* (22)

Encyclopedia of the Nations. 2009. India. *http://www.nationsencyclopedia.com/economies/Asia-and-the-Pacific/India.html* (1)

Environmental Defense. 2000. *Progress on the Back Forty: An analysis of three incentive-based approaches to endangered species conservation on private land*. Environmental Defense, Washington, D.C. (22)

Epps, C. W., P. J. Palsboll, J. D. Wehausen, G. K. Goderick, R. R. Ramey, and D. R. McCullough. 2005. Highways block gene flow and cause a rapid decline in genetic diversity of desert bighorn sheep. *Ecology Letters* 8: 1029–1038. (12)

Epps, C. W., J. D. Wehausen, V. C. Bleich, S. G. Torres, and J. S. Brashares. 2007. Optimizing dispersal and corridor models using landscape genetics. *Journal of Applied Ecology* 44: 714–724. (12, 18)

Equator Initiative. *http://www.equatorinitiative.org* (20)

Estes, J. A., D. F. Doak, A. M. Springer, and T. M. Williams. 2009. Causes and consequences of marine mammal population declines in southwest Alaska: a food-web perspective. *Philosophical Transactions of the Royal Society B* 364: 1647–1658. (2)

Esty, D. C., M. Levy, T. Srebotnjak, and A. de Sherbinin. 2005. *Environmental Sustainability Index: Benchmarking National Environmental Stewardship*. Yale Center for Environmental Law & Policy, New Haven, CT. (4)

Evans, S. R. and B. C. Sheldon. 2008. Interspecific patterns of genetic diversity in birds: correlations with extinction risk. *Conservation Biology* 22: 1016–1025. (11)

Ewel, K. C. 2010. Appreciating tropical coastal wetlands from a landscape perspective. *Frontiers in Ecology and the Environment* 8: 20–26. (5)

Ewing, S. R., R. G. Nager, M.A.C. Nicoll, A. Aumjaud, C. G. Jones, and L. F. Keller. 2008. Inbreeding and loss of genetic variation in a reintroduced population of Mauritius Kestrel. *Conservation Biology* 22: 395–404. (11, 13)

Export.gov: Helping U.S. Companies Export. *http://www.export.gov* (21)

Fa, J. E., C. A. Peres, and J. Meeuwig. 2002. Bushmeat exploitation in tropical forests: an intercontinental comparison. *Conservation Biology* 16: 232–237. (4)

Faeth, S. H., P. S. Warren, E. Shochat, and W. A. Marussich. 2005. Trophic dynamics in urban communities. *BioScience* 55: 399–407. (2)

Fagan, W. F. and E. E. Holmes. 2006. Quantifying the extinction vortex. *Ecology Letters* 9: 51–60. (11)

Fairtrade Labelling Organizations International (FLO): Tackling Poverty and Empowering Producers through Trade. 2009. *http://www.fairtrade.net* (22)

Faith, D. P. 2008. Threatened species and the potential loss of phylogenetic diversity: conservation scenarios based on estimated extinction probabilities and phylogenetic risk analysis. *Conservation Biology* 22: 1461–1470. (15)

Falk, D.A., C.I. Millar, and M. Olwell (eds.). 1996. *Restoring Diversity: Strategies for Reintroduction of Endangered Plants*. Island Press, Washington, D.C. (13)

Falk, D. A., M. A. Palmer, and J. B. Zedler (eds.). 2006. *Foundations of Restoration Ecology: The Science and Practice of Ecological Restoration*. Island Press, Washington, D.C. (19)

Falk, J. H., E. M. Reinhard, C. L. Vernon, K. Bronnenkant, J. E. Heimlich, and N. L. Deans. 2007. *Why Zoos & Aquariums Matter: Assessing the Impact of a Visit to a Zoo or Aquarium*. Association of Zoos & Aquariums, Silver Spring, MD. (14)

Fanshawe, S., G. R. Vanblaricom, and A. A. Shelly. 2003. Restored top carnivores as detriments to the performance of marine protected areas intended for fishery sustainability: a case study with red abalones and sea otters. *Conservation Biology* 17: 273–283. (2, 13)

FAO Forestry Country Profiles—American Samoa. 2010. *http://www.fao.org* (20)

FAOSTAT. 2009. Food and Agriculture Organization (FAO) of the United Nations. *http://faostat.fao.org* (9)

Fazey, I., J. Fischer, and D. B. Lindenmayer. 2005. What do conservation biologists publish? *Conservation Biology* 124: 63–73. (22)

Feagin, R. A., D. J. Sherman, and W. E. Grant. 2005. Coastal erosion, global sea-level rise, and the loss of sand dune plant habitats. *Frontiers in Ecology and the Environment* 3: 359–364. (9)

Feinsinger, P. 2001. *Designing Field Studies for Biodiversity Conservation*. Island Press, Washington, D.C. (12)

Feldhamer, G. A. and A. T. Morzillo. 2008. Relative abundance and conservation: is the golden mouse a rare species? *In* G. W. Barrett and G. A. Feldhamer (eds.), *The Golden Mouse*, pp. 117–133. Springer, New York. (8)

Fenberg, P. B. and K. Roy. 2008. Ecological and evolutionary consequences of size-selective harvesting: how much do we know? *Molecular Ecology* 17: 209–220. (2)

Fennell, D. A. 2007. *Ecotourism*, 3rd ed. Routledge, New York. (5)

Ferraro, P. J. and R. D. Simpson. 2006. Cost-effective conservation: a review of what works to preserve biodiversity. *In* W. E. Oates (ed.), *The RFF Reader in Environmental and Resource Policy*, pp. 163–170. Resources for the Future, Washington, D.C. (21)

Ferraz, G., G. J. Russell, P. C. Stouffer, R. O. Bierregaard, S. L. Pimm, and T. E. Lovejoy. 2003. Rates of species loss from Amazonian forest fragments. *Proceedings of the National Academy of Sciences USA* 100: 14069–14073. (7)

Ferrer. M., I. Newton, and M. Pandolfi. 2009. Small populations and offspring sex-ratio deviations in eagles. *Conservation Biology* 23: 1017–1025. (11)

Ferry, L. 1995. *The New Ecological Order*. University of Chicago Press, Chicago. (6)

Ficetola, G. F., E. Padoa-Schioppa, and F. De Bernardi. 2009. Influence of landscape elements in riparian buffers on the conservation of semiaquatic amphibians. *Conservation Biology* 23: 114–123. (16)

Fischer, A. and R. van der Wal. 2007. Invasive plant suppresses charismatic seabird: the construction of attitudes towards biodiversity management options. *Biological Conservation* 135: 256–267. (6)

Fischer, J. and D. B. Lindenmayer. 2000. An assessment of published results of animal relocations. *Biological Conservation* 96: 1–11. (13)

Fischer, M., K. Rudmann-Maurer, A. Weyand, and J. Stöcklin. 2008. Agricultural land use and biodiversity in the Alps: how cultural tradition and socioeconomically motivated changes are shaping grassland biodiversity in the Swiss Alps. *Mountain Research and Development* 28: 148–155. (16)

Fishburn, I. S., P. Kareiva, K. J. Gaston, K. L. Evans, and P. R. Armsworth. 2009. State-level variation in conservation investment by a major nongovernmental organization. *Conservation Letters* 2: 74–81. (15, 16)

Fitzpatrick, B. M. and H. B. Shaffer. 2007. Hybrid vigor between native and introduced salamanders raises new challenges for conservation. *Proceedings of the National Academy of Sciences USA* 104: 15793–15798. (2)

Fleishman, E. and D. D. Murphy. 2009. A realistic assessment of the indicator potential of butterflies and other charismatic taxonomic groups. *Conservation Biology* 23: 1109–1116. (15)

Flombaum, P. and O. E. Sala. 2008. Higher effect of plant species diversity on productivity in natural than artificial systems. *Pro-*

ceedings of the National Academy of Sciences USA 105: 6087–6090. (5)
Flory, S. L. and K. Clay. 2009. Effects of roads and forest successional age on experimental plant invasions. *Biological Conservation* 142: 2531–2537. (9)
Foley, J. A., G. P. Asner, M. H. Costa, M. T. Coe, R. DeFries, H. K. Gibbs, et al. 2007. Amazonia revealed: forest degradation and loss of ecosystem goods and services in the Amazon Basin. *Frontiers in Ecology and the Environment* 5: 25–32. (5)
Foley, J. A., R. DeFries, G. P. Asner, C. Barford, G. Bonan, S. R. Carpenter, et al. 2005. Global consequences of land use. *Science* 309: 570–574. (5)
Foltz, R., F. M. Denny, and A. Baharuddin (eds), 2003. *Islam and Ecology: A Bestowed Trust*. Harvard Divinity School, Cambridge, MA. (6)
Fonseca, C. R. 2009. The silent mass extinction of insect herbivores in biodiversity hotspots. *Conservation Biology* 23: 1507–1515. (15)
Fontaine, B., P. Bouchet, K. Van Achterberg, M. A. Alonso-Zarazaga, R. Araujo, M. Asche, et al. 2007. The European Union's 2010 target: putting rare species in focus. *Biological Conservation* 139: 167–185. (20)
Ford, A. T., A. P. Clevenger, and A. Bennett. 2009. Comparison of methods of monitoring wildlife crossing structures on highways. *Journal of Wildlife Management* 73: 1213–1222. (16)
Fossey, D. 1990. *Gorillas in the Mist*. Houghton Mifflin, Boston. (12)
Foster, B. L., K. Kindscher, G. R. Houseman, and C. A. Murphy. 2009. Effects of hay management and native species sowing on grassland community structure, biomass, and restoration. *Ecological Applications* 19: 1884–1896. (19)
Foster, S. J. and A.C.J. Vincent. 2005. Enhancing sustainability of the international trade in seahorses with a single minimum size limit. *Conservation Biology* 19: 1044–1050. (10)
Fox, C. W., K. L. Scheilbly, and D. H. Reed. 2008. Experimental evolution of the genetic load and its implications for the genetic basis of inbreeding depression. *Evolution* 62: 2236–2249. (10)
Frankham, R. 1995. Effective population size/adult population size ratios in wildlife: a review. *Genetical Research* 66: 95–107. (11)
Frankham, R. 2005. Genetics and extinction. *Biological Conservation* 126: 131–140. (11)
Frankham, R., J. D. Ballou, and D. A. Briscoe. 2009. *Introduction to Conservation Genetics*, 2nd ed. Cambridge University Press, Cambridge, UK. (11)
Franklin, I. R. 1980. Evolutionary change in small populations. *In* M. E. Soulé and B. A. Wilcox (eds.), *Conservation Biology: An Evolutionary-Ecological Perspective*, pp. 135–149. Sinauer Associates, Sunderland, MA. (11)
Frantzi, S., N. T. Carter, and J. C. Lovett. 2009. Exploring discourses on international environmental regime effectiveness with Q methodology: a case study of the Mediterranean Action Plan. *Journal of Environmental Management* 90: 177–186. (18)
Frazer, L. N. 2009. Sea-cage aquaculture, sea lice, and declines of wild fish. *Conservation Biology* 23: 599–607. (14)
Frenot, Y., S. L. Chown, J. Whinam, P. M. Selkirk, P. Convey, M. Skotnicki, et al. 2005. Biological invasions in the Antarctic: extent, impacts and implications. *Biological Reviews* 80: 45–72. (10)
Fresh Kills Park: Lifescape. 2006. Staten Island, New York. Draft Master Plan, March 2006. Field Operations, New York. (19)
Fricke, H. and K. Hissmann. 1990. Natural habitat of the coelacanths. *Nature* 346: 323–324. (3)
Frisvold, G. B., J. Sullivan, and A. Raneses. 2003. Genetic improvements in major US crops: the size and distribution of benefits. *Agricultural Economics* 28: 109–119. (5)
Frohlich, J. and K. D. Hyde. 1999. Biodiversity of palm fungi in the tropics: are global fungal diversity estimates realistic? *Biodiversity and Conservation* 8: 977–1004. (3)
Funch, P. and R. Kristensen. 1995. Cycliophora is a new phylum with affinities to Entoprocta and Ectoprocta (*Symbion pandora*). *Nature* 378: 711–714. (3)
Futuyma, D. J. 2009. *Evolution*, 2nd ed. Sinauer Associates, Sunderland, MA. (2)
Futuyma, D. J. 2009. What everyone needs to know about evolution. *Trends in Ecology and Evolution* 24: 356–357. (2)

Gadgil, M. and R. Guha. 1992. *This Fissured Land: An Ecological History of India*. Oxford University Press, Oxford, UK. (1)
Galapagos Conservancy. 2008. *http://www.galapagos.org/2008* (17)
Galbraith, C. A., P. V. Grice, G. P. Mudge, S. Parr, and M. W. Pienkowski. 1998. The role of statutory bodies in ornithological conservation. *Ibis* 137: S224–S231. (1)
Galdikas, B. 1995. *Reflections of Eden: My Years with the Orangutans of Borneo*. Little, Brown and Company, Boston. (12)
Gales, N. J., P. J. Clapman, and C. S. Baker. 2007. A case for killing humpback whales? *Nature Precedings http://hdl.handle.net/10101/npre.2007.1313.1* (10)
Gallant, A. L., R. W. Klaver, G. S. Casper, and M. J. Lannoo. 2007. Global rates of habitat loss and implications for amphibian conservation. *Copeia* 2007: 967–979. (9)
Gallo, J. A., L. Pasquini, B. Reyers, and R. M. Cowling. 2009. The role of private conservation areas in biodiversity representation and target achievement within the Little Karoo region, South Africa. *Biological Conservation* 142: 446–454. (20)
Game, E. T., H. S. Grantham, A. J. Hobday, R. L. Pressey, A. T. Lombard, L. E. Beckley, et al. 2009. Pelagic protected areas: the missing dimension in ocean conservation. *Trends in Ecology and Evolution* 24: 360–369. (15)
Gardiner, M. M., D. A. Landis, C. Gratton, C. D. DiFonzo, M. O'Neal, J. M. Chacon, et al. 2009. Landscape diversity enhances biological control of an introduced crop pest in the north-central USA. *Ecological Applications* 19: 143–154. (5)
Gardiner, S., S. Caney, D. Jamieson, and H. Shue. 2010. *Climate Ethics: Essential Readings*. Oxford University Press, New York. (6)
Gardiner, S. M. 2004. Ethics and global climate change. *Ethics* 114: 555–600. (6)
Gardner, T. A., T. Caro, E. B. Fitzherbert, T. Banda, and P. Lalbha. 2007. Conservation value of multiple-use areas in East Africa. *Conservation Biology* 21: 1516–1525. (18)
Gascoigne, J., L. Berec, S. Gregory, and F. Courchamp. 2009. Dangerously few liaisons: a review of mate-finding Allee effects. *Population Ecology* 51: 355–372. (11)
Gaston, K. J. 2005. Biodiversity and extinction: species and people. *Progress in Physical Geography* 29: 239–247. (9)
Gaston, K. J. and J. I. Spicer. 2004. *Biodiversity: An Introduction*, 2nd ed. Blackwell Publishing, Oxford, UK. (3)
Gates, D. M. 1993. *Climate Change and Its Biological Consequences*. Sinauer Associates, Sunderland, MA. (9)
Gault, A., Y. Meinard, and F. Courchamp. 2008. Consumers' taste for rarity drives sturgeons to extinction. *Conservation Letters* 1: 199–207. (10)
Gentry, A. H. 1986. Endemism in tropical versus temperate plant communities. *In* M. E. Soulé (ed.), *Conservation Biology: The Science of Scarcity and Diversity*, pp. 153–181. Sinauer Associates, Sunderland, MA. (7, 8)
Gering, J. C., K. A. DeRennaux, and T. O. Crist. 2007. Scale dependence of effective specialization: its analysis and implications for estimates of global insect species richness. *Diversity and Distributions* 13: 115–125. (3)
German, C. R., D. R. Yoerger, M. Jakuba, T. M. Shank, C. H. Langmuir, and K. Nakamura. 2008. Hydrothermal exploration with the Autonomous Benthic Explorer. *Deep-Sea Research Part I: Oceanographic Research Papers* 55: 203–219. (3)
Germano, J. M. and P. J. Bishop. 2009. Suitability of amphibians and reptiles for translocation. *Conservation Biology* 23: 7–15. (13)
Gerrodette, T. and W. G. Gilmartin. 1990. Demographic consequences of changing pupping and hauling sites of the Hawaiian monk seal. *Conservation Biology* 4: 423–430. (12)

Ghilain, A. and M. Bélisle. 2008. Breeding success of tree swallows along a gradient of agricultural intensification. *Ecological Applications* 18: 1140–1154. (18)

Ghimire, S. K., D. McKey, and Y. Aumeeruddy-Thomas. 2005. Conservation of Himalayan medicinal plants: harvesting patterns and ecology of two threatened species, *Nardostachys grandiflora* DC. and *Neopicrorhiza scrophulariiflora* (Pennell) Hong. *Biological Conservation* 124: 463–475. (10)

Giese, M. 1996. Effects of human activity on Adelie penguin *Pygoscelis adeliae* breeding success. *Biological Conservation* 75: 157–164. (5)

Gigon, A., R. Langenauer, C. Meier, and B. Nievergelt. 2000. Blue Lists of threatened species with stabilized or increasing abundance: a new instrument for conservation. *Conservation Biology* 14: 402–413. (8)

Gillett, N. P., F. W. Zwiers, A. J. Weaver, and P. A. Stott. 2003. Detection of human influence on sea-level pressure. *Nature* 422: 292–294. (9)

Gilpin, M. E. and M. E. Soulé. 1986. Minimum viable populations: processes of species extinction. *In* M. E. Soulé (ed.), *Conservation Biology: The Science of Scarcity and Diversity*, pp. 19–34. Sinauer Associates, Sunderland, MA. (11)

Given, D. R. 1995. *Principles and Practice of Plant Conservation*. Timber Press, Portland, OR. (14)

Glenn, W. 1996. *Eyes of Fire: Encounter with a Borderland Jaguar*. Treasure Chest Books, Tucson, AZ. (18)

Global Crop Diversity Trust: A Foundation for Food Security. 2006. *http://www.croptrust.org* (14)

Global Environment Facility (GEF): Investing in Our Planet. 2009. *http://www.thegef.org/gef* (1, 21)

Global Footprint Network: Advancing the Science of Sustainability. 2009. *http://www.footprint.org* (9)

Global Forest Resources Assessment 2005: Progress towards sustainable forest management. FAO Forestry Paper 147. Food and Agriculture Organization (FAO) of the United Nations, Rome. (9)

Gobster, P. H. and R. B. Hull. 2009. *Restoring Nature: Perspectives from the Social Sciences and Humanities*. Island Press, Washington D.C. (19)

Goetz, S. J., M. C. Mack, K. R. Gurney, J. T. Randerson, and R. A. Houghton. 2007. Ecosystem responses to recent climate change and fire disturbance at northern high latitudes: observations and model results contrasting northern Eurasia and North America. *Environmental Research Letters* 2: 045031. (9)

Goldman, R. L., H. Tallis, P. Kareiva, and G. C. Daily. 2008. Field evidence that ecosystem service projects support biodiversity and diversify options. *Proceedings of the National Academy of Sciences USA* 105: 9445–9448. (16)

Goodall, J. 1999. *Reason for Hope: A Spiritual Journey*. Warner Books, New York. (12)

Gooden, B., K. French, P. J. Turner, and P. O. Downey. 2009. Impact threshold for an alien plant invader, *Lantana camara* L., on native plant communities. *Biological Conservation* 142: 2631–2641. (10)

Goodland, R. 1994. Ethical priorities in environmentally sustainable energy systems: the case of tropical hydropower. *International Conferences on Energy Needs in the Year 2000 and Beyond: Ethical and Environmental Perspectives*, 13–14 May 1993, Montreal, Canada. (21)

Goodman, S. M. and J. P. Benstead. 2005. Updated estimates of biotic diversity and endemism for Madagascar. *Oryx* 39: 73–77. (8)

Goossens, B., J. M. Setchell, E. Tchidongo, E. Dilambaka, C. Vidal, M. Ancrenaz, et al. 2005. Survival, interactions with conspecifics and reproduction in 37 chimpanzees released into the wild. *Biological Conservation* 123: 461–475. (13)

Gordon, D. R. and C. A. Gantz. 2008. Screening new plant introductions for potential invasiveness. *Conservation Letters* 1: 227–235 (10)

Gore, A. 2006. *An Inconvenient Truth: The Planetary Emergency of Global Warming and What We Can Do About It*. Rodale Books, New York. (1, 9)

Gössling, S. 1999. Ecotourism: a means to safeguard biodiversity and ecosystem functions? *Ecological Economics* 29: 303–320. (5)

GradSchools.com: the most comprehensive online resource of graduate school information. 2010. *http://www.gradschools.com* (1)

Granek, E. F., E.M.P. Madin, M. A. Brown, W. Figueira, D. S. Cameron, and Z. Hogan. 2008. Engaging recreational fishers in management and conservation: global case studies. *Conservation Biology* 22: 1125–1134. (22)

Granek, E. F., S. Polasky, C. V. Kappel, D. J. Reeds, D. M. Stoms, E. W. Koch, et al. 2010. Ecosystem services as a common language for coastal ecosystem-based management. *Conservation Biology* 24: 207–216. (5)

Grant, B. R. and P. R. Grant. 2008. Fission and fusion of Darwin's finches populations. *Philosophical Transactions of the Royal Society B* 363: 2821–2829. (11)

Grant, P. R., B. R. Grant, and L. F. Keller. 2005. Extinction behind our backs: the possible fate of one of the Darwin's finch species on Isla Floreana, Galápagos. *Biological Conservation* 122: 499–503. (7)

Grassle, J. F. 2001. Marine ecosystems. *In* S. A. Levin (ed.), *Encyclopedia of Biodiversity*, vol. 4, pp. 13–26. Academic Press, San Diego, CA. (3)

Grattapaglia, D., C. Plomion, M. Kirst, and R. R. Sederoff. 2009. Genomics of growth traits in forest trees. *Current Opinion in Plant Biology* 12: 148–156. (14)

Greathouse, E. A., C. M. Pringle, W. H. McDowell, and J. G. Holmquist. 2006. Indirect upstream effects of dams: consequences of migratory consumer extirpation in Puerto Rico. *Ecological Applications* 16: 339–352. (17)

Greene, R. M., J. C. Lehrter, and J. D. Hagy. 2009. Multiple regression models for hindcasting and forecasting midsummer hypoxia in the Gulf of Mexico. *Ecological Applications* 19: 1161–1175. (9)

Gregg, W. P., Jr. 1991. MAB Biosphere reserves and conservation of traditional land use systems. *In* M. L. Oldfield and J. B. Alcorn (eds.), *Biodiversity: Culture, Conservation and Ecodevelopment*, pp. 274–294. Westview Press, Boulder, CO. (1)

Greiner, R., and A. Lankester. 2007. Supporting on-farm biodiversity conservation through debt-for-conservation swaps: concept and critique. *Land Use Policy* 24: 458–471. (21)

Grenier, M. B., D. B. McDonald, and S. W. Buskirk. 2007. Rapid population growth of a critically endangered carnivore. *Science* 317: 779. (13)

Greuter, W. 1995. Extinction in Mediterranean areas. *In* J.H. Lawton and R.M. May (eds.), *Extinction Rates*, pp. 88–97. Oxford University Press, Oxford, UK. (8)

Griffith, B., J. M. Scott, J. W. Carpenter, and C. Reed. 1989. Translocation as a species conservation tool: status and strategy. *Science* 245: 477–480. (13)

Griffiths, R. A. and L. Pavajeau. 2008. Captive breeding, reintroduction, and the conservation of amphibians. *Conservation Biology* 22: 852–861. (13)

Grilo, C., J. A. Bissonette, and M. Santos-Reis. 2009. Spatial-temporal patterns in Mediterranean carnivore road casualties: consequences for mitigation. *Biological Conservation* 142: 301–313. (9)

Grimm, N. B., D. Foster, P. Groffman, J. M. Grove, C. S. Hopkinson, K. J. Nadelhoffer, et al. 2008. The changing landscape: ecosystem responses to urbanization and pollution across climatic and societal gradients. *Frontiers in Ecology and the Environment* 6: 264–272. (9)

Groom, M. J., G. K. Meffe, and C. R. Carroll (eds.). 2006. *Principles of Conservation Biology*, 3rd ed. Sinauer Associates, Sunderland, MA. (1, 2, 4, 5, 9, 11, 15)

Gross, L. 2008a. Can farmed and wild salmon coexist? *PLoS Biology* 6: e46. (4)

Gross, L. 2008b. Rethinking dams: Pacific salmon recovery may rest on other factors. *PLoS Biology* 6: e279. (9)

Grouios, C. P. and L. L. Manne. 2009. Utility of measuring abundance versus consistent occupancy in predicting biodiversity persistence. *Conservation Biology* 23: 1260–1269. (8, 11)

Grumbine, R. E. 2007. China's emergences and the prospects for global sustainability. *BioScience* 57: 249–255. (9)

Guarderas, A. P., S. D. Hacker, and J. Lubchenco. 2008. Current status of marine protected areas in Latin America and the Caribbean. *Conservation Biology* 22: 1630–1640. (15)

Gude, P. H., A. J. Hansen, R. Rasker, and B. Maxwell. 2006. Rates and drivers of rural residential development in the Greater Yellowstone. *Landscape and Urban Planning* 77: 131–151. (4)

Guerrant, E. O. 1992. Genetic and demographic considerations in the sampling and reintroduction of rare plants. *In* P. L. Fiedler and S. K. Jain (eds.), *Conservation Biology: The Theory and Practice of Nature Conservation, Preservation and Management*, pp. 321–344. Chapman and Hall, New York. (11)

Guerrant, E. O. Jr., K. Havens, and M. Maunder. 2004. *Ex Situ Conservation: Supporting Species Survival in the Wild.* Island Press, Washington, D.C. (13, 14)

Gullison, R. E., P. C. Frumhoff, J. G. Canadell, C. B. Field, D. C. Nepstad, K. Hayhoe, et al. 2007. Tropical forests and climate policy. *Science* 316: 985–986. (21)

Gunnarsson, U. and L. Söderström. 2007. Can artificial introductions of diaspore fragments work as a conservation tool for maintaining populations of the rare peatmoss *Sphagnum angermanicum? Biological Conservation* 135: 450–458. (13)

Gurd, D. B., T. D. Nudds, and D. H. Rivard. 2001. Conservation of mammals in eastern North American wildlife reserves: how small is too small? *Conservation Biology* 15: 1355–1363. (16)

Gurnell, A., K. Tockner, P. Edwards, and G. Petts. 2005. Effects of deposited wood on biocomplexity of river corridors. *Frontiers in Ecology and the Environment* 3: 377–382. (2, 17)

Guschanski, K., L. Vigilant, A. McNeilage, M. Gray, E. Kagoda, and M. M. Robbins. 2009. Counting elusive animals: comparing field and genetic census of the entire mountain gorilla population of Bwindi Impenetrable National Park, Uganda. *Biological Conservation* 142: 290–300. (12)

Gutiérrez, D. 2005. Effectiveness of existing reserves in the long-term protection of a regionally rare butterfly. *Conservation Biology* 19: 1586–1597. (12)

Guzmán, H.M., C. Guevara, and A. Castillo. 2003. Natural disturbances and mining of Panamanian coral reefs by indigenous people. *Conservation Biology* 17: 1396–1401. (20)

Haberl, H., K. H. Erb, F. Krausmann, V. Gaube, A. Bondeau, C. Plutzar, et al. 2007. Quantifying and mapping the human appropriation of net primary production in earth's terrestrial ecosystems. *Proceedings of the National Academy of Sciences USA* 104: 12942–12945. (7)

Hagen, A. N. and K. E. Hodges. 2006. Resolving critical habitat designation failures: reconciling law, policy, and biology. *Conservation Biology* 20: 399–407. (20)

Haig, S. M., E. A. Beever, S. M. Chambers, H. M. Draheim, B. D. Dugger, S. Dunham, et al. 2006. Taxonomic considerations in listing subspecies under the U.S. Endangered Species Act. *Conservation Biology* 20: 1584–1594. (2)

Halfar J. and R. M. Fujita. 2007. Danger of deep-sea mining. *Science* 316: 987. (9)

Hall, J. A. and E. Fleishman. 2010. Demonstration as a means to translate conservation science into practice. *Conservation Biology* 24: 120–127. (1)

Halme, P., M. Monkkonen, J. S. Kotiaho, A. L. Ylisirnio, and A. Markkanen. 2009. Quantifying the indicator power of an indicator species. *Conservation Biology* 23: 1008–1016. (15)

Halpern, B. S., C. R. Pyke, H. E. Fox, J. C. Haney, M. A. Schlaepfer, and P. Zaradic. 2006. Gaps and mismatches between global conservation priorities and spending. *Conservation Biology* 20: 56–64. (21)

Halpern, B. S., K. A. Selkoe, F. Micheli, and C. V. Kappel. 2007. Evaluating and ranking the vulnerability of global marine ecosystems to anthropogenic threats. *Conservation Biology* 21: 1301–1315. (9, 19)

Halpern, C. B., D. McKenzie, S. A. Evans, and D. A. Maguire. 2005. Initial responses of forest understories to varying levels and patterns of green-tree retention. *Ecological Applications* 15: 175–195. (18)

Hamann, H. B. and H. Drossman. 2006. Integrating watershed management with learning: the role of information transfer in linking educators and students with community watershed partners. *Comparative Technology Transfer and Society* 4: 305–339. (22)

Hames, R. 2007. The ecologically noble savage debate. *Annual Review of Anthropology* 36: 177–190. (20)

Hammond, P. M. 1992. Species inventory. *In* B. Groombridge (ed.), *Global Diversity: Status of the Earth's Living Resources*, pp. 17–39. Chapman and Hall, London. (3)

Handwerk, B. 2006. Giant marine reserve created in South Pacific. *National Geographic News. http://news.nationalgeographic.com/news/2006/03/0329_060329_reef_reserve.htm* (15)

Haney, J. C., T. Kroeger, F. Casey, A. Quarforth, G. Schrader, and S. A. Stone. 2007. Wilderness discounts on livestock compensation costs for imperiled gray wolf *Canis lupus*. *USDA Forest Service Proceedings* RMRS-P-49. (13)

Hannah, L. 2010. A global conservation system for climate-change adaptation. *Conservation Biology* 24: 70–77. (16)

Hansen, A. J., T. A. Spies, F. J. Swanson, and J. L. Ohmann. 1991. Conserving biodiversity in managed forests. *BioScience* 41: 382–392. (18)

Hansen, L., J. Hoffman, C. Drews, and E. Mielbrecht. 2010. Designing climate-smart conservation: guidance and case studies. *Conservation Biology* 24: 63–69. (17)

Hansen, M. C., S. V. Stehman, P. V. Potapov, B. Arunarwati, F. Stolle, and K. Pittman. 2009. Quantifying changes in the rates of forest clearing in Indonesia from 1990 to 2005 using remotely sensed data sets. *Environmental Research Letters* 4: 034001. (9)

Hansen, M. C., S. V. Stehman, P. V. Potapov, T. R. Loveland, J.R.G. Townshend, R. S. DeFries, et al. 2008b. Humid tropical forest clearing from 2000 to 2005 quantified by using multitemporal and multiresolution remotely sensed data. *Proceedings of the National Academy of Sciences USA* 105: 9439–9444. (9)

Hanson, T., T. M. Brooks, G.A.B. da Fonseca, M. Hoffmann, J. F. Lamoreux, G. Machlis, et al. 2009. Warfare in biodiversity hotspots. *Conservation Biology* 23: 578–587. (15)

Hardesty, B. D. 2007. How far do offspring recruit from parent plants? A molecular approach to understanding effective dispersal. *In* A. J. Dennis, E. W. Schrupp, R. A. Green, and D. A. Westcott (eds.), *Seed Dispersal: Theory and Its Application in a Changing World*, pp. 277–299. CAB International, Oxfordshire, UK. (12)

Hardin, G. 1985. *Filters against Folly: How to Survive Despite Economists, Ecologists and the Merely Eloquent.* Viking Press, New York. (4)

Harley, E. H., I. Baumgarten, J. Cunningham, and C. O'Ryan. 2005. Genetic variation and population structure in remnant populations of black rhinoceros, *Diceros bicornis*, in Africa. *Molecular Ecology* 14: 2981–2990. (11)

Harris, J. E. 2008. Translocation of the silver-studded blue *Plebejus argus* to Cawston Heath, Norfolk, England. *Conservation Evidence* 5: 1–5. (17)

Harrison, S., H. D. Safford, J. B. Grace, J. H. Viers, and K. F. Davies. 2006. Regional and local species richness in an insular environment: serpentine plants in California. *Ecological Monographs* 76: 41–56. (3)

Harrison, S., J. H. Viers, J. H. Thorne, and J. B. Grace. 2008. Favorable environments and the persistence of naturally rare species. *Conservation Letters* 1: 65–74. (8)

Harrop, S. R. 1999. Conservation regulation: a backward step for biodiversity? *Biodiversity and Conservation* 8: 679–707. (20)

Hart, J. and T. Hart. 2003. Rules of engagement for conservation. *Conservation in Practice* 4: 14–22. (17)

Hart, M. M. and J. T. Trevors. 2005. Microbe management: application of mycorrhizal fungi in sustainable agriculture. *Frontiers in Ecology and the Environment* 10: 533–539. (5)

Harvell, D., R. Aronson, N. Baron, J. Connell, A. Dobson, S. Ellner, et al. 2004. The rising tide of ocean diseases: unsolved problems and research priorities. *Frontiers in Ecology and the Environment* 2: 375–382. (10)

Hassett, B, M. Palmer, E. Bernhardt, S. Smith, J. Carr, and D. Hart. 2005. Restoring watersheds project by project: trends in Chesapeake Bay tributary restoration. *Frontiers in Ecology and Environment* 3: 259–267. (19)

Hay, J. M., C. H. Daughtery, A. Cree, and L. R. Maxson. 2003. Low genetic divergence obscures phylogeny among populations of *Sphenodon*, remnant of an ancient reptile lineage. *Molecular Phylogenetics and Evolution* 29: 1–19. (2)

Hayward, M. W. 2009. Conservation management for the past, present, and future. *Biodiversity and Conservation* 18: 765–775. (19)

Heckenberger, M. J. 2009. Lost cities of the Amazon. *Scientific American* 301(4): 64–71. (20)

Hedges, S., M. J. Tyson, A. F. Sitompul, M. F. Kinnaird, D. Gunaryadi, and Aslan. 2005. Distribution, status, and conservation needs of Asian elephants (*Elephas maximus*) in Lampung Province, Sumatra, Indonesia. *Biological Conservation* 124: 35–48. (7)

Hedrick, P. 2005. Large variance in reproductive success and the N_e/N ratio. *Evolution* 59: 1596–1599. (11)

Hedrick, P. W. 2005. *Genetics of Populations*, 3rd ed. Jones and Bartlett Publishers, Sudbury, MA. (11)

Hegde, R., S. Suryaprakash, L. Achoth, and K. S. Bawa. 1996. Extraction of non-timber forest products in the forests of Biligiri Rangan Hills, India. *Economic Botany* 50: 243–251. (20)

Heleno, R. H., R. S. Ceia, J. A. Ramos, and J. Memmott. 2009. Effects of alien plants on insect abundance and biomass: a food-web approach. *Conservation Biology* 23: 410–419. (10)

Helfield, J. M., S. J. Capon, C. Nilsson, R. Jansson, and D. Palm. 2007. Restoration of rivers used for timber floating: effects on riparian plant diversity. *Ecological Applications* 17: 840–851. (19)

Helfman, S. G. 2007. *Fish Conservation: A Guide to Understanding and Restoring Global Aquatic Biodiversity and Fishery Resources*. Island Press, Washington, D.C. (19)

Heller, N. E. and E. S. Zavaleta. 2009. Biodiversity management in the face of climate change: a review of 22 years of recommendations. *Biological Conservation* 142: 14–32. (9)

Hellmann, J. J., J. E. Byers, B. G. Bierwagen, and J. S. Dukes. 2008. Five potential consequences of climate change for invasive species. *Conservation Biology* 22: 534–543. (10)

Hendrickson, D. A. and J. E. Brooks. 1991. Transplanting short-lived fishes in North American deserts: review, assessment and recommendations. *In* W.L. Minckley and J.E. Deacon (eds.), *Battle against Extinction: Native Fish Management in the American West*, pp. 283–302. University of Arizona Press, Tucson, AZ. (13)

Herkert, J. R. 2009. Response of bird populations to farmland set-aside programs. *Conservation Biology* 23: 1036–1040. (18)

Heschel, M. S. and K. N. Paige. 1995. Inbreeding depression, environmental stress and population size variation in scarlet gilia (*Ipomopsis aggregata*). *Conservation Biology* 9: 126–133. (11)

Higdon, J. W. and S. H. Ferguson. 2009. Loss of Arctic sea ice causing punctuated change in sightings of killer whales (*Orcinus orca*) over the past century. *Ecological Applications* 19: 1365–1375. (12)

Higgins, J. V., M. T. Bryer, M. L. Khoury, and T. W. Fitzhugh. 2005. A freshwater classification approach for biodiversity conservation planning. *Conservation Biology* 19: 432–445. (15)

Higuchi, H. and R. B. Primack 2009. Conservation and management of biodiversity in Japan: an introduction. *Biological Conservation* 142: 1881–1883. (1)

Hile, J. 2004. Illegal fishing threatens Galapagos Islands waters. *National Geographic On Assignment*. *http://news.nationalgeographic.com/news/2004/03/0312_040312_TV galapagos.html* (17)

Hill, J. 2001. *The Legacy of Luna: The Story of a Tree, a Woman, and the Struggle to Save the Redwoods*. Harper, San Francisco, CA. (22)

Hilty, J. A. and A. M. Merenlender. 2004. Use of riparian corridors and vineyards by mammalian predators in northern California. *Conservation Biology* 18: 126–135. (16)

Hinz, H., V. Prieto, and M. J. Kaiser. 2009. Trawl disturbance on benthic communities: chronic effects and experimental predictions. *Ecological Applications* 19: 761–773. (9)

Hobbie, J. E., S. R. Carpenter, N. B. Grimm, J. R. Gosz, and T. R. Seastedt. 2003. The US long term ecological research program. *BioScience* 53: 21–32. (12)

Hockey, P.A.R. and O. E. Curtis. 2009. Use of basic biological information for rapid prediction of the response of species to habitat loss. *Conservation Biology* 23: 64–71. (8)

Hodgson, G. and J. A. Dixon 1988. Logging versus fisheries and tourism in Palawan. East-West Environmental Policy Institute Occasional Paper No. 7, East-West Center, Honolulu, HI. (4)

Hodgson, J. A., A. Moilanen, N.A.D. Bourn, C. R. Bulman, and C. D. Thomas. 2009. Managing successional species: modelling the dependence of heath fritillary populations on the spatial distribution of woodland management. *Biological Conservation* 142: 2743–2751. (17)

Hoeinghaus, D. J., A. A. Agostinho, L. C. Gomes, F. M. Pelicice, E. K. Okada, J. D. Latini, et al. 2009. Effects of river impoundment on ecosystem services of large tropical rivers: embodied energy and market value of artisanal fisheries. *Conservation Biology* 23: 1222–1231. (4)

Hoekstra, J. M., T. M. Boucher, T. H. Ricketts, and C. Roberts. 2004. Are we losing ground? *Conservation in Practice* 5: 28–29. (15)

Hoekstra, J. M., T. M. Boucher, T. H. Ricketts, and C. Roberts. 2005. Confronting a biome crisis: global disparities of habitat loss and protection. *Ecology Letters* 8: 23–29. (15)

Hoffman, S. W. and J. P. Smith. 2003. Population trends of migratory raptors in western North America, 1977–2001. *Condor* 105: 397–419. (9)

Hoffmann, M., T. M. Brooks, G.A.B. da Fonseca, C. Gascon, A.F.A. Hawkins, R. E. James, et al. 2008. Conservation planning and the IUCN Red List. *Endangered Species Research* 6: 113–125. (15)

Hogan, C. M., World Wildlife Fund, S. Sarkar, and M. McGinley. 2008. Madagascar dry deciduous forests. *In* C. J. Cleveland (ed.), *Encyclopedia of Earth*. Environmental Information Coalition, National Council for Science and the Environment, Washington, D.C. *http://www.eoearth.org/article/Madagascar_dry_deciduous_forests* (9)

Holden, E. and K. G. Hoyer. 2005. The ecological footprints of fuels. *Transportation Research Part D: Transport and Environment* 10: 395–403. (9)

Holden, E. and K. Linnerud. 2007. The sustainable development area: satisfying basic needs and safeguarding ecological sustainability. *Sustainable Development* 15: 174–187. (20)

Holland, T. G., G. D. Peterson, and A. Gonzalez. 2009. A cross-national analysis of how economic inequality predicts biodiversity loss. *Conservation Biology* 23: 1304–1313. (9)

Holt, R. D. and M. Barfield. 2010. Metapopulation perspectives on the evolution of species' niches. *In* S. Cantrell, C. Cosner, and S. Ruan (eds.), *Spatial Ecology*, pp. 189–212. Chapman and Hall, Boca Raton, FL. (12)

Holt, W. V. and R. E. Lloyd. 2009. Artificial insemination for the propagation of CANDES: the reality! *Theriogenology* 71: 228–235. (14)

Holt, W. V., A. R. Pickard, J. C. Rodger, and D. E. Wildt. (eds.). 2003. *Reproductive Science and Integrated Conservation*. Conservation Biology Series, No. 8. Cambridge

Holtcamp, W. 2010. Silence of the pikas. *BioScience* 60: 8–12. (20)

Horn, J. W., E. B. Arnett, and T. H. Kunz. 2008. Behavioral responses of bats to operating wind turbines. *Journal of Wildlife Management* 72: 123–132. (20)

Horner-Devine, M. C., G. C. Daily, P. R. Ehrlich, and C. L. Boggs. 2003. Countryside biogeography of tropical butterflies. *Conservation Biology* 17: 168–177. (16)

Horrocks, M., J. Salter, J. Braggins, S. Nichol, R. Moorhouse, and G. Elliott. 2008. Plant microfossil analysis of coprolites of the critically endangered kakapo (*Strigops habroptilus*) parrot from New Zealand. *Review of Paleobotany and Palynology* 149: 229–245. (13)

Horwich, R. H. and J. Lyon. 2007. Community conservation: practitioners' answer to critics. *Oryx* 41: 376–385. (16)

Houston, D., K. Mcinnes, G. Elliott, D. Eason, R. Moorhouse, and J. Cockrem. 2007. The use of a nutritional supplement to improve egg production in the endangered kakapo. *Biological Conservation* 138: 248–255. (13)

Howald, G., C. J. Donlan, J. P. Galván, J. C. Russell, J. Parkes, A. Samaniego, et al. 2007. Invasive rodent eradication on islands. *Conservation Biology* 21: 1258–1268. (10)

Howarth, F. G. 1990. Hawaiian terrestrial arthropods: an overview. *Bishop Museum Occasional Papers* 30: 4–26. (7)

Hubbs, C., R. J. Edwards, and G. P. Garrett. 2002. Threatened fishes of the world: *Gambusia heterochir* Hubbs, 1957 (Poeciliidae). *Environmental Biology of Fishes* 65: 422. (13)

Hufford, K. M. and S. J. Mazer. 2003. Plant ecotypes: genetic differentiation in the age of ecological restoration. *Trends in Ecology and Evolution* 18: 147–155. (19)

Hughes, A. R., S. L. Williams, C. M. Duarte, K. L. Heck, Jr., and M. Waycott. 2009. Associations of concern: declining seagrasses and threatened dependent species. *Frontiers in Ecology and the Environment* 7: 242–246. (2)

Hughes, J. B. and J. Roughgarden. 2000. Species diversity and biomass stability. *American Naturalist* 155: 618–627. (7)

Hulse, D. and R. Ribe. 2000. Land conversion and the production of wealth. *Ecological Applications* 10: 679–682. (4)

Humes, E. 2009. *Eco Barons: The Dreamers, Schemers, and Millionaires Who Are Saving Our Planet.* Ecco, New York. (22)

Humphries, P. and K. O. Winemiller. 2009. Historical impacts on river fauna, shifting baselines, and challenges for restoration. *BioScience* 59: 673–684. (19)

Ibáñez, I., J. A. Silander Jr., A. M. Wilson, N. LaFleur, N. Tanaka, and I. Tsuyama. 2009. Multivariate forecasts of potential distributions of invasive plant species. *Ecological Applications* 19: 359–375. (10)

Indigenous Peoples Literature. 2009. *http://indigenouspeople.net* (20)

Ingvarsson, P. K. 2001. Restoration of genetic variation lost: the genetic rescue hypothesis. *Trends in Ecology and Evolution* 16: 62–63. (11)

Inogwabini, B. I., O. Ilambu, and M. A. Gbanzi. 2005. Protected areas of the Democratic Republic of Congo. *Conservation Biology* 19: 15–22. (17)

Inoue, J. G., M. Miya, B. Venkatesh, and M. Nishida. 2005. The mitochondrial genome of Indonesian coelacanth *Latimeria menadoensis* (Sarcopterygii: Coelacanthiformes) and divergence time estimation between the two coelacanths. *Gene* 11: 227–235. (3)

International Ecotourism Society (TIES). 2010. *http://www.ecotourism.org* (5)

International Monetary Fund (IMF). 2010. *http://www.imf.org* (9)

International Rhino Foundation (IRF). *http://www.rhinos-irf.org* (11)

International Species Information System (ISIS). 2008. *http://www.isis.org* (14)

International Tropical Timber Organization (ITTO): Sustaining Tropical Forests. 2010. *http://www.itto.int* (9)

International Union for Conservation of Nature (IUCN). 2008. *http://www.iucnredlist.org* (14)

International Union for Conservation of Nature (IUCN). 2010. *http://iucn.org* (15)

International Whaling Commission (IWC). 2009. *http://www.iwcoffice.org* (21)

International Work Group for Indigenous Affairs (IWGIA). *http://www.iwgia.org* (20)

IPCC. 2007. *Climate Change 2007: The physical science basis. Contribution of Working Group I to the Fourth Assessment Report of the Intergovernmental Panel on Climate Change.* S. Solomon, D. Qin, M. Manning, Z. Chen, M. Marquis, K. B. Averyt, M. Tignor, and H. L. Miller (eds.). Cambridge University Press, Cambridge, UK. (5, 9)

IUCN. 2001. IUCN Red List Categories and Criteria: Version 3.1. IUCN Species Survival Commission. IUCN, Gland, Switzerland. *http://www.iucnredlist.org/technical-documents/categories-and-criteria/2001-categories-criteria* (8)

IUCN. 2004. 2004 IUCN Red List of Threatened Species. *http://www.iucnredlist.org* (9, 15)

IUCN. 2009. IUCN Red List of Threatened Species. Version 2009.2. *http://www.iucnredlist.org* (3, 7, 8, 10, 21)

IUCN Red List. 2008. *http://www.iucnredlist.org* (11)

IUCN/SSC Re-introduction Specialist Group. 2007. *http://iucnsscrsg.org* (13)

IUCN Species Survival Commission (SSC). 2010. *http://www.iucn.org* (15)

Jachmann, H. 2008. Monitoring law-enforcement performance in nine protected areas in Ghana. *Biological Conservation* 141: 89–99. (17)

Jackson, J.B.C. 2008. Ecological extinction and evolution in the brave new ocean. *Proceedings of the National Academy of Sciences USA* 105: 11458–11465. (7)

Jackson, S. T., J. L. Betancourt, R. K. Booth, and S. T. Gray. 2009. Ecology and the ratchet of events: climate variability, niche dimensions, and species distributions. *Proceedings of the National Academy of Sciences USA* 106: 19685–19692. (9)

Jackson, S. F., K. Walker, and K. J. Gaston. 2009. Relationship between distributions of threatened plants and protected areas in Britain. *Biological Conservation* 142: 1515–1522. (15, 16)

Jacob, J., E. Jovic, and M. B. Brinkerhoff. 2009. Personal and planetary well-being: mindfulness meditation, pro-environmental behavior and personal quality of life in a survey from the social justice and ecological sustainability movement. *Social Indicators Research* 93: 275–294. (6)

Jacobson, S. K. 2006. The importance of public education for biological conservation. *In* M. J. Groom, G. K. Meffe, and C. R. Carroll (eds.), *Principles of Conservation Biology*, 3rd ed, pp. 681–683. Sinauer Associates, Sunderland, MA. (22)

Jacobson, S. K. 2009. *Communication Skills for Conservation Professionals*, 2nd ed. Island Press, Washington, D.C. (22)

Jacobson, S. K., M. D. McDuff, and M. C. Monroe. 2006. *Conservation Education and Outreach Techniques*. Oxford University Press, Oxford. (22)

Jaeger, I., H. Hop, and G. W. Gabrielsen. 2009. Biomagnification of mercury in selected species from an Arctic marine food web in Svalbard. *Science of the Total Environment* 407: 4744–4751. (9)

Jaffe, M. 1994. *And No Birds Sing: A True Ecological Thriller Set in a Tropical Paradise*. Simon and Schuster, New York. (10)

Jamieson, I. G., G. P. Wallis, and J .V. Briskie. 2006. Inbreeding and endangered species management: is New Zealand out of step with the rest of the world? *Conservation Biology* 20: 38–47. (11)

Janzen, D. H. 2001. Latent extinctions—the living dead. *In* S.A. Levin (ed.), *Encyclopedia of Biodiversity* 3: 689–700. Academic Press, San Diego, CA. (7)

Janzen, D.H., W. Hallwachs, P. Blandin, J.M. Burns, J.M. Cadiou, I. Chacon, et al. 2009. Integration of DNA barcoding into an ongoing inventory of complex tropical biodiversity. *Molecular Ecology Resources* 9(s1): 1–26. (2, 19)

Jaquiéry, J., F. Guillaume, and N. Perrin. 2009. Predicting the deleterious effects of mutation load in fragmented populations. *Conservation Biology* 23: 207–218. (11)

Jenkins, C. N. and L. Joppa. 2009. Expansion of the global terrestrial protected area system. *Biological Conservation* 142: 2166–2174. (15)

Jenkins, M., R. E. Green, and J. Madden. 2003. The challenge of measuring global change in wild nature: are things getting better or worse? *Conservation Biology* 17: 20–23. (9)

Jenkins, M., S. J. Scherr, and M. Inbar. 2004. Markets for biodiversity services: potential roles and challenges. *Environment* 46: 32–42. (4)

Jentsch, A., J. Kreyling, and C. Beierkuhnlein. 2007. A new generation of climate-change experiments: events, not trends. *Frontiers in Ecology and the Environment* 5: 365–374. (9)

Johnson, C. 2009. Megafaunal decline and fall. *Science* 326: 1072–1073. (7)

Johnson, C. N. 2009. Ecological consequences of late Quaternary extinctions of megafauna. *Proceedings of the Royal Society B* 276: 2509–2519. (8)

Johnson, J. A. and P. O. Dunn. 2006. Low genetic variation in the heath hen prior to extinction and implications for the conservation of prairie-chicken populations. *Conservation Genetics* 7: 37–48. (12)

Johnson, P.T.J., J. D. Olden, and M.J.V. Zanden. 2008. Dam invaders: impoundments facilitate biological invasions into freshwaters. *Frontiers in Ecology and the Environment* 6: 357–363. (10)

Johnson, R. C. 2008. Gene banks pay big dividends to agriculture, the environment, and human welfare. *PLoS Biology* 6: e148. (14)

Jones, B. and L. C. Weaver. 2009. CBNRM in Namibia: growth, trends, lessons, and constraints. *In* H. Suich, B. Child, and A. Spenceley (eds.), *Evolution and Innovation in Wildlife Conservation: Parks and Game Ranches to Transfrontier Conservation Areas*, pp. 223–242. IUCN Earthscan, London. (18)

Jones, B. L., B. Anderson, D. H. Anderson, S. G. Bousquin, C. Carlson, M. D. Cheek, et al. 2010. Kissimmee River Basin. *In* M. W. Sole and C. A. Wehle (eds.), *2010 South Florida Environmental Report*, pp. 1–75. South Florida Water Management District, West Palm Beach, FL. (19)

Jones, H. L. and J. M. Diamond. 1976. Short-time-base studies of turnover in breeding birds of the California Channel Islands. *Condor* 76: 526–549. (11)

Jones, K. E., N. G. Patel, M. A. Levy, A. Storeygard, D. Balk, J. L. Gittleman, et al. 2008. Global trends in emerging infectious diseases. *Nature* 451: 990–994. (10)

Joppa, L.N., S. R. Loarie, and S. L. Pimm. 2008. On the protection of "protected areas." *Proceedings of the National Academy of Sciences USA* 105: 6673–6678. (17)

Jordan, N. and K. D. Warner. 2010. Enhancing the multifunctionality of U.S agriculture. *BioScience* 60: 60–66. (18)

Jordan, W. R., III. 2003. *The Sunflower Forest: Ecological Restoration and the New Communion with Nature*. University of California Press, Berkeley, CA. (19)

Jordano, P., C. Garcia, J. A. Godoy, and J. L. Garcia-Castano. 2007. Differential contribution of frugivores to complex seed dispersal patterns. *Proceedings of the National Academy of Sciences USA* 104: 3278–3282. (13)

Joubert, B. and D. Joubert. 2008. *Face to Face with Elephants*. National Geographic Books, Washington, D.C. (12)

Journey North: A Global Study of Wildlife Migration and Seasonal Change. 2010. *http://www.learner.org/jnorth* (12, 22)

Jovan, S. and B. McCune. 2005. Air-quality bioindication in the greater central valley of California, with epiphytic macrolichen communities. *Ecological Applications* 15: 1712–1726. (5)

Justus, J., M. Coyvan, H. Regan, and L. Maguire. 2009. Buying into conservation: intrinsic versus instrumental value. *Trends in Ecology and Evolution* 24: 187–191. (6)

Kadoya, T., S. Suda, and I. Washitani. 2009. Dragonfly crisis in Japan: a likely consequence of recent agricultural habitat degradation. *Biological Conservation* 142: 1899–1905. (16)

Kahn, P. H., Jr. and S. R. Kellert (eds.). 2002. *Children and Nature: Psychological, Sociocultural, and Evolutionary Investigations*. MIT Press, Cambridge, MA. (6)

Kaiser, M. J. and G. Edwards-Jones. 2006. The role of ecolabeling in fisheries management and conservation. *Conservation Biology* 20: 392–398. (22)

Kampa, M. and E. Castanas. 2008. Human health effects of air pollution. *Environmental Pollution* 151: 362–367. (9)

Kannan, R. and D. A. James. 2009. Effects of climate change on global biodiversity: a review of key literature. *Tropical Ecology* 50: 31–39. (9)

Kapos, V., A. Balmford, R. Aveling, P. Bubb, P. Carey, A. Entwistle, et al. 2008. Calibrating conservation: new tools for measuring success. *Conservation Letters* 1: 155–164. (20, 21)

Kareiva, P. and M. Marvier. 2003. Conserving biodiversity coldspots: recent calls to direct conservation funding to the world's biodiversity hotspots may be bad investment advice. *American Scientist* 91: 344–351. (15)

Kareiva, P. and S. A. Levin (eds.). 2003. *The Importance of Species: Perspectives on Expendability and Triage*. Princeton University Press, Princeton, NJ. (4)

Karesh, W. B., R. A. Cook, E. L. Bennett, and J. Newcomb. 2005. Wildlife trade and global disease emergence. *CDC Emerging Infectious Diseases* 11: 1000–1002. (10)

Karl, T. R. 2006. Written statement for an oversight hearing: Introduction to Climate Change before the Committee on Government Reform, U.S. House of Representatives, Washington, D.C. (9)

Karl, T. R. and K. E. Trenberth. 2003. Modern global climate change. *Science* 302: 1719–1723. (9)

Karnosky, D. F., J. M. Skelly, K. E. Percy, and A. H. Chappelka. 2007. Perspectives regarding 50 years of research on effects of tropospheric ozone air pollution on U.S. forests. *Environmental Pollution* 147: 489–506. (9)

Kautz, R., R. Kawula, T. Hoctor, J. Comiskey, D. Jansen, D. Jennings, et al. 2006. How much is enough? Landscape-scale conservation for the Florida panther. *Biological Conservation* 130: 118–133. (18)

Keeton, W. S., C. E. Kraft, and D. R. Warren. 2007. Mature and old-growth riparian forests: structure, dynamics, and effects on Adirondack stream habitats. *Ecological Applications* 17: 852–868. (17)

Keller, R. P., K. Frang, and D. M. Lodge. 2008. Preventing the spread of invasive species: economic benefits of intervention guided by ecological predictions. *Conservation Biology* 22: 80–88. (10)

Keller, R. P. and D. M. Lodge. 2007. Species invasions from commerce in live aquatic organisms: problems and possible solutions. *BioScience* 57: 428–436. (10)

Kellert, S. R. 1997. *Kinship to Mastery: Biophilia in Human Evolution and Development*. Island Press, Washington, D.C. (1)

Kelly, B. C., M. G. Ikonomou, J. D. Blair, A. E. Morin, and F.A.P.C. Gobas. 2007. Food-web specific biomagnification of persistent organic pollutants. *Science* 317: 236–239. (9)

Kelm, D. H., K. R. Wiesner, and O. von Helversen. 2008. Effects of artificial roosts for frugivorous bats on seed dispersal in a Neotropical forest pasture mosaic. *Conservation Biology* 22: 733–741. (2)

Keough, H. L. and D. J. Blahna. 2006. Achieving integrative, collaborative ecosystem management. *Conservation Biology* 20: 1373–1382. (18)

Kerr, J. T., A. Sugar, and L. Packer. 2000. Indicator taxa, rapid biodiversity assessment, and nestedness in an endangered ecosystem. *Conservation Biology* 14: 1726–1734. (15)

Kerwath, S. E., E. B. Thorstad, T. F. Næsje, P. D. Cowley, F. Økland, C. Wilke, et al. 2009. Crossing invisible boundaries: the effectiveness of the Langebaan Lagoon Marine Protected Area as a harvest refuge for a migratory fish species in South Africa. *Conservation Biology* 23: 653–661. (12)

Kiesecker, J. M., H. Copeland, A. Pocewicz, N. Nibbelink, B. McKenney, J. Dahlke, et al. 2009. A framework for implementing biodiversity offsets: selecting sites and determining scale. *BioScience* 59: 77–84. (20)

Killilea, M. E., A. Swei, R. S. Lane, C. J. Briggs, and R. S. Ostfeld. 2008. Spatial dynamics of Lyme disease: a review. *EcoHealth* 5: 167–195. (9)

Kindvall, O. and U. Gärdenfors. 2003. Temporal extrapolation of PVA results in relation to the IUCN Red List criterion E. *Conservation Biology* 17: 316–321. (8)

King, C. M., R. M. McDonald, R. D. Martin, and T. Dennis. 2009. Why is eradication of invasive mustelids so difficult? *Biological Conservation* 142: 806–816. (10)

King, D. I., R. B. Chandler, J. M. Collins, W. R. Petersen, and T. E. Lautzenheiser. 2009. Effects of width, edge and habitat on the abundance and nesting success of scrub-shrub birds in powerline corridors. *Biological Conservation* 142: 2672–2680. (18)

Kingsford, R. T., J.E.M. Watson, C. J. Lundquist, O. Venter, L. Hughes, E. L. Johnston, et al. 2009. Major conservation policy issues for biodiversity in Oceania. *Conservation Biology* 23: 834–840. (17)

Kissui, B. M. and C. Packer. 2004. Top-down population regulation of a top predator: lions in the Ngorongoro Crater. *Proceedings of the Royal Society B* 271: 1867–1874. (10)

Klass, K. D., O. Zompro, N. P. Kristensen, and J. Adis. 2002. Mantophasmatodea: a new insect order with extant members in the Afrotropics. *Science* 296: 1456–1459. (3)

Knapp, R. A., C. P. Hawkins, J. Ladau, and J. G. McClory. 2005. Fauna of Yosemite National Park lakes has low resistance but high resilience to fish introductions. *Ecological Applications* 15: 835–847. (2)

Knight, A. and R. M. Cowling. 2007. Embracing opportunism in the selection of priority conservation areas. *Conservation Biology* 21: 1124–1126. (16)

Knight, R. L., E. A. Odell, and J. D. Maetas. 2006. Subdividing the West. *In* M. J. Groom, G. K. Meffe, and C. R. Carroll (eds.), *Principles of Conservation Biology*, 3rd ed, pp. 241–243. Sinauer Associates, Sunderland, MA. (9)

Knowlton, N. and J.B.C. Jackson. 2008. Shifting baselines, local impacts, and global change on coral reefs. *PLoS Biology* 6: e54. (3)

Knutsen, H., P. E. Jorde, H. Sannæs, A. R. Hoelzel, O. A. Bergstad, S. Stefanni, et al. 2009. Bathymetric barriers promoting genetic structure in the deepwater demersal fish tusk (*Brosme brosme*). *Molecular Ecology* 18: 3151–3162. (3)

Kobori, H. 2009. Current trends in conservation education in Japan. *Biological Conservation* 142: 1950–1957. (19)

Kobori, H. and R. Primack. 2003. Participatory conservation approaches for Satoyama: the traditional forest and agricultural landscape of Japan. *Ambio* 32: 307–311. (16, 17)

Koh, L. P., P. Levang, and J. Ghazoul. 2009. Designer landscapes for sustainable biofuels. *Trends in Ecology and Evolution* 24: 431–438. (16, 18)

Koh, L. P. and D. S. Wilcove. 2007. Cashing in palm oil for conservation. *Nature* 448: 993–994. (9)

Kohlmann, S. G., G. A. Schmidt, and D. K. Garcelon. 2005. A population viability analysis for the island fox on Santa Catalina Island, California. *Ecological Modeling* 183: 77–94. (12)

Kolb, A. and M. Diekmann. 2005. Effects of life-history traits on responses of plant species to forest fragmentation. *Conservation Biology* 19: 929–938. (8)

Komers, P. E. and G. P. Curman. 2000. The effect of demographic characteristics on the success of ungulate re-introductions. *Biological Conservation* 93: 187–193. (13)

Koontz, T. M. and J. Bodine. 2008. Implementing ecosystem management in public agencies: lessons from the U.S. Bureau of Land Management and the Forest Service. *Conservation Biology* 22: 60–69. (18)

Kothamasi, D. and E. T. Kiers. 2009. Emerging conflicts between biodiversity conservation laws and scientific research: the case of the Czech entomologists in India. *Conservation Biology* 23: 1328–1330. (21)

Kothari, A., N. Singh, and S. Suri (eds.). 1996. *People and Protected Areas: Toward Participatory Conservation in India*. Sage Publications, New Delhi, India. (17)

Kramer, R. and A. Jenkins. 2009. Ecosystem services, markets, and red wolf habitats: results from a farm operator survey. *Ecosystem Services Series*, Nicholas Institute for Environmental Policy Solutions, Duke University, Durham, NC. (13)

Kremen, C. and R. S. Ostfeld. 2005. A call to ecologists: measuring, analyzing and managing ecosystem services. *Frontiers in Ecology and the Environment* 10: 539–548. (5)

Kristensen, R. M., I. Heiner, and R. P. Higgins. 2007. Morphology and life cycle of a new loriciferan from the Atlantic coast of Florida with an emended diagnosis and life cycle of Nanaloricidae (Loricifera). *Invertebrate Biology* 126: 120–137. (3)

Krueper, D., J. Bart, and T. D. Rich. 2003. Response of vegetation and breeding birds to the removal of cattle on the San Pedro River, Arizona (U.S.A.). *Conservation Biology* 17: 607–615. (17)

Kulkarni, M. V., P. M. Groffman, and J. B. Yavitt. 2008. Solving the global nitrogen problem: it's a gas! *Frontiers in Ecology and the Environment* 6: 199–206. (9)

Kunz, T. H., E. B. Arnett, W. P. Erickson, A. R. Hoar, G. D. Johnson, R. P. Larkin, et al. 2007. Ecological impacts of wind energy development on bats: questions, research needs, and hypotheses. *Frontiers in Ecology and the Environment* 5: 315–324. (20, 22)

Kuparinen, A., F. Schurr, O. Tackenberg, and R. B. O'Hara. 2007. Air-mediated pollen flow from genetically modified to conventional crops. *Ecological Applications* 17: 431–440. (10)

Kuussaari, M., R. Bommarco, R. K. Heikkinen, A. Helm, J. Krauss, R. Lindborg, et al. 2009. Extinction debt: a challenge for biodiversity conservation. *Trends in Ecology and Evolution* 24: 564–571. (7)

Lacy, R. C. 1987. Loss of genetic diversity from managed populations: interacting effects of drift, mutation, immigration, selection and population subdivision. *Conservation Biology* 1: 143–158. (11)

Laetz, C. A., D. H. Baldwin, T.K. Collier, V. Hebert, J. D. Stark, and N. L. Scholz. 2009. The synergistic toxicity of pesticide mixtures: implications for risk assessment and the conservation of endangered Pacific salmon. *Environmental Health Perspectives* 117: 348–353. (9)

Lafferty, K. D. 2009. The ecology of climate change and infectious diseases. *Ecology* 90: 888–900. (10)

Laikre, L., F. W. Allendorf, L. C. Aroner, C. S. Baker, D. P. Gregovich, M. M. Hansen, et al. 2010. Neglect of genetic diversity in implementation of the Convention on Biological Diversity. *Conservation Biology* 24: 86–88. (2)

Lake Erie Protection and Restoration Plan (LEPR) 2008. Ohio Lake Erie Commission, Toledo, OH. (19)

Lalas, C., H. Ratz, K. McEwan, and S. D. McConkey. 2007. Predation by New Zealand sea lions (*Phocarctos hookeri*) as a threat to the viability of yellow-eyed penguins (*Megadyptes antipodes*) at Otago Peninsula, New Zealand. *Biological Conservation* 135: 235–246. (17)

Lammertink, M. 2004. A multiple-site comparison of woodpecker communities in Bornean lowland and hill forests. *Conservation Biology* 18: 746–757. (18)

Lamoreux, J. F., J. C. Morrison, T. H. Ricketts, D. M. Olson, E. Dinerstein, M. W. McKnight, and H. H. Shugart. 2006. Global tests of biodiversity concordance and the importance of endemism. *Nature* 440: 212–214. (3)

Lampila, P., M. Monkkonen, and A. Desrochers. 2005. Demographic responses by birds to forest fragmentation. *Conservation Biology* 19: 1537–1546. (9)

Land Trust Alliance. 2009. *http://www.landtrustalliance.org* (20)

Langhammer, P. F., M. I. Bakarr, L. A. Bennun, T. M. Brooks, R. P. Clay, W. Darwall, et al. 2007. *Identification and Gap Analysis of Key Biodiversity Areas: Targets for Comprehensive Protected Area Systems*. Best Practice Protected Area Guidelines Series No. 15, IUCN, Gland, Switzerland. (15)

Langpap, C. 2006. Conservation of endangered species: can incentives work for private landowners? *Ecological Economics* 57: 558–572. (20)

Lant, C. L., J. B. Ruhl, and S. E. Kraft. 2008. The tragedy of ecosystem services. *BioScience* 58: 969–974. (4)

Lanza, R. P., B. L. Dresser, and P. Damiani. 2000. Cloning Noah's Ark. *Scientific American* 283(5): 84–89. (14)

Lapham, N. P. and R. J. Livermore. 2003. *Striking a Balance: Ensuring Conservation's Place on the International Biodiversity Agenda*. Conservation International, Washington, D.C. (21)

Larssen, T., E. Lydersen, D. Tang, Y. He, J. Gao, H. Liu, et al. 2006. Acid rain in China. *Environmental Science and Technology* 40: 418–425. (9)

Latin American and Caribbean Network of Environmental Funds (RedLAC). 2008. *http://www.redlac.org* (21)

Laurance, S. G. and W. F. Laurance. 1999. Tropical wildlife corridors: use of linear rainforest remnants by arboreal mammals. *Biological Conservation* 91: 231–239. (16)

Laurance, W. F. 1991. Ecological correlates of extinction proneness in Australian tropical rain forest mammals. *Conservation Biology* 5: 79–89. (8)

Laurance, W. F. 2007a. Forest destruction in tropical Asia. *Current Science* 93: 1544–1550. (9)

Laurance, W. F. 2007b. Have we overstated the tropical biodiversity crisis? *Trends in Ecology and Evolution* 22: 65–70. (7)

Laurance, W. F. 2008a. Adopt a forest. *Biotropica* 40: 3–6. (19)

Laurance, W. F. 2008b. Theory meets reality: how habitat fragmentation research has transcended island biogeographic theory. *Biological Conservation* 141: 1731–1744. (8, 9)

Laurance, W. F. 2009. Conserving the hottest of the hotspots. *Biological Conservation* 142: 1137. (15)

Laurance, W. F., M. A. Cochrane, S. Bergen, P. M. Fearnside, P. Delamônica, C. Barber, et al. 2001. The future of the Brazilian Amazon. *Science* 291: 438–439. (21)

Laurance, W. F., M. Goosem, and S.G.W. Laurance. 2009. Impacts of roads and linear clearings on tropical forests. *Trends in Ecology and Evolution* 24: 659–679. (9)

Laurance, W. F., S. G. Laurance, and D. W. Hilbert. 2008. Long-term dynamics of a fragmented rainforest mammal assemblage. *Conservation Biology* 22: 1154–1164. (7, 9)

Laurance, W. F., T. E. Lovejoy, H. L. Vasconcelos, E. M. Bruna, R. K. Didham, P. C. Stouffer, et al. 2002. Ecosystem decay of Amazonian forest fragments: a 22-year investigation. *Conservation Biology* 16: 605–618. (9)

Laurance, W. F. and R. C. Luizão. 2007. Driving a wedge into the Amazon. *Nature* 448: 409–10. (7, 9)

Lawler, J. J., S. L. Shafer, B. A. Bancroft, and A. R. Blaustein. 2010. Projected climate impacts for the amphibians of the Western Hemisphere. *Conservation Biology* 24: 38–50. (8)

Lawler, J. J., T. H. Tear, C. Pyke, M. R. Shaw, P. Gonzalez, P. Kareiva, et al. 2010. Resource management in a changing and uncertain climate. *Frontiers in Ecology and the Environment* 8: 35–43. (17)

Lawrence, A. J., R. Afif, M. Ahmed, S. Khalifa, and T. Paget. 2010. Bioactivity as an options value of sea cucumbers in the Egyptian Red Sea. *Conservation Biology* 24: 217–225. (5)

Lawton, J. H. and K. Gaston. 2001. Indicator species. *In* S. A. Levin (ed.), *Encyclopedia of Biodiversity* 3: 437–450. Academic Press, San Diego, CA. (15)

Le Page, Y., J.M.C. Perreira, R. Trigo, C. da Camara, D. Oom, and B. Mota. 2007. Global fire activity patterns (1996–2006) and climatic influence: an analysis using the World Fire Atlas. *Atmospheric Chemistry and Physics Discussions* 7: 17299–17338. (9)

Leader-Williams, N. 1990. Black rhinos and African elephants: lessons for conservation funding. *Oryx* 24: 23–29. (14)

Leathwick, J. 2008. Novel methods for the design and evaluation of marine protected areas in offshore waters. *Conservation Letters* 1: 91–102. (16)

Leathwick, J. R., J. Elith, W. L. Chadderton, D. Rowe, and T. Hastie. 2008. Dispersal, disturbance and the contrasting biogeographies of New Zealand's diadromous and non-diadromous fish species. *Journal of Biogeography* 35: 1481–1497. (17)

Leberg, P. L. and B. D. Firmin. 2008. Role of inbreeding depression and purging in captive breeding and restoration programs. *Molecular Ecology* 17: 334–343. (11)

Lee, J. E. and S. L. Chown. 2009. Breaching the dispersal barrier to invasion: quantification and management. *Ecological Applications* 19: 1944–1959. (10)

Lee, P. C. and M. D. Graham. 2006. African elephants *Loxodonta africana* and human-elephant interactions: implications for conservation. *International Zoo Yearbook* 40: 9–19. (21)

Lee, T., J. Y. Meyer, J. B. Burch, P. Pearce-Kelly, and D. Ó Foighil. 2008. Not completely lost: two partulid tree snail species persist on the highest peak of Raiatea, French Polynesia. *Oryx* 42: 615–619. (14)

Lee, T. M., N. S. Sodhi, and D. M. Prawiradilaga. 2007. The importance of protected areas for the forest and endemic avifauna of Sulawesi (Indonesia). *Ecological Applications* 17: 1727–1741. (15)

Legendre P., D. Borcard, and P. R. Peres-Neto. 2005. Analyzing beta diversity: partitioning the spatial variation of community composition data. *Ecological Monographs* 75: 435–450. (2)

Lehtiniemi, M., T. Hakala, S. Saesmaa, and M. Viitasalo. 2007. Prey selection by the larvae of three species of littoral fishes on natural zooplankton assemblages. *Aquatic Ecology* 41:85–94. (10)

Leisher, C. 2008. What Rachel Carson knew about marine protected areas. *BioScience* 58: 478–479. (1, 17)

Leopold, A. 1939a. A biotic view of land. *Journal of Forestry* 37: 113–116. (1)

Leopold, A. 1939b. The farmer as a conservationist. *American Forests* 45: 294–299, 316, 323. (1)

Leopold, A. 1949. *A Sand County Almanac and Sketches Here and There*. Oxford University Press, New York. (1, 6)

Leopold, A. C. 2004. Living with the land ethic. *BioScience* 54: 149–154. (1)

Lepczyk, C.A., C.H. Flather, V.C. Radeloff, A.M. Pidgeon, R.B. Hammer, and J.G. Liu. 2008. Human impacts on regional avian diversity and abundance. *Conservation Biology* 22: 405–416. (17)

Lepczyk, C. A., A. G. Mertig, and J. Liu. 2003. Landowners and cat predation across rural-to-urban landscapes. *Biological Conservation* 115: 191–201. (9)

Leprieur, F., O. Beauchard, S. Blanchet, T. Oberdorff, and S. Brosse. 2008. Fish invasions in the world's river systems: when natural processes are blurred by human activities. *PLoS Biology* 6: e28. (10)

Lerner, J., J. Mackey and F. Casey. 2007. What's in Noah's wallet? Land conservation spending in the United States. *BioScience* 57: 419–423. (16)

Letnic, M., F. Koch, C. Gordon, M. S. Crowther, and C. R. Dickman. 2009. Keystone effects of an alien top-predator stem extinctions of native mammals. *Proceedings of the Royal Society B* 276: 3249–3256. (2)

Leu, M., S. E. Hanser, and S. T. Knick. 2008. The human footprint in the west: a large-scale analysis of anthropogenic impacts. *Ecological Applications* 18: 1119–1139. (9)

Leverington, F., M. Hockings, and K. L. Costa. 2008. Management effectiveness evaluation in protected areas: a global study. Report for "Global study into management effectiveness evaluation of protected areas." IUCN, WCPA, TNC, and WWF, the University of Queensland, Gatton, Australia. (21)

Levin, P. S., M. J. Fogarty, S. A. Murawski, and D. Fluharty. 2009. Integrated ecosystem assessments: developing the scientific basis for ecosystem-based management of the ocean. *PloS Biology* 7: 23–28. (18)

Levin, S. and J. Lubchenco. 2008. Resilience, robustness, and marine ecosystem-based management. *BioScience* 58: 27–32. (17)

Levin, S. A. (ed.). 2001. *Encyclopedia of Biodiversity*. Academic Press, San Diego, CA. (2)

Levy, S. 2007. Cannery Row revisited: impacts of overfishing on the Pacific. *BioScience* 57: 8–13. (2)

Lewis, D. M. 2004. Snares vs. Hoes: Why Food Security is Fundamental to Wildlife Conservation. Presentation to the Africa Bio-

diversity Collaborative Group, Food Security and Wildlife Conservation in Africa Meeting, 29 October 2004, Washington, D.C. (10)
Lewis, O. T. 2009. Biodiversity change and ecosystem function in tropical forests. *Basic and Applied Ecology* 10: 97–102. (2)
Lewison, R. L., L. B. Crowder, and D. J. Shaver. 2003. The impact of turtle excluder devices and fisheries closures on loggerhead and Kemp's ridley strandings in the western Gulf of Mexico. *Conservation Biology* 17: 1089–1097. (13)
Li, L., C. Kato, and K. Horikoshi. 1999. Bacterial diversity in deep-sea sediments from different depths. *Biodiversity and Conservation* 8: 659–677. (3)
Li, Y. and D. S. Wilcove. 2005. Threats to vertebrate species in China and the United States. *BioScience* 55: 147–153. (10)
Li, Y. M., Z. W. Guo, Q. S. Yang, Y. S. Wang, and J. Niemela. 2003. The implications of poaching for giant panda conservation. *Biological Conservation* 111: 125–136. (14)
Lilley, R. 2008. World's largest marine reserve declared. *National Geographic News. http://news.nationalgeographic.com/news/2008/02/080215-AP Marine-Res.html* (15)
Lin, S. C. and L. P. Yuan. 1980. Hybrid rice breeding in China. *In Innovative Approaches to Rice Breeding: Selected Papers from the 1979 International Rice Research Conference*, pp. 35–52. International Rice Research Institute, Manila, Philippines. (14)
Lindenmayer, D. B. 2000. Factors at multiple scales affecting distribution patterns and their implications for animal conservation—Leadbeater's Possum as a case study. *Biodiversity and Conservation* 9: 15–35. (12)
Lindenmayer, D. B., A. Welsh, C. Donnelly, M. Crane, D. Michael, C. Macgregor, et al. 2009. Are nest boxes a viable alternative source of cavities for hollow-dependant animals? Long-term monitoring of nest box occupancy, pest use and attrition. *Biological Conservation* 142: 33–42. (17)
Lindholm, J. and B. Barr. 2001. Comparison of marine and terrestrial protected areas under federal jurisdiction in the United States. *Conservation Biology* 15: 1441–1444. (15)
Lindsey, P. A., R. Alexander, J. T. duToit, and M.G.L. Mills. 2005. The cost efficiency of wild dog conservation in South Africa. *Conservation Biology* 19: 1205–1214. (13)
Lindsey, P. A., P. A. Roulet, and S. S. Romañach. 2007. Economic and conservation significance of the trophy hunting industry in sub-Saharan Africa. *Biological Conservation* 134: 455–469. (4, 20)
Link, J. S. 2007. Underappreciated species in ecology: "ugly fish" in the northwest Atlantic Ocean. *Ecological Applications* 17: 2037–2060. (10)
Linkie, M., R. Smith, Y. Zhu, D. J. Martyr, B. Suedmeyer, J. Pramono, et al. 2008. Evaluating biodiversity conservation around a large Sumatran protected area. *Conservation Biology* 22: 683–690. (20)
Little, C.T.S. 2010. Life at the bottom: the prolific afterlife of whales. *Scientific American* 302(2): 78–84. (3)
Liu, D. 2009. BioDiversifying the curriculum. *CBE Life Sciences Education* 8: 100–107. (15)
Liu, J. G. 2007. Coupled human and natural systems. *Ambio* 36: 639–649. (22)
Lloyd, P., T. E. Martin, R. L. Redmond, U. Langer, and M. M. Hart. 2005. Linking demographic effects of habitat fragmentation across landscapes to continental source-sink dynamics. *Ecological Applications* 15: 1504–1514. (9)
Lobell, D. B., M. B. Burke, C. Tebaldi, M. D. Mastrandrea, W. P. Falcon, and R. L. Naylor. 2008. Prioritizing climate change adaptation needs for food security in 2030. *Science* 319: 607–610. (9)
Lotze, H. K. and B. Worm. 2009. Historical baselines for large marine mammals. *Trends in Ecology and Evolution* 24: 254–262. (10)
Loucks, C., M. B. Mascia, A. Maxwell, K. Huy, K. Duong, N. Chea, et al. 2009. Wildlife decline in Cambodia, 1953–2005: exploring the legacy of armed conflict. *Conservation Letters* 2: 82–92. (10)
Loucks, C. L. and R. F. Gorman. 2004. Regional ecosystem services and the rating of investment opportunities. *Frontiers in Ecology and the Environment* 2: 207–216. (4)
Louda, S. M., A. E. Arnett, T. A. Rand, and F. L. Russell. 2003. Invasiveness of some biological control insects and adequacy of their ecological risk assessment and regulation. *Conservation Biology* 17: 73–82. (10)
Louda, S. M., T. A. Rand, A. E. Arnett, A. S. McClay, K. Shea, and A. K. McEachern. 2005. Evaluation of ecological risk to populations of a threatened plant from an invasive biocontrol insect. *Ecological Applications* 15: 234–249. (10)
Louisiana Coastal Wetlands Conservation and Restoration Task Force and the Wetlands Conservation and Restoration Authority. 1998. *Coast 2050: Toward a Sustainable Coastal Louisiana*. Louisiana Department of Natural Resources, Baton Rouge, LA. (19)
Lourie, S. A. and A.C.J. Vincent. 2004. Using biogeography to help set priorities in marine conservation. *Conservation Biology* 18: 1004–1020. (15)
Low, B., S. R. Sundaresan, I. R. Fischhoff, and D. I. Rubenstein. 2009. Partnering with local communities to identify conservation priorities for endangered Grevy's zebra. *Biological Conservation* 142: 1548–1555. (12, 22)
Lowman, M. D., E. Burgess, and J. Burgess. 2006. *It's a Jungle Up There: More Tales from the Treetops*. Yale University Press, New Haven, CT. (3)
Lu, X., M. B. McElroy, and J. Kiviluoma. 2009. Global potential for wind-generated electricity. *Proceedings of the National Academy of Sciences USA* 106: 10933–10938. (20)
Luck, G. W., R. Harrington, P. A. Harrison, C. Kremen, P. M. Berry, R. Bugter, et al. 2009. Quantifying the contribution of organisms to the provision of ecosystem services. *BioScience* 59: 223–235. (5)
Luther, D. A. and R. Greenberg. 2009. Mangroves: a global perspective on the evolution and conservation of their terrestrial vertebrates. *BioScience* 59: 602–612. (9)
Lynch, J. A., V. C. Bowersox, and J. W. Grimm. 2000. Acid rain reduced in eastern United States. *Environmental Science and Technology* 6: 940–949. (9)

MacArthur, R. H. and E. O. Wilson. 1967. *The Theory of Island Biogeography*. Princeton University Press, Princeton, NJ. (7, 16)
Mace, G. M. 1995. Classification of threatened species and its role in conservation planning. *In* J. H. Lawton and R. M. May (eds.), *Extinction Rates*, pp. 131–146. Oxford University Press, Oxford, UK. (7)
Mace, G. M. 2005. Biodiversity—an index of intactness. *Nature* 434: 32–33. (7)
Mace, G. M., N. J. Collar, K. J. Gaston, C. Hilton-Taylor, H. R. Akçakaya, N. Leader-Williams, et al. 2008. Quantification of extinction risk: IUCN's system for classifying threatened species. *Conservation Biology* 22: 1424–1442. (8)
Mace, G. M., H. Masundire, J. Baillie, T. Ricketts, T. Brooks, M. Hoffmann, et al. 2005. Biodiversity. *In* Millennium Ecosystem Assessment (MEA), *Ecosystems and Human Well-Being: Current State and Trends* 1: 77–122. Island Press, Washington D.C. (7)
Magnuson, J. J. 1990. Long-term ecological research and the invisible present. *BioScience* 40: 495–501. (12)
Magnussen, J. E., E. K. Pikitch, S. C. Clarke, C. Nicholson, A. R. Hoelzel, and M. S. Shivji. 2007. Genetic tracking of basking shark products in international trade. *Animal Conservation* 10: 199–207. (6)
Maiorano, L., A. Falcucci, and L. Boitani. 2008. Size-dependent resistance of protected areas to land-use change. *Proceedings of the Royal Society B* 275: 1297–1304. (15, 16)
Malhi, Y., J. T. Roberts, R. A. Betts, T. J. Killeen, W. Li, and C. A. Nobre. 2008. Climate change, deforestation, and the fate of the Amazon. *Science* 319: 169–172. (9, 21)
Malpai Borderlands Group. 2010. *http://www.malpaiborderlandsgroup.org* (18)

Mangel, M. and C. Tier. 1994. Four facts every conservation biologist should know about persistence. *Ecology* 75: 607–614. (11)
Manolis, J. C., K. M. Chan, M. E. Finkelstein, S. Stephens, C. R. Nelson, J. B. Grant, et al. 2009. Leadership: a new frontier in conservation science. *Conservation Biology* 23: 879–886. (22)
Marcovaldi, M. A. and M. Chaloupka. 2007. Conservation status of the loggerhead sea turtle in Brazil: an encouraging outlook. *Endangered Species Research* 3: 133–143. (1)
Marcovaldi, M. Â. and G. G. Marcovaldi. 1999. Marine turtles of Brazil: the history and structure of Projeto TAMAR-IBAMA. *Biological Conservation* 91: 35–41. (1)
Margules, C. and S. Sarkar. 2007. *Systematic Conservation Planning.* Cambridge University Press, Cambridge, UK. (16)
Markham, J. L., A. Cook, T. MacDougall, L. Witzel, K. Kayle, C. Murray, et al. 2008. A strategic plan for the rehabilitation of lake trout in Lake Erie, 2008–2020. Great Lakes Fishery Commission Miscellaneous Publication 2008–02, Great Lakes Fishery Commission, Ann Arbor, MI. (19)
Markovchick-Nicholls, L., H. M. Regan, D. H. Deutschman, A. Widyanata, B. Martin, L. Noreke, et al. 2008. Relationships between human disturbance and wildlife land use in urban habitat fragments. *Conservation Biology* 22: 99–109. (16)
Marquard, E. A. Weigelt, V. M. Temperton, C. Roscher, J. Schumacher, N. Buchmann, et al. 2009. Plant species richness and functional composition drive overyielding in a six-year grassland experiment. *Ecology* 90: 3290–3302. (2, 5)
Marris, E. 2007. What to let go. *Nature* 450: 152–155. (1)
Marsh, D. M. and P. C. Trenham. 2008. Current trends in plant and animal population monitoring. *Conservation Biology* 22: 647–655. (12)
Marsh, G. P. 1865. *Man and Nature: Or, Physical Geography as Modified by Human Action*. Scribner, New York. (1)
Marshall, J. D., J. M. Blair, D.P.C. Peters, G. Okin, A. Rango, and M. Williams. 2008. Predicting and understanding ecosystem responses to climate change at continental scales. *Frontiers in Ecology and the Environment* 6: 273–280. (5)
Martín-López, B., C. Montes, and J. Benayas. 2007. The non-economic motives behind the willingness to pay for biodiversity conservation. *Biological Conservation* 139: 67–82. (5)
Martín-López, B., C. Montes, L. Ramirez, and J. Benayas. 2009. What drives policy decision-making related to species conservation? *Biological Conservation* 142: 1370–1380. (21)
Martinuzzi, S., W. A. Gould, A. E. Lugo, and E. Medina. 2009. Conversion and recovery of Puerto Rican mangroves: 200 years of change. *Forest Ecology and Management* 257: 75–84. (9)
Maschinski, J., J. E. Baggs, P. F. Quintana-Ascencio, and E. S. Menges. 2006. Using population viability analysis to predict the effects of climate change on the extinction risk of an endangered limestone endemic shrub, Arizona cliffrose. *Conservation Biology* 20: 218–228. (12)
Mascia, M. B. and C. A. Claus. 2009. A property rights approach to understanding human displacement from protected areas: the case of Marine Protected Areas. *Conservation Biology* 23: 16–23. (17)
Master, L. L., S. R. Flack, and B. A. Stein. 1998. *Rivers of Life: Critical Watersheds for Protecting Freshwater Biodiversity*. The Nature Conservancy, Arlington, VA. (7)
Matchewan, N. 2009. Algonquin ban logging in vast traditional territory until Quebec and Canada respect agreements. *Indigenous Peoples Issues and Resources. http://www.indigenousportal.com* (20)
Mathews, F., M. Orros, G. McLaren, M. Gelling, and R. Foster. 2005. Keeping fit on the ark: assessing the suitability of captive-bred animals for release. *Biological Conservation* 121: 569–577. (13)
Matta, J. R., J.R.R. Alavalapati, and D. E. Mercer. 2009. Incentives for biodiversity conservation beyond the best management practices: are forestland owners interested? *Land Economics* 85: 132–143. (20)
Mattfeldt, S. D., L. L. Bailey, and E.H.C. Grant. 2009. Monitoring multiple species: estimating state variables and exploring the efficacy of a monitoring program. *Biological Conservation* 142: 720–737. (12)
Mawdsley, J. R., R. O'Malley, and D. S. Ojima. 2009. A review of climate change adaptation strategies for wildlife management and biodiversity conservation. *Conservation Biology* 23: 1080–1089. (9)
Maxted, N. 2001. *Ex situ, in situ* conservation. *In* S. A. Levin (ed.), *Encyclopedia of Biodiversity* 2: 683–696. Academic Press, San Diego, CA. (14)
Mayaux, P., P. Holmgren, F. Achard, H. Eva, H. J. Stibig, and A. Branthomme. 2005. Tropical forest cover change in the 1990s and options for future monitoring. *Philosophical Transactions of the Royal Society B* 360: 373–384. (17)
Mazerolle, M. J., A. Desrochers, and L. Rochefort. 2005. Landscape characteristics influence pond occupancy by frogs after accounting for detectability. *Ecological Applications* 15: 824–834. (16)
McCarthy, M. A., S. J. Andelman, and H. P. Possingham. 2003. Reliability of relative predictions in population viability analysis. *Conservation Biology* 17: 982–989. (12)
McCarthy, M. A., C. J. Thompson, and N.S.G. Williams. 2006. Logic for designing nature reserves for multiple species. *American Naturalist* 167: 717–727. (16)
McClanahan, T. and G. M. Branch (eds.). 2008. *Food Webs and the Dynamics of Marine Reefs*. Oxford University Press, Oxford, UK. (2)
McClanahan, T. R., J. E. Cinner, N.A.J. Graham, T. M. Daw, J. Maina, S. M. Stead, et al. 2009. Identifying reefs of hope and hopeful actions: contextualizing environmental, ecological, and social parameters to respond effectively to climate change. *Conservation Biology* 23: 662–671. (9)
McClanahan, T. R., J. E. Cinner, J. Maina, N.A.J. Graham, T. M. Daw, S. M. Stead, et al. 2008. Conservation action in a changing climate. *Conservation Letters* 1: 53–59. (9)
McClanahan, T. R., N.A.J. Graham, J. M. Calnan, and M. A. MacNeil. 2007. Toward pristine biomass: reef fish recovery in coral marine protected areas in Kenya. *Ecological Applications* 17: 1055–1067. (17)
McClanahan, T. R., C. C. Hicks, and E. S. Darling. 2008. Malthusian overfishing and efforts to overcome it on Kenyan coral reefs. *Ecological Applications* 18: 1516–1529. (10)
McClelland, E. K. and K. A. Naish. 2007. What is the fitness outcome of crossing unrelated fish populations? A meta-analysis and an evaluation of future research directions. *Conservation Genetics* 8: 397–416. (11)
McClenachan, L. 2009. Documenting loss of large trophy fish from the Florida Keys using historical photographs. *Conservation Biology* 23: 636–643. (10)
McClenachan, L., J.B.C. Jackson, and M.J.H. Newman. 2006. Conservation implications of historic sea turtle nesting beach loss. *Frontiers in Ecology and the Environment* 4: 290–296. (11)
McConkey, K. R. and D. R. Drake. 2006. Flying foxes cease to function as seed dispersers long before they become rare. *Ecology* 87: 271–276. (7)
McCormick, S. 2004. *Conservation by Design: A Framework for Mission Success.* The Nature Conservancy, Washington, D.C. (16)
McKay, J. K. and R. G. Latta. 2002. Adaptive population divergence: markers, TL and traits. *Trends in Ecology and Evolution* 17: 285–291. (11)
McKibben, B. 2007. *Deep Economy: The Wealth of Communities and the Durable Future*. Henry Holt, New York. (6)
McKibben, B. 2007. Carbon's new math. *National Geographic Magazine* 212(October): 32–37. (20)
McKinney, M. A., S. De Guise, D. Martineau, P. Beland, M. Lebeuf, and R. J. Letcher. 2006. Organohalogen contaminants and metabolites in beluga whale (*Delphinapterus leucas*) liver from two Canadian populations. *Environmental Toxicology and Chemistry* 25: 1246–1257. (10)
McKinney, S. T. and D. F. Tomback. 2007. The influence of white pine blister rust on seed dispersal in whitebark pine. *Canadian Journal of Forest Research* 37: 1044–1057. (10)

McLachlan, J. S., J. J. Hellmann, and M. W. Schwartz. 2007. A framework for debate of assisted migration in an era of climate change. *Conservation Biology* 21: 297–302. (13)

McLeod, E., R. Salm, A. Green, and J. Almany. 2009. Designing marine protected area networks to address the impacts of climate change. *Frontiers in Ecology and the Environment* 7: 362–370. (16)

McMurtry, J. J. 2009. Ethical value-added: fair trade and the case of Café Femenino. *Journal of Business Ethics* 86: 27–49. (22)

McNeely, J. A. 1989. Protected areas and human ecology: how national parks can contribute to sustaining societies of the twenty-first century. *In* D. Western and M. Pearl (eds.), *Conservation for the Twenty-first Century*, pp. 150–165. Oxford University Press, New York. (18)

McNeely, J. A., K. R. Miller, W. Reid, R. Mittermeier, and T. B. Werner. 1990. *Conserving the World's Biological Diversity*. IUCN, World Resources Institute, CI, WWF-US, and the World Bank. Gland, Switzerland and Washington, D.C. (4, 5)

McShane, T. O. and M. P. Wells. 2004. *Getting Biodiversity Projects to Work: Towards More Effective Conservation and Development.* Columbia University Press, New York. (20)

Meffe, G. C., C. R. Carroll, and contributers. 1997. *Principles of Conservation Biology*, 2nd ed. Sinauer Associates, Sunderland, MA. (11)

Meijaard, E. and S. Wich. 2007. Putting orangutan population trends into perspective. *Current Biology* 17: R540. (9)

Meine, C. 2001. Conservation movement, historical. *In* S. A. Levin (ed.), *Encyclopedia of Biodiversity*, vol. 1, pp. 883–896. Academic Press, San Diego, CA. (1)

Meine, C., M. Soulé, and R. F. Noss. 2006. A mission-driven discipline: the growth of conservation biology. *Conservation Biology* 20: 631–651. (1)

Melbourne, B. A. and A. Hastings. 2008. Extinction risk depends strongly on factors contributing to stochasticity. *Nature* 454: 100–103. (11)

Menges, E. S. 1992. Stochastic modeling of extinction in plant populations. *In* P. L. Fiedler and S. K. Jain (eds.), *Conservation Biology: The Theory and Practice of Nature Conservation, Preservation and Management*, pp. 253–275. Chapman and Hall, New York. (11)

Menz, F. C. and H. M. Seip. 2004. Acid rain in Europe and the United States: an update. *Environmental Science and Policy* 7: 253–265. (9)

Messina, J. P. and M. A. Cochrane. 2007. The forests are bleeding: how land use change is creating a new fire regime in the Ecuadorian Amazon. *Journal of Latin American Geography* 6.1: 85–100. (9)

Meyer, C. K., M. R. Whiles, and S. G. Baer. 2010. Plant community recovery following restoration in temporarily variable riparian wetlands. *Restoration Ecology* 18: 52–64. (19)

Milder, J. C., J. P. Lassoie, and B. L. Bedford. 2008. Conserving biodiversity and ecosystem function through limited development: an empirical evaluation. *Conservation Biology* 22: 70–79. (20)

Millennium Ecosystem Assessment (MEA). 2005. *Ecosystems and Human Well-being*. 4 volumes. Island Press, Covelo, CA. (1, 2, 3, 4, 5, 7, 9, 10, 18, 22)

Miller, B., W. Conway, R. P. Reading, C. Wemmer, D. Wildt, D. Kleiman, et al. 2004. Evaluating the conservation mission of zoos, aquariums, botanical gardens, and natural history museums. *Conservation Biology* 18: 86–93. (14)

Miller, G. R., C. Geddes, and D. K. Mardon. 1999. Response of the alpine gentian *Gentiana nivalis* L. to protection from grazing by sheep. *Biological Conservation* 87: 311–318. (17)

Miller, J. K., J. M. Scott, C. R. Miller, and L. P Waits. 2002. The Endangered Species Act: dollars and sense? *BioScience* 52: 163–168. (20)

Miller, K. R. 1996. *Balancing the Scales: Guidelines for Increasing Biodiversity's Chances through Bioregional Management*. World Resources Institute, Washington, D.C. (18)

Miller-Rushing, A. J. and R. B. Primack. 2008. Global warming and flowering times in Thoreau's Concord: a community perspective. *Ecology* 89: 332–341. (7)

Mills, S. 2003. *Epicurean Simplicity*. Island Press, Washington, D.C. (6)

Minckley, W. L. 1995. Translocation as a tool for conserving imperiled fishes: experiences in western United States. *Biological Conservation* 72: 297–309. (13)

Minteer, B. A. and J. P. Collins. 2008. From environmental to ecological ethics: toward a practical ethics for ecologists and conservationists. *Science and Engineering Ethics* 14: 483–501. (6)

Miskelly, C. M., G. A. Taylor, H. Gummer, and R. Williams. 2009. Translocations of eight species of burrow-nesting seabirds (genera *Pterodroma*, *Pelecanoides*, *Pachyptila* and *Puffinus*: Family Procellariidae). *Biological Conservation* 142: 1965–1980. (13)

Mittermeier, R. A., P. R. Gil, M. Hoffman, J. Pilgrim, T. Brooks, C. Goettsch, et al. 2005. *Hotspots Revisited: Earth's Biologically Richest and Most Endangered Terrestrial Ecoregions*. Conservation International, Washington, D.C. (15)

Mittermeier, R. A., P. R. Gil, and C. G. Mittermeier. 1997. *Megadiversity: Earth's Biologically Wealthiest Nations*. Conservation International, Washington, D.C. (15)

Mittermeier, R. A., C. G. Mittermeier, P. R. Gil, and J. Pilgrim. 2003. *Wilderness: Earth's Last Wild Places*. Conservation International, Washington, D.C. (15)

Mohamed, A. R. M., N. A. Hussain, S. S. Al-Noor, F. M. Mutlak, I. M. Al-Sudani, A. M. Mojer, et al. 2008. Fish assemblage of restored Al-Hawizeh marsh, southern Iraq. *Ecohydrology and Hydrobiology* 8: 375–384. (19)

Mohamed, L. and A. A. Al-Thukair. 2009. Environmental assessments in the oil and gas industry. *Water, Air, and Soil Pollution Focus* 9: 99–105. (21)

Molnar, J. L., R. L Gamboa, C. Revenga, and M. D. Spalding. 2008. Assessing the global threat of invasive species to marine biodiversity. *Frontiers in Ecology and the Environment* 9: 485–492. (10)

Montalvo, A. M. and N. C. Ellstrand. 2001. Nonlocal transplantation and outbreeding depression in the subshrub *Lotus scoparius* (Fabaceae). *American Journal of Botany* 88: 258–269. (11, 13)

Mora, C. 2009. Degradation of Caribbean coral reefs: focusing on proximal rather than ultimate drivers. Reply to Rogers. *Proceedings of the Royal Society B* 276: 199–200. (9)

Mora, C., R. A. Myers, M. Coll, S. Libralato, T. J. Pitcher, R. U. Sumaila, et al. 2009. Management effectiveness of the world's marine fisheries. *PloS Biology* 7: e1000131. (10)

Morales, J. C., P. M. Andau, J. Supriatna, Z. Z. Zainuddin, and D.J. Melnick. 1997. Mitochondrial DNA variability and conservation genetics of the Sumatran rhinoceros. *Conservation Biology* 11: 539–543. (11)

Morell, V. 1986. Dian Fossey: field science and death in Africa. *Science* 86: 17–21. (12)

Morell, V. 1993. Called "trimates," three bold women shaped their field. *Science* 260: 420–425. (12)

Morell, V. 1999. The variety of life. *National Geographic Magazine* 195(February): 6–32. (1, 2)

Morell, V. 2007. Marine biology—killing whales for science? *Science* 316:532–534. (10)

Morell, V. 2008. Into the wild: reintroduced animals face daunting odds. *Science* 320: 742–743. (14)

Morgan, J. L., S. E. Gergel, and N. C. Coops. 2010. Aerial photography: a rapidly evolving tool for ecological management. *BioScience* 60: 47–59. (17)

Morris, M.G. 2000. The effects of structure and its dynamics on the ecology and conservation of arthropods in British grasslands. *Biological Conservation* 95: 129–142. (17)

Moseley, L. (ed.). 2009. *Holy Ground: A Gathering of Voices on Caring for Creation*. Sierra Club Books, San Francisco, CA. (6)

Moyle, P. B. and J. J. Cech, Jr. 2004. *Fishes: An Introduction to Ichthyology*, 5th ed. Prentice-Hall, NJ. (7)

Mpanduji, D. G., M. East, and H. Hofer. 2008. Analysis of habitat use by and preference of elephants in the Selous-Niassa wildlife corridor, southern Tanzania. *African Journal of Ecology* 47: 257–260. (16)

Mueller, J. G., I.H.B. Assanou, I. D. Guimbo, and A. M. Almedom. 2010. Evalutating rapid participatory rural appraisal as an assessment of ethnoecological knowledge and local biodiversity patterns. *Conservation Biology* 24: 140–150. (12)

Muir, J. 1901. *Our National Parks*. Houghton Mifflin, Boston. (1)

Muir, J. 1916. *A Thousand-Mile Walk to the Gulf*. Houghton Mifflin, Boston. (1)

Munilla, I., C. Diez, and A. Velando. 2007. Are edge bird populations doomed to extinction? A retrospective analysis of the common guillemot collapse in Iberia. *Biological Conservation* 137: 359–371. (8)

Munson, L., K. A. Terio, R. Kock, T. Mlengeya, M. E. Roelke, E. Dubovi, et al. 2008. Climate extremes promote fatal co-infections during canine distemper epidemics in African lions. *PLoS One* 3: e2545. (11)

Murray, K. A., L. F. Skerratt, R. Speare, and H. McCallum. 2009. Impact and dynamics of disease in species threatened by the amphibian chytrid fungus, *Batrachochytrium dendrobatidis*. *Conservation Biology* 23: 1242–1252. (8)

Murray-Smith, C., N. A. Brummitt, A. T. Oliveira-Filho, S. Bachman, J. Moat, E.M.N. Lughadha, et al. 2009. Plant diversity hotspots in the Atlantic coastal forests of Brazil. *Conservation Biology* 23: 151–163. (15)

Musiani, M., C. Mamo, L. Boitani, C. Callaghan, C. C. Gates, L. Mattei, et al. 2003. Wolf depredation trends and the use of fladry barriers to protect livestock in western North America. *Conservation Biology* 17: 1538–1547. (13)

Muths, E. and M. P. Scott. 2000. American burying beetle (*Nicrophorus americanus*). *In* R. P. Reading and B. Miller (eds.), *Endangered Animals*, pp. 10–15. Greenwood Press, Westport, CT. (7)

Myers, N. and J. Kent. 2001. *Perverse Subsidies: How Tax Dollars Can Undercut the Environment and the Economy*. Island Press, Washington, D.C. (4)

Myers, N. and J. Kent. 2004. *New Consumers: The Influence of Affluence on the Environment*. Island Press, Washington, D.C. (9)

Myers, N. and A. Knoll. 2001. The biotic crisis and the future of evolution. *Proceedings of the National Academy of Sciences USA* 98: 5389–5392. (2)

Myers, N., N. Golubiewski, and C. J. Cleveland. 2007. Perverse subsidies. *In* C. J. Cleveland (ed.), *Encyclopedia of Earth*. Environmental Information Coalition, National Council for Science and the Environment, Washington, D.C. *http://www.eoearth.org/article/Perverse_subsidies* (4)

Myers, R. A., J. K. Baum, T. D. Shepherd, S. P. Powers, and C. H. Peterson. 2007. Cascading effects of the loss of apex predatory sharks from a coastal ocean. *Science* 315: 1846–1850. (10)

Nabhan, G. P. 2008. *Where Our Food Comes From: Retracing Nicolay Vavilov's Quest to End Famine*. Island Press, Washington, D.C. (5, 14)

Naeem, S., D. E. Bunker, A. Hector, M. Loreau, and C. Perrings (eds.). 2009. *Biodiversity, Ecosystem Functioning, & Human Wellbeing: An Ecological and Economic Perspective*. Oxford University Press, Oxford, UK. (5)

Naess, A. 1986. Intrinsic value: will the defenders of nature please rise? *In* M. E. Soulé (ed.), *Conservation Biology: The Science of Scarcity and Diversity*, pp. 153–181. Sinauer Associates, Sunderland, MA. (6)

Naess, A. 1989. *Ecology, Community and Lifestyle*. Cambridge University Press, Cambridge, MA. (6)

Naess, A. 2008. *The Ecology of Wisdom: Writings by Arne Naess*. A. Drengson and B. Devall (eds.). Counterpoint, Berkeley, CA. (6)

Naidoo, R. and W. L. Adamowicz. 2006. Modeling opportunity costs of conservation in transitional landscapes. *Conservation Biology* 20: 490–500. (4)

Namibia Association of CBNRM Support Organisations (NACSO). 2008. *Namibia's Communal Conservancies: a review of progress in 2008*. NACSO, Windhoek, Namibia. (18)

Namibia Ministry of Environment and Tourism (MET). 2009. *http://www.met.gov.na/* (18)

NASA. *http://www.nasa.gov* (9)

Nash, S. 2009. Ecotourism and other invasions. *BioScience* 59: 106–110. (5)

National Environmental Education Foundation. 2008. *http://www.neetf.org* (5)

National Oceanic and Atmospheric Administration (NOAA) and J. E. Duffy. 2008. Mediterranean Sea large marine ecosystem. *In* C. J. Cleveland (ed.), *Encyclopedia of Earth*. Environmental Information Coalition, National Council for Science and the Environment, Washington, D.C. *http://www.eoearth.org/article/Mediterranean_Sea_large_marine_ecosystem* (18)

Native Seeds SEARCH: Southwestern Endangered Aridland Resource Clearing House. 2009. *http://www.nativeseeds.org* (20)

Natural England. *http://www.naturalengland.org.uk* (17)

Nature Conservancy, The. 2010. *http://www.nature.org* (16)

NatureServe Explorer. 2009. *http://www.natureserve.org/explorer* (8)

NatureServe: A Network Connecting Science with Conservation. 2009. *http://www.natureserve.org* (8, 15)

NatureServe. 2009. 2009 IUCN Red List highlights continued extinction threat. *http://www.natureserve.org/projects/iucn.jsp* (8)

Naughton-Treves, L., M. B. Holland, and K. Brandon. 2005. The role of protected areas in conserving biodiversity and sustaining local livelihoods. *Annual Review of Environmental Resources* 30: 219–252. (21)

Naujokaitis-Lewis, I. R., J.M.R. Curtis, P. Arcese, and J. Rosenfeld. 2009. Sensitivity analyses of spatial population viability analysis models for species at risk and habitat conservation planning. *Conservation Biology* 23: 225–229. (12)

Nee, S. 2003. Unveiling prokaryotic diversity. *Trends in Ecology and Evolution* 18: 62–63. (3)

Neff, J. C., R. L. Reynolds, J. Belnap, and P. Lamothe. 2005. Multidecadal impacts of grazing on soil physical and biogeochemical properties in southeast Utah. *Ecological Applications* 15: 87–95. (9)

Nellemann, C., I. Vistnes, P. Jordhoy, and O. Strand. 2001. Winter distribution of wild reindeer in relation to power lines, roads, and resorts. *Biological Conservation* 101: 351–360. (9)

Nelson, M. P. and J. A. Vucetich. 2009. On advocacy by environmental scientists: what, whether, why, and how. *Conservation Biology* 23: 1090–1101. (1)

Nepstad, D., S. Schwartzman, B. Bamberger, M. Santilli, D. Ray, P. Schlesinger, et al. 2006. Inhibition of Amazon deforestation and fire by parks and indigenous lands. *Conservation Biology* 20: 65–73. (9, 20)

New York City Department of Parks and Recreation. *http://www.nycgovparks.org* (19)

Newbold, S. C. and J. Siikamäki. 2009. Prioritizing conservation activities using reserve site selection methods and population viability analysis. *Ecological Applications* 19: 1774–1790. (4)

Newmark, W. D. 1995. Extinction of mammal populations in western North American national parks. *Conservation Biology* 9: 512–527. (16)

Newmark, W. D. 2008. Isolation of African protected areas. *Frontiers in Ecology and the Environment* 6: 321–328. (16, 18)

Newton, A. C., G. B. Stewart, G. Myers, A. Diaz, S. Lake, J. M. Bullock, et al. 2009. Impacts of grazing on lowland heathland in north-west Europe. *Biological Conservation* 142: 935–947. (17)

Ng, Y. K. 2008. Environmentally responsible Happy Nation Index: towards an internationally acceptable national success indicator. *Social Indicators Research* 85: 425–446. (6)

Nicholson, E., D. A. Keith, and D. S. Wilcove. 2009. Assessing the threat status of ecological communities. *Conservation Biology* 23: 259–274. (15)

Nicholson, T. E., K. A. Mayer, M. M. Staedler, and A. B. Johnson. 2007. Effects of rearing methods on survival of released free-ranging juvenile southern sea otters. *Biological Conservation* 138: 313–320. (13)

Nicholson, E. and H. P. Possingham. 2007. Making conservation decisions under uncertainty for the persistence of multiple species. *Ecological Applications* 17: 251–265. (16)

Nicoll, M.A.C., C. G. Jones, and K. Norris. 2004. Comparison of survival rates of captive-reared and wild-bred Mauritius kestrels (*Falco punctatus*) in a re-introduced population. *Biological Conservation* 118: 539–548. (13)

Nienaber, G. 2006. *Gorilla Dreams: The Legacy of Dian Fossey*. Universe Inc., Bloomington, IN. (12)

Niles, L. J. 2009. Effects of horseshoe crab harvest in Delaware Bay on red knots: are harvest restrictions working? *BioScience* 59: 153–164. (4)

Noon, B. R., P. Parenteau, and S. C. Trombulak. 2005. Conservation science, biodiversity, and the 2005 U.S. forest service regulations. *Conservation Biology* 19: 1359–1361. (18)

Nooren, H. and G. Claridge. 2001. *Wildlife Trade in Laos: the End of the Game*. Netherlands Committee for IUCN, Amsterdam. (21)

Norden, N., J. Chave, P. Belbenoit, A. Caubère, P. Châtelet, P. M. Forget, et al. 2009. Interspecific variation in seedling responses to seed limitation and habitat conditions for 14 Neotropical woody species. *Journal of Ecology* 97: 186–197. (2)

Norlen, D. and D. Gordon. 2007. *Eschrichtius* (whale) and *hucho* (salmon): multilateral development banks' EIA process and the costs to biodiversity. *Natural Resources and Environment* 22: 30–35. (21)

Norris, S. 2007. Ghosts in our midst: coming to terms with amphibian extinctions. *BioScience* 57: 311–316. (9)

Norse, E. A. 1986. *Conserving Biological Diversity in Our National Forests*. The Wilderness Society, Washington, D.C. (17)

Norton, B. G. 2003. *Searching For Sustainability: Interdisciplinary Essays in the Philosophy of Conservation Biology*. Cambridge University Press, New York. (6)

Noss, R. F. 1992. Essay: Issues of scale in conservation biology. *In* P. L. Fiedler and S. K. Jain (eds.), *Conservation Biology: The Theory and Practice of Nature Conservation, Preservation and Management*, 239–250. Chapman and Hall, New York. (6)

Noss, R. F., E. T. La Roe III, and J. M. Scott. 1995. *Endangered Ecosystems of the United States: A Preliminary Assessment of Loss and Degradation. Biological Report 28*. U.S. Department of the Interior, National Biological Service, Washington, D.C. (9)

Novacek, M. J. 2008. Engaging the public in biodiversity issues. *Proceedings of the National Academy of Sciences USA* 105: 11571–11578. (6)

Novotny, V., Y. Basset, S. E. Miller, G. D. Weiblen, B. Bremer, L. Cizek, et al. 2002. Low host specificity of herbivorous insects in a tropical forest. *Nature* 416: 841–844. (3)

Nunes, P., J. Van Den Bergh, and P. Nijkamp. 2003. *The Ecological Economics of Biodiversity*. Edward Elgar, UK. (4)

Nunez-Iturri, G., O. Olsson, and H. F. Howe. 2008. Hunting reduces recruitment of primate-dispersed trees in Amazonian Peru. *Biological Conservation* 141: 1536–1546. (2)

Nuzzo, V. A., J. C. Maerz, and B. Blossey. 2009. Earthworm invasion as the driving force behind plant invasion and community change in northeastern North American forests. *Conservation Biology* 23: 966–974. (10)

NYC Environmental Protection. 2010. *http://www.nyc.gov/watershed* (5)

Nyhagen, D. F., S. D. Turnbull, J. M. Olesen, and C. G. Jones. 2005. An investigation into the role of the Mauritian flying fox, *Pteropus niger*, in forest regeneration. *Biological Conservation* 122: 491–497. (2)

Nyhus, P., H. Fischer, F. Madden, and S. Osofsky. 2003. Taking the bite out of wildlife damage: the challenges of wildlife compensation schemes. *Conservation in Practice* 4: 37–40. (13)

O'Grady, J. J., D. H. Reed, B. W. Brook, and R. Frankham. 2004. What are the best correlates of predicted extinction risk? *Biological Conservation* 118: 513–520. (8)

O'Meilla, C. 2004. Current and reported historical range of the American burying beetle. U.S. Fish and Wildlife Services, Oklahoma Ecological Services Field Office, OK. (7)

Oates, J. F., M. Abedi-Lartey, W. S. McGraw, T. T. Struhsaker, and G. H. Whitesides. 2000. Extinction of a West African red colobus monkey. *Conservation Biology* 14: 1526–1532. (7)

Ødegaard, F. 2000. How many species of arthropods? Erwin's estimate revised. *Biological Journal of the Linnean Society* 71: 583–597. (3)

Odell, J., M. E. Mather, and R. M. Muth. 2005. A biosocial approach for analyzing environmental conflicts: a case study of horseshoe crab allocation. *BioScience* 55: 735–748. (4)

Oehlmann J., U. Schulte-Oehlmann, W. Kloas, O. Jagnytsch, I. Lutz, K. O. Kusk, et al. 2009. A critical analysis of the biological impacts of plasticizers on wildlife. *Philosophical Transactions of the Royal Society B* 364: 2047–2062. (9)

Okin, G. S., A. Parsons, J. Wainwright, J. E. Herrick, B. T. Bestelmeyer, D. Peters, et al. 2009. Do changes in connectivity explain desertification? *BioScience* 59: 237–244. (9)

Olsson, O. 2007. Genetic origin and success of reintroduced white storks. *Conservation Biology* 21: 1196–1206. (13)

Ong, P. S. 2002. Current status and prospects of protected areas in the light of the Philippine biodiversity conservation priorities. Proceedings of IUCN/WCPA-EA-4 Taipei Conference, March 18–23, 2002, Taipei, Taiwan. (4)

Organisation for Economic Co-operation and Development (OECD). *http://www.oecd.org* (21)

Orr, D. W. 2007. Optimism and hope in a hotter time. *Conservation Biology* 21: 1392–1395. (1)

Orrock, J. L. and E. I. Damschen. 2005. Corridors cause differential seed predation. *Ecological Applications* 15: 793–798. (16)

Osborn, F. 1948. *Our Plundered Planet*. Little, Brown and Company, Boston. (1)

Osterlind, K. 2005. Concept formation in environmental education: 14-year olds' work on the intensified greenhouse. *International Journal of Science Education* 27: 891–908. (5)

Ostfeld, R. S. 2009. Climate change and the distribution and intensity of infectious diseases. *Ecology* 4: 903–905. (10)

Ozaki, K., M. Isono, T. Kawahara, S. Iida, T. Kudo, and K. Fukuyama. 2006. A mechanistic approach to evaluation of umbrella species as conservation surrogates. *Conservation Biology* 20: 1507–1515. (15)

Pacific Whale Foundation. 2003. Exploring Hawaii's Coral Reefs. *http://www.pacificwhale.org/printouts/coral_reef_guide.pdf* (3)

Paddack, M. J. and J. A. Estes. 2000. Kelp forest fish populations in marine reserves and adjacent exploited areas of central California. *Ecological Applications* 10: 855–870. (2)

Paine, R. T. 1966. Food web complexity and species diversity. *American Naturalist* 100: 65–75. (2)

Palumbi, S. R., P. A Sandifer, J. D. Allan, M. W. Beck, D. G. Fautin, M. J. Fogarty, et al. 2009. Managing for ocean biodiversity to sustain marine ecosystem services. *Frontiers in Ecology and the Environment* 7: 204–211. (2, 5)

Papworth, S. K., J. Rist, L. Coad, and E. J. Milner-Gulland. 2009. Evidence for shifting baseline syndrome in conservation. *Conservation Letters* 2: 93–100. (1, 12)

Pardini, R., S. M. de Souza, R. Braga-Neto, and J. P. Metzger. 2005. The role of forest structure, fragment size and corridors in maintaining small mammal abundance and diversity in an Atlantic forest landscape. *Biological Conservation* 12: 253–266. (16)

Parfit, M. 2005. Future power: where will the world get its next energy fix? *National Geographic Magazine* 208(August): 2–31. (20)

Parmesan, C. and G. Yohe. 2003. A globally coherent fingerprint of climate change impacts across natural systems. *Nature* 421: 37–42. (9)

Parry, L., J. Barlow, and C. A. Peres. 2009. Allocation of hunting effort by Amazonian smallholders: implications for conserving wildlife in mixed-use landscapes. *Biological Conservation* 142: 1777–1786. (10)

Parsons, E.C.M., S. J. Dolman, A. J. Wright, N. A Rose, and W.C.G. Burns. 2008. Navy sonar and cetaceans: just how much does the gun need to smoke before we act? *Marine Pollution Bulletin* 56: 1248–1257. (10)

Pärtel, M., R. Kalamees, Ü. Reier, E. Tuvi, E. Roosaluste, A. Vellak, et al. 2005. Grouping and prioritization of vascular plant species for conservation: combining natural rarity and management need. *Biological Conservation* 123: 271–278. (8)

Peakall, R., D. Ebert, L. J. Scott, P. F. Meagher, and C. A. Offord. 2003. Comparative genetic study confirms exceptionally low genetic variation in the ancient and endangered relictual conifer, *Wollemia nobilis* (Araucariaceae). *Molecular Ecology* 12: 2331–2343. (11)

Pearce, J. B. 2000. The New York Bight. *Marine Pollution Bulletin* 41: 44–45. (5)

Pearman, P. B., M. R. Penskar, E. H. Schools, and H. D. Enander. 2006. Identifying potential indicators of conservation value using Natural Heritage occurrence data. *Ecological Applications* 16: 186–201. (8)

Pechmann, J.H.K. 2003. Natural population fluctuations and human influences: null models and interactions. *In* R. D. Semlitsch (ed.), *Amphibian Conservation*, pp. 85–93. Smithsonian Institution Press, Washington, D.C. (12)

Peery, M. Z., S. R. Beissinger, S. H. Newman, E. B. Burkett, and T. D. Williams. 2004. Applying the declining population paradigm: diagnosing causes of poor reproduction in the marbled murrelet. *Conservation Biology* 18: 1088–1098. (8)

Peh, K.S.H., J. de Jong, N. S. Sodhi, S.L.H. Lim, and C.A.M. Lap. 2005. Lowland rainforest avifauna and human disturbance: persistence of primary forest birds in selectively logged forests and mixed-rural habitats of southern Peninsular Malaysia. *Biological Conservation* 123: 489–505. (18)

Pellens, R. and P. Grandcolas. 2007. The conservation-refugium value of small and disturbed Brazilian Atlantic forest fragments for the endemic ovoviviparous cockroach *Monastria biguttata* (Insecta: Dictyoptera, Blaberidae, Blaberinae). *Zoological Science* 24: 11–19. (16)

Pelletier F., D. Reale, J. Watters, E. H. Boakes, and D. Garant. 2009. Value of captive populations for quantitative genetics research. *Trends in Ecology and Evolution* 24: 263–270. (14)

Pellow, D. 2005. Endangering development: politics, projects, and environment in Burkina Faso. *Economic Development and Cultural Change* 53: 757–759. (6)

Peres, C. A. 2005. Why we need megareserves in Amazonia. *Conservation Biology* 19: 728–733. (3)

Peres, C. A., C. Baider, P. A. Zuidema, L.H.O. Wadt, K. A. Kainer, D.A.P. Gomes-Silva, et al. 2003. Demographic threats to the sustainability of Brazil nut exploitation. *Science* 302: 2112–2114. (20)

Peres, C. A. and I. R. Lake. 2003. Extent of nontimber resource extraction in tropical forests: accessibility to game vertebrates by hunters in the Amazon Basin. *Conservation Biology* 17: 521–535. (17)

Peres, C. A. and J. W. Terborgh. 1995. Amazonian nature reserves: an analysis of the defensibility status of existing conservation units and design criteria for the future. *Conservation Biology* 9: 34–46. (17)

Pergams, O. R., B. Czech, J. C. Haney, and D. Nyberg. 2004. Linkage of conservation activity to trends in the U.S. economy. *Conservation Biology* 18: 1617–1623. (21)

Perry, G. and D. Vice. 2009. Forecasting the risk of brown tree snake dispersal from Guam: a mixed transport-establishment model. *Conservation Biology* 23: 992–1000. (10)

Perry, M. 2009. Sharks, not humans, most at risk in ocean. Reuters. *http://www.reuters.com/article/idUSTRE50F0NH20090116* (6)

Peterson, D. 2006. *Jane Goodall: The Woman Who Redefined Man*. Houghton Mifflin, New York. (12)

Peterson, M. J., D. M. Hall, A. M. Feldpausch-Parker, and T. R. Peterson. 2010. Obscuring ecosystem function with the application of the ecosystem services concept. *Conservation Biology* 24: 113–119. (5)

Peterson, M. N., M. J. Peterson, and T. R. Peterson. 2005. Conservation and the myth of consensus. *Conservation Biology* 19: 762–767. (18)

Pfab, M. F. and E.T.F. Witkowski. 2000. A simple PVA of the Critically Endangered *Euphorbia clivicola* R.A. Dyer under four management scenarios. *Biological Conservation* 96: 263–270. (12)

Philpott, S. M., P. Bichier, R. Rice, and R. Greenberg. 2007. Field-testing ecological and economic benefits of coffee certification programs. *Conservation Biology* 21: 975–985. (18)

Philpott, S. M., P. Bichier, R. A. Rice, and R. Greenberg. 2008. Biodiversity conservation, yield, and alternative products in coffee agroecosystems in Sumatra, Indonesia. *Biodiversity and Conservation* 17: 1805–1820. (18)

Philpott, S.M., O. Soong, J. H. Lowenstein, A. L. Pulido, D. T. Lopez, D.F.B. Flynn, et al. 2009. Functional richness and ecosystem services: bird predation on arthropods in tropical agroecosystems. *Ecological Applications* 19: 1858–1867. (5)

Phoenix Islands Protected Area (PIPA). 2007. *http://phoenixislands.org* (15)

Phua, M. H., S. Tsuyuki, N. Furuya, and J. S. Lee. 2008. Detecting deforestation with a spectral change detection approach using multitemporal Landsat data: a case study of Kinabalu Park, Sabah, Malaysia. *Journal of Environmental Management* 88: 784–795. (9)

Picco, A. M. and J. P. Collins. 2008. Amphibian commerce as a likely source of pathogen pollution. *Conservation Biology* 22: 1582–1589. (8)

Piessens, K., O. Honnay, and M. Hermy. 2005. The role of fragment area and isolation in the conservation of heathland species. *Biological Conservation* 122: 61–69. (9)

Pimentel, D., C. Harvey, P. Resosudarmo, K. Sinclair, D. Kurtz, M. McNair, et al. 1995. Environmental and economic costs of soil erosion and conservation benefits. *Science* 267: 1117–1121. (5)

Pimentel, D., C. Wilson, C. McCullum, R. Huang, P. Dwen, J. Flack, et al. 1997. Economic and environmental benefits of diversity. *BioScience* 47: 747–757. (5)

Pimentel, D., R. Zuniga, and D. Morrison. 2005. Update on the environmental and economic costs associated with alien-invasive species in the United States. *Ecological Economics* 52: 273–288. (10)

Pimm, S. L., M. Ayres, A. Balmford, G. Branch, K. Brandon, T. Brooks, et al. 2001. Can we defy nature's end? *Science* 293: 2207–2208. (15)

Pimm, S. L. and J. H. Brown. 2004. Domains of diversity. *Science* 304: 831–833. (3)

Pimm, S. L. and C. Jenkins. 2005. Sustaining the variety of life. *Scientific American* 293(33): 66–73. (3, 7)

Pimm, S. L., M. P. Moulton, and L. J. Justice. 1995. Bird extinction in the Central Pacific. *In* J. H. Lawton and R. M. May (eds.), *Extinction Rates*, pp. 75–87. Oxford University Press, Oxford, UK. (7)

Pinchot, G. 1947. *Breaking New Ground*. Harcourt Brace, New York. (1)

Piñero, D., M. Martinez-Ramos, and J. Sarukhan. 1984. A population model of *Astrocaryum mexicanum* and a sensitivity analysis of its finite rate of increase. *Journal of Ecology* 72: 977–991. (11)

Planes, S., G. P. Jones, and S. R. Thorrold. 2009. Larval dispersal connects fish populations in a network of marine protected areas. *Proceedings of the National Academy of Sciences USA* 106: 5693–5697. (15, 16)

Pluhácek, J., S. P. Sinha, L. Bartos, and P. Sipek. 2007. Parity as a major factor affecting infant mortality of highly endangered Indian rhinoceros: evidence from zoos and Dudhwa National Park, India. *Biological Conservation* 139: 457–461. (11)

Pongsiri, M. J., J. Roman, V. O. Ezenwa, T. L. Goldberg, H. S. Koren, S. C. Newbold, et al. 2009. Biodiversity loss affects global disease ecology. *BioScience* 59: 945–954. (10)

Poole, A. 1996. *Coming of Age with Elephants: A Memoir*. Hyperion, New York. (21)

Pope, J. and A. D. Owen. 2009. Emission trading schemes: potential revenue effects, compliance costs and overall tax policy issues. *Energy Policy* 37: 4595–4603. (22)

Pope, K. L. 2008. Assessing changes in amphibian population dynamics following experimental manipulations of introduced fish. *Conservation Biology* 22: 1572–1581. (17)

Porras, I. and N. Neves 2006. Valle del Cauca—land acquisition and land management contracts. Markets for Watershed Services—Country Profile. *http://www.watershedmarkets.org/documents/Colombia_Valle_del_Cauca_E.pdf* (20)

Posa, M.R.C., A. C. Diesmos, N. Sodhi, and T. M. Brooks. 2008. Hope for threatened tropical biodiversity: lessons from the Philippines. *BioScience* 58: 231–240. (22)

Posey, D. A. and M. J. Balick (eds.). 2006. *Human Impacts on Amazonia: The Role of Traditional Ecological Knowledge in Conservation and Development*. Columbia University Press, New York. (20)

Possingham, H., D. B. Lindenmayer, and M. A. McCarthy. 2001. Population viability analysis. *In* S. A. Levin (ed.), *Encyclopedia of Biodiversity* 4: 831–844. Academic Press, San Diego, CA. (12)

Possingham, H. P., J. Franklin, K. Wilson, and T. J. Regan. 2005. The roles of spatial heterogeneity and ecological processes in conservation planning. *In* G. M. Lovett, C. G. Jones, M. G. Turner, and K. C. Weathers, (eds.), *Ecosystem Function in Heterogeneous Landscapes*. Springer-Verlag, New York. (16)

Post, E., J. Brodie, M. Hebblewhite, A. D. Anders, J.A.K. Maier, and C. C. Wilmers. 2009. Global population dynamics and hot spots of response to climate change. *BioScience* 59: 489–497. (9, 17)

Potapov, P., M. C. Hansen, S. V. Stehman, T. R. Loveland, and K. Pittman. 2008. Combining MODIS and Landsat imagery to estimate and map boreal forest cover loss. *Remote Sensing of Environment* 112: 3708–3719. (9)

Power, M. E., D. Tilman, J. A. Estes, B. A. Menge, W. J. Bond, L. S. Mills, et al. 1996. Challenges in the quest for keystones. *BioScience* 46: 609–620. (2)

Power, T. M. 1991. Ecosystem preservation and the economy in the Greater Yellowstone area. *Conservation Biology* 5: 395–404. (4)

Power, T. M. and R. N. Barret. 2001. *Post-Cowboy Economics: Pay and Prosperity in the New American West*. Island Press, Washington, D.C. (4)

Pöyry, J., S. Lindgren, J. Salminen, and M. Kuussaari. 2005. Responses of butterfly and moth species to restored cattle grazing in semi-natural grasslands. *Biological Conservation* 122: 465–478. (17)

Praded, J. 2002. Reinventing the zoo. *E: The Environmental Magazine* 13: 24–31. (14)

Prescott-Allen, C. and R. Prescott-Allen. 1986. *The First Resource: Wild Species in the North American Economy*. Yale University Press, New Haven, CT. (4)

Priess, J. A., M. Mimler, A. M. Klein, S. Schwarze, T. Tscharntke, and I. Steffan-Dewenter. 2007. Linking deforestation scenarios to pollination services and economic returns in coffee agroforestry systems. *Ecological Applications* 17: 407–417. (5)

Primack, R. B. 1996. Lessons from ecological theory: dispersal, establishment and population structure. *In* D. A. Falk, C. I. Millar, and M. Olwell (eds.), *Restoring Diversity: Strategies for Reintroduction of Endangered Plants*, pp. 209–234. Island Press, Washington, D.C. (13)

Primack, R. B., A. J. Miller-Rushing, and K. Dharaneeswaran. 2009. Changes in the flora of Thoreau's Concord. *Biological Conservation* 142: 500–508. (7, 15)

Pringle, C. M. 2000. Threats to U.S. public lands from cumulative hydrologic alterations outside of their boundaries. *Ecological Applications* 10: 971–989. (17)

Programme for Belize. 2008. *http://www.pfbelize.org* (21)

Project FeederWatch. 2009. *http://www.birds.cornell.edu/pfw* (22)

Pruett, C. L., M. A. Patten, and D. H. Wolfe. 2009. Avoidance behavior by prairie grouse: implications for development of wind energy. *Conservation Biology* 23: 1253–1259. (20)

Pukazhenthi, B., P. Comizzoli, A. J. Travis, and D. E. Wildt. 2006. Applications of emerging technologies to the study and conservation of threatened and endangered species. *Reproduction, Fertility, and Development* 18: 77–90. (14)

Pusey, A. E., L. Pintea, M. L. Wilson, S. Kamenya, and J. Goodall. 2007. The contribution of long-term research at Gombe National Park to chimpanzee conservation. *Conservation Biology* 21: 623–634. (12)

Quammen, D. 1996. *The Song of the Dodo: Island Biogeography in an Age of Extinctions*. Scribner, New York. (7)

Quayle, J. F., L. R. Ramsay, and D. F. Fraser. 2007. Trend in the status of breeding bird fauna in British Columbia, Canada, based on the IUCN Red List Index method. *Conservation Biology* 21: 1241–1247. (8)

Quinn, R. M., J. H. Lawton, B. C. Eversham, and S. N. Wood. 1994. The biogeography of scarce vascular plants in Britain with respect to habitat preference, dispersal ability and reproductive biology. *Biological Conservation* 70: 149–157. (8)

Quintana-Ascencio, P. F., C. W. Weekley, and E. S. Menges. 2007. Comparative demography of a rare species in Florida scrub and road habitats. *Biological Conservation* 137: 263–270. (12)

Quintero, J. 2007. *Mainstreaming Conservation in Infrastructure Projects: Case Studies for Latin America*. World Bank, Washington, D.C. (21)

Quist, M. C., P. A. Fay, C. S. Guy, A. K. Knapp, and B. N. Rubenstein. 2003. Military training effects on terrestrial and aquatic communities on a grassland military installation. *Ecological Applications* 13: 432–442. (5)

Rabinowitz, A. 2000. *Jaguar: One Man's Struggle to Establish the World's First Jaguar Preserve*. Island Press, Covelo, CA. (15)

Radeloff, V. C., S. I. Stewart, T. J. Hawbaker, U. Gimmi, A. M. Pidgeon, C. H. Flather, et al. 2010. Housing growth in and near United States protected areas limits their conservation value. *Proceedings of the National Academy of Sciences USA* 107: 940–945. (18)

Ragavan, S. 2008. New paradigms for protection of biodiversity. *Journal of Intellectual Property Rights* 13: 514–522. (5)

Rahmig, C. J., W. E. Jensen, and K. A. With. 2009. Grassland bird responses to land management in the largest remaining tallgrass prairie. *Conservation Biology* 23: 420–432. (17)

Ralls, K., J. D. Ballou, and A. Templeton. 1988. Estimates of lethal equivalents and the cost of inbreeding in mammals. *Conservation Biology* 2: 185–193. (11)

Raloff, J. 2005. Empty nests: fisheries may be crippling themselves by targeting the big ones. *Science News* 167: 360–362. (6)

Ramakrishnan, U., J. A. Santosh, U. Ramakrishnan, and R. Sukumar. 1998. The population and conservation status of Asian elephants in the Periyar Tiger Reserve, southern India. *Current Science India* 74: 110–113. (11)

Ramsar Convention on Wetlands. *http://www.ramsar.org* (21)

Randolph, J. and G. M. Masters. 2008. *Energy for Sustainability: Technology, Planning, Policy*. Island Press, Washington, D.C. (9)

Rao, M. and P. McGowan. 2002. Wild-meat use, food security, livelihoods, and conservation. *Conservation Biology* 16: 580–583. (4)

Raup, D. M. 1979. Size of the Permo-Triassic bottleneck and its evolutionary implications. *Science* 206: 217–218. (7)

Red Wolf Coalition. 2009. *http://www.redwolves.com* (2)

Redford, K. H. 1992. The empty forest. *BioScience* 42: 412–422. (2)

Redford, K. H. and W. M. Adams. 2009. Payment for ecosystem services and the challenge of saving nature. *Conservation Biology* 23: 785–787. (4, 6)

Redford, K. H. and J. A. Mansour (eds.). 1996. *Traditional Peoples and Biodiversity Conservation in Large Tropical Landscapes*. The Nature Conservancy, Arlington, VA. (20)

Redford, K. H. and S. E. Sanderson. 2000. Extracting humans from nature. *Conservation Biology* 2000: 1362–1364. (17)

Redford, K. H. and M. A. Sanjayan. 2003. Retiring Cassandra. *Conservation Biology* 17: 1473–1474. (1)

Reed, D. H., E. H. Lowe, D. A. Briscoe, and R. Frankham. 2003. Fitness and adaptability in a novel environment: effect of inbreeding, prior environment, and lineage. *Evolution* 57: 1822–1828. (11)

Reed, J. M. 1999. The role of behavior in recent avian extinctions and endangerments. *Conservation Biology* 13: 232–241. (8)

Reed, J. M., C. S. Elphick, and L. W. Oring. 1998. Life-history and viability analysis of the endangered Hawaiian stilt. *Biological Conservation* 84: 35–45. (12)

Reed, J. M., C. S. Elphick, A. F. Zuur, E. N. Ieno, and G. M. Smith. 2007. Time series analysis of Hawaiian waterbirds. *In* A. F. Zuur, E. N. Ieno, and G. M. Smith (eds.), *Analysis of Ecological Data*. Springer-Verlag, the Netherlands. (12)

Reed, S. E. and A. M. Merenlender. 2008. Quiet, nonconsumptive recreation reduces protected area effectiveness. *Conservation Letters* 1: 146–154. (17)

Regan, H. M., R. Lupia, A. N. Drinan, and M. A. Burgman. 2001. The currency and tempo of extinction. *American Naturalist* 157: 1–10. (7)

Regan, T. 2004. *The Case for Animal Rights*, 2nd ed. University of California Press, Berkeley, CA. (6)

Régnier, C., B. Fontaine, and P. Bouchet. 2009. Not knowing, not recording, not listing: numerous unnoticed mollusk extinctions. *Conservation Biology* 23: 1214–1221. (7, 8)

Reinartz, J. A. 1995. Planting state-listed endangered and threatened plants. *Conservation Biology* 9: 771–781. (13)

Relyea, R. A. 2005. The impact of insecticides and herbicides on the biodiversity and productivity of aquatic communities. *Ecological Applications* 15: 618–627. (9)

Restani, M. and M. Marzluff. 2002. Funding extinction? Biological needs and political realities in the allocation of resources to endangered species recovery. *BioScience* 52: 169–177. (20)

Reynisdottir, M., H. Song, and J. Agrusa. 2008. Willingness to pay entrance fees to natural attractions: an Icelandic case study. *Tourism Management* 29: 1076–1083. (5)

Ricciardi, A. 2003. Predicting the impacts of an introduced species from its invasion history: an empirical approach applied to zebra mussel invasions. *Freshwater Biology* 48: 972–981. (10)

Ricciardi, A. 2007. Are modern biological invasions an unprecedented form of global change? *Conservation Biology* 21: 329–336. (10)

Ricciardi, A. and D. Simberloff. 2009. Assisted colonization is not a viable conservation strategy. *Trends in Ecology and Evolution* 24: 248–253. (13)

Rich, T.C.G. 2006. Floristic changes in vascular plants in the British Isles: geographical and temporal variation in botanical activity 1836–1988. *Botanical Journal of the Linnean Society* 152: 303–330. (12)

Rich, T.C.G. and E. R. Woodruff. 1996. Changes in the vascular plant floras of England and Scotland between 1930–1960 and 1987–1988: the BSBI monitoring scheme. *Biological Conservation* 75: 217–229. (12)

Richardson, C. J., P. Reiss, N. A. Hussain, A. J. Alwash, and D. J. Pool 2005. The restoration potential of the Mesopotamian marshes of Iraq. *Science* 307: 1307–1311. (19)

Richardson, C. J. and N. J. Hussain. 2006. Restoring the Garden of Eden: an ecological assessment of the marshes of Iraq. *BioScience* 56: 477–489. (19)

Richmond, R. H., T. Rongo, Y. Golbuu, S., Victor, N. Idechong, G. Davis, et al. 2006. Watersheds and coral reefs: conservation science, policy, and implementation. *BioScience* 57: 598–607. (18)

Ricketts, T. H., E. Dinerstein, T. Boucher, T. M. Brooks, S.H.M. Butchart, M. Hoffmann, et al. 2005. Pinpointing and preventing imminent extinctions. *Proceedings of the National Academy of Sciences USA* 102: 18497–18501. (15)

Ricketts, T. H., E. Dinerstein, D. M. Olson, C. J. Loucks, W. Eichbaum, D. DellaSala, et al. 1999. *Terrestrial Ecoregions of North America: A Conservation Assessment*. Island Press, Washington, D.C. (3)

Rinella, M. F., B. D. Maxwell, P. K. Fay, T. Weaver, and R. L. Sheley. 2009. Control effort exacerbates invasive-species problem. *Ecological Applications* 19: 155–162. (10)

Roark, E. B., T. P. Guilderson, R. B. Dunbar, and B. L. Ingram. 2006. Radiocarbon-based ages and growth rates of Hawaiian deep-sea corals. *Marine Ecology Progress Series* 327: 1–14. (3)

Robbins, J. 2009. Between the devil and the deep blue sea. *Conservation* 10: 12–19. (9)

Roberge, J. M. and P. Angelstam. 2004. Usefulness of the umbrella species concept as a conservation tool. *Conservation Biology* 18: 76–85. (15)

Robertson, G. P. and S. M. Swinton. 2005. Reconciling agricultural productivity and environmental integrity: a grand challenge for agriculture. *Frontiers in Ecology and the Environment* 3: 38–46. (4)

Robertson, M. M. 2006. Emerging ecosystem service markets: trends in a decade of entrepreneurial wetland banking. *Frontiers in Ecology and the Environment* 4: 297–302. (5, 19, 20)

Robinson, R. A., H.P.Q. Crick, J. A. Learmonth, I.M.D. Maclean, C. D. Thomas, F. Bairlein, et al. 2008. Travelling through a warming world: climate change and migratory species. *Endangered Species Research* 7: 87–99. (9)

Robles, M. D., C. H. Flather, S. M Stein, M. D. Nelson, and A. Cutko. 2008. The geography of private forests that support at-risk species in the conterminous United States. *Frontiers in Ecology and the Environment* 6: 301–307. (18)

Rockström, J., W. Steffen, K. Noone, Å. Persson, F. S. Chapin III, E. F. Lambin, et al. 2009. A safe operating space for humanity. *Nature* 461: 472–475. (9)

Rodrigues, A.S.L., H. R. Akçakaya, S. J. Andelman, M. I. Bakarr, L. Boitani, T. M. Brooks, et al. 2004. Global gap analysis: priority regions for expanding the global protected-area network. *BioScience* 54: 1092–1100. (15)

Rodrigues, A.S.L., R. M. Ewers, L. Parry, C. Souza, Jr., A. Veríssimo, and A. Balmford. 2009. Boom-and-bust development patterns across the Amazon deforestation frontier. *Science* 324: 1435–1437. (9)

Rodrigues, M.G.M. 2004. Advocating for the environment: local dimensions of transnational networks. *Environment* 46: 15–25. (21)

Rodrigues, R. R., R.A.F. Lima, S. Gandolfi, and A. G. Nave. 2009. On the restoration of high diversity forests: 30 years of experience in the Brazilian Atlantic Forest. *Biological Conservation* 142: 1242–1251. (19)

Rohlf, D. J. and D. S. Dobkin. 2005. Legal ecology: ecosystem function and the law. *Conservation Biology* 19: 1344–1348. (20)

Rohrman, D. F. 2004. Environmental terrorism. *Frontiers in Ecology and the Environment* 2: 332. (22)

Roldán, G. 1988. *Guía para el Estudio de los Macroinvertebrados Acuáticos del Departamento de Antioquia*. Fondo-FEN Colombia, Editorial Presencia, Santa Fe de Bogotá. (2)

Rolston, H., III. 1988. *Environmental Ethics: Values In and Duties To the Natural World*. Temple University Press, Philadelphia, PA. (6)

Rolston, H., III. 1989. *Philosophy Gone Wild: Essays on Environmental Ethics*. Prometheus Books, Buffalo, NY. (6)

Rolston, H., III. 1994. *Conserving Natural Value*. Columbia University Press, New York. (6)

Rolston, H., III. 1995. Duties to endangered species. *In* W.A. Nierenberg (ed.), *Encyclopedia of Environmental Biology* 1: 517–528. Harcourt/Academic Press, San Diego, CA. (6)

Rolston, H., III. 2000. The land ethic at the turn of the millennium. *Biodiversity and Conservation* 9: 1045–1058. (6)

Roman, J. and J. A. Darling. 2007. Paradox lost: genetic diversity and the success of aquatic invasions. *Trends in Ecology and Evolution* 22: 454–464. (11)

Roman, J. and S. R. Palumbi. 2003. Whales before whaling in the North Atlantic. *Science* 301: 508–510. (10)

Rombouts, I., G. Beaugrand, F. Ibanez, S. Gasparini, S. Chiba, and L. Legendre. 2009. Global latitudinal variations in marine copepod diversity and environmental factors. *Proceedings of the Royal Society B* 276: 3053–3062. (3)

Rompré, G., W. D. Robinson, A. Desrochers, and G. Angehr. 2009. Predicting declines in avian species richness under nonrandom patterns of habitat loss in a Neotropical landscape. *Ecological Applications* 19: 1614–1627. (7)

Rondinini, C., S. Stuart, and L. Boitani. 2005. Habitat sustainability models and the shortfall in conservation planning for African vertebrates. *Conservation Biology* 19: 1488–1497. (15)

Rood, S. B., G. M. Samuelson, J. H. Braatne, C. R. Gourley, F.M.R. Hughes, and J. M. Mahoney. 2005. Managing river flows to restore floodplain forests. *Frontiers in Ecology and the Environment* 3: 193–201. (19)

Rooney, T. P., S. M. Wiegmann, D. A. Rogers, and D. M. Waller. 2004. Biotic impoverishment and homogenization in unfragmented forest understory communities. *Conservation Biology* 18: 787–798. (7, 18)

Rosen, T. and A. Bath. 2009. Transboundary management of large carnivores in Europe: from incident to opportunity. *Conservation Letters* 2: 109–114. (21)

Rosenberg, J. and F. L. Korsmo. 2001. Local participation, international politics, and the environment: the World Bank and the Grenada Dove. *Journal of Environmental Management* 62: 283–300. (21)

Rosenberg, M. 2009. Current world population. *http://geography.about.com/od/obtainpopulationdata/a/worldpopulation.htm* (1)

Rosendo, S. 2007. Partnerships across scales: lessons from extractive reserves in Brazilian Amazonia. *In* M.A.F. Ros-tonen (ed.), *Partnerships in Sustainable Forest Resource Management: Learning from Latin America*, pp. 229–253. Koninklijke Brill NV, Leiden, the Netherlands. (20)

Rosenfield, J. A., S. Nolasco, S. Lindauer, C. Sandoval, and A. Kodric-Brown. 2004. The role of hybrid vigor in the replacement of Pecos pupfish by its hybrids with sheepshead minnow. *Conservation Biology* 18: 1589–1598. (10)

Rosenzweig, C., D. Karoly, M. Vicarelli, P. Neofotis, Q. Wu, G. Casassa, et al. 2008. Attributing physical and biological impacts to anthropogenic climate change. *Nature* 453: 353–358. (9)

Roux, D. J., J. L. Nel, P. J. Ashton, A. R. Deacon, F. C. de Moor, D. Hardwick, et al. 2008. Designing protected areas to conserve riverine biodiversity: lessons from the hypothetical redesign of Kruger National Park. *Biological Conservation* 141: 100–117. (16, 17)

Royal Society for the Protection of Birds (RSPB). 2010. *http://www.rspb.org* (20)

Ruane, J. 2000. A framework for prioritizing domestic animal breeds for conservation purposes at the national level: a Norwegian case study. *Conservation Biology* 14: 1385–1393. (14)

Rubbo, M. J. and J. M. Kiesecker. 2005. Amphibian breeding distribution in an urbanized landscape. *Conservation Biology* 19: 504–511. (18)

Ruiz-Perez, M., M. Almeida, S. Dewi, E.M.L. Costa, M. C. Pantoja, A. Puntodewo, et al. 2005. Conservation and development in Amazonian extractive reserves: the case of Alto Juruá. *Ambio* 34: 218–223. (20)

Russello, M. A. and G. Amato. 2007. On the horns of a dilemma: molecular approaches refine ex situ conservation in crisis. *Molecular Ecology* 16: 2405–2406. (14)

Rwego, I. B, G. Isabirye-Basuta, T. R. Gillespie, and T. L. Goldberg. 2008. Gastrointestinal bacterial transmission among humans, mountain gorillas, and livestock in Bwindi Impenetrable National Park, Uganda. *Conservation Biology* 22: 1600–1607. (10)

Saarinen, K., A. Valtonen, J. Jantunen, and S. Saarino. 2005. Butterflies and diurnal moths along road verges: does road type affect diversity and abundance? *Biological Conservation* 123: 403–412. (18)

Sachs, J. 2005. *The End of Poverty: Economic Possibilities for Our Time*. Penguin Group, East Rutherford, N.J. (22)

Sachs, J. D. 2008. *Common Wealth: Economics for a Crowded Planet*. Penguin Press, New York. (1, 4, 22)

Safina, C. and D. H. Klinger. 2008. Collapse of bluefin tuna in the Western Atlantic. *Conservation Biology* 22: 243–246. (10)

Sagarin, R. and A. Pauchard. 2009. Observational approaches in ecology open new ground in a changing world. *Frontiers in Ecology and the Environment* (online in advance of print) (12)

Sagoff, M. 2008. On the compatibility of a conservation ethic with biological science. *Conservation Biology* 21: 337–345. (6)

Sairam, R., S. Chennareddy, and M. Parani. 2005. OBPC Symposium: Maize 2004 & Beyond—plant regeneration, gene discovery, and genetic engineering of plants for crop improvement. *In Vitro Cellular and Developmental Biology—Plant* 41: 411. (5)

Salafsky, N., R. Margoluis, and K. H. Redford. 2001. *Adaptive Management: A Tool for Conservation Practitioners*. Biodiversity Support Program, Washington, D.C. (22)

Salafsky, N., R. Margoluis, K. H. Redford, and J. G. Robinson. 2002. Improving the practice of conservation: a conceptual framework and research agenda for conservation science. *Conservation Biology* 16: 1469–1479. (17)

Salm, R. V., J. R. Clark, and E. Siirila. 2000. *Marine and Coastal Protected Areas: A Guide for Planners and Managers*, 3rd ed. IUCN Marine Programme, Gland, Switzerland. (15)

Sánchez-Azofeifa, G. A., A. Pfaff, J. A. Robalino, and J. P. Boomhower. 2007. Costa Rica's payment for environmental services program: intention, implementation, and impact. *Conservation Biology* 21: 1165–1173. (5)

Sanderson, E., M. Jaiteh, M. A. Levy, K. H. Redford, A. V. Wannebo, and G. Woolmer. 2002. The human footprint and the last of the wild. *BioScience* 52: 891–904. (9)

Sanderson, E. W., K. H. Redford, B. Weber, K. Aune, D. Baldes, J. Berger, et al. 2008. The ecological future of the North American bison: conceiving long-term, large-scale conservation of wildlife. *Conservation Biology* 22: 252–266. (9)

Sandler, R. L. 2007. *Character and Environment: A Virtue-Oriented Approach to Environmental Ethics*. Columbia University Press, New York. (6)

Sandmeier, F. C., R. Tracey, S. duPré, and K. Hunter. 2009. Upper respiratory tract disease (URTD) as a threat to desert tortoise populations: a reevaluation. *Biological Conservation* 142: 1255–1268. (10)

Saterson, K. 2001. Government legislation and regulation. *In* S.A. Levin (ed.), *Encyclopedia of Biodiversity* 3: 233–246. Academic Press, San Diego, CA. (20)

Sauer, J. R., J. E. Fallon, and R. Johnson. 2003. Use of North American Breeding Bird Survey data to estimate population change for bird conservation regions. *Journal of Wildlife Management* 67: 372–389. (12)

Savenkoff, C., H. Bourdages, M. Castonguay, L. Morissette, D. Chabot, and M. O. Hammill. 2004. Input data and parameter estimates for ecosystem models of the northern Gulf of St. Lawrence (mid-1990s). *Canadian Technical Report of Fisheries and Aquatic Sciences* 2531: 5–93. (22)

Schaal, G., P. Rieraa, and C. Lerou. 2009. Trophic significance of the kelp Laminaria digitata (Lamour.) for the associated food web: a between-sites comparison. *Estuarine, Coastal and Shelf Science* 85: 565–572. (2)

Scheckenbach, F., K. Hausmann, C. Wylezich, M. Weitere, and H. Arndt. 2010. Large-scale patterns in biodiversity of microbial eukaryotes from the abyssal sea floor. *Proceedings of the National Academy of Sciences USA* 107: 115–120. (3)

Schellnhuber, H. J., J. Kokott, F. O. Beese, K. Fraedrich, P. Klemmer, L. Kruse-Graumann, et al. 2001. *World in Transition: Conservation and Sustainable Use of the Biosphere*. IUCN Earthscan, London. (18)

Schlaepfer, M. A., C. Hoover, and C. K. Dodd, Jr. 2005. Challenges in evaluating the impact of the trade in amphibians and reptiles on wild populations. *BioScience* 55: 256–262. (10)

Schlenker, W., and M. J. Roberts. 2009. Nonlinear temperature effects indicate severe damages to US crop yields under climate change. *Proceedings of the National Academy of Sciences USA* 106: 15594–15598. (9)

Schleuning, M. and D. Matthies. 2009. Habitat change and plant demography: assessing the extinction risk of a formerly common grassland perennial. *Conservation Biology* 23: 174–183. (11)

Schmidt-Soltau, K. 2009. Is the displacement of people from parks only "purported", or is it real? *Conservation and Society* 7: 46–55. (20)

Schmidtz, D. 2005. Using, respecting, and appreciating nature? *Conservation Biology* 19: 1672–1678. (6)

Schmit, J. P., G. M. Mueller, P. R. Leacock, J. L. Mata, Q. Wu, and Y. Huang. 2005. Assessment of tree species richness as a surrogate for macrofungal species richness. *Biological Conservation* 121: 99–110. (3)

Scholes, R. J., G. M. Mace, W. Turner, G. N. Geller, N. Jürgens, A. Larigauderie, et al. 2008. Toward a global biodiversity observing system. *Science* 321: 1044–1045. (12)

Schonewald-Cox, C. M. 1983. Conclusions: Guidelines to management: A beginning attempt. *In* C. M. Schonewald-Cox, S. M. Chambers, B. MacBryde and L. Thomas (eds.), *Genetics and Conservation: A Reference for Managing Wild Animal and Plant Populations*, pp. 414–445. Benjamin/Cummings, Menlo Park, CA. (16)

Schrott, G. R., K. A. With, and A. W. King. 2005. Demographic limitations on the ability of habitat restoration to rescue declining populations. *Conservation Biology* 19: 1181–1193. (11)

Schultz, C. B. and P. C. Hammond. 2003. Using population viability analysis to develop recovery criteria for endangered insects: case study of the Fender's blue butterfly. *Conservation Biology* 17: 1372–1385. (12)

Schulz, H. N., T. Brinkhoff, T. G. Ferdelman, M. H. Marine, A. Teske, and B. B. Jorgensen. 1999. Dense populations of a giant sulfur bacterium in Namibian shelf sediments. *Science* 284: 493–495. (11)

Schumann, M., L. H. Watson, and B. D. Schumann. 2008. Attitudes of Namibian commercial farmers toward large carnivores: the influence of conservancy membership. *South African Journal of Wildlife Research* 38: 123–132. (18)

Schwartz, M. W. 2003. Assessing population viability in long-lived plants. *In* I. T. Baldwin, M. M. Caldwell, G. Heldmaier, O. L. Lange, H. A. Mooney, E. D. Schulze, and U. Sommer (eds.), *Population Viability in Plants: Conservation, Management, and Modeling of Rare Plants*, pp. 239–266. Springer, Germany. (12)

Schwartz, M. W. 2008. The performance of the Endangered Species Act. *Annual Review of Ecology, Evolution, and Systematics* 39: 279–299. (20)

Schwartz, M. W., S. M. Hermann, and P. J. van Mantgem. 2000. Estimating the magnitude of decline of the Florida torreya (*Torreya taxifolia* Arn.). *Biological Conservation* 95: 77–84. (12)

Schwartzman, S. and B. Zimmerman. 2005. Conservation alliances with indigenous peoples of the Amazon. *Conservation Biology* 19: 721–727. (20)

Science and Spirit. 2001. *http://www.science-spirit.org* (6)

Scott, J. M., B. Csuti, and F. Davis. 1991. Gap analysis: an application of Geographic Information Systems for wildlife species. *In* D. J. Decker, M. E. Krasny, G. R. Goff, C. R. Smith, and D. W. Gross (eds.), *Challenges in the Conservation of Biological Resources: A Practitioner's Guide*, pp. 167–179. Westview Press, Boulder, CO. (15)

Scott, J. M., F. W. Davis, R. G. McGhie, R. G. Wright, C. Groves, and J. Estes. 2001. Nature reserves: do they capture the full range of America's biological diversity? *Ambio* 11: 999–1007. (16)

Scott, J. M., D. D. Goble, J. A. Wiens, D. S. Wilcove, M. Bean, and T. Male. 2005. Recovery of imperiled species under the Endangered Species Act: the need for a new approach. *Frontiers in Ecology and the Environment* 3: 383–389. (20)

Scott, J. M., R. T. Lackey, and J. L. Rachlow. 2008. The science-policy interface: what is an appropriate role for professional societies? *BioScience* 58: 865–869. (22)

Scott, J. M., J. L. Rachlow, R. T. Lackey, A. B. Pidgorna, J. L. Aycrigg, G. R. Feldman, et al. 2007. Policy advocacy in science: prevalence, perspectives, and implications for conservation biologists. *Conservation Biology* 21: 29–35. (22)

Scott, M. E. 1988. The impact of infection and disease on animal populations: implications for conservation biology. *Conservation Biology* 2: 40–56. (10)

Sea Shepherd Conservation Society. 2010. *http://www.seashepherd.org* (22)

Seastedt, T. R., R. J. Hobbs, and K. N. Suding. 2008. Management of novel ecosystems: are novel approaches required? *Frontiers in Ecology and the Environment* 6: 547–553. (19)

SEDAC: Socioeconomic Data and Applications Center. 2010. Environmental sustainability index. Columbia University, New York. *http://sedac.ciesin.columbia.edu/es/ESI* (4)

Seddon, P. J., D. P. Armstrong, and R. F. Maloney. 2007. Developing the science of reintroduction biology. *Conservation Biology* 21: 303–312. (13)

Seed Savers Exchange. 2009. *http://www.seedsavers.org* (14)

Seidel, R. A., B. K. Lang, and D. J. Berg. 2009. Phylogeographic analysis reveals multiple cryptic species of amphipods (Crustacea: Amphipoda) in Chihuahuan Desert springs. *Biological Conservation* 142: 2303–2313. (2)

Sekercioglu, C. H., S. H. Schneider, J. P. Fay, and S. R. Loarie. 2008. Climate change, elevational range shifts, and bird extinctions. *Conservation Biology* 22: 140–150. (8, 9, 16)

Sethi, P. and H. F. Howe. 2009. Recruitment of hornbill-dispersed trees in hunted and logged forests of the eastern Indian Himalaya. *Conservation Biology* 23: 710–718. (5)

Setty, R. S., K. Bawa, T. Ticktin, and C. M. Gowda. 2008. Evaluation of a participatory resource monitoring system for nontimber forest products: the case of amla (*Phyllanthus* spp.) fruit harvest by Soligas in South India. *Ecology and Society* 13: 19. (20, 22)

Shackeroff, J. M. and L. M. Campbell. 2007. Traditional ecological knowledge in conservation research: problems and prospects for their constructive engagement. *Conservation and Society* 5: 343–360. (20)

Shafer, C. L. 1997. Terrestrial nature reserve design at the urban/rural interface. *In* M. W. Schwartz (ed.), *Conservation in Highly Fragmented Landscapes*, pp. 345–378. Chapman and Hall, New York. (16)

Shafer, C. L. 1999. History of selection and system planning for U.S. natural area national parks and monuments: beauty and biology. *Biodiversity and Conservation* 8: 189–204. (15)

Shafer, C. L. 2001. Conservation biology trailblazers: George Wright, Ben Thompson, and Joseph Dixon. *Conservation Biology* 15: 332–344. (1, 16)

Shaffer, M. L. 1981. Minimum population sizes for species conservation. *BioScience* 31: 131–134. (11)

Shah, A. 2008. US and foreign aid assistance. *Global Issues. http://www.globalissues.org/article/35/us-and-foreign-aid assistance#RichNationsAgreedatUNto07ofGNPToAid* (21)

Shankar, K., A. Hiremath, and K. Bawa. 2005. Linking biodiversity conservation and livelihoods in India. *PLoS Biology* 3: 1879–1880. (20)

Shanks, N. 2004. *God, the Devil, and Darwin: A Critique of Intelligent Design Theory*. Oxford University Press, New York. (2)

Shanley, P. and C. López. 2009. Out of the loop: why research rarely reaches policy makers and the public and what can be done? *Biotropica* 41: 535–544. (22)

Shanley, P. and L. Luz. 2003. The impacts of forest degradation on medicinal plant use and implications for health care in eastern Amazonia. *BioScience* 53: 573–584. (4)

Shaver, D. J. and T. Wibbels. 2007. Head-starting Kemp's ridleys. *In* P. T. Plotkin (ed.), *Biology and Conservation of Ridley Sea Turtles*, pp. 297–319. Johns Hopkins University Press, Baltimore, MD. (13)

Sheikh, P. A. 2004. Debt-for-nature initiatives and the Tropical Forest Conservation Act: status and implementation. Congressional Research Service (CRS) Report for Congress, Washington, D.C. (21)

Shen, G., C. Feng, Z. Xie, Z. Ouyang, J. Li, and M. Pascal. 2008. Proposed conservation landscape for giant pandas in the Minshan Mountains, China. *Conservation Biology* 22: 1144–1153. (14)

Shi, H., A. Singh, S. Kant, Z. Zhu, and E. Waller. 2005. Integrating habitat status, human population pressure, and protection status into biodiversity conservation priority setting. *Conservation Biology* 19: 1273–1285. (15)

Shogren, J. F., J. Tschirhart, T. Anderson, A. W. Ando, S. R. Beissinger, D. Brookshire, et al. 1999. Why economics matters for endangered species protection. *Conservation Biology* 13: 1257–1261. (4)

Siche, J. R., F. Agostinho, E. Ortega, and A. Romeiro. 2008. Sustainability of nations by indices: comparative study between environmental sustainability index, ecological footprint and the energy performance indices. *Ecological Economics* 66: 628–637. (4)

Simberloff, D. S., J. A. Farr, J. Cox, and D. W. Mehlman. 1992. Movement corridors: conservation bargains or poor investments? *Conservation Biology* 6: 493–505. (16)

Simmons, R. E. 1996. Population declines, variable breeding areas and management options for flamingos in Southern Africa. *Conservation Biology* 10: 504–515. (12)

Sin, H. and A. Radford. 2007. Coquí frog research and management efforts in Hawaii. USDA National Wildlife Research Center Symposia: Managing Vertebrate Invasive Species. University of Nebraska, Lincoln, NE. (10)

Singer, F. J., L. C. Zeigenfuss, and L. Spicer. 2001. Role of patch size, disease, and movement in rapid extinction of bighorn sheep. *Conservation Biology* 15: 1347–1354. (11)

Singer, P. 1979. Not for humans only. *In* K. E. Goodpaster and K. M. Sayre (eds.), *Ethics and Problems of the Twenty-first Century*, pp. 191–206. University of Notre Dame, Notre Dame, IN. (6)

Sivinski, R. C. and C. McDonald. 2007. Knowlton's cactus (*Pediocactus knowltonii*): eighteen years of monitoring and recovery actions. New Mexico Forestry Division and USDA Forest Service, 98–107. (13)

Smart, S. M., R.G.H. Bunce, R. Marrs, M. LeDuc, L. G. Firbank, L. C. Maskell, et al. 2005. Large-scale changes in the abundance of common higher plant species across Britain between 1978, 1990, and 1998 as a consequence of human activity: tests of hypothesised changes in trait representation. *Biological Conservation* 124: 355–371. (12)

Smith, A. 1909. *An Inquiry into the Nature and Causes of the Wealth of Nations*. J. L. Bullock (ed.), P.F. Collier & Sons, New York. (4)

Smith, D. W., R. O. Peterson, and D. B. Houston. 2003. Yellowstone after wolves. *BioScience* 53: 330–340. (13)

Smith, V. H. and D. W. Schindler. 2009. Eutrophication science: where do we go from here? *Trends in Ecology and Evolution* 24: 201–207. (9)

Snelgrove, P.V.R. 2001. Marine sediments. *In* S. A. Levin (ed.). *Encyclopedia of Biodiversity*. Academic Press, San Diego, CA. (9)

Snow, A. A., D. A. Andow, P. Gepts, E. M. Hallerman, A. Power, J. M. Tiedje, et al. 2005. Genetically engineered organisms and the environment: current status and recommendations. *Ecological Applications* 15: 377–404. (10)

Soares-Filho, B. S, D. C. Nepstad, L. M. Curran, G. C. Cerqueira, R. A. Garcia, C. A. Ramos, et al. 2006. Modelling conservation in the Amazon basin. *Nature* 440: 520–523. (21)

Society for Conservation Biology. 2010. *http://www.conbio.org* (1)

Society for Ecological Restoration International. *http://www.ser.org* (19)

Society for the Conservation and Study of Caribbean Birds. *http://www.scscb.org* (22)

Sondergaard, M., E. Jeppesen, T. L. Lauridsen, C. Skov, E. H. van Nes, R. Roijackers, et al. 2007. Lake restoration: successes, failures and long-term effects. *Journal of Applied Ecology* 44: 1095–1105. (19)

Sorenson, L. G., P. E. Bradley, and A. H. Sutton. 2004. The West Indian whistling-duck and wetlands conservation project: a model for species and wetlands conservation and education. *The Journal of Caribbean Ornithology Special Issue* 72–80. (22)

Soulé, M. E. 1980. Thresholds for survival: maintaining fitness and evolutionary potential. *In* M. E. Soulé and B. A. Wilcox (eds.), *Conservation Biology: An Evolutionary-Ecological Perspective*, pp. 151–170. Sinauer Associates, Sunderland, MA. (2)

Soulé, M. E. 1985. What is conservation biology? *BioScience* 35: 727–734. (1)

Soulé, M. E. (ed.). 1987. *Viable Populations for Conservation*. Cambridge University Press, Cambridge. (14)

Soulé, M. E. and D. Simberloff. 1986. What do genetics and ecology tell us about the design of nature reserves? *Biological Conservation* 35: 19–40. (16)

Soulé, M. E. and J. Terborgh. 1999. *Continental Conservation: Scientific Foundations of Regional Reserve Networks*. Island Press, Washington, D.C. (16)

SourceWatch: Your Guide to the Names Behind the News. 2010. Monsanto and the roundup ready controversy. *http://www.sourcewatch.org* (10)

South African National Parks. 2010. *http://www.sanparks.org* (21)

Spalding, M. D., L. Fish, and L. J. Wood. 2008. Towards representative protection of the world's coasts and oceans—progress, gaps, and opportunities. *Conservation Letters* 1: 217–226. (15)

Spencer, C. N., B. R. McClelland, and J. A. Stanford. 1991. Shrimp stocking, salmon collapse and eagle displacement. *BioScience* 41: 14–21. (10)

Spielman, D., B. W. Brook, and R. Frankham. 2004. Most species are not driven to extinction before genetic factors impact them. *Proceedings of the National Academy of Sciences USA* 101: 15261–15264. (11)

Sponberg, A. F. 2009. Great Lakes: sailing to the forefront of national water policy? *BioScience* 59: 372. (19)

Srinivasan, J. T. and V. R. Reddy. 2009. Impact of irrigation water quality on human health: a case study in India. *Ecological Economics* 68: 2800–2807. (9)

Srinivasan, U. T., S. P. Carey, E. Hallstein, P.A.T. Higgins, A. C. Kerr, L. E. Koteen, et al. 2008. The debt of nations and the distribution of ecological impacts from human activities. *Proceedings of the National Academy of Sciences USA* 105: 1768–1773. (5, 21)

Stankey, G. H. and B. Shindler. 2006. Formation of social acceptability judgments and their implications for management of rare and little-known species. *Conservation Biology* 20: 28–37. (20)

Steadman, D. W., G. K. Pregill, and D. V. Burley. 2002. Rapid prehistoric extinction of iguanas and birds in Polynesia. *Proceedings of the National Academy of Sciences USA* 99: 3673–3677. (10)

Stein, B. A., L. S. Kutner, and J. S. Adams (eds.). 2000. *Precious Heritage: The Status of Biodiversity in the United States*. Oxford University Press, New York. (8, 9, 15, 20)

Stein, B. A., C. Scott, and N. Benton. 2008. Federal lands and endangered species: the role of the military and other federal lands in sustaining biodiversity. *BioScience* 58: 339–347. (18)

Stein, E. D., F. Tabatabai, and R. F. Ambrose. 2000. Wetland mitigation banking: a framework for crediting and debiting. *Environmental Management* 26: 233–250. (8)

Steinmetz, R., W. Chutipong, N. Seuaturien, E. Chirngsaard, and M. Khaengkhetkarn. 2010. Population recovery patterns of Southeast Asian ungulates after poaching. *Biological Conservation* 143: 42–51. (17)

Stem, C., R. Margoluis, N. Salafsky, and M. Brown. 2005. Monitoring and evaluation in conservation: a review of trends and approaches. *Conservation Biology* 19: 295–309. (20, 21)

Stocks, A. 2005. Too much for too few: problems of indigenous land rights in Latin America. *Annual Review of Anthropology* 34: 85–104. (22)

Stohlgren, T. J., D. A. Guenther, P. H. Evangelista, and N. Alley. 2005. Patterns of plant species richness, rarity, endemism, and uniqueness in an arid landscape. *Ecological Applications* 15: 715–725. (15)

Stokes, D. and P. Morrison. 2003. GIS-based conservation planning. *Conservation in Practice* 4: 38–41. (15)

Stokstad, E. 2007. Gambling on a ghost bird. *Science* 317: 888–892. (7)

Stokstad, E. 2009. Obama moves to revitalize Chesapeake Bay restoration. *Science* 324: 1138–1139. (19)

Stone, R. 2008. China's environmental challenges: Three Gorges Dam: into the unknown. *Science* 321: 628–632. (9, 21)

Strayer, D. L. 2009. Twenty years of zebra mussels: lessons from the mollusk that made headlines. *Frontiers in Ecology and the Environment* 7: 135–141. (10)

Struhsaker, T. T., P. J. Struhsaker, and K. S. Siex. 2005. Conserving Africa's rain forests: problems in protected areas and possible solutions. *Biological Conservation* 123: 45–54. (17, 20)

Stuart, S. N., J. S. Chanson, N. A. Cox, B. E. Young, A.S.L. Rodrigues, D. L. Fischman, et al. 2004. Status and trends of amphibian declines and extinctions worldwide. *Science* 306: 1783–1787. (8)

Suárez, E., M. Morales, R. Cueva, V. U. Bucheli, G. Zapata-Ríos, E. Toral, et al. 2009. Oil industry, wild meat trade and roads: indirect effects of oil extraction activities in a protected area in northeastern Ecuador. *Animal Conservation* 12: 364–373. (10)

Subashchandran, M. D. and T. V. Ramachandra. 2008. Social and ethical dimensions of environmental conservation. From *Environmental challenges of the 21st century—the role of academic institutions*. 17–18 October 2008, Government Arts and Sciences Colleges, Karwar, India. (1)

Suding, K. N., K. L. Gross, and G. R. Houseman. 2004. Alternative states and positive feedbacks in restoration ecology. *Trends in Ecology and Evolution* 19: 46–53. (19)

Suding, K. N. and R. J. Hobbs. 2009. Threshold models in restoration and conservation: a developing framework. *Trends in Ecology and Evolution* 24: 271–279. (19)

Sugarman, J. 2009. Environmental and community health: a reciprocal relationship. *Restorative Commons* 138–153. (19)

Sullivan, B., C. L. Wood, M. J. Iliff, R. E. Bonney, D. Fink, and S. Kelling. 2009. eBird: a citizen-based bird observation network in the biological sciences. *Biological Conservation* 142: 2282–2292. (22)

Sutherland, W.J., W.M. Adams, R.B. Aronson, R. Aveling, T.M. Blackburn, S. Broad, et al. 2009. One hundred questions of importance to the conservation of global biological diversity. *Conservation Biology* 23: 557–567. (22)

Sutherland, W. J., M. Clout, I. M. Côté, P. Daszak, M. H. Depledge, L. Fellman, et al. 2010. A horizon scan of global conservation issues for 2010. *Trends in Ecology and Evolution* 25: 1–6. (22)

Swanson, F. J., C. Goodrich, and K. D. Moore. 2008. Bridging boundaries: scientists, creative writers, and the long view of the forest. *Frontiers in Ecology and the Environment* 6: 499–504. (6, 22)

Swetnam, T. W., C. D. Allen, and J. L. Betancourt. 1999. Applied historical ecology: using the past to manage the future. *Ecological Applications* 9: 1189–1206. (19)

Switalski, T. A., J. A. Bissonette, T. H. DeLuca, C. H. Luce, and M. A. Madej. 2004. Benefits and impacts of road removal. *Frontiers in Ecology and the Environment* 2: 21–28. (19)

Szentiks, C. A., S. Kondgen, S. Silinski, S. Speck, and F. H. Leendertz. 2009. Lethal pneumonia in a captive juvenile chimpanzee (*Pan troglodytes*) due to human-transmitted human respiratory syncytial virus (HRSV) and infection with *Streptococcus pneumoniae*. *Journal of Medical Primatology* 38: 236–240. (10)

Szlávik, J. and M. Füle. 2009. Economic consequences of climate change. American Institute of Physics Conference Proceedings, Sustainability 2009: The Next Horizon 1157: 73–82. (22)

Tabarelli, M. and C. Gascon. 2005. Lessons from fragmentation research: improving management and policy guidelines for biodiversity conservation. *Conservation Biology* 19: 734–739. (16)

Tait, C. J., C. B. Daniels, and R. S. Hill. 2005. Changes in species assemblages within the Adelaide metropolitan area, Australia, 1836–2002. *Ecological Applications* 15: 346–359. (7)

Talberth, J., C. Cobb, and N. Slattery. 2007. *The Genuine Progress Indicator 2006: a tool for sustainable development*. Redefining Progress: The Nature of Economics, Oakland, CA. (4)

Tallis, H., R. Goldman, M. Uhl, and B. Brosi. 2009. Integrating conservation and development in the field: implementing ecosystem service projects. *Frontiers in Ecology and the Environment* 7: 12–20. (20)

Tallis, H. and S. Polasky. 2009. Mapping and valuing ecosystem services as an approach for conservation and natural-resource management. *Annals of the New York Academy of Sciences* 1162: 265–283. (15)

Taylor, M.F.J., K. F. Suckling, and J. J. Rachlinski. 2005. The effectiveness of the Endangered Species Act: a quantitative analysis. *BioScience* 55: 360–366. (20)

Teel, T. L. and M. J. Manfredo. 2010. Understanding the diversity of public interests in wildlife conservation. *Conservation Biology* 24: 128–139. (6)

Temple, S. A. 1991. Conservation biology: new goals and new partners for managers of biological resources. *In* D. J. Decker, M. Krasny, G. R. Goff, C. R. Smith, and D. W. Gross (eds.), *Challenges in the Conservation of Biological Resources: A Practitioner's Guide*, pp. 45–54. Westview Press, Boulder, CO. (1)

Terborgh, J., L. C. Davenport, and C. Van Schaik (eds.). 2002. *Making Parks Work: Identifying Key Factors to Implementing Parks in the Tropics*. Island Press, Covelo, CA. (17)

Thatcher, C. A., F. T. van Manen, and J. D. Clark. 2009. A habitat assessment for Florida panther population expansion into central Florida. *Journal of Mammalogy* 90: 918–925. (18)

Theobald, D. M. 2004. Placing exurban land-use change in a human modification framework. *Frontiers in Ecology and the Environment* 2: 139–144. (18)

Thiere, G., S. Milenkovski, P. E. Lindgren, G. Sahlén, O. Berglund, and S.E.B. Weisner. 2009. Wetland creation in agricultural landscapes: biodiversity benefits on local and regional scales. *Biological Conservation* 142: 964–973. (2)

Thiollay, J. M. 1989. Area requirements for the conservation of rainforest raptors and game birds in French Guiana. *Conservation Biology* 3: 128–137. (11)

Thomas, A. 1995. Genotypic inference with the Gibbs sampler. *In* J. Ballou, M. Gilpin, and T. J. Foose (eds.), *Population Management for Survival and Recovery*, pp. 261–272. Columbia University Press, New York. (14)

Thomas, C. D. and J.C.G. Abery. 1995. Estimating rates of butterfly decline from distribution maps: the effect of scale. *Biological Conservation* 73: 59–65. (12)

Thomas, J. A., M. G. Telfer, D. B. Roy, C. D. Preston, J.J.D. Greenwood, J. Asher, et al. 2004. Comparative losses of British butterflies, birds, and plants and the global extinction crisis. *Science* 303: 1879–1881. (7, 9)

Thomas, K. S. 1991. *Living Fossil: The Story of the Coelacanth*. Norton, New York. (3)

Thompson, D. M. and R. van Woesik. 2009. Corals escape bleaching in regions that recently and historically experienced frequent thermal stress. *Proceedings of the Royal Society B* 276: 2893–2901. (9)

Thompson, J. D., M. Gaudeul, and M. Debussche. 2010. Conservation value of site of hybridization in peripheral populations of rare plant species. *Conservation Biology* 24: 236–245. (2)

Thoreau, H. D. 1854. *Walden; or, Life in the Woods*. Ticknor and Fields, Boston. (6)

Thoreau, H. D. 1863. *Excursions*. Ticknor and Fields, Boston. (1)

Thoreau, H. D. 1971 (reprint). *Walden*. Princeton University Press, Princeton, NJ. (1)

Thoreau, H. D. 2009. *The Journal of Henry David Thoreau 1837–1861*. D. Searls (ed.). New York Review of Books Classics, New York. (6)

Thorp, J. H., J. E. Flotemersch, M. D. Delong, A. F. Casper, M. C. Thoms, F. Ballantyne, et al. 2010. Linking ecosystem services, rehabilitation, and river hydrogeomorphology. *BioScience* 60: 67–74. (5)

Tierney, G. L., D. Faber-Langendoen, B. R. Mitchell, W. G. Shriver, and J. P. Gibbs. 2009. Monitoring and evaluating the ecological integrity of forest ecosystems. *Frontiers in Ecology and the Environment* 7: 308–316. (2)

Tilman, D. 1999. The ecological consequences of change in biodiversity: a search for general principles. *Ecology* 80: 1455–1474. (5)

Timmer, V. and C. Juma. 2005. Biodiversity conservation and poverty reduction come together in the tropics: lessons learned from the Equator Initiative. *Environment* 47: 25–44. (20)

Tognelli, M. F., M. Fernández, and P. A. Marquet. 2009. Assessing the performance of the existing and proposed network of marine protected areas to conserve marine biodiversity in Chile. *Biological Conservation* 142: 3147–3153. (15)

Toledo, V. M. 2001. Indigenous peoples, biodiversity and. *In* S. A. Levin (ed.), *Encyclopedia of Biodiversity* 3: 451–464. Academic Press, San Diego, CA. (20)

Tomley, F. M. and M. W. Shirley. 2009. Livestock infection diseases and zoonoses. *Philosophical Transactions of the Royal Society B* 364: 2637–2642. (10)

Towne, E. G., D .C. Hartnett, and R. C. Cochran. 2005. Vegetation trends in tallgrass prairie from bison and cattle grazing. *Ecological Applications* 15: 1550–1559. (17)

Towns, D. R., R. Parrish, C. L. Tyrrell, G. T. Ussher, A. Cree, D. G. Newman, et al. 2007. Responses of tuatara (*Sphenodon punctatus*) to removal of introduced Pacific rats from islands. *Conservation Biology* 21: 1021–1031. (10)

Traffic: The Wildlife Trade Monitoring Network. 2008. *http://www.traffic.org* (10)

Traill, L.W., C.J.A. Bradshaw, and B. W. Brook. 2007. Minimum viable population size: a meta-analysis of 30 years of published estimates. *Biological Conservation* 139: 159–166. (11)

Traill, L. W., B. W. Brook, R. R. Frankham, and C.J.A. Bradshaw. 2010. Pragmatic population viability targets in a rapidly changing world. *Biological Conservation* 143: 28–34. (12)

Tree of Life Web Project. 2007. *http://www.tolweb.org* (2, 22)

Triantis, K., D. Nogues-Bravo, J. Hortal, A. V. Borges, H. Adsersen, J. Maria Fernandez-Palacios, et al. 2008. Measurements of area and the (island) species-area relationship: new directions for an old pattern. *Oikos* 117: 1555–1559. (7)

Troëng, S. and E. Rankin. 2005. Long-term conservation efforts contribute to positive green turtle *Chelonia mydas* nesting trend at Tortuguero, Costa Rica. *Biological Conservation* 121: 111–116. (20)

Turner, W. R. and D. S. Wilcove. 2006. Adaptive decision rules for the acquisition of nature reserves. *Conservation Biology* 20: 527–537. (11, 15, 16)

Tushabe, H., J. Kalema, A. Byaruhanga, J. Asasira, P. Ssegawa, A. Balmford, et al. 2006. A nationwide assessment of the biodiversity value of Uganda's Important Bird Areas network. *Conservation Biology* 20: 85–99. (15)

Tzoulas, K., K. Korpela, S. Venn, V. Yli-Pelkonen, A. Kaêmierczak, J. Niemela, et al. 2007. Promoting ecosystem and human health in urban areas using Green Infrastructure: a literature review. *Landscape and Urban Planning* 81: 167–178. (19)

U.S. Census Bureau. *http://www.census.gov* (1)

U.S. EPA Environmental Education (EE). 2010. *http://www.epa.gov/enviroed* (5)

U.S. Fish and Wildlife Service (USFWS) and S. C. Nodvin. 2008. Arctic National Wildlife Refuge, United States. *In* C. J. Cleveland (ed.), *Encyclopedia of Earth*. Environmental Information Coalition, National Council for Science and the Environment, Washington, D.C. *http://www.eoearth.org/article/Arctic_National_Wildlife_Refuge%2C_United_States* (17)

U.S. National Park Service. 2009. National Park of American Samoa. *http://www.nps.gov/npsa/index.htm* (20)

Underwood, J. N., L. D. Smith, M.J.H. van Oppen, and J. P. Gilmour. 2009. Ecologically relevant dispersal of corals on isolated reefs: implications for managing resilience. *Ecological Applications* 19: 18–29. (15)

UNESCO. 2010. *http://www.unesco.org* (20)

UNESCO World Heritage Centre. 2010. *http://whc.unesco.org* (15, 21)

Union of Concerned Scientists: Citizens and Scientists for Environmental Solutions. 2009. *http://www.ucsusa.org* (9)

United Nations. 1993a. *Agenda 21: Rio Declaration and Forest Principles*. Post-Rio Edition. United Nations Publications, New York. (21)

United Nations. 1993b. *The Global Partnership for Environment and Development*. United Nations Publications, New York. (21)

United Nations Department of Economic and Social Affairs, Population Division. *http://www.un.org/esa/population* (9)

United Nations Development Programme. 2006. *http://www.undp.org* (9)

Uthicke, S., B. Schaffelke, and M. Byrne. 2009. A boom-bust phylum? Ecological and evolutionary consequences of density variations in echinoderms. *Ecological Monographs* 79: 3–24. (10)

Valdés, L., W. Peterson, J. Church, K. Brander, and M. Marcos. 2009. Our changing oceans: conclusions of the first international symposium on the effects of climate change on the world's oceans. *ICES Journal of Marine Science* 66: 1435–1438. (9)

Valeila, I., and P. Martinetto. 2007. Changes in bird abundance in eastern North America: urban sprawl and global footprint? *BioScience* 57: 360–370. (9)

Valentini, A., F. Pompanon, and P. Taberlet. 2009. DNA barcoding for ecologists. *Trends in Ecology and Evolution* 24: 110–117. (2)

van de Kerk, G., A. R. Manuel, and G. Douglas. 2009. Sustainable Society Index. *In* C. J. Cleveland (ed.), *Encyclopedia of Earth*. Environmental Information Coalition, National Council for Science and the Environment, Washington, D.C. *http://www.eoearth.org/article/Sustainable_Society_Index* (4)

van Gemerden, B. S., R. S. Etienne, H. Olff, P.W.F.M. Hommel, and F. van Langevelde. 2005. Reconciling methodologically different biodiversity assessments. *Ecological Applications* 15: 1747–1760. (15)

Van Heezik, Y. and P. J. Seddon. 2005. Structure and content of graduate wildlife management and conservation biology programs: an international perspective. *Conservation Biology* 19: 7–14. (1, 22)

van Kooten, G. C. 2008. Protecting the African elephant: a dynamic bioeconomic model of ivory trade. *Biological Conservation* 141: 2012–2022. (21)

van Kooten, G. C. and B. Sohngen. 2007. Economics of forest ecosystem carbon sinks: a review. Working Paper 2007–02, Resource Economics and Policy Analysis (REPA) Research Group, Department of Economics, University of Victoria, British Columbia. (4, 5)

Van Turnhout, C.A.M., R.P.B. Foppen, R.S.E.W. Leuven, A. Van Strien, and H. Siepel. 2010. Life-history and ecological correlates of population change in Dutch breeding birds. *Biological Conservation* 143: 173–181. (8)

Vaughn, C. C. 2010. Biodiversity losses and ecosystem function in freshwaters: emerging conclusions and research directions. *BioScience* 60: 25–35. (2)

Venter, O., J.E.M. Watson, E. Meijaard, W. F. Laurance, and H. P. Possingham. 2010. Avoiding unintended outcomes from REDD. *Conservation Biology* 24: 5–6. (5)

Vergeer, P., E. Sonderen, and N. J. Ouborg. 2004. Introduction strategies put to the test: local adaptation versus heterosis. *Conservation Biology* 18: 812–821. (13)

Verhoeven, J.T.A., B. Arheimer, C. Yin, and M. M. Hefting. 2006. Regional and global concerns over wetlands and water quality. *Trends in Ecology and Evolution* 21: 96–103. (17)

Vermonden, K., R.S.E.W. Leuven, G. van der Velde, M. M van Katwijk, J.G.M. Roelofs, and A. J. Hendriks. 2009. Urban drainage systems: an undervalued habitat for aquatic macroinvertebrates. *Biological Conservation* 142: 1105–1115. (18)

Verstraete, M. M., R. J. Scholes, and M. S. Smith. 2009. Climate and desertification: looking at an old problem through new lenses. *Frontiers in Ecology and the Environment* 7: 421–428. (9)

Veteto, J. R. 2008. The history and survival of traditional heirloom vegetable varieties in the southern Appalachian Mountains of western North Carolina. *Agriculture and Human Values* 25: 121–134. (7)

Vilas, C., E. San Miguel, R. Amaro, and C. Garcia. 2006. Relative contribution of inbreeding depression and eroded adaptive diversity to extinction risk in small populations of shore campion. *Conservation Biology* 20: 229–238. (13)

Vistnes, I. I., C. Nellemann, P. Jordhøy, and O. Støen. 2008. Summer distribution of wild reindeer in relation to human activity and insect stress. *Polar Biology* 31: 1307–1317. (9)

Vitt, P., K. Havens, A. T. Kramer, D. Sollenberger, and E. Yates. 2010. Assisted migration of plants: changes in latitudes, changes in attitudes. *Biological Conservation* 143: 18–27. (14)

Vonholdt, B. M., D. R. Stahler, D. W. Smith, D. A. Earl, J. P. Pollinger, and R. K. Wayne. 2008. The geneaology and genetic viability of reintroduced Yellowstone grey wolves. *Molecular Ecology* 17: 252–274. (13)

Vredenburg, V. T. 2004. Reversing introduced species effects: experimental removal of introduced fish leads to rapid recovery of a declining frog. *Proceedings of the National Academy of Sciences USA* 101: 7646–7650. (10)

Wadt, L.H.O., K. A. Kainer, C. L. Staudhammer, and R.O.P. Serrano. 2008. Sustainable forest use in Brazilian extractive reserves: natural regeneration of Brazil nut in exploited populations. *Biological Conservation* 141: 332–346. (20)

Wagner, K. I., S. K. Gallagher, M. Hayes, B. A. Lawrence, and J. B. Zedler. 2008. Wetland restoration in the new millennium: do research efforts match opportunities? *Restoration Ecology* 16: 367–372. (19)

Wake, D. B. and V. T. Vredenburg. 2008. Are we in the midst of the sixth mass extinction? A view from the world of amphibians. *Proceedings of the National Academy of Sciences USA* 105: 11466–11473. (7)

Walker, B. G., P. D. Boersma, and J. C. Wingfield. 2005. Physiological and behavioral differences in Magellanic penguin chicks in undisturbed and tourist-visited locations of a colony. *Conservation Biology* 19: 1571–1577. (5)

Wallace, K., J. Callaway, and J. Zedler. 2005. Evolution of tidal creek networks in a high sedimentation environment: a 5-year experiment at Tijuana Estuary, California. *Estuaries* 28: 795–811. (19)

Wallach, A. D., B. Murray, and A. J. O'Neill. 2009. Can threatened species survive where the top predator is absent? *Biological Conservation* 142: 43–52. (2)

Walther, G. R., A. Roques, P. E. Hulme, M. T. Sykes, P. Pysek, I. Kühn, et al. 2009. Alien species in a warmer world: risks and opportunities. *Trends in Ecology and Evolution* 24: 686–693. (10)

Waples, R. S., D. J. Teel, J. Myers, and A. Marshall. 2004. Life history divergence in Chinook salmon: historic contingency and parallel evolution. *Evolution* 58: 386–403. (13)

Ward, P. 2004. The father of all mass extinctions. *Conservation* 5: 12–17. (7)

Warkentin, I. G., D. Bickford, N. S. Sodhi, and C.J.A. Bradshaw. 2009. Eating frogs to extinction. *Conservation Biology* 23:1056–1059. (10)

Warren, M. S. 1991. The successful conservation of an endangered species, the heath fritillary butterfly *Mellicta athalia*, in Britain. *Biological Conservation* 55: 37–56. (17)

Wasser, S. K., W. J. Clark, O. Drori, E. S. Kisamo, C. Mailand, B. Mutayoba, et al. 2008. Combating the illegal trade in African elephant ivory with DNA forensics. *Conservation Biology* 22: 1065–1071. (2)

Wasser, S. K., B. Clark, and C. Laurie. 2009. The ivory trail. *Scientific American* 301(1): 68–76. (21)

Wasser, S. K., C. Mailand, R. Booth, B. Mutayoba, E. Kisamo, B. Clark, et al. 2007. Using DNA to track the origin of the largest ivory seizure since the 1989 trade ban. *Proceedings of the National Academy of Sciences USA* 104: 4228–4333. (21)

Waters, S. S. and O. Ulloa. 2007. Preliminary survey on the current distribution of primates in Belize. *Neotropical Primates* 14: 80–82. (20)

Wayne, R. K. and P. A. Morin. 2004. Conservation genetics in the new molecular age. *Frontiers in Ecology and the Environment* 2: 89–97. (11)

Weis, J. S. and C.J. Cleveland. 2008. DDT. *In* C. J. Cleveland (ed.), *Encyclopedia of Earth*. Environmental Information Coalition, National Council for Science and the Environment, Washington, D.C. *http://www.eoearth.org/article/DDT* (9)

Wells, M. P. and T. O. McShane. 2004. Integrating protected area management with local needs and aspirations. *Ambio* 33: 513–519. (17)

West, P. and D. Brockington. 2006. An anthropological perspective on some unexpected consequences of protected areas. *Conservation Biology* 20: 609–616. (18, 20)

Western, D. 1989. Conservation without parks: wildlife in the rural landscape. *In* D. Western and M. Pearl (eds.), *Conservation for the Twenty-first Century*, pp. 158–165. Oxford University Press, New York. (18)

Western, D., R. Groom, and J. Worden. 2009. The impact of subdivision and sedentarization of pastoral lands on wildlife in an African savanna ecosystem. *Biological Conservation* 142: 2538–2546. (18)

Western and Central Pacific Fisheries Commission (WCPFC). 2009. *http://www.wcpfc.int* (21)

White, P. S. 1996. Spatial and biological scales in reintroduction. *In* D. A. Falk, C. I. Millar, and M. Olwell (eds.), *Restoring Diversity: Strategies for Reintroduction of Endangered Plants*, pp. 49–86. Island Press, Washington, D.C. (12)

White, R. P., S. Murray, and M. Rohweder. 2000. *Pilot Assessment of Global Ecosystems: Grassland Ecosystems*. World Resources Institute, Washington, D.C. (9)

White, T., J. A. Collazo, and F. J. Vilella. 2005. Survival of captive-reared Puerto Rican parrots released in the Caribbean National Forest. *The Condor* 107: 424–432. (14)

Whittier, T. R., P. L. Ringold, A. T. Herlihy, and S. M. Pierson. 2008. A calcium-based invasion risk assessment for zebra and quagga mussels (*Driessena* spp). *Frontiers in Ecology and the Environment* 6: 180–184. (10)

Wiersma, Y. F. 2007. The effect of target extent on the location of optimal protected areas networks in Canada. *Landscape Ecology* 22: 1477–1487. (16)

Wiersma, Y. F., T. D. Nudds, and D. H. Rivard. 2004. Models to distinguish effects of landscape patterns and human population pressures associated with species loss in Canadian national parks. *Landscape Ecology* 19: 773–786. (16)

Wikström, L., P. Milberg, and K. Bergman. 2008. Monitoring of butterflies in semi-natural grasslands: diurnal variation and weather effects. *Journal of Insect Conservation* 13: 203–211. (12)

Wilcove, D. S., M. J. Bean, B. Long, W. J. Snape, III, B. M. Beehler, and J. Eisenberg. 2004. The private side of conservation. *Frontiers and Ecology and the Environment* 2: 326–331. (18)

Wilcove, D. S. and L. L. Master. 2005. How many endangered species are there in the United States? *Frontiers in Ecology and the Environment* 3: 414–420. (9)

Wilcove, D. S., M. McMillan, and K. C. Winston. 1993. What exactly is an endangered species? An analysis of the U.S. Endangered Species List: 1985–1991. *Conservation Biology* 7: 87–93. (20)

Wilcove, D. S. and M. Wikelski. 2008. Going, going, gone: is animal migration disappearing? *PLoS Biology* 6: 1361–1364. (8, 16)

Wild, R. and C. McLeod (eds.). 2008. *Sacred natural sites: guidelines for protected area managers*. IUCN Task Force on the Cultural and Spiritual Values of Protected Areas. Thanet Press Ltd., Margate, UK. (9)

Wildlands Network: Reconnecting Nature in North America. *http://www.wildlandsproject.org* (15)

Wildt, D. E., P. Comizzoli, B. Pukazhenthi, and N. Songsasen. 2009. Lessons from biodiversity—the value of nontraditional species to advance reproductive science, conservation, and human health. *Molecular Reproduction and Development* 77: 397–409. (14)

Wilhere, G. F. 2008. The how-much-is-enough myth. *Conservation Biology* 22: 514–517. (11)

Wilkie, D. S., G. A., Morelli, J. Demmer, M. Starkey, P. Telfer, and M. Steil. 2006. Parks and people: assessing the human welfare effects of establishing protected areas for biodiversity conservation. *Conservation Biology* 20: 247–249. (17)

Willi, Y., M. van Kleunen, S. Dietrich, and M. Fischer. 2007. Genetic rescue persists beyond first-generation outbreeding in small populations of a rare plant. *Proceedings of the Royal Society B* 274: 2357–2364. (11)

Williams, P., D. Gibbons, C. Margules, A. Rebelo, C. Humphries, and R. Pressey. 1996. A comparison of richness hotspots, rarity hotspots and complementary areas for conserving the diversity of British birds. *Conservation Biology* 10: 155–174. (15)

Williams, S. E. and E. A. Hoffman. 2009. Minimizing genetic adaptation in captive breeding programs: a review. *Biological Conservation* 142: 2388–2400. (14)

Willis, C. G., B. Ruhfel, R. B. Primack, A. J. Miller-Rushing, and C. C. Davis. 2008. Phylogenetic patterns of species loss in Thoreau's woods are driven by climate change. *Proceedings of the National Academy of Sciences USA* 105: 17029–17033. (7, 9)

Wilson, E. O. 1989. Threats to biodiversity. *Scientific American* 261(3): 108–116. (7)

Wilson, E. O. 1992. *The Diversity of Life*. The Belknap Press of Harvard University Press, Cambridge, MA. (3)

Wilson, E. O. 2003. The encyclopedia of life. *Trends in Ecology and Evolution* 18: 77–80. (2)

Wilson, J.R.U., E. E. Dormontt, P. J. Prentis, A. J. Lowe, and D. M. Richardson. 2009. Something in the way you move: dispersal pathways affect invasion success. *Trends in Ecology and Evolution* 24: 136–144. (10)

Wilson, K. A., J. Cawardine, and H. P. Possingham. 2009. Setting conservation priorities. *Annals of the New York Academy of Sciences* 1162: 237–264. (21)

Winchell, C. S. and P. F. Doherty, Jr. 2008. Using California gnatcatcher to test underlying models in habitat conservation plans. *Journal of Wildlife Management* 72: 1322–1327. (20)

Winker, K. 2009. Reuniting phenotype and genotype in biodiversity research. *BioScience* 59: 657–665. (2)

Wirzba, N. 2003. *The Paradise of God: Renewing Religion in an Ecological Age*. Oxford University Press, Oxford, UK. (6)

Wittemyer, G., P. Elsen, W. T. Bean, A. Coleman, O. Burton and J. S. Brashares. 2008. Accelerated human population growth at protected area edges. *Science* 321: 123–126. (17)

Wofford, J.E.B., R. E. Gresswell, and M. A. Banks. 2005. Influence of barriers to movement on within-watershed genetic variation of coastal cutthroat trout. *Ecological Applications* 15: 628–637. (2, 11)

Woodhams, D. C. 2009. Converting the religious: putting amphibian conservation in context. *BioScience* 59: 463–464. (6)

Wooldridge, S. A. and T. J. Done. 2009. Improved water quality can ameliorate effects of climate change on corals. *Ecological Applications* 19: 1492–1499. (9)

World Bank. 2005. *Going, Going, Gone: The Illegal Trade in Wildlife in East and Southeast Asia*. Environment and Social Development Department East Asia and Pacific Region Discussion Paper. The World Bank, Washington, D.C. (21)

World Bank. 2006. *Mountains to Coral Reefs – The World Bank and Biodiversity 1988–2005*. World Bank, Washington, D.C. (21)

World Bank. 2010. *http://www.worldbank.org* (21)

World Commission on Environment and Development (WCED). 1987. *Our Common Future*. Oxford University Press, Oxford, UK. (1)

World Database on Protected Areas. *http://www.wdpa.org* (15)

World Resources Institute (WRI) Earth Trends: Environmental Information. 2007. *http://earthtrends.wri.org* (15)

World Resources Institute (WRI): Working at the Intersection of Environment and Human Needs. *http://www.wri.org* (15)

World Resources Institute (WRI). 1998. *World Resources 1998–1999*. Oxford University Press, New York. (7)

World Resources Institute (WRI). 2000. *World Resources 2000–2001*. World Resources Institute, Washington, D.C. (8, 9)

World Resources Institute (WRI). 2003. *World Resources 2002–2004: Decisions for the Earth: balance, voice, and power*. World Resources Institute, Washington, D.C. (4, 20, 21, 22)

World Resources Institute (WRI). 2005. *World Resources 2005: The Wealth of the Poor—Managing Ecosystems to Fight Poverty*. World Resources Institute, Washington, D.C. (4, 10, 18)

World Trade Organization. 2009. *World Trade Report 2009: Trade Policy Commitments and Contingency Measures*. Switzerland. (21)

World Wildlife Fund (WWF). 1999. *Religion and Conservation*. Full Circle Press, New Delhi, India. (6)

World Wildlife Fund (WWF) International. *http://www.panda.org* (20, 21)

World Wildlife Fund (WWF) and M. McGinley. 2007a. Cauca Valley dry forests. *In* C. J. Cleveland (ed.), *Encyclopedia of Earth*. Environmental Information Coalition, National Council for Science and the Environment, Washington, D.C. *http://www.eoearth.org/article/Cauca_Valley_dry_forests* (20)

World Wildlife Fund (WWF) and M. McGinley. 2007b. Pantanal. *In* C. J. Cleveland (ed.), *Encyclopedia of Earth*. Environmental Information Coalition, National Council for Science and the Environment, Washington, D.C. *http://www.eoearth.org/article/Pantanal* (21)

World Wildlife Fund (WWF) and M. McGinley. 2009. Central American dry forests. *In* C. J. Cleveland (ed.), *Encyclopedia of Earth*. Environmental Information Coalition, National Council for Science and the Environment, Washington, D.C. *http://www.eoearth.org/article/Central_American_dry_forests* (9)

Worldwatch Institute. 2008. Making better energy choices. *http://www.worldwatch.org* (1)

Wrangham, R. and E. Ross (eds.). 2008. *Science and Conservation in African Forests: The Benefits of Long-Term Research*. Cambridge University Press, Cambridge, MA. (22)

Wright, R., J. M. Scott, S. Mann, and M. Murray. 2001. Identifying unprotected and potentially at risk plant communities in the western USA. *Biological Conservation* 98: 97–106. (15)

Wright, S. 1931. Evolution in Mendelian populations. *Genetics* 16: 97–159. (11)

Wright, S. J., G. A. Sanchez-Azofeifa, C. Portillo-Quintero, and D. Davies. 2007. Poverty and corruption compromise tropical forest reserves. *Ecological Applications* 17: 1259–1266. (15)

Wright, S. J., H. Zeballos, I. Domínguez, M. M. Gallardo, M. C. Moreno, and R. Ibáñez. 2000. Poachers alter mammal abundance, seed dispersal, and seed predation in a Neotropical forest. *Conservation Biology* 14: 227–239. (17)

Wu, J. and R. J. Hobbs (eds.). 2009. *Key Topics in Landscape Ecology*. Cambridge University Press, Cambridge, UK. (16)

Wunder, S., B. Campbell, P.G.H. Frost, J. A. Sayer, R. Iwan, and L. Wollenberg. 2008. When donors get cold feet: the community conservation concession in Setulang (Kalimantan, Indonesia) that never happened. *Ecology and Society* 13: 12. (20)

WWF/World Bank Alliance. 2010. *http://www.worldwildlife.org/what/globalmarkets/forests/worldbankalliance.html* (21)

Wyman, M. S. and T. V. Stein. 2009. Modeling social and land-use/land-cover change data to assess drivers of smallholder deforestation in Belize. *Applied Geography* In press. (16)

Xie, S. G., Z. J. Li, J. S. Liu, S. Q. Xie, H. Z. Wang, and B. R. Murphy. 2007. Fisheries of the Yangtze River show immediate impacts of the Three Gorges Dam. *Fisheries* 32: 343–344. (21)

Xu, H., J. Wu, Y. Liu, H. Ding, M. Zhang, Y. Wu, et al. 2008. Biodiversity congruence and conservation strategies: a national test. *BioScience* 58: 632–639. (3)

Yamaoko, K., H. Moriyama, and T. Shigematsu. 1977. Ecological role of secondary forests in the traditional farming area in Japan. *Bulletin of Tokyo University* 20: 373–384. (16)

Yamaura, Y., T. Kawahara, S. Iida, and K. Ozaki. 2008. Relative importance of the area and shape of patches to the diversity of multiple taxa. *Conservation Biology* 22: 1513–1522. (16)

Yang, S. L., J. Zhang, and X. J. Xu. 2007. Influence of the Three Gorges Dam on downstream delivery of sediment and its environmental implications, Yangtze River. *Geophysical Research Letters* 34: L10401. (21)

Yanites. B., R. H. Webb, P. G. Griffiths, and C. S. Magirl. 2006. Debris flow deposition and reworking by the Colorado River in Grand Canyon, Arizona. *Water Resources Research* 42: W11411. (19)

Yodzis, P. 2001. Trophic levels. *In* S. A. Levin (ed.), *Encyclopedia of Biodiversity*, vol. 5, pp. 695–700. Academic Press, San Diego, CA. (2)

Young, T. P. 1994. Natural die-offs of large mammals: implications for conservation. *Conservation Biology* 8: 410–418. (11)

Young T. P., T. M. Palmer, and M. E. Gadd. 2005. Competition and compensation among cattle, zebras, and elephants in a semi-arid savanna in Laikipia, Kenya. *Biological Conservation* 112: 251–259. (18)

Zabel, A. and B. Roe. 2009. Optimal design of pro-conservation incentives. *Ecological Economics* 69: 126–134. (20)

Zabel, R. W., M. D. Scheuerell, M. M. McClure, and J. G. Williams. 2006. The interplay between climate variability and density dependence in the population viability of Chinook salmon. *Conservation Biology* 20: 190–200. (12)

Zahler, P. 2003. Top-down meets bottom-up: conservation in a post-conflict world. *Conservation in Practice* 4: 23–29. (17)

Zaradic, P. A., O.R.W. Pergams, and P. Kareiva. 2009. The impact of nature experience on willingness to support conservation. *PLoS One* 4: e7367. (21)

Zarin, D. J., M. D. Schulze, E. Vidal, and M. Lentini. 2007. Beyond reaping the first harvest: management objectives for timber production in the Brazilian Amazon. *Conservation Biology* 21: 916–925. (17, 18)

Zavaleta, E., D. C. Miller, N. Salafsky, E Fleishman, M. Webster, B. Gold, et al. 2008. Enhancing the engagement of U.S. private foundations with conservation science. *Conservation Biology* 22: 1477–1484. (16, 21)

Zedler, J. B. 2005. Restoring wetland plant diversity: a comparison of existing and adaptive approaches. *Wetlands Ecology and Management* 13: 5–14. (19)

Zeilhofera, P. and R. M. de Mourab. 2009. Hydrological changes in the northern Pantanal caused by the Manso dam: impact analysis and suggestions for mitigation. *Ecological Engineering* 35: 105–117. (21)

Zerah, M. H. 2007. Conflict between green space preservation and housing needs: the case of the Sanjay Gandhi National Park in Mumbai. *Cities* 24: 122–132. (17)

Zhang, Y., S. Tachibana, and S. Nagata. 2006. Impact of socio-economic factors on the changes in forest areas in China. *Forest Policy and Economics* 9: 63–76. (9)

Zhao, S., L. Da, Z. Tang, H. Fang, K. Song, and J. Fang. 2006. Ecological consequences of rapid urban expansion: Shanghai, China. *Frontiers in Ecology and the Environment* 4: 341–346. (9)

Zhu, Y. Y., Y. Y. Wang, H. R. Che, and B. R. Lu. 2003. Conserving traditional rice varieties through management for crop diversity. *BioScience* 53: 158–162. (20)

Zimmerer, K. S. 2006. Cultural ecology: at the interface with political ecology – the new geographies of environmental conservation and globalization. *Progress in Human Geography* 30: 63–78. (20)

Zimmermann, A., M. Hatchwell, L. Dickie, and C. D. West (eds.) 2008. *Zoos in the 21st Century: Catalysts for Conservation*. Cambridge University Press, Cambridge. (14)

Zonneveld, I. S. and R. T. Forman (eds.). 1990. *Changing Landscapes: An Ecological Perspective*. Springer-Verlag, New York. (16)

Zoological Society of London (ZSL). *http://www.zsl.org* (10)

Zydelis, R., B. P. Wallace, E. L. Gilman, and T. B. Werner. 2009. Conservation of marine megafauna through minimization of fisheries bycatch. *Conservation Biology* 23: 608–616. (10)

翻译版增加的参考文献

蒋志刚，李春旺，曾岩 . 2006. 麋鹿的交配制度、交配计策与有效种群 . 生态学报，26: 2255-2260.

李志刚，魏辅文，周江 . 2010. 海南长臂猿线粒体 D-loop 区序列分析及种群复壮 . 生物多样性，18: 523-527.

梁清华 . 2008. 藏羚羊就地保护的现状调查 . 环境保护，20: 51-53.

卢志军，马克平 . 2004. 地形因素对外来入侵种紫茎泽兰的影响 . 植物生态学报，28: 761-767.

汪松，解焱 . 2004. 中国物种红色名录（第一卷 红色名录）. 北京：高等教育出版社 .

卫智军，李青丰，贾鲜艳，杨静 . 2003. 矿业废弃地的植被恢复与重建 . 水土保持学报，17: 172-176.

徐海根，王建民，强胜，王久永 . 2004.《生物多样性公约》热点研究：外来物种入侵、生物安全、遗传资源 . 北京：科学出版社 .

于长青 . 1996. 麋鹿的遗传多样性现状与保护对策 . 生物多样性，4: 130-134.

张殷波，苑虎，喻梅 . 2011. 国家重点保护野生植物受威胁等级的评估 . 生物多样性 19: 57-62.

Andam K S, Ferraro P J, Pfaff A, Sanchez-Azofeifa G A, Robalino J A. 2008. Measuring the effectiveness of protected area networks in reducing deforestation. *Proceedings of the National Academy of Sciences of USA*, 105 (42): 16089-16094

Branton M, Richardson J S. 2011. Assessing the Value of the Umbrella-species concept for conservation planning with meta-analysis. *Conservation Biology*, 25 (1): 9-20.

David G H, Stephen G W, Willis G, Pain D J, Fishpool L D, Butchart S H M, Collingham Y C, Rahbek C, Huntley B. 2009. Projected impacts of climate change on a continent-wide protected area network. *Ecology Letters*, 12 (5): 420-431.

Gaston K J, Jackson S F, Cantu-Salazar L, Cruz-Pinon G. 2008. The ecological performance of protected areas. *Annual Review of Ecology, Evolution, and Systematics*, 39 (1): 93-113.

Geldmann J, Barnes M, Coad L, Craigie I D, Hockings M, Burgess N D. 2013. Effectiveness of terrestrial protected areas in reducing habitat loss and population declines. *Biological Conservation*, 161: 230-238.

He F L. 2009. Price of prosperity: economic development and biological conservation in China. *Journal of Applied Ecology*, 46: 511-515.

Huang J H, Chen J H, Ying J S, Ma K P. 2011. Features and distribution patterns of Chinese endemic seed plant species. *Journal of Systematics and Evolution*, 49: 81-94.

Jones-Walters L, Čivić K. 2013. European protected areas: past, present and future. *Journal for Nature Conservation*, 21 (2): 122-124.

Joppa L N, Loarie S R, Pimm S L. 2008. On the protection of "protected areas". *Proceedings of the National Academy of Sciences of USA*,

105(18): 6673-6678.

Li Y M, Wilcove D S. 2005. Threats to vertebrate species in China and the United States. *BioScience* 55: 148-153.

Liu Z H, Jiang H S. 1989. Population structure of Hylobates concolor in Bawangling Nature Reserve, Hainan, China. *American Journal of Primatology*, 9: 247-254.

Liu S S, de Barro P J, Xu J, Luan J B, Zang L S, Ruan Y M, Wan F H. 2007. Asymmetric mating interactions drive widespread invasion and displacement in a whitefly. *Science*, 318: 1769-1772.

McCarthy M A, Thompson C J, Williams N G. 2006. Logic for designing nature reserves for multiple species. *The American Naturalist*, 167(5): 717-727.

Mcintire E B, Schultz C B, Crone E. 2007. Designing a network for butterfly habitat restoration: where individuals, populations and landscapes interact. *Journal of Applied Ecology*, 44(4): 725-736.

McLeod E, Salm R, Green A, Almany J. 2009. Designing marine protected area networks to address the impacts of climate change. *Frontiers in Ecology and the Environment* 7(7): 362-370.

Miller J R, Morton L W, Engle D M, Debinski D M, Harr R N. 2012. Nature reserves as catalysts for landscape change. *Frontiers in Ecology and the Environment*, 10(3): 144-152.

Moilanen A. 2007. Landscape Zonation, benefit functions and target-based planning: Unifying reserve selection strategies. *Biological Conservation*, 134(4): 571-579.

Newbold S C, Siikamaki J. 2009. Prioritizing conservation activities using reserve site selection methods and population viability analysis. *Ecological Applications*, 19(7): 1774-1790.

Rouget M, Cowling R M, Lombard A T, Knight A T, Kerley G I H. 2006. Designing large-scale conservation corridors for pattern and process. *Conservation Biology*, 20: 549-561.

Liu S S, de Barro P J, Xu J, Luan J B, Zang L S, Ruan Y M, Wan F H. 2007. Asymmetric mating interactions drive widespread invasion and displacement in a whitefly. *Science*, 318: 1769-1772.

Spring D, Baum J, Nally R, Mackenzie M, Sanchez-azofeifa A, Thomson J R. 2010. Building a regionally connected reserve network in a changing and uncertain world. *Conservation Biology*, 24(3): 691-700.

Tomasz S, Szablewski P, Szwaczkowski T. 2003. Inbreeding effects on lifetime in David's deer (*Elaphurus davidianus*, Milne Edwards 1866) population. *Journal of Applied Genetics*, 44: 175-183.

Thomas C D, Gillingham P K, Bradbury R B, Roy D B, Anderson B J, Baxter J M, Bourn N A D, Crick H Q P, Findon R A, Fox R, Hodgson J A, Holt A R, Morecroft M D, O'Hanlon N J, Oliver T H, Pearce-Higgins J W, Procter D A, Thomas J A, Walker K J, Walmsley C A, Wilson R J, Hill J K. 2012. Protected areas facilitate species' range expansions. *Proceedings of the National Academy of Sciences of USA*, 109(35): 14063-14068.

Thorbjarnarson J, Wang X, Ming S, He L, Ding Y, Wu Y, McMurry S T. 2002. Wild Populations of the Chinese alligator approach extinction. *Biological Conservation*, 103: 93-102.

Turner W R, Wilcove D S. 2006. Adaptive decision rules for the acquisition of nature reserves. *Conservation Biology*, 20(2): 527-537.

Walker R, Moore N J, Arima E, Perz S, Simmons C, Caldas M, Vergara D, Claudio Bohrer. 2009. Protecting the Amazon with protected areas. *Proceedings of the National Academy of Sciences of USA*, 106(26): 10582-10586.

Wan Q H, Zhang P, Ni X W, Wu H L, Chen Y Y, Kuang Y Y, Ge Y F, Fang S G. 2011. A novel HURRAH protocol reveals high numbers of monomorphic MHC class II loci and two asymmetric multi-locus haplotypes in the Père David's deer. *PLoS ONE*, 6(1): e14518. doi: 10. 1371/journal. pone. 0014518.

Wang H W, Ge S. 2006. Phylogeography of the endangered Cathaya argyrophylla (Pinaceae) inferred from sequence variation of mitochondrial and nuclear DNA. *Molecular Ecology*, 15: 4109-4122.

Wiens J A, Seavy N E, Jongsomjit D. 2011. Protected areas in climate space: What will the future bring? *Biological Conservation*, 144(8): 2119-2125.

Wu R, Zhang S, Yu D W, Zhao P, Li X H, Wang L Z, Yu Q, Ma J, Chen A, Long Y C. 2011. Effectiveness of China's nature reserves in representing ecological diversity. *Frontiers in Ecology and the Environment*, 9(7): 383-389.

Zeng Y, Jiang Z G, Li C W. 2007. Genetic variability in relocated Père David's deer (*Elaphurus davidianus*) populations-Implications to reintroduction program. *Conservation Genetics*.

Zeng Y, Li C. Zhang L, Zhong Z, Jiang Z. 2013. No correlation between neonatal fitness and heterozygosity in a reintroduced population of Père David's deer. *Current Zoology*, 59: 249-256.

Zhou J, Wei F W, Li M, Zhang J F, Wang D L, Pan R. L. 2005. Hainan black-crested gibbon is headed for extinction. *International Journal of Primatology*, 26: 453-465.